国家出版基金项目
NATIONAL PUBLICATION FOUNDATION

"十三五"国家重点出版物出版规划项目
量子科学出版工程（第一辑）

Introduction to
Quantum Optics
From the Semi-classical Approach
to Quantized Light

（法）吉尔伯特·格林贝格
（法）艾伦·爱斯派克特 著
（法）克劳德·法布尔

乔从丰 李军利 杜 琨 译

量子科学出版工程
Quantum Science
Publishing Project

量子光学

从半经典到量子化

中国科学技术大学出版社

安徽省版权局著作权合同登记号:第 12201962 号

图书在版编目(CIP)数据

量子光学:从半经典到量子化/(法)吉尔伯特·格林贝格,(法)艾伦·爱斯派克特,(法)克劳德·法布尔著;乔从丰,李军利,杜琨译. —合肥:中国科学技术大学出版社,2019.12
(量子科学出版工程.第一辑)
书名原文:Introduction to Quantum Optics: From the Semi-classical Approach to Quantized Light
国家出版基金项目
"十三五"国家重点出版物出版规划项目
ISBN 978-7-312-04907-1

Ⅰ.量… Ⅱ.①吉… ②艾… ③克… ④乔… ⑤李… ⑥杜… Ⅲ.量子光学 Ⅳ.O431.2

中国版本图书馆 CIP 数据核字(2020)第 041492 号

出版 中国科学技术大学出版社
安徽省合肥市金寨路 96 号,230026
http://press.ustc.edu.cn
https://zgkxjsdxcbs.tmall.com
印刷 合肥华苑印刷包装有限公司
发行 中国科学技术大学出版社
经销 全国新华书店
开本 787 mm×1092 mm 1/16
印张 42.75
字数 858 千
版次 2019 年 12 月第 1 版
印次 2019 年 12 月第 1 次印刷
定价 258.00 元

内容简介

本书涉及量子光学的大量重要内容.通过阅读本书,读者能够对量子光学的基本概念、公式系统和最新进展有所了解.

本书第1部分讲述了半经典方法,其中物质是量子化的,而光不是;描述了量子光学中的重要现象,包括激光原理.第2部分讲述了光及其与物质相互作用的完整量子描述,包括光的自发辐射、经典态及非经典态等;概述了光纠缠及其在量子信息中的应用.第3部分讲述了非线性光学和原子的激光冷却,对半经典和量子化两种方法的应用做了详尽的描述.每章都对基本概念做了详细的描述,比较特殊的概念和现象会在"补充材料"中给出.

作者简介

吉尔伯特·格林贝格(Gilbert Grynberg)曾是皮埃尔和玛丽居里大学(巴黎第六大学)Kastler-Brossel实验室国家科学研究中心(CNRS)资深科学家、巴黎综合理工大学(Ecole Polytechnique)教授.他是多个领域的开拓者,包括原子光谱学、非线性光学和光晶格中原子激光冷却等.

艾伦·爱斯派克特(Alain Aspect)是巴黎高等光学研究所(Institut d'Optique)和法国综合理工大学国家科学研究中心资深科学家、教授.他是量子纠缠研究的先驱,研究方向包括量子光学、原子激光冷却、原子光学、玻色-爱因斯坦凝聚、原子激光和量子原子光学.2010年获沃尔夫(Wolf)物理学奖.

克劳德·法布尔(Claude Fabre)是皮埃尔和玛丽居里大学(巴黎第六大学)Kastler-Brossel实验室教授、法兰西大学研究院(IUF)高级研究员.他的研究领域包括量子光学、原子物理、激光物理的实验与理论.

序

原子、分子和光学物理是一个众所周知的、近几十年中在各个方向上取得了巨大发展的研究领域，如非线性光学、激光冷却和囚禁、量子简并气体、量子信息．原子-光子相互作用对这些发展起了关键的作用．该书作为量子光学导论，我相信将对那些刚刚开始在这个领域工作、想了解电磁相互作用中基本概念的学生、科研人员和工程师们提供不可估量的帮助．

多数处理这些内容的图书沿用两种方式之一来进行：或者是半经典方式，其中场是经典的，与量子化的粒子发生相互作用；或者是完全量子的方式，系统均被量子化．前一种方法常常过于简化，不能正确描述那些现在可用新发展起来的复杂实验技术研究的新现象．后一种方法对初学者来说常常过难，缺乏简单的物理图像，而物理图像对开始理解物理现象是非常重要的．该书的优点在于给出了两种方法．从第一种方法开始，展示了几个简单的例子，再逐步过渡到第二种方法，同时阐明为什么它对理解某些现象是必不可少的．作者也展示了在非线性光学和激光冷却中，分析一个实验现象时将两种方法结合的优势所在，以及如何得到从每个角度看都是有价值的、互补的物理见解．我认为在一本书中呈现和说明两种方法的挑战得到了成功的应对．无论读者最终感兴趣的是什么，该书中他们都将见识一个广阔、活跃的研究领域的范例，会更好地理解其中丰富的智慧和由此带来的技术进步．

要写一部涉及面如此宽泛的书，作者显然需要有广博的知识.他们一定对基本概念、对要讨论主题的不同程度的复杂性有过长期思考.他们一定非常熟悉实验技术细节，了解实验室人员经常面对的问题.因为与该书作者有过广泛的合作，我知道他们完全胜任这些要求.我非常敬佩他们的热情、严格的科学态度、做出简洁而严谨的科学解释的能力和他们不靠过分简化而努力阐明问题的精神.他们每个人都对这个重要的物理领域的发展做出过原始贡献，他们及写此书的年轻合作者都在现代量子光学的前沿开展工作.因此在读这本书时，我很自然地能在其中发现许多他们精微的特质.主要章节和补充材料部分的总体安排，有益于不同层次的读者阅读.当作者讨论新物理问题时，他们总是从尽可能简单的模型出发进行分析.大量的实验和应用通过明确的图形和解释来呈现，始终对指导原则、数量级以及尚未解决的问题保持关注.

这部书能使广大读者比较容易地进入一个仍在急速发展的科学领域.我认为科学并不仅仅是探索未知，也需要传播新知识.该书就是实现这种教学目的的一个典范.最后我想追忆一下吉尔伯特·格林贝格，他与艾伦·爱斯派克特和克劳德·法布尔一起参与了该书法文版一个不很完善的初稿的撰写，于2003年辞世.吉尔伯特是一位杰出的物理学家、一个高雅的人，他在把最困难的问题用尽可能明晰的方法解释清楚方面具有特殊的天分.我想该书就是对他最好的悼念.

克劳德·科恩-塔诺季

2009年9月于巴黎

前言

自1960年被发明出来，激光对光学研究和人们对光自然属性的理解带来了革命性改变，催生了一个新的研究领域——量子光学.事实上，“量子光学”这几个字用了几十年才真正具有了今天的含义，意指只有将描述光的电磁场量子化才能理解的现象.令人非常诧异的是，这样的量子光学现象在激光被发明出来的时候几乎不存在，将光用经典电磁场描述几乎可以解释所有光学效应，激光也不例外.实际上，要理解激光的工作原理，用光与物质相互作用的半经典描述就足够了；由原子、分子、离子或半导体构成的激光放大介质用量子力学来处理，但光本身是用经典电磁波描述的.

本书第1部分用来讲述半经典方法及其在描述各种光学现象时的作用，包括对激光物理的基本阐释，以及这个已经普及的装置的部分应用.在第1章总结了量子力学在描述原子能级间相互作用诱导跃迁的一些基本结果后，第2章中我们用这些结果证明，一个量子化的原子与经典电磁波的相互作用是如何导致吸收或受激辐射的，并得出光波在穿过粒子分布数反转介质（增益物质）时激光的放大过程.第3章对激光光源物理及激光的性质做了一个基本的阐释.

尽管从20世纪30年代早期狄拉克创立光量子理论后该理论就存在，但现代意义上的量子光学是在60年代初罗伊·格劳伯（Roy Glauber）说明如何将其应用到经典光学器件后才确立的，例如迈克耳孙（Michelson）星光干涉仪，或汉伯里·布朗（Hanbury Brown）和特维斯（Twiss）光强干涉仪．当时，唯一知道需要将光量子化来解释的现象是自发辐射，还不清楚量子理论在描述远离光源而自由传播的光方面到底有没有用．那些理论研究就像学术实践一样，并没有什么实际效用．事实上，格劳伯发展了一套清晰的量子体系来描述光学现象，并引入了准经典光量子态的重要概念．这种理论方法使得物理学家能够理解为什么所有已知光源发射的光，包括激光，能够在半经典理论的框架内认识清楚．但这么做的时候，他为发现只有将光视为量子系统才能理解的新现象打开了大门，如建造能够发射单光子波包、纠缠光子对、压缩光束等光源成为可能．

本书第 2 部分用来讲述光及其与物质的相互作用的量子理论和其在描述现代量子光学中诸多现象时的成效．第 4 章用来讲解怎么将经典电磁场的动力学方程，也就是麦克斯韦方程，写为可用正则量子化方法量子化电磁场的形式，并得出光子的观念．接下来，在第 5 章中我们用已有的结果描述一些单光子、压缩光或纠缠光子对等实验中出现的纯量子效应．值得一提的是，许多这些实验最初的目的是说明新光子态那些非常违背直觉、非经典的特性，但结果催生了新的领域——量子信息．人们用新光子态的这些特性找到了数据处理和传输的新方法．在第 6 章中我们阐释如何在量子光学系统中描述光与原子的相互作用，再在这个新体系中审视第 2 章中已经研究过的吸收和受激辐射现象．此外，我们现在已经能够对自发辐射做自洽的处理了．

在介绍了量子光学的整个体系、回顾了一些不用这个体系不可能发现的重要现象后，我们并不想让读者觉得他现在可以忘掉半经典措施了．换句话说，当实际情况不需要完全用量子力学的时候（那样通常会更复杂），就没必要这么做．确实，没人会用量子力学描述行星的运动．同样，研究强激光等离子体核聚变的实验学家也不会使用光的量子体系．这样重要的就是要能明白什么时候完整的量子理论是必需的，什么时候半经典模型就足够好了．为帮助读者建立这样的直觉，我们在本书第 3 部分给出了两方面的内容，即第 7 章“非线性光学”与第 8 章中的“激光冷却和原子囚禁”，能很容易地在两种研究方法之间“切换”，每种方法适于其中的某种现象．作为“锦上添花”，第 8 章我们也将对原子的玻色-爱因斯坦凝聚做一些简单介绍，特别强调这个系统与激光的相似性．前者中所有原子都用同样的物质波描述，后者中所有光子都用电磁场的相同模来描述．在我们开始撰写本书的第一个法文版时，我们从来不曾幻想过最终能够把原子激光也写进去．

本书由章节正文及补充材料构成.前者主要介绍基本概念和它们在某些重要量子光学现象中的应用;后者给出一些辅助说明或主要章节所述理论的应用.当然,这些例子的选择多少有些任意.我们只是将它们作为一个快速变化的领域当前状态的速写.补充材料另一方面想就章节中的推导或概念给出更多的细节.

阅读本书的前提条件是上过电磁学(麦克斯韦方程组)和量子力学(狄拉克左矢(bras)和右矢(kets)形式下的薛定谔公式体系及其对谐振子的应用)课程.在此基础上本书的内容自成体系,可作为高年级本科生或研究生的第一门量子光学课的内容.虽然我们不使用在研究生院要学的高级技巧,但我们仍要尽可能地为读者提供对主要内容可靠的推导.例如,为了量子化电磁波,首先在自由空间,然后是与电荷的相互作用,我们不用拉格朗日公式系统,而是充分介绍哈密顿体系,以便使用正则量子化规则.这样我们能够为读者提供量子光学基本公式系统翔实的推导,而不是唐突地引入.另一方面,当我们需要在补充材料中给出特别重要和值得关注的现象时,我们会直接要求读者接受更高级课程中得到的结果.

我们尽了最大努力将法国教学中逻辑和推演的传统与作为研究人员和博士生、硕士生导师更实用主义的做法相结合.我们已经为高年级本科生或低年级研究生讲授本书内容多年,这本书体现了我们诸多教学经验的成果.

艾伦·爱斯派克特　克劳德·法布尔

2009年7月于巴黎

致谢

在本书中我们参考了许多著作，这些著作给出了量子力学的基本结论.特别是让-路易·巴斯德望(Jean-Louis Basdevant)和让·达利巴尔(Jean Dalibard)的书①，我们用缩写“BD”表示；还有克劳德·科恩-塔诺季(Claude Cohen-Tannoudji)、伯纳德迪·杜(Bernard Diu)和弗兰克·拉洛伊(Franck Laloë)的书②，用“CDL”表示.对比较深的内容，我们有时会借鉴更严格的证明或更新的进展，这些内容可以在克劳德·科恩-塔诺季、雅克·杜邦-洛克(Jacques Dupont-Roc)和吉尔伯特·格林伯格写的两本书中找到.这两本书我们分别用缩写“CDG Ⅰ”③和“CDG Ⅱ”④指代.

我们不太可能提及所有对本书有贡献或有影响的人和事.然而，我们首先想要感激的是给我们以主要启迪的克劳德·科恩-塔诺季，我们很幸运地跟随了他在法

① Basdevant J-L, Dalibard J. Quantum Mechanics [M]. Springer, 2002.

② Cohen-Tannoudji C, Diu B, Laloë F. Quantum Mechanics [M]. Wiley, 1977.

③ Cohen-Tannoudji C, Dupont-Roc J, Grynberg G. Photons and Atoms: Introduction to Quantum Electrodynamics [M]. Wiley, 1989.

④ Cohen-Tannoudji C, Dupont-Roc J, Grynberg G. Atom-photon Interactions: Basic Processes and Applications [M]. Wiley, 1992.

兰西学院(Collège de France)授课三十载.我们也非常感谢我们在巴黎综合理工大学(Ecole Polytechnique)、巴黎高等师范大学(Ecole Normale Supérieure)、巴黎高等光学研究所研究生部(Institut d'Optique Graduate School)以及皮埃尔和玛丽居里大学(Université Pierre et Marie Curie)的学生,以及我们指导的许多硕士生、博士生.正是他们尖锐的提问和从不满足于模棱两可的解答,驱使我们年复一年地改进教学.虽然我们无法提及所有和我们一起教学以及从他们那里得到灵感和资料的同事,但曼努埃尔·乔弗雷(Manuel Joffre)、伊曼纽尔·罗森彻(Emmanuel Rosencher)、菲利普·格兰杰(Philippe Grangier)、米歇尔·布伦(Michel Brune)、让-弗朗索瓦·洛奇(Jean-François Roch)、弗朗索瓦·哈奇(François Hache)、戴维·盖里-奥德林(David Guéry-Odelin)、让-路易·欧戴尔(Jean-Louis Oudar)、休伯特·弗洛卡尔德(Hubert Flocard)、让·达利巴尔(Jean Dalibard)、让-路易·巴斯德望(Jean-Louis Basdevant)这些人是不得不提的.此外,菲利普·格兰杰非常热心地撰写了有关量子信息的补充材料5.E.

玛蒂娜·马奎尔(Martine Maguer)、多米尼克·托斯托(Dominique Toustou),以及整个巴黎综合理工大学多媒体中心维罗妮卡·裴洛寅(Véronique Pellouin)团队为制作书中的图片做了非常出色和专业的工作.我们还要感谢法国文化部国家图书中心(Centre National du Livre)在翻译法文版时给予我们的宝贵资助.

这本书共有三位作者,我们共同撰写了本书所基于的法文版书①.很不幸,在我们刚要开始写英文版时,吉尔伯特·格林贝格去世了,这使我们消沉了好几年,以致无法开展英文版的工作.最终我们认识到,表达我们对朋友、同事感激的最佳方式就是恢复进行这个计划.然而我们也意识到,在撰写法文版近10年之后,量子光学已有了长足的发展,我们个人在对这个学科的理解和教学过程中也有了提高.因此,英文版不仅是对最初法文版的翻译,而且做了大幅度的修订和更新.在长期的写作过程中,我们有幸得到了年轻同事(和以前的学生)法比安·布莱特内克(Fabien Bretenaker)和安东尼·布拉维(Antoine Browaeys)极大的帮助.在过去的三年里,他们在帮我们完成书稿的修订过程中花费了无数的时间,没有他们的帮助,完成本书几乎是不可想象的.每一章都有他们批评指正、强烈建议和文字修改的印记,当然还有对方程的验证.此外,他们也为本书带来了年轻一代物理学家的观点.他

① Grynberg G, Aspect A, Fabre C. Introduction aux lasers et à l'Optique Quantique [M]. Cours de l'Ecole Polytechnique, Ellipses, 1997.

们所学的是现代意义上的量子光学,与他们不同,我们是在研究过程中亲历了这个学科的发展.对于法比安·布莱特内克和安东尼·布拉维的巨大贡献,我们也只能对他俩表达我们无限的感激之情.吉尔伯特在天之灵也会对有这么棒的合作者感到欣慰的.

艾伦·爱斯派克特　克劳德·法布尔

2009年7月于巴黎

目录

第 2 章

半经典理论:与经典电磁场相互作用的原子 ——— 045

第 3 章

激光原理 ——— 193

第2部分　光及其与物质相互作用的量子描述

第 1 部分

物质与光相互作用的半经典描述

第1章

相互作用量子系统的演化

在本书中，我们将学习、研究光与物质的相互作用.要做到这点，在很大程度上需要依赖于描写这些过程的量子力学.这包括几个层面：首先，要想理解在微观层次上会出现的、不同的相互作用过程，物质的量子描述就是必不可少的；其次，为了更好地理解这些过程，光的量子描述时常表明也是有用的，有时甚至是必不可少的.我们将探讨诸如自发辐射这样的现象，它们只适合用考虑了光和物质量子属性的理论去研究.

在下面的章节中，特别需要指出的是，我们将探讨如下问题："假定在某一时刻制备原子处于某个特定的态，并由此受到电磁辐射，那么在之后的任意时刻，原子态和辐射的情况如何？"为了回答这个问题，我们需要了解几种典型情形下如何计算量子系统演化.我们将在第1章中讲述相关计算方法.

原子-光耦合系统的演化依赖于相互作用光场的时间相关性.例如，从某一时刻起施加光场并保持强度不变，抑或在有限时间段内可以观察到变化（脉冲激发）.我们将会看到，演化特性也依赖于所考虑系统的能谱结构，即系统是用一组分立能级，还是用一个连续态来描述的.

本章从简单回顾一些量子力学的基本结论（1.1节）开始；接下来我们讲述如何使用

微扰方法计算在相互作用下从一个给定的初态到一个给定的末态的跃迁概率;在 1.3 节中,我们会研究初态与大量密集能级(我们称之为准连续态)耦合的情况.我们将推导有关跃迁概率的一个重要结果,称为费米(Fermi)黄金法则(golden rule).最后,在总结中,我们就现有的不同时间演化方式进行讨论.

本章用两个补充材料收尾.补充材料 1.A 概述一个有助于我们理解 1.2 节(两个分立的耦合能级)和 1.3 节(分立能级与连续态的耦合)两种极限情形下的跃迁模型.补充材料 1.B 涉及量子系统与宽频谱(宽带激发)随机微扰相互作用的情况.这种情况下的跃迁概率可以从 1.3 节中得到.

1.1 量子力学主要结论回顾

我们从回顾一些不含时的哈密顿量(Hamiltonian)$\hat{H}_0$ 所描述的量子系统给出的重要结论入手,分别用$|n\rangle$和 E_n 表示$\hat{H}_0$ 的本征态和本征能量.假定在初始时刻 $t=0$ 时系统处于最一般的态:

$$|\psi(0)\rangle = \sum_n \gamma_n |n\rangle \tag{1.1}$$

用薛定谔(Schrödinger)方程可以证明,在之后某个时刻,系统将处于态

$$|\psi(t)\rangle = \sum_n \gamma_n \mathrm{e}^{-\mathrm{i}E_n t/\hbar} |n\rangle \tag{1.2}$$

因而,找到系统处于$|\varphi\rangle$态的概率为

$$P_\varphi(t) = |\langle\varphi|\psi(t)\rangle|^2 \tag{1.3}$$

所以系统在 0 到 t 时间内由$|\psi(0)\rangle$跃迁到$|\varphi\rangle$态的概率为

$$P_{\psi(0)\to\varphi}(t) = |\langle\varphi|\psi(t)\rangle|^2 \tag{1.4}$$

特别是,如果制备系统最初处于 $\hat{H}_0$ 的本征态$|n\rangle$,则其后任意时刻 t 时的态矢量为

$$|\psi(t)\rangle = \mathrm{e}^{-\mathrm{i}E_n t/\hbar} |n\rangle \tag{1.5}$$

这样再找到系统处于 $\hat{H}_0$ 的本征态$|m\rangle$的概率就是 0,其中 $m\neq n$,

$$P_{n\to m}(t) = |\langle m|\psi(t)\rangle|^2 = 0 \tag{1.6}$$

例如，假设氢原子不与外部环境相互作用，则一旦原子中的电子最初处于$|n,l,m\rangle$态，之后它就一直处于该量子态.但实际上，由于各种外在相互作用的影响，如与离子、原子或电子的碰撞，与振荡电磁场的相互作用等，电子会在不同能级间跃迁.电子与量子化电磁场的耦合也会造成从激发态到低能级的自发跃迁，并伴随光子辐射.这个过程称为自发辐射，我们将在第6章中对此进行探讨.

在这些例子中，系统的演化是由时间依赖的哈密顿量驱动的.这种时间依赖性在电磁场情形下具有正弦形式，在碰撞时具有脉冲形式.一般说来，描述系统的态矢量并不总是能够精确算出的.然而，在下一节中我们将证明，在级数展开情形下跃迁概率的严格表达式是可以得到的.

我们还要处理的一个形式上类似的问题是，总哈密顿量$\hat{H}_0+\hat{W}$是时间无关的，但系统制备在$\hat{H}_0$的某个本征态，而在其后某一时刻t'，系统被测量处于$\hat{H}_0$的另一本征态.我们将证明，由于这个问题在数学上等同于在$t=0$到$t=t'$时间内施加相互作用$\hat{W}$，相应的跃迁概率可用类似级数展开的办法进行计算.

1.2 含时微扰诱导的分立能级跃迁

1.2.1 问题的提出

我们考虑一个可用如下哈密顿量描述的系统：

$$\hat{H}=\hat{H}_0+\hat{H}_1(t) \tag{1.7}$$

此处$\hat{H}_0$不含时（与时间无关），它的本征态和本征能量分别用$|n\rangle$和E_n表示，满足

$$\hat{H}_0|n\rangle=E_n|n\rangle \tag{1.8}$$

$\hat{H}_1(t)$是相互作用项，它在$\hat{H}_0$的本征态下的矩阵元与这些本征态之间的能量差相比假定很小，即$\langle n|\hat{H}_1|m\rangle\ll|E_n-E_m|$.在这种情况下，$\hat{H}_1(t)$的时间依赖性可以任意，比如在某一时间段内是常数，在这段时间之外为0.

$\hat{H}_1(t)$的作用可引发$\hat{H}_0$的本征态间的跃迁.下面我们计算相应的跃迁概率

$P_{n\to m}(t)$. 为简单起见，假设能级是非简并的. 更一般的处理可以在量子力学标准教科书中找到.①

1.2.2 举例

在进一步学习数学之前，我们列举两个例子，相应的物理系统可以用下面使用的模型很好地描述. 这对后面我们对所得结果做物理解释也是有益的.

1. 原子与经典电磁场的相互作用

考虑一个由 $\hat{H}_0$ 描述的原子②，它与入射经典电磁波发生相互作用，电磁波在静态原子处的电场为

$$\boldsymbol{E}(t) = \boldsymbol{E}\cos(\omega t + \varphi) \tag{1.9}$$

在第 2 章中我们将会看到，原子和场的相互作用在很好的近似下可以表达为电偶极耦合：

$$\hat{H}_1(t) = -\hat{\boldsymbol{D}} \cdot \boldsymbol{E}(t) \tag{1.10}$$

其中 $\hat{\boldsymbol{D}}$ 代表原子的电偶极矩，

$$\hat{\boldsymbol{D}} = q\hat{\boldsymbol{r}} \tag{1.11}$$

此处 q 为电子电荷，$\boldsymbol{r}$ 为原子核与价电子之间的径向矢量.

电子最初处于 $\hat{H}_0$ 的 $|n,l,m\rangle$ 本征态，在 $\hat{H}_1(t)$ 的作用下会跃迁到另外的态 $|n',l',m'\rangle$. 如果后一个态的能量高于先前态的能量，则激发原子的能量来自电磁场（即吸收）；反之，能量会从原子传给场（即受激辐射）. 在第 2 章中，我们还将讨论这些过程以及它们的影响.

2. 碰撞过程

考虑一个静态原子 A，其内部能级是哈密顿量 $\hat{H}_0$ 的本征态. 如图 1.1 所示，假定有另外一个粒子 B 从 A 的附近通过.

$\hat{V}$ 为入射粒子 B 和原子 A 之间的相互作用势，它与 A 和 B 间的距离 R 有关. 对原

---

① 例如，见 CDL 第 8 章.

② 更确切地说，为简单起见，我们考虑一个类似于氢原子那样的单电子原子.

子 A 来说，这个相互作用由一个作用在其态空间上的算符来表征. 它在态之间的矩阵元是 R 的函数，当 R 非常大时趋于 0. 由于 R 随时间变化，相互作用哈密顿量也依赖于时间. 假如在碰撞前原子相距很远，A 原子处于 $|n\rangle$ 态；碰撞后，它会有一定的概率处于不同的态 $|m\rangle$. 如果初态和末态的能量相同，则这种碰撞称为弹性的，否则称为非弹性的. 这种碰撞引起的跃迁导致比如放电灯（discharge lamp）中的原子激发（如氖灯），或在第 3 章中将会看到的某些激光器中的原子激发.

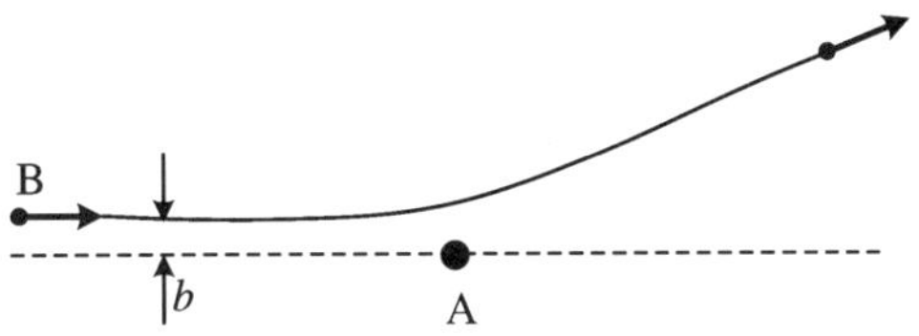

图 1.1　粒子 B 和原子 A 的碰撞相互作用

径迹中相距最近的距离 b 称为作用参数（impact parameter）①. 相互作用仅与 R（A 和 B 间的距离）有关，因此 $\hat{V}(t)=\hat{V}(|R(t)|)$.

1.2.3　系统波函数的微扰级数展开

原子 A 的演化通过解薛定谔方程确定，其中哈密顿量如式(1.7)所示. 为此，以下我们使用基于微扰论的近似解方法求解，这种解法在 $\hat{H}_1(t)$ 的矩阵元与 $\hat{H}_0$ 的矩阵元相比很小时适用. ②为了能更好地确定微扰展开的顺序，我们将 $\hat{H}_1(t)$ 重新表达为

$$\hat{H}_1(t)=\lambda\hat{H}_1'(t) \tag{1.12}$$

这里 $\hat{H}_1'(t)$ 的矩阵元与 $\hat{H}_0$ 的矩阵元具有相同的量级；λ 为远小于 1 的无量纲实参数，用来表示相互作用 $\hat{H}_1(t)$ 的相对大小. 在前面的第一个例子中，λ 正比于入射电场的振幅；在第二个例子中，它是作用参数 b 的函数. 在每种情况下，都可以发现实验条件满足 $\lambda\ll 1$ 近似（弱电场，大作用参数）.

系统的薛定谔方程为

$$\mathrm{i}\hbar\frac{\mathrm{d}}{\mathrm{d}t}|\psi(t)\rangle=[\hat{H}_0+\lambda\hat{H}_1'(t)]|\psi(t)\rangle \tag{1.13}$$

① 也称为瞄准距离.——译者注

② 更准确地说，在 $\hat{H}_0$ 的本征态基矢中，非对角矩阵元 $|\langle n|\hat{H}_1|m\rangle|$ 与相应能量差 $|E_n-E_m|$ 相比很小.

将$|\psi(t)\rangle$按 $\hat{H}_0$ 的本征态展开，得到

$$|\psi(t)\rangle = \sum_n \gamma_n(t)e^{-iE_n t/\hbar} |n\rangle \tag{1.14}$$

这里，我们将右矢$|n\rangle$的系数写成 $\gamma_n(t)$和 $\exp(-iE_n t/\hbar)$的乘积. 这样按照式(1.2)，当 $\hat{H}_1(t)=0$ 时 $\gamma_n(t)$将是常数. 这样的分解能使我们考虑系统只在 $\hat{H}_0$ 的影响下自由地演化. 这会有助于后续进一步的发展.

接下来，我们将方程(1.13)投影到 $\hat{H}_0$ 的本征态$|k\rangle$：

$$\begin{aligned} i\hbar\frac{d}{dt}\langle k|\psi(t)\rangle &= \langle k|\hat{H}_0|\psi(t)\rangle + \lambda\langle k|\hat{H}_1'|\psi(t)\rangle \\ &= E_k\langle k|\psi(t)\rangle + \lambda\sum_n\langle k|\hat{H}_1'(t)|n\rangle\langle n|\psi(t)\rangle \end{aligned} \tag{1.15}$$

这里，我们使用了完备(封闭) 性关系：$\sum_n |n\rangle\langle n| = \hat{1}$.

对$|\psi(t)\rangle$利用展开式(1.14)，式(1.15)可表示为

$$\begin{aligned} &\left[E_k\gamma_k(t) + i\hbar\frac{d}{dt}\gamma_k(t)\right]e^{-iE_k t/\hbar} \\ &= E_k\gamma_k(t)e^{-iE_k t/\hbar} + \lambda\sum_n\langle k|\hat{H}_1'(t)|n\rangle\gamma_n(t)e^{-iE_n t/\hbar} \end{aligned} \tag{1.16}$$

消掉左、右两边的 E_k 项，方程可进一步化简为

$$i\hbar\frac{d}{dt}\gamma_k(t) = \lambda\sum_n\langle k|\hat{H}_1'(t)|n\rangle e^{i(E_k-E_n)t/\hbar}\gamma_n(t) \tag{1.17}$$

这是一个(也可能是无限个)微分方程组. 这个方程组是严格的，没有做任何近似.

系数 $\gamma_k(t)$依赖于 λ. 微扰理论涉及将 $\gamma_k(t)$按 λ 的幂级数展开(注意 λ 远小于 1)：

$$\gamma_k(t) = \gamma_k^{(0)}(t) + \lambda\gamma_k^{(1)}(t) + \lambda^2\gamma_k^{(2)}(t) + \cdots \tag{1.18}$$

将此级数代入式(1.17)，合并 λ 相同幂次的项，我们可以得到：

- 0 阶

$$i\hbar\frac{d}{dt}\gamma_k^{(0)}(t) = 0 \tag{1.19}$$

- 1 阶

$$i\hbar\frac{d}{dt}\gamma_k^{(1)}(t) = \sum_n\langle k|\hat{H}_1'(t)|n\rangle e^{i(E_k-E_n)t/\hbar}\gamma_n^{(0)}(t) \tag{1.20}$$

• r 阶

$$\mathrm{i}\hbar\frac{\mathrm{d}}{\mathrm{d}t}\gamma_k^{(r)}(t) = \sum_n \langle k \mid \hat{H}_1'(t) \mid n\rangle \mathrm{e}^{\mathrm{i}(E_k-E_n)t/\hbar}\gamma_n^{(r-1)}(t) \tag{1.21}$$

这组方程可以迭代求解.事实上,0 阶项是已知的:它们是由系统初始条件决定的常数.把它们代入式(1.20),可以得到一阶项 $\gamma_k^{(1)}(t)$.由此又可以导出 $\gamma_k^{(2)}(t)$的表达式,以此类推.因此,原则上可以渐次得到式(1.18)中的所有项.

1.2.4 一阶微扰理论

1. 跃迁概率

假设在初始时刻 t_0,系统处于 $\hat{H}_0$ 的某个本征态$|i\rangle$.这样,除 $\gamma_i(t)$为 1 外,其他 $\gamma_k(t)$均为 0.所以式(1.19)的解为

$$\gamma_k^{(0)}(t) = \delta_{ki} \tag{1.22}$$

我们现在考虑由初态到$|k\rangle(k\neq i)$能级的跃迁概率.将式(1.22)代入式(1.20),并对时间积分,对 $\gamma_k^{(1)}$ 有

$$\gamma_k^{(1)}(t) = \frac{1}{\mathrm{i}\hbar}\int_{t_0}^{t}\mathrm{d}t'\langle k \mid \hat{H}_1'(t') \mid i\rangle \mathrm{e}^{\mathrm{i}(E_k-E_i)t'/\hbar} \tag{1.23}$$

按照式(1.14)和式(1.18),发现系统在 t 时刻处于$|k\rangle$态的概率幅(准确到一个相因子)为

$$\gamma_k^{(0)}(t) + \lambda\gamma_k^{(1)}(t) + \cdots \tag{1.24}$$

对于不同于$|i\rangle$的态$|k\rangle$,零阶项是零.又由式(1.23),由此可以推断,跃迁$|i\rangle\rightarrow|k\rangle$的振幅(截至一阶且带有一个相同因子)为

$$S_{ki} = \lambda\gamma_k^{(1)}(t) = \frac{1}{\mathrm{i}\hbar}\int_{t_0}^{t}\mathrm{d}t'\langle k \mid \hat{H}_1(t') \mid i\rangle \mathrm{e}^{\mathrm{i}(E_k-E_i)t'/\hbar} \tag{1.25}$$

因为按照式(1.12),$\lambda\hat{H}_1'(t) = \hat{H}_1(t)$.系统处于$|k\rangle$态的概率由式(1.25)的模平方给出,即

$$P_{i\rightarrow k} = \frac{1}{\hbar^2}\left|\int_{t_0}^{t}\mathrm{d}t'\langle k \mid \hat{H}_1(t') \mid i\rangle \mathrm{e}^{\mathrm{i}(E_k-E_i)t'/\hbar}\right|^2 \tag{1.26}$$

式(1.25)和式(1.26)是与时间有关的微扰论,是重要的一阶结果,后面我们会用到它们.然而需要注意,微扰方法只在

$$P_{i\to k}\ll 1 \tag{1.27}$$

满足时有效.也就是说,实际上相互作用哈密顿量 $\hat{H}_1$ 的一阶微扰的作用很小,这样包含高阶效应的完全微扰展开式(1.18)会很快收敛.式(1.27)实际上是一个必要条件,并不是一阶微扰论能够合理使用的充分条件.

2. 碰撞过程举例:可取能量范围定性研究

下面我们证明,式(1.26)所做的傅里叶变换的特性使我们能预测在碰撞过程中原子能级可被激发的能量范围.

为简单起见,假定相互作用项 $\hat{H}_1(t)$ 取如下形式:

$$\hat{H}_1(t)=\hat{W}f(t) \tag{1.28}$$

此处 $\hat{W}$ 是算符,作用于原子的有关参量;$f(t)$是时间的实函数,当 $t\to\pm\infty$ 时趋近于 0,并在 $t=0$ 时达到最大值(图 1.2).假定在碰撞之前($t_0=-\infty$)系统处于$|i\rangle$态,碰撞之后($t_0=+\infty$)发现系统处于$|k\rangle$态的概率幅为

$$S_{ki}=\frac{W_{ki}}{\mathrm{i}\hbar}\int_{-\infty}^{+\infty}\mathrm{d}tf(t)\mathrm{e}^{\mathrm{i}(E_k-E_i)t/\hbar} \tag{1.29}$$

其中 W_{ki} 表示矩阵元 $W_{ki}=\langle k|\hat{W}|i\rangle$.

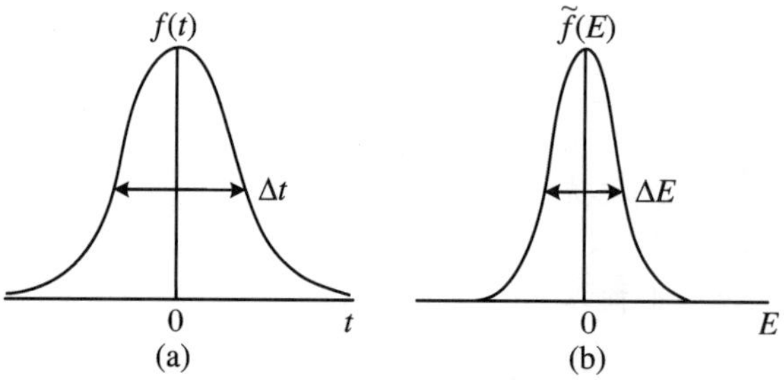

图 1.2 函数 $f(t)$及其傅里叶变换

(a) 函数 $f(t)$的中心在时间原点,宽度为 Δt;(b) 其傅里叶变换是能量的函数,中心位于 $E=0$,宽度为 $\Delta E\approx\hbar/\Delta t$.

引入 $f(t)$的傅里叶变换 $\tilde{f}(E)$:

$$\tilde{f}(E)=\frac{1}{\sqrt{2\pi\hbar}}\int_{-\infty}^{+\infty}\mathrm{d}tf(t)\mathrm{e}^{\mathrm{i}Et/\hbar} \tag{1.30}$$

可以得到跃迁概率

$$P_{i\to k}=\frac{2\pi}{\hbar}\mid W_{ki}\mid^2\mid \tilde{f}(E_k-E_i)\mid^2 \tag{1.31}$$

它由 $\tilde{f}(E)$ 在 $E=E_k-E_i$ 处的值决定.

我们现在使用傅里叶变换(图 1.2)的一个特性,即:如果函数 $f(t)$ 的宽度为 Δt,那么其傅里叶变换函数的宽度是 $\hbar/\Delta t$ 的量级. 由式(1.31)知道,如果碰撞相互作用时间为 Δt,那么原子处于满足

$$\mid E_k-E_i\mid<\frac{\hbar}{\Delta t} \tag{1.32}$$

的能级的概率非常大.

考虑一种碰撞情况,即其相互作用强度是碰撞粒子间距离的减函数(图 1.1). 碰撞持续时间是 b/v 的量级,其中 b 是作用参数,v 为粒子间相对运动速度. 不等式(1.32)意味着,碰撞后只有满足

$$\mid E_k-E_i\mid\leqslant\frac{\hbar v}{b} \tag{1.33}$$

条件,态 $|k\rangle$ 出现的可能性才会很大.

评注 公式(1.33)表明,作用参数在 10 nm 量级时,一个原子的撞击速度需要达到 10^7 m/s 才能将氢原子基态激发到第一激发态(大约 10 eV 的能量转换). 这个速度非常快,相应的动能约为 1 MeV,比原子的激发能量大很多. 要用低能量的粒子激发氢原子,作用参数就需要达到玻尔半径(Bohr radius)量级. 对于这种"紧密"碰撞,$\hat{H}_1$ 的矩阵元与能量差 E_n-E_m 相比就不再是小量,微扰相互作用的假定将不再成立.

3. 突然"出现"的常微扰

经常会有这种情况:一个系统在 $t=0$ 时刻突然出现了微扰相互作用 $\hat{W}$,之后这个微扰一直保持一个常量.[①]在这部分中我们将在一阶微扰理论下确定这个重要过程的跃迁概率,结果将在本章的后面用到.

假设在 $t=0$ 时系统处于 $\hat{H}_0$ 的本征态 $|i\rangle$,在 T 时发现系统处于 $|k\rangle$ 态的振幅可以用式(1.25)进行计算,即

① 如同我们在前文中指出的,当系统在某个 $\hat{H}_0$ 的本征态下制备和测量时,这个计算也适用于哈密顿量 $\hat{H}_0+\hat{W}$ 与时间无关的情形.

$$S_{ki}(T) = \frac{W_{ki}}{\mathrm{i}\hbar} \frac{\mathrm{e}^{\mathrm{i}(E_k - E_i)T/\hbar} - 1}{\mathrm{i}(E_k - E_i)/\hbar} \tag{1.34}$$

据此我们可以导出跃迁概率

$$P_{i\to k}(T) = \frac{|W_{ki}|^2}{\hbar^2} g_T(E_k - E_i) \tag{1.35}$$

其中

$$g_T(E) = \frac{\sin^2[ET/(2\hbar)]}{[ET/(2\hbar)]^2} T^2 \tag{1.36}$$

是如图 1.3 所示的函数.

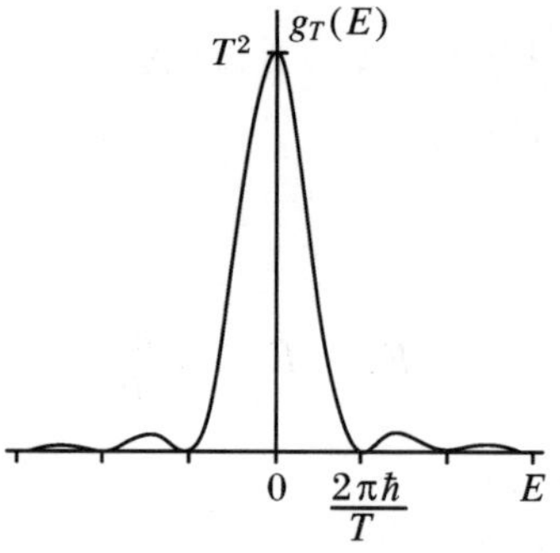

图 1.3　$g_T(E) = \{T\sin[ET/(2\hbar)]/[ET/(2\hbar)]\}^2$ 的函数形状

在 $E=0$ 时它的值为 T^2,最初的零点位于 $E=\pm 2\pi\hbar/T$ 处.

这个函数有如下重要特征:

- 在 $E=0$ 时有极大值 T^2;
- 它的宽度为 $2\pi\hbar/T$ 的量级;
- 它的面积正比于 T,或准确地说为①

$$\int_{-\infty}^{+\infty} \mathrm{d}E g_T(E) = 2\pi\hbar T \tag{1.37}$$

给定

$$\delta_T(E) = \frac{g_T(E)}{2\pi\hbar T} = \frac{2\hbar\sin^2[ET/(2\hbar)]}{\pi T E^2} \tag{1.38}$$

① 它的值等于高度与最初两个零点间距离乘积的一半,函数 g_T 的图像就像三角形.

函数 $\delta_T(E)$在 $E=0$ 时达到最高点，宽度为 $2\pi\hbar/T$，具有单位面积. 在 T 足够大时，它近似于狄拉克(Dirac)δ 函数. 可以证明

$$\lim_{T\to+\infty}\delta_T(E)=\delta(E)$$

这样，我们可以将式(1.35)写为如下形式：

$$P_{i\to k}(T)=T\frac{2\pi}{\hbar}\mid W_{ki}\mid^2\delta_T(E_k-E_i) \tag{1.39}$$

由此我们可以得到更严格的结果：那些能够有效布居的$|k\rangle$能级的能量满足

$$E_i-\frac{\pi\hbar}{T}<E_k<E_i+\frac{\pi\hbar}{T} \tag{1.40}$$

因此，若精确到 $2\pi\hbar/T$ 范围，则末态能量和初态能量是相同的. 也就是说，如果$|i\rangle$是一组高能级密度态中的一个，那么相互作用时间 T 越长，末态能量分布 ΔE(即半宽度)越小. 我们可以写出

$$\Delta E\cdot T\approx\frac{\hbar}{2} \tag{1.41}$$

最后，图 1.4 显示，对于一个给定的能量 E，$g_T(E)$是时间 T 的振荡函数(除 $E=0$ 的共振情况外). 在 1.2.6 小节中我们还将讨论这种振荡行为，那里将引入一种对跃迁概率的非微扰处理方法(它会导致拉比(Rabi)振荡).

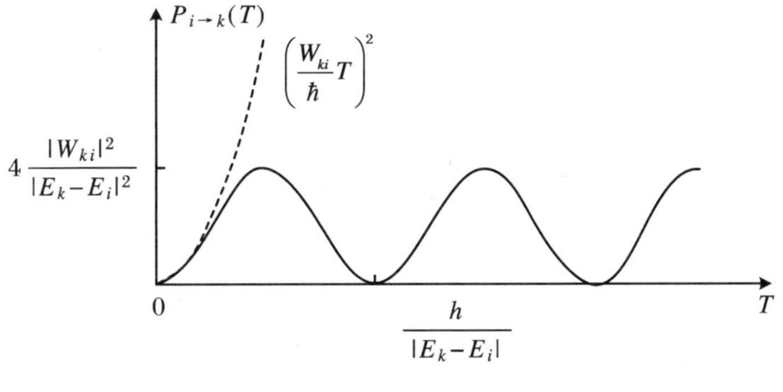

图 1.4　两分立能级间跃迁概率随相互作用时间 T 的演化

虚线表示开始时的抛物线形状，与$|E_k-E_i|$的值无关.

评注　我们刚处理的问题涉及两个方面，从持续 T 时间后微扰的行为来看两者完全不同：或者 $\hat{W}$ 在 T 时刻被关闭，系统不再演化(“礼帽”形脉冲微扰)；或者 $\hat{W}$ 维持恒定

（阶跃函数微扰），我们在 T 时刻对其进行观测. 当然，我们感兴趣的是系统在 T 时刻的态，它与模型的选择无关.

4. 正弦微扰

我们在 1.2.2 小节中看到，在原子和电磁辐射（1.10）相互作用时，经常需要处理正弦微扰，即如下形式：

$$\hat{H}_1(t) = \hat{W}\cos(\omega t + \varphi) \tag{1.42}$$

按式（1.25）计算，从 $|i\rangle$ 态到另外一个 $|k\rangle$ 态的概率幅为

$$S_{ki} = -\frac{W_{ki}}{2\hbar}\left[\frac{e^{i(\omega_{ki}-\omega)t-i\varphi} - e^{i(\omega_{ki}-\omega)t_0-i\varphi}}{\omega_{ki}-\omega} + \frac{e^{i(\omega_{ki}+\omega)t+i\varphi} - e^{i(\omega_{ki}+\omega)t_0+i\varphi}}{\omega_{ki}+\omega}\right] \tag{1.43}$$

其中 ω_{ki} 称为玻尔频率，与 $|i\rangle$ 到 $|k\rangle$ 的跃迁有关，大小为

$$E_k - E_i = \hbar\omega_{ki} \tag{1.44}$$

概率幅 S_{ki} 由两项构成，分母分别为 $\omega_{ki}-\omega$ 和 $\omega_{ki}+\omega$. 要使跃迁概率足够大，有必要将考虑范围限定在一个区间内，其中式（1.43）中的一个分母要比另外一个小. 对 ω_{ki}，当

$$|\omega_{ki} - \omega| \ll \omega \tag{1.45}$$

时就满足这样的条件. 这个条件对准共振激发能有足够大的跃迁概率是必要的. 事实上，以原子和可见辐射相互作用为例①，假如用经典光源，$W_{ki}/(\hbar\omega)$ 很难超过 10^{-6}，甚至对连续波激光光源也是如此②. 由于 $\omega_{ki}+\omega$ 要远大于 ω，式（1.45）意味着式（1.43）的第二项（称为反共振项）与前一项比可以忽略不计. ③因而我们可得到跃迁概率的一个简洁表达式

$$P_{i\to k}(T) = \frac{|W_{ki}|^2}{4\hbar^2} g_T(E_k - E_i - \hbar\omega) \tag{1.46}$$

进而给出

$$P_{i\to k}(T) = T\frac{|W_{ki}|^2}{4}\frac{2\pi}{\hbar}\delta_T(E_k - E_i - \hbar\omega) \tag{1.47}$$

---

① 提示：对可见辐射来说，频率 $\omega/(2\pi)$ 大约为 10^{14} Hz 量级.

② 需要注意，用锁模激光器可以得到一个或一个以上量级的更大值，这种激光器能产生一连串强烈的、持续时间为几十飞秒的脉冲.

③ 由于历史的原因，忽略掉反共振项的近似称为旋波近似（它是在核磁共振领域提出的）. 在光学领域，用准共振近似也许能更确切地描述物理状态.

在这些表达式中，$g_T(E)$和 $\delta_T(E)$为上文（式(1.36)和式(1.38)）中引入的函数，$T=t-t_0$ 是相互作用时间.

在 $\omega_{ki}<0$ 时，满足准共振激发的条件变为

$$|\omega_{ki}+\omega|\ll\omega \tag{1.48}$$

这样 S_{ki}的第一项就是可忽略的，因而通过在式(1.46)或式(1.47)中将 ω 替换为 $-\omega$ 可得到$P_{i\to k}$相应的表达式.

如果用 $E_k-E_i\pm\hbar\omega$ 替换E_k-E_i，除差一个因子 4 外，跃迁概率的最终表达式与式(1.36)和式(1.38)的有类似的形式.因而前面一部分中的结论也适用于正弦微扰的情形：经过相互作用时间 T 后，主要跃迁到的能级$|k\rangle$应满足

$$\begin{cases}E_i+\hbar\omega-\dfrac{\pi\hbar}{T}<E_k<E_i+\hbar\omega+\dfrac{\pi\hbar}{T}\\ E_i-\hbar\omega-\dfrac{\pi\hbar}{T}<E_k<E_i-\hbar\omega+\dfrac{\pi\hbar}{T}\end{cases} \tag{1.49}$$

如果相互作用时间足够长，则只能跃迁到那些能量差 E_k-E_i 严格等于$\hbar\omega$ 的$|k\rangle$态上去：原子能量的改变由吸收或放出一份能量量子$\hbar\omega$ 造成.这样我们又重新得到了玻尔在量子力学早期引入的经验公式.在后面几章中我们将证明，按照相互作用过程中吸收或放出能量为$\hbar\omega$ 的光子的说法，原子与光的这种相互作用可以很自然地得到解释.然而，需要说明的是，并非先验地需要为得到玻尔关系性条件而引入光子的概念.在这个层次上来说，光子是一个方便的概念，而不是必需的.

评注 准共振近似意味着，除式(1.45)或式(1.48)的条件外，$W_{ki}/(\hbar\omega)$远小于 1，在光学范围内通常就是这样.另外，对强激光，或对频率非常低的场，如在射频率范围（$\omega/(2\pi)$大约为 10^9 Hz 量级）内，有可能达到 $W_{ki}/(\hbar\omega)$接近 1 范围的强度.在这种情况下，就不能忽略掉反共振项.这样产生的主要效应是用 $W_{ki}^2/(\hbar^2\omega)$替换共振中心频率，称之为布洛赫-西格特移动(Bloch-Siegert shift).①

1.2.5 二阶微扰计算

在很多情况下，初态$|i\rangle$和末态$|k\rangle$并不是直接通过相互作用哈密顿量 $\hat{H}_1(t)$关联的（即$\langle i|\hat{H}_1(t)|k\rangle=0$）.因此跃迁概率(1.26)在一阶情况下为 0.但是，如果$|i\rangle$和$|k\rangle$都

① 如见 CDG Ⅱ 补充材料 A_{VI}.

与另外的态$|j\rangle$耦合(即$\langle i|\hat{H}_1(t)|j\rangle\neq0$,$\langle j|\hat{H}_1(t)|k\rangle\neq0$)的话,二阶微扰跃迁概率就可能不为0.这种情况可以描述为系统从$|i\rangle$态通过$|j\rangle$态跃迁到了$|k\rangle$态,经常会在原子和光的相互作用中出现.在后面的章节中,我们将常常使用本小节中的结论(见第2章图2.9).

当$\langle k|\hat{H}_1(t)|i\rangle=0$时,需要计算$\gamma_j^{(1)}(t)$,其中$j\neq k$,并把它们的值(可由类似于式(1.23)的表达式给出)代入式(1.21)计算$\gamma_j^{(2)}(t)$.这样,精确到一个相因子,在$t=0$到T的时间内由$|i\rangle$到$|k\rangle$的跃迁概率幅为

$$
\begin{aligned}
S_{ki}(T) &= \lambda^2\gamma_k^{(2)}(T) \\
&= \frac{1}{(\mathrm{i}\hbar)^2}\int_0^T \mathrm{d}t'\int_0^{t'}\mathrm{d}t''\sum_j\langle k\mid\hat{H}_I(t')\mid j\rangle\times\langle j\mid\hat{H}_I(t'')\mid i\rangle \mathrm{e}^{\mathrm{i}(E_k-E_j)t'/\hbar}\mathrm{e}^{\mathrm{i}(E_j-E_i)t''/\hbar}
\end{aligned}
\tag{1.50}
$$

注意,由于我们假定$\langle k|\hat{H}_1(t)|i\rangle=0$,上式要对所有不同于$|i\rangle$和$|k\rangle$的态$|j\rangle$求和.

现在我们考虑一种特殊情形:$\hat{H}_1(t)$的形式为

$$\hat{H}_1(t) = \hat{W}f(t) \tag{1.51}$$

其中$\hat{W}$是算符,$f(t)$是具有特征时间θ的“启动”函数(图1.5(a)).更确切地说,我们假定相互作用时间T远大于启动时间θ,并且θ本身又远大于自由原子系统的特征演化时间$\hbar/|E_i-E_j|$,即

$$T\gg\theta\gg\frac{\hbar}{|E_i-E_j|} \tag{1.52}$$

其中$|j\rangle$是由$|i\rangle$到$|k\rangle$跃迁的某个中间能级.

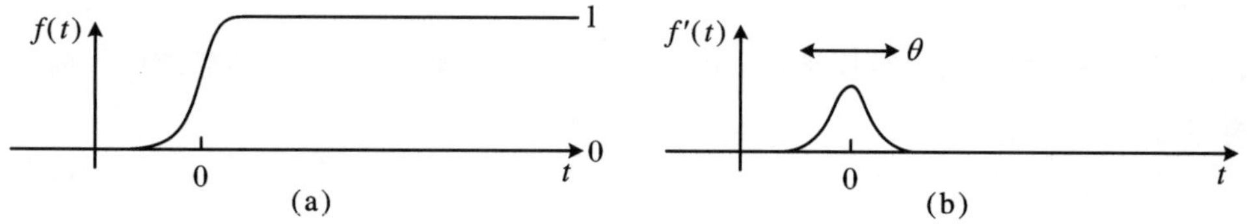

图1.5　(a)“启动”函数$f(t)$(它在θ时间内由0到1平稳变化)和(b)函数$f(t)$的导数的形状

基于这些假定,我们可以对跃迁概率$P_{i\to k}(T)$做一个初步的计算.利用哈密顿量(1.51),我们发现,从初态$|i\rangle$(在相互作用启动之前的某个时间$t_0<0$)到时间T后$|k\rangle$态的跃迁振幅$S_{ki}(T)$可以写为如下形式:

$$S_{ki}(T)=-\frac{1}{\hbar^2}\sum_{j\neq k,i}W_{kj}W_{ji}\int_{t_0}^{T}\mathrm{d}t'\int_{t_0}^{t'}\mathrm{d}t''\mathrm{e}^{\mathrm{i}(E_k-E_j)t'/\hbar}\mathrm{e}^{\mathrm{i}(E_j-E_i)t''/\hbar}f(t')f(t'') \tag{1.53}$$

对 t''进行分部积分,得到

$$\int_{t_0}^{t'}\mathrm{d}t''\mathrm{e}^{\mathrm{i}(E_j-E_i)t''/\hbar}f(t'')=\frac{\mathrm{e}^{\mathrm{i}(E_j-E_i)t'/\hbar}}{\mathrm{i}(E_j-E_i)/\hbar}f(t')-\int_{t_0}^{t'}\frac{\mathrm{e}^{\mathrm{i}(E_j-E_i)t''/\hbar}}{\mathrm{i}(E_j-E_i)/\hbar}f'(t'')\mathrm{d}t'' \tag{1.54}$$

关于函数 $f(t)$的假定式(1.52)表明,$f'(t'')$的极大值是 $1/\theta$(图 1.5(b)).因此式(1.54)等号右面第二项比第一项要小一个量级为 $\hbar/\theta|E_j-E_i|$的因子,我们认为这个因子是小于 1 的.忽略掉这项,式(1.53)变为

$$S_{ki}(T)=\frac{1}{\mathrm{i}\hbar}\sum_{j\neq i}\frac{W_{kj}W_{ji}}{E_i-E_j}\int_{t_0}^{T}\mathrm{d}t'\mathrm{e}^{\mathrm{i}(E_k-E_i)t'/\hbar}[f(t')]^2 \tag{1.55}$$

$$S_{ki}(t)\approx\frac{1}{\mathrm{i}\hbar}\sum_{j\neq i}\frac{W_{kj}W_{ji}}{E_i-E_j}\int_{0}^{T}\mathrm{d}t'\mathrm{e}^{\mathrm{i}(E_k-E_i)t'/\hbar} \tag{1.56}$$

式(1.56)中积分的平方,在 θ/T 量级的范围内与在一阶近似时式(1.36)引入的函数 $g_T(E_k-E_i)$相同.这样我们得到跃迁概率为

$$P_{i\to k}(T)=T\left|\sum_{j\neq k,i}\frac{\langle k\mid\hat{W}\mid j\rangle\langle j\mid\hat{W}\mid i\rangle}{E_j-E_i}\right|^2\frac{2\pi}{\hbar}\delta_T(E_k-E_i) \tag{1.57}$$

其中 $\delta_T(E)$是式(1.38)中引入的宽度为 $2\pi/T$ 的函数.与式(1.39)比较会发现,假如哈密顿量 $\hat{W}$ 用一个有效哈密顿量 $\hat{W}_{\mathrm{eff}}$替换的话,二阶微扰结果可以与一阶微扰结果表示成一样的形式.$|i\rangle$和$|k\rangle$态间的有效哈密顿量的矩阵元为

$$\langle k\mid\hat{W}_{\mathrm{eff}}\mid i\rangle=\sum_{j\neq k,i}\frac{\langle k\mid\hat{W}\mid j\rangle\langle j\mid\hat{W}\mid i\rangle}{E_i-E_j} \tag{1.58}$$

这个矩阵元及所对应的跃迁概率 $P_{i\to k}$,在一个或多个中间态$|j\rangle$的能量与初态$|i\rangle$的能量接近时会变得很大.

评注 可以证明微扰 $\hat{H}_1(t)$会导致系统能级的移动,其大小与有效哈密顿量 $\hat{W}_{\mathrm{eff}}$的对角矩阵元相对应(例如,见 2.3.3 小节).因而态$|i\rangle$的能级移动为

$$\langle i\mid\hat{W}_{\mathrm{eff}}\mid i\rangle=\sum_{j\neq i}\frac{\langle i\mid\hat{W}\mid j\rangle\langle j\mid\hat{W}\mid i\rangle}{E_i-E_j} \tag{1.59}$$

在长时相互作用极限下,跃迁只能发生在具有相同能量迁移的能级之间.

1.2.6 与二能级系统严格解的比较

比较方程(1.35)和(1.36)的一阶微扰解和严格解(包含所有阶)是很有意思的.严格解可在最简单的量子系统中获得,即一个二能级系统.施加在其上的相互作用在时间 $t=0$ 时突然启动.

1. 一些有用的公式

我们考虑一个定义在二维希尔伯特空间上的哈密顿量 $\hat{H}_0$,它在本征态 $|a\rangle$ 和 $|b\rangle$ 分别具有本征值 E_a 和 E_b.按与1.2.4小节一样的描述方式,我们从 $t=0$ 时刻起施加一个常相互作用 $\hat{W}$.为简单起见,我们假定相互作用哈密顿量对角矩阵元 $\hat{W}_{aa}$ 和 $\hat{W}_{bb}$ 为零,非对角矩阵元 $\hat{W}_{ab}$ 为实的.

假定系统初始制备在 $|a\rangle$ 态,我们下面计算跃迁到 $|b\rangle$ 态的概率 $P_{a\to b}$.要解决这个问题,我们必须确定总哈密顿量 $\hat{H}_0+\hat{W}$ 的本征态 $|\varphi_1\rangle$,$|\varphi_2\rangle$ 和相应的能量本征值 E_1,E_2.可以证明,本征态为①

$$\begin{cases}|\varphi_1\rangle=\cos\theta\,|a\rangle+\sin\theta\,|b\rangle\\|\varphi_2\rangle=-\sin\theta\,|a\rangle+\cos\theta\,|b\rangle\end{cases}\tag{1.60}$$

其中 θ 由下式确定:

$$\tan 2\theta=2W_{ab}/(E_a-E_b)\tag{1.61}$$

这样,相应的能量本征值为

$$\begin{cases}E_1=\dfrac{1}{2}(E_a+E_b)+\dfrac{1}{2}\sqrt{(E_a-E_b)^2+4W_{ab}^2}\\[2ex]E_2=\dfrac{1}{2}(E_a+E_b)-\dfrac{1}{2}\sqrt{(E_a-E_b)^2+4W_{ab}^2}\end{cases}\tag{1.62}$$

2. 时间演化

用本征态 $|\varphi_1\rangle$ 和 $|\varphi_2\rangle$ 表示系统的初态 $|a\rangle$,并将这两个态前的系数分别乘以相因子 $\exp(-\mathrm{i}E_1t/\hbar)$ 和 $\exp(-\mathrm{i}E_2t/\hbar)$,则可以得到系统在 t 时刻的态.通过简单的计算就可

① 例如,见CDL补充材料 B_{IV}.

以得到系统在 T 时刻的态矢量①，进而得到跃迁概率

$$P_{a\to b}(T)=\frac{4W_{ab}^2}{(E_a-E_b)^2+4W_{ab}^2}\sin^2\left(\sqrt{(E_a-E_b)^2+4W_{ab}^2}\,\frac{T}{2\hbar}\right) \tag{1.63}$$

结果表明跃迁概率是时间振荡依赖的，称之为**拉比振荡**，如图 1.6 所示. 振荡的特征角频率称作**拉比频率**.

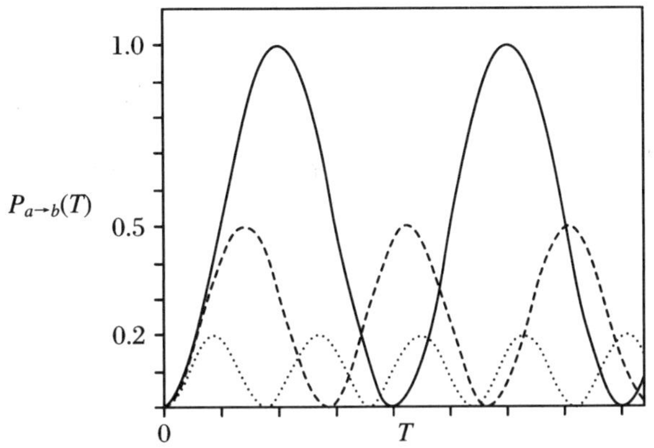

图 1.6　简并(实线)和非简并(虚线和点线)能级跃迁概率 $P_{a\to b}$ 的时间演化

$(E_a-E_b)/W_{ab}$ 相应的值为 0,2 和 4.

当本征态 $|a\rangle$ 和 $|b\rangle$ 具有相同的能量时，不论两个能级间的耦合 W_{ab} 为多少，跃迁概率都周期性地达到 1(全部转变为 $|b\rangle$ 态). 相应的拉比频率 $2W_{ab}/\hbar$ 正比于此耦合. 如果两个本征态 $|a\rangle$ 和 $|b\rangle$ 不是能量简并态，$E_a\neq E_b$，则振荡会更快，但不论耦合 W_{ab} 大到什么程度，两个态之间的布居数也不会完全转换.

评注　这种频率依赖于两个能级间耦合强度的、两个态 $|a\rangle$ 和 $|b\rangle$ 之间能量的振荡转换，在很多地方与经典力学中两个耦合振子的行为很相像：在简并的情况下，系统能量在两个振子之间周期性地转换.

3. 与微扰论的比较

我们首先考虑短时极限. 这样跃迁概率(1.63)对应于拉比振荡的短时行为，具有如下近似值：

$$P_{a\to b}(T)\approx\frac{W_{ab}^2}{\hbar^2}T^2 \tag{1.64}$$

① 见 CDL § Ⅳ C3.

时间依赖满足 T^2 规则，这与一阶微扰论的结果一致(见方程(1.35)和(1.36))，在短时极限下也是如此.注意，这个结果是在 $\sin x \approx x$ 的极限下得到的，也就是说，$x \ll 1$，因而也有 $P_{a\to b} \ll 1$.

通过与微扰论在长时间相互作用下比较我们能得出什么结论呢？考虑这样的情形：

$$|W_{ab}| \ll |E_a - E_b| \tag{1.65}$$

它是微扰论可以有效使用的必要条件.这样式(1.63)就变为

$$P_{a\to b}(T) \approx \frac{W_{ab}^2}{\hbar^2} \frac{\sin^2\left[\left(\frac{E_a - E_b}{2} + \frac{W_{ab}^2}{E_a - E_b}\right)\frac{T}{\hbar}\right]}{\left(\frac{E_a - E_b}{2\hbar}\right)^2 + \frac{W_{ab}^2}{\hbar^2}} \tag{1.66}$$

这个式子与一阶微扰论的表达式(1.35)非常相近：跃迁概率的极大值以及振荡频率实际上完全一致.然而需要注意，频率上的微小差异会在振荡足够多次后导致总概率的瞬时值不同，更准确地说，即振荡时间满足：

$$T > \frac{\pi\hbar |E_a - E_b|}{W_{ab}^2} \tag{1.67}$$

评注 在准共振情况($\omega \approx (E_b - E_a)/\hbar$)下，可以严格计算二能级系统在频率为 ω 的正弦时间依赖微扰作用下的演化.计算中可以对我们引入的拉比振荡概念进行推广，当与微扰理论做比较时会得到类似的结论.这个问题将会在第 2 章(2.3.2 小节)中通过原子-光子相互作用的具体例子详细讨论.

1.3 分立能级与连续态耦合：费米黄金规则

在研究过两个相互独立能级间的耦合之后，我们现在考虑一个完全不同的情况，即初态与一组呈连续状分布的能级相耦合.我们下面将要证明，在这种情况下，系统的演化与我们刚研究过的完全不一样.在给出这样的系统(量子力学中常见的)的一个例子后，我们将计算系统的时间演化，其主要结论即为费米黄金规则.补充材料 1.A 给出了如何能够从与分立态耦合平稳地过渡到与连续态耦合.

1.3.1 实例:氦的自电离

1. 独立电子近似

下面我们考虑由两个电子和带两个单位正电荷的 He^{2+} 核构成的氦原子. 作为一级近似,我们忽略两个电子间的静电排斥和两粒子不可区分带来的效应,电子彼此独立地位于库仑势中. 系统的本征态是类氢离子 He^{+} 本征态的张量积,除了由于氦原子核带两个电荷造成标度的不同外,它们与氢原子的本征态是一样的. 它们包含一系列能量为

$$E_n = -\frac{E_I}{n^2} \tag{1.68}$$

的分立束缚态(电离能 E_I 是氢原子的 4 倍,$E_I = 54.4\ \mathrm{eV}$)和具有正能量的电离态 $|k\rangle$,此时电子不再被束缚在核的周围. 由于这些态的能量 E_k(k 是一个实数)没有量子化,它们构成了一个连续态. 图 1.7 展现了这些态的能量.

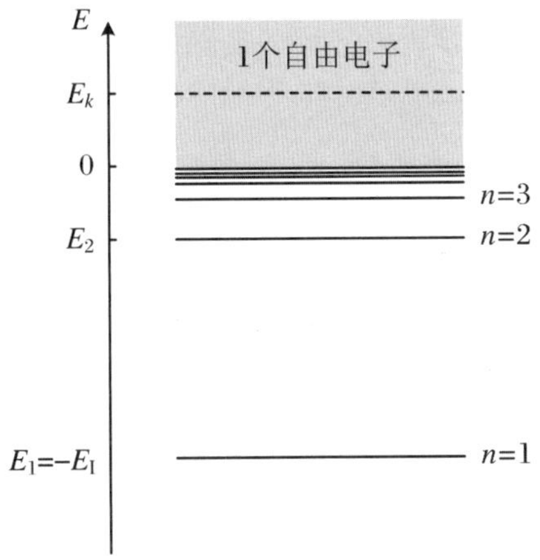

图 1.7 库仑势中的电子能级:量子化负能束缚态分立序列和由正能电离态形成的连续态

我们首先讨论标记为$(1,n)$的氦的态序列,它们对应于某个电子处于 $n=1$ 的态和另外一个处于主量子数为 n 的任意束缚态. 这个态的能量为两个电子能量的和,也就是

$$E_{1,n} = E_1 + E_n = -E_I\left(1 + \frac{1}{n^2}\right) \tag{1.69}$$

图 1.8 展示了这个态序列. 在能量为 $-2E_I$ 的基态(1,1)之上,首先存在的是 $-2E_I$ 至 $-E_I$ 之间的分立束缚态,然后就是 $-E_I$ 之上的连续态$(1,k)$. 此连续态描述了处于基态的 He^+ 离子外带一个自由电子的情况.

如果我们考虑用$(2,n')$ 标记的氦量子态序列,对应于一个电子 $n=2$ 的态和另外一个 $n'>2$ 的态(图 1.8(b)),可以发现(2,2)态的能量大于 $-E_I$,其能量值处于连续态$(1,k)$中. 也就是说,存在与束缚态(2,2)能量相同的电离态$(1,k_0)$.

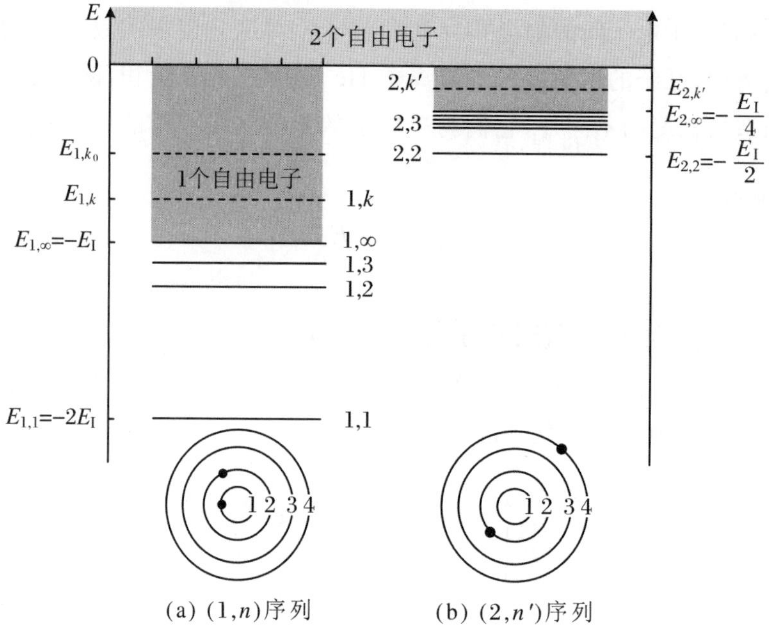

图 1.8　独立电子近似下的氦原子能级

(a) 一个电子处于基态 $n=1$,另外一个处于任意束缚态或电离态的能级分布;(b) 一个电子处于第一激发态 $n=2$,另外一个处于任意束缚态或电离态的能级分布.

2. 电子耦合效应

我们现在把两个电子间的静电耦合考虑进来,它可用

$$\hat{H}_1=-\frac{q^2}{4\pi\varepsilon_0}\frac{1}{|\hat{\boldsymbol{r}}_1-\hat{\boldsymbol{r}}_2|} \tag{1.70}$$

描述,我们将用微扰的办法来处理. 首先,哈密顿量的这项会改变我们先前考虑的各种态的能量. 但是,$(1,n)$和$(2,n)$能级序列依然存在;分立态(2,2)还在$(1,n)$序列电离极限之上,因而存在与(2,2)态能量相同的电离态$(1,k_0)$. 更进一步,可以证明时间无关的算

符 $\hat{H}_1$ 在(2,2)和(1,k_0)态之间有非零矩阵元.于是,这两个态之间存在着跃迁的可能:激发态(2,2)可能通过部分地释放其内部能量将自身的一个电子激发到电离极限之上,也就是自发电离.这种现象称为自电离,或俄歇效应(Auger effect).这种现象可以在氦和许多其他多电子原子中观测到,俄歇效应在材料分析中有特殊的用途,如分析出射电子的动能,可以给出原子化学环境的信息.

3. 与连续态(1,k)耦合

事实上,耦合项 $\hat{H}_1$ 在(2,2)和其他连续态(1,k)间也有非零矩阵元,特别是那些能量上接近(1,k_0)的态.本章中我们看到,即使初态和末态的能量不严格相等,跃迁也是可能发生的.为了处理自电离过程,必须考虑(2,2)和所有连续态(1,k)的耦合.下一小节将讨论这个问题.

1.3.2 分立能级与准连续态耦合:简化模型

在前一小节的例子中,系统末态有从原子中逃逸出来的自由电子.显然,自由电子的放出是一个不可逆过程,定性上与分立能级有关的拉比振荡现象不同.在下面一小节中,我们将重点定量地研究这个不可逆过程.

1. 准连续态

数学上处理连续态量子系统本征态时需要略加小心,特别是它们是不可归一的时候.因此,先计算密集分布的一组分立能级(准连续态),最后再过渡到纯连续态情形是很可行的.这样,我们关注的系统可以被认为是局限在一个想象的大尺寸的虚拟箱之中.这改变了边界条件,正能级成了箱势中的束缚态,变成分立的了.最后可以通过将数学计算中箱的大小趋近于无穷,得到连续态的结果.

我们在最后一部分通过一个例子演示这个过程.虚拟箱的引入在库仑势上附加了一个势,这个势在箱内为零,在箱外为无穷大.新势下的驻波解均为束缚态,构成了一个分立的序列,甚至对正能也是如此(图 1.9).因而我们可以在此使用 1.2 节的结果.要点在于,当 L(宏观量)远远大于玻尔半径(微观量)时,对系统的测量将独立于 L,等价于由纯连续态所得的结果.[①]还需要说明的是,归一化使得波函数的振幅以 $L^{-1/2}$ 变化.

---

① 为了进行计算,作为数学手段我们在此引入了准连续态的概念.然而,真实的准连续态案例在物理中是存在的.例如,一个多原子分子的转动模式的激发态构成了包含密集能级的系统,此系统具有准连续态的特点.

此外，为了简化计算，假定在尺寸为 L 的箱中，本征态 $|n\rangle$ 与"简单"无限深方势阱没什么不同，当 $|x|< L/2$ 时 $V(x)=0$，当 $|x|>L/2$ 时 $V(x)=+\infty$. 这些态的能量为

$$E_k = \frac{\hbar^2\pi^2}{2mL^2}k^2 \tag{1.71}$$

其中 k 是正整数. 对于大 k，相邻能级差为

$$\Delta E = k\frac{\hbar^2\pi^2}{mL^2} = \frac{2\pi\hbar}{\sqrt{2m}}\frac{\sqrt{E_k}}{L} \tag{1.72}$$

对于给定的能量，能级差反比于箱的尺寸 L. 正如所料，当箱尺寸趋于无穷时，能级差非常小.

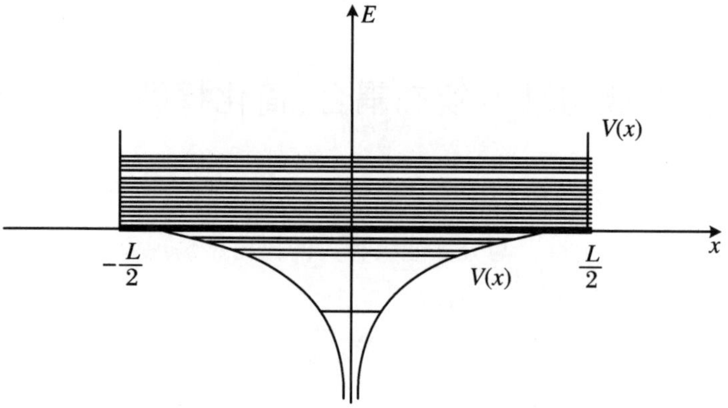

图 1.9　电子落在库仑势中，并被囚禁在原子核附近边长为 L 的箱中

所有能级都是分立的，是束缚态. 然而，当 L 足够大时，正能态就成为了准连续态.

2. 准连续态的简易模型

我们现在讨论分立能级与准连续态的耦合问题. 先从最简单的情况入手，这样能使我们既得到重要的结果，同时又避免复杂的数学运算. 考虑哈密顿量 $\hat{H}_0$，一边是初始的分立能级 $|i\rangle$（我们选择这个态相应的能量为零，$E_i=0$），另一边是密集且均匀分布的能级组 $|k\rangle$（亦是 $\hat{H}_0$ 的本征态），本征能量为 $E_k=k\varepsilon$（k 是一个 $-\infty$ 到 $+\infty$ 之间的整数）. 连续能级的能量间隔 ε 被认为非常小（我们之后将对这种情况做更多定量的陈述），这样能级 $|k\rangle$ 就构成了准连续态（图 1.10）.

我们所做的第二项简化是假定能级 $|i\rangle$ 通过耦合项 $\hat{W}$ 与 $|k\rangle$ 能级耦合，且耦合矩阵

元为

$$\langle k \mid \hat{W} \mid i\rangle = w, \quad \langle k \mid \hat{W} \mid k'\rangle = 0, \quad \langle i \mid \hat{W} \mid i\rangle = 0 \tag{1.73}$$

因此相互作用 $\hat{W}$ 不在连续态之间产生耦合.为简单起见,我们进一步假定矩阵元 w 是实的,且与 k 无关.

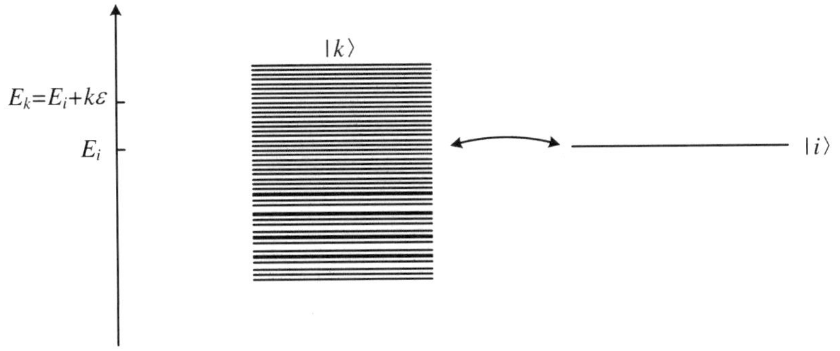

图 1.10　包含单个分立态$|i\rangle$的系统与空间上均匀分布的态$|k\rangle$的无限集所构成的准连续态的耦合能级

3. 短时行为:单位时间跃迁概率

下面我们计算系统初态处于$|i\rangle$,经时间 T 后仍处于这个态的概率.由于连续态彼此正交,要得到总的跃迁概率,我们需要对跃迁到每个连续态的概率进行求和.这样,仍处于$|i\rangle$态的概率就是

$$P_i(T) = 1 - \sum_{k=-\infty}^{+\infty} P_{i\to k}(T) \tag{1.74}$$

其中 $P_{i\to k}(T)$是微扰在 $t=0\to T$ 时间段为常量情况下的跃迁概率,式(1.39)给出了其一阶微扰的值:

$$P_{i\to k}(T) = T\frac{2\pi}{\hbar}w^2\delta_T(k\varepsilon) \tag{1.75}$$

我们考虑连续能级的能量间隔 ε 与 δ_T 的宽度 $2\pi\hbar/T$ 相比是小量的情况.这样,函数 $\delta_T(k\varepsilon)$随 k 的变化很缓慢,式(1.74)中的离散求和就可以用积分来代替.因为函数 δ_T 的总面积为 1,所以

$$P_i(T) = 1 - T\frac{2\pi}{\hbar}w^2\int_{-\infty}^{+\infty}\frac{\mathrm{d}E}{\varepsilon}\delta_T(E) = 1 - T\frac{2\pi w^2}{\hbar\varepsilon} \tag{1.76}$$

于是,在当前的模型下,我们就得到了初态布居数的演化,它与时间 T 呈线性关系.这与

两个分立能级耦合给出的平方演化情况不同(见方程(1.64)).这样我们可以定义一个**单位时间脱离率**(departure probability)

$$\Gamma = \frac{1 - P_i(T)}{T} \tag{1.77}$$

我们有

$$\Gamma = \frac{2\pi}{\hbar} w^2 \frac{1}{\varepsilon} \tag{1.78}$$

Γ 的量纲为时间的倒数,也称为**单位时间连续态的跃迁概率**,或**跃迁率**.

在上面准连续态的简单例子中,w 正比于连续态波函数的振幅,按 $L^{-1/2}$ 变化,ε 按 L^{-1} 变化,这样 w^2/ε 就是一个实的物理量,它与假想的箱尺度 L 无关.正是这个性质使得用准连续态是合适的.但使用这个技巧需要在最后的推导中进行系统的检查.

评注 要用公式(1.77)和(1.78),必须满足两个条件,它们对相互作用时间 T 施加了两个独立的上限:

$$T \ll 2\pi\hbar/\varepsilon \quad 和 \quad T \ll \Gamma^{-1} = \hbar\varepsilon/(2\pi w^2)$$

前一个是在式(1.74)中可用积分替换求和的必要条件,后一个保证一阶微扰理论的有效性($P_i(T) \approx 1$).此外,在准连续态的实例中并不会延伸到无穷能量范围,而是宽度为 Δ 的有限区间.因此,为保证式(1.83)的积分区间为宽度 Δ 时能确实得到1,有必要再给 T 附加另外一个条件:$T \gg \hbar/\Delta$.这些条件在 $\Gamma \ll \Delta$ 的情况下是彼此相容的.补充材料1.A给出了一个不满足这种情况的例子.

4. 长时间行为:指数衰变

为了研究系统在比 Γ^{-1} 更长的时间尺度下的演化,必须使用非微扰的办法.韦斯科夫(Weisskopf)和维格纳(Wigner)在1930年提出了解决这类问题的方案.下面我们对他们的处理方法的一个简化版做个概述.

由式(1.14)给出的系统波函数,在我们现在的情形(准连续态模型)下可以表达为

$$|\psi(t)\rangle = \gamma_i(t)|i\rangle + \sum_{k=-\infty}^{+\infty} \gamma_k(t) e^{-ik\varepsilon t/\hbar} |k\rangle \tag{1.79}$$

同时,薛定谔方程相应地等价于如下微分方程组:

$$
\begin{cases}
i\hbar\dfrac{d}{dt}\gamma_i(t) = w\displaystyle\sum_{k=-\infty}^{+\infty}\gamma_k(t)e^{-ik\varepsilon t/\hbar} \\
i\hbar\dfrac{d}{dt}\gamma_k(t) = we^{ik\varepsilon t/\hbar}\gamma_i(t)
\end{cases}
\tag{1.80}
$$

系统最初处于$|i\rangle$态，有 $\gamma_k(0)=0$，因此可以写出

$$
\gamma_k(t) = \frac{w}{i\hbar}\int_0^t dt'\gamma_i(t')e^{ik\varepsilon t'/\hbar} \tag{1.81}
$$

将以上结果代入(1.80)的第一个方程，并利用式(1.78)给出的 Γ，我们可以得到如下严格的方程：

$$
\frac{d}{dt}\gamma_i(t) = -\frac{\Gamma}{2\pi\hbar}\int_0^t dt'\gamma_i(t')\left[\sum_{k=-\infty}^{+\infty}\varepsilon e^{ik\varepsilon(t'-t)/\hbar}\right] \tag{1.82}
$$

我们仍然假定准连续态的能级足够密集，满足 $\varepsilon \ll \hbar/T$. 上式方括号中对 k 的求和就可以用如下积分代替：

$$
\int_{-\infty}^{+\infty} dE e^{iE(t'-t)/\hbar} = 2\pi\hbar\delta(t'-t) \tag{1.83}
$$

令 $\tau = t' - t$，方程(1.82)可改写为如下形式：

$$
\frac{d}{dt}\gamma_i(t) = -\Gamma\int_{-t}^{0} d\tau\delta(\tau)\gamma_i(t+\tau) \tag{1.84}
$$

由于 $\delta(t)$是偶函数，式(1.84)的积分等于 $\gamma_i(t)/2$. 这样，对任意 $t>0$，

$$
\frac{d}{dt}\gamma_i(t) = -\frac{\Gamma}{2}\gamma_i(t) \tag{1.85}
$$

可以直接解方程，得到

$$
\gamma_i(t) = \exp(-\Gamma t/2) \tag{1.86}
$$

由此可以导出概率 $P_i(t) = |\gamma_i(T)|^2$：

$$
P_i(T) = \exp(-\Gamma T) \tag{1.87}
$$

所以，发现系统仍处于初始态的概率随时间按指数衰减，即按辐射衰变的方式在长时间后趋于零. 换句话说，式(1.87)表明$|i\rangle$态的寿命等于 Γ^{-1}.

最后需要说明，在短时极限下，式(1.87)自然会约化到式(1.76)的微扰结果.

5. 系统末态

与前面研究过的分立能级的耦合问题(式(1.63))不同，现在系统演化到一个定态，

这个定态中初态被占据的概率为零.那么在 $t \to +\infty$ 时末态会是什么呢？要回答这个问题，我们需要先计算系数 $\gamma_k(t=+\infty)$，把式(1.86)的结果代入方程(1.81)，然后直接积分，可得到

$$\gamma_k(t) = w\frac{1-e^{(ik\varepsilon/\hbar-\Gamma/2)t}}{k\varepsilon+i\hbar\Gamma/2} \tag{1.88}$$

这样，在长时间($t \to +\infty$)下系统处于 $|k\rangle$ 态的概率为

$$P_k = \frac{w^2}{(k\varepsilon)^2+\hbar^2\Gamma^2/4} \tag{1.89}$$

因此，系统处于能量介于 E 和 $E+\mathrm{d}E$ 之间某个连续态的概率就是

$$\mathrm{d}P(E) = P_k\frac{\mathrm{d}E}{\varepsilon} \tag{1.90}$$

其中 $\mathrm{d}E/\varepsilon$ 是 $\mathrm{d}E$ 能量间隔内准连续能级的数目.由式(1.78)和式(1.89)，我们有

$$\frac{\mathrm{d}P}{\mathrm{d}E} = \frac{\hbar\Gamma}{2\pi}\frac{1}{E^2+\hbar^2\Gamma^2/4} \tag{1.91}$$

因此可能的末态能量分布就是一个洛伦兹形式，以初始分立态的能量 $E_i=0$ 为中心，在1/2 最大值的地方，全宽度等于 $\hbar\Gamma$(图 1.11).

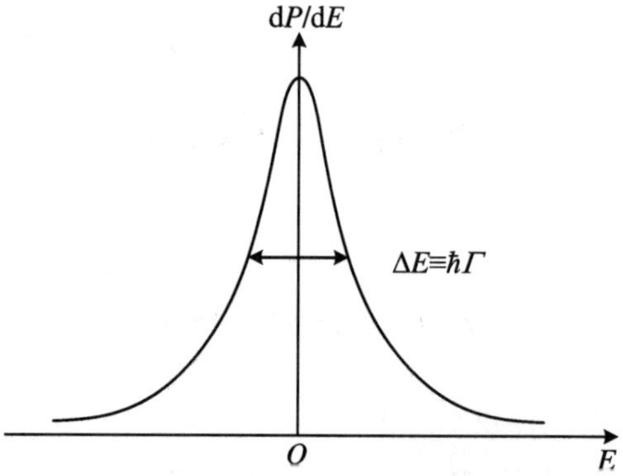

图 1.11　分立态通过常微扰与准连续态耦合时末态的能量分布(分布的宽度为 $\Delta E=\hbar\Gamma$)

因此可以认为，分立初态"融入"了周边的准连续态，这些准连续态所占据的范围由初态寿命 Γ^{-1} 所带来的能量不确定性 $\hbar\Gamma$ 决定.

评注　指数演化一个突出的特点(与之前所见的拉比振荡相比时)是具有单调性：初态布居数一直在衰减.此处，这种不可逆行为很吸引人.然而问题本身很微妙.

在演化过程中任意时间 t_0，系统处于由式(1.88)的系数 $\gamma_k(t_0)$ 给出的、唯一确定的态 $|\psi(t_0)\rangle$.将时间反演算符 $\hat{K}$ 作用到这个态，等价于对波函数取复共轭①(这个算符的作用相当于在经典力学中对速度做瞬时反转).如果系统在同样的哈密顿量影响下由新的态 $\hat{K}|\psi(t_0)\rangle$ 开始演化，很容易证明，经过时间 t_0 后恰好又回到了初态 $|i\rangle$.这是(时间)可反演性的一个例证.可反演性通常用来描述满足薛定谔方程的系统的性质.

然而在实际中，制备 $\hat{H}_0$ 的本征态 $|i\rangle$ 中的系统要比制备 $\hat{K}|\psi(t_0)\rangle$ 态中的容易得多.后者需要调控每个 $\hat{H}_0$ 的本征态的振幅和相位，同时允许系统在之后某个时间"收缩"回 $|i\rangle$ 态.因此，式(1.88)描述的演化的逆过程是可能的，但在这种情况下制备系统通常是很不可行的：在这个统计学层次，这类过程表现出不可逆性.

1.3.3 费米黄金规则

1.3.2 小节讨论的过程有些理想化.实际上，耦合强度 W_{ik} 是能级 $|k\rangle$ 的函数，并且能级间隙 $E_k - E_{k-1}$ 也依赖于所考虑的能级对.下面我们将不探讨一般情况②，而只局限于描述具体结果，同时关注与我们前面刚讨论过的简单情况的异同.

1. 更现实的准连续态：态密度的概念

接下来考虑更一般的情况，此时能级在能量上不是均匀分布的：能级差 $E_k - E_{k-1}$ 是 k 的函数，并且准连续态能级局限于一个确定的能量范围，不再是从 $-\infty$ 到 $+\infty$(图 1.12).这样，我们定义**态密度** $\rho(E)$ 为能量在 E 到 $E+\mathrm{d}E$ 范围之内，准连续态能级数目除以能量间隔：

$$\rho(E) = \frac{\mathrm{d}N(E)}{\mathrm{d}E} \tag{1.92}$$

$\rho(E)$ 的值依赖于所讨论的具体量子体系(在简化模型中，它等于 $1/\varepsilon$).

最后，在一个实际的模型中，矩阵元不必是常数.不过我们假定，矩阵元 $\langle k|\hat{W}|i\rangle$ 是随 k 缓慢变化的函数.

---

① 例如，见 A. Messiah 的《量子力学》(Dover，1999)第 13 章 C.

② 见 CDG Ⅱ 第 12 章 C.

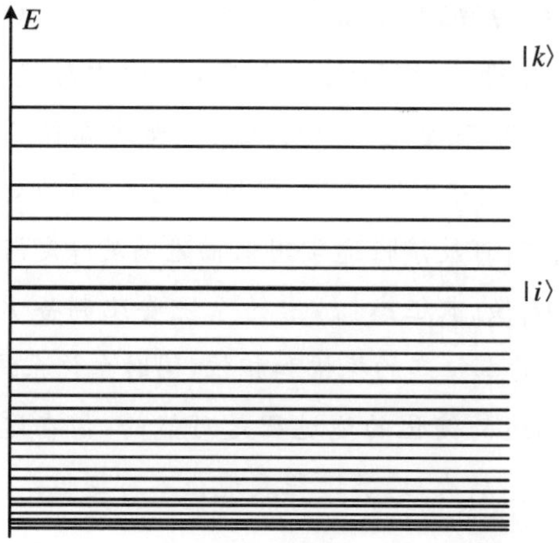

图 1.12　分立态与准连续态的耦合（准连续态能级间隔是能量的函数）

2. 非简并连续态的费米黄金规则

设定系统最初处于$|i\rangle$能级，可以推广 1.3.2 小节的结果，用一阶微扰理论计算系统在足够短时间 T 后仍处于$|i\rangle$态的概率 $P_i(t)$. 从式(1.39)出发，我们可以计算出各种可能末态$|k\rangle$的跃迁概率：

$$P_i(T) = 1 - \sum_k T \frac{2\pi}{\hbar} |W_{ki}|^2 \delta_T(E_k - E_i) \tag{1.93}$$

如果 W_{ik}是k 的函数，并且在函数 δ_T 的宽度范围内缓慢变化，则通过引入态密度 $\rho(E)$，分立的求和可以用积分代替：

$$P_i(T) = 1 - T \frac{2\pi}{\hbar}\int \mathrm{d}E_k \rho(E_k) |W_{ki}|^2 \delta_T(E_k - E_i) \tag{1.94}$$

相应地，假如 $\rho(E_k)$也是缓慢变化的，δ_T 可以近似为狄拉克 δ 函数，这样就可以发现 $P_i(T)$线性依赖于 T：

$$P_i(T) = 1 - \Gamma T \tag{1.95}$$

其中单位时间跃迁概率 Γ 由量子力学中经常使用的如下重要关系给出（曾经被费米叫作**量子物理的黄金法则**，现在称为**费米黄金规则**）：

$$\Gamma = \frac{2\pi}{\hbar} |W_{fi}|^2 \rho(E_f = E_i) \tag{1.96}$$

这里$|f\rangle$代表准连续态能级，与分立能级$|i\rangle$具有相同的能量；W_{fi}和$\rho(E_f)$分别为耦合矩阵元和$|f\rangle$态处的态密度.

因为我们知道，在时间 T 后，只有落在 E_i 附近宽度为$\hbar/T$ 范围内的能级才会被占据，所以式(1.96)是式(1.78)的自然推广：如果在 $\rho(E)$和 W_{ik}变化显著的范围内$\hbar/T$ 是小量，则与初态耦合的准连续态的分布正好与之前介绍的简易模型一致.因此，如果在 E_i 附近 $\rho(E)$缓慢变化，那么可以使用简易模型.

3. 简并连续态的费米黄金规则

式(1.96)隐含着假定连续态是非简并的，也就是说，确定的 E 能够标记一个给定的连续态.然而，经常会有更复杂的情况，连续态还需要有额外的一组参数才能完全确定.我们用一个简单符号 β 来标记这些额外量子数.这样，一个连续态可用$|E,\beta\rangle$表示.在1.3.1小节介绍的自电离例子中，准连续态就是处于与原子尺度相比要大很多的箱中的一个自由电子态.这样，已知出射电子的方向，除动能 E_k 外，准连续态$|E_k,\theta,\varphi\rangle$由两个角坐标确定.

我们下面求系统处于$|E,\beta\rangle$态的微分概率 $\mathrm{d}P(T)/\mathrm{d}\beta$ 的表达式，其中参数 β 在β 到 $\beta+\mathrm{d}\beta$ 范围内取值.与前面的论证类似，微分概率随 T 线性增加.因此我们可定义单位时间微分概率：

$$\frac{\mathrm{d}\Gamma}{\mathrm{d}\beta}=\frac{1}{T}\frac{\mathrm{d}P(T)}{\mathrm{d}\beta}=\frac{2\pi}{\hbar}\left|\langle E_f,\beta\mid\hat{W}\mid i\rangle\right|^2\rho(\beta,E_f=E_i)\tag{1.97}$$

系统在 T 时仍然留在初态的概率依旧是方程(1.95)的线性依赖关系，其中

$$\Gamma=\int\mathrm{d}\beta\,\frac{\mathrm{d}\Gamma}{\mathrm{d}\beta}\tag{1.98}$$

这个结果的解释很明确：Γ 可通过对所有可能跃迁到能量为E_f 的不同末态的概率求和得到.

在自电离的简易模型中，用式(1.97)可以计算在给定方向“β”=(θ,φ)上出射电子的概率 $\mathrm{d}\Gamma/\mathrm{d}\Omega$.将各种可能的方向积分后，可以得到自电离的总概率，即

$$\Gamma=\int\frac{\mathrm{d}\Gamma}{\mathrm{d}\Omega}\mathrm{d}\Omega=\int\frac{\mathrm{d}\Gamma}{\mathrm{d}\Omega}\sin\theta\,\mathrm{d}\theta\,\mathrm{d}\varphi\tag{1.99}$$

对这个积分做实际计算，得到的结果与假想的包含原子的箱的尺寸 L 无关(见补充材料2.E).

4. 长时行为

用维格纳-韦斯科夫方法(1.3.2 小节)所得的长时间非微扰解,可以推广到任意准连续态,能够得到能级$|i\rangle$的布居数随Γ指数衰减的结论(式(1.87)),其中Γ由式(1.96)或式(1.98)给出.然而,式(1.87)只在准连续态扩展到足够大的能量范围才有效.更确切地说,$\hbar\Gamma$是初始能级的宽度.通过与连续态耦合,当$|W_{fi}|^2\rho(E)$在E_i附近宽度为$\hbar\Gamma$的能量范围内有很小变动时,能级布居数将随时间按指数衰减.我们在补充材料 1.A 中会看到,当这个条件不再满足时会发生什么.

评注 过程的末态能量分布也可以由洛伦兹曲线给出,宽度为$\hbar\Gamma$,Γ由式(1.96)或式(1.98)确定.然而,严格地说,与准连续态能级的耦合通常会造成能级移动,这样洛伦兹曲线的中心也会相对于分立能级E_i的位置有少量位移.在 1.3.2 小节的简易模型中,这种位移为零,因为$|k\rangle$能级在E_i附近的能量分布是对称的,相应耦合对$|k\rangle$能级移动的贡献相等,但相反.

1.3.4 正弦微扰情形

我们可以用 1.2.4 小节的结果将费米黄金规则推广到正弦微扰情形:

$$\hat{H}_1(t) = \hat{W}\cos(\omega t + \varphi) \tag{1.100}$$

为此,只需用式(1.47)的概率公式$P_{i\to k}(t)$替代式(1.39)即可.用同样的方法可以得到$P_i(T)$是随时间线性变化的,我们可以定义单位时间跃迁概率:

$$\Gamma = \frac{2\pi}{\hbar}\frac{1}{4}\left[|W_{f'i}|^2\rho(E_{f'} = E_i + \hbar\omega) + |W_{f''i}|^2\rho(E_{f''} = E_i - \hbar\omega)\right] \tag{1.101}$$

这里$|f'\rangle$和$|f''\rangle$分别是能量为$E_i+\hbar\omega$和$E_i-\hbar\omega$的准连续态,$W_{f'i}$和$W_{f''i}$是相应的矩阵元.①

在过程结束时,那些因正弦式耦合而被占据的能级将是能量为$E_i \pm \hbar\omega$附近$\hbar\Gamma$内的准连续能级(图 1.13).正如 1.2.4 小节所述,尽管事实上我们还没有引入导致跃迁的场的量子化,但公式(1.101)可以很自然地用吸收和发射一份能量量子$\hbar\omega$解释.

评注 在研究了两个分立态之间以及分立态与连续态之间的耦合之后,可以把研究

① 如果连续态不扩展到$E_i+\hbar\omega$或$E_i-\hbar\omega$附近能量范围,显然相应的跃迁概率为 0,即相当于设定$\rho(E_{f'})$或$\rho(E_{f''})$为 0(例如,见补充材料 2.E).

扩展到更为复杂的系统，例如系统最初处于一组分立或连续的能级.

如果系统由一个连续态开始到另一个连续态为止（例如自由电子被势散射时的情形），仍然可以用公式(1.79)得到单位时间跃迁概率. 然而，如果初态$|i\rangle$属于连续态，它的波函数以及公式(1.97)，就依赖于包含系统的假想箱的尺寸. 这时，物理上有意义的量是微分截面，它与箱的尺寸无关，等于单位时间跃迁概率与入射粒子通量之比. 在第6章中我们将会看到几个这样的例子.

如果系统最初是分立态或连续态的不相干叠加态（即统计混合态），则可以对概率$P_{i\to k}$（式(1.26)）做各种可能初态的平均和对各种可能的末态求和.

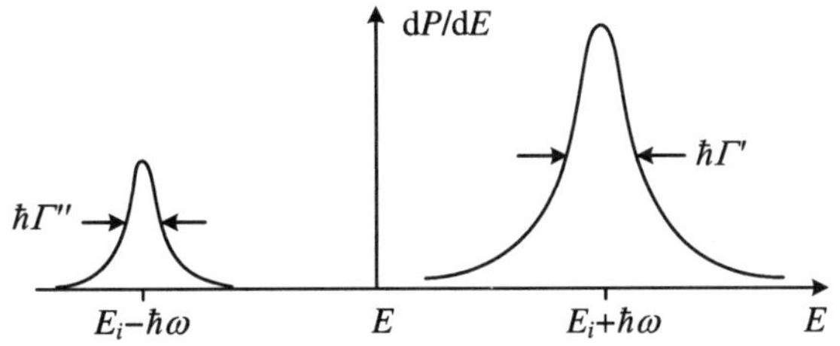

图 1.13　受到频率为 ω 的正弦微扰引起的分立态与准连续态相互作用后的末态能量分布

两个峰的振幅正比于关系式(1.101)的第一项和第二项. 这个结果可以用系统吸收或放出一份能量量子$\hbar\omega$来解释.

1.4　总结

在第1章中，我们回顾了量子力学对非耗散系统（即满足薛定谔方程）描述的一些基本内容. 在所讨论的简单耦合情形（常数或正弦时间依赖）下，我们领略了两个不同性质的初态布居数$P_i(t)$随时间演化的模式（图1.14）：

(a) 在初态与孤立末态耦合情况下，短时按t^2演化，长时为振荡模式；

(b) 在分立初态与一组在足够宽的范围内密集分布的能级所构成的准连续态耦合情况下，概率单调衰减，短时与t线性相关，长时按指数变化.

后面我们会见到与这两种情形相应的状况：例如，对(a)情形，一个二能级原子与单色电磁波耦合；对(b)情形，孤立原子激发态的自发辐射衰变. 这是两种完全不同的情形. 对于前者，系统会周期性地回到初态；而对于后者，系统会单调地演化到与初态不同的态.这两个例子其实对应着两种极端的情况.在本章补充材料 1.B 中,我们会分析分立态与不同能量宽度(Δ)准连续态耦合时的能级布居的演化.我们将证明,如果 Δ 与 Γ 相比是一个小量,就会有类似于上面(a)的行为,因为当 Δ 与 Γ 具有相同量级时,振荡演化将会衰减;而当 Δ 大于 Γ 时,就会看到(b)模式的特性.

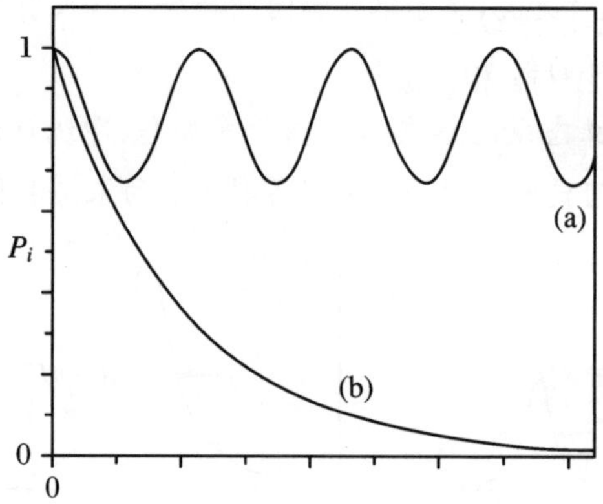

图 1.14　分立初态通过常微扰与(a)另一个分立态及(b)一个准连续态耦合时布居数的变化

补充材料 1.A　变宽度连续态

在本章中,我们学习了两种不同模式的时间演化,这取决于初态是与一个孤立态还是一个准连续态耦合.在这个补充材料中,我们将研究一个行为介于这两种极端情况之间的简单模型.我们考虑一个分立态与能量范围为 Δ 的准连续态的相互作用,Δ 为可变参数.

1.A.1　模型描述

我们再来考虑一下 1.3.2 小节关于准连续态的简易模型.它由系列态 $|k\rangle$(具有等能级间距 $E_k = k\varepsilon$,其中 k 可取 $-\infty \sim +\infty$ 内的任何值)与取值为 0 的分立态的耦合构成.我们在此假定相互作用哈密顿量 $\hat{W}$ 的矩阵元不再是常数,而是

$$\begin{aligned}&\langle k \mid \hat{W} \mid i \rangle = w_k = w[1+(k\varepsilon/\Delta)^2]^{-1/2}\\&\langle k \mid \hat{W} \mid k' \rangle = 0\\&\langle i \mid \hat{W} \mid i \rangle = 0\end{aligned} \tag{1.A.1}$$

因而矩阵元的平方就是能量的洛伦兹函数，分立初态的能量处于函数的中心. 所以，对于处于初态$|i\rangle$的原子来说，准连续态似乎具有有效宽度 Δ. $|E_k|>\Delta$ 的态与初态是弱耦合. 此外，我们假设 w 和 Δ 与 ε 相比很大. 我们选择耦合矩阵元平方的能量依赖为洛伦兹形式，就如我们下面将要看到的，它使得决定系统演化的方程对于任意连续变化的 Δ 都有解.

1.A.2 随时间演化

为计算模型系统的时间演化，我们沿用类似于 1.3.2 小节的方法，将波函数写为如下形式：

$$|\psi(t)\rangle = \gamma_i(t)\,|i\rangle + \sum_{k=-\infty}^{+\infty}\gamma_k(t)\mathrm{e}^{-\mathrm{i}k\varepsilon t/\hbar}\,|k\rangle \tag{1.A.2}$$

这样薛定谔方程就与如下微分方程组等价：

$$\frac{\mathrm{d}}{\mathrm{d}t}\gamma_i(t) = \frac{1}{\mathrm{i}\hbar}\sum_{k=-\infty}^{+\infty} w_k\gamma_k(t)\mathrm{e}^{-\mathrm{i}k\varepsilon t/\hbar} \tag{1.A.3}$$

$$\frac{\mathrm{d}}{\mathrm{d}t}\gamma_k(t) = \frac{w_k}{\mathrm{i}\hbar}\mathrm{e}^{\mathrm{i}k\varepsilon t/\hbar}\gamma_i(t) \tag{1.A.4}$$

对第二个方程做常规积分(见式(1.81))，可得到 $\gamma_i(t)$的表达式如下：

$$\frac{\mathrm{d}}{\mathrm{d}t}\gamma_i(t) = -\int_0^t \mathrm{d}t'\gamma_i(t')\left[\sum_{k=-\infty}^{+\infty}\frac{w_k^2}{\hbar^2}\mathrm{e}^{\mathrm{i}k\varepsilon(t'-t)/\hbar}\right] \tag{1.A.5}$$

此处 ε 非常小. 将式(1.A.1)代入后，方括号里的求和可用如下积分代替：

$$\int_{-\infty}^{+\infty}\frac{\mathrm{d}E}{\varepsilon}\frac{w^2}{\hbar^2}\frac{1}{1+(E/\Delta)^2}\mathrm{e}^{\mathrm{i}E(t'-t)/\hbar} = \frac{w^2}{\hbar^2}\frac{\pi\Delta}{\varepsilon}\mathrm{e}^{-\Delta|t'-t|/\hbar} \tag{1.A.6}$$

引入通常的表示符 $\Gamma=(2\pi/\hbar)(w^2/\varepsilon)$(费米黄金规则给出的单位时间跃迁概率)，我们可以得到如下关于 γ_i 的积分微分方程：

$$\frac{\mathrm{d}}{\mathrm{d}t}\gamma_i(t) = -\frac{\Gamma\Delta}{2\hbar}\int_0^t \mathrm{d}t'\gamma_i(t')\mathrm{e}^{\Delta(t'-t)/\hbar} \tag{1.A.7}$$

或将上式对 t 做微分，等价地得到二阶微分方程：

$$\frac{\mathrm{d}^2}{\mathrm{d}t^2}\gamma_i + \frac{\Delta}{\hbar}\frac{\mathrm{d}}{\mathrm{d}t}\gamma_i + \frac{\Gamma\Delta}{2\hbar}\gamma_i = 0 \tag{1.A.8}$$

因为选取了方程(1.A.1)中耦合矩阵元的能量依赖形式，我们可以方便地求解如上微分方程.

假设在 $t=0$ 时，系统处于分立态 $|i\rangle$，于是初始条件为 $\gamma_i(0)=1$，$\gamma_{k\neq i}(0)=0$，由此用式(1.A.3)可得 $\mathrm{d}\gamma_i/\mathrm{d}t(0)=0$. 方程(1.A.8)相应的解在 $\Delta>2\hbar\Gamma$ 时可以表示为

$$\gamma_i(t) = \mathrm{e}^{-\Delta t/(2\hbar)}\left(\cosh\frac{\Delta' t}{2\hbar} + \frac{\Delta}{\Delta'}\sinh\frac{\Delta' t}{2\hbar}\right) \tag{1.A.9}$$

其中

$$\Delta' = \Delta\sqrt{1-\frac{2\hbar\Gamma}{\Delta}} \tag{1.A.10}$$

在 $\Delta<2\hbar\Gamma$ 时，其解为

$$\gamma_i(t) = \mathrm{e}^{-\Delta t/(2\hbar)}\left(\cos\frac{\Delta'' t}{2\hbar} + \frac{\Delta}{\Delta''}\sin\frac{\Delta'' t}{2\hbar}\right) \tag{1.A.11}$$

其中

$$\Delta'' = \Delta\sqrt{\frac{2\hbar\Gamma}{\Delta}-1} \tag{1.A.12}$$

再来考虑一下连续态能区宽度 Δ 取两个极端值的情况：

如果 $\hbar\Gamma/\Delta\ll1$(宽连续态)，则精确到 $\hbar\Gamma/\Delta$ 的一阶时，

$$\gamma_i(t) = \mathrm{e}^{-\Gamma t/2}\left(1+\frac{\hbar\Gamma}{2\Delta}\right) - \frac{\hbar\Gamma}{2\Delta}\mathrm{e}^{-\Delta t/\hbar} \tag{1.A.13}$$

对于时间长于连续态频率宽度的逆，即 $\hbar/\Delta$，第二项的指数部分的贡献可以忽略不计，我们又得到了方程(1.86)通常的表达式. 然而，对短时间的情形，$t<\hbar/\Delta$，第二项会起重要作用；此时，$\gamma_i(t)$ 按时间 t 的平方演化，而不是线性演化. 事实上，在 $t=0$ 附近，取 $\hbar\Gamma/\Delta$ 的一阶，$\gamma_i(t)$ 由下式给出：

$$\gamma_i(t) = 1-\frac{\Gamma\Delta}{4\hbar}t^2 \tag{1.A.14}$$

如果 $\hbar\Gamma/\Delta\gg1$(窄连续态)，取 $\Delta/(\hbar\Gamma)$ 的最低阶，则式(1.A.8)的近似解为

$$\gamma_i(t) = e^{-\Delta t/(2\hbar)}\cos\sqrt{\frac{\Gamma\Delta}{2\hbar}}t \tag{1.A.15}$$

我们可以得到具有如下角频率的振荡：

$$\left(\frac{\Gamma\Delta}{2\hbar}\right)^{1/2} = \frac{w}{\hbar}\left(\frac{\pi\Delta}{\varepsilon}\right)^{1/2} \tag{1.A.16}$$

这类似于拉比振荡，但在 $\hbar/\Delta$ 时间尺度时衰减. 短时间的衰减效应可以忽略不计，系统如同初态通过矩阵元 $w(\pi\Delta/\varepsilon)^{1/2}$ 耦合到一个确定的末态一样演化.

在这个模型中，不同模式之间的转换在 $\Delta = 2\hbar\Gamma$ 时发生，包括初态布居数单调减少，或表现出拉比形式的振荡. 图 1.A.1 给出了参数 $p = \hbar\Gamma/\Delta$ 取不同值时概率 $P_i(t) = |\gamma_i(t)|^2$ 随时间的演化. 我们在此看到了两种不同行为模式之间的转换是如何发生的.

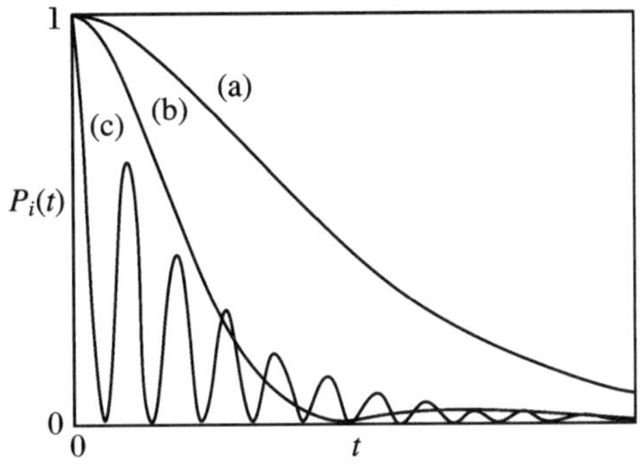

图 1.A.1 参数 $p = \hbar\Gamma/\Delta$ 取不同值时初态布居数随时间的演化(相应于连续态窄有效宽度不断增加)

(a) $p = 0.5$; (b) $p = 2$; (c) $p = 100$. 时间轴范围从 $t = 0$ 到 $t = 5\hbar/\Delta$.

如果说 $P_i(t)$ 的确切形式与具体模型的细节有关，它的定性行为则非如此，特别是，当单位时间跃迁概率用费米黄金规则计算为连续态宽度量级时，由振荡向单调衰减范式转换相当普遍. 还需要说明，即便是振荡模式，振荡的整体振幅也会随着量级为 $\hbar$ 除以连续态能量宽度的特征时间衰减.

评注 (1) 注意，在本补充材料中，由于连续态密度是常数 $1/\varepsilon$，宽度为无穷. 事实上，连续态宽度是一个重要的参数，由与初态耦合的能量依赖关系 $\rho(E)|\langle k|\hat{W}|i\rangle|^2$ 衡量，而不是由整个连续态带的能量宽度衡量(见 CDG Ⅱ 第 13 章).

(2) 更复杂连续态的处理方式见 CDG Ⅱ 补充材料 $C_{Ⅲ}$.

(3) 从振荡向单调行为的过渡并不局限于本补充材料中给出的那种原因. 例如，迄今为止我们只考虑了微扰 $\hat{W}(t)$ 是完全确定的情况，但还有微扰对时间是随机依赖的情况. 就如1.2.2小节关于碰撞的例子，相对速度和作用参数是统计变量. 补充材料1.B会显示这样的随机微扰如何抵消拉比振荡的. 另外，可以证明指数演化模式很少受统计平均的影响. 我们在第2章(2.4节)研究受激辐射和吸收时，将会看到一个这样的例子：跃迁有关的二能级的泵浦和弛豫对开始于不同时刻的拉比振荡进行了统计平均，从而造成振荡的消失.

补充材料1.B 随机宽带微扰诱导的跃迁

我们在1.2节中看到，当系统的微扰在接近跃迁的玻尔频率 $\omega_0=(E_k-E_i)/\hbar$ 处有非零的傅里叶分量时，两分立能级间的跃迁就可能出现. 正弦微扰 $\hat{H}_1(t)$ 就是这样，$\hat{H}_1(t)=\hat{W}\cos(\omega t+\phi)$，振荡频率 ω 接近 ω_0. 但对许多实际物理情况，微扰做不到完全可控：纯正弦函数只能维持在一个短的时间之内，称之为**相干时间**. 在长时间时，振荡微扰具有随机变化的相角和振幅. 比如说，热(辐射)灯产生的入射电磁波造成的微扰就是这种情况，热涨落会造成波的振幅和相角的随机变化. 由于微扰不再是纯粹的正弦波，它的傅里叶谱也不再是狄拉克 δ 函数，在平均频率附近会有一定的有限宽度. 由于这个原因，随机微扰也叫作“宽带”微扰.

在本补充材料中，我们将确定受到随机微扰的量子系统的时间演化. 我们会看到，对于短时 T 相互作用，两分立能级间的跃迁概率正比于 T；对于长时间，具有指数行为，非常类似于分立能级和连续态之间跃迁的情况.

1.B.1 对随机微扰的描述

1.B.1.1 定义

我们把微扰 $\hat{H}_1(t)$ 表达为 $\hat{H}_1(t)=\hat{W}f(t)$，其中 $f(t)$ 是时间的实随机函数，它的值可以按统计分布随机选取. 这个函数也称为随机过程. 那些可测的量只能是统计分布下的系综平均(我们用上横线表示). 随机过程用不同的量来表征，最简单的是平均 $\overline{f(t)}$ 和

自相关函数 $\Gamma(t,t') = \overline{f(t)f(t')}$. 在此我们假定平均 $\overline{f(t)} = 0$，只考虑**平稳随机过程**(stationary random process)，所有统计平均都具有初始时间平移不变性，即意味着 $\overline{f(t)}$ 与时间无关，$\Gamma(t,t')$ 只依赖于时间差 $\tau = t - t'$，可以写为 $\Gamma(t,t') = \Gamma(\tau)$. 我们还进一步假定随机过程是各态历经的，也就是说，系综平均在足够大的时间跨度上等于时间平均.①

我们如下定义微扰的傅里叶变换②：

$$\tilde{F}(\omega) = \frac{1}{\sqrt{2\pi}}\int_{-\infty}^{+\infty} \mathrm{d}t f(t) \mathrm{e}^{\mathrm{i}\omega t} \tag{1.B.1}$$

它的平均值为 0，方差 $\overline{|\tilde{F}(\omega)|^2}$ 为无穷. 更严格地，我们可以证明，通过定义 T 时间段的傅里叶变换③

$$\tilde{F}_T(\omega) = \frac{1}{\sqrt{2\pi}}\int_{-T/2}^{+T/2} \mathrm{d}t f(t) \mathrm{e}^{\mathrm{i}\omega t} \tag{1.B.2}$$

$\overline{|\tilde{F}_T(\omega)|^2}$ 随时间线性发散. 所以，在傅里叶空间的平均和方差不能用来表征随机微扰的频谱分布.

再定义一个**谱密度**(spectral density，也叫功率谱)：

$$S(\omega) = \lim_{T\to\infty} \frac{1}{T} \overline{|F_T(\omega)|^2} \tag{1.B.3}$$

它可以用来表征平稳随机过程. 它也满足著名的维纳-辛钦(Wiener-Khintchine)定理④，可写为

$$S(\omega) = \frac{1}{2\pi}\int_{-\infty}^{+\infty} \Gamma(\tau) \mathrm{e}^{\mathrm{i}\omega\tau} \mathrm{d}\tau \tag{1.B.4}$$

或逆变换

$$\Gamma(\tau) = \int_{-\infty}^{+\infty} S(\omega) \mathrm{e}^{-\mathrm{i}\omega\tau} \mathrm{d}\omega \tag{1.B.5}$$

自关联函数 $\Gamma(\tau)$ 和谱密度互为傅里叶变换(在 $\sqrt{2\pi}$ 因子范围内).

谱密度是一个可观测量. 作为例子，将热源发出的光视作随机平稳过程，由光谱仪(比如使用棱镜或光栅)会得到 $S(\omega)$，其中 ω 是光的频率. 类似地，由电子谱分析仪可以给出电信号的功率谱.

---

①③④ Goodman J. Statistical Optics [M]. Wiley, 2000.

② 注意与傅里叶变换 $\tilde{f}(E) = \tilde{F}(E/\hbar)/\sqrt{\hbar}$ 的区别(方程(1.30)).

注意,随机过程(平均为 0)的方差可以表示为

$$\overline{|f(t)|^2} = \Gamma(0) = \int_{-\infty}^{+\infty} S(\omega)\mathrm{d}\omega \tag{1.B.6}$$

这可以解释为所有谱成分 $S(\omega)\mathrm{d}\omega$ 互不相干的和.然而需要注意,即使部分谱成分确实具有明确的相对相因子,维纳-辛钦定理仍然成立.阈值之上单模激光器发出的光就是这种情况,可以用一个常振幅和随机行走的相因子来描述(见补充材料 3.D).

1.B.1.2 实例

我们在此给一个随机微扰的例子:考虑一列频率为$\bar{\omega}$的单色波形成的、衰减时间为 T_p 且随机产生的"波包"(图 1.B.1).此时,T_p 为微扰关联时间.一个在 t_i时刻出现的波包写为

$$p(t) = \cos[\bar{\omega}(t - t_i)]\mathrm{e}^{-(t-t_i)/T_p}, \quad t > t_i \tag{1.B.7}$$

$$p(t) = 0, \quad t \leqslant t_i \tag{1.B.8}$$

这里随机函数 $f(t)$由下式给出:

$$f(t) = \sum_{t_i} p(t - t_i) \tag{1.B.9}$$

其中脉冲出现的时间 t_i 在时间轴上随机分布.我们称 N 为单位时间脉冲的平均数.

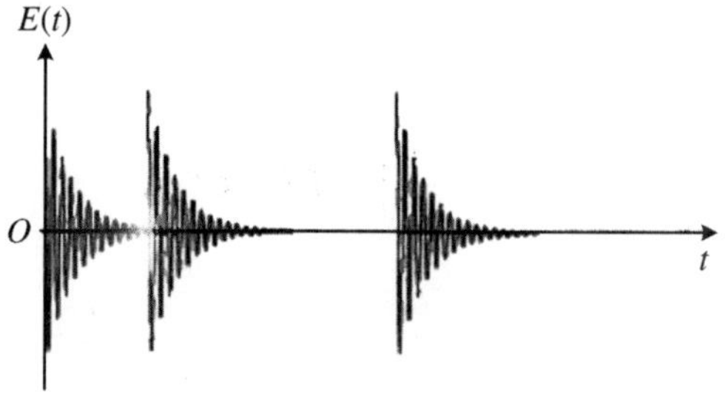

图 1.B.1 由一系列随机出现的衰减"波包"构成的随机微扰

这种模型可以描述,例如一个原子与一组激发态原子分别衰变到基态发出的光子之间的相互作用.

将系综平均等同于在远长于 T_p 时间间隔的时间平均,则可以计算关联函数:

$$\Gamma(\tau) = \frac{NT_p}{4}(\cos\bar{\omega}\tau)\mathrm{e}^{-|\tau|/T_p} \tag{1.B.10}$$

这个函数在时间超过 T_p 时迅速衰减到 0. 它的功率谱可以由傅里叶变换得到：

$$S(\omega)=\frac{N}{8\pi}\left[\frac{1}{(\omega-\overline{\omega})^2+(1/T_p)^2}+\frac{1}{(\omega+\overline{\omega})^2+(1/T_p)^2}\right] \tag{1.B.11}$$

在谱的正频部分，可以忽略掉中心位置在 $\omega=-\overline{\omega}$ 的洛伦兹形式的贡献①，且有

$$S(\omega)\simeq\frac{N}{8\pi}\frac{1}{(\omega-\overline{\omega})^2+(1/T_p)^2} \tag{1.B.12}$$

其实微扰谱为"宽带"：谱密度 $S(\omega)$ 是中心位于平均频率 $\overline{\omega}$、宽度在最大一半时为 $2/T_p$ 的洛伦兹曲线. 谱宽度具有微扰关联时间倒数的量级是一个非常普遍的情况.

1.B.2 分立能级间的跃迁概率

1.B.2.1 普遍形式

如同 1.2 节，我们首先考虑两个分立能级 $|i\rangle$ 和 $|k\rangle$ 之间的跃迁. 要确定跃迁概率，我们从确定的随机微扰 $\hat{H}_1(t)=\hat{W}f(t)$ 开始. 按方程(1.26)，跃迁概率 $P_{i\to k}$ 由下式给出：

$$\begin{aligned}P_{i\to k}&=\frac{|W_{ki}|^2}{\hbar^2}\left|\int_0^T \mathrm{d}t f(t)\mathrm{e}^{\mathrm{i}(E_k-E_i)t/\hbar}\right|^2\\&=\frac{|W_{ki}|^2}{\hbar^2}\int_0^T \mathrm{d}t\int_0^T \mathrm{d}t' f(t)f(t')\mathrm{e}^{\mathrm{i}\omega_{ki}(t-t')}\end{aligned} \tag{1.B.13}$$

其中 $\omega_{ki}=(E_k-E_i)/\hbar$. 可观测量是对随机微扰的各种不同可能值取平均后的跃迁概率 $\overline{P_{i\to k}}$：

$$\begin{aligned}\overline{P_{i\to k}}&=\frac{|W_{ki}|^2}{\hbar^2}\int_0^T \mathrm{d}t\int_0^T \mathrm{d}t' \overline{f(t)f(t')}\mathrm{e}^{\mathrm{i}\omega_{ki}(t-t')}\\&=\frac{|W_{ki}|^2}{\hbar^2}\int_0^T \mathrm{d}t\int_0^T \mathrm{d}t' \Gamma(t-t')\mathrm{e}^{\mathrm{i}\omega_{ki}(t-t')}\end{aligned} \tag{1.B.14}$$

我们现在将 $\Gamma(t-t')$ 用式(1.B.5)替换，得

① 这个近似也是准共振近似，或称久期近似，我们在本章中以不同的形式用过多次.

$$
\begin{aligned}
\overline{P_{i\to k}} &= \frac{|W_{ki}|^2}{\hbar^2}\int \mathrm{d}\omega S(\omega)\int_0^T \mathrm{d}t\int_0^T \mathrm{d}t' \mathrm{e}^{\mathrm{i}(\omega_{ki}-\omega)(t-t')} \\
&= \frac{|W_{ki}|^2}{\hbar^2}\int_{-\infty}^{+\infty} \mathrm{d}\omega S(\omega)\left|\frac{\mathrm{e}^{\mathrm{i}(\omega_{ki}-\omega)T}-1}{\mathrm{i}(\omega_{ki}-\omega)}\right|^2
\end{aligned}
\tag{1.B.15}
$$

在式(1.36)和式(1.38)中，我们利用了函数关系

$$
g_T(E_k - E_i - \hbar\omega) = 2\pi\hbar\delta_T(E_k - E_i - \hbar\omega)
$$

这样我们最终得到

$$
\overline{P_{i\to k}} = 2\pi\frac{T}{\hbar}|W_{ki}|^2\int_{-\infty}^{+\infty}\mathrm{d}\omega S(\omega)\delta_T(E_k - E_i - \hbar\omega) \tag{1.B.16}
$$

这个式子与给出正弦微扰跃迁概率的方程(1.47)非常相似，只是现在将 $\delta_T(E_k - E_i - \hbar\omega)$ 用微扰谱密度做了平均.

1.B.2.2 中期行为

在 1.2.4 小节中，我们知道 $\delta_T(E)$是一个宽度为 $2\pi\hbar/T$ 的窄分布函数.我们假定相互作用时间 T 足够长，这样 $2\pi/T$ 比谱密度$S(\omega)$的特征变化尺度要小得多.以持续时间为 T_p 的短脉冲随机序列为例，这个条件就简单地是 $T\gg T_p$.更一般地说，如果 T 远比微扰相关时间长的话，就能满足这个条件.这样我们可以在积分中将 δ_T 用真正的狄拉克函数代替，最后得到

$$
\overline{P_{i\to k}} = 2\pi T\frac{|W_{ki}|^2}{\hbar^2}S(\omega_{ki}) = \Gamma T \tag{1.B.17}
$$

跃迁概率随时间线性增加，就如正弦微扰引起的分立态和连续态间的跃迁一样.这样，我们能定义一个单位时间跃迁概率 Γ，它与费米黄金规则(式(1.96))的表达式相似，只是把态密度 $\rho(E=\hbar\omega_{ki})$用跃迁玻尔频率下的微扰谱密度替代.

1.B.2.3 长期行为

式(1.B.17)显然对长时间，即$\overline{P_{i\to k}}$趋近于 1 的情况不适用.将态矢量在两个态$|i\rangle$和$|k\rangle$上分解，再由类似 1.3.2 小节的推导，可以证明跃迁概率具有指数行为：

$$
\overline{P_{i\to k}} = 1 - \mathrm{e}^{-\Gamma t} \tag{1.B.18}
$$

其中 Γ 的定义见式(1.B.17).我们在用密度矩阵处理同样问题时，还会用到这样的指数行为，最后得到布洛赫方程(见补充材料 2.C.5.2 小节).

评注 在无限小窄跃迁的宽带激发情形下所得到的结论对有限线宽跃迁同样有效，只要激发态的谱宽度比线宽度宽，且跃迁率 Γ(式(1.B.17))比线宽大.

1.B.3 分立能级和连续态间的跃迁概率

类似于1.3节，我们现在考虑这样的情形：末态$|k\rangle$处于连续态，且无法与周围的态区别. 为计算系统在时间 T 时仍处于$|i\rangle$态的概率 $P_i(t)$，我们对随机微扰假定一个值，然后将所有以$|i\rangle$为初态的跃迁效应求和，得到

$$\begin{aligned}P_i(T) &= 1-\sum_k P_{i\to k}\\ &= 1-\sum_k \frac{|W_{ki}|^2}{\hbar^2}\int_0^T \mathrm{d}t\int_0^T \mathrm{d}t' f(t)f(t')\mathrm{e}^{\mathrm{i}\omega_{ki}(t-t')}\end{aligned} \tag{1.B.19}$$

假定能级$|k\rangle$非简并，对 k 求和，其实就是以1.3.3小节引进的态密度 $\rho(E)$ 为权重对能级 E 求积分：

$$P_i(T) = 1-\int \mathrm{d}E\rho(E)\frac{|W_{Ei}|^2}{\hbar^2}\int_0^T \mathrm{d}t\int_0^T \mathrm{d}t' f(t)f(t')\mathrm{e}^{\mathrm{i}(E-E_i)(t-t')/\hbar} \tag{1.B.20}$$

其中 W_{Ei}是初态和能量为E 的末态$|k\rangle$之间的微扰矩阵元$\langle k|\hat{W}|i\rangle$. 我们把这个结果对随机微扰的各种可能性求平均，得到平均概率

$$\overline{P_i(T)} = 1-\int \mathrm{d}E\rho(E)\frac{|W_{Ei}|^2}{\hbar^2}\int_0^T \mathrm{d}t\int_0^T \mathrm{d}t' \Gamma(t-t')\mathrm{e}^{\mathrm{i}(E-E_i)(t-t')/\hbar} \tag{1.B.21}$$

引入谱密度 $S(\omega)$，并用导出方程(1.B.16)同样的方式，我们得到

$$\overline{P_i(T)} = 1-2\pi\frac{T}{\hbar}\int \mathrm{d}E\int_{-\infty}^{+\infty}\mathrm{d}\omega\rho(E)\,|W_{Ei}|^2 S(\omega)\delta_T(E-E_i-\hbar\omega) \tag{1.B.22}$$

当时间 T 足够长时，计算 $\overline{P_i(T)}$是很容易的，因为 $\delta_T(E-E_i-\hbar\omega)$可以视作狄拉克函数. 我们可以得到

$$\overline{P_i(T)} = 1-2\pi\frac{T}{\hbar}\int_{-\infty}^{+\infty}\mathrm{d}\omega S(\omega)\rho(E=E_i+\hbar\omega)\,|W_{E=E_i+\hbar\omega,i}|^2 \tag{1.B.23}$$

正如分立态和连续态之间的纯正弦微扰情形，我们得到了概率随时间线性变化的结果，因而单位时间跃迁概率为

$$\Gamma = 2\pi\int_{-\infty}^{+\infty} \mathrm{d}\omega\, S(\omega)\rho(E = E_i + \hbar\omega)\frac{|W_{E=E_i+\hbar\omega,i}|^2}{\hbar} \tag{1.B.24}$$

这个公式表明,要计算跃迁率,我们可以对宽带微扰的各个频率分量使用通常的费米黄金规则,然后以谱密度 $S(\omega)$ 为权重,对宽带微扰的所有可能频率积分.对这个计算,我们可以认为光的各个频率分量分别给出不相关的跃迁率,它们可以独立求和.

第 2 章

半经典理论:与经典电磁场相互作用的原子

在这一章,我们研究原子(或分子)与经典电磁场相互作用的一般问题.这个问题的重要性首先源于我们对原子的大部分知识是通过研究它们吸收与发射的辐射而获得的(我们将同样考虑可见光辐射、射频和 X 射线);其次,与物质的相互作用会改变电磁场本身的传播,尤其是通过吸收、折射或者散射.因此,原子与光的相互作用包含了广泛的物理效应,我们不指望用一章就完全包括.所以在这一章中我们将介绍原子与经典电磁场相互作用的基本性质,其中原子用量子理论描述,而电磁场则通过遵守麦克斯韦方程的实电矢量与实磁矢量来描述.

原子与光相互作用的严格描述需要考虑光的量子特性.这个问题我们留到第 6 章解决.然而事实证明,通过这里所采用的半经典方法(虽然把这种方法称为“半量子化的”也许更为合适)可以得到许多重要结果.而且可以证明,如果我们考虑原子与由远高于阈值运行的激光器所发射的光的相互作用,或者与来自放电灯或白炽灯等经典光源的光的相互作用,那么假如考虑到电磁场的统计特性,在大多数情况下,用这里介绍的半经典方法得到的结果等于由一个完全量子力学处理得到的结果.我们的模型对由标准技术(振荡器、速调管等)产生的射频场同样有效.

然而,我们需要指出的是,半经典处理不能严格地解释如自发辐射这样基本的现象,它只能由辐射的量子理论体系下的基本原则得到.这同样适用于一些光散射过程.唯象地引入描述激发原子态的有限寿命是可能的,根据这个附加条件,半经典体系能够以一种简单的方式解释许多种类的原子-光相互作用,包括作为激光器运转的基础的相互作用.因此这一章所涵盖的内容是十分重要的,虽然与自发辐射以及辐射场的非经典纠缠态或腔量子电动力学等新领域有关的一些现象的解释超出了半经典理论的范围.这些问题将在本书的最后章节中研究.

在2.1节中提出许多原子和光相互作用过程的一个定性描述,包括吸收、自发辐射、诱发辐射、散射以及多光子过程,在2.2节中我们将实施这个理论框架.对原子和假定为经典电磁波的光场之间的相互作用,我们证明了选择电偶极哈密顿量来描述该相互作用的正确性.在这一节的最后,我们还介绍了**磁偶极相互作用**,它是表示原子与射频场耦合的主导项.在2.3节中,我们计算了入射辐射影响下两个无限寿命离散原子态之间的跃迁概率.在对一个初始的微扰进行处理后,我们继续研究了拉比振荡这个重要现象.在这一节中我们也会遇到**多光子跃迁**和**光移**.在2.4节中,我们重新考虑了这两个能级之间的准共振跃迁,唯象地引入它们的有限寿命.为了保持处理上的简便,我们限定在这两个态具有相同寿命的情况.然后我们得到了关于一组受到入射光照射的原子的实际响应表达式,这个响应可以用电介质极化率来描述其特性.在2.5节中,我们用这个模型展示了当受到适当的激发并引起**激光放大**的可能性时,这样的介质如何放大入射波.这导出了2.6节中**速率方程**的介绍.这些方程将在第3章中被广泛用来描述激光.

这一章有五个补充材料.第一个补充材料介绍了由洛伦兹提出的光与物质相互作用的完全经典模型,在该模型中电子被弹性束缚于原子核.尽管其有一定的局限性,但该模型仍是一个在文献中广泛使用的有用工具,我们不能忽视它.第二个补充材料介绍了**光泵浦**的重要现象,它使得我们可以在给定的若干塞曼子能级上集聚一定数量的原子.这依赖于由偏振光所激发的跃迁的选择(选择定则).在第三个补充材料中,我们介绍了密度矩阵形式体系,由此可以导出**光学布洛赫方程**,这些方程使我们能够处理原子与光相互作用的一般问题,即任意寿命态之间的原子跃迁.虽然这被认为是一个针对高级课程的内容,但该内容是如此重要,以至于我们尽了最大努力将它呈现在这本书中.第四个补充材料更详细地描述了通过原子与相干光的相互作用,如何能够随意产生**原子相干性**,并且通过明确的例子,给出了在二能级和三能级系统中对这种相干性的操作所带来的各种可能.最后一个补充材料描述了由爱因斯坦引入光子的概念时首先提出的**光电效应**,它既引人关注又是量子光学的根本,该补充材料可以视为基于这个物理现象的一个运用.

2.1 原子-光相互作用过程

本节旨在定性介绍与原子和电磁波相互作用相关的最重要的现象.目的是让读者熟悉将在本书其余部分详细研究的现象,同时指出这些效应的共同特性.因此本节超出了本章其余部分所涉及的范围,读者不需要对一个光子概念的引入感到惊讶,这在第 4 章之前不会严格地证明,但这对现代光学的研究是必要的.

2.1.1 吸收

考虑一个处于位置 $\boldsymbol{r}_0$ 的原子,其内在哈密顿量 $\hat{H}_0$ 有本征态 $|a\rangle$,$|b\rangle$,$|c\rangle$,…,相应的能量为 E_a,E_b,E_c,…,其中能级 $|a\rangle$ 为基态(最低能量).该原子受到具有如下电场的单色电磁波照射:

$$\boldsymbol{E}(\boldsymbol{r},t) = \boldsymbol{E}_0\cos[\omega t + \varphi(\boldsymbol{r})] \tag{2.1}$$

在该电磁波的影响下,原子的状态将变成一个更高能量的态 $|i\rangle$,同时电磁场的振幅也相应地减小(图 2.1).正如我们将要看到的,只有当电磁波是准共振的时候,这类过程才变得重要,也就是说,当它的频率非常接近于原子的玻尔频率时,例如

$$\omega \simeq \omega_{ba} = \frac{E_b - E_a}{\hbar} \tag{2.2}$$

因为 ω 接近于 ω_{ba},所以我们可以忽略其他的原子能级,使用一个二能级原子的简单模型.在下文中,每当我们涉及准共振过程时,就都限定在这样一个模型上来讨论.我们用 ω_0 表示二能级原子的共振频率 ω_{ba}.共振条件暗示了原子-场能量转移的一个自然解释,即一个能量为 $\hbar\omega$ 的光子的吸收同时伴随着原子从基态到激发态的量子跃迁.虽然本章没有涉及辐射场的量子化模型,通过本章的分析并没有严格地证明这个解释,但这是一个有用的图像.如第 1 章所示(以及如我们将在 2.3 节中再一次看到的),这个共振条件在正弦变化相互作用情况下是由微扰论的使用引起的.严格来说,直到第 4 章,即我们将研究量子化电磁场时,这个光子的概念才会被证明是正确的.当它所提供的图像有用

时，我们将继续使用这个光子的概念.

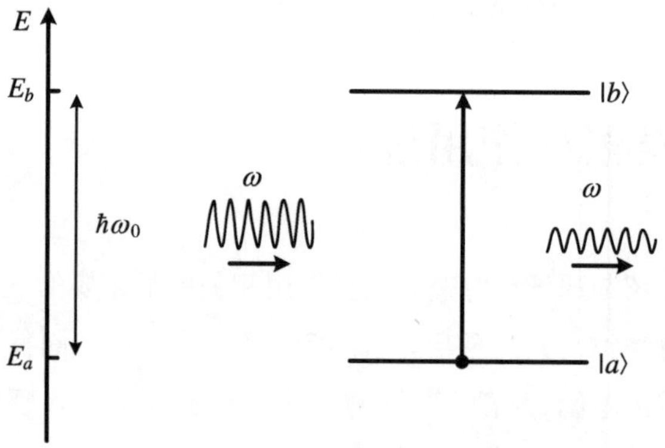

图 2.1　吸收过程

原子从基态$|a\rangle$到激发态$|b\rangle$的激发伴随着入射波振幅的减小.

评注　在原子能级是简并的情形下，二能级原子模型也许并不让人感兴趣；此时共振条件不足以使这特定的一对相互作用能级隔离.实际上，如果入射光是偏振的，它将只与某些原子子能级进行相互作用(通过补充材料 2.A 中详细说明的选择定则).因此这个模型的适用性远比它初看起来更广泛.

2.1.2　受激辐射

现在我们考虑一个处于激发态$|b\rangle$的原子受到频率为 ω 的电磁波辐射，在该电磁波的影响下如何能退激到基态$|a\rangle$，而电磁波将因此被**放大**(图 2.2).这个过程称为受激辐射，由爱因斯坦于 1916 年从理论上提出.作为吸收的反过程，与之类似，受激辐射过程只有在电磁波频率接近于原子共振频率 ω_0 时才显著发生，这个条件暗示了一个能量为 $\hbar\omega$ 的光子进入入射波的受激辐射图像.考虑到入射波的振幅将因此增强，我们需要另外假定这个诱发辐射不仅仅以与入射场相同的频率发出，还具有相同的传播方向和确定的相对相位，使得这两个场可以充分干涉.

虽然长期以来受激辐射的可能性被认为是一个理论上的好奇，因为在传统光源中它的作用完全可以忽略不计，但最近发现了它在激光器中光波放大上的一个重要应用.正如我们将会看到的，这个过程构成了激光作用的基础.

评注　人们常认为爱因斯坦的这个工作最重要的价值是受激辐射的预言，从历史的观点看确实是正确的.然而经过差不多一个世纪的探索，从概念层次上来看，受激吸收和受激辐射是可由经典场描述的完全对称的过程.那么爱因斯坦的贡献的原创性应该是证明自发辐射的存在以及它的性质的定量预言,例如它的频率变化.

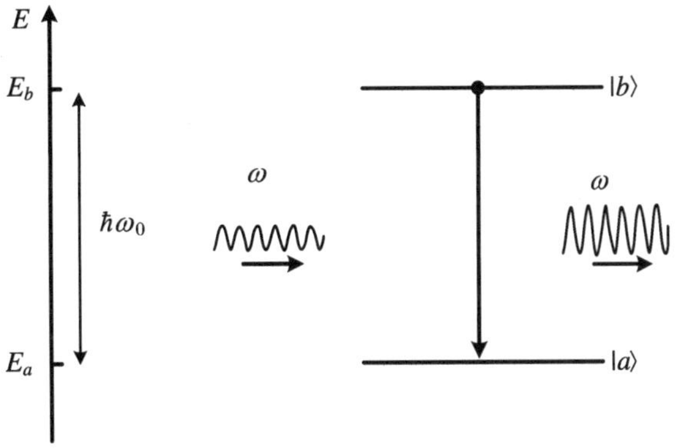

图 2.2　受激辐射

在入射波的影响下原子被退激,入射波的振幅随之增大.

2.1.3　自发辐射

如果原子初始处于激发态$|b\rangle$,即使没有入射辐射它也能够回到基态$|a\rangle$.然后就以原子共振的频率(玻尔频率)发出辐射,同时所发射场的相位和传播方向是随机的.这就是自发辐射(图 2.3).

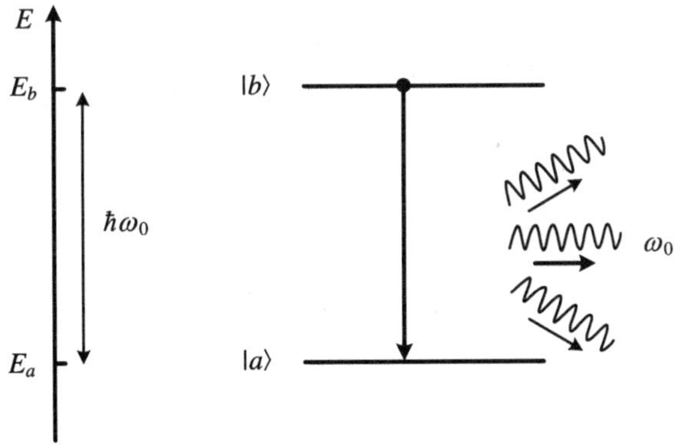

图 2.3　自发辐射

原子初始处于激发态$|b\rangle$,通过一个光子的发射而退激,即使没有入射辐射.这个过程导致了辐射在随机方向以随机相位发射.

这里我们可以再一次有效地采用一个光子辐射的图像.事实上,这是唯一存在的简单模型,因为自发辐射从根本上是一个与电磁场的量子化相联系的现象.我们在这一章提出,正是因为它在物理上的重要性.然而与吸收和受激辐射相比,自发辐射不能由这里所提出的半经典理论推出.需要注意到处于激发态$|b\rangle$的孤立原子处在一个稳定态(哈密顿量的一个本征态)上.那么量子力学的基本结论告诉我们,原子应该始终处在这个态上.只有当考虑一个扩展的量子系统,即原子与量子化电磁场的所有模式相互作用时,自发辐射的现象才会自然出现(见第6章).

在这一章中,我们将介绍自发辐射的相关知识,必要时,我们将通过一个唯象的方式添加一个态的有限辐射寿命,从而对自发辐射的存在做出解释.我们用Γ_{sp}表示由态$|b\rangle$的自发辐射所导致的单位时间去激发的概率.因此,如果原子在$t=0$时处于态$|b\rangle$,那么在一段时间t之后,仍处于该态的概率为

$$P_b = e^{-\Gamma_{sp}t} = e^{-t/\tau} \tag{2.3}$$

其中$\tau=\Gamma_{sp}^{-1}$为激发态的**辐射寿命**.

评注 我们可以根据阻尼经典波(见补充材料2.A)的振幅来表示在一给定方向上发射的波:

$$\boldsymbol{E}(\boldsymbol{r},t) = \boldsymbol{E}_0(\boldsymbol{r})H\left(t-\frac{r}{c}\right)\exp\left[-\frac{\Gamma_{sp}}{2}\left(t-\frac{r}{c}\right)\right]\cos\left[\omega_0\left(t-\frac{r}{c}\right)+\phi\right] \tag{2.4}$$

这里$H(u)$为赫维赛德(Heaviside)函数(当$u<0$时等于0,当$u>0$时等于1),ϕ为一个随机相位.取该振幅傅里叶变换的模平方,我们得到了辐射的频率谱.该频率谱为洛伦兹型,半高宽为Γ_{sp}:

$$\rho(\omega) = \frac{\rho(\omega_0)}{1+4(\omega-\omega_0)^2/\Gamma_{sp}^2} \tag{2.5}$$

这里需要记住的一点是,发出的辐射具有洛伦兹型频率分布,宽度等于激发态寿命的倒数:

$$\Delta\omega = \Gamma_{sp} = \frac{1}{\tau} \tag{2.6}$$

我们将在第6章中更严格地论述这个结论.

2.1.4 弹性散射

再次考虑一个初始处于基态$|a\rangle$的原子,用频率为ω的入射电磁波照射,该频率可

能与原子共振频率 ω_0 截然不同.在这种情况下,一部分入射光被散射:透射波的振幅减小,同时原子辐射出频率等于入射光频率的球面波.再辐射光相对入射光具有确定的相位(图 2.4).

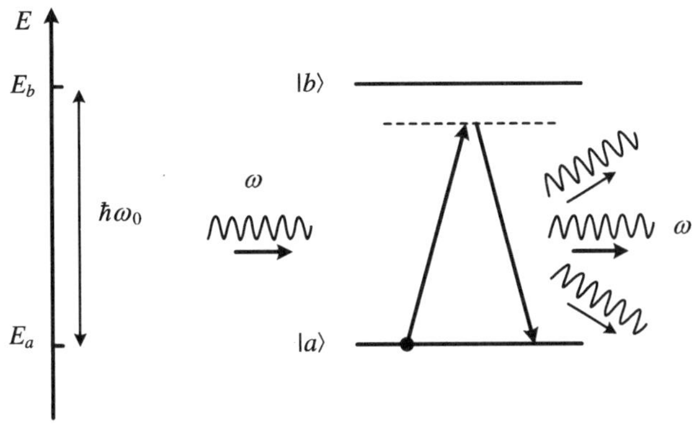

图 2.4　弹性散射过程

入射波振幅减小,同时光以入射波频率出现在不同于激发光传播方向的方向上.

这个现象最直接的解释依赖于以频率 ω 振荡的入射场对原子偶极矩的驱动(见 2.4.3小节).于是偶极子在所有方向上辐射频率为 ω 的场,这可以用经典电动力学的方法计算(见补充材料 2.A).这样的计算精确预言了这个散射过程的角分布和效率.

通过援引后面章节的辐射的全量子处理,我们可以依据一个两步过程提供另一个解释:一个能量为 $\hbar\omega$ 的光子的吸收实质上使原子转移到激发态(将在该态保持约为 $1/|\omega-\omega_0|$ 的很短的一段时间,满足时间-能量色散关系 $\Delta E\Delta t\geqslant\hbar$),随后是一个能量为 $\hbar\omega$ 的光子在不同于入射波的方向上的散射.于是吸收光子和散射光子的频率相同就可以简单解释为能量守恒的需要.

弹性散射的效率随入射光频率变化很大.如果 ω 与共振频率 ω_0 相比较小,散射强度与 ω^4 成比例,这叫作**瑞利散射**(Rayleigh scattering)(如由空气分子引起的太阳光的散射,其电子共振态位于光谱的紫外区域,服从散射强度与频率的 4 次方成正比,使得短波长的散射更强,这也就解释了为什么天空呈蓝色).如果相反,即 ω 比共振频率大(X 射线散射),则该过程的效率保持不变.这就是**汤姆孙散射**(Thomson scattering).当频率接近 ω_0 时,散射效率共振增强,并且为原子-光频率差的一个洛伦兹函数,这就是**共振散射**,也称为**共振荧光**.

评注　(1) 当原子跃迁展宽的唯一原因是从激发态的自发辐射时,这个共振的宽度为该态辐射寿命的倒数,即 $1/\Gamma$(与 2.1.3 小节相比).这个频率依赖关系引导我们将弹性散射解释为两个不相关的事件:一个光子的吸收使原子跃迁到激发态,随后自发辐射将原子转回到基态(图 2.3). 然而,这样的解释会让人认为散射光具有频率宽度 Γ 和随机相位,但是实际上,散射光是单色的,具有与入射光相同的频率和相位. 即使在量子理论中,一些散射过程也可以由吸收跟随着自发辐射来描述(第 6 章图 6.11),弹性散射中引起的辐射和吸收过程实际上不能被当作连续发生的独立过程.

(2) 有趣的是,注意到补充材料 2.A 中提出的完全经典的洛伦兹模型正确预言了散射过程的特性. 特别是可以用这种方式找到瑞利散射和汤姆孙散射的散射截面.

2.1.5 非线性过程

上述包含吸收和受激辐射的效应,出现在原子与光相互作用的一阶微扰处理中. 当入射场频率为一个原子玻尔频率的几分之一时,高阶项表明了共振增强的跃迁的存在:

$$\omega = \frac{\omega_0}{p} \tag{2.7}$$

其中 p 是一个整数. 这些跃迁与有效相互作用哈密顿量中场的 p 阶非线性项有关(见 2.3.3小节),可以自然地解释为具有能量$\hbar\omega$ 的 p 个光子的吸收(图 2.5). 这些称为**多光子过程**.

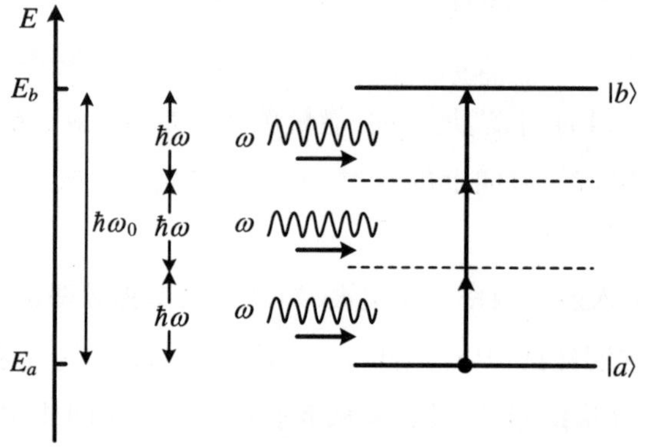

图 2.5　三阶非线性过程

对 $\omega = \omega_0/3$ 共振,这可以解释为具有能量 $\hbar\omega$ 的三个光子的同时吸收.

如果入射电磁场分为频率为 ω_1 和 ω_2 的两部分,原子-场相互作用中的非线性项将导致在原子响应中出现这两个驱动频率的线性组合,并且一个共振增强相互作用发生于该频率组合

$$p_1\omega_1 + p_2\omega_2 = \omega_0 \tag{2.8}$$

其中 p_1 和 p_2 都为整数(也可能为负的).这就使非线性光谱产生了非常丰富的频域特性(见补充材料 3.G).举例来说,图 2.6 描述了受激拉曼散射,它与有两个频率部分 ω_1 和 ω_2 的入射场共振,那么有

$$\omega_1 - \omega_2 = \omega_0 \tag{2.9}$$

并且该散射可以解释为从$|a\rangle$到$|b\rangle$的一个跃迁,通过一个光子 $\hbar\omega_1$ 的吸收马上跟着一个光子 $\hbar\omega_2$ 的受激辐射而发生.

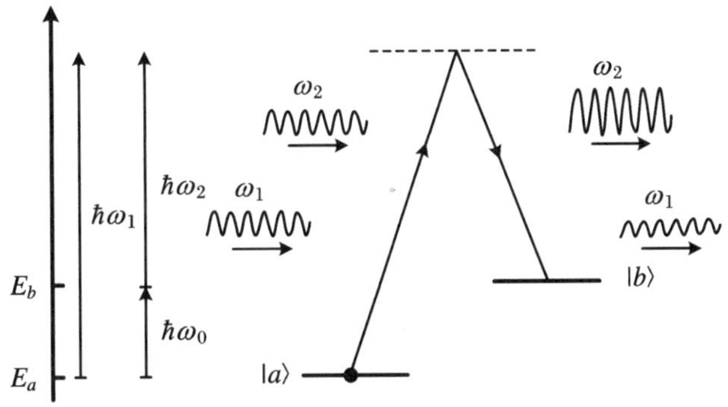

图 2.6　受激拉曼散射

如果入射波的频率 ω_1 和 ω_2 满足 $\omega_1 - \omega_2 = \omega_0$,则在这两个入射波影响下,将产生从原子能级$|a\rangle$到$|b\rangle$的一个跃迁.

评注　即使没有频率为 ω_2 的波,也可以发生一个类似于图 2.6 的过程:频率为 ω_1 的光子的吸收,紧随其后的是频率为 ω_2、具有随机相位和传播方向的一个光子的自发辐射.这个现象称为**自发拉曼散射**,与自发辐射一样,只能根据光的完全量子理论来定量描述.

2.2　相互作用哈密顿量

现在我们开始具体介绍这个半经典理论,它使我们能够描述以经典理论处理的电磁场和以量子理论处理的原子间的相互作用.该理论的中心要素是描述这个相互作用的哈密顿量,它在原子态之间的非对角矩阵元是这些态之间跃迁发生的原因.与人们可能的天真想法相反,这个哈密顿量并没有唯一的形式.实际上,它是电磁势的函数,在规范变

换下有许多等价形式.不同规范下相互作用的哈密顿量的选取,并不会使所预言的物理结果的唯一性产生问题.因此可以选择使我们所考虑的特定相互作用过程具有最简便形式的规范.特别是我们将证明,戈珀特-迈耶(Göppert-Mayer)变换,在采取若干近似(后面有详细说明)后,使我们能采用只描述入射波电场的相互作用哈密顿量.这就是**电偶极哈密顿量**,具有经典电偶极子和电场之间相互作用能的形式.

在那些电偶极哈密顿量不能引发跃迁的原子能级(因为相应矩阵元为零)时,会有其他相互作用项起作用,这些项在偶极哈密顿量最低阶近似时是被忽略的.这些相互作用项中最重要的是磁偶极子项,特别是对电偶极子耦合为零的给定原子电子能级,磁偶极子项是引起相应能级的子能级(例如塞曼效应,精细结构或超精细结构子能级)间射频跃迁的原因.这些跃迁对射频谱极为重要,当前最重要的应用是铯原子钟,即当前的计时标准.

在本节中,假定读者熟悉电磁学的基本理论,我们会在下文中简要回顾这些理论.有时我们会需要更高级的概念,我们将在第 4 章中更充分地来解释这些概念,但对本章的主要部分来说,并不需要全面理解.

2.2.1 经典电动力学:麦克斯韦-洛伦兹方程组

经典电动力学的基本方程描述了带电粒子与场相互作用的系统的演化.麦克斯韦方程将电场 $\boldsymbol{E}(\boldsymbol{r},t)$和磁场 $\boldsymbol{B}(\boldsymbol{r},t)$与电流密度 $\boldsymbol{j}(\boldsymbol{r},t)$和电荷密度 $\rho(\boldsymbol{r},t)$联系起来:

$$\nabla\cdot\boldsymbol{E}(\boldsymbol{r},t)=\frac{1}{\varepsilon_0}\rho(\boldsymbol{r},t) \tag{2.10}$$

$$\nabla\cdot\boldsymbol{B}(\boldsymbol{r},t)=0 \tag{2.11}$$

$$\nabla\times\boldsymbol{E}(\boldsymbol{r},t)=-\frac{\partial}{\partial t}\boldsymbol{B}(\boldsymbol{r},t) \tag{2.12}$$

$$\nabla\times\boldsymbol{B}(\boldsymbol{r},t)=\frac{1}{c^2}\frac{\partial}{\partial t}\boldsymbol{E}(\boldsymbol{r},t)+\frac{1}{\varepsilon_0c^2}\boldsymbol{j}(\boldsymbol{r},t) \tag{2.13}$$

众所周知,方程(2.11)和(2.12)意味着矢势 $\boldsymbol{A}(\boldsymbol{r},t)$和标势 $U(\boldsymbol{r},t)$存在,它们完整地描述了这些场的性质.这些场可以由下面的关系唯一地导出:

$$\boldsymbol{B}(\boldsymbol{r},t)=\nabla\times\boldsymbol{A}(\boldsymbol{r},t) \tag{2.14}$$

$$\boldsymbol{E}(\boldsymbol{r},t)=-\frac{\partial}{\partial t}\boldsymbol{A}(\boldsymbol{r},t)-\nabla U(\boldsymbol{r},t) \tag{2.15}$$

另一方面，对电磁场$\{\boldsymbol{E}(\boldsymbol{r},t),\boldsymbol{B}(\boldsymbol{r},t)\}$的同一个值，有无限多个矢量和标势组合$\{\boldsymbol{A}(\boldsymbol{r},t),U(\boldsymbol{r},t)\}$. 势的不同组合与规范变换有关：

$$\boldsymbol{A}'(\boldsymbol{r},t)=\boldsymbol{A}(\boldsymbol{r},t)+\nabla F(\boldsymbol{r},t) \tag{2.16}$$

$$U'(\boldsymbol{r},t)=U(\boldsymbol{r},t)-\frac{\partial}{\partial t}F(\boldsymbol{r},t) \tag{2.17}$$

其中 $F(\boldsymbol{r},t)$为任意一个标量场. 增加一个额外的约束可以消除这个任意性，即规范条件(例如，在 2.2.3 小节中讨论的是**库仑规范**).

对一个点粒子集合，其带电荷 q_α，处于位置 $\boldsymbol{r}_\alpha$，并具有速度 $\boldsymbol{v}_\alpha$，借助狄拉克 δ 函数，麦克斯韦方程(2.10)和(2.13)中的电荷密度和电流密度可以分别写成

$$\rho(\boldsymbol{r},t)=\sum_\alpha q_\alpha\delta(\boldsymbol{r}-\boldsymbol{r}_\alpha(t)) \tag{2.18}$$

$$\boldsymbol{j}(\boldsymbol{r},t)=\sum_\alpha q_\alpha\boldsymbol{v}_\alpha\delta(\boldsymbol{r}-\boldsymbol{r}_\alpha(t)) \tag{2.19}$$

另一方面，在这些场所施加的电场力和磁场力的影响下，经典牛顿-洛伦兹方程描述了粒子(具有质量 m_α 和电荷 q_α)的动力学：

$$m_\alpha\frac{\mathrm{d}\boldsymbol{v}_\alpha}{\mathrm{d}t}=q_\alpha(\boldsymbol{E}(\boldsymbol{r}_\alpha(t),t)+\boldsymbol{v}_\alpha\times\boldsymbol{B}(\boldsymbol{r}_\alpha(t),t)) \tag{2.20}$$

方程(2.10)～(2.13)和(2.18)～(2.20)的集合是耦合方程式的一个闭集合，场的状态依赖于粒子的状态；反之亦然. 由这个方程集合可以得到经典电动力学的所有结论，在该理论中场和粒子的状态都不是量子化的. 现在我们的任务就是将这些方程推广到粒子的状态是量子化的情况，这个量子化对原子的真实描述是必不可少的.

2.2.2 经典电磁场中粒子的哈密顿量

1. 哈密顿量的形式

这里我们将描述经典电磁场与可能的最简单原子间的相互作用，这个原子只包含一个处于稳定原子核库仑场中的电子. 这个处于经典电磁场中的单电子的运动是用量子力学描述的，因此我们对它的动力学很感兴趣. 这个场完全用矢势 $\boldsymbol{A}(\boldsymbol{r},t)$和标势 $U(\boldsymbol{r},t)$来描述，既包括原子核的库仑场，也包括与原子相互作用的外场.

我们假设决定这个电子的动力学的哈密顿量为

$$\hat{H} = \frac{1}{2m}[\hat{\boldsymbol{p}} - q\boldsymbol{A}(\hat{\boldsymbol{r}},t)]^2 + qU(\hat{\boldsymbol{r}},t) \tag{2.21}$$

其中 $\hat{\boldsymbol{r}}$ 为电子位置算符，$\hat{\boldsymbol{p}}$ 是算符 $-\mathrm{i}\hbar\nabla$（注意到作为算符的函数，$\boldsymbol{A}(\hat{\boldsymbol{r}},t)$ 和 $U(\hat{\boldsymbol{r}},t)$ 也是算符）. 选择这个以拉格朗日理论为基础的哈密顿量的理由，可以在更深入的文章[①]中找到. 这里，当考虑量子位置算符和动量算符的平均值时，这个哈密顿量可以导出经典的运动方程(2.10)～(2.13)以及(2.20)，我们以此证明它是正确的.

2. 速度算符

为了证明利用式(2.21)的哈密顿量是正确的，现在我们将利用埃伦菲斯特(Ehrenfest)定理[②]来建立描述原子中电子的位置和速度平均值演化的方程. 首先，当我们使用式(2.21)的哈密顿量时，需要知道表示速度的算符. 这个算符 $\hat{\boldsymbol{v}}$ 的平均值必须满足

$$\langle\hat{\boldsymbol{v}}\rangle = \frac{\mathrm{d}}{\mathrm{d}t}\langle\hat{\boldsymbol{r}}\rangle \tag{2.22}$$

根据埃伦菲斯特定理，有

$$\frac{\mathrm{d}}{\mathrm{d}t}\langle\hat{x}\rangle = \frac{1}{\mathrm{i}\hbar}\langle[\hat{x},\hat{H}]\rangle \tag{2.23}$$

由于 $\hat{x}$ 和 $U(\hat{\boldsymbol{r}},t)$ 对易，可以得到

$$\langle[\hat{x},\hat{H}]\rangle = \mathrm{i}\hbar\left\langle\frac{\hat{p}_x - qA_x(\hat{\boldsymbol{r}},t)}{m}\right\rangle \tag{2.24}$$

然后由式(2.23)和式(2.24)，我们可以推出

$$\frac{\mathrm{d}}{\mathrm{d}t}\langle\hat{x}\rangle = \left\langle\frac{\hat{p}_x - qA_x(\hat{\boldsymbol{r}},t)}{m}\right\rangle \tag{2.25}$$

结合式(2.22)，可以得出速度算符的下面表达式：

$$\hat{\boldsymbol{v}} = \frac{\hat{\boldsymbol{p}} - q\boldsymbol{A}(\hat{\boldsymbol{r}},t)}{m} \tag{2.26}$$

要注意，通常 $\hat{\boldsymbol{v}}$ 不同于 $\hat{\boldsymbol{p}}/m$.

---

① 例如，见 CDG Ⅰ第 4 章. 在补充材料 6.A 中给出了电磁场中带电粒子的经典哈密顿形式的一个简要介绍.

② 见 CDL 第 4 章 D.

3. 运动方程

为了得到运动方程,我们需要利用速度算符不同分量的对易关系.例如,考虑对易子$[\hat{v}_x,\hat{v}_y]$,由式(2.26),我们得到

$$[\hat{v}_x,\hat{v}_y] = -\frac{q}{m^2}[\hat{p}_x,A_y(\hat{\boldsymbol{r}},t)] - \frac{q}{m^2}[A_x(\hat{\boldsymbol{r}},t),\hat{p}_y] \tag{2.27}$$

对任意的函数 $f(\hat{\boldsymbol{r}})$,对易子$[\hat{p}_x,f(\hat{\boldsymbol{r}})]$都等于$-\mathrm{i}\hbar\frac{\partial f}{\partial x}$,所以

$$[\hat{v}_x,\hat{v}_y] = \mathrm{i}\hbar\frac{q}{m^2}\left[\frac{\partial}{\partial x}A_y(\hat{\boldsymbol{r}},t) - \frac{\partial}{\partial y}A_x(\hat{\boldsymbol{r}},t)\right] \tag{2.28}$$

利用磁场和矢势之间的关系式(2.14),我们就得到了所要的对易关系:

$$[\hat{v}_x,\hat{v}_y] = \mathrm{i}\hbar\frac{q}{m^2}B_z(\hat{\boldsymbol{r}},t) \tag{2.29}$$

$$[\hat{v}_y,\hat{v}_z] = \mathrm{i}\hbar\frac{q}{m^2}B_x(\hat{\boldsymbol{r}},t) \tag{2.30}$$

$$[\hat{v}_z,\hat{v}_x] = \mathrm{i}\hbar\frac{q}{m^2}B_y(\hat{\boldsymbol{r}},t) \tag{2.31}$$

现在我们就可以来计算速度算符平均值的演化.再一次利用埃伦菲斯特定理,得到

$$\frac{\mathrm{d}}{\mathrm{d}t}\langle\hat{v}_x\rangle = \frac{1}{\mathrm{i}\hbar}\langle[\hat{v}_x,\hat{H}]\rangle + \left\langle\frac{\partial}{\partial t}\hat{v}_x\right\rangle \tag{2.32}$$

根据速度算符的定义式(2.26),显然速度算符通过 $\boldsymbol{A}(\hat{\boldsymbol{r}},t)$与时间有关,我们可以将式(2.32)右边最后一项改写为

$$\frac{\partial}{\partial t}\hat{v}_x = -\frac{q}{m}\frac{\partial}{\partial t}A_x(\hat{\boldsymbol{r}},t) \tag{2.33}$$

哈密顿量(2.21)也可以依据速度算符写为

$$\hat{H} = \frac{1}{2}m\hat{\boldsymbol{v}}^2 + qU(\hat{\boldsymbol{r}},t) \tag{2.34}$$

所以式(2.32)的对易子就变为

$$[\hat{v}_x,\hat{H}] = \frac{m}{2}[\hat{v}_x,\hat{v}_y^2] + \frac{m}{2}[\hat{v}_x,\hat{v}_z^2] + q[\hat{v}_x,U(\boldsymbol{r},t)] \tag{2.35}$$

现在，我们用式(2.29)～式(2.31)的结论来展开式(2.35)右边的前两项，注意不要交换 $\hat{\boldsymbol{v}}$ 和 $B(\hat{\boldsymbol{r}},t)$ 中项的顺序，得到

$$[\hat{v}_x,\hat{v}_y^2]=\hat{v}_y[\hat{v}_x,\hat{v}_y]+[\hat{v}_x,\hat{v}_y]\hat{v}_y=\mathrm{i}\hbar\frac{q}{m^2}[\hat{v}_yB_z(\hat{\boldsymbol{r}},t)+B_z(\hat{\boldsymbol{r}},t)\hat{v}_y] \tag{2.36}$$

类似地，有

$$[\hat{v}_x,\hat{v}_z^2]=-\mathrm{i}\hbar\frac{q}{m^2}[\hat{v}_zB_y(\hat{\boldsymbol{r}},t)+B_y(\hat{\boldsymbol{r}},t)\hat{v}_z] \tag{2.37}$$

注意到 $U(\hat{\boldsymbol{r}},t)$ 与 $\boldsymbol{A}(\hat{\boldsymbol{r}},t)$ 可对易，很容易将式(2.35)右边的最后一项简化为

$$[\hat{v}_x,U(\hat{\boldsymbol{r}},t)]=\frac{1}{m}[\hat{p}_x,U(\hat{\boldsymbol{r}},t)]=-\frac{\mathrm{i}\hbar}{m}\frac{\partial}{\partial x}U(\hat{\boldsymbol{r}},t) \tag{2.38}$$

最后，将式(2.33)～式(2.38)的结果代入式(2.32)，我们得到

$$\frac{\mathrm{d}}{\mathrm{d}t}\langle\hat{v}_x\rangle=\frac{q}{2m}\langle\hat{v}_y\hat{B}_z-\hat{v}_z\hat{B}_y+\hat{B}_z\hat{v}_y-\hat{B}_y\hat{v}_z\rangle-\frac{q}{m}\left\langle\frac{\partial U(\hat{\boldsymbol{r}},t)}{\partial x}+\frac{\partial A_x(\hat{\boldsymbol{r}},t)}{\partial t}\right\rangle \tag{2.39}$$

由第一项我们认识到，这个对称算符的 x 分量与洛伦兹力($q\boldsymbol{v}\times\boldsymbol{B}$)有关. 第二项表示电子上的静电力，与等式(2.15)的电场成正比. 最后，我们可以用矢量方程表示式(2.39)：

$$m\frac{\mathrm{d}}{\mathrm{d}t}\langle\hat{\boldsymbol{v}}\rangle=q\left\langle\frac{\hat{\boldsymbol{v}}\times\hat{\boldsymbol{B}}(\hat{\boldsymbol{r}},t)-\hat{\boldsymbol{B}}(\hat{\boldsymbol{r}},t)\times\hat{\boldsymbol{v}}}{2}\right\rangle+q\langle\hat{\boldsymbol{E}}(\hat{\boldsymbol{r}},t)\rangle \tag{2.40}$$

这就是经典牛顿-洛伦兹方程(2.20)的量子力学模拟. 我们已经演示了在式(2.21)中假设的哈密顿量导出速度算符的定义式(2.26)，以及导出方程(2.40)，这个方程描述了该哈密顿量平均值的时间演化，是相应的经典方程(2.20)的一个自然推广. 因此，虽然我们没有给出选择这个哈密顿量的有效性的严格证明，但我们已经说明它是合理的.

2.2.3 库仑规范中的相互作用哈密顿量

1. 库仑规范

我们知道对应电磁场的同一个值存在无限对矢势和标势组合$\{\boldsymbol{A}(\boldsymbol{r},t),U(\boldsymbol{r},t)\}$. 不同对的势组合通过规范变换(2.16)和(2.17)相联系. 我们可以通过给这些势添加一个

附加约束，即相当于一个特定规范的选择，来利用这个任意度.下面我们将看到，在规范的众多可能选择中，有一个特别适用于量子光学中的问题.这个规范就是库仑规范，由下面的条件定义：

$$\nabla \cdot \boldsymbol{A}(\boldsymbol{r}, t) = 0 \tag{2.41}$$

这个选择相当于矢势的一个特殊值，用 $\boldsymbol{A}_{\perp}(\boldsymbol{r}, t)$（**横向矢势**）表示，至于其理由将在第6章中变得更清楚.这里我们给出一个平面电磁波的横向矢势的例子，并将在下文中利用到：

$$\boldsymbol{E} = \boldsymbol{E}_0 \cos(\omega t - \boldsymbol{k} \cdot \boldsymbol{r}) \tag{2.42}$$

$$\boldsymbol{B} = \frac{\boldsymbol{k} \times \boldsymbol{E}_0}{\omega} \cos(\omega t - \boldsymbol{k} \cdot \boldsymbol{r}) \tag{2.43}$$

$$\boldsymbol{E}_0 \cdot \boldsymbol{k} = 0 \tag{2.44}$$

相应的库仑规范矢势为

$$\boldsymbol{A}_{\perp} = -\frac{\boldsymbol{E}_0}{\omega} \sin(\omega t - \boldsymbol{k} \cdot \boldsymbol{r}) \tag{2.45}$$

同时相关联的标势为零：

$$U(\boldsymbol{r}, t) = 0 \tag{2.46}$$

很容易验证满足方程(2.41)，并且当利用方程(2.14)和(2.15)时，这样的势确实会导出场(2.42)和(2.43).特别地，自由电磁波的电场(2.42)为

$$\boldsymbol{E}(\boldsymbol{r}, t) = -\frac{\partial}{\partial t} \boldsymbol{A}_{\perp}(\boldsymbol{r}, t) \tag{2.47}$$

2. 原子哈密顿量与相互作用哈密顿量

一个外部作用场和只包含一个在核库仑势影响下演化的电子的原子之间相互作用的哈密顿量为式(2.21)，从该哈密顿量开始，我们将在库仑规范中探讨原子-场相互作用.选择这个规范的一个重要优点是它可以清楚地区分开由原子核引起的静电场和外部作用的电磁辐射.现在我们考虑外场是平面电磁波的情形，将它看成是上面的一个例子，它的库仑规范势由式(2.45)和式(2.46)给出.就原子核的静电场而言，相应的矢势为零，同时标势就是通常的库仑势 $U_{\mathrm{Coul}}(\boldsymbol{r})$.

令 $V_{\mathrm{Coul}}(\boldsymbol{r}) = qU_{\mathrm{Coul}}(\boldsymbol{r})$，于是哈密顿量(2.21)可以写成

$$\hat{H} = \frac{1}{2m}[\hat{\boldsymbol{p}} - q\boldsymbol{A}_\perp(\hat{\boldsymbol{r}}, t)]^2 + V_{\text{Coul}}(\hat{\boldsymbol{r}}) \tag{2.48}$$

展开得到

$$\hat{H} = \frac{\hat{\boldsymbol{p}}^2}{2m} - \frac{q}{m}[\hat{\boldsymbol{p}} \cdot \boldsymbol{A}_\perp(\hat{\boldsymbol{r}}, t) + \boldsymbol{A}_\perp(\hat{\boldsymbol{r}}, t) \cdot \hat{\boldsymbol{p}}] + \frac{q^2 \boldsymbol{A}_\perp^2(\hat{\boldsymbol{r}}, t)}{2m} + V_{\text{Coul}}(\hat{\boldsymbol{r}}) \tag{2.49}$$

第二项可以化简,因为 $\boldsymbol{A}_\perp(\hat{\boldsymbol{r}}, t)$满足式(2.41),并且有

$$\hat{\boldsymbol{p}} \cdot \boldsymbol{A}_\perp - \boldsymbol{A}_\perp \cdot \boldsymbol{p} = [\hat{\boldsymbol{p}}, \boldsymbol{A}_\perp(\hat{\boldsymbol{r}}, t)] = -\mathrm{i}\hbar\nabla \cdot \boldsymbol{A}_\perp(\hat{\boldsymbol{r}}, t) = 0 \tag{2.50}$$

最后,电子的哈密顿量可以写为

$$\hat{H} = \hat{H}_0 + \hat{H}_{\text{I}} \tag{2.51}$$

其中

$$\hat{H}_0 = \frac{\hat{\boldsymbol{p}}^2}{2m} + V_{\text{Coul}}(\hat{\boldsymbol{r}}) \tag{2.52}$$

$$\hat{H}_{\text{I}} = -\frac{q}{m}\hat{\boldsymbol{p}} \cdot \boldsymbol{A}_\perp(\hat{\boldsymbol{r}}, t) + \frac{q^2 \boldsymbol{A}_\perp^2(\hat{\boldsymbol{r}}, t)}{2m} \tag{2.53}$$

上面的 $\hat{H}_0$ 是通常的(类氢的)原子哈密顿量,也就是一个带电粒子在一个库仑势中运动的哈密顿量. $\hat{H}_{\text{I}}$ 项描述了类氢原子和作用场之间的相互作用. 它依赖于描述电子运动的量子化变量 $\hat{\boldsymbol{p}}$ 和 $\hat{\boldsymbol{r}}$ 以及作用场,该作用场在库仑规范中可以用它的矢势 $\boldsymbol{A}_\perp(\boldsymbol{r}, t)$完全表征.

相互作用哈密顿量 $\hat{H}_{\text{I}}$ 可以分解为 $\hat{H}_{\text{I1}}$ 和 $\hat{H}_{\text{I2}}$ 两部分,它们分别是矢势的一次函数和二次函数:

$$\hat{H}_{\text{I1}} = -\frac{q}{m}\hat{\boldsymbol{p}} \cdot \boldsymbol{A}_\perp(\hat{\boldsymbol{r}}, t) \tag{2.54}$$

$$\hat{H}_{\text{I2}} = \frac{q^2 \boldsymbol{A}_\perp^2(\hat{\boldsymbol{r}}, t)}{2m} \tag{2.55}$$

随着作用场振幅线性变化的相互作用过程可以用 $\hat{H}_{\text{I1}}$ 单独表示.

3. 长波近似

在用量子光学研究原子-光相互作用时,光的波长 λ 与原子大小相比通常很大. 例如,对氢原子来说,典型的辐射或吸收线至少具有 100 nm 的波长,同时原子的大小约为

玻尔半径，即 $a_0=0.053\ \mathrm{nm}$. 在这些条件下，外场的振幅实际上在原子的空间范围内是不变的，并且矢势 $\boldsymbol{A}_{\perp}(\hat{\boldsymbol{r}},t)$ 可以用它在原子核处的值 $\boldsymbol{A}_{\perp}(\hat{\boldsymbol{r}}_0,t)$ 代替. 这就是**长波近似**.

应用这个近似，相互作用哈密顿量(2.53)变为

$$\hat{H}_{\mathrm{I}}=-\frac{q}{m}\hat{\boldsymbol{p}}\cdot\boldsymbol{A}_{\perp}(\boldsymbol{r}_0,t)+\frac{q^2}{2m}\boldsymbol{A}_{\perp}^2(\boldsymbol{r}_0,t) \tag{2.56}$$

这个方程比式(2.53)简单得多，因为电子位置算符不再出现在 $\hat{H}_{\mathrm{I}}$ 中. 也要注意到式(2.56)的第二项是一个**标量**，它在不同原子态之间的矩阵元为 0，因此不会导致两个这样的态之间的跃迁. 所以在长波近似下，我们可以将下面的相互作用哈密顿量的末项表示为

$$\hat{H}_{\mathrm{I1}}=-\frac{q}{m}\hat{\boldsymbol{p}}\cdot\boldsymbol{A}_{\perp}(\boldsymbol{r}_0,t) \tag{2.57}$$

在这个经常称为“$\boldsymbol{A}\cdot\boldsymbol{p}$ 哈密顿量”的哈密顿量中，外部作用场可以用原子核位置的库仑规范矢势表示.

2.2.4 电偶极哈密顿量

1. 戈珀特-迈耶规范

现在我们来介绍在原子物理中经常用到的第二个规范，因为它会导出相互作用哈密顿量的一个特殊的隐含形式. 这个规范就是戈珀特-迈耶规范，它是由库仑规范通过规范变换(2.16)和(2.17)得到的，即取如下形式：

$$F(\boldsymbol{r},t)=-(\boldsymbol{r}-\boldsymbol{r}_0)\cdot\boldsymbol{A}_{\perp}(\boldsymbol{r}_0,t) \tag{2.58}$$

这个变换突出了核的位置 $\boldsymbol{r}_0$. 由此导出戈珀特-迈耶势为

$$\boldsymbol{A}'(\boldsymbol{r},t)=\boldsymbol{A}_{\perp}(\boldsymbol{r},t)-\boldsymbol{A}_{\perp}(\boldsymbol{r}_0,t) \tag{2.59}$$

$$U'(\boldsymbol{r},t)=U_{\mathrm{Coul}}(\boldsymbol{r})+(\boldsymbol{r}-\boldsymbol{r}_0)\cdot\frac{\partial}{\partial t}\boldsymbol{A}_{\perp}(\boldsymbol{r}_0,t) \tag{2.60}$$

根据这些势，哈密顿量(2.21)变为

$$\hat{H}=\frac{1}{2m}[\hat{\boldsymbol{p}}-q\hat{\boldsymbol{A}}'(\hat{\boldsymbol{r}},t)]^2+V_{\mathrm{Coul}}(\hat{\boldsymbol{r}})+q(\hat{\boldsymbol{r}}-\boldsymbol{r}_0)\cdot\frac{\partial}{\partial t}\hat{\boldsymbol{A}}_{\perp}(\boldsymbol{r}_0,t) \tag{2.61}$$

回忆一下与外加辐射相关的电场，根据方程(2.47)，该电场为

$$\boldsymbol{E}(\boldsymbol{r},t)=-\frac{\partial}{\partial t}\boldsymbol{A}_{\perp}(\boldsymbol{r},t) \tag{2.62}$$

并且引入原子的电偶极算符

$$\hat{\boldsymbol{D}}=q(\hat{\boldsymbol{r}}-\boldsymbol{r}_0) \tag{2.63}$$

哈密顿量(2.61)最终变为

$$\hat{H}=\frac{1}{2m}[\hat{\boldsymbol{p}}-q\hat{\boldsymbol{A}}'(\hat{\boldsymbol{r}},t)]^2+V_{\text{Coul}}(\hat{\boldsymbol{r}})-\hat{\boldsymbol{D}}\cdot\hat{\boldsymbol{E}}(\boldsymbol{r}_0,t) \tag{2.64}$$

2. 长波近似

现在我们做与之前一样的长波近似，它可以使我们能够用与作用场相关的势在原子核处的取值来代替这些势．因此在方程(2.64)中，我们用 $\boldsymbol{A}'(\boldsymbol{r}_0,t)$ 代替 $\boldsymbol{A}'(\hat{\boldsymbol{r}},t)$．但是由式(2.59)，有

$$\boldsymbol{A}'(\boldsymbol{r}_0,t)=\boldsymbol{0} \tag{2.65}$$

所以式(2.64)取如下形式：

$$\hat{H}=\hat{H}_0+\hat{H}'_{\text{I}} \tag{2.66}$$

与式(2.52)中一样，这里

$$\hat{H}_0=\frac{\hat{\boldsymbol{p}}^2}{2m}+V_{\text{Coul}}(\hat{\boldsymbol{r}}) \tag{2.67}$$

为通常的原子哈密顿量．至于相互作用哈密顿量，则为

$$\hat{H}'_{\text{I}}=-\hat{\boldsymbol{D}}\cdot\boldsymbol{E}(\boldsymbol{r}_0,t) \tag{2.68}$$

它称为电偶极哈密顿量．这个哈密顿量具有在电场 $\boldsymbol{E}(\boldsymbol{r},t)$ 位置 $\boldsymbol{r}_0$ 处的一个经典电偶极子 $\boldsymbol{D}$ 所引起的相互作用能的形式．

评注　(1) 为简单起见，这里我们考虑的是一个氢原子．然而，对包含若干电子的任意原子种类都可以定义一个电偶极算符，并且相互作用哈密顿关系保持不变．

(2) 在下文中，我们将需要知道对应光跃迁的电偶极算符矩阵元的数值．一般而言，这些数值可以由参与跃迁的原子态的本征函数的形式计算得到．对氢原子较低电子态之间的跃迁，由电子的电荷 $e=1.6\times10^{-19}$ C 与决定原子中电子到质子长度的玻尔半

径$a_0=0.5\times10^{-10}$ m 的乘积，可以得到一个较好的估值.

(3) 如补充材料 2.B 中所示，电偶极算符的对角矩阵元等于零：

$$\langle i \mid \hat{\boldsymbol{D}} \mid i\rangle = 0 \tag{2.69}$$

(4) 当一个原子沿行进的电磁波做匀速运动时，我们可以明确地得到依赖时间的核坐标 $\boldsymbol{r}_0=\boldsymbol{v}_{\text{at}}t$，于是原子所感受到的电场就为

$$\boldsymbol{E} = \boldsymbol{E}_0\cos(\omega t - \boldsymbol{k}\cdot\boldsymbol{r}_0) = \boldsymbol{E}_0\cos(\omega - \boldsymbol{k}\cdot\boldsymbol{v}_{\text{at}})t \tag{2.70}$$

由上式可以明显看到，从原子角度看到的场的频率，通过**多普勒效应**被一个量 $\Delta\omega_{\text{D}}=-\boldsymbol{k}\cdot\boldsymbol{v}_{\text{at}}$代替.这个现象在激光光谱学(见补充材料 3.G)和原子激光冷却(第 8 章)中有着重要的作用.

3. 讨论

在上文中，我们已经得出了描述我们的模型系统(与施加的电磁场相互作用的一个原子)动力学的两个不同的哈密顿量.这似乎会带来该理论所预言的结果是否唯一的问题.实际上这并没有问题，只要应用恰当的方程，并且所有的计算都在不采取进一步近似(规范变化不改变场，而物理结果只依赖于场)的情况下进行.同样，我们也可以说无论采取哈密顿量的 $\boldsymbol{A}\cdot\boldsymbol{p}$ 或$\boldsymbol{D}\cdot\boldsymbol{E}$ 形式，长波近似都导致相同的跃迁概率.

另一方面，当做近似计算时，结果会微妙地依赖于哈密顿量的选择.例如，如果初态或末态波函数用近似展开式代替，所能得到的结果确实依赖于所采用的哈密顿量.在这种情形下人们发现，当跃迁发生在两个束缚能级间时，电偶极哈密顿量能给出最精确的结果，但是如果跃迁涉及连续态，$\boldsymbol{A}\cdot\boldsymbol{p}$ 哈密顿量将给出最好的结果.①

在采用长波近似的情况中，戈珀特-迈耶规范的一个优点是它能得到相互作用能的一个表达式，所包含的每一个数学量都有现成的物理解释.例如，电子速度算符 $\hat{\boldsymbol{v}}$ 就等于算符 $\hat{\boldsymbol{p}}/m$(由方程(2.26)和(2.65)得到).这意味着哈密顿量 $\hat{H}_0$(方程(2.67))等于电子的动能与静电势能的和，同时相互作用项是通常的电偶极能量表达式.

当长波近似无效时，就不能再使用电偶极哈密顿量.在那种情况下，必须使用准确的库仑规范哈密顿量，或者修改规范变换以使多级展开式的高阶项也能出现(高阶项的前两个是磁偶极相互作用和电四级相互作用).当电偶极项为零时，由于某些原因，这些高阶项尤其重要(对照补充材料 2.B).

---

① CDG Ⅰ，补充材料 E_{IV}，练习 2.

2.2.5 磁偶极哈密顿量

如果两个态之间的电偶极矩阵元变为零,磁偶极相互作用仍然可以导致两个态之间的跃迁,因为电偶极算符是奇宇称的(即若该算符经过一个相当于在原点的反射的变换,将会改变符号,见补充材料 2. B),如果所研究的两个原子态有相同的宇称,就是这种情形.例如,若一个原子的两个基态超精细能级有相同的主量子数 n 和角量子数 l,就会遇到这样的情况.然而在射频范围内,这样的两个能级之间确实会发生跃迁,这样的例子包括 1420 MHz 的氢的共振谱线(基态超精细能级 $F=0$ 和 $F=1$ 之间的"21 cm 线"),以及 9192 MHz 的铯超精细能级 $F=3$ 和 $F=4$ 之间的跃迁,后者用于秒的定义.

为了构建能导致这样的跃迁的相互作用项,必须考虑多级展开式中的下一项,而且要考虑入射电磁场与组成原子的粒子的磁矩之间的耦合.①这样做以后就得到了一个相互作用项,可以很容易解释为原子磁偶极矩 $\boldsymbol{M}$ 与入射波磁场 $\boldsymbol{B}$ 之间的磁偶极耦合:

$$\hat{H}_{\mathrm{I}}''=-\hat{\boldsymbol{M}}\cdot\boldsymbol{B}(\boldsymbol{r}_0,t) \tag{2.71}$$

对于一个氢原子的电子,$\hat{\boldsymbol{M}}$ 不仅有来自与轨道运动有关的角动量 $\boldsymbol{L}$ 的贡献,也有来自电子自旋 $\hat{\boldsymbol{S}}$ 的贡献:

$$\hat{\boldsymbol{M}}=\frac{q}{2m}(\hat{\boldsymbol{L}}+2\hat{\boldsymbol{S}}) \tag{2.72}$$

很容易估计磁偶极耦合与电偶极耦合的相对量级.对一个原子外的电子来说,$\hat{\boldsymbol{M}}$ 的矩阵元为玻尔磁子的量级:

$$\mu_{\mathrm{B}}=\frac{\hbar q}{2m} \tag{2.73}$$

其中 q 为电子的电荷.对于在自由空间中运动的电磁波,$B=E/c$.利用对电偶极耦合的近似 qa_0(对照 2.2.4 小节的评注(2)),我们得到

$$\frac{\langle\hat{H}_{\mathrm{I}}''\rangle}{\langle\hat{H}_{\mathrm{I}}'\rangle}\approx\frac{\hbar}{mca_0}=\frac{q^2}{4\pi\varepsilon_0\hbar c}=\alpha\approx\frac{1}{137} \tag{2.74}$$

其中 α($\alpha\approx1/137$)称为精细结构常数.所以磁偶极耦合显然比电偶极耦合小 2 个数量

① CDG Ⅱ,补充材料 $\mathrm{A_{XIII}}$.

级.但是这些磁耦合确实能导致许多可观测效应.

评注 在哈密顿量(2.21)级数展开式的同一阶中也会出现一个将原子的电四极矩与作用场的电场梯度耦合在一起的相互作用项.这一项也会导致能量差为入场频率对应能量的能级间的跃迁.于是,磁偶极项与电四极项的相对重要性,由所涉及的原子能级的宇称以及相应的跃迁矩阵元大小共同决定.

2.3 振荡电磁场引起的原子能级间的跃迁

有了相互作用哈密顿量后,现在我们可以继续研究原子态$|i\rangle$和$|k\rangle$之间由一个正弦振荡电磁波导致的跃迁.首先,我们将只考虑一个弱耦合的情况,并且将依据一阶微扰论的结果.然后,在2.3.2小节中,我们提出了一个更精确的计算,此计算在准共振近似下二能级原子模型所给跃迁概率接近1时是必要的.该计算预言了**拉比振荡**(一个相当重要的物理现象)的发生,在2.3.3小节中,我们考虑了**多光子跃迁**和**光移**的问题.

2.3.1 一阶微扰论中的跃迁概率

1. 吸收和受激辐射

我们考虑一个原子系统,用一个哈密顿量$\hat{H}_0$来描述,该哈密顿量的本征态$|n\rangle$对应于能量为E_n的能级.在$t=0$时,原子处在$\hat{H}_0$的本征态$|i\rangle$,并且施加一个以频率ω振荡的电磁场.我们试图得到在随后的一个时刻t,发现原子处在$\hat{H}_0$的一个不同本征态$|k\rangle$的概率.我们假设2.2节中氢原子与相互作用哈密顿量有关的结果对任意的原子依然有效.特别是,我们假定在长波近似中,始终能使用下面这个相互作用哈密顿量:

$$\hat{H}'_1(t) = -\hat{\boldsymbol{D}} \cdot \boldsymbol{E}(\boldsymbol{r}_0, t) \tag{2.75}$$

其中电场$\boldsymbol{E}(\boldsymbol{r}_0,t)$是在原子位置$\boldsymbol{r}_0$处的取值,$\boldsymbol{D}$是一个原子的(电偶极子)算符,在所考虑的$\hat{H}_0$的本征态之间有非零矩阵元.

电场写为

$$\boldsymbol{E}(\boldsymbol{r}_0, t) = \boldsymbol{E}(\boldsymbol{r}_0)\cos[\omega t + \varphi(\boldsymbol{r}_0)] \tag{2.76}$$

我们将相互作用哈密顿量写成第1章(方程(1.42))中的形式：

$$\hat{H}_{\mathrm{I}}(t) = \hat{W}\cos(\omega t + \varphi) \tag{2.77}$$

其中

$$\hat{W} = -\hat{\boldsymbol{D}} \cdot \boldsymbol{E}(\boldsymbol{r}_0) \tag{2.78}$$

我们可以利用在1.2.4小节的一阶微扰论计算中所得到的结果.我们知道只有在准共振条件下跃迁概率才是可观的,即末态能量在 $\Delta\omega = \pi/T$ 大小范围内近似等于 $E_i \pm \hbar\omega$,T 为相互作用持续时间(方程(1.49)).如果波的频率接近于跃迁的玻尔频率,那么原子就可能由态 $|i\rangle$ 变为态 $|k\rangle$.在对应于方程(1.49)第一行的情况中,能级 $|k\rangle$ 的能量大于能级 $|i\rangle$(有来自场的能量的吸收).在相反的情况中,发生诱发辐射,使原子到达更低的能级 $|k\rangle$.下面我们将更定量地探讨这些现象.

评注 如我们在上面所看到的,在 $\hat{\boldsymbol{D}}$ 在态 $|i\rangle$ 和 $|k\rangle$ 之间有零矩阵元的情况中,入射波的磁场和原子的磁偶极矩之间可以有耦合.相互作用哈密顿量可以写成式(2.77)的形式,但是耦合项就变为

$$\hat{W} = -\hat{\boldsymbol{M}} \cdot \boldsymbol{B}_0(\boldsymbol{r}_0) \tag{2.79}$$

在下文中所得到的结果可以很容易改写成这种情况.

2. 跃迁概率

在一阶微扰论中,在持续时间 T 的相互作用后,由态 $|i\rangle$ 到态 $|k\rangle$ 所发生的跃迁的概率由方程(1.46)给出：

$$P_{i\to k}(T) = \frac{|W_{ki}|^2}{4\hbar^2} g_T(\hbar\delta) \tag{2.80}$$

其中

$$g_T(\hbar\delta) = T^2\left[\frac{\sin(\delta T/2)}{\delta T/2}\right]^2 \tag{2.81}$$

是 δ 的一个尖锐峰值的函数,高度为 T^2,半宽度为 π/T,以 $\delta = 0$ 为中心(图1.3).物理量

$$W_{ki} = \langle k \mid \hat{W} \mid i\rangle \tag{2.82}$$

是对应跃迁的(非零)矩阵元,并且

$$\delta = \omega - \frac{|E_i - E_k|}{\hbar} \tag{2.83}$$

是电磁波频率相对于原子共振频率的失谐量.(对式(2.83)取绝对值,我们可以同时探讨吸收和受激辐射.)

对矩阵元 W_{ki} 详细说明将是非常有用的.我们引入平行于电磁波电场 $\boldsymbol{E}(\boldsymbol{r}_0)$ 方向的单位矢量 $\boldsymbol{\varepsilon}$,于是定义它的极化为

$$\boldsymbol{E}(\boldsymbol{r}_0) = \boldsymbol{\varepsilon}E(\boldsymbol{r}_0) \tag{2.84}$$

于是式(2.78)的相互作用哈密顿量就可以写为

$$W_{ki} = -\langle k \mid \hat{\boldsymbol{D}} \cdot \boldsymbol{\varepsilon} \mid i \rangle E(\boldsymbol{r}_0) = -dE(\boldsymbol{r}_0) \tag{2.85}$$

其中我们引入了在电场的 $\boldsymbol{\varepsilon}$ 方向上,$\hat{\boldsymbol{D}}$ 的分量的矩阵元 d.注意到,通过审慎地选择态 $|i\rangle$ 和 $|k\rangle$ 的相对相位,总是有可能使矩阵元 d 为实数且为负的.于是通常写为

$$W_{ki} = -dE(\boldsymbol{r}_0) = \hbar\Omega_1 \tag{2.86}$$

这个式子定义了**拉比频率** Ω_1(这个称呼的理由将在 2.3.3 小节中更加明显).

按这种表示方式,跃迁概率变为

$$P_{i\to k}(T) = \left(\frac{\Omega_1 T}{2}\right)^2\left[\frac{\sin(\delta T/2)}{\delta T/2}\right]^2 \tag{2.87}$$

评注 (1) 这里采用了使 Ω_1 为正的相对相位选择,以简化之后的表达式.将接下来的结果推广至 Ω_1 为一般复数的情形也是很容易的.例如,在式(2.87)中,Ω_1^2 这个量就用 $|\Omega_1|^2$ 代替了.

(2) 在一个圆偏振的情况中,可以利用复偏振矢量 $\boldsymbol{\varepsilon}$(对照补充材料 2.B).方程(2.76)的表示就可以替换为

$$\boldsymbol{E}(\boldsymbol{r}_0, t) = \mathrm{Re}\{\boldsymbol{\varepsilon}E(\boldsymbol{r}_0)\mathrm{e}^{-\mathrm{i}[\omega t + \varphi(\boldsymbol{r}_0)]}\} \tag{2.88}$$

然后如先前一样,在共振近似下继续进行计算.尤其是可以得到式(2.85),并且利用式(2.86)来定义复拉比频率.

式(2.87)的跃迁概率与拉比频率的模平方成正比,因此与电场振幅的平方成正比.为了描述这个量,我们定义电磁波在 $\boldsymbol{r}_0$ 点的强度 $I(\boldsymbol{r}_0)$ 为比 $2\pi/\omega$ 长的一段时间 θ 上电场的均方值:

$$I(\boldsymbol{r}_0) = \frac{1}{\theta}\int_t^{t+\theta}[\boldsymbol{E}(\boldsymbol{r}_0, t')]^2\mathrm{d}t' = \frac{E^2(\boldsymbol{r}_0)}{2} \tag{2.89}$$

然后我们可以得到

$$\Omega_1^2 = \frac{2d^2}{\hbar^2} I(\boldsymbol{r}_0) \tag{2.90}$$

评注 (1) 对一个均匀的行波(方程(2.88)中的 $\varphi(\boldsymbol{r}_0) = -\boldsymbol{k} \cdot \boldsymbol{r}_0, E(\boldsymbol{r}_0) = E_0$)的情况,其强度是空间不变的,正比于穿过垂直于射束方向的一个表面的每单位面积功率(在光学中也称为**辐照度**),该功率等于坡印廷矢量(Poynting vector)平均值的模:

$$\Pi = \frac{\varepsilon_0 c}{2} \mid E_0 \mid^2 = \varepsilon_0 c I \tag{2.91}$$

因此强度 I 的单位通常表示为 $W \cdot m^{-2}$ 虽有些不妥,但能将之与一个实验可观测量联系起来.于是就明白了它的数值指的是 $\varepsilon_0 c\,\overline{E^2}$,"—"表示时间平均.如果其强度不是均匀的,假如采用上面的约定,也可以用相同的单位表示.

(2) 该强度的其他定义有时也会用到.它们的共同特征是都正比于拉比频率的平方.这些不同的定义并不会带来不方便,因为它们不同的地方通常都是强度前的系数.

(3) 当电磁场不是单色的时候,式(2.89)对一段时间 θ 求平均也能使用,只需该段时间与场的特征时间相当,但要短于所用探测器的响应时间.例如,对可见光,θ 取 10^{-11} s.由此得到的强度会与时间相关,并且可能会存在振荡,例如,以两个不同频率的差为节拍.

(4) 知道 Ω_1 的典型的数量级是有用的.对一束功率为 1 mW、横截面为 1 mm^2 的激光,Π 等于 10^3 $W \cdot m^{-2}$.取 $d \approx qa_0$(10^{-29} C · m),就可以得到 $\Omega_1 \approx 10^8$ s^{-1}.在共振时,跃迁概率在几纳秒内就变得相当可观.

3. 讨论

式(2.87)的结果显示了吸收和受激辐射过程的几个重要特性,尽管事实上只有当跃迁概率与1相比很小时才是有效的.在远离共振的地方(失谐远远超过拉比频率),$P_{i\to k}$ 相比于1总是很小,并且随相互作用时间而振荡.这就是拉比振荡的微扰极限,将在2.3.2小节中全面地研究.已经提到了,跃迁概率的最大值$(\Omega_1/\delta)^2$ 在 $\delta=0$ 附近有共振特性,但是当 $\delta \leqslant \Omega_1$ 时,由微扰表达式并不能得到拉比振荡的信息.注意到拉比振荡可以解释为吸收占据的周期与受激辐射占据的周期之间的转换.

在上面的讨论中,我们没有考虑自发辐射(2.1.3小节),更一般地说,也没有考虑所涉及的原子能级可能是不稳定的,具有 Γ^{-1}的寿命.对于可见光区的跃迁,一个激发态的辐射寿命(由于自发辐射)为$1/\Gamma$,通常在1 ns和1 μs之间.由一个激光引起的拉比振荡的频率通常远大于可见光区的 Γ 的这些值,而且跃迁概率(2.87)可以在短于能级寿命的一段时间内变得可观,并由此观察到拉比振荡.另一方面,如果光来自一个经典光源(白炽灯或放电灯)，光的频谱宽度 $\Delta\omega$ 起到类似于 Γ 的作用，将明显大 Γ 几个数量级，同时拉比频率将变小，或者最多保持不变. 因此，这个**宽频带激励**情况(见补充材料 1.B)不能用方程(2.87)来准确地描述. 相比之下，射频跃迁可以在具有准无限寿命的能级(例如原子的基态子能级，或非电子激发的分子态)之间发生. 假如激发概率保持很小，那么方程(2.87)就可以准确描述这种情况.

总之，微扰的计算证明了一个由电磁波影响的原子系统的跃迁概率的基本特性：响应的共振性质、其与入射场的强度的比例性以及拉比振荡发生的可能性. 然而，这个计算结果只有有限的适用性，我们将在 2.3.2 小节中寻求更一般的结果. 我们将提出一个只包含两个能级相互作用的非微扰描述.

4. 相互作用哈密顿量 $\boldsymbol{A}\cdot\boldsymbol{p}$ 与 $\boldsymbol{D}\cdot\boldsymbol{E}$ 的等价性

我们考虑了一个电偶极跃迁的情况，即 $\hat{\boldsymbol{D}}$ 有一个非零矩阵元. 如果我们用 $\boldsymbol{A}\cdot\boldsymbol{p}$ 形式代替电偶极哈密顿量(2.78)，将得到一个类似结果，只是 $\hat{W}$ 替换为

$$\hat{W}' = -\frac{q}{m}\boldsymbol{p}\cdot\boldsymbol{A}_{\perp}(\boldsymbol{r}_0,t) \tag{2.92}$$

这里我们将表明这个替换导致相同的共振跃迁概率，或者相当于 $\hat{W}'_{ki}$ 与 $\hat{W}_{ki}$ 有相同的模.

首先，我们回忆一下库仑规范中电场振幅与矢势的关系(对照方程(2.45))：

$$\boldsymbol{A}(\boldsymbol{r}_0,t) = \frac{\boldsymbol{E}(\boldsymbol{r}_0)}{\omega}\cos\left[\omega t + \varphi(\boldsymbol{r}_0) + \frac{\pi}{2}\right] \tag{2.93}$$

此外，我们还必须比较 $\langle k|\hat{\boldsymbol{D}}|i\rangle$ 和 $\langle k|\hat{\boldsymbol{p}}|i\rangle$. 例如，考虑两个矩阵元的 z 分量. 由原子哈密顿量的表达式(2.52)出发，并利用对易关系

$$[\hat{z},\hat{p}_z] = \mathrm{i}\hbar \tag{2.94}$$

我们得到

$$[\hat{z},\hat{H}_0] = \mathrm{i}\hbar\frac{\hat{p}_z}{m} \tag{2.95}$$

将方程(2.95)左边投影到 $|k\rangle$，右边投影到 $|i\rangle$，我们可以得到

$$\langle k|\hat{z}|i\rangle(E_i - E_k) = \frac{\mathrm{i}\hbar}{m}\langle k|\hat{p}_z|i\rangle \tag{2.96}$$

最后，回忆一下对于单电子原子，有 $\hat{D}_z = q\hat{z}$，并且只保留共振项，就可以得到

$$\left|\frac{W'_{ki}}{W_{ki}}\right| = \left|\frac{\omega_{ki}}{\omega}\right| \tag{2.97}$$

上式证明了共振跃迁概率的等价性.

当不处于完全共振时,可能会出现用相互作用哈密顿量的不同形式得到的跃迁概率不再是相等的情况.实际上,这个差异与将做共振近似时所忽略的项包含进来所带来的影响具有相同的数量级,所以这个差异并没有很重要的意义.更精确的计算揭示出不同形式相互作用哈密顿量所预言的跃迁概率总是相等的,即使不在共振情形下.

2.3.2 两能级间的拉比振荡

1. 运动方程的非微扰解

在本小节,我们将精确地计算两原子态$|i\rangle$和$|k\rangle$之间的跃迁,这个跃迁由一个准共振波驱动,该波的角频率为ω,与跃迁$|E_k - E_i|/\hbar$的玻尔频率相似.在这种情况下,这个概率相比于1来说是相当可观的.在这个准共振情况中,我们将利用**二能级原子近似**,并且用$|a\rangle$和$|b\rangle$分别表示低能态和高能态.我们将低能态的能量E_a设为零,并用ω_0表示原子的玻尔频率:

$$E_b - E_a = \hbar\omega_0 \tag{2.98}$$

于是原子的哈密顿量就具有下面的形式:

$$H_0 = \hbar\begin{bmatrix} 0 & 0 \\ 0 & \omega_0 \end{bmatrix} \tag{2.99}$$

我们采用式(2.77)所示的电偶极哈密顿量,矩阵元W_{ba}可写为

$$W_{ba} = -\langle b \mid \hat{\boldsymbol{D}} \cdot \boldsymbol{E}(\boldsymbol{r}_0) \mid a\rangle = \hbar\Omega_1 \tag{2.100}$$

(对照方程(2.86)),上式使我们能定义拉比频率Ω_1(回忆下选择$|a\rangle$和$|b\rangle$的任意相位使Ω_1为实数且为正的).然后就可以得到完整的原子哈密顿量

$$\hat{H} = \hat{H}_0 + \hat{H}_\mathrm{I} = \hbar\begin{bmatrix} 0 & \Omega_1\cos(\omega t + \varphi) \\ \Omega_1\cos(\omega t + \varphi) & \omega_0 \end{bmatrix} \tag{2.101}$$

为了描述原子的演化，如第 1 章 1.2 节中一样，我们在$\{|a\rangle, |b\rangle\}$基下对它的态进行展开：

$$|\psi(t)\rangle = \gamma_a(t)|a\rangle + \gamma_b(t)e^{-i\omega_0 t}|b\rangle \tag{2.102}$$

其中指数项 $e^{-i\omega_0 t}$表示自由演化.然后对于振幅 γ_a 和γ_b 的演化，由薛定谔方程可得到下面的方程组：

$$i\frac{d}{dt}\gamma_a = \frac{\Omega_1 e^{i\varphi}}{2}e^{i(\omega-\omega_0)t}\gamma_b + \frac{\Omega_1 e^{-i\varphi}}{2}e^{-i(\omega_0+\omega)t}\gamma_b \tag{2.103}$$

$$i\frac{d}{dt}\gamma_b = \frac{\Omega_1 e^{-i\varphi}}{2}e^{-i(\omega-\omega_0)t}\gamma_a + \frac{\Omega_1 e^{i\varphi}}{2}e^{i(\omega_0+\omega)t}\gamma_a \tag{2.104}$$

在共振附近这些方程可以极大地简化. $|\omega-\omega_0|$比$|\omega+\omega_0|$要小得多，所以包含 $e^{i(\omega+\omega_0)t}$的指数项振荡很快，从而产生一个可忽略的平均贡献. 如我们在1.2.4小节中对微扰的情况所做的一样，忽略这些快速振荡项. 于是我们得到式(2.102)中引入的振幅演化的方程：

$$i\frac{d}{dt}\gamma_a = \frac{\Omega_1 e^{i\varphi}}{2}e^{i(\omega-\omega_0)t}\gamma_b \tag{2.105}$$

$$i\frac{d}{dt}\gamma_b = \frac{\Omega_1 e^{-i\varphi}}{2}e^{-i(\omega-\omega_0)t}\gamma_a \tag{2.106}$$

现在我们引入相较于共振频率的失谐量 $\delta=\omega-\omega_0$(对照方程(2.83))，并做一个变量变换：

$$\gamma_a = \tilde{\gamma}_a \exp\left(i\frac{\delta}{2}t\right) \tag{2.107}$$

$$\gamma_b = \tilde{\gamma}_b \exp\left(-i\frac{\delta}{2}t\right) \tag{2.108}$$

然后方程(2.105)和(2.106)的系统就转变成一组具有常系数的耦合方程：

$$i\frac{d}{dt}\tilde{\gamma}_a = \frac{\delta}{2}\tilde{\gamma}_a + \frac{\Omega_1 e^{i\varphi}}{2}\tilde{\gamma}_b \tag{2.109}$$

$$i\frac{d}{dt}\tilde{\gamma}_b = \frac{\Omega_1 e^{-i\varphi}}{2}\tilde{\gamma}_a - \frac{\delta}{2}\tilde{\gamma}_b \tag{2.110}$$

这样一个系统有两个振荡的本征解，形式如下：

$$\begin{bmatrix}\tilde{\gamma}_a\\ \tilde{\gamma}_b\end{bmatrix} = \begin{bmatrix}\alpha\\ \beta\end{bmatrix}\exp\left(-i\frac{\lambda}{2}t\right) \tag{2.111}$$

其中 λ 可以取下面两个值:

$$\lambda_{\pm} = \pm\,\Omega = \pm\sqrt{\Omega_1^2 + \delta^2} \tag{2.112}$$

对应于比例 α/β 的两个解:

$$\left(\frac{\alpha}{\beta}\right)_{\pm} = -\frac{\Omega_1 e^{i\varphi}}{\delta \mp \Omega} \tag{2.113}$$

其中在式(2.112)中所引入的物理量 Ω 称为**广义拉比频率**.

方程组(2.109)和(2.110)的通解就为

$$\widetilde{\gamma}_a = K\frac{\Omega_1 e^{i\varphi}}{\Omega - \delta}\exp\left(-i\frac{\Omega}{2}t\right) + L\frac{\Omega_1 e^{i\varphi}}{\Omega + \delta}\exp\left(i\frac{\Omega}{2}t\right) \tag{2.114}$$

我们寻求对应于下面的初始条件的特殊解:

$$\widetilde{\gamma}_a(t_0) = 1 \tag{2.115}$$

$$\widetilde{\gamma}_b(t_0) = 0 \tag{2.116}$$

即一个原子在 $t = t_0$ 时刻处于基态 $|a\rangle$. 在这种情况下,相应的解为

$$\widetilde{\gamma}_a(t) = \cos\frac{\Omega}{2}(t - t_0) - i\frac{\delta}{\Omega}\sin\frac{\Omega}{2}(t - t_0) \tag{2.117}$$

$$\widetilde{\gamma}_b(t) = -i\frac{\Omega_1 e^{-i\varphi}}{\Omega}\sin\frac{\Omega}{2}(t - t_0) \tag{2.118}$$

用式(2.112)所给出的值 $\sqrt{\Omega_1^2 + \delta^2}$ 代替 Ω,我们可以直接得到发现原子处于基态或激发态 $|a\rangle$ 和 $|b\rangle$ 的概率. 实际上,若掌握了系数 $\gamma_a(t)$ 和 $\gamma_b(t)$,我们就能够导出所有原子算符的平均值. 在 2.3.3 小节中,我们就利用这个事实来计算原子偶极子的平均值 $\langle\hat{\boldsymbol{D}}\rangle(t)$(我们用这个符号来表示量子力学的平均值 $\langle\hat{\boldsymbol{D}}\rangle = \langle\psi(t)|\hat{\boldsymbol{D}}|\psi(t)\rangle$ 依赖时间这个事实,对照方程(2.126)).

评注 系统(2.109)和(2.110)的解(2.117)和(2.118)是与初始条件式(2.115)和式(2.116)相关的特殊解. 如果初始条件改变,就必须重新计算这个解. 在某些情况下,特殊解对初始条件非常敏感,例如,在一个原子与所谓的拉姆齐(Ramsey)分离场的相互作用中,这类场常常用于高分辨率光谱学以及铯原子钟(见补充材料 2.D).

2. 拉比振荡

式(2.118)的解让我们可以求出概率 $P_{a\to b}(t_0,t)$ 的值，即一个原子初始处于态 $|a\rangle$，在准共振电磁波影响下，在时间 t 转移到态 $|b\rangle$ 的概率：

$$P_{a\to b}(t_0,t)=\frac{\Omega_1^2}{\Omega_1^2+\delta^2}\sin^2\frac{\Omega}{2}(t-t_0) \tag{2.119}$$

这个表达式除了表示符号的变化外，与式(1.63)完全相同，式(1.63)是由一个不依赖时间的耦合的情况得到的，不像这里是一个振荡的情况.

在图 2.7 中可以明显看出，跃迁概率以广义拉比频率 $\Omega=\sqrt{\Omega_1^2+\delta^2}$ 适时地在 0 和最大值之间振荡，最大值为

$$P_{a\to b}^{\max}=\frac{\Omega_1^2}{\Omega_1^2+\delta^2} \tag{2.120}$$

最大跃迁概率 $P_{a\to b}^{\max}$ 随着激发态从原子玻尔频率 ω_0 到频率 ω 的失谐量有一个共振的变化(图 2.8). 这个共振显示一个半高宽为 $2\Omega_1$ 的洛伦兹线型. 因此共振的宽度与电磁波的振幅成比例增加.

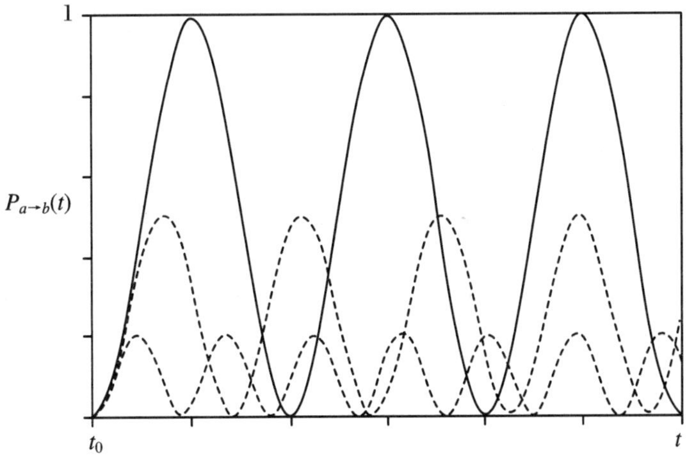

图 2.7 拉比振荡

实线：共振的情况；虚线：失谐 $\delta=\Omega_1$ 和 $\delta=2\Omega_1$ 的情况.

注意到恰好在共振处时，$P_{a\to b}^{\max}=1$. 假如相互作用持续时间固定为 π/Ω_1，那么有可能将全部原子布居从基态 $|a\rangle$ 转移到激发态 $|b\rangle$. 这称为"π 脉冲激发".

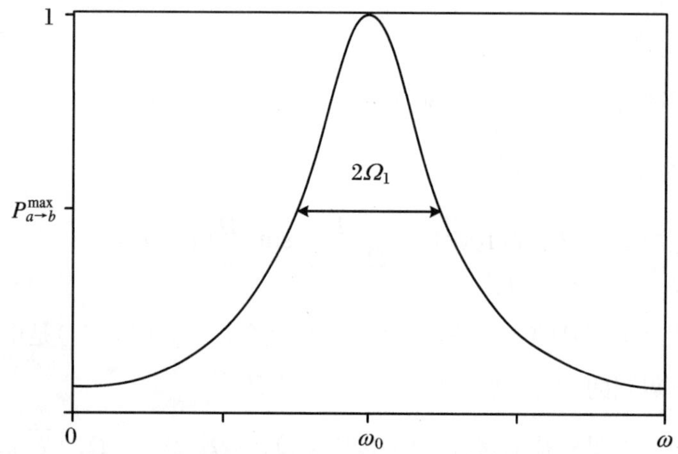

图 2.8　在振荡演化的过程中，发现原子处于激发态的最大概率是外加场的频率 ω 的一个函数

3. 实例

现在我们来考虑在可见光波长范围内拉比振荡是否可观测到. 接着 2.3.1 小节的讨论，我们可以看到，只有当相互作用持续时间短于所研究的跃迁涉及的两个原子态的寿命时，以上所述的计算才是有效的. 而且为了观测到拉比振荡，相互作用持续时间必须至少为一个振荡周期. 假如拉比频率至少为 $10^9\ \mathrm{s}^{-1}$ 量级，这可以利用几十毫瓦功率的一束激光束聚焦于大约 $1\ \mathrm{mm}^2$ 的一块区域得到，那么这两个条件在可见光波长范围内是可以同时成立的. 通过用激光脉冲照射原子，同时观察所产生的荧光(荧光的强度正比于处于激发态的原子数)，就可以观测到拉比振荡，其中脉冲长度 $(t-t_0)$ 在几纳秒的范围内变化. 这样的一个实验是可能的，但是显示出了重大的技术性困难，因此拉比振荡只有在有利条件下才能在可见光区域观测到.

在射频区域，由 2.2.5 小节我们知道，由于磁偶极耦合，在具有无限寿命的基态超精细子能级之间可以产生跃迁. 一个很好的例子就是频率为 9.192631770 GHz 的原子钟跃迁，它是原子铯的 $6^2\mathrm{S}_{1/2}$ 基态的超精细子能级 $F=3$ 与 $F=4$ 之间的跃迁. 对于每平方厘米几瓦的强度，拉比频率 $\Omega_1/(2\pi)$ 将达到 10^5 Hz 量级. 目前已有测量子能级间的相对布居数的技术，因此我们能够研究拉比振荡的特性. 使用 π 脉冲来使全部原子样本转移到想要的子能级现在是一种常见的技术.

除了原子的例子，另一个能发生拉比振荡的重要例子是静磁场中自旋为 1/2 的一个粒子的系统. 这样的一个系统同样有一对间隔正比于外加磁场的能级，而且也通过磁偶极耦合与一个入射电磁波发生相互作用. **核磁共振**中的实验经常涉及自旋 1/2 的氢核，其处于几特斯拉量级的静磁场中，于是与这两个可能的自旋方向有关的能级就将间隔几千赫.由共振频率的精确值可以得到氢核所处环境的信息.这个现象在化学分析和医学成像中有重要的应用.

4. 相干瞬变和 π/2 脉冲

我们再次考虑 2.3.2 小节中所描述的情况，但是现在假设在 $t=0$ 时刻接通的电磁场，在下面的时间 t_1 突然关闭：

$$t_1 = t_0 + \frac{\pi}{2\Omega_1} \tag{2.121}$$

这被认为是执行一个 π/2 脉冲激发.为了简化我们对原子随后演化的计算，假定入射场可以精确地调整到共振（$\delta=0$）.那么 t_1 时刻原子的状态就可以由式(2.117)和式(2.118)给出：

$$\gamma_a(t_1) = \tilde{\gamma}_a(t_1) = \frac{1}{\sqrt{2}} \tag{2.122}$$

$$\gamma_b(t_1) = \tilde{\gamma}_b(t_1) = -\frac{\mathrm{i}}{\sqrt{2}}\mathrm{e}^{-\mathrm{i}\varphi} \tag{2.123}$$

在随后的自由演化过程中，原子态可以描述为

$$|\psi(t)\rangle = \frac{1}{\sqrt{2}}|a\rangle - \frac{\mathrm{i}}{\sqrt{2}}\mathrm{e}^{-\mathrm{i}(\omega_0 t+\varphi)}|b\rangle \tag{2.124}$$

这意味着原子处于任一个能级的概率并不随时间改变.

然而这不应该推断为系统根本没有演化.这可以通过考虑任意一个在两个态$|a\rangle$和$|b\rangle$之间有非零矩阵元的算符的期待值的演化来证明.对于一个电偶极跃迁的情况，我们可以取这个算符为电偶极矩的分量 $\hat{\boldsymbol{D}}_{\boldsymbol{\varepsilon}} = \hat{\boldsymbol{D}}\cdot\boldsymbol{\varepsilon}$.在$\{|a\rangle,|b\rangle\}$基下，这个算符可以表示为

$$\hat{\boldsymbol{D}}_{\boldsymbol{\varepsilon}} = \begin{bmatrix} 0 & d \\ d & 0 \end{bmatrix} \tag{2.125}$$

对于式(2.124)的态，$\hat{\boldsymbol{D}}_{\boldsymbol{\varepsilon}}$ 的期望值就为

$$\langle\hat{\boldsymbol{D}}_{\boldsymbol{\varepsilon}}\rangle(t) = -d\sin(\omega_0 t+\varphi) \tag{2.126}$$

因此偶极矩就以玻尔频率 ω_0 振荡.在光学范围内的跃迁的情况中，这个振荡伴随着相同频率的可见光的发射.

虽然如相同两能级间自发辐射一样以相同频率 ω_0 发射光，但是这个光具有明显不同的性质. 这些性质与这个辐射的相干性有关. 方程(2.126)告诉我们，原子偶极子的振荡的相位唯一地由入射波的相位决定. 因此，一个经过相同 $\pi/2$ 脉冲的原子系综，将全部发射具有相同相位的光. 这与伴随自发辐射发生的情况形成鲜明对比，自发辐射时单个原子发射具有随机相位的光. 在实验中是有可能观察到这种相干性的效应的. 这些效应包括发射的方向性、荧光与驱动光束拍频有关的现象. 这个现象称为**相干瞬变**，只能在比所涉及原子态辐射寿命短的一个时间尺度上观察到. ①

评注　与式(2.124)的预言相反，显然辐射将带走来自原子激发能的能量，并且激发态的占有概率将适时相应减小. 这个矛盾的原因是在方程(2.124)的推导过程中，原子与这些原子所辐射的场之间的所有相互作用都被忽略了. 事实上，这是辐射出的电磁场对辐射原子的反作用，它引起了 $|\gamma_b(t)|$ 随时间的衰减；可以参照补充材料 2.A 中对这个效应的一种经典处理方法.

在射频范围内，对于涉及很长寿命的能级的跃迁，通常利用 $\pi/2$ 脉冲使一个系统处于一个自由振荡态(角频率为 ω_0)，并具有由激发波控制的一个确定的相位. 脉冲核磁共振方法就是利用 $\pi/2$ 脉冲，这个技术广泛应用于原子钟和涉及**拉姆齐条纹**(Ramsey fringes)的许多方法中. 这个技术将在补充材料 2.D 中进行介绍.

评注　不能认为对于这些方法的施行必须恰好产生具有 $\pi/2$ 脉冲持续时间的脉冲. 最关键的是使原子处于两个态 $|a\rangle$ 和 $|b\rangle$ 的一个具有相同权重的线性叠加态上，以便优化式(2.126)中振荡的振幅.

2.3.3　多光子跃迁

1. 微扰理论

我们考虑图 2.9 中所描述的情况，即一个初始处于态 $|i\rangle$ 的原子，与一个角频率为 ω 的电磁波发生相互作用，ω 接近于态 $|i\rangle$ 与另一个态 $|k\rangle$ 之间能量间隔的一半($\omega_{ki} = |E_k - E_i|/\hbar$).

① 这些现象导致了许多美妙的实验. 例如，见 R. G. Brewer 的文章(见 *Frontiers of Laser Spectroscopy*, Les Houches, Session XXVII, R. Balian, S. Haroche 和 S. Liberman 编, North Holland, 1977: 341).

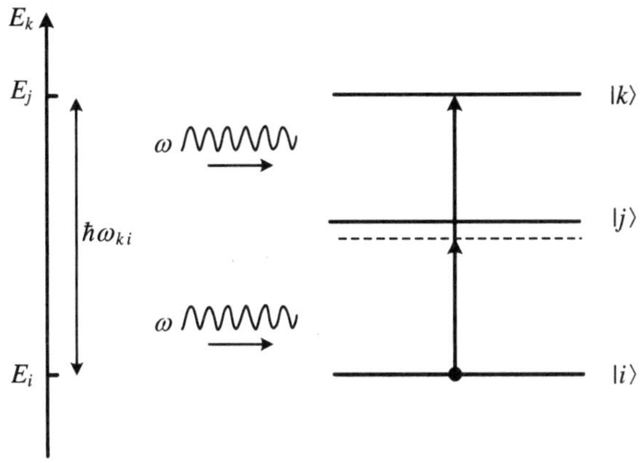

图 2.9　从能级 $|i\rangle$ 到能级 $|k\rangle$ 的两光子跃迁

因为没有原子能级出现在能量 $E_i + \hbar\omega$，所以依据一阶微扰论的计算会得到一个非常小的来自初始原子态的跃迁概率. 这个概率是来自初始原子态的跃迁发生的概率. 然而，在二阶微扰论（在1.2.5小节中推广到正弦扰动的情况）中，可以发现在准共振极限下，经过相互作用时间 T 之后，跃迁概率为

$$P_{i\to k}(T) = T\frac{2\pi}{\hbar}\left|\frac{1}{4}\sum_{j\neq i}\frac{W_{kj}W_{ji}}{E_i - E_j + \hbar\omega}\right|^2 \delta_T(E_k - E_i - 2\hbar\omega) \tag{2.127}$$

这里再一次出现了函数 $\delta_T(E)$（以 0 为中心，振幅和半宽度分别为 $T/(2\pi\hbar)$ 和 $\pi\hbar/T$）. 在共振条件下得到

$$E_k - E_i = 2\hbar\omega \tag{2.128}$$

如图 2.9 所示，这样的一个过程可以解释为由两个光子的同时吸收引起的原子能级 $|i\rangle$ 和 $|k\rangle$ 之间的跃迁. 如果原子初始就处于两个能态中较高的而不是较低的态，那么原子可以产生从激发态到基态的跃迁，伴随着两光子的受激辐射.

这里所描述的两光子吸收是一个二阶非线性过程. 矩阵元 W_{kj} 和 W_{ji} 中的每一个都与驱动波的电场振幅成正比（方程(2.85)），所以跃迁概率(2.127)就正比于光强度的平方. 这个结论可以推广到更高阶的微扰论. 例如，假设 $\omega = |E_k - E_i|/(3\hbar)$，就会发生一个三光子跃迁（对照图 2.5），这个跃迁概率正比于光强度的立方.

评注　在原子的跃迁中，电偶极矩阵元只有在相反奇偶性的能级之间才是非零的（对照 2.2.5 小节）. 因此，一个两光子电偶极跃迁只发生在相同奇偶性的能级之间. 与此相反，单光子电偶极跃迁并不发生在这些能级之间.

2. 数量级

比较式(2.127)的准共振的两光子跃迁概率与式(2.80)的单光子跃迁概率是一个简单的任务.在共振时,这两个概率的比值大约为

$$\frac{|W|^2}{(E_i - E_j + \hbar\omega)^2} \tag{2.129}$$

这等于拉比频率(假定具有相同的值)的平方除以与中间态$|j\rangle$的能量的失谐量的平方.除了中间态恰好与态$|i\rangle$和态$|k\rangle$有相同能量间隔的特殊情况之外,来自中间态的失谐通常远大于态$|i\rangle$和$|j\rangle$之间以及态$|j\rangle$和$|k\rangle$之间这两个单光子跃迁的拉比频率.因此多光子跃迁发生的可能性通常远小于那些只包含一个光子的跃迁.只有当入射光强度足够大时,多光子跃迁发生的概率才变得可观,这也就解释了这些跃迁的实验观测通常依赖于紧密聚焦或高功率的脉冲激光束的使用.[①]

评注 上面的计算只有在相互作用时间短于初态$|i\rangle$和末态$|k\rangle$的辐射寿命时才是有效的.来自中间态的频率失谐也要大于它的辐射宽度(寿命的倒数)以及拉比频率 $W_{ij}/\hbar$,因为如果连接$|i\rangle$和$|j\rangle$的单光子跃迁是准共振的,就需要一个更仔细的方法.

3. 双光子跃迁的有效哈密顿量

当入射波的强度足够大,并且双光子是准共振时,就可能有一个对这个系统更精确的处理方法.为了让符号更清晰,我们用$|a\rangle$和$|c\rangle$来表示这两个通过两光子跃迁($2\omega \approx \omega_0 = |E_c - E_a|/\hbar$)连接的态,并用$|j\rangle$来表示可能的中间能级,所有这些能级都远离单光子的共振.我们以类似于式(2.102)的形式,在态$|a\rangle$,$|c\rangle$以及组合$|j\rangle$所组成的基组上对$|\psi(t)\rangle$进行展开,引入相应的振幅 $\gamma_a(t)$,$\gamma_c(t)$和 $\gamma_j(t)$.那么薛定谔方程就可以变成类似于式(2.103)和式(2.104)的形式.由于中间态都是不共振的,所以 $\gamma_j(t)$可以由微扰论来计算.假定相互作用被缓慢地开启,那么可以消除积分常量(对照 1.2.5 小节),我们得到

$$\begin{aligned}\gamma_j(t) = &-\frac{W_{ja}}{2(E_j - E_a - \hbar\omega)}\gamma_a(t)\mathrm{e}^{-\mathrm{i}(E_j-E_a-\hbar\omega)t/\hbar}\\ &-\frac{W_{ja}}{2(E_j - E_a + \hbar\omega)}\gamma_a(t)\mathrm{e}^{-\mathrm{i}(E_j-E_a+\hbar\omega)t/\hbar}\\ &+\{\text{类似项}(a\leftrightarrow c)\}\end{aligned} \tag{2.130}$$

① 如 G. Grynberg,B. Cagnac 和 F. Biraben 的文章(见 *Coherent Nonlinear Optics*,M. S. Feld 和 V. S. Letokov 编,Springer Verlag,1980:111).

将这些项代入描述 $\gamma_a(t)$ 和 $\gamma_c(t)$ 演化的方程，我们发现这些方程表示一个受到一个有效**相互作用哈密顿量**扰动的二能级系统 $\{|a\rangle,|c\rangle\}$，该哈密顿量有非对角矩阵元[①]

$$W_{ca}^{\text{eff}} = \sum_{j\neq a,c} \frac{W_{cj}W_{ja}}{4(E_c - E_j - \hbar\omega)} e^{i(2\omega-\omega_0)t} = \frac{\hbar\Omega_1^{\text{eff}}}{2} e^{-i(2\omega-\omega_0)t} \tag{2.131}$$

和对角矩阵元

$$W_{cc}^{\text{eff}} = \frac{1}{4}\left(\sum_{j\neq c} \frac{|W_{cj}|^2}{E_c - E_j - \hbar\omega} + \sum_{j\neq c} \frac{|W_{cj}|^2}{E_c - E_j + \hbar\omega}\right) \tag{2.132}$$

$$W_{aa}^{\text{eff}} = \frac{1}{4}\left(\sum_{j\neq a} \frac{|W_{aj}|^2}{E_a - E_j - \hbar\omega} + \sum_{j\neq a} \frac{|W_{aj}|^2}{E_a - E_j + \hbar\omega}\right) \tag{2.133}$$

现在，我们只需要求解耦合的一阶方程的集合，例如按照 2.3.2 小节的步骤，就可以得到

$$P_{a\to c}(t_0,t) = \left(\frac{\Omega_1^{\text{eff}}}{\Omega^{\text{eff}}}\right)^2 \sin^2\left[\frac{\Omega^{\text{eff}}}{2}(t-t_0)\right] \tag{2.134}$$

其中广义拉比频率 Ω^{eff} 由下式定义：

$$(\Omega^{\text{eff}})^2 = (\Omega_1^{\text{eff}})^2 + \left(\frac{E_c + W_{cc}^{\text{eff}} - E_a - W_{aa}^{\text{eff}}}{\hbar} - 2\omega\right)^2 \tag{2.135}$$

结果是能级 $|a\rangle$ 和 $|c\rangle$ 之间由准共振的两光子耦合引起拉比振荡的发生. 2.3.2 小节中的所有讨论在这里也是适用的，但除此之外，我们还需要指出以下几点：首先，方程(2.134)告诉我们原子可以完全进入态 $|c\rangle$，尽管事实上系数 $\gamma_j(t)$ 始终小于 1；原子处于某一个中间态的概率因此就变得微不足道了. 这个现象的产生是很自然的，因为两光子跃迁和基态与中间态之间的单光子跃迁不同，它几乎是共振的. 式(2.135)更新奇的地方是有效哈密顿量对角矩阵元的作用，它可以引起**光移**. 这个重要的现象是下一小节中我们研究的对象.

2.3.4 光移

公式(2.134)和(2.135)表明两光子跃迁对于入射波的一个频率是共振的，即

$$2\omega = \frac{E_c + W_{cc}^{\text{eff}} - E_a - W_{aa}^{\text{eff}}}{\hbar} \tag{2.136}$$

---

① 术语"有效哈密顿量"在各种背景的量子力学文章中经常遇到. 它的精确含义对不同情况来说也会不同.

这可以解释为两个能级$|a\rangle$和$|c\rangle$在能量上分别偏移了 W_{aa}^{eff}和W_{cc}^{eff}.从式(2.131)和式(2.132)可以看到这些偏移正比于由入射波引起的态$|a\rangle$(或$|c\rangle$)与中间态$|j\rangle$的耦合的平方.它们称为**光移**(或斯塔克位移).[①]光移正比于入射场的强度,反比于与中间态的失谐量.能量位移的意义如图 2.10 所示.

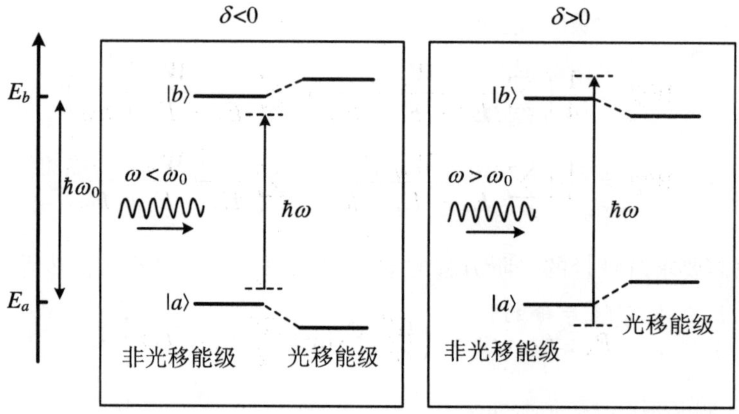

图 2.10　与频率为 ω 的激光耦合的二能级原子中的光移(分别对应一个负失谐和一个正失谐)

光移的出现并不限于两光子跃迁的情况.它们发生得相当普遍,我们在下面给出了另一个两原子能级间单光子跃迁的例子.由式(2.103)和式(2.104)出发,对于非共振情况,我们可以找到一个类似于前面 2.3.3 小节中提出的微扰解,得到(取 $\varphi=0$)

$$\gamma_b(t)=\frac{\Omega_1}{2}\left[\frac{\mathrm{e}^{-\mathrm{i}(\omega-\omega_0)t}}{\omega-\omega_0}-\frac{\mathrm{e}^{\mathrm{i}(\omega+\omega_0)t}}{\omega+\omega_0}\right]\gamma_a(t) \tag{2.137}$$

将上式代入式(2.103)可以得到四项,其中两项是非振荡的(非周期项)并且提供最主要的贡献.若只保留这些项中最大的,则我们得到

$$\mathrm{i}\frac{\mathrm{d}\gamma_a}{\mathrm{d}t}=\frac{\Omega_1^2}{4}\frac{1}{\omega-\omega_0}\gamma_a(t) \tag{2.138}$$

现在看来,初始具有能量 $E_a=0$ 的能级$|a\rangle$在能量上移动了一个量

$$W_{aa}^{\text{eff}}=\hbar\frac{\Omega_1^2}{4\delta}=\frac{|W_{ab}|^2}{4(\hbar\omega-E_b+E_a)} \tag{2.139}$$

---

① 光移是由科恩-塔诺季第一次预测和观察到的.利用放电灯和光泵浦技术,他能分辨仅 1 Hz 的移动(C. Cohen-Tannoudji,A. Kastler 的文章,见 *Progress in Optics*,5,E. Wolf 编,North Holland,Amsterdam,1966:1).现在,借助明亮激光源,通常能测量到 MHz 甚至 GHz 光移.

如果只保留主项 $j=b$，该式就具有式(2.133)的形式.

能级 $|b\rangle$ 的光移可以用同样的方式得到，即

$$W_{bb}^{\text{eff}} = -\hbar\frac{\Omega_1^2}{4(\omega-\omega_0)} \tag{2.140}$$

因此我们发现，当失谐为负时，能级 $|a\rangle$ 与 $|b\rangle$ 在能量上将分离得更远，而当失谐为正时，将变得更近. 这个现象可以在图 2.10 中看到.

自从激光出现之后，光移就在原子-光相互作用的研究中起到了重要的作用. 由于这些光源高的光谱亮度，在高分辨率光谱学的实验中考虑这些光移通常就是必要的(见补充材料 3.G). 对于激光冷却和囚禁原子的许多机制，它们也是十分重要的(见第 8 章).

评注 (1) 上面得到的结果是针对具有无限寿命能级的情况的，倘若失谐大于耦合能级的宽度，那么在有限寿命的情况中，这些结果依然是有效的. 因此方程(2.139)和(2.140)实际上有很广的适用范围.

(2) 为了测量图 2.10 中能级 $|a\rangle$ 和 $|b\rangle$ 的光移，需要利用一个附加的探测激光(频率可调). 这个探测光强度较低，所以它引起的能级的光移是可以忽略的. 当探测光的频率调到大约为能级 $|a\rangle$ 或 $|b\rangle$ 与第三个能级 $|c\rangle$ 之间的跃迁频率时，可以测量到探测光的吸收. 然后可以发现探测激光的共振吸收位置按照公式(2.139)和(1.240)所预言的方式依赖于强激光的强度和失谐，该强激光已被校准到使 $|a\rangle$ 到 $|b\rangle$ 产生跃迁.

2.4 有限寿命能级间的吸收

2.4.1 模型介绍

在 2.3 节中我们看到了当一个原子(或一个分子)与一个入射电磁波相互作用时，如何能出现受激辐射或吸收，致使它改变内部状态. 上节所提出的内容在假定原子态的寿命非常长时是有效的.

实际上，通常需要考虑另外一些情况，即至少有一个原子能级的寿命的有限性是重要的. 例如，对于可见光区的跃迁，高能级可以通过自发辐射退激发. 对于低能级也是同样如此，只要不是基态. 除了自发辐射外，许多其他过程也能导致有限的能级寿命，例如，

原子与其他原子或与包含着蒸气的容器壁的碰撞,还有晶体中离子与光子的相互作用.或者当一个原子的运动将它带出其与电磁波相互作用的区域时,产生的效果就好像是原子自身具有一个有限寿命,存在一段时间后就消失.

因此,下面我们将关注所考虑的原子能级的有限寿命.对于与电磁波相互作用的一个二能级系统,在存在耗散过程的情况下,一般的处理方法需要比本章更加复杂的理论工具,必须利用密度矩阵方法,并且求解光学布洛赫方程.我们将在补充材料2.C中介绍这些工具.这里的问题是,使能级不稳定的耗散过程是由包含原子和入射场的系统与外部环境之间的耦合造成的;因此这些过程不能只用关于原子的薛定谔方程来描述,因为这个方程只适用于用一个哈密顿量描述的守恒过程.

这里我们将介绍一个简化模型,它利用薛定谔方程并且考虑了我们的二能级原子态的有限寿命,依据这个模型可以导出许多重要的结果.这个模型形成于一个特定情况,即这两个能级具有相同的寿命 Γ_{D}^{-1}(图 2.11).用 N_a 和 N_b 表示在一给定时刻,处于能级 $|a\rangle$ 和 $|b\rangle$ 的原子出现在相互作用区的数目①,迁移速率可以写为

$$\left(\frac{\mathrm{d}N_a}{\mathrm{d}t}\right)_{\text{depart}} = -\Gamma_{\mathrm{D}} N_a \tag{2.141}$$

$$\left(\frac{\mathrm{d}N_b}{\mathrm{d}t}\right)_{\text{depart}} = -\Gamma_{\mathrm{D}} N_b \tag{2.142}$$

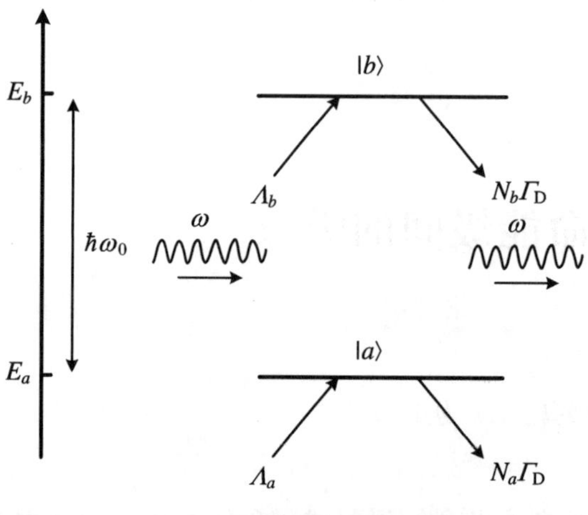

图 2.11　与电磁波耦合且有相同寿命 Γ_{D}^{-1} 的二能级原子模型

这两个能级的布居数以速率 Λ_a 和 Λ_b 被补给.

① 事实上,N_a 和 N_b 应该理解为在 t 时刻统计意义上的平均值.我们假定这些数足够大,使得它们的相对统计波动是不重要的.

这意味着原子总数

$$N = N_a + N_b \tag{2.143}$$

遵守一个相同形式的方程：

$$\left(\frac{\mathrm{d}N}{\mathrm{d}t}\right)_{\text{depart}} = -\Gamma_{\mathrm{D}} N \tag{2.144}$$

当这两个能级都是激发态，且有相似的自发辐射衰变率时，就可以出现这样一种情况．或者，这个模型也可应用于原子本身一对能级稳定的情况，只是这里原子只在与电磁波的相互作用区内停留 Γ_{D}^{-1} 量级的时间．

为了能存在一个稳态解，原子的这两个能级的布居数需要得到补充，例如，通过与带电或中性粒子碰撞激发——和在一个放电灯中一样，或者通过光泵浦．①或者等价地，新原子可以进入相互作用区以替代离开的原子．系统的这两个能级的补给速率为

$$\left(\frac{\mathrm{d}N_a}{\mathrm{d}t}\right)_{\text{feed}} = \Lambda_a \tag{2.145}$$

$$\left(\frac{\mathrm{d}N_b}{\mathrm{d}t}\right)_{\text{feed}} = \Lambda_b \tag{2.146}$$

这两个速率可以不同．

在**稳态**中总的供给率和损失率是相等的，所以相互作用区中原子的总数就为

$$N = \frac{\Lambda_a + \Lambda_b}{\Gamma_{\mathrm{D}}} \tag{2.147}$$

可以发现，无论由电磁波导致的 $|a\rangle$ 和 $|b\rangle$ 之间布居转移速率是多少，式(2.147)总是成立的．由式(2.144)推出的这个结论之所以简单，是因为这两个能级的寿命相等：因此它对于我们的模型是特定的．

在本节中，我们将考虑 Λ_b 为零，而只以速率 Λ_a 供给低能级的布居数这样一种情况(图 2.12)．在频率为 ω 的电磁波影响下，由于吸收的原因一些原子将进入态 $|b\rangle$．为了描述稳态解，我们将首先计算激发到高能态的原子数 N_b，然后计算这些跃迁对入射电磁波的影响，我们将看到其影响就是使电磁波逐渐衰减．

---

① 见第 3 章 3.2 节以及补充材料 2.B.

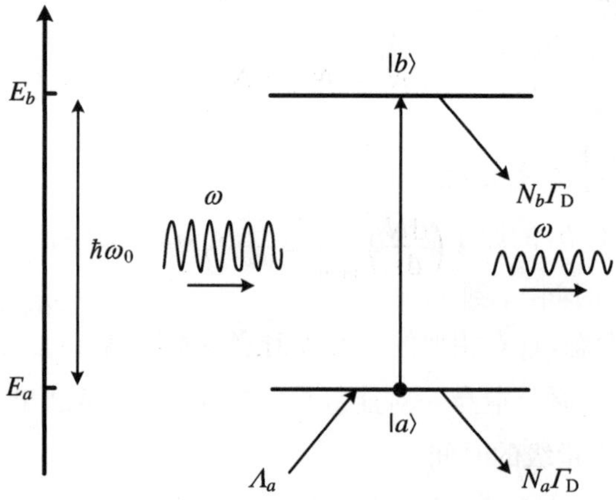

图 2.12　经由有限寿命的二能级原子的吸收

其中只供给低能级$|a\rangle$.被带到高能级$|b\rangle$的原子以及衰变带走了取自电磁场的能量.

2.4.2　激发态布居数

1. 计算原理

当只有低能态$|a\rangle$被补充,且不存在电磁场时,稳态布居数为

$$N_a^{(0)} = \frac{\Lambda_a}{\Gamma_D} \tag{2.148}$$

$$N_b^{(0)} = 0 \tag{2.149}$$

如果现在我们施加一个准共振的电磁场,一部分原子将进入激发态,但是由方程(2.147),我们仍将得到

$$N_a + N_b = N = \frac{\Lambda_a}{\Gamma_D} \tag{2.150}$$

对于耦合可以用微扰方法处理的情况,只有一小部分原子被激发,这就使得 N_b 总是小于 N_a,而 N_a 本身始终处于接近 N 的一个值.我们来计算 t_0 时在能级$|a\rangle$的一个原子,在随后的时间 t 被发现在能级$|b\rangle$的概率.这个概率是两项的乘积,第一项为

$$P_{a\to b}(t_0, t) \tag{2.151}$$

这是一个原子被电磁场从能级$|a\rangle$到能级$|b\rangle$的激励概率;第二项为

$$e^{-\Gamma_D(t-t_0)} \tag{2.152}$$

这是一个原子在任一能级的**存活概率**.

在时刻 t 处于能级$|b\rangle$的原子总数,可以通过对所有之前时刻 t_0 的上述贡献求和得到.该 $\Lambda_a dt_0$ 个原子在时间 t_0 到 t_0+dt_0 之间出现在能级$|a\rangle$,我们得到

$$N_b(t)=\int_{-\infty}^{t}dt_0\Lambda_a P_{a\to b}(t_0,t)e^{-\Gamma_D(t-t_0)} \tag{2.153}$$

2. 微扰解

概率 $P_{a\to b}(t_0,t)$在前面已经计算过了,在微扰情况下可以用方程(2.80)和(2.81)给出.将这个概率代入式(2.153)并且令 $t-t_0=T$,我们得到

$$N_b=\Lambda_a\frac{|W_{ba}|^2}{4\hbar^2}\int_0^{\infty}dT\left[\frac{\sin(\omega-\omega_0)T/2}{(\omega-\omega_0)/2}\right]^2e^{-\Gamma_D T} \tag{2.154}$$

这个积分很容易在将正弦函数展开为指数形式后计算,结果为

$$N_b=\frac{\Lambda_a}{\Gamma_D}\frac{|W_{ba}|^2}{2\hbar^2}\frac{1}{(\omega-\omega_0)^2+\Gamma_D^2} \tag{2.155}$$

用拉比频率 Ω_1 代替$|W_{ba}|/\hbar$,并引入原子总数 N,我们得到

$$N_b=\frac{N}{2}\frac{\Omega_1^2}{(\omega-\omega_0)^2+\Gamma_D^2} \tag{2.156}$$

因此转移到激发态的原子的比例正比于电磁波的强度(Ω_1^2 依赖于强度).而且随着波的频率调节到大约为波尔频率 ω_0,这个比例表现出了共振的特性.它是失谐量的一个洛伦兹函数,该洛伦兹曲线的半高全宽度为 $2\Gamma_D$(图 2.13).

以上计算采用了跃迁概率 $P_{a\to b}(t_0,t)$的微扰表示.因此只有当 Ω_1 既小于 Γ_D 又小于失谐 $\delta=\omega-\omega_0$ 时,这个计算才是精确的.在这些条件下,转移到激发态的原子比例 N_b/N 仍然很小.

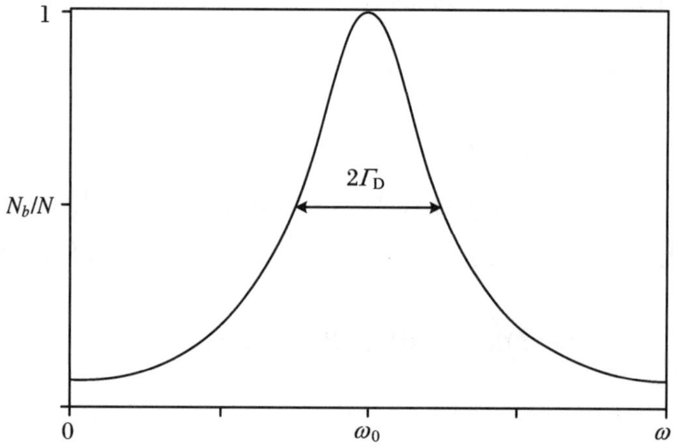

图 2.13　激发态$|b\rangle$的布居数(作为入射场频率的函数)的共振变化
它可用一个洛伦兹曲线来描述,半高半宽度为 Γ_D.

3. 非微扰解

对于非微扰的情况,我们采用类似于上面的推导,只不过这里是将描述非微扰跃迁概率 $P_{a\to b}(t_0,t)$的方程(2.119)代入方程(2.153),我们可以得到

$$N_b = \Lambda_a \frac{\Omega_1^2}{\Omega^2}\int_0^{\infty} \mathrm{d}T \sin^2 \frac{\Omega T}{2} \mathrm{e}^{-\Gamma_D T} \tag{2.157}$$

其中(对照方程(2.112))

$$\Omega^2 = \Omega_1^2 + (\omega - \omega_0)^2 \tag{2.158}$$

像前面一样计算这个积分,得到

$$N_b = \frac{N}{2} \frac{\Omega_1^2}{(\omega - \omega_0)^2 + \Omega_1^2 + \Gamma_D^2} \tag{2.159}$$

在低强度极限($\Omega_1^2 \ll \Gamma_D^2 + (\omega - \omega_0)^2$)下,这个结果等于微扰的结果式(2.156):布居数 N_b 正比于入射波的强度.然而在高强度情况下,处于激发态的原子比例随着 Ω_1^2 增大而增速放缓,最终趋近于 1/2.这是激发饱和的表现.我们将在 2.4 节再回来讨论这个现象.此外,公式(2.159)表明共振的宽度随强度增加,等于 $2\sqrt{\Gamma_D^2 + \Omega_1^2}$.这个效应称为**功率展宽**(power broadening).

如果我们引入饱和参量 s,饱和的这个效应看起来就更清楚,对于具有相同寿命两能

级之间的跃迁,有

$$s = \frac{\Omega_1^2}{(\omega - \omega_0)^2 + \Gamma_D^2} \tag{2.160}$$

方程(2.159)就可以重新写为

$$N_b = \frac{N}{2}\frac{s}{1+s} \tag{2.161}$$

当 $s \ll 1$ 时,函数 $s/(1+s)$ 约等于 s,而当 $s \gtrsim 1$ 时,函数将逐渐趋近于1,一般性地描绘了饱和的现象(图2.14).

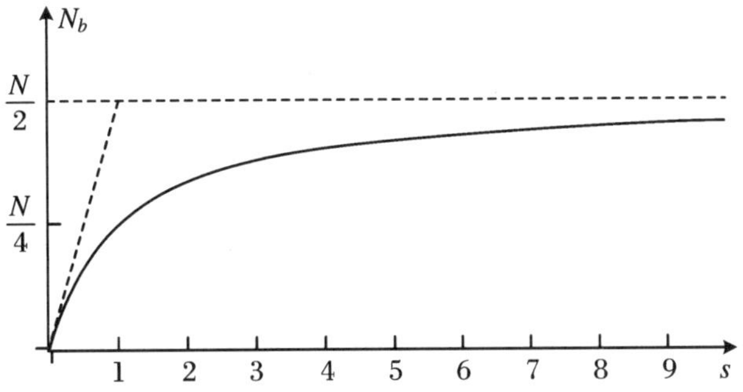

图2.14　激发的原子数作为饱和参量 s 的函数,正比于入射场强度(在原子总数的一半时达到饱和)

利用式(2.90),我们将饱和参量表示为

$$s = \frac{I}{I_{\text{sat}}}\frac{1}{1 + (\omega - \omega_0)^2/\Gamma_D^2} \tag{2.162}$$

其中 I 是光强度(方程(2.90)),同时引入饱和强度 I_{sat},对这里所研究的模型来说,它的值为

$$I_{\text{sat}} = \frac{\hbar\Gamma_D^2}{d^2} \tag{2.163}$$

饱和参量 s 是一个非常有用的量,因为如同式(2.161)一样,很多表达式对于比我们的简单模型更复杂的情况仍然有效.在那些复杂情况中,s 通常假定为类似于式(2.162)的一种形式,其中饱和强度 I_{sat} 和洛伦兹曲线宽度 $2\Gamma_D$ 作为唯象参量.

2.4.3 电介质极化率

现在我们来计算 2.4.2 小节中的原子集合(只有能级$|a\rangle$有外部供给)的介电响应,这些原子受到一个使它们从能级$|a\rangle$到能级$|b\rangle$的电磁波.我们首先寻找感生电偶极子的一个表达式,然后寻找介质极化率的表达式.

1. 感生电偶极子的平均值

我们首先计算单个原子电偶极矩的(量子)平均值.对一个原子态$|\psi\rangle$,我们知道

$$\langle\hat{\boldsymbol{D}}\rangle = \langle\psi|\hat{\boldsymbol{D}}|\psi\rangle \tag{2.164}$$

在 2.3.2 小节中,我们计算了在时间 t_0 到 t 内与下列场耦合的一个原子的态:

$$\boldsymbol{E}(t) = \boldsymbol{E}_0\cos(\omega t + \varphi) = \boldsymbol{\varepsilon}E_0\cos(\omega t + \varphi) \tag{2.165}$$

在时刻 t_0 原子起始处于态$|a\rangle$.将式(2.117)和式(2.118)代入式(2.107)和式(2.108),然后代入式(2.102),得到

$$|\psi(t)\rangle = \gamma_a(t)|a\rangle + \gamma_b(t)\mathrm{e}^{-\mathrm{i}\omega_0 t}|b\rangle \tag{2.166}$$

其中

$$\gamma_a(t) = \left[\cos\frac{\Omega}{2}(t-t_0) - \mathrm{i}\frac{\delta}{\Omega}\sin\frac{\Omega}{2}(t-t_0)\right]\exp\left(\mathrm{i}\frac{\delta}{2}t\right) \tag{2.167}$$

$$\gamma_b(t) = -\mathrm{i}\left[\frac{\Omega_1}{\Omega}\sin\frac{\Omega}{2}(t-t_0)\right]\exp\left[-\mathrm{i}\left(\frac{\delta}{2}t+\varphi\right)\right] \tag{2.168}$$

这里 $\Omega = \sqrt{\Omega_1^2+\delta^2}$.因此对于一个原子在时间 t_0 出现在态$|a\rangle$的情况,我们可以计算这个单原子电偶极子的分量 $D_i(i=x,y,z)$在时刻 t 的平均值,即

$$\langle\hat{D}_i\rangle(t_0,t) = d_i\gamma_a^*\gamma_b\mathrm{e}^{-\mathrm{i}\omega_0 t} + \mathrm{c.c.} \tag{2.169}$$

其中 c.c.表示"复共轭",d_i 为矩阵元$\langle a|\hat{D}_i|b\rangle$.由于这个原子的生存概率为 $\mathrm{e}^{-\Gamma_\mathrm{D}(t-t_0)}$,可以通过类似于 2.4.2 小节中采用的过程来得到这个原子系综的总电偶极矩:在考虑了它们在时间 t 的存在概率权重后,式(2.169)的贡献对所有 t_0 求和.引入样本的体积 V,并用 $\boldsymbol{P}$ 表示**极化**(每单位体积偶极矩).对于它的分量 P_i,我们有

$$P_iV = \Lambda_a\int_{-\infty}^{t}\langle D_i\rangle(t_0,t)\mathrm{e}^{-\Gamma_\mathrm{D}(t-t_0)}\mathrm{d}t_0 \tag{2.170}$$

这个表达式可以用上面的结果来求值，得到

$$P_i = -\frac{Nd_i}{V}\frac{\Omega_1}{2}\frac{(\omega_0-\omega)+\mathrm{i}\Gamma_D}{\Gamma_D^2+\Omega_1^2+(\omega_0-\omega)^2}\mathrm{e}^{-\mathrm{i}(\omega t+\varphi)}+\mathrm{c.c.} \tag{2.171}$$

如果这个原子集合是各向同性的，极化 $\boldsymbol{P}$ 就必然平行于入射波的电场方向. 如果 d 是偶极子沿着这个方向的分量的平均矩阵元，根据 $\hbar\Omega_1=-dE_0$，最终我们可以得到

$$\boldsymbol{P}=\frac{N}{V}\frac{d^2}{\hbar}\frac{\omega_0-\omega+\mathrm{i}\Gamma_D}{\Gamma_D^2+\Omega_1^2+(\omega-\omega_0)^2}\frac{\boldsymbol{E}_0}{2}\mathrm{e}^{-\mathrm{i}(\omega t+\varphi)}+\mathrm{c.c.} \tag{2.172}$$

评注 当原子介质不是各向同性时，入射场和它引起的极化之间的关系用一个张量来描述，而不是像式(2.172)中的标量. 那么这个介质就可以表现出双折射. 例如，如果态 $|a\rangle$ 是角动量不为零的基态的一个特殊的塞曼子能级，并且基态的供给有选择地填充这个子能级，就可以出现这种情况. 然而，各向同性的假设通常是合理的，特别是当这些塞曼子能级被同等填充，即都取平均值时. 为简单起见，在下文中，我们将限定于讨论原子响应的各向同性假设是合理的情况.

2. 电介质极化率

在上一部分中，我们计算了对一个原子样本施加一个电场 $\boldsymbol{E}_0\cos(\omega t+\varphi)$ 所引起的极化 $\boldsymbol{P}$. 现在，一个介质的复电介质极化率

$$\chi=\chi'+\mathrm{i}\chi'' \tag{2.173}$$

可以用

$$\boldsymbol{P}=\varepsilon_0\chi\frac{\boldsymbol{E}_0}{2}\mathrm{e}^{-\mathrm{i}(\omega t+\varphi)}+\mathrm{c.c.} \tag{2.174}$$

来定义，该式就等于

$$\boldsymbol{P}=\varepsilon_0[\chi'\boldsymbol{E}_0\cos(\omega t+\varphi)+\chi''\boldsymbol{E}_0\sin(\omega t+\varphi)] \tag{2.175}$$

在光强低时，我们可以忽略方程(2.172)分母中的项 Ω_1^2，因此就得到了线性电介质极化率

$$\chi_1=\frac{N}{V}\frac{d^2}{\varepsilon_0\hbar}\frac{\omega_0-\omega+\mathrm{i}\Gamma_D}{\Gamma_D^2+(\omega-\omega_0)^2} \tag{2.176}$$

角标 1 表明这是对应电场中的一阶响应.

将实部与虚部分开，我们将看到它们分别表示原子蒸气的色散与吸收，得到

$$\chi_1'=\frac{N}{V}\frac{d^2}{\varepsilon_0\hbar}\frac{\omega_0-\omega}{\Gamma_D^2+(\omega-\omega_0)^2} \tag{2.177}$$

$$\chi_1''=\frac{N}{V}\frac{d^2}{\varepsilon_0\hbar}\frac{\Gamma_D}{\Gamma_D^2+(\omega-\omega_0)^2} \tag{2.178}$$

图 2.15 显示了 χ_1' 和 χ_1'' 作为 ω 的函数的变化曲线.

评注 线性极化率的表达式(2.176)是从微扰适用范围内简单的量子模型得到的,与介质的经典计算结果具有相同的形式,在经典计算中介质被看作一组弹性束缚的电子(对照补充材料 2.A).只要在微扰理论中,那么对于所有的量子模型来说都是这种情况.在激光发明之前,可用的光源的强度十分弱,使得总是在这样的微扰体系下进行.这说明了弹性束缚电子模型对物质光学性质的描述是成功的.

3. 饱和

现在我们用这个精确表达式(方程(2.172))来计算由方程(2.174)定义的电介质极化率的值,得到

$$\chi = \frac{N}{V}\frac{d^2}{\varepsilon_0 \hbar}\frac{\omega_0 - \omega + \mathrm{i}\Gamma_\mathrm{D}}{\Gamma_\mathrm{D}^2 + \Omega_1^2 + (\omega - \omega_0)^2} \tag{2.179}$$

我们可以看到,一旦达到足够的水平,χ 将随 Ω_1^2 减小,即随强度减小.借助饱和参量 s(方程(2.160)),我们得到下面这个著名的公式:

$$\chi = \frac{\chi_1}{1 + s} \tag{2.180}$$

其中 χ_1 是线性极化率(方程(2.176)).在高强度时,由于跃迁的饱和,这个极化率趋于零.

2.4.4 电磁波的传播:吸收和色散

1. 衰减传播

我们知道电磁波在一个电介质极化率为 $\chi_1(\omega)$ 的线性介质中传播的波矢为

$$k = n\frac{\omega}{c} \tag{2.181}$$

与极化率相关的折射率满足

$$n^2 = 1 + \chi_1(\omega) \tag{2.182}$$

如果极化率的虚部不为零,那么这个折射率也为复数.对于稀薄的原子气,极化率小于 1,可以写出

$$n = 1 + \frac{\chi_1'}{2} + \mathrm{i}\frac{\chi_1''}{2} \tag{2.183}$$

于是复波矢就可以写为

$$k = k' + \mathrm{i}k'' \tag{2.184}$$

其中

$$k' \simeq \left(1 + \frac{\chi_1'}{2}\right)\frac{\omega}{c} \tag{2.185}$$

$$k'' \simeq \frac{\chi_1''}{2}\frac{\omega}{c} \simeq \frac{k'}{|k'|}\frac{\chi_1''}{2}\frac{\omega}{c} \tag{2.186}$$

在普通的介质中，χ_1'' 为正的，并且 k''与k'同号.

介质中沿着波矢 $\boldsymbol{k}$ 的方向Oz 传播的一个波可以表示为

$$\boldsymbol{E}(z,t) = \frac{\boldsymbol{E}_0}{2}\mathrm{e}^{\mathrm{i}(kz-\omega t)} + \mathrm{c.c.} = \boldsymbol{E}_0\mathrm{e}^{-k''z}\cos(\omega t - k'z) \tag{2.187}$$

由于 k'和k'' 同号，我们可以看到场振幅沿着传播方向按指数减小.这就是**衰减传播**.

因此介质的线性电介质极化率的虚部 χ_1'' 就描述了入射波的吸收.方程(2.178)表明这个线性吸收正比于原子密度 N/V(每单位体积原子数)，也表明这个吸收显示出共振特性，为一依赖于频率的洛伦兹线型(图 2.15).这个吸收的类似性质可以由补充材料 2.A 的经典洛伦兹模型得到(对照方程(2.176)和(2.178)后的评注).

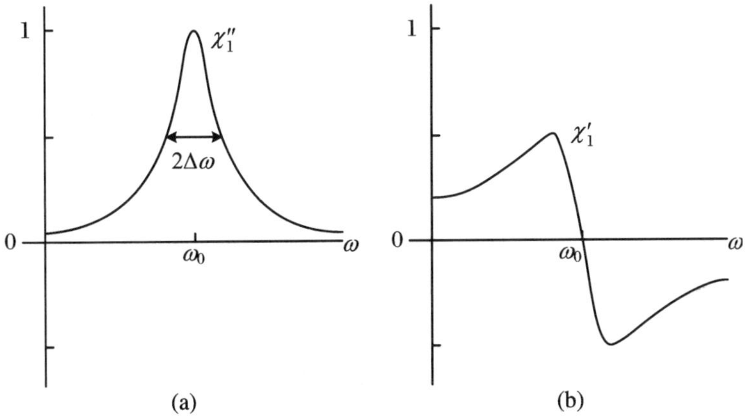

图 2.15 原子蒸气的线性极化率的实部 $\chi_1'(b)$和虚部 $\chi_1''(a)$作为场频率 ω 的函数，在共振频率 ω_0 附近的变化曲线

它们分别对应于在蒸气中传播的波的(a)吸收和(b)色散.

2. 色散

如方程(2.183)所示,极化率 χ'的实部与折射率的实部相关,而折射率的实部描述了传播通过蒸气的电磁波的相速度.表达式(2.177)表明 χ'有色散频率依赖性,如图 2.15(b)所示;在两边折射率随着频率的增加而增加(正常色散),而在共振附近,曲线变化相反(反常色散).在大的失谐$|\delta| = |\omega - \omega_0| \gg \Gamma_D$ 时,色散效应随$|\delta|^{-1}$减小,同时吸收效应随着$|\delta|^{-2}$更快地减小.

在低光强时,这个特性再次恰好与经典弹性束缚电子模型所预言的一致.

3. 饱和区中的传播

当饱和参量 s(方程(2.160))与 1 相比不小时,电介质极化率将不再正比于外加电场,而且电磁波在蒸气中传播的问题通常就变得十分复杂.这个问题可以通过利用慢变包络近似得到显著简化,在该近似下,电场复振幅的模在光的波长尺度内缓慢变化.利用这个近似,就可以知道强度以及饱和参量 s 也缓慢变化.因此我们可以让后者在一小段距离 dz 上是不变的,dz 远大于光波波长.对于线性介质给出的结果就可以推广到高强度情况,只需要用 $\chi_1/(1+s)$替换 χ_1(对照方程(2.180)).因此饱和的效果就是通过因子 $1/(1+s)$减少吸收,并且同样地减小光的相速度 $c/(1+\chi'/2)$和真空中的速度 c 之间的差距.

评注 在吸收和折射率由于饱和而依赖于光强这种情况中,会出现非线性光学和非线性光谱学的效应(见补充材料 3.G).

2.4.5 一个闭合二能级系统的情况

由上面我们所提出的模型得到的许多结果都可以推广到这样一种情况,即这两个能级$|a\rangle$和$|b\rangle$有不同的寿命.不同寿命情况中的一个重要情形就是闭合的二能级系统,这个系统中低能级$|a\rangle$是稳定的(具有无限的寿命),同时高能级$|b\rangle$是不稳定的,但只能衰减到这个低能级$|a\rangle$(图 2.16).当不存在外部供给时,总布居数是守恒的.每当考虑处于基态的一个原子集合与辐射发生相互作用就是这样的情况,其中辐射对于连接基态到一个激发态的跃迁是准共振的,而这个激发态可以通过自发辐射衰减(辐射寿命为 Γ_{sp}^{-1}).当电介质的最低能量电子共振发生在紫外频率,并且被具有更低频率 ω 的可见光辐射照射时,这样一个模型同样也能很好地解释该电介质的许多光学性质.在这种情况中,我们

可以对本节的结果取极限 $\omega \ll \omega_0$. ①

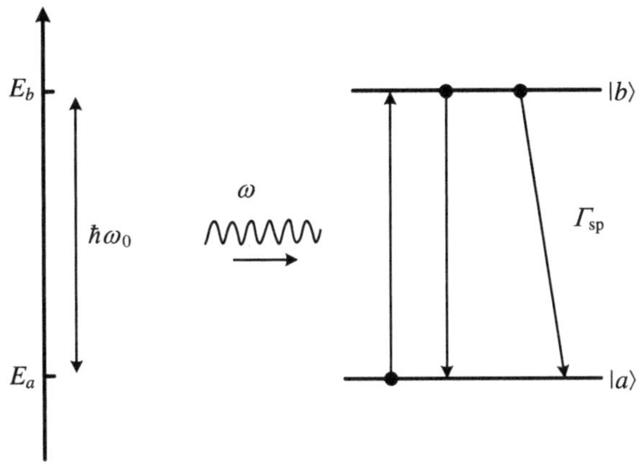

图 2.16 闭合的二能级系统

准共振电磁场使能级 $|a\rangle$ 和 $|b\rangle$ 相连接，这两个能级没有外部供给. 能级 $|a\rangle$ 是稳定的，能级 $|b\rangle$ 通过自发辐射唯一地衰减到能级 $|a\rangle$.

处理这样一个模型，必须解光学布洛赫方程(见补充材料 2.C). 结果就是，极化率与式(2.179)的形式相同，只是用 $\Gamma_{sp}/2$ 替换 Γ_D，用 $\Omega_1^2/2$ 替换 Ω_1^2，即

$$\chi = \frac{N}{V}\frac{d^2}{\varepsilon_0 \hbar}\frac{\omega_0 - \omega + \mathrm{i}\dfrac{\Gamma_{sp}}{2}}{\dfrac{\Gamma_{sp}^2}{4} + \dfrac{\Omega_1^2}{2} + (\omega - \omega_0)^2} \tag{2.188}$$

这个结果与式(2.179)的结果十分相似，这增加了我们对 2.4 节所提出的简化模型的兴趣，假如进行了上面所详细介绍的那些替换，那么该模型的预言依然是普遍正确的.

当我们引入一个饱和参量 s 时，这个相似性更令人惊讶，这里定义这个饱和参量为

$$s = \frac{\Omega_1^2/2}{(\omega - \omega_0)^2 + \Gamma_{sp}^2/4} \tag{2.189}$$

表达式(2.161)和(2.180)在形式上依然是有效的. 由于线性极化率 χ_1 与在弹性束缚电子模型中得到的相同，我们就知道了这个经典模型对非饱和区($s \ll 1$)中的光学现象的解释是成功的，这个范围是激光发明前唯一可观测的区域.

利用表达式(6.119)使 d^2 与自发辐射率相关联，我们得到了下面有用的公式，在远离共振($|\omega - \omega_0| \gg \Gamma_{sp}$)时有效，

① 注意在这种情况中，$\omega - \omega_0$ 和 $\omega + \omega_0$ 可能有相似的量级，这样反共振项就不能被忽略.

$$\chi_1' = \frac{3}{8\pi^2}\frac{N\lambda_0^3}{V}\frac{\Gamma_{sp}}{\omega_0 - \omega} \tag{2.190}$$

这个表达式使我们能够得到气体或透明固体折射率的数量级. 在远离共振限定下,失谐 $|\omega - \omega_0|$ 远大于自发辐射率 Γ_{sp},那么原子密度 N/V 就必须远大于 $1/\lambda_0^3$,以保证极化率不是远小于 1. 因此,远离任何共振时,一个原子或分子气体的折射率与 1 差别很小,例如,对于可见光谱区的大气层中的空气,$n-1\approx 3\times 10^{-4}$. 另外,对于固体,例如玻璃,或更广泛地说,对于电介质的情况,原子密度远大于 $1/\lambda_0^3$(典型地,$N/V\sim 10^{28}\ \mathrm{m}^{-3}$,与对于可见光波长的 $1/\lambda_0^3\sim 10^{19}\ \mathrm{m}^{-3}$ 相比),并且因此这些材质是折射的,也是透明的.

评注 我们会在 2.6.3 小节中看到线性介质中的吸收可以通过引入一个吸收横截面 σ_{abs} 来描述,该横截面与极化率的虚部有如下关系:

$$\frac{\omega}{c}\chi_1'' = \frac{N}{V}\sigma_{abs} \tag{2.191}$$

(这里我们考虑的是只有低能级被供给,且在线性介质中 $N_b \ll N_a$ 的情况).

对一个二能级原子,其中从能级 $|b\rangle$ 到 $|a\rangle$ 的跃迁弛豫仅仅是由于自发辐射,吸收横截面为如下形式:

$$\sigma_{abs} = \frac{3\lambda_0^2}{2\pi}\frac{\Gamma_{sp}^2/4}{\Gamma_{sp}^2/4 + (\omega - \omega_0)^2} \tag{2.192}$$

其中 λ_0 是在共振上的波长($\lambda_0 = 2\pi c/\omega_0$). 方程(2.192)表明在共振时有效吸收横截面大约为波长的平方(λ_0^2),更精确地应为 $3\lambda_0^2/(2\pi)$,这是一个需要记住的简单且有用的结果.

2.5 激光放大

2.5.1 供给高能级:受激辐射

我们重新来考虑 2.4 节中所提出的模型(图 2.11),但是这里我们假设只有高能级的布居数有外部补给(图 2.17):

$$\Lambda_a = 0, \quad \Lambda_b \neq 0 \tag{2.193}$$

现在我们可以重复 2.4 节中的计算，从处于高能级$|b\rangle$的原子出发，来确定稳态布居数 N_a 和N_b 以及极化率χ.

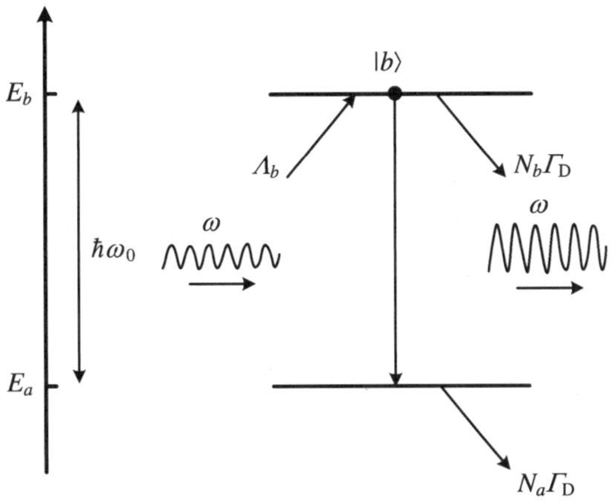

图 2.17　有限寿命二能级原子的受激辐射(只有高能级有外部泵浦)

在入射辐射的影响下，一些原子从能级$|b\rangle$进入能级$|a\rangle$，同时辐射被放大.

1. 受激辐射引起的布居数转移

在没有电磁场时，所有的原子都处于高能级：

$$N_b^{(0)} = N = \frac{\Lambda_b}{\Gamma_D} \tag{2.194}$$

$$N_a^{(0)} = 0 \tag{2.195}$$

在入射辐射的影响下，一些原子将进入低能级，这就是受激辐射的现象. 在微扰区，能级$|a\rangle$上的稳态布居数有类似于方程(2.156)的形式：

$$N_a = \frac{N}{2}\frac{\Omega_1^2}{(\omega-\omega_0)^2+\Gamma_D^2} = \frac{N}{2}s \tag{2.196}$$

在通常情况(不限于微扰区)下，能级$|a\rangle$上的稳态布居数有类似于方程(2.161)的值：

$$N_a = \frac{N}{2}\frac{s}{1+s} \tag{2.197}$$

其中饱和参量 s 由方程(2.160)决定，

$$s = \frac{\Omega_1^2}{(\omega-\omega_0)^2+\Gamma_D^2} \tag{2.198}$$

注意,无论 s 取什么值,N_a 总是小于 N_b:这称为布居数反转(见 2.5.4 小节).

2. 极化率

对该极化率的计算给出了一个类似于 2.4.3 小节的结果(见方程(2.179)),只是有相反的符号:

$$\chi = -\frac{N}{V}\frac{d^2}{\varepsilon_0 \hbar}\frac{\omega_0 - \omega + \mathrm{i}\Gamma_\mathrm{D}}{(\omega - \omega_0)^2 + \Gamma_\mathrm{D}^2}\frac{1}{1+s} \tag{2.199}$$

因此在微扰区(弱饱和),我们有

$$\chi = -\chi_1 \tag{2.200}$$

其中 χ_1 是对于基态原子的线性极化率(方程(2.176)).我们需要提醒自己,量 χ_1 与从弹性束缚电子这个经典模型得到的形式相同,并且与最常观测的那些特性(吸收、正常色散)有关.现在我们将看到这个符号的变化会有一些重要的结果.

2.5.2 放大传播:激光作用

我们将重复 2.4.4 小节中对只有高能级被外部泵浦的情况的计算.在复线性极化率为 $\chi_1 = \chi_1' + \mathrm{i}\chi_1''$ 的介质中,一个单色电磁波具有一个复波矢:

$$\boldsymbol{k} = \boldsymbol{e}_k(k' + \mathrm{i}k'') \tag{2.201}$$

单位矢量 $\boldsymbol{e}_k$ 表示传播方向.在通常情况下,$|\chi_1| \ll 1$,我们有(见式(2.186))

$$k'' \simeq \frac{k'}{|k'|}\frac{\chi_1''}{2}\frac{\omega}{c} \tag{2.202}$$

上面的表达式显示了 k' 和 k'' 的符号之间的关系.如果我们考虑沿着 Oz 的传播,可以得到具有形式(2.187)的场:

$$\boldsymbol{E}(z,t) = \mathrm{Re}[\boldsymbol{E}_0 \mathrm{e}^{\mathrm{i}(kz-\omega t)}] = \boldsymbol{E}_0 \mathrm{e}^{-k''z}\cos(\omega t - k'z) \tag{2.203}$$

然而,因为 χ_1'' 为负的,所以方程(2.202)表明 k'' 和 k' 异号,就是说这个场振幅沿着传播方向增大.因此这个电磁波被放大了.这个放大的根源显然就是受激辐射,它是 N_b 远大于 N_a 情况中的主导过程.

电磁波由于受激辐射的这种放大称为激光(laser,由辐射的受激辐射导致的光放大).光强度 $I(z)$(正比于场振幅的平方)的放大可以用**单位长度增益** g 来描述,即

$$\frac{\mathrm{d}I(z)}{\mathrm{d}z} = gI(z) \tag{2.204}$$

在这里所考虑的微扰区，方程(2.202)给出了这个单位长度增益：

$$g = -2k'' = \frac{\omega}{c}\chi_1'' \tag{2.205}$$

评注 极化率实部 χ_1' 符号的反转也会导致另一个反常行为. 折射率 $n' = 1 + \chi'/2$ 在远离共振区(透明区)随频率的增加而减小，在共振区则是增加的. 这种反常色散是布居数反转的一个有效的实验指标，因此也是得到光放大的可能性.

2.5.3 一般化：两个能级的泵浦与饱和

现在我们来考虑二能级系统的能级 $|a\rangle$ 和 $|b\rangle$ 都被外部泵浦的情况，即分别以速率 Λ_a 和 Λ_b 向这两个能级供给原子. 由于这些泵浦过程是独立的，并且包含两类不同的原子，我们只需将前面 2.4.3 小节和 2.5.1 小节中的结果相加，这两节分别研究的是这两个能级单独任意一个的泵浦. 这样，我们就得到了每个能级的布居数：

$$N_a = \frac{\Lambda_a}{\Gamma_{\mathrm{D}}} + \frac{1}{2}\frac{s}{1+s}\frac{\Lambda_b - \Lambda_a}{\Gamma_{\mathrm{D}}} \tag{2.206}$$

$$N_b = \frac{\Lambda_b}{\Gamma_{\mathrm{D}}} + \frac{1}{2}\frac{s}{1+s}\frac{\Lambda_a - \Lambda_b}{\Gamma_{\mathrm{D}}} \tag{2.207}$$

像前面一样，无辐射($s = 0$)时稳态布居数为

$$N_a^{(0)} = \frac{\Lambda_a}{\Gamma_{\mathrm{D}}} \tag{2.208}$$

$$N_b^{(0)} = \frac{\Lambda_b}{\Gamma_{\mathrm{D}}} \tag{2.209}$$

因此我们可以将布居数方程改写为更一般的形式：

$$N_a = N_a^{(0)} + \frac{1}{2}\frac{s}{1+s}(N_b^{(0)} - N_a^{(0)}) \tag{2.210}$$

$$N_b = N_b^{(0)} + \frac{1}{2}\frac{s}{1+s}(N_a^{(0)} - N_b^{(0)}) \tag{2.211}$$

下面这个重要的关系需要格外注意，将在后面用到这个关系，

$$N_b - N_a = \frac{N_b^{(0)} - N_a^{(0)}}{1 + s} \tag{2.212}$$

其中对于我们的特定模型，饱和参量 s 已经用方程(2.160)来定义. 在高饱和极限($s \gg 1$)下布居数之差将减小并趋于 0.

通过推广方程(2.172)这种类似的方式来进行极化率的计算. 用 χ_1 表示线性极化率(方程(2.176)以及 $N = N_a^{(0)} + N_b^{(0)}$)，我们得到

$$\chi = \frac{N_a^{(0)} - N_b^{(0)}}{N_a^{(0)} + N_b^{(0)}} \frac{\chi_1}{1 + s} = \frac{N_a - N_b}{N}\chi_1 \tag{2.213}$$

其中 N 为原子总数.

2.5.4 激光增益和布居数反转

如果饱和参量不小于 1，则利用慢变包络近似，2.5.2 小节中给出的光放大的描述可以推广到2.5.3小节的情况. 从方程(2.213)，我们看到极化率的虚部 χ'' 在 $N_b > N_a$ 时为负值. 在这种情况下，我们将得到光放大. 对于较高能级的布居数大于低能级的布居数这样的情况，显然不再处于热力学平衡. 为此，就叫作**布居数反转**.

接着 2.5.2 小节的讨论，我们定义单位长度增益为

$$g = \frac{1}{I}\frac{\mathrm{d}I}{\mathrm{d}z} = \frac{\omega}{c}\chi_1'' \frac{N_b - N_a}{N} = \frac{g^{(0)}}{1 + s} \tag{2.214}$$

其中我们引入了非饱和增益($s \ll 1$)①

$$g^{(0)} = \frac{\omega}{c}\chi_1'' \frac{N_b^{(0)} - N_a^{(0)}}{N_b^{(0)} + N_a^{(0)}} \tag{2.215}$$

这些公式充分说明了激光增益与布居数反转有关. 此外，它们还突出了**增益饱和**的现象：当光强度增大时，增益将减小并趋于 0.

这些结果同样可以通过考虑允许放大的受激辐射和抑制放大的吸收之间的竞争来解释. 第一个过程与能级 $|b\rangle$ 的布居数有关，第二个过程与能级 $|a\rangle$ 的布居数有关. 现在我们将研究这个解释，首先考虑在这些过程中的能量守恒，然后写出辐射和原子的速率方程.

① 这个上角标"(0)"表示非饱和($s \ll 1$)区域，不应该与符号 ω_0 相混淆，ω_0 的角标"0"表示共振. 为了避免这样的问题，我们有时可以将共振处非饱和增益表示为 $g^{(0)}(\omega_M)$，其中 M 表示"最大值".

2.6 速率方程

2.6.1 传播中的能量守恒

1. 吸收

我们首先考虑一个平面波在介质中沿着 z 轴正方向传播的情况，在该介质中原子被注入态 $|a\rangle$（对照 2.4 节），并且入射波强度足够弱，使得我们限定于微扰理论. 计算在厚度 $\mathrm{d}z$ 的一小薄片介质上吸收导致的功率损耗以及垂直于 Oz 的横截面积 A 是十分有用的. 平均能流密度矢量指向 Oz 方向，且大小为

$$\Pi = \frac{\varepsilon_0 c E_0^2 \mathrm{e}^{-2k''z}}{2} \tag{2.216}$$

因此在厚度 $\mathrm{d}z$ 的薄片上被吸收的功率为

$$-[\mathrm{d}\Phi]_{\mathrm{abs}} = A[\Pi(z) - \Pi(z + \mathrm{d}z)] = A\mathrm{d}z\varepsilon_0 c[E(z)]^2 k'' \tag{2.217}$$

其中

$$E(z) = E_0 \mathrm{e}^{-k''z} \tag{2.218}$$

利用关于 k'' 的方程(2.186)，并且用式(2.178)给出的 χ_1'' 的值替代它本身，可以得到

$$-[\mathrm{d}\Phi]_{\mathrm{abs}} = A\mathrm{d}z \frac{N}{V} \frac{\omega d^2[E(z)]^2}{2\hbar} \frac{\Gamma_{\mathrm{D}}}{\Gamma_{\mathrm{D}}^2 + (\omega - \omega_0)^2} \tag{2.219}$$

可以利用激发态 $|b\rangle$ 的布居数表达式(2.156)来简化这个结果. 于是我们就得到了

$$-[\mathrm{d}\Phi]_{\mathrm{abs}} = A\mathrm{d}z \frac{N_b}{V} \hbar\omega\Gamma_{\mathrm{D}} \tag{2.220}$$

如果注意到 $\Gamma_{\mathrm{D}} A\mathrm{d}z N_b / V$ 是单位时间离开体积 $A\mathrm{d}z$ 的能级处于 $|b\rangle$ 的原子的平均个数，这个表达式就可以用一种简单的方式来解释. 因为原子被注入时处于态 $|a\rangle$，这些即将离开的原子每一个都吸收了一个量子能量 $\hbar\omega$，使它们能够在离开后处于激发态. 于是方程

(2.220)就简单地表示了入射电磁波和原子间相互作用中的能量守恒.

评注 原子从能级$|a\rangle$到能级$|b\rangle$的转移应伴随着一个量子能量$\hbar\omega$的吸收而不是$\hbar\omega_0=E_b-E_a$,这看起来好像是矛盾的.对每一个基本过程,这是一个从场离开的量子能量$\hbar\omega$,这可以很自然地由量子模型得到,该模型中的场是由能量为$\hbar\omega$的光子组成的.然而,这引起了关于吸收过程中能量守恒的疑问,这个过程中一个原子从$|a\rangle$被激发到$|b\rangle$.事实上,由于原子激发态寿命是有限的,它并没有一个明确的能量.更准确地说,激发态$|b\rangle$实际上在散射过程中只是一个居间态,散射过程的最后发射一步也必须考虑.那么就可以假设原子只在有限时间Δt内处于激发态,在共振散射的情况中,时间大约为Γ_b^{-1},对于非共振散射,大约为$|\omega-\omega_0|^{-1}$.就在这段时间内原子态能量与E_b相差$\Delta E\simeq\hbar/\Delta t$(海森伯关系)而言是没有矛盾的.此外,当我们进一步考虑这个原子从态$|b\rangle$到假定是稳定的一个态的衰变时,我们有确切的能量守恒.例如在荧光的情况中,一个闭合二能级系统的原子(2.4.5小节)吸收一个入射光子,并在回到它的初始态$|a\rangle$时从一个不同的方向发射这个光子,散射光频率ω严格等于入射光频率.

2. 受激辐射

现在我们来考虑微扰区中原子被注入能级$|b\rangle$的情况(对照2.5.2小节).我们知道这种情况会导致激光放大.像上一小节一样,我们计算当光穿过一小薄片介质dz时的功率增益.我们得到

$$[d\Phi]_{\rm sti}=A dz\frac{N_a}{V}\hbar\omega\Gamma_{\rm D}\tag{2.221}$$

这个结果可以以一种类似的方式来解释.$\Gamma_{\rm D}AdzN_a/V$这个量是单位时间内离开体积Adz、能级$|a\rangle$上的原子平均个数.由于这些原子初始被注入态$|b\rangle$,每一个都失去了能量$\hbar\omega$,这些能量转移到了电磁场.方程(2.221)表达了这个过程的能量守恒.

3. 一般情况

以上的计算可以推广到两个能级都被外部供给的情况,以及非微扰区域.利用极化率的方程(2.213),我们发现横截面为A、穿过一薄片dz的一束激光所获得的功率为

$$d\Phi=A dz\frac{\Lambda_b-\Lambda_a}{V}\frac{1}{2}\frac{1}{1+s}\hbar\omega\tag{2.222}$$

利用布居数N_b的方程(2.211),我们可以写出

$$\Lambda_b - \Gamma_D N_b = \frac{\Lambda_b - \Lambda_a}{2} \frac{1}{1+s} \tag{2.223}$$

这个方程的第一项就是单位时间从$|b\rangle$转移到$|a\rangle$的原子数,因为它就是态$|b\rangle$上供给速率 Λ_b 与损耗速率$\Gamma_D N_b$ 的差.将这个数乘以$\hbar\omega$,我们得到了体积 $A\mathrm{d}z$ 中原子所损失的且进入电磁场的功率.因此方程(2.222)表示在体积 $A\mathrm{d}z$ 中原子与辐射之间能量交换的平衡.

2.6.2 原子速率方程

在前一小节中,我们说明了电磁波的衰减或放大可以通过原子和辐射之间的能量交换来理解:辐射获得的能量是由受激辐射所得到的能量与吸收所失去的能量之差得到的.

本小节我们将说明能级$|a\rangle$和$|b\rangle$的布居数 N_a 和N_b 的这些值可以解释为各种过程之间竞争的结果:吸收与受激辐射,内部自发跃迁,来自其他能级以及离开到外部的能级.通过写出**速率方程**将更容易来理解,这些方程就是对通过不同过程到达和离开相应能级速率的求和:

$$\frac{\mathrm{d}N_b}{\mathrm{d}t} = \Gamma_D \frac{s}{2} N_a - \Gamma_D \frac{s}{2} N_b - \Gamma_D N_b + \Lambda_b \tag{2.224}$$

$$\frac{\mathrm{d}N_a}{\mathrm{d}t} = -\Gamma_D \frac{s}{2} N_a + \Gamma_D \frac{s}{2} N_b - \Gamma_D N_a + \Lambda_a \tag{2.225}$$

爱因斯坦在 1917 年首先以唯象的方式引入了这些类型的方程,并且说明了与吸收$\left(\Gamma_D \frac{s}{2} N_a\right)$和受激辐射$\left(\Gamma_D \frac{s}{2} N_b\right)$相关的系数必然相等.实际上在一些特定情况下,这些方程可以由布洛赫方程导出.①这里我们并不对此进行证明,而是将证明这些方程导致的结果与之前章节得到的一致.这些方程之所以重要,是因为它们允许一个非常简单的解释(图 2.18),并且很容易推广.

① 可以证明当相干性的寿命远小于粒子数寿命时,也就是在致密介质中的情况,以及当与原子相互作用的场的光谱宽度远大于跃迁线宽时,方程(2.224)和(2.225)给出了系统的正确演化.此外,它们总能给出稳态布居数的正确值.

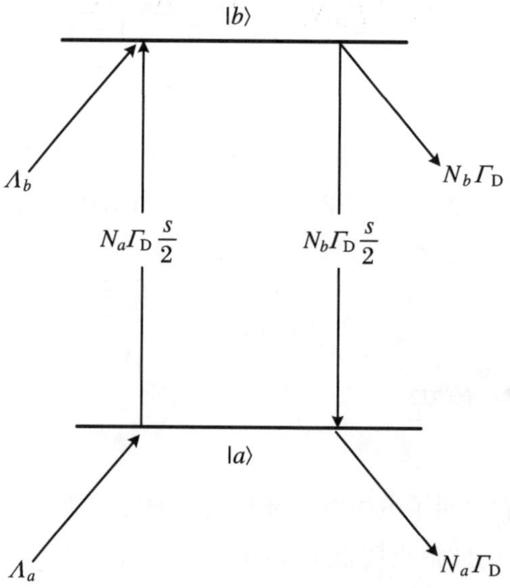

图 2.18 速率方程所包含的过程

描述了辐射的每个能级的泵浦（Λ_a 和 Λ_b）、到外部态的弛豫（$N_a\Gamma_D$ 和 $N_b\Gamma_D$）、吸收（$N_a\Gamma_D s/2$）以及受激辐射（$N_b\Gamma_D s/2$）.

方程(2.224)和(2.225)的构成是很清楚的.每个布居数（N_a 和 N_b）的变化速率是图 2.18 中所示的每个物理过程的相关速率之和.这样我们就确定了泵浦速率（Λ_a 和 Λ_b）以及弛豫速率（$-\Gamma_D N_a$ 和 $-\Gamma_D N_b$）.另外，可以给出受激辐射速率和吸收速率分别为

$$\left[\frac{\mathrm{d}N_a}{\mathrm{d}t}\right]_{\text{abs}} = -\left[\frac{\mathrm{d}N_b}{\mathrm{d}t}\right]_{\text{abs}} = -\Gamma_D\frac{s}{2}N_a \tag{2.226}$$

$$\left[\frac{\mathrm{d}N_b}{\mathrm{d}t}\right]_{\text{sti}} = -\left[\frac{\mathrm{d}N_a}{\mathrm{d}t}\right]_{\text{sti}} = -\Gamma_D\frac{s}{2}N_b \tag{2.227}$$

令方程(2.224)和(2.225)的左边等于零，就得到了稳态条件.将这两个方程相加，我们求出原子总数为

$$N = N_a + N_b = \frac{\Lambda_a}{\Gamma_D} + \frac{\Lambda_b}{\Gamma_D} \tag{2.228}$$

与式方程(2.147)中得到的一样.类似地，这两个方程之差给出了稳态布居数反转

$$N_b - N_a = \frac{\Lambda_b - \Lambda_a}{\Gamma_D}\frac{1}{1+s} = N\frac{\Lambda_b - \Lambda_a}{\Lambda_b + \Lambda_a}\frac{1}{1+s} = \frac{N_b^{(0)} - N_a^{(0)}}{1+s} \tag{2.229}$$

与式(2.212)一致.最后,我们也可以求解静态布居数 N_a 和 N_b 的速率方程,会发现结果与式(2.206)和式(2.207)相同.我们将这个相同性看作我们特定模型的速率方程的一种证明.

对速率方程感兴趣的地方首先是突出了吸收项和受激辐射项之间的竞争,这是饱和与布居数反转现象的原因.此外,这些方程很容易推广到更复杂的情况,例如不同寿命的态 $|a\rangle$ 和 $|b\rangle$,或从 $|b\rangle$ 到 $|a\rangle$ 的弛豫.通常可以很容易写出并求解这些速率方程,然而光学布洛赫方程很快就变得无法求解.

但是需要认识到的是,这些速率方程是一种近似的处理方法,尤其是它们无法解释相位(不管是相互作用场相位,还是原子偶极子相位)发挥作用的现象.我们将在补充材料 2.D 中看到关于原子相干的这种现象的一些突出例子.这些速率方程不能给出原子偶极子的值,因此也无法给出电介质极化率的值,这些值都需要考虑描述原子态演化的方程(2.102)的系数 γ_a 和 γ_b 之间的相位关系.因此,这里我们可以将极化率的方程(2.213)重写为

$$\chi = \frac{N_a - N_b}{V}\frac{d^2}{\varepsilon_0 \hbar}\frac{\omega_0 - \omega + \mathrm{i}\Gamma_{\mathrm{D}}}{\Gamma_{\mathrm{D}}^2 + (\omega - \omega_0)^2} \tag{2.230}$$

速率方程可以提供系数 $N_a - N_b$,但其他项只能通过一种能够计算原子偶极矩的方法以及考虑它们与辐射的相互作用推出.事实上,我们将看到,如果我们建立原子与光子间相互作用的一种唯象描述,使我们除原子的速率方程外也能写出光子的速率方程,那么这些速率方程就会更有用.

2.6.3 原子-光子相互作用:横截面、饱和强度

通过速率方程对吸收和受激辐射的描述(式(2.226)、式(2.227)以及图 2.18)暗示了吸收和受激辐射这些基本过程的存在,在这些过程中当吸收了一个光子时,原子将改变它的态,当发射出一个光子时,原子将做相反的跃迁.如果这个描述只能在辐射场是量子化(见第 6 章)的一种方法中得到证明,这就是我们在这里提出这个模型的用处.

每单位面积功率为 Π(坡印廷矢量,对照方程(2.91))的一个行进中的电磁波相当于一个光子通量,每单位面积功率为

$$\Pi_{\mathrm{phot}} = \frac{\Pi}{\hbar\omega} \tag{2.231}$$

2 我们假设一个原子与辐射场相互作用的单位时间极化率正比于 Π_{phot}：比例系数具有面积的单位，称为相互作用的**横截面** σ_{L}（下标 L 表示激光跃迁）. 与爱因斯坦一致，我们假设吸收过程和受激发射过程的横截面相等. 如果有 N_a 个原子在态 $|a\rangle$，每秒吸收过程数量为 $N_a\sigma_{\text{L}}\Pi_{\text{phot}}$，于是吸收导致的布居数变化速率为

$$\left[\frac{\mathrm{d}N_a}{\mathrm{d}t}\right]_{\text{abs}} = -\left[\frac{\mathrm{d}N_b}{\mathrm{d}t}\right]_{\text{abs}} = -N_a\sigma_{\text{L}}\frac{\Pi}{\hbar\omega} \tag{2.232}$$

类似地，如果有 N_b 个原子在态 $|b\rangle$，则受激辐射导致的布居数变化速率为

$$\left[\frac{\mathrm{d}N_b}{\mathrm{d}t}\right]_{\text{sti}} = -\left[\frac{\mathrm{d}N_a}{\mathrm{d}t}\right]_{\text{sti}} = -N_b\sigma_{\text{L}}\frac{\Pi}{\hbar\omega} \tag{2.233}$$

这些变化速率具有与表达式(2.226)和(2.227)相同的形式. 用 s 作为坡印廷矢量的函数的表达式代替它本身，我们就得到了 σ_{L} 的一个表达式，对上面所讨论的模型有效：

$$\sigma_{\text{L}} = \frac{d^2}{\hbar\varepsilon_0 c}\frac{\Gamma_{\text{D}}\omega}{(\omega-\omega_0)^2+\Gamma_{\text{D}}^2} \tag{2.234}$$

然而，很多时候将 σ_{L} 看作有待实验确定的一个经验量. 横截面显示了 ω_0 附近的一个共振行为，所以它可以指定为 $\sigma_{\text{L}}(\omega_0)$，共振的宽度为 Γ_2. 那么它就可以写为

$$\sigma_{\text{L}}(\omega) = \sigma_{\text{L}}(\omega_0)\frac{1}{1+\left(\dfrac{\omega-\omega_0}{\Gamma_2/2}\right)^2} \tag{2.235}$$

对于这里所用的模型，共振处的横截面 $\sigma_{\text{L}}(\omega_0)$ 可以与饱和强度(2.162)相关联，即

$$I_{\text{sat}} = \frac{\hbar\Gamma_{\text{D}}\omega}{2\varepsilon_0 c\sigma_{\text{L}}(\omega_0)} \tag{2.236}$$

要记住在恰好共振处横截面大约为波长 λ_0 的平方量级，表达式(2.236)表明每 λ_0^2 面积每单位寿命一个光子的光子通量，就足以使一个跃迁饱和. 事实上，这是一个相当低的值，大约为 1 mW · cm^{-2}，可以很容易由低功率连续波激光器得到，比如半导体激光器.① 在比这里使用的模型更复杂的系统中，饱和强度是一个由实验确定的经验量.

① 只有在精确共振处，这个值才是有效的：使一个跃迁饱和的主要实验要求是能够达到的，并且保持在与原子跃迁的共振，这要求对激光频率有良好的控制.

2.6.4 光子的速率方程:激光增益

现在从光子的角度来考虑吸收过程,每个吸收过程都从激光束中移走一个光子.横截面为 A 的一束激光穿过厚度为 $\mathrm{d}z$ 的薄片(图 2.19),与态$|a\rangle$上的 $A\mathrm{d}zN_a/V$ 个原子发生相互作用,那么单位时间吸收的光子数就为

$$\left[\frac{\mathrm{d}N}{\mathrm{d}t}\right]_{\mathrm{abs}} = -\mathrm{d}zA\frac{N_a}{V}\sigma_{\mathrm{L}}\Pi_{\mathrm{phot}} \tag{2.237}$$

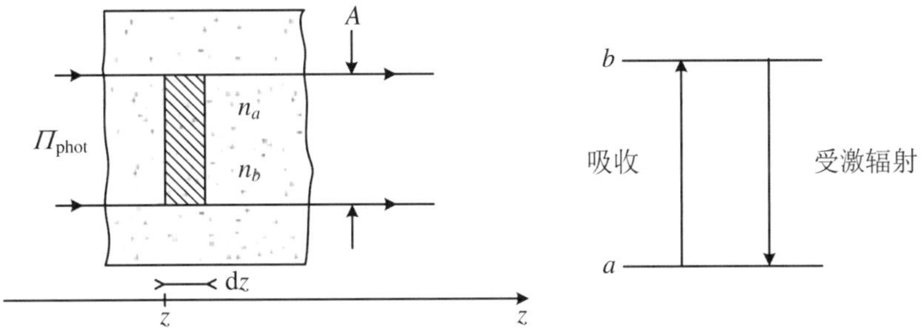

图 2.19 用速率方程描述吸收和受激辐射的过程

在厚度为 $\mathrm{d}z$ 的薄片上,横截面为 A 的激光束与处于$|a\rangle$量子态的 $n_aA\mathrm{d}z$ 个原子及处于$|b\rangle$量子态的 $n_bA\mathrm{d}z$ 个原子发生相互作用.$|a\rangle$态中的每一个原子(对$|b\rangle$同样),吸收速率(对受激辐射同样)为 $\sigma_L\Pi_{\mathrm{phot}}$,其中 Π_{phot}为单位时间内单位面积上的原子数.吸收过程会从激光束中移除一些光子,而受激辐射过程则会给入射激光束添加光子.

这个量表示当激光束穿过厚为 $\mathrm{d}z$ 的薄片时,单位时间光子通量 $A\Pi_{\mathrm{phot}}$的改变,所以我们写出

$$[\mathrm{d}(A\Pi_{\mathrm{phot}})]_{\mathrm{abs}} = \left[\frac{\mathrm{d}N}{\mathrm{d}t}\right]_{\mathrm{abs}} = -\mathrm{d}zA\frac{N_a}{V}\sigma_{\mathrm{L}}\Pi_{\mathrm{phot}} \tag{2.238}$$

由这个式子,我们可以得到一个非常简单的方程

$$\left[\frac{\mathrm{d}\Pi_{\mathrm{phot}}}{\mathrm{d}z}\right]_{\mathrm{abs}} = -\sigma_{\mathrm{L}}\frac{N_a}{V}\Pi_{\mathrm{phot}} \tag{2.239}$$

通常我们按照吸收原子的密度 $n_a = N_a/V$ 将这个表达式重写为

$$\left[\frac{\mathrm{d}\Pi_{\mathrm{phot}}}{\mathrm{d}z}\right]_{\mathrm{abs}} = -\sigma_{\mathrm{L}}n_a\Pi_{\mathrm{phot}} \tag{2.240}$$

如果这些吸收的原子都具有均匀的密度 n_a，我们就可以得到光子通量随传播距离按指数下降（比尔-朗伯特（Beer-Lambert）定律），用（1/e）衰变长度来描述：

$$l = (n_a\sigma_L)^{-1} \tag{2.241}$$

在另一种情况中，原子都位于高能级$|b\rangle$且具有均匀的密度 n_b. 利用类似的推论，可以得到

$$\left[\frac{d\Pi_{phot}}{dz}\right]_{sti} = \sigma_L \frac{N_b}{V}\Pi_{phot} = \sigma_L n_b \Pi_{phot} \tag{2.242}$$

其中 $n_b = N_b/V$ 是态$|b\rangle$上的原子密度.

尽管与应用到吸收过程的论证很相似，这个能导出方程（2.242）的推论过程也暗含了一个假设，即受激辐射发出的光子以与入射激光束相同的频率、偏振、传播方向以及一个确定的相位被添加到入射激光束中. 这个性质是原子-光相互作用的完全量子处理的结果. 这里我们通过得到与本章之前所提出的半经典理论给出的相同的一个电磁波放大这样一个事实来证明这个结果.

在一个激光介质的一般情况中，态$|a\rangle$和$|b\rangle$上的原子密度分别为 n_a 和 n_b，我们有总的速率方程

$$\frac{d\Pi_{phot}}{dz} = (n_b - n_a)\sigma_L \Pi_{phot} \tag{2.243}$$

或者再乘以$\hbar\omega$，得到

$$\frac{d\Pi}{dz} = (n_b - n_a)\sigma_L \Pi \tag{2.244}$$

于是单位长度增益就为

$$g = \frac{1}{\Pi}\frac{d\Pi}{dz} = (n_b - n_a)\sigma_L \tag{2.245}$$

这个公式包含了用我们的简单模型得到的公式（2.214）. 这是描述激光模型中的一个基本方程.

事实上，对每个激光跃迁，我们都能得到共振处有效横截面的实验值 $\sigma_L(\omega_0)$ 以及共振宽度 Γ_2，由此我们可以利用方程（2.235）推出任意频率下的 σ_L. 通常很容易写出这些速率方程，使我们能够计算布居数反转 $n_b - n_a$. 在稳态中，我们通常得到具有方程（2.212）形式的一个表达式，其中饱和参量可以表示为方程（2.161）的形式，而在（2.161）中饱和强度 I_{sat} 是另一个描述激光跃迁的经验值.

2.7 总结

本章我们提出了原子-光相互作用的半经典模型，即原子是量子的而辐射则用一个经典电磁场来描述. 在引入了一个具有相同寿命二能级的原子的二能级模型后，我们可以以一种简单的方式考虑弛豫过程. 在此基础上，我们能够描述许多重要的现象：吸收、受激辐射、弹性散射、拉比振荡、光移、多光子过程、饱和以及激光放大等等. 补充材料 2.C 将会介绍光学布洛赫方程，它是对任意类型弛豫过程处理方法的概括. 利用这些方程就可以描述很大一部分电磁波与物质相互作用的物理情况.

我们已经看到了，更简单形式的速率方程也可以用来描述原子-光相互作用. 将吸收和受激辐射的微观过程简单相加就可以建立这些速率方程，在这些过程中一个原子通过对入射光束移走或添加一个光子来改变它的态，而这个入射光束被看作一个光子通量. 在许多实例中，速率方程都给出了正确的系统特性，但是也存在电磁场相位和原子偶极子相位起到重要作用的情况. 对这样的情况不能用速率方程来描述，只能借助布洛赫方程. 在补充材料 2.C 中，我们会看到这些情况的例子.

为了简单地描述吸收和受激辐射的现象以及导出速率方程，我们唯象地利用了光子的概念. 在当前的一个经典电磁场与原子相互作用的情况中，它不是完全必要的，但事实证明是更方便的. 当我们对光和原子都用量子的方式处理时，将会得到光与物质相互作用的完整内部相干的描述，这个工作将在第 6 章中完成. 在那里，我们就可以建立当前方法的有效性条件. 我们会看到，为了模拟光与物质相互作用中的众多现象，尤其是激光，确实可以利用经典电磁学来描述传播、干涉和衍射，而原子-光相互作用可以用速率方程来描述，速率方程考虑了其量子方面的主要部分. 不能用这里的方法来描述的现象属于现代量子光学，它在过去几十年间得到了发展. 这些将在本书的第 2 和第 3 部分介绍.

补充材料 2.A　原子-场相互作用的经典模型:洛伦兹模型

本补充材料将介绍光-物质相互作用的一个完全经典理论,它是由洛伦兹在 19 世纪末提出的,早于量子力学的出现,但晚于电子的发现.洛伦兹的唯象模型基于一个实验事实,即原子有明确的尖锐的吸收线:他假设原子表现得像谐振子一样,电子被一个回复力束缚于原子核周围,这个回复力随电子的位移(以原子核附近的平衡点为原点)线性变化,使电子以一个给定频率 ω_0 振荡,这个频率等于实验上确定的吸收频率.

本补充材料将介绍光-物质相互作用的一个完全经典理论,它是由洛伦兹在 19 世纪末提出的,早于量子力学的出现,但晚于电子的发现.洛伦兹的唯象模型基于一个实验事实,即原子有明确的且尖锐的吸收线:他假设原子表现得像谐振子一样,电子被一个回复力束缚于原子核周围,这个回复力随电子的位移(以原子核附近的平衡点为原点)线性变化,使电子以一个给定频率 ω_0 振荡,这个频率等于实验上确定的吸收频率.

在该模型框架内,我们首先计算了一个振荡电子辐射的电磁场.结果表明在不存在外部作用力时,电子的自由振荡是阻尼振荡,因为辐射的电磁能是由机械能转化而来的.然后我们研究了在如下情况下的辐射特性:电子振荡受迫于一个角频率为 ω 的外部电磁场.我们描绘了入射电磁波的这种**散射**的不同区域的特征,最后确定了原子介质由入射电磁波引起的极化.

洛伦兹模型可以看作对光与物质相互作用的描述的一个最低阶近似,更好的近似是第 2 章中提出的半经典理论,而严格的理论则是第 6 章中出现的完全量子力学模型.也许看起来我们这里所讨论的这个模型显然不能很好地适用于对一个原子中一个电子的描述,因为这是一个量子力学性质起着主要作用的束缚态系统.但是,正如我们将在下面说明的,它产生的结果与一个二能级原子的量子力学结果很好地符合,假如这个原子只受到电磁场的微弱扰动(即假如饱和效应是不重要的).事实上,我们将在本补充材料的最后,证明量子方程保留一个标度因子,即振子强度时,在低强度极限下可以约化为洛伦兹模型的经典方程.

2.A.1 模型介绍

考虑一个带电荷 $q = -1.6\times10^{-19}$ C 的电子以角频率 ω 在点 O 附近做振荡运动.我们用一个复振幅 $\mathcal{S}_0$ 来描述这个运动,那么位矢 $\boldsymbol{r}$ 就为

$$\boldsymbol{r} = \mathcal{S} + \mathcal{S}^* = \mathcal{S}_0\mathrm{e}^{-\mathrm{i}\omega t} + \mathcal{S}_0^*\mathrm{e}^{\mathrm{i}\omega t} \tag{2.A.1}$$

振幅为 a、沿着 z 方向、相位为 φ 的线性振荡就可以用一个复振幅来描述:

$$\mathcal{S}_0 = \frac{a}{2}\mathrm{e}^{-\mathrm{i}\varphi}\boldsymbol{e}_z \tag{2.A.2}$$

同时,在 xOy 平面上半径为 a 的圆形轨迹可以描述为

$$\mathcal{S}_0 = \frac{a}{2}\mathrm{e}^{-\mathrm{i}\varphi}\boldsymbol{\varepsilon}_\pm \tag{2.A.3}$$

其中

$$\boldsymbol{\varepsilon}_\pm = \mp\frac{1}{\sqrt{2}}(\boldsymbol{e}_x \pm \mathrm{i}\boldsymbol{e}_y) \tag{2.A.4}$$

$\boldsymbol{e}_x$,$\boldsymbol{e}_y$ 和 $\boldsymbol{e}_z$ 分别是 x,y 和 z 轴上的单位矢量.我们用 $\mathcal{D}_0$ 来表示复振幅,有如下关系:

$$\boldsymbol{D} = \mathcal{D} + \mathrm{c.c.} = \mathcal{D}_0\mathrm{e}^{-\mathrm{i}\omega t} + \mathrm{c.c.} \tag{2.A.5}$$

其中

$$|\mathcal{D}_0| = \frac{d_0}{2} \tag{2.A.6}$$

$\boldsymbol{D}$ 是原子偶极子,即一个总体中性系统的电子部分连同静止于点 O 的原子核.为了尽可能简化偶极矩的计算,我们采用了下面的近似:

(1) **长波近似**:我们将只考虑这样的情况,即电荷始终处于远小于发射辐射波长 λ 的体积大小内:

$$|\mathcal{S}_0| \ll \lambda \tag{2.A.7}$$

这意味着电子的速度大约为 $\omega|\mathcal{S}_0|$,小于光速 c.

(2) **远场近似**:我们只考虑在远处的辐射场,距离大于波长:

$$|\boldsymbol{r}| \gg \lambda \tag{2.A.8}$$

在通常情况下，辐射场可以写成 λ/r 的幂级数，这里所做的近似相当于只保留最低阶项. 如果电子的运动不仅仅是正弦曲线型的，我们假定 $\mathcal{D}(t)$的所有傅里叶分量满足上面给出的这些条件.

2.A.2 电偶极辐射

1. 推迟势

最适合描述这个问题的电磁学表述（即能最自然地引入简化近似）是洛伦兹规范的推迟势的表述.①因此我们将利用推迟矢势的下面这个表达式：

$$\boldsymbol{A}_{\mathrm{L}}(\boldsymbol{r},t)=\frac{1}{4\pi\varepsilon_0 c^2}\int \mathrm{d}^3 r' \frac{\boldsymbol{j}(\boldsymbol{r}',t-|\boldsymbol{r}-\boldsymbol{r}'|/c)}{|\boldsymbol{r}-\boldsymbol{r}'|} \tag{2.A.9}$$

利用$|\boldsymbol{r}-\boldsymbol{r}'|\approx|\boldsymbol{r}|=r$ 近似可以简化电偶极辐射的计算，这个近似可由上面的假设式(2.A.7)和式(2.A.8)来证明. 这个近似还将代入与运动电子相关的电流密度的一个表达式. 由这个表达式可以给出为

$$\boldsymbol{j}(\boldsymbol{r}',t)=q\delta(\boldsymbol{r}'-\boldsymbol{r}_{\mathrm{e}}(t))\dot{\boldsymbol{r}}_{\mathrm{e}}(t) \tag{2.A.10}$$

其中电子的速度和位置分别为 $\dot{\boldsymbol{r}}_{\mathrm{e}}$ 和 $\boldsymbol{r}_{\mathrm{e}}$. 再次利用式(2.A.7)和式(2.A.8)使式(2.A.10)近似为 O 点处的电流：

$$\boldsymbol{j}(\boldsymbol{r}',t)\approx q\delta(\boldsymbol{r}')\dot{\boldsymbol{r}}_{\mathrm{e}}(t) \tag{2.A.11}$$

将上式代入式(2.A.9)，我们得到了推迟矢势的下列表达式：

$$\boldsymbol{A}_{\mathrm{L}}(\boldsymbol{r},t)=\frac{1}{4\pi\varepsilon_0 c^2}\frac{\dot{\boldsymbol{D}}(t-r/c)}{r} \tag{2.A.12}$$

洛伦兹条件使我们能够得到相应的标势 U_{L}：

$$\begin{aligned}\frac{\partial U_{\mathrm{L}}}{\partial t}&=-c^2\,\nabla\cdot\boldsymbol{A}_{\mathrm{L}}(\boldsymbol{r},t)\\&=\frac{\boldsymbol{r}}{4\pi\varepsilon_0 c r^3}\cdot\left[c\dot{\boldsymbol{D}}(t-r/c)+r\ddot{\boldsymbol{D}}(t-r/c)\right]\end{aligned} \tag{2.A.13}$$

① 例如，见 J. D. Jackson 的 *Classical Electrodynamics*（Wiley，1998）.

对时间做积分，并丢掉对下面式子中不起作用的静电项，我们得到

$$U_L = \frac{\boldsymbol{r}}{4\pi\varepsilon_0 cr^2} \cdot \left[\dot{\boldsymbol{D}}(t - r/c) + \frac{c}{r}\boldsymbol{D}(t - r/c)\right] \tag{2.A.14}$$

由式(2. A. 8)的条件，上式中的第一项是主要的.

2. 来自远场中一个加速电荷所致辐射

磁场可以通过对矢势 $\boldsymbol{A}_L$(式(2. A. 12))求旋度并代入下面的结果而直接得到：

$$\nabla\left(\frac{1}{r}\right) = -\frac{\boldsymbol{r}}{r^3}, \quad \nabla \times \dot{\boldsymbol{D}}(t - r/c) = -\frac{1}{rc}\boldsymbol{r} \times \ddot{\boldsymbol{D}}(t - r/c) \tag{2.A.15}$$

我们得到

$$\boldsymbol{B}(\boldsymbol{r},t) = -\frac{\boldsymbol{r}}{4\pi\varepsilon_0 c^3 r^2} \times \left[\ddot{\boldsymbol{D}}(t - r/c) + \frac{c}{r}\dot{\boldsymbol{D}}(t - r/c)\right] \tag{2.A.16}$$

由于式(2. A. 8)的条件，式(2. A. 16)的第一项是主要的.

电场由 $\boldsymbol{E} = -\partial \boldsymbol{A}_L/\partial t - \nabla U_L$ 得到. 计算它的通式是很冗长的. 但是对于很大的距离 $r \gg \lambda$，我们只需要保留 $1/r$ 的最低阶项，然后得到

$$\begin{aligned}\boldsymbol{E}(\boldsymbol{r},t) &= -\frac{1}{4\pi\varepsilon_0 c^2 r} \cdot \left[\ddot{\boldsymbol{D}}(t - r/c) - \frac{\boldsymbol{r}}{r^2}\boldsymbol{r} \cdot \ddot{\boldsymbol{D}}(t - r/c)\right] \\ &= \frac{1}{4\pi\varepsilon_0 c^2}\frac{\boldsymbol{r}}{r^3} \times [\boldsymbol{r} \times \ddot{\boldsymbol{D}}(t - r/c)]\end{aligned} \tag{2.A.17}$$

将这个结果与式(2. A. 16)比较，我们发现

$$\boldsymbol{B}(\boldsymbol{r},t) = \frac{\boldsymbol{r}}{rc} \times \boldsymbol{E}(t - r/c) \tag{2.A.18}$$

因此磁场 $\boldsymbol{B}$ 和电场 $\boldsymbol{E}$ 都正交于 $\boldsymbol{r}$，而且相位相同. 如方程(2. A. 17)所示，远处的辐射场正比于 $\ddot{\boldsymbol{D}}$，也就是正比于辐射电荷的加速度，但是其振荡相对于电荷的振荡运动有一个时间延迟 r/c，等于到目标点的传播时间. 在一个固定方向 $\boldsymbol{r}/r$，电场和磁场按 $1/r$ 递减，而不是像静电学和静磁学中那样按 $1/r^2$ 和 $1/r^3$ 递减. 因此辐射电磁场可以被描述成一个振幅以 $1/r$ 递减的从原点向外传播的非均匀分布球面波. 那么在点 M 的电磁场局部具有一个与在 OM 方向传播的平面波相同的形式.

在 M 处的坡印廷矢量 $\boldsymbol{\Pi}$ 为

$$\boldsymbol{\Pi}(\boldsymbol{r},t) = \varepsilon_0 c^2 \boldsymbol{E} \times \boldsymbol{B} = \frac{1}{16\pi^2\varepsilon_0 c^3}\frac{\boldsymbol{r}}{r^5}[\boldsymbol{r} \times \ddot{\boldsymbol{D}}(t - r/c)]^2 \tag{2.A.19}$$

因此辐射波的能流密度正比于 $1/r^2$ 且正比于电荷加速度的平方.

3. 正弦振荡电荷:辐射的偏振

现在我们回到一个正弦振荡偶极矩的情况(方程(2.A.5)).辐射的电场和磁场在方程(2.A.1)或(2.A.5)的复数表示中的表达式可以由式(2.A.17)和式(2.A.18)得到:

$$\mathcal{E}(\boldsymbol{r},t) = -\frac{\omega^2}{4\pi\varepsilon_0 c^2}\frac{\boldsymbol{r}\times(\boldsymbol{r}\times\mathcal{D}_0)}{r^3}\mathrm{e}^{-\mathrm{i}\omega(t-r/c)} \tag{2.A.20}$$

$$\mathcal{B}(\boldsymbol{r},t) = \frac{\omega^2}{4\pi\varepsilon_0 c^3}\frac{(\boldsymbol{r}\times\mathcal{D}_0)}{r^2}\mathrm{e}^{-\mathrm{i}\omega(t-r/c)} \tag{2.A.21}$$

那么坡印廷矢量在一个光学周期上取平均就为

$$\overline{\boldsymbol{\Pi}(\boldsymbol{r},t)} = \frac{\omega^4}{8\pi^2\varepsilon_0 c^3}\frac{|\boldsymbol{r}\times\mathcal{D}_0|^2}{r^5}\boldsymbol{r} \tag{2.A.22}$$

现在我们将接着研究该模型描述的两个重要的特殊情况:第一个是一个偶极子沿着 Oz 直线振荡的情况(π 偏振情况);第二个是一个偶极子在 xOy 平面上成圆形轨迹的情况(σ_+ 或 σ_- 偏振情况,取决于转动的方向).

4. π 偏振

在这种情况中,我们有 $\mathcal{D}_0=(d_0/2)\boldsymbol{e}_z$.引入球极坐标$(r,\theta,\phi)$,并令 $k=\omega/c$,我们得到(见图 2.A.1)

$$\mathcal{E}_\pi(\boldsymbol{r},t) = -\frac{\omega^2 d_0}{4\pi\varepsilon_0 c^2}\frac{\sin\theta}{r}\mathrm{e}^{-\mathrm{i}(\omega t-kr)}\boldsymbol{e}_\theta \tag{2.A.23}$$

$$\mathcal{B}_\pi(\boldsymbol{r},t) = -\frac{\omega^2 d_0}{4\pi\varepsilon_0 c^3}\frac{\sin\theta}{r}\mathrm{e}^{-\mathrm{i}(\omega t-kr)}\boldsymbol{e}_\phi \tag{2.A.24}$$

$$\overline{\boldsymbol{\Pi}(\boldsymbol{r},t)} = \frac{\omega^4 d_0^2}{32\pi^2\varepsilon_0 c^3}\frac{\sin^2\theta}{r^2}\boldsymbol{e}_r \tag{2.A.25}$$

这样一个线性振荡的偶极子优先将辐射发射到垂直于它振动轴的平面(偶极子沿 z 轴振动时,$\theta=\pi/2$ 的平面).电场在包含偶极子和传播方向的平面上为线性偏振(图 2.A.2).对式(2.A.25)做积分,可以得到穿过包含偶极子的封闭曲面的总辐射功率 Φ 的一个表达式.结果并不依赖于 r:

$$\Phi = \frac{\omega^4 d_0^2}{12\pi\varepsilon_0 c^3} \tag{2.A.26}$$

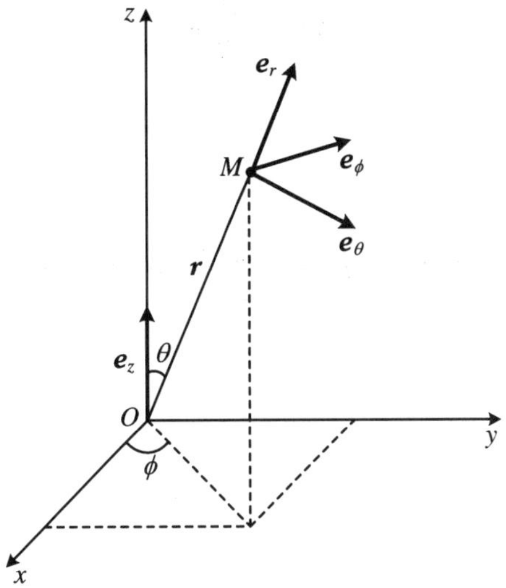

图 2.A.1　球极坐标

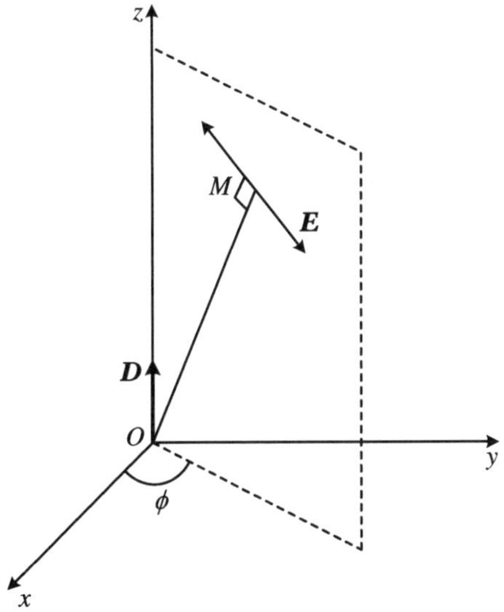

图 2.A.2　沿 Oz 振荡的一个偶极子发出的辐射

在点 M 处电场在包含 Oz 和 OM 的平面上为垂直于 OM 的线性偏振.

5. σ_+ 偏振

在这种情况中,偶极子在 xOy 平面上以逆时针方向转动,从 z 轴正方向看,有

$$\mathcal{D}_0 = \frac{d_0}{2}\boldsymbol{\varepsilon}_+ \tag{2.A.27}$$

从一个任意方向 OM 发出的辐射通常是椭圆偏振的，并且辐射的角分布具有圆柱对称性．然而在一些方向上可以更简单地来描述．首先考虑辐射沿着 z 轴被发射出去，可以得到

$$\mathcal{E}_{\sigma_+}(r\boldsymbol{e}_z, t) = \frac{\omega^2 d_0}{4\pi\varepsilon_0 c^2 r} \mathrm{e}^{-\mathrm{i}(\omega t - kr)}\boldsymbol{\varepsilon}_+ \tag{2.A.28}$$

电场为圆偏振，与偶极子转动方向相同．当然，始终垂直于电场 $\boldsymbol{E}$ 的磁场 $\boldsymbol{B}$ 也是如此．因此沿这个轴的辐射场是 σ_+ 圆偏振的．

在这个偶极子做相同旋转运动的情况（图 2.A.3）中，现在我们来考虑位于 xOy 平面上的一个发射方向，并用方位角 ϕ 来描述．这样就得到

$$\boldsymbol{e}_r \times (\boldsymbol{e}_r \times \mathcal{D}_0) = -\frac{\mathrm{i}}{\sqrt{2}}\mathrm{e}^{\mathrm{i}\phi} d_0 \boldsymbol{e}_\phi \tag{2.A.29}$$

$$\mathcal{E}_{\sigma_+}(\boldsymbol{r}, t) = \frac{\mathrm{i}}{\sqrt{2}}\mathrm{e}^{\mathrm{i}\phi}\, \frac{\omega^2 d_0}{4\pi\varepsilon_0 c^2 r}\mathrm{e}^{-\mathrm{i}(\omega t - kr)}\boldsymbol{e}_\phi \tag{2.A.30}$$

因此电场是沿着 $\boldsymbol{e}_\phi$ 线性偏振的，既垂直于传播方向 OM，也垂直于偶极子转动轴．这很容易理解，因为从这个发射方向看，偶极子的振荡在 $\boldsymbol{e}_\phi$ 方向上似乎是沿着一条线．

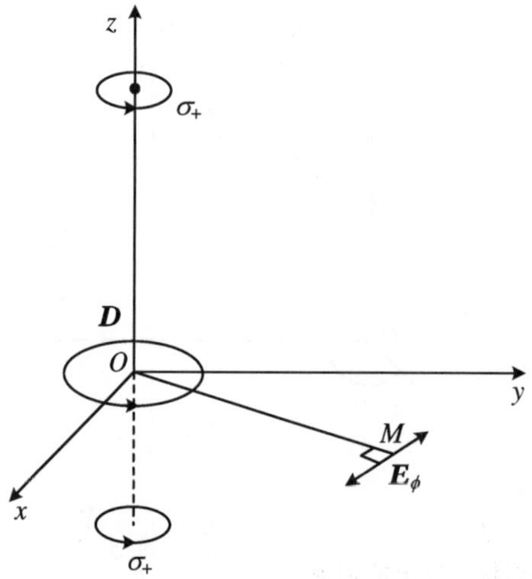

图 2.A.3　一个 σ_+ 转动的偶极子发出的辐射

对于一个偶极子以任一方向围绕点 O 转动，在 Oz 方向发出的光是圆偏振的；在 xOy 平面内的发射方向上，光是线性偏振的，而在其他所有方向上都是椭圆偏振．

同时该辐射的角分布就因此不同于线性振荡偶极子的情况，对式(2.A.22)在所有方向上都积分得到的总辐射功率是相同的(方程(2.A.26)). 更简单地说，因为由转动偶极子沿 Ox 和 Oy 方向的分量辐射出的场总是正交的，所以交叉项为0，总的平均辐射功率正好是它们两个平均值的和.

6. σ_- 偏振

在这种情况中，偶极子以顺时针方向转动，相当于 $\mathcal{D}_0 = (d_0/2)\boldsymbol{\varepsilon}_-$.

这会导致沿 Oz 轴的 σ_- 圆偏振光的发射，并且如之前一样，也会导致在 xOy 平面内线性偏振光的发射.

评注 考虑一个量子化的原子，从一个激发态 $|b\rangle$ 进入基态 $|a\rangle$，发出角频率为 $\omega_0 = (E_b - E_a)/\hbar$ 的光. 这样辐射场就可以由原子偶极矩平均值的复值 $\boldsymbol{D}(t) = \langle\psi(t)|\hat{\boldsymbol{D}}|\psi(t)\rangle$ 代入表达式(2.A.20)和(2.A.21)得到. 可以得到与本补充材料中给出的相同的辐射分布. 更准确地说，一方面，如果跃迁发生在对于 Oz 有相同磁量子数的两个能级之间(一个 $\Delta m = 0$ 的跃迁)，辐射分布则为沿 z 轴振荡偶极子的辐射分布，即 π 偏振的情况；另一方面，如果在跃迁过程中磁量子数有一个发生变化($\Delta m = \pm 1$)，就 Oz 方向而言辐射分布具有 σ_+ 或 σ_- 情况的形式. 注意到如果 $|\Delta m| > 1$，则电偶极矩阵元为0，所以这种情况中没有电偶极辐射发出(见补充材料2.B中电偶极辐射选择定则的解释).

2.A.3 弹性束缚电子的辐射阻尼

1. 辐射反作用

由于能量守恒，振荡偶极子的机械能必须随着能量被发射出去而减小. 能量的这种转移的机理是辐射场对发射它的系统的反作用. 电子与它所辐射的场的相互作用会导致一个作用在它自身上的一个阻尼力，这就称为辐射反作用.[①]这个力与电子的加速度 $\ddot{\boldsymbol{r}}$ 成正比[②]，这可以解释为对电子质量的一个辐射修正，而且也与位置的三阶时间导数 $\dddot{\boldsymbol{r}}$ 成正比，可以写为

---

① 见J.D. Jackson的 *Classical Electrodynamics*(Wiley，1998：第6章).

② 这里我们采用 $\boldsymbol{r}_e$ 的简化标记 $\boldsymbol{r}$，因为我们只对电子的位置感兴趣.

$$\boldsymbol{F}_{\mathrm{RR}} = \frac{q_{\mathrm{e}}^{2}}{6\pi\varepsilon_0 c^3}\dddot{\boldsymbol{r}} = \frac{2mr_0}{3c}\dddot{\boldsymbol{r}} \tag{2.A.31}$$

这里我们引入了电子的经典半径 $r_0 = q_{\mathrm{e}}^2/(4\pi\varepsilon_0 mc^2)$，大约为 2.8×10^{-15} m. 我们不会去证明表达式(2.A.31)，但是我们将证明它与方程(2.A.2)所确定的结果一致. 让我们先来计算当电子以振幅 a 振荡时，这个力在该电子上单位时间内的平均功为

$$\frac{\mathrm{d}W}{\mathrm{d}t} = \overline{\boldsymbol{F}_{\mathrm{RR}}\cdot\dot{\boldsymbol{r}}} = \frac{q_{\mathrm{e}}^2\omega^4 a^2}{12\pi\varepsilon_0 c^3} \tag{2.A.32}$$

因此电子以恰好等于平均辐射功率的一个速率做功（方程(2.A.26)），这表明式(2.A.31)给出的这个力与能量守恒相符合：电磁辐射带走的能量来自电子的振荡运动，从而电子的运动是有阻尼的. 阻尼力 $\boldsymbol{F}_{\mathrm{RR}}$ 仅仅是电磁辐射的力学对应.

2. 电子振荡的辐射阻尼

现在我们回到弹性束缚电子的情况. 为了说明电子运动的辐射阻尼，我们必须对它的运动方程增加表示阻尼力的一项：

$$m\ddot{\boldsymbol{r}} = -m\omega_0^2\boldsymbol{r} + \frac{2mr_0}{3c}\dddot{\boldsymbol{r}} \tag{2.A.33}$$

我们寻求 $\mathcal{S}_0\exp(-\mathrm{i}\Omega t)$ 形式的一个解（再次采用复数表示）. 于是，复频率就可以由下式给出：

$$\Omega^2 = \omega_0^2 - \mathrm{i}\frac{2r_0}{3c}\Omega^3 \tag{2.A.34}$$

我们只考虑满足 $\Omega \ll c/r_0 \approx 10^{23}\ \mathrm{s}^{-1}$ 的频率 Ω. 在这种情况下①，Ω 接近于 ω_0，我们可以找到一个如下形式的幂级数解：

$$\Omega = \omega_0 + \delta\Omega^{(1)} + \delta\Omega^{(2)} + \cdots \tag{2.A.35}$$

然后就可以得到一阶项为

$$\delta\Omega^{(1)} = -\mathrm{i}\frac{r_0}{3c}\omega_0^2 \tag{2.A.36}$$

因此电子的运动就是一个阻尼振荡：

① 事实上，在这个补充材料中提出的理论的有效性范围限于远小于 c/r_0 的频率. 例如，相对论量子效应加了一个限制 $\Omega \ll mc^2/\hbar = \alpha c/r_0 \approx 1/137$，其中 $\alpha \approx 1/137$ 为精细结构常数.

$$r = \mathcal{S}_0 e^{-\Gamma_{cl} t/2} e^{-i\omega_0 t} + c.c. \tag{2.A.37}$$

其中

$$\Gamma_{cl} = \frac{2r_0}{3c}\omega_0^2 = \frac{4\pi}{3}\frac{r_0}{\lambda_0}\omega_0 \tag{2.A.38}$$

这里我们引入了波长 $\lambda_0 = 2\pi c/\omega_0$. 所以辐射功率同样也随着一个时间常量 Γ_{cl}^{-1} 衰减，这个时间常量称为**经典辐射寿命**.

我们对式(2.A.38)就原子的辐射衰变而言的影响很感兴趣. 首先，对在可见光谱区辐射的一个原子，对应于 $\lambda_0 \approx 600$ nm，我们有 $\omega_0/(2\pi) \approx 5\times10^{14}$ Hz，所以辐射寿命就为 $\Gamma_{cl}^{-1} \approx 16$ ns，接近于实验值. 在 X 射线光谱区，辐射寿命会更小，因为 Γ_{cl} 与 ω_0^2 成正比. 然而要注意到，即使在这个谱区，品质因数(或 Q 因数) ω_0/Γ_{cl} 仍然远大于 1，品质因子表示电子运动的阻尼变得显著之前，该电子所完成的振荡数目.

评注 (1) 这里由这个经典理论得到的结果再次与一个自发辐射二能级原子的量子模型结果一致. 我们发现原子处于激发态的量子力学概率随时间呈指数衰减，描绘这个衰减的辐射寿命明显与式(2.A.38)给出的结果一致(见第 6 章).

(2) 当电子在 xOy 平面内做圆周运动时，它的辐射会导致以表达式(2.A.32)给出的速率减少能量，而且也导致角动量的减少. 电子角动量的变化率 $\mathrm{d}\boldsymbol{L}/\mathrm{d}t$ 为

$$\frac{\mathrm{d}\boldsymbol{L}}{\mathrm{d}t} = \boldsymbol{r} \times \boldsymbol{F}_{RR} \tag{2.A.39}$$

电子在时刻 t 的坐标为 $x = a\cos\omega t/\sqrt{2}$ 以及 $y = a\sin\omega t/\sqrt{2}$(沿正方向转动)，可以从方程(2.A.31)和(2.A.39)，得到

$$\frac{\mathrm{d}L_z}{\mathrm{d}t} = -\frac{mr_0}{3c}a^2\omega^3 = -\frac{q^2a^2\omega^3}{12\pi\varepsilon c^3} \tag{2.A.40}$$

这个结果与方程(2.A.32)相比较，可以发现辐射的角动量的损失率正比于能量的损失率：

$$\frac{\mathrm{d}L_z}{\mathrm{d}t} = \frac{1}{\omega}\frac{\mathrm{d}W}{\mathrm{d}t} \tag{2.A.41}$$

因此电子所辐射的总能量和总角动量在其运动被完全衰减之前有下列关系：

$$L_z = \frac{W}{\omega} \tag{2.A.42}$$

上式是对式(2.A.41)在时间上做积分得到的.

转动电子所损失的这个角动量被转移到了圆偏振的电磁场.这个由完全经典理论得到的结果也与一个量子力学方法一致:在经历从一个激发态到一个低能态的跃迁过程中,辐射的总能量 W 恰好是光子的能量 $\hbar\omega$,因此所发射的 σ_+ 光子的角动量有一个沿 Oz 大小为$\hbar$的分量 L_z.

当假定电子在 xOy 平面内沿负方向转动时,同样可以导出一个类似于式(2.A.42)的等式,只有一个符号的变化,并因此得到一个互补的结论,即 σ_- 光子沿 Oz 的角动量为 $-\hbar$.

我们会在补充材料 4.B 中回到光角动量的一般问题.

2.A.4 对一个外部电磁波的响应

假如入射电磁波的电场为 $\boldsymbol{E}(t)=\boldsymbol{E}_0\cos\omega t$.在一个电磁波中,磁场效应大约为 v/c 乘以电场效应,因此可以被忽略.于是电子的运动就可以通过解下面的微分方程得到:

$$m\ddot{\boldsymbol{r}}=-m\omega_0^2\boldsymbol{r}+\frac{2mr_0}{3c}\dddot{\boldsymbol{r}}+q\boldsymbol{E}_0\cos\omega t \tag{2.A.43}$$

这个方程有一个以驱动场频率 ω 振荡的受迫解,在复数表示($\mathcal{E}_0=\boldsymbol{E}_0/2$)下为

$$\mathcal{S}_0=\frac{q\mathcal{E}_0}{m}\frac{1}{\omega_0^2-\omega^2-\mathrm{i}\Gamma_{\mathrm{cl}}\omega^3/\omega_0^2} \tag{2.A.44}$$

这个解可以用来计算原子在所有方向辐射的场,即入射辐射的散射,而且也可以用来确定感生原子偶极子以及原子极化率.

1. 瑞利散射、汤姆孙散射和共振散射

由式(2.A.44)并借助方程(2.A.26),可以推出散射功率:

$$\Phi_{\mathrm{d}}=\frac{q^4E_0^2}{12\pi\varepsilon_0c^3m^2}\frac{\omega^4}{(\omega_0^2-\omega^2)^2+\Gamma_{\mathrm{cl}}^2\omega^6/\omega_0^4} \tag{2.A.45}$$

散射横截面 $\sigma(\omega)$ 定义为散射功率与入射能量通量的比值:

$$\Phi_{\mathrm{d}}=\frac{\mathrm{d}\Phi_{\mathrm{i}}}{\mathrm{d}S}\sigma(\omega) \tag{2.A.46}$$

其中 $\mathrm{d}\Phi_\mathrm{i}/\mathrm{d}S$ 是入射通量，或者更精确地说，是每单位表面积平均入射功率：

$$\frac{\mathrm{d}\Phi_\mathrm{i}}{\mathrm{d}S} = \Pi_\mathrm{i} = \frac{1}{2}\varepsilon_0 c \boldsymbol{E}_0^2 = 2\varepsilon_0 c \mathcal{E}_0 \cdot \mathcal{E}_0^* \tag{2.A.47}$$

综上，我们可以推出散射横截面的一般表达式：

$$\sigma(\omega) = \frac{8\pi r_0^2}{3}\frac{\omega^4}{(\omega_0^2 - \omega^2)^2 + \Gamma_\mathrm{cl}^2\omega^6/\omega_0^4} \tag{2.A.48}$$

现在我们将在驱动场的不同频率范围内讨论这个表达式.

2. 低频极限：瑞利散射

首先考虑极限 $\omega \ll \omega_0$. 那么横截面就等于

$$\sigma(\omega) = \frac{8\pi r_0^2}{3}\left(\frac{\omega}{\omega_0}\right)^4 \tag{2.A.49}$$

它随着入射辐射频率的增加而迅速增加. 正是这个极限条件与大气层导致的太阳辐射的散射有关，大气散射的共振跃迁位于紫外光谱区，这也就是天空呈蓝色的原因. ①

3. 高频极限：汤姆孙散射

现在来考虑 $\omega \gg \omega_0$ 的情况. 在这个极限下，横截面趋近于一个定值，即②

$$\sigma(\omega) = \frac{8\pi r_0^2}{3} \approx 6.5 \times 10^{-29}\ \mathrm{m}^2 \tag{2.A.50}$$

这个谱区对应 X 射线被物质所散射，这个散射在 20 世纪初期发挥了重要的作用，它使得某些原子种类中的电子个数能够由它们对 X 射线吸收的测量而推断出来.

4. 共振散射

最后，我们考虑入射光频率接近散射偶极子共振频率的情况，即 $\omega \approx \omega_0$（图 2.A.4）. 在只保留式(2.A.48)中的最低阶项时，利用 Γ_cl 远小于 ω_0 这样一个事实，并且应用式(2.A.38)的关系，我们得到了下面这个重要的公式：

---

① 实际上，可见光谱的紫色部分也被散射，甚至比蓝色部分更强烈，但一方面在短波长，人的眼睛灵敏度下降，另一方面在相同光谱区（紫色）太阳辐射也少，导致天空呈蓝色而不呈紫色.

② 请注意，这个模型的有效性限于 $\Gamma_\mathrm{cl}\omega/\omega_0^2 \ll 1$ 的情况，所以分母中的第二项可以被忽略（在光学范围内，$\omega_0^2/\Gamma_\mathrm{cl} \approx 10^{23}\ \mathrm{s}^{-1}$）.

$$\sigma(\omega) = \frac{3\lambda_0^2}{2\pi} \frac{\Gamma_{cl}^2/4}{(\omega_0 - \omega)^2 + \Gamma_{cl}^2/4} \tag{2.A.51}$$

因此在频率接近 ω_0 时,横截面被共振增强,共振为洛伦兹型频率依赖关系,半宽度为 Γ_{cl}.注意在正好共振处的横截面,$3\lambda_0^2/(2\pi)$约为共振波长的平方.在可见光谱区,这个横截面远远大于在汤姆孙散射中发现的横截面 18 个数量级.共振谱线形状确实非常尖锐.

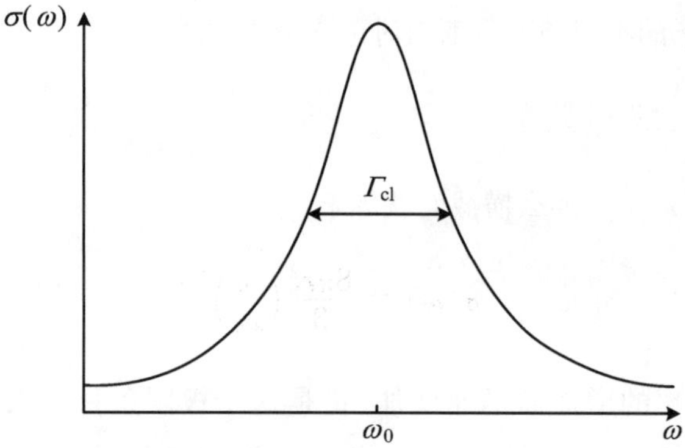

图 2.A.4　共振散射的横截面与频率的关系

横截面具有一个洛伦兹型频率依赖关系,半宽度为 Γ_{cl}.

正如我们将在第 6 章看到的,上面所得到的结果与量子力学的预言符合得很好.瑞利散射和汤姆孙散射中的结果与量子力学的结果一致,同时在共振散射的情况中,只需要用这个跃迁的自然宽度 Γ_{sp} 替换经典线宽 Γ_{cl},共振时的值 $3\lambda_0^2/(2\pi)$没有改变.

5. 原子极化率

由方程(2.A.44),我们可以导出一个介质的电介质极化率的表达式,这个介质由上面的弹性束缚电子模型描述的那种"经典原子"组成.如果原子的数密度为 N/V,介质中引起的极化在复数表示下为

$$\mathcal{P} = \frac{N}{V} \frac{q^2 \mathcal{E}_0 e^{-i\omega t}}{m} \frac{1}{\omega_0^2 - \omega^2 - i\Gamma_{cl}\omega^3/\omega_0^2} \tag{2.A.52}$$

利用复数形式下极化率的定义式(2.174),可以得到

$$\chi(\omega) = \frac{N}{V} \frac{q^2}{m\varepsilon_0} \frac{1}{\omega_0^2 - \omega^2 - i\Gamma_{cl}\omega^3/\omega_0^2} \tag{2.A.53}$$

所以极化率的实部和虚部分别为

$$\chi'(\omega) = \frac{N}{V}\frac{q^2}{m\varepsilon_0}\frac{\omega_0^2 - \omega^2}{(\omega_0^2 - \omega^2)^2 + \Gamma_{\mathrm{cl}}^2\omega^6/\omega_0^4} \tag{2.A.54}$$

$$\chi''(\omega) = \frac{N}{V}\frac{q^2}{m\varepsilon_0}\frac{\Gamma_{\mathrm{cl}}\omega^3/\omega_0^2}{(\omega_0^2 - \omega^2)^2 + \Gamma_{\mathrm{cl}}^2\omega^6/\omega_0^4} \tag{2.A.55}$$

离共振不远时，也就是当 $\Gamma_{\mathrm{cl}} \ll |\omega - \omega_0| \ll \omega_0$ 时，可得到极化率的实部下面这个简单形式：

$$\chi'(\omega) = \frac{N}{V}\frac{q^2}{2m\omega_0\varepsilon_0}\frac{1}{\omega_0 - \omega} = \frac{\chi'_{\mathrm{q}}}{f_{ab}} \tag{2.A.56}$$

其中 χ'_{q} 是由准共振近似(方程(2.177))下量子理论所得到的极化率的实部，f_{ab} 是一个无量纲的乘数因子，称为跃迁的**振子强度**：

$$f_{ab} = \frac{2m\omega_0 z_{ab}^2}{\hbar} \tag{2.A.57}$$

此外，利用 r_0 和 Γ_{cl} 的表达式，极化率的虚部就可以重新表示为下面的形式：

$$\chi''(\omega) = \frac{N}{V}\frac{c}{\omega}\sigma(\omega) \tag{2.A.58}$$

其中横截面 $\sigma(\omega)$ 由表达式(2.A.48)给出. 方程(2.A.58)表明了入射波吸收系数(正比于 χ'')与散射横截面 $\sigma(\omega)$ 之间存在密切的关系. 事实上，这个结果比这里用来导出它的这个模型有更普遍的适用性；[①]称之为**光学定理**.

2.A.5 经典原子模型与量子力学的二能级原子之间的关系

本小节我们将研究前面所描述的经典模型的预言与一个二能级原子的量子力学模型的预言之间存在的关系. 我们照例假设这个量子力学描述的原子的基态 $|a\rangle$ 和激发态 $|b\rangle$ 的能量间隔为 $E_b - E_a = \hbar\omega_0$，并且采用第 2 章中介绍的半经典理论. 在电偶极近似下，系统的哈密顿量为

$$\hat{H} = \hat{H}_0 - q\hat{\boldsymbol{r}} \cdot \boldsymbol{E}_0 \cos \omega t \tag{2.A.59}$$

① Jackson J D. Classical Electrodynamics [M]. Wiley, 1998.

其中 $\hat{H}_0$ 为原子的哈密顿量.选择基态的能量为 0,并将相互作用哈密顿量限制在态 $|a\rangle$ 和 $|b\rangle$ 展开的子空间上,我们就可以将总系统哈密顿量重新表示为

$$\hat{H} = \hbar\omega_0\begin{bmatrix}0 & 0\\0 & 1\end{bmatrix} - qz_{ab}E_0\cos\omega t\begin{bmatrix}0 & 1\\1 & 0\end{bmatrix} \tag{2.A.60}$$

这里我们额外假定了 $\boldsymbol{E}_0$ 平行于 Oz 并且 $z_{\mathrm{ab}} = \langle a|\hat{z}|b\rangle$ 为实数.像任何 2×2 矩阵一样,这个哈密顿量可以依据 2×2 单位阵以及泡利矩阵 $\hat{\boldsymbol{\sigma}}_x$,$\hat{\boldsymbol{\sigma}}_y$ 和 $\hat{\boldsymbol{\sigma}}_z$ 来改写,泡利矩阵如下:①

$$\hat{\boldsymbol{\sigma}}_x = \begin{bmatrix}0 & 1\\1 & 0\end{bmatrix},\quad \hat{\boldsymbol{\sigma}}_y = \begin{bmatrix}0 & -\mathrm{i}\\\mathrm{i} & 0\end{bmatrix},\quad \hat{\boldsymbol{\sigma}}_z = \begin{bmatrix}1 & 0\\0 & -1\end{bmatrix} \tag{2.A.61}$$

满足对易关系

$$[\hat{\boldsymbol{\sigma}}_x, \hat{\boldsymbol{\sigma}}_y] = 2\mathrm{i}\hat{\boldsymbol{\sigma}}_z \tag{2.A.62}$$

且它的循环排列也满足对易关系.哈密顿量 $\hat{H}$ 可以写为

$$\hat{H} = \frac{\hbar\omega_0}{2}(\hat{1} - \hat{\sigma}_z) - qz_{ab}\hat{\sigma}_x E_0\cos\omega t \tag{2.A.63}$$

为了与前面描述的经典模型比较,我们需要确定决定原子中电子的位置 $\boldsymbol{r}$ 的平均值的方程,或者更准确地说,它的 z 坐标的平均值.为此,我们应用埃伦菲斯特定理:

$$\frac{\mathrm{d}}{\mathrm{d}t}\langle\hat{z}\rangle = \frac{1}{\mathrm{i}\hbar}\langle[\hat{z}, \hat{H}]\rangle = \frac{z_{ab}}{\mathrm{i}\hbar}\langle[\hat{\sigma}_x, \hat{H}]\rangle = z_{ab}\omega_0\langle\hat{\sigma}_y\rangle \tag{2.A.64}$$

由此我们可以导出 $\langle\hat{z}\rangle$ 的二阶时间导数的下面表达式:

$$m\frac{\mathrm{d}^2}{\mathrm{d}t^2}\langle\hat{z}\rangle = mz_{ab}\omega_0\frac{\mathrm{d}}{\mathrm{d}t}\langle\hat{\sigma}_y\rangle = \frac{mz_{ab}\omega_0}{\mathrm{i}\hbar}\langle[\hat{\sigma}_y, \hat{H}]\rangle \tag{2.A.65}$$

考虑到式(2.A.63)的 $\hat{H}$,这个对易子有两个非零项,所以

$$m\frac{\mathrm{d}^2}{\mathrm{d}t^2}\langle\hat{z}\rangle = -m\omega_0^2\langle\hat{z}\rangle + \frac{2mz_{ab}^2\omega_0}{\hbar}\langle\hat{\sigma}_z\rangle qE_0\cos\omega t \tag{2.A.66}$$

最后,我们将跃迁的振子强度 f_{ab}(由关系式(2.A.57)给出)以及作用在电子上的经典力 $F_{\mathrm{cl}} = qE_0\cos\omega t$ 引入这个表达式,得到

$$m\frac{\mathrm{d}^2}{\mathrm{d}t^2}\langle\hat{z}\rangle = -m\omega_0^2\langle\hat{z}\rangle + f_{ab}\langle\hat{\sigma}_z\rangle F_{\mathrm{cl}} \tag{2.A.67}$$

① 例如,见 CDL 补充材料 $\mathrm{A_{IV}}$.

这表明牛顿第三定律同样适用于弹性束缚原子中电子的运动，其中的差别是出现在等价的经典表达式中的 z 坐标在这里被它的期望值代替. 另外，入射电磁场施加在电子上的这个力的修正由两个因素决定：第一个是振子强度，一个依赖于所考虑跃迁性质的量. 例如，就碱金属的共振跃迁而言，这个振子强度非常接近于 1. 第二个为 $\langle\hat{\sigma}\rangle$，正比于 P_a-P_b，P_a 与 P_b 分别为发现原子在基态和激发态的概率. 在这里考虑的微扰非饱和情况中，P_b 很小，所以 $\langle\hat{\sigma}_z\rangle\approx1$.

因此，除与振子强度相关的修正外，我们所考虑的这个二能级原子的量子理论再现了在经典模型的讨论中作为起点的那个方程. 所以很明显，经典模型的结果在微扰理论中是正确的. 如果系统被强烈激发，那么经典模型就会失效，因为如果两个原子能级上的布居数是相等的（饱和），$\langle\hat{\sigma}_z\rangle$ 这项就会降至 0，如果诱发了布居数反转，这一项甚至会改变符号. 在放大介质和激光中尤其如此，这种情况不能用洛伦兹模型来准确描述.

补充材料 2.B　电偶极跃迁的选择定则：应用于共振荧光和光泵浦

2.B.1　选择定则以及光偏振

2.B.1.1　禁止的电偶极跃迁

如我们在第 1 章中看到的那样，在一阶微扰论中，辐射只能引起两个能级 $|a\rangle$ 和 $|b\rangle$ 之间的跃迁，条件是相互作用哈密顿量 $\hat{H}_{\mathrm{I}}$ 在这两个态之间有一个非零矩阵元：

$$\langle b|\hat{H}_{\mathrm{I}}|a\rangle\neq0 \tag{2.B.1}$$

这个矩阵元为 0 通常是由对称性的基本要求所致. 例如，具有相同奇偶性的两个态不会通过这个电偶极哈密顿量耦合，这个哈密顿量本身是奇的. 对于单电子原子这可以很容易来证明，其电偶极哈密顿量可以写为

$$\hat{H}_{\mathrm{I}}=-\hat{\boldsymbol{D}}\cdot\boldsymbol{E}(\boldsymbol{0},t)=-q\hat{\boldsymbol{r}}\cdot\boldsymbol{E}(\boldsymbol{0},t) \tag{2.B.2}$$

其中 $\hat{\boldsymbol{r}}$ 是电子位置算符. 如果 ψ_a 和 ψ_b 有相同的奇偶性，那么函数 $\psi_b^*(\boldsymbol{r})\psi_a(\boldsymbol{r})$ 就是偶的，所以若我们在全空间对一个奇函数积分，就得到

$$\langle b \mid \hat{H}_{\mathrm{I}} \mid a\rangle = -\langle b \mid \hat{\boldsymbol{D}} \cdot \boldsymbol{E}(\boldsymbol{0},t) \mid a\rangle$$

$$= -q\boldsymbol{E}(\boldsymbol{0},t)\cdot\int \mathrm{d}^3 r\boldsymbol{r}\psi_b^*(\boldsymbol{r})\psi_a(\boldsymbol{r}) = 0 \qquad (2.\mathrm{B}.3)$$

我们说有相同奇偶性的两能级之间的跃迁是被**禁止**的，至少对所考虑的电偶极耦合而言是如此.这就是选择定则的一个例子.

评注 (1) 算符 $\hat{\boldsymbol{p}}$ 也是奇的，因为梯度算符的每个分量都满足

$$\frac{\partial}{\partial x} = -\frac{\partial}{\partial(-x)} \qquad (2.\mathrm{B}.4)$$

正如所料，对于电偶极耦合被禁止的跃迁，对 $\boldsymbol{A}\cdot\boldsymbol{p}$ 耦合也是被禁止的.

(2) 需要记住的是，在两个态之间的电偶极耦合为 0 的情况中，它们之间引起光的吸收或发射的跃迁未必是不可能发生的.电偶极相互作用项(以及等价的 $\boldsymbol{A}\cdot\boldsymbol{p}$ 项)仅仅是相互作用哈密顿量级数展开的主要项(2.2.4 小节).电偶极禁止的跃迁经常被磁偶极耦合(2.2.5 小节)或电四极耦合允许，或者也能通过一个多光子过程发生(对照 2.1.5 小节和 2.3.3 小节).但是，相应的矩阵元要小几个数量级，所以每当电偶极跃迁被允许时我们可以忽略这些过程.

(3) 即使原子核位于位置 $\boldsymbol{r}_0$ 而不在原点，上面的论证依然有效.在式(2.B.3)中用 $\boldsymbol{r}-\boldsymbol{r}_0$ 代替 $\boldsymbol{r}$，方程(2.B.4)就变为

$$\frac{\partial}{\partial x} = \frac{\partial}{\partial(x-x_0)} = -\frac{\partial}{\partial(x_0-x)} \qquad (2.\mathrm{B}.5)$$

在本补充材料中我们将遇到其他的选择定则，使跃迁限定于有给定角动量的子能级对.这些定则依赖于入射光的偏振.因为偏振光的产生和分析的技术是非常成熟的，所以这些选择定则使灵敏且强大的实验方法得到了发展.在光学共振中，在原子被准共振光激发后，可以通过对这些原子发射的荧光进行分析来得到信息.**光泵浦**允许一个原子集合完全被泵浦到塞曼子能级的一个给定集合，或者在一对给定能级上产生布居数反转，两种情况中原子都是远离热平衡的.虽然最初只在原子基态被采用(小能级差对应微波放大)，光泵浦也被用于能量差较大的能级对，较大的能差可以实现激光放大(见第 3 章).

在本补充材料中，我们只考虑单电子原子的情况，相应的选择定则很容易确立.但是应该意识到，我们将要导出的结果具有相当普遍的有效性，因为这些结果可以由与我们这里会用到的模型无关的对称性论证确定.①

① Messiah A. Quantum Mechanics [M]. Dover, 1999.

2.B.1.2 线性偏振光

我们考虑一个(类氢的)单电子原子,令其位于坐标的原点,假设这个原子与沿 Oz 线性偏振的光发生相互作用,光在原点处的电场为

$$\boldsymbol{E}(\mathbf{0},t) = \boldsymbol{e}_z E_0 \cos(\omega t + \varphi) \tag{2.B.6}$$

其中 $\boldsymbol{e}_z$ 为 z 方向上的单位矢量.于是相互作用哈密顿量就可以写成下面的形式:

$$\hat{H}_1(t) = \hat{W}\cos(\omega t + \varphi) \tag{2.B.7}$$

其中

$$\hat{W} = -qE_0\hat{\boldsymbol{r}}\cdot\boldsymbol{e}_z = -qE_0\hat{z} = -\hat{\boldsymbol{D}}\cdot\boldsymbol{e}_z E_0 \tag{2.B.8}$$

我们希望确定从原子基态可能发生哪些跃迁:

$$|a\rangle = |n = 1, l = 0, m = 0\rangle \tag{2.B.9}$$

其中 n 为主量子数,l 为轨道角动量量子数,m 为磁量子数.一个任意激发态可以由量子数 n,l,m 来定义:

$$|b\rangle = |n,l,m\rangle \tag{2.B.10}$$

相应的跃迁矩阵元为

$$W_{ba} = \langle b|\hat{W}|a\rangle = -qE_0\langle b|\hat{z}|a\rangle \tag{2.B.11}$$

在球极坐标中,单电子原子的波函数的形式为

$$\psi_{nlm}(r,\theta,\phi) = R_{nl}(r)\mathrm{Y}_l^m(\theta,\phi) \tag{2.B.12}$$

这个表达式包含了球谐函数 $\mathrm{Y}_l^m(\theta,\phi)$.式(2.B.11)的矩阵元就变为如下形式:

$$W_{ba} = -qE_0\int r^2\sin\theta\,\mathrm{d}r\,\mathrm{d}\theta\,\mathrm{d}\phi R_{nl}^*(r)\mathrm{Y}_l^{m^*}(\theta,\phi)zR_{10}(r)\mathrm{Y}_0^0(\theta,\phi) \tag{2.B.13}$$

但是转换为球坐标后,z 变为

$$z = r\cos\theta = r\sqrt{\frac{4\pi}{3}}\mathrm{Y}_1^0(\theta,\phi) \tag{2.B.14}$$

并且

$$\mathrm{Y}_0^0(\theta,\phi) = \frac{1}{\sqrt{4\pi}} \tag{2.B.15}$$

这使得可以从角分量的积分(2.B.13)中分离出：

$$I_{\text{ang}} = \iint \sin\theta \mathrm{d}\theta \mathrm{d}\varphi \mathbf{Y}_l^{m^*}(\theta,\phi)\mathbf{Y}_1^0(\theta,\phi) \tag{2.B.16}$$

该式只是两个球谐函数的重叠积分.利用球谐函数的正交关系，我们得到[①]

$$I_{\text{ang}} = \delta_{l1}\delta_{m0} \tag{2.B.17}$$

$$W_{ba} = -q\frac{E_0}{\sqrt{3}}\delta_{l1}\delta_{m0}\int_0^{\infty}\mathrm{d}rr^3 R_{nl}^*(r)R_{10}(r) \tag{2.B.18}$$

这样我们就可以看到，只有态 $|b\rangle = |n,l=1,m=0\rangle$ 可以被线性偏振光从基态 $|1,0,0\rangle$ 激发.同样，只有这些态可以在这种形式的 z 偏振光影响下退激到基态.因此，适用于吸收和受激辐射的是相同的选择定则.

如果不是从处于基态的原子出发，而是从处于一个任意态 $|i\rangle$ 的原子出发，再次利用球谐函数的性质，我们也可以得到包含态 $|i\rangle$ 和末态 $|k\rangle$ 的量子数的选择定则满足：

$$\text{沿着量化轴的线性偏振} \quad \Rightarrow \begin{cases} l_k - l_i = \pm 1 \\ m_k = m_i \end{cases} \tag{2.B.19}$$

由沿着这些量子化轴线性偏振的光引起的这样一个跃迁称为 π 跃迁.它由图中的垂直线来表示，图中具有相同磁量子数的塞曼子能级为垂直对齐排列(图 2.B.1).[②]

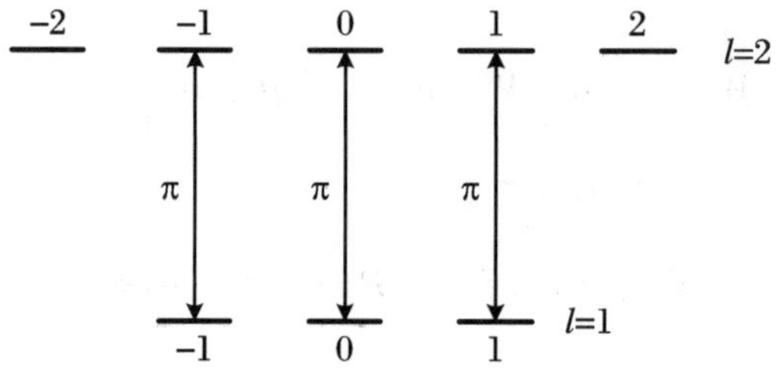

图 2.B.1　$l=1$ 的一个能级与 $l=2$ 的另一个能级之间的 π 跃迁

对于平行于这些量子化轴的线性偏振光，只有图上表明的跃迁是可能的.

评注　(1) 磁量子数 m_i 和 m_k 描绘了原子角动量在轴 Oz 上的分量 l_z.但是选择定则(2.B.19)只适用于光的偏振平行于这个轴的情况.

---

① 例如，见 CDG Ⅰ第 6 章和第 7 章.

② 我们把具有相同能量的态的集合称作一个能级.若 n 和 l 是固定的，这 $2l+1$ 个态 $|n,l,m\rangle(-l\leqslant m\leqslant l)$ 就有相同的能量，称为塞曼子能级.这个名字是一个事实的暗示，即在存在一个磁场时简并被解除了(塞曼效应).

如果偏振沿着轴 $O\xi$，选择定则将适用于与相同的轴相关的塞曼子能级，即下面这个算符的本征态：

$$\hat{L}_\xi = \hat{L} \cdot \boldsymbol{e}_\xi \tag{2.B.20}$$

其中 $\boldsymbol{e}_\xi$ 为沿 $O\xi$ 的单位矢量.

(2) 沿着 Oz 线性偏振的一个波必然沿着一个垂直于 Oz 的轴传播.

(3) 对于多电子原子，原子态用量子数 J 和 m_J 来描述，这两个量子数分别与总电子角动量算符 $\hat{\boldsymbol{J}}$ 和它在 z 轴上的投影 $\hat{J}_z$ 相联系. 由于电子演化所处于的势的转动不变性，可以得到与沿 z 轴的线性偏振光耦合的跃迁的选择定则为

$$\text{沿着量子化轴的线性偏振} \quad \Rightarrow \quad \begin{cases} J_k - J_i = \pm 1 \text{ 或 } 0 \\ m_k = m_i \end{cases} \tag{2.B.21}$$

这些选择定则可以解释为辐射的吸收和发射中角动量守恒的叙述，而下面这个值为零：

$$m_z = 0 \tag{2.B.22}$$

这是因为 m_z 是一个沿 Oz 线性偏振的光子角动量的 z 分量(这样的一个波垂直于 Oz 传播). 如果原子有一个核自旋 I，通过引入总角动量 $\hat{\boldsymbol{F}} = \hat{\boldsymbol{J}} + \hat{\boldsymbol{I}}$ 以及它的分量 $\hat{F}_z$，就可以将选择定则(2.B.21)推广到这种情况.

2.B.1.3 圆偏振光

1. 定义

现在考虑一个电磁波，其在 $\boldsymbol{r} = \boldsymbol{0}$ 处的电场为

$$\boldsymbol{E} = -\frac{E_0}{\sqrt{2}}[\boldsymbol{e}_x \cos(\omega t + \varphi) + \boldsymbol{e}_y \sin(\omega t + \varphi)] \tag{2.B.23}$$

该式可以写为

$$\boldsymbol{E} = \mathrm{Re}[\boldsymbol{\varepsilon}_+ E_0 \mathrm{e}^{-\mathrm{i}(\omega t + \varphi)}] \tag{2.B.24}$$

其中

$$\boldsymbol{\varepsilon}_+ = -\frac{\boldsymbol{e}_x + \mathrm{i}\boldsymbol{e}_y}{\sqrt{2}} \tag{2.B.25}$$

这个电场以角频率 ω 绕着 Oz 右手螺旋转动. 这个在 xOy 平面圆偏振的场是关于 Oz 轴 σ_+ 偏振的.

在 xOy 平面上是圆偏振的但以相反方向旋转的光称为 σ_- 偏振光. 用矢量

$$\boldsymbol{\varepsilon} = \frac{\boldsymbol{e}_x - \mathrm{i}\boldsymbol{e}_y}{\sqrt{2}} \tag{2.B.26}$$

代替式(2.B.24)中的复偏振矢量 $\boldsymbol{\varepsilon}_+$ 就可以得到 σ_- 偏振光的电场.

评注 (1) 在 xOy 平面转动的场(2.B.24)是沿 Oz 传播的一个波. 在这个波沿 z 正方向传播的情况中,这个电场做右手螺旋转动(右旋性). 在波沿 z 负方向传播的相反情况中,螺旋性是左手的. 无论沿 z 轴的哪个方向传播,波都是关于(定向的)z 轴 σ_+ 圆偏振的,这个轴用来确定原子的塞曼子能级. 螺旋性与圆偏振不要混淆.

(2) 描述圆偏振 σ_+ 和 σ_- 的单位矢量为 $\boldsymbol{e}_+$ 和 $\boldsymbol{e}_-$ 的定义可以差一个模为 1 的常数. 式(2.B.25)和式(2.B.26)中所做的选择相当于一个矢量算符分量的标准定义. 这种选择使诸如维格纳-埃卡特(Wigner-Eckart)定理这样的一般定理的使用更为容易.①

2. 选择定则

对于由式(2.B.24)给出的一个 σ_+ 圆偏振波,电偶极相互作用哈密顿量可以写为

$$\hat{H}_{\mathrm{I}} = \frac{qE_0}{\sqrt{2}}[\hat{x}\cos(\omega t + \varphi) + \hat{y}\sin(\omega t + \varphi)] \tag{2.B.27}$$

在这个公式中,共振部分($\mathrm{e}^{-\mathrm{i}\omega t}$)和反共振部分($\mathrm{e}^{+\mathrm{i}\omega t}$)可以通过下式来确定:

$$\hat{H}_{\mathrm{I}} = \frac{1}{2}\hat{W}\mathrm{e}^{-\mathrm{i}(\omega t+\varphi)} + \frac{1}{2}\hat{W}^{\dagger}\mathrm{e}^{\mathrm{i}(\omega t+\varphi)} \tag{2.B.28}$$

其中

$$\hat{W} = \frac{qE_0}{\sqrt{2}}(\hat{x} + \mathrm{i}\hat{y}) = -qE_0\boldsymbol{r}\cdot\hat{\boldsymbol{\varepsilon}}_+ = -\hat{\boldsymbol{D}}\cdot\boldsymbol{\varepsilon}_+ E_0 \tag{2.B.29}$$

方程(2.B.27)和(2.B.28)与方程(2.B.7)和(2.B.8)有明显的相似性;差异都包含在极化矢量 $\boldsymbol{e}_+$ 中,这个极化矢量是复的,而 $\boldsymbol{\varepsilon}_z$ 不是. 这里 $\hat{W}^{\dagger}$ 不再是一个自共轭算符,因此与它的复共轭 $\hat{W}$ 不同. 通过研究与式(2.B.28)相联系的下列跃迁矩阵元,可以得到对于 σ_+ 偏振的选择定则:

$$W_{ba} = \langle b \mid \hat{W} \mid a \rangle = \frac{qE_0}{\sqrt{2}}\langle b \mid \hat{x} + \mathrm{i}\hat{y} \mid a \rangle \tag{2.B.30}$$

① Messiah A. Quantum Mechanics [M]. Dover, 1999.

与补充材料 2.B.1.2 小节一样，我们将寻找从一个类氢原子的基态$|a\rangle=|1,0,0\rangle$到能级$|b\rangle=|n,l,m\rangle$的可能跃迁. 过程与之前类似：根据球谐函数写出波函数 ψ_a 和ψ_b，并且利用这个关系：

$$\frac{x+\mathrm{i}y}{\sqrt{2}}=\frac{r}{\sqrt{2}}\sin\theta\mathrm{e}^{\mathrm{i}\varphi}=-r\sqrt{\frac{4\pi}{3}}\mathrm{Y}_1^1(\theta,\phi) \tag{2.B.31}$$

W_{ba}的表达式中包含了一个如下的角积分方程：

$$I_{\text{ang}}=\iint\sin\theta\mathrm{d}\theta\mathrm{d}\varphi\mathrm{Y}_l^{m^*}(\theta,\phi)\mathrm{Y}_1^1(\theta,\phi)=\delta_{l1}\delta_{m1} \tag{2.B.32}$$

最后我们得到

$$W_{ba}=-\frac{qE_0}{\sqrt{3}}\delta_{l1}\delta_{m1}\int_0^\infty\mathrm{d}rr^3R_{nl}^*(r)R_{10}(r) \tag{2.B.33}$$

上式与式(2.B.18)非常类似. 重要的区别是 σ_+ 偏振光只能使磁量子数 $m=1$ 的激发态$|b\rangle=|n,l=1,m=1\rangle$与 $m=0$ 的基态耦合，而 π 偏振光则使 $m=0$ 的基态激发到磁量子数为 0 的末态.

通过归纳上面的结果，可以导出低能级的跃迁的选择定则，这里低能级可以不是类氢原子的基态. 可以看出，通过吸收一个光子使原子从一个能级$|i\rangle$跃迁到一个更高能级$|k\rangle$，只有当满足下列条件时才是可能的：

$$\begin{cases}E_k>E_i\\ \sigma_+\text{ 偏振}\end{cases}\Rightarrow\begin{cases}l_k-l_i=\pm1\\ m_k=m_i+1\end{cases} \tag{2.B.34}$$

另外，如果从激发能级到一个更低能级的跃迁是由 σ_+ 偏振光引起的受激辐射导致的，我们就会发现磁量子数 m 必须减小 1，同时角动量量子数 l 的变化也为 1. 根据上面所采用的符号，这种情况下的选择定则与式(2.B.34)相同.

最后，在像前面所描述的塞曼子能级对齐排列的能级图中，涉及 σ_+ 光的跃迁用向右上的对角线来表示(图 2.B.2).

评注 (1) 上面关于 σ_+ 圆偏振光的所有结论都同样适于讨论 σ_- 偏振光，其极化矢量 $\boldsymbol{\varepsilon}_-$ 由式(2.B.26)确定. 于是相应的电场为

$$\boldsymbol{E}=\frac{E_0}{\sqrt{2}}[\boldsymbol{e}_x\cos(\omega t+\varphi)-\boldsymbol{e}_y\sin(\omega t+\varphi)] \tag{2.B.35}$$

$$\boldsymbol{E}=\mathrm{Re}[\boldsymbol{\varepsilon}_-E_0\mathrm{e}^{-\mathrm{i}(\omega t+\varphi)}] \tag{2.B.36}$$

2

然后我们得到了由 σ_- 光子的吸收引起的一个低能级 $|i\rangle$ 到一个高能级 $|k\rangle$ 之间跃迁的选择定则：

$$\begin{cases} E_k > E_i \\ \sigma_- \text{ 偏振} \end{cases} \Rightarrow \begin{cases} l_k - l_i = \pm 1 \\ m_k = m_i - 1 \end{cases} \tag{2.B.37}$$

在图 2.B.2 中，这样的一个跃迁用向左上的对角线来表示.

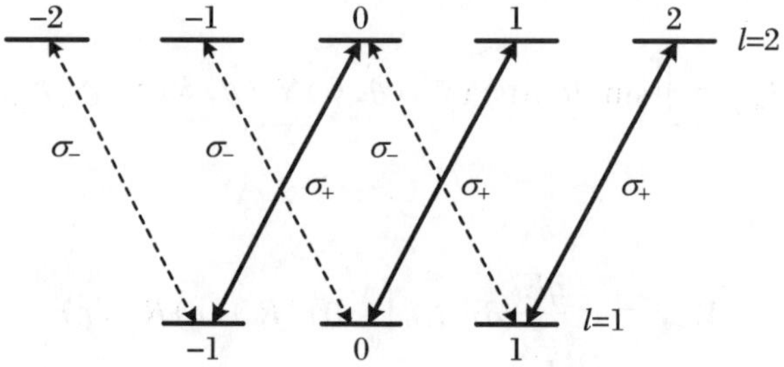

图 2.B.2　由 σ_+（实线）圆偏振光和 σ_-（虚线）圆偏振光导致的跃迁

光偏振是相对于用来确定磁量子数 m 的量子化轴来确定的.

(2) 对于一个多电子原子，如果它的总电子角动量 $\boldsymbol{J}$ 相关的量子数 J 和 m_j 是好量子数，则由关于 Oz 轴 σ_+ 或 σ_- 圆偏振的光引起的跃迁的选择定则为

$$\begin{cases} E_k > E_i \\ \sigma_+ \text{ 偏振} \end{cases} \Rightarrow \begin{cases} J_k - J_i = \pm 1 \text{ 或 } 0 \\ m_k = m_i + 1 \end{cases} \tag{2.B.38}$$

（与方程(2.B.34)相比），以及类似地有

$$\begin{cases} E_k > E_i \\ \sigma_- \text{ 偏振} \end{cases} \Rightarrow \begin{cases} J_k - J_i = \pm 1 \text{ 或 } 0 \\ m_k = m_i - 1 \end{cases} \tag{2.B.39}$$

如果它的总角动量为 $\hat{\boldsymbol{F}} = \hat{\boldsymbol{I}} + \hat{\boldsymbol{J}}$（核角动量＋总电子角动量），根据量子数 F 和 m_F 可以用一种类似的方法写出选择定则.

这些选择定则可以理解为角动量守恒，因为 $\sigma_\pm$ 光子角动量沿着量化轴的分量为 $\pm\hbar$（对比补充材料 2.A）.

(3) 沿着垂直于 Oz 的一个方向的线性偏振，例如偏振沿着 Ox，称为**线性 σ 偏振**. 它可以看作由一个 σ_+ 偏振波和一个 σ_- 偏振波的叠加构成，可用下式描述：

$$\boldsymbol{e}_x = \frac{\boldsymbol{\varepsilon}_- - \boldsymbol{\varepsilon}_+}{\sqrt{2}} \tag{2.B.40}$$

(见方程(2.B.25)和(2.B.26)). 这样的电磁波可以激发一个从基态 $|a\rangle = |1,0,0\rangle$ 到如下体现上式偏振叠加的一个态的跃迁：

$$|b\rangle = \frac{1}{\sqrt{2}}(|n,l=1,m=-1\rangle - |n,l=1,m=+1\rangle) \tag{2.B.41}$$

可以证明这个态就是

$$|b\rangle = |n,l=1,m_x=0\rangle \tag{2.B.42}$$

也就是，轨道角动量 $\hat{L}$ 的 x 分量 $\hat{L}_x$ 的对应本征值 $m_x=0$ 的本征态. 如果我们选择量化轴沿着 Ox 方向，这个结果就可以用 2.B.1.2 小节的结果直接得到.

重要的是要认识到线性偏振到两个圆偏振分量的这个分解不只是一个理论的运用. 通常，我们将量子化轴选为沿传播方向是很有用的，它意味着线性偏振必然为 σ 偏振，而不是 π 偏振.

2.B.1.4 自发辐射

自发辐射只有在光的完全量子理论框架下才能正确描述(见第 6 章). 这里我们只说明选择定则和相应的辐射特性，并不给出证明.

一个原子能够从角动量为(J_k, m_k)(m_k 是与 $\hat{J}$ 的分量 $\hat{J}_z$ 相关的量子数)的激发态 $|k\rangle$ 退激到角动量为(J_i, m_i)的更低能量态 $|i\rangle$ 的条件是

$$J_i - J_k = \pm 1 \text{ 或 } 0 \tag{2.B.43}$$

以及

$$\begin{aligned} m_i &= m_k & &(\pi \text{ 跃迁}) \\ m_i &= m_k - 1 & &(\sigma_+ \text{ 跃迁}) \\ m_i &= m_k + 1 & &(\sigma_- \text{ 跃迁}) \end{aligned} \tag{2.B.44}$$

将图 2.B.1 和图 2.B.2 合并就可以表示出这些选择定则.

这个辐射的角分布可以由与相应的经典振荡偶极子相同的一个辐射图给出(对照补充材料 2.A). 如图 2.B.4 所示，这个一致性同样适用于在一个给定方向上辐射的偏振特性.

例如，考虑上述选择定则中的 π 跃迁情况(图 2.B.3). 此时，相应的经典偶极子沿着 Oz 振荡. 于是，辐射的分布就按 $\sin^2\theta$ 变化：在 z 方向上有一个最小值 0，在垂直于这个轴的任意方向上有最大值. 此辐射光沿 Oz 轴投影在垂直于辐射传播方向的平面上的方向线性偏振. 这个结果与自发辐射的量子处理一致(第 6 章).

在 σ_+ 或 σ_- 跃迁(见图 2.B.4)的情况中，相应的经典偶极子在 xOy 平面转动，转动

2

方向对 σ_+ 情况为右手螺旋,对 σ_- 情况为左手螺旋.对于沿 z 轴的发射,光是圆偏振的,相当于偶极子的转动.对于垂直于 Oz 的发射,偏振是线性的,并垂直于 Oz 和发射方向.对于其他任意的发射方向,发射光为椭圆偏振,其特性由转动偶极子在垂直于发射方向的平面上的投影给出.

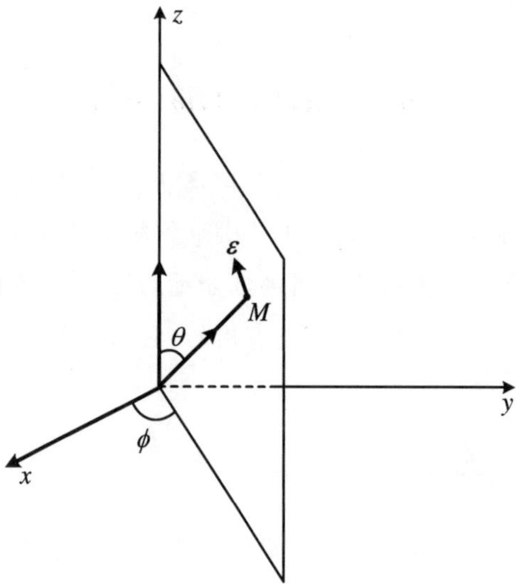

图 2.B.3 一个 π 跃迁的自发辐射

它的特性与沿 Oz 振荡的经典偶极子所发射的辐射的特性相同.辐射优先在垂直于 Oz 的方向上发射,在包含 Oz 和发射方向的平面上为线性偏振.

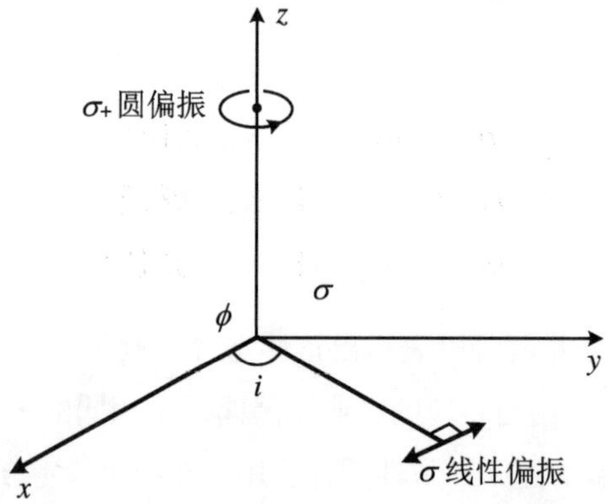

图 2.B.4 一个 σ_+ 跃迁的自发辐射

σ_+ 偏振的自发辐射的特性与由一个在 xOy 平面转动的经典偶极子所发射的辐射相同.对于在 z 方向上的发射,这个辐射是圆偏振的.对于垂直于 Oz 的辐射,它在垂直于 Oz 的平面 xOy 内是线性偏振的(叫作 σ 线性偏振).在其他方向上的辐射是椭圆偏振的.

自发辐射的这些性质，特别是与磁量子数的改变 Δm_j 有关的辐射偏振方式，使我们能够深刻理解原子的特性，这些特性将在本补充材料的下一小节变得更加清晰.

2.B.2　共振荧光

2.B.2.1　原理

让我们来考虑处于一个电磁波中的原子介质，这个电磁波与连接基态和自发衰变率为 Γ_{sp} 的一个激发态 $|b\rangle$ 的原子跃迁是准共振的. 当这个场正好处于共振时，光使原子进入激发态，原子从这个激发态通过自发辐射退激. 共振的原子荧光就出现了（图 2.B.5）. 这是 2.1.4 小节所讨论的共振散射的一个结果. 这个荧光非常明亮，因为在一个饱和封闭跃迁的情况中，每个原子每秒发射 $\Gamma_{sp}/2$ 个光子. 即使只有一个单一原子与光束发生相互作用，甚至也能观察到这个荧光. 因此共振荧光是实验上监测具有封闭跃迁且具有大衰变率 Γ_{sp} 的单个量子系统的特有方法.

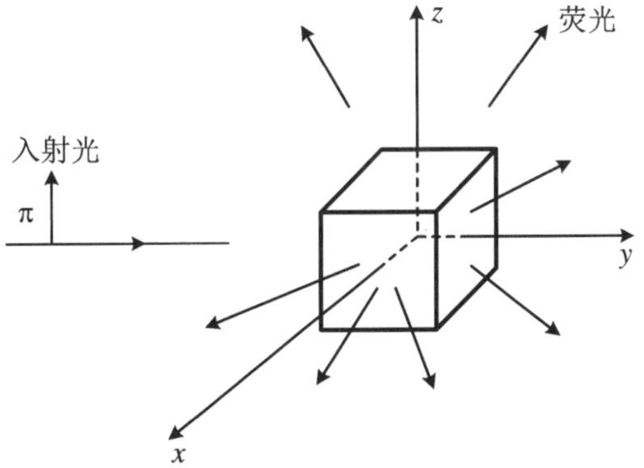

图 2.B.5　共振荧光

包含原子蒸气的一个透明（玻璃）单元被光照射，这个光与从原子基态开始的一个跃迁是共振的. 这个蒸气发出荧光，向所有方向辐射光.

现在我们假定基态 $|a\rangle$ 和激发态 $|b\rangle$ 的角动量分别为 0 和 1（$J_a=0, J_b=1$），而且入射光沿 Oy 方向传播，沿 Oz 是线性偏振的. 应用上面的选择定则，我们考虑只泵浦 $m_b=0$ 态的一个激发阶段和随后的一个自发辐射阶段的过程（见图 2.4 和 2.1.4 小节的评注（1）），这个自发辐射过程也会在一个 π 跃迁上发生（图 2.B.6）. 因此可以发现在 Ox 方向上观察到的荧光是沿 Oz 线性偏振的. 这很容易验证，只需要通过一个检偏器来观察；当

光的偏振垂直于 z 方向时,检测到光熄灭.辐射光偏振的任何改变都能以很高的灵敏度检测到,因为这种改变将导致检偏器在无光的背景上透过光.在下文中,我们将给出能改变发射光偏振的一些例子和现象,因此可以采用这个技术来研究这些现象.

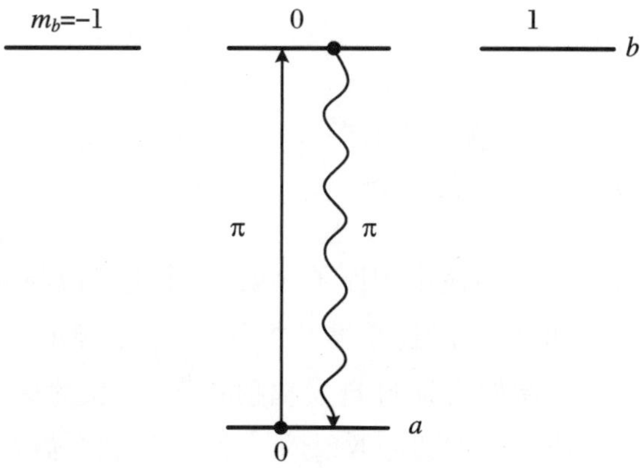

图 2.B.6 被 π 偏振光激发的一个原子的共振荧光

这个过程只对于 $m_b=0$ 的中间子能级是共振的,所以再次散射的光是 π 偏振的.

2.B.2.2 激发态上布居数转移的测量

将原子激发后,我们假定存在一种机制使激发态子能级之间的布居数进行了重分布.例如,在图 2.B.7 中,随着原子到 $m_b=0$ 子能级的激发,紧随其后的是布居数向 $m_b=\pm 1$ 能级的转移.于是原子就可以通过 σ_+ 或 σ_- 偏振光子的辐射而退激,因此荧光将在 Oy 方向上有一个分量,此时在 x 探测路径上的偏振器可透射此分量.同样,在之前没有荧光发射出的 Oz 方向上,也能探测到荧光的出现.

1. 汉勒(Hanle)效应

垂直于 Oz 的一个磁场可以导致这样的一个重分布:例如,平行于 Ox 的一个静磁场 $\boldsymbol{B}_0$ 引起 $m_b=0$ 和 $m_b=\pm 1$ 之间的跃迁.这些跃迁产生于出现在原子哈密顿量中的附加塞曼项:

$$\hat{H}_x^{\mathrm{Ze}}=-g\frac{q}{2m}B_0\hat{J}_x \tag{2.B.45}$$

(g 是朗德(Landé)因子,对于一个纯粹的轨道角动量,它等于 1,当总角动量既有轨道贡献又有自旋贡献时,它的值是态依赖的).这个塞曼项在 Oz 基下表示的磁子态之间有非

对角矩阵元.例如

$$\langle J_b = 1, m_b = 1 \mid \hat{H}_x^{\text{Ze}} \mid J_b = 1, m_b = 0 \rangle = \frac{\hbar\omega_B}{\sqrt{2}} \tag{2.B.46}$$

其中拉莫尔(Larmor)频率

$$\omega_B = -g \frac{q}{2m} B_0 \tag{2.B.47}$$

尽管这个原子保持在激发能级,其布居数在子能级 $m_b = 0$ 和 $m_b = \pm 1$ 之间振荡.因此沿 Oy 偏振的光就可以在随后的自发衰变中被发射出.然而,如果自发衰变在场引起的布居数转移之前发生,则所发射的光仍然沿 Oz 偏振.因而描述偏振强度退化的重要参数为 $\omega_B / \Gamma_{\text{sp}}$.这个值很容易通过改变外加磁场的值 B_0 来控制,增大 B_0 就会增大退偏振度.这个现象称为汉勒效应,在 1923 年首先被观察到,早于量子力学的发展.

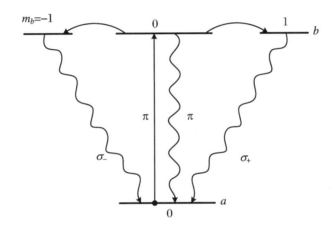

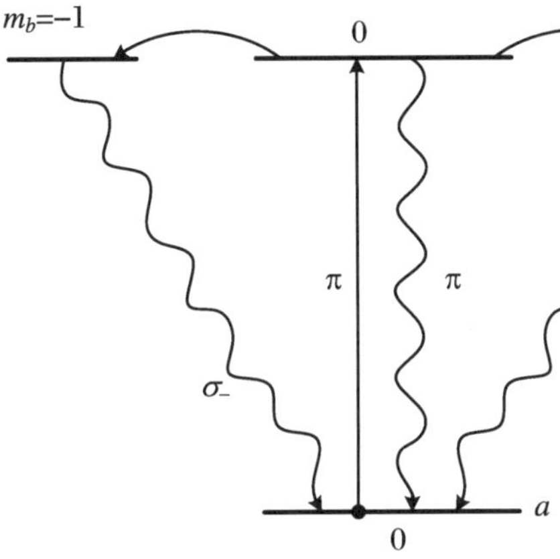

图 2.B.7 激发态内部布居数的转移

即使激发是由一个只填充 $m_b = 0$ 子能级的 π 光子引起的,碰撞或磁场的存在也会导致这个布居数的一部分向其他激发态子能级转移.此时原子的退激就可以包含 σ_+ 或 σ_- 光子,并且荧光的偏振因此会发生变化.

评注 除了技术上的简单性(不需要使用快速探测器就能够测定几十纳秒量级的辐射寿命),基于汉勒效应的方法具有对由原子运动引起的多普勒(Doppler)效应不敏感这一决定性的优势,而这个多普勒效应限制了传统光谱技术的分辨率(对照补充材料3.G).

2. 双共振

我们假定在 Oz 方向上施加一个附加静磁场 $\boldsymbol{B}_0$.于是激发态中塞曼子能级的简并就

被塞曼效应解除，现在就可以通过第二个外部电磁场引起这些能级之间的跃迁. 这个技术由布罗塞尔(Brossel)和比特(Bitter)于1949年提出，称为双共振法.

实验方案如图2.B.8所示. 原子从基态受到一个沿 Oz 线性偏振的光激发，同时还施加一个频率为 Ω、沿 Ox 振荡的射频场. 当 Ω 等于拉莫尔频率 ω_B 时，将会发生激发态的塞曼能级之间的布居数转移，ω_B 为能级 $m_b=0$ 和 $m_b=\pm1$ 之间的能差. 布居数向 $m_b=\pm1$ 子能级的转移导致了具有沿 Oy 偏振的一个分量的荧光出现. 如果磁场 B_0(或射频 Ω)经过调制，共振荧光的偏振就有一个共振行为，这个行为给出了关于激发态结构的精确信息，包括它的朗德因子的值.

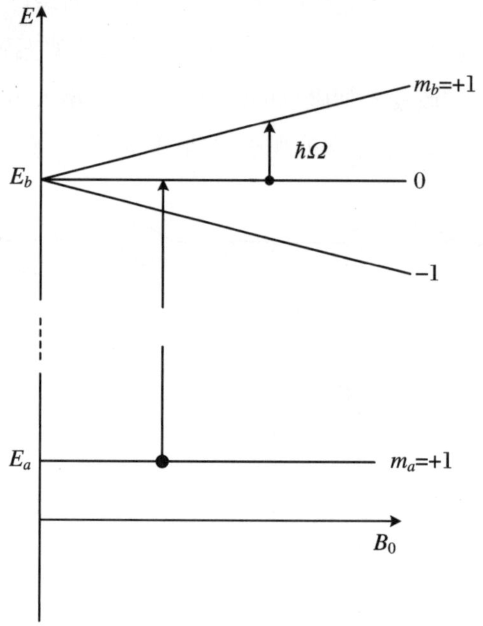

图2.B.8　双共振实验中的能级

沿 Oz 方向的磁场 B_0 散开了激发态中的塞曼子能级. 沿 Oz 偏振的入射光只泵浦 $m_b=0$ 的子能级. 然后，通过施加与塞曼子能级共振的射频场，布居数被转移至 $m_b=\pm1$. 这种布居转移可通过随后自发辐射光偏振的变化探测.

评注　如同汉勒效应，双共振的方法也有几乎不受原子的多普勒运动影响的优势. 事实上，对于一个射频波，其频率 $\Omega/(2\pi)$ 通常为100 MHz，而对一个以速度 $v=300\ \mathrm{m\cdot s^{-1}}$ 运动的原子，多普勒频移大约为100 Hz，与观察到的大约为几兆赫的共振宽度相比是可以忽略的.

对可见光进行相同的计算可以得到一个500 MHz量级的多普勒频移，大于由几毫特斯拉的磁场引起的塞曼频移. 因此到 $m_b=0$ 子能级的激发(图2.B.8)完全归因于上面所讨论的选择定则，而不能归因于频率共振效应，因为当多普勒频移超过塞曼能级间隙时，塞曼子能级无法被分辨出来.

2.B.3 光泵浦

光泵浦的概念源于将前面所讨论的内容扩展到原子的基态. 在这个由卡斯特勒(Kastler)于1949年发明的技术中，支配原子和偏振光相互作用的选择定则被用来获得布居数在基态子能级之间的一个非均衡分布. 这个技术有很多应用，我们会介绍一些例子.

2.B.3.1 由圆偏振光激发的 $J_a = 1/2 \to J_b = 1/2$ 跃迁

考虑总角动量为 $J_a = 1/2$ 的一个基态和总角动量为 $J_b = 1/2$ 的一个激发态之间的原子跃迁，这个跃迁由 Oz 附近的 σ_+ 圆偏振的光激发(图 2.B.9).

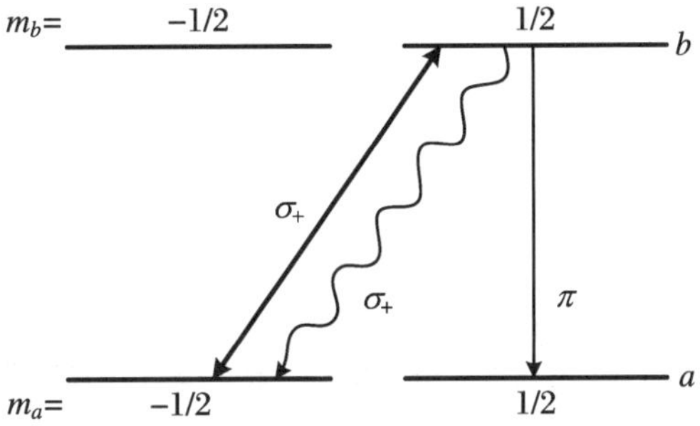

图 2.B.9 对于由圆偏振光所激发的一个 $J_a = 1/2 \leftrightarrow J_b = 1/2$ 跃迁的光泵浦

经过几次荧光周期之后，$m_a = -1/2$ 基态子能级上的布居数完全变得很小.

当不存在入射光时，这两个基态子能级有相同的能量，被同等地填充：$m_a = -1/2$，$+1/2$ 这些态每个初始都有一半的原子：

$$\pi_{+1/2}(0) = \pi_{-1/2}(0) = \frac{1}{2} \tag{2.B.48}$$

由于选择定则 $\Delta m = +1$，σ_+ 光只与处于 $m_a = -1/2$ 子能级的基态原子相互作用(取量化轴 Oz 沿着光场的传播方向)，将这个子能级连接到激发的 $m_b = +1/2$ 子能级. 从这个能级发生自发辐射，并将原子带回到基态. 对于一个 $1/2 \leftrightarrow 1/2$ 跃迁，这个自发衰变以相同的概率将原子转移到每一个基态子能级. 因此一个泵浦周期之后，只有一半的激发原

子回到 $m_a = -1/2$ 子能级.在两个这样的周期后,这一部分为 1/4,以此类推.与此相反,处于 $m_a = +1/2$ 子能级的原子无法离开,并在这些周期上累积.结果就是这个系统趋于一个稳态,其中原子布居数完全位于 $m_a = +1/2$“囚禁态”,$m_a = -1/2$ 子能级的布居数减为 0:

$$\pi_{-1/2}(\infty) = 0 \tag{2.B.49}$$

$$\pi_{+1/2}(\infty) = 1 \tag{2.B.50}$$

一旦达到这个稳态,入射光就不再被原子吸收,而原子也不再发射荧光.这些原子可以说是被困在了一个“暗态”中.通过测量泵浦光的传播可以监测趋于稳态的过程(图 2.B.10).最初有一个有限的吸收,正比于 $m_a = -1/2$ 子能级的布居数.然后这个吸收以一个时间常数 τ_p 衰减,这个时间常数是光泵浦速率 Γ_p 的倒数.

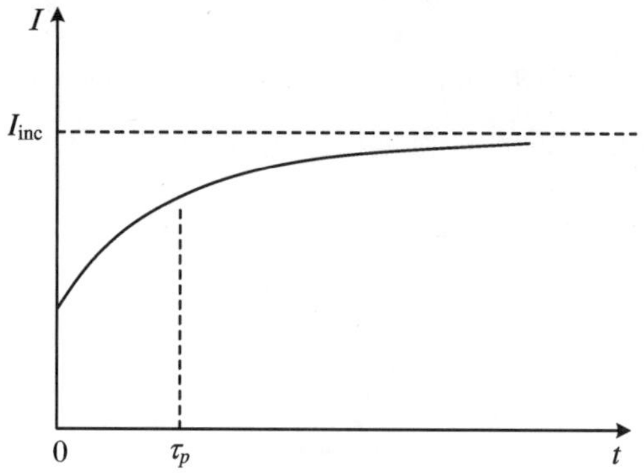

图 2.B.10 对于 σ_+ 偏振光在 $t=0$ 时刻入射一个有 $J_a=1/2 \leftrightarrow J_b=1/2$ 跃迁的原子蒸气,并与该跃迁共振的情况下,透射强度的演化

这个在初始吸收的蒸气,在几倍于光泵浦时间 τ_p 的一个时间尺度上变得透明.

在式(2.B.49)和式(2.B.50)所描述的稳态情况中,原子蒸气不再处于热平衡.而且此时总原子角动量 $\hat{J}$ 的平均值为 $+\hbar/2$:原子围绕 Oz 轴转动.因为所吸收的 σ_+ 光也有角动量,我们可以看到光泵浦是一个将角动量从光转移到原子的有效过程.

然而,任何弛豫过程都将会趋向于补偿基态子能级的布居数以及恢复热平衡.这反过来将导致光泵浦光的吸收再次出现.因此,如同上述光共振的技术,光泵浦可以用来研究弛豫过程,例如碰撞和磁场的影响.但是这里,我们关心基态上的而不是激发态上的弛豫.于是基态的无限辐射寿命就提供了一个重要的优势.例如,光泵浦法能用来以超过 10^{-11} T 的灵敏度测量磁场,或者通过利用预先被光泵浦,并且被病人吸入的氦气来完成

肺腔的磁共振成像.①

评注 (1) 光泵浦并不限于原子与圆偏振光的相互作用.实际上,可以表明对场的任何偏振以及任何 $J\to J-1$ 或 $J\to J$ 跃迁,都存在"暗态"或"囚禁态",它们并不与场发生相互作用,并且原子被光泵浦进入这些态.

(2) 光泵浦选择了一个给定的子能级,但它也能选择一个给定的二能级系统.例如我们考虑一个被 σ_+ 光激发的 $1/2\leftrightarrow 3/2$ 跃迁(图 2.B.11):现在这两个基态子能级 $m_a=-1/2$ 和 $m_a=+1/2$ 分别与激发态子能级 $m_b=+1/2$ 和 $m_b=+3/2$ 相连接.来自子能级 $m_b=+3/2$ 的荧光只能产生 σ_+ 光子,以及将原子转移回基态子能级 $m_a=+1/2$.

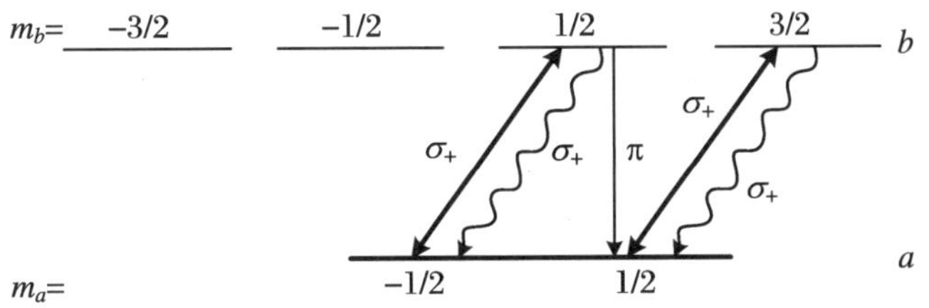

图 2.B.11 被 σ_+ 圆偏振光激发的一个 $J_a=1/2\leftrightarrow J_b=3/2$ 跃迁的光泵浦

基态 $m_a=-1/2$ 子能级在几个泵浦周期后粒子数减少,所有原子只经历这两个子能级 $m_a=+1/2\leftrightarrow m_b=+3/2$ 之间的跃迁(双箭头相当于吸收和受激辐射,单箭头相当于自发辐射).

因此在这二能级子空间($m_a=+1/2$,$m_b=+3/2$)中的原子无法逃脱,但是在基态和激发态其他子能级上的原子可以通过激发和自发辐射转移到这个子空间上.在泵浦过程结束时,所有原子就因此都位于这个子空间,表现为一个理想的二能级系统.

(3) 实际上,基态塞曼子能级的稳态布居是由于光泵浦效应与弛豫过程效应之间的平衡引起的,光泵浦趋向于迫使一个布居平衡远离热平衡,而弛豫过程,比如碰撞,趋向于恢复这个平衡.因此,稳态布居数以及泵浦光的传输以一种复杂的形式,依赖于后者的强度(式(2.B.49)和式(2.B.50)给出的渐近值只有在无限入射强度情况时才能得到).在许多非线性光学现象中都利用到了这个性质(见补充材料 7.B,特别是在 7.B.1.2 小节中,我们计算了对于 $J_a=1/2\leftrightarrow J_b=1/2$ 跃迁,折射率随入射光强度的变化).

2.B.3.2 光泵浦的速率方程

对于受光泵浦光影响的原子蒸气,其基态子能级的稳态布居数可以由一组速率方程

① Beardsley T. Seeing the breath of life [J]. Scientific American, 1999, 280 (6): 33-34.

的解得到，这些方程描述了这些布居数由于吸收和自发辐射过程而产生的演变.[①]下文中我们将以一个具体的例子来说明这个过程.

我们选择在基态 $|a\rangle(J_a=1)$ 与激发态 $|b\rangle(J_b=2)$ 之间发生跃迁的一个原子蒸气作为例子(图 2.B.12).我们将确定，当该蒸气被固定偏振的光照射时，基态子能级之间布居数的稳态分布.如果光强度较低，则基态子能级布居数的演变可以用类似于 2.6.2 小节中的一系列速率方程来描述.这将从下面的步骤中得到.

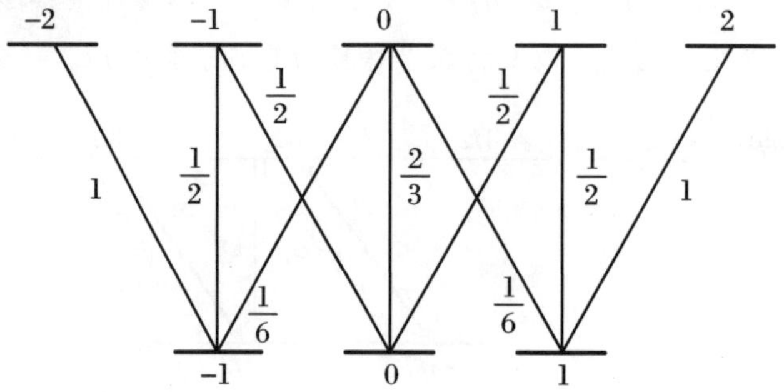

图 2.B.12　对于一个 $J_a=1\leftrightarrow J_b=2$ 跃迁，塞曼子能级之间的跃迁的相对强度 C_{ij} (见式(2.B.51))

首先，对于 $a\leftrightarrow b$ 跃迁，我们定义一个矩阵(Γ_{ij})，它描绘了由来自基态的一个子能级和来自激发态的一个子能级组成的所有可能子能级对之间的耦合强度.以 $J_a=1\leftrightarrow J_b=2$ 跃迁为例，这个矩阵的形式如下：

$$(\Gamma_{ij})=\Gamma_{sp}(C_{ij})=\Gamma_{sp}\begin{bmatrix}1 & \frac{1}{2} & \frac{1}{6} & 0 & 0\\ 0 & \frac{1}{2} & \frac{2}{3} & \frac{1}{2} & 0\\ 0 & 0 & \frac{1}{6} & \frac{1}{2} & 1\end{bmatrix} \tag{2.B.51}$$

它的列是激发态的五个子能级，$m_b=-2,\cdots,+2$，同时它的行表示基态的子能级，$m_b=-1,\cdots,+1$.在这个表达式中，Γ_{sp} 是激发态辐射寿命的倒数，而系数 C_{ij} 可以用维格纳-埃卡特定理来求值，这个系数概括了选择定则(实际上，C_{ij} 正好是这个跃迁的克莱布斯-戈登(Clebsch-Gordan)系数的平方.这些系数如图 2.B.12 所示.

每一个系数 Γ_{ij} 给出了从一个激发子能级 m_b 到一个特定基态子能级 m_a 的自发退

① 精确处理需要光学布洛赫方程的解(对照补充材料 2.C).事实上，可以证明速率方程在宽带激励极限下，以及相关原子相干性的弛豫速率远大于布居数的弛豫速率的极限下是有效的.

激发率. 在这种到 $J_b = J_a + 1$ 跃迁的特定情况中,对于两端的激发态子能级($m_b = \pm 2$),2.B.1 小节的选择定则只允许它们衰减到唯一的一个基态子能级. 另一方面,$m_b = 0$子能级则可以以 2/3 的概率退激到 $m_a = 0$ 子能级(π 跃迁),以 1/6 的概率退激到 $m_a = \pm 1$ 子能级. 子能级 j 对于几个可能选择的衰变路线,其总的去激发速率为单个速率 Γ_{ij} 之和. 可以很容易由式(2.B.51)来证明,即

$$\sum_{i=1}^{3} \Gamma_{ij} = \Gamma_{sp} \tag{2.B.52}$$

所以一个给定的激发态的子能级全部有相同的(总体的)辐射寿命.

系数 Γ_{ij} 也能使我们计算原子在一个入射光波影响下,从每一个基态子能级离开的速率. 我们可以定义一个总体泵浦速率:

$$\Gamma_{p} = s \frac{\Gamma_{sp}}{2} \tag{2.B.53}$$

这个公式成立的条件是方程(2.162)中引入的饱和参量

$$s = \frac{I}{I_{sat}} \frac{1}{1 + 4(\delta^2 / \Gamma_{sp}^2)} \tag{2.B.54}$$

远小于 1,或者等价地,$\Gamma_p \ll \Gamma_{sp}$. 当入射波强度 I 远小于饱和强度 I_{sat} 时会出现这种情况,而饱和强度通常为几毫瓦每平方厘米量级.

现在假定入射光的偏振引起子能级 i 和 j 的耦合. 于是由 i 到 j 的跃迁速率就为

$$(\Gamma_p)_{ij} = \Gamma_p C_{ij} \tag{2.B.55}$$

因为系数 C_{ij} 给出了从激发子能级的衰变速率(对照式(2.B.51)),结合式(2.B.51)和式(2.B.55),我们能够得到基态子能级对之间布居数的转移速率. 例如,由于一个光波引起的子能级 $|a_i\rangle$ 和 $|b_i\rangle$ 的耦合,$|a_i\rangle$ 和 $|a_{i'}\rangle$ 之间布居数的转移速率就为

$$(\Gamma_p)_{ii'} = \Gamma_p C_{ij} C_{i'j} \tag{2.B.56}$$

类似地,我们可以写出所有这样的基态子能级对之间布居数转移速率的表达式. 假定一个给定子能级布居数的变化速率就是从其他子能级转移来的布居数减去转移到其他子能级的布居数之差,我们就可以得到描述全部基态子能级的布居数演化的一组方程. 举例来说,我们下面将给出对于由沿 Oz 的线性偏振光引起的激发(在图 2.B.12 中用垂线表示)的这些方程. 利用式(2.B.51)的系数,可以得到下列描述基态子能级演化的方程:

$$\frac{1}{\Gamma_p} \frac{d}{dt}(\pi_{-1}) = - \pi_{-1} C_{-1-1} C_{0-1} + \pi_0 C_{00} C_{-10} \tag{2.B.57}$$

$$\frac{1}{\Gamma_{\mathrm{p}}}\frac{\mathrm{d}}{\mathrm{d}t}(\pi_0) = -\pi_0 C_{00}(C_{-10}+C_{10}) + \pi_{-1}C_{-1-1}C_{0-1} + \pi_1 C_{11}C_{01} \quad (2.\mathrm{B}.58)$$

$$\frac{1}{\Gamma_{\mathrm{p}}}\frac{\mathrm{d}}{\mathrm{d}t}(\pi_1) = -\pi_1 C_{11}C_{01} + \pi_0 C_{00}C_{10} \quad (2.\mathrm{B}.59)$$

代入式(2.B.51)中系数 C_{ij} 的数值,上述方程变为

$$\frac{1}{\Gamma_{\mathrm{p}}}\frac{\mathrm{d}}{\mathrm{d}t}(\pi_{-1}) = -\frac{1}{4}\pi_{-1} + \frac{1}{9}\pi_0 \quad (2.\mathrm{B}.60)$$

$$\frac{1}{\Gamma_{\mathrm{p}}}\frac{\mathrm{d}}{\mathrm{d}t}(\pi_0) = -\frac{2}{9}\pi_0 + \frac{1}{4}\pi_{-1} + \frac{1}{4}\pi_1 \quad (2.\mathrm{B}.61)$$

$$\frac{1}{\Gamma_{\mathrm{p}}}\frac{\mathrm{d}}{\mathrm{d}t}(\pi_1) = -\frac{1}{4}\pi_1 + \frac{1}{9}\pi_0 \quad (2.\mathrm{B}.62)$$

这些方程很容易解出,只要给定初始条件以及总布居数为 1 这个约束:

$$\pi_{-1} + \pi_0 + \pi_1 = 1 \quad (2.\mathrm{B}.63)$$

令方程(2.B.60)～(2.B.62)的左边等于 0,可以直接得到稳态解,我们有

$$\pi_{-1}(\infty) = \pi_1(\infty) = \frac{4}{17} \quad (2.\mathrm{B}.64)$$

$$\pi_0(\infty) = \frac{9}{17} \quad (2.\mathrm{B}.65)$$

瞬态的求解也并不困难.布居数可以由指数衰减项之和给出,这些项中时间倒数型常数通过将式(2.B.60)～式(2.B.62)中等号右边项相关的矩阵对角化得到:

$$\begin{bmatrix} -\frac{1}{4} & \frac{1}{9} & 0 \\ \frac{1}{4} & -\frac{2}{9} & \frac{1}{4} \\ 0 & \frac{1}{9} & -\frac{1}{4} \end{bmatrix} \quad (2.\mathrm{B}.66)$$

即给出

$$\Gamma' = 0,\quad \Gamma'' = 0.10\Gamma_{\mathrm{p}},\quad \Gamma''' = 0.63\Gamma_{\mathrm{p}} \quad (2.\mathrm{B}.67)$$

一个零本征值的存在反映了一个守恒量的存在,在当前情况下即为基态子能级的布居数之和(方程(2.B.63)).

在上述例子中,我们展示了如何使用一组速率方程计算基态子能级布居数的时间演化.这个过程经过适当推广后可以应用在很多情况中.

评注 (1) 这些速率方程有效的条件是，入射波的偏振使得每个基态子能级最多与激发态中的一个子能级耦合. 此外，还要求泵浦光的强度不可以使跃迁达到饱和.

(2) 从上述处理中可以明显看出，如果 I 小于 I_{sat}，控制基态子能级布居数演化的特征时间可以远长于激发态的衰变时间 Γ_{sp}. 这具有重要的影响.

(3) 如果写出对于图 2.B.11 所示情况的速率方程，可以发现 $\pi_{-1/2}(\infty)=0$，这与我们直观的结论一致. 类似地，在图 2.B.12 所示 $J_a=1\to J_b=2$ 情况中，一束 σ_+ 偏振光会将所有布居转移到 $m_a=+1$ 子能级，可以预期我们将得到 $\pi_1(\infty)=1$ 这样的解. 在这样的情况中，稳态解经常无需数学处理就可以推断出来.

(4) 在许多情况中，决定原子样品宏观特性的那些量并不是塞曼子能级的布居数，而是一些平均量，例如

$$\frac{\langle \hat{J}_z \rangle}{\hbar}=\sum_{m_a} m_a \pi_{m_a} \tag{2.B.68}$$

这称为**取向**，或者

$$\frac{\langle \hat{J}_z^2 \rangle}{\hbar^2}-\frac{1}{3}\frac{\langle \hat{J}^2 \rangle}{\hbar^2}=\sum_{m_a} m_a^2 \pi_{m_a}-\frac{J_a(J_a+1)}{3} \tag{2.B.69}$$

称之为**校准**. 在没有光泵浦的情况下，当所有塞曼子能级被相等地填充时，取向和校准都为 0；系统为球对称的. 它们具有非零值，这破坏了这个球对称，并且是光泵浦发生的一个信号.

补充材料 2.C 密度矩阵与光学布洛赫方程

第 2 章以及后续章节的讨论都以系统态矢量的形式为基础，该系统的演化用薛定谔方程来描述. 实际上，这种方法非常不适合原子与其所处环境之间的耦合无法忽略的情况(例如，通过碰撞与其他原子的耦合，或自发辐射到一个空的电磁场模式). 如果我们不关心由原子与其所处环境之间的这些相互作用引起的关联，而只对原子的演化感兴趣，就必须采用密度矩阵的形式体系. **密度矩阵**提供了在任何时候对原子状态的描述，尽管无法单独定义原子的纯态态矢量. 在这种形式下，环境对原子的影响通过在密度矩阵的演化方程中引入适当的弛豫项(2.C.1 小节)来说明. 密度矩阵的一个重要应用是二能级原子系统的情况，其弛豫项导致一个到低能级的退激发. 我们将会说明，在这种情况(二

能级系统)下,密度矩阵可以用一个矢量表示,该矢量称为**布洛赫矢量**,它将使我们能够给出系统演化的简单几何图像.

在 2.C.2 小节中,我们将说明在第 1 章中介绍的微扰论如何能推广到用以描述密度矩阵的演化.我们以这种方式分析了一个原子与一个弱电磁场的相互作用,并且因此得到了原子蒸气线性极化率的表达式.还有另一种情况,密度矩阵演化的方程具有简单的解析结果:只有两个能级在原子与入射辐射的相互作用中起作用.于是密度矩阵的演化就可以用一个方程组来描述,这个方程组称为**光学布洛赫方程**(2.C.3 小节),即使辐射十分强烈,也可以精确确定其稳态解.这些方程使得我们能描述大量物理现象.在2.C.4 小节中,我们将介绍布洛赫矢量,它是首先在核磁共振中引入的二能级系统演化的几何表示,但现在在量子光学中广泛使用.最后,我们将在 2.C.5 小节中讨论 2.6 节中介绍的布居数速率方程和光学布洛赫方程之间的关系.

2.C.1 波函数与密度矩阵

2.C.1.1 孤立系统和耦合系统

有一个孤立系统,在 $t=0$ 时刻其态为$|\psi_0\rangle$,该系统的演化通过薛定谔方程来描述:

$$i\hbar\frac{d}{dt}|\psi(t)\rangle=\hat{H}|\psi(t)\rangle \tag{2.C.1}$$

初始条件为

$$|\psi(0)\rangle=|\psi_0\rangle \tag{2.C.2}$$

如果这个系统包含两个子系统 A 和 B,这两个子系统在 $t=0$ 时刻分别处于态$|\psi_A\rangle$和$|\psi_B\rangle$,在初始条件$|\psi_A\rangle\otimes|\psi_B\rangle$下薛定谔方程的解会导致一个纠缠态$|\psi(t)\rangle$,它不能分解为这两个子系统各自状态的乘积:

$$|\psi(t)\rangle\neq|\psi_A(t)\rangle\otimes|\psi_B(t)\rangle$$

这是因为子系统 A 和 B 的相互作用在它们之间产生了量子关联,即使系统间的相互作用终止,这个关联也将保持.那么如果想要研究子系统 A 与第三个系统 C 之间的相互作用,就不能将 A 和 C 组成的系统的初态写成$|\psi_A'\rangle\otimes|\psi_C\rangle$形式.严格来说,必须利用关于子系统 A,B 和 C 的态的张量积空间.当系统 A 相继以这种方式与一系列系统 B,C,D,…,X 相互作用时,显然必须考虑的张量积空间将快速增加,因为由此产生的量子关联在

连续的相互作用上不断累积. 因此,单个原子 A 经受每隔几微秒就与一个其他原子碰撞,在一秒结束时,其波函数必须考虑在这个时间内所遭遇的百万个左右原子的状态. 任何试图用一个态矢量来描述这个系统的状态的努力都将很快变得行不通.

2.C.1.2 密度矩阵表示

实际上,对于大多数问题,一个系统与其环境的总体波函数所包含的信息,超过了预测只施加于这个系统的一个测量的结果所需要的信息. 通常描述平均效应已经足够,而不需要描述所有和每一个相互作用的效应. 这种方法需要利用密度算符 $\hat{\sigma}$ 而不是态矢量来描述系统. 我们将在下文中简单地介绍这个算符的一些重要性质. [①]

在系统 A 的状态可以用态矢量 $|\psi_A\rangle$ 表示的情况(我们称这种情况为一个**纯态**)中,相应的密度算符为投影算符,

$$\hat{\sigma} = |\psi_A\rangle\langle\psi_A| \tag{2.C.3}$$

一般来说,$\hat{\sigma}$ 是一个作用在 A 的态矢量所张成的希尔伯特空间上的算符. 在一个给定基下,它可以表示成一个矩阵的形式,通常同样称为密度矩阵. 在下文中,我们将交替互换地使用密度算符和密度矩阵这两个术语.

发现系统处于某一个态 $|i\rangle$ 的概率等于 $\sigma_{ii} = \langle i|\hat{\sigma}|i\rangle$(对于纯态来说,这显然是正确的). 发现系统处于所有可能的基矢态中的概率为 1. 由此可得

$$\mathrm{Tr}\hat{\sigma} = \sum_i \sigma_{ii} = 1 \tag{2.C.4}$$

对角元 σ_{ii} 叫作态 $|i\rangle$ 的**布居**.

对于一个纯态,很容易证明用一个算符 $\hat{O}$ 表示的可观测量的平均值为

$$\langle\hat{O}\rangle = \mathrm{Tr}(\hat{\sigma}\hat{O}) \tag{2.C.5}$$

这在一般情况下也是正确的.

对处于一个纯态的孤立系统 A,其密度算符的演化可以由薛定谔方程(2.C.1)推出. 它可由下面的方程来描述:

$$\frac{\mathrm{d}\hat{\sigma}}{\mathrm{d}t} = \frac{1}{\mathrm{i}\hbar}[\hat{H}, \hat{\sigma}] \tag{2.C.6}$$

该式包含系统哈密顿量与密度算符的对易子. 对于纯态这同样容易证明,并且对初始用密度算符描述的任意系统都是有效的,不论它保持孤立还是与其他系统相互作用,只要

① 对于密度矩阵的更详细的描述见 CDG Ⅰ第 3 章和补充材料 E.

这些相互作用可以用哈密顿量来描述.

在初始系统无法完全确定并且不能用单一态矢量来描述的情况中,密度矩阵形式就变得特别有用.如果只知道制备系统到态$|\psi_i\rangle$的概率为p_i,就可以定义下面“统计的”密度矩阵:

$$\hat{\sigma} = \sum_i p_i |\psi_i\rangle\langle\psi_i| \tag{2.C.7}$$

这不再是一个投影算符,而称之为**统计混合态**.在这种情况下,平均值和系统演化的表达式(2.C.5)和(2.C.6)仍然是有效的.

另外,如果系统A在任意瞬间受到一系列其他系统$B,C,\cdots,X$的短暂轻微碰撞[①],这些碰撞的平均效应可以通过增加一个弛豫算子到方程(2.C.6)来表示.这个涉及粒子数项σ_{ii}的弛豫项为

$$\left\{\frac{\mathrm{d}}{\mathrm{d}t}\sigma_{ii}\right\}_{\mathrm{rel}} = -\left(\sum_{j\neq i}\Gamma_{i\to j}\right)\sigma_{ii} + \sum_{j\neq i}\Gamma_{j\to i}\sigma_{jj} \tag{2.C.8}$$

这个方程表达了这样一个事实,即态$|i\rangle$的布居σ_{ii}随到其他态$|j\rangle$的跃迁而减少,随来自其他态的跃迁而增加.

对于密度矩阵σ_{ij}的非对角元(称为**相干项**,因为它们依赖于系统波函数$|i\rangle$和$|j\rangle$分量的相对相位),弛豫项可以写为

$$\left\{\frac{\mathrm{d}}{\mathrm{d}t}\sigma_{ij}\right\}_{\mathrm{rel}} = -\gamma_{ij}\sigma_{ij} \tag{2.C.9}$$

注意到如果系数$\Gamma_{i\to j}$是实数(且为正值),则系数γ_{ij}可以是复数(但条件是$\gamma_{ij}=\gamma_{ji}^*$).如果支配系统$A$及其环境相互作用的哈密顿量是已知的,那么系数$\Gamma_{i\to j}$和$\gamma_{ij}$就可以计算出来.这里我们并不关心它们的值,而只是唯象地来考虑它们.

评注 描述相干项弛豫的方程(2.C.9)隐含地假定系统的所有玻尔频率都是不同的.在两个或更多个玻尔频率相同的情况中,需要增加将与式(2.C.9)具有相同频率的各相干项(即非对角元)进行耦合的项.当哈密顿量的对称性导致若干波尔频率精确相等时,这些将相干性在成对的状态之间进行转移的项将变得非常重要.一个显著的例子就是谐振子,其中由弛豫方程所导致的相干性转移在动力学中起到至关重要的作用.[②]

---

① 要了解更多的弛豫过程,比如见 CDG Ⅱ 第 4 章.特别是,如果系统在一个单一碰撞期间演化很少,就可以得到具有形式(2.C.8)和(2.C.9)的方程.

② 见 CDG Ⅱ 补充材料 $\mathrm{B_{IV}}$.

2.C.1.3 二能级系统

许多物理情况都可以用一个理想的二能级量子系统来表示.[①]因此能够描绘这样的一个系统的弛豫是十分重要的.在下文中,我们将首先描述一个闭合系统的情况,相当于这两个能级中的低能级是稳定的情况(例如基态),然后描述一个开放系统的情况,其两个能级都可能是不稳定的(激发的)能级.

1. 闭合系统

考虑一个二能级原子,其低能级和高能级分别表示为 a 和 b(图 2.C.1).如果从高能级到低能级的自发辐射是弛豫的唯一来源(见第 2 章的唯象描述,或者第 6 章的定量描述),方程(2.C.8)和(2.C.9)将分别变为

$$\left\{\frac{\mathrm{d}}{\mathrm{d}t}\sigma_{bb}\right\}_{\mathrm{rel}} = -\Gamma_{\mathrm{sp}}\sigma_{bb} \tag{2.C.10}$$

$$\left\{\frac{\mathrm{d}}{\mathrm{d}t}\sigma_{aa}\right\}_{\mathrm{rel}} = \Gamma_{\mathrm{sp}}\sigma_{bb} \tag{2.C.11}$$

其中 $\Gamma_{\mathrm{sp}}^{-1}$ 为高能级的辐射寿命.方程(2.C.10)描述了激发态的布居数按速率 $\Gamma_{\mathrm{sp}}^{-1}$ 指数衰减.另外,方程(2.C.11)则表明任何离开态 b 的原子最后都到了态 a.就弛豫效应而言,这个二能级系统是闭合的.

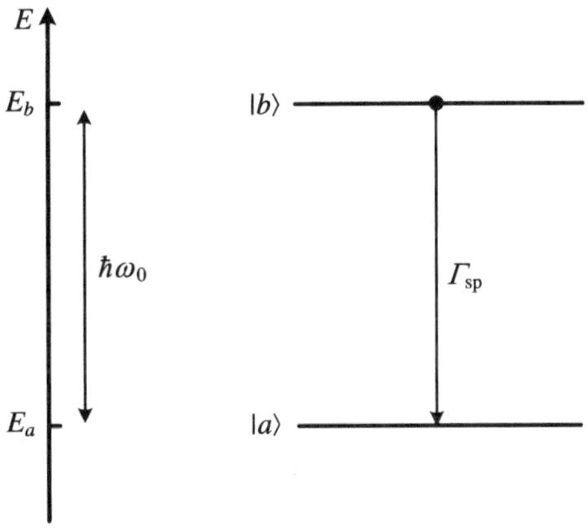

图 2.C.1 一个闭合的二能级系统

高能级 b 的弛豫必定会到低能级 a.这两个能级的布居数之和是恒定的.

① Feynman R P, Leighton R B, Sands M. Lectures on Physics: Vol. Ⅲ[M]. Addison-Wesley, 2005: Chapter 11.

相干项 σ_{ba} 的弛豫由下式描述：

$$\left\{\frac{\mathrm{d}\sigma_{ba}}{\mathrm{d}t}\right\}_{\mathrm{rel}} = -\gamma\sigma_{ba} \tag{2.C.12}$$

其中当弛豫完全是自发辐射的结果时，$\gamma = \Gamma_{\mathrm{sp}}/2$.

评注 (1) 上述系统是适合用密度矩阵来处理的最好例子.要描述包括二能级原子和所发射光子的总体系统，将需要包含原子和电磁场自由度的一个很大的态空间(见第6章).事实上，方程(2.C.10)和(2.C.11)是对这个辐射场相关的变量求迹得到的，求迹后的方程只涉及两个态(原子有效状态的数目)的一个空间.由这种处理方法产生的一个问题是：它绕过了在原子和自发辐射光子之间出现的关联.

(2) 自发辐射通常不是弛豫的唯一原因.我们先前已经提到了一个其他来源，即原子间的碰撞.考虑一个与扰动原子气发生相互作用的二能级原子系统.与扰动气体的碰撞能引起这个二能级原子在两个方向上的跃迁：从 b 到 a(**碰撞猝熄**)以及从 a 到 b(**碰撞激发**)，但是这些过程与自发辐射相比通常是可忽略的，所以总体来说，布居数的弛豫可以用方程(2.C.10)和(2.C.11)正确描述.另外，在碰撞过程中，原子与干扰物之间的相互作用势所引起的原子玻尔频率 ω_0 的时间变化，会使相干项(非对角元)的演化受到碰撞强烈的扰动.这些**退相位碰撞**会导致相干项的弛豫速率增加为

$$\gamma = \frac{\Gamma_{\mathrm{sp}}}{2} + \gamma_{\mathrm{coll}} \tag{2.C.13}$$

其中第一项 Γ_{sp}是由自发辐射引起的速率，γ_{coll}则与碰撞弛豫相关.后一项与每单位体积干扰原子的数目和它们的速度 v 成正比：

$$\gamma_{\mathrm{coll}} = \frac{N}{V}\sigma_{\mathrm{coll}}\,v \tag{2.C.14}$$

对于一个给定的原子间作用势，退相位碰撞的横截面 σ_{coll}(不要与密度矩阵元相混淆)只依赖于温度，因此碰撞弛豫的速率正比于给定温度下的压强.

2. 开放系统

现在假定 a 和 b 能级都是原子的激发态，a 是两者中能量较低的(图 2.C.2).这个系统中布居数的弛豫可以表示为

$$\left\{\frac{\mathrm{d}}{\mathrm{d}t}\sigma_{bb}\right\}_{\mathrm{rel}} = -\Gamma_b\sigma_{bb} - \Gamma_{b\to a}\sigma_{bb} \tag{2.C.15}$$

$$\left\{\frac{\mathrm{d}}{\mathrm{d}t}\sigma_{aa}\right\}_{\mathrm{rel}} = -\Gamma_a\sigma_{aa} + \Gamma_{b\to a}\sigma_{bb} \tag{2.C.16}$$

在这些方程中，Γ_a^{-1} 和 Γ_b^{-1} 表示到外部态的弛豫速率，$\Gamma_{b\to a}$ 为能级 b 到能级 a 的弛豫速率（可以由自发辐射引起）. 相干项 σ_{ba} 的演化则为

$$\left\{\frac{\mathrm{d}}{\mathrm{d}t}\sigma_{ba}\right\}_{\mathrm{rel}} = -\gamma\sigma_{ba} \tag{2.C.17}$$

其中，在弛豫唯一地由自发辐射引起的情况中，有

$$\gamma = \gamma_{\mathrm{sp}} = \frac{\Gamma_b^{\mathrm{sp}}}{2} + \frac{\Gamma_a^{\mathrm{sp}}}{2} \tag{2.C.18}$$

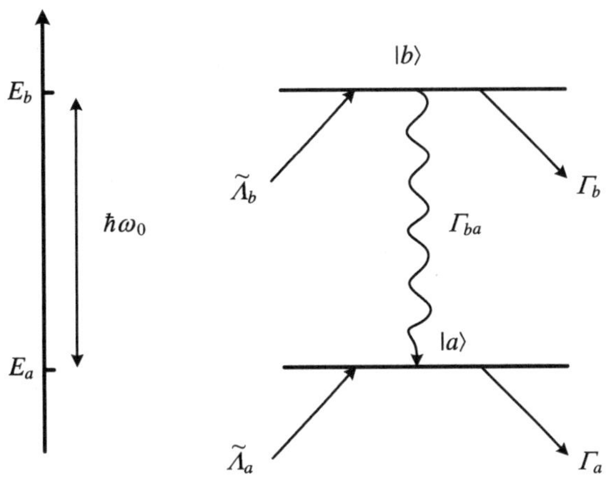

图 2.C.2　一个开放的二能级系统

能级 a 和 b 可以退激到一个或几个更低能级（没有显示）. 同样，它们的布居数都能由一个外部机制供给. 这两个布居数之和不再是恒定的.

方程(2.C.10)和(2.C.11)所描述的情况与条件 $\mathrm{Tr}\,\hat{\sigma}=1$ 一致，所以这个二能级系统的总布居数是守恒的. 与此相反，方程(2.C.15)和(2.C.16)会导致总体布居数随时间减少. 因此这样的系统只能是一个更大整体的子系统，这个整体就称为“开放系统”. 于是我们就可以认为激发态 a 和 b 能够退激到一个更低能态 f，通过一个外部泵浦机制可以从 f 重新激发. 实际中，可以由电子轰击、外源共振光或者许多其他过程产生泵浦，下面我们假设泵浦用下列方程来描述：

$$\left\{\frac{\mathrm{d}}{\mathrm{d}t}\sigma_{bb}\right\}_{\mathrm{feed}} = \tilde{\Lambda}_b\sigma_{ff} \tag{2.C.19}$$

$$\left\{\frac{\mathrm{d}}{\mathrm{d}t}\sigma_{aa}\right\}_{\mathrm{feed}} = \tilde{\Lambda}_a\sigma_{ff} \tag{2.C.20}$$

通常,泵浦速率 $\widetilde{\Lambda}_a$ 和 $\widetilde{\Lambda}_b$ 分别小于 Γ_a 和 Γ_b,所以激发态上的布居数仍然小于基态上的.①因而我们有 $\sigma_{ff}\approx 1$,也就是说,方程(2.C.19)和(2.C.20)可以很好地近似为

$$\left\{\frac{\mathrm{d}}{\mathrm{d}t}\sigma_{bb}\right\}_{\mathrm{feed}}\approx\widetilde{\Lambda}_b \tag{2.C.21}$$

$$\left\{\frac{\mathrm{d}}{\mathrm{d}t}\sigma_{aa}\right\}_{\mathrm{feed}}\approx\widetilde{\Lambda}_a \tag{2.C.22}$$

激发能级布居数的泵浦一般不会在不同电子态之间引起非零的相干项,所以对于 σ_{ba} 没有类似的泵浦需要考虑.

评注 (1) 尽管与 2.2 节和 2.3 节使用的模型有相似之处,但这里所考虑的系统在很多方面都有所不同.例如,这两个能级的弛豫速率不再相等,而且我们这里考虑的是态 b 到态 a 的内部弛豫的可能性.在这个更一般的情况中,光学布洛赫方程的使用是必不可少的.

(2) 显然,闭合二能级系统只是开放系统的一个特例.只需要令到外部态和来自外部态的弛豫以及泵浦速率为零.

2.C.2 微扰理论

2.C.2.1 密度矩阵演化的迭代解

1. 问题介绍

本小节的任务是将第 1 章中介绍的应用于态矢演化的时间依赖微扰方法推广到密度矩阵形式体系中.与第 1 章一样,我们假定哈密顿量可以分解为一个不依赖时间并且本征态和本征能量为 $|n\rangle$ 和 E_n 的主项 $\hat{H}_0$,以及一个微扰项 $\hat{H}_1(t)$.与第 1 章类似,为了使微扰中密度矩阵的级数解按照递增次序呈现得更清晰,我们必须将哈密顿量的微扰部分在形式上改写为 $\lambda\hat{H}_1'(t)$,实参数 λ 小于 1,同时 $\hat{H}_1'(t)$ 应该与 $\hat{H}_0$ 有相同的数量级.代替纯态薛定谔方程来描述密度矩阵演化的方程为如下形式:

$$\frac{\mathrm{d}\hat{\sigma}}{\mathrm{d}t}=\frac{1}{\mathrm{i}\hbar}[\hat{H}_0+\hat{H}_1(t),\hat{\sigma}]+\left\{\frac{\mathrm{d}\hat{\sigma}}{\mathrm{d}t}\right\} \tag{2.C.23}$$

① 这里所介绍的泵浦速率 $\widetilde{\Lambda}_a$ 和 $\widetilde{\Lambda}_b$ 涉及一个单一原子.它们通过 $\Lambda_i=N\widetilde{\Lambda}_i$ 与在第 2 章中使用的 N 个原子的一个集合的泵浦速率相联系.

右边第一项是对易子(2.C.6),描述演化的哈密顿量部分.第二项$\left\{\frac{\mathrm{d}\hat{\sigma}}{\mathrm{d}t}\right\}$是涉及布居数和相干项的弛豫和泵浦的诸项之和.接着我们将 $\hat{H}_1(t)=\lambda\hat{H}_1'(t)$代入方程(2.C.23),得到

$$\frac{\mathrm{d}\hat{\sigma}}{\mathrm{d}t}=\frac{1}{\mathrm{i}\hbar}[\hat{H}_0,\hat{\sigma}]+\left\{\frac{\mathrm{d}\hat{\sigma}}{\mathrm{d}t}\right\}+\frac{\lambda}{\mathrm{i}\hbar}[\hat{H}_1'(t),\hat{\sigma}]\tag{2.C.24}$$

另外,将密度矩阵展开成关于 λ 的一个幂级数:

$$\hat{\sigma}=\hat{\sigma}^{(0)}+\lambda\hat{\sigma}^{(1)}+\lambda^2\hat{\sigma}^{(2)}+\cdots\tag{2.C.25}$$

上式概括了 1.2 节的过程.将式(2.C.25)代入式(2.C.24),并将 λ 相同级的项整合在一起,我们得到:

- 到 0 阶

$$\frac{\mathrm{d}\hat{\sigma}^{(0)}}{\mathrm{d}t}-\frac{1}{\mathrm{i}\hbar}[\hat{H}_0,\hat{\sigma}^{(0)}]-\left\{\frac{\mathrm{d}\hat{\sigma}^{(0)}}{\mathrm{d}t}\right\}=0\tag{2.C.26}$$

- 到 1 阶

$$\frac{\mathrm{d}\hat{\sigma}^{(1)}}{\mathrm{d}t}-\frac{1}{\mathrm{i}\hbar}[\hat{H}_0,\hat{\sigma}^{(1)}]-\left\{\frac{\mathrm{d}\hat{\sigma}^{(1)}}{\mathrm{d}t}\right\}=\frac{1}{\mathrm{i}\hbar}[\hat{H}_1'(t),\hat{\sigma}^{(0)}]\tag{2.C.27}$$

- 到 r 阶

$$\frac{\mathrm{d}\hat{\sigma}^{(r)}}{\mathrm{d}t}-\frac{1}{\mathrm{i}\hbar}[\hat{H}_0,\hat{\sigma}^{(r)}]-\left\{\frac{\mathrm{d}\hat{\sigma}^{(r)}}{\mathrm{d}t}\right\}=\frac{1}{\mathrm{i}\hbar}[\hat{H}_1'(t),\hat{\sigma}^{(r-1)}]\tag{2.C.28}$$

2. 0 阶解

到 λ 的 0 阶,并且根据 $\hat{H}_0$ 的本征态,由方程(2.C.26)能导出关于布居数 $\sigma_{jj}^{(0)}$ 的方程,与弛豫方程(2.C.8)相同.在没有微扰时,这些方程的稳态解给出了各种态的布居数.

另外,根据式(2.C.26)和式(2.C.9),相干项 $\sigma_{jk}^{(0)}$ 由下式给出:

$$\frac{\mathrm{d}}{\mathrm{d}t}\sigma_{jk}^{(0)}+\mathrm{i}\omega_{jk}\sigma_{jk}^{(0)}+\gamma_{jk}\sigma_{jk}^{(0)}=0\tag{2.C.29}$$

其中 $\omega_{jk}=(E_j-E_k)/\hbar$是跃迁 $j\rightarrow k$ 的玻尔频率.如果所有的相干性初始都为零($\sigma_{jk}^{(0)}(0)=0$),那么它们在以后的所有时间里都保持为零.如果它们初始不为零,它们将随时间常量$[\mathrm{Re}(\gamma_{jk})]^{-1}$衰减到零.

下文中我们假设 $\hat{\sigma}^{(0)}$ 在微扰 $\hat{H}_1(t)$施加前达到其稳态,所以 $\hat{\sigma}^{(0)}$ 仅有的非零项是(不依赖时间的)布居项 $\sigma_{jj}^{(0)}$.然后这个系统的初态就可以用这些布居数的值的集合来说明,

这些值我们假定是已知的.对于处于热平衡的一个系统,这些值是按玻尔兹曼分布来分布的.

3. 1阶解

我们首先把式(2.C.27)应用于布居数,并且取对角元,得到

$$\frac{\mathrm{d}\sigma_{jj}^{(1)}}{\mathrm{d}t} - \left\{\frac{\mathrm{d}\sigma_{jj}^{(1)}}{\mathrm{d}t}\right\} = \frac{1}{\mathrm{i}\hbar}\sum_{l}\left[\langle j \mid \hat{H}_1'(t) \mid l\rangle\sigma_{lj}^{(0)} - \sigma_{jl}^{(0)}\langle l \mid \hat{H}_1'(t) \mid j\rangle\right] \tag{2.C.30}$$

右边 $l=j$ 的项为零,因为此时它的两部分相互抵消.其他项也都消失,因为所有的0阶系数 $\sigma_{lj}^{(0)}$ 都为零.因此式(2.C.30)的右边全为0.于是式(2.C.30)的解就为

$$\sigma_{jj}^{(1)}(t) = 0 \tag{2.C.31}$$

对所有时间 t,精确到一阶时布居数不变.

现在考虑微扰中到同一阶的相干项.利用方程(2.C.27)和(2.C.9),以及零阶相干性为0,我们得到

$$\frac{\mathrm{d}}{\mathrm{d}t}\sigma_{jk}^{(1)} + \mathrm{i}\omega_{jk}\sigma_{jk}^{(1)} + \gamma_{jk}\sigma_{jk}^{(1)} = \frac{1}{\mathrm{i}\hbar}\langle j \mid \hat{H}_1'(t) \mid k\rangle(\sigma_{kk}^{(0)} - \sigma_{jj}^{(0)}) \tag{2.C.32}$$

满足初始条件 $\sigma_{jk}^{(1)}(t_0)=0$ 的该方程的解为

$$\sigma_{jk}^{(1)}(t) = \frac{\sigma_{kk}^{(0)} - \sigma_{jj}^{(0)}}{\mathrm{i}\hbar}\int_{t_0}^{t}\mathrm{e}^{-(\mathrm{i}\omega_{jk}+\gamma_{jk})(t-t')}\langle j \mid \hat{H}_1'(t') \mid k\rangle\mathrm{d}t' \tag{2.C.33}$$

回忆一下在微扰展开(2.C.25)中,1阶项为 $\lambda\hat{\sigma}^{(1)}$.由此可以得出对密度矩阵 $\hat{\sigma}^{(0)}$ 的一阶修正为

$$\lambda\sigma_{jj}^{(1)}(t) = 0 \tag{2.C.34}$$

以及

$$\lambda\sigma_{jk}^{(1)}(t) = \frac{\sigma_{kk}^{(0)} - \sigma_{jj}^{(0)}}{\mathrm{i}\hbar}\int_{t_0}^{t}\mathrm{e}^{-(\mathrm{i}\omega_{kk}+\gamma_{jk})(t-t')}\langle j \mid \hat{H}_1(t') \mid k\rangle\mathrm{d}t' \tag{2.C.35}$$

4. 高阶项

为了求展开式(2.C.25)中的高阶项,只需要对后续的 r 解方程(2.C.28).这样,二阶布居数和相干性就可以由一阶项得到,以类似的方式,三阶项可以由二阶项得到.

评注 在高于一阶的项中,相干性和布居数一般都是非零的.

2.C.2.2 原子与一个振荡场相互作用:线性响应的区域

1. 正弦扰动

本部分我们再次考虑一个原子(由一个不含时哈密顿量 $\hat{H}_0$ 描述)与一个电磁波的振荡电场相互作用.相互作用哈密顿量 $\hat{H}_1(t)$ 具有形式 $\hat{W}\cos\omega t$,其中 $\hat{W}=-\hat{\boldsymbol{D}}\cdot\hat{\boldsymbol{E}}_0$.将该形式代入式(2.C.35),在长时极限(即 $t-t_0\gg1/\gamma_{jk}$)下,我们得到

$$\lambda\sigma_{jk}^{(1)}(t)=\frac{\sigma_{kk}^{(0)}-\sigma_{jj}^{(0)}}{2\mathrm{i}\hbar}W_{jk}\left[\frac{\mathrm{e}^{-\mathrm{i}\omega t}}{\mathrm{i}(\omega_{jk}-\omega)+\gamma_{jk}}+\frac{\mathrm{e}^{\mathrm{i}\omega t}}{\mathrm{i}(\omega_{jk}+\omega)+\gamma_{jk}}\right]\tag{2.C.36}$$

对于准共振激发的情况(见第 1 章 1.2.4 小节),其中一个能量分母远小于另一个.在下文中,我们假设 ω_{jk} 为正值(能级 j 的能量高于能级 k),并且

$$|\omega_{jk}-\omega|\ll|\omega_{jk}+\omega|,\quad |\gamma_{jk}|\ll|\omega_{jk}+\omega|\tag{2.C.37}$$

那么可以忽略式(2.C.36)中的反共振项,于是就得到了简化形式:

$$\lambda\sigma_{jk}^{(1)}(t)\approx\frac{\sigma_{kk}^{(1)}-\sigma_{jj}^{(0)}}{2\mathrm{i}\hbar}W_{jk}\frac{\mathrm{e}^{-\mathrm{i}\omega t}}{\gamma_{jk}+\mathrm{i}(\omega_{jk}-\omega)}\tag{2.C.38}$$

至 $\boldsymbol{W}_{jk}$(正比于电场)的一阶,上式结果解释了原子的线性响应.

2. 原子电偶极子的平均值与线性极化率

由密度矩阵可以求原子电偶极子的平均值:

$$\langle\hat{\boldsymbol{D}}\rangle=\mathrm{Tr}(\hat{\sigma}\hat{\boldsymbol{D}})\tag{2.C.39}$$

对于一个孤立原子,对角矩阵元 $\boldsymbol{D}_{ii}$ 为 $\boldsymbol{0}$(由于在反转空间坐标下哈密顿量 $\hat{H}_0$ 的不变性,见补充材料 2.B),所以在展开式(2.C.39)中只出现相干项(即非对角元)σ_{jk}:

$$\langle\hat{\boldsymbol{D}}\rangle=\sum_{j,k}\sigma_{jk}\boldsymbol{D}_{kj}\tag{2.C.40}$$

由相干性微扰展开式的第一项为一阶这个事实,对于更低阶,原子电偶极子 $\langle\hat{\boldsymbol{D}}^{(1)}\rangle$ 将是作用场 $\boldsymbol{E}$ 的一个线性函数,即

$$\langle\hat{\boldsymbol{D}}^{(1)}\rangle=\sum_{j,k}\sigma_{jk}^{(1)}\boldsymbol{D}_{kj}\tag{2.C.41}$$

为简单起见,现在我们假设电场平行于 Oz,并且处于初态,即 $\sigma^{(0)}$,在转动下是不变的.根据明显的对称原因,原子偶极子也平行于 Oz.那么我们将丢掉矢量符号,记住下面

2

我们将考虑矢量的 z 分量.根据式(2.C.36)和式(2.C.41),通过重组 $\sigma_{jk}^{(1)}$ 中的项,我们得到(为简单起见,假定弛豫速率 γ_{jk} 为实数)

$$\langle D^{(1)}\rangle = \sum_{j>k}\frac{\sigma_{kk}^{(0)}-\sigma_{jj}^{(0)}}{\hbar}(-D_{jk}E)D_{kj}$$
$$\times\left\{\left[\frac{\omega-\omega_{jk}}{(\omega-\omega_{jk})^2+\gamma_{jk}^2}-\frac{\omega+\omega_{jk}}{(\omega+\omega_{jk})^2+\gamma_{jk}^2}\right]\cos\omega t\right.$$
$$\left.+\left[\frac{\gamma_{jk}}{(\omega+\omega_{jk})^2+\gamma_{jk}^2}-\frac{\gamma_{jk}}{(\omega-\omega_{jk})^2+\gamma_{jk}^2}\right]\sin\omega t\right\} \tag{2.C.42}$$

评注 (1) 在写方程(2.C.42)时,我们假设了速率 γ_{jk} 为实数.如果 γ_{jk} 有实部 γ'_{jk} 和虚部 $\mathrm{i}\gamma''_{jk}$,那么在式(2.C.42)中就必须用 γ'_{jk} 代替 γ_{jk},并用 $\omega_{jk}+\gamma''_{jk}$ 代替 ω_{jk}.因此通过引起弛豫的相互作用,共振在频率上发生了位移.

(2) 式(2.C.42)的形式基于这样的假设:无论失谐为多少,弛豫都由相同的系数 γ_{jk} 来描述.这意味着对于失谐的任何值,原子电偶极子的正交分量中有 $|\omega_{jk}-\omega|$ 的一个洛伦兹分布函数,这不是普遍成立的.通常,失谐量从共振到数倍于 γ_{jk} 大小附近,洛伦兹形式都是有效的,但对于足够大的失谐量洛伦兹形式就不再保持有效,其失效时失谐值的大小依赖于引起弛豫的机制.①

利用方程(2.173)~(2.175),可以按照极化率的实部 χ' 和虚部 χ'' 重写(2.C.42).我们用 N/V 表示每单位体积内的原子数目,用 $N_k^{(0)}=N\sigma_{kk}^{(0)}$ 表示在没有电磁场时处于态 $|k\rangle$ 的原子数目.在共振近似(作用于 $j\to k$ 跃迁)中,我们有

$$\chi' = \frac{N_k^{(0)}-N_j^{(0)}}{V}\frac{|D_{jk}|^2}{\varepsilon_0\hbar}\frac{(\omega_{jk}-\omega)}{(\omega_{jk}-\omega)^2+\gamma_{jk}^2} \tag{2.C.43}$$

$$\chi'' = \frac{N_k^{(0)}-N_j^{(0)}}{V}\frac{|D_{jk}|^2}{\varepsilon_0\hbar}\frac{\gamma_{jk}}{(\omega_{jk}-\omega)^2+\gamma_{jk}^2} \tag{2.C.44}$$

显然,方程(2.C.43)和(2.C.44)是公式(2.177)和(2.178)的推广.事实上,第 2 章的处理相当于上述情况的一个特例,即其中弛豫速率相同($\Gamma_j=\Gamma_k=\gamma_{jk}=\Gamma$),并且从态 $|j\rangle$ 到态 $|k\rangle$ 的弛豫速率是可忽略的($\Gamma_{j\to k}=0$).因此上面得到的形式比第 2 章所讨论的模型有更广泛的适用范围.如同我们将在下一章中看到的,布居数反转的发生(光放大器的工作基础)通常依赖于所涉及能级的弛豫速率的不同.因而上面的处理非常适用于这样一种情况的研究.

① 想要更多细节见 CDG Ⅱ补充材料 $\mathrm{B_{VI}}$.

3. 与经典理论相比较

在共振附近，上述结果式(2.C.43)和式(2.C.44)与从本章第一个补充材料中介绍的弹性束缚电子的经典模型得到的结果(见补充材料 2.A.4 小节)类似.

在远离共振处，我们必须回到式(2.C.42)，即要考虑所有可能的原子跃迁.在远离共振的情况中，γ_{jk} 远小于 $|\omega_{jk}-\omega|$ 和 $|\omega_{jk}+\omega|$，可以被忽略.于是极化率的虚部 χ'' 就可以忽略，而实部为

$$\chi' = \sum_{j>k} \frac{N_k^{(0)} - N_j^{(0)}}{V} \frac{|D_{jk}|^2}{\varepsilon_0 \hbar} \frac{2\omega_{jk}}{\omega_{jk}^2 - \omega^2} \tag{2.C.45}$$

这个结果可以按照补充材料 2.A 的表达式(2.A.57)介绍的无量纲量 f_{jk}(振子强度)重写，该量为

$$f_{kj} = \frac{2m\omega_{jk}}{\hbar q^2} |D_{jk}|^2 \tag{2.C.46}$$

这样，我们得到

$$\chi' = \sum_{j>k} \frac{N_k^{(0)} - N_j^{(0)}}{V} \frac{q^2}{m\varepsilon_0} \frac{f_{kj}}{\omega_{jk}^2 - \omega^2} \tag{2.C.47}$$

特别地，在常见的情况中，被明显布居的唯一能级是基态，这里我们用 $|a\rangle$ 来表示，我们可以用 0 替换所有的布居数 $N_j^{(0)}$，除了 $N_a^{(0)}$ 等于 N 外.那么就可以给出极化率为

$$\chi' = \sum_j \frac{N}{V} \frac{q^2}{m\varepsilon_0} \frac{f_{aj}}{\omega_{ja}^2 - \omega^2} \tag{2.C.48}$$

上述公式是用洛伦兹模型(见补充材料 2.A)得到的远离共振的表达式(2.A.53)的量子对应：

$$\chi'_{\text{cl}} = \frac{N}{V} \frac{q^2}{m\varepsilon_0} \frac{1}{\omega_0^2 - \omega^2} \tag{2.C.49}$$

公式(2.C.48)与(2.C.49)的相似性将更加显著，如果我们考虑振子强度遵守雷施-托马斯-库恩(Reiche-Thomas-Kuhn)求和规则：

$$\sum_j f_{aj} = 1 \tag{2.C.50}$$

于是，式(2.C.48)所描述的情况在某种意义上相当于经典振子有几个共振频率，并且每一个频率有一个相应的权重因子 f_{aj}.事实上，在量子力学出现之前，公式(2.C.48)和(2.

C.50)是基于经验论据引入的.新理论最初的成就之一就是能严格地证明它们的有效性.①

2.C.3 二能级原子的光学布洛赫方程

2.C.3.1 引言

我们考虑一个具有两能级 a 和 b 的原子与一个准共振电磁场发生相互作用的情况，目标是以非微扰的方式处理这个相互作用，如同我们在 2.3.2 小节中对无弛豫的情况所做的处理.这里我们将概述一下光学布洛赫方程，它给出了上述情况中密度矩阵的演化，并且是量子光学的一个基本工具.②

首先考虑从方程(2.C.6)中产生的哈密顿项.总哈密顿量 $\hat{H}$ 是原子哈密顿量 $\hat{H}_0=\hbar\omega_0|b\rangle\langle b|$(令能级 a 的能量为 0)和电偶极哈密顿量 $\hat{H}_\mathrm{I}(t)=-\hat{D}E_0\cos\omega t$ 之和.我们有

$$\frac{\mathrm{d}\sigma_{bb}}{\mathrm{d}t}=\mathrm{i}\Omega_1\cos\omega t(\sigma_{ba}-\sigma_{ab})\tag{2.C.51}$$

$$\frac{\mathrm{d}\sigma_{aa}}{\mathrm{d}t}=-\mathrm{i}\Omega_1\cos\omega t(\sigma_{ba}-\sigma_{ab})\tag{2.C.52}$$

$$\frac{\mathrm{d}\sigma_{ab}}{\mathrm{d}t}=\mathrm{i}\omega_0\sigma_{ab}-\mathrm{i}\Omega_1\cos\omega t(\sigma_{bb}-\sigma_{aa})\tag{2.C.53}$$

$$\frac{\mathrm{d}\sigma_{ba}}{\mathrm{d}t}=-\mathrm{i}\omega_0\sigma_{ba}+\mathrm{i}\Omega_1\cos\omega t(\sigma_{bb}-\sigma_{aa})\tag{2.C.54}$$

这里，我们引入了共振拉比频率 $\Omega_1=-D_{ab}E_0/\hbar$(见第 2 章方程(2.86)和(2.100)).要注意到这些方程并不是完全独立的.一方面，对于一个闭合系统，因为 $\mathrm{Tr}\hat{\sigma}=\sigma_{aa}+\sigma_{bb}=1$，所以$\frac{\mathrm{d}}{\mathrm{d}t}(\sigma_{aa}+\sigma_{bb})=0$.另一方面，方程(2.C.53)和(2.C.54)互为复共轭，这是因为密度矩阵是厄密共轭的，且 $\sigma_{ab}^*=\sigma_{ba}$.

在准共振近似中，$\cos\omega t$ 的复指数部分只有一个明显对演化有贡献.为了充分弄明白这一点，我们注意到当 Ω_1 趋于 0 时 σ_{ab} 将随 $\mathrm{e}^{\mathrm{i}\omega_0 t}$ 变化，这一点可从式(2.C.53)看出.

---

① Sommerfeld A. Optics [M]. Academic Press, 1954.

② 更多细节处理见 CDG Ⅱ第 5 章，或 Allen L，Eberly J H 的 *Optical Resonance and Two-Level Atoms*(Dover, 1987).

因此,只有最缓慢振荡的项才会得以保留(即 σ_{ab} 前需对应 $e^{-i\omega t}$,其复共轭则相反),并在积分后产生主要贡献.根据这个简化,上面的方程变为

$$\frac{d\sigma_{bb}}{dt} = \frac{i\Omega_1}{2}(e^{i\omega t}\sigma_{ba} - e^{-i\omega t}\sigma_{ab}) \tag{2.C.55}$$

$$\frac{d\sigma_{aa}}{dt} = -\frac{i\Omega_1}{2}(e^{i\omega t}\sigma_{ba} - e^{-i\omega t}\sigma_{ab}) \tag{2.C.56}$$

$$\frac{d\sigma_{ab}}{dt} = i\omega_0\sigma_{ab} - i\frac{\Omega_1}{2}e^{i\omega t}(\sigma_{bb} - \sigma_{aa}) \tag{2.C.57}$$

$$\frac{d\sigma_{ba}}{dt} = -i\omega_0\sigma_{ba} + i\frac{\Omega_1}{2}e^{-i\omega t}(\sigma_{bb} - \sigma_{aa}) \tag{2.C.58}$$

现在我们将分别说明适用于闭合系统和开放系统的弛豫项.

2.C.3.2 闭合系统

对于一个闭合系统的情况(见 2.C.1.3 小节),由方程(2.C.10)～(2.C.12)及方程(2.C.55)～(2.C.58)可导出

$$\frac{d\sigma_{bb}}{dt} = i\frac{\Omega_1}{2}(e^{i\omega t}\sigma_{ba} - e^{-i\omega t}\sigma_{ab}) - \Gamma_{sp}\sigma_{bb} \tag{2.C.59}$$

$$\frac{d\sigma_{aa}}{dt} = -i\frac{\Omega_1}{2}(e^{i\omega t}\sigma_{ba} - e^{-i\omega t}\sigma_{ab}) + \Gamma_{sp}\sigma_{bb} \tag{2.C.60}$$

$$\frac{d\sigma_{ab}}{dt} = i\omega_0\sigma_{ab} - i\frac{\Omega_1}{2}e^{i\omega t}(\sigma_{bb} - \sigma_{aa}) - \gamma\sigma_{ab} \tag{2.C.61}$$

$$\sigma_{ba}^* = \sigma_{ab} \tag{2.C.62}$$

我们假设 γ 为实数.

为解这个方程组,我们先通过变量代换消除快速时间依赖性:

$$\sigma'_{ba} = e^{i\omega t}\sigma_{ba} \tag{2.C.63}$$

$$\sigma'_{ab} = e^{-i\omega t}\sigma_{ab} \tag{2.C.64}$$

$$\sigma'_{bb} = \sigma_{bb} \tag{2.C.65}$$

$$\sigma'_{aa} = \sigma_{aa} \tag{2.C.66}$$

根据这些变换,方程(2.C.59)～(2.C.62)变为

$$\frac{d\sigma'_{bb}}{dt} = i\frac{\Omega_1}{2}(\sigma'_{ba} - \sigma'_{ab}) - \Gamma_{sp}\sigma'_{bb} \tag{2.C.67}$$

$$\frac{d\sigma'_{aa}}{dt} = -i\frac{\Omega_1}{2}(\sigma'_{ba} - \sigma'_{ab}) + \Gamma_{sp}\sigma'_{bb} \tag{2.C.68}$$

$$\frac{\mathrm{d}\sigma'_{ab}}{\mathrm{d}t}=\mathrm{i}(\omega_0-\omega)\sigma'_{ab}-\mathrm{i}\frac{\Omega_1}{2}(\sigma'_{bb}-\sigma'_{aa})-\gamma\sigma'_{ab} \tag{2.C.69}$$

利用 $\sigma'_{aa}+\sigma'_{bb}=1$(总布居数守恒),通过使式(2.C.67)和式(2.C.69)中出现的时间导数等于零就可以得到稳态解.这样我们得到

$$\sigma'_{bb}=\frac{1}{2}\frac{\Omega_1^2\gamma/\Gamma_{\mathrm{sp}}}{(\omega_0-\omega)^2+\gamma^2+\Omega_1^2\gamma/\Gamma_{\mathrm{sp}}} \tag{2.C.70}$$

$$\sigma'_{aa}=1-\sigma'_{bb} \tag{2.C.71}$$

$$\sigma'_{ab}=\mathrm{i}\frac{\Omega_1}{2}\frac{\gamma-\mathrm{i}(\omega-\omega_0)}{\gamma^2+(\omega_0-\omega)^2+\Omega_1^2\gamma/\Gamma_{\mathrm{sp}}} \tag{2.C.72}$$

$$\sigma'_{ba}=\sigma'^{*}_{ab} \tag{2.C.73}$$

显然当强度增强(即 Ω_1^2 增强)时,激发能级的布居数从 0 变化到 1/2.因此激发态布居数仍然小于基态,所以在一个闭合的二能级系统中,与一个光波耦合并不能得到稳态布居数反转.

至相互作用中的一阶近似(即关于 Ω_1 是线性的),相干项 σ_{ba} 通过将式(2.C.72)的一阶近似代入式(2.C.63)来确定.由此得到

$$\sigma_{ba}^{(1)}=-\frac{\mathrm{i}}{2}\frac{\Omega_1}{\gamma+\mathrm{i}(\omega_0-\omega)}\mathrm{e}^{-\mathrm{i}\omega t} \tag{2.C.74}$$

这个结果与式(2.C.38)一致,因为 $\sigma_{aa}^{(0)}-\sigma_{bb}^{(0)}=1$,$W_{ba}/\hbar=\Omega_1$.然而,方程(2.C.70)~(2.C.73)的主要优点是它们的有效性并不局限于入射辐射场的小振幅.所以它们能给出饱和现象的一个正确描述,这归功于分母中 Ω_1^2 项(与入射强度成正比)的出现.将式(2.C.72)和式(2.C.63)的结果代入式(2.C.40),我们得到了原子电偶极矩平均值的下列表达式:

$$\langle\hat{D}\rangle=\mathrm{i}\frac{|D_{ba}|^2}{2\hbar}\frac{\gamma+\mathrm{i}(\omega-\omega_0)}{(\omega_0-\omega)^2+\gamma^2+\Omega_1^2\dfrac{\gamma}{\Gamma_{\mathrm{sp}}}}E\mathrm{e}^{-\mathrm{i}\omega t}+\mathrm{c.c.} \tag{2.C.75}$$

如果介质每单位体积包含 N/V 个原子,每单位体积偶极矩就为 $P=(N/V)\langle\hat{D}\rangle$.利用第 2 章的定义式(2.173)~式(2.175),并且令 $D_{ba}=d$,我们得到了分别与色散和吸收相关的极化率的实部和虚部:

$$\chi'=\frac{N}{V}\frac{d^2}{\varepsilon_0\hbar}\frac{\omega_0-\omega}{(\omega_0-\omega)^2+\gamma^2+\Omega_1^2\gamma/\Gamma_{\mathrm{sp}}} \tag{2.C.76}$$

$$\chi''=\frac{N}{V}\frac{d^2}{\varepsilon_0\hbar}\frac{\gamma}{(\omega_0-\omega)^2+\gamma^2+\Omega_1^2\gamma/\Gamma_{\mathrm{sp}}} \tag{2.C.77}$$

在非线性光学中，一个原子集合极化率的这些非微扰表达式对于很多问题都是有用的. 在正确考虑二能级系统的弛豫效应后，它们可对高强度现象进行描述. 如果弛豫完全是由自发辐射所致，我们有 $\gamma = \Gamma_{sp}/2$，由此可以得到第 2 章中所述的未证明的式(2.188).

注意式(2.C.76)和式(2.C.77)的结果与稳态解有关. 显然，也存在有趣的光学布洛赫方程的瞬态解. 例如，当原子初始都处于基态而电磁场被突然施加时，所得到的解将是一个被弛豫项阻尼的拉比振荡. [①]这个现象称为**相干瞬态**(见 2.3.2 小节).

2.C.3.3 开放系统

现在我们来考虑一个开放系统的情况，为的是能够将密度矩阵处理方法的结果与第 2 章的简单模型进行对比，同时我们将介绍一个更实际的光放大器模型. 我们采用由方程(2.C.15)～(2.C.17)和(2.C.21)～(2.C.22)分别给出的弛豫项和泵浦项，并假设直接从态 b 到态 a 的转移速率 $\Gamma_{b\to a}$ 是可以忽略的($\Gamma_{b\to a} \ll \Gamma_b$)，这样我们可以在方程(2.C.15)和(2.C.16)中写出 $\Gamma_{b\to a} = 0$. 利用方程(2.C.55)～(2.C.58)，我们得到了对于一个开放系统的下列布洛赫方程组：

$$\frac{d\sigma_{bb}}{dt} = i\frac{\Omega_1}{2}(e^{i\omega t}\sigma_{ba} - e^{-i\omega t}\sigma_{ab}) - \Gamma_b\sigma_{bb} + \widetilde{\Lambda}_b \tag{2.C.78}$$

$$\frac{d\sigma_{aa}}{dt} = -i\frac{\Omega_1}{2}(e^{i\omega t}\sigma_{ba} - e^{-i\omega t}\sigma_{ab}) - \Gamma_a\sigma_{aa} + \widetilde{\Lambda}_a \tag{2.C.79}$$

$$\frac{d\sigma_{ab}}{dt} = i\omega_0\sigma_{ab} - i\frac{\Omega_1}{2}e^{i\omega t}(\sigma_{bb} - \sigma_{aa}) - \gamma\sigma_{ab} \tag{2.C.80}$$

与之前的情况一样，这个方程组也可能借助式(2.C.63)～式(2.C.66)的变量代换来求解，变量代换使得这些布洛赫方程的右边与时间无关.

现在我们引入不存在入射电磁场时，稳态时原子处于态 a 和 b 的概率 p_a 和 p_b：

$$p_a = \frac{\widetilde{\Lambda}_a}{\Gamma_a},\quad p_b = \frac{\widetilde{\Lambda}_b}{\Gamma_b} \tag{2.C.81}$$

平均布居数弛豫速率 $\bar{\Gamma}$ 由下式定义：

$$\frac{2}{\bar{\Gamma}} = \frac{1}{\Gamma_a} + \frac{1}{\Gamma_b} \tag{2.C.82}$$

那么布洛赫方程的稳态解就给出了关于这两个能级布居数的下列关系式：

① Allen L, Eberly J H. Optical Resonance and Two-Level Atoms [M]. Dover, 1987.

$$\sigma_{bb} - \sigma_{aa} = (p_b - p_a)\left[1 - \frac{\Omega_1^2 \gamma/\overline{\Gamma}}{(\omega_0 - \omega)^2 + \gamma^2 + \Omega_1^2 \gamma/\overline{\Gamma}}\right] \tag{2.C.83}$$

$$\sigma_{bb} + \sigma_{aa} = p_b + p_a + \frac{\Omega_1^2}{2} \frac{(\gamma/\Gamma_a - \gamma/\Gamma_b)(p_b - p_a)}{(\omega_0 - \omega)^2 + \gamma^2 + \Omega_1^2 \gamma/\overline{\Gamma}} \tag{2.C.84}$$

首先注意,在特殊情况 $\gamma = \Gamma_a + \Gamma_b$ 中,公式(2.C.83)和(2.C.84)与第 2 章的简单模拟得到的结果完全一致.其次,总布居数 $\sigma_{aa} + \sigma_{bb}$ 的不守恒是由于这个系统的开放特性.损失(或增益)的布居数由其他未指明的系统能级上的布居数变化来补偿.

由相干项的稳态值

$$\sigma_{ba} = \mathrm{i}\frac{\Omega_1}{2} \frac{(p_b - p_a)[\gamma + \mathrm{i}(\omega - \omega_0)]}{(\omega - \omega_0)^2 + \gamma^2 + \Omega_1^2 \gamma/\overline{\Gamma}} \mathrm{e}^{-\mathrm{i}\omega t} \tag{2.C.85}$$

我们可导出原子偶极矩,并由此可得单位体积内包含 N/V 个原子的集合的原子极化率的实部 χ' 和虚部 χ'':

$$\chi' = \frac{N_b^{(0)} - N_a^{(0)}}{V} \frac{d^2}{\varepsilon_0 \hbar} \frac{\omega_0 - \omega}{(\omega_0 - \omega)^2 + \gamma^2 + \Omega_1^2 \lambda/\overline{\Gamma}} \tag{2.C.86}$$

$$\chi'' = \frac{N_b^{(0)} - N_a^{(0)}}{V} \frac{d^2}{\varepsilon_0 \hbar} \frac{\gamma}{(\omega_0 - \omega)^2 + \gamma^2 + \Omega_1^2 \gamma/\overline{\Gamma}} \tag{2.C.87}$$

其中 $N_b^{(0)} = p_b N$ 和 $N_a^{(0)} = p_a N$ 是不存在频率为 ω 的电磁场时能级 a 和 b 上的原子数目.公式(2.C.86)和(2.C.87)推广了 2.5 节中假设两能级有相同弛豫速率的简单模型所得到的结果.它们表明如果这个跃迁的高能级的稳态布居数 $N_b^{(0)}$ 大于低能级的稳态布居数 $N_a^{(0)}$,介质是具有放大作用的.由式(2.C.81)可知,这个布居数反转既可以由高能级的足够大的泵浦速率来获得,也可以由低能级的足够快的衰减速率来实现.

2.C.4 布洛赫矢量

一个二能级原子与一个振荡电场的相互作用在形式上等价于一个自旋 1/2 粒子与振荡磁场的相互作用,该粒子上需附加一个额外的静磁场以解除 $m = \pm 1/2$ 能级的简并.[①]布洛赫对这个实验上出现在核磁共振中[②]的情况进行了大量研究.就像我们在本小节将会看到的,表示这个自旋 1/2 粒子角动量的矢量可以很容易扩展到一个二能级原子

① 费曼在 *Lectures in Physics*(Vol. Ⅲ,第 11 章)中强调了任意二能级系统与一个自旋 1/2 粒子之间很强的类比.

② 例如见 A. Abragam 的 *The Principles of Nuclear Magnetism*(Clarendon Press,1961).

的一般情况：这称为布洛赫矢量，并将使我们能够给出系统演化的简单几何解释.

2.C.4.1 定义

布洛赫矢量 $\boldsymbol{U}$ 是一个矢量算符 $\hat{\boldsymbol{S}}$ 在这个系统的状态下求得的平均值. $\hat{\boldsymbol{S}}$ 的三个笛卡儿分量为三个泡利矩阵 $\hat{\sigma}_x,\hat{\sigma}_y,\hat{\sigma}_z$（在补充材料 2.A.5 小节中给出）除以 2.①所以它的元素为三个量 u,v,w，定义为

$$u+\mathrm{i}v=\sigma_{ba} \tag{2.C.88}$$

$$w=\frac{1}{2}(\sigma_{aa}-\sigma_{bb}) \tag{2.C.89}$$

第三个元素 w 只依赖于所考虑的这两个能级的布居数，而 u 和 v 则构成相干项的实部和虚部，并且因此也与电偶极子的平均值相联系（方程(2.C.40)）.

如果这个系统处于一个纯态，它也用一个态矢量来描述，在可差一个整体相因子的情况下可以写成如下形式：

$$|\psi\rangle=\cos\frac{\theta}{2}|a\rangle+\mathrm{e}^{-\mathrm{i}\phi}\sin\frac{\theta}{2}|b\rangle \tag{2.C.90}$$

然后我们可以写出

$$u+\mathrm{i}v=\frac{1}{2}\sin\theta\mathrm{e}^{-\mathrm{i}\phi} \tag{2.C.91}$$

$$w=\frac{1}{2}\cos\theta \tag{2.C.92}$$

对于一个纯态，布洛赫矢量末端的点 P 因此就处在一个球的表面，这个球称为布洛赫球，半径为 1/2（图 2.C.3）. 角 ϕ 和 θ 为点 P 或者矢量 $\boldsymbol{U}$ 的极坐标. 定态 $|a\rangle$ 和 $|b\rangle$ 分别相当于 Oz 轴上 $\theta=0$ 和 $\theta=\pi$ 的点 A 和 B.

很容易看到，利用关于密度矩阵元素的不等式，即在一般情况下 $u^2+v^2+w^2\leqslant 1/4$：对于一个统计混合态，点 P 总是位于半径 1/2 的这个球内. 人们能预料到这个结果，因为这样的一个态是许多纯态的统计平均，相应的代表点为对应这些纯态的点 P 的加权中心，所有这些点 P 都位于半径 1/2 的这个球上. 因此一个统计混合态的布洛赫矢量就位于这个球内部.

① 在自旋 1/2 的二能级系统的情况中，这个矢量在因子 $\hbar$ 范围内等于系统角动量的值.

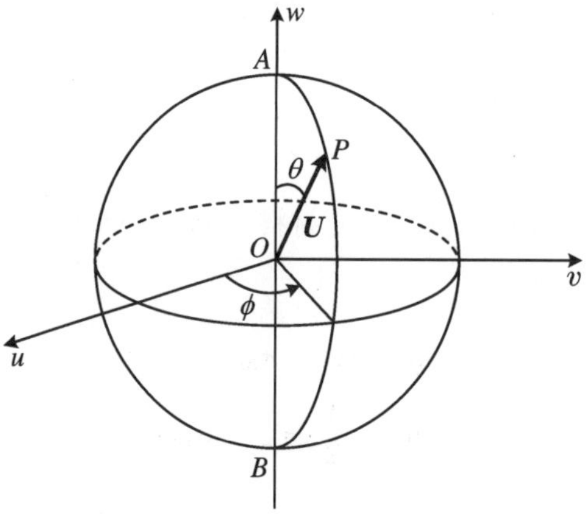

图 2.C.3　描述一个二能级原子纯态的布洛赫矢量 **U**

它在 w 轴上的投影给出了布居数差.它在 uOv 平面上的投影("横断面")给出了原子相干项的复数表示.点 A 和 B 相当于态 $|a\rangle$ 和 $|b\rangle$.

当不存在任何相互作用时,布居数 σ_{aa} 和 σ_{bb} 是固定的,但相干项不是,它以光频率 ω_0 演化:$\sigma_{ba}(t)=\sigma_{ba}(0)\mathrm{e}^{-\mathrm{i}\omega_0 t}$.因此布洛赫矢量以角速度 $-\omega_0$ 围绕 Oz 轴旋进.为了消除系统的这个演化,需要转换到一个转动坐标系,即以相同的角速度围绕这个轴转动.在这个转动坐标系下,布洛赫矢量的元素为 $\tilde{u},\tilde{v},\tilde{w}$,满足

$$\tilde{u}+\mathrm{i}\tilde{v}=\sigma_{ba}(t)\mathrm{e}^{\mathrm{i}\omega_0 t} \tag{2.C.93}$$

$$\tilde{w}=w=\frac{1}{2}(\sigma_{aa}-\sigma_{bb}) \tag{2.C.94}$$

评注　在物理学的另一个领域存在着类似于布洛赫矢量和布洛赫球的一个几何表示:它表示在庞加莱球上的一个给定偏振态的矢量,由庞加莱提出,用来描述一个单色电磁波的偏振态.这相当于能够在一个二维希尔伯特空间中描述的情况.

2.C.4.2　单色场的影响

现在我们在原子上施加一个共振单色场 $E_0\cos\omega_0 t$,起始于时间 $t=0$.当不存在弛豫时,这个系统密度矩阵的演化由方程(2.C.55)～(2.C.58)决定.从这些方程我们推出了在转动坐标系下,布洛赫矢量的元素 $\tilde{u}(t),\tilde{v}(t)$ 和 $\tilde{w}(t)$ 的演化:

$$\frac{\mathrm{d}\tilde{u}}{\mathrm{d}t}=0,\quad \frac{\mathrm{d}\tilde{v}}{\mathrm{d}t}=-\Omega_1\tilde{w},\quad \frac{\mathrm{d}\tilde{w}}{\mathrm{d}t}=\Omega_1\tilde{v} \tag{2.C.95}$$

这些等式可以导出转动坐标系下布洛赫矢量 $\widetilde{\boldsymbol{U}}$ 的简单演化：

$$\frac{\mathrm{d}\widetilde{\boldsymbol{U}}}{\mathrm{d}t}=\boldsymbol{\Omega}\times\widetilde{\boldsymbol{U}} \tag{2.C.96}$$

其中矢量 $\boldsymbol{\Omega}$ 具有元素$(\Omega_1,0,0)$. 这是关于进动的经典等式，就像磁场中的磁矩，或者引力场中旋转的陀螺一样. 布洛赫矢量保持模不变，并且以角速度$|\boldsymbol{\Omega}|$在矢量 $\boldsymbol{\Omega}$ 周围扫出一个圆锥.

当在 $t=0$ 时刻系统的初态为$|a\rangle$时，布洛赫矢量起始于点 A，并保持在半径 1/2 的球上，就像一个正常纯态一样. 这个矢量在(v,w)平面上刻画了一个圆圈，因此周期性地通过点 B 和 A：2.3.2 小节中介绍的拉比振荡因此表现为布洛赫矢量的几何进动. 布居数和相干项（布洛赫矢量在 xOy 平面上的投影）都适时振荡. 如果在一段时间 T 之后移除施加的共振场，布洛赫矢量在转动坐标系下就停止演化，并在它的最终位置保持固定. 特别对于一个 $\pi/2$ 脉冲（见 2.3.2 小节），其相互作用时间为 $\Omega_1 T=\pi/2$，布洛赫矢量停止演化时将位于 v 方向上，这时相干项取最大值，并且两个能级的布居数之差为零.

现在假定作用场具有形式 $E_0\cos(\omega_0 t-\varphi)$. 很容易通过修改描述系统演化的方程(2.C.55)～(2.C.58)来考虑场的相移. 在这种情况下，没有弛豫的布洛赫方程可以写为

$$\frac{\mathrm{d}\sigma'_{bb}}{\mathrm{d}t}=-\frac{\mathrm{d}\sigma'_{aa}}{\mathrm{d}t}=-\mathrm{i}\frac{\Omega_1}{2}\left[\mathrm{e}^{\mathrm{i}(\omega_0 t-\varphi)}\sigma'_{ba}+\mathrm{e}^{-\mathrm{i}(\omega_0 t-\varphi)}\sigma'_{ab}\right] \tag{2.C.97}$$

$$\frac{\mathrm{d}\sigma'_{ab}}{\mathrm{d}t}=-\mathrm{i}\frac{\Omega_1}{2}(\sigma'_{bb}-\sigma'_{aa}) \tag{2.C.98}$$

可以推断布洛赫矢量总是遵守旋进方程(2.C.96)，但旋进轴 $\boldsymbol{\Omega}$ 变成$(\Omega_1\cos\varphi,\Omega_1\sin\varphi,0)$. 在转动坐标系下，现在布洛赫矢量在$(u,v)$平面上围绕由角 φ 定义的方向旋进，即围绕对应于复数场 $E_0\exp[-\mathrm{i}(\omega_0 t-\varphi)]$的方向，这个方向在转动坐标系下是固定的. 因此，布洛赫矢量在垂直于 $\widetilde{E}$ 并包含 w 轴的平面上有圆形轨迹（图 2.C.4）.

目前的讨论只有当作用场恰好与原子跃迁共振时才是有效的. 在准共振情况中，虽然仍接近于 ω_0，但场的频率 ω 不同，这个现象变得更加复杂. 可以证明必须转换到以场的频率 ω 转动的坐标系下，才能得到系统演化的一个简单等式（具有式(2.C.96)的形式）.[①]在这个坐标系下，布洛赫矢量围绕具有元素$(\Omega_1\cos\varphi,\Omega_1\sin\varphi,\omega-\omega_0)$的矢量 $\boldsymbol{\Omega}$ 旋进，这个矢量不再一定位于(u,v)平面（图 2.C.4(b)）. 如果系统初始处于态$|a\rangle$，布洛赫矢量将扫出一个张角小于 $\pi/2$ 的圆锥，在半圈之后将不再使这个矢量通过点 B，因此从态$|a\rangle$到态$|b\rangle$的转移将不再完美.

---

① 见 CDG Ⅱ第 5 章.

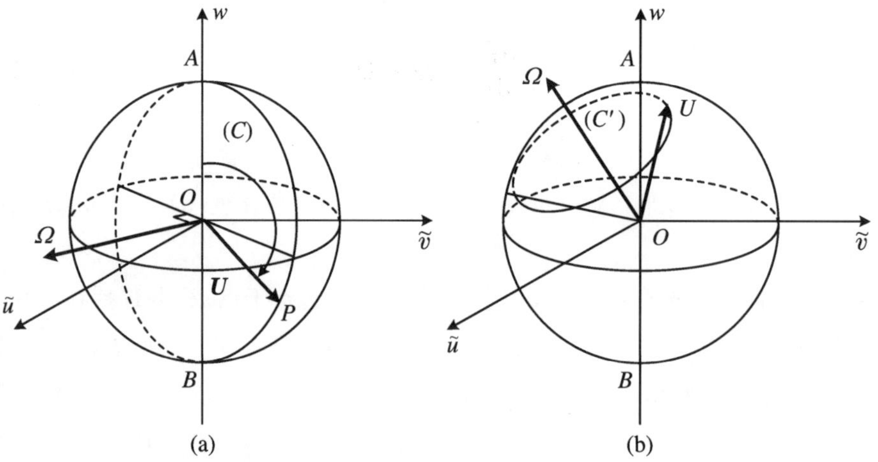

图 2.C.4　在一个振荡电场影响下，布洛赫矢量 $\boldsymbol{U}$ 在转动坐标系中从点 A 开始的演化

(a) 共振情况：$\boldsymbol{U}$ 以恒定速度在直径为 AB 的圆 (C) 上以及垂直于横断面上表示复数场的矢量 $\boldsymbol{\Omega}$ 的平面内转动；(b) 非共振情况：$\boldsymbol{U}$ 描绘了一个轴为 $\boldsymbol{\Omega}$ 的圆锥，这个轴不再位于"横断面"$(\tilde{u},\tilde{v})$ 内. 它的末端以恒定速度在一个更小的圆 (C') 上运动，这个圆不包含点 B.

2.C.4.3　弛豫的影响

在一个开放系统的情况中，弛豫的影响将会阻尼布洛赫矢量的三个分量，通常对每个纵向和横向分量都有不同的阻尼率. 因此布洛赫矢量的长度将作为时间的一个函数而减小. 系统就将从一个初始纯态转变成一个统计混合态. 如果弛豫常数 Γ_a 和 Γ_b 相等，即相当于 2.4.1 小节中设想的情况，布洛赫矢量将在半径随时间指数减小的布洛赫球上演化. 当存在一个电磁场时，布洛赫矢量将随着其旋进而缩短.

2.C.4.4　快速绝热通道

现在让我们来考虑下列情况：系统初态为 $|a\rangle$（布洛赫矢量的末端在点 A），并且存在一个 $\omega-\omega_0 \gg \Omega_1$ 的大失谐量弱电磁场. 矢量 $\boldsymbol{\Omega}$ 几乎与 w 轴成一条直线：矢量 $\boldsymbol{U}$ 的拉比旋进就扫出一个小张角的圆锥，并且系统将永远不会偏离它的初态.

现在，我们缓慢改变作用场的频率 ω，这里的缓慢是指相对于旋进周期 $2\pi/\Omega_1$. 因此布洛赫矢量将围绕一个随时间变化的矢量 $\boldsymbol{\Omega}$ 旋进，但总是关于 $\boldsymbol{\Omega}$ 保持一个小的角度（图 2.C.5）：因此它将绝热地跟随 $\boldsymbol{\Omega}$ 演化. 现在来考虑这样一种情况：减小频率 ω，使之经过共振值 ω_0 后最终趋向于一个低于共振的大失谐频率，此时 $\omega-\omega_0 \ll -\Omega_1$. 布洛赫矢量将跟随矢量 $\boldsymbol{\Omega}$ 演化（图 2.C.5），它的顶端将最终接近点 B：因此将会完成从

态$|a\rangle$到态$|b\rangle$的一个几乎完全的转移.比较该方法与 π 脉冲的应用是很有趣的,因为这里并不需要如此精确地控制作用场的值及其脉冲长度:只需要简单地将作用场的频率扫过共振.

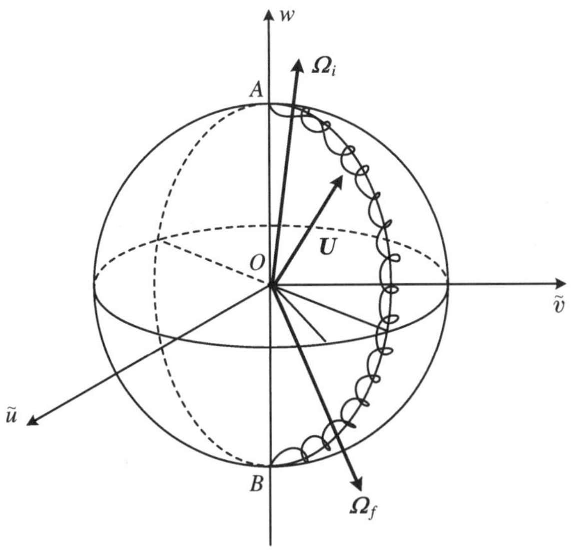

图 2.C.5　在一个频率为 ω 的振荡电场影响下,布洛赫矢量 $\boldsymbol{U}$ 在转动坐标系中的演化(从一个大于共振频率 ω_0 的值扫到一个小于 ω_0 的值)

$\boldsymbol{U}$ 围绕矢量$\boldsymbol{\Omega}$转动,该矢量从一个几乎与 OA 成一条线的初始位置$\boldsymbol{\Omega}_i$ 运动到几乎与OB 成一条线的最终位置$\boldsymbol{\Omega}_f$.因此 $\boldsymbol{U}$ 末端的最终状态非常接近于B.

如果要考虑弛豫过程,就会发现上述整个过程必须在一段短于系统寿命的时间内完成,但对于维持布洛赫矢量旋进的绝热条件来说还要足够慢.这就解释了通常被用于该技术的有些矛盾的名字**快速绝热(缓变)通道**.

2.C.5　从布洛赫方程到速率方程

如果从数值上解布洛赫方程,我们就会发现相干项(即非对角元)和布居数(即对角元)的演化具有阻尼振荡形式,其稳态解由方程(2.C.70)～(2.C.72)给出(如果时间远长于系统的所有弛豫时间,解则由方程(2.C.83)～(2.C.85)给出).这似乎与由爱因斯坦方程(方程(2.224)和(2.225))导出的布居数的演化相矛盾,爱因斯坦方程由一个到稳态的单调衰减构成,正如一组"速率方程"所预期的那样.此外,光学布洛赫方程依赖电磁场的振幅和相位，然而爱因斯坦方程只依赖电磁场的强度．本小节我们将表明爱因斯坦引入的速率方程实际上在一些极限情况中，可以从布洛赫方程得到．

2.C.5.1　相干项快速弛豫的情况

我们假设相干项的弛豫速率 γ 远大于布居数的弛豫速率 Γ_a 和 Γ_b，并且以方程(2.C.68)和(2.C.69)描述的一个闭合系统为例(在一个开放系统的情况中可以得到相同的结论)．方程(2.C.69)很明显可以重写为

$$\frac{\mathrm{d}\sigma'_{ab}}{\mathrm{d}t}+\gamma\sigma'_{ab}=\mathrm{i}(\omega_0-\omega)\sigma'_{ab}-\mathrm{i}\frac{\Omega_1}{2}(\sigma'_{bb}-\sigma'_{aa}) \tag{2.C.99}$$

这说明 σ'_{ab} 的特征演化时间为 γ．类似地，方程(2.C.68)表明 σ'_{aa} 或 σ'_{bb} 的特征演化时间为 Γ_{sp}．如果 γ 远大于 Γ_{sp}，就可以在 γ^{-1} 大小的尺度上将 σ'_{aa} 和 σ'_{bb} 看成常数，然后寻找方程(2.C.99)的稳态解(稳态即 $\mathrm{d}\sigma'_{ab}/\mathrm{d}t=0$)：

$$\sigma'_{ab}(t)=-\mathrm{i}\frac{\Omega_1}{2}\frac{\sigma'_{bb}(t)-\sigma'_{aa}(t)}{\gamma-\mathrm{i}(\omega_0-\omega)} \tag{2.C.100}$$

这个等式意味着相干项是随布居数差的瞬时值变化的，由于我们假设 $\gamma\gg\Gamma_{\mathrm{sp}}$，这确实是一个变化缓慢的量，并且在其演化方程中不能忽略关于阻尼项的时间导数项．我们得到的结论是：缓慢阻尼的变量将它的(缓慢)动力学施加于快速阻尼的变量上．而且，现在这个“快速”变量 σ'_{ab} 由一个代数关系而非微分方程决定：它不再是一个独立的动力学变量，而仅仅是布居数的一个函数．这个近似法叫作快变参量的绝热消除，在物理学的许多分支中都会遇到．

将表达式(2.C.100)插入方程(2.C.67)和(2.C.68)，最终得到

$$\begin{aligned}\frac{\mathrm{d}\sigma'_{bb}}{\mathrm{d}t}&=-\frac{\mathrm{d}\sigma'_{aa}}{\mathrm{d}t}\\&=-\frac{\gamma}{2}\frac{\Omega_1^2}{\gamma^2+(\omega_0-\omega)^2}[\sigma'_{bb}(t)-\sigma'_{aa}(t)]-\Gamma_{\mathrm{sp}}\sigma'_{bb}(t)\end{aligned} \tag{2.C.101}$$

该等式将布居数演化与正比于电磁场功率的 Ω_1^2 的值联系起来：场的相位不再影响系统的演化．回忆一下可以发现，方程(2.C.101)右边第二个分式就是饱和参量 s，并且当$\gamma\equiv\Gamma_{\mathrm{D}}$ 时，恰好重新得到了爱因斯坦速率方程．[①]需要注意的是，一旦我们通过解速率方程知道了布居数的值，我们也就有了方程(2.C.100)，使得我们能够确定原子的相干项，并由此能够计算原子的极化率．

---

① 与方程(2.224)相比，方程(2.C.101)中没有泵浦项，因为在当前的讨论中并没有引入这样的一个过程．

2.C.5.2 一个具有有限相干时间的光场的情况

到目前为止,我们已经考虑了与原子相互作用的电磁场,并且该电磁场有明确的相位,并因此是完全单色的.然而,对大多数光源来说,相位,有时也包括振幅,是随机变量.这些光源被认为具有有限的时间相干性,因此有一个非零的频带宽度.

在上一小节中我们已经表明了布洛赫矢量围绕一个依赖于复数场相位的方向旋进.因而,原子相干项的相位就与作用场的相位直接相关:如果作用的辐射场由一系列波包组成且波包彼此间相位是随机的,则布洛赫矢量将围绕随机变化的方向旋进:其在(u,v)平面上的投影将随机变化,并且在远长于辐射场相干时间的时间上平均为0.所以在具有较小时间相干性的辐射场中,原子相干性将迅速地被破坏:可以预计在这种情况中,演化将只由布居数来决定,这就是我们将在本小节能更精确地看到的内容.

为了以定量的方式来描述一个光源的有限时间相干性,通常引入场自相关函数①

$$G(\tau) = \overline{\mathcal{E}(t)\mathcal{E}^*(t+\tau)} \tag{2.C.102}$$

其中$\mathcal{E}(t)$是复数场,

$$\mathcal{E}(t) = \frac{E_0}{2}\mathrm{e}^{\mathrm{i}(\varphi-\omega t)} \tag{2.C.103}$$

这里上横线表示对引起辐射涨落的随机过程求平均.因为源被假定为稳恒的,所以自相关函数G只依赖于$|\tau|$,并且当τ超过场涨落的一个称为**关联时间**的特征时间T_c时,G将趋于0.要注意,维纳-辛钦(Wiener-Khintchine)定理证实了光源的谱密度是场自相关函数的傅里叶变换.这就是说,T_c为源带宽倒数的量级,对于诸如光谱灯等大多数经典光源来说是非常小的.在下文中,我们将假定光源远宽于原子共振线宽(共振线宽等于偶极子弛豫速率γ),即$\gamma T_c \ll 1$.

将$\sigma'_{ab}(t=0)=0$作为一个初始条件,我们可以将方程(2.C.98)写成积分形式:

$$\sigma'_{ab}(t) = -\frac{\mathrm{i}D_{ab}}{\hbar}\int_0^t \mathrm{d}t'\mathcal{E}(t')[\sigma'_{bb}(t') - \sigma'_{aa}(t')]\mathrm{e}^{-\gamma(t-t')} \tag{2.C.104}$$

这个解可以反过来代入布洛赫方程(2.C.97).然后我们得到了高能态布居数下面的方程:

$$\frac{\sigma'_{bb}}{\mathrm{d}t} = -\Gamma_{\mathrm{sp}}\sigma'_{bb} - \frac{D_{ab}^2}{\hbar^2}\left\{\int_0^t \mathrm{d}t'\mathcal{E}(t)\mathcal{E}^*(t')[\sigma'_{bb}(t') - \sigma'_{aa}(t')]\mathrm{e}^{-\gamma(t-t')} + \mathrm{c.c.}\right\} \tag{2.C.105}$$

① Mandel L, Wolf E. Optical Coherence and Quantum Optics [M]. Cambridge University Press, 1995.

为了得到布居数的平均演化(即在远长于相干时间的时间上取平均的演化),我们必须在方程(2.C.105)中对光源的涨落取平均,相当于用关联函数 $G(t-t')$ 代替 $\mathcal{E}(t)\mathcal{E}^*(t')$,这个关联函数只有当 $|t-t'|\leqslant T_c$ 时才能取不可忽略的值.现在让我们假设布居数差 $\sigma'_{bb}-\sigma'_{aa}$ 在一个场关联时间 T_c 内缓慢变化,T_c 通常很小.于是我们用 $\sigma'_{bb}(t)-\sigma'_{aa}(t)$ 来代替 $\sigma'_{bb}(t')-\sigma'_{aa}(t')$,这样做的误差很小(短时记忆近似,或称"马尔可夫(Markov)近似").另外,如果我们只考虑远大于 T_c 的时间 t,用 $\int_0^\infty$ 代替积分界限 $\int_0^t$ 将只增加可忽略的被积函数.根据这两个近似,我们最终得到了关于布居数下面的速率方程:

$$\frac{\sigma'_{bb}}{\mathrm{d}t}=-\Gamma_{sp}\sigma'_{bb}-B(\sigma'_{bb}-\sigma'_{aa})\tag{2.C.106}$$

令 $\tau=t-t'$,利用 $G(\tau)=G(-\tau)$,并且注意到 $G(\tau)$ 为比 $\mathrm{e}^{-\gamma|\tau|}$ 更窄的分布,就可以得到系数 B 的值:

$$B=\frac{D_{ab}^2}{\hbar^2}\int_{-\infty}^{+\infty}\mathrm{d}\tau G(\tau)\mathrm{e}^{-\gamma|\tau|}\approx\frac{2D_{ab}^2}{\gamma\hbar^2}G(0)\tag{2.C.107}$$

根据定义式(2.C.102),$2G(0)$ 正好就是源的平均强度,所以我们最终重新得到了布居数的一个速率方程,具有爱因斯坦方程的形式.[①]

总之,速率方程在至少两种情况中,得到了原子准确演化的非常好的近似:

· 当相干项的弛豫速率远大于布居数弛豫速率时,即在稠密系统中,这些稠密系统构成大多数激光系统的放大介质;

· 当原子与宽带光相互作用时,其特征是光具有一个远小于原子弛豫时间 γ^{-1},Γ_a^{-1},Γ_b^{-1} 的相干时间.

与此相反,当一个低密度原子样品(其 γ,Γ_a 和 Γ_b 有相同的数量级)与一个有长时间相干性的单色场之间的相互作用时,速率方程经常给出错误结果:在这种情况中,原子相干项起了主导作用,我们将在补充材料 2.D 中研究该情况的一些方面.

评注 注意到在稳态中,$\mathrm{d}\sigma_{ab}/\mathrm{d}t=0$,并且相对 $\gamma\sigma_{ab}$ 而言明显是可被忽略的.这意味着光学布洛赫方程和速率方程的稳态解一致,而无论阻尼率的值为多少.

2.C.6 结论

光学布洛赫方程组在原子-光相互作用的研究中构成了一个重要的工具.准共振近

① 让我们来提一下,爱因斯坦在 1917 年提出了他的著名的速率方程(2.224)和(2.225),来解释热辐射的谱分布,热辐射显然是一个非常宽频带的源.因此其唯象方程在他所考虑的这种情况下是完全正确的.

似符合许多通常遇到的实验情况，在其适用范围内，这些方程是准确的，可以称得上是考虑了弛豫现象的原子演化的一个量子描述.

它们比其他更简单的近似处理更有优势，因为它们正确描述了作为原子与激光相互作用基础的两种类型的现象.首先是出现在高强度时的效应，除了饱和现象外还包括一般的各种非线性效应；其次是作为原子与光场的相互作用的结果，原子能级之间存在相干项.事实上，正是相干项决定了感生电偶极矩的相位和频率（见方程（2.C.40））.由于再发射出的场直接源自这个感生偶极矩的存在①，相干项决定了被任意入射辐射场激发时原子所发射出的辐射的精确特性②.

光学布洛赫方程组可以很容易推广到由两个以上能级组成的系统的情况，但实际上，如果所考虑的能级个数大于3，则由此产生的方程组常常是无法解的.③那么就需要回到更简单、更近似的方法：在低强度时，微扰法正确给出了线性极化率，而在高强度时，可以依靠速率方程方法，该方法可以正确描述诸如饱和等现象，但无法解释与能级间相干项的存在相关的现象.在二能级和三能级系统的光学布洛赫方程中获得的经验，在确定可以有效做出的简化近似时能起到相当大的作用.

补充材料 2.D　原子相干性的操纵

我们已经在第2章中看到了一个原子不一定处于一个有明确能量的状态，例如$|a\rangle$或$|b\rangle$.它可以处于这些态的线性叠加，形式为

$$|\psi(t)\rangle = \gamma_a(t)|a\rangle + \gamma_b(t)e^{-i\omega_0 t}|b\rangle \tag{2.D.1}$$

这些态是更一般的量子态的特殊情况，这些更一般的态不一定是纯态.因此需要用密度矩阵$\hat{\sigma}$来描述（见补充材料2.C），该矩阵的非对角元σ_{ab}叫作相干项，是非零的.它们可以通过一个不位于w轴（见补充材料2.C中的图2.C.3）的布洛赫矢量来描述.与原子的定态相比，它们有一个非零电偶极矩$\langle\hat{D}\rangle = 2\mathrm{Re}[\sigma_{ab}(t)D_{ba}]$，因此与辐射场强

---

① 见补充材料2.B.

② 见CDG Ⅱ 第5章.

③ 注意到在这个情况中，弛豫项的测定还不清楚.例如，存在诸如由于自发辐射能级对之间的相干性的转移这样的现象，这个现象不能发生在二能级系统中.然而，这样的过程的特性在许多现象中都是重要的.在C. Cohen-Tannoudji的论文（*Annales de Physique*，Paris，1962，7：423）中对它们进行了描述（在*Atoms in Electromagnetic Fields*（World Scientific，1994）中再现了这个描述）.

烈耦合.

这种类型原子态的控制和操纵是大量有趣物理效应的起点,在过去十年间一直是非常活跃的研究课题.我们将在这个补充材料中给出几个例子.我们也指出,这些态在量子层面上可以被认为是信息处理的一个资源.它们构成可能的"量子比特",是"比特"的经典二能级系统向量子领域的延伸.对于量子信息处理,量子比特的操纵是一个非常活跃的研究领域,因为理论上已经证明了某些操作,例如大数因式分解,利用量子比特比利用经典比特能更加有效地实现(见补充材料 5.E).

既可以通过直接作用在二能级系统,也可以利用第三个辅助能级来引起和操纵相干项.在本补充材料中,我们将依次研究每一种情况,给出这些相干项操纵的一些例子:二能级系统的"拉姆齐条纹"光谱和光子回波(2.D.1 小节),以及三能级系统的相干布居囚禁和电磁感应透明(2.D.2 小节).

2.D.1 一个二能级系统的直接操纵

2.D.1.1 概述

我们从相干项的弛豫时间足够长,以至于能够从容操纵相干性的情况开始.例如,可以利用如钠或铯等碱金属原子基态的两个超精细子能级,这两个子能级只相差几吉赫[兹].相干项的弛豫时间并不受限于自发辐射寿命(这大概有数百万年),而是受限于一些可以被抑制的附加效应,如碰撞或非均匀性的磁场.在这种情况下,弛豫过程可以忽略不计.

为了操纵相干项,只需要施加一个与跃迁共振的单色场(在这个情况中为射频)并持续一定的时间就可以了(见 2.3 节).这具有使这个二能级系统的布洛赫矢量进动一定的角度的效果(见 2.C.4 小节).最有效的配置则是施加一个恰好共振的脉冲,使布洛赫矢量从初始时沿 w 轴方向绕(u,v)平面内一个代表复场的矢量转 $\pi/2$ 角度.因此布洛赫矢量便会停在(u,v)平面上.这就产生了一个相干项,其相位与作用场的相位有直接联系.通过对原子施加一系列具有确定持续时间的脉冲,就可以使系统的态矢以一种受控的方式演化.这项技术首先形成于核磁共振中,目前也被用于原子-激光相互作用的领域.我们将在下面的章节中给出这个技术的两个例子.

2.D.1.2 拉姆齐条纹

现在我们将详细考虑最简单的场脉冲配置,它是由拉姆齐发明的.该配置使用频繁,

并且在度量学中有重要的应用.它包含对原子顺序施加的两个脉冲作用,也就是将形如 $E\cos\omega_0 t$ 的场用于两个脉冲:第一个 $\pi/2$ 脉冲在 $t=0$ 和 t_1 之间,随后第二个 $\pi/2$ 脉冲在 T 和 $T+t_1$ 之间.原子在脉冲间隙时间 $T-t_1$ 内自由演化,这个时间间隔长于脉冲长度 t_1.我们将研究布洛赫矢量在以作用场频率转动的坐标系下的演化,假定原子初始处于态 $|a\rangle$(图 2.D.1).

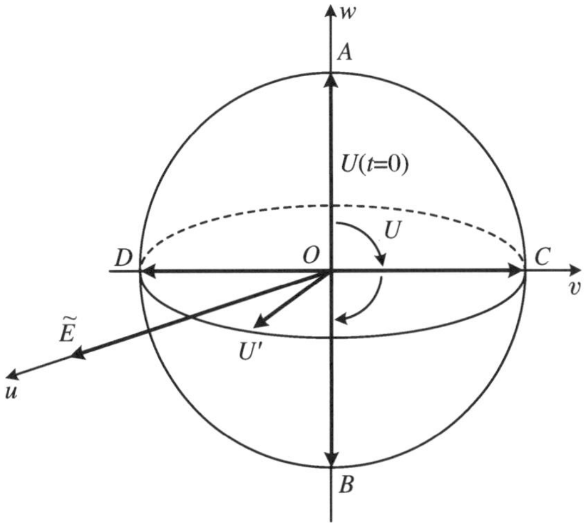

图 2.D.1 在以作用场频率 ω 转动的坐标系下,对于一个原子受到以一个自由演化时间 T 隔开的两个 $\pi/2$ 脉冲的情况,其布洛赫矢量的演化

在第一个脉冲结束时,布洛赫矢量的顶端接近点 C.在共振情况中,布洛赫矢量在这两个脉冲之间保持固定,而在非共振情况中,它在平面 uOv 上转动,直到位置 U' 为止.

让我们先来处理精确共振的情况,即 $\omega=\omega_0$.第一个 $\pi/2$ 脉冲使得布洛赫矢量的顶端从点 A 转移到 v 轴上的点 C,于是就产生了一个最大原子相干项.在黑暗阶段(脉冲间隙),原子用在转动坐标系下固定的点 C 来描述.第二个 $\pi/2$ 脉冲使布洛赫矢量的顶端从点 C 转移到点 B:这两个 $\pi/2$ 脉冲产生了一个 π 角度的总体转动.在这两个脉冲序列之后,会发现系统处于激发态,就好像它遭受的是一个单一 π 脉冲.

现在来考虑准共振情况,即 $\omega\neq\omega_0$,但 ω 仍然十分接近 ω_0,所以这两个脉冲也接近 $\pi/2$ 脉冲.在第一个脉冲之后,布洛赫矢量 $\boldsymbol{U}$ 几乎位于(u,v)平面,其顶端接近于点 C.在第一个脉冲和第二个脉冲之间,复数场 $\widetilde{E}$ 对应的矢量是固定在 u 轴上的,而布洛赫矢量则不是,布洛赫矢量以角频率 ω_0,而不是 ω,沿 w 轴转动(在固定的坐标系下).在以频率 ω 转动的坐标系下,在第二个脉冲开始的时刻 T,布洛赫矢量将转过一个 $(\omega_0-\omega)T$ 的角度,当 T 足够长时这个角度是不可忽略的.以下几种情况尤为重要:

(1) 如果$(\omega_0-\omega)T\equiv\pi(2\pi)$,$P$ 将在这两个脉冲之间转动半圈,处于与其初始位置直径相

对的位置,即点 D. 然后第二个脉冲使布洛赫矢量从 D 移动到 A:原子回到其初始态 $|a\rangle$.

(2) 如果 $(\omega_0-\omega)T\equiv 0(2\pi)$,$P$ 将在第二个脉冲之前完成一圈转动,这两个转动将再次合起来. 原子被转移到态 $|b\rangle$.

考虑到相位并不精确为 $\pi/2$,详细的计算表明在这两个脉冲结束后,原子最终位于高能级的概率作为作用场频率的一个函数具有图 2.D.2 给出的形式. 我们观察到了一个短周期 $2\pi/T$ 内的振荡或"条纹",其外则包络了一个以 $\omega=\omega_0$ 为中心的宽共振(宽度为 $2\pi/t_1$),此宽共振可以由持续时间 t_1 的一个单一 π 脉冲得到. 因此,最中央振荡峰的宽度并不与原子-光相互作用时间 $2t_1$ 相关,而是与两个脉冲的间隔时间有关,这两个脉冲分别对应产生和读取原子相干项. 例如,如果 $T=1$ s,中央峰的频率宽度为 1 Hz. 这种类型的响应使我们能够以比用单一脉冲得到的更好的精度定位共振 $\omega=\omega_0$. 因此这项技术被用于频谱检测并不使我们感到惊讶. 特别是,自 20 世纪 60 年代以来,被用于确定秒的铯原子钟就是基于这个原理实施的. 此外,冷原子的使用使得两脉冲之间的时间 T 大大提高. 图 2.D.3 显示了来自铯"原子喷泉"钟的一个信号记录,其使用的就是冷原子. ①预先冷却的原子以一个很小的速度被垂直向上发射,然后由于重力又回落下来. 这样,原子就通过一个包含处于跃迁频率的场的腔两次. 原子轨迹的顶点大约为 1 m,而两个脉冲分隔的时间,从原子角度来看,大约为 1 s. 中央条纹的 2 Hz 宽度使得一个时钟稳定性大约为 $10^{-14}/\sqrt{t}$,其中 t 是秒量级的积分时间.

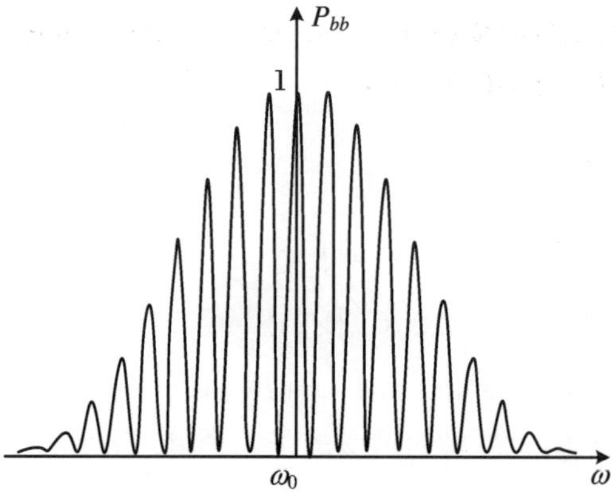

图 2.D.2 在频率为 ω 的两个拉姆齐脉冲作用之后,发现系统处于一个激发态的概率(P)

① Clairon A, et al. Ramsey Resonance in a Zacharias Fountain [J]. Europhysics Letters, 1991, 16: 165.

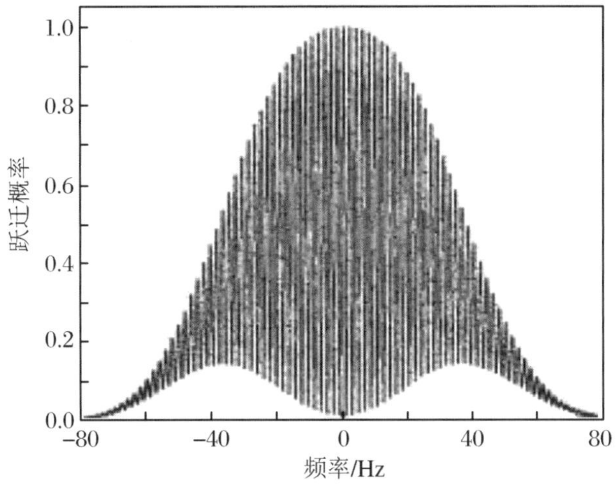

图 2.D.3　一个喷泉原子钟中的拉姆齐条纹

绘图表示作为作用场频率的函数处于激发态的原子数目. 中央条纹的宽度为 2 Hz, 使得本机振荡器能够以好于 10^{-14} 水平的精度保持稳定.

2.D.1.3　光子回波

该技术是由哈恩(E. Hahn)在核磁共振中发明的,随后被扩展到光学领域. 它适用于**非均匀原子体系**,其中每一个原子都有不同的共振频率. 这些频率 ω_0 遍布于以 $\overline{\omega_0}$ 为中心、宽为 Δ_0 的一个频带上,其宽度叫作非均匀宽度. 这种情况经常会遇到,例如在固体中,位于晶体中不同格点的原子处于不同的环境,从而引起跃迁频率的不同位移. 类似地,在原子蒸气中,原子速度的不同导致原子跃迁的不同多普勒频移. 非均匀宽度 Δ_0 通常大于跃迁的自然线宽 Γ,并能掩盖单原子现象. 例如,一个原子体系的吸收谱会因此被展宽,以至于其自然线宽 Γ 无法被测量. 光子回波是一种在高精度光谱学中用于去除非均匀展宽的方法,即使这种"寄生"的展宽已经存在.

光子回波的脉冲序列包括 $t=0$ 时刻第一个 $\pi/2$ 脉冲,随后 t_1 时刻的一个 π 脉冲. 在这两个脉冲之间,原子自由演化. 我们假定作用场的频率 ω 等于中心频率 $\overline{\omega_0}$,并考虑布洛赫矢量的演化,该矢量表示一个初始处于态 $|a\rangle$ 的原子,其玻尔频率为 $\omega_0 \simeq \overline{\omega_0}$(图2.D.4). 我们选取以场频率 $\overline{\omega_0}$ 转动的坐标系:第一个脉冲将布洛赫矢量从初始位置 A 带到接近 C 的一个位置(当 $\omega_0=\overline{\omega_0}$ 时,恰好到点 C). 在脉冲之间的时间,布洛赫矢量自由演化,在固定坐标系下,围绕 Oz 转过 $\omega_0 t_1$ 角度,即在转动坐标系下转过一个角度

$$\phi = (\omega_0 - \bar{\omega}_0)t_1 \tag{2.D.2}$$

对不同原子这个角度是不同的,并且在 $\Delta_0 t_1 \gg 1$ 的情况中,在 t_1 时刻不同布洛赫矢量在 (u,v) 平面上沿着布洛赫球的赤道均匀分布:通过取原子系综电偶极矩的平均值所得到的极化矢量 $\boldsymbol{P}$ 就为 $\mathbf{0}$,并且原子系综不发射任何光.

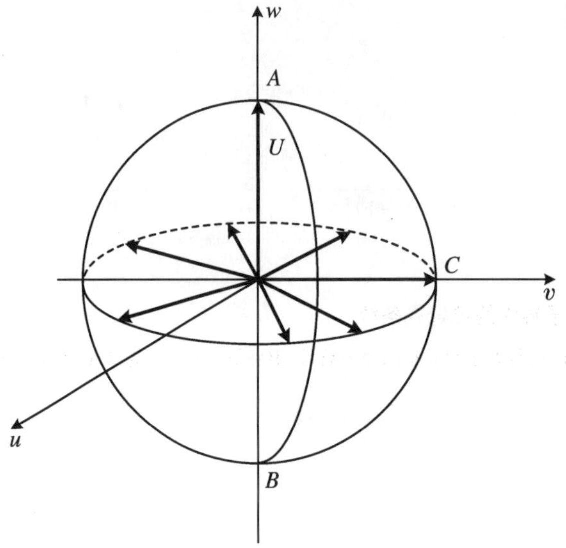

图 2.D.4　在一个非均匀原子系综的自由旋进后布洛赫矢量的分布

实际上,每一个原子都具有相干性,即偶极矩,但这被相位散布在 2π 赤道的偶极子的非均匀系综求平均的影响掩盖.第二个脉冲将允许这些偶极矩转换相位.第二个 π 脉冲使布洛赫矢量围绕 u 轴转动半圈(180°).在该脉冲后,布洛赫矢量立即再次处于(u,v)平面,并与 Ox 轴成一个 $-\phi$ 角度.随后它将自由演化,就像它在之前两个脉冲之间没有场的期间内所做的一样.当第二个脉冲后经过时间 t_2 时,布洛赫矢量将转过一个总角度

$$\phi' = -\phi + (\omega_0 - \bar{\omega}_0)t_2 \tag{2.D.3}$$

当 $t_2 = t_1$ 时,所有原子的这个角都为 0,而无论所考虑原子的共振频率为多少:在这一时刻,所有的原子偶极矩将指向 u 方向.因此它们的平均值将不为 0,而且在原子系综中将短暂出现一个宏观极化 $\boldsymbol{P}$.这个极化在麦克斯韦方程中起到辐射源的作用,并导致一个光脉冲,称为一个"光子回波",因为它在等于之前两个脉冲间隔时间的一个时间之后出现.事实上,导致原子相干性弛豫的过程会使回波的强度随着时间 t_1 变长而变弱.对这个衰减的测量通常用来获得原子相干性的弛豫速率.

2.D.2 第三个能级的使用

通过直接处理原子跃迁，对原子相干项的精确操纵是很精巧的，因为它需要对作用场的振幅、均匀性和脉冲长度有非常精确的控制．然而，如果利用一个辅助能级以及一个或多个频率的辐射场来处理连接这个辅助能级和我们希望在它们之间产生相干性的这两个能级的跃迁，那么情况就会不同．利用该方法，可以在系统的一个定态产生相干．我们已经在光泵浦的现象中看到了一个使用辅助能级的例子（补充材料 2.B），在那个例子中得到了一个远离热平衡的布居数分布．我们将在产生原子相干项的一个不同配置中看到相同的现象．

2.D.2.1 相干布居囚禁

1. 简并能级

考虑一个原子，其能级结构如图 2.D.5(a)所示，比如，$|a_1\rangle$和$|a_2\rangle$为塞曼子能级（并且因此在无磁场时是简并的），$|b\rangle$是一个激发态．对这个原子施加一个频率为 ω、极化为 ε 的电磁场．我们定义

$$d_1 = \langle a_1 \mid \boldsymbol{D} \cdot \boldsymbol{\varepsilon} \mid b\rangle \tag{2.D.4}$$

$$d_2 = \langle a_2 \mid \boldsymbol{D} \cdot \boldsymbol{\varepsilon} \mid b\rangle \tag{2.D.5}$$

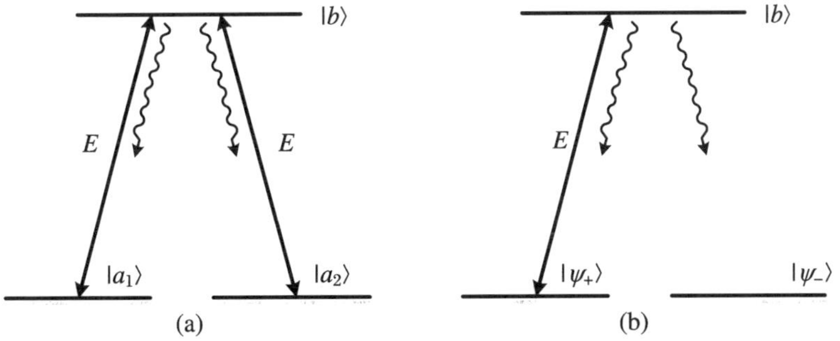

图 2.D.5 对于一个振幅为 E 的场，相干布居囚禁的能级结构（将两个简并能级$|a_1\rangle$和$|a_2\rangle$耦合到一个激发态$|b\rangle$的情况）

(a) 在通常原子的基态中；(b) 在耦合和非耦合态的基态中．

为简单起见，假定这些偶极矩阵元为实数．我们引入正交量子态：

$$|\psi_+\rangle = \frac{d_1|a_1\rangle + d_2|a_2\rangle}{\sqrt{d_1^2 + d_2^2}} \tag{2.D.6}$$

$$|\psi_-\rangle = \frac{d_2|a_1\rangle - d_1|a_2\rangle}{\sqrt{d_1^2 + d_2^2}} \tag{2.D.7}$$

简并基态也可以态$|\psi_+\rangle$和$|\psi_-\rangle$为基来描述，就像以态$|a_1\rangle$和$|a_2\rangle$为基一样. 在这个新的基组合下，我们在图 2.D.5(b)中重新画了能级结构. 相应的偶极矩阵元为

$$\langle\psi_+|\boldsymbol{D}\cdot\boldsymbol{\varepsilon}|b\rangle = \sqrt{d_1^2 + d_2^2} \tag{2.D.8}$$

$$\langle\psi -|\boldsymbol{D}\cdot\boldsymbol{\varepsilon}|b\rangle = 0 \tag{2.D.9}$$

这表明态$|\psi_-\rangle$没有被作用场耦合到激发态. 这可以解释为将$|b\rangle$连接到$|a_1\rangle$和$|a_2\rangle$的受激跃迁振幅之间的干涉相消. 与此相反，自发辐射从$|b\rangle$到 $|\psi_+\rangle$和 $|\psi_-\rangle$ 的去激发速率Γ_+和Γ_-原则上都非零，这是因为偶极矩阵元并没有抵消具有所有可能偏振的自发辐射光子. 于是我们就得到了和光泵浦所述相同的情况(补充材料 2.B)：在一定数量吸收和自发辐射的循环之后，系统将处于态$|\psi_-\rangle$. 实际上，来自激发态的自发辐射泵浦了$|\psi_-\rangle$和$|\psi_+\rangle$两个态，但没有过程能激发系统离开$|\psi_-\rangle$，因此这个态是一个“暗”态，原子在其上累积.

因此，我们在定态区通过简单地用一个单色场照射原子，已经使原子进入了态$|\psi_-\rangle$，即一个确定的两个基态的相干叠加. 我们需要再次指出，一旦处于这个态，原子就不再与作用场发生相互作用. 原子不再受到光泵浦循环，并且不再发出荧光，因此这叫作“暗态”.

这种类型的暗态已经作为一种有效方法被用于原子系综的运动冷却，并且原则上允许达到任意低的温度.[①]这种方法称为速度选择性相干布居囚禁，这是补充材料 8.A 的内容.

如果这两个低能级并不完全简并，态$|\psi_+\rangle$和$|\psi_-\rangle$就不再是稳态. 我们可以得到

$$|\psi_-(t)\rangle = \frac{1}{\sqrt{|d_1|^2 + |d_2|^2}}\left(d_2^* \mathrm{e}^{-\mathrm{i}E_{a_1}t/\hbar}|a_1\rangle - d_1^* \mathrm{e}^{-\mathrm{i}E_{a_2}t/\hbar}|a_2\rangle\right) \tag{2.D.10}$$

该态的这两分量之间的相对相位为 $\exp[\mathrm{i}(E_{a_1} - E_{a_2})t/\hbar] = \mathrm{e}^{\mathrm{i}\omega_{12}t}$. 当 $t = t_0 = \pi/\omega_{12}$时，这个相对相位有一个符号的变化，2.D.9 小节零矩阵元就不出现. 现在这个态$|\psi_-(t)\rangle$

① Bardou F, Bouchaud J-P, Aspect A, et al. Lévy Statistics and Laser Cooling [M]. Cambridge University Press, 2002.

就与场相耦合了，因此不是一个暗态．可以看到，由于基态简并的解除，这种方法所产生的暗态是脆弱的．在塞曼子能级的情况中，简并的解除可以由杂散磁场出现所致．这个现象已经被用来制造高灵敏度磁力计．

2．非简并能级

现在我们将看到另一个稍微更复杂的辐射场结构，它允许具有不同能量的两个能级产生相干叠加．

让我们考虑具有如图 2.D.6 所示结构的一个原子，其中能级 $|a_1\rangle$ 和 $|a_2\rangle$ 有不同的能量（例如基态的两个超精细子能级）．现在对这个原子施加两个电磁场 $\boldsymbol{E}_1(t)=E_1\boldsymbol{\varepsilon}_1\cos\omega_1 t$ 和 $\boldsymbol{E}_2(t)=E_2\boldsymbol{\varepsilon}_2\cos(\omega_2 t+\phi)$，分别与跃迁 $|a_1\rangle\rightarrow|b\rangle$ 和 $|a_2\rangle\rightarrow|b\rangle$ 是准共振的．我们引入对于这些相互作用的两个拉比频率：

$$\Omega_1=-\langle a_1|\boldsymbol{D}\cdot\boldsymbol{\varepsilon}_1|b\rangle E_1/\hbar \tag{2.D.11}$$

$$\Omega_2=-\langle a_2|\boldsymbol{D}\cdot\boldsymbol{\varepsilon}_2|b\rangle E_2/\hbar \tag{2.D.12}$$

限于所涉及能级的相互作用哈密顿量可以写成一个 3×3 矩阵：

$$\hat{H}_1=\begin{bmatrix}0 & 0 & \Omega_1\cos\omega_1 t\\ 0 & 0 & \Omega_2\cos(\omega_2 t+\phi)\\ \Omega_1\cos\omega_1 t & \Omega_2\cos(\omega_2 t+\phi) & 0\end{bmatrix} \tag{2.D.13}$$

现在来考虑这个态

$$|\psi_-(t)\rangle=\frac{1}{\sqrt{\Omega_1^2+\Omega_2^2}}\left(\Omega_2\mathrm{e}^{-\mathrm{i}E_{a_1}t/\hbar}|a_1\rangle-\Omega_1\mathrm{e}^{-\mathrm{i}E_{a_2}t/\hbar-\mathrm{i}\phi}|a_2\rangle\right) \tag{2.D.14}$$

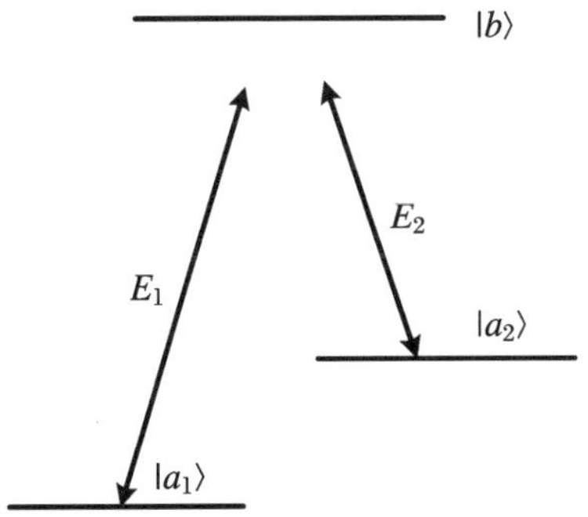

图 2.D.6　对于振幅为 E_1 和 E_2、频率为 ω_1 和 ω_2 的两个场，分别将两个非简并能级 $|a_1\rangle$ 和 $|a_2\rangle$ 耦合到一个激发态 $|b\rangle$ 的情况，相干布居囚禁的能级结构

将这个态$|\psi_-(t)\rangle$耦合到激发态$|b(t)\rangle = e^{-iE_b t/\hbar}|b\rangle$的矩阵元可以由下式给出：

$$\begin{aligned}&\langle\psi_-(t)|\hat{H}_1|b(t)\rangle\\&\quad=\frac{\Omega_1\Omega_2}{\sqrt{\Omega_1^2+\Omega_2^2}}\left[\cos\omega_1 t e^{-i(E_b-E_{a_1})t/\hbar}-\cos(\omega_2 t+\phi)e^{-i(E_b-E_{a_2})t/\hbar+i\phi}\right]\end{aligned}\quad(2.D.15)$$

在对这两个作用场的准共振近似中，我们只考虑此矩阵元的低频部分，这部分对跃迁概率来说是主要贡献．由此得到

$$\langle\psi_-(t)|\hat{H}_1|b(t)\rangle\simeq\frac{\Omega_1\Omega_2}{2\sqrt{\Omega_1^2+\Omega_2^2}}\left[e^{-i(E_b-E_{a_1}-\hbar\omega_1)t/\hbar}-e^{-i(E_b-E_{a_2}-\hbar\omega_2)t/\hbar}\right]$$

(2.D.16)

如果下列条件得到满足，这个矩阵元(2.D.16)将始终为0：

$$\hbar(\omega_1-\omega_2)=E_{a_2}-E_{a_1}\quad(2.D.17)$$

这个条件相当于跃迁$|a_1\rangle\to|b\rangle$和$|a_2\rangle\to|b\rangle$有相同的失谐量，即一个拉曼共振（见2.1.5小节）．当这个条件满足时，在任何时候，态$|\psi_-(t)\rangle$和$|b(t)\rangle$之间都没有跃迁发生．这是类似于前一段的一个情况．态$|\psi_-(t)\rangle$为一个非耦合态，并且起到了暗态的作用：如果等式(2.D.17)的条件满足，则所有原子将迅速进入这个态．系统将处于该原子的两个基态的一个相干叠加，在这种情况中，这个叠加态不是恒定的态．原子不再与场发生相互作用，并且变得透明．注意到以这种方式产生的态的相干项的相位与所施加的两个辐射场之间的相对相位ϕ直接相关，因此两辐射场足够长的时间相干性会使得所产生的原子相干项在相互作用时间内的平均值非零．

2.D.2.2　电磁感应透明

1. 原理

我们仍然来考虑上面所讨论的结构，即两个准共振场作用到三能级系统上．第一个场的频率ω_1可以在跃迁$|a_1\rangle\to|b\rangle$的共振频率附近变化，而第二个场则恰好与跃迁$|a_2\rangle\to|b\rangle$共振($\omega_2=\omega_{02}=(E_b-E_{a_2})/\hbar$)．第一个场被原子蒸气吸收的速率是失谐量$\delta_1=\omega_1-\omega_{01}$的一个函数，如图2.D.7所示，包括了存在和不存在第二个辐射场两种情况．

当只有第一个场时，我们得到了通常的洛伦兹吸收频谱，以$\delta_1=0$为中心，与我们在第2章中看到的一样．在共振时，原子介质是不透明的，因为它吸收相应的辐射场．

利用三能级系统的布洛赫方程组来计算的话，可以确定存在第二个场情况下对于δ_1

所有值的吸收速率,如图 2.D.7 所示.注意到在 $\delta_1=0$ 处有一个非常窄的下降,这相当于一个吸收的抑制.这意味着当这两个场恰好与这两个跃迁的每一个都共振时,将没有吸收.实际上,正是这个零失谐($\delta_1=0$),当第二个场共振时会满足方程(2.D.17)的条件,并且导致了产生透明的相干布居囚禁.这个现象初看起来是矛盾的,因为通常的精确共振意味着吸收最大而不是吸收为零,这个现象称为**电磁感应透明**(EIT).

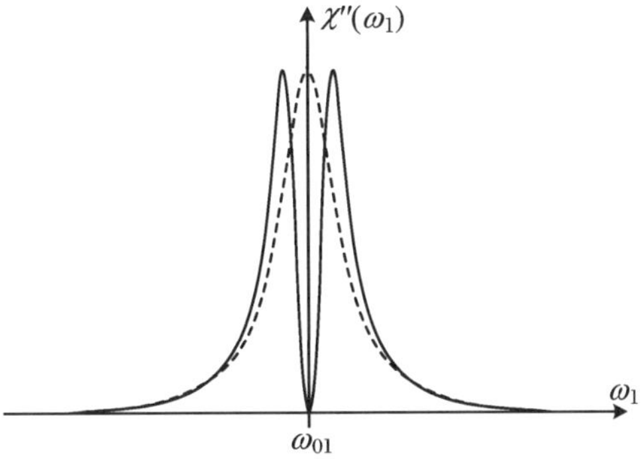

图 2.D.7　在存在(实线)或不存在(虚线)与跃迁 $|a_2\rangle\to|b\rangle$ 共振的一个场时,作为第一个场频率 ω_1 的一个函数的跃迁 $|a_1\rangle\to|b\rangle$ 的吸收系数 $\chi''(\omega_1)$

2. 应用:减慢光速

在线性响应激励的任意系统中,因果律的约束(一个结果在原因之后)在线性响应的实部和虚部之间,即依赖 χ'' 的吸收速率和 χ' 的折射率,产生一个数学上的关系.这就是克拉默斯-克罗尼格(Kramers-Krönig)关系:

$$\chi'(\omega)=\frac{2}{\pi}\int_0^{\infty}\omega'\mathrm{d}\omega'\,\frac{\chi''(\omega')}{\omega'^2-\omega^2}\tag{2.D.18}$$

这个关系意味着,如果吸收具有一个洛伦兹形式(图 2.15(a)),那么折射率将有一个色散曲线(图 2.15(b)).注意折射率在共振 $\delta_1=0$ 附近迅速变化.应用到电磁感应透明的情况时,方程(2.D.18)意味着场 $\boldsymbol{E}_1$ 的折射率在接近 $\delta_1=0$(即在诱导电磁透明发生的区域)也迅速变化.回忆下一个光脉冲的群速度 v_g,可以表示为

$$v_\mathrm{g}=\frac{c}{n+\omega\mathrm{d}n/\mathrm{d}\omega}\tag{2.D.19}$$

我们可以看到,在 $\mathrm{d}n/\mathrm{d}\omega$ 很大的区域,即在紧邻共振的区域,v_g 会变小.当只作用场 $\boldsymbol{E}_1$ 时,这个接近共振的区域也是吸收最大的区域,并且脉冲因此随着其群速度改变的同时

2

被吸收. 然而,当存在第二个场 $\boldsymbol{E}_2$ 时,在共振区域附近介质表现为透明:光并没有被吸收,而且可以测量光减速的效应.

图 2.D.8 显示了在一个稠密的钠原子雾上进行的一个实验的结果. 它使我们可以在相同的条件下对比光脉冲在通过一个受强场干扰与不受强场干扰的介质时的对比. 在这两种情况下,光脉冲之间可以观察到 7 μs 的一个延迟,由此脉冲在原子介质中的群速度被仅仅确定为 32 m · s^{-1},或大约 100 km · h^{-1}. 这说明,光脉冲通过被第二个场照射的介质时,其减速是相当可观的. 因为在这个特定情况中,群速度减少了 7 个数量级. 另外,如果在光脉冲正通过原子介质场的同时 $\boldsymbol{E}_2$ 被关掉,那么处于暗态的原子将保持在这个态上,因为这个态是稳恒的. 因此相干项被储存在介质中,就像在拉姆齐实验中有两个场脉冲时的情况一样,至少在相干项的弛豫效应还很小时是这样. 如果再次开启场 $\boldsymbol{E}_2$,原子介质将再次通过受激拉曼效应,发射最初的具有第一个跃迁频率的场脉冲,因此这个脉冲将以一个可控的延迟量穿过介质. 由此,我们就有了一个很有前景的可以写入、储存和读取原子相干项的方法,用以实现量子信息处理的多种应用.

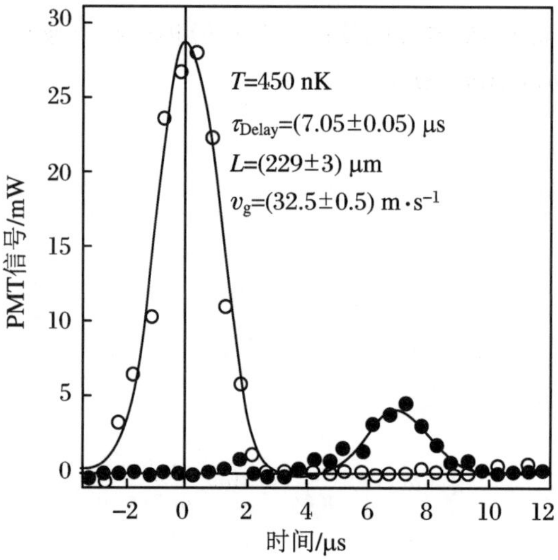

图 2.D.8　一个光脉冲通过原子系综时的实验记录,该原子系综是如图 2.D.6 所示的三能级系统并施加了两个共振激光

空心圆:不存在第二个场的情况. 实心圆:存在第二个场并且在诱导电磁透明的条件下的情况:光的群速度被降低了 7 个数量级(Hau L V, Harris S, Dutton Z, et al. Nature, 1999, 397: 594).

补充材料 2.E　光电效应

光电效应是指物质被入射电磁辐射照射时有电子射出的现象.这个现象首先是由赫兹从金属中观察到的(当被紫外辐射照射时,他的火花间隙的电极就放电),但也出现在可以被入射紫外光或 X 射线电离的原子或分子中.

对于入射辐射来说,存在一个**阈频率** ω_s,低于这个频率时不会出现电子的发射,这是光电效应的一个特性,经典物理,或更准确地说,经典电动力学无法解释这个现象.正是这个特性使爱因斯坦于 1905 年提出了一个假定,即频率为 ω 的单色光是由粒子组成的,后来这种粒子称为光子①,每一个光子都有一个能量

$$E_{\text{photon}} = \hbar\omega \tag{2.E.1}$$

然后爱因斯坦将光电效应解释为一个束缚电子和一个光子的碰撞,这个碰撞导致光子的消失并且其能量转移给了电子(图 2.E.1).如果我们用 E_I 表示一个原子的电离能(电子从原子中射出所必需的能量),或者对于一个金属的情况,功函数,即所射出电子的动能 E_e 的爱因斯坦表达式为

$$E_e = \hbar\omega - E_I \tag{2.E.2}$$

由于这个动能必须为正值,那么辐射频率就必须大于阈频率:

$$\omega_s = \frac{E_I}{\hbar} \tag{2.E.3}$$

在密立根(Millikan)于 1915 年对这个模型的正确性进行了明确的实验证实后②,爱因斯坦于 1921 年获得了诺贝尔奖,是由于"对理论物理的贡献,特别是他对光电效应的解释".

---

① Einstein A. Concerning an Heuristic Point of View toward the Emission Transformation of Light [J]. Annalen de Physik, 1905, 17: 132.

注意到为了解释黑体辐射光谱的形式,爱因斯坦的假设远比普朗克于 1900 年提出的假设更激进.普朗克只假定物质与辐射之间交换的能量是量子化的.

② 若干引用材料表明,密立根其实是满期望地来反驳爱因斯坦的光子假设的.与其同时代的大多数物理学家一样,他认为这与所有已知光的波的性质(干涉、衍射)不相容.例如,见 A. Pais 的 *Subtle is the Lord*, *The Science and Life of Albert Einstein*(Oxford University Press,1984).

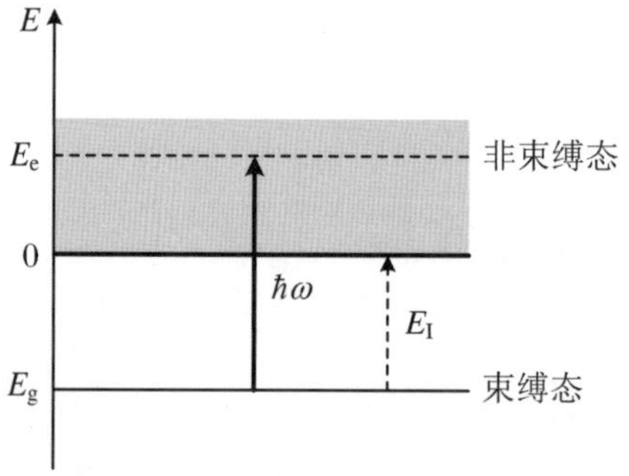

图 2.E.1　光电效应的爱因斯坦解释

初始具有一个负能量 $E_g = -E_I$ 的束缚电子，可以通过能量 $\hbar\omega$ 大于 E_I 的一个光子的吸收，被转移到一个非束缚态.

但是，在这个补充材料中，我们将利用一个半经典模型来研究光电效应.在这个模型中光场不是量子化的.如今，人们已经认识到这个现象实际上不需要光子存在的假设就可以很好地来理解，倘若这个物质被当作一个量子系统.（这并没有减小爱因斯坦在认识量子化中的成就——1905 年，人们对物质的量子化并没有比光的量子化理解得更多，因为直到 1913 年才提出了原子的玻尔模型.）有趣的是，我们将在这个补充材料中建立的结果是精确的，尽管我们可以在物质-光相互作用的一个完全量子力学理论框架中更优美地来处理光电效应，这一内容将在第 6 章中介绍.

本补充材料中的模型提供了一个通过时间正弦扰动将一个分立能级与准连续态相耦合的具体例子（对照第 1 章 1.3.4 小节）.在这一点上，它可以被认为是一个通过费米黄金规则来获得定量结果的范例.

2.E.1　模型描述

2.E.1.1　束缚原子态

考虑一个原子中的电子，它处于束缚态 $|g\rangle$.例如，它可以是处于基态或一个束缚的激发态的氢原子中的电子，或者碱金属原子中的价电子.下面的讨论同样也适用于处于多电子原子的较深束缚层上的一个电子.如果我们取电子在原子核无穷远处的势能作为能量的零点，那么束缚态的能量就为负值：

$$E_g = -E_I \tag{2.E.4}$$

其中 E_I 为电离能，是一个正数. 我们先给出几个数量级. 由于氢的基态的电离能为 13.6 eV，相应的光电阈频率就为

$$\frac{\omega_s}{2\pi} = \frac{E_I}{h} = 3.3 \times 10^{15}\ \text{Hz} \tag{2.E.5}$$

对应的是远紫外线中 $\lambda_s = 91$ nm 的一个波长.

然而氢原子的激发态有更小的电离能，与之相比，重(多电子)原子的内部态则有更大的电离能，通常超过 1 keV. 这些都相当于小于 1 nm(X 射线)的阈波长.

在下文中，当我们需要利用束缚电子波函数的一个显式表达式(或其傅里叶变换)时，我们将采用氢原子的这些众所周知的数量级.①

2.E.1.2 非束缚态：态密度

光电离过程的末态具有正能量，并对应于电子的非束缚态. 这些都是电离原子的状态. 在氢原子的情况中，可以得到这些态的显式表达式. 然而，为了提供涉及准连续谱的一个简化讨论，我们将只考虑高能量的非束缚态，它们受原子核的引力势和库仑势的影响很小. 这些态可以很好地近似为一个平面德布罗意波：

$$\psi_e(\boldsymbol{r}) = A\exp(\mathrm{i}\boldsymbol{k}_e \cdot \boldsymbol{r}) \tag{2.E.6}$$

它们是动量算符的本征态：

$$\hat{\boldsymbol{P}} \mid \psi_e\rangle = \hbar\boldsymbol{k}_e \mid \psi_e\rangle \tag{2.E.7}$$

这些态对应的能量为

$$E_e = \frac{\hbar^2 k_e^2}{2m} \tag{2.E.8}$$

(m 为电子的质量). 注意，能量 E_e 越大，式(2.E.6)~式(2.E.8)的近似就越好，这是因为电子的库仑能相较于动能会越小.②

为了得到定量结果，就必须使波函数归一化. 对于式(2.E.6)的平面波来说，实现归一化的方法并不显然. 这里我们采用类似于第 1 章 1.3.2 小节的过程，根据这个过程，我们假定电子受限于一个大于原子尺度、边长为 L 的立方体体积，其表面垂直于这三个笛卡儿坐标轴 $\boldsymbol{e}_x$，$\boldsymbol{e}_y$ 和 $\boldsymbol{e}_z$. 因此波函数 $\psi_e(\boldsymbol{r})$ 在这个立方体之外就为 0，由此归一化条件

---

① Bethe H A, Salpeter E E. Quantum Mechanics of One-and Two-Electron Atoms [M]. Plenum, 1977.

② 对氢原子来说，这相当于 $\alpha c \ll v$，其中 $v = \hbar k_e / m$，$\alpha \approx 1/137$ 为精细结构常数(方程(2.E.47)).

$$|A| = \frac{1}{L^{3/2}} \tag{2.E.9}$$

就可以很容易得到.为简单起见,我们假设 A 是正实数.

我们知道波函数必须满足立方界面上的边界条件,该条件会导致所允许能量和动量的离散谱.我们在下文中将采用周期性边界条件,这样会得到对进一步处理来说更方便的表达式;我们不采用单一孤立势阱上常用的"真实"的边界条件(即在立方界面上 $\psi_e(\boldsymbol{r})$ 为 0).[①]于是我们可以写出

$$\psi_e(\boldsymbol{r} + L\boldsymbol{e}_x) = \psi_e(\boldsymbol{r}) \tag{2.E.10}$$

并且在沿其他两个笛卡儿轴的波函数上添加周期性也可以得到类似的表达式.因此 $\boldsymbol{k}_e$ 的允许值就为

$$\boldsymbol{k}_e = \frac{2\pi}{L}(n_x\boldsymbol{e}_x + n_y\boldsymbol{e}_y + n_z\boldsymbol{e}_z) \tag{2.E.11}$$

其中(n_x, n_y, n_z)为相关整数.在波矢(倒)空间中,这些值构成了边长为 $2\pi/L$ 的一个立方晶格的点(图 2.E.2).

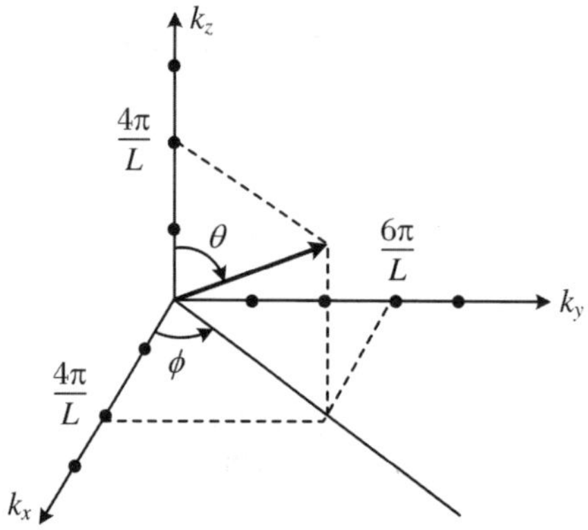

图 2.E.2　倒空间中自由电子波函数的表示

由于周期性边界条件(周期为 L)$\boldsymbol{k}$ 矢量顶点的允许值构成了边长为 $2\pi/L$ 的一个立方晶格的点.我们在图中举例说明了$(n_x=2, n_y=3, n_z=2)$所表示的波矢 $\boldsymbol{k}_e$.该波矢同样可以用它的模数 k_e 和方向(θ, ϕ)来描述.

那么上述离散化过程使自由电子态的连续谱转换为准连续谱,准连续谱的能量间隔随着 L 增大而趋于 0.注意,事实上 L 的大小尺度是任意的,并且可以从用这个方法导出

① 也可见第 6 章,在那里采用了一个类似过程来计算电磁场的模式密度.

的物理量的表达式中删去.

为了应用费米黄金规则,我们必须将态密度表示成第 1 章 1.3.3 小节所介绍的 $\rho(\beta,E)$形式.首先,注意到态密度在倒空间中是均匀的,并且等于

$$\rho(\boldsymbol{k}_{\mathrm{e}}) = \left(\frac{L}{2\pi}\right)^3 \tag{2.E.12}$$

因为每一个态都与一个体积为 $2\pi/L^3$ 的立方单元相联系(图 2.E.2).为了按照能量改写态密度,我们首先用一个电子波矢 $\boldsymbol{k}_{\mathrm{e}}$ 的模数和方向(θ,ϕ)来表示该波矢,其模数的平方正比于能量(方程(2.E.8)).于是,倒空间内的一个体积元为一个立体角 $\mathrm{d}\Omega$ 与内外半径分别为 k_{e} 和 $k_{\mathrm{e}}+\mathrm{d}k_{\mathrm{e}}$ 的球壳的交叠区.该体积为

$$\mathrm{d}^3 k_{\mathrm{e}} = k_{\mathrm{e}}^2 \mathrm{d}k_{\mathrm{e}} \mathrm{d}\Omega \tag{2.E.13}$$

该体积元中允许态的数量为

$$\mathrm{d}^3 N = \left(\frac{L}{2\pi}\right)^3 k_{\mathrm{e}}^2 \mathrm{d}k_{\mathrm{e}} \mathrm{d}\Omega = \left(\frac{L}{2\pi\hbar}\right)^3 \sqrt{2E_{\mathrm{e}} m^3} \mathrm{d}E_{\mathrm{e}} \mathrm{d}\Omega \tag{2.E.14}$$

因此与(E_{e},Ω)相关的态密度就为

$$\rho(E_{\mathrm{e}},\theta,\phi) = \frac{\mathrm{d}^3 N}{\mathrm{d}E_{\mathrm{e}} \mathrm{d}\Omega} = \left(\frac{L}{2\pi\hbar}\right)^3 \sqrt{2E_{\mathrm{e}} m^3} = \left(\frac{L}{2\pi\hbar}\right)^3 m\,\hbar k_{\mathrm{e}} \tag{2.E.15}$$

现在我们将利用这个表达式来求一个光电子以一个给定能量在一个给定方向附近的很小立体角 $\mathrm{d}\Omega$ 内被放出的概率.

评注 如果使用坐标(θ,ϕ),而不是用立体角的大小 $\mathrm{d}\Omega$ 来描述这个很小的立体角,那么相应的态密度$\dfrac{\mathrm{d}^3 N}{\mathrm{d}E_{\mathrm{e}}\mathrm{d}\theta\mathrm{d}\phi}$将由式(2.E.15)乘以一个因数 $\sin\theta$ 给出.

2.E.1.3 相互作用哈密顿量

原子被一个电磁波辐照,在库仑规范中该电磁波由下列势描述:

$$\boldsymbol{A}(\boldsymbol{r},t) = \boldsymbol{\varepsilon} A_0 \cos(\omega t - \boldsymbol{k}\cdot\boldsymbol{r}) \tag{2.E.16}$$

$$U(\boldsymbol{r},t) = 0 \tag{2.E.17}$$

原子与该场的最低阶相互作用将用下列哈密顿量来描述(对照第 2 章方程(2.54)):

$$\hat{H}_{\mathrm{I1}} = -\frac{q}{m}\hat{\boldsymbol{p}}\cdot\boldsymbol{A}(\hat{\boldsymbol{r}},t) \tag{2.E.18}$$

2

需要注意，这里我们并没有做长波近似，所以我们的方法对 X 射线波段来说同样是有效的，这些波长并不比原子尺寸大. 此方法对从高激发态原子的光电离的描述也将仍然有效，这些高激发态的空间范围远大于较低能态.

现在我们来计算矩阵元 $\langle e|\hat{H}_{I1}|g\rangle$，它表示束缚态 $|g\rangle$ 和一个电离态之间跃迁：

$$\begin{aligned}\langle e \mid \hat{H}_{I1} \mid g\rangle &= \langle \mathrm{e} \mid -\frac{q}{m}\hat{\boldsymbol{p}} \cdot \boldsymbol{A}(\hat{\boldsymbol{r}},t) \mid g\rangle \\ &= -\frac{q}{2m}A_0\mathrm{e}^{-\mathrm{i}\omega t}\langle e \mid \hat{\boldsymbol{p}} \cdot \boldsymbol{\varepsilon}\mathrm{e}^{\mathrm{i}\boldsymbol{k}\cdot\hat{\boldsymbol{r}}} \mid g\rangle - \frac{q}{2m}A_0\mathrm{e}^{\mathrm{i}\omega t}\langle e \mid \hat{\boldsymbol{p}} \cdot \boldsymbol{\varepsilon}\mathrm{e}^{-\mathrm{i}\boldsymbol{k}\cdot\hat{\boldsymbol{r}}} \mid g\rangle\end{aligned} \tag{2.E.19}$$

注意到，因为末态的能量大于初态，故只有式(2.E.19)中 $\exp(-\mathrm{i}\omega t)$ 这项能引起共振跃迁，并为能量为 E_e 的末态贡献一个不可忽略的振幅，其中

$$E_e = \hbar\omega + E_g = \hbar\omega - E_I \tag{2.E.20}$$

(对照第 1 章 1.2.4 小节). 我们采用准共振近似，并只保留式(2.E.19)右边的第一项. 这个近似有效的条件是相互作用时间远大于 $1/\omega_s$(对于来自氢原子基态的光电离，$1/\omega_s$ 等于 10^{-16} s). 于是我们可以写出

$$\langle e \mid \hat{H}_{I1} \mid g\rangle \approx \frac{1}{2}\mathrm{e}^{-\mathrm{i}\omega t}W_{eg} \tag{2.E.21}$$

其中

$$W_{eg} = -\frac{q}{m}A_0\langle e \mid (\hat{\boldsymbol{p}}_e \cdot \boldsymbol{\varepsilon})\mathrm{e}^{\mathrm{i}\boldsymbol{k}\cdot\hat{\boldsymbol{r}}} \mid g\rangle \tag{2.E.22}$$

我们在式(2.E.7)中所采用的对非束缚电子态的平面波近似，使式(2.E.22)可以重新表示为

$$\begin{aligned}W_{eg} &\approx -\frac{q}{m}A_0\,\hbar(\boldsymbol{k}_e \cdot \boldsymbol{\varepsilon})L^{-\frac{3}{2}}\int \mathrm{d}^3 r r\mathrm{e}^{\mathrm{i}(\boldsymbol{k}-\boldsymbol{k}_e)\cdot\boldsymbol{r}}\psi_g(\boldsymbol{r}) \\ &= -\left(\frac{2\pi}{L}\right)^{\frac{3}{2}}\frac{qA_0}{m}\hbar k_e(\boldsymbol{u}_e \cdot \boldsymbol{\varepsilon})\tilde{\psi}_g(\boldsymbol{k}_e - \boldsymbol{k})\end{aligned} \tag{2.E.23}$$

在这个表达式中，我们引入了波函数 $\psi_g(\boldsymbol{r})$ 的傅里叶变换 $\tilde{\psi}_g(\boldsymbol{q})$：

$$\tilde{\psi}_g(\boldsymbol{q}) = (2\pi)^{-3/2}\int \mathrm{d}^3 r\mathrm{e}^{-\mathrm{i}\boldsymbol{q}\cdot\boldsymbol{r}}\psi_g(\boldsymbol{r}) \tag{2.E.24}$$

(这里必须小心,不要将傅里叶变换中出现的倒空间虚拟矢量 $\boldsymbol{q}$ 与电子电荷相混淆.)除去一个因子 $\hbar^{-3/2}$,$\tilde{\varphi}_{\mathrm{g}}(\boldsymbol{q})$ 为动量表象中的电子波函数.此外

$$\boldsymbol{u}_{\mathrm{e}} = \frac{\boldsymbol{k}_{\mathrm{e}}}{k_{\mathrm{e}}} \tag{2.E.25}$$

为光电子发射方向上的单位矢量.

在氢原子的情况中,我们可以利用束缚态的傅里叶变换 $\tilde{\varphi}_{\mathrm{g}}(\boldsymbol{q})$ 的精确表达式.对于基态,我们有

$$\tilde{\psi}_{n=1,l=0}(\boldsymbol{q}) = \frac{2\sqrt{2}}{\pi}\frac{1}{(\boldsymbol{q}^2 a_0^2 + 1)^2} a_0^{3/2} \tag{2.E.26}$$

a_0 为玻尔半径,

$$a_0 = \frac{4\pi\varepsilon_0}{q^2}\frac{\hbar^2}{m} = 0.53 \times 10^{-10}\ \mathrm{m} \tag{2.E.27}$$

激发态的傅里叶变换可以根据球对称态($l = 0$)的具有下列渐近值的函数给出:

$$\tilde{\psi}_{n,l=0}(\boldsymbol{q} = \boldsymbol{0}) = (-1)^{n-1}\frac{2\sqrt{2}}{\pi} a_0^{3/2} n^{5/2} \tag{2.E.28}$$

并且,对 $n|\boldsymbol{q}|a_0 \gg 1$,

$$\tilde{\psi}_{n,l=0}(\boldsymbol{q}) \approx \frac{2\sqrt{2}}{\pi}\left(\frac{a_0}{n}\right)^{3/2}\left(\frac{1}{|\boldsymbol{q}|a_0}\right)^4 \tag{2.E.29}$$

这些表达式使我们能够明确地计算式(2.E.22)的矩阵元,条件是电磁波的振幅 A_0 是已知的.对于一个辐照度(每单位面积功率)为 Π 的入射行波,我们知道

$$\Pi = \varepsilon_0 c \frac{\omega^2 A_0^2}{2} \tag{2.E.30}$$

这是因为电场的振幅为 ωA_0.正如光电效应的爱因斯坦解释所显示的,它也可以用来引入光子通量(每单位面积单位时间):

$$\frac{\Pi}{\hbar\omega} = \varepsilon_0 c \frac{\omega A_0^2}{2\hbar} \tag{2.E.31}$$

现在,我们得到了我们所需的对于光电离概率的计算所必要的所有数值.

2.E.2 光电离率和光电离截面

2.E.2.1 电离率

正如我们在1.3节中所看到的：一个分立能级与一个准连续谱之间耦合的微扰处理在对所有可能的末态积分后会导致一个随时间线性增加的跃迁概率.这使我们能定义一个**跃迁率**(单位时间跃迁的概率)，这个跃迁率正比于初态和与其共振耦合的准连续末态之间所取的耦合矩阵元的模平方.在目前我们所考虑的情况下，这些态满足式(2.E.20).

为了计算光电离率，现在只需要应用费米黄金规则.更准确地说，我们必须利用与方程(1.97)相关的简并连续谱情况，并扩展到一个正弦扰动的形式.这会引入一个附加因数1/4(对照方程(1.101)).因此，每单位立体角光电离率就为

$$\frac{\mathrm{d}\Gamma}{\mathrm{d}\Omega}=\frac{\pi}{2\hbar}\mid W_{\mathrm{eg}}\mid^{2}\rho(E_{\mathrm{e}},\theta,\phi)\tag{2.E.32}$$

其中矩阵元 W_{eg}(式(2.E.23))以及末态密度(2.E.15)是用由方程(2.E.20)给出的一个最终能量(或对于 k_{e} 的相应值)来计算的：

$$E_{\mathrm{e}}=\frac{\hbar^{2}k_{\mathrm{e}}^{2}}{2m}=\hbar\omega+E_{\mathrm{s}}=\hbar\omega-E_{\mathrm{I}}=\hbar(\omega-\omega_{\mathrm{s}})\tag{2.E.33}$$

正如预期的：L 从最终结果中消去了.我们得到在方向 $\boldsymbol{u}_{\mathrm{e}}$ 上电子的光致发射速率

$$\frac{\mathrm{d}\Gamma}{\mathrm{d}\Omega}(\boldsymbol{u}_{\mathrm{e}})=\frac{\pi q^{2}A_{0}^{2}k_{\mathrm{e}}^{3}}{2m\hbar}(\boldsymbol{u}_{\mathrm{e}}\cdot\boldsymbol{\varepsilon})^{2}\mid\tilde{\psi}_{\mathrm{g}}(\boldsymbol{k}_{\mathrm{e}}-\boldsymbol{k})\mid^{2}\tag{2.E.34}$$

在所有可能的发射方向上做积分，我们得到了来自态 $|g\rangle$ 的总光电离率：

$$\Gamma=\frac{\pi q^{2}A_{0}^{2}}{2m\hbar}k_{\mathrm{e}}^{3}\int\mathrm{d}\Omega(\boldsymbol{u}_{\mathrm{e}}\cdot\boldsymbol{\varepsilon})^{2}\mid\tilde{\psi}_{\mathrm{g}}(\boldsymbol{k}_{\mathrm{e}}-\boldsymbol{k})\mid\tag{2.E.35}$$

上述结果完全解释了实验中所观察到的光电离的所有特性.首先，给出了所发射电子动能的方程(2.E.33)，这正是与密立根的观测结果完全一致的爱因斯坦方程.然而需要注意的是，这个方程并不是从光子与束缚电子之间简单碰撞中能量守恒这一先验假定得到的，爱因斯坦的论证用到了这个假定.此方程的出现是初、末态间跃迁振幅的共振形式变化的结果，其中初态和末态的能量满足式(2.E.20).

其次，正如所预料的：我们发现了一个正比于电磁波振幅的平方以及辐照度(2.E.30)的跃迁率.我们也发现在方向 $\boldsymbol{u}_{\mathrm{e}}$ 上的光电离率随 $(\boldsymbol{u}_{\mathrm{e}}\cdot\boldsymbol{\varepsilon})^2$ 变化，也就是随电场矢量和发射方向夹角的余弦的平方变化.这再次与实验结果相吻合，实验中存在一个平行于电场方向的优先发射方向.在这一节中，在没有引入光子概念的情况下，我们已经能够释光电效应的所有基本特性.许多其他有用的结果都可以从上述讨论中引申出来，我们将在下面给出一些这样的例子.

评注 存在这样一种不恰当的争议：当开启光场时(甚至在光场具有很低强度的情况中)，光电子的迅速出现无法用上述模型来解释.我们这里给出的理由是：穿过原子尺度大小的面积内的能量通量(由坡印廷矢量给出)在如此短的一个时间尺度上是不足以提供发射一个电子所需要的能量.事实上，我们应当时刻注意，这里所计算的跃迁率是量子概率.如果进行了一系列多次重复实验，绘制所发射的第一个电子的到达时间的分布，我们将会发现这个分布从时间零点开始是平坦的(没有阶跃)，与方程(2.E.34)和(2.E.35)一致.在很短的延迟时间内发生的光电发射的概率可以解释为仅仅是原子的量子性质的结果.

2.E.2.2 光电离截面

将光电离描述为光子与原子的碰撞是一个有用的物理图像，尽管此图像对于我们目前方法的有效性来说并不必要.但是，它对于考虑每单位光子通量的光电离率(方程(2.E.31))来说是有益的.这个量有面积的量纲，称之为**光电离截面** σ_{g}.于是光电离率的形式就为

$$\Gamma = \sigma_{\mathrm{g}}\frac{\Pi}{\hbar\omega} \tag{2.E.36}$$

利用式(2.E.35)，我们得到

$$\sigma_{\mathrm{g}} = \frac{\pi q^2}{m\varepsilon_0 c\omega}k_{\mathrm{e}}^3\int\mathrm{d}\Omega(\boldsymbol{u}_{\mathrm{e}}\cdot\boldsymbol{\varepsilon})^2\,|\,\tilde{\psi}_{\mathrm{g}}(\boldsymbol{k}_{\mathrm{e}}-\boldsymbol{k})\,|^2 \tag{2.E.37}$$

该式也可以写为

$$\sigma_{\mathrm{g}} = 2\pi r_0\lambda k_{\mathrm{e}}^3\int\mathrm{d}\Omega(\boldsymbol{u}_{\mathrm{e}}\cdot\boldsymbol{\varepsilon})^2\,|\,\tilde{\psi}_{\mathrm{g}}(\boldsymbol{k}_{\mathrm{e}}-\boldsymbol{k})\,|^2 \tag{2.E.38}$$

在上面的表达式中，我们引入了入射辐射的波长 λ 和经典电子半径

$$r_0 = \frac{q^2}{4\pi\varepsilon_0 mc^2} = \frac{1}{a_0}\frac{\hbar^2}{m^2c^2} = 2.8\times10^{-15}\ \mathrm{m} \tag{2.E.39}$$

并且利用了玻尔半径 a_0 的表达式(2.E.27).

回到在一个给定方向上的光电离率表达式(2.E.34),我们可以定义微分截面为

$$\frac{\mathrm{d}\sigma_{\mathrm{g}}}{\mathrm{d}\Omega}(\boldsymbol{u}_{\mathrm{e}}) = 2\pi r_0 \lambda k_{\mathrm{e}}^3 (\boldsymbol{u}_{\mathrm{e}} \cdot \boldsymbol{\varepsilon})^2 \mid \tilde{\psi}_{\mathrm{g}}(\boldsymbol{k}_{\mathrm{e}} - \boldsymbol{k}) \mid \quad (2.\mathrm{E}.40)$$

2.E.2.3 长时特性

最后,我们将花点时间来证明本小节所使用的近似的有效性.特别是,我们必须确保可能找到一个足够长的时间尺度,使得准共振近似是合理的,而且要足够短,使得每原子电离概率 Γt 保持小于1.这样的考虑就对入射波的强度加了一个上限.实际上,这个上限是十分大的,并不会遇到,除了最强烈的激光源.

即使满足了上述条件,有人也可能会问,当相互作用时间足够长以至于微扰理论不再适用时会发生什么?在这种情况下,用一个类似于第1章1.3.2小节的理论(维格纳-韦斯科夫方法)可以证明,发现原子处于初态 $|g\rangle$ 的概率根据下式按指数递减

$$P_{\mathrm{g}}(t) = \mathrm{e}^{-\Gamma t} \quad (2.\mathrm{E}.41)$$

2.E.3 应用于氢的光电离

利用已知的氢原子波函数的表达式,可以精确计算相应的光电离截面.这些值与实验相比符合得很好.现在我们来说明如何完成这个计算.由于我们已经对所发射电子的波函数做了一个平面波近似(方程(2.E.6)),我们将讨论限于电子动能很大的情况,也就是说,入射辐射的频率远大于阈频率.对于氢原子来说,这相当于原子被X射线照射的情况.于是我们有

$$k_{\mathrm{e}} \approx \sqrt{\frac{2m\omega}{\hbar}} \gg \sqrt{\frac{2m\omega_{\mathrm{s}}}{\hbar}} \quad (2.\mathrm{E}.42)$$

氢原子基态的阈频率为

$$\omega_{\mathrm{s}} = \frac{E_{\mathrm{I}}}{\hbar} = \frac{q^2}{4\pi\varepsilon_0}\frac{1}{2a_0\hbar} = \frac{\hbar}{2ma_0^2} \quad (2.\mathrm{E}.43)$$

(这里我们利用了玻尔半径 a_0 的表达式(2.E.27)).表达式(2.E.42)告诉我们

$$k_{\mathrm{e}} a_0 \gg 1 \quad (2.\mathrm{E}.44)$$

就是说，我们停留在电子-正电子对的产生被强烈禁止的区域($\hbar\omega \ll 0.5$ MeV)中. 由式(2.E.42)和式(2.E.43)，我们有

$$\frac{k_e}{k} \approx \sqrt{\frac{2mc^2}{\hbar\omega}} \gg 1 \tag{2.E.45}$$

在这些条件下，用 $\boldsymbol{k}_e$ 代替 $\boldsymbol{k}_e - \boldsymbol{k}$，并且利用渐近形式(2.E.28)，由表达式(2.E.37)，可导出

$$\sigma_{n=1,l=0} = 64\alpha a_0^2 \left(\frac{\omega_s}{\omega}\right)^{7/2} \int (\boldsymbol{u}_e \cdot \boldsymbol{\varepsilon})^2 \mathrm{d}\Omega = \frac{256\pi}{3} \alpha a_0^2 \left(\frac{\omega_s}{\omega}\right)^{7/2} \tag{2.E.46}$$

其中 α 为精细结构常数，

$$\alpha = \frac{q^2}{4\pi\varepsilon_0 \hbar c} = \frac{1}{a_0} \frac{\hbar}{mc} = \frac{1}{137.04} \tag{2.E.47}$$

请注意，光电离截面远小于半径等于玻尔半径的圆的面积 πa_0^2.

评注 (1) 在得到了光电离截面的数值之后，我们可以回到式(2.E.2)的处理的有效性问题. 我们知道当 $t \gg \omega^{-1}$ 时，共振近似是有效的. 跃迁概率始终小于 1 的必要条件可以写为

$$\frac{\Pi}{\hbar\omega} \sigma t \ll 1 \tag{2.E.48}$$

利用式(2.E.46)，σ 有一个等于 $\pi a_0^2 \approx 10^{-20}$ m^2 的上限，所以由式(2.E.48)给出

$$t \ll 10^{20} \frac{\hbar\omega}{\Pi} \tag{2.E.49}$$

假如 $\Pi \ll 10^{20} \hbar\omega^2$，或取 $\omega \approx 10\omega_s$，$\Pi \ll 10^{20}$ W • m^{-2}，那么这个条件就与条件 $t \gg \omega^{-1}$ 一致. 对于大多数可利用的 X 射线源来说，都可以满足这个条件. 同步辐射源能够在10 nm 的波长上提供达到 10^{13} W • m^{-2}程度的强度. 由物质的强烈辐射得到的等离子体可以发出达到 10^{15} W • m^{-2}的强度. 另外，由一个红外线激光器引起的高谐波(阶大于 100)能够产生可以被聚焦的软 X 射线的相干光束(波长约为 10 nm). 用这种方法可以得到更大的强度，或者也可以借助其他方法，例如超短光脉冲生产.

一旦这些光源变得更实用，可以预期发射的相干性将使我们得到比所隐含的极限

10^{20} W·m^{-2}更大的强度.那么将到达物质与光相互作用的一个新区域,其中光电离时间短于入射辐射的周期.于是将需要一种新的理论方法.

(2) 辐射俘获过程就是光电效应的反过程.这里,初态包含一个自由电子和一个原子核,而末态则包含束缚态原子和一个辐射出的光子.这个过程只能用物质与光相互作用的完全量子理论来构造模型.

第 3 章

激光原理

本章我们将介绍各种激光器的运行原理、它们的共同特征及其所产生的光的特点.我们的目的不是穷尽地列出本书写作时存在的所有激光器的类型,因为这样的列表将不论如何很快就会过时.相反,我们希望通过实际的例子来展示激光的重要特性和一般原理.我们也不会对某个特定激光器的特点及其动力学给出大量详尽的理论描述.这里我们将自己限定在一种相对简单的方式来处理其主要特点并给读者指出更专业的手册来获取进一步的信息(参见主章节后面的进一步阅读部分).

解释激光器运行的物理原理看起来是十分直接的.这种印象源于激光的基本思想现在已经被很好地理解,同时其细节内容和混杂的一些不正确的概念在一起静静地流传.①然而应当指出,我们理解激光曾经是一个多么辛苦的过程.通常认为激光的史前时期开始于 1917 年,当时爱因斯坦引入**受激辐射**的概念.事实上,爱因斯坦是从考虑辐射场和一定数量原子处于有限温度 T 的热平衡态而得出受激辐射一定会发生的.他发现只有除

① 更多关于对激光理解的发展过程的信息见 M. Bertolotti 的 *Masers and Lasers*, *An Historical Approach* (Hilger,1983),C. H. Townes 的文章(见 *Centennial Papers*, IEEE Journal of Quantum Electronics, 1984,20:545－615) 或 J. Hecht 的 *Laser Pioneers*(Academic Press,1992).

了**吸收**和**自发辐射**[①]之外也要发生受激辐射才能导出**黑体**能量分布的**普朗克公式**.爱因斯坦对受激辐射的预言激发了很多进一步的工作,理论和实验的都有.这就到了拉登堡(Ladenburg)和科普费尔曼(Kopferman)[②]演示氖放电成果的1928年.奇怪的是,对受激辐射的兴趣自此以后降低了,因为当时广泛认为没有系统能够制备在如此远离平衡态并由此而获得显著的光学增益的状态,在此观点的信念下受激辐射没有任何可预见的实际应用.与此同时,几乎没有物理学家能足够地熟悉电子学而意识到通过反馈来维持一个包含增益系统的振荡的可能性.这意味着当时能想到的应用适用于增益远大于1的情况,而这种情况被认为是无法获得的.

直到1954年,当汤斯(Townes)、戈登(Gordon)和蔡格(Zeiger)演示了氨微波激射器时,情况发生了改变.汤斯等人的贡献是,他们意识到如果放大介质放置在谐振腔内,只要增益能补偿腔的(小的)损耗,那么即使在单程增益很小时振荡也能发生.[③]

从微波激射器(maser)("通过受激辐射将微波放大")的微波波段到激光器(laser)("通过受激辐射将光放大")的光学波段的推广并不直接,而且还引起了一些论战.直到1958年,肖洛(Schawlow)和汤斯才发表了他们的实验建议:在光学中,两个校准的镜子(two aligned mirrors)可以扮演谐振腔的作用.他们的文章在实验学家中激起了强烈的实验热情,导致梅曼(Maiman)在1960年实现了首台激光器.该装置用红宝石做激活介质,并且结束了与那些自以为证明了这种材料中不能发生激光作用的科学家的争议.正如我们接下来将要说明的那样,红宝石的增益机制在某些方面是非常特殊的,并且并不显而易见.红宝石激光出现后不久,雅完(Javan)发现了氦氖混合气体,帕特勒(Patel)发现了二氧化碳也可以出现激光作用.在紧接而来的引人注目的进展中包括了高能量激光,如应用掺钕玻璃或者掺杂的光纤,以及应用染料或固体材料的可调系统,如钛蓝宝石等.半导体技术革命提供了以小型化、高效率和低价格为特点的激光装置,这使得激光技术得以广泛传播,甚至是大量生产的日常消费品(如CD、DVD、条形码读入器、打印机……).

上一章已经证明已实现粒子布居数反转的介质可以放大入射光.在3.1节中我们将证明,将放大介质置入可将放大的光再次注入增益介质的腔后一个光放大器是如何变成一个光**生成器**的,并且我们将研究腔对发出的光的影响.在3.2节中,我们列出一些用来得到材料粒子布居数反转以获得光学增益的一般技术.我们考虑三能级和四能级系统的一般方案,并对每一种方案给出领域内有重要作用的激光器的例子.

---

① 这些过程的存在已经在当时得到实验演示,尽管它们之前没有被任何已知理论描述.

② 这些作者实际上没有观察到入射波的放大,而是观察到气体的反射系数在接近共振频率时作为跃迁所涉及两能级的布居差的函数的变化,这相当于受激辐射的一个非直接证明(见2.5节).

③ 俄罗斯物理学家Basov和Prokhorov独立地发现了微波激射器.

在 3.3 节中，我们分析激光器发出的光的谱特性. 我们将证明，根据腔和增益曲线谱宽度的不同，激光或者有确定的频率（单模模式）或者同时有几个频率（多模模式）. 在后一种情况下，我们将证明如何能强制其输出单一频率，并给出由此所得的频谱的纯度的一个估算. 在 3.4 节中，我们描述一些脉冲激光器系统的特点. 这些系统以高强度脉冲的形式发出光，脉冲持续时间从 10^{-9} s 到小至 10^{-15} s（飞秒）. 脉冲的峰值功率可以达到 10^{12} W 甚至 10^{15} W. 在总结部分，我们对激光的特点进行回顾，并指出它们是如何区别于普通光源所发出的光的. 这将使我们更深入地理解激光的应用，特别是本章补充材料中所描述的应用.

补充材料 3.A 提供了法布里-珀罗（Fabry-Perot）谐振腔的特点的总体描述，它在为激光系统提供反馈之前是光谱学中的一个重要工具. 在本章以及补充材料 3.A 中的光场我们采用平面波描述，而在补充材料 3.B 中，则考虑真实激光束中的非均匀横向强度分布. 我们特别考虑了强度分布为激光谐振腔的基本横模的特殊情况，此时的分布是高斯型的. 我们还讨论了输出激光的**空间相干性**. 补充材料 3.C 给出了光源能量光度测定（energetic photometry）的原理，这对深入理解非相干光和激光的区别是必不可少的. 补充材料 3.D 处理激光谱宽度的问题并且证明谱宽度由于自发辐射的发生而有一个和相位的随机扩散有关的基本下限，称之为肖洛-汤斯极限.

最后，补充材料 3.E～3.G 用于描述激光在不同领域里的重要应用. 补充材料 3.E 和 3.F 分别描述了激光的能量和相干性是如何被应用的，而在补充材料 3.G 则描述了在光谱学中由激光导致的引人注目的进展.

3.1 振荡条件

3.1.1 激光的阈值

和其他电子振荡器一样，激光器依赖于在放大器上的**反馈**来运作. 对于激光器，放大器就是可以从中得到增益的粒子布居数反转状态的原子或分子介质（参看 2.5 节）. 在单程经过放大介质时，光强增加了一个倍数因子 $G=\exp(gL_A)$，称为单程增益，其中 L_A 是放大区的长度而 g 是单位长度的增益，这里假定 g 在放大介质内均匀分布，并根据第 2 章的简化模型由式（2.214）确定. 所需的反馈是通过组成激光谐振腔（图 3.1）的镜子来实现的. 图 3.1 的激光谐振腔是由三个镜子组成的,它使光线在三角形路径中循环. 我们假定三个镜子中的两个是全反射的,第三个镜子(输出镜)的透射反射系数分别为 T 和 R,且满足 $R+T=1$.

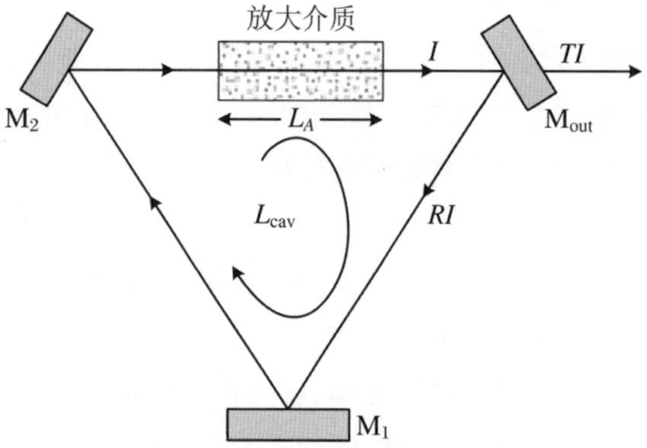

图 3.1 环形腔激光器

半透的输出镜 M_{out} 将部分辐射经由全反射镜 M_1 和 M_2 重新反射进放大介质. 如果放大介质的增益足以克服损耗,腔内就会形成一个循环光波.

考虑一束弱的光线从接近输出镜的 A 点出发在谐振腔内循环(图 3.2). 如果在此点处的光强为 I_A,其值远在放大器的饱和强度 I_{sat} 之下(参见 2.4.2 小节),那么光在腔内经过一个回路后,在到达 M_{out} 处时的强度为 $G^{(0)}I_A$,其中 $G^{(0)}$ 是放大器的单程不饱和增益:

$$G^{(0)} = \exp(g^{(0)}L_A) \tag{3.1}$$

其中 $g^{(0)}$ 为单位长度的不饱和增益(2.5.4 小节). 在 M_{out} 经反射后强度变为 $RG^{(0)}I_A$.

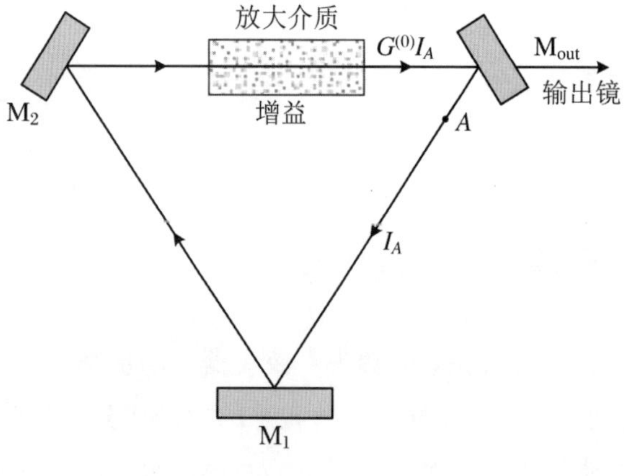

图 3.2 一个光束在环形腔内强度演化的光路图

为了使振荡能够发生，光束在往返一次后强度必须超过它的起始值. 对于弱的输入波，阈值条件由下式给出：

$$G^{(0)}R = G^{(0)}(1-T) > 1 \tag{3.2}$$

实际中，除了要考虑在输出镜的透射损耗外，还要考虑其他一些如在腔内或者在镜子表面的光吸收或光散射所产生的损耗. 我们将所有这些损耗之和标记为一个吸收系数 A，因此式(3.2)变为

$$G^{(0)}(1-T)(1-A) > 1 \tag{3.3}$$

或者

$$G^{(0)} > \frac{1}{(1-T)(1-A)} \tag{3.4}$$

在实际中，通常会遇到的情况是损耗和增益都很小的极限情形，$A, T, g^{(0)}L_A \ll 1$，此时阈值条件变为

$$G^{(0)} - 1 \simeq g^{(0)}L_A > T + A \tag{3.5}$$

这个条件表述了这样一个简单事实：为了产生振荡，放大器的不饱和增益一定要大于总损耗. 输入光束的有无对振荡的发生并不是必需的，认识到这一点是很重要的；振荡可由噪声发起，通常是那些在增益区内自发辐射的光子.

3.1.2 稳态：输出激光的强度和频率

1. 稳态场的振幅

在阈值之上时，在谐振腔内循环的能量不可能在每次循环中持续地增加. 事实上，由于饱和效应(见第 2 章 2.5.4 小节)增益通常是循环波强度的减函数. 由此，G 是小于 $G^{(0)}$ 的：

$$G(I) < G^{(0)} \tag{3.6}$$

在稳态时，经过一个完整的腔内循环后的总结果是光的强度不再变化，因此增益恰好将损耗补偿掉. 如果我们将循环波的电场在 A 点处写为

$$E_A(t) = E_0\cos(\omega t + \varphi) \tag{3.7}$$

那么，光完成一次腔内循环后，场在同一点的值变为

$$E'_A(t) = \sqrt{R(1-A)G(I)}E_0\cos(\omega t + \varphi - \psi) \tag{3.8}$$

其中 $I = E_0^2/2$. 在式(3.8)中 E_0 前面的因子表达了光波在回路进程中的吸收、增益和反射等效应. 在回路中波相位的变化表示为

$$\psi = 2\pi \frac{L_{cav}}{\lambda} \tag{3.9}$$

其中光在真空中波长为 $\lambda = 2\pi c/\omega$，谐振腔的光学长度为 L_{cav}. 在稳态时，由场经过一个回路后不发生变化的条件，可以得出

$$E'_A(t) = E_A(t) \tag{3.10}$$

在任意时刻都要满足. 这个条件意味着场 $E_A(t)$ 和 $E'_A(t)$ 的振幅和相位两个量都相等. 我们将在下一段来考察这两个量相等的含义.

评注 (1) 由于一些原因，式(3.9)中出现的谐振腔的光学长度 L_{cav} 与腔的几何长度是不同的：第一，在反射系数为 n、长度为 l 的介质中，光学长度为 nl；第二，光学长度包括累积的相位变化的效应，例如，在镜子处的反射和经过腔的光束束腰.

(2) 我们隐含地假定了在谐振腔内循环的场是平面波，所以它们的振幅和相位是独立于横向(垂直于传播方向的)坐标的. 实际中，场总是处于有限的横向区域内的，这是需要考虑的. 具体结果在补充材料 3.B 中进行了考虑. 注意，横向分布其实可以通过类似于推导式(3.10)的方法来描述. 假定场在 A 点为 $E_A(x,y,t)$，其中 x 和 y 是垂直于传播方向的平面内的坐标. 稳态条件就是对所有 x 和 y，

$$E'_A(x,y,t) = E_A(x,y,t).$$

在有限空间内分布的波会由于发生衍射而倾向于扩散开，因此除非应用如透镜或者球面镜等聚焦元件来对抗扩散效应，否则上面的条件是不可能得到满足的.

衍射也是激光束**空间相干性**的根源. 根据菲涅耳-惠更斯(Fresnel-Huygens)原理①，在任意一点(x',y')的场是之前回路中所有点(x,y)产生的次级振幅叠加的结果. 这确定了场在垂直于传播方向的平面内两点间的相对相位，因此导致了场在这些点的相干性. 相干性的这个特点将在空间上扩散的激光光源与通常的光源区别开来. 同样值得注意的是，同样的机制也是造成横向振幅分布的原因(见补充材料 3.B 中高斯光束的情况).

2. 稳态的光强

根据条件式(3.10)，对于即将确立的稳态，循环中的光强度必须满足

---

① 参见 M. Born 和 E. Wolf 的 *Principles of Optics* (Cambridge University Press, 1999) § 8.2 和 § 8.3; J.-P. Jackson 的 *Classical Electrodynamics* § 9.8(Wiley, 1998)一书中衍射的基尔霍夫(Kirchhoff)理论.

$$R(1-A)G(I)=1 \tag{3.11}$$

或者，等价地

$$G(I)=\frac{1}{(1-T)(1-A)} \tag{3.12}$$

即谐振腔内循环的场的强度在其增益和损耗平衡的值上固定下来.注意，由于 $G(I)$是 I 的单值函数，式(3.12)确定了激光谐振腔内的稳态强度 I.

评注 (1) 放大介质中的增益是由受激辐射和激光跃迁中低能级的吸收这两者速率的不同产生的.在表达式(3.5)和(3.12)(就像 2.4 节和 2.5 节中的所有结果一样)中，放大介质中由吸收所致的损耗已经包含在 $G(I)$中，$G(I)$为净增益.

(2) 在图 3.1 的环形谐振腔中，我们已经假定光以给定的方式在腔内循环(这里沿 $M_{out}M_1M_2$ 的方向).一般地，另一种传播方向也是同样可能的，因此振荡在两种情形下均可发生.然而，通常需要在谐振腔内插入一些元件，这会使两种传播方向的损耗有所不同.这就保证了其中一个有更低的激光阈值，只有这个模式自己振荡.

(3) 设想多于三个镜子的激光谐振腔也是很容易的.实际上，通常用四个镜子.

(4) 许多激光器应用线形而非环形谐振腔(图 3.3).如果考虑这样一个由一个全反射镜 M_1 和一个半透镜 M_{out}组成的线形腔，M_{out}的每一次反射都对应两次经过放大介质(一次沿 M_SM_1，另一次为回程)，因此条件式(3.12)将由下式代替：

$$G^2(I)=\frac{1}{(1-T)(1-A)^2} \tag{3.13}$$

实际情况会更复杂，因为反向传播的两个波将导致激光介质内驻波的产生.驻波所致的增益在空间的变化(由于增益饱和)是造成此类线形谐振腔内一些微妙效应的原因.

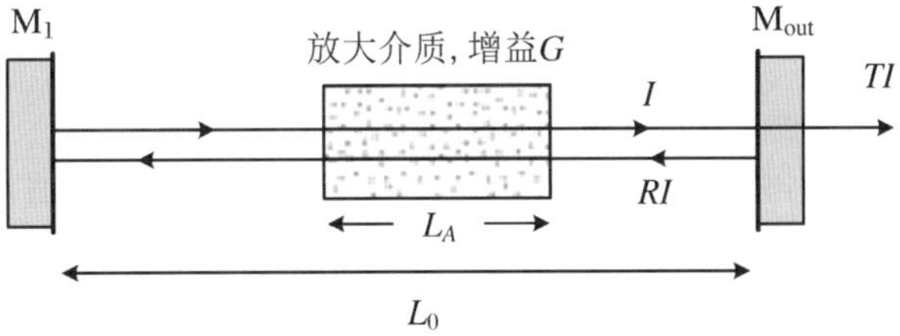

图 3.3 线形谐振腔激光器

对于往返路程光程 L_{cav}，它接近于两个镜子间距离的 2 倍(准确值依赖于介质的折射率和在镜子处的相位变化).

3. 相位条件

由稳态条件式(3.10)所导致的循环波的相位要求是

$$\psi = 2p\pi \tag{3.14}$$

其中 p 是整数.式(3.9)表明上式可写为

$$L_{\mathrm{cav}} = p\lambda_p \tag{3.15}$$

或者,代入 $\lambda = 2\pi c/\omega$,可得

$$\frac{\omega_p}{2\pi} = p\frac{c}{L_{\mathrm{cav}}} \tag{3.16}$$

条件式(3.15)表明谐振腔的光学长度应为波长的整数倍.由于激光谐振腔的典型长度为1 m而波长为微米量级,这个整数倍数通常非常大(10^6量级).①

我们要注意到条件式(3.10)是对往返路程的相对相移的限制,而不是输出激光的绝对相位 ϕ 的约束条件,绝对相位可以取任何值.我们在补充材料 3.D 中将说明这个特性是造成输出相位扩散现象的原因,这反过来导致激光的输出场具有有限的线宽.②

4. 振荡频率

放大介质的不饱和增益系数 $G^{(0)} = \exp(g^{(0)}L_A)$,是频率的函数③,且通常具有以某频率 ω_{M} 为中心的钟形分布,如图 3.4 所示.(对于第 2 章中的简单模型,曲线的具体形式可以从式(2.215)导出.)如果我们假定发生在 $\omega = \omega_{\mathrm{M}}$ 处的最大增益比 $1 + T + A$ 大,那么会存在一个有限带宽$[\omega', \omega'']$的频率,在此频率范围内都满足阈值条件式(3.4).

事实上,激光并不在整个频率区域$[\omega', \omega'']$内发射光.这是由于振荡的频率还必须满足额外的条件式(3.16)(图 3.5).这些离散的频率 ω_p 对应着不同的**纵模**(longitudinal mode)并且对应着满足式(3.16)的不同的 p 值.这些模的频率的间距等于

---

① 有着非常短的谐振腔的半导体激光器(见 3.2.3 小节)是一个例外,特别是对垂直腔面发射体激光器(VCSEL),其 p 值的量级为 1.

② 认识到场的绝对相位和频率的区别是很重要的,绝对相位可以为任意值,频率为绝对相位对时间的导数且满足约束条件式(3.16).

③ 这里,我们采用了一个并不是没有危险的约定,即将**角频率**称为频率.回忆一下,严格来说,频率等于 $\omega/(2\pi)$,单位为 Hz 而角频率的单位为 $\mathrm{rad} \cdot \mathrm{s}^{-1}$.

c/L_{cav}(对 60 cm 长度的谐振腔,c/L_{cav}通常取 5×10^8 Hz,因此要比约为 10^{14} Hz 的光频率小得多).

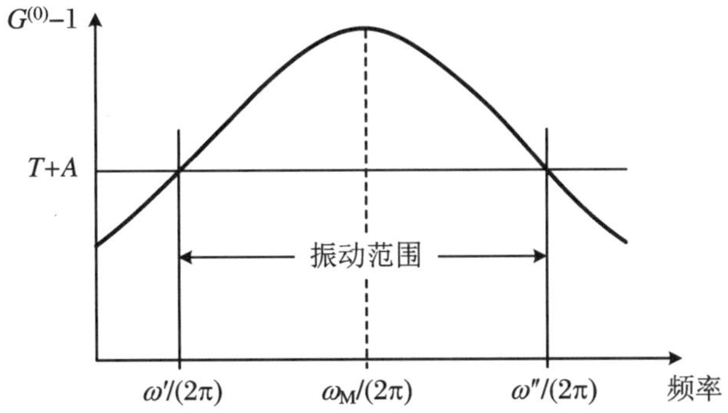

图 3.4 典型激光跃迁的增益曲线

激光器仅能工作在增益大于损耗的频率区间[ω',ω'']内.

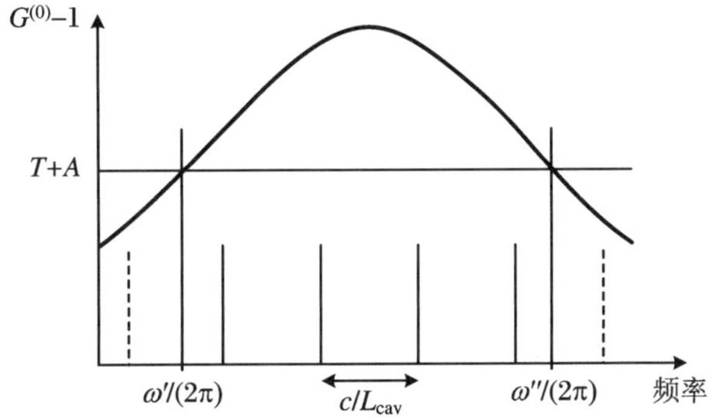

图 3.5 激光振荡频率

激光可以以落入范围[ω',ω'']内的纵向谐振模频率振荡,这些频率增益是大于损耗的.

那些满足式(3.4)的纵模的数目可以从 1 到 10^5,这取决于增益介质的性质.我们会在 3.3 节再回到这个问题,那里我们还将讨论同时振荡的模式之间可能存在的共存或竞争关系.

3.2 一些激光器的放大介质的描述

3.2.1 需要粒子布居数反转

在第 2 章(2.4 节和 2.5 节)中,我们已经描述了一个可以放大入射波的系统的第一个例子.那是一个由两个激发能级(a,b 态的能量分别为E_a 和E_b)原子组成的稀疏媒介物质,其中处在上能级 b 的原子数多于下能级a 的,因此受激辐射和吸收相竞争后会有一个净增益.这里我们将这个结果推广到更复杂但更实际的系统.

第 2 章的多数结果在本节我们考虑的系统中都是适用的,特别是吸收和受激辐射的对称性关系.如果我们考虑一个厚度为 $\mathrm{d}z$,处在上能级的原子(或分子)密度为 N_a/V、处在下能级的原子(或分子)密度为 N_b/V 的介质中①,一束频率为 ω、沿 z 正向传播的波,其强度按下式变化(对比式(2.205)):

$$\frac{1}{I(z)}\frac{\mathrm{d}I(z)}{\mathrm{d}z} = g \tag{3.17}$$

单位长度的增益 g 正比于处于上、下能级的粒子数之差(对比式(2.245)):

$$g = \frac{N_b - N_a}{V}\sigma_{\mathrm{L}}(\omega) \tag{3.18}$$

此式表明了吸收和受激辐射之间的竞争关系,吸收正比于 N_a 而受激辐射正比于N_b.激光散射截面 $\sigma_{\mathrm{L}}(\omega)$(见 2.6 节)是一个体现了共振效应的正数(有面积的量纲),即它在某个频率 ω_{M} 取极大值.对于一个均匀的不饱和介质,不饱和增益 $g^{(0)}$不依赖于光强度,因此光强按下式变化:

$$I(z) = I(0)\exp(g^{(0)} z) \tag{3.19}$$

如果受激辐射多于吸收,则增益为正的,波得到放大.这正是和激光相关的情况.激光产生于粒子布居数反转时:

① 这里 V 是放大介质和激光谐振腔公共部分的体积.

$$N_b > N_a \tag{3.20}$$

这和系统处于热平衡时的情况不同，此时玻尔兹曼方程

$$\left(\frac{N_b}{N_a}\right)_{\text{th. equ.}} = \exp\left(-\frac{E_b - E_a}{k_B T}\right) \tag{3.21}$$

是满足的.所需要的非平衡状态的实现只能利用运动学.在理想情况下，我们可以只泵浦激发能级 b，且激光跃迁的低能级 a 要很快地退激发.然而，实际情况是我们会遇到将激发态的粒子数转移至低能级的弛豫过程.新的激光系统开发的进展本质上依赖于发现新的克服弛豫而实现粒子布居数反转的过程.接下来，我们给出几个例子来演示这是如何实现的.

评注 (1) 从能级 b 到能级 a 的自发辐射是不可避免的效应，并且对实现粒子布居数反转是有害的.当自发辐射的频率较大时，其影响也大(见第 6 章 6.4.4 小节的评注(2))，这解释了为什么在红外区获得激光振荡相对容易，而在紫外区相当困难.X 射线激光也是存在的，但是需要极强的泵浦过程.

(2) 将要在补充材料 7.A 中进行研究的光学参量振荡器是另外一类光学振荡器.其放大过程依赖于参量混合，也就是在非线性介质中泵浦光和发射波的能量互换.

3.2.2 四能级系统

1. 四能级系统的描述

第 2 章(2.4 节～2.6 节)激光器中原子介质的简化模型假定了至少存在三个原子能级：基态以及两个激发态 a 和 b.当激发态能级 b 和 a 存在粒子布居数反转时，我们已经考虑了 $b \rightarrow a$ 跃迁的光学增益.实际中，多数激光是涉及四个能级的系统.我们将以一些例子简要地描述这类系统的工作模式，包括钕激光器、氦氖激光器、可调谐激光器、钛蓝宝石激光器和分子激光器.

四能级激光的能级图示参见图 3.6.泵浦过程(由照射灯或附加激光器发出的光、放电激发驱动的光泵浦等)将原子从基态 g 激发至激发态 e.能级 e 的快速弛豫过程使得其粒子数转移至激光能级中的较高能级 b.我们假定 b 和 a 之间的自发辐射衰变相较于能级 e 到 b 的弛豫过程很慢.最终，原子在激光跃迁中的较低能级 a 通过一个快速弛豫过程衰变至基态.退激发的特征时间表示为 τ_e，τ_b 和 τ_a，由刚才对弛豫过程相对自发辐射过程快慢的假定可得 $\tau_e, \tau_a \ll \tau_b$.能级 e 以恒定的速率 w 被泵浦.利用这些关系，我们可

以写出描述系统运动学的方程(速率方程;见 2.6.2 小节),并由此导出放大过程所依赖的粒子数差 $N_b - N_a$.

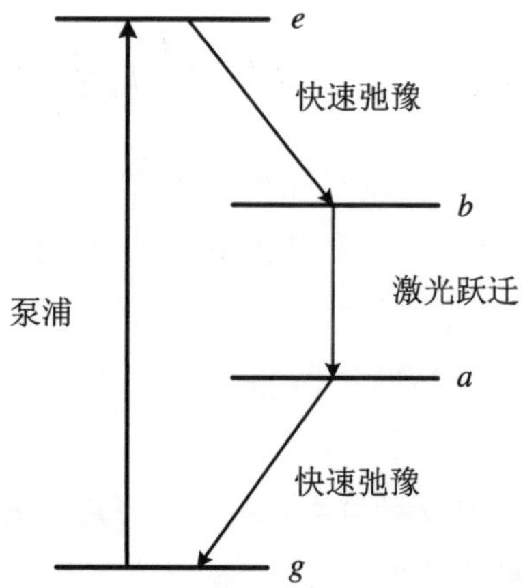

图 3.6　一个四能级系统的能级示意图

激光工作于能级 $b \to a$ 的跃迁. 能级 e 和 a 可分别快速地衰变至能级 b 和 g,同时泵浦机制将基态 g 激发至 e.

当激光强度足够弱以至于吸收和从 b 到 a 的受激辐射效应可以被忽略(即不饱和时期)时,速率方程可以写为

$$\frac{\mathrm{d}}{\mathrm{d}t}N_e = w(N_g - N_e) - \frac{N_e}{\tau_e} \tag{3.22}$$

$$\frac{\mathrm{d}}{\mathrm{d}t}N_b = \frac{N_e}{\tau_e} - \frac{N_b}{\tau_b} \tag{3.23}$$

$$\frac{\mathrm{d}}{\mathrm{d}t}N_a = \frac{N_b}{\tau_b} - \frac{N_a}{\tau_a} \tag{3.24}$$

$$\frac{\mathrm{d}}{\mathrm{d}t}N_g = \frac{N_a}{\tau_a} - w(N_g - N_e) \tag{3.25}$$

这些方程自动保证了总粒子数守恒:

$$\frac{\mathrm{d}N}{\mathrm{d}t} = 0 \tag{3.26}$$

$$N_a + N_b + N_e + N_g = N \tag{3.27}$$

忽略由 $\tau_a, \tau_e \ll \tau_b$ 所导致的小项并假定在弱泵浦区($w\tau_e \ll 1$),我们可以写出稳态方程($\mathrm{d}N_i/\mathrm{d}t = 0$,其中 $i = g, a, b, e$). 我们得到

$$N_e \simeq w\tau_e N_g \tag{3.28}$$

$$N_b \simeq w\tau_b N_g \tag{3.29}$$

$$N_a \simeq w\tau_a N_g \tag{3.30}$$

因此，相对粒子数的反转

$$\frac{N_b - N_a}{N} \simeq \frac{w\tau_b}{1 + w\tau_b} \tag{3.31}$$

如果能级 b 有长的寿命，则粒子布居数反转会很可观．因此这种四能级系统对激光过程来说是非常理想的，我们接下来也将看到这一点．

评注 (1) 如果泵浦机制由对光的吸收来获得，方程(3.22)～(3.25)就是在第 2 章结尾所讨论的速率方程．如果泵浦是通过电子碰撞(如放电过程)发生的，它是一个非相干的过程，也会导致速率方程．

(2) 实际中，激光介质几乎总是不像上面简单模型所描述的那样理想的四能级系统．特别是，额外的衰变过程会阻碍粒子布居数反转的生成．

(3) 若在激光放大器内循环的光强足够大了，吸收和自发辐射通过在式(3.23)和式(3.24)中分别加上和减去 $\sigma_L(N_a - N_b)\Pi/(\hbar\omega)$ 这一项而考虑进来，这里 σ_L 是激光器散射截面，Π 是以 $W \cdot m^{-2}$ 为单位的强度(见方程(2.232)和(2.233))．用与之前同样的近似，方程(3.31)变为

$$\frac{N_b - N_a}{N} \simeq \frac{w\tau_b}{1 + w\tau_b} \frac{1}{1 + \Pi/\Pi_{sat}} \tag{3.32}$$

这里饱和强度为

$$\Pi_{sat} = \hbar\omega_L \frac{1 + w\tau_b}{\sigma_L \tau_b} \tag{3.33}$$

应用式(3.18)，我们发现一个和式(2.214)类似的形如下式的增益：

$$g = \frac{g^{(0)}}{1 + s} \tag{3.34}$$

其中 $s = \Pi/\Pi_{sat}$ 是饱和参量．

2. 钕激光器

图 3.7 展示了以低浓度嵌入玻璃(钕掺杂玻璃)或钇铝石榴石晶体(掺钕钇铝石榴

石)的 Nd^{3+}(钕)离子的能级图.通过弧光灯或者二极管激光的外部光源来实现泵浦,能将离子激发至激发带,而后从激发带快速衰变至激光能级中的上能级.此衰变过程之所以很快,是由于和材料振动耦合而产生了一个非辐射弛豫过程.

激光辐射大部分发生在 1.06 μm 的红外区.其他一些跃迁也可产生激光作用,但是效率大大降低,很少用到.在脉冲模式下,输出能量在 1 ps 到 1 ns 的脉冲时间内可以达到几焦[耳],而在连续波运行状态可以达到超过 100 W 的功率.在许多应用中,非线性晶体(见第 7 章)被置于激光出口处,以获得激光输出波长二次谐波的相干光束,在 532 nm(绿光)处,或者在 355 nm 的三次谐波(紫外)处.

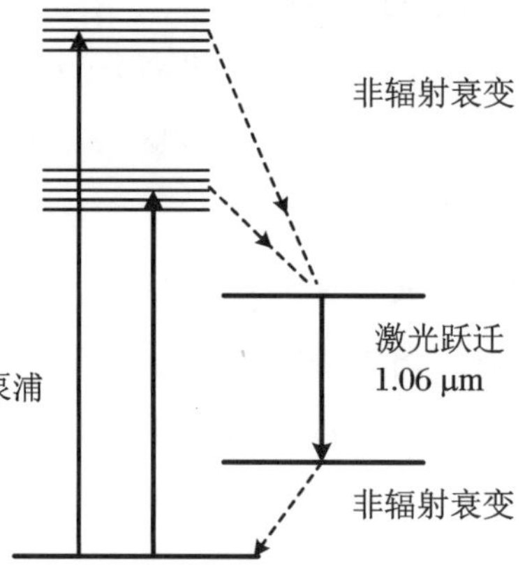

图 3.7 钕粒子掺杂固体(如玻璃或钇铝石榴石晶体)的能级图示

图示表明能级既有分立能级也有连续能带.泵浦跃迁的波长为 0.5 μm 和 0.8 μm.激光辐射的波长为 1.06 μm.

钕激光器非常高效(闪光灯泵浦效率为 1%,一些二极管激光泵浦效率可达 50%),且应用广泛.由于在脉冲模式(当用闪光灯泵浦时,见图 3.8(a))具有很高的功率时,钕激光被应用于旨在启动热核聚变的实验中(见补充材料 3.E).这些激光器也可用作连续光源(图 3.8(b)).此时,可以通过 0.8 μm 半导体激光器进行泵浦(参见下面的 3.2.3 小节).通过非线性晶体的倍频,它们常用作可调激光的泵浦源(见下文).这些装置由于物理尺寸小且效率高,应用非常广泛.

3. 氦氖激光器

氦氖激光器利用了有些微妙的泵浦机制.氦氖混合气体的连续放电将使氦激发至一系列亚稳态能级,由于与基态之间没有偶极耦合,这些能级有非常长的寿命.这些激发的氦原子在随后和处于基态的氖碰撞时,所储存在亚稳态的能量可以发生转移并将氖原子激发至一个相同能量的激发态.如图 3.9 所示,激光作用可以通过激发态能级的跃迁得到，这些激发态能级正是通过碰撞中的能量转移而得到泵浦的那些能级. 激光可以在 3.39 μm 和 1.15 μm 以及著名的 633 nm 的红光上获得.

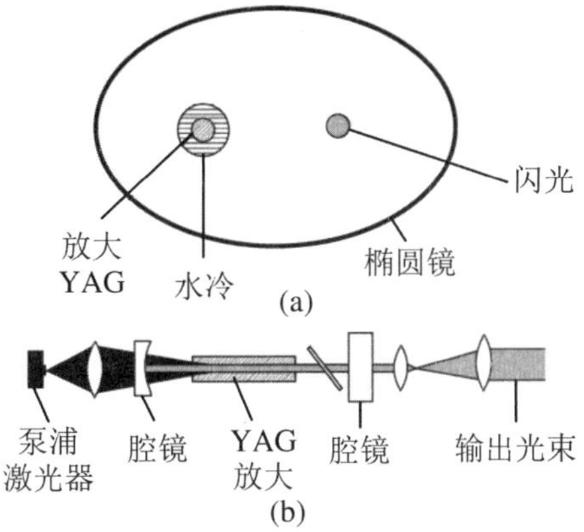

图 3.8　闪光灯泵浦

(a) 闪光灯泵浦的掺钕钇铝石榴石激光器的放大区域横截面. 泵浦灯和增益介质置于椭圆的两焦点上. 此类激光可以达到 1～100 W 的输出功. 消耗电力在 0.1～10 kW 范围内. (b) 二极管激光泵浦的掺钕钇铝石榴石激光器. 此类激光能达到超过 50%的效率.

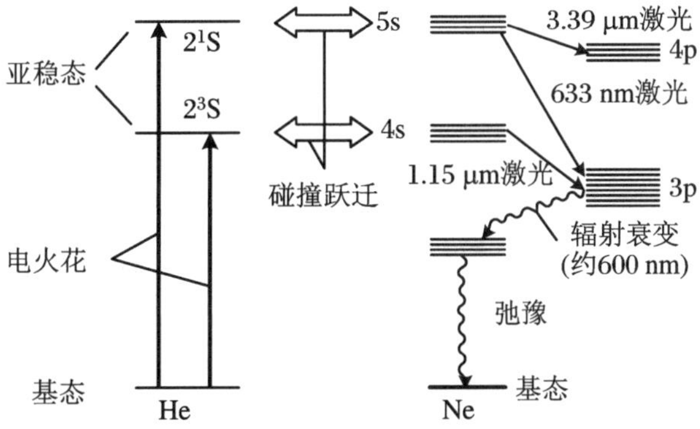

图 3.9　氦氖激光器所涉及的氦和氖的能级图

储存于氦的亚稳态的能量在碰撞过程中转移至氖原子中.

图 3.10 展示了氦氖激光谐振腔的一个可能构造. 气体被腔两端的一对端口窗封闭在一段管内，端口窗的倾角为**布鲁斯特角**(Brewster's angle)，使得平行于纸面偏振的光在通过时没有反射损耗. 而垂直偏振则会因反射损耗而有更大的增益阈值. 因此激光将只在低损耗的具有偏振的情况下振荡，所以输出的就是线性偏振的. 能够实现振荡的激光跃迁可以通过使用只反射所需的一个窄带内的波长的镜子来进行选择. 这种激光器的输出功率的典型值为几毫瓦量级. 一些工业用的版本和图示的结构的不同之处在于，其

镜子是真空封装在内部的,因此输出没有极化.

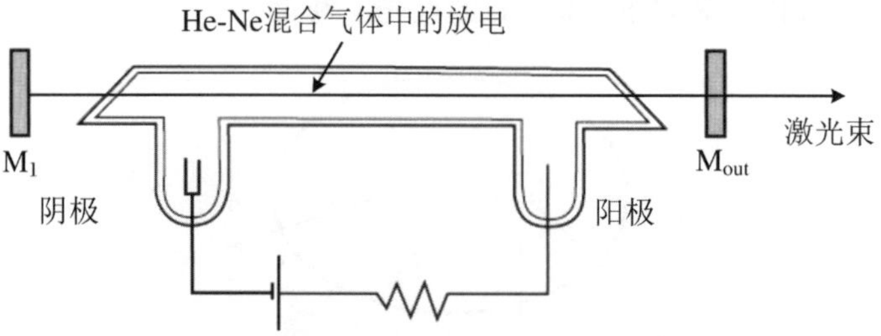

图 3.10 产生线性偏振输出光束的氦氖激光的构造

4. 可调谐激光器

前面几段描述的激光器以及其他很多激光器都有非常窄的增益曲线,跨度为几吉赫.因此这样是不可能调节出很宽的输出波长范围的(可见光跨度为 3×10^{14} Hz).为了满足实现更宽谱段的光源的需求,人们发展了可调谐激光器.可调谐激光器的输出频率,由于增益曲线的宽度得到扩展而在一个相对较宽的区域内可调.增益曲线的扩展可以实现,例如激光跃迁的低能级属于一个连续(或者密集的准连续)能级.在液体溶剂中的染料分子或者晶体中的一些金属离子(如钛蓝宝石晶体(图 3.11))会出现这种情况.

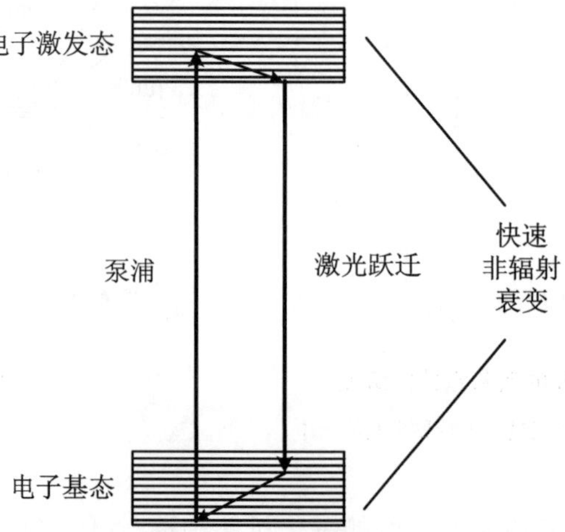

图 3.11 演示可调谐激光器机制的能级图

激励介质(染料分子或受到环境强烈扰动的离子)的能级由彼此之间存在电子跃迁的能带组成.在能带内向较低能级跃迁的非辐射弛豫过程发生得很快(时间尺度为 1 ps 量级).输出激光的可调谐范围决定于激光跃迁的低能级的能级宽度.

对这些激光器的调谐是通过在激光器的谐振腔中放置频率选择元件来实现的，这能导致需求范围之外的波长产生损耗(图 3.12)．例如，由倍频后的 0.53 μm 钇铝石榴石激光器泵浦的钛蓝宝石激光器可在 700～1100 nm(即可调范围区间为 200 THz，这相比线宽度的值 1 MHz 来说是非常可观的)范围内调谐．当泵浦强度为 10 W 时，单模有效输出功率大于 1 W.

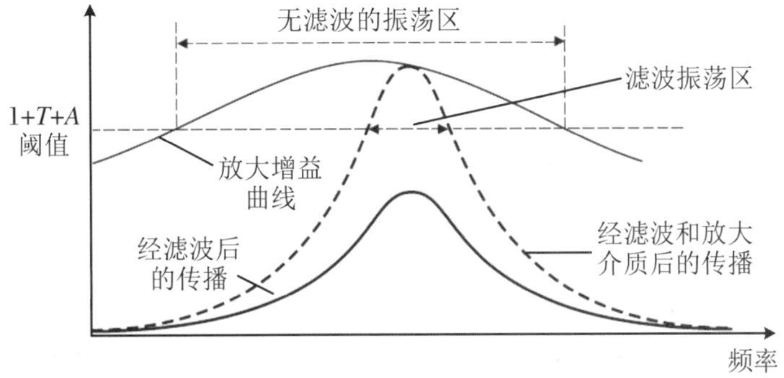

图 3.12　通过滤波片进行波长选择

波片的透过曲线比放大介质的增益曲线窄，并且在峰值时接近 1．激光在给定频率的回路增益为无波片时的增益乘以相应频率在波片的透射率．当此乘积超过 1 时振荡就能发生．

5．分子激光器

二氧化碳激光器(CO_2 激光器)是通过放电实现粒子布居数反转的．这类系统可有很大的功率(10 kW 或更大)，并且有大量工业和军事应用．在远红外区 10.6 μm 波长的激光跃迁包含两个不同的分子振动状态(例如构成分子的原子之间相对运动的不同激发模式)．

还有许多其他工作在红外区的分子激光器系统．在其中的某些系统中增益介质的激励分子由化学反应直接制备至激发态，这自动保证了粒子布居数反转．一个这样的系统是氟化氢激光，其激发的分子由反应

$$H + F_2 \rightarrow HF^* + F, \quad H_2 + F \rightarrow HF^* + H$$

生成．这种激光工作在脉冲模式下且有巨大的发射功率：一个 20 ns 脉冲的典型能量为 4 kJ，给出的峰值功率达 200 GW．注意，这种激光可以在没有电力供应的情况下完成，因为能量来自化学能；它只需要足够量的反应气体．

如果激光跃迁是在不同电子能级之间的，则发射波长通常在紫外区．最常用的分子激光是应用 ArF 或 KrF 的准分子激光，发射的波长分别为 195 nm 和 248 nm 的紫外光．

在这些系统中,由于两个原子不存在稳定的束缚态(只有激发态是稳定的),激光跃迁的低能级是不稳定的(图 3.13).因此可以很好地解释激光跃迁的低能级 a 的粒子数减少的问题(图 3.6),因为分子的基态会很快碎裂,释放出两个组分原子.

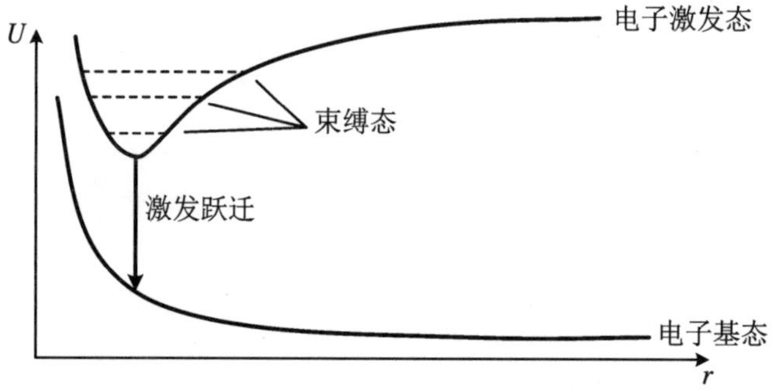

图 3.13 准分子激光的能级图示

两原子的相互作用能量表示为其距离的函数.在激发态,相互作用的势能存在容纳振动-转动束缚态的势阱.混合惰性气体和卤素中的一次放电会导致形成稳定的处在激发态的 ArF 分子.激光跃迁的上能级就是这样一种 ArF 的束缚态.激光跃迁的下能级是游离态,即分子分裂为 Ar 原子和 F 原子.

6. 半导体激光器

目前,半导体激光器(也称为二极管激光器)是最便宜和应用最普遍的.它们主要工作在红或红外区.每一个 CD 或 DVD 播放器包含若干个此类激光器(发射波长为 780 nm 或 650 nm),基于光纤的电子通信也严重依赖于工作于 1.3 μm 和 1.5 μm 之间(这个区间中的光在光纤中有最小的色散和最大的透射率,参见补充材料 3.F.4 小节)的该类装置.

二极管激光器是在半导体二极管正向偏置的结区发射光的,结区由重掺杂材料(图 3.14)构成.发生在结区的电子-空穴复合以光子形式释放能量 $\hbar\omega \approx E_g$,这里 E_g 为价带最上缘和导带最下缘的能级间距(对砷化镓 AsGa,带隙为 1.4 eV 量级,等价于 800~900 nm 的波长).在只有自发辐射发生的情形下,就得到发光二极管(light-emitting diode, LED),这是许多仪器的显示屏幕的基础.但是,如果发射极电流增加就能达到一个受激辐射占主导的情形,系统就呈现出非常大的光学增益.

第一个二极管激光器早在 1962 年就已运行,但是在很长一段时间内它们的主要应用局限于专门的实验室:它们需要保持在液氮的温度以限制非辐射弛豫的速率.另外,还需要非常高的电流密度来达到阈值:在温度为 77 K 时的值为 $5\times10^3\ \mathrm{A\cdot cm^{-2}}$.在 20 世纪 70 年代,由砷化镓或类似材料制造的半导体元件为此后二极管激光器的巨大进步提供了条件.利用多层结构(称为异质结,见图 3.15)就有可能将电子-空穴复合限制在一个厚度为 0.1 μm(砷化镓/镓铝砷层:GaAs/$Al_xGa_{1-x}As$)的层内.这样电流密度的阈值就可大大减小.

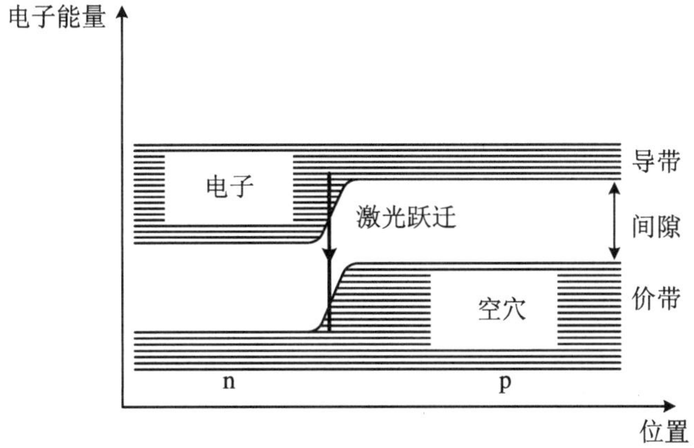

图 3.14 半导体激光器的能级图示

当正向偏压施加到 p 区和 n 区之间时,光发射与电子-空穴复合相关联.

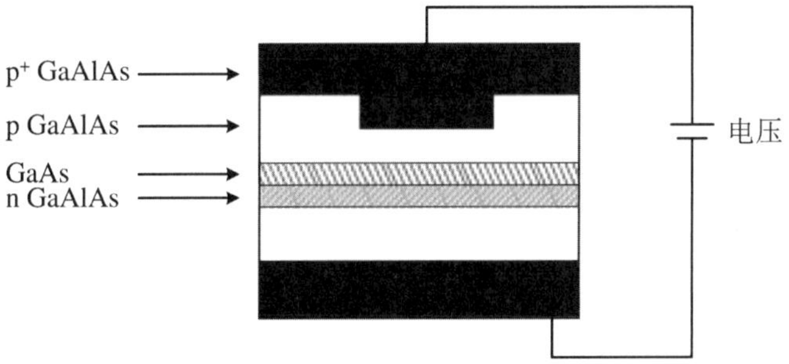

图 3.15 二极管激光器的激励区的多层结构图示

几个不同厚度的层被拼叠在一起.

受激辐射发生在薄的激励层,此层中光就像在光纤中一样传导(这里的折射率比周边材料的要高).两个沿垂直于激励通道方向切割而成的平行端面可作为一个整体的线性谐振腔,腔的尺寸约为 400 μm(图 3.16).最后,横向的空间约束(典型宽度为 10 μm)可使产生粒子布居数反转所需的电流进一步减少(图 3.15 和图 3.16).现在,市场上可买到的二极管工作在室温下,在输入电流值为 1 A 时可得到几百毫瓦的连续波相干光输出.通过应用不同能隙的半导体,用一组二极管激光器就可以涵盖整个从近红外到可见光区.我们特别指出应用了 InGaN/AlGaN 工作于 400 nm 附近的蓝光二极管激光器,它已被应用于新一代光盘存储和 RGB 视频投影机.

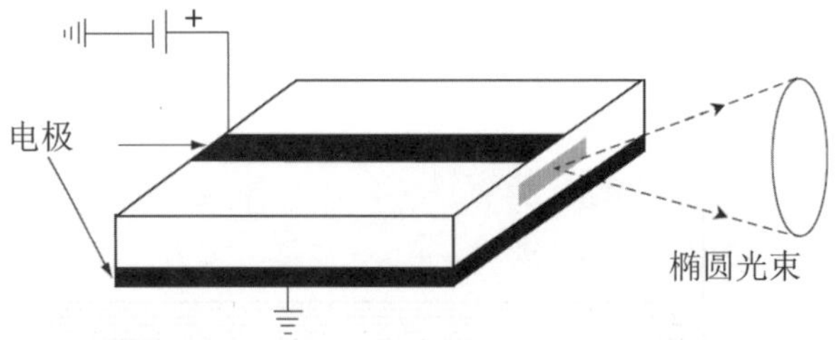

图 3.16　二极管激光器的光发射发生在端面(典型尺寸为 1 μm×10 μm)

由于衍射,发出的光束在远场有着椭圆型横截面,垂直发散度为 30°,侧向发散度为几度.

由于衍射光束的横截面呈椭圆形且高度发散(图 3.16),相应的准直必须通过外部光学元件的辅助来完成.虽然如此,但由于它们具有易于操作、总效率超过 50%,以及小巧等特点,这些激光仍然被广泛应用.数百个组装在紧凑的装置内,它们构成的连续或准连续区内高效率、高亮度的激光阵列现在广泛应用在工业中.

垂直腔面发射激光器(Vertical Cavity Surface Emitting Lasers,VCSEL)是另外一种半导体激光(图3.17).激光谐振腔是由半导体的不同层构成的,所以输出光束是垂直于器件表面的.激光谐振腔的镜子由不同反射系数的多层膜组成,形成一个反射特定波长的光栅.增益介质是半导体的某层,此层非常薄以至于成为一个具有分立能级的量子势阱,这些分立能级在通过电子或光泵浦后可形成粒子布居数反转.VCSEL 一般在其谐振腔的基模振荡,在基模下腔内驻波只有一个腹点.这类激光的好处在于,它们有很好的光学性能并且可以在一个芯片上大量集成.

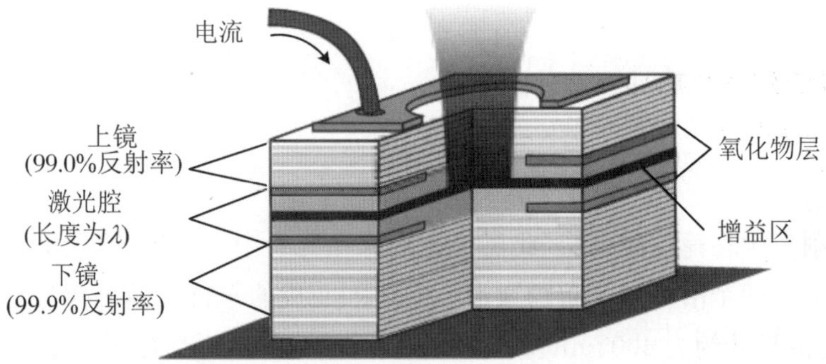

图 3.17　垂直腔表面发射的激光器的方案图示

激光谐振腔的总长度为 μm 量级.

3.2.3 至基态的激光跃迁:三能级方案

对于多数激光器,激光跃迁的下能级是不同于激励原子或分子的基态的能级的.事实上,如果不是这样的话,振荡的获得将是非常困难的,因为这必须保证某个激发态比基态有更大的粒子数,而这是很难达到的.奇怪的是,第一个运行的激光(红宝石激光器)恰好就是这种类型的.数十年后,一个新的三能级系统——铒离子 Er^+ 掺杂的二氧化硅,作为放大介质用在了基于光纤的电子通信中.因此,为了弄清以基态为激光放大的低能级的获得条件,我们计划研究在二能级或三能级系统中粒子数的分布.

1. 二能级方案

首先我们证明,对于闭合的二能级系统(下能级和上能级分别表示为 a 和 b),通过类似于 3.2.2 小节的速率方程所描述的泵浦机制是不能产生稳定的粒子布居数反转的:

$$\frac{\mathrm{d}}{\mathrm{d}t}N_b = w(N_a - N_b) - \frac{N_b}{\tau_b} \tag{3.35}$$

$$\frac{\mathrm{d}}{\mathrm{d}t}(N_a + N_b) = 0 \tag{3.36}$$

当处于稳态时,由式(3.35),我们发现

$$\frac{N_b}{N_a} = \frac{w\tau_b}{1 + w\tau_b} \tag{3.37}$$

这表明激发态的粒子数总是小于基态的粒子数.

评注 (1) 我们已经在前一章(2.3.2 小节)看到,当一个相干的单色波和一个初始处于基态的二能级系统相互作用,在经历一段时间后,此二能级系统是可以以 1 的概率处于激发态的(拉比进动).于是粒子布居数反转就短暂地实现了.然而,这种反转的实现必须需要一个相干的入射光,而此相干的入射光正是激光作用所需要产生的.

(2) 对于氨(NH_3)和氢的微波激射器①,激光作用所处的跃迁是和二能级系统相关的.在这些装置中,分子束由类似于斯特恩-格拉赫实验的方法制备于激发态,这样就能够选出处于激发态的分子.粒子数完全反转的这束分子束穿过谐振腔,此谐振腔的作用类似于激光中的光学谐振腔.分子中很大比例地将由于受激辐射而转移至基态.随后这

① Townes C, Schawlow A. Microwave Spectroscopy [M]. Dover, 1975: § 15.10, § 17.7.

些分子离开谐振腔.处于基态的分子由此便从谐振腔内被实际地移除了,因此谐振腔内仍能保持粒子布居数反转的状态.实际上,如果将 Γ_D 解释为分子在谐振腔内所待的平均时间的倒数,这类系统可由2.4节的公式很好地描述.

2. 三能级方案

图3.18为三能级系统的能级图,我们将证明这类系统可以在中间能级 b 和基态 a 之间的跃迁产生激光辐射.泵浦运作于能级 a 和激发态 e 之间,激发态 e 会很快(以时间常量 τ_e)衰变到能级 b.在没有受激辐射时,从 b 到 a 的自发辐射所导致的退激发相对来说是非常慢的:$\tau_e \ll \tau_b$.

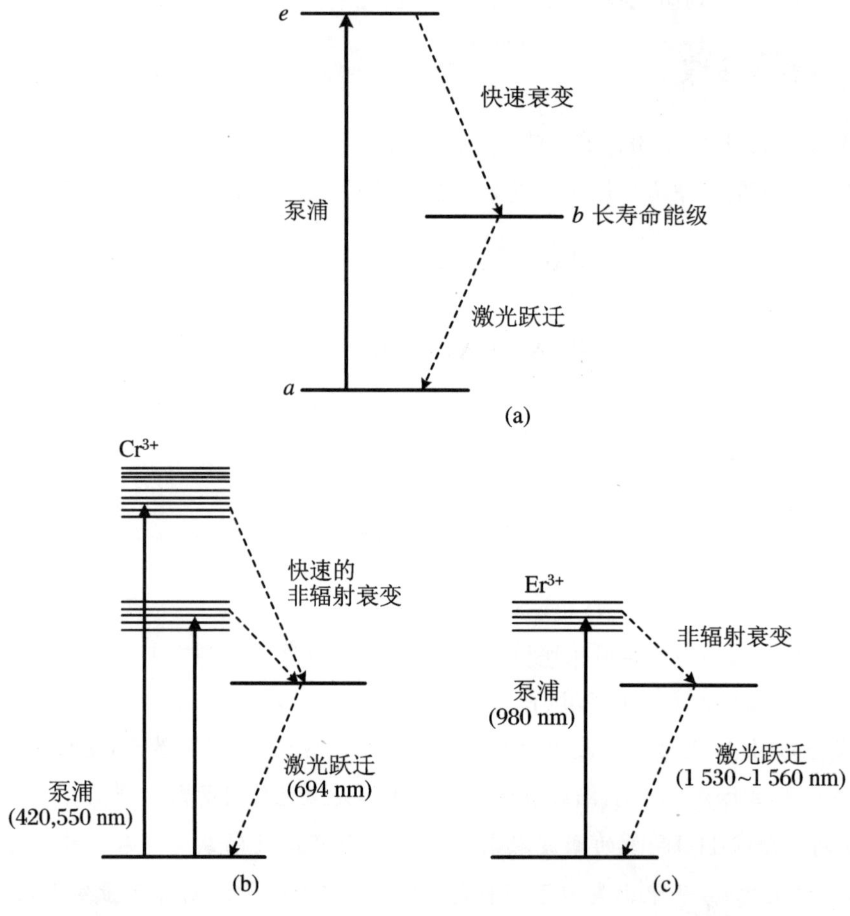

图3.18 (a) 一个三能级系统模型的能级图,以及通过红宝石晶体中的(b)Cr^{3+} 离子和(c)Er^{3+} 离子的具体实现情况

描述三能级激光器的泵浦和弛豫过程的速率方程为

$$\frac{\mathrm{d}}{\mathrm{d}t}N_e = w(N_a - N_e) - \frac{N_e}{\tau_e} \tag{3.38}$$

$$\frac{\mathrm{d}}{\mathrm{d}t}N_b = \frac{N_e}{\tau_e} - \frac{N_b}{\tau_b} \tag{3.39}$$

$$N_a + N_b + N_e = N \tag{3.40}$$

其中 w 是从 a 能级到 e 能级的泵浦速率.在 $w\tau_e \ll 1$ 的极限(通常都满足)下,稳态时(即式(3.38)和式(3.39)的时间导数为零时)粒子数的比率为

$$\frac{N_b}{N_e} = \frac{\tau_b}{\tau_e} \gg 1 \tag{3.41}$$

$$\frac{N_e}{N_a} = w\tau_e \ll 1 \tag{3.42}$$

粒子布居数反转由下式给出:

$$\frac{N_b - N_a}{N} = \frac{w\tau_b - 1}{w\tau_b + 1} \tag{3.43}$$

这个结果可以和四能级情形进行比较(式(3.31)).在四能级系统中很容易得到粒子布居数反转,而对于三能级体系,只有在泵浦足够强的时候才能实现反转:

$$w \gg \frac{1}{\tau_b} \tag{3.44}$$

大的泵浦率这个必要条件是三能级系统的一个劣势.另一个劣势是和这类系统获得连续运转的困难相关的.事实上,一旦激光作用开始运作,速率方程中对将原子从能级 b 转移至能级 a 的受激辐射速率也必须考虑到激光的作用.这会导致能级 b 的寿命将有效减少,由式(3.43)给出的粒子布居数反转会减少到导致激光作用终止的值.这时泵浦过程才能重新在激发态积累更多原子,由此产生增益直到激光作用能再次启动.由于这种短暂的弛豫的振荡(图 3.19),激光器发出的是一列脉冲.详细的动力学行为依赖于诸如原子弛豫时间谐振腔的寿命等多种特征时间的尺度,因此除非得到有效控制(例如,参见 3.4.2 小节),否则这种现象是此类激光源的一个严重限制.

3. 红宝石激光器

对红宝石激光器,激励物质是 Cr^{3+} 离子.图 3.18 显示了晶体中 Cr^{3+} 离子的能级图.注意存在可被闪光灯激发的两个吸收带.

图 3.20 显示了梅曼建造的激光器的草图,他在 1960 年 5 月首次产生了相干激光束.

放大介质是一根由包裹在其外的闪光灯泵浦的红宝石棒.红宝石的端面是经过打磨的,并涂上一层半透镀银层用以形成线形激光谐振腔.激光发出波长 694 nm 的红光脉冲.

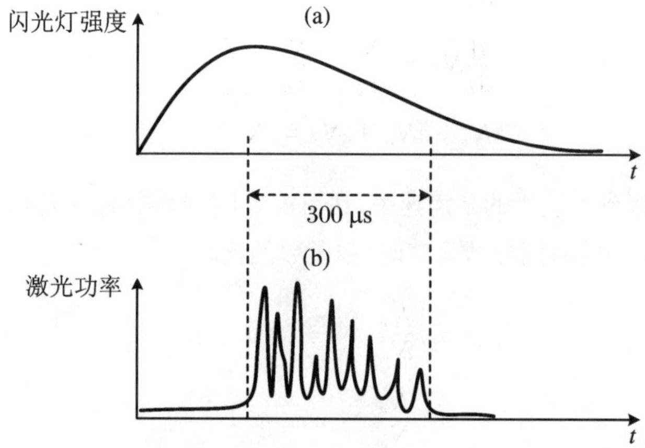

图 3.19 (a)闪光灯泵浦的红宝石激光和(b)激光输出功率这两者随时间变化的图示

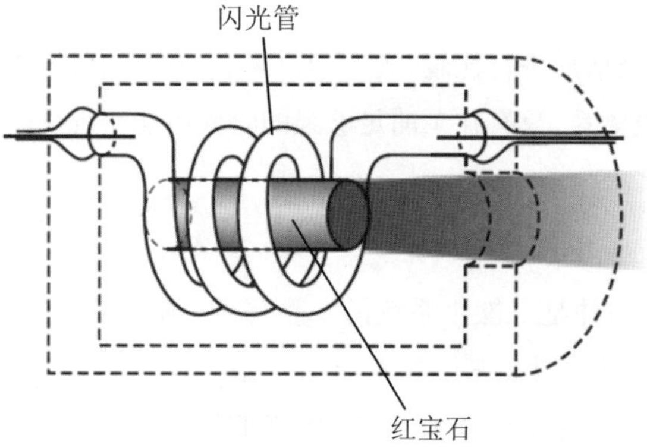

图 3.20 梅曼所构建的红宝石激光器展示图

4. 铒激光器

对应于图 3.18 所示能级结构的最常用的激光系统是铒激光.这种放大红外光(波长为 1.52~1.56 μm)的激光使三能级激光获得了新生.对于这类激光,其两个特别需要提及的特点是,其发射波长对应光纤的最小吸收波长,还有就是具有相当宽的增益带宽.因此它非常适用于通信领域.铒离子事实上可以植入二氧化硅以用于制造掺铒光纤.当被泵浦光(如波长 1.48 μm 或 0.98 μm 的半导体激光)激发时,这些光纤可以作为非常有效的光放大器使用.当这些光放大光纤分段地插入长光纤线缆中时,它们能在相当宽的频率范围内将因吸收损耗而衰减的光脉冲再次增强,这能使许多不同波长的信道同时被负载和放大(Wavelength Difference Multiplexing,WDM).

如果将掺铒光纤置于适当的谐振腔中,就能获得激光振荡.例如,镜子可以集成到光纤本身的端面,这样就可得到一种非常方便的光纤激光器,它在机械振动下仍是完全可靠的,并且考虑到纤芯的小尺寸(在几乎全为 TEM_{00} 模下,有高于 1 kW 的连续波输出)和其效率(从泵浦光到激光 80%的转化效率),它是一种非常强大的激光器.它们也有着非常广泛的工业应用.我们还要提到其他稀土离子也可用于同样的目的,它们提供了在近红外的其他谱区的光纤激光器.

3.3 激光的谱特性

3.3.1 纵模

我们在 3.1.2 小节中证明了对于一些不同激光谐振腔的纵模,振荡条件(不饱和增益应该大于损耗)也都可以得到满足(图 3.5).能够产生激光振荡的模的数目就是增益曲线的宽度和相邻频率间距 c/L_{cav}(L_{cav}是谐振腔的回路光程)之比的量级.例如,氦氖激光的红光增益曲线的宽度为 1.2 GHz,而一个典型的回路光程为 0.6 m,由此知纵模频率间距为 0.5 GHz.因此激光的振荡存在两三种模式.应该意识到,尽管增益曲线的位置被固定在特定频率,但是形如梳形的谐振腔的纵模随着谐振腔长度的变化(例如,挂载镜子的机械体的热膨胀所导致的)会发生位移.因此激光可能在特定的时刻有两个模振荡,而随后的时刻有三个模振荡.

氦氖激光可在所有处于其增益曲线范围内的纵模同时振荡的能力绝不是普遍存在的.对其他激光,如钇铝石榴石激光,振荡的模远比期待的要少.这些不同表现是和增益曲线的展宽机制直接相关的.这里,氦氖激光的增益曲线是**非均匀展宽**的,而钇铝石榴石激光本质上是**均匀展宽**的.如果所有激励核(原子、离子、分子)都有相同的谱响应,谱线就是均匀展宽的.相反,如果在全局增益介质响应时,不同频率的出现是和有着彼此不同谱响应的激励核相关的,那么称该谱线是非均匀展宽的.例如,在实验室系有不同运动速度的氖原子由于多普勒效应而有不同的响应频率.因此,非均匀展宽曲线就是将一系列以不同频率为中心的均匀谱线形并置而形成的，这些不同的中心频率反映了各种激励核所处环境的不同.

均匀展宽和非均匀展宽的区别对确定振荡模的数目是至关重要的. 注意到，激光器的稳态运行是由于增益饱和作用将增益减少到与谐振腔的损耗恰好相等(见 3.1.2 小节). 在非均匀展宽(图 3.21)情形下，增益饱和作用(即当光强度增加时其增益减少)只影响那些共振频率等于腔内辐射场频率的原子(或分子)；激光振荡对其他频率的增益没有影响. 在这种情况下，振荡可以在增益处于阈值之上的所有谐振腔模频率上产生. 这就是氦氖激光的情况，其中由于原子的多普勒运动非均匀展宽起了主导作用.

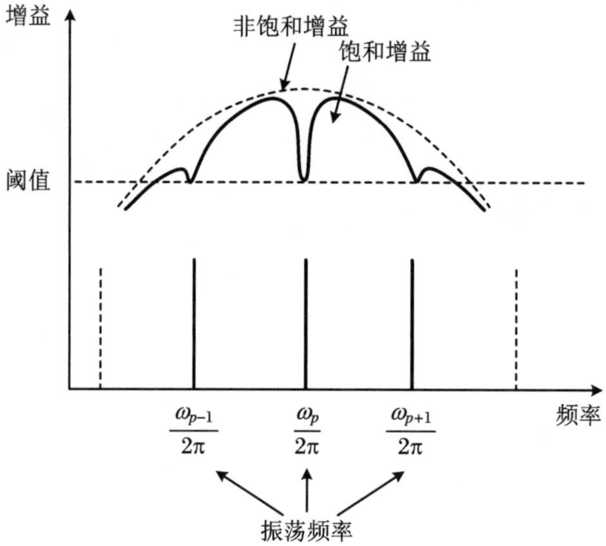

图 3.21　非均匀展宽时增益曲线的饱和效应

增益曲线的烧孔只出现在激光振荡频率上. 这使得许多模可以一起协同振荡而不竞争.

现在考虑激光跃迁的增益曲线表现为均匀展宽的激光器的情况(图 3.22). 在这种情况下，每个原子的响应都以相同的方式受到增益饱和作用的影响. 因此这会导致整个增益曲线在激光谐振腔中的光强增加时向较低的增益位移，直到最终振荡在一个单一的纵向模上:频率处在和增益曲线最大值最接近的那个模. 这个模的振荡有效地阻止了其他模的激光输出. 这种现象称为“模式竞争”.

实际中，激光的增益曲线是纯粹均匀或非均匀的都是不常见的. 对于连续波激光(表 3.1)，正如所指出的那样，其中总有一个占主导作用的展宽类型. 然而，通常均匀和非均匀的展宽有可比拟的值，情况并不像图 3.21 和图 3.22 中简单论证所说的形式那样对比鲜明.

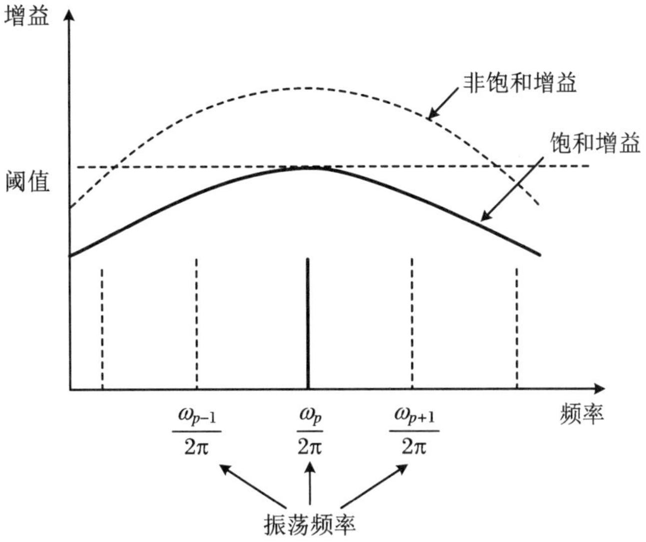

图 3.22　均匀展宽时增益曲线的增益饱和作用的效果

整个增益曲线被增益饱和作用压低，因此在频率上最接近增益曲线极大值处频率的单模可以振荡.

表 3.1　一些常见连续激光的参数特性(包括可振荡的模的近似数量)

	增益展宽	不同模之间的典型频率间隔	可能的纵向模数	主导作用的展宽机制
He-Ne	1.2 GHz	500 MHz	3	非均匀(多普勒)
CO_2(高压)	0.5 GHz	100 MHz	5	均匀
钕:YAG	120 GHz	300 MHz	400	均匀
Dye(Rhodamine 6G)	25 THz	250 MHz	10^5	均匀
钛蓝宝石	100 THz	250 MHz	4×10^5	均匀
半导体	1 THz	100 GHz	10	均匀

评注　一些系统由于依赖于一些如气体激光器内的压强之类的具体参数而既可以出现均匀展宽也可以出现非均匀展宽.例如，在普通压强下 CO_2 气体 10.6 μm 跃迁的线宽是极窄的(小于 1 MHz)，但是气体分子的热运动会导致一个相当可观的(室温下 50 MHz)多普勒展宽.此多普勒展宽是非均匀展宽，这是由于在实验室系不同的运动速度赋予了分子不同的共振频率.然而，在高压强的 CO_2 激光系统，碰撞所致展宽在激光发射谱的宽度中占了支配地位.这种碰撞所致的展宽是均匀的，因为碰撞的平均效

应对所有分子是相同的，并且以相同的方式影响跃迁频率①.

3.3.2 单一纵模模式

在很多应用(如光谱学②、全息照相、计量学)中需要激光尽可能地保持单色性.因此通常需要确保能在多模同时振荡的激光器可以被限制在一个单一的纵模上进行振荡(单模运作).如我们已经指出的，这种情况在主导的展宽机制是均匀展宽时会自然地发生.然而，实际上很少是这种情况，而通常需要采取一些步骤来保证单模运行.一个相当直接的方法包括：应用足够短的激光谐振腔使得纵模间距 c/L_{cav} 比增益曲线的宽度大.这种技术对短小的氦氖激光(对 $L_{\text{cav}}=0.3\ \text{m}$，$c/L_{\text{cav}}=1\ \text{GHz}$)和一些半导体激光($c/L_{\text{cav}}=1\,000\ \text{GHz}$)起作用.但是，这种方法并不总是可用的.

确保激光运作于单纵模模式的最确定无疑的方式是在谐振腔内引入频率选择的滤波片，该波片的透射谱比增益曲线的窄，并且要保证净增益系数(无波片时的增益系数乘以波片透射率)只对单个谐振腔的模在阈值之上(图3.12).当然，为了不对运行的激光波长引入额外的损耗，保证滤镜峰值透射率尽可能地接近1也是必要的，这样就可确保(通常应用伺服机制)滤镜透射率的最大值可以精确地调节到激光谐振腔所振荡的模式(接近增益曲线最大值的模是一个较好的选择).

评注 (1) 通常，为了达到所需程度的频率选择性，需要应用一个由透射峰(所有峰必须精确地设置在同一波长)宽度逐级递减的独立元件所组成的一个滤镜系统.例如(图3.12)，单模的钛蓝宝石激光器包含一个三重双折射滤镜，选择带宽为300 GHz；之后跟随一个"薄"的法布里-珀罗标准具(1 mm宽)，透射线宽为3 GHz；一个"厚"的标准具(5 mm宽)，透射单一模.这样一个系统必须用到一个嵌套的伺服锁定机制，这设置起来可能比较困难.

(2) 一般来说，一个线形谐振腔的激光器较环形谐振腔来说更难于工作在单纵模模式.在线形谐振腔，内部光场是驻波，由一系列间隔的节点和腹点组成.在腹点区增益饱和发生而使增益减弱.然而，一个给定模在其节点区域增益并不减弱，这可以导致另一个腹点分布与前一个腹点分布在空间上分开的模的振荡.很容易证明，对于激发介质占据线形谐振腔内的中心区域的情况，两个相邻模 ω_p 和 ω_{p+1} 正好满足此条件，这解释了此类线性系统在没有频率选择元件时会倾向于存在几个振荡模式的情况.

---

① 均匀和非均匀谱线展宽机制在讨论激光光谱学的补充材料3.G中也进行了对比.

② 见补充材料3.G.

上面描述的和空间位置相关的增益区间匹配的情况在光单向循环的环形谐振腔中并不发生;腔内光场是行波,有着空间上均匀的强度分布.这解释了为什么染料激光器或钛蓝宝石激光器(主要都是均匀展宽的)在环形谐振腔时会自发地工作在单模模式而在线形谐振腔时输出是多模的.

如果单一模式运行已经达到,通常还希望能控制输出频率到一个远超模间距 c/L_{cav} 的精度.第 p 个模的频率由式(3.16)给出.它是谐振腔长度 L_{cav} 的函数,并且若谐振腔的长度变化等于光学波长,就可以得到大小为模间距的频率变化:

$$\delta L_{cav} = \frac{L_{cav}}{p} = \lambda_p \tag{3.45}$$

因此,为了确定激光频率到一个比谐振腔自由谱宽更精确的值,必须控制谐振腔的长度到一个光波波长的范围.通过将谐振腔的镜子加载到压电传感器上,可使谐振腔的长度精确到 0.1 nm.

评注 (1) 对于半导体激光器,谐振腔的光学长度可以通过改变装置的温度或者电流(折射率依赖于电流)来控制.

(2) 在一些半导体激光器上,单模模式是通过分布反馈来确保的.光学波导的壁在纵向上调制到空间周期(光栅)为所需模式的半波长的倍数:这样就选定了单一模式.

3.3.3 激光输出的谱宽度

我们现在处理单模激光输出频率的精度问题:谱功率密度的线宽是多少?这个线宽依赖于多个因素,我们现在就要讨论这些因素.

1. 技术问题所致展宽

正如我们上面看到的,任何激光谐振腔光学长度的改变都会导致所选择谐振模 p 的频率 ω_p 的改变.因此,对于一个典型的 1 m 长的激光谐振腔,镜子位移 $\lambda/600$(运行于可见光谱的黄光区时,此值为 1 nm)导致频率改变 1 MHz.这种位移可由多种因素引起,例如,谐振腔结构的热膨胀(温度 2 mK 的改变已经足以导致有相当小的热膨胀系数的石英结构有如此的长度改变)或者压力改变(或者是由大气压导致的或者是由音波导致的),压力改变会使激光谐振腔内的空气产生反射系数的改变.

这些现象导致一个对激光频率的大致随机的调制,称为**抖动**.正是由于这个原因,在没有施加主动的稳定技术时,激光频率的短时稳定性最好也只有几兆赫.长时(多于 1 分

3 钟)的激光频率的变动是由温度的缓慢变化引起的,以至于激光频率很少能精确到纵模间距值 c/L_{cav}. 对很多应用来说,这种精度并不够用,因而必须应用主动的频率稳定技术.

这种技术以下面的方式起作用:激光频率和一个固定的参考频率相比较,通过将记录的频差最小化的过程来控制谐振腔的长度 L_{cav}. 该技术能达到的稳定性受限于参考频率本身和锁定伺服系统的噪声. 在更多情况下,参考频率为法布里-珀罗谐振腔的选模(见补充材料 3.A),并且更多地注意保证其稳定性,这可以通过如调节温度、置入真空室和振动隔离等方法实现. 于是激光的短时稳定性就可达到 1 MHz,但是长时变动更难于消除,特别是那些由于激光谐振腔所用材料的老化引起的.

使激光器达到长时稳定化通常依赖于其频率和一个绝对参考频率的对比,例如绝对参考频率为原子或分子共振跃迁. 当然,就需要找到足够窄的共振并消除额外的展宽来源,如多普勒运动(见补充材料 3.G)和杂散电磁场. 然而,这类方案使得激光器的锁频有非常高的精度. 激光器运行在 0.1 Hz 内的长时稳定性已经在实验室中实现,这等价于 10^{-16}的精度(或者 1 分钟和整个宇宙寿命的比值). 这样的激光可以用作时间标准,这比目前的铯原子钟稳定 10^3 倍. 在电子通信和卫星导航的一些要求严格的应用中,已经需要铯原子钟级别的精度,同时预期更高的精度会在更多领域中找到用武之地.

2. 基本线宽限:肖洛-汤斯极限

假定单模激光频率抖动全部的原因已经消除,并且谐振腔的长度是精确固定的. 那么什么决定了激光频率所能到达的精度极限呢? 这个问题被肖洛和汤斯回答了,并且激光输出的频率宽度的基本限称为肖洛-汤斯极限. 极限的产生源自自发辐射,自发辐射无法从光-物质相互作用的受激辐射中分离,因此也发生在激光谐振腔的激励介质中. 每当自发辐射事件在谐振腔内发生时,它就会对现存的电磁场添加一个小的贡献,该贡献有随机的振幅和相位. 这所导致的振幅涨落被增益饱和作用很快地修复,但是小的相位的改变留存下来,这是由于条件式(3.10)不包含对输出波相位 φ 的任何限制. 结果是输出激光的相位随时间而扩散,犹如随机行走过程. 这导致激光输出频率有一个有限的宽度 $\Delta\omega_{ST}$,其量级为相位关联时间(初始相位的记忆效应消失所需的时间)的倒数. 对该过程的一个简单计算列在补充材料 3.D 中. 非常大略的估计为,对于一个远高于阈值的激光,频率宽度 $\Delta\omega_{ST}$由谐振腔的线宽 $\Delta\omega_{cav}$(无增益时)除以激光谐振腔在运行条件下腔内的光子数给出.①

对氦氖激光,一般有 $\Delta\omega_{ST}/(2\pi)\approx10^{-3}$ Hz,而对发射功率为 1 mW 的半导体激光,

① 回忆 ω_2 和谐振腔内辐射的寿命 τ_{cav}由一个形如 $\Delta\omega_{cav}\tau_{cav}\approx1$(见补充材料 3.A)的关系联系.

$\Delta\omega_{ST}/(2\pi)\approx 1$ MHz. 由于小的半导体激光谐振腔内有较少的光子数，相应的肖洛-汤斯极限易于在实验中达到，而技术原因所致线宽在氦氖激光中是起主导作用的.

3.4 脉冲激光

除了到目前为止我们考虑最多的连续波运行外，激光还能够以脉冲模式的方式运行. 在这些装置一般产生相同的平均功率的光输出的同时，在脉冲的峰值处的最大瞬时功率（即电场强度的最大值）可以非常巨大. 这使得可以研究在光-物质相互作用中的新现象，其中包括非线性光学（见第 7 章）、多光子电离和激光诱导等离子体. 有些激光器，如梅曼的红宝石体系，继承了三能级结构激光（见 3.2.3 小节和图 3.19）的弛豫振荡而自发地以脉冲方式运作，其他的激光器只能被强制地工作于脉冲模式. 我们将在 3.4.2 小节中说明如何能操控发生在一些激光器中的弛豫振荡来产生非常强的脉冲. 首先，我们考虑连续泵浦激光系统的锁模操作. 通过一些改进，这项技术已经能够用来产生持续时间为几飞秒（可见光光谱内的几个光学周期的时间）的高强度脉冲，打开了研究超快现象的大门. 此外，锁模激光器已经导致了光频梳的发展，这为光频设定了一个绝对参照频率. ①

3.4.1 锁模激光

模式锁定是一个巧妙的技术，它可以产生极其短暂的激光脉冲. 为了理解它的原理，我们考虑一个在激光谐振腔中多个纵模振荡的连续波激光器. 于是所发出的光就包含了几个（近似）单色成分，分别对应不同振荡的模，其中各自的相位是先验地不相关的. 这种激光器在输出镜端的电场可写为

$$E(t)=\sum_{k=0}^{N-1}E_0\cos(\omega_k t+\phi_k) \tag{3.46}$$

---

① Hall J L. Nobel Lecture, Defining and Measuring Optical Frequencies [J]. Reviews of Modern Physics, 2006, 78: 1279.

Hänsch T W. Nobel Lecture, Passion for Precision [J/OL]. Reviews of Modern Physics, 2006, 78: 1297. http://nobelprize.org/nobel-prizes/physics/laureates/2005.

3

其中 N 是振荡的模的数目,ϕ_k 是相应的相位,这里假定初始时相位是随机且不相关的.为了简单起见,我们假定所有模的振幅是相同的且为 E_0.第 k 个模的频率由下式给出:

$$\omega_k = \omega_0 + k\Delta \tag{3.47}$$

其中 $\Delta/(2\pi)=c/L_{\text{cav}}$(模间距,见 3.1.2 小节),并且 ω_0 是模 $k=0$ 的频率.

激光器的输出用含时的光场强度来表征,即由响应时间足够短的快速光电探测器所测量的量 θ(补充材料 2.E).将定义式(2.90)推广到有小于 $1/\theta$ 谱宽度的电场情形,类似于满足 $N\Delta<\theta^{-1}$时的式(3.46),

$$\begin{aligned} E^2(t) &= \left[\sum_k \frac{E_0}{2}\mathrm{e}^{-\mathrm{i}(\omega_k t+\phi_k)} + \text{c.c.}\right]\left[\sum_j \frac{E_0}{2}\mathrm{e}^{-\mathrm{i}(\omega_j t+\phi_j)} + \text{c.c.}\right] \\ &= \frac{E_0^2}{4}\sum_k\sum_j\left[\mathrm{e}^{-\mathrm{i}[(\omega_k+\omega_j)t+\phi_k+\phi_j]} + \text{c.c.}\right] + \frac{E_0^2}{2}\sum_k\sum_j\left[\mathrm{e}^{-\mathrm{i}[(\omega_k-\omega_j)t+\phi_k-\phi_j]} + \text{c.c.}\right] \end{aligned} \tag{3.48}$$

当我们完成在时间间隔 θ 内的平均时,第一项没有贡献.而第二项在 θ 范围内变化缓慢,因此强度为

$$\begin{aligned} I(t) &= 2\left[\sum_k \frac{E_0}{2}\mathrm{e}^{-\mathrm{i}(\omega_k t+\phi_k)}\right]\left[\sum_j \frac{E_0}{2}\mathrm{e}^{\mathrm{i}(\omega_j t+\phi_j)}\right] \\ &= 2E^{(+)}(t)E^{(-)}(t) = 2\,|E^{(+)}(t)|^2 \end{aligned} \tag{3.49}$$

其中我们引入了解析信号(4.3.4 小节)

$$E^{(+)}(t) = \sum_k \frac{E_0}{2}\mathrm{e}^{-\mathrm{i}\phi_k}\,\mathrm{e}^{-\mathrm{i}\omega_k t} \tag{3.50}$$

表达式(3.49)可以转换为

$$I(t) = \frac{NE_0^2}{2} + E_0^2\sum_{j>k}\cos[(\omega_j-\omega_k)t+\phi_j-\phi_k] \tag{3.51}$$

此即平均强度之和,

$$\bar{I} = \frac{NE_0^2}{2} \tag{3.52}$$

附加一个标准差为 $\Delta I=\sqrt{\overline{[I(t)-\bar{I}]^2}}$的涨落项,对于随机的无关联的相位 ϕ_k,在 $N\gg1$ 的极限下,该项为

$$\Delta I = \bar{I} \tag{3.53}$$

因此多模激光的输出强度有着显著的随时间的涨落,涨落的幅度和平均强度在同一量级.图 3.23 给出了一个在此类系统中强度-时间演化的典型例子.

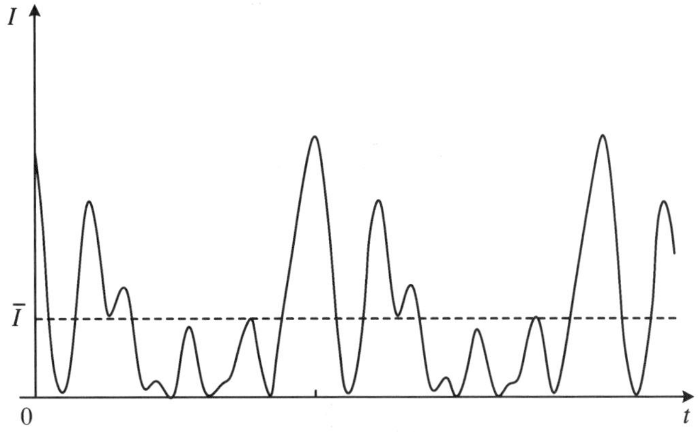

图 3.23　多模激光输出强度随时间的变化

振荡模的相位是独立随机变量.强度在平均值附近波动.

上面的光场强度涨落的根源是不同模所对应的场强的干涉以不同的频率在振荡;干涉在某些瞬间是加强的而在其他一些时候是相消的.显然,如果所有模在某些时刻进行干涉加强,就可得到最短暂的和最大强度的脉冲.由于强度以总电场的平方变化,平均强度总是 $\bar{I}$(式(3.51)中的第二项,不论 ϕ_k 以何种形式变化,其平均值都为 0),由此可得高强度脉冲一定是非常短暂的.

现在,考虑所有相位都有很强的关联的情况.为简单起见,我们假定相位 ϕ_k 都有相同的值,$\phi_k = 0$.利用式(3.49),我们现在由

$$I(t) = \frac{1}{2}\left|\sum_{k=0}^{N-1} E_0 e^{i(\omega_k t + \phi_k)}\right|^2 \tag{3.54}$$

可得

$$I(t) = \frac{E_0^2}{2}\left|\sum_{k=0}^{N-1} e^{i\omega_k t}\right|^2 \tag{3.55}$$

考虑到式(3.47),有

$$I(t) = \frac{E_0^2}{2}\left|\sum_{k=0}^{N-1} e^{ik\Delta t}\right|^2 \tag{3.56}$$

完成求和后,对于强度我们可得

$$I(t) = \frac{E_0^2}{2}\left|\frac{\sin\left(N\Delta\,\dfrac{t}{2}\right)}{\sin\left(\Delta\,\dfrac{t}{2}\right)}\right|^2 \tag{3.57}$$

图 3.24 显示了 $I(t)$随时间的变化曲线.激光器以固定的时间间隔

$$T = \frac{2\pi}{\Delta} = \frac{L_{\text{cav}}}{c} \tag{3.58}$$

发射脉冲,此间隔正好是谐振腔内的一个回路的时间.这表明一个光脉冲在谐振腔内循环,每当该光脉冲波包在与输出镜接触被反射时就会发出一个光脉冲.在每个脉冲峰值的强度由下式给出:

$$I_{\max} = \frac{N^2 E_0^2}{2} \tag{3.59}$$

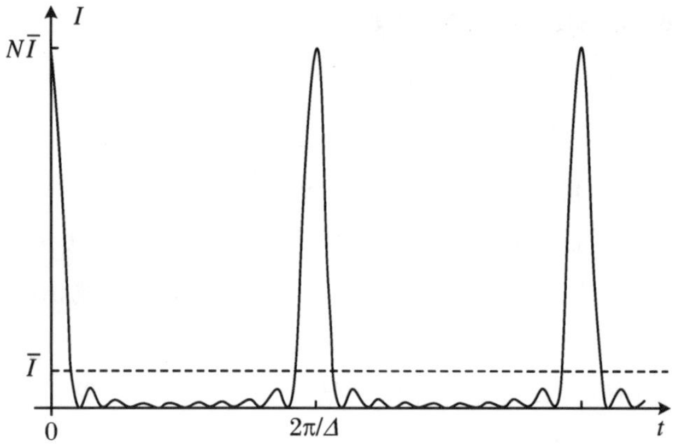

图 3.24　锁模激光器输出强度随时间的变化

这个变化由 N 个等频率间距且相位相同的梳形谐振腔的模干涉加强引起.

或者,应用式(3.52),

$$I_{\max} = N\bar{I} \tag{3.60}$$

每个脉冲的时间宽度为

$$\frac{2\pi}{N\Delta} = \frac{T}{N} \tag{3.61}$$

因此,在振荡的模的数目 N 越大,单个脉冲的峰值强度就越强,持续时间就越短.正如我们在 3.1.2 小节中看到的那样，模的数目是正比于增益曲线的谱宽度的. 为了产生非常短的脉冲，这个谱宽度一定要大.

利用这项技术，可以从目前市场上的钛蓝宝石激光器获得 100 fs 的脉冲，峰值功率为 100 kW 量级. 在某些器件中，一旦经过恰当的加强，这些脉冲的持续时间就可以进一步减少到小于 1 fs，峰值功率达到拍瓦（10^{15} W）量级.

锁模在实际中可以通过应用频率为 Δ 的声-光或电-光调制器调制腔的损耗来获得. 考虑一个频率为 ω_k 的模，其振幅以如下频率（频率为 Δ）调制，

$$E(t) = E_0(1 + m\cos \Delta t)\cos(\omega_k t + \phi_k) \tag{3.62}$$

上式可以转换为

$$E(t) = E_0\left\{\cos(\omega_k t + \phi_k) + \frac{m}{2}\cos[(\omega_k + \Delta)t + \phi_k] + \frac{m}{2}\cos[(\omega_k - \Delta)t + \phi_k]\right\} \tag{3.63}$$

其中出现了两个临近的模 $k-1$ 和 $k+1$ 的频率 $\omega_k \pm \Delta$. 在特定的条件下，这两个和第 k 个模式有着相同相位的调制出的模将原来的第 $k-1$ 和第 $k+1$ 个模式的相位锁定在第 k 个模式的相位. 这种情况发生在整个梳形的所有振荡模，因此所有相位都被锁定在相同的值. 这个现象也可在时域内理解. 考虑一个光脉冲在谐振腔内循环. 如果光脉冲在每次循环中经过一次调制器，调制器施加的损耗最小，脉冲将经历最小的减少量. 因此调制的周期必须精确地等于腔内往返一次的时间，于是就能使持续的振荡可以发生，这正是式(3.58)的要求.

或者，也可以通过在谐振腔内放置饱和吸收器而被动地将激光锁模. 饱和吸收器是一种随着光强增加而透射率增强的材料：光能使其变白且在高强度时变成透明的. 例如，二能级原子系综就有这个特点（见第 2 章 2.4.3 小节）. 在低光强时，恰当选取饱和吸收器所致损耗，使其能保证激光器仅在谐振腔的各模式具有相同相位才能有效振荡，以此来保证脉冲强度的最大值. 因此模式锁定会自然地发生.

激光介质本身也可用来实现被动锁模. 在钛蓝宝石激光器中非常好地起作用的克尔透镜（Kerr-lens）法（也称 magic mode locking）中，谐振腔内的放大介质和镜子之间引入的一个小孔阻止了激光器在连续区内振荡，这是由小孔的损耗所致. 然而，在适当的条件下，高强度激光脉冲会在激光介质中经历自聚焦过程（见补充材料 7.B.5.1 小节）. 其结果是，自聚焦的光在孔的位置处较窄，由其引起的损耗也降低了. 因此激光器就可以在脉冲模式下运行.

锁模激光器提供了一系列超短脉冲，它们对检测和控制非常快的过程是有用的. 由于很高的峰值功率，它们可导致非常惊人的非线性效应. 此外，当谐振腔参照铯原子

钟而被恰当的伺服控制时，锁模激光器在整个可见光波段提供了一组等间距的模，模的频率的精度可达 10^{-14}. 这种"光频梳"是一种标尺，它现在广泛应用于光谱学(见补充材料 3. G)中.

3.4.2 Q-开关激光器

图 3.19 为由闪光灯泵浦的红宝石激光的输出强度随时间的演化图. 图中包括了一列间距为几微秒、时间宽度为 0.1 μs 的脉冲. 对总发射能量为 1 J 的一列脉冲，平均功率为 kW 量级，而峰值功率在幅度上要再大 1 个量级.

红宝石激光器的输出随时间的演化的形式由弛豫振荡决定：当粒子数充分反转时，激光振荡发生. 然而，受激辐射的爆发导致了反转粒子数和增益的减少，直到振荡不能再维持. 粒子布居数反转可以恢复，直到振荡再次被启动.

由激光器发出的一系列脉冲，如果有或多或少随机的时间间距，那么这将限制这些装置在许多应用中的使用. 尽管可以通过在谐振腔内放置一个光电器件来选出一系列中的一个特定脉冲(称为谐振腔阻尼过程)，但校准时间的问题依然存在. 一个更巧妙的解决方法是提高谐振腔的损耗，以此来阻止在泵浦脉冲发起，而反转的粒子数正在积累时的激光器产生振荡，然后突然降低损耗，使积累的能量通过一个巨大的受激辐射爆发来释放(图 3.25). 由于能够调节谐振腔的品质因子，完成这个功能的器件称为 *Q*-开关，因为它调制了谐振腔的品质因子 Q. 应用 *Q*-开关激光器获得的峰值功率在实际中可超过 1 MW，比没有 *Q*-开关的情形要大 2 个量级.

可以用一系列的设备来实际实现 *Q*-开关. 第一个是在激光谐振腔内应用一个旋转的镜子，每转一次只完成一次光回路. 然而，这种设置现在已不采用，被放弃的原因是镜子的旋转要和闪光灯同步问题以及由转动机制引入的机械振动问题. 现在，使用的是声光调制或者电光调制. 它们的开关时间可短至 10 ns.

另一个值得注意的涉及被动 *Q*-开关的方法是在激光谐振腔内插入一个饱和吸收材料，这个方法也用来进行锁模. 在反转的粒子数还是非常小的泵浦脉冲的早期阶段，在谐振腔内循环的光太弱而不能将吸收体变白(透射率降低)，这会阻止振荡. 另外，当粒子布居数反转到达峰值时，激光的振荡促使饱和吸收材料所致的损耗急剧地下降，于是一个巨大的脉冲被发射出去. 在此情况下，*Q*-开关是自发地发生的，不再有同步的问题.

Q-开关的固体激光器(红宝石或钕)经常用于两个不同类型的应用：首先，在一个适度的平均功率下需要高的峰值功率(例如一些非线性光学效应)；其次，需要发射指定的单一脉冲的应用，如激光测距仪(LIDAR，激光雷达). 这些能够确定地月距离的精度达

3 mm，或者通过测量以卫星为中继的脉冲往返回路的时间（见补充材料 3.F）来研究大陆板块漂移.

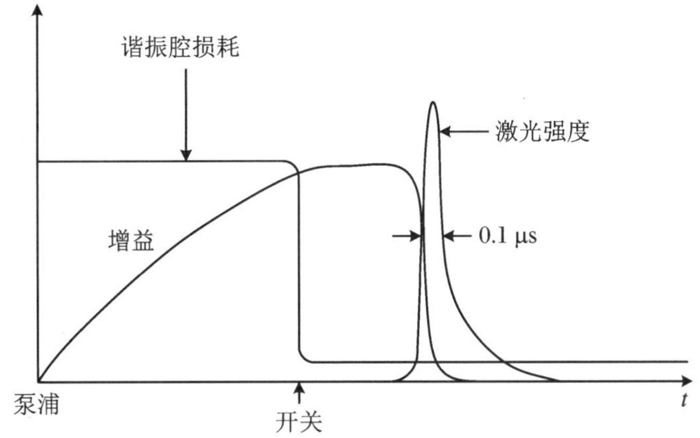

图 3.25　Q-开关激光的运作

谐振腔的损耗在粒子布居数反转积累的泵浦阶段维持在较高的值.然后，突然调整到一个小值，导致所存储的能量通过一个巨大的脉冲发射出去，其峰值功率可以超过 10^7 W.

3.5　总结：激光与经典光源

2000 年初，一方面，倍频后功率为 15 W 的钇铝石榴石激光器价值约 50000 欧元，另一方面，一个 150 W 白炽灯只需 1 欧元.因此，那些在使用的激光器表明它们所发出的光必须有一些卓越的性能.这些卓越性能中最主要的一个是公认的激光器能将较小的能量集中到空间和时间或者光谱的一个极端狭小的区域内.这导致了远高于普通光源的能量密度的产生.

3.5.1　经典光源：其幅度的几个量级

根据普朗克定律，处于 3000 K 的黑体近似以 500 $W \cdot cm^{-2}$的功率密度辐射至周围空间，辐射谱的范围从红外(1.5 μm)到绿光(0.5 μm)，即一个 4×10^{14} Hz 的区间范围. 这些数字对白炽灯的灯丝来说是非常典型的；高压弧光灯的辐射亮度(单位角度单位面积的辐射功率，见补充材料 3.C)则要高 10 倍.

能够把所有这些能量集中到一个小区域中吗？由光学定理(补充材料 3.C)所提供的答案是十分明确的；不管使用什么样的光学系统亮度都不可能达到比它的初始值更大的值：一个能达到更大值的系统将破坏热力学第二定律. 因此，在最优条件(应用大的数值孔径的无损光学系统)下能达到的最高的辐照度(单位面积的功率)将是 500 W·cm^{-2}.

假设需要用一个线宽 1 MHz 的光源激发一个原子跃迁. 从经典光源发出的光只有很小比例分布在相关的谱区域内. 在上面的例子中，有用的光流量约为 1 μW·cm^{-2}. 这是不足以观察到非线性光学效应的，观察到非线性效应的共振流量通常要达到 1 mW·cm^{-2}. 脉冲闪光灯能够达到比白炽灯大 2～3 个量级的峰值发光度，但是它们因为仍然有很大的差距而不能到达强场区.

3.5.2 激光

现在考虑在上面的例子中发出 15 W 连续光功率的激光光束. 由于空间相干性，它可以被聚焦到衍射限内的点区域，点的直径为光波长量级，即一个 1 μm^2 的区域. 因此焦点处的辐照度为 10^9 W·cm^{-2}，而之前普通光的值是 500 W·cm^{-2}. 此外，这个功率是聚焦到小于 1 MHz 线宽的谱区域内的. 因此，当激光器调整到原子跃迁的频率时，原子将响应全部功率；于是这个光源提供的辐照度就进入强场范围.

在时域内，3.4.1 小节所描述的锁模技术可以以很高的重复率将输出激光的能量集中到极短的高能脉冲中. 此类系统的峰值功率比平均功率要高几个量级. 染料或钛蓝宝石激光器可以在更短脉冲中有直到 10^{15} W·cm^{-2}峰值功率. 在此条件下，激光脉冲的电场比基态氢原子核施加在外电子上的库仑场还要强. 这开辟了在前所未有的能量区域内研究光与物质相互作用的道路.

总之，多亏了其相干特性，激光拥有被聚焦到一个无法用其他光源所能到达的程度的能力. 它的时间相干性使其能量可以在时间和频率域内被集中，而它的空间相干性使其可以被聚焦到很小的区域或者以高度平行的光束传播. 正是这些可能性使得激光器从基础研究到大量市场应用的技术设计等广泛领域内都得到了应用.

进一步的阅读材料

市面上有着大量关于激光的文献著作.本章略去的一些问题的详细内容请参阅下面的著作,但是以下材料仍然是不全面的.

Agrawal G P,Dutta N K. Semiconductor Lasers. Van Nostrand,1993.

Bertolotti M. Masers and Lasers: A Historical Approach. Institute of Physics Publishing,1983.

Coldren L A,Corzine S W. Diode Lasers and Photonic Integrated Circuits. Wiley,1995.

Haken H. Laser Theory. Springer,1983.

Koechner W. Solid-state Laser Engineering. Springer,2006.

Mandel L, Wolf E. Optical Coherence and Quantum Optics. Cambridge University Press,1995.

Petermann K. Laser Diode Modulation and Noise. Kluwer,1991.

Rosencher E, Vinter B. Optoelectronics. Cambridge,2002.

Sargent M,Scully M O,Lamb W E. Laser Physics. Addison-Wesley,1974.

Siegman A E. Lasers. University Science Books,1986.

Silfvast W. Laser Fundamentals. Cambridge University Press,2004.

Svelto O. Principles of Lasers. Plenum Press,1998.

Verdeyen J T. Laser Electronics. Prentice Hall,1995.

Yariv A. Quantum Electronics. Wiley,1989.

补充材料 3.A　法布里-珀罗谐振腔

法布里-珀罗干涉仪有着悠久的历史.该干涉仪起初的发明是为了高分辨率的光谱测量,而结果在激光器的发展过程中扮演了基础性的角色.通常,激光器只不过是包裹于谐振

3

腔内的一个放大介质.谐振腔扮演着提供维持振荡所需的光学反馈以及在发生振荡的增益曲线范围内选择波长的双重作用.然而法布里-珀罗谐振腔的作用并不局限于此.额外的法布里-珀罗器件可以插入激光谐振腔,以此来进一步窄化激光输出的频率宽度.在可调谐激光系统中可以发现一系列的用以逐级窄化谱线宽度的此类滤片.最后,一个在激光谐振腔外部的法布里-珀罗标准具可以提供激光锁模的参考频率.

3.A.1 线形法布里-珀罗谐振腔

考虑两个部分透射但不吸收的平面镜 M_1 和 M_2(其透射和反射系数分别由 t_1,t_2 和 r_1,r_2 表示)被精确地平行放置.正如我们将要看到的,这个系统组成一个光谐振腔.考虑一个偏振为 $\boldsymbol{\varepsilon}$、沿垂直于镜子平面的 Oz 方向传播的电磁波 $\boldsymbol{E}_{\mathrm{i}}(\boldsymbol{r},t)$:

$$\boldsymbol{E}_{\mathrm{i}}(\boldsymbol{r},t)=E_{\mathrm{i}}\boldsymbol{\varepsilon}\cos(\omega t-kz+\varphi_i)=\boldsymbol{\varepsilon}\mathcal{E}_{\mathrm{i}}\mathrm{e}^{\mathrm{i}(kz-\omega t)}+\mathrm{c.c.}\tag{3.A.1}$$

E_{i} 和 $\mathcal{E}_{\mathrm{i}}$ 分别是入射电场振幅的实振幅和虚振幅并且 M_1 位于 $z=0$ 处.同样,我们用 E_{r}, E_{t} 和 E_{c} 和 E'_{c}表示传播于两个镜子间场的反射和透射振幅.这些波如图 3.A.1 所示.

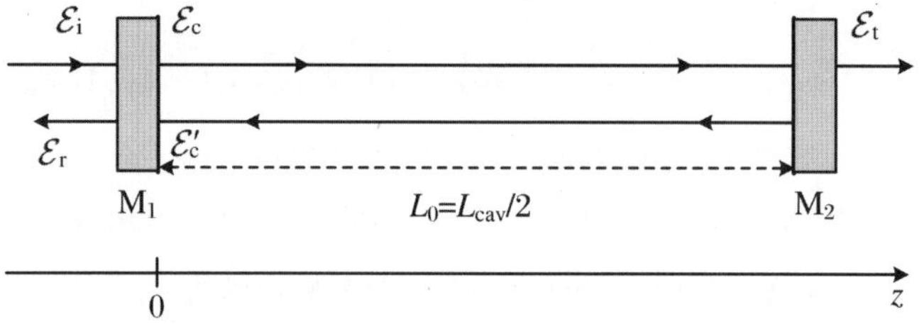

图 3.A.1 入射至、透射出和循环在谐振腔内的电场

$\mathcal{E}_{\mathrm{i}},\mathcal{E}_{\mathrm{r}},\mathcal{E}_{\mathrm{c}},\mathcal{E}'_{\mathrm{c}},\mathcal{E}_{\mathrm{t}}$ 的值适用于 $M_1(z=0)$界面处.

通常我们可通过其单位面积的功率(能流)Π(和坡印廷矢量的平均值相关的量)来表示场,而不是通过振幅.例如,由入射场所产生的能流为

$$\Pi_{\mathrm{i}}=\varepsilon_0 c\frac{E_{\mathrm{i}}^2}{2}=2\varepsilon_0 c\,|\,\mathcal{E}_{\mathrm{i}}\,|^2\tag{3.A.2}$$

接下来,我们将计算法布里-珀罗谐振腔的透射和反射系数的大小:

$$T=\frac{\Pi_{\mathrm{t}}}{\Pi_{\mathrm{i}}}=\left|\frac{\mathcal{E}_{\mathrm{t}}}{\mathcal{E}_{\mathrm{i}}}\right|^2\tag{3.A.3}$$

$$R = \frac{\Pi_r}{\Pi_i} = \left| \frac{\mathcal{E}_r}{\mathcal{E}_i} \right|^2 \tag{3.A.4}$$

通过选择合适的相位初始位置,可使在镜子 M_1 处联系各场的振幅的关系式写成如下形式:

$$\mathcal{E}_c = t_1 \mathcal{E}_i + r_1 \mathcal{E}'_c \tag{3.A.5}$$

$$\mathcal{E}_r = - r_1 \mathcal{E}_i + t_1 \mathcal{E}'_c \tag{3.A.6}$$

其中 r_1 和 t_1 是实数,并且满足方程

$$r_1^2 + t_1^2 = R_1 + T_1 = 1 \tag{3.A.7}$$

注意,式(3.A.6)中的负号保证了场的转换矩阵的幺正性(对比 5.1.1 小节),进而确立了能流守恒:$|\mathcal{E}_c|^2 + |\mathcal{E}_r|^2 = |\mathcal{E}_i|^2 + |\mathcal{E}'_c|^2$ 或 $\Pi_c + \Pi_r = \Pi_i + \Pi'_c$.

类似地,在镜子 M_2 处,我们有

$$\mathcal{E}_t = t_2 \mathcal{E}_c \exp(ikL_0) \tag{3.A.8}$$

$$\mathcal{E}'_c = r_2 \mathcal{E}_c \exp(2ikL_0) \tag{3.A.9}$$

其中 L_0 是两个镜子间的距离.系数 r_2 和 t_2 是实数,并且满足

$$r_2^2 + t_2^2 = R_2 + T_2 = 1 \tag{3.A.10}$$

同样,这里的能流守恒也是满足的:$|\mathcal{E}_t|^2 + |\mathcal{E}'_c|^2 = |\mathcal{E}_c|^2$ 或 $\Pi_t + \Pi'_c = \Pi_c$.

评注 式(3.A.9)或式(3.A.5)中反射项的符号与公式(3.A.6)中的符号相反,这是与如下事实相关的:前一种情况中镜面的反射面是朝向腔内部的,而在式(3.A.6)中是朝向外面的.

3.A.2 腔的透射、反射系数与共振

引入往返回路谐振腔长度 $L_{cav} = 2L_0$,由式(3.A.5)和式(3.A.8)给出

$$\frac{\mathcal{E}_t}{\mathcal{E}_i} = \frac{t_1 t_2 \exp(ikL_{cav}/2)}{1 - r_1 r_2 \exp(ikL_{cav})} \tag{3.A.11}$$

由此我们可得装置的透射系数

$$T = \left| \frac{\mathcal{E}_t}{\mathcal{E}_i} \right|^2 = \frac{T_1 T_2}{1 + R_1 R_2 - 2\sqrt{R_1 R} \cos kL_{cav}} \tag{3.A.12}$$

式(3.A.12)表明,当 $kL_{cav}=2p\pi$(图 3.A.2)时 T 取到一个最大值,也就是

$$\omega = \omega_p = 2\pi p \frac{c}{L_{cav}}, \quad p \text{ 为整数} \tag{3.A.13}$$

此时的透射系数为

$$T_{max} = \frac{T_1 T_2}{(1-\sqrt{R_1 R_2})^2} \tag{3.A.14}$$

如果 $R_1=R_2$,我们有 $T_{max}=1$,即 $T_1=T_2$ 非常接近零.在这种情况下,由两个反射镜组成的谐振腔会将入射场完全透射出去!当然,实际中镜子的瑕疵,如损耗或不平整,将会使 T_{max}的值有一个上限.

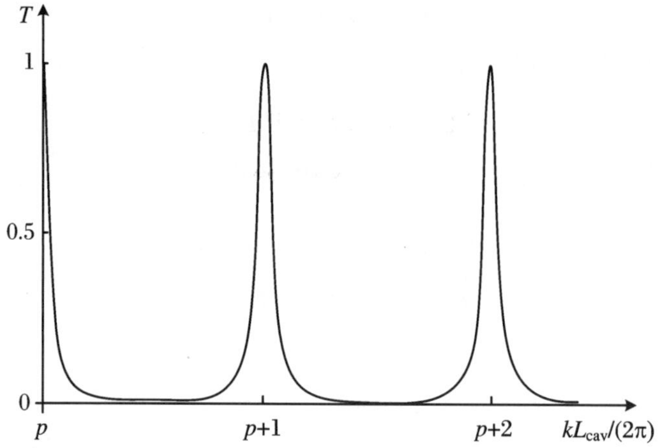

图 3.A.2 谐振腔的透射

当在一个谐振腔的往返路程上相位累积值 kL_{cav} 是 2π 的整数倍时,会出现显著的共振;这里的共振曲线是在 $R_1=R_2=0.8$ 时计算的.

由式(3.A.13)定义的频率 ω_p 是谐振腔的共振频率.它们对应于谐振腔长度 L_0 是半波长的整数倍的情形,就像弦振动的共振一样.事实上,由于 $|\mathcal{E}_t|^2=T_2|\mathcal{E}_c|^2$,应用式(3.A.12)后我们发现对于谐振腔内的场,

$$\left|\frac{\mathcal{E}_c}{\mathcal{E}_i}\right|^2 = \frac{T_1}{1+R_1R_2-2\sqrt{R_1R_2}\cos kL_{cav}} \tag{3.A.15}$$

这表明对于给定的入射场 E_i,在谐振腔内往返循环的能量在 $\omega=\omega_p$(或者等价地,$kL_{cav}=2p\pi$)时最大.例如,对于对称谐振腔,其内部往返循环的能量比入射强度要大一个倍数因子 $1/T_2$.这个增强因子当 T_2 很小时会变得很大.我们现在就理解了为什么谐

振腔的透射率可以接近于 1：镜子 M_2 确实只透射很小一部分腔内功率，但是在谐振腔共振的时候这个腔内功率比入射功率要大很多，于是这两个效应正好互相平衡.

注意，最后谐振腔的反射系数可以从式(3.A.12)导出：

$$R = \left|\frac{\mathcal{E}_{\mathrm{r}}}{\mathcal{E}_{\mathrm{i}}}\right|^2 = 1 - T \tag{3.A.16}$$

在共振时它达到最小值.特别是，在对称谐振腔($R_1 = R_2$)和理想镜子，我们有 $R = 0$：在共振频率处反射系数为 0.

评注 (1) 另一种推导公式(3.A.12)的方法是，我们不将总体振幅的式(3.A.5)和式(3.A.8)写出，而是将法布里-珀罗谐振腔看作一个多光束干涉仪，并计算所有透射的和反射的波的和.本书介绍的处理方法更加简洁和严密.

(2) 通常在光谱学或非线性光学中需要大的光强(例如双光子跃迁；见补充材料 3.G，或者倍频；见第 7 章)的实验，实际上是封闭在一个法布里-珀罗谐振腔内的，这使得激励介质所感受到的光强度比入射激光束的要大得多.根据应用的不同，腔可以是环形的或者线形的.在前一种情况(环形)下，强度是常数，而在线形情况下则具有节点和腹点.

(3) 当腔内充满折射率为 n 的介质时，L_{cav}一定要取回路光学长度，即 $L_{\mathrm{cav}} = 2L_0$.这很容易推广到厚度为 e、折射率为 n 的介质置入谐振腔的情况.此时，$L_{\mathrm{cav}} = 2L_0 + 2(n-1)e$.

(4) 反射场的复振幅由下式给出：

$$\frac{\mathcal{E}_{\mathrm{r}}}{\mathcal{E}_{\mathrm{i}}} = \frac{-r_1 + r_2 \mathrm{e}^{\mathrm{i}kL_{\mathrm{cav}}}}{1 - r_1 r_2 \mathrm{e}^{\mathrm{i}kL_{\mathrm{cav}}}}$$

在对称谐振腔($r_1 = r_2$)情况下，反射场的相位在谐振腔共振时将出现一个 π 的改变.

3.A.3 具有单一耦合镜的环形法布里-珀罗谐振腔

由线形法布里-珀罗谐振腔所得的多数结论可以推广到环形谐振腔.考虑图 3.A.3 所示的谐振腔.它由一个半透镜 M(相应系数分别为 r_1, t_1)和两个全反射镜组成.

这里联系入射振幅 $\mathcal{E}_{\mathrm{i}}$、反射振幅 $\mathcal{E}_{\mathrm{r}}$ 以及在谐振腔内往返循环的场 $\mathcal{E}_{\mathrm{c}}$ 的关系式与式(3.A.5)和式(3.A.6)类似：

$$\mathcal{E}_{\mathrm{c}} = t_1 E_{\mathrm{i}} + r_1 \mathcal{E}'_{\mathrm{c}} \tag{3.A.17}$$

$$\mathcal{E}_{\mathrm{r}} = -r_1\mathcal{E}_{\mathrm{i}} + t_1\mathcal{E}'_{\mathrm{c}} \tag{3.A.18}$$

$$\mathcal{E}'_{\mathrm{c}} = \mathcal{E}_{\mathrm{c}}\exp(\mathrm{i}kL_{\mathrm{cav}}) \tag{3.A.19}$$

其中 L 是谐振腔的往返长度.结合第一和第三个关系式,我们有

$$\mathcal{E}_{\mathrm{c}} = \frac{t_1\mathcal{E}_{\mathrm{i}}}{1-r_1\exp(\mathrm{i}kL_{\mathrm{cav}})} \tag{3.A.20}$$

$$\left|\frac{\mathcal{E}_{\mathrm{c}}}{\mathcal{E}_{\mathrm{i}}}\right|^2 = \frac{T_1}{1+R_1-2\sqrt{R_1}\cos kL_{\mathrm{cav}}} \tag{3.A.21}$$

当 $R_2=1$ 时,上述表达式和式(3.A.15)一致.对于仅有一个输出镜的环形谐振腔,腔内的场强度值与只具有一个全反射镜子线形谐振腔是相同的.所有由线形谐振腔所得的结果也都适用于这里.特别地,这包括由式(3.A.13)给出的在相同的角频率值处出现尖锐的共振峰.

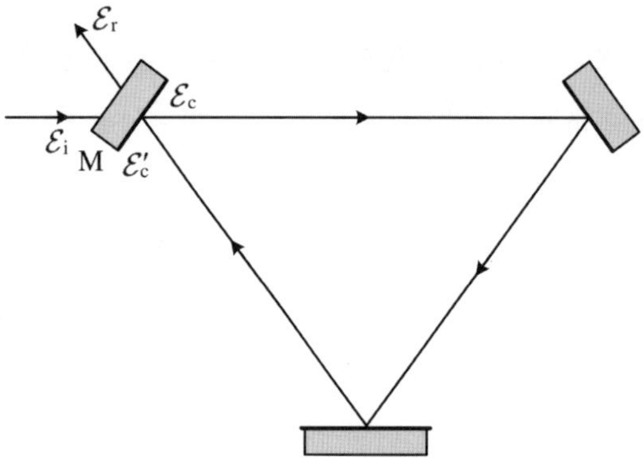

图 3.A.3 环形法布里-珀罗谐振腔

振幅$|\mathcal{E}_{\mathrm{i}}|$,$|\mathcal{E}_{\mathrm{r}}|$和$|\mathcal{E}_{\mathrm{c}}|$在半透镜 M 的横截面处求得.环形谐振腔的长度为 L_{cav}.

就反射场来说,结合式(3.A.18)~式(3.A.20),我们发现

$$\frac{\mathcal{E}_{\mathrm{r}}}{\mathcal{E}_{\mathrm{i}}} = \frac{1-r_1\exp(-\mathrm{i}kL_{\mathrm{cav}})}{1-r_1\exp(\mathrm{i}kL_{\mathrm{cav}})}\exp(\mathrm{i}kL_{\mathrm{cav}}) \tag{3.A.22}$$

这说明不论谐振腔的长度为多少,反射系数$|\mathcal{E}_{\mathrm{r}}/\mathcal{E}_{\mathrm{i}}|^2$都等于 1.因此对于图 3.A.3 的环形谐振腔,所有的入射强度都被反射(不存在谐振腔损耗的情况下).这并不是说谐振腔的共振不会在反射场中得到体现,而是它们仅仅体现在相位上.

3.A.4　谐振腔的细度

将表达式(3.A.12)和(3.A.15)中能够产生共振的分母 D 重新写为如下形式是十分有益的：

$$D=1+R_1R_2-2\sqrt{R_1R_2}+4\sqrt{R_1R_2}\sin^2\left(k\frac{L_{cav}}{2}\right)$$
$$=(1-\sqrt{R_1R_2})^2\left[1+m\sin^2\left(k\frac{L_{cav}}{2}\right)\right] \tag{3.A.23}$$

其中

$$m=\frac{4\sqrt{R_1R_2}}{(1-\sqrt{R_1R_2})^2} \tag{3.A.24}$$

$1/D$ 的最大值随着 R_1R_2 接近 1 而逐渐增大．此外，$1/D$ 是往返相位 kL_{cav} 的一个函数，其最大值在共振(式(3.A.13))时获得．这些共振的宽度可以通过寻找使 $1/D$ 降到最大值一半时的 kL_{cav} 的值来表征．用这个方式我们发现，对于 $m\gg1$，

$$k\frac{L_{cav}}{2}\approx p\pi\pm\frac{1}{\sqrt{m}}$$

谐振腔的**细度**定义为两个临近共振峰之间的间隔 π 与其中一个峰的宽度 $2/\sqrt{m}$ 的比率：

$$\mathcal{F}=\pi\frac{\sqrt{m}}{2}=\pi\frac{(R_1R_2)^{1/4}}{1-\sqrt{R_1R_2}} \tag{3.A.25}$$

如果遍历入射波的频率，则这些共振峰的宽度为

$$\frac{\Delta\omega_{cav}}{2\pi}=\frac{1}{\mathcal{F}}\frac{c}{L_{cav}} \tag{3.A.26}$$

显然，当 $\mathcal{F}$ 增加时共振峰变得更窄．

描述共振系统(一般在电子或者力学系统中)的一种常用的方法是研究当激发停止时振荡的衰减率．储存在线形谐振腔横截面 S 内的能量为

$$W=\frac{L_0}{c}(\Pi_c+\Pi_c')S \tag{3.A.27}$$

其中 Π_c 和 Π_c' 分别是沿 z 轴正向和反向在谐振腔内循环的能流(图 3.A.1).输出端镜子的发射功率为

$$-\frac{\mathrm{d}}{\mathrm{d}t}W = (T_2\Pi_c + T_1\Pi_c')S \tag{3.A.28}$$

应用关系 $\Pi_c' = R_2\Pi_c$,我们得到

$$-\frac{\mathrm{d}}{\mathrm{d}t}W = \frac{T_2 + T_1R_2}{1 + R_2}\frac{c}{L_0}W \tag{3.A.29}$$

对具有自然振荡频率 ω 的共振系统,可定义品质因子 Q:

$$\frac{\mathrm{d}W}{\mathrm{d}t} = -\frac{\omega}{Q}W \tag{3.A.30}$$

比较式(3.A.29)和式(3.A.30),利用 $\omega = 2\pi c/\lambda$,我们得到

$$Q = \pi\frac{1 + R_2}{T_2 + T_1R_2}\frac{L_{\text{cav}}}{\lambda} \tag{3.A.31}$$

由于因子 L_{cav}/λ 对于光学波长以及当 R_1 和 R_2 都接近 1 时通常都超过 10^5,所以 Q 值可以很大:谐振腔内的场在衰减完之前可以经历多次振荡.

3.A.5 较大细度值的谐振腔

考虑具有大的反射系数的镜子的情形是非常有趣的.这样我们就可用式(3.A.25)和式(3.A.31)以 T_1 和 T_2 的展开式的最低阶近似.这样,我们发现

$$\mathcal{F} \approx \frac{2\pi}{T_1 + T_2} \tag{3.A.32}$$

$$Q \approx \mathcal{F}(L_{\text{cav}}/\lambda) \tag{3.A.33}$$

常规的镜子就可具有可忽略的吸收且透射系数为 1%,这样其细度就可超过 100.应用高质量介质膜和非常平的镜面,可以得到超过 10^5 细度值的镜子.在此极限下(R_1 和 R_2 非常接近 1),利用式(3.A.23)~式(3.A.25),由腔内强度的方程(3.A.15)给出

$$\left|\frac{\mathcal{E}_c}{\mathcal{E}_i}\right|^2 = \frac{4T_1}{(T_1 + T_2)^2\left(1 + \frac{4\mathcal{F}^2}{\pi^2}\sin^2\frac{kL_{\text{cav}}}{2}\right)} \tag{3.A.34}$$

作为总结，我们给出长度为 $L_0=5\ \mathrm{cm}$，$F\approx300$（在 $T_1=T_2=0.01$ 时取得）的线形谐振腔的一些定量的结果：自由谱线域（即模间距），c/L_{cav} 等于 3 GHz；谐振腔共振频率的宽度，$\Delta\omega_{cav}/(2\pi)$ 等于 10 MHz；$\lambda=500\ \mathrm{nm}$（可见光区）处的品质因子为 $Q=6\times10^7$；腔内循环的功率比输入功率大 100 倍. 这样的谐振腔可以用于高分辨率光谱学：如果谐振腔的长度 L_0 发生改变，透射频率也会改变. L_0 改变 $\lambda/2$ 导致透射频率变化大小为一个自由谱线域，在本段所给具体情况下为 3 GHz. 由于 $\Delta\omega_{cav}$ 值很小，人们可以研究例如氦氖激光器所发射的谱线结构（三种间隔为 500 MHz 的模）.

评注 (1) 透射损耗并不是影响法布里-珀罗谐振腔损耗的唯一因素. 镜表面的损耗也必须像腔内介质材料的吸收和散射损耗一样计入在内. 考虑图 3.A.1 的线形腔，并假定从一个镜子到另一个镜子的传播过程中强度损耗的比率为 A_1，因此公式(3.A.8)和(3.A.9)分别变为

$$\mathcal{E}_t = t_2\,\mathcal{E}_c\sqrt{1-A_1} \tag{3.A.35}$$

$$\mathcal{E}'_c = r_2\,\mathcal{E}_c(1-A_1)\exp(2ikL_0) \tag{3.A.36}$$

而公式(3.A.5)和(3.A.6)保持不变. 前面所做的分析可以很容易地调整到将此额外损耗项包括在内的情况. 我们发现，如在极限 $T_1, T_2, A_1\ll1$ 下，共振的透射、反射系数和细度由下列式子给出：

$$T_{max} = \frac{4T_1T_2}{(Ab+T_1+T_2)^2} \tag{3.A.37}$$

$$R_{res} = \frac{(Ab-T_1+T_2)^2}{(Ab+T_1+T_2)^2} \tag{3.A.38}$$

$$\mathcal{F} = \frac{2\pi}{Ab+T_1+T_2} \tag{3.A.39}$$

其中 $Ab=2Ab_1$ 是附加的回路损耗.

(2) 放大介质（如激光器内的）对应 $A<0$ 的情况. 此时得到 $T_{max}=\infty$ 是可能的，这表明输出波甚至可以在无入射波的情况下出现.

3.A.6 线形激光谐振腔

之前的分析也可通过选取 $T_2=0$（$R_2=1$）而适用于线形激光谐振腔，这对应图 3.A.1中一个向左出射的激光束. 在这种情况下，谐振腔的透射率当然是零，但是式(3.A.12)之后的式子仍旧正确. 特别地，腔内场强度仍然有共振现象. 现在细度为(对 T_1

≪1 的情形)

$$\mathcal{F} = \frac{2\pi}{T_1} \tag{3.A.40}$$

在谐振腔内循环的能流 Π'_c 和 Π_c 现在就是相等的:

$$\Pi_c = \Pi'_c \tag{3.A.41}$$

并且它们和入射流 Π_i 有如下关系:

$$\frac{\Pi_c}{\Pi_i} = \frac{2\mathcal{F}}{\pi\left(1 + \frac{4\mathcal{F}^2}{\pi^2}\sin^2\frac{kL_{cav}}{2}\right)} \tag{3.A.42}$$

根据式(3.A.27)和式(3.A.41),储存在谐振腔内的能量等于

$$W = \frac{L_{cav}}{c}\Pi_c S \tag{3.A.43}$$

应用式(3.A.26)和式(3.A.42)后,上式变为

$$W = \frac{4\Pi_i S}{\Delta\omega_{cav}\left(1 + \frac{4\mathcal{F}^2}{\pi^2}\sin^2\frac{kL_{cav}}{2}\right)} \tag{3.A.44}$$

此式表明,在共振时对给定输入强度,谐振腔内的能量越大,共振峰的宽度越窄.

评注 (1) 在激光状态运行时,没有入射光束时,$\Pi_i=0$,情况会有所不同.但是,由于放大介质的存在仍有能量在谐振腔内往复($\Pi_c \neq 0$).这时,方程(3.A.43)仍然有效,并且激光器发出的光的通量 Π_o 等于

$$\Pi_o = T_1 \Pi_c \tag{3.A.45}$$

它在应用式(3.A.26)、式(3.A.27)和式(3.A.43)后化为

$$W = \frac{\Pi_o S}{\Delta\omega_{cav}} \tag{3.A.46}$$

此式给出了输出功率和谐振腔内循环的功率的关系.

(2) 由于环形谐振腔与一个具有反射系数为 1 的镜子 M_2 的线形谐振腔的相似性,由补充材料 3.A.6 小节导出的结论可以直接应用到环形腔的情形(见补充材料 3.A.3 小节).

补充材料 3.B 激光的横模：高斯光束

第 3 章 3.1 节介绍的激光运作的简化描述依赖于激光谐振腔在横向可无限延伸这个假定，所以往复循环的光场可以表达为平面波. 这在某种程度上显然是不实际的假定；激光谐振腔内的各种分量有着有限的空间区域，更通常的是激光谐振腔的横向尺度为 cm 量级. 如果光波是真实的平面波，在孔径限制组件之一的衍射就将使经过一次完整谐振腔回路的波前无法重现，进而引入严重的损耗. 实际中衍射损耗可以用凹面镜等聚焦元件来补偿掉，但是对光场的基于平面波的理论处理就不合适了.

对腔内光场的一个更有用的描述是，采用横向空间分布不均匀的波，同时考虑在腔内传播的稳定性. 这种描述也必须说明衍射效应以及在谐振腔镜子处的反射. 这样稳定后的光场称为谐振腔的**横模**.

一般而言，寻找任意谐振腔的横模的表达式是一个复杂的问题. 幸运的是，对连续激光器最常用的谐振腔的几何结构(特别是对由两个凹面镜组成的线形谐振腔)，一些简单形式的解是存在的：横向高斯模.

3.B.1 基本高斯光束

正如我们将在补充材料 3.B.3 小节看到的，可以找到描述电磁辐射在传播轴 Oz 外围有限区域内的真空中传播的方程的近似解，此解描述了有限横截面的一个光束. 其所描述的电场由下式给出：

$$\boldsymbol{E}(\boldsymbol{r},t) = \boldsymbol{\varepsilon}E(\boldsymbol{r},t) \tag{3.B.1}$$

其中

$$E(\boldsymbol{r},t) = 2\mathrm{Re}\left\{E_0\exp\left(-\frac{x^2+y^2}{w^2}\right)\exp\left(\mathrm{i}k\frac{x^2+y^2}{2R}\right)\exp[\mathrm{i}(kz-\omega t-\phi)]\right\} \tag{3.B.2}$$

3

上述方程描述了一个角频率为 ω 的波沿 Oz 方向传播且具有沿该轴的轴向的对称性. 垂直于 Oz 的单位矢量 $\boldsymbol{\varepsilon}$ 是光的偏振方向. 在式(3.B.2)中, E_0, w, R 和 ϕ 都是 z 的实函数, z 是一个有着简单物理意义的量; w 约为波的横向跨度的量级. 很容易证明式(3.B.2)中第二个指数项(当 x 和 y 为小值时)描述了波相位的横向变化, 其变化特征是一个曲率半径为 R 的球面. 对沿 Oz 轴正向的传播, 如果 R 是正的, 则波是**发散**的, 这可以通过考虑等相位面的形式得出. 当 $R<0$ 时, 波是**会聚**的.

将波束的半径最小的点设置为 z 的原点(波束在此点的半径称为**光束腰**, 这个词也表明其本身位置), 我们发现(将在补充材料 3.B.3 小节中证明)

$$w(z) = w_0\sqrt{1+\frac{z^2}{z_R^2}} \tag{3.B.3}$$

$$E_0(z) = E_0(0)\frac{w_0}{w(z)} \tag{3.B.4}$$

$$R(z) = z+\frac{z_R^2}{z} \tag{3.B.5}$$

$$\phi = \arctan\frac{z}{z_R} \tag{3.B.6}$$

在 $z=0$ 的区域, 光束腰处的半径 w_0 表征光束的最小横向跨度. **瑞利长度** z_R 为

$$z_R = \pi\frac{w_0^2}{\lambda} \tag{3.B.7}$$

它表征沿着光束至其有显著横向扩展的位置的距离. 实际上, 横向扩展从 $z=0$ 到 $z=z_R$ 时, 增大至 $\sqrt{2}$ 倍(由公式(3.B.3)). 因此, 对于从原点 z 到小于 z_R 的这段距离, 光束的横向范围几乎是常数. 因为此区域曲率半径非常大, 光束在平行于 Oz 轴的圆柱体内近似以平面波传播.

根据衍射定律, 光束具有圆柱形截面的区域越短其束腰就越小. 这可以通过 z_R 正比于 w_0^2 的事实在式(3.B.7)中得以体现. 因此对 $\lambda=633$ nm, 瑞利长度如下: $w_0=1$ mm 时, $z_R=5$ m; 减少至 $w_0=0.01$ mm 时, $z_R=0.5$ mm.

对于与束腰的距离相较于 z_R 大的区域, 我们发现

$$w(z)\approx\frac{\lambda}{\pi w_0}z \tag{3.B.8}$$

$$R(z)\approx z \tag{3.B.9}$$

在这个区域, 光束从 $x, y, z=0$ 点均匀地发散并且限制于一个半张角为 $\lambda/(\pi w_0)$(在上面的所给定的两个数值 w_0 中, 半张角的相应值分别为 2×10^{-4} 和 2×10^{-2})的锥形. 这个

发散，由于衍射作用而发生，会随着束腰的减小而增加. 这就是为什么在有些应用中有必要用大面积光束(见补充材料 3.F). 图 3.B.1 显示了高斯光束的图示.

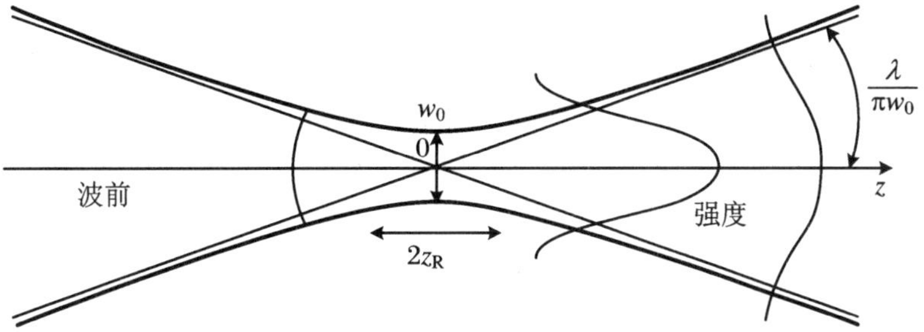

图 3.B.1　显示高斯光束随着传播而变化的横向强度的轮廓和波前的图示

式(3.B.6)表明，场在从 $-\infty$ 传播至 $+\infty$ 时会积累一个除了通常的传播相移 kz 之外的相位移动. 这个相移在光学中非常有名，称为**古伊相**(Gouy phase). 任何聚焦光束在经过束腰时都会出现这种相移.

可以将 E_0 和波所负载的功率 Φ 以及光束的横截面 w 联系起来，这是因为能流必须对任何垂直于传播方向的平面都相等. 考虑关系

$$\frac{\varepsilon_0 c}{2}\iint \mathrm{d}x\mathrm{d}y\,|E(x,y,z,t)|^2 = \Phi \tag{3.B.10}$$

我们可导出

$$E_0(z) = \frac{1}{w(z)}\sqrt{\frac{\Phi}{\varepsilon_0 \pi c}} \tag{3.B.11}$$

这个关系与式(3.B.4)是一致的.

3.B.2　稳定谐振腔的基本横模

考虑一个共振的线形谐振腔，它由一个平面镜 M_1 和一个曲率半径为 R_2 的凹面镜 M_2 组成，两镜相距 L_0(图 3.B.2).

如果存在高斯光束解，其波前正好和两个镜子的平面重合，那么这个解将是谐振腔的一个稳定模. 这在直觉上是显然的. 这样一个解的束腰将因此在平面镜处，且满足

$$R(L_0) = R_2 \tag{3.B.12}$$

由此式并结合式(3.B.5),我们可以得出

$$z_R = \sqrt{(R_2 - L_0)L_0} \tag{3.B.13}$$

这个表达式仅在下式满足时有解:

$$R_2 \geqslant L_0 \tag{3.B.14}$$

这是图3.B.2所示谐振腔的稳定性条件的一个表述.如果此式得到满足,一个其波前精确匹配镜面的稳定的高斯模将存在.也要注意联立表达式(3.B.13)和(3.B.7)可给出作为 R_0 和 L_0 的函数的束腰大小 w_0.

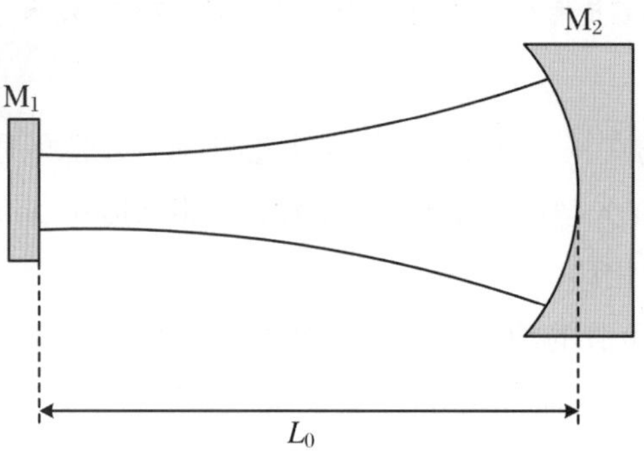

图3.B.2 一个由曲率半径为 R_2($R_2 \geqslant L_0$)的凹面镜和一个平面镜组成的稳定光学谐振腔的基本(高斯)横模的图示

上面的论证可以推广至由两个半径为 R_1 和 R_2 的凹面镜围成的任意线形谐振腔.于是稳定性条件为

$$0 \leqslant \left(1 - \frac{L_0}{R_1}\right)\left(1 - \frac{L_0}{R_2}\right) \leqslant 1 \tag{3.B.15}$$

从而表征模的参数 z_R(或者 w_0)通过要求波前严格匹配镜面而得以唯一地确定下来.

3.B.3 高阶高斯光束

在本小节中,我们将找到一个 Oz 轴周围有限范围内电磁波的一般表达式.我们从由麦克斯韦方程组得出的真空中电场的传播方程出发:

$$\Delta \boldsymbol{E} - \frac{1}{c^2}\frac{\partial^2 \boldsymbol{E}}{\partial t^2} = \boldsymbol{0} \tag{3.B.16}$$

我们运用傍轴近似，也就是我们假定电磁波近似平行于 Oz 传播（波前的法线和 Oz 轴的夹角很小），并且强度仅在临近此轴的区域（距离相较于曲率半径小，但是相较于波长大的区域）时才不可忽略．电场的横波条件使我们可以将电场 $\boldsymbol{E}$ 平行于 Oz 的分量忽略，于是我们有

$$\boldsymbol{E}(\boldsymbol{r},t) = \boldsymbol{\varepsilon} E(\boldsymbol{r},t) = 2\boldsymbol{\varepsilon}\mathrm{Re}[\mathcal{E}(x,y,z)\mathrm{e}^{\mathrm{i}(kz-\omega t)}] \tag{3.B.17}$$

其中 $\boldsymbol{\varepsilon}$ 是位于 xOy 平面内的偏振，并假定 $\mathcal{E}$ 是在远比波长大的尺度上变化的，其右边是由因子 $\exp(\mathrm{i}kz)$ 描述的波的快速振荡．将其代入式(3.B.16)，在存在 $k\frac{\partial}{\partial z}\mathcal{E}$ 时忽略 $\frac{\partial^2}{\partial z^2}\mathcal{E}$ 项，我们在傍轴以及慢变包络近似下得到包络函数 $\mathcal{E}$ 的传播方程：

$$2\mathrm{i}k\frac{\partial \mathcal{E}}{\partial z} = \frac{\partial^2 \mathcal{E}}{\partial x^2} + \frac{\partial^2 \mathcal{E}}{\partial y^2} \tag{3.B.18}$$

这个方程将在本书许多地方都非常有用，如在第 7 章的非线性光学中．

线性方程(3.B.18)的通解的数学推导可以在不少教科书中找到．[①]人们发现其解可表示为一组离散基函数 $\mathcal{E}_{mn}(x,y,z)$ 的线性叠加的形式，它由 TEM_{mn} 表示且由下式给出：

$$\mathcal{E}_{mn}(x,y,z) = \frac{C}{w(z)}\exp\left[-\frac{x^2+y^2}{w^2(z)}\right]\exp\left[\mathrm{i}k\frac{x^2+y^2}{2R(z)}\right] \times \mathrm{H}_m\left(\frac{x\sqrt{2}}{w(z)}\right)\mathrm{H}_n\left(\frac{y\sqrt{2}}{w(z)}\right)\mathrm{e}^{-\mathrm{i}\phi_{mn}(z)} \tag{3.B.19}$$

式中 C 是一个任意常数，$w(z)$ 和 $R(z)$ 由式(3.B.3)和式(3.B.5)给出．H_m 和 H_n 是阶为 m 和 n 的厄米多项式，我们在量子力学简谐振子的定态波函数中也遇到过．例如，前几个厄米多项式是 $\mathrm{H}_0=1$，$\mathrm{H}_1(x)=2x$，$\mathrm{H}_2=4x^2-1$．纵向古伊相移现在为

$$\phi_{mn}(z) = (m+n+1)\arctan\frac{z}{z_{\mathrm{R}}} \tag{3.B.20}$$

这些解称为厄米-高斯模．我们在补充材料 3.B.1 小节中所研究的且在式(3.B.2)中给出的基本高斯模就是 TEM_{00} 模．注意所有 TEM_{mn} 模在横向上都有相同的相位依赖形

① Siegman A E. Lasers [M]. University Science Books，1986.
更多详细内容参见 H. Kogelnik 和 T. Li 的文章 *Laser Beams and Resonators*（Applied Optics，1966，5：1550）.

式.更大 m,n 值的模与基模的区别在于古伊相位和振幅(振幅表现为一个高斯函数和一对厄米多项式的乘积)的横向变化都不相同.这样的物理结果就是,垂直于传播方向的平面能流不是从 Oz 轴向四周一致地衰减,而是具有一些结状的结构,并且平均来说是较缓慢地衰减.图 3.B.3 给出了几个低阶高斯模光束横截面的图示.

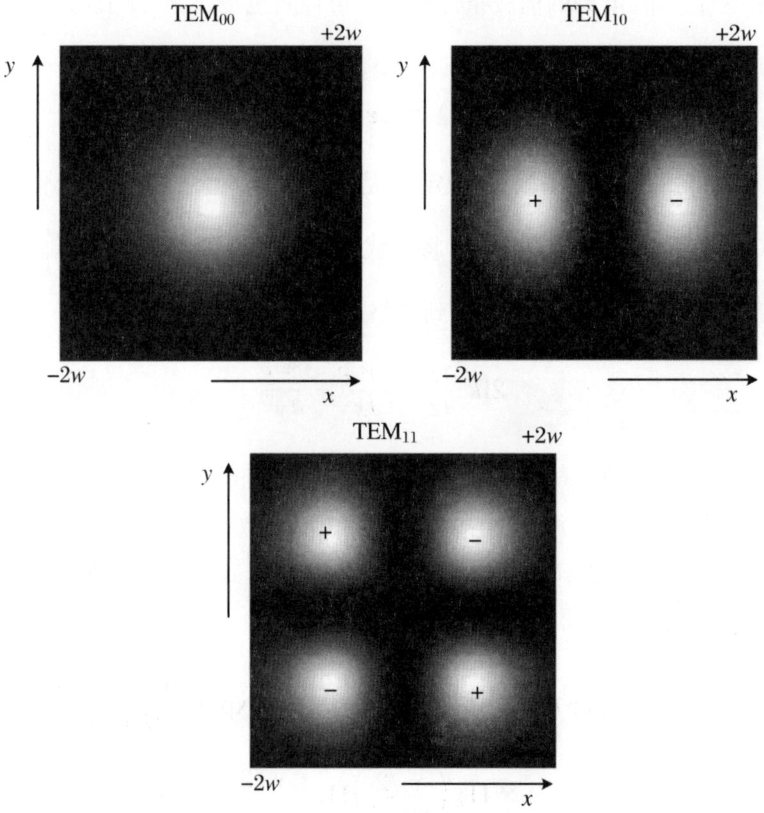

图 3.B.3　一些在 $-2w<x<2w$ 和 $-2w<y<2w$ 范围内的厄米-高斯波的强度分布图示

+和-号表示 TEM_{10} 和 TEM_{11} 模在不同分区内电场振幅的符号.可以看出基本 TEM_{00} 模从 Oz 轴往外围的衰减要快于其他高阶的模.

评注　也可以在柱坐标(ρ,θ,z)下解傍轴方程(3.B.18).可以得到一组形如下式的线性独立方程组:

$$\begin{aligned}&\mathcal{E}_{lm}(\rho,\theta,z)\\&=\frac{C'}{w(z)}\left[\frac{\rho\sqrt{2}}{w(z)}\right]^{|m|}\exp\left[-\frac{\rho^2}{w^2(z)}\right]\exp\left[\mathrm{i}\frac{\rho^2}{2R(z)}\right]L_l^{|m|}\left(\frac{2\rho^2}{w^2(z)}\right)\mathrm{e}^{\mathrm{i}m\theta}\mathrm{e}^{-\mathrm{i}\phi_{lm}(z)}\end{aligned}\tag{3.B.21}$$

其中 l 和 m 是整数，$l>0$，$L_l^{|m|}$ 是广义拉盖尔多项式. 古伊相位 ϕ_{lm} 的演化由下式给出：

$$\phi_{lm}(z) = (2l + |m| + 1)\arctan\frac{z}{z_R} \tag{3.B.22}$$

这些模称为**拉盖尔-高斯模** TEM_{lm}^{*}. 当 $m\neq 0$ 时，由于对方位角的依赖于 $e^{im\theta}$，这些模表现为沿 Oz 轴螺旋形的波前. 我们将在补充材料 4.B 中看到，这意味着它们携带了正比于 m 的轨道角动量.

3.B.4 激光的纵模和横模

考虑一个稳定的线形谐振腔，如图 3.B.2 所示的平面-凹面谐振腔的例子. 由于所有高斯模在横向上都有相同的相位依赖性，故有相同的波前. 若 $z_R=\pi w_0^2/\lambda$ 由 TEM_{00} 模导出的式(3.B.13)给出，那么这些高斯模都可以是以镜子作为其波前边界条件的麦克斯韦方程组的解(在傍轴近似下).

我们在第 3 章(3.1.2 小节)中看到，激光可以在任何谐振模上振荡，只要该模位于增益曲线超过增益阈值的频率区域内. 我们现在将之前只考虑纵模的讨论推广到包括横模的情形. 一般地，一个振荡的模现在由三个整数确定：用于确定横模的厄米-高斯基下横模的 m 和 n，以及纵模的 p. 更准确地说，由于相位必须在一个谐振腔往返路程上积累 2π 弧度的整数倍，条件式(3.16)经恰当推广后可写为

$$\omega_{mnp}\frac{L_{cav}}{c} - 2[\phi_{mn}(L_0) - \phi_{mn}(0)] = 2p\pi \tag{3.B.23}$$

其中 $L_{cav}=2L_0$. 对于第 3 章已经遇到的项 $\omega_{mnp}L_{cav}/c$，也已加入在整个谐振腔长度上古伊相位的变化，此相位的变化由于要往返穿过两次谐振腔而要乘 2.

利用式(3.B.21)，将其调整到适用平面-凹面谐振腔的情况(光束横截面在平面镜处最小)，我们可以将式(3.B.23)重写为如下形式：

$$\omega_{mnp} = \frac{c}{L_{cav}}\left[2p\pi + 2(n+m+1)\arctan\frac{L_0}{z_R}\right] \tag{3.B.24}$$

将由式(3.B.13)给出的 z_R 的值代入，则上式变为

$$\frac{\omega_{mnp}}{2\pi} = \frac{c}{2L_0}\left[p + \frac{1}{\pi}(n+m+1)\arccos\left(1-\frac{2L_0}{R_2}\right)\right] \tag{3.B.25}$$

上式仅依赖于谐振腔的长度 $L_0 = L_{cav}/2$ 以及凹面镜的曲率半径 R_2. 后面一个结果显示由不同 n 和 m 的值表征的横模一般在不同的频率上振荡.

因此第 3 章的讨论必须推广到包括额外的横模自由度的情况. 先验地,这会出现一些不同横模可以同时振荡的现象. 这是成问题的,因为这意味着激光将不会在单模状态下运行且不再是准单色的. 同时,一些横模的振荡意味着输出光束的横向强度分布不再是均匀的,而是存在节和极值的,然而对多数应用需要强度分布尽可能地均匀. 在实际中,基本的 TEM_{00} 模是主要的(只要激光谐振腔被很好地校准),这可以从图 3.B.2 中很清楚地看到,因为此模式是空间上最紧致的. 不管是场的横向范围被有意地限制还是由谐振腔镜子或其他腔内组件所附加的尺寸限制,激光谐振腔通常具有有限的孔径. 这些孔径使 Oz 横向衰减缓慢的高阶模的损耗增加. 因此,如果环路增益仅仅保证振荡发生,那么通常只有基本横模有贡献. 当增益增加时,如果没有合适的预防措施,则更高的横模将出现在输出光束中. 这些预防措施包括:在谐振腔内插入一个对基模友好的光圈来增加腔的损耗. 结果将是激光单模运行,但是代价是输出功率减少. 对光束质量的要求高还是对光学输出功率的要求高,依赖于所面临的具体应用.

评注 (1) 上面的高斯模的解是最常遇到的. 它们是与由球面镜所封闭的空的谐振腔相关联的模. 由其非线性性质而将不同横向模耦合在一起的腔内放大介质,或者腔内遮罩装置都可造成振荡模具有非常不同的空间结构.

(2) 当谐振腔的长度为曲面镜曲率半径的一半($L_0 = R_2/2$)时,称为半共焦谐振腔结构,式(3.B.25)中的 $\arccos(1-2L_0/R_2)$ 为 1. 这表明由激光器产生的唯一可能的频率为 $c/(4L_0)$ 的倍数(而不是平面镜谐振腔的 $c/(2L_0)$ 倍数),并且许多不同的横模或者其任意组合可以同时振荡. 由两个全同的曲率半径等于谐振腔长度($L_0 = R$)的曲面镜做成的"共焦腔"是一个"打开对折"的半共焦谐振腔. 它有类似的性质:唯一可能的频率是 $c/(4L_0)$ 的倍数,并且出射场可以有任何横向形状,只要该横向形状在变换 $x \to -x$ 和 $y \to -y$ 下不变或者具有负号即可. 于是约束激光束横向形状的就是增益介质的横向特性.

补充材料 3.C 激光和非相干光:每个模的能量密度和光子数

激光和非相干光源发出的光的不同只有在能量光度学的对比中才能被充分认识到,这将在本补充材料的第一部分阐明. 在 3.C.2 小节中,我们将证明相较于激光光源

(3.C.3小节)光度学定理是如何大大降低传统非相干光源的能量密度的.不仅仅是详细表述,这些描述经典光源的定理是可由基本热力学导出的一类基本定理.将光的这些特性和基本物理原理联系起来的另一种方法是在光的统计物理背景下研究这些特性,这将在3.C.4小节和3.C.5小节中进行讨论.

3.C.1 非相干源的辐射亮度守恒

3.C.1.1 光学径角性和辐射亮度

一个非相干光源由大量独立的、基本的发射体组成,其发射是随机分布的且相位是无关联的,且向所有方向发射.由这类光源产生的光束可以分解为基本的光线锥.由于光是不相干的,光束的总功率是这些基本光线锥的功率之和.

一个基本的光线锥由其发出的源的面元 dS 和到达的第二个面元 dS'来定义,如图3.C.1所示.光线锥的径角性(有时称为几何延伸)由下式给出:

$$\mathrm{d}U = \frac{\mathrm{d}S\cos\theta\,\mathrm{d}S'\cos\theta'}{MM'^2} \tag{3.C.1}$$

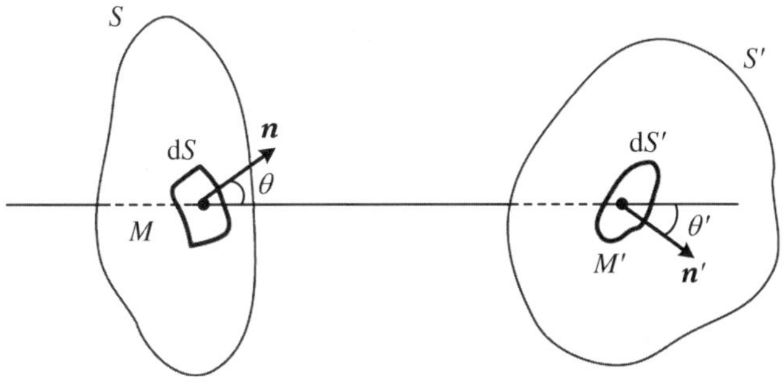

图3.C.1 光束和光线锥

两个面元 dS 和 dS'确定一个光线锥,也就是一组从 dS 到 dS'的射线.整个 S 到S'的光线锥构成光束.

其中 θ 和θ'是光线锥的平均方向 MM' 与两个面元的法向 $\boldsymbol{n}$ 和 $\boldsymbol{n}'$的夹角.引入两个立体角:

$$\mathrm{d}\Omega = \frac{\mathrm{d}S'\cos\theta'}{MM'^2} \tag{3.C.2}$$

$$d\Omega' = \frac{dS\cos\theta}{MM'^2} \tag{3.C.3}$$

径角性可以写为如下形式：

$$dU = dS\cos\theta d\Omega = dS'\cos\theta' d\Omega' \tag{3.C.4}$$

在光线锥中辐射所携带的辐射流 $d\Phi$，也就是输运的功率，由下式给出：

$$d\Phi = L(M,\theta)dU \tag{3.C.5}$$

其中 $L(M,\theta)$称为点 M 的辐射亮度．对许多类型的源（特别是具有均一温度的黑体），辐射亮度既不依赖于点 M 也不依赖于θ，这正是我们随后为了简化记法而考虑的情况．

一束光由两个孔径（其中之一可指定为光源）确定，它所输出的功率 Φ 显然就是其组成成分基本光线锥所携功率 $d\Phi$ 的和．如果辐射亮度 L 是均匀的且不依赖于方向，则有

$$\Phi = LU \tag{3.C.6}$$

其中光学径角性 U 是一个纯几何量，可通过对式(3.C.4)做二重积分获得．

这里讨论的定义和特性隐含的是针对单色光束给出．在多色光束情况下，可定义一个能量微分的辐照度 $\mathcal{L}(\omega)$．上面的特性就可以理解为能谱中每一个由辐射亮度 $\mathcal{L}(\omega)d\omega$ 表征的频率 $d\omega$ 所满足的特性．因此，对于一个谱间距 $d\omega$ 和一个光学径角性为 dU 的光线锥，

$$d\Phi = \mathcal{L}(\omega)d\omega dU \tag{3.C.7}$$

由于一个非相干光源的不同谱之间是彼此独立的，它们对总功率的贡献是相加的，于是表达式(3.C.7)可以对变量 ω 进行积分．

接下来，我们需要知道一个光线锥的光学径角性与在实空间和倒易空间（后者即波矢 $\boldsymbol{k}$ 的空间）的微分元 dx，dy 和 dk_x，dk_y 之间的关系．在笛卡儿坐标系中沿接近于 Oz 轴传播时，我们有

$$d\Omega = \frac{1}{k^2}dk_x dk_y = \frac{c^2}{\omega^2}dk_x dk_y \tag{3.C.8}$$

对于垂直于 Oz 的面积元 $dS = dxdy$，我们可得

$$dU = \frac{c^2}{\omega^2}dxdk_x dydk_y \tag{3.C.9}$$

3.C.1.2 辐射亮度守恒

如果光束在一个没有吸收的介质中传播，并且所遇到的屈光组件已经做了增透处

理，那么功率是守恒的. 也可以证明，对于一个理想的（无相差）光学系统，光学光展度（étendue）在传播过程中是守恒的. 更准确地说，$n\mathrm{d}U$ 是守恒的，其中 n 是折射率，但是这里我们只考虑真空中的光束. 式(3.C.4)表明辐射亮度在传播过程中是守恒的. 光束由守恒的辐射亮度来表征，这可使理解光学设备所需要的各种光度度量易于计算，正如我们将在下面看到的.

注意，如果光束遇到了吸收介质或者半反射界面，辐射亮度将会减少，即使是无相差系统. 另外，如果系统不是无相差的，光学径角性只会增加，并且这通常会导致辐射亮度减少.

总而言之，由非相干源产生的光束在传播过程中，如果所穿过的系统是理想的，那么辐射亮度是守恒的；否则，辐射亮度只会减少.

评注 (1) 此特性与热力学第二定律联系紧密，如果可以增加传播过程中的谱辐射亮度，热力学第二定律就被破坏了. 如果我们认为总输出的守恒其实就类似于刘维尔定律，即相空间的单位体积在随哈密顿量演化时守恒①，那么它和统计力学的关系也就很清楚了.

(2) 在非线性介质中，上面所讨论的特点将不再适用. 注意到，例如，在非线性情况下频率可能会发生改变并且谱之间不再独立. 还有，像参量放大（补充材料 7.A）等非线性过程可以增加辐照度.

3.C.2 非相干源的最大辐照度

辐照度是单位面元所接受到的辐射功率，即

$$E = \frac{\mathrm{d}\Phi}{\mathrm{d}S'} \tag{3.C.10}$$

让我们考虑从一个具体强度为 L 的非相干光源所能获得的最大辐照度.

首先考虑图 3.C.1 所示的情况，其中辐照面积元 $\mathrm{d}S'$ 直接背向光源. 利用式(3.C.4)和式(3.C.6)，可以看出由源面积元 $\mathrm{d}S$ 辐射至立体角 $\mathrm{d}\Omega'$ 的辐照度由下式给出：

$$\mathrm{d}E = L\cos\theta'\mathrm{d}\Omega' \tag{3.C.11}$$

总的辐照度可以通过对整个源的积分获得. 如果源的尺寸相对于距离 MM' 来说非常大，总的立体角将大约等于 2π，但是在积分过程中 $\cos\theta'$ 将会给出一个 1/2 因子. 最后，我们

① Kittel C. Elementary Statistical Physics [M]. Dover, 2004.

发现

$$E \leqslant \pi L \tag{3.C.12}$$

等号仅在从 M'处所看到的源是对应 2π 的立体角时成立.

可以通过利用某种光学设备来超出辐照度极限值的这个限制吗？答案是否定的，因为辐射亮度守恒意味着式(3.C.11)即使在光线锥通过一个理想的光学设备时也是成立的.在此式被积分后，积分的上下限中会包含设备输出孔径所对的角度.因此辐照度仅依赖于设备的孔径并随孔径的增大而增加，而永远不可能超过由式(3.C.12)所给的极限值.

因此，不论使用什么设备，辐射亮度都决定了能从给定源获取的最大辐照度的量级，也就是最终的最大电场——光和物质相互作用的重要物理量.

评注 (1) 应用椭圆镜或者抛物线镜系统，点 M'可以在一个大于 2π 直到极限的 4π 大小的立体角内被辐照.此时，由式(3.C.12)给出的限值要加倍.

(2) 上面的考虑显示通过放大镜聚焦太阳光线来将干的易燃物引燃是怎么可能的：它增大了太阳的表观直径，从 2α(小于 10^{-2} rad)到 $2u$(可以轻易地达到 60°或更大)(图3.C.2).辐照度于是乘以$(1-\cos u)/\alpha^2$(在我们的例子中接近 10^4).同样的原理也应用于太阳能灶：在塔楼的顶端可看到大量镜子将太阳光反射到一个目标上.所得温度可以达到几千开，但是永远不会高于太阳表面温度(5 000 K).

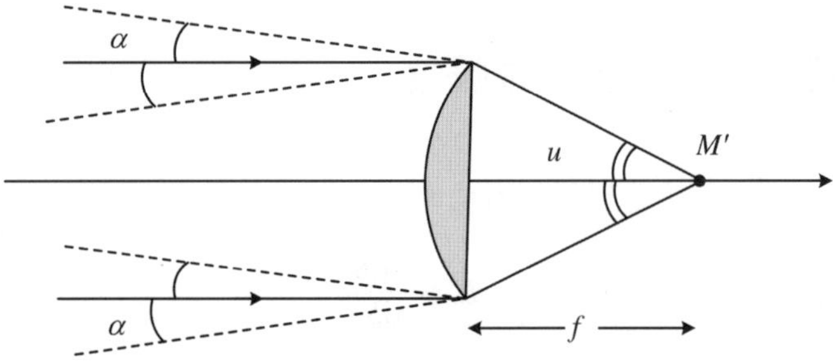

图 3.C.2 通过聚焦太阳光线得到高温

通过一个孔径为 $2u$、共点且理想的透明设备所获得辐照度比太阳的直接辐射通量密度大一个因子$(u/\alpha)^2$，其中 2α 是太阳的角直径($2\alpha=30'\approx 8\times10^{-3}$ rad).干燥的火绒可被放大镜点燃.

数量级 根据普朗克定律，温度为 3 000 K 的黑体向单侧半个空间发射的光约为 500 W·cm^{-2}，辐射谱覆盖红外(1.5 μm)到绿(0.5 μm)，跨度达 4×10^{14} Hz.这大约是白炽灯的输出.因此可获得的最大辐射辐照度就是 500 W·cm^{-2}量级.高压弧光灯或者太阳最多为它的 10 倍，即 5 kW·cm^{-2}.

这里的最大辐照度是指单位面积所接收到的总功率密度.另一个重要的量是单位面积单位频率的功率.在我们的例子中,它约等于 10^{-12} W·cm^{-2}·Hz^{-1}.为理解此量的含义,假定我们希望激发一个原子跃迁.这时仅需要一个一定宽度的频率的光,其带宽为原子跃迁的自然线宽,即几兆赫,所以在我们的例子中的辐照度为 10^{-5} W·cm^{-2}量级.这样的一个值太低了,没有达到强场区,而且它甚至太低以至于不能满足原子跃迁的条件.实际上,在共振时能导致接近 1 的饱和参量 s(见式(2.160)或式(2.189))的饱和强度需要接近于 10^{-3} W·cm^{-2}的辐照度.

3.C.3 激光的最大辐照度

我们考虑一个 10 W 的激光光束.由于是空间相干的,激光可以被聚焦到一个基本的衍射点,大小是波长量级,即一个小于 1 μm^2 的区域.我们可以获得 10^9 W·cm^{-2},远高于能至多从弧光灯所得的 10^3 W·cm^{-2}的几倍.同时,这个功率是集中在一个甚至小于 1 MHz的频谱区间内的.如果想要激发一个很窄的原子跃迁,则所有功率都会获得利用,因此能达到强场区(在我们的例子中,饱和参量为 10^{12}).

在时域,3.4.1 小节描述的锁模技术可以将激光功率聚集至一些短至 10 fs(10^{-14} s)的脉冲中,脉冲间隔为 10 ns.最大功率是平均功率的 10^6 倍,辐照度可达 10^{15} W·cm^{-2}.在此条件下,电磁波的电场比氢原子基态中质子施加在电子上的库仑势要强.于是获得了一个新的光和物质相互作用的能量区域.①

激光所具有的特点就是提供了将能量在空间和时间(或者能谱)上进行集中的可能性,由此就可得到巨大的能量密度,这已被许多激光应用证实.这种可能性是与一个激光模式包含了大量不可区分的光子这个事实相关的,而在热辐射情形下,辐射每个基本模式的光子数是小于 1 的.我们将首先对谐振腔模式,然后对自由传播光束讨论这一点.

3.C.4 单模光子数

3.C.4.1 谐振腔内的热辐射

在温度 T 时,包含在谐振腔内(例如边长为 L 的立方体内)的热辐射的能量正比于

---

① 对这种激光恰当的放大和压缩可以将幅度再提高若干个量级,参见 http://extreme-light-infrastructure.com/.

腔的体积 L^3. 普朗克定律给出的在频率 ω 附近 $\mathrm{d}\omega$ 范围内的能量为

$$\mathrm{d}E = L^3 \frac{\hbar\omega^3}{\pi^2 c^2} \frac{1}{\exp[\hbar\omega/(k_B T)] - 1}\mathrm{d}\omega \tag{3.C.13}$$

在这个腔内可以定义由波矢 $\boldsymbol{k}$(或者频率 $\omega = ck$ 和一个传播方向 $\boldsymbol{k}/k$)和偏振表征的离散模. 在 $\boldsymbol{k}$ 空间中, 模密度正比于体积 L^3, 模处于频率 ω 附近 $\mathrm{d}\omega$ 范围内的数量等于(6.4.2 小节)

$$\mathrm{d}N = L^3 \frac{\omega^2}{\pi^2 c^2}\mathrm{d}\omega \tag{3.C.14}$$

将 $\mathrm{d}E$ 除以 $\hbar\omega\mathrm{d}N$ 表明处于频率为 ω 的模的光子数由玻色-爱因斯坦分布给出①:

$$\mathcal{N}(\omega) = \frac{1}{\exp[\hbar\omega/(k_B T)] - 1} \tag{3.C.15}$$

这个独立于谐振腔的体积和形状的单模光子数称为**光子简并参数**, 其中光子作为不可区分玻色子来处理, 这是由于在同一个振动模上的光子既不能通过它们的频率也不能通过它们的传播方向或者偏振来进行区分. 对于处于 3 000 K 的热源, 每个模的光子数 $\mathcal{N}(\omega)$ 小于 1, 在可见光谱中段(5×10^{14} Hz, 或者 $\lambda = 0.6\ \mu$m)约为 3×10^{-4} 量级. 对太阳辐射(温度 5 800 K) $\mathcal{N}(\omega)$ 在可见光谱中段为 10^{-2} 量级. 在这两种情况中, 每个模的光子数都远小于 1.

3.C.4.2 激光谐振腔

考虑一个输出功率为 Φ 的单模激光器. 如果输出镜的透射系数为 T, 谐振腔的总长度为 L_{cav}, 如图 3.1 所示, 则激光谐振腔内的光子数等于

$$\mathcal{N}_{\mathrm{cav}} = \frac{\Phi}{\hbar\omega}\frac{1}{T}\frac{L_{\mathrm{cav}}}{c} \tag{3.C.16}$$

作为一个例子, 考虑输出功率为 1 mW、谐振腔长度为 1 m、透射系数 $T = 10^{-2}$ 的氦氖激光器. 式(3.C.16)表明激光谐振腔内的模有 2×10^9 个光子. 这种非常高的简并度是激光的一个基本特点. 高简并度使得激光可以具有比热辐射高得多的功率, 而实际中温度的热辐射的简并度通常是小于 1 的.

① 这个众所周知的结果可通过将每个模的热辐射看作处于热平衡的玻色子系综来解释(Kittel C. Elementary Statistical Physics[M]. Dover, 2004).

3.C.5 自由光束的单模光子数

3.C.5.1 自由传播模式

在上一小节中，我们讨论了限制在谐振腔内的辐射模．对自由传播光束中的基本辐射模式的定义是一个微妙的问题．考虑一个发射至自由空间的光线锥，例如，从封闭的盒子（黑体辐射，见图 3.C.3）壁上的一个小孔发射．模的概念如何推广至这种没有边界条件来进行离散化的情况呢？

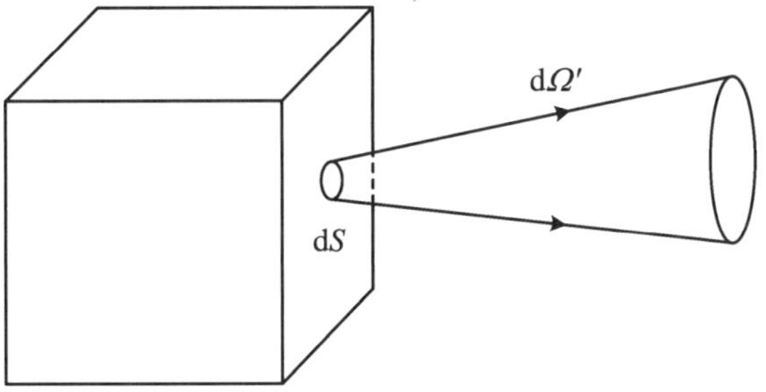

图 3.C.3 辐射锥

通过在腔内包含温度为 T 的热辐射的腔壁上制作一个横截面为 $\mathrm{d}S$ 的小孔且只考虑立体角 $\mathrm{d}\Omega'$ 获得．辐射强度就是温度为 T 的黑体辐射的强度．自由模是和最小光线锥相联系的，其中 $\mathrm{d}U=\mathrm{d}S\mathrm{d}\Omega'=\lambda^2$，$\lambda=2\pi c/\omega$，并且是持续时间为 $\Delta t=2\pi/\Delta\omega$ 的最小波包．

我们通过首先考虑与辐射的波动性相容的具有最小光展度的光线锥来定义自由模．这样的一个平均波长为 $\lambda=2\pi c/\omega$、横截面积为 $\mathrm{d}S$ 的基本光线锥将由于衍射而具有 $\lambda/\sqrt{S}$的角发散度．它的光展度由下式给出：

$$\mathrm{d}U_{\min}=S\left(\frac{\lambda}{\sqrt{S}}\right)^2=\lambda^2=4\pi^2\frac{c^2}{\omega^2} \tag{3.C.17}$$

应用式(3.C.9)，上式可以看作是下面这些描述衍射效应式子的一个结果：

$$\Delta x\Delta k_x\geqslant 2\pi \tag{3.C.18}$$

$$\Delta y\Delta k_y\geqslant 2\pi \tag{3.C.19}$$

以传播方向为 z 方向(纵向),我们考虑时间和频率这对互相共轭的参量,具体来说就是一个持续时间为 Δt 的波包.波包的谱宽度满足如下关系:

$$\Delta t \Delta\omega \geqslant 2\pi \tag{3.C.20}$$

并且,对于最小波包,我们有

$$(\Delta t \Delta\omega)_{\min} = 2\pi \tag{3.C.21}$$

波矢的 k_z 分量的色散

$$\Delta k_z = \frac{\Delta\omega}{c} \tag{3.C.22}$$

是和 $\Delta\omega$ 相关联的,而其纵向扩展范围为

$$\Delta z = c\Delta t \tag{3.C.23}$$

是和持续时间 Δt 相关联的.因此可以导出类似于式(3.C.18)和式(3.C.19)的关系,即

$$\Delta z \Delta k_z \geqslant 2\pi \tag{3.C.24}$$

等号对于最小波包成立.

从式(3.C.18)、式(3.C.19)和式(3.C.24),我们得出自由空间模式是由一个相空间的最小扩展(实空间和波矢空间的直接乘积)来表征的.这个最小单元称为相空间的基本格子.在位置和波矢上不可能有比此基本格子更高的精度去描述电磁波波包了.相应的相空间体积为

$$(\Delta x \Delta k_x)_{\min}(\Delta y \Delta k_y)_{\min}(\Delta z \Delta k_z)_{\min} = (2\pi)^3 \tag{3.C.25}$$

评注 对于有质量的物质粒子情况,相空间是位置和动量的乘积,并且基本单元的体积大小为 h^3:一个边长为普朗克常数的立方体.式(3.D.25)可以利用光子的关系式 $\boldsymbol{p} = h\boldsymbol{k}/(2\pi)$ 来得出.

3.C.5.2 热辐射锥

黑体或者包含热辐射的盒子上的小孔的谱辐射亮度为

$$\mathcal{L}(\omega) = \frac{c}{4\pi}\frac{1}{L^3}\frac{\mathrm{d}E}{\mathrm{d}\omega} \tag{3.C.26}$$

其中能量密度 $(1/L^3)\mathrm{d}E/\mathrm{d}\omega$ 由普朗克定律式(3.C.13)给出.

由式(3.C.17)和式(3.C.21)或式(3.C.25)所描述的单模所包含的能量由下式

给出：

$$E_{\text{mode}} = \frac{1}{2}\mathcal{L}(\omega)\mathrm{d}U_{\min}(\Delta\omega\Delta t)_{\min} = 4\pi^3\frac{c^2}{\omega^2}\mathcal{L}(\omega) \tag{3.C.27}$$

因子 1/2 的出现是由于考虑到存在两个正交的偏振，因此最小波包存在两个可区分的模. 利用式(3.C.26)和式(3.C.13)，再由上式可得

$$E_{\text{mode}} = \frac{\hbar\omega}{\exp[\hbar\omega/(k_B T)] - 1} \tag{3.C.28}$$

于是，黑体辐射每个自由传播模所含光子数 $E_{\text{mode}}/(\hbar\omega)$ 仍旧由玻色-爱因斯坦分布(3.C.14)给出.

3.C.5.3 激光器所发光束

单模激光束的横向发散完全是由衍射所致. 因此对于横向坐标，它是一个最小光锥. 对于纵向坐标，我们像上面一样考虑一个与其谱线宽度 $\Delta\omega$ 相容的最小持续时间的波包，也就是根据式(3.C.21)，

$$\Delta t = \frac{2\pi}{\Delta\omega} \tag{3.C.29}$$

因此每个自由模的光子数为

$$\mathcal{N}_{\text{laser}} = \frac{\Phi}{\hbar\omega}\frac{2\pi}{\Delta\omega} \tag{3.C.30}$$

线宽 $\Delta\omega$ 通常远比 $2\pi c/L_{\text{cav}}$ 要小，并且通过比较式(3.C.30)和式(3.C.16)可以看出激光束中每个模的光子数远大于 1. 如果取线宽的肖洛-汤斯极限(见 3.3.3 小节和补充材料 3.D)，其量级约为 10^{-3} Hz，对几毫瓦的激光来说，其每个模的光子数可超过 10^{15}. 甚至考虑更现实的 MHz 量级的线宽，长约 1 m 的谐振腔中仍可发现有大于 10^9 的单模光子数.

对于自由传播光束，我们也发现：不同于热光源所发光束，激光光束有大于 1 的单模光子数.

3.C.6 结论

我们已经证明了激光提供了将能量在空间和时间上聚焦的可能性，或者互补地说，

将能量在角分布(高度准直的光束)和谱(高度单色的光束)上聚集.这些可能性本质上是与所有光子都可以处在同一种模的事实相联系的:因为玻色子是不可区分的,它们在空间和时间上是相干的,于是它们可以聚集在由空间×发散关系(衍射)和时间×频率关系所允许的最小尺度上.

因此,我们可以说相较于经典光源,表征激光的最基本的特点是其每个模所含光子数大于1.

补充材料 3.D　激光的谱线宽度:肖洛-汤斯极限

大多单模激光输出的谱线宽度是由与激光谐振腔的光学长度的稳定性(见3.3.3小节)相关的技术限制决定的.然而,在此限制之外,还存在着单色度的一个更基本的限制.这个限制称为肖洛-汤斯极限,事实上,肖洛-汤斯极限比起激光谐振腔的被动带宽或者所包含的激活介质的增益曲线的宽度要窄很多.在本补充材料中,我们以一种启发式的方式来计算一个远高于阈值运行的激光器的肖洛-汤斯极限.①

激光输出光束谱展宽的基本机制是增益介质向激光模输出光子时的自发辐射.每一次自发辐射都向激光模的复的场强 $\mathcal{E}_{\mathrm{L}}$ 添加一个涨落的场强 $\mathcal{E}_{\mathrm{sp}}$,这对应于增加了一个相位随机的单个光子.因此总的场经历振幅和相位的涨落.由于产生激光振荡的机制对所产生的场没有相位上的约束,振幅的涨落被放大介质的增益饱和作用所阻尼而只有相位涨落保留下来.因此,在一系列由自发辐射事件构成的过程中,激光场的相位经历一个**无规行走**.经过 τ_{c} 时间(场关联时间)后,激光场的相位已无法预知;它已经丧失了关于初始值的所有记忆.因而,激光的频率,即相位的时间导数,不能精确到小于 $1/\tau_{\mathrm{c}}$.因此激光谱线宽度是如下量级:

$$\Delta\omega_{\mathrm{ST}} \approx \frac{1}{\tau_{\mathrm{c}}} \tag{3.D.1}$$

为了估计关联时间 τ_{c} 的大小,我们考虑激光场 $\mathcal{E}_{\mathrm{L}}$ 的复振幅在复平面内的演化.每

① 此限的原始推导见 A. L. Schawlow 和 C. H. Townes 的文章 *Infrared and Optical Masers* (Physical Review,1958, 112: 1940).更严格的推导也可参考 M. Sargent III,M. O. Scully 和 W. E. Lamb Jr 的著作 *Laser Physics* (Addison-Wesley,1974)以及 L. Mandel 和 E. Wolf 的著作 *Optical Coherence and Quantum Optics*(Cambridge,1995).

个自发辐射过程将 $\mathcal{E}_L$ 的大小改变 $\mathcal{E}_{sp}$的量:一个在菲涅耳平面(图 3.D.1)的矢量("相位矢量")的大小为 E_{sp},方向为任意的.如果场的振幅增加,增益将由于增益饱和作用而减小,且比损耗还要小.这样,损耗就将激光场的振幅恢复至初始值.类似的恢复过程也在场振幅恰巧减少的时候发生.连续的自发辐射的结果是矢量 $\mathcal{E}_L$ 的末端点经历一个无规行走,行走的结果是矢量末端勾画出一个轨迹接近半径为 E_L 的圆.在经历 N_{sp}个自发辐射过程后,矢量 $\mathcal{E}_L$ 的顶端平均来说游走经过的角度 $\Delta\phi$ 满足

$$(\Delta\phi)^2 \approx N_{sp}\frac{E_{sp}^2}{2E_L^2} \tag{3.D.2}$$

式中因子 2 的出现是由于自发辐射对相位扩散的贡献只是来自 $\mathcal{E}_{sp}$与半径为 E_L 的圆相切的分量.

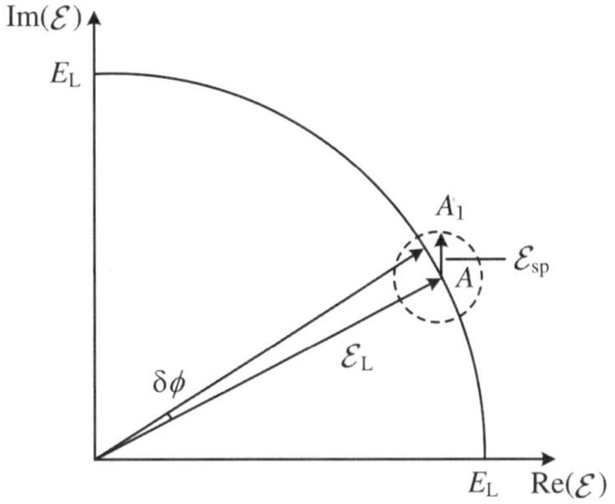

图 3.D.1　在复平面内激光模复振幅 $\mathcal{E}_L$ 的图示

每一个自发辐射过程在代表激光场的矢量上叠加一个振幅为 E_{sp}、相位随机的矢量(从 A 演化至A_1).然后,激光场的振幅由于增益饱和现象而被纠正,而留下大小为 E_{sp}/E_L 的相位漂移.这是激光场相位扩散的基本过程.

关联时间 τ_c 是指在此时间内 $\Delta\phi$ 的量改变了 1 rad.这个时间对应于自发辐射过程发生的平均个数为

$$\overline{N_{sp}} \approx 2\left(\frac{E_L}{E_{sp}}\right)^2 \tag{3.D.3}$$

在体积为 V 的激光谐振腔内光的能量为$\varepsilon_0 E_L^2 V/2 = \mathcal{N}\hbar\omega$ ($\mathcal{N}$为激光谐振腔内的平均光子数),而自发辐射光子的能量为$\hbar\omega = \varepsilon_0 E_{sp}^2 V/2$.因此式(3.D.3)可以重写为

$$\overline{N_{sp}} \approx 2\mathcal{N} \tag{3.D.4}$$

用 Γ_{mod} 表示单位时间内一个处于激发态 b 的原子自发辐射一个光子到激光模的概率，用 N_b 表示处于激发态的原子数，我们发现在时间 τ_c 内自发辐射到激光模的光子数为

$$\overline{N_{\mathrm{sp}}} = \Gamma_{\mathrm{mod}} N_b \tau_c \tag{3.D.5}$$

联合式(3.D.1)、式(3.D.4)和式(3.D.5)，我们得到一个激光谱线宽度的初步表达式

$$\Delta\omega_{\mathrm{ST}} \approx \frac{1}{\tau_c} \approx \frac{\Gamma_{\mathrm{mod}} N_b}{2\mathcal{N}} \tag{3.D.6}$$

将自发辐射至激光模的速率和输出功率 Φ 相联系也同样是可能的. 事实上，可以证明(见6.3节)每个处在 b 态的原子受激辐射的速率，即每个处在 a 态的原子吸收的速率，等于 $\Gamma_{\mathrm{mod}}\mathcal{N}$(对于一个一般的激光谐振腔内的光子数，$\mathcal{N}\gg 1$). 当激光工作在远高于阈值之上时，由自发辐射所造成的损耗是可以忽略的，输出功率就是在激光增益介质中的受激辐射和吸收对比的差值. 应用能量守恒，我们可以证明

$$\Phi = \Gamma_{\mathrm{mod}}\mathcal{N}(N_b - N_a)\hbar\omega \tag{3.D.7}$$

在式(3.D.6)和式(3.D.7)中消去 Γ_{mod}，我们得到

$$\Delta\omega_{\mathrm{ST}} \approx \frac{N_b}{2(N_b - N_a)} \frac{\Phi}{\hbar\omega} \frac{1}{\mathcal{N}^2} \tag{3.D.8}$$

注意到输出功率 Φ 是和谐振腔内激光模上的光子数 $\mathcal{N}$ 相联系的，式(3.D.8)可以据此进行转化. 对部分反射的输出镜的线形谐振腔，我们发现，利用式(3.A.46)和 $W=\mathcal{N}\hbar\omega$ 以及 $\Phi=\Pi_o S$，可得

$$\mathcal{N}\hbar\omega = \frac{\Phi}{\Delta\omega_{\mathrm{cav}}} \tag{3.D.9}$$

其中 $\Delta\omega_{\mathrm{cav}}$ 是激光谐振腔的模的半峰宽度(见式(3.A.26)). 对激光输出的谱宽度，我们最终得到

$$\Delta\omega_{\mathrm{ST}} \approx \frac{N_b}{2(N_b - N_a)} \frac{\hbar\omega}{\Phi}(\Delta\omega_{\mathrm{cav}})^2 \approx \frac{N_b}{2(N_b - N_a)} \frac{\Delta\omega_{\mathrm{cav}}}{\mathcal{N}} \tag{3.D.10}$$

这个结果在差一个数值因子下与肖洛和汤斯推得的更严格的结果相符，即

$$\Delta\omega_{\mathrm{ST}} = \pi \frac{N_b}{N_b - N_a} \frac{\hbar\omega}{\Phi}(\Delta\omega_{\mathrm{cav}})^2 \tag{3.D.11}$$

注意到联立式(3.D.11)与式(3.D.9)，可得

$$\frac{\Delta\omega_{\mathrm{ST}}}{\Delta\omega_{\mathrm{cav}}} = \frac{\pi}{\mathcal{N}} \frac{N_b}{N_b - N_a} \tag{3.D.12}$$

因为光子数 $\mathcal{N}$ 远大于 1，并且反转因子是 1 的量级，所以上式表明激光线宽的肖洛-汤斯极限要远小于谐振腔模的宽度(尽管此宽度已很小). 这也说明了这样的事实：激光模有越多的光子，其相位相对于自发辐射所致涨落就越稳定.

评注 为了将表达式(3.D.11)应用于数值计算，需要对 $\Delta\omega_{\mathrm{cav}}$ 做一个估计. 为此，可以应用式(3.A.26)和式(3.A.40)的结果，我们有

$$\Delta\omega_{\mathrm{cav}} = T\frac{c}{L_{\mathrm{cav}}} \tag{3.D.13}$$

其中 $L_{\mathrm{cav}}/2$ 是线形谐振腔中镜子间的距离. 例如，对发射功率为 1 mW、腔长度为 1 m(因此 $L=2$ m)、输出镜透射率 T 等于 2%的氦氖激光器，我们发现

$$\frac{\Delta\omega_{\mathrm{cav}}}{2\pi} \approx 5\times 10^5\ \mathrm{Hz}, \quad \frac{\Delta\omega_{\mathrm{ST}}}{2\pi} \approx 10^{-3}\ \mathrm{Hz}$$

对于一个有如此窄的谱线的振荡器，其品质因子将会是非常大的. 事实上，谐振腔长度涨落等技术原因的展宽因素通常导致实际线宽是基本线宽极限的数倍. 在这种情况下，要达到像肖洛-汤斯线宽极限一样好的频率稳定性，就要在腔长度的稳定性上付出巨大努力.

另一个有趣的例子是二极管激光器. 我们同样考虑一个发射功率为 1 mW 的装置；不同之处是二极管激光器的谐振腔的长度非常短并且有较低的细度. 此时，我们有

$$\frac{\Delta\omega_{\mathrm{cav}}}{2\pi} \approx 2\times 10^{10}\,\mathrm{Hz}, \quad \frac{\Delta\omega_{\mathrm{ST}}}{2\pi} \approx 10^{6}\ \mathrm{Hz}$$

同样，在实际中测量到了比上式后者大的线宽. 这类额外展宽的来源是随光场强度涨落而产生的增益介质折射率的涨落. 更一般地，许多其他物理机制(这些都不在本书讨论的范围内)都会导致激光线宽相较肖洛-汤斯公式(3.D.11)所描述的简单线宽值产生偏离.

对于二极管激光情形，谐振腔较短的长度造成了激光线宽现在达到 MHz 范围，这极大地影响了此类激光作为好的相干性光源的应用，如干涉仪、高精度光谱学等. 但是可以用一些策略来减少此类激光器的线宽. 这些策略都基于应用一个外部谐振腔来增加有效的腔长度，并由此减少 $\Delta\omega_{\mathrm{cav}}$ 和 $\Delta\omega_{\mathrm{ST}}$. 例如，我们可以将激光器和一个外部的谐振腔耦合，或者增加一个能将部分激光输出重新注入激光器的额外的反馈镜或者光栅，这样就制造了一类有较小的 $\Delta\omega_{\mathrm{cav}}$ 并增加腔内光子数 $\mathcal{N}$ 的"组合"谐振腔.

补充材料 3.E 激光作为能量源

在本章我们已经看到激光所发出的光具有和经典光源发出的光完全不同的特点.这些特点是激光自出现以来被发现各式各样的应用的一个基础;激光已经脱离了实验室的樊篱,并普遍应用于工业生产和现代社会消费.激光现在已经在一些完全不同的领域如医药、冶金和通信有着不可胜数的应用,并且是商业和消费电子(CD 和 DVD 播放器,条形码阅读器和打印机,这些只是大量应用中的少数几个例子)的新进展的核心.

在 2000 年中期,估计的市场额为近 60 亿美元.其主要集中的领域为光存储(占总额的 30%)和通信(占 20%),这两个是大规模的市场.相对地,材料加工(占 25%)和医学应用(占 8%)涉及了少量但非常昂贵的激光器.科学研究和测试设备总共占总份额的 6%.与研究和开发相关的销售额这个重要部分是激光本身仍处于其年轻阶段的一个证据.新的应用仍在发现中,其中一些可能会对未来经济产生巨大影响.

我们不可能为这些应用提供一个彻底的详尽的报告.因此,我们将集中于从上面介绍的重要分类中选择的几个重要的例子.我们这里仅对那些利用激光束以精确可控的方式传递能量的应用感兴趣.补充材料 3.F 将处理其他特点,如方向性和单色性扮演主要角色的应用.最后,在补充材料 3.G 中我们讨论激光的光谱分析应用.

3.E.1 物质的激光辐照

为了得到局域化小面积 S 内的辐照,考虑一个脉冲激光束(波长为 λ,在脉冲内时恒定功率为 P_0)通过一个光学系统聚焦到一个靶上.辐照 P_0/S 可以非常大以至于在辐照面上的电场足以强烈地改变材料结构.这可引起加热、融化甚至电离,导致等离子体的形成.准确的效果当然依赖于靶材料的性质和激光脉冲的特性.[①]然而,这些过程有一些对我们下面就要讨论的物质-光相互作用来说共通的特点.

① 这方面的综述可参见 H. Bass 的著作 *Laser-material Interactions* (*Encyclopedia of Lasers and Optical Technology*, Academic Press, 1991).

3.E.1.1 光-物质耦合

入射到靶上的光能大体上可以分为三个部分：反射部分 R（或者一般地称作反向散射）、透射部分 T（或者正向散射进材料的）和剩下的部分 $A=1-R-T$（被介质吸收的部分）. 前两个部分显然是无用的，因此必须将其最小化.

系数 R 和 T 随材料以及其表面性质和入射辐射的波长不同而变化颇大. 金属对长波辐射来说几乎是理想导体. 因此，它们反射绝大多数的红外和微波区的入射光. 对于多数金属，对 $\lambda>1\ \mu\text{m}$，系数 R 超过 90%，而在可见光和紫外区 R 小于 50%. 相反，非金属材料（有机的和无机的）强烈吸收多数波段的激光辐射. 透射系数 T 对像金属这样在小于 $1\ \mu\text{m}$ 的层内即可吸收入射辐射的不透明材料来说是可以忽略的. 然而，透射在激光和**生物材料**的相互作用中扮演着重要角色，其穿透深度典型值为 cm 量级. 透射问题只在光与物质相互作用的开始阶段需要考虑，因为随后很快材料在激光作用下达到的新状态就会起主导作用. 如果材料达到了熔点，它就可近似看作一个黑体，具有接近于 1 的吸收率. 能量的转移就变得更加高效，并且实际中是不依赖于具体材料的. 如果表面材料被激光电离，那么分布于焦点区域的等离子体将继续吸收光场的能量. 于是被离解的带电粒子被施加的光场驱动进行振荡并进而也可以辐射. 如果等离子体的电子密度 N 超过了对应等离子体振荡频率 $\omega_p=[Nq^2/(m\varepsilon_0)]^{1/2}$ 与光场频率相等的阈值，就会导致入射光被全反射.①这个阈值密度为 $N_T=4\pi^2\varepsilon_0 mc^2/(q^2\lambda^2)$. 如果想要能量能高效地转移，必须不惜一切代价避免这个**等离子体障碍**的形成. 上面 N_T 的表达式表明，如果用短波长的激光，增加密度的阈值，则可以较容易地避免此障碍.

3.E.1.2 能量转移

材料在激光束聚焦区域吸收的功率 AP_0 导致了材料局域温度的增加，我们下面就研究这个问题. 当激光的吸收深度非常小时，辐照材料的热扩散方程可以表达为

$$\rho C\frac{\partial T}{\partial t}=K\Delta T+\frac{AP_0}{\pi r^2}\delta(z) \tag{3.E.1}$$

其中 r 是激光光斑的半径，ρ 是材料密度，C 是比热，K 是热导率，ΔT 是温度的三维拉普拉斯算子（$\Delta T=\partial^2 T/\partial x^2+\partial^2 T/\partial y^2+\partial^2 T/\partial z^2$）. 一维狄拉克函数 $\delta(z)$ 表明在一个非常薄的层上的吸收. 方程(3.E.1)的解依赖于材料的结构、激光脉冲的空间和时间特性以及一个称为热扩散率的参数 $\kappa=K/(\rho C)$，此参数表征了材料的热力学特性（例如，铁的 κ

① Feynman R P, Leighton R B, Sands M. The Feynman Lectures on Physics [M]. Addison-Wesley, 2005.

3 值为 0.05 $cm^2 \cdot s^{-1}$,铜的为 1 $cm^2 \cdot s^{-1}$).

让我们首先假定激光脉冲很短,因此导入材料的热能向外扩散的区域小于辐照面积的区域.在这种情况下,对方程(3.E.1)的量纲分析显示在激光脉结束并经过 t 时刻后,热将传导至材料的纵深以及周围距离为 $\sqrt{\kappa t}$ 的区域.

在脉冲本身持续的时间内,经过 $t \gg r^2/\kappa$ 后,在激光光斑的中心将达到稳态,此时激光沉积在材料表面的功率与热传导消费掉的功率相平衡.从式(3.E.1)可得,稳态的温度 $T_s \sim AP_0/(Kr)$.

作为一个例子,对于钢($\rho = 7\ 800$ $kg \cdot m^{-3}$, $C = 500$ $J \cdot kg^{-1} \cdot K^{-1}$)融化温度(1 700 K)可由功率为 100 W 的 CO_2 激光($\lambda = 10.6$ μm)入射光束聚焦到 30 μm 获得.对于此波长,$A = 0.01$.一个钇铝石榴石激光器($\lambda = 1.06$ μm,$A = 0.1$)需要 1 W 的功率并聚焦到 3 μm.在这两个例子中,到达稳态所需时间约为 200 μs 和 2 μs.

在实际系统中,吸收系数依赖于材料表面的状态,同时融化材料表面需要的功率实际上要大很多,但是还在现有的激光器的范围之内.

相反,在短时情况($t \ll r^2/\kappa$)下,方程(3.E.1)显示表面温度增加迅速,并且正比于 t 和表面所吸收的瞬时功率 $AP_0/(\pi r^2)$.在之前讨论的聚焦下,一个 1 kW 的 CO_2 激光就可以将钢在 500 ns 内加热到熔点.于是人们可以利用非常短的激光脉冲在低的平均功率下来局域地融化金属的表面.使用更短的脉冲(在皮秒范围内)还具有将加热区域约束至仅在辐照区域内这个额外好处,因为没有足够的时间来进行热传导.对于脉冲持续时间在 fs 量级的情况,能量仅仅能够转移至靶的原子和分子中的电子自由度上,因为没有与晶格的振动自由度耦合的时间:在此时间内,电离和离解过程相较于热过程而言占支配地位.

3.E.1.3 力学效应

一旦超过材料的沸点,激光辐照就会诱导出新的力学效应.在等离子体形成的情况中,包含固体或汽化的材料或者离子的碎片以很高的速度从加热区弹出.材料的弹出速度可以很高.这可用于加热区杂质的清除.

最后,由于总动量守恒,底面就受到一个垂直于辐照平面的压力,这个力超过了相关联的辐射压本身.我们将在本补充材料 3.E.4 小节证明这个**惯性效应**如何被有益地利用.

还需要提及的是材料如石头之类的表面污染层的祛除:强烈的激光束将污染层的前几微米电离,并产生一个驱离其余部分的表面冲击波.这项技术已经在文化遗产的保护上找到了许多有趣的应用,它提供了一个低成本、无损害的清理雕像和古代建筑的方法.

3.E.1.4 光-化学效应和光切除

激光脉冲可以引起介质分子的光致离解或者光碎裂相关的化学效应.发射高能光子的短波长激光器是在较低能量流产生此类效应最有效的方式.相对低强度的激光源也可启动一些材料表面分子的聚合反应.

当由准分子激光产生的紫外光聚焦到材料表面时会发生另一种称为**光切除效应**.当沉积的能量超过阈值(对有机材料为100 mJ・cm^{-2}量级)时,材料从相互作用区域内被移去.图3.E.1通过例子的方式显示,一个在厚200 μm的不锈钢板上用不同持续时间的脉冲所挖的洞.注意到由于阈值效应而导致的极端平整的边界和底面,并且对周边材料几乎没有可见的损伤.

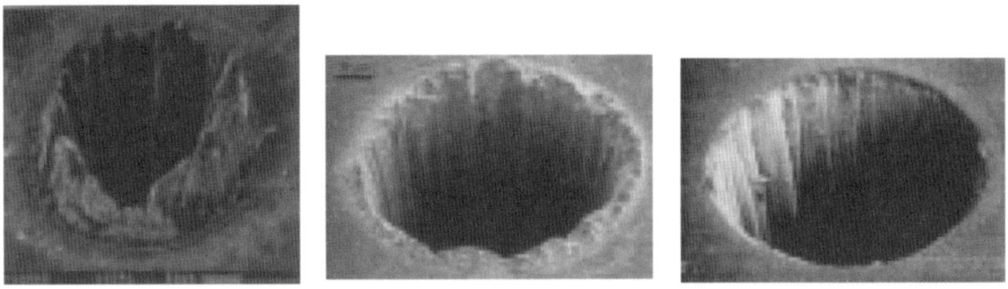

(a) 10 ns　(b) 10 ps　(c) 150 fs

图3.E.1　由一系列不同持续时间的激光脉冲在厚200 μm的不锈钢上制造的孔

光切除现象是非常复杂的,目前还没有被完全理解.其大致以下面的方式发生:紫外光子破坏了化学键,导致了大量碎片的形成.媒介爆炸式地扩张,于是导致其从辐照区域内被弹射出来.由于入射光子的功能主要是破坏化学键而不是造成加热,因此周围材料实际上是不被影响的.这解释了为什么图3.E.1(c)的切割区周围没有烧灼痕迹.

3.E.2 应用激光进行加工和材料处理

3.E.2.1 热效应

我们已经在上一小节解释了通过选择合适的激光波长、脉冲能量和激光束的聚焦度如何在很好的精度下将一个界限清楚的区域升高到所需的高温.因此此效应类似于喷灯,但是有着不会引起对周边材料不必要的加热的优点.这约束了多余能量的消费,并且省去了材料处理完以后重新加工的昂贵过程. 激光还有另一个优点，即它可以通过简单光学系统来传递，此光学系统中的镜子可以通过计算机来控制. 对于工业应用来说，费用、效率和激光系统的易用性通常有着高于一切的重要性. 发射吸收较弱的远红外光(10.6 μm)的 CO_2 激光仍然是最常用于金属处理的，因为其有着非常高的效率. 在连续或准连续区能以很高的效率达到 kW 量级的半导体激光和光纤激光也越来越多地在这些应用中得到使用.

根据辐照区基底材料所达到的温度，一些不同的效应会产生. 随温度增加，它们是:

· $T<T_{\text{fusion}}$: **表面处理**. 这个过程可以是一个化学过程(如材料与沉积在表面的金属构成合金)，或者结构过程(如表面的玻璃化). 最终的材料通常很硬，并且更抗力学、化学或热的冲击. 这种处理被大量应用于汽车工业，例如，制造活塞、阀门和曲轴.

· $T_{\text{fusion}}<T<T_{\text{boiling}}$: **焊接**. 这个过程可以不用额外的焊料来连接，也没有必要和连接面有其他的物理接触来实现. 它可以应用到难以接触到喷灯的一些工件(如管道内面). 例如，一个 10 kW 的 CO_2 激光就可以以 $1\ \text{m}\cdot\text{min}^{-1}$ 的速率焊接 1 cm 厚的钢板. 这项技术也越来越多地应用到车体制造，从而取代了传统的点焊技术，因为它可以在同一个过程中以快速和高可重复性的方式焊接高强度钢、铝和塑料.

· $T>T_{\text{boiling}}$: **雕刻、钻孔、切割**. 这里，这些效应依赖于汽化区域的深度和横向扩展，可以制造拥有非常高熔点的材料，例如陶瓷或者红宝石. 在此领域内有着无数应用计算机操控激光系统的例子，包括雕刻注册商标，修改和修复微处理器芯片，切割汽车仪表盘，以及在服装加工中对织物进行无废料切割，它们只是所有例子中的有限几个.

到目前为止，我们仅仅考虑了线性依赖于激光强度的效应. 这些主要是表面效应，原因是很多材料的穿透深度较小. 如果材料更透明一些，相互作用和加热过程就会在整个被聚焦的高斯激光束照亮的材料区域内发生，起始点在表面. 但是在高强度时，非线性效应会发生，即温度的升高会正比于，例如，激光强度的 N 次幂(一般地，$2<N<10$). ①这些效应倾向于发生在激光强度最强的区域：它们主要发生在激光束的聚焦区. 在众多应用中，在公众领域广泛流传的一个就是在玻璃块中标记 3D 图像：一个紧密聚焦的脉冲激光束在透明材料内的焦点处通过非线性相互作用制造出微小裂痕，这局域地改变了材料的折射率. 然后通过计算机辅助的光束控制系统移动焦点，在玻璃块中重建储存在电脑内存中的任何 3D 物体的形状.

3.E.2.2 材料转移

当表面遭受高强度激光照射时可将材料物质弹出，这个效应也是可以充分利用的.

---

① 见第 7 章.

例如，这使得材料的受控汽化，特别是那些有着极高熔点的材料，以及接下来汽化成分在另一个临近放置的表面的沉积变得可能．这项技术已应用于沉积薄层的 YBaCuO 型超导材料．这些薄膜有着良好性能的规则结晶结构，其良好性能表现在，比如大的临界电流．

3.E.3 医学用处

如果说唯象上激光的医学用处和上面所述的工业应用具有相似之处的话，那么医用的不同之处在于激光处理的材料是活体组织．[①]这就导致了如下结论：

- 所需的光能量显著较小，所以通常应用低功率激光．
- 到需要处理的位置周围健康组织的热传导必须限制到最小值．
- 激光束的穿透能量显著比金属的高．这强烈依赖于所用波长，CO_2 激光一般为 50 μm，1.06 μm 的钇铝石榴石激光器一般为 800 μm，0.53 μm 的绿激光为 200 μm．然而这些穿透距离仍然不大，所以激光治疗被限制在激光束易于到达的相对薄的组织．
- 由于被治疗的组织是活体，对于被激光处理的部分，活体组织会尝试以修复的方式来对激光所致的创伤进行处理．因此创伤必须最小化．

这里激光辐照效应也依赖于在激光脉冲持续过程中所达到的温度．如果温度很高，组织可以被局部地汽化，这使得可以做切口和消灭不健康细胞．如果最高温度在发生凝结和碳化的温度之间，就会发生局部的光致凝结，这在手术中非常有用．最后，利用应用于诸如光切除过程的皮秒或飞秒脉冲可以精确地去除组织而不对周边组织造成损伤，这已经被用于，例如移除脑肿瘤．这些特点解释了人们在外科和牙科中对**激光手术刀**的巨大兴趣．然而，尽管激光手术刀在卫生以及切割组织的同时具有消毒能力方面的明显优势，但是实际中的装置仍然饱受一些困难的“折磨”，这些困难体现在我们需要根据活体组织变化的局部条件的不同来精确地调节激光功率．

早期激光应用在医学领域的**皮肤科**．许多如葡萄酒色斑瑕疵和血管瘤等皮肤问题可以获得治疗．激光也应用在**眼科**，这里所用波长就非常重要了；脱落的视网膜可以通过倍频后的钇铝石榴石激光所发射的只被视网膜本身接收的可见光辐射“逐点焊接”起来．另外，近视可以通过紫外激光来治愈（“Laser-Assisted in SItu Keratomileusis”或者 LASIK）．这个辐射在角膜表面被吸收并且不会穿透至眼球．它可产生精细的雕琢，用以

---

① Berlien H-P, Müller G J. Applied Laser Medicine [M]. Springer-Verlag, 2003.

改变角膜的曲率半径,并改变眼睛的聚焦距离(焦距).由于其具有更好的切割精度和更少的并发效应,飞秒激光越来越多地用到这类应用中.

激光在医疗领域中的一个自然搭档就是导管,即一个可被置入生物体的柔性管(通过消化道或者血管置入),其中包裹一个光纤来输送激光束以及另一个用作观察(内窥镜)的光纤.此外,额外的通道可以注入药物或者移除激光治疗的残骸.这个装置可以实施非常精确和精细的手术,同时与经典手术相反,这种手术对病人的伤害极小.一个例子就是涉及治疗冠状动脉阻塞(血管成形术):导管引导进冠状动脉内并且穿过阻碍血管的肿瘤.然后可以通过光切割将其销毁.这类治疗和其他治疗一样有并发效应.事实上,激光的热效应由于对周围组织的灼烧能够导致严重的并发症,并且可能导致动脉血管二次堵塞.这种治疗目前用作其他技术如气囊血管成形术的一个补充治疗.

依赖于加热或者光切割的激光治疗有着无法对健康和非健康组织进行选择的不利条件.然而在有些情况下,可以利用不同种类的细胞有不同吸收谱的特点来有针对性地进攻不健康细胞.为此目的,目前应用不同种类的分子的研究正在进展中,特别是血卟啉的衍生物.这些分子拥有优先附着在癌细胞和动脉硬化细胞的特性.如果含有这些化学分子的待治疗组织被吸收峰(635 nm)附近的波长的激光辐照,则分子分解为有毒成分,这将只杀死那些附着了该分子的细胞.这种听起来非常有希望的技术事实上有一些严重问题:这些化合物的摄取使整个机体对光照都很敏感.此外,所需波长的激光束在组织内穿透不深,这限制了所能破坏的细胞的深度.

总之,基于激光的医疗发展仍然处于初期.在 20 世纪 90 年代早期新疗法热情褪去之后,目前所用的治疗方法的数量已经稳定或者略有减少.如果说在一些应用中激光技术已被确立(如眼科学),那么在其他的一些激光应用中还是存在争议的(如通过低功率连续波激光治疗炎症).对于新应用在开发过程中的迟滞,我们应该将研究重新定向到寻找激光光源来满足医疗要求而不是相反,但通常情况常常是后者.从长期来看,毫无疑问激光器的持续小型化、可靠性的提高、在空间和时间上定制输出的能力和光纤光学的同时发展将保证激光越来越广泛地用作医疗工具.

在本小节我们已经讨论了激光在治疗疾病上的应用的同时,它们的应用也已经扩展到诊断,例如,用多普勒速度计测量血流,测量血液的蛋白质成分或者通过衍射计测量活细胞的大小.

3.E.4 惯性聚变

激光致热核聚变目前正在全世界范围内被积极地研究. 尽管这方面的研究距离产生出实际的装置还很远,但因为其潜在的极大重要性我们这里仍将对其进行描述. 激光致聚变的物理基础是氘核和氚核的反应,在该过程中一个中子被释放出来:

$$D + T \longrightarrow {}^4He(3.5\ MeV) + n(14.1\ MeV)$$

(在括号内标注了产物的动能,也就是释放的热.)

上述过程中每克物质能产生 3×10^{11} J 的能量,相比之下 1 g 碳燃烧产生的能量是 3×10^4 J. 为了释放出这种巨大的能量,首先必须获得燃料. 氘在海水中储量丰富(每30 L 含 1 g),同时氚可以通过热中子轰击锂获得,锂也可以从海水中获得. 其次,必须给原子核提供必要的热能,使它们能够克服彼此之间的电磁斥力而碰撞在一起. 为此约需要 10^8 K 量级的温度. 最后,这种碰撞发生的频率要足够大以维持其持续地发生反应. 这需要粒子数密度 N 和约束时间 τ 的乘积大于 10^{14} 个粒子 · cm^{-3} · s^{-1}(**劳森标准**). 目前正在研究的有两种方式可以达到此条件:一个为磁约束,其中 τ 是 s 量级;另一个为激光或者重离子束惯性约束,其中 τ 是 ns 量级. 因此后一种方法如果要触发反应需要达到更大的密度.

为激光惯性约束所设想的最简单的概念型设置称为直接攻击,一个直径为 0.1 mm、包含 1 mg 氘和氚的靶被放置在几个非常高功率的激光束的焦点处. 靶的外围层被电离,这可以形成一个可以有效吸收入射辐射的等离子体电晕. 吸收的能量将靶加热并导致其外层汽化且爆炸式扩张. 由于作用与反作用定律的结果,一个很强的向内的径向力被传导至靶的其余部分,压缩到比固体大千倍的密度. 一个所谓"热点"就在中心处产生,那里聚变开始发生,产生了高动量的 α 粒子. 这些 α 粒子点燃了球状区域内其他部分的聚变反应并使之产生热核燃烧. 这个过程称为"惯性"的原因是,在靶爆发之前的约束时间 100 ps 内是力学中的惯性保持了靶压缩的密度使其满足劳森条件. 在反应过程中,高能的中子从靶上逃逸并被反应室的壁吸收,因此有用的能量输出以热的形式提供. 如果 30%的靶燃烧,则释放的能量大约是 100 MJ.

一个按此原理工作的 1 GW 功率的电站将需要一个产生 2 MJ 能量脉冲的激光,脉冲持续时间 10 ns,频率的量级为每秒 10 个. 为了使上面所描述的方案在科幻小说之外的地方实现,需要解决一些技术上的困难. 首先,辐射和靶的耦合需要做得尽可能地有效率. 实际上,大部分输入能量被等离子体周边的层吸收,此时等离子体的密度比临界密度 N_s

(3.E.1.1 小节给出)要低一些.因此耦合效率对短波长的激光来说更高些,正如我们在本章早些时候看到的那样.对300 nm区域的波长效率可达90%.其次,被靶吸收的能量应该用于产生压缩,而不是用于激发等离子体的振荡模或者过早地加热靶中心的燃料材料.如果这样(如过早地加热了靶心)就会增加核心区的局域压强,因此是和惯性压缩相反的.这些因素表明靶珠必须有一个设计非常精致的层状结构,并且为了达到高效的压缩,激光脉冲的时域形式必须相应地优化.激光照射也必须高度一致,这就需要应用很多相同的高强度激光束,并且要最小化非线性效应(如自散焦).目前,另外一种可以放松此约束的称为"非直接连接"的途径正在研究中.

三个大型工程目前正在开发中:美国的国家点火装置(National Ignition Facility)、法国的Laser MégaJoule和日本的FIREX计划.在这些装置中,起始点是一个"小型"钕激光器,在红外区(1.05 μm)发射可控的功率为nJ的弱脉冲.输出光束然后被一系列的直径逐渐增大且被大功率闪光灯泵浦的钕玻璃放大器放大到一个很大的倍数,到几万焦.大的非线性晶体产生了有效的倍频,然后所产生的二阶谐波脉冲和初始红外脉冲的混频产生330 nm的高强度UV脉冲.[①]数百个类似设备产生了完全同步的脉冲,在UV区总能量为MJ,被聚焦到真空室直径为0.6 mm的焦点上,真空室有着很大尺寸并且包裹在靶周围来收集释放的聚变能量.整个系统包含在一个300 m长的建筑内.这些装置的目的是要达到靶的点火温度,而且希望产生大于施加在靶上的光能的聚变能("科学的收支平衡").然而,它们非常低的重复率(每天只有几次命中)是一个主要的劣势.它们目前主要的应用是军事的:它们重现了存在于一个爆炸的热核武器核心处的条件,因此可提供核心处特性的重要信息,同时却没有进行一个完整的核试验的所固有的缺点.从长远的能量生产来看,更加高效的且可以以很高的重复率工作的新的激光器是必需的.是否有一天激光会给世界不断增长的能量需求带来一个答案,这个问题可能只有完全进入21世纪才能得到回答.

补充材料 3.F　激光作为一个相干光源

在上面的补充材料中我们只考虑了那些激光束所携能量起主要作用的应用.许多其他应用依赖于所发射激光的特有的相干性特点.我们在本补充材料中讨论一些这类应用.

① 见第7章.

3.F.1 激光光源的优点

3.F.1.1 几何特性

如我们在补充材料 3.B 中所看到的，激光光束的空间相干性确保了它的方向性. 从这个意义上说，激光是我们所知的最接近几何光学中光线的东西：一束平行可被聚焦到一个点的光. 我们将在下面的章节中描述这个特点如何可以被有益地利用. 当然，衍射定律使得几何光学的理想极限不可能实现；实际中激光束有有限的发散，因此只能被聚焦到一个有限大小的点. 更准确地说，如果激光光束有一个束腰半径为 w_0 的高斯横模(见补充材料 3.B)，则它的发散度由下式给出：

$$\alpha = \frac{\lambda}{\pi w_0} \tag{3.F.1}$$

其中 λ 是激光波长. 对这个值的量级可做一个概念性的估计：对于一个 $\lambda = 632$ nm 且束腰 $w_0 = 2$ mm 的氦氖激光，发散度为 4×10^{-4} rad. 这个值可能看起来小，但是它会导致在 300 m 的距离上直径为 20 cm 的圆斑，这对一些应用来说是不够小的. 从式(3.F.1)来看，为了减少发散度很显然可用短波长的激光，或者通过在路径上插入合适的镜片来得到较大的光束直径. 例如，利用一个放大率为 10～25 的望远镜，就可获得一个在几千米的距离上保持很好准直性的光束. 在此距离之外，其他和大气折射率的变化相关的效应就会发生，例如在存在折射率梯度时光束会发生弯曲，或者被大气湍流散射.

相反，若一个激光束，假定是平行的，且被一个焦距为 f 的透镜聚焦，则所产生的点的半径(光束的束腰)由下式给出[①]：

$$w_0 = \frac{\lambda f}{\pi w} \tag{3.F.2}$$

通过用像差已经最小化了的大的数值孔径的透镜(例如显微镜的物镜)以及一个经良好准直的激光束照射整个孔径，就可以得到一个光学波长量级的聚焦斑点. 这是一个只有在 TEM_{00} 基模运行的激光才能达到的较低的极限. 这是很难实现的，特别是对脉冲激光系统.

---

① 这个表达式仅在恰当条件下成立. 激光聚焦的严格处理见 A. E. Siegman 的著作 *Lasers*(University Science Books，1986：675).

3.F.1.2 光谱和时间特性

在第3章中,我们证明单模激光的**时间相干性**保证了其单色性.因此一个激光束也是最接近经典的单色电磁波的,其电场为

$$\boldsymbol{E}(\boldsymbol{r},t)=\boldsymbol{E}_0\cos[\omega t+\phi(\boldsymbol{r})+\varphi(t)] \tag{3.F.3}$$

这里 $\phi(\boldsymbol{r})$ 描述了波前(对于平面波, $\phi(\boldsymbol{r})=-\boldsymbol{k}\cdot\boldsymbol{r}$)的空间依赖性.对于一个普通的光源,相位 $\varphi(t)$ 是随机变化的,并且只能在 τ 时间内被认为是常数,这表征了源的时间相干性.这个时间 τ 是所发光的谱线宽度的倒数的量级.时间 τ 对于经典源来说非常短,但是对于单色性最好的激光可以长达1 ms.发射的波列可以在长达几千米的长度上保持相干性.因此,波动光学的特征现象,如干涉和衍射,可以用激光很容易地观察到,甚至在很大的区域和很大的路径差上也是易于观察的.激光照射区可以从它入射到任何平面所产生的斑点的形状来轻易地验证,这是由于被不规则表面散射的波在眼睛中干涉的结果.①

激光的独特相干特性最终导致了**全息术**的实际发展,最初是Gabor在1948年所构想的.②一张全息图片能使光波的强度和相位被同时记录.这是通过在全息图片上记录物体的散射波和一个同被物体散射之前的波全同的参考波的干涉条纹来实现的.

激光光源的谱纯度特性可以应用于光谱学和LIDAR技术(见3.F.3小节),或者应用在需要测量频率的微小改变(诸如下面一小节将要描述的激光陀螺)的测量上.

3.F.1.3 激光束的操控

由于直径小和准直性好,激光束操控起来异常简单.这个优点尽管不像之前讨论的那些性质一样基本,但确是一些应用的基础,如激光表演.非常小且响应很快的光束操控装置的应用使得这类表演变得可能.其中可调节或者旋转的镜子是最简单和缓慢的装置(这些到几千赫的频率就可以应用了).为此目的,利用微电子机械系统(Micro Electro Mechanical Systems,MEMS)技术制造的微镜(micro-mirrors)越来越多地应用到光束的扫描和定位.当需要直到MHz的频率上调制光时,可以应用声光效应.这依赖于光在由声波设定的透明晶体中的散射.在更高频率(直到60 GHz)上,可以应用电光器件.它们可以通过外加振荡电场来调制折射率的晶体.它们不但可以控制激光束的方向和强度,还可以控制其相位或者偏振.事实上,它们在许多我们下面将要描述的系统中是激光器一个不可缺少的补充.

---

① Goodman J. Statistical Optics [M]. Wiley InterScience, 1985.

② Collier R J, Burckhardt C B, Lin L H. Optical Holography [M]. Academic Press, 1971.

最后我们应该指出，在半导体激光情形中是可以通过调制驱动电流来以极高的频率(高于 10 GHz)调制激光强度的. 这个方法的巨大方便之处就是二极管激光本身具有一个额外的优点，这个优点在一些领域(例如在通信领域)中已经被广泛应用.

3.F.2 激光测距

这里所应用的技术是庞杂且精确的，具体的复杂度和精确度依赖于所测量的长度尺度以及所需求的精度.

干涉技术提供了精确测量微小位移的可能性. 在图 3.F.1 中，需要测量位移的物体装载一个镜子，此镜子位于干涉仪的两个臂中之一的末端，例如迈克耳孙类型的干涉仪. 若物体移动时探测器上的干涉级发生变化，探测器就计算条纹. 此类装置和机械工具联合使用能够使位置精度在几十厘米的范围内达到 0.3 μm 的精度.

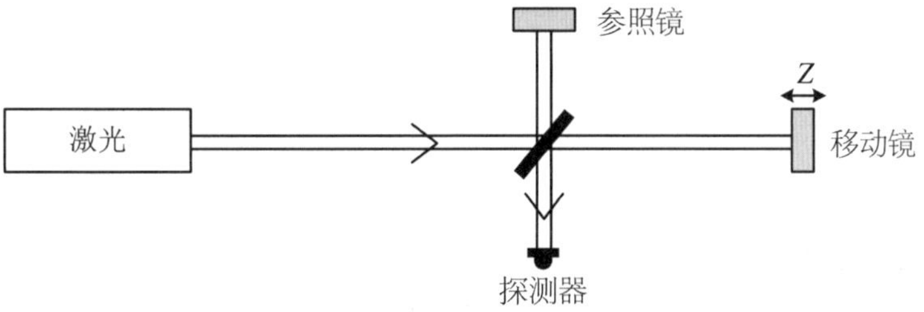

图 3.F.1　干涉测量距离：迈克耳孙干涉仪的一个例子

探测器对由镜子位移 Z 所引起的干涉条纹进行计数.

这项技术可以通过在迈克耳孙干涉仪的两臂插入两个法布里-珀罗谐振腔来进一步改进，如图 3.F.2 所示. 此外，通过在干涉仪的输入端加入一个所谓的循环镜，整个装置变成一个共振腔.

目前此类型的一些干涉仪正在世界范围内建设中，目的是探测由遥远超新星爆发产生的引力波，引力波会在所经的路程上引起所有质量物体微弱的震动. 特别是引力波预期会引起迈克耳孙干涉仪的两臂路程的约 $10^{-23}L$ 量级大小的振动，其中 L 是干涉仪的臂长，振动的频率约为 1 kHz. 在 VIRGO(图 3.F.3)建设的装置或者 LIGO 工程中都有着几千米的臂长，它们非常有希望能够确实探测到引力波. 更长期的引力波探测工程——LISA 工程是一个基于相隔百万千米的空间飞行器间的空间干涉仪. 当然，只有激光卓越的时域和空间相干特性才能使此类谐振共振仪可用. 而且，为了保持光在经过多层往返后的相干特性，两个臂实际上是由两个 3 km 长、直径为 1.2 m 的泵浦到低气压的管道制成的. 再者，镜子被特别地设计拥有 nm 级的表面处理，使其反射率大于 99.999%. 最后，所有的光学组件都用一个 10 m 高的复摆系统从地震的震动中隔离出来.

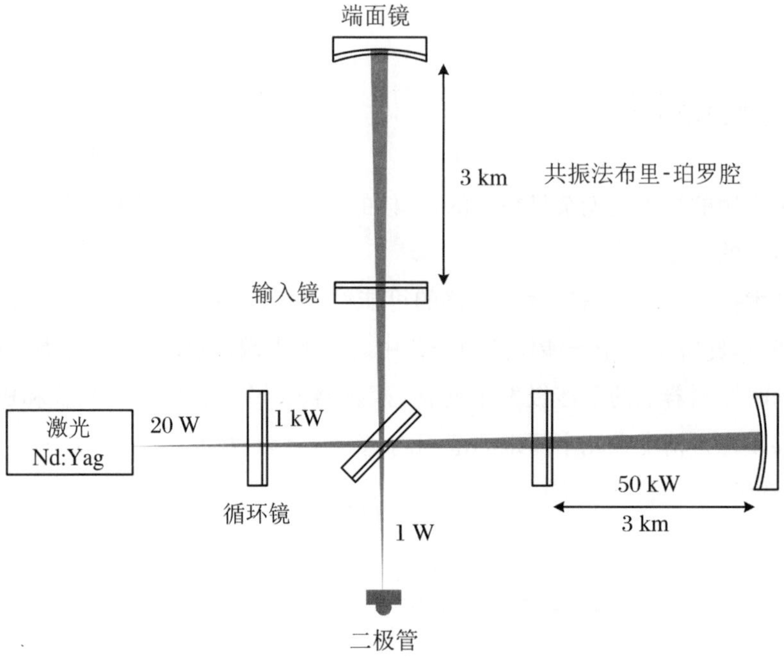

图 3.F.2　引力波探测器

该装置由一个两臂都替换为法布里-珀罗腔的迈克耳孙干涉仪组成. 干涉仪本身通过一个循环镜而变得共振.

图 3.F.3　引力波干涉仪 VIRGO(坐落于意大利比萨)

臂的长度为 3 km. 图片中靠前的建筑包含分束器和完整的激光系统(http://virgo.web.lal.in2p3.fr).

3.F.3 激光雷达:LIDAR

和 RADAR(雷达)类似,缩写 LIDAR 代表"Laser Detection and Ranging".与雷达一样,LIDAR 也是在遥远距离上发射一个光束(从几十米到几万米或者更远)并分析向回反射的光.根据向回反射的物体的特性(目标车辆、气溶胶云、水滴、大气中的分子等等),激光所发射的光脉冲的类型(短脉冲、长的相干脉冲、双波长光等等),以及探测的类型(相干的、非相干的等等),一般的 LIDAR 概念可以是各种各样的测量.接下来,我们举两个不同的例子.

3.F.3.1 大气 LIDAR

在这类 LIDAR 中,一个短的(通常几纳秒)光脉冲(典型能量:10 mJ)被发射到大气中.那里,光脉冲会遇到大气中的粒子和分子.在沿着光线的每一段距离上,都有一小部分的入射辐射被向回散射.一小部分这种反向散射的辐射被探测系统收集到.通过观测探测到的信号随时间的变化,可以推断可视区域内的大气成分的信息(气溶胶、云、大气的层、吸收、污染等等).然后通过扫描可见区域,一个大气的 3D 图像就可被构建出来.由于激光具有很高的空间相干性,空间的横向分辨率可以达到 1 m 量级,垂直方向从 10 m 到 10 km 的距离上分辨率可达几米量级.所有这些图片以及使用的测量类型都强烈依赖于大气条件,这种依赖性可通过选择激光的波长来调节.额外的测量可以通过分析回波的谱来获得,例如,水滴的拉曼散射(拉曼 LIDAR),或者向大气中同时发送两个临近波长的激光,给定的客体只反射其中一个波长(DIAL:Differential Absorption LIDAR).

3.F.3.2 相干 LIDAR

上述的例子说明了用于大气属性成像的激光的空间相干性.在相干 LIDAR 中,也可以利用发射光的时间相干性.实际上,这个系统是基于相干长度比 LIDAR 的范围更长的连续光源.激光器发出的部分光在时域上被调节(例如,被调制器切成脉冲),放大并向目标发射.然后反向散射的光与激光器所发的光进行混合再进入探测器.于是探测器对所谓的"本机振荡"和反向散射的光的合成拍频非常敏感.如果光被顺着光线以一定速度移动的物体(例如飞机或云)反向散射,反向散射的波的频率就会移动一个多普勒频移 $2v/\lambda$,其中 λ 是发射光的波长.通过拍频的测量能够测量目标物体的速度.例如,一个飞机以 $v = 100\ \mathrm{m \cdot s^{-1}}$ 的速度飞行,对近红外光($\lambda = 1.5\ \mu\mathrm{m}$)的多普勒频移为 130 MHz.如果想要单脉冲的测量速度的精度为 $1\ \mathrm{m \cdot s^{-1}}$,需要的拍频的测量精度为1 MHz.这要

3

求脉冲的持续时间要长于 1 μs.

这种应用外差探测的相干 LIDAR 可以给出比距离和速度测量更复杂的测量. 例如,利用准随机强度和相位调制的输入光束,目标物体的形状、速度和距离都可被确定. 这类似于雷达脉冲的相干性处理,但是利用的是空间相干激光的空间方向性.

3.F.3.3 角速度的测量

本小节我们将描述一个可测量角速度的设计. 这是与激光陀螺相关的、可以测量相对于某个惯性系的转动.

于 1914 年被萨尼亚克(Sagnac)发现的萨尼亚克效应可使一个坐标系相对于任何惯性系的待测转动通过干涉仪来测量. 考虑图 3.F.4 所示的一个环形干涉仪. 当这个设备对于一个惯性系转动时,两个沿相反方向传播的激光束所经路径会出现 δx 大小的不同,其值由下式给出:

$$\delta x = c\delta t = \frac{4A\Omega}{c} \tag{3.F.4}$$

其中 δt 是光沿两个可能方向传播一个回路所需时间差,A 是干涉仪的光程路径所围绕的面积. 这种萨尼亚克干涉仪的原理已应用于光导纤维陀螺仪[①],其中干涉仪的有效面积通过光纤的大量的缠绕数而显著增加. 另外,可以应用主动的系统:激光陀螺.

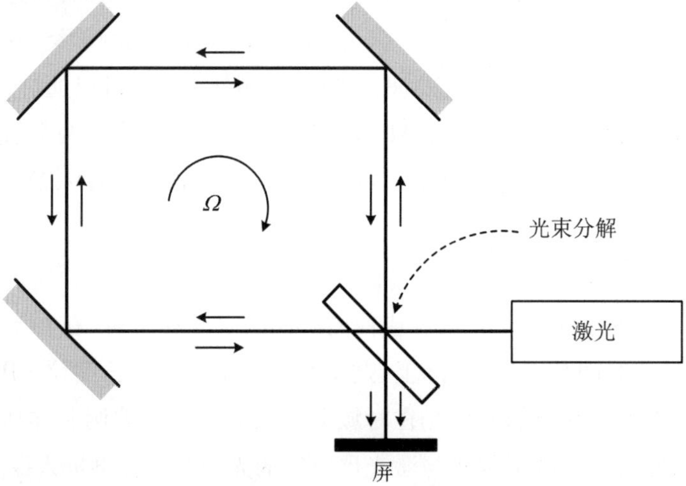

图 3.F.4 萨尼亚克干涉仪

① Lefèvre H C. The Fiber-Optic Gyroscope[M]. Artech House, 1993.

激光陀螺是一个环形谐振腔激光器.它可以在两个模(1)和(2)上同时振荡,在腔内沿相反的方向传播(图 3.F.5).然后两个输出臂的输出在光电探测器处进行干涉.①考虑到激光振荡的波长是一个正数乘以 c/L,并且两个模的有效长度 L 的差值之前已经得出,为 $c\delta t$,它们的频差由下式给出:

$$\frac{\delta\omega}{\omega} = \frac{c\delta t}{L} \tag{3.F.5}$$

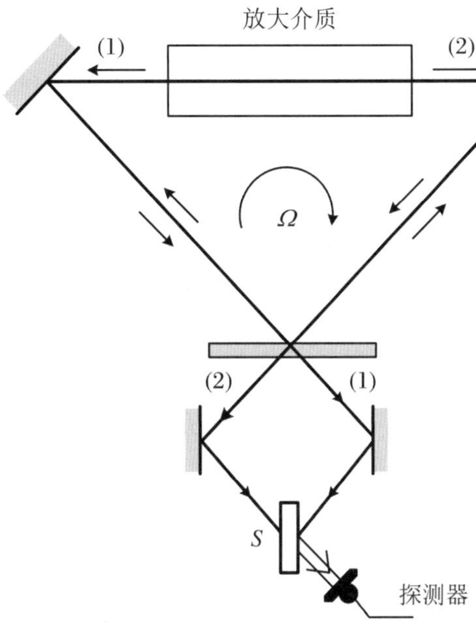

图 3.F.5　环形激光陀螺的图示

由此可得

$$\frac{\delta\omega}{2\pi} = \frac{4A}{\lambda L}\Omega \tag{3.F.6}$$

拍频 $\delta\omega$ 正比于转动的角速度,比例因子仅依赖于激光器的几何参数:面积 A 和光程长度 L.因子 $4A/(L\lambda)$ 称为比例因子,它的量级为 L/λ.设腔的长度为 1 m,我们发现其给出的频差为 $\delta\omega$,此值要比 Ω 大 10^6 倍.正是如此幅度的一个因子才使得能够测量非常小的角速度.因此对于一个边长为 1 m 的四方激光陀螺,其运行波长为 0.6 μm,地球的转动产生的频差约为 100 Hz.测量是通过光探测器产生的一个正比于时间平

① 更详细的处理,参见 W. W. Chow 等的文章 *The Ring Laser Gyro*(Reviews of Modern Physics,1985,57:61).

均的总光强获得的，总光强是通过在激光发出的两个波在分束器上进行叠加获得的(图 3.F.5).就像相干 LIDAR(3.F.3.2 小节)一样，这在拍频 $\delta\omega$ 产生的项可通过电子测量得到很好的精度.

通过这种方式，一个全光学陀螺就能实现.当今，此类系统被广泛制作并装配到飞机、火箭和导弹上.相较于使用力学陀螺仪的经典惯性系统，激光陀螺只包含很少的移动部件，并因此在很好的精度内都有着对较大动力学范围内的振动和加速度不敏感的优点.事实上，它仅受限于影响 $\delta\omega$ 大小的内在涨落性质，任何其他施加在激光谐振腔上的效应会同时以相同的方式影响两个模，因此等同地改变两个频率 ω_1 和 ω_2.在根本上，测量 Ω 的精度只是被激光的自身线宽所限(肖洛-汤斯极限，见补充材料 3.D).因此此类系统的精度可达 1 mHz，能够在 $0.001^\circ\cdot h^{-1}$的精度上测量 Ω.注意，这对应于激光频率相对的变化为 10^{-17}量级.

然而，激光陀螺的运行可被一个现象干扰，此现象使得激光陀螺无法测量小的角速度.这是关于两个相向传播的模的互相锁定的问题.由于在谐振腔镜子处存在着辐射的弱的反向散射，两种模式之间存在互相耦合，在它们频率彼此非常接近时最为有效.这等效为迫使两个模以相同的频率振荡(图 3.F.6).因此这里存在一个“锁定区”，在此区域内 $\delta\omega$ 甚至对有限的Ω 也为 0.解决这个问题的一个方法是调制 Ω(如通过振动激光器的支撑装置)以使激光跨过盲区中的最小时间间隔.这使得 $0.01^\circ\cdot h^{-1}$量级的转动可以测量，因此使激光陀螺适用于惯性导航的应用.

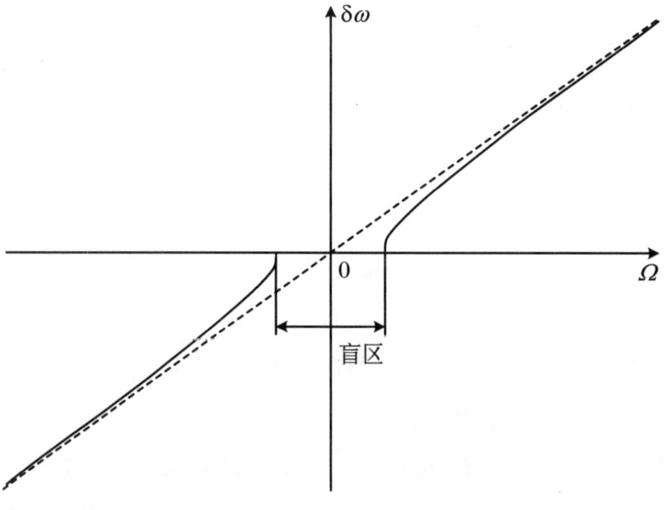

图 3.F.6　拍频 $\delta\omega$ 作为转动角速度的函数在较小角速度时的变化图示

虚线：理想响应曲线.实线：在死锁存在时的实际响应，显示存在盲区.

3.F.4 光通信

现在光是全世界范围内人与人之间交流最重要的信息传输媒介.这是由于同时存在如下与光相关的元件:

· 在3.2.3小节所描述的发射波长可控、强度可简易调制的单色半导体激光器,例如,强度的调节可以通过控制电流而获得几十吉赫范围内的调制.

· 单模硅光纤,该光纤有极低的吸收系数(小于0.3 dB或者相当于在波长1.55 μm附近每千米5%).而且,光纤的高信息负载率(几十吉比特·秒$^{-1}$)由于波长1.5 μm接近光纤最小色散波长而变得更加有用.典型的光纤在1.5 μm波长的色散为15 ps·nm^{-1}·km^{-1},使得快速信号在没有经历很强损耗时传播很远的距离.从半导体激光器发射出来的光由于具有很好的空间相干性而可以有效地注入这种单模光纤.

· 以高效率、短响应时间和低暗电流将入射光信号转化为电信号的半导体光敏二极管,可以与可调干涉频率滤波器联合使用,能够重复地将光以波长差小于1 nm的精度进行分离.

· 宽带光放大器,主要是掺铒光纤放大器,可以在1.55 μm附近30 THz的带宽内放大不同波长的光脉冲.该放大过程是直接在光纤内进行的且有很高的增益.

由于这些光学器件的完善和廉价的原因,基于光的通信系统已经胜过基于金属线、绞线或者电磁波中的电信号等经典技术.光学系统的另一个优越性是其具有目前最宽的载波频率,这就是说,在每个通道增加带宽的同时还可以容纳更多的信道,这使得调制程度达40 Gbit·s^{-1}.同时,它们对外界扰动和干涉也不敏感.

目前已有的光通信系统依赖于将数据编码为比特,它们是一些同时入射进光纤的不同(100多种)波长的光脉冲(波长多路复用技术).信息传播的最大速率决定于比特间最小时间间隔,并受限于光纤的**色散**.色散的发生是因为光脉冲因激光线宽以及其较短的持续时间而不是单色;其不同谱的成分以不同的速率传播,这导致了传播中的脉冲在时域上展宽.例如,在2000年早期安装的海底线缆中应用了80个工作在波长1 550 nm附近速率为10 Gbit·s^{-1}的二极管激光器,波长间隔小于1 nm.每一个二极管激光器发射到光纤的功率为几毫瓦,考虑到此波长很低的吸收率,这足够将数据在两个放大器之间传输50 km(对于经典的同轴电缆等价的距离仅为1.5 km).跨洋的线缆在全球数以百计地被安装,每条光纤的容量可达1 Tbit·s^{-1},每条光纤就可以同时负载约1亿路压缩的声音电话线路.会同大陆内的光纤链路,它们组成了构成国际互联网的物理基础的密集网络.它使得地球上几乎所有地方都可以交换数量令人惊异的信息流.

3.F.5 激光与其他信息技术

本小节涉及激光在信息技术中的不同种类的应用.作为一个例子,我们将看到一个激光束是如何读取存储在光存储设备上的信息的.

最简单的用激光读取信息的例子为从条形码中读取信息.一个二极管激光束以几米每秒的横向速度扫过印刷码.反向散射的光被一个光探测器测量,此测量会接收到一系列由条形码的明暗条纹反射的强度或高或低的脉冲.

激光也广泛应用于读取**光盘**,光盘能够在很小的容量上存储大量的数据.光盘存储应用于音频、视频和计算机数据存储.正如在3.F.1.1小节所指出的,激光束可以被大数值孔径的透镜聚焦到一个直径为光学波长量级(1 μm)的点上.考虑到光学读取系统可以精确地匹配记录数据的刻痕的事实,这意味着数据可以在以单位波长为边长的面积上存储1 bit信息的密度存储数据.另一个优点是,读取头较小的惯性保证了光存储数据可以被很快地读取.在21世纪的第一个10年的末尾就已经有了几代光存储形式了(图3.F.7).最老的一种是光盘(compact disc,CD,图3.F.8),它利用红外二极管激光器(波长$\lambda=0.78\ \mu m$)和数值孔径为0.45的聚焦透镜,可以在单面直径12 cm的盘上存储650 MB数据.然后有了数字视频光盘(digital video disc,DVD),它利用红光的二极管激光器(波长$\lambda=0.65\ \mu m$)和数值孔径为0.6的聚焦透镜,可以在有几个记录层的同一盘上存储4.7 GB数据.蓝光盘或者HD-DVD应用蓝光二极管激光器(波长$\lambda=0.405\ \mu m$)和一对数值孔径为0.85的双透镜,可以在一张盘上存储20~27 GB数据.在所有这些装置中,刻录的数据由深$\lambda/4$、长度不同的“凹点”组成,反向散射的光的强度通过光敏二极管监测.被光盘凹痕反射的光振幅相对于光盘平面的反射光被移动了相位π,因此当激光的聚焦点到达凹痕边缘时反射光强有一个突变.正是这个强度突变组成比特数“1”,而均一的散射强度表示“0”.

为了可靠地读取数据,光学系统相对于盘面的距离必须保持在一个波长内的精度.一个主动电机马达用来移动透镜并在三维方向上锁定激光的聚焦点.就到盘面的距离来说,可以用圆柱形透镜来使光学系统产生散光.这就导致盘面焦点光斑的形状依赖于到盘面的距离.散射的光通过四象限光电探测器探测,给出了敏感依赖于形状的信号.这提供了一个可使距离锁定的误差信号.对数据痕迹的径向锁定通常用两个补充光束来实现.这两束光反向散射强度的不同使得激光可以以所需的精度置于数据凹痕的中心.对于切向位置,可以通过位于数据边缘的同步标记来调节光盘的转速来达到.因此读取数据探头的切向速度是锁定的($1.25\ m\cdot s^{-1}$),而不是盘的转动速度是锁定的.

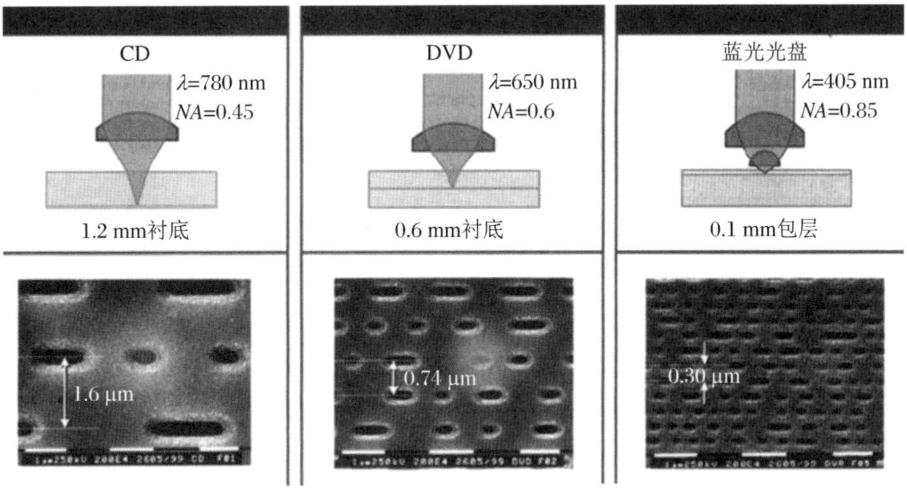

图 3.F.7　光学数据存储的三个步骤(感谢 Philips Research)

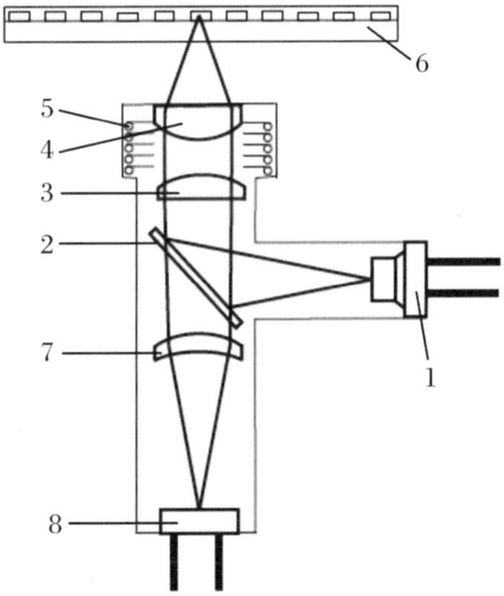

图 3.F.8　CD 播放器光学系统的横截面图示

1. 二极管激光器;2. 分束器;3,4. 聚焦透镜;5. 调焦系统;6. 光盘;7. 散光系统;8. 四象限光电探测器.

上面所描述的系统只能读取已写在光盘上的数据. 在可写系统,激光功率可以增加到可以冲蚀盘面材料一个薄层的值. 于是信息不可逆地存储在光盘上(CD-R 盘). 其他盘可以被写和擦除许多次(CD-RW 盘). 这是通过应用光盘表面物质的晶体与非晶的相变来工作的,两相有不同的反射系数. 数据通过用高功率激光脉冲来写入,该脉冲加热盘表面直到局部融化. 材料随后迅速冷却至结晶温度以下,使之不能产生晶体相. 信息擦除过程为：通过以高于结晶低于熔点的温度加热非晶区域足够长的时间来重新获得晶体相.

随着蓝光和紫光二极管激光器的出现，30多年来应用“短波长的竞赛”来提高数据存储容量的方法似乎已经接近终点.光存储发展的新的进步将很可能从两项技术获得，这也是目前大量研究的：体积材料中的3D全息存储以及在 λ^2 区域内存储多于两层的(0,1)信息.

补充材料3.G　非线性光谱学

激光的出现彻底革新了光谱学的方法及用处.它们的单色性使得可以研究极窄范围内谱的特性，这些谱线用经典技术是无法解析的，而且，其极端的谱功率密度(产生了非线性光学这一领域，这在第7章中将进行研究)导致了新的更强大的光谱学技术.①我们将在本补充材料中所描述的这些技术有这样的基本特性：原子在非常强的光场中不再线性地响应.

首先我们将描述展宽机制，也就是实验测量的原子或分子共振的宽度比其孤立且静止时的观测值要大这一事实.我们将在3.G.1小节中引入的**均匀线宽**的概念看作一个跃迁的固有宽度，而与原子的运动状态或者环境因素相关所导致的频率变化称为**非均匀线宽**.我们将解释通过非线性光学技术来消除谱线的非均匀展宽效应是可能的，这使得传统技术解析度有了显著提高.我们随后更具体地专注于最常遇到的非均匀展宽——**多普勒展宽**，而所描述的两个非线性光学技术——**饱和吸收谱**(3.G.2小节)和**双光子谱**(3.G.3小节)可以克服此类展宽(多普勒展宽).作为总结，我们将在3.G.4小节中讨论由于非线性光谱学而在最基本的氢原子谱研究中所取得的进步.

3.G.1　均匀和非均匀展宽

一个处于稳态的孤立原子的共振跃迁的频率是洛伦兹分布，其宽度 γ 由原子偶极跃

① 产生超短脉冲的激光源(由于脉冲很短，频率谱宽度很大)可以应用于研究原子或分子系统在时域上的动力学：系统被一个脉冲激发，随后的演化被下一个脉冲探测.为了简洁，这里我们没有描述分辨时间的光谱学技术，只讨论在频域内的光谱学技术.

迁的寿命来决定(见式(2.C.44)).然而,实验室测量的谱线通常有更大的宽度.如果所研究的原子处于气相,以至于它们的速度分布在一个广泛的区间内,谱线展宽就会发生:如果一个原子的速度为 $\boldsymbol{v}$,在 $\boldsymbol{u}$ 方向发射光的频率就相较于静止原子所发光的频率位移 $\omega_0(\boldsymbol{v}\cdot\boldsymbol{u})/c$ 的值,其中 c 是光速(这就是多普勒效应).被静止观察者记录的所发光的谱线是具有比 γ 大得多的宽度的高斯函数,反映了处于热平衡的气体粒子速度的麦克斯韦分布.在可见光区,多普勒宽度的幅度为 $\omega_0\bar{v}/c$ 量级,其中 $\bar{v}$ 是气体中原子速度的均方根,$\bar{v}=\sqrt{k_B T/M}$.在室温下,多普勒宽度一般为自然线宽的 100 倍.因此气体中原子的热运动限制了研究诸如气体发射或吸收谱线分布时的光谱学测量的精度;在频率尺度,比多普勒宽度小的任何特性都会被埋没而不能被解析出来.

类似的展宽也发生在掺杂在玻璃或晶体介质中的离子所发谱线.由于离子被保持在固定位置①,这里没有之前的多普勒宽度.然而,由于它们在所嵌入的基质的空间上是随机分布的,每一个离子的能级将受到由周围离子的电场而诱导出的不同大小的斯塔克效应.因此离子的跃迁频率分布在一个由周围环境决定的频率区间内,这最终体现在所记录的整个样品的共振谱的形状上.

原子跃迁的**均匀线宽**是指当样品中的任何原子是孤立且独立探测时的线宽.最明显的均匀展宽的源是与跃迁所涉及的原子能级的有限寿命相联系的自然线宽;正是这个线宽确定了光谱学中线宽的基本极限,并且只有在所有外来微扰被消除后才能达到.跃迁的自然线宽可以在光-物质相互作用的全量子理论基础上计算得出(见第 6 章).其他形式的均匀展宽也是存在的,例如,气体中原子的碰撞.与自发衰变导致的均匀展宽一样,气体中的碰撞展宽也给出洛伦兹型的谱分布.

3.G.2 饱和吸收光谱学

在激光器产生后不久,亚多普勒光谱技术(允许解析小于多普勒展宽的频率特性的技术)就首次得到演示.这种称为**饱和吸收谱**的方法改革了光谱学领域并且仍在被广泛应用.②我们将在接下来的部分详细描述该方法.

---

① 事实上,这些原子在固体中不是静止不动的,而是由于热运动在振动.当这个振动幅度相较于波长较小时,不会引入多普勒展宽(Lamb-Dicke 效应).

② 饱和吸收现象是气体激光器中在增益曲线上共振频率处的增益出现一个窄凹陷("兰姆凹陷")的根源.饱和吸收谱技术曾由 C. Bordé 和 T. Hänsch 进行了完善,目前已经相当精练.更多细节参见 T. Hänsch, A. Schawlow 和 G. Series 在 *Scientific American*(1974,240:72)上的文章或者 *Nonlinear Laser Spectroscopy*(V. Letokhov 和 V. Chebotayev 著,Springer,1977:72).

3.G.2.1 布居分布中的空缺

考虑一个囚禁于晶体基质材料中的离子系综的例子．晶体结构的缺陷导致晶体场的空间变化，这使得每一个离子的斯塔克能级以及跃迁频率都彼此不同．在位置 i 处离子的跃迁频率和该离子孤立时的跃迁频率之差可以写为如下形式：

$$\hbar\omega_i = \hbar\omega_0 + \hbar\delta\omega_i \tag{3.G.1}$$

其中$\hbar\omega_0$ 是孤立离子的跃迁能量，$\hbar\delta\omega_i$ 是其在 i 位置处的能级差．假定离子经受一束频率为 ω'、振幅为 E'的入射激光场的照射，然后测量光束的吸收情况．显然，这里的吸收将完全由满足

$$\hbar\omega_i = \hbar\omega' \tag{3.G.2}$$

的离子造成．通过调节激光频率，跃迁频率 ω_i 的范围可以被描绘出来．吸收谱线型将提供处在 i 处原子的分布的一个测量(这构成了一个非均匀展宽的源；见图 3.G.1(a))．

然而，另一个角频率为 ω 且有更大振幅E 的激光束可以使跃迁饱和．这样的激光具有使位于 j 处的原子在基态和激发态的概率相等的效果(见第 2 章式(2.159))．此激光需满足

$$\hbar\omega_j = \hbar\omega \tag{3.G.3}$$

当调整探测激光束的频率 ω'时，所经历的吸收是与无强场 E 时的情形一样的，但频率在 ω 临近区域时有不同的情形．当 $\omega'\approx\omega$ 时，两束激光与同一类原子相互作用．其中探测光束将具有较小的吸收，这是因为 j 类离子由于存在强场而处于基态的数目变少．探测光束吸收谱如图 3.G.1(b)所示．吸收谱中的窄峰的宽度为 $2\sqrt{\gamma^2+\Omega_1^2\gamma/\Gamma_{sp}}$，其中 2γ 是谱线的(均匀)自然展宽，Γ_{sp}是激发态寿命的倒数，$\Omega_1=-\mathrm{d}E_1/\hbar$是对于强场 E 的拉比频率．在闭合的二能级系统情形中，宽度为$\sqrt{\Gamma_{sp}^2+2\Omega_1^2}$(见式(2.188))．

当探测光束的频率等于饱和波的频率时，探测光束的跃迁会出现一个增加，这可以在图 3.G.1(b)中清楚地看到．当饱和波的强度减小时，峰的宽度变小，在低强度极限下趋向于跃迁的自然线宽．因此，此项技术显示了相较于简单吸收测量在解析度上的显著提高．但是，窄峰的位置是由饱和光频率而非被探测物质的基本特性决定的，这是它的缺点．我们将在下面看到这个劣势是可以克服的，届时我们还将考虑由多普勒效应所致的非均匀展宽是如何消除的．

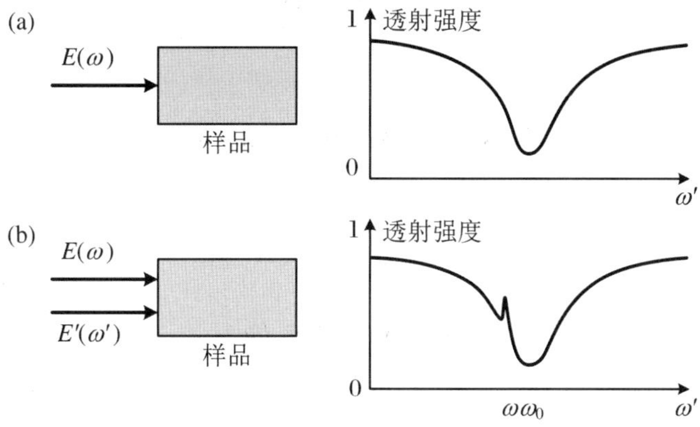

图 3.G.1 作为其本身频率函数的探测光束的吸收线

如果只有探测光束入射至介质(a)，则吸收谱给出了跃迁的非均匀线宽信息.在一个频率为 ω 的强场情况下，同样的谱在 $\omega'=\omega$ 处出现一个与探测光的跃迁相关的窄峰.此峰是由强场产生的跃迁饱和机制导致的(b).峰的宽度与跃迁的均匀展宽相关.

3.G.2.2 气体中的饱和吸收

1. 麦克斯韦速度分布

考虑二能级原子(基态和激发态分别为 a 和 b，$E_a - E_b = \hbar\omega_0$)的一个系综.当原子处于热平衡时，处于基态的原子占绝大多数.原子的速度有一个分布，对于一个给定的原子的速度，其 x 分量处于 v_x 到 $v_x + \mathrm{d}v_x$ 之间的概率由麦克斯韦-玻尔兹曼分布律确定：

$$f(v_x) = \frac{1}{\bar{v}\sqrt{2\pi}}\exp\left(-\frac{v_x^2}{2\bar{v}^2}\right) \tag{3.G.4}$$

其中 $\bar{v} = \sqrt{2k_B T/M}$(一维均方根速度).

2. 单一速度的激发

假定这些原子与一个接近其共振频率 ω 的单色入射光相互作用：

$$\boldsymbol{E}(\boldsymbol{r},t) = \boldsymbol{E}\cos(\omega t - \boldsymbol{k}\cdot\boldsymbol{r}) \tag{3.G.5}$$

一个速度为 $\boldsymbol{v}$ 按如下形式前进：

$$\boldsymbol{r} = \boldsymbol{r}_0 + \boldsymbol{v}t \tag{3.G.6}$$

将在其静止系中经历一个如下电场：

$$\boldsymbol{E}\cos[(\omega - \boldsymbol{k}\cdot\boldsymbol{v})t - \boldsymbol{k}\cdot\boldsymbol{r}_0] \tag{3.G.7}$$

该电场的频率由于**多普勒效应**而相对于入射光产生了频移. 对于给定的入射频率 ω，只有速度满足

$$\hbar(\omega - \boldsymbol{k}\cdot\boldsymbol{v}) = \hbar\omega_0 \tag{3.G.8}$$

的原子是与入射光共振并被激发的. 如果光沿 x 方向传播，激发的原子的速度的 x 分量 v_x 满足

$$\frac{v_x}{c} = \frac{\omega - \omega_0}{\omega} \tag{3.G.9}$$

(这里对于稀薄介质，$k \approx \omega/c$). 在 $E(\boldsymbol{r}, t)$存在的情况下，基态原子的速度分布在速度分量 v_x 满足式(3.G.9)的位置出现一个孔洞. 而相应那些转移到激发态的原子有着确定的 v_x 值(图 3.G.2). 对二能级原子，其激发态的速度分布就是孔洞位置的基态原子的相应的分布凹陷.

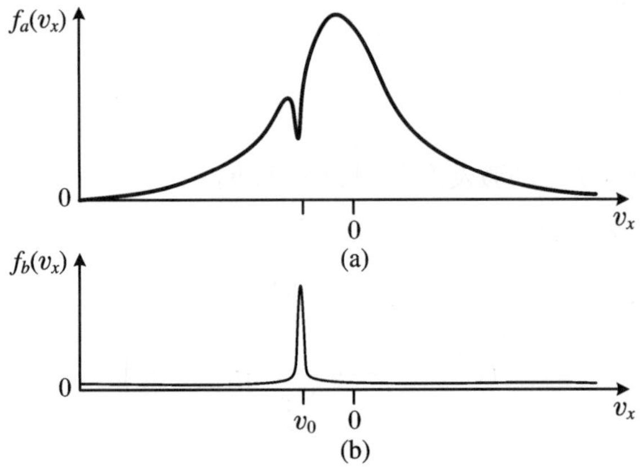

图 3.G.2　在原子经受频率为 ω 的激光场后的原子速度分布

(a) 基态；(b) 内部激发态. 速度 v_0 由式(3.G.8)给出.

评注　图 3.G.2 中两个速度分布的互补性在原子经历碰撞后将不能维持. 碰撞改变了相互作用粒子间的速度，并在倾向于填补基态速度分布的凹陷(孔)的同时使激发态分布的峰变宽变平. 原子处于基态和激发态时碰撞截面的不同将导致两种分布出现由碰撞

诱导的改变，而且这种改变对两种分布来说是不同的．例如，假定在激发态的碰撞截面比基态的要大得多．基态速度分布 $f_a(v_x)$ 凹陷将比激发态速度分布 $f_b(v_x)$ 中尖峰的持续时间要长，尖峰将会很快地演化成以 $v_x=0$ 为中心的高斯型峰．由于两个速度分布不再互补，总体来说，气体在 x 方向获得了一个非零速度．在前面所讨论的例子中，这个速度的光诱导漂移是与 v_0 的方向相反的．此效应已经被多个实验室观察到．①应该注意，这不是由于通过吸收光子（辐射压）而将动量转移至原子的力学效应．事实上，如果激光频率调制到共振频率的高频端，光致速度漂移是和造成此漂移的光的传播方向相反的．

3. 饱和吸收光谱

在饱和吸收光谱法中，一个频率为 ω 的激光束在分束器中被分成两部分（图 3.G.3）．这两束随后以近乎相反的方向经过气体介质．两束的有限夹角在实际中只是为了保证能够将两束中较弱的那束被探测器记录到．

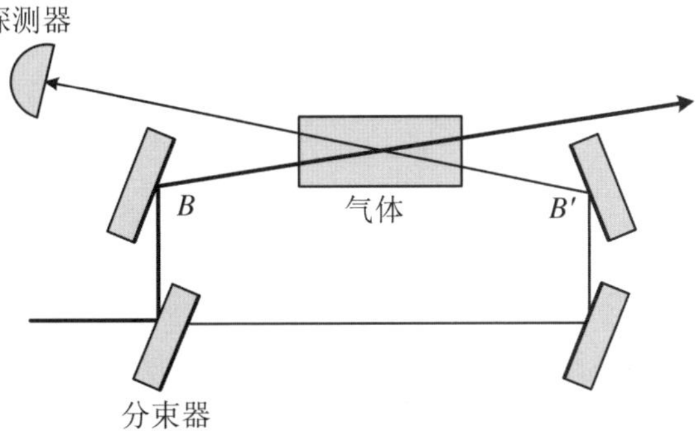

图 3.G.3　饱和吸收实验的图示

入射束在分束器处被分成两束．两个当中强度较弱的 B' 的透射强度作为其频率的函数被记录下来．两光束的角度实际比图示的要小得多．

较强的光束 B 与速度满足式（3.G.9）的原子相互作用．与 B 近似、反向传播、相位按 $\omega t+\boldsymbol{k}\cdot\boldsymbol{r}$ 演化的较弱束 B' 则激发速度满足如下关系的原子：

$$\hbar(\omega+\boldsymbol{k}\cdot\boldsymbol{v}')=\hbar\omega_0 \qquad (3.G.10)$$

由此给出

① Nienhuis G. Impressed by Light: Mechanical Action of Radiation on Atomic Motion [J]. Physics Reports, 1986, 138: 151.

$$\frac{v'_x}{c} = -\frac{\omega - \omega_0}{\omega}c \tag{3.G.11}$$

比较表达式(3.G.11)和(3.G.9),我们发现,如果 $\omega \neq \omega_0$,则 B 和 B' 与具有不同速度类的原子相互作用,因此光束的吸收是彼此独立的.但是如果 $\omega = \omega_0$,则两束都与速度 $v_x = 0$ 的原子相互作用(图 3.G.4).因而,如果 B 束使原子跃迁饱和,B' 束的透过率将在 $\omega = \omega_0$ 时得到增强.

探测光束吸收谱的广域形式由跃迁的多普勒谱确定,但此吸收谱在 $\omega = \omega_0$ 附近具有一个窄的反向峰.此峰的宽度为 $\sqrt{\Gamma_{\rm sp}^2 + 2\Omega_1^2}$ 量级,其中包含了饱和波 B 的拉比频率 Ω_1.当 B 的强度减小时,此宽度趋于它的自然线宽极限值.①

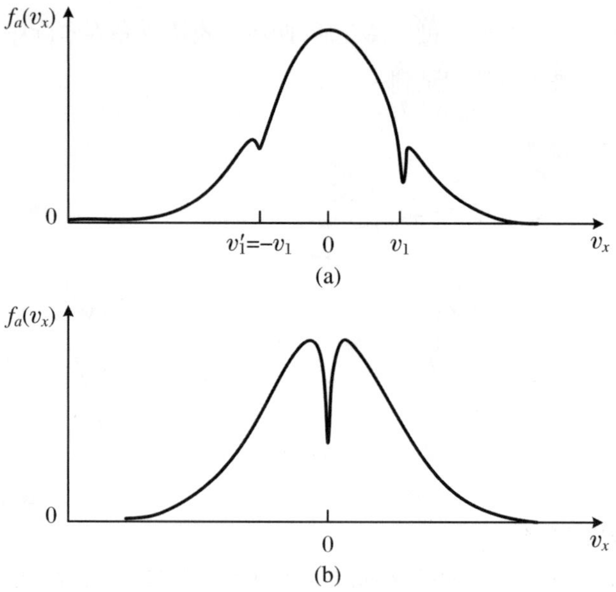

图 3.G.4　基态原子的速度分布

(a) 当 $\omega \neq \omega_0$ 时,B 和 B' 的激发速度不同且对称分布于 $v_x = 0$ 两侧的原子群体.(b) 当 $\omega = \omega_0$ 时,两束都和同一速度的原子相互作用:$v_x = 0$.

吸收谱中窄宽度峰接近自然线宽极限并且处在原子共振频率,这两个事实赋予了这项技术在涉及光谱学领域里相当大的优势.尤其是,它通常用来提供激光器需要锁定的频率的绝对频率参考.

① 当处于饱和状态的波很强时,处于能级 a 和 b 的粒子数是相同的.因此有人可能会认为探测波的吸收实际上为零.事实却不是这样的.详细的分析需要考虑到高强度场所引起的能级的偏移,分析表明吸收尽管被极大地减小但并不为零.更多细节参见 CDG Ⅱ练习 20.

评注 当原子能级 b 或 a 中有子能级时，其他窄的共振信号的交叉共振将会出现. 例如，考虑一个在基态有两个子能级 a 和 a' 的原子，两子能级间距小于多普勒宽度，激发态只有一个 b. 如果饱和光束处于 $a \to b$ 的共振跃迁频率，它将强烈地改变处于能级 b 的粒子数，这将改变弱入射束的吸收，不管它是调到 $a \to b$ 还是 $a' \to b$ 跃迁的频率. 在图 3.G.3中，强光束和弱光束具有相同频率但相反方向的状态下，当同一速度原子通过两个跃迁中的任意一个与相向传播的两光束相互作用时，都会出现一个共振的吸收. 很容易证明，光频率 ω 是下面三个中任何一个时都会发生共振：

$$\omega = \omega_{a \to b}, \quad \omega = (\omega_{a \to b} + \omega_{a' \to b})/2, \quad \omega = \omega_{a' \to b}$$

在 $(\omega_{a \to b} + \omega_{a' \to b})/2$ 处的共振是一个交叉共振.

在多数原子和分子中，能级都有一些子能级的超精细结构. 在图 3.G.3 所示的结构下，饱和吸收信号通常很复杂(图 3.G.5). 然而这种复杂性被证明是很有益的，因为它提供了一系列特定间隔的绝对频率，此间隔可以确定到自然线宽的精度，然后激光频率可以锁定至此频率. 最后注意，由非饱和机制导致的两束光束的相互作用也是可能的. 例如，在合适的条件下，相互作用可由基态子能级 a 和 a' 之间的泵浦(见补充材料 2.B)引起.

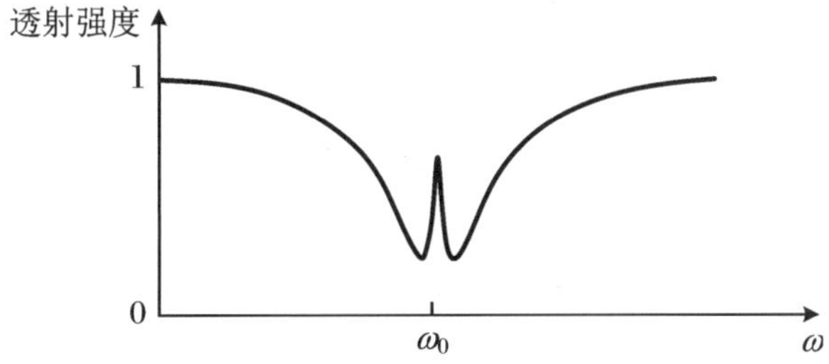

图 3.G.5 原子蒸气饱和吸收信号的图示

弱探测波 B' 的透射率作为频率的函数(在实际实验中，窄峰不会如此显著，因此通常利用降噪技术来提高饱和吸收信号).

3.G.3 无多普勒频移双光子光谱学

3.G.3.1 双光子跃迁

我们在第 2 章 2.3.3 小节中看到，一个原子和两个角频率为 ω_1 和 ω_2 的电磁波相互作用可以通过在每一个频率都吸收一个光子(见图 3.G.6)而被激发到激发态. 这个过程的共振条件为

$$E_b - E_a = \hbar(\omega_1 + \omega_2) \tag{3.G.12}$$

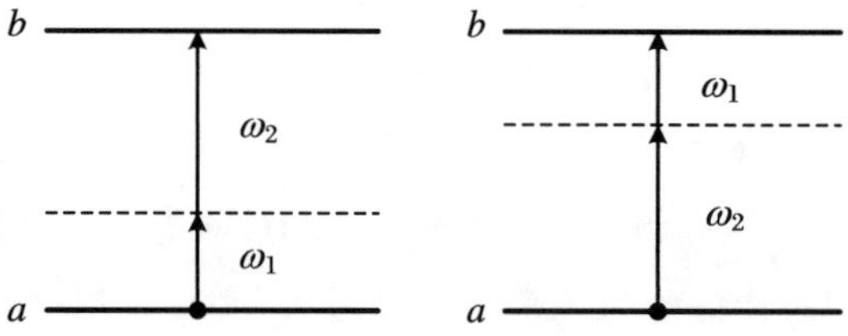

图 3.G.6　能级 a 和 b 之间的双光子跃迁

跃迁振幅是两项的和：一项对应在频率 ω_1 吸收一个光子及随后在 ω_2 吸收一个光子；另一项是上面一项在时序上的反序．这两项的共振条件式(3.G.12)是一样的．

3.G.3.2　多普勒展宽的消除

考虑气体中的原子和两个相向传播的频率为 ω 的两列波 B 和 B' 的相互作用(图 3.G.7(a))．如果在实验室系(图 3.G.7(b))中一个速度为 $\boldsymbol{v}$ 的原子和两个频率为 ω 的波相互作用，在其本身静止系(图 3.G.7(c))，它遇到的两个波的频率为 ω_1 和 ω_2，是由于多普勒效应而对称地偏离 ω 的．因此，对于 $|\boldsymbol{v}| \ll c$，

$$\omega_1 = \omega\left(1 - \frac{v_x}{c}\right) \tag{3.G.13}$$

$$\omega_2 = \omega\left(1 + \frac{v_x}{c}\right) \tag{3.G.14}$$

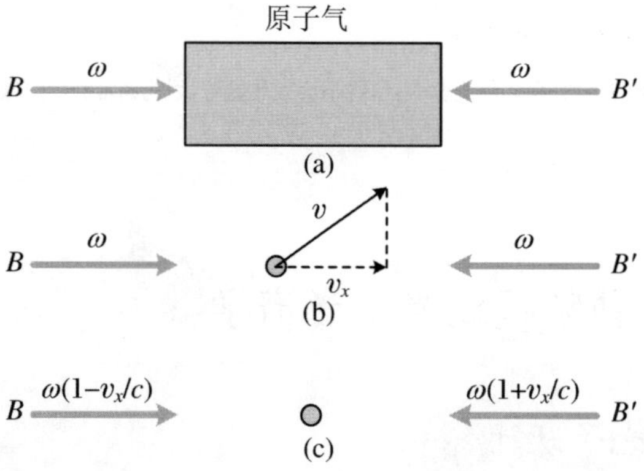

图 3.G.7　无多普勒双光子光谱方案

(a) 实验方案：一个原子蒸气和两个相向传播的同频率光束相互作用．(b) 在实验室系，一个速度为 $\boldsymbol{v}$ 的原子和两个相向传播的同频率波相互作用．(c) 在原子静止系，它和两个由于多普勒效应而频率对称变化的波相互作用．

考虑原子从相向传播的波束中各吸收一个光子的情况. 利用式(3.G.13)和式(3.G.14),共振条件可以写为如下形式:

$$E_b - E_a = \hbar\omega\left(1 - \frac{v_x}{c}\right) + \hbar\omega\left(1 + \frac{v_x}{c}\right) \tag{3.G.15}$$

或者

$$E_b - E_a = 2\hbar\omega \tag{3.G.16}$$

注意共振条件中的速度依赖项互相抵消. 因此当条件式(3.G.16)满足时,任意速度 $\boldsymbol{v}$ 的原子都会转移至激发态. 应该意识到,这种跃迁的多普勒展宽的消除只有在原子被两束频率相同、相向传播的光激发时才能达到. 如果双光子跃迁是由频率为 ω 的单束行波的一个双激发驱动的,则共振条件为

$$E_b - E_a = 2\hbar\omega_1 = 2\hbar\omega\left(1 - \frac{v_x}{c}\right) \tag{3.G.17}$$

此式依赖于原子速度. 在这种情况中,对于给定的 ω 值只有一种速度的原子被激发,即满足式(3.G.17)的那些原子. 因此共振谱是多普勒展宽的.

一般来说,原子在一个光束中吸收两个光子的双光子跃迁与从两个相向传播的光束中各吸收一个光子的双光子跃迁的概率是相同的(图 3.G.8),所以作为 ω 的函数的吸收谱是这两种共振的叠加,两种共振近似具有相同的谱(如果 B 和 B' 两束光的强度近似相同). 因此,从相向传播的光束中各吸收一个光子的较窄无多普勒展宽的共振被叠加在一个多普勒展宽的背景共振之上,此背景共振就是从两个光束中的某一束上吸收两个光子所形成的跃迁.

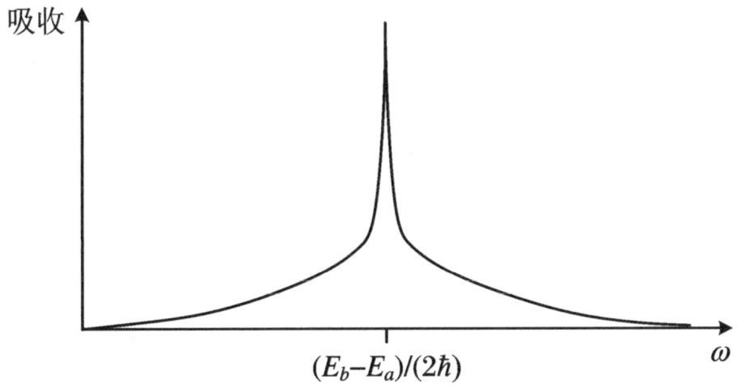

图 3.G.8　Rb 的 5s→5d 跃迁的双光子吸收

测量于蒸气室(感谢 Vincent Jacques,ENS Cachan).

评注　在双光子跃迁中,多普勒展宽的消除可以通过能量与动量的同时守恒来理解. 考虑一个质量为 M 的原子在实验室系速度为 $\boldsymbol{v}$. 两个入射光束中光子的能量和动量

为$\hbar\omega,\hbar\boldsymbol{k}$以及$\hbar\omega,-\hbar\boldsymbol{k}$.双光子跃迁过程的动量守恒意味着

$$M\boldsymbol{v}' = M\boldsymbol{v} + \hbar\boldsymbol{k} - \hbar\boldsymbol{k} \tag{3.G.18}$$

其中$\boldsymbol{v}'$是原子在跃迁过程结束后的速度.因此原子速度由于对双光子的吸收而没有变化.能量守恒可以表达为

$$E_b + \frac{1}{2}Mv'^2 = E_a + \frac{1}{2}Mv^2 + 2\hbar\omega \tag{3.G.19}$$

因为$v'=v$,我们重现了共振条件式(3.G.16).注意上面的表达式说明了原子在两个相向传播的光束中分别吸收同频率的光子后没有反冲.这种处理方法可以直接推广到高阶多光子过程.作为一个例子,考虑从波矢为$\boldsymbol{k}_1,\boldsymbol{k}_2,\boldsymbol{k}_3$的波束中吸收三个频率为$\omega_1,\omega_2,\omega_3$的光子(均在实验室系).如果光束按吸收的光子的总动量之和为0而进行设置,

$$\sum_{i=1}^{3} \hbar\boldsymbol{k}_i = \boldsymbol{0} \tag{3.G.20}$$

原子的动量(也就是它的动能)将由于这样的吸收过程而不发生变化.因此可以断定,所有原子的共振条件,不管它们的速度是多少,都是

$$E_b - E_a = \sum_{i=1}^{3} \hbar\omega_i \tag{3.G.21}$$

通过调节诸光束之一的频率而获得的吸收谱将出现不含多普勒展宽的共振峰.

3.G.3.3 无多普勒展宽双光子光谱的特点

双光子光谱使得研究原子、分子谱的特性仅受限于所涉及跃迁的自然线宽.它是一个非常强大的工具,在某些方面是与饱和吸收光谱互补的,因为它允许在相同宇称能级之间的跃迁,而后者只能用来研究那些连接相反宇称的跃迁(见补充材料2.B).有人可能会认为双光子跃迁的激发需要用高强度的激光束,而强的激光束应用可能会导致所涉及的原子能级产生可观的轻微位移(见第2章2.3.3小节),于是就导致了该方法作为高精度光谱的一个显著缺点.但是,实际上通常并不是这样的.不同于饱和吸收谱中仅单一速度$v_x=0$对共振有贡献,在双光子光谱中所有原子都对共振有贡献,这一事实至少部分地补偿了双光子过程相较于单光子过程的较小的跃迁振幅.①

① 更多关于此过程的多光子跃迁和消除多普勒展宽细节参看G. Grynberg,B. Cagnac和F. Biraben的文章(见*Coherent Nonlinear Optics: Recent Advances*, M. S. Feld和V. S. Letokhov编,Springer-Verlag,1980)的"Multi-Photon Resonant Processes in Atoms"一章.

3.G.4 氢原子光谱

3.G.4.1 氢原子光谱的简短历史

氢原子是最简单的原子系统，由一个电子和一个质子组成.这种简单性使得氢原子成为理论的理想检验场所，因此人们在其实验研究中倾注了大量努力.在19世纪末，将氢原子谱和巴尔莫公式的匹配催化了量子理论的出现.首先是玻尔理论，然后是薛定谔方程，它们最早的最引人注目的成功之处就在于将用经典理论无法解释的巴尔莫公式置于一个完善的理论基础之上.光谱学技术在20世纪早期所取得的进步很快导致人们意识到氢原子谱线拥有**精细结构**，对它的理解最终导致了电子内禀自旋概念的引入.这首先是由乌仑贝克(Uhlenbeck)和古德斯密特(Goudsmit)在描述氢原子时唯象地包括进来的.随后狄拉克证明，自旋可由相对论量子力学描述自然给出.后来，20世纪40年代末，兰姆(Lamb)和雷瑟福(Retherford)证明$2S_{1/2}$和$2P_{1/2}$能级谱并不像狄拉克理论预言的那样是简并的，因此其理论不能提供对氢原子的完备描述.对这个小的能量差(小于态能量的10^{-6})的解释吸引了20世纪中期一些伟大的物理学家(贝特(Bethe)、戴森(Dyson)、费曼(Feynman)、施温格(Schwinger)、朝永振一郎(Tomonaga)、韦斯科普夫(Weisskopf)等)，并最终导致发展了最成熟，当然也是最精确的物理理论之一：量子电动力学.

上面的简介是想说明氢原子的研究是如何在20世纪物理学的发展中起到主导作用，以及光谱测量工具精度的接连改进是如何证明了已有理论的不足，并因此导致了理论的进步的.从这方面说，自1970年以来的非线性光谱测量已经具有非凡的重要性；它们已经使氢原子已知的光谱的精度提高了5个量级.[①]2005年，由无多普勒展宽双光子光谱测量的氢原子能级跃迁频率的更加精确的频率为

$$\nu_{2S_{1/2}-12D_{5/2}} = 799\ 191\ 727\ 402.8(\pm 6.7)\ \text{kHz}$$

$$\nu_{1S_{1/2}-2S_{1/2}} = 2\ 466\ 061\ 413\ 187.103(\pm 0.046)\ \text{kHz}$$

后一个测量的相对不确定度为2×10^{-14}，这是所有物理测量中最精确的一个！它应用了

① 对氢原子在理论和实验上目前状况的一个非常完备的描述可参阅 *The Spectrum of Atomic Hydrogen: Advances*(G. W. Series编，Singapore: World Scientific，1988)和 *Reports on Progress in Physics*(B. Cagnac等，1994，57:853)，也可参阅 T. W. Hänsch 的诺贝尔演讲 *Reviews of Modern Physics*(2006，78:1297).

3

一个由亨施(T. Hänsch)和霍尔(J. Hall)①发明的革命性的技术来测量光频:由稳定在铯原子钟的频率范围内的锁模激光所产生的"光频梳"作为尺子的刻度,以此来实现以史无前例的精度测量用于无多普勒展宽双光子谱的激光频率.

3.G.4.2 氢原子谱

1. 从巴尔莫到狄拉克

非相对论量子理论表明库仑势中电子的能级可以由三个量子数 n,l,m 来描述.所允许的能级的能量只依赖于 n②:

$$E_{nlm}=-\frac{Ry}{n^2} \tag{3.G.22}$$

其中里德伯常数(Rydberg constant) Ry 是电子质量 m 和电荷 q 的函数③:

$$Ry=\frac{mq^4}{32\pi^2\varepsilon_0^2\hbar^2} \tag{3.G.23}$$

狄拉克的相对论量子力学的主要结论是相对论波动方程.④这个方程自然地引入了电子自旋 s,并且引入由总角动量量子数 $j(\boldsymbol{j}=\boldsymbol{l}+\boldsymbol{s})$所表征的能级:

$$E_{nljm}=-\frac{Ry}{n^2}\left[1+\frac{\alpha^2}{n}\left(\frac{1}{j+1/2}-\frac{3}{4n}\right)\right] \tag{3.G.24}$$

狄拉克方程引人注目的预言之一是,在由 n 确定的多重态中,有相同 j 值但不同 l 值的子能级有相同能量.因此,对于 $n=2$ 的态,能级 $2S_{1/2}(l=0,j=1/2)$和能级 $2P_{1/2}(l=1,j=1/2)$将是简并的(图 3.G.9(a)).

2. 兰姆位移

由兰姆和雷瑟福在 20 世纪 40 年代所做的实验演示了能级 $2S_{1/2}$ 与 $2P_{1/2}$ 不是相同能

① Hall J L. Nobel Lecture, Defining and Measuring Optical Frequencies [J]. Reviews of Modern Physics, 2006,78:1279.

Hänsch T W. Nobel Lecture, Passion for Precision [J]. Reviews of Modern Physics, 2006, 78: 1297.

http://nobelprize.org/nobel-prizes/physics/laureates/2005.

② 注意 l 的简并仅在库仑势下才有.

③ 里德伯常数 Ry 严格来说对应无限重原子核的情况.在氢原子中,需要用约化电子质量 $m(1+m/M)^{-1}$来替换电子质量 m,其中 M 是质子质量.

④ Bethe H A, Salpeter E E. Quantum Mechanics of One-and Two-Electron Atoms [M]. Plenum, 1977.

量能级(图 3.G.9):狄拉克方程没有提供对氢原子的完备描述.实验与狄拉克方程预言值的偏离源自电子和量子化的电磁场相互作用的一些细节特性(见第 6 章),具体来说为"真空涨落".由于这个耦合造成由自发辐射产生的原子能级的退激发,这在外场不存在时也会发生.这也造成了氢原子中的电子可以发射和吸收虚光子的事实.这些过程造成了能级的微小位移,而位移量在 $2S_{1/2}$ 和 $2P_{1/2}$ 上是不同的.由不同的辐射位移导致的这些态的能级变化称为兰姆位移.计算所得兰姆位移值与兰姆和雷瑟福的实验值相符是费曼、施温格和朝永振一郎所发展的量子电动力学(QED)的一个成功之处.

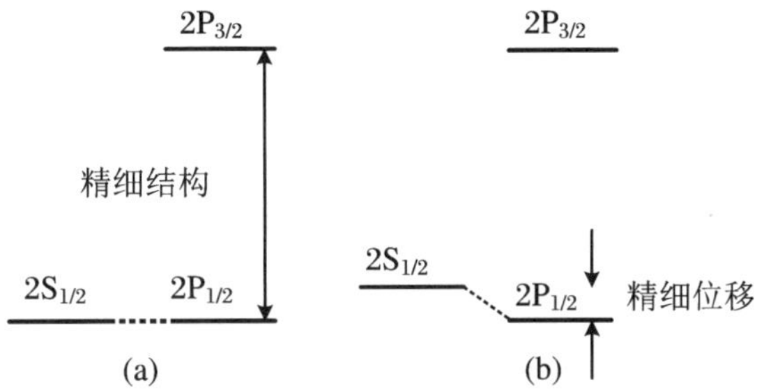

图 3.G.9　氢原子 $n=2$ 能级的多重结构

(a) 对应狄拉克方程;(b) 实际情形. $2S_{1/2}$ 与 $2P_{1/2}$ 之间的能量分裂称为兰姆位移.位移的值(以频率为单位)约为 1.057 GHz,相较而言,$2P_{1/2}$ 与 $2P_{3/2}$ 之间的精细结构间隔为 9.912 GHz.

兰姆位移逐步提高的精度使得可以对量子电动力学进行非常严格的检验,同时激发了对计算方法的改进,这些计算法随着精度的提高复杂度迅速增加.在 21 世纪初这些位移的理论和实验值的符合程度已非常好,达到 10^{-4}.

3.G.4.3　里德伯常数的确定

氢原子高解析度光谱学使得光谱学家可以精确地测定里德伯常数(是 e,m_e,$\hbar$这些量的乘积形式).其他的一些测量给出这些量的一些其他组合的值,因此会同里德伯常数可以测量基本常数 e,m_e 的精确值.[①]目前测量里德伯常数的步骤包括:应用相对论和量子电动力学计算氢原子 $nlj \to n'l'j'$ 跃迁,并考虑有限核质量修正,将其与实验所得能级差用等号连接.理论的自洽性可以通过所得的 R_∞ 值不依赖于所考虑的跃迁过程来保证.

我们在图 3.G.10 中描绘了在过去的 70 年中基于氢原子光谱学的测量精度随着时间的变化.1970 年的突变坡度是由于非线性光谱技术的引入,这在本补充材料的前面部

① 更多细节可参见 B. Cagnac, M. D. Plimmer, L. Julien 和 F. Biraben 的文章 *The Hydrogen Atom, a Tool for Metrology* (*Reports on Progress in Physics*, 1994, 57:853).

3

分已经介绍过.这使得从此以后将当时的 10^{-7} 的精度提高到了小于 10^{-11}.目前最好的值(2005 年)为

$$\frac{R_\infty}{hc} = 10\ 973\ 731.568\ 525(84)\ \mathrm{m}^{-1}$$

(相对精度为 8×10^{-12}).目前所达精度已到了人们在对比理论和实验值时必须考虑质子中电荷分布细节的程度.

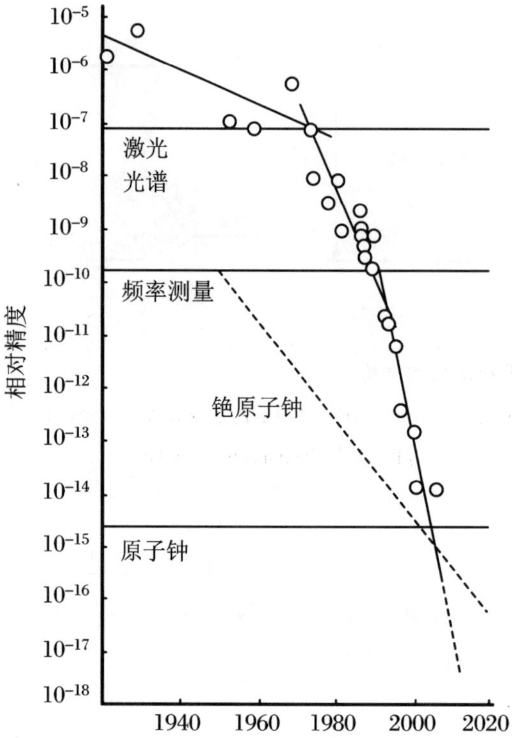

图 3.G.10　在氢原子光谱学中一些相对精度随时间的演化

取自 *Hänsch T. W.*, *Rev. Mod. Phys.*, 2006, 78:1297.

第 2 部分

光及其与物质相互作用的量子描述

第 4 章

自由辐射的量子化

许多过程，包括激光中的吸收和受激辐射，能够用描述原子辐射相互作用的半经典模型处理，其中物质用量子理论描述，而辐射用经典电磁场表示(见第 2 章). 但有些现象，不量子化辐射就无法完整描述. 例如，自 20 世纪 30 年代起就知道，自发辐射只有在相互作用的纯量子理论框架下才能正确描述. 我们将在第 6 章中看到，在这种情况下物质和辐射都是量子化的.

然而，直到 20 世纪 70 年代人们才发现，远离源的**自由电磁场**的性质和行为无法用经典场描述，但可以用量子场很好地解释. 本章主要讲述有关自由电磁场的量子化，而不关注产生场的电荷和电流源. 这个自由电磁场称为**辐射**，在第 6 章中我们将明确，在有源时辐射意味着什么.

这里采用的正则量子化过程以哈密顿量形式下场的动力学描述为出发点，其特点将在 4.1 节中进行讨论. 随后的 4.2 节和 4.3 节描述如何将自由经典电磁场在无耦合的简正模式下进行展开，每一种模式的动力学由两个动力学变量描述. 这两个动力学变量在差一个常数的乘积因子下，分别对应一个简正变量(normal variable)的实部和虚部. 4.4 节利用这种简正模式的展开证明了，辐射的总能量可以写为每一个模的能量之和的哈密顿量的形式.这使得我们可以对每一种模式都确立共轭的正则变量对.在4.5节中,我们能够完成辐射的量子化,找到形式上与描述一组独立的谐振子相同的哈密顿量.光子的概念作为量子化的电磁场的元激发而自然地产生,场的基态是真空(4.6节).自由辐射场的更细节的研究将留到下一章,在那里将和量子光学的一些典型现象一起讨论.

本章后面有一些和当前内容紧密相关的补充材料,如果将其放在正文会对辐射场的量子化这个主题造成不必要的稀释.补充材料4.A给出了一个经典哈密顿形式下的非平庸例子,即处理电磁场中一个带电粒子的运动问题.这是一个感知经典哈密顿量形式微妙之处的非常有趣的例子,第6章也会用到.补充材料4.B介绍了一些和电磁辐射相关的特定的基本物理量,如动量和角动量.这些物理量被表达成了适合写成量子算符的形式.我们将证明,辐射的角动量问题产生了一些尚待进一步阐明的疑问.这也将在补充材料4.B中进行简要讨论.最后,补充材料4.C回到了辐射的展开问题,证明了非单色平面行波模也可以用于展开.补充材料4.C中也说明了如何定义含有一个光子的波包.

4.1 经典哈密顿形式和正则量子化

4.1.1 实物粒子系统量子化

实物粒子系统如何量子化是尽人皆知的.在经典情形下,要处理的问题需要首先表示为哈密顿的正则形式,其中能量表示为粒子的位置 $\boldsymbol{r}$ 和正则共轭动量 $\boldsymbol{p}$ 的函数,也就是 $H(x_1,\cdots,x_i,\cdots;\ p_1,\cdots,p_i,\cdots;\ t)$,其中 x_1,x_2,x_3 是第一个粒子的位置坐标,p_1,p_2,p_3 是相应的正则共轭动量.系统量子化的哈密顿量即为 $\hat{H}(\hat{x}_1,\cdots,\hat{x}_i,\cdots;\hat{p}_1,\cdots,\hat{p}_i\cdots;t)$.在此经典变量换成了正则算符,满足正则对易关系:

$$[\hat{x}_i,\hat{p}_j]=\mathrm{i}\hbar\delta_{ij} \tag{4.1}$$

其中 $i=j$ 时,$\delta_{ij}=1$;$i\neq j$ 时,$\delta_{ij}=0$.这样,对于一个处于势 $V(x,y,z)$ 中质量为 m 的粒子,笛卡儿坐标系中的哈密顿量为

$$\hat{H}(\hat{x},\hat{y},\hat{z};\hat{p}_x,\hat{p}_y,\hat{p}_z)=\frac{\hat{p}_x^2+\hat{p}_y^2+\hat{p}_z^2}{2m}+V(\hat{x},\hat{y},\hat{z}) \tag{4.2}$$

在用波函数描述量子系统状态的表象中，由于可观测量 $\hat{x}$ 和 $\hat{p}$ 分别成为满足式(4.1)的算符 x 和$\frac{\hbar}{\mathrm{i}}\frac{\partial}{\partial x}$，我们有

$$\hat{H}=-\frac{\hbar^2}{2m}\left(\frac{\partial^2}{\partial x^2}+\frac{\partial^2}{\partial y^2}+\frac{\partial^2}{\partial z^2}\right)+V(x,y,z) \tag{4.3}$$

只要我们能够写出系统哈密顿量的量子形式，我们就能给出描述系统动力学的薛定谔方程：

$$\mathrm{i}\hbar\frac{\mathrm{d}}{\mathrm{d}t}|\psi\rangle=\hat{H}|\psi\rangle \tag{4.4}$$

这样，就有了由量子力学得到的普遍结论.

按照我们上面的描述，整个(量子化)过程看起来相当简明.可是我们还没有给出如何确定一对共轭正则变量，而这一步很关键.当我们要处理的情况不像用笛卡儿坐标描述相互作用势中点粒子的运动那么简单时，就不那么显而易见.例如，在我们要处理带电粒子在磁场中运动时，我们会用柱坐标或球坐标，甚至我们喜欢用复合坐标，如质心系位置.在所有这些情况下，都需要确定系统坐标相应的共轭正则动量.

在任何分析力学的解释条文中对这个问题都有一个一般解.①从依赖于广义坐标及其时间导数的拉格朗日量出发，会告诉你如何通过变分原理导出动力学方程，也会告诉你如何过渡到经典哈密顿体系，此时表征系统能量的哈密顿量用正则坐标和它们的共轭正则动量表示.为了能给出一个完整而严格的量子化方案，我们必须从拉格朗日量出发.②在这本书中，我们将只介绍哈密顿体系的基础，这样已能够确定一对共轭正则变量，就不再提拉格朗日量了.

4.1.2 经典哈密顿体系:哈密顿方程

考虑一个包含受一定约束的物质粒子的系统，例如振动的弦或耦合双摆、一个电磁场或一个磁场中的带电粒子(见补充材料 4.A).在经典哈密顿体系里，系统能量 H 用广义坐标 q_i 和共轭动量 p_i 表达为$H(q_1,\cdots,q_i,\cdots;\ p_1,\cdots,p_i,\cdots;t)$，其动力学可由一阶微分方程完全描述，即

---

① Landau L, Lifshitz E. Mechanics [M]. Pergamon Press, 1982.

② 例如，见 CDG Ⅰ.

$$\frac{\mathrm{d}q_i}{\mathrm{d}t} = \frac{\partial H}{\partial p_i} \tag{4.5}$$

$$\frac{\mathrm{d}p_i}{\mathrm{d}t} = -\frac{\partial H}{\partial q_i} \tag{4.6}$$

它们称为哈密顿方程.例如,一个质量为 m 的粒子处于相互作用势 $V(x,y,z)$中,其哈密顿量可以写为

$$H = V(x,y,z) + \frac{1}{2m}(p_x^2 + p_y^2 + p_z^2) \tag{4.7}$$

因此,(x,p_x)对的哈密顿方程为

$$\frac{\mathrm{d}x}{\mathrm{d}t} = \frac{p_x}{m} \tag{4.8}$$

$$\frac{\mathrm{d}p_x}{\mathrm{d}t} = -\frac{\partial V}{\partial x} \tag{4.9}$$

这两个其实就是通常的动力学方程.我们将把它们作为 x 和 p_x 构成一对共轭正则变量的佐证.

在这本书中,我们会对如上的方法进行推广.假定我们有一组实变量$\{q_1,\cdots,q_N,\cdots;\ p_1,\cdots,p_N\}$描述在某一时刻给定的物理系统,得到系统的能量为

$$E = H(q_1,\cdots,q_N;p_1,\cdots,p_N) \tag{4.10}$$

如果描述系统动力学的方程能够写为式(4.5)和式(4.6)的形式,我们就说系统表示成了正则形式,$(p_i;q_i)(i=1,\cdots,N)$是一对共轭正则变量.

评注 即便把能量(4.7)写为

$$E = V(x,y,z) + \frac{1}{2}m(v_x^2 + v_y^2 + v_z^2) \tag{4.11}$$

变量 x_i 和 v_i 也并不是一对正则变量,因为(x_i,v_i)对应的哈密顿方程不是正确的动力学方程.

4.1.3 正则量子化

如下是对 4.1.1 小节的量子化到任意一对共轭变量的推广,这对变量不必是实物粒子的坐标和动量.正则量子化包括将可观测量 $\hat{q}_1,\cdots,\hat{q}_N$ 和 $\hat{p}_1,\cdots,\hat{p}_N$ 与按照 4.1.2 小

节的步骤确定的共轭正则变量相对应,再施以对易关系

$$[\hat{q}_i,\hat{p}_j]=\mathrm{i}\hbar\delta_{ij} \tag{4.12}$$

这样,量子化的哈密顿量就是 $\hat{H}=H(\hat{q}_1,\cdots,\hat{q}_N;\hat{p}_1,\cdots,\hat{p}_N;t)$.

4.1.4 辐射的哈密顿形式:问题的描述

对电磁场的量子化,我们希望能够按照上面讨论实物粒子量子化类似的方式进行.我们也要给出像哈密顿方程一样的动力学方程.也就是说,对电磁场我们必须确定一对共轭正则变量,从而动力学方程能够表达成如式(4.5)和式(4.6)的一阶耦合微分方程.然而,一个前提是,描述电磁辐射动力学的是微分方程,即麦克斯韦方程组,这是一个由耦合微分方程组构成的无穷维连续系统.我们后面会重新表述电磁场方程,进而确定真空中电磁场的共轭正则变量对.它们的动力学由哈密顿方程确定,同时互不相干.

4.2 自由电磁场和横向性

4.2.1 真空中的麦克斯韦方程组

在本章中我们讨论自由场,因而把麦克斯韦方程组写为真空中不存在电荷和电流的形式:

$$\nabla\cdot\boldsymbol{E}(\boldsymbol{r},t)=0 \tag{4.13}$$

$$\nabla\cdot\boldsymbol{B}(\boldsymbol{r},t)=0 \tag{4.14}$$

$$\nabla\times\boldsymbol{E}(\boldsymbol{r},t)=-\frac{\partial}{\partial t}\boldsymbol{B}(\boldsymbol{r},t) \tag{4.15}$$

$$\nabla\times\boldsymbol{B}(\boldsymbol{r},t)=\frac{1}{c^2}\frac{\partial}{\partial t}\boldsymbol{E}(\boldsymbol{r},t) \tag{4.16}$$

由于这是一个一阶线性微分方程组,只要给定空间中各处某一 t_0 时刻场的大小,就能完全确定场的整体演化.场在 t_0 时刻的大小也能用来计算其他各种量,如在这个时刻的能

量和角动量.因而某一时刻在空间各处电磁场的全部六个分量构成了一个动力学变量完全集.然而,由于麦克斯韦方程组是微分方程组,这个集合包含了连续的无穷多个耦合变量,很难直接进行量子化.下面将演示如何将问题约化为一个独立变量的可数集.这样可以简化电磁场的许多问题,但我们在此特别关注的是,这个措施使得我们可以定出彼此独立的共轭正则变量对.

4.2.2 空间傅里叶展开

假设我们关注的系统是有限的,它处于一个远大于系统的有限体积 V 中.为简便起见,假定这个体积是一个边长为 L 的立方体.这样我们可以按如下关系式定义场 $\boldsymbol{E}(\boldsymbol{r},t)$的空间傅里叶分量 $\widetilde{\boldsymbol{E}}_n(t)$:

$$\widetilde{\boldsymbol{E}}_n(t)=\frac{1}{L^3}\int_V \mathrm{d}^3 r\boldsymbol{E}(\boldsymbol{r},t)\mathrm{e}^{-\mathrm{i}\boldsymbol{k}_n\cdot\boldsymbol{r}} \tag{4.17}$$

这些场分量也能用来计算体积 V 内任意一点的复场,因为[①]

$$\boldsymbol{E}(\boldsymbol{r},t)=\sum_{\boldsymbol{n}}\widetilde{\boldsymbol{E}}_n(t)\mathrm{e}^{\mathrm{i}\boldsymbol{k}_n\cdot\boldsymbol{r}} \tag{4.18}$$

在如上方程中,积分遍历整个体积元 V,求和$\sum_{\boldsymbol{n}}$ 是 $\sum_{n_x,n_y,n_z}$ 的缩写形式,其中(正或负)整数 n_x,n_y,n_z 通过如下公式确定矢量 $\boldsymbol{k}_n$ 的三个分量:

$$(\boldsymbol{k}_n)_x=n_x\frac{2\pi}{L},\quad(\boldsymbol{k}_n)_y=n_y\frac{2\pi}{L},\quad(\boldsymbol{k}_n)_z=n_z\frac{2\pi}{L} \tag{4.19}$$

矢量 $\boldsymbol{k}_n$ 的端点构成了一个立方格架,格子以 $2\pi/L$ 为边长重复,当体积 V 增加时格子边长缩小.式(4.18)表明,体积 $V=L^3$ 内任意复场可以以 $\exp(\mathrm{i}\boldsymbol{k}_n\cdot\boldsymbol{r})$函数为基展开,其中 $\boldsymbol{k}_n$ 由式(4.19)给出.方程(4.17)给出了每个分量的振幅 $\widetilde{\boldsymbol{E}}_n(t)$.矢量 $\boldsymbol{k}$ 的空间称为**倒易空间**,或 **$\boldsymbol{k}$ 空间**,$\widetilde{\boldsymbol{E}}_n(t)$函数是倒易空间中场的分量.由于 $\widetilde{\boldsymbol{E}}_n(t)$只是时间的函数,下面有时也会隐去时间依赖,简写为 $\widetilde{\boldsymbol{E}}_n$.

注意如下表示 $\boldsymbol{E}(\boldsymbol{r},t)$特征的重要关系式:

$$\widetilde{\boldsymbol{E}}_n^*(t)=\widetilde{\boldsymbol{E}}_{-n}(t) \tag{4.20}$$

---

① 各种文献对式(4.17)和式(4.18)的归一化不尽相同.按照本书的归一化,$\widetilde{\boldsymbol{E}}_n$ 具有电场的物理尺度.

它可由方程(4.17)取复共轭得到,注意 $\boldsymbol{k}_{-n}=-\boldsymbol{k}_n$.

变换到倒易空间的一个主要好处是微分方程变成了代数关系.表 4.1 汇总了各种对应关系.

表 4.1　对于实标量场 $F(\boldsymbol{r})$ 和实矢量场 $\boldsymbol{V}(\boldsymbol{r})$,原空间和倒易空间中不同的数学量

原空间	倒易空间
$F(\boldsymbol{r}),\boldsymbol{V}(\boldsymbol{r})$	$\widetilde{F}_n,\widetilde{\boldsymbol{V}}_n$
$F(\boldsymbol{r})=F^*(\boldsymbol{r})$	$\widetilde{F}_n^*=\widetilde{F}_{-n}$
$\nabla F(\boldsymbol{r})$	$\mathrm{i}\boldsymbol{k}_n\widetilde{F}_n$
$\nabla\cdot\boldsymbol{V}(\boldsymbol{r})$	$\mathrm{i}\boldsymbol{k}_n\cdot\widetilde{\boldsymbol{V}}_n$
$\nabla\times\boldsymbol{V}(\boldsymbol{r})$	$\mathrm{i}\boldsymbol{k}_n\times\widetilde{\boldsymbol{V}}_n$

为了简化,忽略了时间依赖,但要记住所有的量都是在一个瞬时估计的.

评注　(1) 方程(4.19)表示对式(4.18)平面波所虚构的、边长为 L 的立方体的"周期性边界条件".这种条件曾经在补充材料 2.E 中出现过.

(2) 如果式(4.18)超出体积 V,就可得到重复的相关系统,每个由沿三个坐标轴维度为 L 的基元重复变换而来.这样在空间中就得到了按傅里叶级数分解的周期函数.

(3) 基于数学考虑引进的体积 V 在此还是虚设的.然而,物理上确实有粒子被限制在具有发射壁的腔中的情况(见补充材料 6.B).要研究这样的问题,通常将式(4.17)和式(4.18)中体积元 V 取为实际腔体积,并考虑驻波模式(补充材料 4.C)会带来方便.

4.2.3　自由电磁场的横向性和极化傅里叶分量

考虑倒易空间中 $\nabla\cdot\boldsymbol{E}$ 和 $\nabla\cdot\boldsymbol{B}$ 的表达式,麦克斯韦方程组(4.13)和(4.14)给出傅里叶分量满足如下关系式:

$$\boldsymbol{k}_n\cdot\widetilde{\boldsymbol{E}}_n=0 \tag{4.21}$$

$$\boldsymbol{k}_n\cdot\widetilde{\boldsymbol{B}}_n=0 \tag{4.22}$$

这说明对倒易空间中任何 n,电磁场的傅里叶分量均与波矢量 $\boldsymbol{k}_n$ 垂直.任何零散度的场的傅里叶分量满足这样的关系,称作**横场**.

式(4.21)表明,每个 $\widetilde{\boldsymbol{E}}_n$ 分量属于一个二维空间,与 $\boldsymbol{k}_n$ 正交(图 4.1).可以在与 $\boldsymbol{k}_n$ 正交的平面内,选取两个彼此正交的单位矢量 $\boldsymbol{\varepsilon}_{n,1},\boldsymbol{\varepsilon}_{n,2}$(在无穷多种可能性中),这样我

们可以有

$$\widetilde{\boldsymbol{E}}_n = \widetilde{E}_{n,1}\boldsymbol{\varepsilon}_{n,1} + \widetilde{E}_{n,2}\boldsymbol{\varepsilon}_{n,2} \tag{4.23}$$

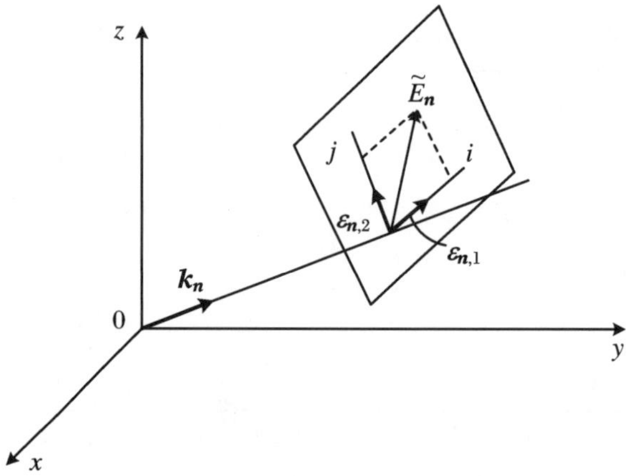

图 4.1　在平面内选择与 $\boldsymbol{k}_n$ 垂直的两个矢量作为倒易空间中横矢量场的正交基(在这个平面内正交基 $\boldsymbol{\varepsilon}_{n,1}$ 和 $\boldsymbol{\varepsilon}_{n,2}$ 是个优先的选择)

傅里叶分量 $\widetilde{\boldsymbol{E}}_n(t)$ 在这个平面上,且可由基 $\{\boldsymbol{\varepsilon}_{n,1},\boldsymbol{\varepsilon}_{n,2}\}$ 表示.

方程(4.18)和(4.23)表明,由于是横向的,$\boldsymbol{E}(\boldsymbol{r},t)$ 可以以波矢量为 $\boldsymbol{k}_n$ 的极化傅里叶分量和与 $\boldsymbol{k}_n$ 垂直的极化矢量 $\boldsymbol{\varepsilon}_{n,s}$ 为基展开.这样每个分量可用一组四个指标$(n_x,n_y,n_z;s)$标记.前三个为整数,用以确定 $\boldsymbol{k}_n$(见方程(4.19)),第四个可取两个值,$s=1$ 或 2,表示与 $\boldsymbol{k}_n$ 相关的横向极化的基.我们用 $\boldsymbol{l}$ 代表这四个数:

$$\boldsymbol{l} = (n_x,n_y,n_z;s) = (\boldsymbol{n};s) \tag{4.24}$$

由此就可以给出

$$\boldsymbol{E}(\boldsymbol{r},t) = \sum_l \boldsymbol{\varepsilon}_l \widetilde{E}_l(t)\mathrm{e}^{\mathrm{i}\boldsymbol{k}_l\cdot\boldsymbol{r}} \tag{4.25}$$

其中

$$\widetilde{E}_l(t) = \frac{1}{L^3}\int_V \mathrm{d}^3 r\boldsymbol{\varepsilon}_l \cdot \boldsymbol{E}(\boldsymbol{r},t)\mathrm{e}^{-\mathrm{i}\boldsymbol{k}_l\cdot\boldsymbol{r}} \tag{4.26}$$

$\boldsymbol{k}_l$ 定义为

$$k_{l_x} = n_x\frac{2\pi}{L},\quad k_{l_y} = n_y\frac{2\pi}{L},\quad k_{l_z} = n_z\frac{2\pi}{L} \tag{4.27}$$

其中 n_x, n_y, n_z 是正或负整数.此外,

$$\boldsymbol{\varepsilon}_l \cdot \boldsymbol{k}_l = 0 \tag{4.28}$$

并且在将与同一个 n 相关的两个 $\boldsymbol{l}$ 用 $\boldsymbol{l}_1$ 和 $\boldsymbol{l}_2$ 表示后,有

$$\boldsymbol{\varepsilon}_{l_1} \cdot \boldsymbol{\varepsilon}_{l_2} = 0 \tag{4.29}$$

其中 $\boldsymbol{l}_1 = (n_x, n_y, n_z; s = 1)$,$\boldsymbol{l}_2 = (n_x, n_y, n_z; s = 2)$.最后,我们定义 $-\boldsymbol{l}$ 为

$$-\boldsymbol{l} = (-n_x, -n_y, -n_z; s) \tag{4.30}$$

这样

$$\boldsymbol{\varepsilon}_{-l} = \boldsymbol{\varepsilon}_l \tag{4.31}$$

且有

$$\boldsymbol{k}_{-l} = -\boldsymbol{k}_l \tag{4.32}$$

综上,$\boldsymbol{E}(\boldsymbol{r}, t)$是横场,可表示成式(4.25)对 $\boldsymbol{l}$ 的分量求和的形式.引进单位矢量 $\boldsymbol{\varepsilon}'_l$ 会带来方便,它与 $\boldsymbol{k}_l$ 和$\boldsymbol{\varepsilon}_l$ 构成了一个右手三重系:

$$\boldsymbol{\varepsilon}'_l = \frac{\boldsymbol{k}_l}{k_l} \times \boldsymbol{\varepsilon}_l \tag{4.33}$$

如同式(4.15),对每一个 $\boldsymbol{\varepsilon}_l \widetilde{\boldsymbol{E}}_l(t)$,我们可以给定一个沿 $\boldsymbol{\varepsilon}'_l$的$\boldsymbol{B}$ 分量,然后用 $\boldsymbol{\varepsilon}'_l$将$\boldsymbol{B}(\boldsymbol{r}, t)$分解,即

$$\boldsymbol{B}(\boldsymbol{r}, t) = \sum_l \boldsymbol{\varepsilon}'_l \widetilde{\boldsymbol{B}}_l(t) \mathrm{e}^{\mathrm{i}\boldsymbol{k}_l \cdot \boldsymbol{r}} \tag{4.34}$$

这样麦克斯韦方程组(4.15)和(4.16)将变成 $\widetilde{\boldsymbol{E}}_l(t)$和 $\widetilde{\boldsymbol{B}}_l(t)$耦合的简单方程组,见 4.3.1 小节.

评注 (1) 横场的两个正交偏振分解可通过引入两个复单位矢量推广为左右圆偏振.复单位矢量的正交性可以表示为厄米积为零(例如,见补充材料 2.B).

(2) 我们考虑有两个极化的傅里叶分量 $\boldsymbol{l}$ 和 $-\boldsymbol{l}$.由式(4.31)~式(4.33),可以发现

$$\boldsymbol{\varepsilon}'_{-l} = -\boldsymbol{\varepsilon}'_l \tag{4.35}$$

这样可得

$$\widetilde{B}_l^* = -\widetilde{B}_{-l} \tag{4.36}$$

4.2.4 库仑规范下的矢势

从第 2 章我们知道,电磁场可以用矢势 $\boldsymbol{A}(\boldsymbol{r},t)$和标势 $U(\boldsymbol{r},t)$描述.复电场和磁场由以下两式给出:

$$\boldsymbol{B}(\boldsymbol{r},t)=\nabla\times\boldsymbol{A}(\boldsymbol{r},t) \tag{4.37}$$

$$\boldsymbol{E}(\boldsymbol{r},t)=-\frac{\partial\boldsymbol{A}(\boldsymbol{r},t)}{\partial t}-\nabla U(\boldsymbol{r},t) \tag{4.38}$$

如果以这种势的形式表达,场 $\boldsymbol{E}(\boldsymbol{r},t)$和 $\boldsymbol{B}(\boldsymbol{r},t)$就能自然满足要求场是横场的麦克斯韦方程组(4.13)和(4.14).然而,势并没有完全确定,原则上说可以有无穷多种$\{\boldsymbol{A},U\}$对应于同一个电磁场.可以对这个自由度再进一步限制,称为**规范条件**.在我们感兴趣的低能物理范畴中,使用如下定义的库仑规范很方便:

$$\nabla\cdot\boldsymbol{A}(\boldsymbol{r},t)=0 \tag{4.39}$$

根据方程(4.13),U 是一个常数,我们可以取

$$U(\boldsymbol{r},t)=0 \tag{4.40}$$

条件式(4.39)表明 $\boldsymbol{A}(\boldsymbol{r},t)$是横向的,可以按照类似于式(4.25)的方式展开:

$$\boldsymbol{A}(\boldsymbol{r},t)=\sum_l\boldsymbol{\varepsilon}_l\widetilde{A}_l(t)\mathrm{e}^{\mathrm{i}\boldsymbol{k}_l\cdot\boldsymbol{r}} \tag{4.41}$$

其中

$$\widetilde{E}_l(t)=-\frac{\mathrm{d}}{\mathrm{d}t}\widetilde{A}_l(t) \tag{4.42}$$

磁场的展开式(4.34)是通过式(4.41)由式(4.37)给出的,能够得到如下简单的代数关系:

$$\widetilde{\boldsymbol{B}}_l(t)=\mathrm{i}\boldsymbol{k}_l\widetilde{\boldsymbol{A}}_l(t) \tag{4.43}$$

采用库仑规范后,就可以不用 $\boldsymbol{B}(\boldsymbol{r},t)$,而用 $\boldsymbol{A}(\boldsymbol{r},t)$描述电磁场了.

4.3 自由电磁场的简正模式展开

4.3.1 极化傅里叶分量的动力学方程

场的动力学由麦克斯韦方程(4.15)和(4.16)给出.利用式(4.25)和式(4.34),我们有

$$\frac{\mathrm{d}}{\mathrm{d}t}\widetilde{B}_l(t) = -\mathrm{i}k_l\widetilde{E}_l(t) \tag{4.44}$$

$$\frac{\mathrm{d}}{\mathrm{d}t}\widetilde{E}_l(t) = -\mathrm{i}c^2k_l\widetilde{B}_l(t) \tag{4.45}$$

这组耦合方程的解显然与频率为 $\pm\omega_l$ 的振荡分量有关,且有

$$\omega_l = ck_l \tag{4.46}$$

由这个定义,并按式(4.43)做替换,我们可以得到一个等价的系统:

$$\frac{\mathrm{d}}{\mathrm{d}t}\widetilde{A}_l(t) = -\widetilde{E}_l(t) \tag{4.47}$$

$$\frac{\mathrm{d}}{\mathrm{d}t}\widetilde{E}_l(t) = \omega_l^2\widetilde{A}_l(t) \tag{4.48}$$

令人惊奇的是,这两个方程(或等价方程(4.44)和(4.45))会构成一个闭合系统.不同 $\boldsymbol{l}$ 的分量间不相耦合,即表明电磁场可被分解为动力学独立的分量.但其实这也不完全对,$\boldsymbol{l}$ 和 $-\boldsymbol{l}$ 的傅里叶分量由如下关系式相联系(见方程(4.20)):

$$\widetilde{E}_{-l} = \widetilde{E}_l^* \tag{4.49}$$

$$\widetilde{A}_{-l} = \widetilde{A}_l^* \tag{4.50}$$

我们现在通过简正变量看如何能够做到完全退耦.

4.3.2 简正变量

决定电磁场 l 分量动力学的方程(4.47)和(4.48)是一阶耦合微分方程,与一个二阶微分方程等价.其解涉及两个复的积分常数,也就是四个独立的实变量,可以此确定某一给定形态.事实上,我们下面证明,它们可以分成两组独立的实动力学变量对.要做到这点,我们引入 $\omega_l\widetilde{A}_l \mp \mathrm{i}\widetilde{E}_l$,它们使方程(4.47)和(4.48)退耦.进一步说,定义

$$\alpha_l = \frac{1}{2\mathscr{E}_l^{(1)}}(\omega_l\widetilde{A}_l - \mathrm{i}\widetilde{E}_l) \tag{4.51}$$

$$\beta_l = \frac{1}{2\mathscr{E}_l^{(1)}}(\omega_l\widetilde{A}_l + \mathrm{i}\widetilde{E}_l) \tag{4.52}$$

其中 $\mathscr{E}_1^{(1)}$ 为常数,其值将在后面确定.这样系统(4.47)和(4.48)等价于

$$\frac{\mathrm{d}\alpha_l}{\mathrm{d}t} + \mathrm{i}\omega_l\alpha_l = 0 \tag{4.53}$$

$$\frac{\mathrm{d}\beta_l}{\mathrm{d}t} - \mathrm{i}\omega_l\beta_l = 0 \tag{4.54}$$

相应的解为

$$\alpha_l(t) = \alpha_l(0)\mathrm{e}^{-\mathrm{i}\omega_l t} \tag{4.55}$$

$$\beta_l(t) = \beta_l(0)\mathrm{e}^{\mathrm{i}\omega_l t} \tag{4.56}$$

将式(4.51)和式(4.52)代入,我们就能够得到极化傅里叶 l 分量最一般的演化方程,

$$\widetilde{A}_l(t) = \frac{\mathscr{E}_l^{(1)}}{\omega_l}[\alpha_l(t) + \beta_l(t)] \tag{4.57}$$

$$\widetilde{E}_l(t) = \mathscr{E}_l^{(1)}[\mathrm{i}\alpha_l(t) - \mathrm{i}\beta_l(t)] \tag{4.58}$$

其中 α_l 和 β_l 由式(4.55)和式(4.56)给出.因而 l 分量的演化依赖于四个实动力学变量,即 $\alpha_l(t)$ 和 $\beta_l(\mathrm{t})$ 的实部和虚部,但这些变量会成对关联($\mathrm{Re}[\alpha_l(t)]$, $\mathrm{Im}[\alpha_l(t)]$)和($\mathrm{Re}[\beta_l(t)]$, $\mathrm{Im}[\beta_l(t)]$),具有独立的动力学.

最后,借复简正变量 $\alpha_l(t)$ 和 $\beta_l(t)$,自由电磁场能够表示为实动力学变量退耦对的一个函数.我们后面会看到,这个对的每一个元素本身又是一对共轭正则变量.在此之前,我们先说明一下如何用简正变量将自由场按简正模式展开.

4.3.3 自由场的简正模式展开

使用麦克斯韦方程组的解(4.57)和(4.58)，我们能够将电磁场表示为(见方程(4.25)和(4.41))

$$\boldsymbol{A}(\boldsymbol{r},t)=\sum_l \boldsymbol{\varepsilon}_l \frac{\mathscr{E}_l^{(1)}}{\omega_l}[\alpha_l(t)+\beta_l(t)]\mathrm{e}^{\mathrm{i}\boldsymbol{k}_l\cdot\boldsymbol{r}} \tag{4.59}$$

$$\boldsymbol{E}(\boldsymbol{r},t)=\sum_l \boldsymbol{\varepsilon}_l \mathscr{E}_l^{(1)}[\mathrm{i}\alpha_l(t)-\mathrm{i}\beta_l(t)]\mathrm{e}^{\mathrm{i}\boldsymbol{k}_l\cdot\boldsymbol{r}} \tag{4.60}$$

我们现在使用现实条件式(4.49)和式(4.50)，将它们代入式(4.51)并与式(4.52)比较，得到

$$\beta_l^*(t)=\alpha_{-l}(t) \tag{4.61}$$

如同前面所说，四个与傅里叶分量 $\boldsymbol{l}$ 和 $-\boldsymbol{l}$ 相关的实动力学变量彼此相联系，我们只用两组简正变量 α_l 和 β_l 中的一组即可. 确切地说，式(4.59)可以表示为

$$\boldsymbol{A}(\boldsymbol{r},t)=\sum_l \boldsymbol{\varepsilon}_l \frac{\mathscr{E}_l^{(1)}}{\omega_l}[\alpha_l(t)+\alpha_{-l}^*(t)]\mathrm{e}^{\mathrm{i}\boldsymbol{k}_l\cdot\boldsymbol{r}} \tag{4.62}$$

求和中 $\boldsymbol{l}$ 是一个哑指标，可以换为 $-\boldsymbol{l}$. 对式(4.62)的第二个求和项这么操作后，通过式(4.32)我们得到

$$\boldsymbol{A}(\boldsymbol{r},t)=\sum_l \boldsymbol{\varepsilon}_l \frac{\mathscr{E}_l^{(1)}}{\omega_l}[\alpha_l(t)\mathrm{e}^{\mathrm{i}\boldsymbol{k}_l\cdot\boldsymbol{r}}+\alpha_l^*(t)\mathrm{e}^{-\mathrm{i}\boldsymbol{k}_l\cdot\boldsymbol{r}}] \tag{4.63}$$

显式地给出了 $\boldsymbol{A}(\boldsymbol{r},t)$ 的实数性. 类似地，

$$\boldsymbol{E}(\boldsymbol{r},t)=\sum_l \boldsymbol{\varepsilon}_l \mathscr{E}_l^{(1)}[\mathrm{i}\alpha_l(t)\mathrm{e}^{\mathrm{i}\boldsymbol{k}_l\cdot\boldsymbol{r}}-\mathrm{i}\alpha_l^*(t)\mathrm{e}^{-\mathrm{i}\boldsymbol{k}_l\cdot\boldsymbol{r}}] \tag{4.64}$$

最后，由式(4.37)、式(4.33)和式(4.63)，我们得到

$$\boldsymbol{B}(\boldsymbol{r},t)=\sum_l \boldsymbol{\varepsilon}_l' \frac{\mathscr{E}_l^{(1)}}{c}[\mathrm{i}\alpha_l(t)\mathrm{e}^{\mathrm{i}\boldsymbol{k}_l\cdot\boldsymbol{r}}-\mathrm{i}\alpha_l^*(t)\mathrm{e}^{-\mathrm{i}\boldsymbol{k}_l\cdot\boldsymbol{r}}] \tag{4.65}$$

电磁场现在以 $\boldsymbol{A}_l$，$\boldsymbol{E}_l$ 和 $\boldsymbol{B}_l$ 的实部和的形式展开，用 $\boldsymbol{l}$ 来标记. 每一个就是一个传播的极化单色波. 的确，如果我们有

$$\alpha_l=|\alpha_l|\mathrm{e}^{\mathrm{i}\varphi_l}\mathrm{e}^{-\mathrm{i}\omega_l t} \tag{4.66}$$

则可以得到

$$\boldsymbol{A}_l(\boldsymbol{r},t) = \boldsymbol{\varepsilon}_l \frac{\mathscr{E}_l^{(1)}}{\omega_l} 2 \mid \alpha_l \mid \cos(\boldsymbol{k}_l \cdot \boldsymbol{r} - \omega_l t + \varphi_l) \tag{4.67}$$

$$\boldsymbol{E}_l(\boldsymbol{r},t) = -\boldsymbol{\varepsilon}_l \mathscr{E}_l^{(1)} 2 \mid \alpha_l \mid \sin(\boldsymbol{k}_l \cdot \boldsymbol{r} - \omega_l t + \varphi_l) \tag{4.68}$$

$$\boldsymbol{B}_l(\boldsymbol{r},t) = -\varepsilon_l' \frac{\mathscr{E}_l^{(1)}}{c} 2 \mid \alpha_l \mid \sin(\boldsymbol{k}_l \cdot \boldsymbol{r} - \omega_l t + \varphi_l) \tag{4.69}$$

因此每个复简正变量 $\alpha_l(t)$对应于一个以极化单色平面行波基表示的、与波矢量 $\boldsymbol{k}_l$ 和极化矢量 $\boldsymbol{\varepsilon}_l$ 有关的场分量.场分解为动力学独立的分量称为**简正模式分解**,极化单色平面行波构成了一系列简正模式.

评注 (1) 不能将 $\boldsymbol{A}(\boldsymbol{r},t)$的简正模分量$(\mathscr{E}_l^{(1)}/\omega_l)\alpha_l$ 对应(方程(4.63))与傅里叶分量 $\widetilde{\boldsymbol{A}}_l$ 混淆,后者的为(见方程(4.62)和(4.41))

$$\widetilde{A}_l = \frac{\mathscr{E}_l^{(1)}}{\omega_l}(\alpha_l + \alpha_{-l}^*) \tag{4.70}$$

类似地,有

$$\widetilde{E}_l = \mathscr{E}_l^{(1)}(\mathrm{i}\alpha_l - \mathrm{i}\alpha_{-l}^*) \tag{4.71}$$

$$\widetilde{B}_l = \frac{\mathscr{E}_l^{(1)}}{c}(\mathrm{i}\alpha_l + \mathrm{i}\alpha_{-l}^*) \tag{4.72}$$

(符号的变化是由于$\boldsymbol{\varepsilon}'_{-l} = -\boldsymbol{\varepsilon}'_l$).每个傅里叶分量涉及两个独立的简正变量 α_l 和α_{-l}.如同前面所讲,简正模分量 α_l 和α_{-l}彼此独立(例如,可以取 $\alpha_l = 0$,而 $\alpha_{-l} \neq 0$),而极化傅里叶分量 $\widetilde{A}_l$ 和$\widetilde{A}_{-l}$并非彼此独立.

为了说明这点,我们将场取作如下形式:

$$\boldsymbol{E}(\boldsymbol{r},t) = \boldsymbol{\varepsilon}_l E_1 \cos(\omega t - \boldsymbol{k}_l \cdot \boldsymbol{r}) + \boldsymbol{\varepsilon}_l E_2 \cos(\omega t + \boldsymbol{k}_l \cdot \boldsymbol{r}) \tag{4.73}$$

它是两个独立行波,分别沿 $\boldsymbol{k}_l$ 和$\boldsymbol{k}_{-l}$传播.可以验证,$\widetilde{E}_l$ 既与E_1 有关也与 E_2 有关,而α_{-l}只依赖于E_2.

(2) 以简正模式展开的想法可以回溯到力学系统.例如,可以发现,两个退耦的简正模能够描写两个耦合谐振子的动力学.更一般地说,振荡弦的运动也可以用很类似电磁场展开的方式用退耦模描写.

4.3.4 解析信号

$\boldsymbol{E}(\boldsymbol{r},t)$的表达式(4.64)可以写为

$$\boldsymbol{E}(\boldsymbol{r},t) = \boldsymbol{E}^{(+)}(\boldsymbol{r},t) + \boldsymbol{E}^{(-)}(\boldsymbol{r},t) \tag{4.74}$$

其中

$$\boldsymbol{E}^{(+)}(\boldsymbol{r},t) = \mathrm{i}\sum \boldsymbol{\varepsilon}_l \mathscr{E}_l^{(1)} \alpha_l(t) \mathrm{e}^{\mathrm{i}\boldsymbol{k}_l\cdot\boldsymbol{r}} \tag{4.75}$$

$$\boldsymbol{E}^{(-)}(\boldsymbol{r},t) = [\boldsymbol{E}^{(+)}(\boldsymbol{r},t)]^* \tag{4.76}$$

由于 $\alpha_l(t)$按照 $\exp(-\mathrm{i}\omega_l t)$演化，$\boldsymbol{E}^{(+)}(\boldsymbol{r},t)$仿佛是一个随时间螺旋式变化的量的广义复振幅. 它称为解析信号，或复场，或 $\boldsymbol{E}(\boldsymbol{r},t)$的"正频分量". 确实也可以由对 $\boldsymbol{E}(\boldsymbol{r},t)$做傅里叶变换(时间－频率)，

$$\widetilde{\boldsymbol{E}}(\boldsymbol{r},\omega) = \frac{1}{\sqrt{2\pi}}\int_{-\infty}^{+\infty} \mathrm{d}t\, \mathrm{e}^{\mathrm{i}\omega t} \boldsymbol{E}(\boldsymbol{r},t) \tag{4.77}$$

同时只留傅里叶逆变换

$$\boldsymbol{E}^{(+)}(\boldsymbol{r},t) = \frac{1}{\sqrt{2\pi}}\int_{0}^{\infty} \mathrm{d}\omega\, \widetilde{\boldsymbol{E}}(\boldsymbol{r},\omega) \mathrm{e}^{-\mathrm{i}\omega t} \tag{4.78}$$

的正频部分而得到. 显然对 $\boldsymbol{A}(\boldsymbol{r},t)$和 $\boldsymbol{B}(\boldsymbol{r},t)$也可以定义类似的量.

4.3.5 其他简正模

按极化展开，平面行波模并非唯一的可能. 在体积 V 内，$\boldsymbol{E}(\boldsymbol{r},t)$可以按复矢量函数 $\boldsymbol{u}_l(\boldsymbol{r})$的任意正交基展开，满足

$$\int_V \mathrm{d}^3 r\, \boldsymbol{u}_l(\boldsymbol{r})^* \cdot \boldsymbol{u}_{l'}(\boldsymbol{r}) = V\delta_{ll'} \tag{4.79}$$

这样电场就取如下形式：

$$\boldsymbol{E}(\boldsymbol{r},t) = \sum_l \mathcal{E}_l(t) \boldsymbol{u}_l(\boldsymbol{r}) \tag{4.80}$$

其中

$$\mathcal{E}_l(t) = \frac{1}{V}\int \mathrm{d}^3 r\, \boldsymbol{u}_l^*(\boldsymbol{r}) \cdot \boldsymbol{E}(\boldsymbol{r},t) \tag{4.81}$$

当然，要满足麦克斯韦方程组就对 $\boldsymbol{u}_l(\boldsymbol{r})$函数给出了约束，但仍然留有一个自由度，可以通过对体积 V 施以边界条件来操控. 因此，通过确定边长为 L 的立方体表面的周期性边

4

界条件，$\boldsymbol{u}_l(t)$函数就恢复到了 $\boldsymbol{\varepsilon}_l \exp(\mathrm{i}\boldsymbol{k}_l \cdot \boldsymbol{r})$，即按单色平面行波展开. 但空间没有边界，$V$ 只是一个计算手段，其大小在最后可以趋于无穷. 当有实际边界条件时，譬如镜面所给出的边界条件，其他条件就能给定了，例如得到一组驻波基(见补充材料 4.C).

我们也知道，激光束在傍轴近似下可以方便地按高斯模展开. 还有许多其他展开用来解决具体问题，例如，当与辐射角动量及一组带电粒子辐射产生的多极波有关时，采取矢量球谐函数. 对所有情况，在按式(4.80)展开电场后，要求场满足麦克斯韦方程组就能得到每个模式完整的结构和动力学.

4.4 自由辐射哈密顿量

4.4.1 辐射能

(自由电磁场)辐射能 H_{R} 是对体积 V 中能量密度的积分，由下式给出：

$$H_{\mathrm{R}} = \frac{\varepsilon_0}{2}\int_V \mathrm{d}^3 r\left[E^2(\boldsymbol{r},t) + c^2\boldsymbol{B}^2(\boldsymbol{r},t)\right] \tag{4.82}$$

由 $\boldsymbol{E}(\boldsymbol{r},t)$的表达式(4.64)，我们有

$$\begin{aligned}&\int_V \mathrm{d}^3 r\boldsymbol{E}^2(\boldsymbol{r},t)\\ &\quad = -\sum_l\sum_{l'}\mathscr{E}_l^{(1)}\mathscr{E}_{l'}^{(1)}\boldsymbol{\varepsilon}_l\cdot\boldsymbol{\varepsilon}_{l'}\int \mathrm{d}^3 r(\alpha_l \mathrm{e}^{\mathrm{i}\boldsymbol{k}_l\cdot\boldsymbol{r}} - \alpha_l^* \mathrm{e}^{-\mathrm{i}\boldsymbol{k}_l\cdot\boldsymbol{r}})(\alpha_{l'}\mathrm{e}^{\mathrm{i}\boldsymbol{k}_{l'}\cdot\boldsymbol{r}} - \alpha_{l'}^*\mathrm{e}^{-\mathrm{i}\boldsymbol{k}_{l'}\cdot\boldsymbol{r}})\end{aligned} \tag{4.83}$$

由于各积分区间长度均为 L，且每个 $\boldsymbol{k}_l$ 或$\boldsymbol{k}_{l'}$的分量为 $2\pi/L$ 的整数倍(方程(4.27))，对应同一个 $\boldsymbol{n}$ 的$\boldsymbol{\varepsilon}_{l_1}$和 $\boldsymbol{\varepsilon}_{l_2}$彼此正交(方程(4.29))，除非 $\boldsymbol{l}'=\boldsymbol{l}$ 或$\boldsymbol{l}'=-\boldsymbol{l}$，否则式(4.83)中的积分为零. 因此我们可以得出

$$\int_V \mathrm{d}^3 r\boldsymbol{E}^2(\boldsymbol{r},t) = L^3\sum_l(\mathscr{E}_l^{(1)})^2(\alpha_l\alpha_l^* + \alpha_l^*\alpha_l - \alpha_l\alpha_{-l} - \alpha_l^*\alpha_{-l}^*) \tag{4.84}$$

对 $c^2\boldsymbol{B}^2(\boldsymbol{r},t)$做类似的分析，可以得到类似的结果：

$$\int_V \mathrm{d}^3 rc^2\boldsymbol{B}^2(\boldsymbol{r},t) = L^3\sum_l(\mathscr{E}_l^{(1)})^2(2\alpha_l\alpha_l^* + \alpha_l\alpha_{-l} + \alpha_l^*\alpha_{-l}^*) \tag{4.85}$$

在式(4.85)中，$\alpha_l\alpha_{-l}$和 $\alpha_l^*\alpha_{-l}^*$的前面是正号，因为由式(4.33)给出的单位矢量 $\boldsymbol{\varepsilon}_l'$和 $\boldsymbol{\varepsilon}_{-l}'$具有相反的符号(方程(4.35)).代入式(4.82)后，式(4.84)和式(4.85)的后两项会消掉，留下

$$H_R = 2\varepsilon_0 L^3 \sum_l (\mathscr{E}_l^{(1)})^2 \mid \alpha_l \mid^2 \tag{4.86}$$

因此辐射能由每种简正模能量的和构成，没有交叉项.

4.4.2 辐射模式的共轭正则变量

考虑一个用 l 标记的辐射模.按照式(4.86)，能量为

$$H_l = 2\varepsilon_0 L^3 \mid \mathscr{E}_l^{(1)} \mid^2 \mid \alpha_l \mid^2 \tag{4.87}$$

由麦克斯韦方程组得到的 α_l 的演化方程(4.53)可以写为

$$\frac{\mathrm{d}}{\mathrm{d}t}\mathrm{Re}(\alpha_l) = \omega_l \mathrm{Im}(\alpha_l) \tag{4.88}$$

$$\frac{\mathrm{d}}{\mathrm{d}t}\mathrm{Im}(\alpha_l) = -\omega_l \mathrm{Re}(\alpha_l) \tag{4.89}$$

对哈密顿量(4.87)来说，这两个方程等价于哈密顿方程

$$\frac{\mathrm{d}Q_l}{\mathrm{d}t} = \frac{\partial H_l}{\partial P_l} \tag{4.90}$$

$$\frac{\mathrm{d}P_l}{\mathrm{d}t} = -\frac{\partial H_l}{\partial Q_l} \tag{4.91}$$

其中正则变量定义为

$$Q_l = \sqrt{\frac{4\varepsilon_0 L^3}{\omega_l}}\mathscr{E}_l^{(1)}\mathrm{Re}(\alpha_l) \tag{4.92}$$

$$P_l = \sqrt{\frac{4\varepsilon_0 L^3}{\omega_l}}\mathscr{E}_l^{(1)}\mathrm{Im}(\alpha_l) \tag{4.93}$$

精确到一个标度因子，我们可以确定共轭正则变量为简正模的简正变量的实部和虚部.

4.5 辐射的量子化

4.5.1 正则对易关系

自由电磁场的正则量子化方法按如下三步进行：

(1) 4.4.2 小节定义的共轭正则变量 $Q_l(t)$ 和 $P_l(t)$ 与时间无关的厄米算符 $\hat{Q}_l$ 和 $\hat{P}_l$ 对应.

(2) 这些算符满足正则对易关系.

(3) 因为不同模间彼此退耦，所以对应于不同模的算符对易子为零.

因此，在结构上，有

$$[\hat{Q}_l, \hat{P}_{l'}] = \mathrm{i}\hbar\delta_{ll'} \tag{4.94}$$

$$[\hat{Q}_l, \hat{Q}_{l'}] = [\hat{P}_l, \hat{P}_{l'}] = 0 \tag{4.95}$$

因此，简正模复振幅 $\alpha_l(t)$ 也与一个算符相对应，记为 $\hat{a}_l$. 利用式(4.92)和式(4.93)，可以写出

$$\hat{Q}_l + \mathrm{i}\hat{P}_l = \sqrt{\frac{4\varepsilon_0 L^3}{\omega_l}}\mathscr{E}_l^{(1)}\hat{a}_l \tag{4.96}$$

算符 $\hat{a}_l$ 不是厄米算符，由式(4.94)和式(4.95)可以推出，满足如下对易关系：

$$[\hat{a}_l, \hat{a}_l^\dagger] = \frac{\hbar\omega_l}{2\varepsilon_0 L^3}\frac{1}{[\mathscr{E}_l^{(1)}]^2}\delta_{ll'} \tag{4.97}$$

$$[\hat{a}_l, \hat{a}_{l'}] = 0 \tag{4.98}$$

我们可以通过自由选择常数 $\mathscr{E}_l^{(1)}$ 化简这些对易关系. 取

$$\mathscr{E}_l^{(1)} = \sqrt{\frac{\hbar\omega_l}{2\varepsilon_0 L^3}} \tag{4.99}$$

我们可以得到如下对易关系：

$$[\hat{a}_l, \hat{a}_{l'}^\dagger] = \delta_{ll'} \tag{4.100}$$

$$[\hat{a}_l, \hat{a}_{l'}] = 0 \tag{4.101}$$

它们是整个量子光学的出发点.根据 $\mathscr{E}_l^{(1)}$ 的表达式(4.99),由式(4.96)可以得到

$$\hat{a}_l = \frac{1}{\sqrt{2\hbar}}(\hat{Q}_l + \mathrm{i}\hat{P}_l) \tag{4.102}$$

$$\hat{a}_l^\dagger = \frac{1}{\sqrt{2\hbar}}(\hat{Q}_l - \mathrm{i}\hat{P}_l) \tag{4.103}$$

这意味着

$$\hat{a}_l\hat{a}_l^\dagger + \hat{a}_l^\dagger\hat{a}_l = \frac{1}{\hbar}(\hat{Q}_l^2 + \hat{P}_l^2) \tag{4.104}$$

评注 (1) 我们现在对 $\mathscr{E}_l^{(1)}$ 给一个解释.对一个模为 $\boldsymbol{l}$ 的经典场,在式(4.68)中取 $\alpha_l = 1$,此时它描述一个单色波,其电场的复振幅的模为 $\mathscr{E}_l^{(1)}$.对体积 V 积分,这个波的电磁能大小为 $\hbar\omega_l$,这正是一个频率为 ω_l 的光子的能量(见 4.6 节).这证实了一个概念,告诉我们 $\mathscr{E}_l^{(1)}$ 就是经典场的振幅,能量等于模为 $\boldsymbol{l}$ 的光子的能量(4.6 节)

(2) 对易关系式(4.100)和(4.101)与一组独立的实际谐振子的产生和湮灭等价.因而我们将会使用所有有关这些量子谐振子算符的数学结果.

4.5.2 量子化辐射的哈密顿量

我们将哈密顿量 H_R(方程(4.86))用式(4.92)引入的共轭变量来表达:

$$H_\mathrm{R} = \sum_l \hbar\omega_l \mid \alpha_l \mid^2 = \sum_l \frac{\omega_l}{2}(Q_l^2 + P_l^2) \tag{4.105}$$

因而与此经典量对应的量子算符为

$$\hat{H}_\mathrm{R} = \sum_l \frac{\omega_l}{2}(\hat{Q}_l^2 + \hat{P}_l^2) \tag{4.106}$$

此式也可以用式(4.104)和式(4.100)表示为如下形式:

$$\hat{H}_\mathrm{R} = \sum_l \frac{\hbar\omega_l}{2}(\hat{a}_l\hat{a}_l^\dagger + \hat{a}_l^\dagger\hat{a}_l) = \sum_l \hbar\omega_l(\hat{a}_l^\dagger\hat{a}_l + 1/2) \tag{4.107}$$

这个式子形式上与独立量子谐振子集合的哈密顿量相同.在 4.6 节将会看到,此哈密顿量结合对易关系式(4.100)完全决定了辐射态的结构.

4.5.3 场算符

为得到与经典场对应的量子可观测量的表达式，只需要在经典表达式中用量子算符 α_l 和 $\alpha_l^\dagger$ 替换经典简正变量 $\hat{\alpha}_l$ 和 $\hat{\alpha}_l^*$ 即可. 因而可以将如下厄米算符对应于场(4.63)～(4.65)：

$$\hat{\boldsymbol{A}}(\boldsymbol{r}) = \sum_l \boldsymbol{\varepsilon}_l \frac{\mathscr{E}_l^{(1)}}{\omega_l}(\mathrm{e}^{\mathrm{i}\boldsymbol{k}_l\cdot\boldsymbol{r}}\hat{a}_l + \mathrm{e}^{-\mathrm{i}\boldsymbol{k}_l\cdot\boldsymbol{r}}\hat{a}_l^\dagger) = \hat{\boldsymbol{A}}^{(+)}(\boldsymbol{r}) + \hat{\boldsymbol{A}}^{(-)}(\boldsymbol{r}) \tag{4.108}$$

$$\hat{\boldsymbol{E}}(\boldsymbol{r}) = \sum_l \mathrm{i}\boldsymbol{\varepsilon}_l \mathscr{E}_l^{(1)}(\mathrm{e}^{\mathrm{i}\boldsymbol{k}_l\cdot\boldsymbol{r}}\hat{a}_l - \mathrm{e}^{-\mathrm{i}\boldsymbol{k}_l\cdot\boldsymbol{r}}\hat{a}_l^\dagger) = \hat{\boldsymbol{E}}^{(+)}(\boldsymbol{r}) + \hat{\boldsymbol{E}}^{(-)}(\boldsymbol{r}) \tag{4.109}$$

$$\hat{\boldsymbol{B}}(\boldsymbol{r}) = \sum_l \mathrm{i}\frac{\boldsymbol{k}_l \times \boldsymbol{\varepsilon}_l}{\omega_l} \mathscr{E}_l^{(1)}(\mathrm{e}^{\mathrm{i}\boldsymbol{k}_l\cdot\boldsymbol{r}}\hat{a}_l - \mathrm{e}^{-\mathrm{i}\boldsymbol{k}_l\cdot\boldsymbol{r}}\hat{a}_l^\dagger) = \hat{\boldsymbol{B}}^{(+)}(\boldsymbol{r}) + \hat{\boldsymbol{B}}^{(-)}(\boldsymbol{r}) \tag{4.110}$$

式(4.108)～式(4.110)也给出了 $\hat{\boldsymbol{A}}(\boldsymbol{r})$ 到两个非厄米算符 $\hat{\boldsymbol{A}}^{(+)}(\boldsymbol{r})$ 和 $\hat{\boldsymbol{A}}^{(-)}(\boldsymbol{r})$ 的分解形式，它们彼此互为厄米共轭. $\hat{\boldsymbol{E}}(\boldsymbol{r})$ 和 $\hat{\boldsymbol{B}}(\boldsymbol{r})$ 也类似. $\hat{\boldsymbol{A}}^{(+)}(\boldsymbol{r})$，$\hat{\boldsymbol{E}}^{(+)}(\boldsymbol{r})$ 和 $\hat{\boldsymbol{B}}^{(+)}(\boldsymbol{r})$ 算符也称为相应场算符的正频部分. 它们是与 4.3.4 小节介绍的经典解析信号相联系的量子量.

评注 (1) 时间依赖的经典动力学变量如 $\boldsymbol{E}(\boldsymbol{r},t)$ 用时间无关的量子变量替代很正常. 的确，我们用的是薛定谔量子力学体系，其中的可观测量与时间无关，系统的时间演化由态矢量表示.

量子力学还有另外一套体系，即海森伯表象（“绘景”应该更合适——译者注）. 在这套体系中，可观测量是时间相关的. 除非明确说明，本书将不采用这个体系.

(2) 如果使用圆或椭圆极化基矢，则 $\boldsymbol{\varepsilon}_l$ 是复矢量. $\boldsymbol{\varepsilon}_l$ 的复共轭 $\boldsymbol{\varepsilon}_l^*$ 将会在 $\hat{\boldsymbol{A}}^{(-)}$，$\hat{\boldsymbol{E}}^{(-)}$ 和 $\hat{\boldsymbol{B}}^{(-)}$ 的表达式中出现.

4.6 量子辐射态和光子

物理系统的量子性质通过两个数学工具来描述：与称为可观测量的可测量对应的厄米算符和态矢量. 前者满足定义好的对易关系，后者属于希尔伯特空间，描述体系确定的状态. 正则量子化步骤使得我们可以构造与自由电磁场量子化相关的算符. 还需要引入此场的量子态. 展开这些态的基矢可以通过辐射哈密顿量的本征态找到.

4.6.1 辐射哈密顿量的本征态和本征值

如上所述，在哈密顿体系下，我们把辐射动力学刻画为类似实际独立谐振子系综的形式. 为得到量子哈密顿量的本征值和本征态，我们将使用标准量子力学教科书中关于量子力学谐振子的结果. [1]更确切地说，我们使用狄拉克给出的形式，即基于非厄米算符 $\hat{a}_l$ 和 $\hat{a}_l^\dagger$ 的性质，完全由对易关系式(4.100)和(4.101)确定.

按狄拉克的方法，辐射的哈密顿量 $\hat{H}_R$ 可以表示为算符 $\hat{N}_l$ 的线性组合. $\hat{N}_l$ 定义为

$$\hat{N}_l = \hat{a}_l^\dagger \hat{a}_l \tag{4.111}$$

$\hat{H}_R$ 写为

$$\hat{H}_R = \sum_l \hbar\omega_l\left(\hat{N}_l + \frac{1}{2}\right) \tag{4.112}$$

对易关系为

$$[\hat{a}_l, \hat{a}_l^\dagger] = 1 \tag{4.113}$$

这是式(4.100)的特例，可以保证每个 $\hat{N}_l$ 的本征值集就是非负整数集. 因此，存在本征矢 $|n_l\rangle$ 满足

$$\hat{N}_l \mid n_l\rangle = n_l \mid n_l\rangle, \quad n_l = 0,1,2,\cdots \tag{4.114}$$

这些事例构成了 l 模辐射态希尔伯特空间 $\mathcal{F}_l$ 的基矢. 我们下面总结一下所谓数态的主要性质. 在 $\hat{a}_l$ 和 $\hat{a}_l^\dagger$ 的作用下，

$$\hat{a}_l \mid n_l\rangle = \sqrt{n_l} \mid n_l - 1\rangle, \quad n_l > 0 \tag{4.115}$$

$$\hat{a}_l \mid 0_l\rangle = 0 \tag{4.116}$$

$$\hat{a}_l^\dagger \mid n_l\rangle = \sqrt{n_l + 1} \mid n_l + 1\rangle \tag{4.117}$$

最低能态 $|0_l\rangle$ 具有特别的意义，后面还会再说. 特别要说的是，所有本征态 $|n_l\rangle$ 可以通过反复用式(4.117)，由 $|0_l\rangle$ 得到

$$\mid n_l\rangle = \frac{(a_l^\dagger)^n}{\sqrt{n_l!}} \mid 0_l\rangle \tag{4.118}$$

---

① 例如见，BD 第 7 章，或 CDL 第 5 章.

我们下面谈一下 $\hat{H}_R$ 的本征值和本征态问题.由于 $\hat{N}_l$ 彼此对易,$\hat{H}_R$ 的本征态是所有 l 模 $|n_l\rangle$ 态的张量积,即形如 $|n_1\rangle\otimes|n_2\rangle\otimes\cdots\otimes|n_l\rangle\otimes\cdots$,它也可以写成缩写形式 $|n_1,n_2,\cdots,n_l,\cdots\rangle$.因此我们有

$$\hat{H}_R\,|\,n_1,n_2,\cdots,n_l,\cdots\rangle = \sum_l\left(n_l+\frac{1}{2}\right)\hbar\omega_l\,|\,n_1,n_2,\cdots,n_l,\cdots\rangle \tag{4.119}$$

辐射的**基态**称为辐射真空,为所有整数 n_l 为零的态,用 $|0\rangle$ 来简写:

$$|\,0\rangle = |\,n_1=0,n_2=0,\cdots,n_l=0,\cdots\rangle \tag{4.120}$$

它的能量为 E_V,即量子化电磁场的最低能量,为

$$E_V = \sum_l \frac{1}{2}\hbar\omega_l \tag{4.121}$$

需注意,这个能量其实为无穷大,后面还会再讨论.

$\hat{H}_R$ 的任意本征态可以通过对基态 $|0\rangle$ 作用若干产生算符 $\hat{a}_l^\dagger$ 而得到.确实,对式(4.118)扩充后,我们可以得到

$$|\,n_1,n_2,\cdots,n_l,\cdots\rangle = \frac{(\hat{a}_1^\dagger)^{n_1}(\hat{a}_2^\dagger)^{n_2}\cdots(\hat{a}_l^\dagger)^{n_l}\cdots}{\sqrt{n_1!\,n_2!\cdots n_l!\cdots}}\,|\,0\rangle \tag{4.122}$$

4.6.2 光子的概念

与辐射基态 $|0\rangle$ 的能量对照,方程(4.119)表明,定态 $|n_1,n_2,\cdots,n_l,\cdots\rangle$ 具有附加能量

$$E_{n_1,n_2,\cdots,n_l} - E_V = \sum_l n_l\hbar\omega_l \tag{4.123}$$

事实上,看起来如同 $|n_1,n_2,\cdots,n_l,\cdots\rangle$ 态含有 n_1 个能量为 $\hbar\omega_1$ 的粒子、n_2 个能量为 $\hbar\omega_2$ 的粒子,以及一般地讲,对每个指标 l,有 n_l 个能量为 $\hbar\omega_l$ 的粒子.然而,由于基态没有粒子,这个能量被视为**真空**(能).我们在此讨论的粒子即光子,它们是量子化电磁场的元激发.关系式(4.115)和(4.117)表明算符 $\hat{a}_l$ 削减一个模为 l 的光子数,而算符 $\hat{a}_l^\dagger$ 增加一个模为 l 的光子数.这就是为什么这两个算符分别称为**湮灭算符**和**产生算符**.

算符

$$\hat{N}_l = \hat{a}_l^\dagger\hat{a}_l \tag{4.124}$$

是一个量子可观测量，标志在体积元 V 中模为 l 的光子数.算符

$$\hat{N} = \sum_l \hat{N}_l \tag{4.125}$$

则给出体积元 V 中的**总光子数**.原则上，可以用光子计数器测量.如果一个腔的体积正好是 V，我们可以突然把腔打开，让光子都传播到计数器.如装有滤波片可筛选频率为 ω_l 的光，装有检偏器可选择极化为 $\boldsymbol{\varepsilon}_l$ 的光，装有准直器可选择传播方向为 $\boldsymbol{k}_l$ 的光，这样的光子计数器就可以测可观测量 $\hat{N}_6$.

光子还有其他与场展开的简正模相关、有确切定义的性质.例如，对 4.3.3 小节引入的平面行波，辐射的动量可以写为如下形式(见补充材料 4.B)：

$$\hat{P}_{\mathrm{R}} = \sum_l \hbar \boldsymbol{k}_l \hat{a}_l^{\dagger} \hat{a}_l \tag{4.126}$$

注意，哈密顿量的本征态$|n_1, n_2, \cdots, n_l, \cdots\rangle$也是算符 $\hat{\boldsymbol{P}}_{\mathrm{R}}$ 的本征态，因为

$$\hat{\boldsymbol{P}}_{\mathrm{R}} \mid n_1, \cdots, n_l, \cdots\rangle = \left(\sum_l n_l \hbar \boldsymbol{k}_l\right) \mid n_1, \cdots, n_l, \cdots\rangle \tag{4.127}$$

如同有 n_1 个动量为$\hbar\boldsymbol{k}_1$ 的粒子、n_2 个动量为$\hbar\boldsymbol{k}_2$ 的粒子，以及一般地讲，对任意模 l，有 n_l 个动量为 $\hbar\boldsymbol{k}_l$ 的粒子.因此，按照平面行波的基(一组很自然的基)，对辐射进行量子化，哈密顿量的本征态$|n_1, n_2, \cdots, n_l, \cdots\rangle$表示有 n_1 个能量为$\hbar\omega_1$、动量为$\hbar\boldsymbol{k}_1$ 的粒子，依此类推.一个这样 l 模的光子，能量为$\hbar\omega_l$，动量为$\hbar\boldsymbol{k}_l$.要注意，对每个粒子，我们有

$$(\hbar\omega_l)^2 - (\hbar^2 k_l^2) c^2 = 0 \tag{4.128}$$

因而粒子是相对论性的，质量为零，以光速运动.

如果用来量子化场的模对应于可观测量角动量的本征态，光子就有严格定义的角动量.因此，对圆偏振的平面行波，轨道角动量为零.这样，如果 l 模为圆偏振，ε_l 的值为 ± 1(分别相应于 $\boldsymbol{k}_l$ 的极化为右旋和左旋)，辐射的内禀角动量可以写为如下形式(见补充材料 4.B)：

$$\hat{\boldsymbol{S}}_{\mathrm{R}} = \sum_l \hat{a}_l^{\dagger} \hat{a}_l \varepsilon_l \hbar \frac{\boldsymbol{k}_l}{k_l} \tag{4.129}$$

因而$|n_1, n_2, \cdots, n_l, \cdots\rangle$态是 $\hat{\boldsymbol{S}}_{\mathrm{R}}$ 在 $\boldsymbol{k}_l$ 方向上的分量$\hat{S}_{k_l}$的本征态：

$$\hat{S}_{k_l} \mid n_1, \cdots, n_l, \cdots\rangle = \sum_l \varepsilon_l \hbar \mid n_1, \cdots, n_l, \cdots\rangle \tag{4.130}$$

这就如同一个模为 l 的光子具有沿 $\boldsymbol{k}_l$ 方向、值为 $\pm\hbar$(正负号取决于 ε_l 的符号)确切定义的角动量.

因而我们知道光子的性质与量子化之前经典辐射的分解模式紧密相连．当一个模与确定频率 ω_l 相关时，在这个模式下光子就有确定的能量 $\hbar\omega_l$．光子也有其他性质，但取决于电磁场量子化的特定模式．因此特别提醒，在把动量和角动量的经典概念与光子的概念做过度联系时需要留神．例如，线性极化平面波模式下的光子就没有确切定义的角动量．但从它们的定义方式看，这样的概念还是很有用的，常常会得出简单的物理解释．例如，圆偏振光（见补充材料 2.B）的吸收或受激辐射的选择定则可以解释为系统（原子 + 光子）总角动量守恒．同样，吸收或发射平面行波光的原子波函数的变化，可以用动量守恒解释．

当然，探究一下实物粒子的相似性，以及了解是否也有**光子波函数**是很令人感兴趣的．严格说来，答案是否定的，尽管有经典电场复振幅与实物粒子波函数类似的情形．在第 5 章中，在讨论过探测单光子的概率后，会再回到这个微妙的问题．单光子探测概率的概念类似于实物粒子波函数模平方的角色，即在给定位置找到粒子的概率密度．

评注　(1) 在量子力学中，还有许多其他例子，物理系统经典上如同独立谐振子系综，量子上为独立粒子系综．声子就是一个例子，它们是晶格的振动．

(2) 由于模为 l 的光子数可以是任意非负整数，光子是**玻色子**．事实上，本书的公式体系，即基于满足对易关系式（4.100）和（4.101）的产生算符和湮灭算符，自动满足一组全同玻色子的态在交换两个粒子时保持不变的要求．[①]有时也把这个公式体系称为“二次量子化”．

4.6.3　一般辐射态

哈密顿量的本征态 $|n_1, n_2, \cdots, n_l, \cdots\rangle$ 构成了辐射态空间 $\mathcal{F}$ 的基，$\mathcal{F}$ 是每种简正模空间 $\mathcal{F}_l$ 的张量积．因此最一般的辐射量子态 $|\psi\rangle$ 能展开为如下形式：

$$|\psi\rangle = \sum_{n_1=0}^{\infty}\sum_{n_2=0}^{\infty}\cdots\sum_{n_l=0}^{\infty}\cdots C_{n_1 n_2 \cdots n_l \cdots}\ |n_1, n_2, \cdots, n_l, \cdots\rangle \tag{4.131}$$

其中 $C_{n_1 n_2 \cdots n_l \cdots}$ 是任意复数．此处唯一的限制是通常的归一化条件 $\langle\psi|\psi\rangle = 1$．每一个指标 n_l 都可以取值无穷大，并且有无穷多个这样的指标．因而量子化电磁场的态的种类是海量的．对一个经典电磁场，有多种可能的态与之对应很不协调，每一种态可用一系

① 例如见 CDL 第 14 章，或 BD 第 16 章．

列描述模为 l 的辐射的复数 $A_l(0)$ 完全确定，如同我们在 4.2.4 小节中所看到的那样.

为进一步说明，假定我们只考虑有限个 M 种模式. 因而经典辐射可完全用 M 个复数描述. 现在考虑量子辐射，并且限定每种模式的最大光子数为 N. 因而式(4.131)的态空间维数为$(N+1)^M$，随 M 指数变化，而经典态空间的维数均为 M.

探索这个巨大的未知区域还远没有完成. 先从我们引进的量子数态开始研究，然后将在下一章讨论格劳伯(Glauber)相干，或准经典态. 有越来越多的奇特态，如单光子态，或压缩态，这些没有经典对应的物理现象，现在也在研究之中. 显示不同测量间非定域关联性质的纠缠态是量子信息发展的基础. 所有这些将在后面的章节中进行阐释. 毫无疑问，还有许多其他具有奇妙量子性质的态有待探究.

4.7 总结

在本章中，我们了解了远离电荷的经典自由电磁场，即辐射，如何用一对共轭正则变量按简正模展开来描述. 采用正则量子化方案，辐射场就可以量子化. 借助狄拉克的方法，利用与量子简谐振子组形式上的相似性，我们得到了辐射场哈密顿量的本征值和本征态，引入了光子的概念.

在下一章中，我们将会看到如何应用辐射量子化形式描述量子光学中的若干重要现象. 我们也会展示这些结果是如何与经典电磁学联系起来的，并将说明为什么大多数已知的光学现象直到 20 世纪 70 年代都可以在经典光学框架和光-物质相互作用的半经典模型内得到解释. 我们还将明确指出那些不能用经典光学和半经典模型解释，而需完全用量子描述的现象.

补充材料 4.A 经典哈密顿形式：电磁场中的带电粒子

为了通过一个非平庸的例子说明 4.1 节中的哈密顿形式，我们考虑一个带电为 q、质量为 m 的粒子. 由标势 $U(\boldsymbol{r},t)$和矢势 $\boldsymbol{A}(\boldsymbol{r},t)$描述它在电磁场中运动的情形(见第 2

章).假定哈密顿量取如下形式:

$$H = \frac{1}{2m}[\boldsymbol{p} - q\boldsymbol{A}(\boldsymbol{r},t)]^2 + qU(\boldsymbol{r},t) \tag{4.A.1}$$

这个可以从任意一本高等经典电动力学教科书中找到.

这样对哈密顿量(4.A.1),第一个哈密顿方程(4.5)为

$$\frac{\mathrm{d}x}{\mathrm{d}t} = \frac{1}{m}[p_x - qA_x(\boldsymbol{r},t)] \tag{4.A.2}$$

对另外两个分量也有类似的方程.在由矢势 $\boldsymbol{A}$ 导出的磁场情况下,我们推出与位置矢量 $\boldsymbol{r}$ 共轭的正则动量为

$$\boldsymbol{p} = m\frac{\mathrm{d}\boldsymbol{r}}{\mathrm{d}t} + q\boldsymbol{A}(\boldsymbol{r},t) \tag{4.A.3}$$

按照式(4.A.3),速度的 $v_i(i = x,y,z)$分量是

$$v_i = \frac{1}{m}(p_i - qA_i) \tag{4.A.4}$$

这表明,哈密顿量(4.A.1)的第一项就是动能.

我们现在来看哈密顿第二方程(4.6).在 Ox 方向上,

$$\frac{\mathrm{d}p_x}{\mathrm{d}t} = -\frac{\partial H}{\partial x} = \frac{q}{m}\sum_{i=x,y,z}(p_i - qA_i)\frac{\partial A_i}{\partial x} - q\frac{\partial U}{\partial x} \tag{4.A.5}$$

用式(4.A.4)给出的速度分量,方程(4.A.5)可以写为

$$\frac{\mathrm{d}p_x}{\mathrm{d}t} = q\sum_{i=x,y,z}v_i\frac{\partial A_i}{\partial x} - q\frac{\partial U}{\partial x} \tag{4.A.6}$$

如式(4.A.4)所给出的,将 p_x 作为 v_x 和 $A_x(\boldsymbol{r},t)$的函数,我们现在有

$$\begin{aligned}\frac{\mathrm{d}p_x}{\mathrm{d}t} &= m\frac{\mathrm{d}v_x}{\mathrm{d}t} + q\frac{\partial A_x}{\partial x}\frac{\mathrm{d}x}{\mathrm{d}t} + q\frac{\partial A_x}{\partial y}\frac{\mathrm{d}y}{\mathrm{d}t} + q\frac{\partial A_x}{\partial z}\frac{\mathrm{d}z}{\mathrm{d}t} + q\frac{\partial A_x}{\partial t}\\ &= m\frac{\mathrm{d}v_x}{\mathrm{d}t} + q\frac{\partial A_x}{\partial x}v_x + q\frac{\partial A_x}{\partial y}v_y + q\frac{\partial A_x}{\partial z}v_z + q\frac{\partial A_x}{\partial t}\end{aligned} \tag{4.A.7}$$

将其代入式(4.A.6)并化简,可得

$$m\frac{\mathrm{d}v_x}{\mathrm{d}t} = q\left(-\frac{\partial U}{\partial x} - \frac{\partial A_x}{\partial t}\right) + qv_y\left(-\frac{\partial A_y}{\partial x} - \frac{\partial A_x}{\partial y}\right) + qv_z\left(-\frac{\partial A_z}{\partial x} - \frac{\partial A_x}{\partial z}\right) \tag{4.A.8}$$

这样，分别与势 $U(\boldsymbol{r},t)$和 $\boldsymbol{A}(\boldsymbol{r},t)$联系的电场和磁场分别为

$$\boldsymbol{E} = -\nabla U - \frac{\partial \boldsymbol{A}}{\partial t} \tag{4.A.9}$$

$$\boldsymbol{B} = \nabla \times \boldsymbol{A} \tag{4.A.10}$$

现在可以发现式(4.A.8)正是牛顿-洛伦兹力定律的 x 分量：

$$m\frac{\mathrm{d}\boldsymbol{v}}{\mathrm{d}t} = q\boldsymbol{E} + \boldsymbol{v} \times \boldsymbol{B} \tag{4.A.11}$$

这个方程的另外两个分量显然可以用同样的方法得到. 因此，从哈密顿量(4.A.1)出发，写出哈密顿方程组，我们的确得到了通常的动力学方程(4.A.11). 我们也确定了与位置 x 共轭的正则动量 p_x. 在式(4.A.3)中还给出了其他两个分量 p_y 和 p_z.

如同在第 2 章中所讨论的(见 2.2.2 小节)，我们现在可以通过将式(4.A.1)中的 x 和 p_x 分别用满足对易关系

$$[\hat{x}, \hat{p}_x] = \mathrm{i}\hbar \tag{4.A.12}$$

的可观测量 $\hat{x}$ 和 $\hat{p}_x$ 替换来量子化粒子的运动. 对(y, p_y)和(z, p_z)也类似.

补充材料 4.B　辐射的动量和角动量

4.B.1　动量

4.B.1.1　经典表达式

电磁辐射的动量 $\boldsymbol{P}_{\mathrm{R}}$ 正比于在体积 V 中对坡印廷矢量的积分①：

$$\boldsymbol{P}_{\mathrm{R}} = \varepsilon_0 \int_V \mathrm{d}^3 r \boldsymbol{E}(\boldsymbol{r},t) \times \boldsymbol{B}(\boldsymbol{r},t) \tag{4.B.1}$$

其中 $\boldsymbol{E}(\boldsymbol{r},t)$和 $\boldsymbol{B}(\boldsymbol{r},t)$为实场. 对自由场，它是一个时间的守恒量.

① Jackson J D. Classical Electrodynamic [M]. Wiley, 1998.

4

实场可以按照极化平面波模式展开，我们可以像4.4.1小节中对能量 H_R 展开那样做.依据 $\boldsymbol{E}(\boldsymbol{r},t)$ 和 $\boldsymbol{B}(\boldsymbol{r},t)$ 的展开式(4.64)和(4.65)，有

$$\boldsymbol{P}_R = -\varepsilon_0 \sum_l \sum_m \frac{\mathscr{E}_l^{(1)}\mathscr{E}_m^{(1)}}{c}\boldsymbol{\varepsilon}_l \times \boldsymbol{\varepsilon}'_m \int_V \mathrm{d}^3 r(\alpha_l \mathrm{e}^{\mathrm{i}\boldsymbol{k}_l\cdot\boldsymbol{r}} - \alpha_l^* \mathrm{e}^{-\mathrm{i}\boldsymbol{k}_l\cdot\boldsymbol{r}})(\alpha_m \mathrm{e}^{\mathrm{i}\boldsymbol{k}_m\cdot\boldsymbol{r}} - \alpha_m^* \mathrm{e}^{-\mathrm{i}\boldsymbol{k}_m\cdot\boldsymbol{r}}) \tag{4.B.2}$$

在 L^3 上进行运算，除非 $l=m$ 或 $l=-m$，否则为零.因此我们可得

$$\begin{aligned}\boldsymbol{P}_R &= \varepsilon_0 L^3 \sum_l \frac{(\mathscr{E}_l^{(1)})^2}{c}[\boldsymbol{\varepsilon}_l \times \boldsymbol{\varepsilon}'_l 2|\alpha_l|^2 - \boldsymbol{\varepsilon}_l \times \boldsymbol{\varepsilon}'_{-l}(\alpha_l\alpha_{-l} + \alpha_l^*\alpha_{-l}^*)] \\ &= \varepsilon_0 L^3 \sum_l \frac{(\mathscr{E}_l^{(1)})^2}{c}[2|\alpha_l|^2 + (\alpha_l\alpha_{-l} + \alpha_l^*\alpha_{-l}^*)]\frac{\boldsymbol{k}_l}{k_l}\end{aligned} \tag{4.B.3}$$

其中用到了

$$\boldsymbol{\varepsilon}_l \times \boldsymbol{\varepsilon}'_l = \frac{\boldsymbol{k}_l}{k_l} \tag{4.B.4}$$

$$\boldsymbol{\varepsilon}_l \times \boldsymbol{\varepsilon}'_{-l} = -\frac{\boldsymbol{k}_l}{k_l} \tag{4.B.5}$$

在对 l 求和时，式(4.B.3)中最后一个表达式方括号中的项对 l 和 $-l$ 相同，但 $\boldsymbol{k}_{-l} = -\boldsymbol{k}_l$，因此这些项彼此相消.将 $\mathcal{E}_l^{(1)}$ 用其值替代，我们得到

$$\boldsymbol{P}_R = \sum_l |\alpha_l|^2 \hbar \boldsymbol{k}_l \tag{4.B.6}$$

这样辐射的总动量就表示成了用 l 表示的不同模式的动量和.一种模式的动量沿其波矢量 $\boldsymbol{k}_l$ 方向，因而描述辐射压效应.和能量一样，动量也正比于 $|\alpha_l|^2$，如同能量的情形，它也标志着模式的激发度.

4.B.1.2 动量算符

用类似4.5.2小节中能量的量子化方式，我们可得到如下辐射场动量算符的表达式：

$$\hat{\boldsymbol{P}}_R = \sum_l \frac{\hbar \boldsymbol{k}_l}{2}(\hat{a}_l\hat{a}_l^\dagger + \hat{a}_l^\dagger\hat{a}_l) = \sum_l \hbar \boldsymbol{k}\hat{a}_l^\dagger\hat{a}_l \tag{4.B.7}$$

注意在式(4.B.7)的最后一个表达式的求和部分没有因子1/2，这是因为这些带1/2因子的项(当使用 $\hat{a}$ 和 $\hat{a}^\dagger$ 对易关系时出现的)，关于模 l 和 $-l$ 成对地相消(由于 $\boldsymbol{k}_{-l} = -\boldsymbol{k}_l$).

评注 (1) 对每个模 l，由于 $\omega_l = ck_l$，$|\boldsymbol{P}_l| = H_l/c$.这个关系体现了相对论性粒子

的概念.事实上,速度为 c,静止质量为 0,能量为 H_l.

(2) 将总动量分解为各种模式动量的和,直接与场按照极化平面行波基展开相对应.在使用其他基时,不同模式之间不一定会退耦(见补充材料 4.C).例如,动量按驻波或高斯型波分解的表达式包含对 l 和 l' 的双重求和,以及交叉项.

4.B.2 角动量

4.B.2.1 经典表达式

1. 总角动量

对自由场来说,辐射的角动量 $\boldsymbol{J}_{\mathrm{R}}$ 是另外一个运动学常数,它正比于坐标原点附近坡印廷矢量的矩在体积元 V 上的积分:

$$\boldsymbol{J}_{\mathrm{R}} = \varepsilon_0 \int_V \boldsymbol{r} \times [\boldsymbol{E}(\boldsymbol{r},t) \times \boldsymbol{B}(\boldsymbol{r},t)] \mathrm{d}^3 r \tag{4.B.8}$$

应用两个矢量积的通常公式,并分部积分,同时记得在模展开时的假定——场在体积 V 的边界面上为零,发现 $\boldsymbol{J}_{\mathrm{R}}$ 可以写为两项的和:

$$\boldsymbol{J}_{\mathrm{R}} = \boldsymbol{L}_{\mathrm{R}} + \boldsymbol{S}_{\mathrm{R}} \tag{4.B.9}$$

其中

$$\boldsymbol{L}_{\mathrm{R}} = \varepsilon_0 \sum_{j=(x,y,z)} \int_V \mathrm{d}^3 r E_j(\boldsymbol{r},t)(\boldsymbol{r} \times \nabla) A_j(\boldsymbol{r},t) \tag{4.B.10}$$

$$\boldsymbol{S}_{\mathrm{R}} = \varepsilon_0 \int_V \mathrm{d}^3 r \boldsymbol{E}(\boldsymbol{r},t) \times \boldsymbol{A}(\boldsymbol{r},t) \tag{4.B.11}$$

$\boldsymbol{L}_{\mathrm{R}}$ 项称为轨道角动量,与坐标原点的选择有关;$\boldsymbol{S}_{\mathrm{R}}$ 称为内禀角动量或自旋角动量,与原点的选择无关.

评注 很容易证明,这个分解是规范不变的.用“轨道”“内禀”或“自旋”这些词是为了和实物粒子类比,但是不要太在意字面上的理解.例如,在近轴近似下,当坐标原点移动时,$\boldsymbol{L}_{\mathrm{R}}$ 也保持不变,因而它在某种程度上说也是内禀的.

2. 内禀角动量

考虑场的展开式(4.63)和(4.64),其中我们明确写出了相对于同一个 $\boldsymbol{k}_n$ 的两个极化分量：

$$A(\boldsymbol{r},t) = \sum_n \frac{\mathscr{E}_n^{(1)}}{\omega_n}(\boldsymbol{\varepsilon}_{n,1}\alpha_{n,1}\mathrm{e}^{\mathrm{i}\boldsymbol{k}_n\cdot\boldsymbol{r}} + \boldsymbol{\varepsilon}_{n,2}\alpha_{n,2}\mathrm{e}^{\mathrm{i}\boldsymbol{k}_n\cdot\boldsymbol{r}}) + \mathrm{c.c.} \tag{4.B.12}$$

$$E(\boldsymbol{r},t) = \mathrm{i}\sum_m \mathscr{E}_m^{(1)}(\boldsymbol{\varepsilon}_{m,1}\alpha_{m,1}\mathrm{e}^{\mathrm{i}\boldsymbol{k}_m\cdot\boldsymbol{r}} + \boldsymbol{\varepsilon}_{m,2}\alpha_{m,2}\mathrm{e}^{\mathrm{i}\boldsymbol{k}_m\cdot\boldsymbol{r}}) + \mathrm{c.c.} \tag{4.B.13}$$

其中 c.c.代表“复共轭”. 记得有

$$\boldsymbol{\varepsilon}_{n,1}\cdot\boldsymbol{\varepsilon}_{n,2} = 0 \tag{4.B.14}$$

$$\boldsymbol{\varepsilon}_{n,1}\times\boldsymbol{\varepsilon}_{n,2} = \frac{\boldsymbol{k}_n}{k_n} \tag{4.B.15}$$

如上，当把式(4.B.2)和式(4.B.3)代入式(4.B.1)时，只有 $\boldsymbol{m}=\boldsymbol{n}$ 或 $\boldsymbol{m}=-\boldsymbol{n}$ 的项在对体积 V 积分时不为 0. 通过式(4.B.15)，我们得到

$$\boldsymbol{S}_{\mathrm{R}} = \mathrm{i}2\varepsilon_0 L^3\sum_n \frac{(\mathscr{E}_n^{(1)})^2}{\omega_n}\frac{\boldsymbol{k}_n}{k_n}(\alpha_{n,1}\alpha_{n,2}^* - \alpha_{n,2}\alpha_{n,1}^*) \tag{4.B.16}$$

如果波只有一个极化，我们取 $\boldsymbol{\varepsilon}_{n,1}$ 沿极化方向，$\alpha_{n,2}=0$. 因此 $\boldsymbol{S}_{\mathrm{R}}$ 为零. 一个线性极化的平面波内禀角动量为零.

现在考虑圆极化的基 $\boldsymbol{\varepsilon}_{n,+}$ 和 $\boldsymbol{\varepsilon}_{n,-}$(例如见 2.B.1.3 小节)：

$$\boldsymbol{\varepsilon}_{n,\pm} = \mp\frac{\boldsymbol{\varepsilon}_{n,1}\pm\mathrm{i}\boldsymbol{\varepsilon}_{n,2}}{\sqrt{2}} \tag{4.B.17}$$

对这组基，有

$$\boldsymbol{\varepsilon}_{n,+}\times\boldsymbol{\varepsilon}_{n,+} = \boldsymbol{\varepsilon}_{n,-}\times\boldsymbol{\varepsilon}_{n,-} = \boldsymbol{0} \tag{4.B.18}$$

$$\boldsymbol{\varepsilon}_{n,+}^*\times\boldsymbol{\varepsilon}_{n,-} = \boldsymbol{0} \tag{4.B.19}$$

$$\boldsymbol{\varepsilon}_{n,+}^*\times\boldsymbol{\varepsilon}_{n,+} = \mathrm{i}\frac{\boldsymbol{k}_n}{k_n} \tag{4.B.20}$$

$$\boldsymbol{\varepsilon}_{n,-}^*\times\boldsymbol{\varepsilon}_{n,-} = -\mathrm{i}\frac{\boldsymbol{k}_n}{k_n} \tag{4.B.21}$$

用 $\boldsymbol{\varepsilon}_{n,+}$ 和 $\boldsymbol{\varepsilon}_{n,-}$ 替代 $\boldsymbol{\varepsilon}_{n,1}$ 和 $\boldsymbol{\varepsilon}_{n,2}$ 后，我们可以如式(4.B.12)和式(4.B.13)对 $\boldsymbol{A}$ 和 $\boldsymbol{E}$ 展开. 注意 $\boldsymbol{\varepsilon}_{n,\pm}^*$ 在复共轭项中出现. 利用类似于前面的计算，可得

$$\boldsymbol{S}_{\mathrm{R}} = 2\varepsilon_0 L^3\sum_n \frac{(\mathscr{E}_n^{(1)})^2}{\omega_n}\frac{\boldsymbol{k}_n}{k_n}(|\alpha_{n,+}|^2 - |\alpha_{n,-}|^2) \tag{4.B.22}$$

将 $\boldsymbol{\varepsilon}_n^{(1)}$ 用其值(式(4.99))替换，我们最终可以得到

$$\boldsymbol{S}_{\mathrm{R}} = \hbar\sum_n \frac{\boldsymbol{k}_n}{k_n}(|\alpha_{n,+}|^2 - |\alpha_{n,-}|^2) \tag{4.B.23}$$

在圆偏振基下，两个极化的贡献相互退耦. 对极化 σ_+ 沿 $\boldsymbol{k}_n$ 方向的波，在 $\boldsymbol{k}_n$ 方向具有正内禀角动量；对极化 σ_- 沿 $\boldsymbol{k}_n$ 方向的波，在 $\boldsymbol{k}_n$ 方向具有负内禀角动量.

与按圆偏振基展开的哈密顿量表达式相比较，能够发现，能量为 H_{R} 的圆偏振波的角动量为 $\pm H_{\mathrm{R}}/\omega$. 这个效应可以通过将圆偏振光照射到能反转极化方向的半波片上得到印证. 这样半波片受到了 $2P/\omega$ 的力偶，其中 P 为入射功率.①

3. 轨道角动量

经简单的计算可以发现，对于任意横向振幅为常数的平面行波，$\boldsymbol{L}_{\mathrm{R}}$ 为零. 只有当波不均匀时 $\boldsymbol{L}_{\mathrm{R}}$ 才不为零. 事实上，这是一个非常微妙的事情，仍然引发理论和实验的研究及一定争议.

$\boldsymbol{L}_{\mathrm{R}}$ 在近轴近似下有明确的解释，此时只需考虑沿近光轴传播，例如 Oz 轴，和此轴有很小的夹角. 当场在 xOy 平面较波长大得多的特征范围内变化时就属于这种情况. 衍射的影响很小，波是"准平面"的，矢势可以写为如下形式：

$$\boldsymbol{A}(\boldsymbol{r},t) = \boldsymbol{\varepsilon}U(x,y,z)\mathrm{e}^{\mathrm{i}(kz-\omega t)} + \mathrm{c.c.} \tag{4.B.24}$$

其中 $\boldsymbol{\varepsilon}$ 是单位极化矢量，$U(x,y,z)$是一个"变化缓慢的外膜". 变化"慢"是对波长的尺度而言的. 补充材料 3.B 中引入的高斯模构成了这种函数空间的一个基. 假定 $U(x,y,z)$ 具有如下形式：

$$U(x,y,z) = u(r)\mathrm{e}^{\mathrm{i}m\phi} \tag{4.B.25}$$

其中(r,ϕ)为横向面 xOy 的极坐标. m 必须为整数，以保证 $U(x,y,z)$在 ϕ 和 $\phi+2\pi$ 时有相同的值. 这样的场的轨道角动量的表达式可以由式(4.B.10)得到，即

$$\boldsymbol{L}_{\mathrm{R}} = \frac{H_{\mathrm{R}}}{\omega}m\boldsymbol{e}_z \tag{4.B.26}$$

其中 $\boldsymbol{e}_z$ 是沿 Oz 轴的单位矢量.

我们发现，只有 m 不为零时 $\boldsymbol{L}_{\mathrm{R}}$ 才不为零. 如果波带有角动量，场的波前一定是"螺旋形的". 的确，对式(4.B.25)描述的波，在绕 Oz 轴的螺旋线上相邻两周距离 λ/m 的位置相角不变，因此在一个波长内会有 m 圈. 注意，当 $m\neq 0$ 时，为避免在跨过 Oz 轴时不连续，Oz 轴上的场需要为零.

---

① Beth E A. Direct Detection of the Angular Momentum of Light [M]. Physical Review, 1935, 48: 471.

拉盖尔-高斯模 TEM_{lm}^{*}（见补充材料 3.B）具有式（4.B.25）所示的 ϕ 依赖，因此带有式（4.B.26）所给的轨道角动量（图 4.B.1）. 此外，它们在近轴近似下构成了场空间的一组基. 如果复矢势以这样的基展开，则可以证明轨道角动量为

$$L_{\mathrm{R}} = \hbar e_z \sum_l m \mid \alpha_l \mid^2 \tag{4.B.27}$$

其中集合指标 l 现在用来标志基矢，即用 l 和 m 确定拉盖尔 - 高斯模. 整数 n_z 描述基矢沿 Oz 轴的离散性；指标 $s=1,2$ 表示极化，可以认为是线性的.

一些实验测量了这种轨道角动量. 然而，考虑到近轴近似并不严格，对这些实验的解释仍然有些勉强.

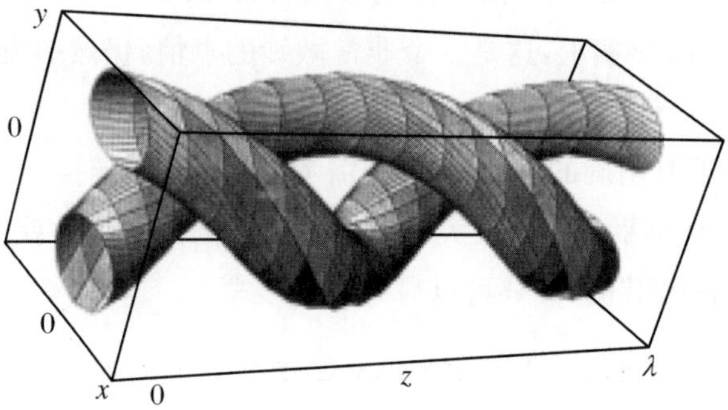

图 4.B.1　拉盖尔-高斯模 $\mathrm{TEM}_{01}^{*}[(r/w)\exp(-r^2/w^2)\mathrm{e}^{\mathrm{i}\phi}\mathrm{e}^{\mathrm{i}kz}]$ 的螺旋结构

图显示了强度为最大值一半时的面. 注意，极化是线性的. 这样的波束具有不为零的轨道角动量. 图取自 H. He 等. ①

4.B.2.2　角动量算符

经典表达式可以用 4.5.2 小节量子化能量时给出的程序容易地进行量子化，用到了

$$[\hat{a}_{n,i}, \hat{a}_{n,i}^{\dagger}] = 1 \tag{4.B.28}$$

对内禀（自旋）角动量，用圆偏振表示（方程（4.B.23）），可以得到

$$\hat{S}_{\mathrm{R}} = \sum_n (\hat{a}_{n,+}^{\dagger}\hat{a}_{n,+} - \hat{a}_{n,-}^{\dagger}\hat{a}_{n,-})\hbar \frac{\boldsymbol{k}_n}{k_n} \tag{4.B.29}$$

① Simpson N B, Dholakia K, Allen L, et al. Mechanical Equivalence of Spin and Orbital Angular Momentum of Light: An Optical Spanner [J]. Optics Letters, 1997, 22: 52.

He H, Friese M E J, Heckenbergs N R, et al. Direct Observation of Transfer of Angular Momentum to Absorptive Particles from a Laser Beam with a Phase Singularity [J]. Physical Review, 1995, 75: 826.

由对称性并使用对易关系就可消掉因子 1/2.

用类似的方法,轨道角动量算符也可以以拉盖尔-高斯模为基写出来,这样

$$\hat{L}_R = \sum_l m\hat{a}_l^\dagger\hat{a}_l \hbar \boldsymbol{e}_z \tag{4.B.30}$$

我们知道,每一个形如 $\hat{a}_j^\dagger\hat{a}_j$ 算符(满足$[\hat{a}_j,\hat{a}_j^\dagger]=1$)的本征值谱覆盖所有自然数(见 4.6.1小节).因而我们认识到,内禀角动量或轨道角动量的基本量子等于约化的普朗克常数 $\hbar$,角动量的方向取相关波的传播方向.

补充材料 4.C　非平面行波模的光子

本章中讨论的量子化程序是基于将经典自由电磁场分解为极化平面行波的.这些构成了简正模式,与退耦简谐振子组的动力学一样.其中每一个简谐振子的量子化导致光子概念的引入,每种模式具有确定的能量和动量.

事实上,自由辐射还有其他分解的可能,按简正模式分解而不是按平面行波,这样可以确定光子的其他性质,例如没有确切动量定义的驻波光子.在这个补充材料中,我们将展示如何在其他简正模式下定义光子.进行幺正变换等价于进行简正模式基的变换.我们将确定那些在这样的基变换下不变的性质.因此我们将解释对特定问题的解是否存在比较好的基.

最后,我们将说明有些变换不是由于基改变造成的,这使得我们能够定义其他类型重要的光子,例如与波包相关的光子.

4.C.1　简正模基变换

4.C.1.1　产生湮灭算符的幺正变换

在第 4 章中,自由电磁场量子化是基于某个简正模式到极化行波的展开(方程(4.63)～(4.65)).事实上,如方程(4.74)和(4.75)所显示的,场 $\boldsymbol{E}(\boldsymbol{r},t)$的这种展开等价于解析信号 $\boldsymbol{E}^{(+)}(\boldsymbol{r},t)$对如下函数组的一个展开,

$$\boldsymbol{u}_l(\boldsymbol{r}) = \boldsymbol{\varepsilon}_l \mathrm{e}^{\mathrm{i}\boldsymbol{k}_l \cdot \boldsymbol{r}} \tag{4.C.1}$$

其中 $\boldsymbol{k}_l$ 和$\boldsymbol{\varepsilon}_l$ 满足式(4.27)～式(4.29).在量子体系中,在如上展开中的复分量 α_l 由非厄米算符$\hat{a}_l$ 代替,同时满足对易关系式(4.100)和式(4.101).

如下我们对算符 $\hat{a}_l^\dagger$ 做变换,得到一组新算符 $\hat{b}_m^\dagger$:

$$\hat{b}_m^\dagger = \sum_l U_m^l \hat{a}_l^\dagger \tag{4.C.2}$$

其中 U_m^l 为幺正矩阵$\boldsymbol{U}$ 的矩阵元,$\boldsymbol{U}^\dagger = \boldsymbol{U}^{-1}$.式(4.C.2)的厄米共轭可以写为

$$\hat{b}_m = \sum_l (U_m^l)^* \hat{a}_l = \sum_l (\boldsymbol{U}^{-1})_l^m \hat{a}_l \tag{4.C.3}$$

这样对易关系就变为

$$[\hat{b}_m, \hat{b}_{m'}^\dagger] = \sum_l \sum_{l'} (\boldsymbol{U}^{-1})_l^m U_{m'}^{l'} [\hat{a}_l, \hat{a}_{l'}^\dagger] = \sum_l (\boldsymbol{U}^{-1})_l^m U_{m'}^l = \delta_{mm'} \tag{4.C.4}$$

这个关系类似于式(4.100).同样,还可以得到类似于式(4.101)的对易关系:

$$[\hat{b}_m, \hat{b}_{m'}] = [\hat{b}_m^\dagger, \hat{b}_{m'}^\dagger] = 0 \tag{4.C.5}$$

4.C.1.2 新简正模

进一步假定变换式(4.C.2)只影响具有相同频率 $\omega_l = \omega_m$ 的l 模.利用幺正矩阵$\boldsymbol{U}$,辐射的哈密顿量变为了

$$\hat{H}_{\mathrm{R}} = \sum_l h\omega_l \left(\hat{a}_l^\dagger \hat{a}_l + \frac{1}{2}\right) = \sum_m \hbar\omega_m \left(\hat{b}_m^\dagger \hat{b}_m + \frac{1}{2}\right) \tag{4.C.6}$$

这是辐射到新简正模的新分解形式.它们的空间结构可以通过将变换应用到电场$\hat{\boldsymbol{E}}^{(+)}(\boldsymbol{r})$显现出来(方程(4.109)).对式(4.C.3)取转置,我们得到

$$\hat{\boldsymbol{E}}^{(+)}(\boldsymbol{r}) = \mathrm{i}\sum_l \mathscr{E}_l^{(1)} \boldsymbol{u}_l(\boldsymbol{r}) \hat{a}_l = \mathrm{i}\sum_m \mathscr{E}_m^{(1)} \boldsymbol{v}_m(\boldsymbol{r}) \hat{b}_m \tag{4.C.7}$$

其中

$$\boldsymbol{v}_m(\boldsymbol{r}) = \sum_l U_m^l \boldsymbol{u}_l(\boldsymbol{r}) \tag{4.C.8}$$

$$\mathscr{E}_m^{(1)} = \sqrt{\frac{\hbar\omega_m}{2\varepsilon_0 L^3}} \tag{4.C.9}$$

此处我们考虑了变换仅对同频率模造成混合的性质.

函数 $\boldsymbol{v}_m(\boldsymbol{r})$对于经典辐射能够分解的解析信号构成了一组新的基. 在这组基下,原则上可以进行正则量子化. 在此我们将继续用幺正变换讨论光子在 m 模时的性质.

4.C.1.3 真空不变性与 m 模光子

利用基于 l 模的量子化方法,给出一个具有如下性质的真空$|0\rangle$态:

$$\hat{a}_l \mid 0\rangle = 0, \quad \text{对所有的 } l \tag{4.C.10}$$

用式(4.C.3),能够得出

$$\hat{b}_m \mid 0\rangle = 0, \quad \text{对所有的 } m \tag{4.C.11}$$

这意味着$|0\rangle$也是 m 模的真空. 因此我们可以推出一个 m 模粒子数算符 $\hat{N}_m = \hat{b}_m^\dagger \hat{b}_m$ 的本征态公式. 为避免混淆,本征态用$|m : n_m\rangle$标记:

$$\mid m : n_m\rangle = \frac{1}{\sqrt{n_m!}}(\hat{b}_m^\dagger)^{n_m} \mid 0\rangle = \frac{1}{\sqrt{n_m!}}\left(\sum_l U_m^l \hat{a}_l\right)^{n_m} \mid 0\rangle \tag{4.C.12}$$

这个表达式对单光子态具有特别简单的形式:

$$\mid m : 1\rangle = \sum_l U_m^l \mid l : 1\rangle \tag{4.C.13}$$

4.C.1.4 总光子数不变性

在 l 模基下,与总光子数相应的可观测量算符 $\hat{N}_{\text{tot}}$ 为

$$\hat{N}_{\text{tot}} = \sum_l \hat{a}_l^\dagger \hat{a}_l$$

式(4.C.2)和式(4.C.3)的幺正变换可以用来将 $\hat{N}_{\text{tot}}$表示为 m 模基下的形式,即

$$\hat{N}_{\text{tot}} = \sum_m \hat{b}_m^\dagger \hat{b}_m = \sum_l \hat{a}_l^\dagger \hat{a}_l \tag{4.C.14}$$

这说明对给定的辐射态,总光子数在基变换下保持不变.

当我们考虑某个总光子数的本征态时,这个性质很有意思. 我们在 4.C.1.3 小节中曾考虑过这种情况,展示了真空不变性和非简并单光子态. 同样,式(4.C.14)可以用来表明在所有基下,单光子态始终保持为单光子态.

4.C.1.5 不同基下光子的性质

本章 4.6.2 小节引入的光子与用来量子化场的平面行波模式相联系. 与每个 l 模相

应的粒子数算符 $\hat{N}_l=\hat{a}_l^\dagger\hat{a}_l$ 的本征态 $|l:n_l\rangle$ 也是哈密顿量 $\hat{H}_R$ 的本征态，也是动量算符 $\hat{\boldsymbol{P}}_R$ 的本征态. 这样我们就能为每个 l 模光子赋予能量 $\hbar\omega_l$ 和动量 $\hbar\boldsymbol{k}_l$. 此外，如果我们选择一组圆偏振基，l 模光子就会有确切定义的、沿 $\boldsymbol{k}_l$ 方向的内禀角动量 $\hat{S}_{k_l}$. 如果我们改变一下在此考虑的基的类型会怎么样？

如上所示，如果我们实施一种只组合同频率模的变换，哈密顿量将取式(4.C.6)的形式，并与每个粒子数算符 $\hat{N}_m=\hat{b}_m^\dagger\hat{b}_m$ 对易. 因此，m 模光子有确定的能量 $\hbar\omega_m$. 然而，一般说来，没有理由用粒子数算符 $\hat{N}_m$ 表示动量算符 $\hat{\boldsymbol{P}}_R$，所以也没有理由说 $|m:n_m\rangle$ 是动量算符 $\hat{\boldsymbol{P}}_R$ 的本征态. 这对补充材料 4.B 中引入的内禀角动量 $\hat{\boldsymbol{S}}_R$ 和轨道角动量 $\hat{\boldsymbol{L}}_R$ 也是一样的. 如本章所指出的，一个光子不一定要有确定的动量或内禀角动量.

4.C.1.6　实例：一维驻波模式

为简化说明，我们在此局限于只依赖一个坐标 z 和沿 Ox 轴极化的波. 因此是标量场，它的解析信号能够按如下基展开：

$$u_l(z)=\mathrm{e}^{\mathrm{i}k_l z} \tag{4.C.15}$$

其中

$$k_l=l\frac{2\pi}{L},\quad l\text{ 是整数} \tag{4.C.16}$$

态 $|l:n_l\rangle$ 描述 n_l 个能量为 $\hbar\omega_l$、动量为 $\hbar\boldsymbol{k}_l$ 的光子.

对正整数 m，我们构造

$$\hat{b}_{m_+}^\dagger=\frac{1}{\sqrt{2}}(\hat{a}_{l=m}^\dagger+\hat{a}_{l=-m}^\dagger) \tag{4.C.17}$$

$$\hat{b}_{m_-}^\dagger=\frac{1}{\sqrt{2}}(\hat{a}_{l=m}^\dagger-\hat{a}_{l=-m}^\dagger) \tag{4.C.18}$$

这些关系确定了 4.C.1.1 小节讨论的幺正变换形式. 算符 $\hat{b}_{m_+}^\dagger$ 和 $\hat{b}_{m_-}^\dagger$ 是如下定义的模的产生算符：

$$v_{m_+}=\frac{1}{\sqrt{2}}(\mathrm{e}^{\mathrm{i}k_m z}+\mathrm{e}^{-\mathrm{i}k_m z})=\sqrt{2}\cos k_m z \tag{4.C.19}$$

$$v_{m_-}=\frac{1}{\sqrt{2}}(\mathrm{e}^{\mathrm{i}k_m z}-\mathrm{e}^{-\mathrm{i}k_m z})=\mathrm{i}\sqrt{2}\sin k_m z \tag{4.C.20}$$

这些函数是驻波模，任何定义在[0, L]区间上的函数可以按此展开，取

$$k_m = m\frac{2\pi}{L},\quad m \text{ 为正整数} \tag{4.C.21}$$

对这组新基,光子具有什么性质呢？比方说,考虑如下单光子态形式：

$$|m_+ : 1\rangle = \hat{b}^\dagger_{m_+}|0\rangle = \frac{1}{\sqrt{2}}(\hat{a}^\dagger_{l=m}|0\rangle + \hat{a}^\dagger_{l=-m}|0\rangle) \tag{4.C.22}$$

这个光子具有能量 $\hbar\omega_m$. 但如果我们测量其动量,我们就会发现 $+\hbar k_m$ 或 $-\hbar k_m$ 有相同的概率 1/2.

现在考虑电场的平方值,这个量可由光电探测器或感光片探测到. 电场算符具有如下形式：

$$\hat{E}^{(+)}(z) = \mathrm{i}\sum_{m_+}\mathscr{E}^{(1)}_{m_+} v_{m_+}(z)\hat{b}_{m_+} + \mathrm{i}\sum_{m_-}\mathscr{E}^{(1)}_{m_-} v_{m_-}(z)\hat{b}_{m_-} \tag{4.C.23}$$

这个在 z 点探测器敏感的信号形式为(见第 5 章 5.1 节)

$$w^{(1)}(z) = \langle\psi|\hat{E}^{(-)}(z)\hat{E}^{(+)}(z)|\psi\rangle = \|\hat{E}^{(+)}(z)|\psi\rangle\|^2 \tag{4.C.24}$$

将其用到式(4.C.22)的态,得到

$$w^{(1)}(z) = (\mathscr{E}^{(1)}_{m_+})^2 2\cos^2\frac{2\pi m}{L}z \tag{4.C.25}$$

光电探测器会显示出空间调制,特别是驻波的波节和波腹. 这和平面行波很不相同,后者的光电信号在空间上是均匀的.

4.C.1.7 针对物理情况选择最佳模基

我们刚计算了光子态 $|m_+ : 1\rangle$ 下的光探测信号. 在驻波基下,计算变得非常简单,但显然,在平面波基矢下计算也很容易做. 的确,场为

$$\hat{E}^{(+)}(z) = \mathrm{i}\sum_{l}\mathscr{E}^{(1)}_{l}\mathrm{e}^{\mathrm{i}k_l z}\hat{a}_l \tag{4.C.26}$$

进而

$$\hat{E}^{(+)}(z)\left(\frac{1}{\sqrt{2}}\hat{a}^\dagger_{l=m}|0\rangle + \frac{1}{\sqrt{2}}\hat{a}^\dagger_{l=-m}|0\rangle\right) = \mathrm{i}\frac{\mathscr{E}^{(1)}_m}{\sqrt{2}}(\mathrm{e}^{\mathrm{i}k_m z} + \mathrm{e}^{-\mathrm{i}k_m z})|0\rangle \tag{4.C.27}$$

由此给出

$$w^{(1)}(z) = 2(\mathscr{E}^{(1)}_m)^2\cos^2 k_m z \tag{4.C.28}$$

这与式(4.C.25)的结果一样.

原则上,可以在任意基下进行计算.但实际上,选择适合要做的任务的基是有意义的.因此,如果我们有一个相应于驻波的光子,用式(4.C.19)和式(4.C.20)所给的基,可以直接对光探测信号做 $\cos^2 kz$ 的调制,而在式(4.C.28)中出现的这个调制是在振幅叠加后才得到的,这样会给出一个交叉项.在更复杂的情况下,有必要对基做适宜的选择.因此,对一定模的有源辐射光子情形,例如共振腔所限定的模(单模激光就是如此),量子化场是最便捷的,再用其他方式做就显得得不偿失.一般说来,对称性考虑对基选择具有指导意义.因此,原则上说,对具有平移不变性的自由空间,一组平面行波基就是明智选择.但如果有一个理想镜面在 $z=0$ 处施加了边界条件,就最好用驻波模基.如果我们关注源在坐标原点的辐射,那么多极展开普遍证明是一个好的选择.这些考量在处理自发辐射时特别有用,这时辐射原则上会以各种可能的模形式产生.通常,选择适当的基可对要考虑的模的数量给出很大的限制.

4.C.2 波包中的光子

现在考虑变换(4.C.2),但同时假定不再局限于只叠加相同频率 ω_l 的模.这样用 $\hat{b}_m$ 和 $\hat{b}_m^\dagger$ 给出的辐射哈密顿量 $\hat{H}_R$ 的表达式就会包含形如 $\hat{b}_m^\dagger \hat{b}_{m'}$ 的交叉项,其中 m' 和 m 不同,辐射也不再能视为独立谐振子的和.在此将不再使用简正模.这并不意味着这样的变换是没有用的.如果变换是幺正的,对易关系仍然保持,即

$$[\hat{b}_m, \hat{b}_{m'}^\dagger] = \delta_{mm'} \tag{4.C.29}$$

同时,我们可以考虑由真空中按通常方式产生的 $\hat{N}_m = \hat{b}_m^\dagger \hat{b}_m$ 的本征态:

$$|m: n_m\rangle = \frac{1}{\sqrt{n_m!}}(\hat{b}_m^\dagger)^{n_m} |0\rangle \tag{4.C.30}$$

可以认为这个态含有"n_m 个 m 型光子".单光子态是一种特别有趣的态,由式(4.C.13)在 $t=0$ 时刻给出,在时间 t 时变为

$$|m:1\rangle(t) = \sum_l U_m^l \mathrm{e}^{-\mathrm{i}\omega_l t} |l:1\rangle \tag{4.C.31}$$

尽管它不是总哈密顿量 $\hat{H}_R$ 的本征态,但在任意时刻它仍是总光子数算符 $\hat{N} = \sum_l \hat{a}_l^\dagger \hat{a}_l$ 的本征态(方程(4.125)),本征值为1.因而是单光子态.

正如4.C.1.2小节所示,每个经典电磁场的形态都可对应于特定的 m 值,但这种形

态是时间相关的.我们可以通过计算 $\hat{\boldsymbol{E}}^{(+)}(\boldsymbol{r},t)$作用在态$|m:1\rangle$上来确定它：

$$\hat{\boldsymbol{E}}^{(+)}(\boldsymbol{r})\mid m:1\rangle(t)=\left[\sum_{l}\mathscr{E}_{l}^{(1)}\boldsymbol{\varepsilon}_{l}\mathrm{e}^{\mathrm{i}(\boldsymbol{k}_{l}\cdot\boldsymbol{r}-\omega_{l}t)}U_{m}^{l}\right]|0\rangle=\hat{\boldsymbol{E}}^{(+)}(\boldsymbol{r},t)\mid 0\rangle \tag{4.C.32}$$

解析信号 $\hat{\boldsymbol{E}}^{(+)}(\boldsymbol{r},t)$描述更普遍的模，其中$|m:1\rangle$是单光子态.由于有频率 ω_l 的分布，这种形态会按时间演化.在第 5 章和补充材料 5.B 中我们将讨论 $\hat{\boldsymbol{E}}^{(+)}(\boldsymbol{r},t)$描述波包传播的情形，这样$|m:1\rangle$就描述了一个单光子波包.

5

第 5 章

自由量子辐射

在这一章中，我们将利用第 4 章的数学形式体系来描述量子化自由电磁场的一些性质，并强调其与经典电磁学的相似性和差异性. 这些相似性解释了为什么经典光学是如此成功，以至于即使光不是量子化的，它也能够描述直到 20 世纪 70 年代几乎所有已知的光学现象. 而差异性则突出了没有经典对应的典型的量子特性，是现代量子光学的核心.

本章首先提出描述量子光学实验主要部件的正式数学描述，主要部件包括光电探测器和半反射镜. 然后以此来理解用于测量场的正交分量的零差探测，即使在没有探测器能足够快地追踪场自身振荡的光频段也可以测量场的正交分量.

5.2 节处理量子真空，相较于经典真空，量子真空中的辐射特性具有可观测的物理效应，尤其是辐射的涨落特性.

我们在 5.3 节中讨论一个简单情况的若干量子辐射态，这种简单情况就是辐射场只有单一激发的模 l（非真空）. 我们引入一个准经典态或相干态的概念，来建立与经典光学的联系. 我们也会研究那些具有确定光子数的其他态，或者表现出在经典电磁学中相当不可思议的典型量子性质的压缩态，并且我们将说明如何通过海森伯不确定关系用一个非常有用的图形表示来理解这些性质.

在 5.4 节中我们讨论多模态.在通常情况下,仍然可以通过定义准经典态来与经典光学相联系.我们也描述一个具有多模的单光子态,它没有经典对应.有非常大的一类其他非经典多模态,称为纠缠态.我们将只概述它们的定义,而将明确的例子留到补充材料中.

回到单光子和准经典多模态,5.5 节详细研究这些态在干涉仪中的特性.这种情况的研究将帮助我们理解为什么经典光学是如此成功,同时也阐明为了解释由非经典态观察到的现象,量子光学是必要的.在处理对于光子的一个可能波函数的问题(5.6 节)之后,我们通过强调量子光学理论的优势来结束这一章,其提供了光的粒子和波两方面的统一的描述,并且是光学在量子信息领域诸多应用的核心内容.

这一章相当长,但这里所讨论的问题是量子光学研究的关键,希望认真掌握该领域的读者不应该忽视这些问题.然而,当第一次阅读时,关于多模态的 5.4 节可以跳过.另外,在转向补充材料和后续章节之前,关注这一节将是绝对必要的.

本章所介绍的概念,特别是各种非经典态的典型量子性质,都将在几个补充材料中举例说明.补充材料 5.A 对应于压缩态.压缩态使得我们能以比"标准量子极限"可能的更好的精度进行测量.压缩态有可能显著增强大型引力波干涉仪的探测幅度.补充材料 5.B 给出了准经典波包和单光子波包的量子形式.这个补充材料中的一些结果在本章 5.4 节和 5.5 节中被用到.也有一个值得注意的双光子量子效应的描述:两个单光子波包在一个半反射镜上的合并.

补充材料 5.C 给出了一个纠缠态的简单但突出的例子,即偏振纠缠的两个光子.这种类型的态,实验上已经被用来解决"EPR 佯谬"的问题.通过观察制备于这样一个态的光子对对贝尔不等式的破坏,爱因斯坦与玻尔之间从 1935 年开始的长期存在的争论就被最终确定了.补充材料 5.D 描述了纠缠态的另一个显著例子,即两模态,其在形式上相当简单但又具有非常有趣的性质.最后,补充材料 5.E 转向一个非常活跃的研究领域,即量子信息,其中纠缠被用作处理和传输数据的新方式.

5.1 光电探测器和半反射镜:正交分量的零差探测

上一章中建立的形式体系可以被用来描述一个均匀空间中量子化的辐射,以及确定点 $\boldsymbol{r}$ 处各种场 $\boldsymbol{A}$(在库仑规范中),$\boldsymbol{E}$ 或 $\boldsymbol{B}$ 的测量结果.但这个形式体系不足以描述一个

5

标准光学实验,因为在光学实验中空间对辐射来说是不均匀的,包含了类似能够反射所有或部分入射波的全反射镜或半反射镜的器件.而且,与用天线就可探测到并可以在一个示波器上显示的赫兹波相比,仍然没有探测器能足够快地测量可见光场,这些场以大于 10^{14} Hz 的频率随时间振荡.然而,存在光电探测器对电场平方的平均数敏感.为了处理量子光学实验,我们将在本节解释在量子光学框架中如何来描述光电探测器和半反射镜.然后我们将这些新形式应用到零差探测技术,该技术被用于确定电场的正交分量,尽管探测器响应比较缓慢以至于无法探测辐射场的振荡.这一节会用到本章后面建立的一些结论.尽管读者可以在读完整章之后再回到该节,但并不建议在第一次阅读时跳过此节内容.

5.1.1 光电探测器

1. 光电流和计数率:经典辐射

目前所用到的光电探测器,例如眼睛、感光片、光电二极管、光电倍增管以及电荷耦合摄像机等,都是测量"光强"即电场平方的时间平均值的.在光电探测的一个经典模型中,探测器是量子化的,而光则是用一个经典电磁场描述(第 2 章)的,表明信号以电流 $i(\boldsymbol{r},t)$,即"光电流"的形式出现,其平均值等于

$$\overline{i(\boldsymbol{r},t)} = s_{\mathrm{d}} \mid \boldsymbol{E}^{(+)}(\boldsymbol{r},t) \mid^2 = s_{\mathrm{d}}\boldsymbol{E}^{(-)}(\boldsymbol{r},t)\boldsymbol{E}^{(+)}(\boldsymbol{r},t) \tag{5.1}$$

其中 $\boldsymbol{E}^{(+)}(\boldsymbol{r},t)$是经典电场的解析信号(或复振幅,见 4.3.4 小节),对一个单色波来说,准确到一个因子 2,$\boldsymbol{E}^{(-)}\boldsymbol{E}^{(+)}$是场平方的时间平均值.假定很小的探测器被放置于点 $\boldsymbol{r}$.探测器的灵敏度用 s_{d} 描述,其依赖于探测器的种类及尺寸.上横线表明的这个平均值必须在统计意义上来理解,想象实验重复很多次,光电探测过程中的涨落是固有的.

在低强度下,像光电倍增管或雪崩光电二极管等具有非常低的固有噪声的光电探测器可以以另一种方式运作.这些探测器中可以观察到随机分布的很短的激增电流,如同在一个粒子计数器上出现的现象.这些是可以被计数的孤立事件或"单击",称之为光子计数机制.尽管叫这个名字,但这个机制仍然可以用与量子探测器相互作用的经典辐射来半经典地描述,例如放置于点 $\boldsymbol{r}$ 的一个可电离的原子(见补充材料 2.E).这个过程所释放出的电子级联触发,可以增强到一个可探测的宏观脉冲.利用费米黄金规则,单位时间的原子电离概率为

$$w(\boldsymbol{r},t) = s\boldsymbol{E}^{(-)}(\boldsymbol{r},t)\cdot\boldsymbol{E}^{(+)}(\boldsymbol{r},t) \tag{5.2}$$

其中 $w(\boldsymbol{r},t)\mathrm{d}t$ 为点 $\boldsymbol{r}$ 附近，时间 t 到 $t+\mathrm{d}t$ 之间探测到一次单击的概率. 它等于在大量同一实验下，t 到 $t+\mathrm{d}t$ 之间被计数的脉冲的平均数. 在计数机制中，灵敏度 s 等于 $s_\mathrm{d}/q_\mathrm{e}$，其中 q_e 是电子电荷，s_d 是没有级联过程时探测器的灵敏度(见 5.1 节).

评注 (1) 在半经典模型中，前后相继结果间的涨落源于探测器的量子性质. 对一个给定的电磁场，可以计算出单位时间内在探测器的任何一点上产生一个电荷 q_e 的概率(5.2). 由此可以得到整个探测器表面上的平均电流，即

$$\bar{i} = q_\mathrm{e}\int_{\mathrm{det}} \mathrm{d}^2 r w(\boldsymbol{r},t) \tag{5.3}$$

因为产生电荷的精确时刻具有一个随机分布，所以电流会有涨落，这些涨落可以通过考虑基本的探测单元是量子的且是独立的这两个事实来进行建模.

(2) 如果场具有一个 $\Delta\omega$ 的频带宽度，光电流 $i(\boldsymbol{r},t)$ 与光电探测率 $w(\boldsymbol{r},t)$ 将以一个不短于 $1/\Delta\omega$ 的特征时间变化. 这些变化表现在乘积 $\boldsymbol{E}^{(-)}(\boldsymbol{r},t)\boldsymbol{E}^{(+)}(\boldsymbol{r},t)$ 中. 我们假定探测器能够足够快地监控这些变化. 不然的话，就必须在等于探测器响应时间的窗口上取时间平均值.

2. 量子化辐射

上述模型(一个在辐射影响下可以电离的探测原子，以及一个允许探测逐个光电子的级联过程)也能够变为适用于量子化辐射的情况. 光与探测器的相互作用需要用第 6 章中所讨论的理论来描述，可以得到在 t 时刻 $\boldsymbol{r}$ 处的探测器的平均计数率为①

$$w(\boldsymbol{r},t) = s\langle\psi(t)\mid\hat{E}^{(-)}(r)\cdot\hat{E}^{(+)}(\boldsymbol{r})\mid\psi(t)\rangle \tag{5.4}$$

其中 $|\psi(t)\rangle$ 是 t 时刻的辐射态，算符 $\hat{\boldsymbol{E}}^{(+)}(\boldsymbol{r})$ 是可观测电场的正频部分，$\hat{\boldsymbol{E}}^{(-)}(\boldsymbol{r})$ 是其厄米共轭. 该公式明显是半经典结果式(5.2)的量子等价形式. 对于更复杂的物理量有类似的表达式. 一个非常重要的量是在时间 t，位于点 $\boldsymbol{r}_1$ 和 $\boldsymbol{r}_2$ 的两个同步探测的概率(双计数或符合计数)，即

$$w^{(2)}(\boldsymbol{r}_1,\boldsymbol{r}_2,t) = s^2\sum_{i,j=x,y,z}\langle\psi(t)\mid\hat{E}_i^{(-)}(\boldsymbol{r}_1)\cdot\hat{E}_j^{(-)}(\boldsymbol{r}_2)\cdot\hat{E}_j^{(+)}(\boldsymbol{r}_2)\cdot\hat{E}_i^{(+)}(\boldsymbol{r}_1)\mid\psi(t)\rangle \tag{5.5}$$

更确切地说，$w^{(2)}(\boldsymbol{r}_1,\boldsymbol{r}_2,t)\mathrm{d}t_1\mathrm{d}t_2$ 为时间 t 到 $t+\mathrm{d}t_1$ 之间在点 $\boldsymbol{r}_1$ 记录一次单击，同时时间 t 到 $t+\mathrm{d}t_2$ 之间在点 $\boldsymbol{r}_2$ 也记录一次单击的概率. 这个概率可以用两个光电探测器

① 见 CDG Ⅱ补充材料 $\mathrm{A_{II}}$ 中的举例.

加上一个实现符合计数的电子电路来完成测量.

评注 (1) 如果辐射足够强,则脉冲会重叠,探测到的光电流 $i(\boldsymbol{r},t)$的平均值与式(5.4)可差一个乘积因子.就其本身而言,表达式(5.5)由关联函数$\overline{i(\boldsymbol{r}_1,t)i(\boldsymbol{r}_2,t)}$来代替,其中上横线表示在大量实验上的统计平均.

(2) 对于量子化辐射以及一个理想探测器,随机性与辐射的量子性质有关.实际上存在量子效率接近100%的探测器,可以绝对肯定地将每个光子转变成一个元电荷.在这种情况中,电流涨落相当于与探测器发生相互作用的光子数涨落(见5.3.4小节).

5.1.2 半反射镜

考虑一个光束(1)入射到一个半反射镜(图5.1).接触镜面以后,光束分成一个透射光束(4)和一个反射光束(3).关于镜子平面与(1)对称处有第二个入射口(2),则第二个入射光束将分别在相同的出口(4)和(3)反射和透射.为了简便,我们假定所有光束偏振垂直于图平面,这样我们将电场看作标量.还假定每一个光束相当于一个平面行波模,所有模式有相同的频率.

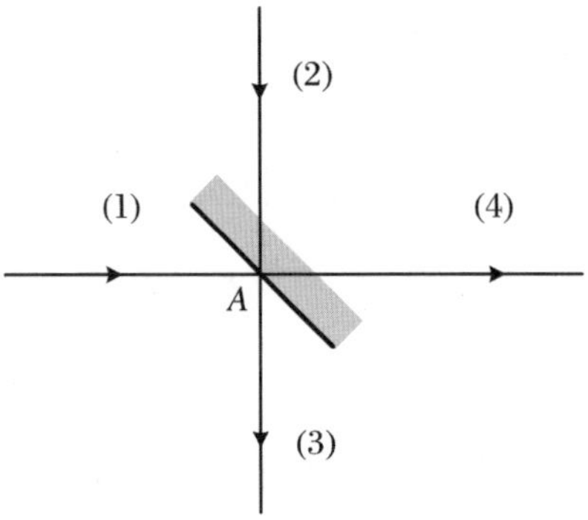

图5.1 半反射镜在点 A 耦合通过端口(1)和(2)进入,从(3)和(4)离开的两个场

适当的透明薄膜已经放置于镜子的第一个表面,使得其具有50%的反射系数,同时一个增透涂层被置于第二个表面,不起任何作用.

在经典光学中,经典电磁场在镜子表面的各层分界面上有连续性条件.这个条件导致入射平面波和出射平面波的复振幅之间,在镜子的同一点,例如点 A,有下列关系:

$$E_3^{(+)} = \frac{1}{\sqrt{2}}(E_1^{(+)} + E_2^{(+)}) \tag{5.6}$$

$$E_4^{(+)} = \frac{1}{\sqrt{2}}(E_1^{(+)} - E_2^{(+)}) \tag{5.7}$$

这些关系对于无损的镜子是有效的，即反射光束和透射光束有相同的强度.第二个等式中的负号确保入射到镜子上的光功率与出射的光功率相等，前者正比于$|E_1^{(+)}|^2+|E_2^{(+)}|^2$，后者正比于$|E_3^{(+)}|^2+|E_4^{(+)}|^2$.

在量子层面，经过镜子后场的状态一定表示为经过镜子前场状态的函数.该变换用作用在描述入射辐射的态矢量上的一个线性算符来描述.然后在变换后的态下计算出射场算符的期望值就得到了测量结果.这个方法被证明是相当冗长的，而且经常导致困难的计算.

这里有第二种方法来处理这个问题，以及其他由光学系统导致的变换的类似问题，该方法被证明是更加方便的.具体过程如下：

(1) 出射模式中场算符 $\hat{E}_3$ 和 $\hat{E}_4$ 以入射模式中场算符 $\hat{E}_1$ 和 $\hat{E}_2$ 来表示.

(2) 辐射用入射空间中的态来描述.

(3) 测量结果用出射场算符的期待值来计算，其中如(1)中所描述的那样，出射场算符可表达为入射场算符的函数形式，而出射场态则如(2)中所述用入射场直接描述.

关于该方法的要点是(1)中涉及的场算符 $\hat{E}_i^{(+)}$ 的变换常常与相应的经典场$E_i^{(+)}$ 的变换相同.于是，当在量子光学中处理相应的问题时，可以直接得到从经典光学中已知的关系.对于半反射镜确实是这种情况.对于复经典场的方程(5.6)和(5.7)，在分束器上确实转变成如下形式的复场算符：

$$\hat{E}_3^{(+)} = \frac{1}{\sqrt{2}}(\hat{E}_1^{(+)} + \hat{E}_2^{(+)}) \tag{5.8}$$

$$\hat{E}_4^{(+)} = \frac{1}{\sqrt{2}}(\hat{E}_1^{(+)} - \hat{E}_2^{(+)}) \tag{5.9}$$

虽然我们没有证明这些关系，但它们也是足够合理的，因为它们意味着量子场的期望值以与经典场相同的方式变化.同时，它们也保证了正比于 $\hat{E}^{(-)}$ 和 $\hat{E}^{(+)}$ 的出射模式分别具有满足量子化条件的产生算符与湮灭算符的对易关系(见公式(4.109))，即$[\hat{a}_3,\hat{a}_3^\dagger]=1$以及$[\hat{a}_4,\hat{a}_4^\dagger]=1$.

评注 (1) 上述方法可以通过观察信号表达式的方式来证明，该信号以期望值$\langle\psi|\hat{O}|\psi\rangle$的方式依赖于算符 $\hat{O}$，该期望值在同时对$|\psi\rangle$和 $\hat{O}$ 上的幺正变换下是不变的.这类似于量子力学中证明海森伯和薛定谔表象等价的论证.

(2) 关系式(5.6)和(5.7)隐含了对场相位的一个特定选择.通常，假如变换保持幺正，相因子可以包含在系数中.这同样适用于式(5.8)和式(5.9).因此，读者不应对发现这些关系的其他不同形式感到奇怪.

5.1.3 零差探测

根据现今的技术,光电探测器无法追踪一个光波中电场极其快速的振荡,并由此直接得到该场的相位.我们将要介绍的这个装置以一个称为本机振荡器的参考场来作用于待测辐射场,从而提供间接接触该(待测场相位)信息的途径.

该装置如图 5.2 所示.一个强的单模激光(远远超过阈值)产生一个处于准经典态 $|\psi_2\rangle=|\alpha_2\rangle$(算符 $\hat{a}_2$ 的一个本征态,本征值为 α_2)的场,其与处于(1)入射位置的一个任意态 $|\psi_1\rangle$ 的待测场在一个半反射镜上混合.我们将在 5.3.4 小节中看到,这种准经典辐射态具有非常接近于具有如下复振幅的经典单色场的性质:

$$E_2^{(+)}(\boldsymbol{r},t)=\mathrm{i}\mathscr{E}_2^{(1)}\alpha_2\mathrm{e}^{-\mathrm{i}\omega_2 t}\mathrm{e}^{\mathrm{i}\boldsymbol{k}_2\cdot\boldsymbol{r}} \tag{5.10}$$

其中 ω_2 和 $\boldsymbol{k}_2$ 分别是模式 2 的频率和波矢,$\mathscr{E}_2^{(1)}$ 是模式 2(从 2 处入射)的"单光子振幅"(见 4.5.1 小节),$\alpha_2=|\alpha_2|\mathrm{e}^{\mathrm{i}\varphi_2}$ 为无量纲复数.频率 ω_2 与正在分析的模式 1 频率相同.入射场在半反射镜上的相位 φ_2,可以通过移动镜子 M 调节,例如通过压电过程.放置于 $\boldsymbol{r}_3$ 和 $\boldsymbol{r}_4$ 的两个光电探测器测量光电流 i_3 和 i_4,而一个差分放大器确定平均差异 $\overline{i_3-i_4}$,正比于(见 5.1.1 小节)

$$\bar{d}=\langle\psi\mid\hat{E}^{(-)}(\boldsymbol{r}_3)\hat{E}^{(+)}(\boldsymbol{r}_3)\mid\psi\rangle-\langle\psi\mid\hat{E}^{(-)}(\boldsymbol{r}_4)\hat{E}^{(+)}(\boldsymbol{r}_4)\mid\psi\rangle \tag{5.11}$$

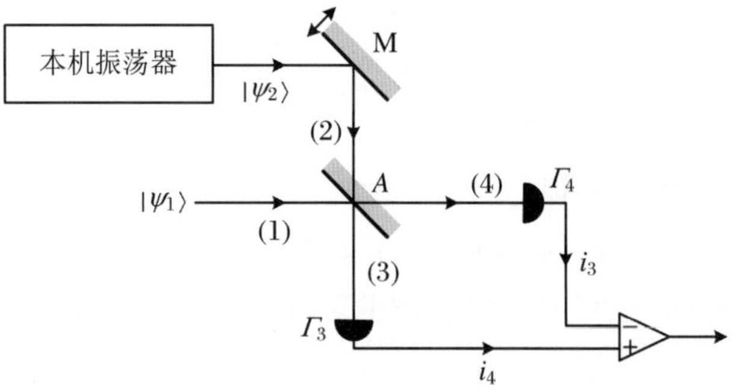

图 5.2 平衡的零差探测装置

A 点的半反射镜使一个本机振荡器与处于模式(1)的辐射之间产生干涉.进入端口(1)和(2)的辐射是单模的,且有相同的频率.光电流之间的差异提供了测量入射态 $|\psi_1\rangle$ 下辐射的正交分量的一种方法.本机振荡器产生的波相位可以通过平移镜子 M 来控制,所以可以选择要测量的正交分量.

差异信号的这个表达式用 5.1.2 小节中所讨论的过程来计算. 利用表达式(4.109)表示入射场,由半反射镜上场的变换(5.8)和(5.9)得到

$$\hat{E}^{(+)}(\boldsymbol{r}_3)=\frac{\mathrm{i}}{\sqrt{2}}\mathscr{E}^{(1)}\mathrm{e}^{\mathrm{i}\boldsymbol{k}_3\cdot\boldsymbol{r}_3}(\hat{a}_1+\hat{a}_2)\tag{5.12}$$

$$\hat{E}^{(+)}(\boldsymbol{r}_4)=\frac{\mathrm{i}}{\sqrt{2}}\mathscr{E}^{(1)}\mathrm{e}^{\mathrm{i}\boldsymbol{k}_4\cdot\boldsymbol{r}_4}(\hat{a}_1-\hat{a}_2)\tag{5.13}$$

因为所有模式都有相同频率 ω_2,我们对所有的场使用相同的常数 $\mathscr{E}^{(1)}$. 如果入射空间中的辐射态用 $|\psi\rangle$ 表示,这些表达式就可以代入式(5.11). 由于这两束光是独立的,$|\psi\rangle$ 是张量积:

$$|\psi\rangle=|\psi_1\rangle\otimes|\alpha_2\rangle\tag{5.14}$$

将式(5.12)和式(5.13)代入式(5.11),我们得到平均差异信号为

$$\bar{d}=-(\mathscr{E}^{(1)})^2\langle\psi(t)|\hat{a}_1^\dagger\hat{a}_2+\hat{a}_1\hat{a}_2^\dagger|\psi(t)\rangle\tag{5.15}$$

借助将在 5.3.4 小节中讨论的式(5.75),与模式 2 的准经典态相关的项可以写为

$$\langle\alpha_2(t)|\hat{a}_2|\alpha_2(t)\rangle=\alpha_2\mathrm{e}^{-\mathrm{i}\omega_2 t}=|\alpha_2|\mathrm{e}^{\mathrm{i}\varphi_2}\mathrm{e}^{-\mathrm{i}\omega_2 t}\tag{5.16}$$

同样,对于场的一个单模中频率为 ω_2 的态,由 $|\psi_1(t)\rangle$ 的表达式(5.52)可给出

$$\langle\psi_1(t)|\hat{a}_1|\psi_1(t)\rangle=\mathrm{e}^{-\mathrm{i}\omega_2 t}\langle\psi_1(0)|\hat{a}_1|\psi_1(0)\rangle\tag{5.17}$$

由此得出,$\bar{d}$ 不依赖于时间,并且可以写为模式 1 辐射在时间 $t=0$ 的态 $|\psi_1(0)\rangle$ 的函数:

$$\bar{d}=-(\mathscr{E}^{(1)})^2|\alpha_2|\langle\psi_1(0)|(\mathrm{e}^{-\mathrm{i}\varphi_2}\hat{a}_1+\mathrm{e}^{\mathrm{i}\varphi_2}\hat{a}_1^\dagger)|\psi_1(0)\rangle\tag{5.18}$$

现在我们介绍模式 1 的**正交算符** $\hat{E}_{Q1}$ 和 $\hat{E}_{P1}$:

$$\hat{E}_{Q1}=\mathscr{E}^{(1)}(\hat{a}_1+\hat{a}_1^\dagger)\tag{5.19}$$

$$\hat{E}_{P1}=-\mathrm{i}\mathscr{E}^{(1)}(\hat{a}_1-\hat{a}_1^\dagger)\tag{5.20}$$

差异信号(5.18)就可写为

$$\bar{d}=-|\alpha_2|\mathscr{E}^{(1)}(\cos\varphi_2\langle\psi_1(0)|\hat{E}_{Q1}|\psi_1(0)\rangle+\sin\varphi_2\langle\psi_1(0)|\hat{E}_{P1}|\psi_1(0)\rangle)\tag{5.21}$$

取相位 φ_2 等于 0 或者 $\pi/2$(以 π 为模),我们可以分别测量 $\hat{E}_{Q1}$ 或 $\hat{E}_{P1}$ 的期望值. 稍后我们将研究这些可观测量的意义,这些观测量正比于 4.5.1 小节中所介绍的辐射的共轭正则观测量 $\hat{Q}_l$ 和 $\hat{P}_l$. 更准确地说,利用式(4.102)和式(4.103),可以检验式(5.19)和式

(5.20)变为

$$\hat{E}_{Ql} = \mathcal{E}_l^{(1)}(\hat{a}_l + \hat{a}_l^\dagger) = \mathcal{E}_l^{(1)}\sqrt{\frac{2}{\hbar}}\hat{Q}_l \tag{5.22}$$

$$\hat{E}_{Pl} = -\mathrm{i}\mathcal{E}_l^{(1)}(\hat{a}_l - \hat{a}_l^\dagger) = \mathcal{E}_l^{(1)}\sqrt{\frac{2}{\hbar}}\hat{P}_l \tag{5.23}$$

一个类似计算表明了光电流之间差异的平方的平均值,即

$$\overline{(i_3 - i_4)^2} = \overline{i_3^2} + \overline{i_4^2} - 2\,\overline{i_3 i_4} \tag{5.24}$$

变为

$$\overline{d^2} = (\mathscr{E}^{(1)})^4(|\alpha_2|^2\langle\psi_1(0)|(\mathrm{e}^{-\mathrm{i}\varphi_2}\hat{a}_1 + \mathrm{e}^{\mathrm{i}\varphi_2}\hat{a}_1^\dagger)^2|\psi_1(0)\rangle + \langle\psi_1(0)|\hat{a}_1^\dagger\hat{a}_1|\psi_1(0)\rangle) \tag{5.25}$$

这个表达式表明如果第二项是可忽略的,即如果$|\alpha_2|$足够大,则正交分量 E_{Q1} 和 E_{P1} 的量子涨落可以被测量.例如,若取 $\varphi_2 = 0$,则测量得到$\overline{d^2} = (\mathscr{E}^{(1)}|\alpha_2|)^2\langle\psi_1(0)|\hat{E}_{Q1}^2|\psi_1(0)\rangle$.

零差方法是非常有用的.它绕过了探测器响应时间较慢的问题,并确实地提供了一种测量场的正交观测量甚至它们的涨落的方法.而且,如果本机振荡器足够强,也就是$|\alpha_2|$远大于 1,那么与光电探测器直接放置于模式 1 中所得的信号相比,零差探测中模式 1 场相关的信号存在一个相应放大.因此,有可能获得强于探测器技术噪声的信号,从而可以获得模式 1 中辐射场的量子涨落信息.

评注 (1) 在上述计算中,由于本机振荡器与待分析辐射场有相同的频率,我们得到了不依赖于时间的结果.例如,如果本机振荡器的频率为 ω_2,不同于待分析辐射场的频率 ω_1,在信号 $\bar{d}$ 中就会在频率 $\omega_1 - \omega_2$ 上出现一个振荡,其振幅可以用一个适当的电子滤波器来测量.这称为外差探测.

(2) 根据本机振荡器的相位 φ_2 的不同值,重复多次对场 1 的测量,假定这些测量是可重现的,模式 1 的辐射态就可以被完全表征,且态矢量(或当态不是纯态时其密度矩阵)可被重新构造.这称为量子层析.①

(3) 零差探测可以用从式(5.1)出发的半经典理论来分析.如果一个弱场经典地描述为

$$E_1^{(+)} = \mathcal{E}_1\mathrm{e}^{-\mathrm{i}\omega t} = |\mathcal{E}_1|\mathrm{e}^{\mathrm{i}\varphi_1}\mathrm{e}^{-\mathrm{i}\omega t} \tag{5.26}$$

与如下的本机强振荡场干涉,

① Bachor H, Ralph T. A Guide to Experiments in Quantum Optics [M]. Wiley, 2004.

$$E_2^{(+)} = \mathrm{i}\,|\,\mathcal{E}_2\,|\,\mathrm{e}^{\mathrm{i}\varphi_2}\mathrm{e}^{-\mathrm{i}\omega t} \tag{5.27}$$

在一个平衡探测装置中,可以得到

$$\overline{i_3 - i_4} = s_\mathrm{d}\,|\,E_3^{(+)}\,|^2 - s_\mathrm{d}\,|\,E_4^{(+)}\,|^2 \tag{5.28}$$

利用式(5.6)和式(5.7),该信号为

$$\overline{i_3 - i_4} = s_\mathrm{d}\,|\,E_1^{(+)}E_2^{(-)} + \mathrm{c.c.}\,| = s_\mathrm{d}\,|\,\mathcal{E}_2\,|\,(-\,\mathrm{i}\mathcal{E}_1\mathrm{e}^{-\mathrm{i}\varphi_2} + \mathrm{i}\mathcal{E}_1^*\mathrm{e}^{\mathrm{i}\varphi_2}) \tag{5.29}$$

如果本机振荡器的相位固定为 $\varphi_2 = 0$,测量 $E_{Q1} = -\,\mathrm{i}(\mathcal{E}_1 - \mathcal{E}_1^*)$,即场在 $t = \pi/(2\omega)$,$5\pi/(2\omega)$等时间的振幅.同样,取 $\varphi_2 = \pi/2$,可以得到 $E_{P1} = -\,\mathrm{i}(\mathcal{E}_1 + \mathcal{E}_1^*)$,即场在 $t = 0, 2\pi/\omega$ 等时间的振幅.等式(5.29)甚至可以写为如下形式:

$$\overline{i_3 - i_4} = s_\mathrm{d}\,|\,\mathcal{E}_2\,|\,(\cos\varphi_2 E_{Q1} + \sin\varphi_2 E_{P1}) \tag{5.30}$$

类似于式(5.21).

这个经典计算使我们能将 E_{Q1} 或 E_{P1} 解释为在 $0, T, 2T$ 等或 $T/4, 5T/4$ 等时间上场的频闪视图,其中 T 是周期 $2\pi/\omega$;同时该计算也表明了放大效应正比于本机振荡器的振幅 $|\mathcal{E}_2|$.

5.2 真空:量子辐射的基态

在本节中,我们讨论基态 $|n_1 = 0, \cdots, n_l = 0, \cdots\rangle$ 的性质,它在每个模式中都包含零光子.这可以更简单地表示为 $|0\rangle$.它是没有光源时的辐射态.习惯上称之为真空,但也许称为无光更好.实际上,我们将看到真空并不是什么也没有.它像任何其他量子系统的基态一样,具有特殊的性质.

在4.6.1小节中真空用应用于整套模式的性质(4.116)来定义:在真空中,不能消灭一个光子.然而,这里我们将讨论的性质是由场观测量的基本对易关系引起的(见4.5.1小节),实际上与式(4.100)表示的 $\hat{a}_l$ 和 $\hat{a}_l^\dagger$ 的非对易性密切相关.

5.2.1 场算符的非对易性和辐射的海森伯关系

对于一个谐振子,我们知道有海森伯关系 $\Delta x \Delta p \geqslant \hbar/2$(这是算符 $\hat{x}$ 和 $\hat{p}$ 的非对易性

的直接结果)，意味着这个系统不能处于 x 和 p 同时完全确定的状态.正比于 p^2 的动能和正比于 x^2 的势能之间能得到的最低能态，也必须满足海森伯关系.这就是为什么这个态有非零能量 $\hbar\omega/2$(“零点能”)，并且在位置和动量上都围绕一个零平均值有限扩展，这可以归因于在 x 和 p 上的量子涨落.

对于电磁场也是如此.正则对易关系式(4.94)暗含了如下海森伯关系，对量子化辐射的任意态都绝对有效：

$$\Delta Q_l \Delta P_l \geqslant \frac{\hbar}{2} \tag{5.31}$$

这个关系式表明，该矢势的实部和虚部的不确定性不能同时为零.这就是为什么即使在真空态 $|0\rangle$，能量以及场的方差也不能为零.这是一个纯粹的量子效应.对于电场的实部和虚部以及场正交分量(5.19)和(5.20)也能写出类似的关系式，根据式(5.22)和式(5.23)以及式(5.31)，可以得到

$$\Delta E_{Ql} \Delta E_{Pl} \geqslant (\mathscr{E}_l^{(1)})^2 \tag{5.32}$$

5.2.2 真空涨落及其物理结果

对于任意模 l，有下列关系式(见等式(4.116))：

$$\hat{a}_l \mid 0\rangle = 0, \quad \langle 0 \mid \hat{a}_l^\dagger = 0 \tag{5.33}$$

根据式(4.108)～式(4.110)以及式(4.115)～式(4.117)，可以得到

$$\langle 0 \mid \hat{\boldsymbol{E}}(r) \mid 0\rangle = \langle 0 \mid \hat{\boldsymbol{B}}(r) \mid 0\rangle = \langle 0 \mid \hat{\boldsymbol{A}}(r) \mid 0\rangle = 0 \tag{5.34}$$

在真空中，正如所预期的那样，场的平均值为零.

现在我们来计算一下真空中场的方差.应用相同的关系式，以及从式(4.116)和式(4.117)得出的关系

$$\langle 0 \mid \hat{a}_j \hat{a}_k^\dagger \mid 0\rangle = \delta_{jk} \tag{5.35}$$

可以看到

$$(\Delta \boldsymbol{A})^2 = \langle 0 \mid [\hat{\boldsymbol{A}}(r)]^2 \mid 0\rangle = \sum_l \frac{1}{\omega_l^2} (\mathscr{E}_l^{(1)})^2 \tag{5.36}$$

$$(\Delta \boldsymbol{E})^2 = \langle 0 \mid [\hat{\boldsymbol{E}}(r)]^2 \mid 0\rangle = \sum_l (\mathscr{E}_l^{(1)})^2 = \sum_l \frac{\hbar\omega_l}{2\varepsilon_0 L^3} \tag{5.37}$$

$$(\Delta \boldsymbol{B})^2 = \langle 0 \mid [\hat{\boldsymbol{B}}(r)]^2 \mid 0 \rangle = \sum_l \frac{1}{c^2}(\mathscr{E}_l^{(1)})^2 = \frac{1}{c^2}(\Delta \boldsymbol{E})^2 \tag{5.38}$$

$\mathscr{E}_l^{(1)}$(对在 L^3 体积内的一个光子来说，可以称为场)已经在 4.5.1 小节中介绍过了. 上述表达式是时间独立的，因为真空是其哈密顿量的一个本征态，即它是一个定态.

因此量子理论告诉我们，即使在基态，辐射场也是有涨落的，称为“**真空涨落**”. 这是量子场的一种十分新的基本性质，不能归结于光量子的存在，并且它是一些物理现象的基础.

首先，真空涨落解释了原子的性质因其与量子化的辐射场的耦合而发生变化，即使没有光子存在于这个场中. 在被称为**自发辐射**的现象中，这些涨落可以引起原子能级间的跃迁，这将在第 6 章中更详细地研究. 它们也能移动原子能级. 特别是，兰姆位移，即氢原子 $2S_{1/2}$ 和 $2P_{1/2}$ 能级间微小的能量差(见补充材料 3. G)，即使考虑狄拉克相对论性理论也无法用原子是孤立的这种理论来解释. 要解释兰姆位移，必须考虑氢原子与辐射真空之间不可避免的相互作用. 在第 2 章中我们已经看到，当一个原子与一个振荡经典场发生相互作用时，其能级被移动了正比于场平方的一个量. 类似地，在真空涨落的影响下，由于氢原子能级 $2S_{1/2}$ 和 $2P_{1/2}$ 的能量平移量的不同而出现了兰姆位移.①

对于一个孤立电子有一个类似的物理效应. 非常精确的实验已经表明，自由电子的磁矩并不是如狄拉克理论所预言的那样正好是 $2\mu_B$(其中 μ_B 是玻尔磁子)，而是相差了大约千分之一. 这个微小差异也能用电子与处于基态的辐射场之间的耦合来解释. 这可以解释为由真空中磁场的涨落引起的效应：磁场的涨落会影响位于静磁场中电子的回旋运动以及自旋进动.②

真空涨落引起的另一个物理效应是卡西米尔效应(Casimir effect)，它指的是两个不带电的物体之间的一个力，然而这个力能影响电磁场的分布. 一个例子是相互平行放置的两个完全平坦的金属镜，它们之间有一个引力 F_{Casimir}③：

$$F_{\text{Casimir}} = -\frac{\pi^2 \hbar c}{240}\frac{S}{d^4} \tag{5.39}$$

其中 S 是镜子的面积，d 是它们的间距. 在相距距离为 nm 尺度的两导体间，这个力相较于其他力来说是起主导作用的. 为了解释卡西米尔效应，我们可以进行类似于本节开始

① 在 CDG Ⅱ练习 7 中可以找到兰姆位移的一个近似计算. 在 H. Bethe 和 E. Salpeter 的 *Quantum Mechanics of One-and Two-Electron Atoms* (Academic Press，1957) 中得到详细、完整的计算.

② Dupont-Roc J，Fabre C，Cohen-Tannoudji C. Physical Interpretations for Radiative Correction in the Non-Relativistic Limit [J]. Journal of Physics B：Atomic，Molecular，and Optical Physics，1978，11：563.

③ Mandel L，Wolf E. Optical Coherence and Quantum Optics[M]. Cambridge University Press，1995：508.

时的计算,结果显示辐射动量的方差$(\Delta \boldsymbol{P}_R)^2$(补充材料 4.B)在真空态中不为零.因此真空在一个镜子的每个面上施加了一个辐射压力.根据对称性,在一个孤立的镜子上的总效应为零,因为这个压力平等地作用于其每个边.然而,当两个镜子相对放置时,这个对称性就被破坏了,因为它们的存在改变了场模结构.确实,在这两个镜子之间存在两个镜子引起的共振和非共振法布里-珀罗模式(见补充材料 3.A).在镜子外侧,则有任意频率的自由空间模.真空涨落依赖于模结构,且作用在每个镜子上的平均压力不为零,产生了由卡西米尔计算出的明显的引力.

除了这些定性考虑外,涉及真空涨落的计算通常是一个微妙的问题.当体积为 L^3 的盒子趋于无穷时,式(5.36)~式(5.38)中对 l 的求和可以用积分来代替.于是可以发现不同场的方差是由发散积分构成的.①同样,如果直接在真空中场方差的表达式(5.37)和式(5.38)的基础上进一步计算兰姆位移,则对所有场模的求和会引入发散积分,得到一个无穷大的值.1947 年,施温格、费曼和朝永振一郎发现,通过被称为"重整化"的过程,有可能避免辐射量子理论中出现的无穷大的问题.他们能够计算所有可观测效应的精确有限值.刚刚被兰姆和雷瑟福测量过的兰姆位移可以用他们的方法来计算,就像刚被库施(Kusch)测量到的电子磁矩偏离 $2\mu_B$ 的差异也能用该方法计算那样.理论值与实验值完美的符合成了辐射量子理论的强有力证明.在 21 世纪伊始,兰姆位移和电子反常磁矩是那些可以以极高精度(10^{-14}相对值)测量的量的突出代表,理论和实验之间的对比仍然是一种检验量子电动力学有效性的特有方式.

在本章以及下一章中,我们将讨论限定于不需要在无穷多模式上求和,即那些导致发散的情况.这将不会阻碍我们处理真空涨落的最重要的结果之一,也就是自发辐射.对量子电动力学更多内容感兴趣的读者可以参考更专业的文献.②

5.3 单模辐射

有很多物理情形可以用一个单场模式来描述.在一级近似下,单模激光器发出的准直光束

① 然而,可以看到,如果不在点 $\boldsymbol{r}$ 上计算这些方差,而是在 $\boldsymbol{r}$ 附近一个有限延伸 $\Delta \boldsymbol{r}$ 的范围内,那么这些方差就是有限的.

② Jauch J M, Rohrlich F. The Quantum Theory of Photons and Electrons [M]. Addison-Wesley, 1955.
Bjorken J D, Drell S D. Relativistic Quantum Mechanics [M]. McGraw-Hill, 1964.
Roman P. Advanced Quantum Theory [M]. Addison-Wesley, 1965.
Itzykson C, Zuber J B. Quantum Field Theory [M]. McGraw-Hill, 1980.

可以看作一个偏振为 $\boldsymbol{\varepsilon}_l$、角频率为 $\omega_l = c|\boldsymbol{k}_l|$、沿 $\boldsymbol{k}_l/|\boldsymbol{k}_l|$方向传播的平面行波. 这个波具有无穷大的横向尺寸这个事实会导致计算上的困难. 在这种情况下,这个平面波可以看作被限制于一个有限横向区域 $S_\perp$ 内,该区域与波长相比足够大,使得能够忽略衍射效应.

更一般地说,根据所考虑的问题,使用简正模而不是行波也许会更好. 例如,对于包含由于光束有限横向尺寸导致的衍射效应,高斯模TEM_{pq}就非常适合于这样激光束更精确的描述. 在其他情况下,在驻波模式基础上也许对一个给定物理问题来说是更方便的(见补充材料 4.C). 因此,在一个给定物理情形中所考虑的单模 l 可以有许多不同的种类. 为了简便起见,下面的讨论将限定于本节开始时所描述的平面行波,但当一个单模被激发时,大多数结论对任何其他类型的模式仍然是有效的.

5.3.1 经典描述:相位、振幅与正交分量

在任意点 $\boldsymbol{r}$ 上处于模 l 的经典电场可以写为

$$\boldsymbol{E}_l(\boldsymbol{r},t) = \boldsymbol{\varepsilon}_l\mathcal{E}_l(0)\mathrm{e}^{\mathrm{i}(\boldsymbol{k}_l\cdot\boldsymbol{r}-\omega_l t)} + \text{c.c.} = \boldsymbol{E}_l^{(+)}(\boldsymbol{r},t) + \boldsymbol{E}_l^{(-)}(\boldsymbol{r},t) \tag{5.40}$$

由于有一个明确的偏振,可以利用对应场和解析信号的标量 $E_l(\boldsymbol{r},t)$和 $E_l^{(+)}(\boldsymbol{r},t)$来简化这个表达式.

它们的定义如下:

$$\boldsymbol{E}_l(\boldsymbol{r},t) = \boldsymbol{\varepsilon}_l E_l(\boldsymbol{r},t) = \boldsymbol{\varepsilon}_l[E_l^{(+)}(\boldsymbol{r},t) + E_l^{(-)}(\boldsymbol{r},t)] \tag{5.41}$$

此外,我们用 $\mathcal{E}_l(0)$定义处于模 l 的场的复振幅,

$$\mathcal{E}_l(0) = E_l^{(+)}(\boldsymbol{r} = 0, t = 0) \tag{5.42}$$

场

$$E_l(\boldsymbol{r},t) = \mathcal{E}_l(0)\mathrm{e}^{\mathrm{i}(\boldsymbol{k}_l\cdot\boldsymbol{r}-\omega_l t)} + \text{c.c.} \tag{5.43}$$

也可以重写为如下形式:

$$E_l(\boldsymbol{r},t) = -E_{Pl}\cos(\boldsymbol{k}_l\cdot\boldsymbol{r} - \omega_l t) - E_{Ql}\sin(\boldsymbol{k}_l\cdot\boldsymbol{r} - \omega_l t) \tag{5.44}$$

E_{Ql}和E_{Pl}称为单模经典场的**正交分量**. 它们在 5.1.3 小节中已经介绍过了,可以用零差探测来测量. 它们与复振幅 $\mathcal{E}_l(0)$有如下关系:

$$-E_{Pl} = \mathcal{E}_l(0) + \mathcal{E}_l(0)^* \tag{5.45}$$

$$E_{Ql} = -\mathrm{i}[\mathcal{E}_l(0) - \mathcal{E}_l(0)^*] \tag{5.46}$$

$$\mathcal{E}_l(0) = -\frac{E_{Pl}}{2} + \mathrm{i}\frac{E_{Ql}}{2} \tag{5.47}$$

如果知道了复振幅 $\mathcal{E}_l(0)$，或两个实数 E_{Ql} 和 E_{Pl}，或波的振幅 $|\mathcal{E}_l(0)|$ 和相位 φ_l 的值，那么处于某个模式的经典场在任何点和时间上都是确定的，复振幅定义为

$$\mathcal{E}_l(0) = |\mathcal{E}_l(0)|\mathrm{e}^{\mathrm{i}\varphi_l} \tag{5.48}$$

作为 φ_l 和 $|\mathcal{E}_l(0)|$ 的函数，场(5.43)可以写为

$$E_l(\boldsymbol{r},t) = 2|\mathcal{E}_l(0)|\cos(\boldsymbol{k}_l\cdot\boldsymbol{r} - \omega_l t + \varphi_l) \tag{5.49}$$

为了描述这个场，在表示复振幅 $\mathcal{E}_l(0)$ 的二维复平面(图 5.3(a))上引入一个矢量是方便的. 该矢量的笛卡儿坐标为 $-E_{Pl}/2$ 和 $E_{Ql}/2$，即正交分量除以一个因子，见式(5.47). 这个矢量在经典电磁学中被广泛使用，称为**相量**.

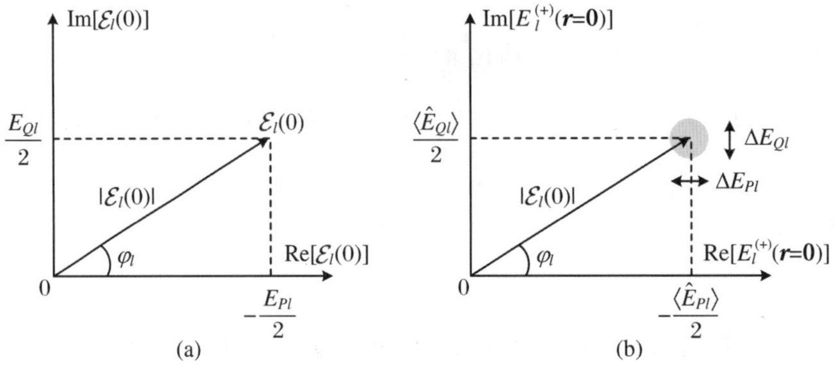

图 5.3　处于模 l 的电场的相矢量表示

(a) 复振幅为 $\mathcal{E}_l(0)=|\mathcal{E}_l(0)|\mathrm{e}^{\mathrm{i}\varphi_l}$ 的经典场. 正交分量除以 ± 2 的因子为 $\mathcal{E}_l(0)$ 的实部和虚部. 零差测量使我们能测量 $\mathcal{E}_l(0)$ 在任意轴上的投影. (b) 处于 $\langle\hat{E}_l^{(+)}(\boldsymbol{r}=\mathbf{0})\rangle_{t=0}=|\mathcal{E}_l(0)|\mathrm{e}^{\mathrm{i}\varphi_l}$ 以及正交分量有小于 $\mathcal{E}_l$ 的同等的散布标准差 ΔE_{Ql} 和 ΔE_{Pl} 这样的一个态上的量子场. 零差测量使我们能得到 $t=0$ 时 $\hat{E}_l^{(+)}(\boldsymbol{r})$ 在任意轴上的投影，并且结果有一个散布标准差(例如在纵轴上为 ΔE_{Ql}). 投影测量的全部集合使我们能用一个随机相量 $\hat{E}_l^{(+)}(\boldsymbol{r}=\mathbf{0})$ 来表示场的态，该矢量的末端可能位于灰色圆盘上的任何位置. 图 5.6 给出了 $\langle\hat{E}_l^{(+)}(\boldsymbol{r}=\mathbf{0})\rangle_t$ 与时间的关系，以及这里所示情形下其测量值的散布情况.

如果我们能直接测量这个场(如同我们能直接测量无线电波)，我们将会对它的值 $E_l(\boldsymbol{r},t)$ 感兴趣，它是在旋转相量 $\mathcal{E}_l(0)\mathrm{e}^{-\mathrm{i}\omega_l t}$ 实轴上投影的 2 倍，该旋转相量以角速度 ω_l 顺时针旋转. 然而，在光频段，没有探测器能足够快地追踪如此迅速的时间演化，我们必须依靠零差测量(见 5.1.3 小节). 通过选择本机振荡器的相位 φ_2，我们就可以测量该模式中场的任何一个正交分量，即固定相量 $\mathcal{E}_l(0)$ 在任意轴上的投影，特别是实轴或虚轴上.

5.3.2 单模量子辐射:正交观测量和相量表示

1. 单模辐射态

按照定义,单模量子态就是一般形式(4.131)中除了 n_l 外其他光子数n_1,n_2,…都为0的态,其中 l 是所考虑的模式.因此辐射态假定具有如下简单形式:

$$|\psi\rangle = \sum_{n_l=0}^{\infty} C_{n_l} | n_1 = 0, \cdots, n_{l-1} = 0, n_l, n_{l+1} = 0, \cdots\rangle \tag{5.50}$$

令 $\mathcal{F}_l$ 为这些模 l 态的希尔伯特空间,态$|\psi\rangle$可以简写为

$$|\psi\rangle = \sum_{n_l=0}^{\infty} C_{n_l} | n_l\rangle \tag{5.51}$$

这样最一般的模 l 态就以复参数C_{n_l}的可数无穷集来表征(满足归一化条件$\langle\psi|\psi\rangle=1$),而经典单模态则是用一个单一复数 $\mathcal{E}_l(0)$来定义.因此可以期望量子场存在更大的多样性.

为了与经典场相比较,我们首先计算作为 $\boldsymbol{r}$ 和 t 的函数的场的期望值.t 时刻态$|\psi\rangle$可以写为

$$|\psi(t)\rangle = \mathrm{e}^{-\mathrm{i}\omega_l t/2} \sum_{n_l=0}^{\infty} C_{n_l} \mathrm{e}^{-\mathrm{i}n_l\omega_l t} | n_l\rangle \tag{5.52}$$

这个表示可以用来计算电场算符(4.109)的期望值.式(4.115)~式(4.117)意味着

$$\langle\psi(t)|\hat{\boldsymbol{E}}(\boldsymbol{r})|\psi(t)\rangle = \mathrm{i}\mathscr{E}_l^{(1)}\boldsymbol{\varepsilon}_l\Big(\sum_{n_l=0}^{\infty} C_{n_l-1}^{*} C_{n_l}\sqrt{n_l}\Big)\mathrm{e}^{\mathrm{i}(\boldsymbol{k}_l\cdot\boldsymbol{r}-\omega_l t)} + \mathrm{c.c.} \tag{5.53}$$

于是可以发现对于单模量子场来说,电场的期望值在时空上的变化方式与单模经典场的情况一致,见式(5.40).因此场的量子态多样性并没有导致场的期望值的时间演化在更大范围区间上变化.实际上,在场测量值的概率分布的高阶矩部分,这个多样性将会得以体现,尤其是在某一给定点所测场的涨落,以及在不同点测量之间的关联中,将可以观察到最显著的量子效应.

评注 注意到,如果只有单一系数 C_{n_l} 不为零,那么处于这个态的量子场的期望值始终为零.我们将在5.3.3小节中回到这一点.

2. 正交算符与相量表示

对于单模场,所关注的电场算符是式(4.109)定义的算符 $\hat{\boldsymbol{E}}(\boldsymbol{r})$限定在子空间 $\mathcal{F}_l$ 上的部分$\hat{\boldsymbol{E}}_l(\boldsymbol{r})$:

$$\hat{\boldsymbol{E}}_l(\boldsymbol{r}) = \mathrm{i}\boldsymbol{\varepsilon}_l\mathscr{E}_l^{(1)}\mathrm{e}^{\mathrm{i}\boldsymbol{k}_l\cdot\boldsymbol{r}}\hat{a}_l + \mathrm{h.c.} \tag{5.54}$$

其中 h.c.表示“厄米共轭”. 在 $\mathcal{F}_l$ 中,正则对易关系式(4.100)和(4.101)变为

$$[\hat{a}_l, \hat{a}_l^\dagger] = 1 \tag{5.55}$$

由于只有一个偏振,可以再次用标量算符 $\hat{E}_l^{(+)}(\boldsymbol{r})$和 $\hat{E}_l(\boldsymbol{r})$进一步简化符号:

$$\hat{E}_l^{(+)}(\boldsymbol{r}) = \mathrm{i}\mathscr{E}_l^{(1)}\hat{a}_l\mathrm{e}^{\mathrm{i}\boldsymbol{k}_l\cdot\boldsymbol{r}} \tag{5.56}$$

$$\hat{E}_l(\boldsymbol{r}) = \mathrm{i}\mathscr{E}_l^{(1)}(\hat{a}_l\mathrm{e}^{\mathrm{i}\boldsymbol{k}_l\cdot\boldsymbol{r}} - \hat{a}_l^\dagger\mathrm{e}^{-\mathrm{i}\boldsymbol{k}_l\cdot\boldsymbol{r}}) \tag{5.57}$$

式(5.22)和式(5.23)中引入的厄米算符(可观测量)$\hat{E}_{Ql}$和$\hat{E}_{Pl}$可由以下两式给出:

$$\hat{E}_{Ql} = \mathscr{E}_l^{(1)}(\hat{a}_l + \hat{a}_l^\dagger) \tag{5.58}$$

$$\hat{E}_{Pl} = -\mathrm{i}\mathscr{E}_l^{(1)}(\hat{a}_l - \hat{a}_l^\dagger) \tag{5.59}$$

它们与式(5.45)和式(5.46)中介绍的经典单模场正交分量相联系.算符 $\hat{E}_l^{(+)}(\boldsymbol{r})$和 $\hat{E}_l(\boldsymbol{r})$可写为

$$\hat{E}_l^{(+)}(\boldsymbol{r}) = \left(-\frac{\hat{E}_{Pl}}{2} + \mathrm{i}\frac{\hat{E}_{Ql}}{2}\right)\mathrm{e}^{\mathrm{i}\boldsymbol{k}_l\cdot\boldsymbol{r}} = \mathrm{i}\mathscr{E}_l^{(1)}\hat{a}_l\mathrm{e}^{\mathrm{i}\boldsymbol{k}_l\cdot\boldsymbol{r}} \tag{5.60}$$

$$\hat{E}_l(\boldsymbol{r}) = -\hat{E}_{Ql}\sin\boldsymbol{k}_l\cdot\boldsymbol{r} - \hat{E}_{Pl}\cos\boldsymbol{k}_l\cdot\boldsymbol{r} \tag{5.61}$$

正如式(5.22)和式(5.23)所述,$\hat{E}_{Ql}$和$\hat{E}_{Pl}$,再加上一个乘数因子,是量子化过程引入的共轭正则观测量 $\hat{Q}_l$ 和$\hat{P}_l$.它们的对易子可由式(5.55)得到:

$$[\hat{E}_{Ql}, \hat{E}_{Pl}] = 2\mathrm{i}(\mathscr{E}_l^{(1)})^2 \tag{5.62}$$

在 5.1.3 小节中已经解释了,可以测量场正交分量 $\hat{E}_{Ql}$和$\hat{E}_{Pl}$在 $t=0$ 时的平均值和散布情况(用标准差度量)(等式(5.21)和(5.25)).这些测量的结果就可以用于图 5.3(a)所示的那种相量图.由于 $\hat{E}_{Ql}$和$\hat{E}_{Pl}$不对易,得到的值必然受涨落或“量子噪声”的影响,并且可能的测量结果分布于一个区域(图 5.3(b)).测量所得标准差的海森伯关系与对易子(5.62)相关:

$$\Delta E_{Pl}\cdot\Delta E_{Ql} \geqslant (\mathscr{E}_l^{(1)})^2 \tag{5.63}$$

于是由式(5.63)就给出了分布区域的一个最小面积.这可以被认为表示在 $\boldsymbol{r}=\mathbf{0}$ 和 $t=0$ 时测量得到的复场 $\hat{E}_l^{(+)}(\boldsymbol{r}=\mathbf{0})$ 的可能值.图 5.3(b)中的相量表示可以用来描绘在零差测量中改变本机振荡器的相位 φ_2 时预期的结果.这相当于将 $\hat{E}_l^{(+)}(\boldsymbol{r}=\mathbf{0})$ 投影到一个不同的轴上,结果位于散布区域在相应轴上的投影内.当区域如图 5.3(b)所示是一个圆盘时,对所有正交分量来说,散布大小都是相同的.然而,存在某些场的态(见 5.3.5 小节),其散布区域是一个椭圆,使得对于不同正交分量,其标准差是不同的.

这种表示相当于用一个随机经典场来模拟量子场,其各种可能的结果产生了相量图上所示的值的散布情况.这个描述通常是很方便的,但应当记住它只是实际正在发生的物理过程的一个表现,并且量子场会导致一些在经典场的观点下很难理解的现象.在本章和下一章,以及补充材料中,我们将会给出一些例子.

评注 假设我们有一个探测器能足够快地测量 t 时刻 $\hat{E}(\boldsymbol{r})$ 的值,那么结果将会分布在一个 2 倍于图 5.3(b)的相矢量在实轴上投影的散布区间,以角频率 ω_l 和它连带的色散区域顺时针转动.因此,显然一次零差测量相当于冻结快速的振荡,就像在一个振动现象的频闪观测中一样.

5.3.3 单模数态

在所有可能的态(5.51)中,我们先研究只有一个系数 C_{n_l} 不为零的单模态 $|n_l\rangle$.这是哈密顿量的一个本征态,因此是定态,称为福克态或数态.态 $|n_l\rangle$ 确实是光子数算符 $\hat{N}_l$ 的一个本征态(见 4.6.2 小节),借助一个理想光电探测器对光子数的测量将确定地给出结果 n_l.

现在考虑场的一个测量.由于展开式(5.52)只包含一项,期望值(5.53)为零,这同样也适用于场 $\hat{\boldsymbol{A}}$ 和 $\hat{\boldsymbol{B}}$.对于一个数态,有

$$\langle n_l \mid \hat{E}_l(\boldsymbol{r}) \mid n_l\rangle = \langle n_l \mid \hat{B}_l(\boldsymbol{r}) \mid n_l\rangle = \langle n_l \mid \hat{A}_l(\boldsymbol{r}) \mid n_l\rangle = 0 \qquad (5.64)$$

这个性质在任何时候都成立.我们不能由此得出场为零的结论.确实,如果我们计算由式(5.57)给出的 $\hat{E}_l(\boldsymbol{r})$ 在态 $|n_l\rangle$ 下的方差,利用式(5.55)以及 $|n_l\rangle$ 是 $\hat{a}_l^\dagger\hat{a}_l$ 的一个本征态的事实,我们得到

$$\Delta^2 E_l = \langle n_l \mid \hat{E}_l^2(\boldsymbol{r}) \mid n_l\rangle \mid = (2n_l+1)(\mathscr{E}_l^{(1)})^2 = \frac{1}{\varepsilon_0 L^3}\left(n_l+\frac{1}{2}\right)\hbar\omega_l \quad (5.65)$$

因此该方差随 n_l 增加而增加，如同态的能量.

如何将这样的一个场像图 5.3(b)中一样表示在一个相量图中？很容易以原点为圆心画出一个半径为 ΔE_l 的圆盘，但这不是一个好的选择，因为涨落与期望值相比并不小. 截至目前，我们只考虑了与相量在任意轴上的投影相关的场正交分量的测量. 但我们知道，一个直接的光电可测量（见 5.1.1 小节）是 $\hat{\boldsymbol{E}}^{(-)}(\boldsymbol{r})\cdot\hat{\boldsymbol{E}}^{(+)}(\boldsymbol{r})$，当限定于模式 l 时，为

$$\hat{E}_l^{(-)}(\boldsymbol{r})\hat{E}_l^{(+)}(\boldsymbol{r}) = (\mathscr{E}_l^{(1)})^2\hat{a}_l^\dagger\hat{a}_l = (\mathscr{E}_l^{(1)})^2\hat{N}_l \tag{5.66}$$

对于一个数态，这个测量给出了一个确定的结果，因为 $|n_l\rangle$ 是 $\hat{N}_l$ 的一个本征态. 很容易将式(5.66)看作与经典相量的模平方 $|\mathcal{E}_l(0)|^2$ 相关的量子可观测量. 但是回想一下，当算符不对易时，算符表达式必须是对称的，更准确的是考虑如下对应：

$$|\mathcal{E}_l(0)|^2 \leftrightarrow (\mathscr{E}_l^{(1)})^2\frac{\hat{a}_l^\dagger\hat{a}_l+\hat{a}_l\hat{a}_l^\dagger}{2} = (\mathscr{E}_l^{(1)})^2\left(\hat{N}_l+\frac{1}{2}\right) \tag{5.67}$$

在一个数态中，电场的模平方就有一个精确值，即 $(n_l+1/2)(\mathscr{E}_l^{(1)})^2$.

值得注意的是，通过考虑正交分量的平方和，我们得到了相同的结论. 由式(5.58)和式(5.59)，可以得到

$$\hat{E}_{Ql}^2+\hat{E}_{Pl}^2 = 4(\mathscr{E}_l^{(1)})^2(\hat{N}_l+1/2) \tag{5.68}$$

这等价于式(5.67).

在数态 $|n_l\rangle$ 中，辐射可以用一个有完全确定模数 $\sqrt{(n_l+1/2)}\mathscr{E}_l^{(1)}$，但相位随机且在 0 和 2π 间均匀分布的相量来表示(图 5.4(a)). 这个随机表示应该在一个统计系综上来理解. 我们想象有大量被统一制备的系统，都用相同的态 $|\psi\rangle$ 描述. 每次测量都与另一个随机结果相关，即每次都有不同的相位. 相关的时序图是正弦曲线的一个统计系综，每个(正弦曲线)都有相同的振幅，但在起始点具有随机的相位(图 5.4(b)).

作为哈密顿量的本征态，数态 $|n_l\rangle$ 形成了模 l 辐射态空间的基，因此具有一些完全不符合单模电磁波的直观性质，比如，场的期望值并不以频率 ω_l 振荡. 另一方面，涉及能量和场方差的式(5.56)与经典场的情形一致.

数态从理论上看是很简便的，但难于在实验上制备. 产生一个光子数绝对确定地等于 n，而不是 $n-1$ 或 $n+1$ 的态并不是一个简单的事情，尤其当 n 很大时. 能产生单光子态 $|n=1\rangle$ 的实验装置需要利用一个**单量子发射体**，例如处于激发态的一个孤立的原子、离子或分子. 实际上，这样的发射体产生的是一个多模单光子态(见5.4.3小节和补充材料 5.B). 大于 1 的较小 n 的数态，通过更复杂的实验设计也已经制备出来了.

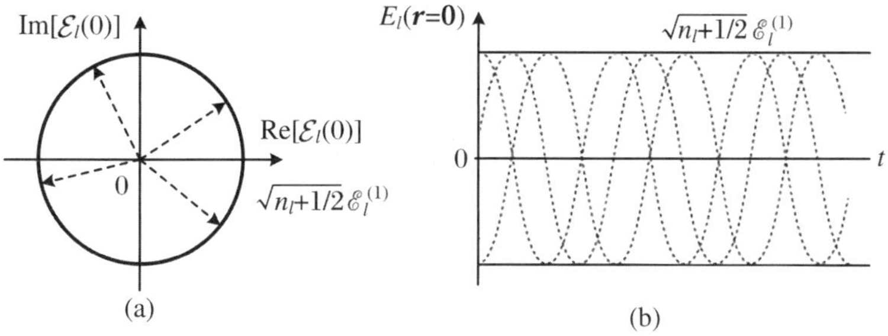

图5.4　(a) 用一个具有完全确定模数 $\sqrt{(n_l+1/2)}\mathscr{E}_l^{(1)}$，但相位随机，在0和 2π 间均匀分布的经典相量 $\mathcal{E}_l(0)$ 来表示一个数态 $|n_l\rangle$. (b) 显示正弦曲线的一个统计系综的相应的时序图，每个都具有相同的振幅，但相位随机且在0和 2π 间均匀分布

评注　(1) 很明显，当系统处于一个数态时，在光子数测量中没有方差. 光电效应的半经典描述，即探测器是量子化的而辐射场不是，无法解释这种涨落的消失. 因为对于一个具有恒定振幅的辐射场，在一个给定时间段内所发射出的光电子的数量是一个具有泊松分布的随机变量，并且其标准差等于平均值的平方根，即 $\Delta N=\sqrt{N}$.

(2) 我们将在下面看到，对于一个准经典态(相干态)，光子数可以表示为在相应模上随机分布的量，对于探测，这会导致一个泊松分布. 然而，在数态时光子数可看作一种非随机的规律分布.

(3) 图5.4(b)的时序图表示了与图5.4(a)的相量图相关的经典场的时间演化. 如果我们能测量 $\hat{E}(\boldsymbol{r}=\boldsymbol{0},t)$，并且对同样制备的系统在所有 t 时间进行多次重复测量，我们得到的测量值将散布在区间 $\pm\sqrt{n_l+1/2}\mathscr{E}_l^{(1)}$ 内.

5.3.4　准经典态 $|\alpha_l\rangle$

现在我们将讨论称为准经典态(或格劳伯相干态)的一类量子态. 与数态相比，准经典态的性质与经典场相似.

1. 定义和性质

模 l 的一个准经典态 $|\alpha_l\rangle$ 是湮灭算符 $\hat{a}_l$ 的本征态，相应的本征值为 α_l，即

$$\hat{a}_l\,|\,\alpha_l\rangle=\alpha_l\,|\,\alpha_l\rangle \tag{5.69}$$

5

由于算符 $\hat{a}_l$ 是非厄米的,所以必须证明这样的本征态实际上确实存在.我们以给定模式的数态$|n_l\rangle$作为基矢展开态$|\alpha_l\rangle$,

$$|\alpha_l\rangle = \sum_{n_l=0}^{\infty} c_{n_l} |n_l\rangle \tag{5.70}$$

利用关系$\langle n_l|\hat{a}_l^+ = \sqrt{n_l-1}\langle n_l-1|$,我们得到了这个展开式的系数之间的一个递推关系:

$$\sqrt{n_l}c_{n_l} = \alpha_l c_{n_l-1} \tag{5.71}$$

由此可见,在准确到一个整体相因子归一化这个态矢之后,有

$$|\alpha_l\rangle = \mathrm{e}^{-|\alpha_l|^2/2}\sum_{n_l=0}^{\infty}\frac{\alpha_l^{n_l}}{\sqrt{n_l!}}|n_l\rangle \tag{5.72}$$

上式表明这样的一个态对于任意复数 α_l 都存在.读者可以通过式(4.115)和式(4.116)来检验这个态确实是 $\hat{a}_l$ 的一个本征态,本征值为 α_l.

这个态不是哈密顿量的一个本征态,而是不同能量本征态的一个叠加.因此它将随时间变化.假设一个系统在 $t=0$ 时处于由式(5.72)给出的态$|\alpha_l\rangle$.一段时间 t 之后,它将处于态

$$|\psi(t)\rangle = \mathrm{e}^{-|\alpha_l|^2/2}\sum_{n_l=0}^{\infty}\frac{\alpha_l^{n_l}}{\sqrt{n_l!}}\mathrm{e}^{-\mathrm{i}(n_l+1/2)\omega_l t}|n_l\rangle \tag{5.73}$$

因为$(n_l+1/2)\hbar\omega_l$ 是态$|n_l\rangle$的能量.态$|\psi(t)\rangle$可以写成如下形式:

$$|\psi(t)|\rangle = \mathrm{e}^{-\mathrm{i}\omega_l t/2}\mathrm{e}^{-|\alpha_l|^2/2}\sum_{n_l=0}^{\infty}\frac{(\alpha_l\mathrm{e}^{-\mathrm{i}\omega_l t})^{n_l}}{\sqrt{n_l!}}|n_l\rangle \tag{5.74}$$

将式(5.74)与式(5.72)对比,可以发现$|\psi(t)\rangle$是 $\hat{a}_l$ 的一个本征矢,本征值为 $\alpha_l\mathrm{e}^{-\mathrm{i}\omega_l t}$.这个性质可以通过计算 $\hat{a}_l|\psi(t)\rangle$直接得到:

$$\hat{a}_l|\psi(t)\rangle = \alpha_l\mathrm{e}^{-\mathrm{i}\omega_l t}|\psi(t)\rangle \tag{5.75}$$

随着态的演化,准经典态保持了它的准经典特性,但有一个随时间变化的本征值 $\alpha_l\mathrm{e}^{-\mathrm{i}\omega_l t}$.因而我们可以得到

$$|\psi(t)\rangle = |\alpha_l\mathrm{e}^{-\mathrm{i}\omega_l t}\rangle \tag{5.76}$$

评注 从式(5.72)开始的计算表明

$$|\langle\alpha_l|\alpha_{l'}\rangle|^2 = \mathrm{e}^{-|\alpha_l-\alpha_{l'}|^2} \tag{5.77}$$

因此准经典态并不严格相互正交，即使它们的标量积在$|\alpha_l-\alpha_{l'}|\gg 1$时很小.所以它们也不构成单模态的空间 $\mathcal{F}_l$ 的一组标准正交基.[①]

2. 一个准经典态$|\alpha_l\rangle$中的光子数

态$|\alpha_l e^{-i\omega_l t}\rangle$是态$|n_l\rangle$的一个线性叠加.因此光子数并没有一个确定值.等式(5.72)表明发现光子数值为 n_l 的概率$P(n_l)$为

$$P(n_l)=|c_{n_l}|^2=e^{-|\alpha_l|^2}\frac{(|\alpha_l|^2)^{nl}}{n_l!} \tag{5.78}$$

如图 5.5 所示，这是平均值为$|\alpha_l|^2$ 的一个**泊松分布**.等式(5.74)表明这个结果是不依赖时间的.

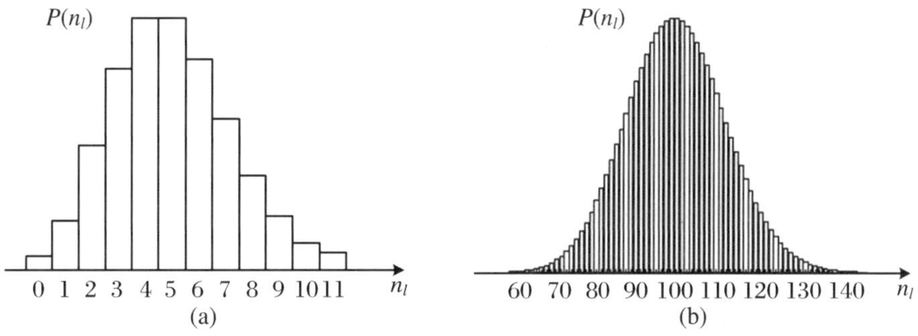

图 5.5 当场处于准经典态$|\alpha_l\rangle$时，光子数的值的柱状图

(a) $|\alpha_l|^2=5$；(b) $|\alpha_l|^2=100$.

不必利用式(5.78)，准经典态的光子数的期望和方差就可以直接来计算.由式(5.69)的共轭，即$\langle\alpha_l|\hat{a}_l^\dagger=\alpha_l^*\langle\alpha_l|$，光子数 $\hat{N}_l=\hat{a}_l^\dagger\hat{a}_l$ 的期望就为

$$\langle\hat{N}_l\rangle=\langle\alpha_l|\hat{a}_l^\dagger\hat{a}_l|\alpha_l\rangle=|\alpha_l|^2 \tag{5.79}$$

同样，光子数的方差$(\Delta N_l)^2$ 为

$$\begin{aligned}(\Delta N_l)^2&=\langle\hat{N}_l^2\rangle-\langle\hat{N}_l\rangle^2=\langle\alpha_l|\hat{a}_l^\dagger\hat{a}_l\hat{a}_l^\dagger\hat{a}_l|\alpha_l\rangle-|\alpha_l|^4\\&=\langle\alpha_l|\hat{a}_l^\dagger(\hat{a}_l^\dagger\hat{a}_l+1)\hat{a}_l|\alpha_l\rangle-|\alpha_l|^4=|\alpha_l|^2\end{aligned} \tag{5.80}$$

那么在准经典态中，方差的均方根为

① 这些态的更详细的研究可以参考 CDG Ⅰ，或 L. Mandel 和 E. Wolf 的 *Optical Coherence and Quantum Optics*（Cambridge University Press，1995）.

$$\Delta N_l = \sqrt{\langle \hat{N}_l \rangle} \tag{5.81}$$

涨落依赖于$\sqrt{\langle \hat{N}_l \rangle}$是泊松分布的一个标准性质. 对于较大值的平均光子数$\langle \hat{N}_l \rangle$(即较大值的$|\alpha_l|$),分布$P(N_l)$的特点是,当$\Delta N_l \to \infty$时方差的绝对值较大,而当$(\Delta N_l/\langle \hat{N}_l \rangle \to 0)$时,则具有一个较小的方差值.

准经典态中的光子数分布(5.78)暗示了以相同平均密度$|\alpha_l|^2/L^3$随机分布的独立粒子的一个集合. 而包含在体积L^3内的光子数是一个泊松随机变量,期望值为$|\alpha_l|^2$. 在准经典态中,光的这个纯粹的类粒子图像显然是不完整的,因为它无法对场的波的性质做出解释. 然而,在场的相位不相关的问题中它是非常有用的. 特别是,它能用来对许多光子计数实验的结果进行统计预测.

3. 单模准经典态中电场的值

式(5.75)的共轭为

$$\langle \psi(t) | \hat{a}_l^\dagger = \alpha_l^* \mathrm{e}^{\mathrm{i}\omega_l t} \langle \psi(t) | \tag{5.82}$$

利用式(5.75)、式(5.82)以及场算符$\hat{E}_l(\boldsymbol{r})$的表达式(5.57),可以得到关于电场期望值的如下表达式:

$$\langle \psi(t) | \hat{E}_l(\boldsymbol{r}) | \psi(t) \rangle = \mathrm{i}\mathscr{E}_l^{(1)} [\alpha_l \mathrm{e}^{\mathrm{i}(\boldsymbol{k}_l \cdot \boldsymbol{r} - \omega_l t)} - \alpha_l^* \mathrm{e}^{-\mathrm{i}(\boldsymbol{k}_l \cdot \boldsymbol{r} - \omega_l t)}] \tag{5.83}$$

场的期望值以模频率ω_l随时间振荡. 虽然这个频率太高以至于无法直接观察这个场,但其正交分量可以用零差探测来测量(见方程(5.22)和(5.23)). 对于一个准经典态,我们有

$$\langle \psi(0) | \hat{E}_{Ql} | \psi(0) \rangle = \mathscr{E}^{(1)}(\alpha_l + \alpha_l^*) = 2\mathscr{E}_l^{(1)} \mathrm{Re}(\alpha_l) \tag{5.84}$$

$$\langle \psi(0) | \hat{E}_{Pl} | \psi(0) \rangle = -\mathrm{i}\mathscr{E}^{(1)}(\alpha_l - \alpha_l^*) = 2\mathscr{E}_l^{(1)} \mathrm{Im}(\alpha_l) \tag{5.85}$$

这样对E_{Ql}和E_{Pl}的重复测量就可以给出完全描绘该准经典态的复数α_l.

现在我们来计算电场在某个给定点$\boldsymbol{r}$和时间t的方差. 利用对易关系$[\hat{a}_l, \hat{a}_l^\dagger] = 1$,我们得到

$$\langle \psi(t) | \hat{E}_l^2(\boldsymbol{r}) | \psi(t) \rangle = \langle \psi(t) | \hat{E}_l(\boldsymbol{r}) | \psi(t) \rangle^2 + (\mathscr{E}_l^{(1)})^2 \tag{5.86}$$

因此电场的方差与$\boldsymbol{r}$和t无关,其值为

$$(\Delta E_l)^2 = \langle \hat{E}_l^2 \rangle - \langle \hat{E}_l \rangle^2 = (\mathscr{E}_l^{(1)})^2 \tag{5.87}$$

同样,对于正交算符 $\hat{E}_{Ql}$ 和 $\hat{E}_{Pl}$,可以得到

$$(\Delta E_{Pl})^2 = (\Delta E_{Ql})^2 = (\mathscr{E}_l^{(1)})^2 \tag{5.88}$$

这样准经典态中场的方差就与 α_l 的值无关.对于海森伯条件式(5.63),它是最小的,并且与真空涨落的振幅一致.①

图 5.6 概括了刚刚确立的结果.图 5.6(b)中的虚线给出了场在一个固定点 $\boldsymbol{r}$,例如 $\boldsymbol{r}=\boldsymbol{0}$ 处的期望值(5.83).这个值作为时间的函数以振幅 $2|\alpha_l|\mathscr{E}_l^{(1)}$ 振荡.该平均值周围的扩散大小与时间无关,且等于 $\mathscr{E}_l^{(1)}$,以包含虚线的波带表示.这个波带表明在时间 t 有较高概率发现电场值的区域.图 5.6(a)则是对于准经典态的相量表示,其中涨落 ΔE_P 和 ΔE_Q 是相等的(阴影圆盘).图 5.6(b)中的图可以通过将以 $\mathrm{e}^{-\mathrm{i}\omega_l t}$ 转动的相量连带阴影圆盘投影到实轴上得到.

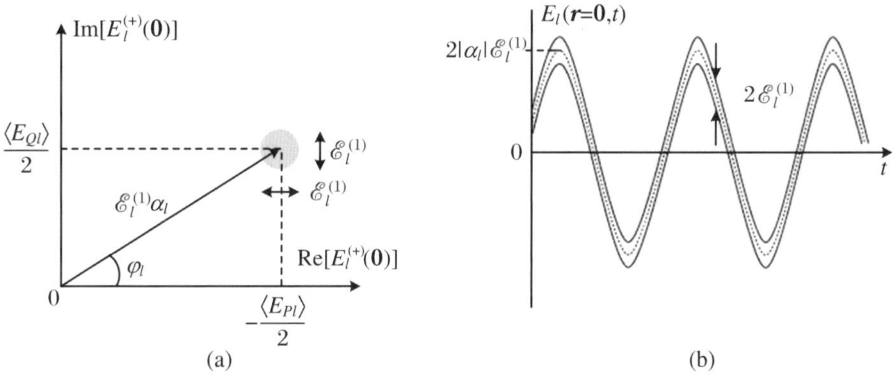

图 5.6　处于一个准经典态的电场的表示

(a) 相量图.(b) 在点 $\boldsymbol{r}=\boldsymbol{0}$ 处时间依赖性的表示.测量将以一个较高的概率给出在包含虚线的波带中的场的值.虚线给出了这样的测量的(系综)平均值.分散带对于时间轴通常有恒定高度 $2\mathscr{E}_l^{(1)}$.该图对应平均光子数大于 1 的情况,实际上,$|\alpha_l|=5$ 或 $\langle N_l\rangle=25$.

一个准经典态的特征是大约为 $|\alpha_l|\mathscr{E}_l^{(1)}$ 的场振幅以及大约为 $\mathscr{E}_l^{(1)}$ 的涨落.对于一个"宏观"场,$|\alpha_l|^2$ 远大于 1,当用具有相同平均值的经典场替代量子场时所引入的误差变得可以忽略.这就解释了为什么这些态 $|\alpha_l\rangle$ 可作为准经典的.然而,不应该认为这些态有与经典场完全一样的性质.即使量子涨落在这样的态中最小,也能在实验上测量它.此外,这些涨落的基本性质是可以被利用的.例如,有量子密钥协议(见补充材料5.E)就利用了较小 α_l 值的准经典态,其中所传输的信息被量子涨落"隐藏"了.

① 真空态 $|n_l=0\rangle$ 既是与 $n_l=0$ 相关的一个数态,又是与本征值 $\alpha_l=0$ 相关的一个准经典态.

实验上制备准经典态是非常容易的.远远高于阈值的单模激光器,或赫兹波发生器都能产生具有较高$|\alpha_l|$值的准经典态.一般来说,若具有任意初始量子态的一单色光束被充分衰减,就可以得到一个准经典态.此时可能 α_l 的值很小,大约为 1 或甚至更小.这样的态可以写为

$$|\alpha_l\rangle \simeq |0\rangle + \alpha_l|1\rangle + \frac{\alpha_l^2}{\sqrt{2}}|2\rangle + \cdots \tag{5.89}$$

即使它们通常包含非常小的光子数,它们也有不同于数态$|1\rangle$的性质,因为它们主要由真空态“组成”,并且还包含单光子成分、一些双光子、三光子等等.

5.3.5 单模辐射的其他量子态:压缩态和薛定谔猫

准经典态并不是仅有的最小态.例如,有称为压缩态的一类态,其 ΔE_{Ql} 小于 $\mathscr{E}_l^{(1)}$.于是另一个方差 ΔE_{Pl} 必然要大于 $\mathscr{E}_l^{(1)}$,因为方差的积必须始终等于$(\mathscr{E}_l^{(1)})^2$.图 5.7 给出了在一个压缩态的特殊情况下所表现出的场.与准经典态一样,期望值按正弦振荡,但平均值附近的散布方差也随时间变化.表示涨落可能值的波带在与时间轴的交点 A_i 处是最窄的,而在 1/4 相位之后的点 B_i 处变宽.因此这个场的相位比准经典场的相位有更高的精度.另外,该场的振幅的噪声比准经典场更大.相位与振幅之间的这个互补性将在下一节中进一步讨论.补充材料 5.A 给出了这些压缩态性质以及制备和应用方法的一个概述.需要再次强调,虽然我们不能直接看到图 5.7(b)所示的时间演化,但一系列零差测量使我们能重现这个图,或等价地,重现图 5.7(a)中的相量图.

有很多其他单模量子态具有特殊的量子性质,这些性质无法在物质与辐射相互作用的半经典模型中获得描述.其中包括“薛定谔猫”态,即

$$|\psi_1\rangle = |0\rangle + |\alpha_l\rangle \tag{5.90}$$

或

$$|\psi_2\rangle = |\alpha_l\rangle + |-\alpha_l\rangle \tag{5.91}$$

这里省去了归一化常数.这些是准经典态的线性叠加,当$|\alpha_l|\gg 1$ 时,它们表示了不同的宏观态.$|\psi_1\rangle$表示一个关闭的源所发射的辐射和一个打开的源所发射的辐射的叠加态,它非常类似于薛定谔所想象的态:一个死猫和一个活猫的叠加态.式(5.91)中的态$|\psi_2\rangle$是两个具有相反相位的经典场的叠加.通过对这些态的研究,特别是它们在经历耗散后

的表现，可以研究量子与经典领域之间的前沿问题.[①]像$|\psi_2\rangle$这种态，在具有较低的$|\alpha_l|$值时，实验上已经制备出来了.为了理解这些态高度反直觉的性质，可以考虑一个处于类似态的钟摆，那么钟摆将“同时”以具有相反相位的两种运动方式进行摆动.因此就存在钟摆“同时”位于彼此远离的两个点的时刻.

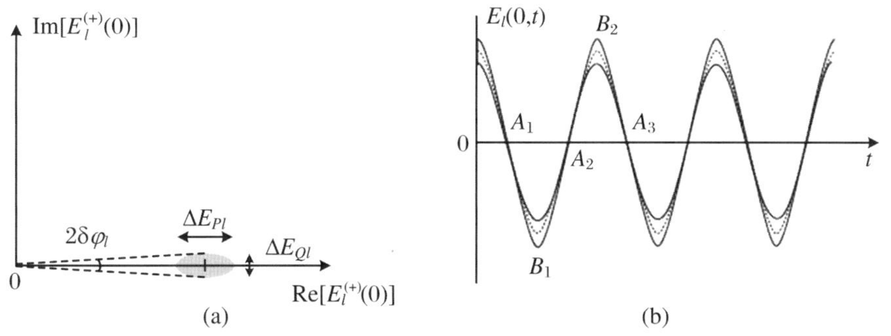

图 5.7 处于一个相位压缩态的电场

(a) 相量图.(b) 在 $\boldsymbol{r}=\mathbf{0}$ 处随时间变化的测量值集合.在 $t=0,\pi/\omega,\cdots$时，方差大于准经典态，但是在 $t=\pi/(2\omega)$，$3\pi/(2\omega)$，…时，小于准经典态.这样的一个态非常适合场相位的精确测量.

5.3.6 小量子涨落的极限以及光子数-相位海森伯关系

我们已经看到，对于一个具有较大$|\alpha_l|$值的宏观准经典态，场的量子涨落大小为$\mathscr{E}_l^{(1)}$，小于大小为$\alpha_l\mathscr{E}_l^{(1)}$的期望值.这个性质实际上对场的许多宏观态也成立，例如压缩态.这很有趣，因为这意味着展开式可以取到涨落中的一阶项.

更确切地说，我们引入正交算符和光子数涨落算符：

$$\delta\hat{E}_{Ql}=\hat{E}_{Ql}-\langle\hat{E}_{Ql}\rangle \tag{5.92}$$

$$\delta\hat{E}_{Pl}=\hat{E}_{Pl}-\langle\hat{E}_{Pl}\rangle \tag{5.93}$$

$$\delta\hat{N}_l=\hat{N}_l-\langle\hat{N}_l\rangle \tag{5.94}$$

正交算符和光子数算符之间的关系式(5.68)可以展开到涨落算符的一阶项

$$\langle\hat{E}_{Ql}\rangle\delta\hat{E}_{Ql}+\langle\hat{E}_{Pl}\rangle\delta\hat{E}_{Pl}\approx2(\mathscr{E}_l^{(1)})^2\delta\hat{N}_l \tag{5.95}$$

① Haroche S, Raimond J M. Exploring the Quantum [M]. Oxford University Press, 2006.

为简便,考虑单模场的一个量子态,给出了平均复振幅在 $\boldsymbol{r}=\mathbf{0}$ 处和 $t=0$ 时的一个实值(图 5.7).除非另有表示,所有期望值都取在 $\boldsymbol{r}=\mathbf{0}$ 和 $t=0$,并且为了简化符号,将不再指明 $\boldsymbol{r}=\mathbf{0}$ 和 $t=0$.根据式(5.60),这样的场满足

$$\langle \hat{E}_{Ql} \rangle = 0 \tag{5.96}$$

$$\langle \hat{E}_{Pl} \rangle = 2\langle \hat{E}_l^{(+)} \rangle \tag{5.97}$$

于是等式(5.95)就可以用来表示如下形式的能量涨落:

$$\delta \hat{H} = \hbar\omega_l \delta \hat{N}_l = \hbar\omega_l \frac{\langle \hat{E}_l^{(+)} \rangle}{(\mathscr{E}_l^{(1)})^2} \delta \hat{E}_{Pl} \tag{5.98}$$

因此能量涨落就与相当于平均场的振荡幅度的正交分量 $\hat{E}_{Pl}$ 中的涨落成正比.现在我们将说明相位涨落正比于与平均场差 $\pi/2$ 相位的正交分量 $\hat{E}_{Ql}$ 中的涨落.

在量子光学中,相位算符的严格定义是一个微妙的问题.①只考虑本节的宏观态时,这个问题就被极大地简化了.这里我们将采用一种以 5.3.2 小节中所讨论的经典场的量子涨落与随机经典场的统计涨落之间的类比为基础的简单的唯象方法.我们用具有形如式(5.48)的一个经典场来表示上述量子场,附加条件为在平均值 $\overline{\mathcal{E}_l(0)}$ 和 $\overline{\varphi_l}$ 周围分别受到振幅涨落 $\delta|\mathcal{E}_l(0)|$ 和相位涨落 $\delta\varphi_l$ 的影响(图 5.7(a)).对于小的涨落,复场的涨落为

$$\delta \mathcal{E}_l(0) = \delta \left| \mathcal{E}_l(0) \right| \mathrm{e}^{\mathrm{i}\bar{\varphi}_l} + \mathrm{i}\delta\varphi_l \left| \overline{\mathcal{E}_l(0)} \right| \mathrm{e}^{\mathrm{i}\bar{\varphi}_l} \tag{5.99}$$

此外,我们假定 $\overline{\mathcal{E}_l(0)}$ 是实的,即 $\bar{\varphi}_l=0$.将式(5.99)写成实部和虚部之和,并且利用式(5.45)~式(5.47),可以得到正交分量中的涨落:

$$\delta E_{Pl} = 2\delta \left| \mathcal{E}_l(0) \right| \tag{5.100}$$

$$\delta E_{Ql} = 2 \left| \mathcal{E}_l(0) \right| \delta\varphi_l \tag{5.101}$$

这种情况如图 5.7(a)所示.

由于场的经典能量为 $H_l = 2\varepsilon_0 L^3 |\mathcal{E}_l(0)|^2$(见等式(4.86)),可给出其涨落为

$$\delta H_l = 4\varepsilon_0 L^3 \bar{E}_l \delta E_l = 2\varepsilon_0 L^3 \bar{E}_l \delta E_{Ql} \tag{5.102}$$

考虑到 $\mathscr{E}_l^{(1)}$ 的表达式(4.99),等式(5.102)是量子关系式(5.98)的精确类比,条件是我们将经典平均振幅 $\bar{E}_l$ 与量子期望 $\langle \hat{E}_l^{(+)}(0) \rangle$ 相对应.如果我们在式(5.101)中使用相同的对应,则相位中的量子涨落可以定义为

$$\delta \hat{\varphi}_l = \frac{1}{2\langle \hat{E}_l^{(+)}(0) \rangle} \delta \hat{E}_{Ql} \tag{5.103}$$

① Barnett S, Pegg D. On the Hermitian Optical Phase Operator [J]. Journal of Modern Optics, 1989, 36: 7.

它们确实正比于正交分量 $\hat{E}_{Ql}$ 中的涨落. 由式(5.98)和式(5.103),我们推出相位和光子数方差的均方根分别为

$$\Delta\varphi_l = \frac{1}{2\,|\langle \hat{E}_l^{(+)}(0)\rangle|}\Delta E_{Ql} \tag{5.104}$$

$$\Delta N_l = \frac{|\langle \hat{E}_l^{(+)}(0)\rangle|}{(\mathscr{E}_l^{(1)})^2}\Delta E_{Pl} \tag{5.105}$$

于是相位涨落就可以通过零差探测来确定(见 5.1.3 小节),其中选择振荡器的相位以给出 $\hat{E}_{Ql}$,通过选择本机振荡器的相位给出 $\hat{E}_{Pl}$,从而可以测量 ΔN_l.

正交分量的海森伯关系式(5.63)意味着

$$\Delta N_l \cdot \Delta\varphi_l \geqslant \frac{1}{2} \tag{5.106}$$

在宏观场的极限下,对于小量子涨落相位和光子数看起来像量子力学通常意义上的互补变量. 因此不存在这两个量能以无限精确的方式同时被确定的态. 一个场态的能量(或光子数)确定得越好,其相位将被确定得越少. 注意到 $|\alpha_l| \gg 1$ 的"强"准经典态,就不等式(5.63)和(5.106)来说是一个最小态. 由式(5.81)可以给出相位的偏差为

$$\Delta\varphi_l = \frac{1}{2\sqrt{\langle N_l\rangle}} \tag{5.107}$$

与准经典态相关的涨落的值(5.81)和(5.107)称为**标准量子噪声**. 长期以来这都被看作是光学测量的一个难以逾越的障碍,因为已知的除了准经典态外,没有其他最小辐射态. 但自从发现压缩态以来,人们已经意识到在光子数和相位这两个可观测量之一的量子涨落可以被降低,当然条件是接受相应的互补观测量的涨落的增加.

评注 在一个数态(见 5.3.3 小节)中,ΔN_l 为零,而相位是不确定的,这个结果与关系式(5.106)相符. 这并不先验地显然如此,因为涨落与平均值相比较小这个假设对于数态来说是不满足的. 正如所看的那样,数态也是一个非经典态. 而对非经典态,经典量子限(5.81)是不满足的.

5.3.7 自由空间中传播的光束

在本小节中,我们所考虑的场态与占据体积 $V = L^3$ 且常用于离散倒易(动量)空间的平面波相联系. 当这个体积是实数(共振光学腔)时,这种态是一个真实的物理实在,并且我们确实可以想象一个态,在这个腔的一个固有模式中包含 n_l 个光子,或与在模 l 光

子数期望值$\langle \hat{N}_l \rangle = |\alpha_l|^2$ 相联系的一个准经典态. 另外,这些态看起来并不适合描述一个由光源产生(例如一个激光器)并在空间中自由传播的光束,直到它到达某一探测器或一个没有预先确定位置的吸收或散射物. 这种辐射态并不具有确定的能量,或等效地,没有一个确定的光子数. 我们将会看到,用上面所研究的量子态来描述这样的传播光束仍然是可能的. 这里我们将在单模态情况下解决这个问题.

表征横截面积为 S 的一个均匀圆柱光束的能量是将传输功率 Φ,单位为 W,或其每单位面积功率 $\Pi = \Phi / S$,也称为辐照度,单位为 $\mathrm{W \cdot m^{-2}}$,并且数量上等于坡印亭矢量的大小. 另一个相关的量是单位体积内的能量 $D = \Pi / c$,单位为 $\mathrm{J \cdot m^{-3}}$. 在量子光学背景下,光子的数量被定义为这些能量值除以单光子能量 $\hbar\omega_l$. 这产生了光子流 Φ^{phot},即单位时间穿过光束面积 S 的光子数、每单位面积光子流密度 Π^{phot} 以及每单位体积光子密度 D^{phot}:

$$\Pi^{\text{phot}} = \frac{\Pi}{\hbar\omega_l} \tag{5.108}$$

$$\Phi^{\text{phot}} = \frac{\Phi}{\hbar\omega_l} = S\frac{\Pi}{\hbar\omega_l} \tag{5.109}$$

$$D^{\text{phot}} = \frac{1}{c}\frac{\Pi}{\hbar\omega_l} \tag{5.110}$$

这些是描绘传播光束的内在物理量. 为了使它们与一个量子态的光子数相联系,我们注意到光子数算符 $\hat{N}_l$,实际上是一个依赖量子化体积 L^3 并且只对中间计算过程有用的量,因为一般来说 L^3 从最终结果中消失了. 我们将利用这个任意性,在量子光学表达式中用一个体积 ScT 代替体积 L^3. 这个体积相当于在一段时间 T 内穿过面积 S 的光束体积. 可观测量 $\hat{\Phi}^{\text{phot}}$ 描绘了一个拦截整个光束的完美探测器探测到的单位时间内的光子数,于是就可以给出为

$$\hat{\Phi}^{\text{phot}} = \frac{\hat{N}_l}{T} \tag{5.111}$$

例如,考虑一个远远高于阈值的激光器所发射的一个准经典态$|\alpha_l\rangle$,并且将$|\alpha_l|^2$ 看成与$\langle \hat{N}_l \rangle = T\langle \hat{\Phi}^{\text{phot}} \rangle$一致. 在这个准经典态中,光子数的数值分布(由分布(5.78)给出)在瞬时光子流的测量中导致了光子数在时间上的涨落,或称**量子噪声**. 我们将体积 ScT 内的 $\Delta\hat{N}_l$ 看作一段时间 T 内计数的光子数的涨落. 由于在态$|\alpha_l\rangle$中方差的平方根为 $\Delta N_l = |\alpha_l| = \sqrt{\langle \hat{N}_l \rangle}$(等式(5.81)),因此在一段时间 T 内,用一光电探测器测量的光子流涨落方差的平方根 $\Delta\Phi^{\text{phot}}$ 为

$$\Delta\Phi^{\text{phot}} = \frac{\Delta N_l}{T} = \sqrt{\frac{\langle\hat{\Phi}^{\text{phot}}\rangle}{T}} = \sqrt{\frac{\bar{\Phi}}{T\hbar\omega_l}} \tag{5.112}$$

其中 $\bar{\Phi}$ 是光束的平均功率.

假定光电探测器是完美的，将每个光子转变成带电 q_e 的一个电子，于是检测到的平均光电流 $\bar{i}$ 以及其涨落 Δi 分别为

$$\bar{i} = q_e\langle\hat{\Phi}^{\text{phot}}\rangle = \frac{q_e\bar{\Phi}}{\hbar\omega_l} \tag{5.113}$$

$$\Delta i = q_e\Delta\Phi^{\text{phot}} = \sqrt{q_e\frac{\bar{i}}{T}} = \sqrt{2q_e\bar{i}B} \tag{5.114}$$

测量的带宽为 $B=1/(2T)$，对应于在一段时间 T 内一个时间平均值.

对于处于准经典态的一个光束，我们就找到了对于**散粒噪声**(shot noise)的通常形式(5.114)，正比于平均强度和带宽的平方根. 举例来说，考虑以准经典态来描述的一个光束，波长为 $\lambda=1\ \mu\text{m}$，平均功率为 $\bar{\Phi}=1\ \text{mW}$(低功率连续激光). 相应的平均光子流 Φ^{phot} 大约为每秒 5×10^{15} 个光子. 考虑一个典型测量时间 $T=1\ \mu\text{s}$. 这样所计数的平均光子数为 5×10^9. 根据式(5.112)和式(5.109)，在检测到的功率中有一个噪声 $\Delta\Phi=14\ \text{nW}$. 这个值可以用高质量的光电二极管来测量. 这个例子表明由量子性导致的涨落确实可以在一个自由光束中探测到.①

上述论证可以推广到其他可观测量，并且所有与传播光束相关的物理量都需满足海森伯关系. 例如，考虑相位和光子数之间的海森伯不等式(5.106). 用 $T\hat{\Phi}_{\text{phot}}$ 代替光子数算符 $\hat{N}_l$，我们得到了不等式

$$\Delta\Phi^{\text{phot}}\Delta\varphi_l \geqslant \frac{1}{2T} = B \tag{5.115}$$

该不等式对任意态都是有效的，无论是准经典态还是压缩态，前提都是涨落始终小于期望值(见 5.3.6 小节). 对于上面所讨论的准经典态(功率为 1 mW，响应时间为 1 μs 的探测器)，$|\alpha_l|$ 的值为光子数的平方根，即 7×10^4，因此其正交分量的涨落大小为 $\mathscr{E}_l^{(1)}$，远小于场的期望值，大小为 $|\alpha_l|\mathscr{E}_l^{(1)}$，这证明了 5.3.6 小节中展开到一阶项的正确性. 这种情况的标准量子噪声为 $\Delta\Phi^{\text{phot}}=7\times10^{10}$ 个光子/s，以及 $\Delta\varphi_l=7\times10^{-6}$ rad.

对于具有相同平均功率的一个压缩态，不等式(5.115)仍然有效. 对于涨落小于上述

---

① 对于一个实物粒子的位置和动量的测量很难达到这种精度. 因此，光学就成为测试量子理论中测量精度的一个优势领域.

值的一个相位压缩态，其强度涨落就将大于标准极限. 但对涉及相位的测量，例如在一个干涉仪中，大的强度涨落并不是一个问题.

评注 (1) 对于独立的经典质点粒子，它到达探测器时，存在以泊松统计描述的散粒噪声，例如沙粒击中一堵墙. 在准经典态中，我们就有了由可被看成独立传播粒子的光子组成的一束光的图像.

(2) 在这里利用光束的特殊量子性质获得了光电探测中出现的散粒噪声，光电探测器仅仅是将量子性质转变为电学性质. 一些人将光电探测中出现的散粒噪声看成是光电探测过程本身的量子效应的结果(对于一个给定辐射能量，所释放出的光电子数是一个泊松随机变量). 如果采用这种观点，那么散粒噪声就源于测量噪声，与到达探测器的场状态无关. 这样的描述实际上来自光电探测的半经典模型，其中光不是量子化的(补充材料 2.E)，这种描述可能是正确的吗？事实上，一切都与光电探测器的量子效率 η 有关，即光子实际中转变为电子的百分数. 当 η 接近 1 时，这里所描述的完全量子方法就是必要的，而当 $\eta \ll 1$ 时，半经典方法(涨落与光电探测过程本身有关)则正确地描述了这种情况，因为它与量子描述一致. 需要注意的是，虽然用于光子计数的光电倍增管和雪崩二极管的效率通常低于 10%，但市场上有可买到的光电二极管，对可见光和近红外频率范围的量子效率大于 90%. 在这种情况下，本章所描述的这种方法，对于正确描述涉及非准经典态的状态的观察结果是必不可少的.

5.4 多模量子辐射

5.4.1 非可因式分解态和纠缠

如第 4 章的结论所示，辐射的量子态空间是巨大的，我们离对其系统的应用还很遥远. 当面对一个辐射态时，第一个要问的问题是它是否是可因式分解的. 一个可因式分解的态可以写成如下形式：

$$|\psi\rangle = |u_1\rangle \otimes |u_2\rangle \otimes \cdots |u_l\rangle \otimes \cdots \tag{5.116}$$

其中 $|u_l\rangle$ 表示一个模式 l 的辐射态，其本身可以写成通常形式(5.50)和(5.51). 在本章剩下部分，我们将看到可因子分解辐射态的几个重要例子. 然而，应该记住，有更大的一

类态，叫作**纠缠态**，无法因式分解. 这是一个非常庞大的主题，使得在本章无法详细地全面覆盖. 我们将简单地给出一些例子，先从两个纠缠光子的情况开始，这样的一个态引起了检验量子物理基础的复杂实验（见补充材料 5.C）. 在这些实验中，一个光源发射一个频率为 ω_1 的光子，以及一个频率为 ω_2 的光子，借助滤光片和光圈，可以分离出下列态：

$$|\psi_{\mathrm{EPR}}\rangle = \frac{1}{\sqrt{2}}(|1_{l_1}, 1_{l_2}\rangle + |1_{m_1}, 1_{m_2}\rangle) \tag{5.117}$$

其中 $|1_{l_1}\rangle$，$|1_{l_2}\rangle$，$|1_{m_1}\rangle$ 和 $|1_{m_2}\rangle$ 是 $n_l = 1$ 的单模数态（见 5.3.3 小节）. 例如，模式 l_1 和 m_1 可能对应于两个不同方向，或频率为 ω_1 的光子的两个正交偏振（见补充材料 5.C），对 l_2 和 m_2 也同样如此. 我们将说明态 $|\psi_{\mathrm{EPR}}\rangle$ 不是可因式分解的，即它不能写成 $|\psi_1\rangle \otimes |\psi_2\rangle$ 的形式，其中 $|\psi_1\rangle$ 是光子 $\hbar\omega_1$ 的一个态，而 $|\psi_2\rangle$ 是光子 $\hbar\omega_2$ 的一个态. 对于这里所考虑的两个光子，最一般的可因式分解态可以写为

$$|\psi\rangle = (\lambda_1 |1_{l_1}\rangle + \mu_1 |1_{m_1}\rangle) \otimes (\lambda_2 |1_{l_2}\rangle + \mu_2 |1_{m_2}\rangle) \tag{5.118}$$

其中 λ_1，λ_2 和 μ_1，μ_2 是复数. 为了将式(5.117)写成式(5.118)的形式，就必须有

$$\lambda_1 \lambda_2 = \mu_1 \mu_2 = \frac{1}{\sqrt{2}} \tag{5.119}$$

以及

$$\lambda_1 \mu_2 = \lambda_2 \mu_1 = 0 \tag{5.120}$$

可以通过基于式(5.119)或基于式(5.120)形成的积 $\lambda_1 \cdot \lambda_2 \cdot \mu_1 \cdot \mu_2$ 看出，这两个方程明显是不相容的.

补充材料 5.D 讨论了只包含两个模式 l 和 l' 的纠缠辐射态的另一个例子，但在每个模式内都可能有各种数态 $|n_l\rangle$ 和 $|n_{l'}\rangle$. 例如，我们讨论形式如下的两光子态：

$$|\psi\rangle = \sum_n C_n |n, n\rangle \tag{5.121}$$

其中 $|n, n\rangle$ 为 $|n_l, n_{l'}\rangle$，且 $n_l = n_{l'}$. 如果至少有两个系数 C_n 不为零，那么态(5.121)就不能因式分解.

纠缠态可以导致非常强的关联. 例如，在两模态(5.121)中，如果我们在模式 l 中发现了 n 个光子，那么我们就将绝对确定地在模式 l' 中发现 n 个光子. 对于两光子态(5.117)，如果我们在模式 l_1 中发现了光子 $\hbar\omega_1$，我们就必然能在模式 l_2 中发现光子 $\hbar\omega_2$（对 m_1 和 m_2 也同样如此）. 这些强关联直接与非可因式分解性相关联，即使这两个纠缠系统被分离，也仍然保持这个性质. 例如，补充材料 5.C 讨论了这样的情况，即两个光子

5

可以一个任意远的间距分开，而仍然保持很强的关联.包含两部分的一个系统的态不能因式分解，意味着它实际上是一个单一物理实体，其性质不能仅仅用两个部分的性质之和来表达，即使这两部分分离很远.有时这称为量子非定域性.

在纠缠系统中，可以找到比经典物理中任何所允许的都更强的关联，由贝尔不等式的破坏来证明(补充材料5.C).因此很容易理解，纠缠系统提供了在经典世界中相当不可思议的可能性.这些可能性被应用于量子信息领域，在那里安全数据传输以及数据处理都基于量子物理(见补充材料5.E).

在对纠缠态进行这个简要介绍之后，我们将在本章余下部分回到因式分解态.

5.4.2 多模准经典态

多模准经典态是形式(5.116)的一个因式分解态，其中每个态$|u_l\rangle$都是一个准经典态$|\alpha_l\rangle$(见5.3.4小节).由式(5.76)，可以得到在时间t时它的形式：

$$|\psi_{\mathrm{qc}}(t)\rangle = |\alpha_1 \mathrm{e}^{-\mathrm{i}\omega_1 t}\rangle \otimes \cdots \otimes |\alpha_l \mathrm{e}^{-\mathrm{i}\omega_l t}\rangle \otimes \cdots \tag{5.122}$$

它是如下算符的本征态：

$$\hat{\boldsymbol{E}}^{(+)}(\boldsymbol{r}) = \mathrm{i}\sum_l \mathscr{E}_l^{(1)} \hat{a}_l \boldsymbol{\varepsilon}_l \mathrm{e}^{\mathrm{i}\boldsymbol{k}_l\cdot\boldsymbol{r}} \tag{5.123}$$

$$\hat{\boldsymbol{E}}^{(+)}(\boldsymbol{r})\,|\psi_{\mathrm{qc}}(t)\rangle = \left[\mathrm{i}\sum_l \mathscr{E}_l^{(1)} \alpha_l \boldsymbol{\varepsilon}_l \mathrm{e}^{\mathrm{i}(\boldsymbol{k}_l\cdot\boldsymbol{r}-\omega_l t)}\right]|\psi_{\mathrm{qc}}(t)\rangle \tag{5.124}$$

并且本征值可表示为

$$\boldsymbol{E}_{\mathrm{cl}}^{(+)}(\boldsymbol{r},t) = \mathrm{i}\sum_l \mathscr{E}_l^{(1)} \alpha_l \boldsymbol{\varepsilon}_l \mathrm{e}^{\mathrm{i}(\boldsymbol{k}_l\cdot\boldsymbol{r}-\omega_l t)} \tag{5.125}$$

下角标“cl”提醒我们它具有一个经典场的解析信号的形式.然而，不能从式(5.124)得出$|\psi_{\mathrm{qc}}\rangle$是$\hat{\boldsymbol{E}} = \hat{\boldsymbol{E}}^{(+)} + \hat{\boldsymbol{E}}^{(-)}$的本征态的结论，因为式(5.14)的厄米共轭形式为

$$\langle\psi_{\mathrm{qc}}(t)|\,\hat{\boldsymbol{E}}^{(-)}(\boldsymbol{r}) = \boldsymbol{E}_{\mathrm{cl}}^{(-)}(\boldsymbol{r},t)\langle\psi_{\mathrm{qc}}(t)| \tag{5.126}$$

其中$\boldsymbol{E}_{\mathrm{cl}}^{(-)}(\boldsymbol{r},t)$是$\boldsymbol{E}_{\mathrm{cl}}^{(+)}(\boldsymbol{r},t)$的复共轭.

另外，$\hat{\boldsymbol{E}}(\boldsymbol{r})$在态$|\psi_{\mathrm{qc}}(t)\rangle$下的期望值为

$$\langle\psi_{\mathrm{qc}}(t)|\,\hat{\boldsymbol{E}}(\boldsymbol{r})\,|\psi_{\mathrm{qc}}(t)\rangle = \boldsymbol{E}_{\mathrm{cl}}^{(+)}(\boldsymbol{r},t) + \boldsymbol{E}_{\mathrm{cl}}^{(-)}(\boldsymbol{r},t) \tag{5.127}$$

在一个多模准经典态中，$\hat{\boldsymbol{E}}(\boldsymbol{r})$的期望值采用多模经典场的形式.

多模准经典态有很多性质可以直接由5.3.4小节所讨论的单模态的性质得到.例

如，用一个不是频率选择性的探测器观察到 N 个光子的概率，由描述每个模式中光子的统计值的泊松分布来给出.

光电探测信号(5.4)的量子表达式取值为

$$\begin{aligned} w(\boldsymbol{r},t) &= s\langle \psi_{\mathrm{qc}}(t) \mid \hat{\boldsymbol{E}}^{(-)}(\boldsymbol{r})\hat{\boldsymbol{E}}^{(+)}(\boldsymbol{r}) \mid \psi_{\mathrm{qc}}(t)\rangle \\ &= s\boldsymbol{E}_{\mathrm{cl}}^{(-)}(\boldsymbol{r},t)\boldsymbol{E}_{\mathrm{cl}}^{(+)}(\boldsymbol{r},t) = s \mid \boldsymbol{E}_{\mathrm{cl}}^{(+)}(\boldsymbol{r},t) \mid^2 \end{aligned} \tag{5.128}$$

与光电探测的半经典模型中，经典场 $\boldsymbol{E}_{\mathrm{cl}}(\boldsymbol{r},t)$ 相关的表达式(等式(5.2))一致. 这同样适用于符合计数率(5.5)，可以得到

$$w^{(2)}(\boldsymbol{r}_1,\boldsymbol{r}_2,t) = s^2 \mid \boldsymbol{E}_{\mathrm{cl}}^{(+)}(\boldsymbol{r}_1,t) \mid^2 \mid \boldsymbol{E}_{\mathrm{cl}}^{(+)}(\boldsymbol{r}_2,t) \mid^2 \tag{5.129}$$

也就是在点 $\boldsymbol{r}_1$ 和 $\boldsymbol{r}_2$ 处的单独计数率之积. 这就是根据基于经典场的半经典计算得到的，随机特征是光电探测现象的结果，一旦指定了场 $\boldsymbol{E}_{\mathrm{cl}}(\boldsymbol{r},t)$，就与在点 $\boldsymbol{r}_1$ 和 $\boldsymbol{r}_2$ 处的过程无关.

刚刚得出的结果告诉我们为什么半经典模型如此成功，在那里场是经典的，而光电探测器则用半经典光电探测模型来描述. 的确，所有已知光源发射出的辐射，直到 20 世纪 70 年代都能用准经典态，或准经典态的非相干统计混合来描述，由此对于单一或符合光电探测概率，量子计算给出了与半经典计算相同的结果. 所以不同激光束的集合，或多模激光的各种模式都可以用形式(5.122)的态，或这样的态的统计混合来完美描述. 例如，考虑处于如下态的两激光束：

$$\mid \psi\rangle = \mid \alpha_1\rangle \mid \alpha_2\rangle \tag{5.130}$$

在时间 $t=0$ 时具有模式 $1(\omega_1,\boldsymbol{k}_1,\boldsymbol{\varepsilon}_1)$ 和 $2(\omega_2,\boldsymbol{k}_2,\boldsymbol{\varepsilon}_2)$. 为简便，我们令 $\boldsymbol{\varepsilon}_1=\boldsymbol{\varepsilon}_2$，垂直于平面$(\boldsymbol{k}_1,\boldsymbol{k}_2)$，并且使用标量场. 先计算在点 $\boldsymbol{r}$ 处时间 t 时光电探测的概率：

$$\begin{aligned} w(\boldsymbol{r},t) &= s \parallel \hat{E}^{(+)}(\boldsymbol{r}) \mid \psi(t)\rangle \parallel^2 \\ &= s(\mathscr{E}_{\omega_1}^{(1)}\mathscr{E}_{\omega_2}^{(1)})^2 \mid \alpha_1 \mathrm{e}^{-\mathrm{i}\omega_1 t}\mathrm{e}^{\mathrm{i}\boldsymbol{k}_1\cdot\boldsymbol{r}} + \alpha_2 \mathrm{e}^{-\mathrm{i}\omega_2 t}\mathrm{e}^{\mathrm{i}\boldsymbol{k}_2\cdot\boldsymbol{r}} \mid^2 \\ &= s(\mathscr{E}_{\omega_1}^{(1)}\mathscr{E}_{\omega_2}^{(1)})^2[\mid \alpha_1 \mid^2 + \mid \alpha_2 \mid^2 + \alpha_1\alpha_2^* \mathrm{e}^{-\mathrm{i}(\omega_1-\omega_2)t}\mathrm{e}^{\mathrm{i}(\boldsymbol{k}_1-\boldsymbol{k}_2)\cdot\boldsymbol{r}} + \mathrm{c.c.}] \end{aligned} \tag{5.131}$$

我们可以看到两个经典波之间的拍频. 在 $\omega_1=\omega_2$ 的情况下，式(5.131)的结果描述了两经典波的一个干涉图样. 这个计算可以很容易推广到准经典态中任意数量的光束.

在通常情况下，上述计算中的这两个波的相位随机波动，且独立于各种模式. 对激光来说，相位涨落或者是由于技术性噪声，或者是由于激光模式中的自发辐射. 在这种情况中，我们有 $\alpha_1=|\alpha_1|\mathrm{e}^{\mathrm{i}\varphi_1}$ 和 $\alpha_2=|\alpha_2|\mathrm{e}^{\mathrm{i}\varphi_2}$，其中 φ_1 和 φ_2 是独立的随机过程，相干时间分

别为 τ_{c_1} 和 τ_{c_2}，即 φ_1 和 φ_2 在时间 τ_{c_1} 和 τ_{c_2} 后，将会呈现 0 和 2π 之间所有可能的值. 如果光电流的观测包含平均长于 $\min\{\tau_{c_1},\tau_{c_2}\}$ 的一段时间，这个平均将会抹去这两个光束之间的拍频（或干涉）. 这经常发生在两个不同激光间，除非它们特别稳定. 在后一种情况中，假如探测器足够快，并且 $|\omega_1-\omega_2|$ 足够小，就可以观察到拍频.

诸如白炽灯或气体放电灯这类非相干经典光源发射的辐射，可以用多模准经典态来描述，其中每个模式都有一个极其短的相干时间 τ_c. 很容易再次看到为什么量子理论给出了与经典统计光学恰好一样的结果：经典统计光学将从非相干经典光源发出的辐射描述为一个非相干单模经典波的系综.

5.4.3 单光子多模态

直到 20 世纪 70 年代，人们才制备出了不能用相干或非相干、单模或多模准经典态来描述的辐射态. 这样的态具有半经典理论无法解释的性质. 我们简要提到了单模压缩态（见 5.3.5 小节以及补充材料 5.A），其振幅涨落或相位涨落可以小于标准量子极限，而这个极限是半经典理论预言的最小值. 但是光的最简单的非经典态毫无疑问是多模单光子态.

多模单光子态是总光子数算符 $\hat{N}=\sum_l \hat{a}_l^\dagger \hat{a}_l$ 的一个本征态，本征值为 1. 我们用 $|1\rangle$ 来表示这样的一个态. 单模数态 $|0,\cdots,0,n_l=1,0,\cdots\rangle$ 显然是单光子态，但它们并不是唯一的. 特别地，态

$$|1\rangle=\sum_l c_l\,|0,\cdots,0,n_l=1,0,\cdots\rangle \tag{5.132}$$

是 $\hat{N}$ 的一个本征态，其中 $\sum_l |c_l|^2=1$，因为 $\hat{N}|1\rangle=|1\rangle$，但不是每个 $\hat{N}_l$ 的本征态，因为 $\hat{N}_l|1\rangle=c_l|0,\cdots,n_l=1,\cdots,0\rangle$. 注意到和单模数态不同，它们不是哈密顿量的本征态，即态(5.132) 不是稳态. 在时间 t 时，其形式为

$$|1(t)\rangle=\sum_l c_l \mathrm{e}^{-\mathrm{i}\omega_l t}\,|0,\cdots,0,n_l=1,0,\cdots\rangle \tag{5.133}$$

它衡量了相对于真空能量 E_V 的能量. 补充材料 5.B 更详细地研究了单光子态. 它们可能称为准粒子态，因为它们是性质最类似于以光速传播的孤立粒子的量子态，就像准经典态是最接近于一个经典电磁波的量子态一样. 这种态可以在实验上制备. 实际上，对于处于激发态的单一原子，自发辐射过程中场的末态就是这样的单光子态.

当场处于这样的一个态时，在位于 $\boldsymbol{r}_1$ 的单一光电探测器上的单一探测计数率为

$$w(\boldsymbol{r}_1,t) = s\,\|\hat{\boldsymbol{E}}^{(+)}(\boldsymbol{r}_1)\,|\,1(t)\rangle\|^2 = s\left|\sum_l c_l \mathscr{E}_l^{(1)}\boldsymbol{\varepsilon}_l \mathrm{e}^{\mathrm{i}(\boldsymbol{k}_l\cdot\boldsymbol{r}_1-\omega_l t)}\right|^2 \quad (5.134)$$

因此 $w(\boldsymbol{r}_1,t)$的精确值就依赖于系数 c_l 和探测器的位置. 原则上,我们无法将这个单一探测计数率与其有如下解析信号 $\boldsymbol{E}^{(+)}(\boldsymbol{r},t)$的经典场进行区分:

$$\boldsymbol{E}^{(+)}(\boldsymbol{r}_1,t) = \sum_l c_l \mathscr{E}_l^{(1)}\boldsymbol{\varepsilon}_l \mathrm{e}^{\mathrm{i}(\boldsymbol{k}_l\cdot\boldsymbol{r}_1-\omega_l t)} \quad (5.135)$$

如果我们考虑由式(5.5)给出的在两个光电探测器上的符合计数率,这样的结论就不成立了,在这里应表示为

$$w^{(2)}(\boldsymbol{r}_1,\boldsymbol{r}_2,t) = s^2\left\|\sum_{i,j=x,y,z}\hat{E}_j^{(+)}(\boldsymbol{r}_2)\hat{E}_i^{(+)}(\boldsymbol{r}_1)\,|\,1(t)\rangle\right\|^2 \quad (5.136)$$

上述表达式的模式展开给出了正比于 $\hat{a}_{l'}\hat{a}_{l''}|1_l\rangle$的项之和. 现在,这些项都为 0. 确实,如果 l'或l''不同于l,这是显而易见的,因为$|1_l\rangle$是$|1_l\rangle\otimes|0_{l'}\rangle\otimes|0_{l''}\rangle\cdots$的简化表示. 关于$\hat{a}_l\hat{a}_l|1_l\rangle$,我们有

$$\hat{a}_l\hat{a}_l\,|\,1_l\rangle = \hat{a}_l\,|\,0_l\rangle = 0 \quad (5.137)$$

所以最后,对一个单光子态,有

$$w^{(2)}(\boldsymbol{r}_1,\boldsymbol{r}_2,t) = s^2\left\|\sum_{i,j=x,y,z}\hat{E}_j^{(+)}(\boldsymbol{r}_2)\hat{E}_i^{(+)}(\boldsymbol{r}_1)\,|\,1(t)\rangle\right\|^2 = 0 \quad (5.138)$$

双重探测的概率严格等于零,因为我们对至多包含一个光子的态作用了两次湮灭算符. 这个量子结果确实符合单光子态的直观想法,即不可能在放置于不同点的两个光电探测器上,同时探测到单个光子. 这样的性质在电磁场的经典描述中将是不可思议的,经典中当场在每个探测器处不为零时,符合率 $w^{(2)}(\boldsymbol{r}_1,\boldsymbol{r}_2,t)$亦不为零. 这是一个特殊的量子性质,是单光子态特有的(见补充材料 5.B). 这样的态完全不同于高度衰减的准经典态,但是只有在我们考虑比单一探测率更复杂的信号时,这个差异才出现.

我们也许会问,单光子态的量子性质是否与纠缠性质相关,即因式分解态(5.132)的不可能性. 我们将看到这并非如此,并且实际上,态(5.132)可以看作态$|1_m\rangle$,即在广义模式 m 下的单模单光子态. 如补充材料 4.C 所示,我们可以定义一个产生算符:

$$\hat{b}_m^\dagger = \sum_l c_l \hat{a}_l^\dagger \quad (5.139)$$

其厄米共轭为 $\hat{b}_m = \sum_l c_l^* \hat{a}_l$,满足正则对易关系

$$[\hat{b}_m, \hat{b}_m^\dagger] = \sum_l |c_l|^2 = 1 \tag{5.140}$$

显然，现在态(5.132)可以写为

$$|1\rangle = \hat{b}_m^\dagger |0\rangle \tag{5.141}$$

即$|1_m\rangle$，模式 m 与 $\hat{b}_m^\dagger$ 相关.

广义模式 m 与一个非单色经典电磁场相联系. 推广式(4.C.8)，该场可以写为

$$\boldsymbol{E}_m^{(+)}(\boldsymbol{r},t) = \sum_l c_l \mathscr{E}_l^{(1)} \boldsymbol{\varepsilon}_l \mathrm{e}^{\mathrm{i}(\boldsymbol{k}_l\cdot\boldsymbol{r}-\omega_l t)} \tag{5.142}$$

这是一个经典波包(见补充材料 5.B). 最后，多模单光子态的非经典性质并不是纠缠的结果，而必须看作一个单模数态的非经典性质的简单概括.

评注 对于一个辐射态$|\psi\rangle$，有一个充分必要条件来判断其是否可以表达为广义模式 m 的一个单模态的形式. 在模式 l 构成的一组完备基中，当且仅当所有矢量 $\hat{a}_l|\psi\rangle$彼此成比例(或为 0)时，$|\psi\rangle$才能写成$|1_m\rangle$的形式. 对于式(5.132)，当 $c_l\neq 0$ 时，我们有 $\hat{a}_l|1\rangle = c_l|0\rangle$，即一个正比于$|0\rangle$的矢量.

注意到，对于由相关经典场构造的广义模，多模准经典态(5.122)本身可以看作一个单模态. 更确切地说，它是一个在空间分布正比于 $\alpha_1 \mathrm{e}^{\mathrm{i}\boldsymbol{k}_1\cdot\boldsymbol{r}} + \alpha_2 \mathrm{e}^{\mathrm{i}\boldsymbol{k}_2\cdot\boldsymbol{r}}$的模式中的单模准经典态.

这些最终形式可归结为$|1_m\rangle$的态称为内禀单模态. 它们所描述的辐射本质上是相干的.

5.5 单光子干涉及波粒二象性：理论的一个应用

5.5.1 量子光学中的马赫-曾德尔干涉仪

马赫-曾德尔干涉仪(图 5.8)是所有振幅分割双波干涉仪的原型. 位于端口(1)的入射模被分束器 S_{in}分割. 模式 2 与模式 1 在 S_{in}上结合. 镜子 $M_{3'}$ 和 $M_{4'}$ 于是就使波 3′和 4′在分束器 S_{out}上再次结合. 两个探测器 D_3 和 D_4 放置在输出端口. 镜子 $M_{3'}$ 和 $M_{4'}$ 可以用来控制路径长度差：

$$\delta L' = L_{3'} - L_{4'} = [\mathrm{S_{in}M_{3'}S_{out}}] - [\mathrm{S_{in}M_{4'}S_{out}}] \tag{5.143}$$

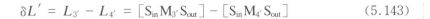

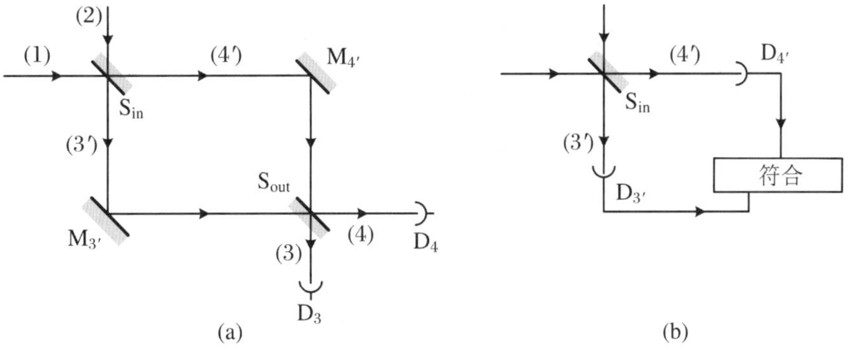

图 5.8　马赫-曾德尔双波干涉仪

(a) 光电探测器 D_3 和 D_4 所测量的光电探测信号与光程差$[\mathrm{S_{in}M_{3'}S_{out}}] - [\mathrm{S_{in}M_{4'}S_{out}}]$有关.(b) 探测器 $D_{3'}$ 和 $D_{4'}$ 可以被插入干涉仪的两臂,由为了检查单光子特性的符合电路来监控.

方括号表示光路,考虑到路径的折射率以及在镜子上的任意相移.为简便,我们考虑一个单色入射模(频率为 ω),偏振垂直于图平面.所有产生的波($3'$,$4'$,3,4)有相同的频率和偏振.于是我们就可以利用标量场.

为了计算在 D_3 和 D_4 上的光电探测信号,我们遵循 5.1.2 小节中给出的方法,即利用与那些联系出射经典场 $E_3^{(+)}$ 和 $E_4^{(+)}$ 和入射经典场 $E_1^{(+)}$ 和 $E_2^{(+)}$ 相同的关系,我们将出射场 $\hat{E}_3^{(+)}$ 和 $\hat{E}_4^{(+)}$ 表示为入射场 $\hat{E}_1^{(+)}$ 和 $\hat{E}_2^{(+)}$ 的函数.出射场相位的起点取在分束器 $\mathrm{S_{out}}$上,而入射场相位的起点取在 $\mathrm{S_{in}}$上.然后为了将 $\hat{E}_{3'}^{(+)}$,$\hat{E}_{4'}^{(+)}$ 与$\hat{E}_1^{(+)}$,$\hat{E}_2^{(+)}$ 联系起来,我们在 $\mathrm{S_{in}}$上应用式(5.8)和式(5.9).在 $\mathrm{S_{out}}$上,我们考虑这样的事实,即通过在联系 $\hat{E}_3^{(+)}$ 和 $\hat{E}_{3'}^{(+)}$(玻璃中的反射)的系数中加一个负号,将分束器翻转.乘以 $\mathrm{S_{in}}$ 和 $\mathrm{S_{out}}$之间沿着路径 $3'$和 $4'$的传播因子,我们就有

$$\hat{E}_3^{(+)} = \frac{1}{\sqrt{2}}(-\hat{E}_{3'}^{(+)}\mathrm{e}^{\mathrm{i}kL_{3'}} + \hat{E}_{4'}^{(+)}\mathrm{e}^{\mathrm{i}kL_{4'}}) \tag{5.144}$$

$$\hat{E}_4^{(+)} = \frac{1}{\sqrt{2}}(\hat{E}_{3'}^{(+)}\mathrm{e}^{\mathrm{i}kL_{3'}} + \hat{E}_{4'}^{(+)}\mathrm{e}^{\mathrm{i}kL_{4'}}) \tag{5.145}$$

其中 $k = \omega / c$.经简单计算后,我们得到

$$\hat{E}_3^{(+)} = \mathrm{e}^{\mathrm{i}k\overline{L}}\left(-\mathrm{i}\sin k\frac{\delta L'}{2}\hat{E}_1^{(+)} - \cos k\frac{\delta L'}{2}\hat{E}_2^{(+)}\right)\mathrm{e}^{\mathrm{i}kr_3} \tag{5.146}$$

$$\hat{E}_4^{(+)} = \mathrm{e}^{\mathrm{i}k\overline{L}}\left(\cos k\frac{\delta L'}{2}\hat{E}_1^{(+)} + \mathrm{i}\sin k\frac{\delta L'}{2}\hat{E}_2^{(+)}\right)\mathrm{e}^{\mathrm{i}kr_4} \tag{5.147}$$

其中$\overline{L'}=(L_{3'}+L_{4'})/2$,因子$\exp(\mathrm{i}kr_3)$和$\exp(\mathrm{i}kr_4)$表示从$\mathrm{S_{out}}$到探测器的传播.

这些关系可以用来计算模式1下的各种入射辐射态,而入射模式2为空的光电探测信号ω_3和ω_4,即入射辐射有如下形式:

$$|\psi_{\mathrm{in}}\rangle=|\varphi_1\rangle\otimes|0_2\rangle \tag{5.148}$$

光电探测信号$w_3(r_3,t)$可以写为

$$w_3(r_3,t)=s\,\|\hat{E}_3^{(+)}(r_3)\,|\psi_{\mathrm{in}}\rangle\|^2 \tag{5.149}$$

并且分别用式(5.146)和式(5.148)表示$\hat{E}_3^{(+)}$和$|\psi_{\mathrm{in}}\rangle$.由于在模式2中的入射态为空,$\hat{E}_2^{(+)}|\psi_{\mathrm{in}}\rangle$这一项为零,剩下的为

$$w_3(t)=s\sin^2\left(k\frac{\delta L'}{2}\right)\|\hat{E}_1^{(+)}\,|\varphi_1(t)\rangle\|^2 \tag{5.150}$$

并且同样有

$$w_4(t)=s\cos^2\left(k\frac{\delta L'}{2}\right)\|\hat{E}_1^{(+)}\,|\varphi_1(t)\rangle\|^2 \tag{5.151}$$

因此来自干涉仪的输出信号既不依赖于探测器的位置,也不依赖于干涉仪臂的平均长度$\overline{L'}$.如经典计算中一样,它只依赖于路径差$\delta L'$.然而,原则上它也可能与从端口(1)进入的场态的类型有关.现在我们将研究入射场不同的各种情况.

5.5.2 准经典入射辐射

先考虑第一种情况,在端口(1),入射场处于一个准经典态:

$$|\varphi_1(t)\rangle=|\alpha_1\mathrm{e}^{-\mathrm{i}\omega t}\rangle \tag{5.152}$$

回忆可知$|\varphi_1(t)\rangle$是$\hat{E}_1^{(+)}$的一个本征态,我们得到

$$w_3=w_1\sin^2\left(k\frac{\delta L'}{2}\right) \tag{5.153}$$

其中

$$w_1=s(\mathscr{E}_1^{(1)})^2\,|\alpha_1|^2 \tag{5.154}$$

是光电探测概率,可以通过在入射端口(1)放置探测器得到.同样,对于端口(4),

$$w_4 = w_1 \cos^2\left(k \frac{\delta L'}{2}\right) \tag{5.155}$$

这个结果与从经典光学中的计算所能获得的结果严格相同，与 5.4.2 小节中做出的一般结论一致，即对于准经典态，量子光学给出与经典光学一样的结果.

这个结果可以很容易推广(见补充材料 5.B)到具有形式(5.122)的多模准经典态的情况.如果在 ω_0 附近的一个频率间隔 $\Delta\omega_l$ 上，只有系数 α_l 不为 0，并且 $\Delta\omega \cdot \delta L'/c$ 小于 2π，则式(5.153)和式(5.155)的结果用 k_0 代替 k 仍然有效.如果 $\delta L'$远大于 $1/\Delta\omega$，那么与对多色光的经典干涉计算完全相同的计算告诉我们，条纹对比度小于 1.

5.5.3 类粒子入射态

现在来考虑这种情况，在端口(1)入射态是模式(1)的一个单光子态，即

$$|\varphi_1\rangle = |1_1\rangle \tag{5.156}$$

而端口(2)始终为空.一般表达式(5.150)和(5.151)表明，式(5.153)和式(5.155)的结果实际上仍然有效，假如我们将入射端口的光电探测概率看作单光子光电探测概率

$$w_1 = s(\mathscr{E}_1^{(1)})^2 \tag{5.157}$$

注意到这个结果有与一个单色经典波完全相同的形式，即光电探测概率与路径差正弦相关，并能观察到干涉.

如果我们考虑在端口(1)，形式为式(5.132)的一个多模单光子态，并且端口(2)什么也没有，可以得到

$$\hat{E}_3^{(+)}(r_3)|\psi_{\text{in}}(t)\rangle = \sum_l \mathscr{E}_l^{(1)} c_l \mathrm{e}^{\mathrm{i}[k_l(\overline{L}+r_3)-\omega_l t]} \sin k_l \frac{\delta L'}{2} |0\rangle \tag{5.158}$$

因此光电探测信号将为

$$w_3(r_3, t) = s\left|\sum_l \mathscr{E}_l^{(1)} c_l \mathrm{e}^{\mathrm{i}[k_l(\overline{L}+r_3)-\omega_l t]} \sin k_l \frac{\delta L'}{2}\right|^2 \tag{5.159}$$

如果频率 ω_l 的分布具有有限宽度 $\Delta\omega$，并且路径差 L'小于 $c/\Delta\omega$，就可以简化这个表达式.用 ω_0 表示波包的中心频率以及 $k_0 = \omega_0/c$，式(5.159)中的 $\sin(k_l\delta L'/2)$就可以用 $\sin(k_0\delta L'/2)$来代替.于是光电探测概率就为如下形式：

$$w_3(r_3, t) = F(t, r_3)\sin^2\left(k_0 \frac{\delta L'}{2}\right) \tag{5.160}$$

其中函数 $F(t, r_3)$ 是一个描述波包的慢变包络(见补充材料 5.B). $\sin^2(k_0\delta L'/2)$ 这一项是对应于频率 ω_0 的干涉项. 对全部波包在时间 t 上积分，保持路径差 $\delta L'$ 固定，我们就得到了在模式 3 上光电探测的总概率：

$$\mathcal{P}_3 = \mathcal{P}_1 \sin^2\left(k_0 \frac{\delta L'}{2}\right) \tag{5.161}$$

这里 $\mathcal{P}_1$ 是在干涉仪入口处单光子波包的总光电探测概率. 干涉信号是清晰的. 对于端口(4)，由类似的计算可以得到

$$\mathcal{P}_4 = \mathcal{P}_1 \cos^2\left(k_0 \frac{\delta L'}{2}\right) \tag{5.162}$$

因此，即使对于我们称为类准粒子态的一个单光子入射态，也将观察到干涉条纹，与准经典态或经典光波情况所发现的一样. 量子光学的这个预言已经在实验上得到了检验(图 5.9). 它阐释了一个单一光子的波的特性，或"光子可以与它自身干涉"的结论.

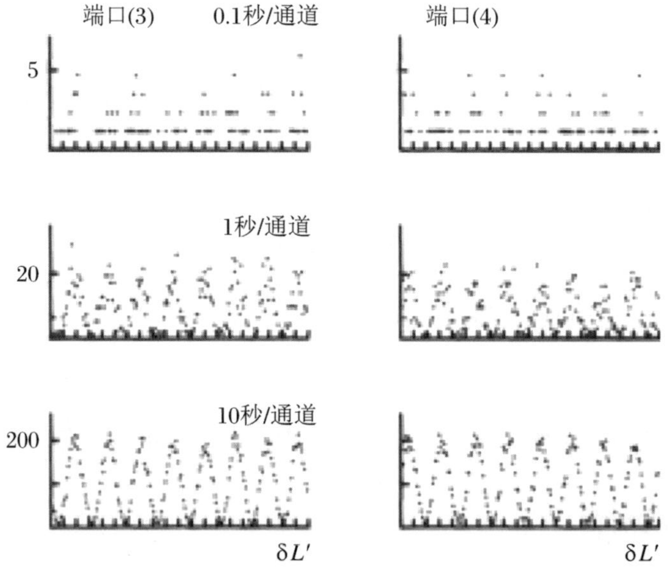

图 5.9　入射场是单光子态时，马赫-曾德尔干涉仪端口(3)和(4)处的测量结果

它们是光程差 $\delta L'$ 的函数. 图从上至下对每个确定的光程差增加测量时间(镜子固定). 观测时间从 0.1 秒变到 10 秒，对应镜子在每个位置的平均探测数从 1 变到 100. 注意在每个端口处干涉图案的互补性. (图片来自 P. Grangier 和 A. Aspect).

5.5.4 类粒子态的波粒二象性

再次考虑到达半反射镜 S_{in} 的具有形式(5.132)的一个单光子态(图 5.8),但这次在端口(3′)和(4′)引入光子计数光电探测器(图 5.8(b)).一个符合电路被用来测量在端口(3′)和(4′)处的联合探测概率.利用式(5.8)和式(5.9),我们将每个场 $\hat{E}_{3'}^{(+)}$ 和 $\hat{E}_{4'}^{(+)}$ 写作入射场的函数.如在式(5.136)中,联合探测概率为零,因为它只包含形式为 $\hat{a}_l^2|1_l\rangle$ 的项(详细计算见补充材料 5.B.2 小节).因此,这里就有一个非常明显的类粒子特性,也就是说,光子在 S_{in} 的一边或另一边被探测到,而不是同时在两边被探测到.很容易得出结论,光子要在这两个路径中选一个.但正如我们在 5.5.3 小节中所看到的,在图 5.8(a)的干涉仪中相同的单光子波包引起了干涉,通过想象一个入射波在 S_{in} 被分割,且在端口(3′)和(4′)中都传播,可以很自然地解释这个现象.我们在这里所面对的是波粒二象性的一个例子:一个单光子波包有时表现得像一个波,有时表现得像一个粒子,取决于是用图 5.8(a)还是用图 5.8(b)的装置来分析它.

玻尔互补原理经常被用来减少对这些明显矛盾的行为类型的存在的困惑.根据这个原理,矛盾的经典行为实际上产生于不相容的实验装置.图 5.8(a)和(b)中的装置确实不能同时被实施.当我们分析这种情况时,我们发现,互补的量由两个测量造成,一个是由与同时通过干涉仪两端口相关的干涉的观测,另一个是由图 5.8(b)中的装置所明确揭示出的通过路径的精确观测,探测器 $D_{3'}$ 和 $D_{4'}$ 只有一个给出了信号.

可以设计出更精妙的实验[1],以得到关于通过路径的一些有限信息 I 而同时可以出现具有有限对比度 C 的干涉.对于这些互补量,对这种情况的分析就导致了一个不等式

$$C^2 + I^2 \leqslant 1 \tag{5.163}$$

上述所讨论的两种情况分别对应于极限状态 $C=0, I=1$ 或 $C=1, I=0$.

评注 路径的确定需要使用类粒子的态,比如单粒子波包.注意到,如果用一个准经典辐射,图 5.8(b)的实验安排将会给出一个非零概率的符合计数,于是所通过的路径就无法被明确确定.

---

① Jacques V, et al. Delayed-Choice Test of Quantum Complementarity with Interfering Single Photons [J]. Physical Review Letters, 2008, 100: 220402.

5.5.5 惠勒的延迟选择实验

与互补性的想法相符的是，矛盾的行为与不相容的实验安排相关，并且确实发现了所观察到的行为依赖于所选择的实验安排. 也许由此就导出了互补性的如下解释：量子系统“采用某个不同的行为”取决于与它发生相互作用的装置.

这样的说法不应该被解释得太简单，例如，想象一下，入射光子在分束器 S_{in}上将采用波或粒子的行为，取决于探测器 $D_{3'}$ 和 $D_{4'}$ 是否存在. 关键是，如惠勒(J. A. Wheeler)所提出的，可以想象只有在光子到达入射分束器 S_{in}之后才做出引入这些探测器的决定. 但惠勒所提出的装置更加激进. 他的想法是在图 5.8(a)所示的装置中利用一个可移动的出射分束器 S_{out}，而不是引入进一步的探测器 $D_{3'}$ 和 $D_{4'}$. 当这个分束器放置好时，我们就有了一个干涉仪，但当它被撤掉时，在 D_3 或 D_4 的一个光电探测器中明确表明了沿着哪条路. 如果光在干涉仪中的穿行时间$\overline{L'}/c$ 长于单光子波包的存续时间，在光子通过 S_{in}之后决定撤掉或引入 S_{out} 上就基本没有困难了. 更确切地说，两个事件是类空间隔的就足够了，从相对论意义上来说，这足以保证撤掉或引入分束器的这个决定不影响进入干涉仪的光子的行为，除非认为某些效应可以以快于光的速度传播.

这个实验已经实施，结果是明确的：只要单光子波包到达分束器 S_{out} 的位置，就可以观察到干涉条纹，而无论它放进干涉仪时的情况是什么.①相反，如果在波包通过时，S_{out} 不在恰当的位置上，就观察不到条纹. 于是我们可以明确地说光子沿着路径 3′或路径 4′. 如果坚持非此即彼地采用波(同时与在两个臂通过的想法相联系)或粒子(选择一个路径或另一个)的经典图像，那么套用惠勒自己的话说，就一定会得出这样的结论，即光在干涉镜中的行为与在它即将离开干涉镜时做出的选择有关. 波粒二象性的这个惊人表现被费曼称为量子物理的巨大奥秘. 但是需要强调的是，量子光学理论提供了这些不同类型行为的一个自洽解释，尽管我们基于自身对经典波和粒子的经验来接受它们时会遇到困难.

---

① Jacques V, et al. Experimental Realization of Wheeler's Delayed-Choice Gedanken Experiment [J]. Science, 2007, 315: 966.

5.6 光子的波函数?

对于自由空间中具有形式(5.132)的一个单光子态,在 $\boldsymbol{r}$ 处光电探测的概率(5.134)取如下形式:

$$w(\boldsymbol{r},t) = s \mid \boldsymbol{U}(\boldsymbol{r},t) \mid^2 \tag{5.164}$$

其中

$$\boldsymbol{U}(\boldsymbol{r},t) = \mathrm{i}\sum_l \boldsymbol{\varepsilon}_l \mathscr{E}_l^{(1)} c_l \mathrm{e}^{\mathrm{i}(\boldsymbol{k}_l\cdot\boldsymbol{r}-\omega_l t)} = \langle 0 \mid \hat{E}^{(+)}(\boldsymbol{r}) \mid \psi(t)\rangle \tag{5.165}$$

类似地,在马赫-曾德尔干涉仪的出口处光电探测概率(5.158)和(5.159)为关于空间和时间的一个复值函数的模平方.因此可以很合理地来询问这个函数是否能看作光子的波函数,适当归一化后,其模平方将给出通过一个光电探测器所测量的光子存在的概率密度.我们将看到,对于一个单光子态来说,在特定情况下答案是肯定的,但量子光学的理论远远比单粒子波函数的要更丰富.

注意到 $\boldsymbol{U}(\boldsymbol{r},t)$ 的矢量性质是不奇怪的,因为对于有一个非零自旋 s 的粒子,波函数是一个有 $2s+1$ 个分量的旋量.例如,自旋1/2的一个电子,用一个2分量旋量 $\boldsymbol{\psi}(\boldsymbol{r},t)$ 来描述.在 $\boldsymbol{r}$ 处探测到电子处于自旋态 i 的概率就为 $\mid \psi_i(\boldsymbol{r},t)\mid^2$,并且探测的总概率正比于 $\sum_i \mid \psi_i(\boldsymbol{r},t)\mid^2$.同样,如果一个选择某个偏振分量 i 的偏振滤光片放置于 $\boldsymbol{r}$ 处探测器的前面,光电探测概率的确为 $\mid U_i(\boldsymbol{r},t)\mid^2$,加上一个归一化常数.这意味着 $\boldsymbol{U}(\boldsymbol{r},t)$ 确实可以看作一个旋量波函数,并且在 $\boldsymbol{r}$ 处 t 时的光电探测概率可以与用这个波函数计算的光子存在的概率密度相联系.

然而,我们不能认为光子具有一个位置算符 $\hat{\boldsymbol{r}}$.不同于大质量粒子,光子在三维空间中没有完美的定域态.原因是自由电磁场是横向的(场的散度为零),这就导致了约束条件.读者将会发现,通过推广补充材料5.B中所述过程构建一个局限在三维空间中的波包是不可能的,即使认为波包频谱非常宽也不行.[①]所以 $\mid \boldsymbol{U}(\boldsymbol{r},t)\mid^2$ 不应该看作恰好在点 $\boldsymbol{r}$ 处发现一个光子的概率,而应该看作在不小于 λ_{M}^3 的某个小体积上的一个平均概率,其

① 一个定域的矢量值函数 $\boldsymbol{\phi}_0\delta(\boldsymbol{r}-\boldsymbol{r}_0)$ 不能有零散度.

中 λ_M 是与探测器敏感的最大频率相联系的波长.

相对于量子光学的理论形式来说,对单光子态定义一个波函数的主要缺陷是,我们不但无法获得双重探测的概率,也无法在更普遍的多光子态中计算光电探测信号中的涨落.但这些信号是量子光学中的重要物理量,揭示了光的特殊量子特性.

除了单光子态以外,没有其他多光子态波函数的一般定义.这并不奇怪,因为对于 N 个电子也没有基本的波函数,这样的基本波函数通常是一个在巨大态空间中的量子纠缠态.实际上,这里所给的量子光学的理论形式只不过是称为二次量子化的一般理论的一个特殊情况,二次量子化则描述了 N 个无法区分的量子粒子.这个理论用 $\hat{a}$ 和 $\hat{a}^{\dagger}$ 组成的算符来代替单粒子波函数,对玻色子来说,$\hat{a}$ 和 $\hat{a}^{\dagger}$ 遵从的对易关系恰好是正则关系式(4.100)和式(4.101).因此我们可以这么说,量子光学描述了无相互作用玻色子的理想气体(即光子),并且其形式体系源自电磁场的二次量子化,而这里的电磁场可看作单光子态波函数.

评注 多光子态中存在一个可定义经典函数且其模平方给出光电探测概率的特殊情况.这是准经典态,按照定义它是 $\hat{\boldsymbol{E}}^{(+)}(\boldsymbol{r})$ 的一个本征态,本征值为起着波函数作用的一个复函数(见 5.3.4 小节和 5.4.2 小节).然而,对于单光子态,双重光电探测信号和涨落在不依靠完全量子理论时是无法计算的.另外,我们已经证明在这种情况下经典光学可以给出正确的结果.因此,应用波函数理论在这里并无益处,在准经典态情况下最好直接应用电磁场的经典描述.

5.7 总结

纵观历史,光存在着两个矛盾的概念:光的波动理论由惠更斯提出,然后由杨和菲涅耳进一步发展,并由麦克斯韦解释为电磁性质;而光的粒子概念则由笛卡儿、牛顿、拉普拉斯提出,再后来,在不同的方面被爱因斯坦支持.随着实验观测和理论模型的不断进步,两种理论曾出现过一系列的一种超过另一种的短暂胜利.

到 19 世纪末,在第 4 章的第一部分所回顾的经典电磁学提供了几乎所有已知光学现象的波动描述(附加这样的假定,即在光学中所测量的称为光强度的物理量正比于麦克斯韦波的电场平方的平均值).20 世纪初,结果显示这个宏伟的大厦并不是没有缺点,对于诸如黑体辐射谱、光电效应或康普顿效应这些现象波动理论都无法给出一个满意的解释.通过创造光子,爱因斯坦使粒子模型重新"复活",该模型提供了对所有这些效应的一个简单解释.但是代价是很高的,因为这个模型对解释干涉和衍射效应无能为力.别无选择，我们只能接受这样的事实：光有时表现为一个粒子，有时表现为一个波.[①]量子力学出现后，人们发现量子光学的大多数现象，特别是光电效应，可以用一个基于量子化物质和经典电磁场之间的相互作用的模型来解释. 这正是在第 2 章中所提出的方法. 光子，更一般来说，光的量子化确实给出了解释光电效应、康普顿散射或原子光谱选择定则的简单图像，而辐射的量子化似乎没有绝对的必要，除了像自发辐射或氢原子光谱中的兰姆位移等少数现象外. 但再一次，这些现象都只涉及辐射与一个微观源的相互作用，这里自由辐射场的量子化看起来并无必要.

直到 20 世纪的最后几十年的理论澄清，特别是格劳伯的工作，导致某些只能用自由场的量子描述来解释的情况的发现，例如单光子的双重探测、压缩辐射态中量子涨落的测量以及用纠缠光子对实现贝尔不等式破坏的实验. 为了描述这些情形，我们只能利用辐射的量子理论. 该理论由狄拉克、海森伯、约尔当、泡利、克拉默斯、贝特、施温格、戴森、朝永振一郎和费曼等在 1920～1960 年逐步发展，其最初目的是提供物质与辐射相互作用的一个自洽描述，而随后是对诸如兰姆位移或自发辐射这样的微妙效应做出解释.

就自由辐射而言，量子光学提供了描述光的波和粒子两方面的一个统一框架. 量子光学也提供了理解为什么经典光学已经如此成功的一种方式，因为我们现在知道了经典光学是由准经典态所描述的辐射的光学.

但最重要的是，通过对经典光学中非经典辐射态的创新性研究，量子光学打开了一个可以通向新的光学应用的崭新研究领域. 比如超越标准量子极限的测量，这些测量借助诸如压缩态等辐射态极大地提高了引力波探测器这类大尺度干涉仪的测量范围. 量子光学也见证了一个巨大的全新研究领域的出现，即量子信息，在量子信息领域安全数据传输和数据处理基于与经典信息和通信技术完全不同的概念. 基础研究中的量子光学革命是否将伴随着一场新的技术革命，其中我们已经提到的应用只是其冰山一角，也许只有未来能告诉我们答案.

补充材料 5.A　光的压缩态：量子涨落的减少

在本章 5.2 节中我们发现，根据量子理论一个电磁波的电场值不能以任意高的精度

---

① 在量子力学发展之前，爱因斯坦自己强调了这个问题. 例如，可见 Salzburg 在 1909 年会议中的文章：*Über die Entwicklung unserer über das Wesen und die Konstitution der Strahlung*（A. Einstein 著，Physikalische Zeitschrift，1909，10：817）.

来预测，这是场的两个正交分量所满足的不确定关系的结果（等式(5.32)）. 不确定关系对它们方差的积施加了一个有限限度. 该限度不仅仅是一个抽象的理论极限；它通常是决定高精密光学测量分辨率的最重要因素. 在这种情况下，光电探测器对场的测量出现了无法控制的源自量子性的涨落，称之为**量子噪声**. 幸运的是，正如我们将在这个补充材料中所看到的，这个问题可以通过利用辐射场的非经典态，即压缩态，而被克服，只要测量的是一对共轭场变量中的某一个. 在这样一个态的场中一个变量上表现出了量子噪声降低，代价是在另一个变量上噪声增加，所以仍然满足涉及它们方差的不确定关系. 对于增加光学测量可达精度而言，这样的态的潜力是不言而喻的. 然而，这种潜在的可达精度的实际实现需要精密的实验技术，我们这里只简要描述这种技术. ①

5.A.1 压缩态：定义和性质

5.A.1.1 定义

在本补充材料中，我们考虑辐射场的一个单一模式，如同在第 5 章 5.3 节中一样. 因此我们省略对应于这个模式的下标 l. 首先引入一个新的算符 $\hat{A}_R$，它是实变量 R 的函数，定义为

$$\hat{A}_R = \hat{a}\cosh R + \hat{a}^{\dagger}\sinh R \tag{5.A.1}$$

很容易证明这个算符满足

$$[\hat{A}_R, \hat{A}_R^{\dagger}] = \cosh^2 R - \sinh^2 R = 1 \tag{5.A.2}$$

从而算符 $\hat{A}_R$ 及其厄米共轭 $\hat{A}_R^{\dagger}$ 遵从与所考虑模式的光子湮灭和产生算符 $\hat{a}$ 和 $\hat{a}^{\dagger}$ 一样的对易关系. 因此它们具有相同的性质. 特别地，通过应用我们在引入准经典态 $|\alpha\rangle$ 时采用的过程，类比于将 $|\alpha\rangle$ 定义为光子湮灭算符的本征态，我们引入等价的态 $|\alpha, R\rangle$，它是 $\hat{A}_R$ 的本征态：

$$\hat{A}_R \mid \alpha, R\rangle = \alpha \mid \alpha, R\rangle \tag{5.A.3}$$

这些态称为**压缩态**. 注意到当 $R=0$ 时，它们变为通常的准经典态，并且它们与准经典态

---

① 更详细的讨论可见 H. A. Bachor 和 T. Ralph 的著作 *A Guide to Experiments in Quantum Optics*（Wiley, 2004）.

一样，不是定态.

5.A.1.2 在压缩态下场可观测量的期望值

为了计算电场在一个压缩态下的期望值及方差，我们必须首先以算符 $\hat{A}_R$ 和 $\hat{A}_R^\dagger$ 来表示电场算符.湮灭算符可以写为

$$\hat{a} = \hat{A}_R \cosh R - \hat{A}_R^\dagger \sinh R \tag{5.A.4}$$

所以电场算符(等式(4.109))变为

$$\hat{E}(\boldsymbol{r}) = \mathrm{i}\mathscr{E}^{(1)}[\hat{A}_R(\mathrm{e}^R \cos \boldsymbol{k}\cdot\boldsymbol{r} + \mathrm{i}\mathrm{e}^{-R}\sin \boldsymbol{k}\cdot\boldsymbol{r}) - \hat{A}_R^\dagger(\mathrm{e}^R\cos \boldsymbol{k}\cdot\boldsymbol{r} - \mathrm{i}\mathrm{e}^{-R}\sin \boldsymbol{k}\cdot\boldsymbol{r})] \tag{5.A.5}$$

利用式(5.A.3)可以很容易计算这个算符的期望值.我们得到

$$\langle \alpha, R \mid \hat{E}(\boldsymbol{r}) \mid \alpha, R\rangle = \mathrm{i}\mathscr{E}^{(1)}[(\alpha\cosh R - \alpha^* \sinh R)\mathrm{e}^{\mathrm{i}\boldsymbol{k}\cdot\boldsymbol{r}} - \mathrm{c.c.}] \tag{5.A.6}$$

在一个压缩态下的电场平均值与其在准经典态$|\alpha'\rangle$下的期望值无区别，

$$\alpha' = \alpha\cosh R - \alpha^* \sinh R \tag{5.A.7}$$

而对场的方差来说则是不相同的.利用表达式(5.A.5)和对易关系式(5.A.2)，我们得到

$$\begin{aligned}\langle \alpha, R \mid \hat{E}^2(\boldsymbol{r}) \mid \alpha, R\rangle = &(\langle \alpha, R \mid \hat{E}(\boldsymbol{r}) \mid \alpha, R\rangle)^2 \\ &+ |\mathscr{E}^{(1)}(\mathrm{e}^R\cos \boldsymbol{k}\cdot\boldsymbol{r} + \mathrm{i}\mathrm{e}^{-R}\sin \boldsymbol{k}\cdot\boldsymbol{r})|^2\end{aligned} \tag{5.A.8}$$

所以

$$\Delta^2 E(\boldsymbol{r}) = (\mathscr{E}^{(1)})^2(\mathrm{e}^{2R}\cos^2 \boldsymbol{k}\cdot\boldsymbol{r} + \mathrm{e}^{-2R}\sin^2 \boldsymbol{k}\cdot\boldsymbol{r}) \tag{5.A.9}$$

这个表达式必须与对于一个准经典态所得到的值$(\mathscr{E}^{(1)})^2$(见等式(5.87))相比.

因此，对于一个压缩态，场的方差与位置 $\boldsymbol{r}$ 有关，且在一个小于真空涨落$(\mathscr{E}^{(1)})^2$ 的值和一个大于该涨落的值之间以半个光波长为周期周期性地变化.

在图 5.A.1 中，我们给出了对应 α 和 R 的不同值时压缩态在传播方向上以距离 z 为函数的瞬时电场的变化.中央的实曲线描绘了由式(5.A.6)给出的期望值，而两个外侧线之间的垂直距离则是方差(5.A.9)的平方根.我们在同一图中补充了每种情况下相应的场的相量表示.图 5.A.1(a)对应于一个准经典态($R=0$)，而图 5.A.1(b)和(c)对应实的 α 以及负的和正的 R(上面确定的 α'的值保持不变).图 5.A.1(d)对应于 $\alpha=0$ 以及 $R<0$("压缩真空态").从式(5.A.9)很明显地可以看出，对于图 5.A.1(b)和(d)，当 $kz = p\pi+\pi/2$(其中 p 是一个整数)，或对于图 5.A.1(c)的情况，当 $kz = p\pi$ 时，电场可以比一个

5 准经典态的电场更精确地来确定:方差被压低了一个因子 $e^{2|R|}$,该因子称为**压缩参数**,并且至少在理论上可以任意大.所付出的代价是 1/4 波长之后,场中的不确定性与准经典态的情况相比,增加了一个相同的因子.

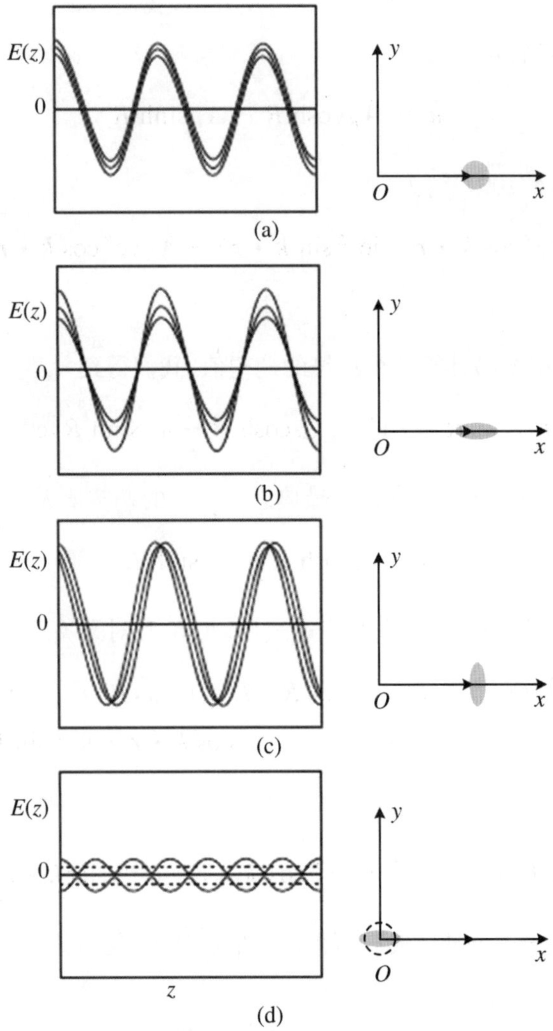

图 5.A.1 电场空间相关性的形式以及场各种态的相量表示

(a) 一个准经典态($R=0$),具有一个宽度为 $2\mathscr{E}^{(1)}$ 的可能场值的波带,而在相量图中则是一个圆形区域;(b) $R<0$ 时的压缩态,在场穿过零值的点上给出了一个减小的场不确定性,而在场最大的点上给出了一个增加的不确定性;(c) $R>0$ 时的压缩态,在场最大值处有很小的不确定性,而在零交叉处有最大的不确定性;(d) 压缩真空态,这个真空态场方差以恒定间隔 $2\mathscr{E}^{(1)}$ 的虚线表示.

此外,我们有作为算符 $\hat{A}_R$ 和 $\hat{A}_R^\dagger$ 的函数的正交算符的下列表达式:

$$\hat{E}_Q = \mathscr{E}^{(1)} e^{R} (\hat{A}_R + \hat{A}_R^\dagger) \tag{5.A.10}$$

$$\hat{E}_P = -i\mathscr{E}^{(1)} e^{-R} (\hat{A}_R - \hat{A}_R^\dagger) \tag{5.A.11}$$

这直接意味着

$$(\Delta E_Q)^2 = (\mathscr{E}^{(1)})^2 e^{2R} \tag{5.A.12}$$

$$(\Delta E_P)^2 = (\mathscr{E}^{(1)})^2 e^{-2R} \tag{5.A.13}$$

$$\Delta E_P \Delta E_Q = (\mathscr{E}^{(1)})^2 \tag{5.A.14}$$

因此，压缩态是最小的不确定态，其中一个正交涨落小于真空态中的涨落.

最后，对于压缩态，我们导出光子数的期望值和方差. 光子数算符 $\hat{N}$ 用算符 $\hat{A}_R$ 和 $\hat{A}_R^\dagger$ 表示为

$$\hat{N} = \hat{A}_R^\dagger \hat{A}_R \cosh^2 R + \hat{A}_R \hat{A}_R^\dagger \sinh^2 R - \sinh R \cosh R (\hat{A}_R^2 + \hat{A}_R^{\dagger 2}) \tag{5.A.15}$$

很容易得到在态 $|\alpha, R\rangle$ 下的光子数期望值

$$\langle \hat{N} \rangle = \langle \alpha, R \mid \hat{N} \mid \alpha, R \rangle = |\alpha'|^2 + \sinh^2 R \tag{5.A.16}$$

其中 α' 由式(5.A.7)给出. 这个表达式说明，即使对于 $\alpha = \alpha' = 0$ 的压缩态(称为压缩真空态)，如果 $R \neq 0$，光子数平均值也不再为 0.

在光子数方差的计算中，我们只关注 α 的一个实值的简单情况. 经过一个冗长但直接的处理(利用对易子(5.A.2)和表达式(5.A.3))，得到了这个结果：

$$(\Delta N)^2 = \alpha^2 e^{-4R} + 2\sinh^2 R \cosh^2 R = \alpha'^2 e^{-2R} + 2\sinh^2 R \cosh^2 R \tag{5.A.17}$$

考虑 R 为正的情况(图 5.A.1(c))，且 $\alpha'^2 \gg e^{2R}$. 于是式(5.A.17)中的第二项就可以忽略，光子数 $\hat{N}$ 的方差与 $\langle \hat{N} \rangle e^{-2R}$ 相差很小，也就是说，在强度上的不确定性比准经典态情况所期望的压低了一个因子，即压缩参数 e^{-2R}. 在图 5.A.1(c)的场的相量中很明显地表示了出来：相量的振幅的涨落小于准经典态表示中的情形. 处于这个态的辐射场被认为有**亚泊松**统计，因为光子数方差小于泊松分布所得到的方差 $(\Delta N)^2 = \langle \hat{N} \rangle$. 共轭量(在这种情况下即波的相位)的测量当然显示了比准经典态所期望的更大的涨落，正如能从图 5.A.1(c)推出的在垂直于相量的一个方向上更大的阴影区域. 显然，上述结论对于 R 为负的情况(图 5.A.1(b))是相反的.

场变量期望值的时间相关性可以通过推广 5.3 节的处理方法得到. 这会导致类似于式(5.A.6)和式(5.A.9)的结果，在那里相位 $\boldsymbol{k} \cdot \boldsymbol{r}$ 用 $\boldsymbol{k} \cdot \boldsymbol{r} - \omega t$ 代替. 因此，关于场变量期望值的空间相关性的上述讨论可以扩展到时间域：在空间中一给定点上的场方差在小于和大于真空涨落的值之间以等于半个光周期的周期振荡. 于是在这样的态下，场的时

间相关性就对应于第 5 章图 5.7 所描绘的情形，与图 5.A.1(b)类似.

5.A.1.3 压缩算符

任何压缩态都可以通过一个幺正变换由一个准经典态得到，该变换称为**压缩变换**：

$$|\alpha,R\rangle=\hat{S}(R)|\alpha\rangle \tag{5.A.18}$$

其中

$$\hat{S}(R)=\exp[R(\hat{a}^2-\hat{a}^{\dagger 2})/2] \tag{5.A.19}$$

为了证明式(5.A.18)，我们利用恒等式①

$$e^{\hat{B}}\hat{A}e^{-\hat{B}}=\hat{A}+\frac{1}{1!}[\hat{B},\hat{A}]+\frac{1}{2!}[\hat{B},[\hat{B},\hat{A}]]+\frac{1}{3!}[\hat{B},[\hat{B},[\hat{B},\hat{A}]]]+\cdots \tag{5.A.20}$$

它对于任意算符对 $\hat{A}$ 和 $\hat{B}$ 都有效. 我们考虑 $\hat{B}=R(\hat{a}^2-\hat{a}^{\dagger 2})/2$ 以及 $\hat{A}=\hat{a}$ 的情况. 则对易子 $[\hat{B},\hat{a}]$ 和 $[\hat{B},\hat{a}^\dagger]$ 就分别为

$$[\hat{B},\hat{a}]=R\hat{a}^\dagger \tag{5.A.21}$$

$$[\hat{B},\hat{a}^\dagger]=R\hat{a} \tag{5.A.22}$$

由此我们推出

$$\begin{aligned}\hat{S}(R)\hat{a}\hat{S}^{-1}(R)&=\hat{a}\left(1+\frac{R^2}{2!}+\cdots\right)+\hat{a}^\dagger\left(R+\frac{R^3}{3!}+\cdots\right)\\&=\hat{a}\cosh R+\hat{a}^\dagger\sinh R=\hat{A}_R\end{aligned} \tag{5.A.23}$$

将这个算符作用到态矢 $\hat{S}(R)|\alpha\rangle$ 上，我们得到

$$\hat{S}(R)\alpha|\alpha\rangle=\hat{A}_R\hat{S}(R)|\alpha\rangle \tag{5.A.24}$$

因此 $\hat{S}(R)|\alpha\rangle$ 是 $\hat{A}_R$ 的一个本征矢，相应本征值为 α，并且满足定义压缩态 $|\alpha,R\rangle$ 的等式(5.A.3).

5.A.1.4 压缩态经过分束器时的传输

现在我们来考虑一个半透半反分束器在压缩态入射时的效应. 与图 5.1 中的类似，这个分束器具有振幅反射和透射系数 r 和 t，满足 $r^2+t^2=1$.

我们在这里利用了 5.1.2 小节中涉及部分反射分束器的结果. 令 $\hat{E}_1^{(+)}$ 和 $\hat{E}_2^{(+)}$ 为与

① Louisell W. Quantum Statistical Properties of Radiation [M]. Wiley, 1973: 136.

输入模式(1)和(2)相关的复场算符.推广式(5.7),可以得到透射的复场算符

$$\hat{E}_4^{(+)} = t\hat{E}_1^{(+)} - r\hat{E}_2^{(+)} \tag{5.A.25}$$

为简单起见,我们将讨论限定于只考虑在每个端口的频率为 ω 的一个单一场模.那么算符 $\hat{E}_i^{(+)}$ 就仅仅正比于光子湮灭算符 $\hat{a}_i$.从而我们有

$$\hat{a}_4 = t\hat{a}_1 - r\hat{a}_2 \tag{5.A.26}$$

由这个表达式,对于透射场的正交算符 $\hat{E}_Q = \mathscr{E}^{(1)}(\hat{a} + \hat{a}^\dagger)$,我们可以导出表达式

$$\hat{E}_{Q4} = t\hat{E}_{Q1} - r\hat{E}_{Q2} \tag{5.A.27}$$

这里假定透射和反射系数 t 和 r 为实数.

现在我们可以计算对于这样一种情况的透射场中的正交涨落,即一个压缩态 $|\alpha, R\rangle$ 在端口(1)入射,当 α 是正实数时,我们认为这个态具有亚泊松分布.因此场的初始态 $|\psi\rangle$ 就是在端口(1)的压缩态和在端口(2)的真空态的张量积:

$$|\psi\rangle = |\alpha, R\rangle \otimes |0\rangle \tag{5.A.28}$$

正交算符 $\hat{E}_{Q4}$ 作用在这个态上就可以表示为

$$\hat{E}_{Q4}|\psi\rangle = t\hat{E}_{Q1}|\alpha, R\rangle \otimes |0\rangle - \mathscr{E}^{(1)} r|\alpha, R\rangle \otimes |1\rangle \tag{5.A.29}$$

因为 $\hat{E}_{Q2}|0\rangle = \mathscr{E}^{(1)}|1\rangle$.由这个表达式,我们可以导出 $\hat{E}_{Q4}$ 的期望值及方差.对于前一个量,我们有

$$\langle\psi|\hat{E}_{Q4}|\psi\rangle = t\langle\alpha, R|\hat{E}_{Q1}|\alpha, R\rangle \tag{5.A.30}$$

与经典预期结果相同;平均场正交分量仅仅减少了一个透射因子 t.对于方差,$(\Delta E_{Q4})^2 = \| \hat{E}_{Q4}|\psi\rangle \|^2 - (\langle\psi|\hat{E}_{Q4}|\psi\rangle)^2$,我们得到

$$(\Delta E_{Q4})^2 = t^2(\Delta E_{Q1})^2 + r^2(\mathscr{E}^{(1)})^2 = (\mathscr{E}^{(1)})^2(t^2 e^{-2R} + r^2) \tag{5.A.31}$$

当分束器的透射系数接近于 1 时,$r \approx 0$,并且透射场上的涨落接近于入射场,因此仍然是压缩的($(\Delta E_{Q4})^2 < (\mathscr{E}^{(1)})^2$).然而,如果 t 很小,r 就趋近于 1,且输出场上的涨落主要来自式(5.A.31)的第二项,即来自进入未使用的输入端口的真空涨落.这些涨落具有准经典态所预期的量级,即使输入端的入射场被非常强烈地压缩.注意到式(5.A.31)表明,如果输入场是一个准经典态,那么输出场也是一个准经典态,而不论反射系数 r 的值为多少.

5.A.1.5 损耗的影响

从透射光束的角度来看,系数 r^2 表明了透射强度的一个损耗.利用类似于前一小节

的论证，表达式(5.A.31)可以推广到透射光束相继地遇到若干个分束器的情况：用各种分束器的强度反射系数之和足以来代替式(5.A.31)中的 r^2. 一般来说，光的任意正比于入射强度的整体损耗都可以看作将光散射到一组不用的损耗模式上. 如果以强度损耗系数 A 代替 r^2，以 $1-A$ 代替 t^2，公式(5.A.31)就可应用. 从这个角度看，**吸收**具有与**部分反射**一样的效果.

因此任意线性损耗都有减少量子涨落压缩的效果(也减少任意初始附加噪声)，所以输出场的态比输入场更接近于一个准经典态. 因此，在某种意义上准经典态是特殊的，它们是唯一对于耗散损耗稳定的态. 表达式 (5.A.31)还表明了，即使引入非常小的损耗，也足以破坏出现在压缩态中的涨落压缩. 为了保持从某些非线性相互作用中花费很大努力才得到的压缩，减少这种损耗是在针对压缩光的制备和操控实验中的主要技术挑战之一.

评注 这个性质不仅对输出光束的正交分量是正确的，也适用于诸如强度噪声等其他可观测量. 每当穿过一个分束器时，一个亚泊松光束会变得更远离亚泊松分布(趋向于泊松分布).

在光子方面，另一个论证可以用来解释这个事实，即损耗的存在趋向于增加这个光场的泊松特性. 论证基于这样一个事实：泊松分布与光子系综的统计独立性相关. 因此对于一个亚泊松分布，光子不是随机分布的，而是具有一个规则的顺序. 损耗的影响就是从这个规则排列的光子中随机地移开光子，这最终将导致输出场中的光子分布比输入场中的更随机，从而分布变得更泊松.

5.A.2 压缩光的产生

5.A.2.1 通过参量过程产生

表达式(5.A.18)和(5.A.19)可以写成如下形式：

$$|\alpha, R\rangle = \exp(-i\hat{H}_I T/\hbar)|\alpha\rangle \tag{5.A.32}$$

其中

$$\hat{H}_I = i\frac{\hbar R}{2T}(\hat{a}^{\dagger} - \hat{a}^2) \tag{5.A.33}$$

这表明压缩态是在一个哈密顿量 $\hat{H}_I$ 的影响下，由在一个准经典态的一个周期 T 上的时间演化造成的. 这个哈密顿量的形式所描述的过程具有这样的特点：在所考虑模式上同时产生或湮灭两个光子.这种类型的相互作用会在非线性光学中遇到,例如在**简并参量混频**(见第7章)中频率为2ω的一个泵浦光子的湮灭,伴随着频率为ω的两个光子的产生.图5.A.2给出了利用参量混频来产生压缩光的一个实验装置.它包括一个被封闭在法布里-珀罗腔中的适当的非线性介质,其两个镜子对泵浦频率2ω是透明的,同时第一个镜子M对频率ω是全反射的,而第二个镜子M′对频率ω是部分透射的.这个腔的共振频率为ω,所以简并下转换(down-conversion)$\omega_1=\omega_2=\omega$优先于非简并的下转换($\omega_1+\omega_2=2\omega$且$\omega_1\neq\omega_2$),在后一种情况中,频率$\omega_1$和$\omega_2$没有与腔共振.这个系统被频率为$2\omega$的激光泵浦.因此$\omega$频率模式的初始态是真空态.正如我们将会在补充材料7.A中看到的,在参量振荡的阈值之下,这个场态在具有形式(5.A.33)的参量下转换哈密顿量的影响下被转变成一个压缩真空态.由于镜子M′对频率ω的有限透射,系统会稳定于通过M′端输出具有图5.A.1(d)所示类型的辐射场的状态.正如我们之前所指出的那样,辐射场的这个态没有经典对应,并在1985年被首次展示.随后的实验制备了压缩参数等于10的压缩光.不借助共振腔,也可以用简并参量的下转换来制备压缩态,但是要在脉冲状态下,例如利用锁模激光器作为泵浦.

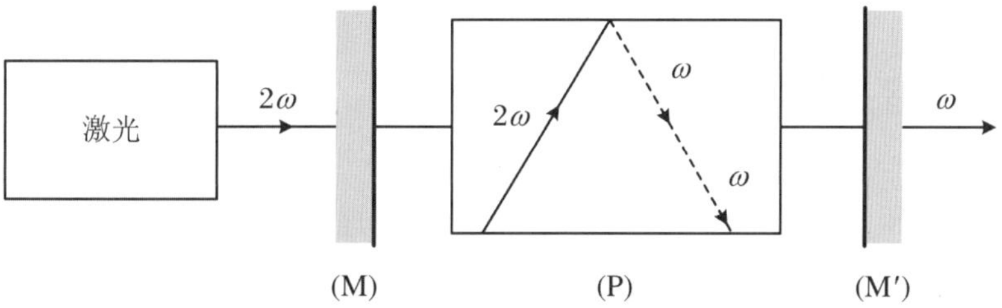

图5.A.2 使用简并参量下的转换产生压缩光装置示意图

镜子M和M′对频率为2ω的泵浦光是完全透明的,而当频率为ω时构成了共振腔.

5.A.2.2 其他方法

对于许多非线性光学过程,通过适当选择的实验装置并且保持最小损耗都能够产生光的压缩态.这些过程包括倍频,倍频也用式(5.A.33)所示的哈密顿量来描述,并且在透射泵浦光以及所生成的二次谐波光束中能产生特定的振幅压缩态.具有克尔非线性(见补充材料7.B)的介质也能产生从穿透它的入射准经典场产生光的压缩态.与参量相互作用相比,在这种情况下不需要用具有不同于压缩模式频率的光来泵浦介质.特别地,二氧化硅的非线性折射率就足够大,使得一个初始准经典场在这种材料组成的单模光纤中传播仅仅几米长就将其状态转变为一个压缩态.

最后，我们需要指出，一个激光器也能发射出亚泊松场.在第3章中我们看到了，输出激光的相位涨落是由导致其线宽的肖洛-汤斯极限的自发辐射驱动的相位扩散造成的，这个值本质上是非常大的.在没有任何锁定输出波相位的机制的激光器中，相位可以经历没有限制的扩散(见补充材料3.D).由于所产生的相位方差 $\Delta\phi$ 的值较大，关于相位和光子数的不确定关系就可以写为

$$\Delta N \geqslant \frac{1}{2\Delta\phi} \tag{5.A.34}$$

这意味着输出场可以是很强的亚泊松分布.实际中，对于普通激光系统，由驱动布居反转(泵浦噪声)的机制引入的损耗和噪声保证了输出场具有泊松分布.然而，由涨落被极大压低的电流所泵浦的半导体激光器会产生强度涨落的压缩场(在最优条件下，可以获得达到10的压缩参量).如果变得容易获得，这类压缩光生成装置的简易性就确保辐射场的压缩态不再是实验室中的新奇玩意，而将发展出实际的应用.我们将在以下章节关注一些这类潜在应用.

5.A.3 压缩态的应用

正确地使用压缩态可以使对光场测量的分辨率提高至超过适用于准经典场的“散粒噪声”极限，所提高的分辨率通常与一个单一场变量相关，比如它的强度.接下来我们会给出两个例子，在那里对压缩态的操纵确实在精度上产生了这样的一种潜在改善.

5.A.3.1 小吸收系数的测量

在最简单形式下，直接吸收测量可以通过使一光束穿过吸收介质并测量透射的比例来完成，吸收 A 由入射强度 $\langle\hat{N}_1\rangle$ 与透射强度 $\langle\hat{N}_4\rangle=(1-A)\langle\hat{N}_1\rangle$ 之间的差给出.因此吸收为 $\langle\hat{N}_1-\hat{N}_4\rangle=A\langle\hat{N}_1\rangle$.这个吸收信号上的噪声为 $[(\Delta N_1)^2+(\Delta N_4)^2]^{1/2}$ 量级：在为了确定吸收而必须进行的这两个测量上的噪声以平方和的形式引入.现在 $(\Delta N_4)^2$ 可由式(5.A.31)给出，其中 $r^2=A\ll 1$，非常接近于 $(\Delta N_1)^2$.能够测量的 A 的最小可能值 $A_{\min}$ 对应于信噪比为1.它由下式给出：

$$A_{\min} = \frac{\sqrt{2}}{2}\frac{\Delta N_1}{\langle\hat{N}_1\rangle} \tag{5.A.35}$$

在准经典场的情况中，$A_{\min}=\sqrt{2/\langle\hat{N}_1\rangle}$. 为了提高测量的灵敏度，必须采用以下两种方法之一：

- 增加探测到的平均光子数$\langle\hat{N}_1\rangle$，即增加入射光束的强度或测量时间；
- 采用一个亚泊松压缩场，使 $\Delta N_1/\langle\hat{N}_1\rangle$减少一个因子 e^R，并使 $A_{\min}$也相应减少.

在以数态(见 5.3.3 小节)来描述的强度上完全稳定的场的理想情况中，$A_{\min}$的极限值对应于在有关场模中一个单一光子的吸收的探测，因此为$1/\langle\hat{N}_1\rangle$.

如果我们以功率为 1 μW、波长为 1 μm 的光束为例，入射光子流大约为 $5\times10^{19}\ \mathrm{s}^{-1}$. 对于一个准经典态，根据式(5.A.35)，在 1 ms 的积分时间内能探测到的最小吸收为 $A_{\min}\approx6\times10^{-9}$. 这就是所谓的标准量子极限. 对于一个数态，相应的理想结果是 $A_{\min}\approx2\times10^{-17}$. 虽然现实实验离这个理想值很远，但低于标准量子极限的测量值已经被证实.

5.A.3.2 干涉测量

干涉光学测量是最精确的测量之一. 例如，在补充材料 3.F 中描述的旨在对超新星所发射的引力波敏感的引力波探测器是有一个 3 km 臂长的迈克耳孙干涉仪. 预期由这样的一个引力波事件引起的路径长度位移是微小的：大约为 10^{-18} m. 实际上，正是这些测量设备对精度的需求激发了人们对压缩态的研究.

然后考虑图 5.8(a)中所描述的干涉仪，一个频率为 ω 的高强度单色光束从输入端口(1)进入干涉仪. 从图中可以看出，在干涉仪一个臂上的光可与另一个臂上的相比，其对应于信噪比为 1 的最小可分辨相移 $\Delta\phi_{\min}$为①

$$\Delta\phi_{\min}=\frac{1}{\sqrt{\langle\hat{N}_1\rangle}}\frac{\Delta E_{P2}}{\mathscr{E}^{(1)}} \tag{5.A.36}$$

其中 ΔE_{P2}为在端口(2)进入的场的正交分量的方差，该场与在端口(1)的入射场同相. 因此这个量与从干涉仪的端口(1)进入的场的涨落无关. 通常，没有场从端口(2)进入，所以 ΔE_{P2}只是真空涨落的振幅 $\mathscr{E}^{(1)}$. 在这种情况下，我们发现 $\Delta\phi_{\min}$等于 $1/\sqrt{\langle\hat{N}_1\rangle}$，与用一个准经典场所能测量到的最小吸收(标准量子极限)一致. 为了达到对于 1 ms 的测量积分时间探测引力波所需要的灵敏度，将需要一个功率大约为 100 kW 的激光器. 然而，可以通过将一个压缩真空态注入干涉仪的第二个输入端口(2)来提高灵敏度. 表达式(5.A.13)和(5.A.36)表明，这会通过一个因子 $e^{|R|}$ 提高灵敏度. 对于 1 ms 的积分时间，可以得到量级大约为 4 的压缩因子 $e^{|R|}$. 考虑到所付出的努力以及增加的装置复杂度，这看起来似

---

① Caves C M. Quantum Mechanical Noise in an Interferometer [J]. Physical Review D, 1981, 23: 1693.

乎是一个很小的改进.但是由于超新星探测的期望率大约为每年一个,在标准量子极限下,即使这样的一个很小的提高也是非常受欢迎的!

补充材料 5.B　单光子波包

单光子源在量子光学中是一个重要内容.典型的例子是一个原子在时刻 $t=0$ 时被提高至一个激发态,然后伴随着一个单光子的发射而退激.这种光源的发展取决于实验技术的进展,例如,如何将一个单一原子、分子或量子阱孤立出来.在这个补充材料中,我们给出了描述这种相应辐射的理论,并利用它来讨论一些惊人的实验.这些实验显示出了与电磁场的经典描述完全不相容的性质.我们在 5.B.2 小节中首先描述在一个半反射镜两个边上的探测之间的反关联,并确定其与经典场的定量差异.5.B.3 小节讨论了一个只在 21 世纪初被证明的量子光学效应,即在一个半反射镜上两个单光子波包的双光子干涉,即使当这两个光子是由独立的原子发出时也会出现这个效应.一个类似的效应(Hong-Hou-Mandel 效应)将在第 7 章中讨论.这些效应例证了涉及两个光子的量子干涉.最后,5.B.4 小节则关注涉及准经典态的量子计算.正如我们现在所知道的,这会导致与半经典理论预言相同的结果.

5.B.1　单光子波包

5.B.1.1　定义及单一光电探测概率

考虑一个具有形式(5.132)的单光子态,即

$$|1\rangle=\sum_l c_l\,|0,\cdots,n_l=1,0,\cdots\rangle=\sum_l c_l\,|1_l\rangle \tag{5.B.1}$$

其中 $\sum_l |c_l|^2=1$.这个态是 $\hat{N}=\sum_l \hat{N}_l$ 的本征态,本征值为1.只要有对应于具有不同频率的两个模式的非零系数 c_l,那么这个态就既不是 $\hat{N}_l$ 的本征态,也不是哈密顿量 $\hat{H}_R=\sum_l \hbar\omega_l(\hat{N}_l+1/2)$ 的本征态.它随时间变化,在 t 时刻该态可以写为

$$|1(t)\rangle = \sum_l c_l e^{-i\omega_l t}|1_l\rangle \tag{5.B.2}$$

利用式(5.4),在时刻 t 点 $\boldsymbol{r}$ 的光电探测信号就为

$$\begin{aligned} w(\boldsymbol{r},t) &= s\,\|\hat{\boldsymbol{E}}^{(+)}(\boldsymbol{r})|1(t)\rangle\|^2 = s\left|\sum_l c_l \mathscr{E}_l^{(1)}\boldsymbol{\varepsilon}_l e^{i(\boldsymbol{k}_l\cdot\boldsymbol{r}-\omega_l t)}\right|^2 \\ &= s\,|\boldsymbol{E}^{(+)}(\boldsymbol{r},t)|^2 \end{aligned} \tag{5.B.3}$$

其中

$$\boldsymbol{E}^{(+)}(\boldsymbol{r},t) = \sum_l c_l \mathscr{E}_l^{(1)}\boldsymbol{\varepsilon}_l e^{i(\boldsymbol{k}_l\cdot\boldsymbol{r}-\omega_l t)} \tag{5.B.4}$$

注意到这个单一光电探测概率恰好与利用光电探测的半经典模型(等式(5.2))的经典场的结果相同(式(5.B.4)).

5.B.1.2　一维波包

在经典电磁学中,我们知道如何构造占据有限时空区域的波包.对于分布在 $\boldsymbol{k}_0$ 附近范围 $\delta k_x,\delta k_y,\delta k_z$ 的一个 $\boldsymbol{k}$ 空间体积上 $\boldsymbol{k}_l$ 的值,我们考虑一组不等于零的系数 c_l.由此我们可得到在时间 $t=0$,位于尺度为 $(\delta k_x)^{-1}$,$(\delta k_y)^{-1}$,$(\delta k_z)^{-1}$ 的实空间体积内的一个波包.当将同一组系数 c_l 代入式(5.B.1)时,我们就得到了光电探测概率(5.B.3)只在一些有界区域内不为零.

这个区域的体积通常随时间流逝无限制地增加,且这个增加发生在每一个空间维度,但也有不发生扩散效应的特殊形式.一个例子就是我们将要讨论的一维波包.

考虑这样一种情况,与非零系数 c_l 相关的波矢 $\boldsymbol{k}_l$ 都平行于同样的单位矢量 $\boldsymbol{u}$,即

$$\boldsymbol{k}_l = \frac{\omega_l}{c}\boldsymbol{u} = l\,\frac{2\pi}{L}\boldsymbol{u} \tag{5.B.5}$$

其中 L 是一个任意的量子化长度.于是函数(5.B.4)就可以写成如下形式:

$$\boldsymbol{E}^{(+)}(\boldsymbol{r},t) = \sum_l c_l \mathscr{E}_l^{(1)}\boldsymbol{\varepsilon}_l e^{i\omega_l(\boldsymbol{r}\cdot\boldsymbol{u}/c-t)} \tag{5.B.6}$$

并且光电探测概率(5.B.3)只通过下面的这个量与空间和时间相联系:

$$\tau = t - \boldsymbol{r}\cdot\boldsymbol{u}/c \tag{5.B.7}$$

这样光电探测信号就以速度 c 在 $\boldsymbol{u}$ 指定的方向上无失真地传播.

这种波包是不太现实的,因为它在垂直于 $\boldsymbol{u}$ 的平面上无限地延伸.可以想象一个横

截面为 $S_\perp$ 的圆柱光束，在方向 $\boldsymbol{u}$ 上传播. 如果横向尺度远大于波长，衍射就可以忽略，且圆柱光是电磁学方程的一个近似解. 通过放置一个很小的光源，例如一个被激发的原子，在抛物面镜焦点上所得光束就可以用这个模型来充分描述(图 5.B.1).

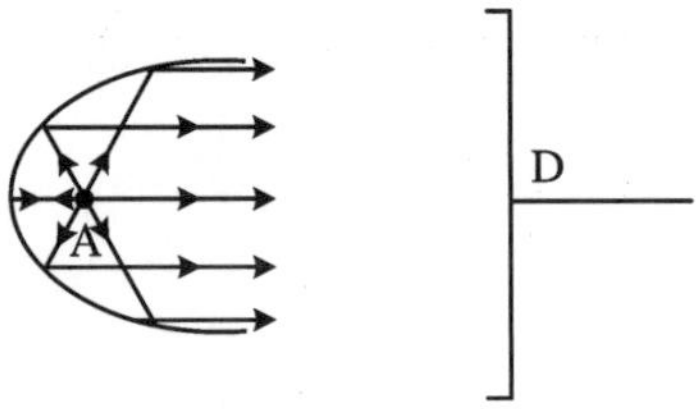

图 5.B.1　位于一个抛物面镜焦点上的单个原子 A，发射出一个平行的单光子波包

这可以用 5.B.1.2 小节的一维波包来很好地模拟. 探测器 D 足够宽以探测全部波包.

让我们来考虑所有模式都有相同偏振 $\boldsymbol{\varepsilon}$ 的情况. 于是系数 c_l 就只与频率 ω_l 有关，并且通过考虑一个峰值在某个 ω_0 上的分布，就可以组成一个波包，描述如下：

$$c(\omega_l) = f(\omega_l - \omega_0) \tag{5.B.8}$$

其中 $f(\Omega)$ 是一个以 0 为中心，且有一个小于 ω_0 的典型半宽度 $\delta\omega$ 的函数. 于是函数(5.B.6) 就将正比于 $f(\Omega)$ 的傅里叶变换 $\tilde{f}(\tau)$，产生一个宽度达到 $1/\delta\omega$ 的波包. 为了明确地开展计算，用一个积分来代替式(5.B.6) 中的求和 $\sum_l$，引入了由式(5.B.5) 推出的一维模式密度：

$$\frac{\mathrm{d}l}{\mathrm{d}\omega_l} = \frac{L}{2\pi c} \tag{5.B.9}$$

量子化体积为 $S_\perp L$，因此常数 $\mathscr{E}_l^{(1)}$ 就为

$$\mathscr{E}_l^{(1)} = \sqrt{\frac{\hbar\omega_l}{2\varepsilon_0 L S_\perp}} \tag{5.B.10}$$

由于在区间 $\delta\omega$ 上变化很小，就可以用它在 ω_0 上的值代替它本身，并且将其放在积分之外. 最终结果为

$$\begin{aligned}\boldsymbol{E}^{(+)}(\boldsymbol{r},t) &= \boldsymbol{\varepsilon}\sqrt{\frac{\hbar\omega_0}{2\varepsilon_0 L S_\perp}}\,\frac{L}{2\pi c}\int_{-\infty}^{+\infty}\mathrm{d}\omega_l c(\omega_l)\mathrm{e}^{-\mathrm{i}\omega_l\tau} \\ &= \boldsymbol{\varepsilon}\sqrt{\frac{\hbar\omega_0 L}{4\pi\varepsilon_0 c^2 S_\perp}}\mathrm{e}^{-\mathrm{i}\omega_0(t-\boldsymbol{u}\cdot\boldsymbol{r}/c)}\tilde{f}(t-\boldsymbol{u}\cdot\boldsymbol{r}/c)\end{aligned} \tag{5.B.11}$$

其中

$$\tilde{f}(\tau)=\frac{1}{\sqrt{2\pi}}\int_{-\infty}^{+\infty}\mathrm{d}\Omega f(\Omega)\mathrm{e}^{-\mathrm{i}\Omega\tau}\tag{5.B.12}$$

因此单位时间以及单位探测器面积的光电探测概率就为

$$w(\boldsymbol{r},t)=s\frac{\hbar\omega_0 L}{4\pi\varepsilon_0 c^2 S_\perp}\left|\tilde{f}(t-\boldsymbol{u}\cdot\boldsymbol{r}/c)\right|^2\tag{5.B.13}$$

而在整个探测器上单位时间探测概率为

$$\frac{\mathrm{d}\mathcal{P}}{\mathrm{d}t}=s\frac{\hbar\omega_0 L}{4\pi\varepsilon_0 c^2}\left|\tilde{f}(t-\boldsymbol{u}\cdot\boldsymbol{r}/c)\right|^2\tag{5.B.14}$$

在覆盖整个波包的一个时间间隔上对式(5.B.14)积分,可以得到光电探测的总概率.对于形式(5.B.12)的傅里叶变换,由帕塞瓦尔-普朗歇尔(Parseval-Plancherel)能量积分关系给出

$$\int\mathrm{d}\tau\,|\tilde{f}(\tau)|^2=\int\mathrm{d}\Omega\,|f(\Omega)|^2\tag{5.B.15}$$

考虑到模式密度(5.B.9),写出关于$|c_l|^2$的如下归一化条件可以很容易计算等式右边:

$$\sum_l|c_l|^2=\frac{L}{2\pi c}\int\mathrm{d}\Omega\,|f(\Omega)|^2=1\tag{5.B.16}$$

最后结果为

$$\mathcal{P}=s\frac{\hbar\omega_0}{2\varepsilon_0 c}\tag{5.B.17}$$

正如所希望的,任意长度 L 从最终的表达式中消失了.

对于单光子,对于一个完美的探测器一定有 $\mathcal{P}=1$,于是灵敏度 s 就为

$$s_{\text{perfect}}=\frac{2\varepsilon_0 c}{\hbar\omega_0}\tag{5.B.18}$$

一个现实的探测器的灵敏度通常低于这个值,即等于该值乘以一个称为探测器的量子效率或量子产率的因子(小于 1).对于特定光谱范围,存在量子效率非常接近于 1 的探测器.

5.B.1.3 自发辐射光子

处于激发态的一个单一原子的自发辐射能产生一个单光子波包.在 $t=0$ 的辐射

5 真空中，考虑一个处于激发态 $|b\rangle$ 的二能级原子(第6章6.4节中所研究的情况). 初态 $|b;0\rangle$ 通过量子相互作用哈密顿量与具有形式 $|a;1_l\rangle$ 的所有态相耦合，其中 $|a\rangle$ 是原子的基态，$|1_l\rangle$ 表示模式 l 的单光子态. 利用第1章中讨论的分立态与连续态之间的耦合的详细研究，我们可以计算经过一段与这个激发态寿命相比较长的时间后系统所处的末态. 我们可以得到

$$|\psi\rangle = \sum_l \gamma_l(t\to\infty)\,|a;1_l\rangle = |a\rangle \otimes \sum_l \gamma_l(t\to\infty)\,|1_l\rangle \qquad (5.\mathrm{B}.19)$$

这个态的辐射部分确实具有形式(5.B.1).

现在假设原子被放置在一个光学系统的焦点上，例如一个抛物面镜，它将所有发射出的球面波转变为沿着相同方向传播的平面波. 于是我们就得到了一个一维单光子波包.

将式(1.88)的结果推广到自发辐射(见6.4节)的情况，利用模密度(5.B.9)，我们得到了系数

$$c_l = \frac{K}{\omega_l - \omega_0 + \mathrm{i}\Gamma_{\mathrm{sp}}/2} \qquad (5.\mathrm{B}.20)$$

其中

$$K = \left(\Gamma_{\mathrm{sp}}\frac{c}{L}\right)^{\frac{1}{2}} \qquad (5.\mathrm{B}.21)$$

这是为了保证 c_l 的归一化. 注意到所发射出的光谱以中心在 ω_0、半高宽为 Γ_{sp} 的一个洛伦兹线来描述：

$$|c(\omega_l)|^2 = \frac{K^2}{(\omega_l - \omega_0)^2 + \frac{\Gamma_{\mathrm{sp}}^2}{4}} \qquad (5.\mathrm{B}.22)$$

现在我们以形式(5.B.11)来写 $\boldsymbol{E}^{(+)}(\boldsymbol{r},t)$. 取下式的傅里叶变换：

$$f(\Omega) = \frac{K}{\Omega + \mathrm{i}\frac{\Gamma_{\mathrm{sp}}}{2}} \qquad (5.\mathrm{B}.23)$$

可以证明，将得到

$$\tilde{f}(\tau) = K\sqrt{2\pi}H(\tau)\mathrm{e}^{-\frac{\Gamma_{\mathrm{sp}}}{2}\tau} \qquad (5.\mathrm{B}.24)$$

其中 $H(\tau)$ 为赫维赛德阶梯函数，当 $\tau<0$ 时等于0，当 $\tau\geqslant 0$ 时等于1. 因此我们就得到了在 $\tau=0$ 时突然出现且以指数形式衰减的一个波包. 当采用一个覆盖光束的整个横截

面 $S_\perp$ 的完美光电探测器(图 5.B.1)时,单位时间探测概率(5.B.14)就为

$$\frac{\mathrm{d}\mathcal{P}}{\mathrm{d}t} = \Gamma_{\mathrm{sp}} H\left(t - \frac{\boldsymbol{u} \cdot \boldsymbol{r}}{c}\right) \mathrm{e}^{-\Gamma_{\mathrm{sp}}(t-\boldsymbol{u}\cdot\boldsymbol{r}/c)} \tag{5.B.25}$$

图 5.B.2 显示了这个概率.通过多次重复下列实验就可以在实验上得到这个曲线:原子在时间 t_{exc} 时被激发,然后我们测量有一个光子被探测到的时间 t_{det}.给出了间隔 $t_{\mathrm{det}} - t_{\mathrm{exc}}$ 分布的柱状图看起来很像分布(5.B.25),除了统计上的波动.

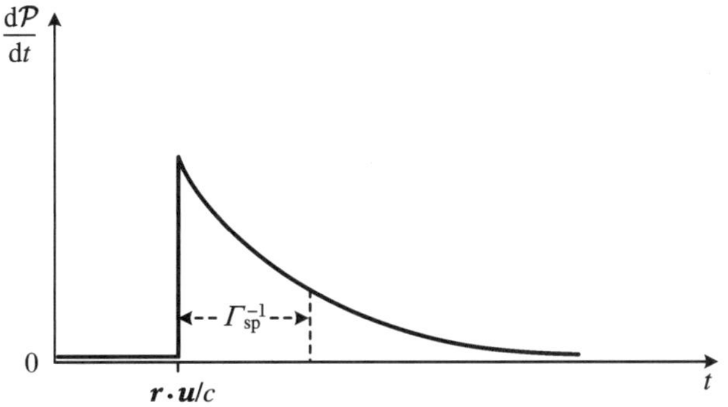

图 5.B.2　对于在 $r=0$ 和 $t=0$ 时发射的单光子波包在点 r 和时间 t 时的光电探测概率

信号起始于时间 $t=\boldsymbol{r}\cdot\boldsymbol{u}/c$,然后以指数形式逐渐消失.注意到,对于每个单独的测量,只能观察到一个光电探测.通过多次重复实验,以及测量原子的激发与探测器探测到光子之间的时间间隔可以得到上述信号.

评注　为了简化处理,我们已经考虑了一个偏振光束的情况.在一般情况下,每个偏振是被分开处理的.

5.B.2　不存在双重探测以及与经典场的差异

正如第 5 章 5.4.3 小节中一样,在 5.B.1.1 小节中我们看到了对于一个单光子波包,在某一点上的探测概率 $w(\boldsymbol{r},t)$ 与从经典场所能得到的结果有相同的形式.而且,在 5.4.3 小节中我们证明了对于这种单光子态,在两个点 $\boldsymbol{r}_1$ 和 $\boldsymbol{r}_2$ 上的双重探测概率严格为零:

$$w^{(2)}(\boldsymbol{r}_1,\boldsymbol{r}_2,t) = 0 \tag{5.B.26}$$

这与本该有的一个单光子的直观图像完全一致.在 5.5.1 小节中我们也表明了在单光子态的情况下,在一个分束器输出端口的双重探测概率为零.我们在这里将给出导致这个结果的详细计算,以及在经典波包情况下的计算.

5.B.2.1 半反射镜

发送单光子波包至一个半反射镜的输入端口(1),并且两个探测器被放置于输出端口(3)和(4)(图5.B.3).

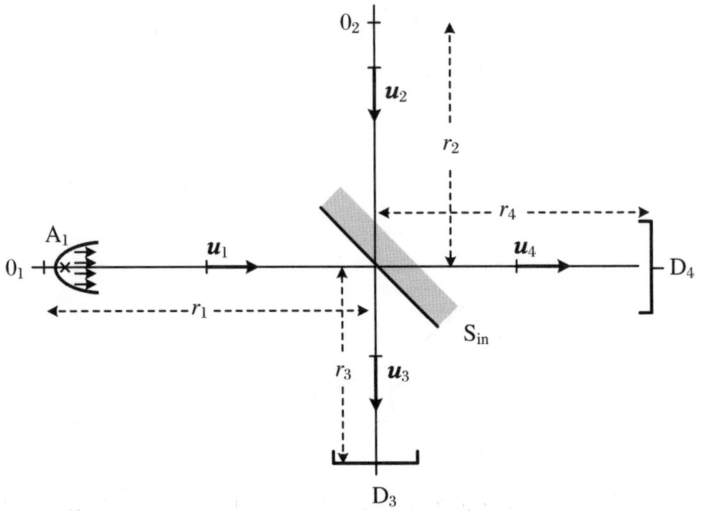

图5.B.3 对于由距离镜子 r_1 的一个原子所发射的单光子波包,在半反射镜每一边上的光电探测一个电子系统计数在 D_3 和 D_4 上的探测事件,以及 D_3 和 D_4 上的联合探测数.

我们可以用端口(1)和(2)的入射场来表示场 $\hat{E}_3^{(+)}(D_3)$. 在端口(1),将起点 0_1 选在关于抛物面顶点与焦点对称的位置. 利用式(5.8),并将输入和输出在空间中的传播包括在内,我们得到

$$\hat{E}_3^{(+)}(D_3) = \frac{i}{\sqrt{2}}\sum_{l_1}\mathscr{E}_{l_1}^{(1)}e^{ik_{l_1}(r_1+r_3)}\hat{a}_{l_1} + \frac{i}{\sqrt{2}}\sum_{l_2}\mathscr{E}_{l_2}^{(1)}e^{ik_{l_2}(r_2+r_3)}\hat{a}_{l_2} \tag{5.B.27}$$

其中 l_1 和 l_2 分别表示在端口(1)和(2)的入射模. 同样,对于在探测器 D_4 上的场,有

$$\hat{E}_4^{(+)}(D_4) = \frac{i}{\sqrt{2}}\sum_{l_1}\mathscr{E}_{l_1}^{(1)}e^{ik_{l_1}(r_1+r_4)}\hat{a}_{l_1} - \frac{i}{\sqrt{2}}\sum_{l_2}\mathscr{E}_{l_2}^{(1)}e^{ik_{l_2}(r_2+r_4)}\hat{a}_{l_2} \tag{5.B.28}$$

如同5.5节中一样,通过取形式为 $|1_1\rangle\otimes|0_2\rangle$ 的入射态,可以得到单位时间单一探测概率. 只有式(5.B.28)中与模式 l_1 相关的项有贡献,其余的计算与5.B.1.3小节中一样. 对于理想的探测器,我们有

$$\frac{d\mathcal{P}_3}{dt} = \frac{1}{2}\Gamma_{sp}H(\tau_3)e^{-\Gamma_{sp}\tau_3} \tag{5.B.29}$$

其中

$$\tau_3 = t - \frac{r_1 + r_3}{c} \tag{5.B.30}$$

以及

$$\frac{\mathrm{d}\mathcal{P}_4}{\mathrm{d}t} = \frac{1}{2}\Gamma_{\mathrm{sp}} H(\tau_4)\mathrm{e}^{-\Gamma_{\mathrm{sp}}\tau_4} \tag{5.B.31}$$

其中

$$\tau_4 = t - \frac{r_1 + r_4}{c} \tag{5.B.32}$$

联合探测概率为

$$w^{(2)}(r_3, r_4, t) = s^2 \frac{1}{4}\langle 1(t) \mid \hat{E}_3^{(-)}(r_3)\hat{E}_4^{(-)}(r_4)\hat{E}_4^{(+)}(r_4)\hat{E}_3^{(+)}(r_3) \mid 1(t)\rangle \tag{5.B.33}$$

当 $\hat{E}_3^{(+)}$ 和 $\hat{E}_4^{(+)}$ 以按照入射场表示的表达式(5.B.27)和(5.B.28)代替时，再次得到

$$\sum_{l_1'}\sum_{l_1''}\hat{a}_{l_1'}\hat{a}_{l_1''} \mid 1_{l_1}\rangle = 0 \tag{5.B.34}$$

联合探测概率为零，即使 $r_3 = r_4$，也就是即使单一探测的概率同时不为零. 我们在这里重现了之前在没有镜子情况下的所得结果(也可以见 5.4.3 小节).

评注 在上述计算中，端口(2)是空的，表达式(5.B.27)和(5.B.28)中的第二项不做任何贡献. 然而，包含它们仍然是重要的，因为这些项在某些涨落计算中起作用，即使当端口(2)为空时.

5.B.2.2 利用经典波包的双重探测

在经典电磁学中，可以想象用如下解析信号描述的一维偏振波包：

$$E_{\mathrm{cl}}^{(+)}(r, t) = \sum_l \mathscr{E}_l^{(1)} c_l \mathrm{e}^{-\mathrm{i}\omega_l(t - r/c)} \tag{5.B.35}$$

其中系数 c_l 与 5.B.1.3 小节中一样，而 $\mathscr{E}_l^{(1)}$ 具有形式(5.B.10). 从经典电磁学角度来说，这个波包所包含的能量为 $\hbar\omega_0$. 对于单一光电探测概率的计算完全类似于前面提出的过程，并且在半反射镜的后面，可以得到表达式(5.B.29)和(5.B.31).

现在让我们来研究双重光电探测概率. 在半经典模型中，在每个探测器处都有一个波包，并且这两个探测器的光电探测是独立的随机事件. 因此联合探测概率就为单一探

5 测概率之积，即

$$w^{(2)}(r_1,t_1;r_2,t_2) = w(r_1,t_1)w(r_2,t_2) \tag{5.B.36}$$

并且

$$\frac{\mathrm{d}^2\mathcal{P}}{\mathrm{d}t_3\mathrm{d}t_4} = \frac{\mathrm{d}\mathcal{P}_3}{\mathrm{d}t}\cdot\frac{\mathrm{d}\mathcal{P}_4}{\mathrm{d}t} = \frac{1}{4}\Gamma_{\mathrm{sp}}^2 H(\tau_3)H(\tau_4)\mathrm{e}^{-\Gamma_{\mathrm{sp}}(\tau_3+\tau_4)} \tag{5.B.37}$$

显然存在一些 τ_3 和 τ_4 的值，使得这个联合探测概率不为零. 为了与 5.B.2.1 小节中的计算相比，考虑 $t_3 = t_4$ 的情况. 如果这两个波包重叠，即如果 $|r_3 - r_4|$ 不大于 c/Γ_{sp}，同时光电探测概率就不为零.

与量子光学的单光子波包相反，一个经典波包能引起一定的在半反射镜两边的联合探测概率. 事实上，对于光电探测的半经典模型，可以找到同时探测概率的下限.

为此目的，考虑探测器 D_3 和 D_4 的单独探测概率，这两个探测器假定与发射器的距离相同($r_3 = r_4$). 因此我们把在同一时刻做的测量涉及的经典场写为 $E^{(+)}(t)$，这里忽略了延迟以简化符号. 单一探测概率为

$$w(D_3,t) = \frac{s}{\sqrt{2}}\,|E^{(+)}(t)|^2 \tag{5.A.38}$$

$$w(D_4,t) = \frac{s}{\sqrt{2}}\,|E^{(+)}(t)|^2 \tag{5.B.39}$$

且同时探测概率为

$$w^{(2)}(D_3,D_4,t) = w(D_3,t)w(D_4,t) = \frac{s^2}{2}\,|E^{(+)}(t)|^4 \tag{5.B.40}$$

在真实实验中，这个测量被多次重复，相当于在可能的 $E(t)$ 的不同值上取平均. 因此，平均光电探测概率为

$$\overline{w(D_3)} = \frac{s}{\sqrt{2}}\,\overline{|E^{(+)}(t)|^2} \tag{5.A.41}$$

$$\overline{w(D_4)} = \frac{s}{\sqrt{2}}\,\overline{|E^{(+)}(t)|^2} \tag{5.A.42}$$

$$\overline{w^{(2)}(D_3,D_4)} = \frac{s^2}{2}\,\overline{|E^{(+)}(t)|^4} \tag{5.B.43}$$

然后任意实量 $f(t)$ 都满足柯西-施瓦兹不等式：

$$\overline{[f(t)]^2} \geqslant [\overline{f(t)}]^2 \tag{5.B.44}$$

在实验中，单一与同时探测概率的测量对应于相同的时间间隔，并且平均值是相同的. 由此得到

$$\overline{w^{(2)}(D_3,D_4)} \geqslant \overline{w(D_3)} \cdot \overline{w(D_4)} \tag{5.B.45}$$

在经典波包都有相同振幅的情况中，式(5.B.45)中的等号成立. 总之，对于一个经典场和半经典光电探测模型，同时探测概率不能小于单一探测概率的积.

如果我们在一个实验中发现$\overline{w^{(2)}(D_3,D_4)} < \overline{w(D_3)} \cdot \overline{w(D_4)}$，就可以确定所研究的辐射不能被经典电磁学描述. 不等式(5.B.45)的破坏是一个用来检验单光子光源的判据，在量子光学中起着重要的作用.

上述光电探测概率是对于点状探测器的同时探测概率，人们也许会想，在一个有限观察时间窗口 θ 和具有表面积$S_\perp$的探测器上积分得到的光电探测概率是否也有一个类似的不等式. 首先考虑点型探测器但测量是在一段时间 θ 上求积分的情况. 我们将在 θ 上的单一光电探测概率定义为

$$\pi_\theta(D_3,t) = \int_t^{t+\theta} w(D_3,t)\mathrm{d}t \tag{5.A.46}$$

$$\pi_\theta(D_4,t) = \int_t^{t+\theta} w(D_4,t)\mathrm{d}t \tag{5.B.47}$$

在 θ 内的符合探测概率就可以由 $w^{(2)}(D_3,D_4;t_3,t_4)$的双重积分得到，这个量是 t_3 时在 D_3 上以及 t_4 时在 D_4 上的双重探测概率：

$$\begin{aligned} w^{(2)}(D_3,D_4;t_3,t_4) &= w(D_3,t_3)w(D_4,t_4) \\ &= \frac{s^2}{2} \mid E^{(+)}(t_3) \mid^2 \mid E^{(+)}(t_4) \mid^2 \end{aligned} \tag{5.B.48}$$

考虑到式(5.B.47)和式(5.B.48)，可以得到

$$\begin{aligned} \pi_\theta^{(2)} &= \int_t^{t+\theta} \mathrm{d}t_3 \int_t^{t+\theta} \mathrm{d}t_4 \, w^{(2)}(D_3,D_4;t_3,t_4) \\ &= \pi_\theta(D_3,t)\pi_\theta(D_4,t) \end{aligned} \tag{5.B.49}$$

当实验被重复多次时，就在 θ 内所取的大量不同样本的$E(t)$上取平均值. 考虑某个样本 i，在 t_i 和$t_i+\theta$之间，定义

$$\lambda_i = \int_{t_i}^{t_i+\theta} \mathrm{d}t \mid E^{(+)}(t) \mid^2 \tag{5.B.50}$$

这个样本的概率为

$$\{\pi_\theta(\mathrm{D}_3)\}_i = \frac{s}{\sqrt{2}}\lambda_i \tag{5.B.51}$$

$$\{\pi_\theta(\mathrm{D}_4)\}_i = \frac{s}{\sqrt{2}}\lambda_i \tag{5.B.52}$$

以及

$$\{\pi_\theta^{(2)}(\mathrm{D}_3,\mathrm{D}_4)\}_i = \frac{s^2}{2}\lambda_i^2 \tag{5.B.53}$$

当对所有样本 i 取平均时，我们得到了平均概率 $P_\theta(\mathrm{D}_3)$，$P_\theta(\mathrm{D}_4)$以及 $P_\theta^{(2)}(\mathrm{D}_3,\mathrm{D}_4)$，这些都是在实验的最后得到的量.现在对于这个数 λ_i 也有一个柯西-施瓦兹不等式：

$$\overline{\lambda_i^2} \geqslant (\overline{\lambda_i})^2 \tag{5.B.54}$$

由此可以得出

$$P_\theta^{(2)}(\mathrm{D}_3,\mathrm{D}_4) \geqslant P_\theta(\mathrm{D}_3)\cdot P_\theta(\mathrm{D}_4) \tag{5.B.55}$$

当考虑在整个探测器表面上积分时，能得到一个类似的论证，并且不等式(5.B.55)适用于以有限探测器和有限时间窗口进行测量所得到的概率.实践中，这个不等式被用来检查一个光源是否确实发射了单光子脉冲.例如，对于图 5.9 所示的单光子干涉，可以得到

$$\frac{P_\theta^{(2)}(\mathrm{D}_3,\mathrm{D}_4)}{P_\theta(\mathrm{D}_3)P_\theta(\mathrm{D}_4)} = 0.18 \tag{5.B.56}$$

远低于对应于式(5.B.55)的极限的临界值 1.这个数不为零的事实很容易解释.首先，即使没有任何光，探测器也会产生一个残留信号(热噪声)；其次，在相同的时间窗口 θ 内，激励两个独立的发射器存在一个非零的概率.然而结果式(5.B.56)却破坏不等式(5.B.55)，无论对它做什么样的修正.毫无疑问，这个辐射是非经典的，并且有清晰的单光子特性.

5.B.3 半反射镜上的两个单光子波包

5.B.3.1 单一探测

现在假设在每个输入端口都有一个单光子波包进入(图 5.B.4).这两个波包是相同

的，即入射辐射形式为

$$|\psi\rangle = |1_1\rangle \otimes |1_2\rangle \tag{5.B.57}$$

其中系数 c_{l_1} 和 c_{l_2}（等式(5.B.1)）是相同的．具体来说，我们将采用形式(5.B.20)．

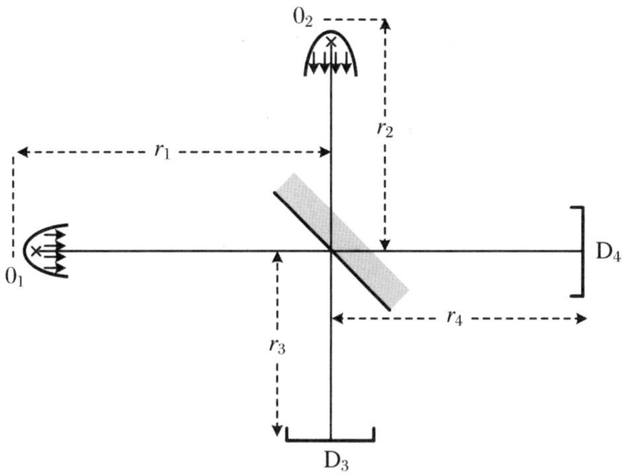

图 5.B.4　在一个半反射镜上的两个单光子波包

这两个发射器同时被激发，并且这两个波包同时到达镜子，如果 $r_1=r_2$．电子电路记录在 D_3 和 D_4 上的单一和联合探测．

由关于 $\hat{E}_3^{(+)}(D_3)$ 的表达式(5.B.27)，得到

$$\hat{E}_3^{(+)}(D_3)\,|\psi(t)\rangle = \frac{i}{\sqrt{2}}\sum_{l_1}\mathscr{E}_{l_1}^{(1)}c_{l_1}e^{-i\omega_{l_1}[t-(r_1+r_3)/c]}\,|0_1\rangle\otimes|1_2\rangle$$

$$+\frac{i}{\sqrt{2}}\sum_{l_2}\mathscr{E}_{l_2}^{(1)}c_{l_2}e^{-i\omega_{l_2}[t-(r_2+r_3)/c]}\,|1_1\rangle\otimes|0_2\rangle \tag{5.B.58}$$

其中$|0_1\rangle$和$|0_2\rangle$分别表示在端口(1)和(2)的真空态．通过取模的平方，利用 5.B.1.3 小节的计算就可以得到在整个探测器上的单一探测概率

$$\frac{d\mathcal{P}_3}{dt}(t) = \frac{1}{2}H\left(t-\frac{r_1+r_3}{c}\right)\Gamma_{sp}e^{-\Gamma_{sp}[t-(r_1+r_3)/c]}+\frac{1}{2}H\left(t-\frac{r_2+r_3}{c}\right)\Gamma_{sp}e^{-\Gamma_{sp}[t-(r_2+r_3)/c]} \tag{5.B.59}$$

对于探测器 D_4，可类似得到

$$\hat{E}_4^{(+)}(D_4)\,|\psi(t)\rangle = \frac{i}{\sqrt{2}}\sum_{l_1}\mathscr{E}_{l_1}^{(1)}c_{l_1}e^{-i\omega_{l_1}[t-(r_1+r_4)/c]}\,|0_1\rangle\otimes|1_2\rangle$$

$$-\frac{\mathrm{i}}{\sqrt{2}}\sum_{l_2}\mathscr{E}_{l_2}^{(1)}c_{l_2}\mathrm{e}^{-\mathrm{i}\omega_{l_2}[t-(r_2+r_4)/c]}\mid 1_1\rangle\otimes\mid 0_2\rangle \tag{5.B.60}$$

以及

$$\frac{\mathrm{d}\mathcal{P}_4}{\mathrm{d}t}(t)=\frac{1}{2}H\left(t-\frac{r_1+r_4}{c}\right)\Gamma_{\mathrm{sp}}\mathrm{e}^{-\Gamma_{\mathrm{sp}}[t-(r_1+r_4)/c]}+\frac{1}{2}H\left(t-\frac{r_2+r_4}{c}\right)\Gamma_{\mathrm{sp}}\mathrm{e}^{-\Gamma_{\mathrm{sp}}[t-(r_2+r_4)/c]} \tag{5.B.61}$$

在每个探测器上，我们发现与每个波包相关的概率之和没有相干项.就被分束器在输出端口之间随机分布的独立经典粒子来说，这个效应是以概率的形式累加的.

5.B.3.2 联合探测

为了计算镜子两边的联合探测概率 $w^{(2)}(\mathrm{D}_3,\mathrm{D}_4)$，必须取 $\hat{E}_3^{(+)}(\mathrm{D}_3)\hat{E}_4^{(+)}(\mathrm{D}_4)\mid\psi(t)\rangle$ 的模方.根据入射空间并利用式(5.B.60)，可以得到

$$\begin{aligned}&\hat{E}_3^{(+)}(\mathrm{D}_3)\hat{E}_4^{(+)}(D_4)\mid\psi(t)\rangle\\&=\frac{1}{2}\Big\{\sum_{l_1}c_{l_1}\mathscr{E}_{l_1}^{(1)}\mathrm{e}^{-\mathrm{i}\omega_{l_1}[t-(r_1+r_4)/c]}\sum_{l_2}c_{l_2}\mathscr{E}_{l_2}^{(1)}c_{l_2}\mathrm{e}^{-\mathrm{i}\omega_{l_2}[t-(r_2+r_3)/c]}\\&\quad-\sum_{l_1}c_{l_1}\mathscr{E}_{l_1}^{(1)}\mathrm{e}^{-\mathrm{i}\omega_{l_1}[t-(r_1+r_3)/c]}\sum_{l_2}c_{l_2}\mathscr{E}_{l_2}^{(1)}c_{l_2}\mathrm{e}^{-\mathrm{i}\omega_{l_2}[t-(r_2+r_4)/c]}\Big\}\mid 0_1\rangle\otimes\mid 0_2\rangle\end{aligned} \tag{5.B.62}$$

由于 c_{l_1} 和 c_{l_2} 是相同的，在上述表达式中的下标 1 和 2 可以交换，于是可以证明当 $r_1=r_2$ 时，求和的这些表达式是相同的，并且正好完全抵消.所以在镜子两边的联合探测概率为零.这个结果与 5.B.3.1 小节中给出的简单图像是矛盾的.在那里，单光子像独立经典粒子一样，在半反射镜的输出端口之间随机分布.刚刚进行的计算表明，当它们在分束器完全重叠($r_1=r_2$)时，这两个光子绝不会从不同端口离开，而是通过端口(3)或者端口(4)一起离开.这称为“量子凝聚”.

这个现象是与图 5.B.5 所示的两个符号图相关的量子振幅之间的量子干涉效应的结果.导致抵消的这个负号是由半反射镜输入输出关系中反射项变号造成的.

这完全是量子效应，不应该与经典场之间的干涉效应相混淆.这里我们所得到的是与图 5.B.5 相关的量子振幅之间的干涉，每个图都涉及两个光子.为了发生干涉，这两个过程必须是不可区分的，这就要求这两个波包是相同的，即它们必须有相同的 c_l 分布和发射时间，并且 r_1 必须等于 r_2.但我们需要强调，在经典意义上，在这两个波包之间没有相干性，因为它们是由独立的发射器产生的.实验确实是以这种形式来进行的：利用两个

被独立激发的不同原子或离子，发射自发辐射光子.①

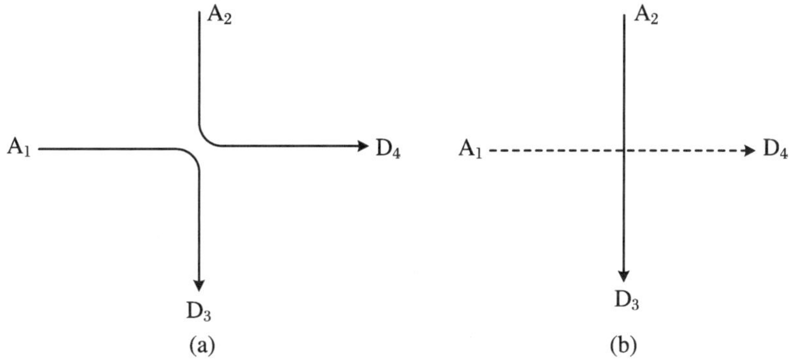

图 5.B.5　表示振幅干涉相消的两个两光子过程的原理图

(a) 从 A_1 发射的光子被 D_3 探测到，从 A_2 发射的光子被 D_4 探测到.(b) 从 A_1 发射的光子被 D_4 探测到，从 A_2 发射的光子被 D_3 探测到.

评注　(1) 在两个完全不可区的分光子在探测器 D_3 或 D_4 被探测到的情况下，这个效应与光子的玻色子性质有关.具有相同特性的费米子绝不会同时被同一个探测器探测到.

(2) 当距离 r_1 和 r_2 不相同时，通过计算联合探测概率，可以赋予这两个光子不可区分性定量的意义.从式(5.B.62)出发的这个计算很简单，但很冗长.积分之后，可以发现在 D_3 的一个探测与在 D_4 的一个探测的联合概率为

$$\mathcal{P}^{(2)}(D_3, D_4) = \frac{1}{2}(1 - e^{-\Gamma_{sp}|r_2 - r_1|/c}) \tag{5.B.63}$$

和探测事件的计时无关(在波包内).如果 $r_2 = r_1$，则 $\mathcal{P}^{(2)} = 0$.但如果 $|r_2 - r_1| > c/\Gamma_{sp}$，则意味着可以从探测时间来判断光子是来自 A_1 还是来自 A_2，那么这个结果就为 $\mathcal{P}^{(2)}(D_3, D_4) = 1/2$.这正好是当考虑两个经典粒子时每个都具有 1/2 的反射概率和 1/2 的透射概率时所得到的结果.确实，在这种情况下，有四种可能的最终情况，其中两种对应于半反射镜两边的联合探测.

① Beugnon J, et al. Quantum Interference Between Two Single Photons Emitted by Independently Trapped Atoms [J]. Nature, 2006, 440: 779.

5.B.4 准经典波包

考虑形式(5.122)的一个多模准经典态：

$$|\psi_{qc}(t)\rangle = \prod_l |\alpha_l e^{-i\omega_l t}\rangle \tag{5.B.64}$$

其中所有模式具有相同的传播方向 $\boldsymbol{k}_l/k_l$ 以及相同的偏振 $\boldsymbol{\varepsilon}$. 每个态 $|\alpha_l e^{-i\omega_l t}\rangle$ 都是 $\hat{a}_l$ 的本征态，且 α_l 采用形式(5.B.20)，但没有附加归一化条件式(5.B.21). 在这个态下，光子数的期望值等于

$$N = \sum_l \langle\psi_{qc} | \hat{a}_l^\dagger \hat{a}_l | \psi_{qc}\rangle = \sum_l |\alpha_l|^2 \tag{5.B.65}$$

我们在 5.4.2 小节中看到了 $|\psi_{qc}\rangle$ 是 $\hat{\boldsymbol{E}}^{(+)}(\boldsymbol{r})$ 的一个本征态，本征值为

$$\boldsymbol{E}_{cl}^{(+)}(r,t) = i\boldsymbol{\varepsilon}_l \sum_l \mathscr{E}_l^{(1)} c_l e^{-i\omega_l(t-r/c)} = \boldsymbol{\varepsilon}_l E_{cl}^{(+)}(r,t) \tag{5.B.66}$$

其中 $\hat{E}_{cl}^{(+)}(\boldsymbol{r},t)$ 正好是式(5.B.35)中介绍的解析信号. 利用式(5.B.11)、式(5.B.20)、式(5.B.24)以及式(5.B.65)，可以计算出

$$E_{cl}^{(+)}(r,t) = \sqrt{N}\sqrt{\frac{\hbar\omega_0\Gamma_{sp}}{2\varepsilon_0 cS_\perp}} H\left(t-\frac{r}{c}\right) e^{-(\Gamma_{sp}/2+i\omega_l)(t-r/c)} \tag{5.B.67}$$

这样的一个经典波包具有横截面 $S_\perp$. 当 $t<r/c$ 时，其振幅为 0，并且在大约为 Γ_{sp}^{-1} 的一段时间后再次变小至可忽略. 这个波包中包含的经典电磁能量为 $N\hbar\omega_0$.

对于准经典波包，单一探测概率为

$$w(r,t) = s\,\|\hat{\boldsymbol{E}}^{(+)}(\boldsymbol{r})|\psi_{1qc}(t)\rangle\|^2 = s\,|E_{cl}^{(+)}(r,t)|^2 \tag{5.B.68}$$

其中 $E_{cl}^{(+)}(r,t)$ 是经典波包(5.B.67). 如果我们令期望值 $N=1$，这个结果就与半经典光电探测模型中经典场(5.B.67)得到的结果一样，等于 5.B.1.3 小节对于量子单光子波包所计算的概率.

双重探测概率为

$$w^{(2)}(r_1,r_2,t) = s^2\,\|\hat{E}^{(+)}(r_2)\hat{E}^{(+)}(r_1)|\psi_{1qc}(t)\rangle\|^2 \tag{5.B.69}$$

由于 $|\psi_{1qc}\rangle$ 为 $\hat{E}^{(+)}(r_1)$ 和 $\hat{E}^{(+)}(r_2)$ 的一个本征态，我们就可以马上得到

$$w^{(2)}(r_1,r_2,t) = w(r_1,t)\cdot w(r_2,t) \tag{5.B.70}$$

恰好是对于经典场(5.B.67)半经典光电探测模型的结果.

需要注意到,即使光子数期望值 N 远小于 1,上述结果也仍然成立.现在就可以证明,穿过吸收性材料而被高度衰减的一个光脉冲恰好给出了一个多模准经典态,其中 N 可以假定为远小于 1 的一个值.这样的一个态与一个单光子态有根本的不同,因为不等式(5.B.45)或(5.B.55)没有被破坏.已经证明了,即使对于每脉冲期望光子数 $N=10^{-2}$,不等式(5.B.55)仍然成立.[①]因此宣称一个高度衰减光束由单光子组成是不正确的.

于是,准经典波包的特性就可以用电磁场的经典模型来解释.上述性质也能按照光子来解释,回忆下对于准经典态,当 $\mathcal{N}>1$ 时有 $\mathcal{N}$ 个光子的概率不为零,而等于 $[\mathcal{P}(\mathcal{N}=1)]^{\mathcal{N}}/\mathcal{N}!$.因此在一个准经典脉冲中,就有一定概率具有 2 个光子、3 个光子、N 个光子.正是这种光子群组在半反射镜的两边引起了足够多的符合测量来避免不等式(5.B.45)的破坏.

补充材料 5.C 偏振纠缠光子与贝尔不等式的破坏[②]

5.C.1 从玻尔-爱因斯坦争论到贝尔不等式和量子信息:纠缠简史

纠缠是量子力学最令人惊奇的性质之一.然而,直到 20 世纪的最后几十年,它的全部重要性才被理解,并且被认为将在量子信息领域导致革命性的应用.正是爱因斯坦在试图证明量子力学理论是不完备时发现了不可因式分解的两粒子态的这个特别性质.他在 1935 年与波多尔斯基和罗森共同发表的著名文章中提出了他的发现,现在称为 EPR 文章.后来不久,薛定谔创造了"纠缠态"这个词,来强调这两个粒子不可分割地联系在一起的这个性质.

---

① 实验采用与在单光子波包情况中破坏不等式(5.B.55)所使用的相同的探测系统来进行(见 5.B.2.2 小节以及式(5.B.55)).相同的实验装置被用来观察图 5.9 中的单光子波包的干涉图样.

Grangier P, Roger G, Aspect A. Experimental Evidence for a Photon Anticorrelation Effect on a Beam Splitter:A New Light on Single-Photon Interferences [J]. Europhysics Letters, 1986, 1: 173.

② 更多的细节和更完备的参考文献,读者可以参考 A. Aspect 的文章(*Quantum* [*Un*]*speakables*: *From Bell to Quantum Information*, R. A. Bertelmann 和 A. Zeilinger 编, Springer,2002).这篇文章也可见于 http://arXiv.org (quant-ph/0402001).

在EPR文章中,爱因斯坦及其同事利用量子预言来推断量子力学的理论是不完备的,在某种意义上就是量子力学没有对全部物理实在做出解释,因此物理学的任务就是去寻找一个更完备的理论.他们并没有质疑量子理论的有效性,而是认为将不得不引入一个更进一步、更详细的描述,在那里EPR对的每个粒子都将有量子理论中没有考虑的明确的性质.爱因斯坦认为,每个粒子的物理实在的一个完备描述需要引入进一步的参数,于是目的就变为通过在这些额外"隐"变量上取统计平均值来弥补标准量子力学的预言.这个方法类似于在气体动理学理论中所采用的,即一种气体的每个分子原则上都可以通过指定它的轨迹来描述,即使实际上,统计描述(例如麦克斯韦-玻尔兹曼分布)通常被认为足以来解释物理学家所感兴趣的气体性质.

显然,玻尔对EPR的这种论证印象深刻,这种论证利用了量子理论本身来质疑自身的完备性.因此他开始反驳这个论点,并断言在一个纠缠态中,人们不能再谈论每个粒子的个体性质.

人们也许会认为在20世纪这两个伟大的物理学家之间的这个争论,将会像冲击波一样影响物理界.实际上,在EPR文章1935年发表的时候,量子力学经历了一个又一个成功,大多数物理学家很少在学术上关注这个争论.正如爱因斯坦自己认为的那样,如果实际中不产生什么不同结果,那么支持一边或另一边的决定似乎更像个人口味的问题(或认识论立场)而非其他.

直到30年后,贝尔在1964年发表的一篇很短的文章中对这个共识提出了质疑.情况被这篇发表的文章彻底改变了.只经过几行计算,这篇文章就指出,如果从EPR论点出发,并明确引入隐变量来理解这两个粒子间的强关联,那么在最后就会得到与量子理论预言相矛盾的结果.因此,贝尔定理将玻尔-爱因斯坦争论带出了纯认识论的领域(物理理论的解释),并带上了实验物理的舞台.于是通过测量关联来决定这个争论就马上变得可能了,即看它们是否如量子理论所预言的那样破坏贝尔不等式,或者是否如爱因斯坦的立场那样满足这些不等式.

贝尔定理(量子力学与任何以爱因斯坦所提出方式使其更完备的尝试都是不相容的)的重要性是被逐渐认可的.1969年,克劳泽(J. Clauser)、霍恩(M. Horne)、西蒙尼(A. Shimony)及霍尔特(R. Holt)的一篇文章提出了可以利用某些原子在级联辐射中发射偏振纠缠的光子对的建议.这在20世纪70年代初导致了一系列开拓性实验.然而,由于当时的技术所限,虽然有支持量子力学的一个总趋势,但最早的实验仍与理想装置有一定差距,产生了矛盾的结果.但随着激光物理的技术进步,在20世纪70年代末,构建偏振纠缠光子对的一个更有效的来源成为了可能.这个问题被相当明确地解决了:在实验装置越来越接近于理想思维实验或爱因斯坦所钟爱的思想实验时,贝尔不等式是被破坏的.

于是越来越多的物理学家认识到了如贝尔不等式的破坏所揭示出的纠缠的非凡性质.[①]基于在各向异性晶体中而不是原子中的非线性光学效应的(见第7章)第三代纠缠光子对源不久就被开发了出来.由这个发展导致的一个主要进步是对所发射纠缠光子方向的控制.这使得可以将每对光子导入以相反方向放置的两个光纤中.这样,实验就可以在几百米或数万米的光源-探测器距离情况下进行,例如,在一个实验中利用瑞士电信公司的商用光纤网络.

所有这些实验都证实了贝尔不等式的破坏,并突出了纠缠的非凡特性.正是在这个时候出现了一个新的理念,根据这个理念,纠缠也许会打开关于传送和处理信息的新可能.量子信息领域的诞生是基于由纠缠态所提供的最先进的物理资源.一个新世界已经对物理学家和数学家打开了,对计算机科学家和工程师也是如此(见补充材料5.E).

5.C.2 具有关联偏振的光子:EPR对

5.C.2.1 测量单个光子的偏振

考虑电磁场的两个模式 l' 和 l'',具有平行于 Oz 轴的相同的波矢 $\boldsymbol{k}$(因此有相同频率),但分别有沿着 Ox 和 Oy 轴的偏振 $\boldsymbol{\varepsilon}'$ 和 $\boldsymbol{\varepsilon}''$.这两个模式构成了具有波矢 $\boldsymbol{k}$ 的单光子态的空间 $\mathcal{E}_k$,以基$\{|1_x\rangle;|1_y\rangle\}$定义,为简化表示,我们将这组基写为$\{|x\rangle;|y\rangle\}$.一个 $\boldsymbol{k}$ 光子偏振态的这个空间是二维的.

实际上,基$\{|x\rangle;|y\rangle\}$与一个可观测量相关,即 Ox 方向上的偏振.偏振可用一个偏振分析器(或简称偏振器)来测量(图5.C.1).这个装置有两个输出口,标记为+1和-1,这样,处于态$|x\rangle$的光子肯定会进入端口+1,而处于$|y\rangle$的光子将进入端口-1.为了描述这类测量,我们引入可观测量 $\hat{A}(0)$,具有本征矢$|x\rangle$和$|y\rangle$,本征值分别为+1和-1.根

① 一个这种观念的改变的例子可以从费曼的两段关于EPR关联的引语看出:

• "This point was never accepted by Einstein... It became known as the Einstein-Podolsky-Rosen paradox. But when the situation is described as we have done it here, there doesn't seem to be any paradox at all..."(*The Feynman Lectures on Physics*, Vol. Ⅲ, Addison-Wesley, 1965: Chapter 18).

• "I have entertained myself always by squeezing the difficulty of quantum mechanics into a smaller and smaller place, so as to get more and more worried about this particular item. It seems to be almost ridiculous that you can squeeze it to a numerical question that one thing is bigger than another. But there you are—it is bigger..." (R. P. Feynman, *Simulating Physics with Computers*, Intl. Journal of Theoretical Physics, 21, 1982: 467).

注意到,正是在这篇文章中,费曼引入了一个概念,即量子计算机可能会具有本质上强于普通计算机的计算能力.

据基$\{|x\rangle;|y\rangle\}$，相应的算符可以写为

$$\hat{A}(0)=\begin{pmatrix}+1 & 0\\ 0 & -1\end{pmatrix} \tag{5.C.1}$$

实际上，这个偏振器可以围绕 Oz 轴转动，其方向由一个单位矢量 $\boldsymbol{u}$ 或 $\boldsymbol{u}$ 和 Ox 之间的夹角 $\theta=(Ox,\boldsymbol{u})$ 来表示. 对于在 θ 方向上的偏振的测量与沿着 θ 和 $\theta+\pi/2$ 的线性偏振相关.

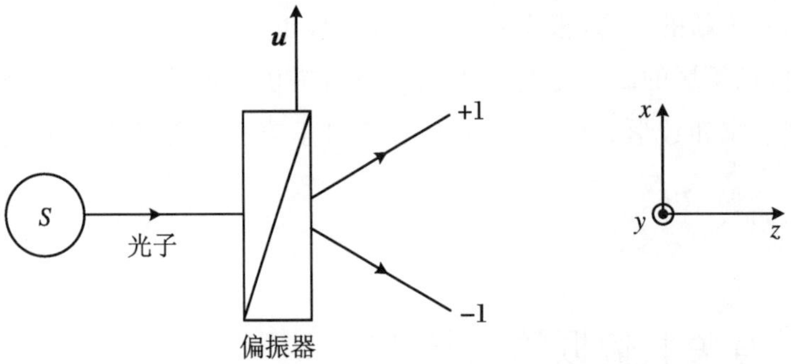

图 5.C.1　光偏振测量

偏振器可以围绕沿着光传播方向的 Oz 轴转动，测量沿着垂直于 Oz 的 $\boldsymbol{u}$ 方向的偏振. 图上显示的是 $\boldsymbol{u}$ 沿着 Ox（$\theta=(Ox,\boldsymbol{u})=0$）的特殊情况. 在 $\boldsymbol{u}$ 方向上偏振的光通过端口 $+1$ 离开，而在垂直于 $\boldsymbol{u}$ 方向上偏振的光通过端口 -1 离开. 在一般情况下，对于一个经典光束，以一个特定比例从每个端口离开. 单光子不能将它自己分割到两个端口，或者从端口 $+1$ 或者从端口 -1 离开，相应的概率与量子态有关. 于是我们就说对光子进行了一个沿 $\boldsymbol{u}$ 的偏振测量，结果为 $+1$ 或者 -1.

通过以下转动可以得到可观测量 $\hat{A}(\theta)$ 的本征矢：

$$|+_\theta\rangle=\cos\theta\,|x\rangle+\sin\theta\,|y\rangle \tag{5.C.2}$$

$$|-_\theta\rangle=-\sin\theta\,|x\rangle+\cos\theta\,|y\rangle \tag{5.C.3}$$

$\hat{A}(\theta)$在$\{|x\rangle;|y\rangle\}$基下表示为

$$\hat{A}(\theta)=\begin{bmatrix}\cos 2\theta & \sin 2\theta\\ \sin 2\theta & -\cos 2\theta\end{bmatrix} \tag{5.C.4}$$

很容易验证 $\hat{A}|\pm_\theta\rangle=\pm|\pm_\theta\rangle$.

如果我们考虑一个入射光子，沿着与 Ox 成 λ 角的一个方向线性偏振，它的态可以写为

$$|\psi\rangle=|+_\lambda\rangle=\cos\lambda\,|x\rangle+\sin\lambda\,|y\rangle \tag{5.C.5}$$

由指向 θ 的偏振器所做的测量将以如下概率给出结果 +1 或 −1：

$$P_{+}(\theta,\lambda)=|\langle+_{\theta}|+_{\lambda}\rangle|^{2}=\cos^{2}(\theta-\lambda) \tag{5.C.6}$$

$$P_{-}(\theta,\lambda)=|\langle-_{\theta}|+_{\lambda}\rangle|^{2}=\sin^{2}(\theta-\lambda) \tag{5.C.7}$$

等式(5.C.6)和(5.C.7)对单光子给出了概率形式的结果.经典中该结果称为马吕斯(Malus)定律,给出的是以 λ 偏振的入射光束被透射到偏振器端口 +1 和 −1 的相应强度大小.

评注 (1) 在可见光区,偏振器是常见的装置,通常可由双折射各向异性晶体得到,或者通过将两个棱镜沿着它们的斜边合并在一起,并覆盖一个精确计算的介电层来得到.在第一种情况中,$\boldsymbol{u}$ 相当于双折射晶体的光轴;在第二种情况中,$\boldsymbol{u}$ 位于斜边与入射方向的平面上(图 5.C.2).

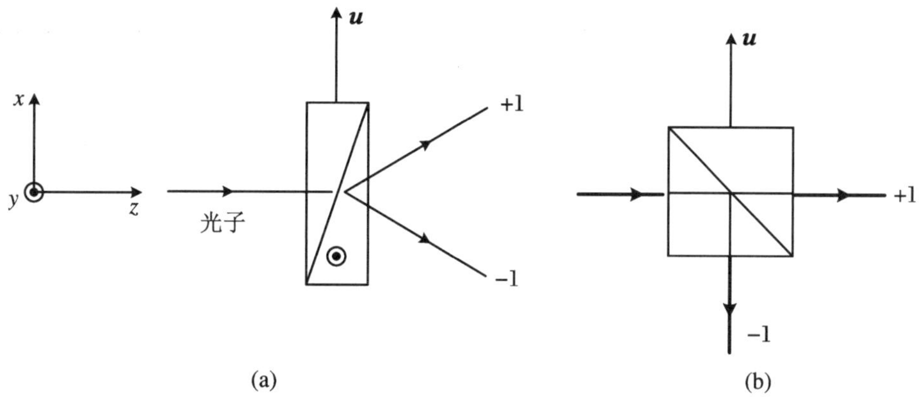

图 5.C.2 (a) 双折射偏振器和(b)介电层偏振器

两个都指向 $\theta=0$ 方向.通过在端口 +1 和 −1 放置光子计数器进行偏振测量.

(2) 在由一个偏振器对一个光子做的偏振测量与用一个施特恩-格拉赫装置对一个自旋 1/2 粒子做的自旋分量测量之间有一个清晰的类比.不过必须注意伴随着表征方向的角度有一个因子 2.这个因子的出现是因为希尔伯特空间中的正交自旋态 $|\uparrow\rangle$ 和 $|\downarrow\rangle$ 对应于在实际空间中以 180° 角分开的方向,而在希尔伯特空间中正交的光子偏振则对应于偏振器的正交方向.这些性质所反映出的事实是,通过一个角度 θ 围绕 Oz 轴的转动以一个算符 $\exp(-\mathrm{i}\theta\hat{J}_{z})$ 来描述,光子的角动量为 $J=1$,而电子的自旋为 1/2(CDL 补充材料 $\mathrm{B_{VI}}$).

(3) 与可观测量 $\hat{A}(\boldsymbol{u})$ 相关的测量通过在输出端口 +1 和 −1 放置能够探测单光子的装置来实现,即光电倍增管或雪崩二极管.

(4) 上述方法可以推广到圆偏振的情况:

$$|\boldsymbol{\varepsilon}_+\rangle = -\frac{1}{\sqrt{2}}(|x\rangle + \mathrm{i}|y\rangle) \tag{5.C.8}$$

$$|\boldsymbol{\varepsilon}_-\rangle = \frac{1}{\sqrt{2}}(|x\rangle - \mathrm{i}|y\rangle) \tag{5.C.9}$$

右矢$|\boldsymbol{\varepsilon}_+\rangle$和$|\boldsymbol{\varepsilon}_-\rangle$显然构成了空间 $\mathcal{E}_k$ 的一组正交基.为了与经典定义相一致，这里我们选择了特定的整体相因子(先验上可以是任意的)(例如见式(2.B.25)和式(2.B.26)).

5.C.2.2 光子对与联合极化测量

现在我们考虑一对光子 ν_1 和 ν_2，频率分别为 ω_1 和 ω_2，分别沿着 $-Oz$ 和 $+Oz$ 同时被发射出(图 5.C.3).唯一未指明的自由度是每个光子的偏振.这对光子的偏振态用如下空间中的一个右矢来描述：

$$\mathcal{E} = \mathcal{E}_1 \otimes \mathcal{E}_2 \tag{5.C.10}$$

这是分别描述 ν_1 和 ν_2 偏振的二维空间 $\mathcal{E}_1$ 和 $\mathcal{E}_2$ 的张量积.

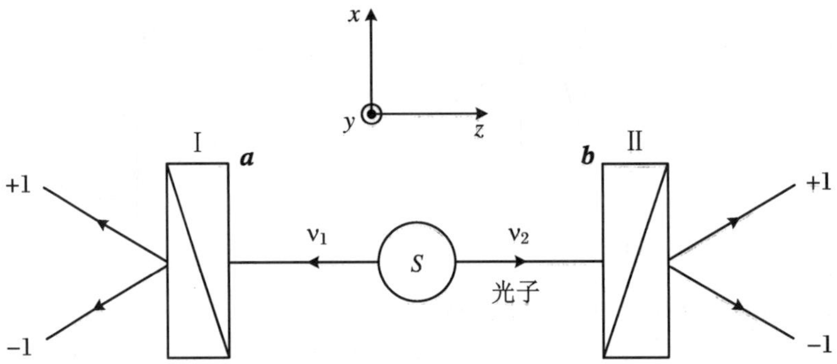

图 5.C.3　利用偏振关联的光子对的 EPR 思想实验

来自同一对的光子 ν_1 和 ν_2 的偏振通过偏振器Ⅰ和Ⅱ在方向 $\boldsymbol{a}$ 和 $\boldsymbol{b}$ 上来分析，其中矢量 $\boldsymbol{a}$ 和 $\boldsymbol{b}$ 表征垂直于 Oz 轴的偏振器方向.测量结果揭示了偏振关联的存在.

张量空间 $\mathcal{E}$ 是四维的.用如下四个右矢可给出该空间的一组基：

$$\mathcal{E} = \{|x_1, x_2\rangle; |x_1, y_2\rangle; |y_1, x_2\rangle; |y_1, y_2\rangle\} \tag{5.C.11}$$

一对光子的偏振性质以在这个空间中的一个矢量$|\psi\rangle$来描述.

利用调整到选定方向 $\boldsymbol{a}$ 和 $\boldsymbol{b}$(与 Ox 轴夹角分别为 θ_a 和 θ_b)的偏振器Ⅰ和Ⅱ，可以对每个光子进行偏振测量.对同一对两个光子的联合测量可以得到$(+1, +1)$，$(+1, -1)$，$(-1, +1)$和$(-1, -1)$四个结果之一.相应的概率为

$$P_{++}(\boldsymbol{a},\boldsymbol{b}) = |\langle +_a, +_b \mid \psi\rangle|^2 \tag{5.C.12}$$

$$P_{+-}(\boldsymbol{a},\boldsymbol{b}) = |\langle +_a, -_b \mid \psi\rangle|^2 \tag{5.C.13}$$

以此类推.

我们也能得到对一个光子测量的概率.这些概率与联合概率相关.例如,对于光子 ν_1,得到 $+1$ 的概率为

$$P_{+}(\boldsymbol{a}) = P_{++}(\boldsymbol{a},\boldsymbol{b}) + P_{+-}(\boldsymbol{a},\boldsymbol{b}) \tag{5.C.14}$$

评注 (1) 这些概率是通过在偏振器相应端口放置光子探测器,以及能在几纳秒的分辨率内识别光子探测事例的符合计数电路来测量的.

(2) 为了保证符号尽可能易懂,指标1和2往往会省略,正如从式(5.C.12)向前所做的,第一个量表示光子 ν_1,第二个量表示光子 ν_2.

5.C.2.3 偏振相关的EPR对

我们考虑处于如下态的光子对:

$$|\psi_{\mathrm{EPR}}\rangle = \frac{1}{\sqrt{2}}(|x,x\rangle + |y,y\rangle) \tag{5.C.15}$$

立刻可以注意到这个态的特殊性质,这个态中的特定偏振既不能归于光子 ν_1 也不能归于 ν_2.确实,这个态不能被因式分解为分别与 ν_1 和 ν_2 相关的两项的张量积,与分开来看的态 $|x,x\rangle$ 或 $|y,y\rangle$ 形成鲜明对比.(态 $|x,x\rangle$ 表示光子 ν_1 在 Ox 方向上偏振,同时光子 ν_2 也在 Ox 方向上偏振.) $|\psi_{\mathrm{EPR}}\rangle$ 态这种不可分解性是纠缠的核心.

当偏振器Ⅰ和Ⅱ分别调整到与 Ox 轴成夹角 θ_a 和 θ_b 的 $\boldsymbol{a}$ 和 $\boldsymbol{b}$ 方向时,很容易计算对于态 $|\psi_{\mathrm{EPR}}\rangle$ 所期望的联合探测概率.例如,利用式(5.C.12)和式(5.C.2),我们有

$$\begin{aligned} P_{++}(\boldsymbol{a},\boldsymbol{b}) &= |\langle +_a, +_b \mid \psi_{\mathrm{EPR}}\rangle|^2 \\ &= \frac{1}{2}\cos^2(\theta_a - \theta_b) = \frac{1}{2}\cos^2(\boldsymbol{a},\boldsymbol{b}) \end{aligned} \tag{5.C.16}$$

同样,对于另外三个联合探测概率,有

$$P_{--}(\boldsymbol{a},\boldsymbol{b}) = \frac{1}{2}\cos^2(\boldsymbol{a},\boldsymbol{b}) \tag{5.C.17}$$

$$P_{+-}(\boldsymbol{a},\boldsymbol{b}) = P_{-+}(\boldsymbol{a},\boldsymbol{b}) = \frac{1}{2}\sin^2(\boldsymbol{a},\boldsymbol{b}) \tag{5.C.18}$$

5 注意到这些概率只依赖于偏振器之间的夹角$(\boldsymbol{a},\boldsymbol{b})=\theta_b-\theta_a$，而与它们的绝对方向无关．这个结果在围绕 Oz 的转动下是不变的．

光子 ν_1 得到 +1（不管 ν_2 的结果为多少）的概率为

$$P_+(\boldsymbol{a}) = P_{++}(\boldsymbol{a},\boldsymbol{b}) + P_{+-}(\boldsymbol{a},\boldsymbol{b}) = \frac{1}{2} \tag{5.C.19}$$

同样，我们得到了其他单一探测概率：

$$P_-(\boldsymbol{a}) = \frac{1}{2} \tag{5.C.20}$$

$$P_+(\boldsymbol{b}) = P_-(\boldsymbol{b}) = \frac{1}{2} \tag{5.C.21}$$

我们首先从式(5.C.19)～式(5.C.21)观察到，分开做的每个测量得到的结果看起来好像是随机的．如果我们借助只能取值 +1 或 −1 的一个经典随机变量 $\mathcal{A}(\boldsymbol{a})$来表示从偏振器Ⅰ(取向为 $\boldsymbol{a}$)得到的测量结果，那么式(5.C.19)和式(5.C.20)就意味着

$$\mathcal{P}(\mathcal{A}(\boldsymbol{a}) = +1) = \mathcal{P}(\mathcal{A}(\boldsymbol{a}) = -1) = \frac{1}{2} \tag{5.C.22}$$

因此这个结果是完全随机的，$\mathcal{A}(\boldsymbol{a})$的统计平均(以在顶部的横线表示)为

$$\overline{\mathcal{A}(a)} = 0 \tag{5.C.23}$$

同样，用取向为 $\boldsymbol{b}$ 的偏振器Ⅱ对 ν_2 的偏振测量的结果，也为只能取值 +1 或 −1 的一个随机变量 $\mathcal{B}(\boldsymbol{b})$，并且平均值为零，即

$$\overline{\mathcal{B}(b)} = 0 \tag{5.C.24}$$

因此，在 EPR 态中，分开来看的每个光子似乎是没有偏振的．然而，我们将看到 ν_1 和 ν_2 的偏振实际上是关联的．为此，我们考虑随机变量 $\mathcal{A}(\boldsymbol{a})$和 $\mathcal{B}(\boldsymbol{b})$之间的关联系数，定义为

$$E(\boldsymbol{a},\boldsymbol{b}) = \frac{\overline{\mathcal{A}(\boldsymbol{a})\cdot\mathcal{B}(\boldsymbol{b})} - \overline{\mathcal{A}(\boldsymbol{a})}\cdot\overline{\mathcal{B}(\boldsymbol{b})}}{(\overline{|\mathcal{A}(\boldsymbol{a})|^2})^{1/2}\cdot(\overline{|\mathcal{B}(\boldsymbol{b})|^2})^{1/2}} \tag{5.C.25}$$

上述定义与表示测量结果的随机变量 $\mathcal{A}(\boldsymbol{a})$和 $\mathcal{B}(\boldsymbol{b})$相关．如果这些测量结果由关于 EPR 对的量子理论预言给出，如式(5.C.16)～式(5.C.18)所示，我们有

$$\begin{aligned}\overline{\mathcal{A}(a)\cdot\mathcal{B}(b)} &= P_{++}(\boldsymbol{a},\boldsymbol{b}) + P_{--}(\boldsymbol{a},\boldsymbol{b}) - P_{+-}(\boldsymbol{a},\boldsymbol{b}) - P_{-+}(\boldsymbol{a},\boldsymbol{b}) \\ &= \cos 2(\boldsymbol{a},\boldsymbol{b})\end{aligned} \tag{5.C.26}$$

考虑式(5.C.23)和式(5.C.24)以及

$$\mathcal{A}(\boldsymbol{a})^2 = \mathcal{B}(\boldsymbol{b})^2 = 1 \tag{5.C.27}$$

我们发现量子力学对于 EPR 态中的偏振预言了如下关联系数：

$$E_{\mathrm{QM}}(\boldsymbol{a},\boldsymbol{b}) = \overline{\mathcal{A}(\boldsymbol{a}) \cdot \mathcal{B}(\boldsymbol{b})} = \cos 2(\boldsymbol{a},\boldsymbol{b}) \tag{5.C.28}$$

如果偏振器Ⅰ和Ⅱ取向相同，即$(\boldsymbol{a},\boldsymbol{b})$，量子力学预言的这个关联系数就为1.换句话说，我们得到了完全关联.

这个完全关联可以通过考虑当$(\boldsymbol{a},\boldsymbol{b})=0$时的联合概率的值直接看到.例如，我们有$P_{++}(\boldsymbol{a},\boldsymbol{a})=1/2$.回忆可知$P_{+}(\boldsymbol{a})=1/2$，我们可以推出，在对于$\nu_1$在方向$\boldsymbol{a}$上得到$+1$的情况下，对于$\nu_2$在方向$\boldsymbol{b}=\boldsymbol{a}$上得到$+1$的条件概率①为

$$\begin{aligned} P(\mathcal{B}(\boldsymbol{a}) = +1 \mid \mathcal{A}(\boldsymbol{a}) = +1) &= \frac{\mathcal{P}(\mathcal{B}(\boldsymbol{a}) = +1, \mathcal{A}(\boldsymbol{a}) = +1)}{P(\mathcal{A}(\boldsymbol{a}) = +1)} \\ &= \frac{P_{++}(\boldsymbol{a},\boldsymbol{a})}{P_{+}(\boldsymbol{a})} = 1 \end{aligned} \tag{5.C.29}$$

因此，如果我们对于ν_1已经得到了$+1$，当偏振器有相同取向时，我们对于ν_2就一定能得到$+1$.同样也可以证明，如果我们对于ν_1得到-1，那么我们对于ν_2也将得到-1.这个完全关联可以用$P_{+-}(\boldsymbol{a},\boldsymbol{a})=P_{-+}(\boldsymbol{a},\boldsymbol{a})=0$来证明，即如果对于$\nu_1$得到$+1$，那么我们对于$\nu_2$绝不会得到$-1$，反之亦然.

关联(5.C.28)的程度与偏振器之间的夹角有关：当$(\boldsymbol{a},\boldsymbol{b})=\pi/4$时，等于0；而当$(\boldsymbol{a},\boldsymbol{b})=\pi/2$时，等于$-1$，再次相当于一个完全关联(负号表明，如果我们在一边得到$+1$，一定在另一边得到-1).

在两个空间分离但以一个纠缠态来描述的遥远粒子上做的某些测量之间的完全关联的量子理论预言，是由爱因斯坦、波多尔斯基和罗森发现的.他们得出量子力学是一个不完备理论的结论.这是我们现在将要研究的问题.

评注 式(5.C.28)中$E_{\mathrm{QM}}(\boldsymbol{a},\boldsymbol{b})$的表达式可以由如下替换直接获得：将定义式(5.C.25)的随机变量$\mathcal{A}(\boldsymbol{a})$和$\mathcal{B}(\boldsymbol{b})$替换为5.C.2.1小节引入的对应于量子可观测量的$\hat{A}(\boldsymbol{a})$和$\hat{B}(\boldsymbol{b})$，然后取量子期望值(以尖角括号表示)而不是统计平均(以上横线表示).我们详细进行这个计算的目的是在哪些是量子理论(不同测量结果概率的计算)与哪些是标准概率论的一部分(关联系数的定义)间做一个清晰的区分.测量结果(光电倍增管上一次"单击"的出现)是宏观事件，对此普通概率论是很适用的.

① Réfrégier P. Noise Theory and Applications to Physics [M]//Fluctuations to Information. Springer, 2004.

5.C.2.4 寻找解释远距离分离的测量之间的关联图像

1. 基于量子理论的图像

正如我们已经给出的,量子理论的计算是在一个两粒子被整体描述的空间内进行的,在这个空间中很难说明实空间(坐标空间)中发生了什么.因此我们也许会问,是否有办法来解释这个计算,即利用实验室的实空间中的图像来得到完全关联的预言式(5.C.28).为此目的,让我们想象一下,偏振器Ⅰ比偏振器Ⅱ稍微接近一些光源,这时测量可分为两个阶段.

在第一阶段中,ν_1 的偏振在 $\boldsymbol{a}$ 方向上来测量,根据式(5.C.19)和式(5.C.20)能以相同概率给出结果 +1 或 −1.为了进一步完成计算,我们采用"波包塌缩的假定"①:在测量之后,系统的态矢变为初态在与所得结果相关的本征空间上(归一)的投影.为简便起见,我们将假定偏振器Ⅰ定向于沿着 Ox 轴.如果得到 +1,相应的二维本征空间由 $\{|x,x\rangle;|x,y\rangle\}$ 产生.由式(5.C.15)中的 $|\psi_{\mathrm{EPR}}\rangle$ 在这个子空间上的投影得到 $|\psi'_+\rangle=|x,x\rangle$.同样,如果我们对于光子 ν_1 得到 −1(与 $|y\rangle$ 相关的本征值),相应的本征空间由 $\{|y,x\rangle;|y,y\rangle\}$ 产生,并且在投影 $|\psi_{\mathrm{EPR}}\rangle$ 后,光子对的态变为 $|\psi'_-\rangle=|y,y\rangle$.

一般地,很容易来证明,如果偏振器Ⅰ以任意 $\boldsymbol{a}$ 为方向,并且如果在 ν_1 上的测量结果为 +1,我们在测量之后得到

$$|\psi'_{+a}\rangle=|+_a,+_a\rangle \tag{5.C.30}$$

对于结果 −1,"塌缩后的"态矢为

$$|\psi'_{-a}\rangle=|-_a,-_a\rangle \tag{5.C.31}$$

态(5.C.30)和态(5.C.31)是可因式分解的:现在 ν_2 具有一个确定的偏振,在 +1 的情况中平行于 $\boldsymbol{a}$,在 −1 的情况中垂直于 $\boldsymbol{a}$.在通过以 $\boldsymbol{b}$ 为方向的偏振器Ⅱ的测量过程中,得到 +1 或 −1 的概率分别为 $\cos^2(\boldsymbol{a},\boldsymbol{b})$ 和 $\sin^2(\boldsymbol{a},\boldsymbol{b})$.通过乘以在第一次测量中(对 ν_1)得到 +1 或 −1 的概率 1/2,我们就得到了联合概率的表达式(5.C.16)和(5.C.18).

这样,通过两阶段的计算就产生了与整体计算一样的结果.它更加复杂,但具有给出在实空间中发生了什么的一个图像的优点.这个图像如下:只要不进行测量,对于每个光子就有同样大的机会得到 +1 或 −1;但只要进行了第一次测量,并得到一个值,例如 +1,对于 ν_1 沿 $\boldsymbol{a}$ 方向,那么第二个光子就被投影到一个与第一个光子所发现的偏振相同的

---

① 例如,见 CDL 第 3 章或 BD 第 5 章.

态,即在上述例子中为态$|+_a\rangle$.

很容易来理解为什么这样的一个图像对于作为相对论因果关系(因果关系禁止了任何传播速度超过光速的物理效应)的发明者的爱因斯坦来说是不可接受的.确实,我们所研究的这个图像暗示了第一次测量对第二个光子的态的一个瞬时影响,而这两个光子可位于一个宏观遥远的距离.有人可能会想象波包的投影能以光速传播,并且关联(5.C.16)~(5.C.18)只有当两个探测器在相对论意义上以一个类时的间隔分离时才能观察到.[①]那么如果这两个探测器以一个类空的间隔分开时会发生什么?原则上,量子计算的结果仍然有效,并且如果我们拒绝破坏相对论因果性的一个瞬时影响的想法(也称为"非定域性影响"),我们就必须拒绝我们刚建立起的图像,而去寻找一个更好的.在EPR文章中提出的这个方法确实被一些研究者进行了探讨,特别是大卫·玻姆(David Bohm),给出了特定的模型,直到贝尔提出导致其著名不等式的一般论证.这正是我们接下来将要讨论的.

2. 通过共享参数的经典图像

对于理解这两个光子之间的关联,有一个先验的简单图像:如果属于同一对的两个光子有一个相同的参数,并且在每个光子上的测量结果取决于这个通用参数,那么就很容易来解释这种关联.例如,我们可以想象,起初这些光子对的一半以在Ox方向上的共同偏振被发射出去,而另一半则在Oy方向上有偏振.如果偏振器以Ox为方向,我们将确实得到对于这个方向量子力学所预言的结果,即

$$P_{++}=P_{--}=\frac{1}{2} \tag{5.C.32}$$

$$P_{+-}=P_{-+}=0 \tag{5.C.33}$$

在进一步检验以量子理论来理解该全部结果的可能性前,我们首先要说的是这样的一个描述必然要超越量子力学的体系.这是因为在发射阶段,我们引入了不同类型的光子对.在上述例子中,我们有沿Ox偏振的光子对,以及沿Oy偏振的其他光子对.相比之下,量子态(5.C.15)对于所有光子对来说是相同的.引入一个区分不同类型光子对的参数相当于对量子体系进行补充,因此相当于承认了量子理论只提供不完备的描述,正如EPR文章中所述.这些引入的、试图使量子体系完备的量称为隐变量.

上面所提出的模型过于简单,以至于无法对偏振器所有方向的量子预言做出解释,

---

① 两个事件$(\boldsymbol{r}_1,t_1)$和$(\boldsymbol{r}_2,t_2)$之间的相对论间隔是类时的,当且仅当间距$|\boldsymbol{r}_1-\boldsymbol{r}_2|$小于光在这个时间间隔$|t_1-t_2|$走过的距离$c|t_1-t_2|$.在相反情况,即$|\boldsymbol{r}_1-\boldsymbol{r}_2|>c|t_1-t_2|$下,这个间隔称为是类空的,并且狭义相对论暗示这样就没有任何因果影响能连接这两个事件.

5

但我们将沿着贝尔的推理路线，尝试改进这个模型．例如，假定给定光子对的这两个光子起初具有以偏振（垂直于 Oz）与 Ox 轴夹角 λ 表示的一个确定偏振 $\boldsymbol{p}$．每一对的 $\boldsymbol{p}$ 方向都不同，我们将 λ 看作在 0 到 2π 之间均匀分布的一个随机变量，并因此可以用如下恒定概率密度函数来表征：

$$\rho(\lambda) = \frac{1}{2\pi} \tag{5.C.34}$$

我们通过引入一个如下函数来模拟以 $\boldsymbol{a}$ 为方向（与 Ox 的夹角为 θ_a）的偏振器Ⅰ的测量

$$A(\lambda, \boldsymbol{a}) = \text{sign}[\cos 2(\theta_a - \lambda)] \tag{5.C.35}$$

如果偏振 $\boldsymbol{p}$ 和测量方向 $\boldsymbol{a}$（以 π 为模）之间的夹角绝对值小于 $\pi/4$，则上式等于 $+1$；如果这个角位于 $\pi/4$ 和 $\pi/2$ 之间，则等于 -1（图 5.C.4）．对于以 θ_b 为方向的偏振器Ⅱ采用一个相同的模型：

$$B(\lambda, \boldsymbol{b}) = \text{sign}[\cos 2(\theta_b - \lambda)] \tag{5.C.36}$$

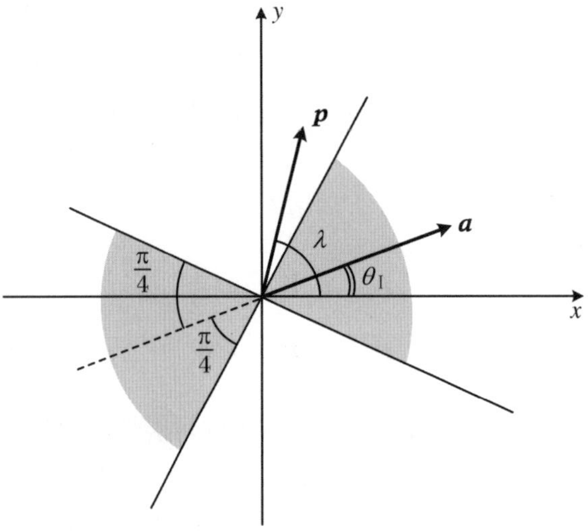

图 5.C.4　一个特定的隐变量模型

每个光子都有一个确定的偏振 $\boldsymbol{p}$，以与 Ox 的夹角 λ 表示．如果 $0 \leqslant |\theta - \lambda| \leqslant \pi/4$ 以 π 为模（阴影区域），则沿着 $\boldsymbol{a}$ 的偏振测量得到 $+1$，而如果 $\pi/4 \leqslant |\theta - \lambda| \leqslant \pi/2$ 以 π 为模（非阴影区域），则得到 -1．

很容易证明这个模型对于 EPR 对预言的很多结果与量子预言相同或接近．例如，单一探测概率 $P_+(\boldsymbol{a})$，$P_-(\boldsymbol{a})$，$P_+(\boldsymbol{b})$ 和 $P_-(\boldsymbol{b})$ 都为 1/2（与式（5.C.19）～式（5.C.21）相比）．而且，关联函数具有周期 π，很容易得到

$$E(\boldsymbol{a},\boldsymbol{b}) = \int_0^{2\pi} \mathrm{d}\lambda\rho(\lambda)A(\lambda,\boldsymbol{a})\cdot B(\lambda,\boldsymbol{b}) = 1 - 4\frac{|\theta_a - \theta_b|}{\pi} \tag{5.C.37}$$

其中

$$-\frac{\pi}{2} \leqslant \theta_a - \theta_b \leqslant \frac{\pi}{2} \tag{5.C.38}$$

图 5.C.5 比较了式(5.C.37)和式(5.C.38)的结果与量子理论预言(5.C.28).我们注意到,当偏振器相互平行或垂直时,这个隐变量模型恰好重现了量子力学所预言的完全关联,对于其他方向则给出了非常类似的值.人们也许会想知道,这个模型是否还能被进一步改善,例如通过选择对于偏振器的响应 $A(\lambda,\theta)$的更复杂的形式,以这样的方式来得到偏振器所有方向都与量子预言完全符合的结果.贝尔定理提供了这个问题的答案,并且答案是否定的!

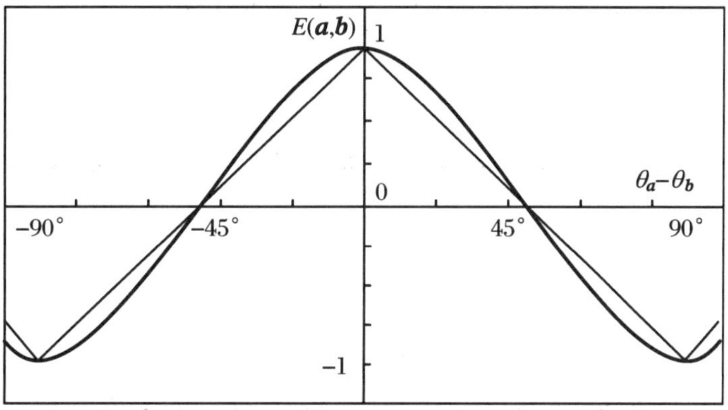

图 5.C.5　作为偏振器之间夹角的函数的偏振关联系数

量子理论计算的结果(粗曲线)与文中所描述的隐变量模型的结果(细曲线)的对比.当偏振器相互平行、垂直或夹角为 45°时,这两个模型的预言相同,而在中间角度则保持得非常接近.

5.C.3　贝尔定理

5.C.3.1　贝尔不等式

贝尔理论是普遍适用的.它适用于任何定域隐变量理论(LHVT),而不仅仅适用于我们作为例子刚给出的那个模型.本着 EPR 的论证精神,我们希望通过引入一个参数 λ,

来解释同一对的两个光子之间的偏振关联，这个参数对这两个光子来说是共同的，且在不同光子对之间可任意变化. 它被描述为一个随机变量，以一个正定的概率密度来表征，即

$$\rho(\lambda) \geqslant 0 \tag{5.C.39}$$

$$\int \mathrm{d}\lambda \rho(\lambda) = 1 \tag{5.C.40}$$

此外，我们通过借助函数 $A(\lambda, \boldsymbol{a})$ 和 $B(\lambda, \boldsymbol{b})$ 引入参数 λ，来描述对光子的两个偏振测量 Ⅰ 和 Ⅱ，这两个函数可以假定只能取值 +1 或 −1：

$$|A(\lambda, \boldsymbol{a})| = |B(\lambda, \boldsymbol{b})| = 1 \tag{5.C.41}$$

我们假定对每个偏振测量存在同样多的机会得到 +1 和 −1，即

$$\int \mathrm{d}\lambda \rho(\lambda) A(\lambda, \boldsymbol{a}) = \int \mathrm{d}\lambda \rho(\lambda) B(\lambda, \boldsymbol{b}) = 0 \tag{5.C.42}$$

于是很明显，通常由式(5.C.25)定义的偏振关联系数，在这个模型中可以写为

$$E_{\mathrm{LHVT}}(\boldsymbol{a}, \boldsymbol{b}) = \overline{A(\lambda, \boldsymbol{a}) \cdot B(\lambda, \boldsymbol{b})} = \int \mathrm{d}\lambda \rho(\lambda) A(\lambda, \boldsymbol{a}) B(\lambda, \boldsymbol{b}) \tag{5.C.43}$$

贝尔不等式将适用于具有这里所描述类型的任何隐变量理论，而不管函数 $A(\lambda, \boldsymbol{a})$，$B(\lambda, \boldsymbol{b})$ 或 $\rho(\lambda)$ 的特定形式，只要它们满足性质(5.C.39)和(5.C.42). 为了证明这些不等式，考虑如下的量：

$$\begin{aligned} s(\lambda, \boldsymbol{a}, \boldsymbol{a}', \boldsymbol{b}, \boldsymbol{b}') = & A(\lambda, \boldsymbol{a}) \cdot B(\lambda, \boldsymbol{b}) - A(\lambda, \boldsymbol{a}) \cdot B(\lambda, \boldsymbol{b}') \\ & + A(\lambda, \boldsymbol{a}') \cdot B(\lambda, \boldsymbol{b}) + A(\lambda, \boldsymbol{a}') \cdot B(\lambda, \boldsymbol{b}') \end{aligned} \tag{5.C.44}$$

它可以被因式分解为

$$s(\lambda, \boldsymbol{a}, \boldsymbol{a}', \boldsymbol{b}, \boldsymbol{b}') = A(\lambda, \boldsymbol{a})[B(\lambda, \boldsymbol{b}) - B(\lambda, \boldsymbol{b}')] + A(\lambda, \boldsymbol{a}')[B(\lambda, \boldsymbol{b}) + B(\lambda, \boldsymbol{b}')] \tag{5.C.45}$$

利用式(5.C.41)和式(5.C.45)，容易看出

$$s(\lambda, \boldsymbol{a}, \boldsymbol{a}', \boldsymbol{b}, \boldsymbol{b}') = \pm 2 \tag{5.C.46}$$

与 λ 的值无关，原因是要么 $B(\lambda, \boldsymbol{b}) = B(\lambda, \boldsymbol{b}')$，要么 $B(\lambda, \boldsymbol{b}) = -B(\lambda, \boldsymbol{b}')$. 如果对关系式(5.C.46)在 λ 上取平均，那么我们就得到了处于 −2 到 2 之间的一个量：

$$-2 \leqslant \int \mathrm{d}\lambda \rho(\lambda) s(\lambda, \boldsymbol{a}, \boldsymbol{a}', \boldsymbol{b}, \boldsymbol{b}') \leqslant +2 \tag{5.C.47}$$

利用式(5.C.43),关联系数从四个方向$(\boldsymbol{a},\boldsymbol{b})$,$(\boldsymbol{a},\boldsymbol{b}')$,$(\boldsymbol{a}',\boldsymbol{b})$和$(\boldsymbol{a}',\boldsymbol{b}')$得到的四个值就被约束为不等式

$$-2\leqslant S(\boldsymbol{a},\boldsymbol{a}',\boldsymbol{b},\boldsymbol{b}')\leqslant 2 \tag{5.C.48}$$

其中 S 定义为

$$S=E(\boldsymbol{a},\boldsymbol{b})-E(\boldsymbol{a},\boldsymbol{b}')+E(\boldsymbol{a}',\boldsymbol{b})+E(\boldsymbol{a}',\boldsymbol{b}') \tag{5.C.49}$$

我们刚刚得到了贝尔不等式的一个特别有用的形式,称为贝尔-克洛泽-霍恩-西蒙尼-霍尔特不等式.这些不等式约束任何能写成形式(5.C.43)的关联,其中 $A(\lambda,\boldsymbol{a})$,$B(\lambda,\boldsymbol{b})$或 $\rho(\lambda)$可以假定具有任何形式,只需与式(5.C.39)～式(5.C.42)相容即可.

评注 (1) 上述证明并不限于标量变量 λ 的情况.λ 的数学性质并不重要,只要式(5.C.39)～式(5.C.41)得到满足.

(2) 原始贝尔不等式只在 $E(\boldsymbol{a},\boldsymbol{a})=1$ 的情况下有效.形如式(5.C.48)和式(5.C.49)的不等式,称为贝尔-克洛泽-霍恩-西蒙尼-霍尔特不等式,其最大优点是它们能直接应用于 $E(\boldsymbol{a},\boldsymbol{a})=1$ 并不恰好成立的实验检验中.

(3) 贝尔不等式的证明并不局限于 λ 和测量结果之间的关系以一个确定性函数 $A(\lambda,\boldsymbol{a})$给出的情况.这些不等式也适用于 λ 和测量结果之间的关系是概率性的情况,即对于给定的 $\boldsymbol{a}$ 和 λ 可以定义得到结果 ±1 的概率为 $p_{\pm}(\lambda,\boldsymbol{a})$.

5.C.3.2 与量子力学的矛盾

贝尔不等式是非常一般化的:它们适用于通过引入符合爱因斯坦观点的额外隐变量来解释偏振关联的任何模型.但实际证明,对于偏振器的某些特定方向,量子力学对处于形式(5.C.15)的 EPR 态的光子所预言的偏振关联(5.C.28)破坏了这些不等式.现在我们将展示这个破坏能达到一个相当大的差异.

考虑图 5.C.6 所示的方向$\{\boldsymbol{a}_0,\boldsymbol{a}'_0,\boldsymbol{b}_0,\boldsymbol{b}'_0\}$,其中

$$(\boldsymbol{a}_0,\boldsymbol{b}_0)=(\boldsymbol{b}_0,\boldsymbol{a}'_0)=(\boldsymbol{a}'_0,\boldsymbol{b}'_0)=\frac{\pi}{8} \tag{5.C.50}$$

由此知

$$(\boldsymbol{a}_0,\boldsymbol{b}'_0)=\frac{3\pi}{8} \tag{5.C.51}$$

利用式(5.C.28),我们就能发现,对于 EPR 态,量子力学预言了 S 的一个值,等于

$$S_{\mathrm{QM}}(\boldsymbol{a}_0,\boldsymbol{a}'_0,\boldsymbol{b}_0,\boldsymbol{b}'_0)=2\sqrt{2}=2.828\cdots \tag{5.C.52}$$

明显与式(5.C.48)矛盾,即以一个可观的数量超过式(5.C.48)的上限.

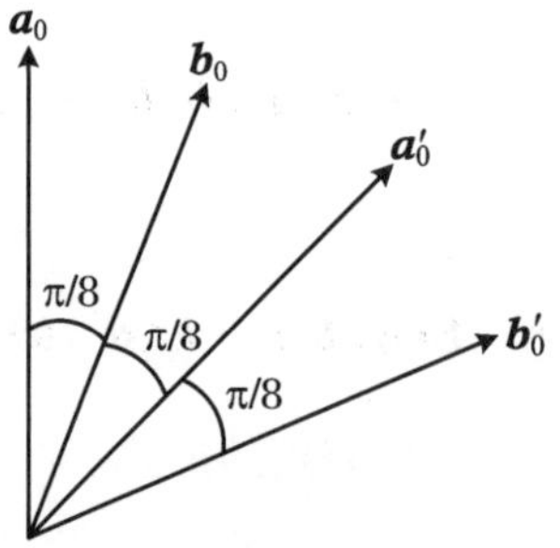

图 5.C.6　贝尔不等式的最大破坏

对于偏振器Ⅰ和Ⅱ满足$(a_0, b_0) = (b_0, a'_0) = (a'_0, b'_0) = \pi/8$的这组方向$\{a_0, a'_0, b_0, b'_0\}$,量子力学预言量$S_{QM}$为$2\sqrt{2}$,远超过不等式(5.C.48)的上限.

这个结果在观念上的重要性怎么强调都不过分.量子理论的预言对贝尔不等式的破坏明确地表明了,EPR 的量子关联不可能约化为导致这些不等式的经典观念.我们在处理经典物体之间的关联时,这些概念显得很自然,这使得它们的失败尤其令人惊讶.事实上,当生物学家观察到特定双胞胎有诸如头发颜色、眼睛颜色、血型、组织相容性类型等相同特征时,他们不得不引入额外参数,断定在这种情况下,这些特征一定是由对于一对双胞胎来说相同的染色体决定的.而且,这个推断是在能利用电子显微镜观察这样的染色体很久之前做出的.根据贝尔定理,我们不得不承认这种论点不适用于 EPR 类型的量子关联.

贝尔定理的另一个同样重要的结果是爱因斯坦和玻尔之间的争论可以通过实验来确定.原则上,我们只需要在量子力学预言了贝尔不等式破坏的情况中测量关联即可,以此来确认"爱因斯坦类型"的解释是否应该被抛弃,或者确认一个量子力学失败的例子,其实就是理论适用范围的极限,所有物理理论最终都会碰到其适用范围的边界.

5.C.3.3　定域条件和相对论因果关系:利用可变偏振器的实验

在确定了量子力学预言与根据 EPR 计划试图使量子力学完备的任何隐变量理论预言之间的矛盾后,人们不得不寻求这个矛盾的更深层原因.得到贝尔不等式所需要的明确的或隐含的假设到底是什么?基于 40 年的回顾以及数百篇针对该问题的文章,看起来以下两个假设就足够了:

(1) 额外的共有变量,为了解释分离系统上的测量之间的关联而引入.

(2) 定域性假设,其在贝尔的第一篇文章中已经强调,现在我们将再次使之明确.在

图 5.C.3 中的思想实验情况下，定域性假设要求一个偏振器，例如偏振器Ⅰ的测量结果不依赖于另一个偏振器Ⅱ的取向($\boldsymbol{b}$)，并且反过来，在Ⅱ上的测量不会受到Ⅰ的方向 $\boldsymbol{a}$ 的影响.类似地，在发射时光子的态不能依赖于将随后对这些相同光子进行测量的偏振器的方向 $\boldsymbol{a}$ 和 $\boldsymbol{b}$.

我们通过利用 $\rho(\lambda)$，$A(\lambda,\boldsymbol{a})$和 $B(\lambda,\boldsymbol{b})$的形式来描述光子对的发射或偏振器的响应，已经隐含地满足了这个假设.因此，很明显，描述偏振器Ⅰ的测量的函数 $A(\lambda,\boldsymbol{a})$不依赖于遥远的偏振器Ⅱ的方向 $\boldsymbol{b}$，并且 $B(\lambda,\boldsymbol{b})$不依赖于 $\boldsymbol{a}$.同样，在光子对发射瞬间，变量的概率分布 $\rho(\lambda)$不依赖于将进行测量的偏振器的方向 $\boldsymbol{a}$ 或$\boldsymbol{a}'$，$\boldsymbol{b}$ 或 $\boldsymbol{b}'$.如果我们要得到贝尔不等式，则这些定域性条件是必要的.确实，很容易通过这样的证明来检验，即如果偏振器Ⅰ的响应允许与 $\boldsymbol{b}$ 相关，可以将其表达为 $A(\lambda,\boldsymbol{a},\boldsymbol{b})$形式，那么就将无法证明 $s(\lambda,\boldsymbol{a},\boldsymbol{a}',\boldsymbol{b},\boldsymbol{b}')$等于 ± 2.

不管看起来如何自然，定域性条件并不是先验地基于其他任何物理基本定律的结果.所以，正如贝尔自己注意到的，没什么能禁止使偏振器Ⅱ的方向影响偏振器Ⅰ的某种相互作用的存在.但是贝尔也提到，如果在所进行的一个实验中，偏振器的方向随着光子在光源与偏振器之间传播足够快速地变化，那么爱因斯坦的相对论因果关系将会介入以禁止这样一种相互作用的存在(图 5.C.7).确实，正如没有相互作用能以超光速传播，涉及偏振器Ⅱ的信息在测量瞬间不会及时到达Ⅰ来影响测量.甚至更明显的是，在这种思想实验中，在光源产生光子的时间阶段，光子的初态根本无法依赖于偏振器的取向，因为偏振器在其实施测量的瞬间之前还没有取向.在这种装置中，定域性条件(上述条件(2))不再是一个新的假设，而变成了一个基于爱因斯坦相对论因果关系的结果.

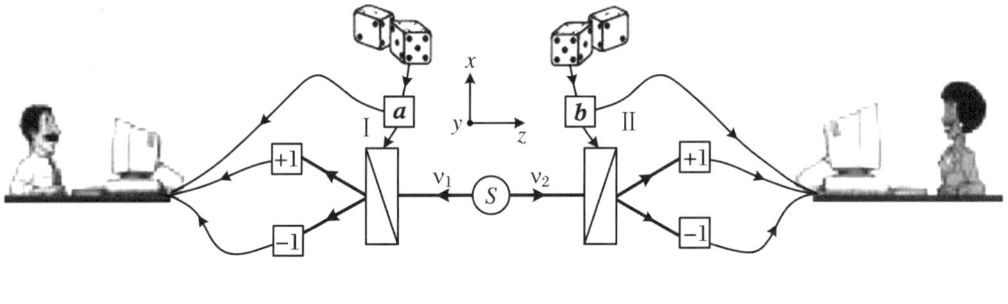

图 5.C.7　利用可变偏振器的思想实验

如果偏振器Ⅰ和Ⅱ的方向 $\boldsymbol{a}$ 和 $\boldsymbol{b}$ 在光子在光源与偏振器之间的传播时间内可以随意改变，那么贝尔的定域性条件就变成了爱因斯坦相对论因果关系的一个结果.为了强调测量操作之间的分离，我们表明了可以通过每个测量装置分别记录如下数据：偏振测量的结果、偏振器给出这个结果瞬间的方向以及这个结果的时间.于是随后就可以通过比较两个测量装置同时得到的结果来确定这个关联.

因此，图 5.C.7 的思想实验全方位地检验了爱因斯坦在 EPR 关联背景下提出的全部内容：一方面可以检验通过引入完整表征每个光子状态（爱因斯坦称之为每个光子的物理实在）的参数来完备量子体系的可能性（或者对爱因斯坦来说，甚至是必需的）；以及另一方面可检验在相对论下类空间隔的两事件存在直接作用的不可能性，所谓类空间隔的事件是指两事件不可能用低于或等于光速的信号相联系. 所以，量子力学与爱因斯坦根据上述假设(1)和(2)所捍卫的世界观之间的矛盾，确实将在检验贝尔不等式的实验中得到确定.

5.C.4 实验裁定及贝尔不等式的破坏①

令人惊讶的是，1964 年，在与量子理论预言相符的实验观察的数十年后，没有结果能给出贝尔不等式的一个检验. 很明显，理论预言贝尔不等式的一个破坏的情况实际上是极其罕见的，因此这种"灵敏的"安排将不得不利用当时的实验条件来设计. 1969 年，克劳泽、霍恩、西蒙尼和霍尔特的文章表明，当一个原子通过从一个能级降到另一个能级衰变时所产生的可见光子对可能是最好的候选资源，只要所选择的这些能级是适当的（见补充材料 6.C）.

受这篇文章的启发，20 世纪 70 年代早期进行的开拓性实验表明纠缠光子对是可以产生的，虽然极低的光源效率使这些实验极其困难. 因此不应该对贝尔不等式的初始检验得到有些矛盾的结果感到奇怪. 虽然它们最后确实更有利于量子力学，但实验装置仍然与理想的思想实验有很大差距. 但到了 20 世纪 70 年代末，激光物理学的进步使构建具有前所未有的强度的纠缠光子源成为了可能（见补充材料 6.C.4 小节）. 于是提出非常接近于理想思想实验（图 5.C.7）的实验安排也变得可能了. 例如，利用有两个输出端口的偏振分析器，就可以对偏振器的各种方向测量式(5.C.25)的偏振关联系数 $E(\boldsymbol{a},\boldsymbol{b})$，并且是直接测量，无需辅助校准. 贝尔不等式(5.C.48)被破坏了超过 40 个标准差. 对于式(5.C.50)的方向，得到了 $S_{\text{exp}} = 2.697 \pm 0.015$. 而且，考虑到实验缺陷（$S_{\text{QM}} = 2.70 \pm 0.05$），这些结果与量子预言符合得很好. 将偏振器移动到离光源越来越远也成为可能，从而可以进行以类空间隔分离的测量. 最后，也能够实现贝尔所提出的装置，即当光子从光源向探测器传播时，偏振器的方向可以改变. 实际上，与光从光源到探测器所需要的 20 ns 相比，偏振器的方向可以每 10 ns 变化一次. 在相对论意义下测量与偏振器方

① 一系列相关的实验可见 A. Aspect 的文章 *Bell's Inequality Test: More Ideal than Ever*（Nature，1999，398：189）.

向的选择是类空分离的情况中，可以观察到贝尔不等式的明显破坏.

在 20 世纪 80 年代即将结束之际，发明出了第三代纠缠光子对源，基于非线性光学效应，即不再由原子提供(见补充材料 6.C 和图 5.C.8)，而由非线性晶体提供(见第 7 章). 这里进步的主要一步是对纠缠光子所发射的方向的控制，使得能够将每对的两个光子射入以相反方向放置的两个光纤中. 于是实验就可以在数百米，或者甚至数万米的光源-探测器间隔上进行，在一个实验中，利用的就是瑞士电信公司的商用光纤网络. 利用光源与测量装置之间这样的距离，就可以在来自光源的光子的传播时间内，以一个严格随机的方式选择每个偏振器的方向，而不完全是 1982 年实验中的情况. 这样的一个实验精确地重现了图 5.C.7 中的装置，1998 年得到了实施，在定域性条件是相对论因果关系的一个结果的情况中明确证实了贝尔不等式的破坏.

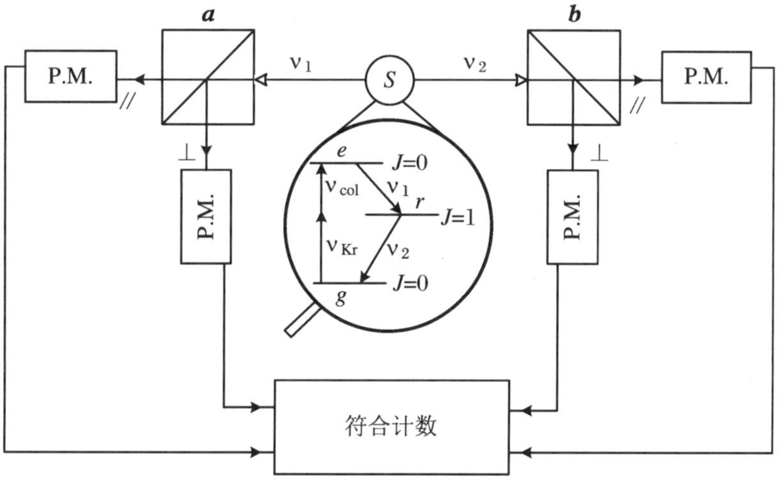

图 5.C.8 纠缠光子对源以及检验贝尔不等式的实验

利用具有严格控制的频率的两个激光器，一个钙原子被有效地激发到能级 e，随后就得到了一对偏振纠缠光子(ν_1，ν_2)(见补充材料 6.C). 这个纠缠源在 20 世纪 80 年代初以 1% 的精度被用来在小于 2 分钟时间内进行偏振关联测量，使建立更接近理想思想实验的实验安排成为可能. 例如，本图表明了如何利用电子电路和带两个端口以 $\boldsymbol{a}$ 和 $\boldsymbol{b}$ 为方向的偏振分析器，来直接测量偏振关联系数 $E(\boldsymbol{a},\boldsymbol{b})$(注意与图 5.C.3 的相似性).

随着人们对纠缠现象越来越感兴趣，新的纠缠系统开始出现，具有不同特点的贝尔不等式的各种检验就可以在这些新系统上进行. 例如，两个离子的内在状态纠缠的一个实验，探测器的量子效率就足够好，可以堵上“灵敏度漏洞”.

如今已经积累了相当多的实验数据，在不同装置的广泛范围内，都明确地破坏贝尔不等式,每个装置都用来处理已经想象到的各种漏洞之一.[①]而且,应该注意的是,做这些实验不仅仅能得到贝尔不等式的明确破坏,它们也提供了从一个非常高的精度水平检验量子力学的定量预言的平台,从而揭示出这些预言是非常精确的,只要实验条件足够好地可控.检验结果与量子力学的一致性确实令人印象深刻.现今我们可以认为,贝尔不等式已经被破坏了,并且量子理论关于纠缠系统的惊人预言也已经被证实了.留给我们的任务是,从这些结果我们能得出什么结论.

5.C.5 结论:从量子非定域性到量子信息

从贝尔不等式的破坏能够得出什么结论呢?首先,我们必须接受这样的观点,即一个纠缠系统不能被认为是由具有定域属性的分离的子系统组成的,其中的定域属性无法通过相对论性类空间隔相互影响.然而"可分离性"这个概念对于爱因斯坦来说似乎很重要,这个概念在其量子力学的不完备性证明中扮演着基础性作用[②]:

"要避免量子力学是不完备的这个结论(量子理论不是完备的),只能接受 S_1 的测量改变了 S_2 的真实情况(通过心灵感应)或者否认空间上分离的物体的物理实在是彼此独立的,这两个选择对我来说都是同等的、不可接受的."

既然已经确定了贝尔不等式的破坏,我们就不能再排斥这些选择.我们就必须抛弃爱因斯坦所提倡的,有时称为"定域实在性"的世界观.

有人也许会问,导致贝尔不等式的这些前提哪个该被抛弃:定域性或实在性?从我们的角度说,似乎很难能将这两个概念理解为彼此独立的观念.对于两个空间分离,却能通过一个瞬时超光速的相互作用保持联系的系统,如何能够想象它们独立的物理实在?我们的观点是,通常从贝尔不等式的破坏得出的量子力学非定域性,代表了对定域且实在的世界观的一个否定.两个纠缠光子不仅仅是携带相同参数集合的两个不同的系统.一对纠缠光子必须看作一个单一的、不可分割的系统,并以一个整体量子态来描述,而不能分解成分别对应每个光子的两个态.这对光子的性质不能归结于各光子的性质之和.

这里我们需要强调,"非定域性"这个词的随意使用可能使人们错误地得出某种可用

① 截至目前,还没有实验能在处理灵敏度漏洞的同时实现类空间隔的测量,实际上通过对局限性的逻辑推理可以认为,当前已完成的实验研究与理想实验还有差距.例如,可见 R. Garcia-Patron, J. Fiurášek, N. J. Cerf, J. Wenger, R. Tualle-Brouri 和 Ph. Grangier 的文章 *Proposal for a Loophole-Free Bell Test Using Homodyne Detection* (Physical Review Letters, 2004, 93: 130409).

② Einstein A A. Einstein Philosopher Scientist [M]. Open Court and Cambridge University Press, 1949.

信号能以超过光速的速度来发送的结论.回到图 5.C.7 中所示的装置,确实可能被认为,偏振器Ⅱ对光子 ν_2 的偏振所做的测量即刻地向刚刚对光子 ν_1 进行测量的偏振器Ⅰ的方向传递了信息.例如,想象对 ν_1 在方向 $\boldsymbol{a}$ 上所做的测量给出结果 +1.正如我们已经看到的,这样我们就可以说,光子 ν_2 在 ν_1 被分析的瞬间,即刻采用了平行于 $\boldsymbol{a}$ 的线性偏振.因此难道我们没有意识到在Ⅱ处沿 $\boldsymbol{a}$ 的取向是由Ⅰ处最后时刻的决定而瞬间确定的? 如果这样的话,我们将会以超过光的速度传送一条消息,即方向 $\boldsymbol{a}$.事实上,仔细观察式(5.C.16)~式(5.C.21),可以发现,并不是在Ⅱ的单侧测量结果与Ⅰ的方向 $\boldsymbol{a}$ 相关,而是联合测量的结果.为了探测在Ⅰ的方向上的变化,在Ⅱ的观察者必须将他自己的测量与在Ⅰ所做的测量相比较.现在后者的测量结果就是一个经典数据段,只能通过信息传播速度不超过光速并连接Ⅰ和Ⅱ的一个经典信道,被传送到在Ⅱ的观察者.只有在接收到这些本身并不提供所需信息(方向 $\boldsymbol{a}$)的数据之后,并将它们与他自己的比较,在Ⅱ的观察者才能确定 $\boldsymbol{a}$ 的值.①

事实上,上述观点依赖于这样的事实:一个单一系统的量子态,在这种情况下即光子 ν_2 的偏振,不能通过测量完全确定.为了完全确定一个系统的态,我们需要能够准备大量都恰好处于同一个态的副本,并对不同可观测量做大量的测量,具体到这里就是利用具有不同方向的一系列偏振器.但事实上复制一个单一量子系统是不能的,即得到两个处于严格相同初态的系统.这就是不可克隆定理.②因此我们不能知道 ν_2 的偏振态的方向,所以必须放弃科幻小说作家所钟爱的超光速通信的梦想.

从 1935 年 EPR 文章,经过 1964 年的贝尔不等式,到由此启发的实验这样一个旅程的最后,也许会被留下一系列令人沮丧的否定性结论:量子纠缠所确定的性质别无选择,只能放弃定域实在观点,并且不可克隆定理禁止了超光速通信.实际上,这些发现为相当非凡的新前景铺平了道路.我们正在理解如何在数据处理和传送的新概念中利用我们刚讨论的这些量子性质,其中量子纠缠与不可克隆定理起着核心作用:这就是量子信息的领域,从 20 世纪 90 年代末开始逐渐受到重视,我们将在补充材料 5.E 中进行回顾.

---

① 类似的方案也发生在所谓的量子隐形传态的过程中,在该过程中系统的量子态从一个物理系统转移至另一个物理系统.(Bennett C H, et al. Teleporting an Unknown Quantum State Via Dual Classical and Einstein-Podolsky-Rosen Channels. Physical Review Letters,1993, 70: 1895-1899).尽管过程的某个阶段看起来是瞬时的,但整个过程只有部分信息通过经典信道完成传输后才算最终完成.

② Wooters W K, Zurek W H. A Single Quantum Cannot be Cloned[J]. Nature, 1982, 299: 802.

补充材料 5.D 纠缠双模态

在本补充材料中,我们讨论电磁场纠缠态的另一个例子:能够在描述场的两个模式的希尔伯特空间中构建的那些态.这些态能引起与爱因斯坦、波多尔斯基和罗森发现的相比非常类似的关联,它们被这些作者用来说明量子世界的一些诡异特性,正如贝尔所证明的那些(见补充材料 5.C).我们将给出这些态的某些性质的一个概述,并介绍制备它们的各种方法.

5.D.1 双模态的一般描述

5.D.1.1 一般考虑

根据式(4.131),电磁场的最一般双模态可以写为

$$|\psi\rangle = \sum_{n_l=0}^{+\infty}\sum_{n_{l'}=0}^{+\infty} c_{n_l n_{l'}} \, |0,\cdots,n_l,0,\cdots,n_{l'},0,\cdots\rangle \tag{5.D.1}$$

只有两个特定模式,标记为 l 和 l',不处于真空态.我们利用简化符号,用

$$|\psi\rangle = \sum_{n_l=0}^{+\infty}\sum_{n_{l'}=0}^{+\infty} c_{n_l n_{l'}} \, |n_l,n_{l'}\rangle \tag{5.D.2}$$

表示这样的一个态.这两个模式可能在偏振、传播方向或频率上不同.除了态空间具有更高维度外,与第 5 章 5.3 节中研究的单模情况相比,新的特性是这两个模式可以分别借助一个偏振分束器、一个光圈或一个棱镜实现物理上的分离.于是就可以对每个模式进行独立测量.本补充材料所涉及的大部分内容就是这些测量之间的关联.

评注 这里所考虑的情况不同于补充材料 5.C 中描述的情况,在那里考虑了四个不同模式(每个光子 ν_1 和 ν_2 各两个).但在这里,我们将考虑在态的一个模式中有超过 1 个光子的可能性,而在态(5.C.15)中 $|x\rangle$ 或 $|y\rangle$ 指单光子(见 5.C.2.1 小节).

5.D.1.2 施密特(Schmidt)分解

有这样一个定理,即具有形式(5.D.2)的任何双模态都可以表示为如下形式,这个定理称为“施密特分解”:

$$|\psi\rangle=\sum_{i=1}^{S}\sqrt{p_i}\,|u_i\rangle\otimes|u_i'\rangle \tag{5.D.3}$$

其中 $|u_i\rangle$ 和 $|u_i'\rangle$ 分别是模式 l 和 l' 中的单模量子态,构成了矢量的两个标准正交基,p_i 则是严格正实数,并有 $\sum_{i=1}^{S}p_i=1$. 施密特分解不是唯一的,但是求和中的项数(在这里用 S 表示,称为施密特数)是固定的,只要矢量 $|\psi\rangle$ 给定. 于是就有两种可能:

- $S=1$. 在这种情况中,$|\psi\rangle$可以用形式$|u_1\rangle\otimes|u_1'\rangle$来表示. 这是一个因式分解态. 该物理系统的两模中的每一个都由本章 5.3 节所研究的同种单模态描述.

- $S>1$. 在这种情况中,$|\psi\rangle$是不可因式分解的. 这是一个纠缠态. 物理上,这意味着不能用分离态矢来描述在模式 l 和 l'中的辐射. 这个系统组成了一个不可分割的整体,即使这些模式在物理上是不同的,并且在它们每一个上进行测量的是相距很远以至于不存在物理联系的测量装置.

评注 这些考虑可以延伸到系统不是以一个态矢$|\psi\rangle$,而是以一个密度矩阵 $\boldsymbol{\rho}$ 来描述的情况. 因式分解态的一般形式就是我们将称为的可分离量子态. 可分离态以一个密度矩阵来描述,可写成如下形式:

$$\boldsymbol{\rho}=\sum_{j=1}^{n}q_j\boldsymbol{\rho}_j\otimes\boldsymbol{\rho}_j' \tag{5.D.4}$$

其中 $\boldsymbol{\rho}_j$ 和 $\boldsymbol{\rho}_j'$分别是模式 l 和 l' 中的单模密度矩阵,q_j 是严格正实数,满足 $\sum_{j=1}^{n}q_j=1$. 因此这是因式分解态的一个统计叠加,例如,其中模式 l 具有概率 q_j 处于以密度矩阵 $\boldsymbol{\rho}_j$ 描述的单模态. 纠缠态的一般形式是非可分离态,即不能写成形式(5.D.4)的态. 对于一个统计混合的非可分离性的描述显然比对于一个纯态更复杂.[①]

5.D.1.3 对两个模式所进行的测量之间的关联

令 $\hat{A}$ 和$\hat{A}'$分别为在与模式 l 和 l'相关的希尔伯特空间 $\mathcal{F}_l$ 和 $\mathcal{F}_{l'}$ 上作用的可观测量. 例如,这些可以是场正交算符或光子数算符. 由于这些算符作用在不同空间上,它们一定是对易的. 在这些每两个量的测量之间的关联系数 $E(A,A')$介于 -1 和 $+1$ 之间,可以

① Bruss D, Leuchs G. Lectures on Quantum Information [M]. Wiley-VCH, 2006.

表示为

$$E(A,A') = \frac{\langle\psi \mid \hat{A}\hat{A}' \mid \psi\rangle - \langle\psi \mid \hat{A} \mid \psi\rangle\langle\psi \mid \hat{A}' \mid \psi\rangle}{\Delta A \Delta A'} \tag{5.D.5}$$

此式将式(5.C.25)中偏振测量之间的关联所引出的系数 $E(\boldsymbol{a},\boldsymbol{b})$推广到了任意测量.当 $E(A,A')=0$ 时,这些测量是不相关的,即 $\hat{A}$ 的测量没有提供任何关于处于相同态的 $\hat{A}'$ 值的信息.但是,如果 $E(A,A')=1$(或 $E(A,A')=-1$),这些测量就是完全关联的(或反关联的),对模式 l 中 $\hat{A}$ 的测量就能告诉我们对模式 l'的 $\hat{A}'$的测量结果,而不需要我们实际进行第二个测量.因此强关联的存在提供了一种“在远处”进行测量的方式,也称为“非破坏性”测量,因为以这种方式进行的 $\hat{A}'$的测量在物理上不影响模式 l'.

评注 注意到,甚至完全关联也可以在经典量之间存在.关联的特殊量子性质体现在不对易的可观测量相关的关联.对于光子偏振关联的例子,正是补充材料 5.C 中很详细谈论的.我们将在本补充材料的最后讨论另一个例子,即关于场正交分量的测量.

现在假设这个系统处于一个因式分解态 $|\psi\rangle=|u_1\rangle\otimes|u_1'\rangle$.那么有

$$\langle\psi \mid \hat{A}\hat{A}' \mid \psi\rangle = \langle u_1 \mid \hat{A} \mid u_1\rangle\langle u_1' \mid \hat{A}' \mid u_1'\rangle = \langle\psi \mid \hat{A} \mid \psi\rangle\langle\psi \mid \hat{A}' \mid \psi\rangle \tag{5.D.6}$$

因此关联系数 $E(A,A')$为零.当这个系统以一个态矢(“一个纯态”)来表示时,只有当态 $|\psi\rangle$是纠缠态时,才能在测量之间有一个关联,即分解(5.D.3)的施密特数 S 大于 1.

我们可以确定在纠缠态 $|\psi\rangle$中具有完全关联的可观测量的形式.实际上,考虑可观测量具有式(5.D.3)中出现的本征矢 $|u_i\rangle$和 $|u_i'\rangle$.它们可以写为

$$\hat{A} = \sum_{i=1}^{S} a_i \mid u_i\rangle\langle u_i \mid, \quad \hat{A}' = \sum_{i=1}^{S} a_i' \mid u_i'\rangle\langle u_i' \mid \tag{5.D.7}$$

其中 a_i 和 a_i'是假定各不相同的实数.如果系统处于态(5.D.3),并且由 $\hat{A}$ 的测量给出结果 $|u_{i_0}\rangle$,那么在这个测量之后,这个态就被投影到相应的本征态 $|u_{i_0}\rangle\otimes|u_{i_0}'\rangle$,于是就可以确定 $\hat{A}'$的测量,由此给出结果 $|u_{i_0}'\rangle$.这样测量之间的关联就是完全的.

5.D.2 双光子态

5.D.2.1 定义与性质

考虑双模态

$$|\psi\rangle = \sum_{n=0}^{+\infty} c_n \mid n_l = n, n_{l'} = n\rangle = \sum_{n=0}^{+\infty} c_n \mid n, n\rangle \tag{5.D.8}$$

其中系数 c_n 都为正数.它已经被表示为如式(5.D.3)所示的施密特形式.因此这个态的施密特数就是非零系数 c_n 的个数.每当这些系数中至少两个不为0时,就为纠缠态.

现在来考虑光子数算符 $\hat{N}_l=\hat{a}_l^{\dagger}\hat{a}_l$ 和 $\hat{N}_{l'}=\hat{a}_{l'}^{\dagger}\hat{a}_{l'}$.对于(5.D.7)所示的数态基来说,它们是对角的.因此在每个模式中的光子数测量之间将会有一个完全关联,由此把名字赋予了这样的态.而且,对于所有与光子数算符成比例的可观测量,也将有一个完全关联,例如类似式(5.D.8)的包含一个平面行波的两个模式的双光子态的动量算符,以及类似式(5.D.8)的包含两个拉盖尔-高斯(Laguerre-Gauss)模式的双光子态的角动量算符.

注意到

$$(\hat{N}_l-\hat{N}_{l'})\mid\psi\rangle=\sum_{n=0}^{+\infty}c_n(n-n)\mid n,n\rangle=0 \tag{5.D.9}$$

因此态 $|\psi\rangle$ 是光子数之差的一个本征态,本征值为零.于是我们有 $\Delta(N_l-N_{l'})=0$,所以通过取这两个光电探测信号的瞬时值之差所得到的信号中将完全没有涨落,然而,在分别测量每个模式强度的光电探测器上,会记录到光子数中的涨落.

现在我们来考虑式(5.58)和式(5.59)中定义的每个模式的正交分量之间的关联.利用式(5.D.5)和式(5.D.8),经过简短的计算就可以得出关联系数

$$E(E_{Ql},E_{Ql'})=-E(E_{Pl},E_{Pl'})=\frac{\sum\limits_n n(c_nc_{n-1}^*+c_n^*c_{n-1})}{\sum\limits_n(2n+1)\mid c_n\mid^2} \tag{5.D.10}$$

因此在这两个模式的正交分量 Q 之间有一个非零关联(以及正交分量 P 之间的一个相等的反关联),前提是表达式(5.D.8)中的两个相继系数不为零.关联的大小取决于 c_n 对 n 的精确依赖性.例如,如果 c_n 构成比例为 r 的一个实几何级数,使得对某个 A 有 $c_n=Ar^n$,那么由式(5.D.10)可以得到 $E(E_{Ql},E_{Ql'})=2r/(1+r^2)$.正交分量 Q 之间的关联(以及正交分量 P 之间的反关联),当级数的比例 r 趋于1时将变成完全关联(完全反关联).

5.D.2.2 制备

考虑哈密顿量

$$\hat{H}_{\mathrm{I}}=\mathrm{i}\hbar\xi(\hat{a}_l^{\dagger}\hat{a}_{l'}^{\dagger}-\hat{a}_l\hat{a}_{l'}) \tag{5.D.11}$$

它描述了一个非简并参量的相互作用,将在第7章中更详细地在非线性光学中研究,称为信号光的一个光子与称为闲散光的一个光子同时产生或消灭.若它在一段时间 T 内作用于真空态,这个相互作用就产生了如下态:

$$|\psi(T)\rangle = \exp(-\mathrm{i}T\hat{H}_{\mathrm{I}}/\hbar)\,|0\rangle \tag{5.D.12}$$

将这个指数展开为一个级数，可以得到其精确表达式.由于通过相互作用哈密顿量(5.D.11)的光子总是成对产生的，因此所制备的这个态将必然是式(5.D.8)所示的一个双光子态.由详细的计算可以得到①

$$|\psi(T)\rangle = \frac{1}{\cosh R}\sum_n (\tanh R)^n\,|n,n\rangle \tag{5.D.13}$$

其中 $R=\xi T$.这个表达式中有效(大小不可忽略)项的个数取决于 R 的值，并因此取决于参数相互作用的效率，而这个效率反过来主要取决于泵浦光束的强度，通常只有几个单位值.最后注意到系数 c_n 在这种情况中确实形成了一个几何级数，因此可得到正交关联系数的一个简单表达式：

$$E(E_{Ql},E_{Ql'}) = -E(E_{Pl},E_{Pl'}) = \tanh 2R \tag{5.D.14}$$

当泵浦功率变得很大时，这个关联将趋于1.

我们将在补充材料7.A中看到，通过将参量介质封闭在一个法布里-珀罗腔中可建造一个在许多方面类似于激光器的装置.在这个称为光学参量振荡器的装置中，光子总是成对产生的.在振荡阈值之上，它将产生一个以双光子态描述的信号光束和闲散光束，但是此时具有非常高的平均光子数.

5.D.3 压缩与纠缠之间的关系

5.D.3.1 一般考虑

被用来产生双光子态的哈密顿量(5.D.11)与产生压缩态的哈密顿量(5.A.33)十分相似.如果我们利用变换模式

$$\hat{a}_+ = \frac{1}{\sqrt{2}}(\hat{a}_l + \hat{a}_{l'}) \tag{5.D.15}$$

$$\hat{a}_- = \frac{1}{\sqrt{2}}(\hat{a}_l - \hat{a}_{l'}) \tag{5.D.16}$$

即半反射镜的输入-输出关系，那么我们可以得到

① Walls D F, Milburn G J. Quantum Optics [M]. Springer, 1995: 84.

$$\hat{H}_1 = \mathrm{i}\frac{\hbar\xi}{2}(\hat{a}_+^{\dagger 2} - \hat{a}_-^{\dagger 2} - \hat{a}_+^2 + \hat{a}_-^2) \tag{5.D.17}$$

这就是以式(5.D.15)和式(5.D.16)定义的作用在每个新模式上的两个压缩哈密顿量之和.压缩和纠缠在这里呈现为一个物理现象的两个方面,而与半反射镜相关的变换(5.D.17)告诉了我们如何在它们之间进行相互转换.为了计算关联,我们将通过直接作用在算符上的输入-输出关系对此进行详细研究.

5.D.3.2 将两个压缩态在半反射镜上混合

现在来考虑两个压缩真空态 $|\alpha = 0, R\rangle$ 和 $|\alpha = 0, -R\rangle$,其中 $R>0$(见补充材料5.A),被发送到半反射镜的两个输入端口 $l=1$ 和 $l'=2$.半反射镜的输入-输出关系对于湮灭算符和正交算符是一样的.因此,在图 5.D.1 中的端口(3)和(4),我们有

$$\hat{E}_{Q3} = \frac{1}{\sqrt{2}}(\hat{E}_{Q1} + \hat{E}_{Q2}) \tag{5.D.18}$$

$$\hat{E}_{Q4} = \frac{1}{\sqrt{2}}(\hat{E}_{Q1} - \hat{E}_{Q2}) \tag{5.D.19}$$

对于正交分量 P 有类似关系.由于入射态是压缩真空态,入射和出射正交分量的期望值为零.利用以算符 $\hat{A}_R$ 和 $\hat{A}_R^\dagger$ 表示的正交算符表达式(5.A.10)和(5.A.11)以及对易关系式(5.A.2),我们得到它们的方差为

$$\Delta(E_{Q3})^2 = \Delta(E_{Q4})^2 = \Delta(E_{P3})^2 = \Delta(E_{P4})^2 = (\mathscr{E}_l^{(1)})^2\cosh 2R \tag{5.D.20}$$

这样两个压缩态的混合就在其所有正交分量(本应为"互反压缩"的正交分量 E_{Pl} 和 $E_{Ql'}$)中都产生了具有比真空态更大的涨落,这是因为出射涨落主要依赖于嘈杂信号.在相量表示中,它们都是用以原点为中心的圆来描述,并且其半径随着入射态被压缩得越多而越大.然而,这些嘈杂的正交分量实际上是高度关联的,因为描述这两个出射模式的态是一个——正如我们所知道的纠缠态.为了测量这些正交关联,实验者通常利用双重零差探测,如图 5.D.1 所示.这样就可以同时测量正交涨落 E_{Q3},E_{Q4},或 E_{P3},E_{P4},测哪对由本机振荡器的相位决定.通过对来自零差探测的瞬时出射光电流求和或求差,可以得到标准差 $\Delta(E_{Q3} - E_{Q4})$ 和 $\Delta(E_{P3} + E_{P4})$.最后经模拟计算得到

$$\Delta(E_{Q3} - E_{Q4}) = \Delta(E_{P3} + E_{P4}) = 2(\mathscr{E}_l^{(1)})^2\mathrm{e}^{-2R} \tag{5.D.21}$$

只要 R 为几个单位量级,它们就变得非常接近于零.这个计算明显表明在半反射镜的两个输出端口同时存在这样的场,它们具有相同正交分量 Q 和相反正交分量 P.

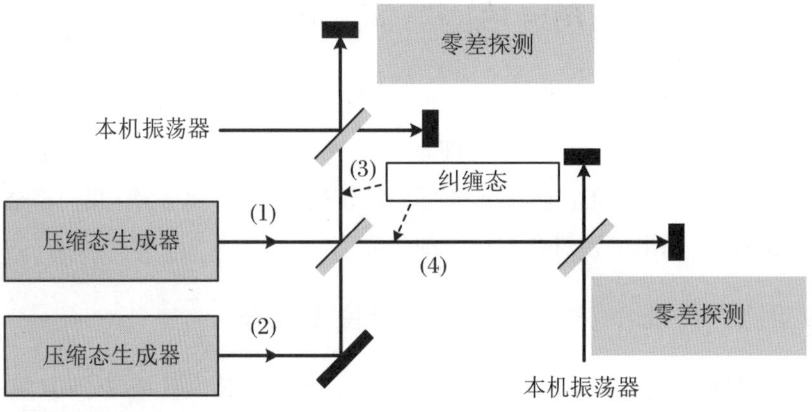

图 5.D.1　制备与探测纠缠双模态

人们也许会问,式(5.D.21)中得到的方差是否满足海森伯不等式? 因为它们包含相互不对易的正交可观测量($\hat{E}_{Q3},\hat{E}_{P3}$)及($\hat{E}_{Q4},\hat{E}_{P4}$).由对易子$[\hat{E}_{Q3},\hat{E}_{P3}]=[\hat{E}_{Q4},\hat{E}_{P4}]=(\mathscr{E}_l^{(1)})^2$,可以得到

$$[\hat{E}_{Q3}-\hat{E}_{Q4},\hat{E}_{P3}+\hat{E}_{P4}]=0 \tag{5.D.22}$$

因此没有海森伯不等式能禁止 $\Delta(E_{Q3}-E_{Q4})$和 $\Delta(E_{P3}+E_{P4})$同时变得很小,甚至为零.

评注　(1) 两个非对易可观测量之间关联和反关联同时存在标志了在给定系统中纠缠的存在.在一般情况中,系统并不一定处于一个纯态,已经证明了①,如果不等式

$$\Delta(E_{Q3}-E_{Q4})+\Delta(E_{P3}+E_{P4})<4(\mathscr{E}_l^{(1)})^2 \tag{5.D.23}$$

成立,那么在本补充材料 5.D.1.2 小节最后的评论意义上说这个系统的态就是不可分离的.这正是当 R 为正时本小节中例子的情况.

(2) 制备纠缠双模态有一种简单方式.做法就是在一个半反射镜上将一个压缩态分成两个,这种情况在很多方面类似于一个单光子态遇到半反射镜并产生一个单光子纠缠态$(|0,1\rangle+|1,0\rangle)/\sqrt{2}$的情况.关联的计算与之前一样,将在第一个输入端口的入射压缩态以真空态来代替.可以得到关联系数为 $E(E_{Q3},E_{Q4})=-E(E_{P3},E_{P4})=\tanh R$.所以,一个正交分量存在关联,另一个存在反关联,但关联小于两个压缩态混合的情况.

① Duan L M, Giedke G, Cirac I, et al. Inseparability Criterion for Continuous Variable Systems [J]. Physical Review Letters, 2000, 84: 2722.

5.D.3.3 两个互补变量的非破坏测量:EPR佯谬

正如本补充材料开头提到的,在不同模式下所测的量之间的任何关联都可以用来进行一个非破坏测量.在图5.D.1所示的装置中,利用两个高度压缩入射态,对 $\hat{E}_{Q4}$ 或 $\hat{E}_{P4}$ 的一个测量可以用来精确确定模式3的正交分量 $\hat{E}_{Q3}$ 或 $\hat{E}_{P3}$,而不需要对这个模式插入一个探测器,因此就没有干扰该模式,更不用说破坏它.通过对模式4进行不同的测量,就能得到模式3的两个物理量的确定的完整信息,这两个量在玻尔的观点上是互补的,即与非对易算符相关,对于它们存在一个海森伯不等式:

$$\Delta E_{Q3}\Delta E_{P3} \geqslant (\mathscr{E}_l^{(1)})^2 \tag{5.D.24}$$

因此看起来,在我们这里所考虑的情况中,应该可以以很高的精度测量不对易的两个量,于是将存在对式(5.D.24)的一个破坏.这个矛盾的情况完全类似于爱因斯坦、波多尔斯基和罗森("EPR")在他们的著名文章中所考虑的,只是用两个场模式的正交算符代替纠缠态中两个粒子的位置和动量算符.

实际上,消失的方差是与对易算符 $\hat{E}_{Q3}-\hat{E}_{Q4}$ 和 $\hat{E}_{P3}+\hat{E}_{P4}$ 相关的,并且对它们来说不存在海森伯不等式,然而"原始"方差 ΔE_{Q3} 和 ΔE_{P3} 非常大,正如我们在5.D.3.2小节中看到的.当通过模式4得到的信息来测量模式3的正交分量时,实际上是对模式3进行的那组测量做了一个选择,只保留了对应模式4正交分量测得精确值的情况.因此这些是条件测量.由这些选择数据计算出的方差在统计上称为条件方差,或"scedastic 函数",它们是与原始方差不同的统计量.

对这种情况已经进行了很多实验.[①]给定模式4,通过对模式3条件方差的测量得到了两个正交分量条件方差之积的实验值,其远小于海森伯"极限"通过对式(5.D.24)).如在上一个补充材料中的一样,我们再次获得了量子力学创立者所设想的思想实验变成一个可以在实验室中进行的现实实验的例子.

补充材料5.E 量子信息

贝尔在20世纪60年代中期的工作以及随后几十年中为检验其著名的不等式所进行的实验导致了对量子力学概念的一个详细的重新研究,并且揭示了纠缠概念的完整重要性.这个重新研究在20世纪80年代促进了称为量子信息的极其丰富的新研究领域的

① Reid M D, Drummond P D, Cavalcanti E G, et al. The Einstein-Podolsky-Rosen paradox: from concepts to applications[J]. Review of Modern Physics, 2009, 81: 1727.

诞生.[①]该活动领域背后的指导思想是,通过利用量子物理的特定规则,可以获得计算与通信的新方式,这里的规则不再是众所周知的经典规则.

因此可以开发出密码学的新方法,在新方法中信息通过量子力学基本原理得到保护;还可以开发出新的计算方法,能比经典算法的效率按指数增加.所以量子信息不仅仅是物理学的一个副业,还涉及了信息理论、算法以及复杂性理论.这方面的研究已经引出了基于量子逻辑门(这是没有经典对应的)的新算法和新的计算架构.尽管仍处于基础阶段,但作为量子信息核心内容的信息理论与量子力学的结合产生了适用于各自学科的令人鼓舞的革命性理论工具.因此我们将面对研究量子理论基本原理的新方法,而这些新方法涉及了新的定义和处理信息的方式.回忆一下来自朗道尔(Rolf Landauer)的著名言论,根据他的说法信息具有非常自然的物理属性,所以作为整个现代物理基础的量子力学能显示出与信息理论如此亲密的关系一点也不让人意外.

5.E.1 量子密码学

5.E.1.1 从经典密码学到量子密码学

这些理念的第一个应用例子就是量子密码学.一般来说,密码学的目标是从一个发送者(爱丽丝(Alice))向一个接收者(鲍勃(Bob))发送机密信息,同时将能够拦截和破译信息的窃听者(叫作伊芙(Eve),参考窃听)的风险降至最低.密码学在商业和军事机密的保护中长期扮演了不可或缺的角色,但随着电子信息系统的发明,它最近已经与一般大众密切相关,如从信用卡到网络购物.经典密码学通常使用复杂的编码系统,考虑到目前可用的计算手段,该系统不能在任何合理的时间内被破坏.因此安全水平是可以接受的,但不是绝对的,因为它取决于对手能够利用的手段,而且它通常不能在数学上来证明.

然而,有一个密码学的简单方法,从数学角度看是“无条件确定的”,基于爱丽丝和鲍勃已经预先交换了一个密钥的想法,即只有他们知道的一个长序列随机字符.如果这个密钥与信息一样长,且只使用一次,那么由香农(Shannon)在1948年所证明的一个数学定理可以推断这种编码的绝对安全性.借助这个定理,信息的安全性水平就归结于关心已经通信的密钥.这就是量子密码学进入的领域,它允许爱丽丝和鲍勃交换具有由量子物理原理保证的绝对安全性的密钥.

---

① 更多的细节请读者参考 M. A. Nielsen 和 I. L. Chuang 的著作 *Quantum Computation and Quantum Information*(Cambridge University Press,2000).

5.E.1.2 利用纠缠光子的量子密码学

已经有了许多量子密码"协议",这里我们将讨论的一种方法是由埃克特(Ekert)提出的,他像在贝尔不等式的实验检验中一样使用纠缠光子对.①这将表明,在这样的一个实验中,所传送的并不是一条信息,而是一系列关联随机数,更精确来说就是一组密钥!根据上述讨论的原理,这些密钥就可以用来编码"真实的"信息,这里的安全性已通过数学证明.

假设爱丽丝和鲍勃共享偏振纠缠光子对(见补充材料 5.C).爱丽丝和鲍勃可以任意选择他们将对各自的光子进行的测量,但当光子通过该线路传送时,窃听者伊芙还无法知道这些测量.此外,如我们将在下一小节中看到的,伊芙不能"克隆"到达她那里的光子,即她不能做一个相同的拷贝(copy).实际上,我们会看到伊芙任何试图拦截这个光子的尝试都将干扰其状态,产生爱丽丝和鲍勃能探测到的传输误差.但是,当没有传输误差时,爱丽丝和鲍勃将知道在这条线路上没有窃听者.

更确切地说,爱丽丝和鲍勃商定进行四个线性偏振态的测量,方向沿横轴的表示为$|h\rangle$,沿纵轴的表示为$|v\rangle$,沿右上 45°轴的表示为$|d\rangle$,沿左上 45°轴的表示为$|g\rangle$.正交态$|h\rangle$和$|v\rangle$可以容易区分,因为它们对于相同的偏振器方向给出结果 +1 和 −1,称为 hv 基.同样,当偏振器方向与 hv 成 45°角时,态$|d\rangle$和$|g\rangle$给出结果 +1 和 −1,称为 dg 基.但是,两组基 hv 和 dg 是"不相容的",意味着如果在一组基下偏振是已知的,那么在另一组基下它则是完全随机的,因为我们有

$$|d\rangle = \frac{1}{\sqrt{2}}(|h\rangle + |v\rangle), \quad |g\rangle = \frac{1}{\sqrt{2}}(|h\rangle - |v\rangle) \tag{5.E.1}$$

$$|h\rangle = \frac{1}{\sqrt{2}}(|d\rangle + |g\rangle), \quad |v\rangle = \frac{1}{\sqrt{2}}(|d\rangle - |g\rangle) \tag{5.E.2}$$

假设一个实验装置产生了纠缠态②

$$|\psi_{\mathrm{AB}}\rangle = \frac{1}{\sqrt{2}}(|hh\rangle + |vv\rangle) \tag{5.E.3}$$

这个态的 A 光子被传送给爱丽丝,而 B 光子被传送给鲍勃.由式(5.E.1),容易看出这个态也可以写为

$$|\psi_{\mathrm{AB}}\rangle = \frac{1}{\sqrt{2}}(|dd\rangle + |gg\rangle) \tag{5.E.4}$$

---

① Ekert A K. Quantum Cryptography Based on Bell's Theorem [J]. Physical Review Letters, 1991, 67: 661.

② 这是与式(5.C.15)一样的态,只是以不同符号表示.

这个态的形式(5.E.3)表明,如果爱丽丝得到测量结果 h(或 v),那么鲍勃也将确定地得到结果 h(或 v). 相同态的形式(5.E.4)表明,利用 dg 基也将如此. 另一方面,假设爱丽丝使用 hv 基,而鲍勃使用 dg 基. 那么如果爱丽丝测到 h,鲍勃所接收到的态经过波包塌缩将为 $|h\rangle=(1/\sqrt{2})(|d\rangle+|g\rangle)$,鲍勃将有 50%的概率测到 d,50%的概率测到 g. 如果爱丽丝测到 g,也将如此. 于是他们的测量将完全是不相关的.

接收到光子之后,鲍勃公开他所选择的全套测量轴 hv 或 dg,以及结果 + 或 - 的一小部分. 当爱丽丝检查这些结果时,经以下推理她能察觉到窃听者(如果窃听者存在的话). 窃听者伊芙并不比鲍勃更清楚爱丽丝选择了哪个方向(hv 或 dg),来测量她接收的每个光子. 因此假设伊芙在每次探测时以 hv 或 dg 随机安排她的偏振器,然后重新发射一个处于与她刚测量的值具有相同偏振态的光子. 例如,如果她选择 hv 并测到 +,则她重新发射一个沿 h 偏振的光子给鲍勃. 但实际上,伊芙的这个介入是能被探测到的,因为她会将误差引入鲍勃的探测.

例如考虑图 5.E.1 第二列描述的情况,爱丽丝已经探测到了一个 d 光子,并且鲍勃也已经将其偏振器定为 dg 基,但伊芙则将她的偏振器选为 hv 基. 那么伊芙将以 1/2 的概率测到 +,1/2 的概率测到 -. 根据她的结果,她向鲍勃发送一个处于态 h 或 v 的光子. 无论在哪种情况中,当鲍勃的偏振器被选为 dg 基时,他都能以 1/2 的概率测到 + (d),1/2 的概率测到 - (g). 但是,如果伊芙没有干扰,鲍勃将会以概率 1 测到 d. 因此窃听者的干扰在这种情况中就带来了 25%的误差,从而爱丽丝和鲍勃可以探测到她并停止传送.

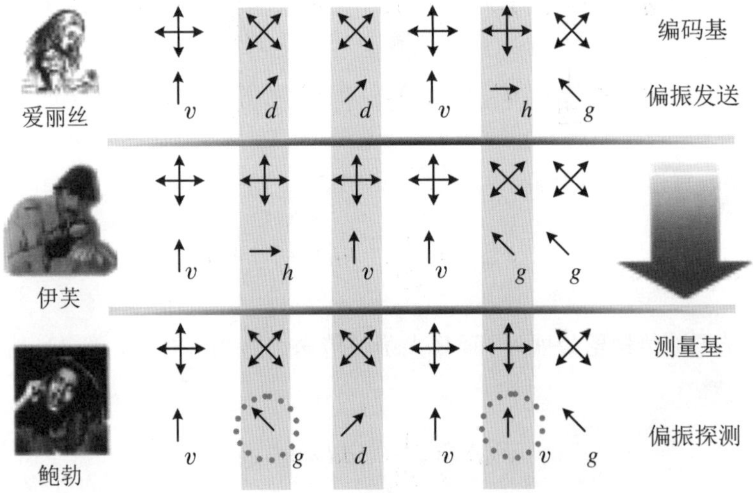

图 5.E.1 量子密码协议

只列示了爱丽丝和鲍勃选择了相同基的情况. 平均有一半时间会发生这种情况. 在第二列中,爱丽丝探测到一个 d 光子,但鲍勃探测到一个 g 光子. 这个错误是由窃听者伊芙造成的,她探测并重新发送了一个光子 h.

5.E.1.3　从理论到实践

在传送线路中总是会有错误的，通常是由于技术缺陷. 为谨慎起见，爱丽丝和鲍勃应该将所有错误归因于一个潜在窃听者. 于是人们就可能得出这条线路将是不能用的结论，但并不是如此. 实际上，爱丽丝和鲍勃将首先评估这条线路上的错误水平，利用鲍勃公开的“检测”数据. 然后可以看到，知道了这个错误水平，可以得到伊芙所提取的信息量的定量界限. [①]错误水平越低，伊芙从传送光子得到的信息量就越少.

被鲍勃交换但没有泄露的比特序列就将用来形成保密的密钥. 为了使用这样的密钥，爱丽丝和鲍勃必须消除它可能包含的错误，利用标准误差检测协议. 然后，根据他们已经确定的误差水平，他们将进一步减少有用比特的数量以得到一个最终密钥，这个密钥更小，但对伊芙来说是完全未知的. 这条线路上更高的误差水平将不会危及这个最终密钥的安全性，而仅仅减少其长度. 可以证明，如果在所测量光子中的误差水平大于11%，这个关联协议最后将产生不了保密的比特. 但是，对于低于11%的误差水平，爱丽丝和鲍勃将能产生一个没有错误的绝对安全的密钥. 由存在的技术误差可产生的典型误差水平为百分之几，因此将不会阻碍密钥的传送.

5.E.1.4　不可克隆定理

我们假定了伊芙对每个光子能以任意方式选择其偏振器的方向，然后向鲍勃再发送一个与她测量结果一致的偏振光子. 人们会想这是否是逃避探测的最佳策略. 特别地，如果她能“克隆”(或复制)这个光子而不改变其偏振态，那么她就能将这两个复制品之一发送给鲍勃，同时保留另一个以进行她自己的测量. 这种窃听行为确实将无法被探测到. 然而，正如伍特斯(Wooters)和楚雷克(Zurek)所证明的，在量子力学中一个未知态的克隆是不可能的(对爱丽丝和鲍勃来说是幸运的). [②]确实，没有可靠的方式来产生一个或更多个量子态的复制，除非这个态至少部分事先是已知的.

为了证明这个结论，令$|\alpha_1\rangle$为将要复制的原始量子态. 复制必须“印刻”在这个系统，可以说初始处于一个已知态$|\phi\rangle$(读者可以将它想象为影印机中的一张白纸). 因此在克隆操作中组合的原始/复制系统的演化一定为

$$\text{克隆：}|\text{原始}:\alpha_1\rangle\,|\text{复制}:\phi\rangle \rightarrow |\text{原始}:\alpha_1\rangle\,|\text{复制}:\alpha_1\rangle \tag{5.E.5}$$

这个演化取决于一个哈密顿量，我们在这里无需详细说明，但它并不依赖于$|\alpha_1\rangle$，因为这

① Gisin N, et al. Quantum Cryptography [J]. Review of Modern Physics, 2002, 74: 145.

② Wooters W K, Zurek W H. A Single Quantum Cannot be Cloned [J]. Nature, 1982, 299: 802.

被假定是未知的.对于另一个原始态$|\alpha_2\rangle$(与$|\alpha_1\rangle$正交),我们也一定有

$$\text{克隆}:|\text{原始}:\alpha_2\rangle|\text{复制}:\phi\rangle\to|\text{原始}:\alpha_2\rangle|\text{复制}:\alpha_2\rangle \tag{5.E.6}$$

于是对于初始态克隆的不可能性就出现了,

$$|\alpha_3\rangle=\frac{1}{\sqrt{2}}(|\alpha_1\rangle+|\alpha_2\rangle) \tag{5.E.7}$$

如果复制操作作用在这个态上,我们应该得到

$$\text{克隆}:|\text{原始}:\alpha_3\rangle|\text{复制}:\phi\rangle\to|\text{原始}:\alpha_3\rangle|\text{复制}:\alpha_3\rangle \tag{5.E.8}$$

然而,通过式(5.E.5)和式(5.E.6)的线性组合,薛定谔方程的线性关系要求

$$|\text{原始}:\alpha_3\rangle|\text{复制}:\phi\rangle\to(1/\sqrt{2})(|\text{原始}:\alpha_1\rangle|\text{复制}:\alpha_1\rangle+|\text{原始}:\alpha_2\rangle|\text{复制}:\alpha_2\rangle) \tag{5.E.9}$$

但是这个最终的纠缠态并不是所期望的,即式(5.E.8).通过检查这个证明,我们能确定量子力学到底给密码学带来了什么.如果我们将传送限定于两个正交态$|\alpha_1\rangle=|h\rangle$和$|\alpha_2\rangle=|v\rangle$,那么窃听者仍然可以保持隐蔽,像我们在上一小节中看到的那样.操作(5.E.5)和(5.E.6)是可能的,只需简单通过以hv基测量光子的偏振,然后以相同的态再发送一个光子.正是同时利用态$|\alpha_1\rangle$和$|\alpha_2\rangle$以及它们的线性组合,例如$|\alpha_3\rangle=|d\rangle$和$|\alpha_3\rangle=|g\rangle$,才凸显了量子密码学,它能防止窃听者对拦截的信息的任何可靠复制.

5.E.1.5 如果没有纠缠态:BB84 协议?

上述观点是基于在爱丽丝和鲍勃之间共享纠缠光子对的想法.实际上,纠缠源可以位于爱丽丝处,使得伊芙和鲍勃只能利用光子对中的第二个光子.于是可以证明,如果爱丽丝不用这个光源,而只简单地向鲍勃任意发送以h,v,d或g四个方向之一偏振的单光子,那么对伊芙或者鲍勃来说,什么都没有改变.在这样的一个方案中,纠缠似乎没有起作用,但实际上可以证明,密码协议的安全性取决于信道传送纠缠的能力.阻止密钥成功产生的误差阈值与光子纠缠被伊芙的介入破坏阈值一样.在爱丽丝只发送一个偏振光子给鲍勃的情况中,与我们刚刚讨论的协议等价的协议由本内特(Bennett)和布拉萨德(Brassard)在1984年提出,称为BB84协议.

最初,安全性证明使用真实的单光子波包(见5.4.3小节和补充材料5.B).然而,随后被证明,爱丽丝发送的态可以更宽泛,弱准经典脉冲(见5.4.2小节)也是可接受的.但利用这样的脉冲,光源传送的最大比特率非常低,因为我们必须保持包含不止一个光子的脉冲

的比例很小,但这会导致更多比例的脉冲中根本没有光子(方程(5.78),$|\alpha|^2 \ll 1$).实际上,这可以通过利用有随机调制平均光子数的弱脉冲来改善.这称为诱骗态协议.

也可以证明光子计数技术并不是一定需要的,可以采用零差探测技术替代,使用像相干光纤通信中那样的一个"本机振荡器".这样的技术称为连续变量量子密钥分发,发展迅速,已经达到了可比得上光子计数技术的安全性水平和比特率.

那么在量子密码学中,纠缠的确切作用是什么?根据上面引证的等价性,纠缠在安全性证明中起到了一个重要的概念性作用.此外,已经证明了,贝尔不等式的一个理想检验,即没有漏洞(见补充材料 5.C),将成为密码安全性最终合不合格的一个检验.

5.E.1.6 实验结果

世界各地的许多实验室都已经进行了实验,来证明在达到 100 km 左右的传播距离上量子密码的有效性.这些实验既在通过大气传播的可见光范围内完成,也在利用光纤在 1.55 μm 的商业通信波长上完成.甚至我们可以找到商业量子密码系统.

5.E.2 量子计算

5.E.2.1 量子比特

在上一小节中我们看到了比特信息(0 或 1)可以用一个偏振光子的两个正交态来编码.但是如果光子处于这两个态的一个量子线性组合上,在信息量方面会发生什么?可以试探性地说这个比特既不等于 0,也不等于 1,而是这两个值的一些线性叠加.为此引入了"qubit"的概念,它是量子比特的缩写.与经典比特相比,量子比特允许线性叠加的可能性.当我们考虑基于操纵大量量子比特的量子计算机时,我们将看到这个想法有重要的应用.

我们将采用计算机的一个非常简化的定义,将其看成在称为寄存器的 N 比特集合上进行操作的一个机器.一个寄存器里是一个二进制的字,表示计算器所记忆的一个数.对于 $N=3$,有 $2^3=8$ 个可能的字,即三位字符 111,110,101,011,100,010,001 和 000.现在考虑一个 q-寄存器,由一组 N 个量子比特组成.经典寄存器的 2^N 个可能的态将确定这个 q-寄存器的态空间的一组基,该寄存器可以被置于这组基中所有态的一个任意线性组合上,

$$|\psi\rangle = c_0|000\rangle + c_1|001\rangle + c_2|010\rangle + c_3|011\rangle + c_4|100\rangle + c_5|101\rangle + c_6|110\rangle + c_7|111\rangle \tag{5.E.10}$$

5 现在假设这个计算机计算了一些东西，即在这个 q-寄存器的态上进行了一个操作.由于这个操作作用在态的一个线性叠加上，可以将其看作在这 2^N 个经典数上“并行”地完成.与此相反，一个经典计算机将只能一个接一个地执行这 2^N 个操作.量子并行计算的这个概念意味着在计算机效率上的一个增长：如果相当于 N 量子比特的这 2^N 个操作确实同时进行，那么这个增长原则上可以是指数形式的.

这立刻出现了几个问题.在基本层面上，什么类型的计算和什么类型的算法可以用这样的一个装置来进行？而在实践层面上，这样的一个装置实际上如何来实施？

5.E.2.2 肖尔因式分解算法

在上一小节，我们提到了非量子密码系统，经常称之为算法协议.这些协议之一利用了这样的事实，即某些数学操作在一个方向上非常容易进行，但在另一个方向上则很难进行.例如，对一个计算机来说，找到两个数的积是很容易且快速的，但要将一个数分解为质因子通常就十分困难.举例来说，如果我们考虑两个大质数的积 P，为了确定这些因子，必须执行大概$\sqrt{P}$次除法.于是计算时间就达到 $\mathrm{e}^{a\log P}$，即随着 P 的位数（或比特）按指数增加，很快就变得无法实现.受这种观察启发的 RSA 加密方法，首先由李维斯特（Rivest）、沙米尔（Shamir）和阿德尔曼（Adelman）提出，目前被广泛用于信用卡、网络交易等等，被认为是特别安全的.

因此不难想象肖尔在 1994 年所发表的一篇文章的影响，他声称量子计算机能在大约$(\log P)^3$ 的时间内将两个质数的积 P 因式分解，即相较于经典计算机的一个指数减少！现在最初的风暴已经平静，情况似乎如下：肖尔所提出的这个算法原则上是正确的，并且确实将在效率上获得所声称的增长.然而，看起来一个有竞争力的量子计算机的构建仍然超出现有技术的能力，尽管它不被物理定律禁止.因此量子计算机的设计似乎是科学上的一个长期目标，而不是对算法密码系统的一个即时威胁.与此同时，这个主题导致了对经典和量子计算之间差异的深刻认识.

计算是借助于算法进行的，而数学家按照难度对计算进行分类.这是复杂性理论的研究内容.这个分类暗示了，一个问题的难度是这个问题自身的一个性质，而不是执行这个计算的机器的性质.确实是这样的，只要计算机遵循相同的物理规律.例如，因式分解对所有经典计算机来说都是一个“困难的”问题.这就意味着当需要因式分解越来越大的数时，执行计算所需的时间上升很快（实际上以指数形式）.但肖尔在 1994 年表明，对于量子计算机来说，这个问题变成了一个“简单的”问题.改变计算机所遵循的基本物理规律，使得我们能设计一个新算法，新算法在这里所给的特定情况中是以指数形式加快的.

肖尔算法利用了一个巧妙方法.只简单地执行除法的朴素算法，无论如何都是不够的,并且有更优秀的经典算法.例如,一个155位的数只需通过几个月的利用经典方法的分布计算就能被因式分解.但是肖尔算法利用了一种基于数论的不同方法.确实,有这样一个定理,为了对一个数 P 因式分解,可以构造 P 的一个简单函数 F 以及周期为 n 的整数变量 n.更准确地说,我们有 $F(P,n)\equiv a^n(\mathrm{mod}P)$,其中 a 是一个与 P 互质的整数.如果 F 的周期(记为 R)是已知的,很容易得到 P 的因子,由 n 和 $a^{R/2}+1$ 以及 n 和 $a^{R/2}-1$ 的最大公约数给出.这个想法是经典的,但为了找到 R,函数 F 必须重复多次计算,这也就使得该计算效率低下,因此对经典计算机来说是"困难的".

但是,量子计算机能对于寄存器内包含的所有 n 的值并行地计算 F 所取的所有值.然后进行若干操作(投影测量、傅里叶变换等等)来获得一个随机数,即该计算的"结果".通过重复计算,就产生了一个数列,这些数实际上并不是完全随机的.通过分析这个数列中的规律,就可以提取出周期 R,因此原始数得以因式分解.所以很明显,量子计算机在这里以一个非常特殊的方式发挥作用.它并不是真正产生通常意义上的一个"结果",而是一个可以用来以指数形式加速获得所需结果的线索.

5.E.2.3 量子计算机的工作原理

我们将在这里尝试给出量子计算机如何执行计算的一些直观想法,以肖尔算法为例.其基本理念是,计算必须可化为某一初始纠缠态的一个量子演化,随后需要一个决定q-寄存器状态,但同时中断其演化的"测量".按照量子力学原理,得到的值将与所测量的可观测量的一个本征态相联系,该本征态在这里就对应于寄存器的一个经典态,即一个二进制字.另外,计算机在计算期间的演化本身就将包含并行的这 2^N 个态,2^N 对应于寄存器能包含的所有数.

为了能进行连续操作,在决定计算速率的计时器作用下,这个量子比特系统必须在以一个受控的方式来演化.初看起来,如果我们希望来进行一个非平庸的计算,这个演化的确好像是一个无法解决的问题.但实际上,可以证明这很容易实现,因为任何计算都可以分解为一系列只影响一个或两个量子比特的简单操作.正如在经典信息论中,这些简单操作通过"逻辑门"来实现,著名的例子就是非门(NOT)、与门(AND)以及或门(OR)等等.然而,肖尔算法要求的**量子逻辑门**有某些独特的性质:

(1) 它们必须是"可逆的",为了与q-寄存器的量子演化相一致.

(2) 它们必须操纵量子比特,在量子比特上必须能进行某些在经典上不可思议的逻辑操作.

量子逻辑门的简单例子是$\sqrt{1}$和$\sqrt{\mathrm{NOT}}$,即操作两次后得到单位算符(1门)或交换0和1(非门).这两个门实际上产生了处于0和1具有相同权重的一个线性叠加上的量子

比特.例如,$\sqrt{1}$门也称为哈达马门(Hadamard gate),它进行了连续变换:

$$|0\rangle \to \frac{1}{\sqrt{2}}(|0\rangle + |1\rangle) \to \frac{1}{2}[(|0\rangle + |1\rangle) + (|0\rangle - |1\rangle)] = |0\rangle$$

$$|1\rangle \to \frac{1}{\sqrt{2}}(|0\rangle - |1\rangle) \to \frac{1}{2}[(|0\rangle + |1\rangle) - (|0\rangle - |1\rangle)] = |1\rangle$$

另一个非常重要的门是"C-NOT"(控制非)门,是一个 2-量子比特门,执行如下操作:

$$|0\rangle|0\rangle \to |0\rangle|0\rangle, \quad |0\rangle|1\rangle \to |0\rangle|1\rangle$$
$$|1\rangle|0\rangle \to |1\rangle|1\rangle, \quad |1\rangle|1\rangle \to |1\rangle|0\rangle$$

这个门保持第一个量子比特不变,而对第二个量子比特则产生一个"异或"操作.也可以说,如果第一个量子比特处于态$|1\rangle$,第二个量子比特就被转换(非门),所以这确实是一个控制非门.现在考虑对第一个量子比特作用一个哈达马门,随后作用一个控制非门的效果:

$$|0\rangle|0\rangle \to \frac{1}{\sqrt{2}}(|0\rangle|0\rangle + |1\rangle|0\rangle) \to \frac{1}{\sqrt{2}}(|0\rangle|0\rangle + |1\rangle|1\rangle)$$

$$|0\rangle|1\rangle \to \frac{1}{\sqrt{2}}(|0\rangle|1\rangle + |1\rangle|1\rangle) \to \frac{1}{\sqrt{2}}(|0\rangle|1\rangle + |1\rangle|0\rangle)$$

$$|1\rangle|0\rangle \to \frac{1}{\sqrt{2}}(|0\rangle|0\rangle - |1\rangle|0\rangle) \to \frac{1}{\sqrt{2}}(|0\rangle|0\rangle - |1\rangle|1\rangle)$$

$$|1\rangle|1\rangle \to \frac{1}{\sqrt{2}}(|0\rangle|1\rangle - |1\rangle|1\rangle) \to \frac{1}{\sqrt{2}}(|0\rangle|1\rangle - |1\rangle|0\rangle)$$

这两个量子比特初始处于四个可能的因式分解态之一,最后处于四个纠缠态之一!这些最终状态称为"贝尔态",构成了这两个量子比特态空间的一组"最大纠缠"基.令人感兴趣的是,注意到其相反操作,即应用控制非门,然后是哈达马门,会"解开"这两个量子比特,并且我们能识别这四个"贝尔态".这个逆操作称为贝尔测量.这些工具的一个简单却惊人的示范是量子比特的量子隐形传态,将在后面进行介绍.

正如我们已经提到的,任意一个计算都可以分解为一系列单量子比特和两量子比特逻辑门的应用.人们也许认为这足以使计算机演化至一个具有单一分量的态,这个态将是计算的结果.很不幸,极少数算法能实现这样的一个简单操纵.计算机的末态通常是一个线性叠加,因此得到的结果是随机的.例如,如果我们考虑肖尔算法,结果当然应该看作指向因式分解的一个线索.很容易通过常规方法来检查这个结果是否正确,并在失败的情况下重复该计算.肖尔表明,这个试错程序会以任意接近于1的概率通向正确答案,而且这个试错所需的实验次数是随着所要因式分解的数的位数线性而非指数增加的.

5.E.2.4 实际问题

因此量子计算机的理念是与物理定律相兼容的,这样的一个计算机看起来确实是可行的,至少对于只要考虑包含少量逻辑门的简单计算.但在大型计算的情况中,计算机的整体状态将是大量态的一个线性叠加,即一个纠缠态,其演化必须是可控的,并且演化过程中还要保持线性叠加的性质.目前这种量子计算系统的实用化并不显然.当前的研究特别追求以下两点:

(1) 一方面,演化中的 q-寄存器必须与外界环境有非常好的隔离.否则,任何与环境的耦合都将引起"去相干",可能扰乱量子叠加态.隔离这种要求只能应用于那些计算得非常好的系统的演化控制.

(2) 另一方面,为了抵抗内在的扰动效应,必须设计"纠错码"来将计算机重置到扰动前的状态.理论上已经证明了,假如每次操作的误差水平不太高且计算有足够高的冗余度,这样的量子纠错码原则上是能够设计的,并且能确保计算机继续无错操作.

这两条研究路线,即低退相干系统的设计和恰当的量子纠错码制备,已经刺激了实验量子物理学和算法理论.很难预言这类研究的结果,但看起来可以认为简单的量子算法将获得应用,例如在量子密码中.

有许多实验研究旨在更广泛的物理系统中实现和操纵量子比特.正如我们在量子密码的例子中看到的,操纵光子并让它们传播是很容易的,但这并不能很好地实现逻辑门的构建.已经被广泛研究的系统有离子、囚禁的原子、腔量子电动力学(见补充材料6.B)、超导结、量子点等等.实验已经涉及了只包含很少数量量子比特的 q-寄存器,因为随着量子比特数目增加而快速提高的退相干效应破坏了量子计算机的操作所需要的量子叠加态.只有实施具体实验,我们才能知道这些困难是否能克服.

5.E.3 量子隐形传态

虽然量子计算仍然是一个长期的目标,但对于**量子信息处理**来说,已经有了几个非常有趣的设备,在实验上不难实现.其中最具标志性的称为"量子隐形传态",我们将在这里对其简要讨论.

正如我们已经看到的,如果不知道一个量子比特的状态,就不能克隆或完全确定其状态.但这个未知态能被"传送一个很远的距离"吗?有趣的是,答案在这里是肯定的,这就是量子隐形传态的目标.读者应该注意到,这不是《星际迷航》中常常提到的那种物质的超光速转移，而是将一个量子客体的未知量子态通过经典和量子通信信道转移到位于一段距离之外与第一个对象类似的另一个量子客体上．为了满足不可克隆定理，初始量子客体的态在操作中必然遭到破坏．

某个量子比特 A 的态到一个目标量子比特 C 的隐形传送可以看作一个包含以下步骤的量子算法：

（1）爱丽丝开始有 3 个量子比特：处于一个爱丽丝不知道的任意态 $|\psi_A\rangle = \alpha|0_A\rangle + \beta|1_A\rangle$ 的量子比特 A、目标量子比特 C 和一个辅助量子比特 B．量子比特 B 和 C 初始处于态 $|0\rangle$．

（2）爱丽丝利用上述哈达马门和一个控制非门的方法使量子比特 B 和 C 产生纠缠，然后留下量子比特 B 而将量子比特 C 发送给鲍勃．

（3）然后爱丽丝对量子比特 A 和 B 进行贝尔测量（见上文）．这个测量将 (A,B) 投影到四个贝尔态之一，也就是测量的结果．在这个操作中量子比特 A 的态被破坏了．

（4）爱丽丝将她的测量结果传送给鲍勃，也就是说，她告诉他得到了四个贝尔态中的哪一个．这样鲍勃就有了量子比特 C 以及两个经典比特的信息（$m=0,1,2$ 或 3）．然后鲍勃对 C 做一个变换，该变换依赖于 m 的值，并且通过下面详细说明的计算重新构建量子比特 A 的态．

在这三个量子比特态 $|\psi_{ABC}\rangle$ 上所进行的这一系列操作如下（这里第二步执行的计算是关键的！）：

步骤 1：

$$|\psi_{ABC}\rangle_{\text{initial}} = (\alpha|0_A\rangle + \beta|1_A\rangle)|0_B\rangle|0_C\rangle$$

步骤 2：

$$\begin{aligned}
&(\alpha|0_A\rangle + \beta|1_A\rangle)\frac{1}{\sqrt{2}}(|0_B0_C\rangle + |1_B1_C\rangle) \\
&= \frac{1}{\sqrt{2}}(\alpha|0_A0_B0_C\rangle + \alpha|0_A1_B1_C\rangle + \beta|1_A0_B0_C\rangle + \beta|1_A1_B1_C\rangle) \\
&= \frac{1}{2^{3/2}}(|0_A0_B\rangle + |1_A1_B\rangle)(\alpha|0_C\rangle + \beta|1_C\rangle) \\
&\quad + \frac{1}{2^{3/2}}(|0_A0_B\rangle - |1_A1_B\rangle)(\alpha|0_C\rangle - \beta|1_C\rangle) \\
&\quad + \frac{1}{2^{3/2}}(|0_A1_B\rangle + |1_A0_B\rangle)(\alpha|1_C\rangle + \beta|0_C\rangle) \\
&\quad + \frac{1}{2^{3/2}}(|0_A1_B\rangle - |1_A0_B\rangle)(\alpha|1_C\rangle - \beta|0_C\rangle)
\end{aligned}$$

步骤 3：

爱丽丝测到的态	鲍勃在量子比特 C 上需进行的操作
$\frac{1}{\sqrt{2}}(\|0_A0_B\rangle+\|1_A1_B\rangle)$	无
$\frac{1}{\sqrt{2}}(\|0_A0_B\rangle-\|1_A1_B\rangle)$	PI 门
$\frac{1}{\sqrt{2}}(\|0_A1_B\rangle+\|1_A0_B\rangle)$	非门
$\frac{1}{\sqrt{2}}(\|0_A1_B\rangle-\|1_A0_B\rangle)$	非门和 PI 门

非门（比特反转）已经定义过了，而 PI 门（相位反转）实现操作：$|0\rangle\rightarrow|0\rangle$，$|1\rangle\rightarrow-|1\rangle$.

通过检查步骤 2 最后给出的态的表达式，我们发现在任何情况下量子比特 C 最后都处于量子比特 A 的初始态 $|\psi_A\rangle$. 注意到无论鲍勃还是爱丽丝都不知道 $|\psi_A\rangle$ 的具体形式是非常重要的. 上述在一个量子比特上所进行的所有操作都是透明的，这个待传的量子比特态对他们来说仍是未知的. 这种作用于一个量子比特而不需知道其状态的可操作性，在量子计算中起到了根本作用，并且是量子纠错码的设计基础.

利用光子和囚禁离子（图 5.E.2）纠缠态的量子隐形传态已经在实验上实现了.①

5.E.4 结论

本补充材料给出了一些例子的概述. 在这些例子中，量子力学定律从根本上打开了数据处理和传输的新前景. 这些新前景可能性的研究起始于理论建议，进一步则通过实验在模型系统上验证. 接下来的一步，即制造实际和商用的可靠性设备，面临着重要的技术挑战. 虽然量子密码已有实际应用，但它们看起来仍与量子计算机和量子隐形传送一个复杂系统态一样还有很远的路要走. 不管问题如何，这类研究所产生的观念和技术都会通向前所未有的创新性的物理思想和应用.

---

① Bouwmeester D, et al. Experimental Quantum Teleportation [J]. Nature, 1997, 390: 575.
Riebe M, et al. Deterministic Quantum Teleportation with Atoms [J]. Nature, 2004, 429: 734.
Barrett M D, et al. Deterministic Quantum Teleportation of Atomic Qubits [J]. Nature, 2004, 429: 737.

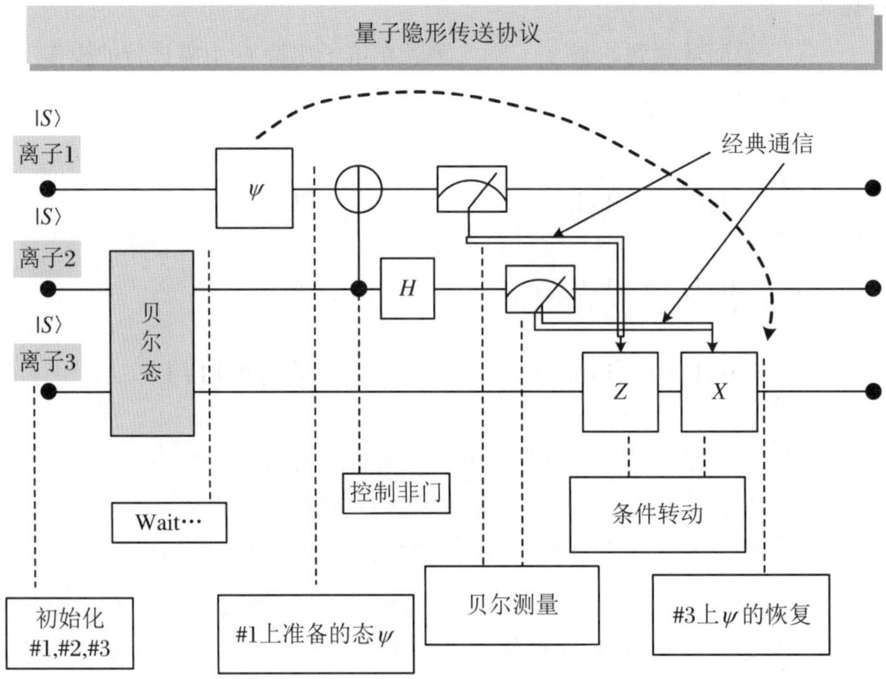

图 5.E.2　利用囚禁离子的量子隐形传送协议

图上给出的算法中的各个步骤，是通过作用于三个量子比特逐步实施的，这三个量子比特被编码在一个阱中相距几微米的三个离子的量子态上.

第 6 章

原子与量子化电磁场的相互作用

在本章中,我们将讨论原子与电磁场相互作用的一个完全量子化的处理方法.在这种方法中,原子和电磁场两者组成了一个整体的量子系统,其演化用一种联合起来的形式进行整体的处理.从理论上来说,这样就有着完全自洽的优点.但是,完全量子化处理的主要优越性是它可以处理全部的物质-辐射场相互作用现象.特别是,它提供了激发态原子自发辐射的一个严格描述,而这是在第 2~3 章中的半经典框架之外的,那里激发态原子的有限寿命不得不唯象地引入.完全量子化处理还可以描述其他同类型的现象,如非线性晶体经泵浦辐射照射后的参量荧光现象(见第 7 章,此现象构成了许多量子光学近来进展的基础).完全量子化处理还具有这样的好处,即它能将众多的物质原子-辐射场相互作用的过程通过简单的光子概念进行解释,例如吸收过程、受激辐射过程、散射过程以及非线性光学的基本过程.正如所见,它同时对受激和自发辐射过程提供一个统一的理论框架.最后,完全量子化处理还可以用来处理在完全新条件下的物质和辐射相互作用,这完全是处在任何半经典描述范畴之外的,诸如腔量子电动力学、单光子的产生或者纠缠光子态.

6.1 节简述了经典电动力学,即带电粒子与其自身产生的电磁场所组成的系统的一个经典描述.这里的目标是确定一组共轭正则变量,通过这组正则变量的哈密顿形式可重新得到描述场和电荷的动力学方程:麦克斯韦-洛伦兹方程.首先我们将电磁场分解为由电荷的动力学控制的纵向部分和由辐射场自身动力学描述的横向部分.然后通过加入库仑规范,我们可以利用第 4 章所描述的方法的简单推广来确定辐射场的共轭正则变量.对处于辐射场中的粒子引入广义动量这个微妙概念后,我们就得到了描述相互作用的粒子和辐射场系统的总哈密顿量.此哈密顿量在之后还可以应用于正则量子化过程.如果读者想尽快看到量子化处理过程的应用(如 6.2 节)的话,可以跳过这个相当公式化的 6.1 节.但是,应当强调的是,对所有想完全理解量子化处理的人来说,6.1 节的内容是关键的.就本书来讲,我们已经做了力所能及的努力来简化量子化的处理方案:将一些比较冗长乏味的计算留在补充材料 6.A,这样读者就可以把精力集中到方法的更主要的特点上.

6.2 节列出了描述相互作用的电荷和辐射场的量子化处理方案的基本要点.特别是,该节证明了量子的哈密顿量可以分解为三部分:第一部分描述辐射场自身;第二部分描述彼此之间存在库仑相互作用的一组带电粒子,这是构成原子的基本模型;第三部分描述量子化的辐射场和能级量子化的原子之间的相互作用.在 6.3 节中,物质和辐射场的主要相互作用过程就在这种新的观点下进行描述.有些相互作用,如受激辐射和受激吸收,可以用半经典理论(第 2 章)描述,但是这里我们可以获得对自发辐射的描述.自发辐射是一个重要的现象,值得我们用一节来讨论(6.4 节).相比之下,我们在 6.5 节中讨论一个即使用半经典理论来处理也无妨的过程,即弹性散射.此节可以看作用量子化处理应用的一个练习.

正如之前所说的,补充材料 6.A 探讨了经典电动力学的哈密顿形式,论证了 6.1 节中的一些结论.补充材料 6.B 讨论了一个量子光学研究中活跃的研究领域,即腔量子电动力学.腔量子电动力学曾产生过一系列吸引人的量子物理现象:原子体系和辐射场的纠缠态、谐振腔导致的自发辐射的修正、量子恢复及其他.这些现象在量子信息领域有重要作用(补充材料 5.E).补充材料 6.C 给出了一个初步的计算,它演示了一个激发到特定能级的原子是如何通过两个相继级联的自发辐射而发出一对处于极化纠缠态的光子.在补充材料 5.C 中,考虑了将此光子对作为用于检验贝尔不等式的纠缠系统的一个例子.

6.1 经典电动力学与相互作用的场和电荷

6.1.1 麦克斯韦-洛伦兹方程组

描述带电粒子与场 $\boldsymbol{E}(\boldsymbol{r},t)$和 $\boldsymbol{B}(\boldsymbol{r},t)$相互作用的动力学方程包括麦克斯韦方程组. 麦克斯韦方程组将电磁场与电荷 $\rho(\boldsymbol{r},t)$和电流密度 $\boldsymbol{J}(\boldsymbol{r},t)$相应地联系起来:

$$\nabla \cdot \boldsymbol{E}(\boldsymbol{r},t) = \frac{1}{\varepsilon_0}\rho(\boldsymbol{r},t) \tag{6.1}$$

$$\nabla \times \boldsymbol{B}(\boldsymbol{r},t) = \frac{1}{c^2}\frac{\partial}{\partial t}\boldsymbol{E}(\boldsymbol{r},t) + \frac{1}{\varepsilon_0 c^2}\boldsymbol{J}(\boldsymbol{r},t) \tag{6.2}$$

$$\nabla \cdot \boldsymbol{B}(\boldsymbol{r},t) = 0 \tag{6.3}$$

$$\nabla \times \boldsymbol{E}(\boldsymbol{r},t) = -\frac{\partial}{\partial t}\boldsymbol{B}(\boldsymbol{r},t) \tag{6.4}$$

对于坐标为 $\boldsymbol{r}_\mu$、电荷为 q_μ、质量为 m_μ 的点电荷粒子,电荷密度和电流密度都由坐标 $\boldsymbol{r}_\mu(t)$和速度 $\boldsymbol{v}_\mu(t)=\mathrm{d}\boldsymbol{r}_\mu/\mathrm{d}t$ 的函数给出:

$$\rho(\boldsymbol{r},t) = \sum_\mu q_\mu \delta(\boldsymbol{r} - \boldsymbol{r}_\mu(t)) \tag{6.5}$$

$$\boldsymbol{J}(\boldsymbol{r},t) = \sum_\mu q_\mu \boldsymbol{v}_\mu \delta(\boldsymbol{r} - \boldsymbol{r}_\mu(t)) \tag{6.6}$$

在非相对论极限下,粒子的动力学由电磁场中点电荷运动的牛顿-洛伦兹方程给出:

$$m_\mu \frac{\mathrm{d}}{\mathrm{d}t}\boldsymbol{v}_\mu = q_\mu[\boldsymbol{E}(\boldsymbol{r}_\mu,t) + \boldsymbol{v}_\mu \times \boldsymbol{B}(\boldsymbol{r}_\mu,t)] \tag{6.7}$$

上面的这些方程合起来称为麦克斯韦-洛伦兹方程组. 在给定了初始条件情况下,其完全决定了粒子-场系统的动力学. 以确定的方式决定系统所有在初始时间 t_0 以后的演化所需的初始条件是:电场和磁场在所有空间点 $\boldsymbol{r}$ 的强度、每一个粒子的位置坐标和速度. 这些量完全确定了系统在之后任何时间的状态,因此构成一组完备的动力学变量组. 我们已经在第 4 章 4.2.2 小节中看到,当我们考虑一个限制在立方体积 L^3 之内的系统时,电场和磁场可以用一组复的、离散的、以时间为变量的函数来描述,即空间傅

里叶分量 $\widetilde{\boldsymbol{E}}_n(t)$和 $\widetilde{\boldsymbol{B}}_n(t)$. 在这些傅里叶分量下,麦克斯韦方程组有如下形式:

$$\mathrm{i}\boldsymbol{k}_n \cdot \widetilde{\boldsymbol{E}}_n = \frac{1}{\varepsilon_0}\tilde{\rho}_n \tag{6.8}$$

$$\mathrm{i}\boldsymbol{k}_n \cdot \widetilde{\boldsymbol{B}}_n = 0 \tag{6.9}$$

$$\mathrm{i}\boldsymbol{k}_n \times \widetilde{\boldsymbol{E}}_n = -\frac{\mathrm{d}}{\mathrm{d}t}\widetilde{\boldsymbol{B}}_n \tag{6.10}$$

$$\mathrm{i}\boldsymbol{k}_n \times \widetilde{\boldsymbol{B}}_n = \frac{1}{c^2}\frac{\mathrm{d}}{\mathrm{d}t}\widetilde{\boldsymbol{E}}_n + \frac{1}{\varepsilon_0 c^2}\tilde{\boldsymbol{J}}_n \tag{6.11}$$

其中 $\tilde{\rho}_n$ 和$\tilde{\boldsymbol{J}}_n$ 分别是$\rho(\boldsymbol{r},t)$和 $\boldsymbol{J}(\boldsymbol{r},t)$的傅里叶分量. 因为麦克斯韦方程组对所有量都是线性的,所以上面的式子到傅里叶分量的变换没有任何困难.

像第 4 章一样,到倒易(动量)空间的转化导致了一组仅依赖于时间的函数的常微分方程组系统. 不仅如此,就式(6.8)~式(6.11)只将含有相同角标 $\boldsymbol{n}$ 的量耦合在一起这个意义上说,这些方程组在倒易空间是局域的. 然而,我们不能得出由不同 $\boldsymbol{n}$ 的值所标示的量(如不同场的模)是退耦的这个结论. 因为实际上电荷的运动是由洛伦兹方程(式(6.7))控制的,而此式是非线性的(因此在倒易空间是非局域的). 同时 $\tilde{\rho}_n$ 和$\tilde{\boldsymbol{J}}_n$ 也可以依赖于不同于$\boldsymbol{n}$(如 $\boldsymbol{n}'$)的场的分量. 因此这里的情况和第 4 章的是不同的. 那里,空间是没有电荷和电流的,即 $\rho=0$ 且 $\boldsymbol{J}=\boldsymbol{0}$,不同的平面传播波的模的方程组中是无耦合的.

6.1.2 电磁场分解为横向和纵向分量(辐射)

1. 电场的横向和纵向分量

考虑一个电场,由倒易空间中的傅里叶分量 $\widetilde{\boldsymbol{E}}_n$ 描述. 这些矢量总可以分解为沿 $\boldsymbol{k}_n$ 的单位矢量$\boldsymbol{e}_n$ 和垂直于$\boldsymbol{k}_n$ 的平面内的两单位矢量$\boldsymbol{\varepsilon}_{n,1}$,$\boldsymbol{\varepsilon}_{n,2}$的形式(图 4.1). 于是可写出

$$\widetilde{\boldsymbol{E}}_n = \widetilde{E}_{/\!/ n}\boldsymbol{e}_n + \widetilde{E}_{\perp n,1}\boldsymbol{\varepsilon}_{n,1} + \widetilde{E}_{\perp n,2}\boldsymbol{\varepsilon}_{n,2} \tag{6.12}$$

我们分别称矢量 $\widetilde{\boldsymbol{E}}_{/\!/ n}=\widetilde{E}_{/\!/ n}\boldsymbol{e}_n$和$\widetilde{\boldsymbol{E}}_{\perp n}=\widetilde{E}_{\perp n,1}\boldsymbol{\varepsilon}_{n,1}+\widetilde{E}_{\perp n,2}\boldsymbol{\varepsilon}_{n,2}$为 $\widetilde{\boldsymbol{E}}_n$的纵向和横向分量. 像式(4.18)那样对傅里叶级数求和,合并纵向和横向分量项,得到实空间中的两个场,分别用 $\boldsymbol{E}_{/\!/}(\boldsymbol{r},t)$和 $\boldsymbol{E}_{\perp}(\boldsymbol{r},t)$显式地表示,即得

$$\boldsymbol{E}(\boldsymbol{r},t) = \boldsymbol{E}_{/\!/}(\boldsymbol{r},t) + \boldsymbol{E}_{\perp}(\boldsymbol{r},t) \tag{6.13}$$

式(6.12)的一个必要的结论是

$$\nabla \cdot \boldsymbol{E}_{\perp}(\boldsymbol{r},t) = 0 \tag{6.14}$$

$$\nabla \times \boldsymbol{E}_{/\!/}(\boldsymbol{r},t) = \boldsymbol{0} \tag{6.15}$$

通过这个过程,我们已经将电场分解为无旋的纵向部分 $\boldsymbol{E}_{/\!/}(\boldsymbol{r},t)$和无散度的横向部分 $\boldsymbol{E}_{\perp}(\boldsymbol{r},t)$.顺理成章,我们也可以对任何矢量场,如磁场或者矢势来做这件事(分解为无旋和无散的部分).麦克斯韦方程组中的式(6.9)表示 $\widetilde{\boldsymbol{B}}_n$ 垂直于 $\boldsymbol{k}_n$ 的事实,据此可知磁场是纯横向的.

2. 纵向电场

式(6.8)也可写为

$$\mathrm{i}\boldsymbol{k}_n \cdot \widetilde{\boldsymbol{E}}_{/\!/n} = \frac{1}{\varepsilon_0}\tilde{\rho}_n \tag{6.16}$$

上式提供了一个纵向电场 $\widetilde{E}_{/\!/n}$ 和同一时刻的电荷密度之间的纯代数关系.回到直接(坐标)空间和实场,我们得到方程

$$\nabla \cdot \boldsymbol{E}_{/\!/}(\boldsymbol{r},t) = \frac{1}{\varepsilon_0}\rho(\boldsymbol{r},t) \tag{6.17}$$

这是静电场的基本方程,其中的电荷分布可以不是静态的(含时).在点电荷分布情形下,于是我们就有众所周知的一个解:

$$\boldsymbol{E}_{/\!/}(\boldsymbol{r},t) = \frac{1}{4\pi\varepsilon_0}\sum_{\mu} q_{\mu} \frac{\boldsymbol{r} - \boldsymbol{r}_{\mu}(t)}{|\boldsymbol{r} - \boldsymbol{r}_{\mu}(t)|^3} \tag{6.18}$$

上式表明 t 时刻的纵向电场就是伴随ρ 的瞬时库仑场,并且其计算可按冻结在 t 时刻的静态电荷分布值进行.式(6.18)显示,$\boldsymbol{E}_{/\!/}$ 是显含粒子位置坐标的方程.它演化的方式完全由粒子的动力学控制,即 $\boldsymbol{E}_{/\!/}$ 的值不是系统的独立动力学变量.

评注 纵向电场瞬时地跟进电荷分布的演化并不意味着存在传播速度超过光速的电学现象.实际上,只有总的电场(横向加纵向)可以被测量并具有物理意义.可以证明横向电场 $\boldsymbol{E}_{\perp}$ 也有一个瞬时分量,它以一种使总场保持延时特性①的方式正好平衡掉 $\boldsymbol{E}_{/\!/}$.

3. 横向电场和磁场:辐射

根据式(6.9),$\boldsymbol{B}$ 是横向的,因此麦克斯韦方程(6.10)和(6.11)应用到 $\widetilde{\boldsymbol{B}}_n$ 和 $\boldsymbol{E}$ 的横

① 见 CDG Ⅰ补充材料 C_{I} 和练习 3.

向部分$\widetilde{\boldsymbol{E}}_{\perp n}$后可得

$$\frac{\mathrm{d}}{\mathrm{d}t}\widetilde{\boldsymbol{B}}_n = -\mathrm{i}\boldsymbol{k}_n \times \widetilde{\boldsymbol{E}}_{\perp n} \tag{6.19}$$

$$\frac{\mathrm{d}}{\mathrm{d}t}\widetilde{\boldsymbol{E}}_{\perp n} = \mathrm{i}c^2\boldsymbol{k}_n \times \widetilde{\boldsymbol{B}}_{\perp n} - \frac{1}{\varepsilon_0}\widetilde{\boldsymbol{J}}_{\perp n} \tag{6.20}$$

其中$\widetilde{\boldsymbol{J}}_{\perp n}$是电流密度的横向傅里叶分量.

式(6.19)和式(6.20)确定了横向电场与磁场耦合的动力学,且仅依赖于电流密度的横向部分.正如我们在第4章中看到的那样,即使源电流为零,这些场也可以不为零.与纵向分量不同,这些场的横向分量是真实的动力学变量.

在电磁场与某种形式的电荷分布相互作用时,向倒易空间的转化提供了将电磁场区分为两部分的方法:纵向分量,$\boldsymbol{B}$的纵向分量为零,而$\boldsymbol{E}$的纵向分量对应瞬时电荷分布的一个简单函数;横向分量,它们有自己独立的满足式(6.19)和式(6.20)的动力学量,对应场的"辐射"部分.在电荷存在时,辐射就可以被确定为电磁场的横向部分.

6.1.3 辐射的极化傅里叶分量和库仑规范下的矢势

和第4章一样,我们引入矢势$\boldsymbol{A}(\boldsymbol{r},t)$,使得$\boldsymbol{B}=\nabla\times\boldsymbol{A}$,并采用库仑规范条件$\nabla\cdot\boldsymbol{A}=0$.在此规范下,矢势$\boldsymbol{A}(\boldsymbol{r},t)$和$\boldsymbol{E}_{\perp}(\boldsymbol{r},t)$,$\boldsymbol{B}(\boldsymbol{r},t)$一样是横向的.和4.2.3小节相似,横向傅里叶分量$\widetilde{\boldsymbol{E}}_{\perp n}$,$\widetilde{\boldsymbol{A}}_n$和$\widetilde{\boldsymbol{J}}_{\perp n}$可以沿极化分量$\boldsymbol{\varepsilon}_{n,1}$和$\boldsymbol{\varepsilon}_{n,2}$进行分解,因此引入标量分量$\widetilde{A}_l$和$\widetilde{E}_{\perp l}$.利用$\widetilde{\boldsymbol{B}}_n$的极化$\boldsymbol{\varepsilon}_n'=\boldsymbol{k}_l\times\boldsymbol{\varepsilon}_l/k_l$(见式(4.33)),麦克斯韦方程组(6.19)~(6.20)作为推广的式(4.44)和式(4.45)可以写为下面的形式:

$$\frac{\mathrm{d}}{\mathrm{d}t}\widetilde{B}_l(t) = -\mathrm{i}k_l\widetilde{E}_{\perp l}(t) \tag{6.21}$$

$$\frac{\mathrm{d}}{\mathrm{d}t}\widetilde{E}_{\perp l}(t) = -\mathrm{i}c^2k_l\widetilde{B}_l(t) - \frac{1}{\varepsilon_0}\widetilde{J}_{\perp l} \tag{6.22}$$

同样,$\widetilde{B}_l$可被替换为$\mathrm{i}k_l\widetilde{A}_l$,由此可给出

$$\frac{\mathrm{d}}{\mathrm{d}t}\widetilde{A}_l(t) = -\widetilde{E}_l(t) \tag{6.23}$$

$$\frac{\mathrm{d}}{\mathrm{d}t}\widetilde{E}_l(t) = \omega_l^2\widetilde{A}_l(t) - \frac{1}{\varepsilon_0}\widetilde{J}_{\perp l}(t) \tag{6.24}$$

上述方程确定了辐射的动力学.它类似于表征自由谐振子动力学的式(4.47)和式(4.48),只是在这里我们还有一个源项.因此我们所得到的是一个受迫谐振子的动力学.

6.1.4 辐射的简正变量和极化平面行波展开

类似于 4.3.2 小节,可以通过引入简正变量 α_l 和β_l(见式(4.51)和式(4.52))而将式(6.23)和式(6.24)退耦,于是有

$$\frac{\mathrm{d}\alpha_l}{\mathrm{d}t} + \mathrm{i}\omega_l\alpha_l = \frac{\mathrm{i}}{2\varepsilon_0 \mathscr{E}_l^{(1)}}\tilde{\boldsymbol{J}}_{\perp l} \tag{6.25}$$

$$\frac{\mathrm{d}\beta_l}{\mathrm{d}t} - \mathrm{i}\omega_l\beta_l = -\frac{\mathrm{i}}{2\varepsilon_0 \mathscr{E}_l^{(1)}}\tilde{\boldsymbol{J}}_{\perp l} \tag{6.26}$$

这些确实是描述两个固有频率为 ω_l 和 $-\omega_l$ 的简谐振子的方程,但是方程的右边不必是以此频率变化的简谐函数.尽管如此,我们还是可以将定义式(4.51)~式(4.52)进行反解:用 $\alpha_l(t)$和 $\beta_l(t)$来表达的不同的横场.由于场是实的,我们又有 $\beta_l^*(t) = \alpha_{-l}(t)$(见式(4.61)).然后通过与 4.3.3 小节完全相同的讨论,辐射场可以表达为如下形式:

$$\boldsymbol{A}(\boldsymbol{r},t) = \sum_l \boldsymbol{\varepsilon}_l \frac{\mathscr{E}_l^{(1)}}{\omega_l}\left[\alpha_l(t)\mathrm{e}^{\mathrm{i}\boldsymbol{k}_l\cdot\boldsymbol{r}} + \alpha_l^*(t)\mathrm{e}^{-\mathrm{i}\boldsymbol{k}_l\cdot\boldsymbol{r}}\right] \tag{6.27}$$

$$\boldsymbol{E}_\perp(\boldsymbol{r},t) = \sum_l \boldsymbol{\varepsilon}_l \mathscr{E}_l^{(1)}\left[\mathrm{i}\alpha_l(t)\mathrm{e}^{\mathrm{i}\boldsymbol{k}_l\cdot\boldsymbol{r}} - \mathrm{i}\alpha_l^*(t)\mathrm{e}^{-\mathrm{i}\boldsymbol{k}_l\cdot\boldsymbol{r}}\right] \tag{6.28}$$

$$\boldsymbol{B}(\boldsymbol{r},t) = \sum_l \boldsymbol{\varepsilon}'_l \frac{\mathscr{E}_l^{(1)}}{c}\left[\mathrm{i}\alpha_l(t)\mathrm{e}^{\mathrm{i}\boldsymbol{k}_l\cdot\boldsymbol{r}} - \mathrm{i}\alpha_l^*(t)\mathrm{e}^{-\mathrm{i}\boldsymbol{k}_l\cdot\boldsymbol{r}}\right] \tag{6.29}$$

其中

$$\mathscr{E}_l^{(1)} = \sqrt{\frac{\hbar\omega_l}{2\varepsilon_0 L^3}} \tag{6.30}$$

$$\boldsymbol{\varepsilon}'_l = \frac{1}{k_l}\boldsymbol{k}_l \times \boldsymbol{\varepsilon}_l \tag{6.31}$$

6.1.5 广义粒子动量:辐射的动量

在体积 V 内的电磁场的动量正比于坡印廷矢量在此空间内的积分(见补充材料 4.B):

$$\boldsymbol{P}^{\mathrm{em}} = \varepsilon_0\int_V \mathrm{d}^3 r\boldsymbol{E}(\boldsymbol{r},t) \times \boldsymbol{B}(\boldsymbol{r},t) \tag{6.32}$$

通过分离出电场的纵向部分，我们定义纵向动量：

$$\boldsymbol{P}_{\text{long}}^{\text{em}} = \varepsilon_0 \int_V \mathrm{d}^3 r \boldsymbol{E}_{/\!/}(\boldsymbol{r}, t) \times \boldsymbol{B}(\boldsymbol{r}, t) \tag{6.33}$$

由场 $\boldsymbol{E}$ 和 $\boldsymbol{B}$ 的傅里叶分析和实条件式(4.20)，可得 $\boldsymbol{P}_{\text{long}}^{\text{em}}$ 有如下形式：

$$\boldsymbol{P}_{\text{long}}^{\text{em}} = \varepsilon_0 L^3 \sum_n \widetilde{\boldsymbol{E}}_{/\!/ n}^* \times \widetilde{\boldsymbol{B}}_n \tag{6.34}$$

在式(6.34)中，纵向电场可以表达为由式(6.16)导出的形式：

$$\widetilde{\boldsymbol{E}}_{/\!/ n} = -\frac{\mathrm{i}}{\varepsilon_0} \frac{\boldsymbol{k}_n}{k_n^2} \tilde{\rho}_n \tag{6.35}$$

而 $\widetilde{\boldsymbol{B}}_n$ 可替换为 $\mathrm{i}\boldsymbol{k}_n \times \widetilde{\boldsymbol{A}}_n$. 注意 $\widetilde{\boldsymbol{A}}_n$ 在我们加入库仑规范后是横向的，这最终导致

$$\boldsymbol{P}_{\text{long}}^{\text{em}} = L^3 \sum_n \tilde{\rho}_n^* \widetilde{\boldsymbol{A}}_n \tag{6.36}$$

若回到实空间，则有

$$\boldsymbol{P}_{\text{long}}^{\text{em}} = \int \mathrm{d}^3 r \rho(\boldsymbol{r}, t) \boldsymbol{A}(\boldsymbol{r}, t) = \sum_\mu q_\mu \boldsymbol{A}(\boldsymbol{r}_\mu, t) \tag{6.37}$$

式(6.37)表明电磁场的纵向动量是和电荷紧密联系的，因为它只依赖于电荷位置处的矢势 $\boldsymbol{A}$，并且如果 $q_\mu = 0$，则纵向动量为零. 这提示我们可将此动量与电荷动量归为一类，并通过下面的和式定义沉浸在电磁辐射中电荷的广义动量

$$\boldsymbol{p}_\mu = m_\mu \boldsymbol{v}_\mu + q_\mu \boldsymbol{A}(\boldsymbol{r}_\mu, t) \tag{6.38}$$

这个与粒子关联的新的动力学变量实际上是在电磁场存在时与 $\boldsymbol{r}_\alpha$ 共轭正则的，这将在补充材料 6.A 中给予证明.

由式(6.32)，在我们加入电荷动量 $\sum_\mu m_\mu \boldsymbol{v}_\mu$ 后，包含电荷和电磁场的系统的总动量变为

$$\boldsymbol{P} = \sum_\mu \boldsymbol{p}_\mu + \varepsilon_0 \int_V \mathrm{d}^3 r \boldsymbol{E}_\perp(\boldsymbol{r}, t) \times \boldsymbol{B}(\boldsymbol{r}, t) \tag{6.39}$$

第一项为所有粒子的广义动量之和；第二项能够由仅包含横场的项来表达，它就是辐射的动量.

评注 系统的总角动量是另一个运动恒量. 关于坐标原点的角动量由下式给出：

$$\boldsymbol{J} = \sum_\mu \boldsymbol{r}_\mu(t) \times m_\mu \boldsymbol{v}_\mu(t) + \varepsilon_0 \int \mathrm{d}^3 r \boldsymbol{r} \times [\boldsymbol{E}(\boldsymbol{r}, t) \times \boldsymbol{B}(\boldsymbol{r}, t)] \tag{6.40}$$

可以证明，对于由场和粒子组成的孤立系统，$\mathrm{d}\boldsymbol{J}/\mathrm{d}t=\boldsymbol{0}$. 也可以证明角动量可以表达为广义动量的形式，

$$\boldsymbol{J}=\sum_{\mu}\boldsymbol{r}_{\mu}\times\boldsymbol{p}_{\mu}+\varepsilon_0\int\mathrm{d}^3r\boldsymbol{r}\times[\boldsymbol{E}_{\perp}(\boldsymbol{r},t)\times\boldsymbol{B}(\boldsymbol{r},t)] \tag{6.41}$$

因此总角动量就是广义动量 $\boldsymbol{p}_{\mu}$ 的动量矩(即角动量)和横场动量密度 $\varepsilon_0\boldsymbol{E}_{\perp}\times\boldsymbol{B}$ 关于原点的动量矩(见补充材料 4.B). 和动量一样，上面的表达式中我们实际上已经将粒子和辐射的角动量贡献分离开了.

6.1.6 库仑规范下的哈密顿量

1. 电荷-场系统的总能量

与一个电磁场相互作用的一组电荷的能量表达式可以在任何一本经典的电动力学的标准教科书中找到①：

$$H=\sum_{\mu}\frac{1}{2}m_{\mu}\boldsymbol{v}_{\mu}^2+\frac{\varepsilon_0}{2}\int\mathrm{d}^3r[\boldsymbol{E}^2(\boldsymbol{r},t)+c^2\boldsymbol{B}^2(\boldsymbol{r},t)] \tag{6.42}$$

应用麦克斯韦-洛伦兹方程组可以证明 $\mathrm{d}H/\mathrm{d}t=0$，这表明了上面的表达式的正确性也说明了孤立的辐射场-粒子系统的能量守恒. 一个更完备的正确性的论证是用哈密顿形式从 H 得到麦克斯韦-洛伦兹方程组(见补充材料 6.A). 大家可能觉得有些奇怪，在式(6.42)中没有见到显式的电荷与场相互作用的项. 其实，这一项在电磁场分解为纵向和横向部分且粒子的动能表达为广义动量的形式后会最终出现，即

$$H_{\mathrm{kin}}=\sum_{\mu}\frac{1}{2}m\boldsymbol{v}_{\mu}^2=\sum_{\mu}\frac{1}{2m_{\mu}}[\boldsymbol{p}_{\mu}-q\boldsymbol{A}(\boldsymbol{r}_{\mu},t)]^2 \tag{6.43}$$

2. 横向和纵向电磁能量

当我们转到傅里叶空间时，其中的纵向场和横向场是正交的，电场能量可以根据下式分离为纵向和横向贡献：

$$H_{\mathrm{em}}=\frac{\varepsilon_0}{2}\int\mathrm{d}^3r[\boldsymbol{E}^2(\boldsymbol{r},t)+c^2\boldsymbol{B}^2(\boldsymbol{r},t)]=H_{\mathrm{trans}}^{\mathrm{em}}+H_{\mathrm{long}}^{\mathrm{em}} \tag{6.44}$$

---

① Jackson J D. Classical Electrodynamics [M]. Wiley, 1998.

横向部分由下式给出：

$$H_{\text{trans}}^{\text{em}} = \frac{\varepsilon_0}{2}\int \mathrm{d}^3 r[\boldsymbol{E}_{\perp}^2(\boldsymbol{r},t) + c^2\boldsymbol{B}^2(\boldsymbol{r},t)] \tag{6.45}$$

应用以模 l 展开的横场表达式(6.28)和(6.29)，并应用类似于4.4.1小节的讨论，我们得到

$$H_{\text{trans}}^{\text{em}} = \sum_l \hbar\omega_l \mid \alpha_l \mid^2 \tag{6.46}$$

这是辐射的能量，与第4章一样，我们接下来用 H_{R} 表示这个能量.

对于纵向部分，利用傅里叶分量它由下述形式给出：

$$H_{\text{long}}^{\text{em}} = \frac{\varepsilon_0}{2L^3}\sum_n \mid \tilde{\boldsymbol{E}}_{/\!/ \boldsymbol{n}} \mid^2 = \frac{1}{2\varepsilon_0 L^3}\sum_n \frac{\mid \tilde{\rho}_{\boldsymbol{n}} \mid^2}{k_{\boldsymbol{n}}^2} \tag{6.47}$$

电荷密度已表达为粒子坐标的形式(见式(6.5))，并且 $\tilde{\rho}_{\boldsymbol{n}}$ 具有下面的形式：

$$\tilde{\rho}_{\boldsymbol{n}} = \frac{1}{L^3}\sum_{\mu} q_{\mu}\mathrm{e}^{-\mathrm{i}\boldsymbol{k}_{\boldsymbol{n}}\cdot\boldsymbol{r}_{\mu}} \tag{6.48}$$

将上式代入式(6.47)后可得

$$H_{\text{long}} = \frac{1}{2\varepsilon_0 L^3}\sum_{\boldsymbol{n}}\sum_{\mu}\sum_{\nu} q_{\mu}q_{\nu}\mathrm{e}^{-\mathrm{i}\boldsymbol{k}_{\boldsymbol{n}}\cdot(\boldsymbol{r}_{\mu}-\boldsymbol{r}_{\nu})} \tag{6.49}$$

首先，考虑 μ 和 $\nu(\mu=\nu)$ 的求和式中对应单个粒子的项.将离散求和换为积分并取极限 $L\to\infty$，于是有

$$\frac{q_{\alpha}^2}{2\varepsilon_0 L^3}\sum_{\boldsymbol{n}}\frac{1}{k_{\boldsymbol{n}}^2} \xrightarrow{L\to\infty} \frac{q_{\alpha}^2}{2\varepsilon_0(2\pi)^3}\int\frac{\mathrm{d}^3 k}{k^2} \tag{6.50}$$

很容易看出这个积分是发散的.“自能”项的发散在电动力学中是非常著名的.它的产生原因是点粒子的库仑势能是无限的.但是由于这一项不随时间变化，它可以看作相对于零点能的一个简单的偏移.从总能量中移除自能项，式(6.47)中的纵向电磁场的能量约化为 μ 与 ν 不同时的求和.现在取 $L\to\infty$ 的极限并考虑到 $1/k^2$ 的傅里叶变换为 $1/r$ 的事实，我们得到

$$\begin{aligned} H_{\text{long}}^{\text{em}} &= \frac{1}{2\varepsilon_0(2\pi)^3}\sum_{\mu}\sum_{\nu\neq\mu} q_{\mu}q_{\nu}\int \mathrm{d}^3 k\,\frac{\mathrm{e}^{\mathrm{i}\boldsymbol{k}\cdot(\boldsymbol{r}_{\mu}-\boldsymbol{r}_{\nu})}}{k^2} = \sum_{\mu}\sum_{\nu\neq\mu}\frac{q_{\mu}q_{\nu}}{8\pi\varepsilon_0\mid \boldsymbol{r}_{\mu}-\boldsymbol{r}_{\nu}\mid} \\ &= V_{\text{Coul}}(\boldsymbol{r}_1,\cdots,\boldsymbol{r}_{\mu}\cdots) \end{aligned} \tag{6.51}$$

我们发现 $H_{\text{long}}^{\text{em}}$ 就是位于 $\boldsymbol{r}_{\mu}$ 处电荷为 q_{μ} 的不同点粒子间的瞬时库仑相互作用能 V_{Coul}.

3. 场和电荷的共轭正则变量

系统的总能量(6.42)现在有如下形式:

$$H=\sum_{\mu}\frac{1}{2}m_{\mu}\boldsymbol{v}_{\mu}^{2}+V_{\text{Coul}}+H_{\text{R}} \tag{6.52}$$

这是粒子的动能和库仑相互作用能以及横场(或称辐射场)的能量 H_{trans} 的和,其中 H_{trans} 与第4章所讨论的自由辐射 H_{R} 有着相同的表达式.为了对式(6.52)应用哈密顿形式,我们必须用共轭正则变量,这些正则变量可以通过检验哈密顿运动方程最终确实能导致麦克斯韦-洛伦兹方程来确定.在补充材料6.A中,我们将证明当 H_{R} 取为6.1.3小节中将辐射分解为简正模的形式时情况确实如此.对于式(6.52)中的第一项,需要将它表达为与粒子坐标 $\boldsymbol{r}_{\mu}$ 共轭的广义动量 $\boldsymbol{p}_{\mu}$ 的形式.因此最后的结果就是

$$H=\sum_{\mu}\frac{1}{2m_{\mu}}[\boldsymbol{p}_{\mu}-q_{\mu}\boldsymbol{A}(\boldsymbol{r}_{\mu},t)]^{2}+V_{\text{Coul}}+H_{\text{R}} \tag{6.53}$$

其中 V_{Coul} 是 $\boldsymbol{r}_{\mu}$ 的函数(见式(6.51)),哈密顿量 H_{R} 表达为式(4.105)中 Q_l 和 P_l 的形式,

$$H_{\text{R}}=\sum_{l}\frac{\omega_l}{2}(Q_l^2+P_l^2) \tag{6.54}$$

4. 电荷的哈密顿量

将式(6.53)的平方项展开并合并同类项后得到如下形式:

$$H=H_{\text{R}}+H_{\text{P}}+H_{\text{I}} \tag{6.55}$$

第二项 H_{P} 只涉及粒子:

$$H_{\text{P}}=\sum_{\mu}\frac{\boldsymbol{p}_{\mu}^{2}}{2m_{\mu}}+V_{\text{Coul}}=\sum_{\mu}\frac{\boldsymbol{p}_{\mu}^{2}}{2m_{\mu}}+\sum_{\mu}\sum_{\nu<\mu}\frac{q_{\mu}q_{\nu}}{4\pi\varepsilon_0|\boldsymbol{r}_{\mu}-\boldsymbol{r}_{\nu}|} \tag{6.56}$$

上式描述了电荷之间在没有电磁辐射时的库仑相互作用.这对应了一个最简单的原子模型,即只有电荷之间的瞬时的库仑相互作用并且忽略所有相对论效应,同时被忽略的还有不同粒子(电子和原子核)由于自旋而具有的磁矩.哈密顿量 H_{P} 仅依赖于粒子的共轭正则变量 $\boldsymbol{r}_{\mu}$ 和 $\boldsymbol{p}_{\mu}$.

5. 相互作用哈密顿量

H_I 项同时涉及了粒子和辐射，因为它有如下的形式：

$$H_\mathrm{I} = \sum_\mu \left[-\frac{q_\mu}{m_\mu} \boldsymbol{p}_\mu \cdot \boldsymbol{A}(\boldsymbol{r}_\mu, t) + \frac{q_\mu^2}{2m_\mu} \boldsymbol{A}^2(\boldsymbol{r}_\mu, t) \right] \tag{6.57}$$

这就是描述粒子和辐射相互作用的项，并且当 $\boldsymbol{A}(\boldsymbol{r}, t)$（库仑规范下的矢势）表达为辐射场的共轭正则变量（$Q_l, P_l$）时，它确实是一个相互作用哈密顿量.

6.2 相互作用的辐射场和电荷及其在库仑规范下的量子描述

6.2.1 正则量子化

在 6.1 节中，已经通过将包含电荷和电磁场的系统总能量(6.55)表达为共轭正则变量对（$\boldsymbol{r}_\mu, \boldsymbol{p}_\mu$）和（$Q_l, P_l$）的形式而将问题表述为哈密顿形式. 正则量子化则包括将这些正则变量对替换为厄米算符对，且这些厄米算符对的对易子为 $\mathrm{i}\hbar$.

我们由此便得到系统的量子哈密顿量（我们将在 6.2.2 小节中再回到此量子哈密顿量），同时还得到了与粒子相联系的以及和场相关的可观测量，而后者（和场相关的可观测量）由下式给出：

$$\hat{\boldsymbol{A}}(\boldsymbol{r}) = \sum_l \boldsymbol{\varepsilon}_l \frac{\mathscr{E}_l^{(1)}}{\omega_l} (\hat{a}_l \mathrm{e}^{\mathrm{i}\boldsymbol{k}_l \cdot \boldsymbol{r}} + \hat{a}_l^\dagger \mathrm{e}^{-\mathrm{i}\boldsymbol{k}_l \cdot \boldsymbol{r}}) \tag{6.58}$$

$$\hat{\boldsymbol{E}}_\perp(\boldsymbol{r}) = \sum_l \boldsymbol{\varepsilon}_l \mathscr{E}_l^{(1)} (\mathrm{i}\hat{a}_l \mathrm{e}^{\mathrm{i}\boldsymbol{k}_l \cdot \boldsymbol{r}} - \mathrm{i}\hat{a}_l^\dagger \mathrm{e}^{-\mathrm{i}\boldsymbol{k}_l \cdot \boldsymbol{r}}) \tag{6.59}$$

$$\hat{\boldsymbol{B}}(\boldsymbol{r}) = \sum_l \frac{\boldsymbol{k}_l}{\omega_l} \times \boldsymbol{\varepsilon}_l \mathscr{E}_l^{(1)} (\mathrm{i}\hat{a}_l \mathrm{e}^{\mathrm{i}\boldsymbol{k}_l \cdot \boldsymbol{r}} - \mathrm{i}\hat{a}_l^\dagger \mathrm{e}^{-\mathrm{i}\boldsymbol{k}_l \cdot \boldsymbol{r}}) \tag{6.60}$$

对于自由辐射，非厄米算符 $\hat{a}_l$ 和 $\hat{a}_l^\dagger$ 是通过和 $\hat{Q}_l$ 和 $\hat{P}_l$ 的关系式(4.102)和(4.103)来定义的. 它们满足对易关系式(4.100)和(4.101)：

$$[\hat{a}_l, \hat{a}_{l'}^\dagger] = \delta_{ll'} \tag{6.61}$$

$$[\hat{a}_l, \hat{a}_{l'}] = 0 \tag{6.62}$$

同时注意"单光子电场",

$$\mathscr{E}_l^{(1)} = \sqrt{\frac{\hbar\omega_l}{2\varepsilon_0 L^3}} \tag{6.63}$$

6.2.2 哈密顿量和态空间

经典哈密顿量(6.55)变成了算符 $\hat{H}$,由下式给出:

$$\hat{H} = \hat{H}_{\mathrm{P}} + \hat{H}_{\mathrm{R}} + \hat{H}_{\mathrm{I}} \tag{6.64}$$

首项仅依赖于粒子的可观测量,而第二项只涉及辐射场的可观测量.所以我们能分开考虑 $\hat{H}_{\mathrm{P}}$ 和 $\hat{H}_{\mathrm{R}}$ 的本征值和本征态,并因此构造整个系统的态空间的基矢.这个基矢称为**退耦基**,可以用来展开第三项 $\hat{H}_{\mathrm{I}}$:此项既包含粒子又包含辐射可观测量的相互作用项.

哈密顿量

$$\hat{H}_{\mathrm{P}} = \sum_{\mu} \frac{\hat{\boldsymbol{p}}_{\mu}^2}{2m_{\mu}} + V_{\mathrm{Coul}}(\hat{\boldsymbol{r}}_1, \cdots, \hat{\boldsymbol{r}}_{\mu}, \cdots) \tag{6.65}$$

描述了一组参与库仑相互作用并有动能 $\hat{\boldsymbol{p}}_{\mu}^2/(2m_{\mu})$ 的电荷.它对应了在初等量子力学教材中遇到的最简单的原子模型.其本征态 $|i\rangle$ 与能量的关系通过下式联系:

$$\hat{H}_{\mathrm{P}} \mid i\rangle = E_i \mid i\rangle \tag{6.66}$$

在束缚态这些能级形成了一离散序列,在电离态为连续能级.这组态 $|i\rangle$ 组成了描述粒子态空间的基矢.

第二项

$$\hat{H}_{\mathrm{R}} = \sum_{l} \hbar\omega_l(\hat{a}_l^{\dagger}\hat{a}_l + \frac{1}{2}) \tag{6.67}$$

是自由辐射场的哈密顿量.它的本征态 $|n_1, \cdots, n_l, \cdots\rangle$(见 4.6.1 小节)生成了辐射场的态空间.

场-粒子整体系统的态空间是粒子态空间和辐射态空间的张量积.这个整体空间的一组基可由粒子和场的基矢的张量积组成.这组基包含了所有形如 $|i\rangle \otimes |n_1, \cdots, n_l, \cdots\rangle$ 的态,我们可用 $|i; n_1, \cdots, n_l, \cdots\rangle$ 来表示.这样的一个态表示原子处于态 $|i\rangle$,同时模 1 包含 n_1 个光子……模 l 包含 n_l 个光子.它是 $\hat{H}_{\mathrm{P}} + \hat{H}_{\mathrm{R}}$ 的本征态且

$$(\hat{H}_{\mathrm{P}}+\hat{H}_{\mathrm{R}})\mid i;n_1,\cdots,n_l,\cdots\rangle=\left(E_i+\sum_l n_l\hbar\omega_l+E_{\mathrm{V}}\right)\mid i;n_1,\cdots,n_l\cdots\rangle \tag{6.68}$$

其中 E_{V} 是由式(4.121)给出的真空能量.

式(6.64)的第三项

$$\hat{H}_{\mathrm{I}}=-\sum_{\mu}\frac{q_{\mu}}{m_{\mu}}\hat{\boldsymbol{p}}_{\mu}\cdot\hat{\boldsymbol{A}}(\hat{\boldsymbol{r}}_{\mu})+\sum_{\mu}\frac{q_{\mu}^2}{2m_{\mu}}[\hat{\boldsymbol{A}}(\hat{\boldsymbol{r}}_{\mu})]^2 \tag{6.69}$$

描述了粒子和辐射之间的相互作用.它作用在描述整体系统的态空间上,此态空间由基矢$|i;n_1,\cdots,n_l,\cdots\rangle$张成.但是当我们考虑进相互作用哈密顿量 $\hat{H}_{\mathrm{I}}$ 时,态$|i;n_1,\cdots,n_l,\cdots\rangle$不再是总哈密顿量(6.64)的本征态,因此$|i;n_1,\cdots,n_l,\cdots\rangle$将演化到一个新的态,新态是一些形如$|f;n_1',\cdots,n_l',\cdots\rangle$的态的叠加态:原子和辐射的态都将发生变化.因此相互作用哈密顿量 $\hat{H}_{\mathrm{I}}$ 导致了原子状态发生改变而同时光子被吸收或者重新放出的跃迁过程,尽管整个系统的总能量由于总哈密顿量不随时间变化而将保持不变.

注意与第 2 章描述的半经典处理的一个重要不同,即这里的相互作用项是不依赖于时间的,因此包括了相互作用的粒子和辐射的总系统存在着有确定的总能量的定态.它们是总哈密顿量的本征态(例如,参看补充材料 6.B).

评注 (1) 哈密顿量 $\hat{H}$ 中的三项都会作用在粒子-场的张量积空间上.严格来说,哈密顿量的第一项应该写成 $\hat{H}_{\mathrm{P}}\otimes\hat{I}_{\mathrm{R}}$,其中 $\hat{I}_{\mathrm{R}}$ 是作用于辐射态空间的单位算符.类似地,第二项应该写为 $\hat{I}_{\mathrm{P}}\otimes\hat{H}_{\mathrm{R}}$.我们将根据通常的惯例省略这些单位算符,这样就可简化表达式.

(2) 为了写出式(6.69),我们利用了 $\hat{\boldsymbol{A}}(\hat{\boldsymbol{r}}_{\mu})$与 $\hat{\boldsymbol{p}}_{\mu}$ 对易的事实,这可由我们所选取的库仑规范条件得出.可以利用 $\hat{\boldsymbol{A}}$ 的表达式(6.58)中将 $\boldsymbol{r}$ 替换为$\hat{\boldsymbol{r}}_{\mu}$ 来验证.在 $\boldsymbol{r}$ 表象下$\hat{\boldsymbol{r}}_{\mu}$就是 $\boldsymbol{r}_{\mu}$,而 $\hat{p}_{\mu}$ 为$\frac{\hbar}{\mathrm{i}}\nabla_{r_{\mu}}$,并注意 $\boldsymbol{k}_l\cdot\boldsymbol{\varepsilon}_l=0$.

(3) 上面所有的讨论也适用于式(6.51)中的粒子哈密顿量中的 V_{Coul}来自外部施加的静电场的情形.在原子核位于坐标原点而电子浸没在原子核的库仑势内的原子模型就对应了这种情形.

6.2.3 相互作用哈密顿量

1. 长波近似

与第 2 章 2.2.4 小节一样,在原子大小的尺度上电磁场的空间变化是可以忽略的，我们可以通过这个假定来简化相互作用哈密顿量.这样我们就可以将电子位置的矢势 $\hat{\boldsymbol{A}}(\hat{\boldsymbol{r}}_\mu)$ 替换为原子核位置 $\boldsymbol{r}_0$ 处的值，同时，我们还将后者（原子核的位置）作为经典量来处理.考虑只有一个电子的原子的情况，于是相互作用哈密顿量就变为[①]

$$\hat{H}_{\mathrm{I}} = -\frac{q}{m}\hat{\boldsymbol{p}} \cdot \hat{\boldsymbol{A}}(\boldsymbol{r}_0) + \frac{q^2}{2m}[\hat{\boldsymbol{A}}(\boldsymbol{r}_0)]^2 \tag{6.70}$$

评注 (1) 长波近似在这里的应用比第 2 章需要更加小心.实际上，我们必须确保相关的物理过程确实只涉及了波长比原子大很多的那些辐射模.现在我们将看到在本章的全部章节中真空模都起到了作用.因此仅仅检查入射波是否满足长波条件是不够的.[②]

(2) 有这样一个有趣的问题：是否存在这样一个变换，该变换可以看作第 2 章（见 2.2.4 小节）戈珀特-迈耶变换的推广且导致如下形式的偶极相互作用哈密顿量：

$$\hat{H}'_{\mathrm{I}} = -\hat{\boldsymbol{D}} \cdot \hat{\boldsymbol{E}}(\boldsymbol{r}_0) \tag{6.71}$$

其中采用了长波近似.这样的变换实际上是存在的（见 CDG Ⅰ补充材料 $\mathrm{A_{IV}}$），但是总的哈密顿量就不再是 $\hat{H}_{\mathrm{P}}$，$\hat{H}_{\mathrm{R}}$ 和 $\hat{H}'_{\mathrm{I}}$ 的简单和式的形式.实际上，采用变换后，粒子哈密顿量中出现了一个额外的项.此项在计算原子能级的辐射修正（兰姆位移）时起了重要作用，但是在计算吸收和辐射时通常忽略掉，于是就可以用偶极哈密顿量 $\hat{H}'_{\mathrm{I}}$ 处理.

通常根据计算的方便来选择用式(6.71)还是式(6.70).注意式(6.70)包含场的平方项，而偶极哈密顿量是线性的，线性有时会使计算简化.然而对两式的选择并无绝对的准则，这可以从本章后面计算汤姆孙散射的部分看出来，因为那里用式(6.70)更简单.

2. 相互作用哈密顿量的分解

相互作用哈密顿量(6.70)是两项的和，分别为 $\hat{\boldsymbol{A}}_\perp$ 的线性项和平方项.与第 2 章类似，我们将这两项分别表示为 $\hat{H}_{\mathrm{I1}}$ 和 $\hat{H}_{\mathrm{I2}}$.为了简单，我们设式(6.70)中 $\boldsymbol{r}_0 = \boldsymbol{0}$，即我们将原子核固定在坐标原点.于是我们得到

$$\hat{H}_{\mathrm{I1}} = -\frac{q}{m}\sum_l \sqrt{\frac{\hbar}{2\varepsilon_0\omega_l L^3}}\hat{\boldsymbol{p}} \cdot \boldsymbol{\varepsilon}_l(\hat{a}_l + \hat{a}_l^\dagger) \tag{6.72}$$

$$\hat{H}_{\mathrm{I2}} = \frac{q^2}{2m}\frac{\hbar}{2\varepsilon_0 L^3}\sum_j\sum_l \frac{\boldsymbol{\varepsilon}_j \cdot \boldsymbol{\varepsilon}_l}{\sqrt{\omega_j \cdot \omega_l}}(\hat{a}_j\hat{a}_l^\dagger + \hat{a}_j^\dagger\hat{a}_l + \hat{a}_j\hat{a}_l + \hat{a}_j^\dagger\hat{a}_l^\dagger) \tag{6.73}$$

---

① 我们忽略了相对于原子核来说包含小于 m/M 因子的项，其中 M 是原子核的质量.

② 参加 CDG Ⅱ第 4 章

应当时刻注意,上面的式子是在长波近似的情况下确立的.

评注 如同在第 2 章中所强调的(2.2.4 小节评注(4)),在有些情况下原子核的位置不能忽略.例如,当原子运动时,核的位置就需要显示地表示为时间依赖,这样等价于考虑了多普勒效应.进一步地,还可以考虑核运动(或更确切地说,原子质心运动)的量子化.这样我们还需要用式(6.58)来考虑 $\boldsymbol{r}_0$ 处的辐射,用原子质心的位置算符 $\hat{\boldsymbol{r}}_0$ 替代 $\boldsymbol{r}_0$.在这种情况下,原子的哈密顿量一定包含动能项 $\hat{\boldsymbol{p}}_0/(2M)$,其中 $\hat{\boldsymbol{p}}_0$ 是与 $\hat{\boldsymbol{r}}_0$ 共轭的原子质心的动量算符,M 为原子质量(例如,参见补充材料 8.A).

6.3 相互作用过程

6.3.1 哈密顿量 $\hat{H}_{I1}$

相互作用哈密顿量 $\hat{H}_{I1}$ 是 $\hat{a}_l$ 和 $\hat{a}_l^\dagger$ 的线性方程(见方程(6.72)).在一阶微扰论(见第 1 章)中,此项只能诱导光子数相差为 1 的态之间的跃迁.如果末态比初态多一个光子,就是辐射过程;如果末态比初态少一个光子,就是吸收过程.

哈密顿量 $\hat{H}_{I1}$ 也包含了原子算符 $\hat{\boldsymbol{p}}$.由于这个算符是奇宇称的,其在矩阵表示下的对角元都是零(因为原子能级有确定的宇称).由 $\hat{H}_{I1}$ 诱导的跃迁涉及了原子两个不同宇称的能级.

6.3.2 吸收

考虑处在 $|a\rangle$ 态的原子处于 j 模的 n_j 个光子中,并假定其他模都处于真空态.我们用简化形式

$$|\phi_i\rangle = |a;n_1=0,\cdots,n_j,\cdots,0\rangle = |a;n_j\rangle \tag{6.74}$$

来表示该初始状态,它是未扰动哈密顿量 $\hat{H}_P+\hat{H}_R$(见 6.2.2 小节)的本征态.在 $\hat{H}_{I1}$ 的作用下,系统可以演化为减少了一个光子的末态:

$$|\phi_f\rangle = |b;n_j' = n_j - 1\rangle$$

此态也是 $\hat{H}_P + \hat{H}_R$ 的一个本征态.

应用式(4.115),得

$$\hat{a}_j |n_j\rangle = \sqrt{n_j}\,|n_j - 1\rangle \tag{6.75}$$

我们得到

$$\langle b;n_j - 1|\hat{H}_{I1}|a;n_j\rangle = -\frac{q}{m}\sqrt{\frac{\hbar}{2\varepsilon_0\omega_j L^3}}\langle b|\hat{\boldsymbol{p}}\cdot\boldsymbol{\varepsilon}_j|a\rangle\sqrt{n_j} \tag{6.76}$$

这里我们可以利用在第 1 章中处理的系统受到常微扰时演化的一般结果. 特别是未微扰的哈密顿量的两个本征态之间的跃迁只有在这两个能级的能量相同时才会以显著的概率发生. 这个条件是涉及整个系统的,在这里其表达式为

$$E_a + n_j\hbar\omega_j = E_b + (n_j - 1)\hbar\omega_j \tag{6.77}$$

据此可得

$$E_b = E_a + \hbar\omega_j \tag{6.78}$$

原子的末态比初态有更高的能量,因此如果消失的光子的能量$\hbar\omega_j$ 正好等于原子的能量增加值,那么跃迁过程发生的概率最大. 这里我们就得到共振条件,这在第 2 章的半经典处理中已经遇到. 不仅如此,我们现在已经以光子的形式论证了吸收过程,如图 6.1 所示.

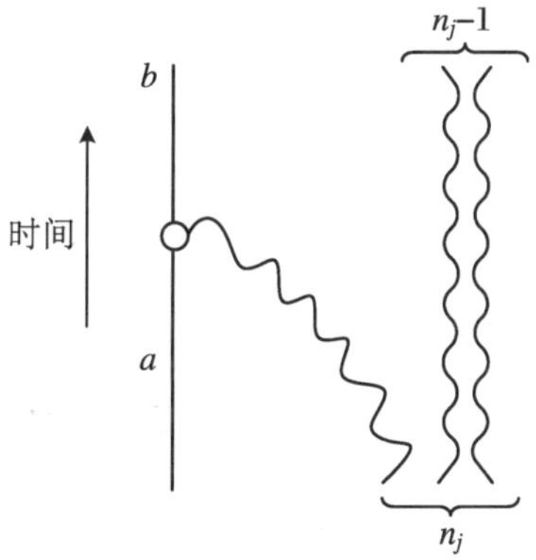

图 6.1　吸收过程

图应该从下往上看. 一个光子消失并且原子从态$|a\rangle$到了态$|b\rangle$.

从微扰论所得的结果还提供了其他信息. 例如,我们知道在微扰极限内,跃迁概率正比于矩阵元(6.76)的模方,即光子数目 n_j,而光子数本身正比于波的强度(见 5.3.7 小节).

评注 正如我们对半经典形式的处理,我们这里对微扰论进行了不同的应用来研究吸收过程.在第2章中,所考虑的是一个在时间的正弦函数形式的微扰下在原子不同能级之间演化的原子系统.这里考虑的量子系统是包含原子和光子的整个系统.它是一个在特定的相互作用时间内打开的常微扰下两个能量相同能级之间演化的系统.

6.3.3 辐射

现在假定原子初始处于态$|b\rangle$,同时有n_j个光子,并且此系统演化到一个包含增加一个光子的末态$|a;n_j+1\rangle$.利用关系

$$\hat{a}_j^\dagger \mid n_j\rangle = \sqrt{n_j+1} \mid n_j+1\rangle \tag{6.79}$$

我们可以计算矩阵元,

$$\langle a;n_j+1 \mid \hat{H}_{I1} \mid b;n_j\rangle = -\frac{q}{m}\sqrt{\frac{\hbar}{2\varepsilon_0\omega_j L^3}}\langle a \mid \hat{\boldsymbol{p}}\cdot\boldsymbol{\varepsilon}_j \mid b\rangle\sqrt{n_j+1} \tag{6.80}$$

初末态的能量守恒表达为

$$E_a = E_b - \hbar\omega_j \tag{6.81}$$

这里所描述的这个过程是一个光子的**辐射**.原子通过辐射一个光子从能级b到达了一个较低的能级a.图6.2显示了这个过程.

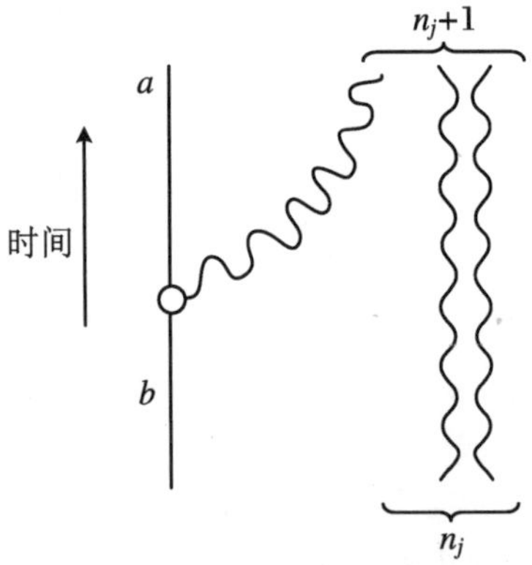

图6.2 一个辐射过程

原子通过辐射一个光子从态$|b\rangle$到态$|a\rangle$.如果$n_j=0$,就是自发辐射.

如果光子数 n_j 远大于 1，在微扰近似下，这个过程发生的概率正比于 n_j，即光的强度. 这里我们看到了受激辐射：在入射光强度增加时该过程发生的可能性也增加.

但是式(7.79)也揭示了另一个现象：甚至没有入射光子($n_j=0$)时，跃迁振幅也是非零的，该振幅由下式给出：

$$\langle a;n_j=1\mid\hat{H}_{I1}\mid b;0\rangle=-\frac{q}{m}\sqrt{\frac{\hbar}{2\varepsilon_0\omega_jL^3}}\langle a\mid\hat{\boldsymbol{p}}\cdot\boldsymbol{\varepsilon}_j\mid b\rangle\tag{6.82}$$

只要存在另一个更低能级且到此低能级的跃迁矩阵元(6.82)非零，一个置于真空中的孤立的原子就可以辐射一个光子. 辐射出的光子的能量等于原子所失去的能量(见式(6.81)). 这样的过程就是自发辐射. 自发辐射(图 6.3)将在 6.4 节中详细讨论.

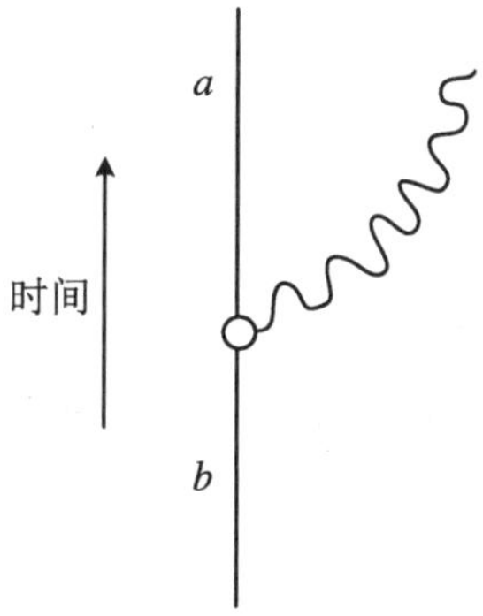

图 6.3　自发辐射

此图和图 6.2 没什么不同，只是初态没有光子.

评注　(1) 式(6.79)既描述了受激辐射，也描述了自发辐射. 在表达式 n_j+1 中，n_j 通常与受激辐射相关而 1 与自发辐射相关. 与式(6.75)进行比较，受激辐射和吸收之间的对称性是显而易见的.

(2) 如果 j 模初始是真空，而 l 模初始包含 n_l 个光子，那么原子向 j 模辐射一个光子的矩阵元保持不变，即

$$\langle a;n_j=1,n_l\mid\hat{H}_{I1}\mid b;n_j=0,n_l\rangle=-\frac{q}{m}\sqrt{\frac{\hbar}{2\varepsilon_0\omega_jL^3}}\langle a\mid\hat{\boldsymbol{p}}\cdot\boldsymbol{\varepsilon}_j\mid b\rangle\tag{6.83}$$

因此给定模的自发辐射率不依赖于其他模上光子存在与否.

但是，不能认为 l 模中光子的存在在任何情况下都没有效应. 如果我们考虑一个处于激发态 $|b\rangle$ 的原子同时在 l 模上存在 n_l 个光子，原子向 l 模辐射光子的概率将比该模的真空态辐射的概率要大. 因此一组处于激发态的原子将倾向于向一个本已被较多光子所占据的模辐射. 这并不是因为向空模自发辐射的概率减小了，而是因为光子较多的 l

6 模所诱导的辐射在原子向 j 模自发辐射仍需要时间来启动之前就已经发生了.这个特性是激光放大器的工作原理之一.

6.3.4 拉比振荡

在第1章(见1.2.6小节)中,我们已经得到了常耦合下二能级系统动力学方程的精确解.如果初始时系统处在两个能级之一,那么发现其在另一个能级的概率是时间的正弦函数.这称为拉比振荡.

这些结果可以应用到由原子和处在 j 模的辐射场所组成的总系统中.设 $|\phi_{\mathrm{i}}\rangle = |a;n_j\rangle$ 为初态,其中原子处于态 $|a\rangle$ 且初始 j 模上的光子数为 n_j(见式(6.74)).在 $\hat{H}_{\mathrm{I1}}$ 的效应下,态 $|\phi_{\mathrm{i}}\rangle$ 与态 $|\phi_{\mathrm{f}}\rangle = |b;n_j-1\rangle$ 耦合在了一起.忽略原子到其他模的自发辐射概率,我们可以将注意力集中到拉比振荡所发生的两个态 $|\phi_{\mathrm{i}}\rangle$ 和 $|\phi_{\mathrm{f}}\rangle$.两个能级的耦合可以写成如下形式:

$$\langle \phi_{\mathrm{f}} \mid \hat{H}_{\mathrm{I1}} \mid \phi_{\mathrm{i}} \rangle = \frac{\hbar \Omega_1}{2} \tag{6.84}$$

其中 Ω_1 是拉比角频率,其值等于(见式(6.72)和式(6.75))

$$\Omega_1 = -\frac{q}{m}\frac{2}{\sqrt{2\varepsilon_0 \hbar\omega_j L^3}}\langle b \mid \hat{\boldsymbol{p}} \cdot \boldsymbol{\varepsilon}_j \mid a \rangle \sqrt{n_j} \tag{6.85}$$

第1章特别是式(1.63)的结论给出了经过一段时间 T 后发现系统处于 $|\phi_{\mathrm{f}}\rangle$ 态的概率为

$$P_{\mathrm{i}\to\mathrm{f}}(T) = \frac{\Omega_1^2}{\delta^2 + \Omega_1^2}\sin^2\left(\sqrt{\Omega_1^2 + \delta^2}\,\frac{T}{2}\right) \tag{6.86}$$

其中我们引入了失谐量

$$\delta = \omega_j - \frac{E_b - E_a}{\hbar} \tag{6.87}$$

我们由此得到了在准共振辐射效应下得到原子处于态 $|a\rangle$ 或态 $|b\rangle$ 的概率的拉比振荡.

评注 (1) 在第2章中已经讨论了存在辐射时的拉比振荡.那里,我们将其描述为在与频率 $\omega \simeq (E_b - E_a)/\hbar$ 存在正弦耦合的效应下,两个不同能量的量子态($|a\rangle$ 和 $|b\rangle$)之间的振荡.在这里,我们考虑的是一个在两个相同能级之间跃迁的原子-光子系综,即有 n_j 个光子的同时原子处于基态的状态和原子处于激发态且光子数减1的状态.耦合强度是一个持续了时间 T 的常数.

(2) 6.3.2～6.3.4 小节所描述的不同过程依赖于矩阵元$\langle a|\hat{\boldsymbol{p}}\cdot\boldsymbol{\varepsilon}_j|b\rangle$的值.这里,我们知道在第 2 章中已经证明此量正比于电子位置算符的矩阵元$\langle a|\hat{\boldsymbol{r}}\cdot\boldsymbol{\varepsilon}_j|b\rangle$,因此也正比于原子偶极矩 $\hat{\boldsymbol{D}}=q\hat{\boldsymbol{r}}$.由式(2.96),更精确地我们可得

$$\langle a \mid \hat{\boldsymbol{p}}\cdot\boldsymbol{\varepsilon}_j \mid b\rangle = -\mathrm{i}m\omega_0\langle a \mid \hat{\boldsymbol{r}}\cdot\boldsymbol{\varepsilon}_j \mid b\rangle = -\mathrm{i}\,\frac{m\omega_0}{q}\langle a \mid \hat{\boldsymbol{D}}\cdot\boldsymbol{\varepsilon}_j \mid b\rangle \quad (6.88)$$

6.3.5 哈密顿量 $\hat{H}_{I2}$和弹性散射

正如我们在式(6.73)中已经看到的,在长波近似下,哈密顿量 $\hat{H}_{I2}$只作用于辐射场.对原子而言,此项就像单位算符一样.由 $\hat{H}_{I2}$所致的跃迁发生时不会改变原子态,而只改变辐射场.

与 $\hat{H}_{I2}$中的四项相关的各过程并不以相同的概率发生.$\hat{a}_j^\dagger\hat{a}_l^\dagger$ 项描述了两个光子的出现.它不遵守初末态能量守恒,因此相关的概率是很小的.同样的讨论适用于 $\hat{a}_j\hat{a}_l$,它描述了两个光子的消失.因此这两个过程是非常不太可能发生的.

另外,像 $\hat{a}_j^\dagger\hat{a}_l$ 这样的项描述了一个 l 模光子的消失而出现一个 j 模光子.如果这个过程中频率 ω_j 和ω_l 相等,能量就会守恒.光子 j 和 l 可以有着不同的传播方向和极化.这是一个不改变频率的弹性散射过程,见图 6.4.

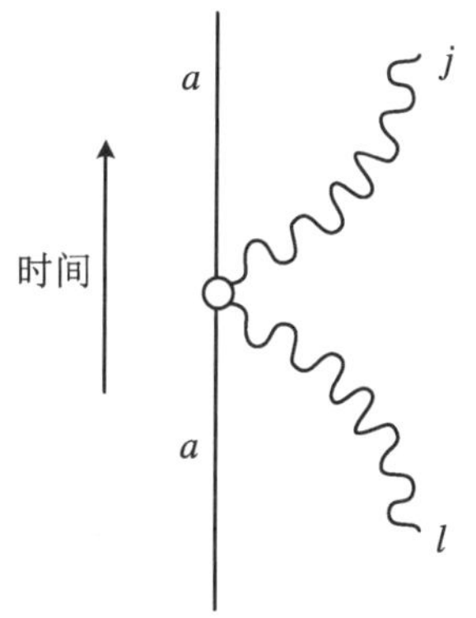

图 6.4 在不改变原子态的情况下,光子从 l 模被散射到 j 模

在这个过程中,如果 $\omega_j=\omega_l$,则能量守恒.于是我们就得到了弹性散射.

此过程的矩阵元可从式(6.73)得到.如果 l 模初始包含 n_l 个光子而 j 模初始为空,我们有

$$\langle a;n_j=1,n_l-1 \mid \hat{H}_{I2} \mid a;n_j=0,n_l\rangle = \frac{q^2}{m}\frac{\hbar}{2\varepsilon_0L^3}\frac{\boldsymbol{\varepsilon}_j\cdot\boldsymbol{\varepsilon}_l}{\omega_j}\sqrt{n_l} \quad (6.89)$$

在此表达式中，我们已经应用了入射、散射频率相等，

$$\omega_l = \omega_j \tag{6.90}$$

以及式(6.73)中有两项($\hat{a}_j^\dagger \hat{a}_l$ 和 $\hat{a}_l \hat{a}_j^\dagger$)对应了同一过程的事实. 式(6.89)将在后面(6.5节)用于计算散射截面. 我们马上注意到这里描述的散射过程的概率正比于式(6.89)的模方，并且因此正比于光子数 n_l，或者实际上就是辐射场的强度.

评注 式(6.89)描述了从一个有光子占据的 l 模到初始无光子的 j 模的散射. 如果 j 模初始也有光子占据，那么式(6.89)的矩阵元将要乘上一个因子 $\sqrt{n_j+1}$，于是过程将变得更加易于发生. 这就是从 l 模到 j 模的受激散射. 这是一个非线性过程，其发生的概率正比于 j 模光强和 l 模光强的乘积.

6.4 自发辐射

6.4.1 计算规则

1. 与连续能级耦合的分立能级

我们已经在6.3.3小节中看到处于激发态 $|b\rangle$ 的一个原子可以自发地通过辐射一个 j 模的光子而退激发到有较低能量的态 $|a\rangle$. 在这个过程中，原子-辐射场系统从态 $|b,0\rangle$(真空中的激发态原子)到达 $|a,1_j\rangle$(原子处于基态且有一个 j 模的光子). 我们知道这样一个由不含时耦合引起的跃迁只有在初末态能量非常接近时才能发生，并且辐射的光子将有着非常接近 $E_b - E_a$ 的能量 $\hbar\omega_j$，$E_b - E_a$ 可记为 $\hbar\omega_0$：

$$\hbar\omega_j \simeq E_b - E_a = \hbar\omega_0 \tag{6.91}$$

这个过程可以表示为图6.5，此图显示了与图6.3同类现象的另一种表现. 为了简化讨论，我们这里假定通过辐射一个光子所能达到的能级低于 b 的态只有一个.

由于电磁场模具有一个准连续谱的频率，过程的末态 $|a;1_j\rangle$ 也具有准连续的能量，我们可以将第1章对分立能级和连续谱耦合的结论用在这里. 注意到此方法可以通过费米黄金规则用来微扰计算从分立能级的离开速率 Γ_{sp}. 这里任何离开都导致自发辐射光

子的出现，离开速率可以解释为自发辐射率，即光子的产生率．在接下来的章节中将计算这个速率．此外，我们可以用维格纳和韦斯科夫（见 1.3.2 小节）的方法得到本节的重要结论，也就是，原子保持在激发态能级 $|b\rangle$ 的概率是按时间常量为 Γ_{sp}^{-1} 的指数形式进行衰减的，此时间常量解释为 $|b\rangle$ 的辐射寿命，

$$\tau_{sp} = \frac{1}{\Gamma_{sp}} \tag{6.92}$$

实际上，在 6.4.3 和 6.4.4 小节中所详细阐明的费米黄金规则给出了一个光子在指定方向和极化的**微分自发辐射率**，其中能量由式（6.91）确定（甚至在给定辐射方向和极化方向上，电磁场的模相较于频率来说仍旧为准连续谱）．此量对所有辐射方向和极化方向的积分给出了总的自发辐射率 Γ_{sp}．微分辐射率与总辐射率的比率用于获得 $|b\rangle \to |a\rangle$ 跃迁的**辐射方向图**（或辐射图），即辐射光子对每一个极化的角分布．我们将看到，在自由空间这个方向图由下面矩阵元确定（见方程（6.109））：

$$\langle a \mid \hat{\boldsymbol{p}} \cdot \boldsymbol{\varepsilon}_l \mid b \rangle \tag{6.93}$$

其中可以差一个仅依赖于 $|a\rangle$ 和 $|b\rangle$ 态的角动量的常数乘积因子．为了理解完整的计算，我们考虑对一个特定跃迁进行详细描述，然后显式地演示一下刚刚提出的方法的应用．

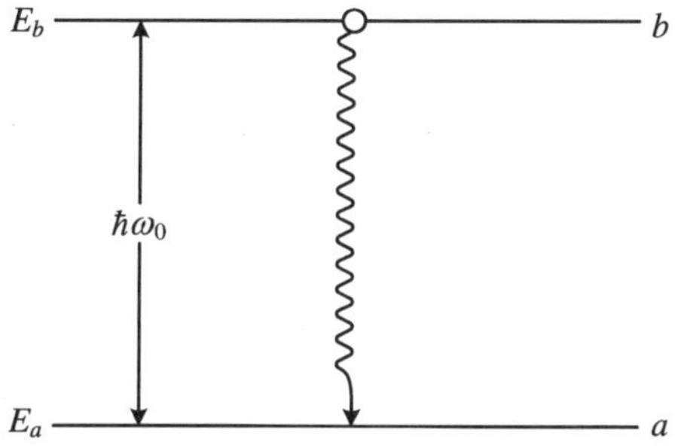

图 6.5　激发态 $|b\rangle$ 和较低能量态 $|a\rangle$ 之间的自发辐射

辐射的光子的能量接近 $\hbar\omega_0 = E_b - E_a$．辐射的方向和极化是随机变量．这些随机变量的概率分布给出了原子的辐射方向图，其依赖于态 $|a\rangle$ 和 $|b\rangle$ 的特点．

2. 跃迁 $(l=1, m=0) \to (l=0, m=0)$

我们考虑仅有一个电子的原子的特殊情况，其基态 $|a\rangle$ 的角动量为零（$l=0$，因此 $m_l=0$，其中 m_l 为角动量在 Oz 方向上的分量，$\hat{L}_z = \boldsymbol{e}_z \cdot \hat{\boldsymbol{L}}$）．对于激发态，我们设 $|b\rangle$ 态角动量为（$l=1, m_l=0$）．很容易证明

$$\langle a \mid \hat{p}_x \mid b \rangle = \langle a \mid \hat{p}_y \mid b \rangle = 0 \tag{6.94}$$

因此式(6.93)中的矩阵元可以简单地表示为$\langle a|\hat{p}_z|b\rangle$的函数,即

$$\langle a \mid \hat{\boldsymbol{p}} \cdot \boldsymbol{\varepsilon}_j \mid b \rangle = \langle a \mid \hat{p}_z \mid b \rangle (\boldsymbol{e}_z \cdot \boldsymbol{\varepsilon}_j) \tag{6.95}$$

式(6.94)中的矩阵元为零的事实可以通过回忆$\langle a|\hat{p}_x|b\rangle$和$\langle a|\hat{p}_y|b\rangle$分别正比于$\langle a|\hat{x}|b\rangle$和$\langle a|\hat{y}|b\rangle$(见式(2.96))而证明.而坐标$\hat{x}$和$\hat{y}$的矩阵元在$(l=1,m=0)\rightarrow(l=0,m=0)$的跃迁中为零,是由于相应波函数(见补充材料2.B)的角度依赖性.例如,我们有

$$\langle a \mid \hat{x} \mid b \rangle = \int r^2 \sin\theta \mathrm{d}r \mathrm{d}\theta \mathrm{d}\varphi R_a^*(r) \mathrm{Y}_0^{0*}(\theta,\varphi) r\sin\theta\cos\varphi R_b(r) \mathrm{Y}_1^0(\theta,\varphi) \tag{6.96}$$

此式因为球谐函数Y_0^0和Y_1^0不依赖于方位角φ而为零.对于$\langle a|\hat{y}|b\rangle$也如此,该矩阵元和上式一样,只是将

$$x = r\sin\theta\cos\varphi \tag{6.97}$$

替换为

$$y = r\sin\theta\sin\varphi \tag{6.98}$$

然而,注意到

$$z = r\cos\theta \tag{6.99}$$

我们可以看出没有理由表明$\langle a|\hat{z}|b\rangle$为零,因此$\langle a|\hat{p}_z|b\rangle$也没有理由为零.

6.4.2 单光子态的准连续谱与态密度

为了应用费米黄金规则,我们必须知道末态$|a;1_j\rangle$的态密度,此态密度与单光子态$|1_j\rangle$的态密度相同.事实上,我们只需研究量子化辐射场j模的模密度.我们假定辐射模由第4章的定义给出,即用离散的边长为L的立方腔的周期性边界条件给出的模.模视为平面波,其波矢为

$$\boldsymbol{k}_j = \frac{2\pi}{L}(n_x\boldsymbol{e}_x + n_y\boldsymbol{e}_y + n_z\boldsymbol{e}_z) \tag{6.100}$$

频率为

$$\omega_j = ck_j \tag{6.101}$$

在这些关系式中，$\boldsymbol{e}_x$，$\boldsymbol{e}_y$ 和 $\boldsymbol{e}_z$ 是三维正交基的单位矢量，并且 n_x，n_y 和 n_z 是整数.

每一个波矢 $\boldsymbol{k}_j$ 有两个模，对应两个极化 $\boldsymbol{\varepsilon}$ 和 $\boldsymbol{\varepsilon}'$，与 $\boldsymbol{k}_j$ 形成三个彼此正交的矢量（第 4 章图 4.1）. 如果 $\boldsymbol{\varepsilon}$ 选在（$\boldsymbol{e}_z$，$\boldsymbol{k}_j$）平面，矢量 $\boldsymbol{\varepsilon}'$ 就和 $\boldsymbol{e}_z$ 正交，于是这里所考虑的跃迁矩阵元(6.95)就为零. 因此我们忽略那些和 $\boldsymbol{e}_z$ 正交的模，并在与之相关的态的态密度中，对每一个波矢 $\boldsymbol{k}_j$ 只计一个模，也就是在（$\boldsymbol{e}_z$，$\boldsymbol{k}_j$）平面内的那个偏振模. 如果 θ 是 $\boldsymbol{e}_z$ 和 $\boldsymbol{k}_j$ 之间的夹角，则式(6.95)中的矩阵元正比于

$$\boldsymbol{e}_z \cdot \boldsymbol{\varepsilon}_j = \sin\theta \tag{6.102}$$

一个波矢 $\boldsymbol{k}_j$（即在倒易空间的一个点）对应这些模中的一个模（图 6.6）. 于是方程(6.100)显示了这些点的全集组成了一个立方晶格，其中的单位体积元具有体积 $(2\pi/L)^3$. 在倒易空间中，态的密度是此体积元的倒数，即 $[L/(2\pi)]^3$. 但是这还不是我们需要的量，因为为了应用费米黄金规则，我们需要态的密度的能量函数形式的表达式.

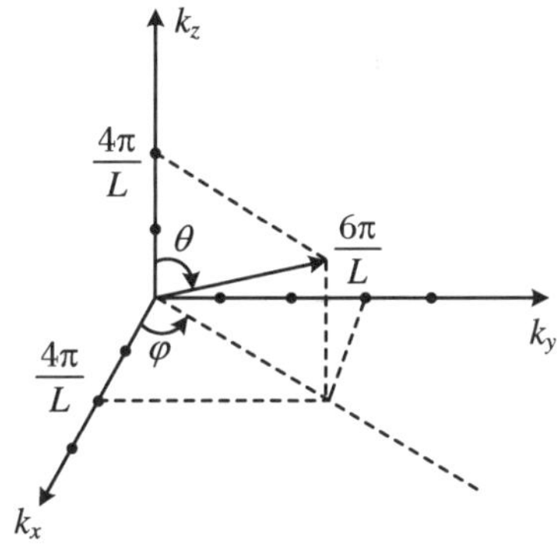

图 6.6　在倒易空间不同的模的图示

作为一个例子，模（$n_x = 2$，$n_y = 3$，$n_z = 2$）已经在图中表示为波矢. $\boldsymbol{k}_j$ 的方向由角度 θ 和 φ 确定. 由式(6.100)定义的所有模对应一组矢量 $\boldsymbol{k}_j$，该组矢量末端点组成了一个边长为 $2\pi/L$ 的立方晶格.

态 $|1_j\rangle$ 的能量是

$$E_j = \hbar\omega_j = \hbar ck_j \tag{6.103}$$

当 L 趋于无穷时，方程(6.100)告诉我们能量 E_j 的间距变得越来越密集①，于是我们便确实获得了准连续态.

① 注意到让 L 趋于无穷的过程仅在自由空间情况下是实用的. 在谐振腔内，量子化的总体积是有物理意义的，这里所得的将 L 趋于无穷大的结果将不适用于谐振腔的情况（见补充材料 6.B）.

如果我们通过其能量 E_j 和波矢 $\boldsymbol{k}_j$ 的方向(θ,φ)来描述一个态(图 6.6),所要确定的态密度就是 $\rho(\theta,\varphi;E)$,其由下式定义:

$$\mathrm{d}N = \rho(\theta,\varphi;E)\mathrm{d}E\mathrm{d}\Omega \tag{6.104}$$

其中 $\mathrm{d}N$ 是在能量 E 和 $E+\mathrm{d}E$ 之间并且其波矢指向沿(θ,φ)方向的立体角 $\mathrm{d}\Omega$ 内的态的数目.相应地,波矢末端在半径为 k 和 $k+\mathrm{d}k$ 的球面内,对应的能量为 $E/(\hbar c)$和$(E+\mathrm{d}E)/(\hbar c)$,并且它们指向了方位角 $\mathrm{d}\Omega$.考虑到 $E=\hbar ck$,相应的体积元为

$$\mathrm{d}^3 k = k^2\mathrm{d}k\mathrm{d}\Omega = \frac{E^2}{(\hbar c)^3}\mathrm{d}E\mathrm{d}\Omega \tag{6.105}$$

将此体积除以每一个模所占体积$(2\pi/L)^3$,我们得到在体积元(6.105)中态的数目为

$$\mathrm{d}N = \left(\frac{L}{2\pi}\right)^3 \frac{E^2}{(\hbar c)^3}\mathrm{d}E\mathrm{d}\Omega \tag{6.106}$$

因此所求的态的密度为

$$\rho(\theta,\varphi;E) = \left(\frac{L}{2\pi}\right)^3 \frac{E^2}{(\hbar c)^3} \tag{6.107}$$

评注 (1) 态密度(6.107)是各向同性的,即它是和传播方向无关的.这也是一个应该的结果,因为毕竟空间是各向同性的.

(2) 态密度表达式(6.107)仅在与定义式(6.104)相关联时才是完全确定的.我们可以通过关系式 $\mathrm{d}N=\rho'(\theta,\varphi)\mathrm{d}E\mathrm{d}\theta\mathrm{d}\varphi$ 来定义另一个态密度$\rho'(\theta,\varphi)$,显然这也将导致相同的物理预言.这里用基于立体角的定义式(6.104)的优越性在于,其所致的密度(6.107)是明显各向同性的,相反,$\rho'(\theta,\varphi)$则依赖参数 θ,这会使人产生 $\rho'(\theta,\varphi)$是各向异性的误解.

6.4.3 在给定方向上的自发辐射率

为了应用费米黄金规则,我们必须代入总的系统$|a;1_j\rangle$在能量 E_a+E_j 附近的态密度,其中能量 E_a+E_j 等于初态$|b;0\rangle$的能量 E_b.这个态密度等于辐射模在值 $E_j=E_b-E_a=\hbar\omega_0$ 处的密度(见方程(6.91)).这导致了在方向(θ,φ)上单位立体角自发辐射率为(见方程(1.97))

$$\frac{\mathrm{d}\Gamma_{\mathrm{sp}}}{\mathrm{d}\Omega} = \frac{2\pi}{\hbar}\left|\langle a;1_j|\hat{H}_{\mathrm{I1}}|b;0\rangle\right|^2\rho(\theta,\varphi;E_j=\hbar\omega_0) \tag{6.108}$$

将矩阵元 $\hat{H}_{\rm I1}$ 替换为式(1.72)、态密度替换为式(6.107),在考虑式(6.95)和式(6.102)后,我们得到了一个独立于立方盒子边长 L 的表达式.对$(l=1,m=0)\to(l=0,m=0)$这个特定的跃迁,我们得到

$$\frac{\mathrm{d}\Gamma_{\rm sp}}{\mathrm{d}\Omega}(\theta,\varphi)=\frac{q^2}{8\pi^2\varepsilon_0}\frac{\omega_0}{m^2\hbar c^3}|\langle a|\hat{p}_z|b\rangle|^2\sin^2\theta \tag{6.109}$$

其中 $\sin^2\theta$ 项描述了跃迁$(l=1,m=0)\to(l=0,m=0)$的自发辐射方向图.在 Oz 方向$(\theta=0)$上的辐射为零,并且在垂直于 Oz 的方向上最大.同时也注意到,对这个跃迁,所辐射的光的极化矢量 $\boldsymbol{\varepsilon}$ 在$(Oz,\boldsymbol{k})$平面内,并垂直于发射方向 $\boldsymbol{k}$.

评注 (1) 这里所得的辐射图与沿 Oz 方向振荡的偶极子的辐射(见补充材料2.A)的经典计算结果一致.这种相似性可以归结为选取了跃迁$(l=1,m=0)\to(l=0,m=0)$的原因.

如果我们考虑的是$(l=1,m=\pm1)\to(l=0,m=0)$,我们将会发现一个与在 xOy 平面内的经典偶极子振荡所产生的相同的辐射图.这种相似性是由于哈密顿量 $\hat{H}_{\rm I1}$ 中出现的动量算符 $\hat{\boldsymbol{p}}$ 的矢量性以及所选的跃迁是$(l=1)\to(l=0)$.

(2) 对于任意的跃迁,在给定方向的自发辐射率必须对两个互相垂直的偏振 $\boldsymbol{\varepsilon}$ 和 $\boldsymbol{\varepsilon}'$(都垂直于辐射方向)进行计算,这给出两个不同的速率:

$$\frac{\mathrm{d}\Gamma_{\rm sp}}{\mathrm{d}\Omega}(\theta,\varphi,\boldsymbol{\varepsilon})\propto|\langle a|\boldsymbol{p}\cdot\boldsymbol{\varepsilon}|b\rangle|^2 \tag{6.110}$$

$$\frac{\mathrm{d}\Gamma_{\rm sp}}{\mathrm{d}\Omega}(\theta,\varphi,\boldsymbol{\varepsilon}')\propto|\langle a|\boldsymbol{p}\cdot\boldsymbol{\varepsilon}'|b\rangle|^2 \tag{6.111}$$

在(θ,φ)方向总的自发辐射速率是上述两个速率(6.110)和(6.111)之和.

为了可以描述圆偏振或椭圆偏振,两个偏振 $\boldsymbol{\varepsilon}$ 和 $\boldsymbol{\varepsilon}'$ 可以是复的.对于给定的跃迁和辐射方向,可以找到一对互相垂直的偏振(在希尔伯特空间,即 $\boldsymbol{\varepsilon}'\cdot\boldsymbol{\varepsilon}^*=0$),以使其一对应式(6.111)的矩阵元为零.此方法是我们所做计算$(l=1,m=0)\to(l=0,m=0)$的一个推广.

除了化简计算外,此计算过程还提供了所辐射光子偏振的暗示信息.例如,对于跃迁$(l=1,m=0)\to(l=0,m=0)$,我们会在包含 Oz 轴的每个平面内找到线性偏光.对于$(l=1,m=\pm1)\to(l=0,m=0)$,我们将发现辐射向任何方向的光都是椭圆偏振的.但在 Oz 轴方向,辐射光是圆偏振的,在垂直于 Oz 方向是线性偏振的.同样,这个结果是和经典描述下在 xOy 平面内转动的偶极子的电磁辐射类似的.

一般地,对于跃迁$(l=1)\to(l=0)$,辐射的光子的偏振是与经典偶极子的电磁场描述一致的,只要该偶极子依据初态时原子磁量子数 m 进行适当的选择即可.

6.4.4 激发态的寿命和自然线宽

为了得到总的自发辐射率，我们可以简单地将微分的辐射率(6.109)对所有辐射方向积分：

$$\Gamma_{sp} = \int \frac{d\Gamma_{sp}}{d\Omega} d\Omega \tag{6.112}$$

在球坐标下，立体角的单位元由下式给出：

$$d\Omega = \sin\theta d\theta d\varphi \tag{6.113}$$

考虑到式(6.112)，于是式(6.109)中的角积分就是

$$\int_0^{2\pi} d\varphi \int_0^{\pi} d\theta \sin^3\theta = \frac{8\pi}{3} \tag{6.114}$$

因此最后，对于跃迁$(l=1,m=0)\rightarrow(l=0,m=0)$，有

$$\Gamma_{sp} = \frac{q^2}{3\pi\varepsilon_0} \frac{\omega_0}{m^2 \hbar c^3} |\langle a | \hat{p}_z | b\rangle|^2 \tag{6.115}$$

此速率就是单位时间内总的自发辐射概率. 态$|b\rangle$的辐射寿命是此量的倒数(见方程(6.92)).

评注 如果态$|b\rangle$可以通过自发辐射而退激发到若干个较低能级态$|a_1\rangle$，$|a_2\rangle$，…，则总的自发辐射概率是向每一个较低能级跃迁的概率之和，于是我们就有

$$\Gamma_{sp} = \Gamma_{sp}^{(1)} + \Gamma_{sp}^{(2)} + \cdots \tag{6.116}$$

这暗示了如下的辐射寿命：

$$\frac{1}{\tau} = \frac{1}{\tau_1} + \frac{1}{\tau_2} + \cdots \tag{6.117}$$

对于高激发态，这种情况是经常发生的. 这种情况也发生在到简并的基态的跃迁中. 这时，必须通过对基态所有子能级的跃迁概率求和来得到激发态的辐射寿命.

正如在第1章中所指出的(见方程(1.91))，此过程中末态的能量分布是洛伦兹分布，分布的半宽度等于跃迁率. 于是对于自发辐射的光子，以ω_0为中心的频谱分布半宽度等于Γ_{sp}. 更准确地说，在ω附近的单位频率段内观察到自发辐射光子的概率由下式给出：

$$\frac{\mathrm{d}P}{\mathrm{d}\omega}=\frac{\Gamma_{\mathrm{sp}}}{2\pi}\frac{1}{(\omega-\omega_0)^2+\Gamma_{\mathrm{sp}}^2/4} \tag{6.118}$$

此曲线的半宽度称为两能级间辐射跃迁的**自然线宽**，在这里等于激发态的自发辐射率 Γ_{sp}.①

利用式(6.88)，我们也可写出

$$\Gamma_{\mathrm{sp}}=\frac{1}{3\pi\varepsilon_0}\frac{\omega_0^3}{\hbar c^3}\left|\langle a|\hat{D}_z|b\rangle\right|^2 \tag{6.119}$$

此表达式非常适合做寿命的计算，比如波函数已知的氢原子情形.作为例子，在莱曼系 α 线，从 2p 能级到 1s 能级的跃迁，由计算给出 $\Gamma_{\mathrm{sp}}=6\times10^8\ \mathrm{s}^{-1}$，这对应测量的寿命为1.6 ns.

将 Γ_{sp}表达为跃迁振子的强度的形式可能也是有益的，即由下式定义的一个无量纲量：

$$f_{ab}=\frac{2m\omega_0\left|\langle a|\hat{z}|b\rangle\right|^2}{\hbar} \tag{6.120}$$

于是我们有

$$\Gamma_{\mathrm{sp}}=f_{ab}\Gamma_{\mathrm{cl}} \tag{6.121}$$

其中

$$\Gamma_{\mathrm{cl}}=\frac{q^2}{6\pi\varepsilon_0}\frac{\omega_0^2}{mc^3} \tag{6.122}$$

这是一个被弹性束缚的电子的经典辐射阻尼的倒数(见补充材料 2.A).

对于单电子原子第一激发态和基态之间的跃迁，振子强度的量级是 1，这使得式(6.120)非常有用.例如，对氢原子莱曼系 α 线，我们有 $f_{ab}=0.42$，并且对钠的 $3S_{1/2}\to 3P_{1/2}$跃迁，有 $f_{ab}=0.33$.

评注 (1) 当 $\hat{p}_x$ 和 $\hat{p}_y$ 在$|a\rangle$和$|b\rangle$之间的矩阵元非零，且$|b\rangle$的角动量 l 为零时，式(6.121)仍旧成立，只要将式(6.120)的定义推广至

$$f_{ab}=\frac{2m\omega_0}{\hbar}\left|\langle a|\hat{\boldsymbol{r}}|b\rangle\right|^2 \tag{6.123}$$

(2) 正如上面表达式所示，自发辐射率随着跃迁频率的增加而增加(对于恒定强度的

① 跃迁的自然线宽仅在低能级稳定(即低能线宽为零)时才是高能级寿命的倒数.

谐振子为 ω_0^2).因此紫外跃迁的自发辐射率要比红外跃迁的大得多.一般来说,辐射寿命对于紫外跃迁是 ns 量级,可见光为 10 ns 而在近红外为 μs 量级.在远红外自发辐射已经是一个非常弱的过程,更不要说微波区域了.(虽然如此,在天体物理学中微波辐射却发挥着作用,例如,星际中的氢原子 21 cm 微波辐射.)

(3) 自发辐射随频率的增加而增长的速度快于受激辐射随频率增加的速度.这是由于受激辐射向特定的模辐射光子,而自发辐射由于式(6.107)中的态密度对频率的依赖关系而导致光子向很多模(模数目正比于 ω_0^2)辐射.这就是为什么在长波波段更容易得到激光(见 3.2.1 小节评注(1)).

(4) 由于对称性,式(6.119)中的跃迁矩阵元也可能为零.于是自发辐射就不能发生.这称为**禁线**.两个能级具有相同宇称就对应了这种情况,因为位置或电偶极算符是奇宇称算符.一个有趣的粒子就是氢原子的 2S($n=2,l=0$),此能级由于宇称相同而不能向基态 1S($n=1,l=0$)跃迁.仅有的比 2S 低的能级是 $2P_{1/2}$,但是跃迁的频率是1 GHz.此频率在微波区,因此相应的自发辐射是可以忽略的(见本评注(2)).因此 2S 能级是亚稳态,即尽管处于非最低能级,但仍然是稳定的态.事实上,此能级确实有一个非零的概率通过自发辐射两个光子的方式而衰变至 1S 能级.此自发辐射率可以类似前面所述的计算方式计算,只是要用到相互作用哈密顿量的二阶微扰.此高阶过程所对应的寿命为 1 s 量级.

(5) 可以证明,给定能级(n,l)的塞曼子能级具有相同的辐射寿命.

6.4.5 自发辐射:原子和真空的联合特性

自发辐射率的计算是只有通过原子-辐射场相互作用的全量子形式才能计算的一个例子.这已经能够证实全量子形式的重要性了.此外,这种计算使物理学家认识到自发辐射不是原子个体的内在特性,它实际上是与量子化的真空耦合在一起的原子的特性.

我们注意到可以通过加入边界条件来改变量子化的真空的特性,这样上面的论断(自发辐射是原子与真空耦合的特性)就不仅仅局限于一个理论上的表述了.其结果就是我们能够通过主动地改变自发辐射光子所跃迁到的辐射模的态密度,而使自发辐射率相较自由的真空中的自发辐射率发生变化(例如参见方程(6.108)).①

这可以产生重要结论.例如,可以阻断自发辐射,只要在 ω_0 附近的态密度为零.相反,也可以增强自发辐射,或者使辐射倾向于特定的方向.此类现象首先在微波区内被观

① Kleppner D. Inhibited Spontaneous Emission [J]. Physical Review Letters, 1981, 47: 233.

测到：在波导内放置一个高激发态且仅能通过微波辐射而退激发的原子.[①]实验中，自发辐射的抑制或增强都被观测到了，抑制还是增强依赖于自发辐射模在波导中对应的态密度的值.类似的效应在光学波段也已经得到演示.[②]更多例子可以在“腔量子电动力学”的实验中找到(补充材料 6.B)，特别是著名的珀塞尔效应(Purcell effect)(6.B.4 小节).其他一些控制自发辐射的方式也已被考虑，诸如应用“光子晶体”或者“无序超晶格”(6.B.2.3小节的脚注)，并且这些可能会导致一些重要的应用.

6.5 光子被原子散射

6.5.1 散射矩阵元

散射过程就是，在原子存在的情况下一个光子从一个模消失而在另一个模出现.原子的末态可以和初态相同，也可以不同.当相同时，由于能量守恒，散射光子和入射光子的频率相同，因此散射是弹性的.然而，如果原子内部能量在过程中发生了改变，这就是非弹性散射，被散射的辐射的频率将发生变化.这是**拉曼散射**.[③]

我们已在 6.3.5 小节中说明相互作用哈密顿量 $\hat{H}_{I2}$ 可以诱导出不改变原子态情况下的散射(图 6.4).因此这是一个弹性散射.由于 $\hat{H}_{I2}$ 是矢势的平方，散射出现在微扰理论的一阶，并由式(6.89)的跃迁矩阵元给出.

另一个机制也能导致散射过程，即当我们进行像 1.2.5 小节那样的二阶微扰计算时由 $\hat{H}_{I1}$ 描述的机制.我们已经看到了在二阶微扰理论中是如何描述跃迁的：引入一个有效哈密顿量，该哈密顿量在初末态之间的矩阵元由单个被散射到模 j 的入射光子($n_l=1$)给出，矩阵元为

---

① Hulet R G, Hilfer E S, Kleppner D. Inhibited Spontaneous Emission by a Rydberg Atom [J]. Physical Review Letters, 1985, 55: 2137.

② Jhe W, et al. Suppression of Spontaneous Decay at Optical Frequencies: Tests of Vacuum-Field Anisotropy in Confined Space [J]. Physical Review Letters, 1987, 58: 666,1497.

③ 这里我们隐式地假设了初始原子态是非简并的.否则，原子的两个子态变化时发生散射，但是态的能量不会变化.

$$\langle a';1_j \mid \hat{H}_{\mathrm{I}}^{\mathrm{eff}} \mid a;1_l\rangle = \sum_b \frac{\langle a';1_j \mid \hat{H}_{\mathrm{I1}} \mid b;0\rangle\langle b;0 \mid \hat{H}_{\mathrm{I1}} \mid a;1_l\rangle}{E_a - E_b + \hbar\omega_l} + \sum_b \frac{\langle a';1_j \mid \hat{H}_{\mathrm{I1}} \mid b;1_j,1_l\rangle\langle b;1_j,1_l \mid \hat{H}_{\mathrm{I1}} \mid a;1_l\rangle}{E_a - E_b - \hbar\omega_j} \tag{6.124}$$

式(6.124)中的第一个求和描述了中间态为$|b;0\rangle$(原子处于$|b\rangle$且没有光子)的散射过程.此项在图6.7中得到演示.式(6.124)中的第二个求和式对应图6.8,因为散射中间态$|b;1_j,1_l\rangle$包含两个光子(一个处于j模,一个处于l模).

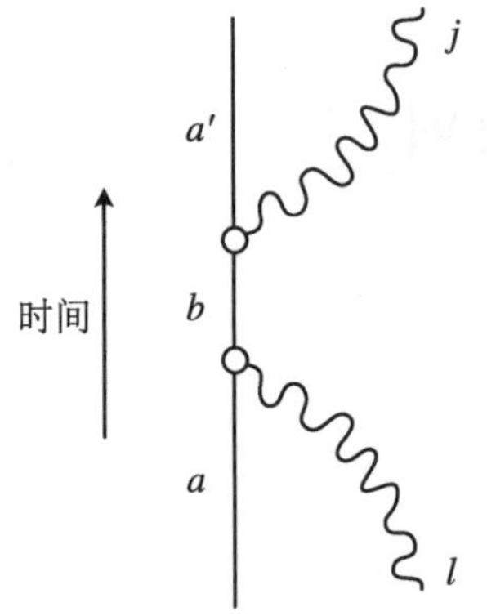

图6.7 在哈密顿量$\hat{H}_{\mathrm{I1}}$(二阶微扰近似)的作用下l模光子至j模的散射

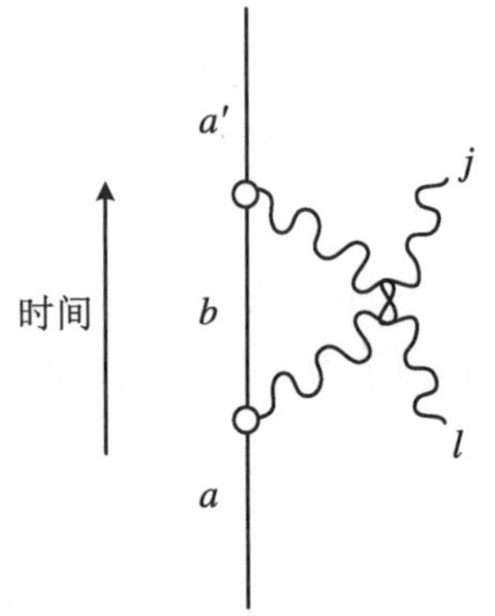

图6.8 在$\hat{H}_{\mathrm{I1}}$(二阶微扰近似)作用下l模光子到j模光子散射的第二个过程

原子和辐射场获得能量增益的中间态是高度非共振的.

由于相互作用哈密顿量是不依赖于时间的,跃迁只能在初态$|a;1_l\rangle$和末态$|a';1_j\rangle$具有相同能量时才发生:

$$E_a + \hbar\omega_l = E_{a'} + \hbar\omega_j \tag{6.125}$$

然而,在中间阶段是没有能量守恒条件约束的,并且 E_b 通常与 $E_a+\hbar\omega_l$ 不同.至 $|b\rangle$ 态的激发称为**虚的**.应该注意到,图 6.7 中显示的过程是两个图中更直观的一个,图 6.8 中的过程则对应了一个原则上不太显著的过程,在该过程中原子在吸收 l 模光子之前先放出一个 j 模光子.在这种情况下,散射过程的中间态是 $|b;1_j,1_l\rangle$.这个态中原子处于激发态 $|b\rangle$,并且辐射场有一个额外光子,显然此态有着比初态更高的能量.然而不管怎样,这个过程也是需要考虑的.

应用式(6.72),方程(6.124)可写为如下形式:

$$\langle a';1_j\mid \hat{H}_{\mathrm{I}}^{\mathrm{eff}}\mid a;1_l\rangle=\frac{q^2\hbar}{m^2\varepsilon_0L^3\sqrt{\omega_j\omega_l}}\sum_b\left[\frac{\langle a'\mid \boldsymbol{p}\cdot\boldsymbol{\varepsilon}_j\mid b\rangle\langle b\mid \boldsymbol{p}\cdot\boldsymbol{\varepsilon}_l\mid a\rangle}{E_a-E_b+\hbar\omega_l}+\frac{\langle a'\mid \boldsymbol{p}\cdot\boldsymbol{\varepsilon}_l\mid b\rangle\langle b\mid \boldsymbol{p}\cdot\boldsymbol{\varepsilon}_j\mid a\rangle}{E_a-E_b-\hbar\omega_j}\right]\tag{6.126}$$

如果入射模 l 有 n_l 个光子,则耦合矩阵元为

$$\langle a';1_j,n_l-1\mid \hat{H}_{\mathrm{I}}^{\mathrm{eff}}\mid a;0_j,n_l\rangle=\sqrt{n_l}\langle a';1_j,0_l\mid \hat{H}_{\mathrm{I}}^{\mathrm{eff}}\mid a;0_j,1_l\rangle\tag{6.127}$$

这是和式(6.126)中包含一个入射光子的矩阵元是相等的,只是乘了因子 $\sqrt{n_l}$.对于与 $\hat{H}_{12}$(见式(6.90))相关的散射项,散射振幅正比于入射光子数的平方根.

6.5.2 散射截面

与自发辐射类似,散射过程是指将一个分立能级与一个准连续的末态相耦合在一起,因为这里的 j 模是连续的(见 6.4 节).费米黄金规则可以应用于计算单位时间从 l 模到准连续模的散射概率(跃迁率),其正比于跃迁矩阵元的模方.因此这个散射率正比于入射模出现的光子数目 n_l.

通过和式(6.108)的类比,我们将从 l 模到初始时为真空的 j 模散射率写为下面的形式,其中 j 模波矢 $\boldsymbol{k}_j$ 指向(θ,φ)的立体角 $\mathrm{d}\Omega$,

$$\frac{\mathrm{d}\Gamma}{\mathrm{d}\Omega}(\boldsymbol{\varepsilon}_j,\theta,\varphi)=\frac{2\pi}{\hbar}n_l\mid\langle a';1_j\mid \hat{H}_{\mathrm{I}}\mid a;1_l\rangle\mid^2\rho(\theta,\varphi;\hbar\omega_j=\hbar\omega_l+E_a-E_{a'})\tag{6.128}$$

在此方程中,相互作用哈密顿量 $\hat{H}_{\mathrm{I}}$ 为 $\hat{H}_{12}$ 或 $\hat{H}_{\mathrm{I}}^{\mathrm{eff}}$(见方程(6.124)),或者更一般的为此两项之和.应用矩阵元表达式(6.89)或(6.126)以及态密度表达式(6.107),我们发现式(6.128)等号右边正比于 L^{-3}.表面上这看起来很出乎意料,因为体积 L^3 是任意选取的,

不应该出现在最终结果中.

事实上,正如第 5 章 5.3.7 小节所解释的那样,l 模行波的强度不是由 l 模的光子数所表征的,而是和辐照度 Π_l 相关的光的流强度 Π_l^{phot}(单位面积单位时间内的光子流)相关的,

$$\Pi_l^{\text{phot}} = \frac{\Pi_l}{\hbar\omega_l} \tag{6.129}$$

由于在单位体积内有 n_l/L^3 个光子以光速 c 传播,光子和光的流强度 Π_l^{phot} 的关系为

$$\Pi_l^{\text{phot}} = c\frac{n_l}{L^3} \tag{6.130}$$

将式(6.128)中的 n_l 替换为 $\Pi_l^{\text{phot}}L^3/c$,我们得到一个不再含有 L^3 的关系式,因此我们可以定义**微分散射截面** $\frac{\mathrm{d}\sigma}{\mathrm{d}\Omega}(\boldsymbol{\varepsilon}_j,\theta,\varphi)$为

$$\frac{\mathrm{d}\sigma}{\mathrm{d}\Omega}(\boldsymbol{\varepsilon}_j,\theta,\varphi) = c\frac{n_l}{L^3}\frac{\mathrm{d}\sigma}{\mathrm{d}\Omega}(\boldsymbol{\varepsilon}_j,\theta,\varphi) = \Pi_l^{\text{phot}}\frac{\mathrm{d}\sigma}{\mathrm{d}\Omega}(\boldsymbol{\varepsilon}_j,\theta,\varphi) \tag{6.131}$$

对所有(θ,φ)积分并对每一个方向上的两个正交的极化 $\boldsymbol{\varepsilon}_j'$和 $\boldsymbol{\varepsilon}_j''$求和,我们就得到一个 l 模光子的总散射截面:

$$\sigma = \int \mathrm{d}\Omega\left[\frac{\mathrm{d}\sigma}{\mathrm{d}\Omega}(\boldsymbol{\varepsilon}_j',\theta,\varphi) + \frac{\mathrm{d}\sigma}{\mathrm{d}\Omega}(\boldsymbol{\varepsilon}_j'',\theta,\varphi)\right] \tag{6.132}$$

截面具有面积的物理量纲.为了更具启发意义,此量可以解释为在光子的入射流中拦截光子并将其散射的有效面积.

6.5.3 一些散射过程的定性描述

1. 瑞利散射

瑞利散射是一个低能弹性散射过程.这里我们说的低能过程是指光子能量相较于将原子激发到激发态的能量来说是低的.瑞利散射过程可以由图 6.9 表示.

由式(6.89)和式(6.126)出发可以证明①,对于二能级原子(玻尔频率为 ω_0),瑞利散射的总截面等于

① 参见 CDG Ⅱ练习 3.

$$\sigma_R = \frac{8\pi}{3} r_0^2 \frac{\omega^4}{\omega_0^4} \tag{6.133}$$

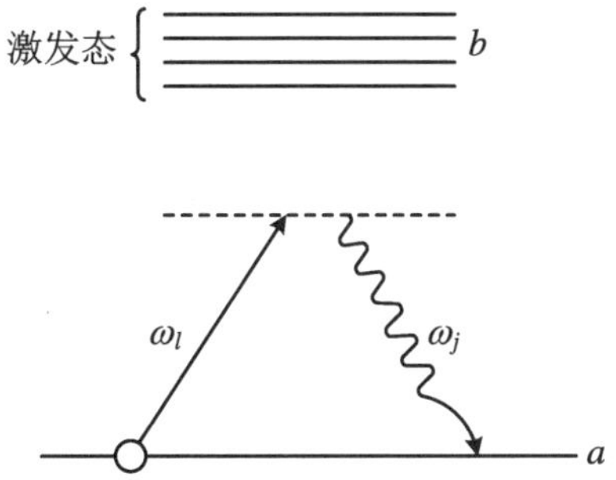

图 6.9　瑞利散射(光子能量比原子激发态能量小)

在这个公式中，ω 是入射(及散射)光子的频率，r_0 是所谓的经典电子半径(见补充材料 2.A)：

$$r_0 = \frac{q^2}{4\pi\varepsilon_0 mc^2} \tag{6.134}$$

上式的值为 2.8×10^{-15} m.

注意到瑞利散射的截面 σ_R 按角频率 ω 的四次方变化，即短波辐射较长波更多地被散射. 因此，在可见光区，蓝光的散射较红光大，这解释了天空为什么呈蓝色，因为太阳光被大气分子的散射大多是瑞利散射(大气分子中电子的共振在紫外区).

评注　在远离共振时，二能级原子模型并不十分现实. 但是，可以证明式(6.133)仍是成立的，只要我们将 ω_0 替换为有效原子共振频率，该有效频率定义为

$$\frac{1}{(\omega_0^{\text{eff}})^2} = \hbar^2 \sum_{b\neq a} \frac{f_{ab}}{(E_b - E_a)^2} \tag{6.135}$$

其中 f_{ab} 是由式(6.123)定义的 $a\leftrightarrow b$ 跃迁的振子强度.

2. 汤姆孙散射

汤姆孙散射是一个高能弹性散射过程，如图 6.10 所示. “高能”一词意味着光子能量相较于原子的电离能 E_I 要大.

6.5.4 小节将证明汤姆孙散射截面等于

$$\sigma_T = \frac{8\pi}{3} r_0^2 \tag{6.136}$$

这里 r_0 是式(6.134)定义的长度.这个截面是独立于入射光子频率的.汤姆孙散射造成在物质中传播的 X 射线衰减.衰减随着物质中电子数量的增加而增加.固体的电子密度可以通过这个衰减来确定.此类测量在确定特定物质的原子序数中起着重要作用,在 20 世纪初仍然是一个活跃的研究领域.也正是这个现象导致了生物组织在 X 射线下具有不同的透明度,其在医学中的应用是众所周知的.所谓的"重"元素(即电子数 Z 大的那些元素)对 X 射线不是十分透明,因为 X 射线趋向于被散射多次.

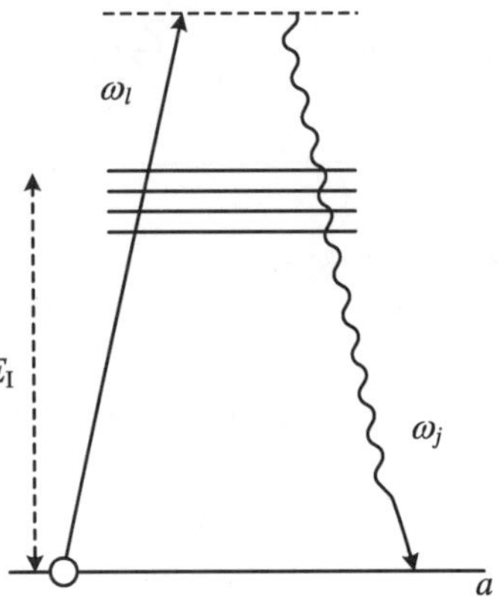

图 6.10　汤姆孙散射

入射光子的能量比所有激发原子态的能量大.

3. 共振散射

当入射光子的角频率和原子角频率 ω_0 非常接近时,情况对应了前面考虑的两种散射的中间形式.这就是共振散射,如图 6.11 所示.

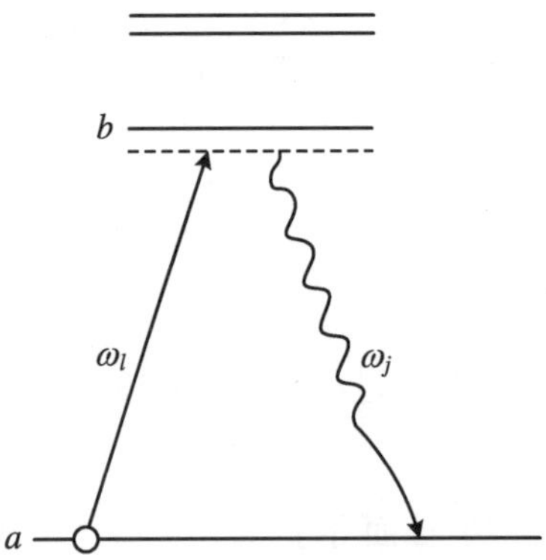

图 6.11　共振散射

入射光子的能量非常接近原子某个激发态的能量.

在这个过程中，基态对 l 模光子的吸收实际上是共振的，因为原子到激发态 $|b\rangle$ 的跃迁是散射过程中能量守恒的一步.如果我们分析三个可能的散射图（图 6.4、图 6.7 和图 6.8），就会发现只有图 6.7 包含入射光子吸收且原子处于激发态这个中间步骤.因此，这个图是共振散射计算中的主要贡献，并且它描述了该过程的实际物理进程.更准确地说，注意到当 $\hbar\omega_l$ 非常接近 $E_b - E_a$ 时，式(6.126)的第一项出现发散.这个发散的出现是由于我们用了二阶微扰近似.引入微扰级数中更高阶项的一个更完全的处理将抵消这个发散.最终结果是在式(6.126)中共振的分母中加入一个虚项 $\mathrm{i}\hbar\Gamma_{sp}/2$ ①，其中 Γ_{sp} 是由式(6.115)给出的能级 $|b\rangle$ 的自然线宽.如果准共振散射截面（即 $\hbar\omega_l \approx E_b - E_a = \hbar\omega_0$）由此方式计算，则结果为②

$$\sigma_{res} = \frac{3\lambda_0^2}{2\pi} \frac{1}{1 + 4(\omega - \omega_0)^2/\Gamma_{sp}^2} \tag{6.137}$$

其中 ω 是入射（以及散射）光子的频率且 $\lambda_0 = 2\pi c/\omega_0$ 是共振波长.对完全共振，我们得到

$$\sigma_{res} = \frac{3\lambda_0^2}{2\pi} \tag{6.138}$$

注意在完全共振时的散射截面值依赖于共振频率且与原子能级的其他特点无关（尽管 Γ_{sp} 依赖于这些特点）.对可见光频率，此共振截面的数值远比分别由式(6.133)～式(6.136)给出的瑞利散射和汤姆孙散射的值要大.确实，通过简单的计算给出，在可见光区 σ_{res} 约比 σ_T 大 16 个量级（λ_0 是 10^{-6} m，而 r_0 是 2.8×10^{-15} m），而瑞利散射截面比汤姆孙散射截面小.这个共振散射截面对应了约为光波长的尺寸，这比我们认为的原子尺寸（玻尔半径为 0.5×10^{-10} m）要大得多.

巨大的数值使得通过肉眼观察到原子蒸气的共振散射也是很容易的（光学共振）.通过共振的激光照射，甚至可以观察到被单个囚禁的原子或离子散射的光都是可能的.这个出人意料的结果是不难理解的，如果我们知道 0.1 mW 的激光束每秒携带了 10^{15} 个光子这个事实的话.在一个直径为 1 cm 的光束内，离子将每秒散射 10^8 个光子，一个0.3 m远的观测者将每秒看到 10^4 个光子，这些散射光子用肉眼就可以观察到.

评注 (1) 由被弹性束缚的电子（经典洛伦兹模型，见补充材料 2.A）所散射的电磁波的经典计算所得散射截面具有与式(6.133)、式(6.136)和式(6.137)相同的形式.瑞利散射截面的量子理论值(6.135)包含了跃迁的振子强度，即矩阵元依赖于原子波函数，而

① 参见 CDG Ⅱ第 3 章.

② 参见 CDG Ⅱ练习 5.

引人注目的是我们观察到汤姆孙和共振散射的散射截面式(6.136)和式(6.138),各自由两种方式所得结论是相同的.

也可以证明,当原子处于 $l=0$ 的态 $|a\rangle$ 时,由经典计算所得散射截面对角度和光偏振的依赖与量子的理论计算式一致.

(2) 方程(6.137)是按入射场强度展开时的最低阶确定的,因此它仅在场的入射强度相较于一个特征强度 $\Pi_{\text{sat}}=\frac{\pi}{3}\frac{hc\Gamma_{\text{sp}}}{\lambda_0^3}$(称之为**饱和强度**,典型值为几毫瓦)小的时候才成立.当光场强度增加时,会产生两种现象:一种是散射出来的光中频率不变的部分不再正比于入射光强度.这就是饱和现象.另一种是会发生非线性过程,由此散射光中会出现不同于入射频率的光子.

4. 拉曼散射

拉曼散射是一个低能非弹性散射过程.和到目前为止所考虑的过程不同,拉曼散射中末原子态 $|a'\rangle$ 与初原子态 $|a\rangle$ 不同,并且散射出的光子在频率上也和入射光子不同.根据式(6.125),辐射频率的变化与 a,a' 的能级差直接相关:

$$\hbar(\omega_l-\omega_j)=E_{a'}-E_a \tag{6.139}$$

拉曼散射如图 6.12 所示.

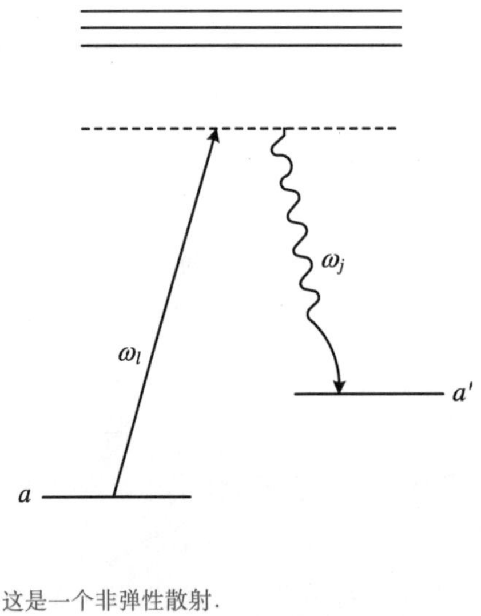

图 6.12 拉曼散射

散射和入射的光子能量是不同的.这是一个非弹性散射.

拉曼散射在分子物理中特别有用,因为它可以用来测量同一电子基态中振动或转动能级的能量间距.对于这些能级,$|a\rangle$ 通过直接吸收光子转到 $|a'\rangle$ 通常是禁戒的,而在拉曼散射中是允许的.

6.5.4 汤姆孙散射截面

本小节我们将详细解出汤姆孙散射，以此来作为计算散射截面的具体例子. 正如我们之前所提到的，为了计算散射截面，我们必须将 $\hat{H}_{I2}$ 的一阶贡献加到 $\hat{H}_{I1}$ 的二阶贡献上. 汤姆孙散射情况是特别简单的，因为 $\hat{H}_{I1}$ 的二阶效应可以忽略，这一点我们马上就会看到.

1. $\hat{H}_{I1}$ 的二阶贡献

这项贡献的重要性可以通过对矩阵元应用式(6.126)看出，

$$\langle a;1_j \mid \hat{H}_1^{\text{eff}} \mid a;1_l \rangle = \frac{q^2}{m^2}\frac{\hbar}{2\varepsilon_0 L^3 \omega}\sum_b \left(\frac{\langle a \mid \hat{\boldsymbol{p}} \cdot \boldsymbol{\varepsilon}_j \mid b \rangle \langle b \mid \hat{\boldsymbol{p}} \cdot \boldsymbol{\varepsilon}_l \mid a \rangle}{E_a - E_b + \hbar\omega} + \frac{\langle a \mid \hat{\boldsymbol{p}} \cdot \boldsymbol{\varepsilon}_l \mid b \rangle \langle b \mid \hat{\boldsymbol{p}} \cdot \boldsymbol{\varepsilon}_j \mid a \rangle}{E_a - E_b - \hbar\omega} \right) \tag{6.140}$$

其中我们设 $\omega = \omega_l = \omega_j$，因为汤姆孙散射是弹性散射.

对汤姆孙散射情形，光子能量 $\hbar\omega$ 相较于原子能级差 $E_b - E_a$ 是非常高的. 这意味着出现在式(6.140)中的分母 $E_b - E_a$ 相较于 $\hbar\omega$ 来说可以忽略. 利用完备性条件

$$\sum_b \mid b \rangle \langle b \mid = 1$$

式(6.140)可以重写为下面的形式：

$$\langle a;1_j \mid \hat{H}_1^{\text{eff}} \mid a;1_l \rangle = \frac{q^2}{m^2 2\varepsilon_0 L^3 \omega^2}\langle a \mid [(\hat{\boldsymbol{p}} \cdot \boldsymbol{\varepsilon}_j)(\hat{\boldsymbol{p}} \cdot \boldsymbol{\varepsilon}_l) - (\hat{\boldsymbol{p}} \cdot \boldsymbol{\varepsilon}_l)(\hat{\boldsymbol{p}} \cdot \boldsymbol{\varepsilon}_j)] \mid a \rangle \tag{6.141}$$

由于任何两个 $\hat{\boldsymbol{p}}$ 都是对易的，我们得到

$$\langle a;1_j \mid \hat{H}_1^{\text{eff}} \mid a;1_l \rangle = 0 \tag{6.142}$$

因此 $\hat{H}_{I1}$ 的二阶贡献在汤姆孙散射条件下是可以忽略的.①

---

① 可以通过计入展开项中 $(E_b - E_a)/(\hbar\omega)$ 的更高阶项来做更精确的计算. 可以证明(见 CDG Ⅱ 练习 4) $\hat{H}_{I1}$ 的二阶贡献比 $\hat{H}_{I2}$ 的要小 $[E_I/(\hbar\omega)]^2$ 量级的因子.

2. 汤姆孙散射的频域

在着手计算汤姆孙散射的散射截面之前，明确进行计算的合理的频率区间是有益的.实际上，我们已经采用了限制频率区间的一些假定.首先，我们假定 $\hbar\omega$ 相较于原子跃迁的能量是非常大的.这意味着

$$\hbar\omega \gg E_{\mathrm{I}} \tag{6.143}$$

其中 E_{I} 是原子的电离能.作为一个例子，回忆氢原子的电离能是

$$E_{\mathrm{I}} = \frac{1}{2}\alpha^2 mc^2 \tag{6.144}$$

其中 $\alpha = 1/137$ 是精细结构常数.

其次，我们已经在相互作用哈密顿量中应用了长波近似，这表示

$$a_0 \ll \frac{c}{\omega} \tag{6.145}$$

其中 a_0 是玻尔半径，表征了原子的尺寸，由下式给出①：

$$a_0 = \frac{1}{\alpha}\frac{\hbar}{mc} \tag{6.146}$$

我们可从式(6.132)和式(6.144)得出汤姆孙散射的能量范围：

$$\frac{\alpha^2}{2}mc^2 \ll \hbar\omega \ll \alpha mc^2 \tag{6.147}$$

对于氢原子，此能量范围为 14 eV～3.6 keV，或者对应波长范围为 90 nm(远紫外)～0.3 nm(X 射线).

3. 微分散射截面

利用式(6.128)就可以直接计算微分散射率，其中的相互作用哈密顿量 $\hat{H}_{\mathrm{I}}$ 采用式(6.73)中的 $\hat{H}_{\mathrm{I2}}$，态密度用式(6.107)的结果.利用定义式(6.131)，我们得到从 l 模到 j 模的汤姆孙散射的微分散射截面：

$$\frac{\mathrm{d}\sigma_{\mathrm{T}}}{\mathrm{d}\Omega} = r_0^2(\boldsymbol{\varepsilon}_j \cdot \boldsymbol{\varepsilon}_l)^2 \tag{6.148}$$

---

① 参见 BD 第 10 章.

这是一个相当简单的公式，只涉及了入射和散射光子偏振的标量积，其中 r_0 是经典电子半径(6.134).

4. 总散射截面

总散射截面是通过对式(6.148)中被散射的光子的所有偏振求和，然后对散射的方向积分获得的.计算过程是和 6.4 节自发辐射的计算一样的.

由于入射光子的偏振 $\boldsymbol{\varepsilon}_l$ 是给定的，我们考虑一个散射的方向 $\boldsymbol{k}_j$ 与 $\boldsymbol{\varepsilon}_l$ 的夹角为 θ. 被散射的光子的两个可能的偏振 $\boldsymbol{\varepsilon}_l$ 和 $\boldsymbol{\varepsilon}'_l$ 可以选在平面($\boldsymbol{\varepsilon}_l$, $\boldsymbol{k}_j$)内和垂直于此平面.在这种情况下，第二项的贡献为零：

$$\boldsymbol{\varepsilon}'_j \cdot \boldsymbol{\varepsilon}_l = 0 \tag{6.149}$$

而第一项为

$$\boldsymbol{\varepsilon}_j \cdot \boldsymbol{\varepsilon}_l = \sin\theta \tag{6.150}$$

散射光和入射光偏振夹角为 θ 的方向的微分散射截面等于

$$\frac{\mathrm{d}\sigma}{\mathrm{d}\Omega} = r_0^2 \sin^2\theta \tag{6.151}$$

对立体角积分(见 6.4.4 小节)，我们得到总的汤姆孙散射截面，

$$\sigma_{\mathrm{T}} = \frac{8\pi}{3} r_0^2 \tag{6.152}$$

这就是在 6.5.3 小节中给出的表达式.

6.6 总结:从光和物质相互作用的半经典理论到量子理论

在本章中，我们给出了量子化的辐射场和原子相互作用的处理方式，并且我们已将其应用到了一些例子中.正如多次提到的那样，量子理论的第一个巨大成功就是对激发原子的自发辐射的自洽和定量的处理.更一般地，光子辐射至一个初始为真空的模的过程一般不能用半经典理论描述，并且必须用量子理论的方法处理.尽管在本章中只给出

了最简单情况的计算细节——离散原子能级的自发辐射、汤姆孙散射，但是对更复杂的过程，如拉曼散射(图 6.12)，也不需要比量子理论更多的东西.

至此，将我们现在刚刚学习的量子化处理方法与第 2～3 章发展的半经典模型进行对比是个诱人的想法.特别是，在补充材料 2.A 中，弹性束缚的电子的洛伦兹模型已经能使我们得到电子振荡的辐射阻尼的定量结果，以及电子被一个入射的经典电磁场所驱动的散射过程(2.A.4 小节).对比后发现，这两个处理方案是非常相似的.正如所指出的，本章(6.4 节)所计算的自发辐射率是和经典阻尼率一样的，相差一个约 1 量级的因子，即振子强度.在不同能区内的散射截面也都相似，在汤姆孙散射情形下则精确相等，而在瑞利散射区和共振散射区有着相同的修正因子.这些相似性亟须解释.

我们首先考虑自发辐射的情况.这里，毫无疑问完全的量子模型是唯一自洽的模型，因为一个初始处于激发态(即不存在振荡的一个定态)的原子和一个阻尼振荡的电子没有丝毫的相似性.当我们考虑的激发态可以自发辐射至好几个低能级态时，它们的不同将更加明显，此时的单个原子没有任何经典对应.此外，量子模型给出的自发辐射率在定量上是与实验值精确相符的，这确立了全量子处理对于自发辐射情形是一个正确的理论.而且，正如 6.4.5 小节通过强调自发辐射是原子和真空涨落的联合体的一个共同特性所表明的那样，量子描述已经导致现代量子光学的发展，包括自发辐射率可以通过改变原子所处环境来控制.因此，除了方便地描述跃迁辐射的光子的各种不同偏振(σ_+，σ_-，π)的物理图像外，自发辐射理论的半经典模型大概已经没有什么其他可以获取的东西了.

类似的结论也可在光在初始为真空的模的散射过程，例如拉曼散射(图 6.12)中得到.然而，在原子初末态相同的弹性散射情况(瑞利散射、共振散射或汤姆孙散射)下值得我们特别注意.在这种情况下，由弹性束缚的电子的洛伦兹模型不但可获得和量子化时非常相似的结果，而且也指出了这些过程的一些有趣特点，例如在图 6.11 中描述的共振散射.该图可以说明散射的辐射类似于 6.4 节描述的自发辐射一样没有确定相位.但是另一方面，2.A.4 小节的半经典处理中只要将 Γ_{cl} 替换为 Γ_{sp} 就可以给出正确结果，并且半经典处理表明被散射的辐射的相位完全依赖于入射辐射.事实上，这个特性(已被实验验证)也被全量子处理所预言，只要将入射辐射场考虑为由一个有确定相位的准经典态构成(5.3.4 小节).于是被散射的辐射场也是一个准经典的态，其相位和入射辐射场也是相关的，这和半经典处理是一样的.这是一种通过同时考虑光与物质相互作用的半经典和全量子模型成果丰富的情况.

于是这种非常形象化的讨论暗示了光与物质相互作用的量子处理在有新的不在初始辐射中出现的频率产生时是特别重要的.实际上，这甚至在准共振散射(图 6.11)情形下也会发生，此时不同于入射频率的新的频率在入射辐射足够强时也会出现在被散射光中.这可以通过考虑量子处理中微扰的高阶项来理解.于是我们就能在同一个过程中产生多个光子,它们和初始的光子的频率不同,唯一的约束条件是总过程的能量守恒.图 6.13 给出了一个这样过程的例子,当一个共振频率为 ω_0 的原子被频率为 ω 的高强度光照射时,出现了两条以 ω_0 和 $2\omega-\omega_0$ 为中心的谱线.图 6.13 描述了两个频率为 ω 的光子消失同时产生两个以 ω' 和 ω'' 为频率的光子的过程,满足 $2\hbar\omega=\hbar\omega'+\hbar\omega''$.这个高阶过程当 ω'' 在 $\omega_0\pm\Gamma_{sp}$(Γ_{sp} 是 b 的自发辐射率)范围内时是共振的.这个过程产生所谓的"共振荧光三重态的边带"①,其频率为 ω_0 和 $2\omega-\omega_0$(因为共振散射也有 ω 的成分,这里因此在共振荧光中共有三个不同的成分).

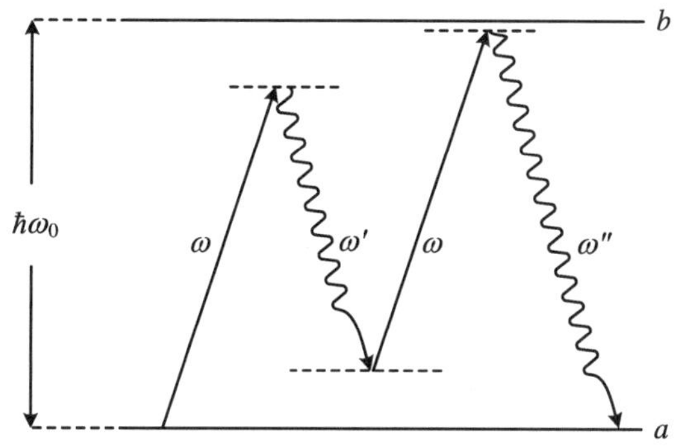

图 6.13　高阶散射过程

其中两个入射光子消失并且产生了两个不同频率的光子.此过程产生了共振荧光三重态的边带.

当入射的辐射场变得越来越强时,更高阶的相互作用需要考虑进来.此时,通常采用更有效的方法,如**缀饰原子方法**②.这里,将相互作用的原子和辐射场作为一个独立的整体量子系统的处理思想已经成为自然而然的结论.这种方法提供了更简便的计算方法以及对所发生过程的更清楚的物理图像.因此它是本章相互作用的原子和辐射场描述的一个自然扩展.

这里所提供的材料不应该仅仅看作一个自洽理论的阐述.它实际上是理解许多量子光学和光-物质相互作用物理的现代发展的一个出发点.

---

① Mollow B R. Power Spectrum of Light Scattered by Two-Level Systems [J]. Physical Review, 1969, 188: 1969.

② 由 C. Cohen-Tannoudji 及其合作者发展的缀饰原子方法在 CDGⅡ第 6 章有讨论.

补充材料 6.A　相互作用的电荷与辐射场的哈密顿形式

6.A.1　哈密顿形式与正则量子化

在本书中,我们用经典哈密顿形式的方法将系统能量表达为一个能使其适合正则量子化的形式.为此,我们必须确定一对共轭正则变量,其在量子化后将对应一对对易子等于 $\mathrm{i}\hbar$ 的算符.为此目的,我们需要写出能量的哈密顿方程,并验证这些方程确实能回到之前确立的动力学方程.这正是我们在第 4 章对真空中的电场所讨论的内容.我们将电磁能表达为简正变量的实部和虚部的形式,并证明哈密顿方程是和麦克斯韦方程组等价的.在第 6 章中,我们对相互作用的电荷和电磁场系统应用了一个类似于上述的方法,但是我们并没有提供计算上的细节.

本补充材料的目的就是明确地证明经典电动力学的哈密顿量,也就是由在 6.1 节末尾给出的形式,确实能反推出粒子在电磁场存在时的运动方程,并且也能推出在电荷存在时电磁场本身的运动方程,也就是 6.1.1 小节给出的麦克斯韦-洛伦兹方程.于是这可用来证实,我们确实确定出了共轭正则变量对.

6.A.2　粒子与辐射的哈密顿方程

6.A.2.1　电荷-场系统的经典哈密顿量

在 6.2 节中已经证明描述相互作用的场和电荷的总的经典哈密顿量可以写为

$$H=\sum_{\mu}\frac{1}{2m_{\mu}}[\boldsymbol{p}_{\mu}-q_{\mu}\boldsymbol{A}(\boldsymbol{r}_{\mu},t)]^{2}+V_{\text{Coul}}(\boldsymbol{r}_{1},\cdots,\boldsymbol{r}_{\mu},\cdots)+\sum_{l}\hbar\omega_{l}\mid\alpha_{l}\mid^{2} \tag{6.A.1}$$

我们现在证明$(\boldsymbol{r}_{\mu},\boldsymbol{p}_{\mu})$和$(Q_{l},P_{l})$各自是一对共轭正则变量.根据定义,实变量 Q_{l} 和 P_{l} 分别正比于 α_{l} 的实部和虚部,

$$\alpha_l = \frac{1}{\sqrt{2\hbar}}(Q_l + \mathrm{i}P_l) \tag{6.A.2}$$

因此我们必须将式(6.A.1)中的场表达为 Q_l 和 P_l 的形式.

6.A.2.2 电荷的哈密顿方程

($\boldsymbol{r}_\mu$,$\boldsymbol{p}_\mu$)的笛卡儿坐标分量的哈密顿方程可以写为(如对 x 分量)

$$\frac{\mathrm{d}}{\mathrm{d}t}x_\mu = \frac{\partial H}{\partial p_{x\mu}} \tag{6.A.3}$$

$$\frac{\mathrm{d}}{\mathrm{d}t}p_{x\mu} = -\frac{\partial H}{\partial x_\mu} \tag{6.A.4}$$

正如我们已经看到的那样,例如在补充材料 4.A 中,应用哈密顿量(6.A.1),由第一个方程给出

$$\frac{\mathrm{d}}{\mathrm{d}t}x_\mu = v_{x\mu} = \frac{1}{m}[p_{x\mu} - q_\mu A_x(\boldsymbol{r}_\mu, t)] \tag{6.A.5}$$

此即式(6.38).虽然推导方程(6.A.4)需要更多的工作,但是哈密顿量(6.A.1)中第一项的计算已经在补充材料 4.A 中完成.在那里,我们得到了电荷 μ 在受到由矢势 $\boldsymbol{A}(\boldsymbol{r},t)$导出的电磁场的作用后的运动方程.式(6.A.1)中的第二项描述了电荷 μ 与其他电荷库仑相互作用所受的力.对于第三项,它不是 $\boldsymbol{p}_\mu$ 和 $\boldsymbol{r}_\mu$ 的函数,因此在粒子运动中不起作用.

因此我们得出结论:如果总能量表达为式(6.A.1)的形式,那么我们确实得到了电荷的动力学方程.因此 $r_{i\mu}$,$p_{i\mu}$($i = x, y, z$)是共轭正则变量.

6.A.2.3 辐射的哈密顿方程

Q_l 和 P_l 的哈密顿运动方程为

$$\frac{\mathrm{d}}{\mathrm{d}t}Q_l = \frac{\partial H}{\partial P_l} \tag{6.A.6}$$

$$\frac{\mathrm{d}}{\mathrm{d}t}P_l = -\frac{\partial H}{\partial Q_l} \tag{6.A.7}$$

首先考虑式(6.A.1)中的最后一项,它仅和辐射场本身相关.将其写为

$$H_{\mathrm{R}} = \sum_l \frac{\omega_l}{2}(Q_l^2 + P_l^2) \tag{6.A.8}$$

我们得到

$$\frac{\mathrm{d}}{\mathrm{d}t}Q_l = \omega_l P_l \tag{6.A.9}$$

$$\frac{\mathrm{d}}{\mathrm{d}t}P_l = -\omega_l Q_l \tag{6.A.10}$$

此即

$$\frac{\mathrm{d}}{\mathrm{d}t}(Q_l + \mathrm{i}P_l) = -\mathrm{i}\omega_l(Q_l + \mathrm{i}P_l) \tag{6.A.11}$$

于是我们可得

$$\frac{\mathrm{d}}{\mathrm{d}t}\alpha_l = -\mathrm{i}\omega_l\alpha_l \tag{6.A.12}$$

这就是在没有源电流时 α_l 的动力学运动方程.

现在考虑式(6.A.1)中的第一项 H_{kin},其中我们将 $\boldsymbol{A}(\boldsymbol{r}_\mu, t)$表达为 Q_l 和 P_l 的函数形式.第一个哈密顿方程为

$$\frac{\mathrm{d}Q_l}{\mathrm{d}t} = \frac{\partial H_{\mathrm{kin}}}{\partial P_l} = \sum_\mu \frac{1}{m_\mu}[\boldsymbol{p}_\mu - q_\mu\boldsymbol{A}(\boldsymbol{r}_\mu, t)]\frac{\partial}{\partial P_l}[\boldsymbol{p}_\mu - q_\mu\boldsymbol{A}(\boldsymbol{r}_\mu, t)] \tag{6.A.13}$$

将第一个中括号内的量替换为 $m_\mu\boldsymbol{v}_\mu$,并将第二个中括号中的 $\boldsymbol{A}(\boldsymbol{r}_\mu, t)$利用式(6.27)和式(6.A.2)展开,我们得到

$$\frac{\mathrm{d}Q_l}{\mathrm{d}t} = -\sum_\mu q_\mu\boldsymbol{v}_\mu \cdot \boldsymbol{\varepsilon}_l \frac{\mathscr{E}_l^{(1)}}{\omega_l\sqrt{2\hbar}}(\mathrm{i}\mathrm{e}^{\mathrm{i}\boldsymbol{k}_l\cdot\boldsymbol{r}_\mu} - \mathrm{i}\mathrm{e}^{-\mathrm{i}\boldsymbol{k}_l\cdot\boldsymbol{r}_\mu}) \tag{6.A.14}$$

类似地,第二个哈密顿方程变为

$$\frac{\mathrm{d}P_l}{\mathrm{d}t} = -\frac{\partial H}{\partial Q_l} = \sum_\mu q_\mu\boldsymbol{v}_\mu \cdot \boldsymbol{\varepsilon}_l \frac{\mathscr{E}_l^{(1)}}{\omega_l\sqrt{2\hbar}}(\mathrm{e}^{\mathrm{i}\boldsymbol{k}_l\cdot\boldsymbol{r}_\mu} + \mathrm{e}^{-\mathrm{i}\boldsymbol{k}_l\cdot\boldsymbol{r}_\mu}) \tag{6.A.15}$$

由此可得

$$\frac{\mathrm{d}\alpha_l}{\mathrm{d}t} = \mathrm{i}\sum_\mu q_\mu\boldsymbol{v}_\mu \cdot \boldsymbol{\varepsilon}_l \frac{\mathscr{E}_l^{(1)}}{\hbar\omega_l}\mathrm{e}^{-\mathrm{i}\boldsymbol{k}_l\cdot\boldsymbol{r}_\mu} \tag{6.A.16}$$

上面方程的右边正比于电流的横向分量 $\tilde{\boldsymbol{J}}_{\perp l}$.确实,由式(6.6)出发,我们有

$$\begin{aligned}\tilde{\boldsymbol{J}}_{\perp l} &= \frac{1}{L^3}\int \mathrm{d}^3 r\boldsymbol{\varepsilon}_l \cdot \mathrm{e}^{-\mathrm{i}\boldsymbol{k}_l\cdot\boldsymbol{r}}\sum_\mu q_\mu\boldsymbol{v}_\mu\delta(\boldsymbol{r} - \boldsymbol{r}_\mu) \\ &= \frac{1}{L^3}\sum_\mu q_\mu\boldsymbol{v}_\mu \cdot \boldsymbol{\varepsilon}_l\mathrm{e}^{-\mathrm{i}\boldsymbol{k}_l\cdot\boldsymbol{r}_\mu}\end{aligned} \tag{6.A.17}$$

然后考虑到 $\mathscr{E}_l^{(1)}$ 的表达式(4.99)后,方程(6.A.16)表明

$$\frac{\mathrm{d}\alpha_l}{\mathrm{d}t} = \frac{\mathrm{i}}{2\varepsilon_0\mathscr{E}_l^{(1)}}\tilde{\boldsymbol{J}}_{\perp l} \tag{6.A.18}$$

因此我们找到了式(6.25)的源项.

6.A.2.4 结论

我们已在本补充材料中说明了相互作用的场和电荷系统的能量可以表达为与电荷相关的参量对(分量 $r_{i\mu}$ 和 $p_{i\mu}$)以及与辐射相关的参量对(用以表示横场的简正变量 α_l 的实部和虚部)的形式.我们已经显式地验证了这些变量对的哈密顿方程确实能回到描述相互作用的场和电荷动力学的麦克斯韦-洛伦兹方程.因此这些变量是共轭正则变量,我们可以用正则量子化的步骤,即将这些变量用对易子为 $\mathrm{i}\hbar$ 的算符替换.替换为算符后的能量表达式就是问题所需的哈密顿量,并且通过同样的方式,我们得到了相关的量子可观测量的表达式,特别是辐射场的可观测量的表达式.

补充材料 6.B 腔量子电动力学

到目前为止,本书还没有涉及原子和辐射场相互作用时所处的环境问题.我们隐式地假定了辐射场是在自由空间传播的,并且不存在能够反射原子所发出的辐射的一些界面.现在,我们将在本补充材料中说明,当此类边界存在且能充分反射辐射时,或者更具体来说当原子处于一个共振腔内时,原子诸如吸收谱和自发辐射率等辐射特性都将会发生显著变化.这种情况甚至可以发生在这些边界本身距离原子非常远的情况下,这里的"远"是指相对原子本身大小的尺度.

要想获得观测这些腔量子电动力学效应所需的条件实际上是相当困难的,这也是为什么我们通常假定系统的辐射特性是与其所处的外界环境无关的.尽管如此,得益于一些杰出的技术进步,这些腔量子电动力学效应可以在一些卓越设计的实验中观察到.于是与谐振腔耦合在一起的原子显现出了作为量子信息领域一个很有前途的物理系统的潜力:它或者用于量子信息处理或者作为单光子源(见补充材料 5.E).①

① 对腔量子电动力学的详细描述,参见 S. Haroche 和 J. M. Raimond 的著作 *Exploring the Quantum*(Oxford University Press,2007).

6.B.1 问题的表述

考虑图 6.B.1 所示的系统,其中一个原子静止在坐标系的原点,并处于一个体积为 V 的谐振腔内,谐振腔具有完全反射的壁.由于存在谐振腔加到辐射场上的边界条件,辐射场只能以一些离散模的叠加形式存在.这些离散模由腔的几何特性决定,并且每一个离散模对应一个确定的振荡频率.对于图 6.B.1 所示的正方体的几何形状,这些模是平行于笛卡儿坐标轴的一些平面驻波,并且所允许的频率由该频率的场须在边界壁处为零的条件给出.

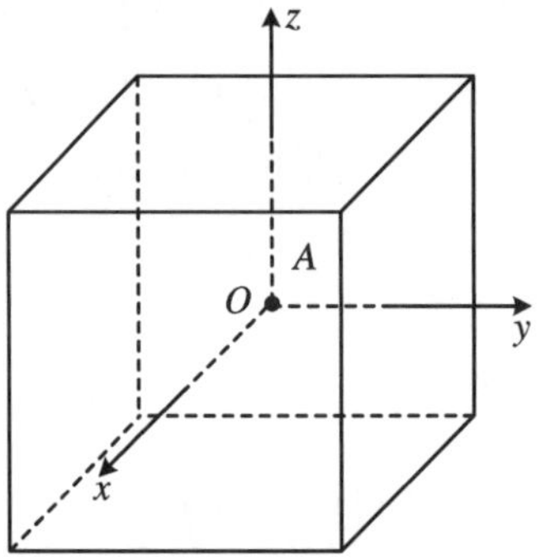

图 6.B.1 一个由位于拥有完全反射壁的正方腔内坐标原点的二能级原子构成的系统

在本补充材料中,我们仅考虑谐振腔只有一个模的频率与原子从基态 $|a\rangle$ 跃迁到激发态 $|b\rangle$ 的能量是准共振的,而所有其他谐振腔内存在的模的频率与原子的共振频率相差甚大的简单情况,此共振频率由玻尔频率 ω_0 表征.为了确定系统的演化,我们只需要考虑一个由两能级 $|a\rangle$ 和 $|b\rangle$ 构成的原子以及与之耦合的一个单模辐射场所组成的子系统.此外,我们这里假定长波近似是有效的.这些假定使得解出系统演化变得更加容易.

因此,在我们这里所描述的条件下,我们之前处理量子化的电磁场所用的虚拟的量子化体积被一个真实的谐振腔替代.同时辐射场算符 $\hat{N}$(谐振腔内光子总数的算符)现在有了真实的物理意义.

评注 我们这里所描述的模型有几种不同的实验实现方式:

· 大小约为 1 cm 的由超导金属构成腔(见图 6.B.2(a)).此腔有不小于几十吉赫(GHz)的本征模.腔壁上的小洞可使制备于高激发态的原子(里德伯原子)穿过.这种高激发态可近似看作具有主量子数很大的类氢原子的能量本征态.于是谐振腔的一个本征

模与主量子数分别为 n 和 $n+1$ 的两个能级的跃迁处于准共振状态，$n\approx 50$ 对应跃迁的玻尔频率约是 50 GHz.

- 也可以应用两个对光波高反射的间距小于 1 mm 的反射镜构成法布里-珀罗腔(见图 6.B.2(b)).从超冷原子样品(见第 8 章)中获取的单个原子可以几乎静止在谐振腔内.谐振器可以调谐到含有一个在光学范围内与原子跃迁共振的模.可以证明，如果原子两能级的间距足够大(如碱金属原子铯的基态和第一激发态就属于这种情况)，并且如果谐振腔的精细度足够大(直到 10^6 的精细度是可以获得的)，那么原子与谐振腔内其他模的耦合是可以忽略的.

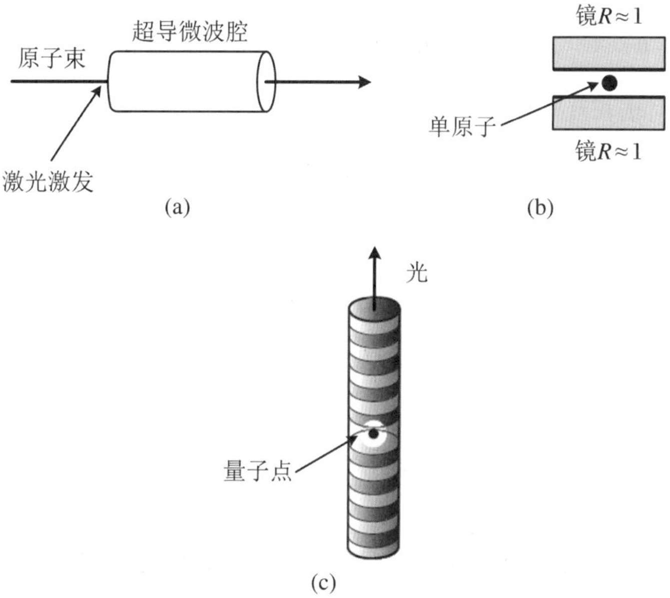

图 6.B.2　演示腔量子电动力学的三种实验结构图

(a) 一束稀薄原子与一个超导谐振腔在微波区的共振模上相互作用，其中的原子是被激光激发而处于激发态的里德伯态原子，腔尺寸为 cm 量级；(b) 一个处于基态的原子和一个高精细度的毫米尺寸的法布里-珀罗腔内的共振模相互作用；(c) 固体二能级系统(诸如半导体量子阱或者量子点)与纳米尺寸的法布里-珀罗腔的基模相互作用.腔中的镜子由用以形成布拉格反射层的不同折射率的电介质层构成.量子点处于谐振腔驻波的腹点处.

- 另一个由于近来纳米技术的进步而变得可行的选择是，利用晶体外延生长技术用布拉格镜制作长几微米的谐振腔，腔中包含了可作为二能级系统的良好近似的量子阱或量子点(见图 6.B.2(c)).

6.B.2 耦合在一起的原子-谐振腔系统的本征模

6.B.2.1 杰恩-卡明斯(Jaynes-Cummings)模型

系统演化所处的态空间可由原子的两个态$|a\rangle$和$|b\rangle$组成的空间与单模辐射场的态空间的张量积所组成的空间来描述，在单模辐射场的态空间中，光子的数态构成了一组自然的基矢.整个张量积空间的一组可能的基矢是原子态基矢和辐射场基矢的张量积：

$$\{|i,n\rangle = |a\rangle \otimes |n\rangle \text{ 或 } |b\rangle \otimes |n\rangle, i = a \text{ 或 } b, n = 0,1,\cdots\} \tag{6.B.1}$$

我们将原子-辐射场相互作用系统的哈密顿量限制在此子空间内，

$$\hat{H} = \hat{H}_{\mathrm{at}} + \hat{H}_{\mathrm{R}} + \hat{H}_{\mathrm{I}} \tag{6.B.2}$$

其中

$$\hat{H}_{\mathrm{at}} = \hbar\omega_0 |b\rangle\langle b| \tag{6.B.3}$$

$$\hat{H}_{\mathrm{R}} = \hbar\omega \hat{a}^{\dagger}\hat{a} \tag{6.B.4}$$

这里我们选定了零能量参考为$|a,0\rangle$态的能量.相互作用项$\hat{H}_{\mathrm{I}}$的一般表达式由式(6.69)给出.在采用长波近似并且将原子选为坐标原点后，利用式(6.72)和式(6.73)，我们得到

$$\hat{H}_{\mathrm{I}} = -\frac{q}{m}\sqrt{\frac{\hbar}{2\varepsilon_0\omega V}}\hat{\boldsymbol{p}}\cdot\boldsymbol{\varepsilon}(\hat{a}^{\dagger}+\hat{a}) + \frac{q^2}{2m}\frac{\hbar}{2\varepsilon_0\omega V}(\hat{a}^{\dagger}+\hat{a})^2 \tag{6.B.5}$$

其中V是谐振腔的体积.上式等号右边第二项来自相互作用哈密顿量的$\hat{\boldsymbol{A}}^2$(见公式(6.70))，它是仅作用于辐射场变量的算符.此项会改变能量本征态及其本征能量，但是并不出现在原子-辐射场的耦合中.我们假定辐射强度足够低，使我们能够忽略此项的贡献.此外，我们由动量算符$\hat{\boldsymbol{p}}$在原子能级的基矢下的对角矩阵元为零的这个特点来将$\hat{H}_{\mathrm{I}}$写为如下形式：

$$\hat{H}_{\mathrm{I}} = \frac{\hbar\Omega_1^{(1)}}{2}(|a\rangle\langle b| + |b\rangle\langle a|)(\hat{a}^{\dagger}+\hat{a}) \tag{6.B.6}$$

其中我们已经假定$\langle a|\boldsymbol{\varepsilon}\cdot\hat{\boldsymbol{p}}|b\rangle$是实的，并且引入了**单光子拉比频率**，

$$\Omega_1^{(1)} = -\frac{2q}{m}\frac{1}{\sqrt{2\hbar\varepsilon_0\omega V}}\langle a|\hat{\boldsymbol{p}}\cdot\boldsymbol{\varepsilon}|b\rangle \tag{6.B.7}$$

它和式(6.85)只差一个因子$\sqrt{n_j}$.对图 6.B.2(a)所描述的情况，即 $V\approx 1\ \mathrm{cm}^3$，跃迁频率为 50 GHz，并且 $\hat{p}$ 的矩阵元等于 $-\mathrm{i}\omega m\langle\hat{z}\rangle$(见表达式(6.88))，其中$\langle\hat{z}\rangle\approx n^2 a_0\approx$ 100 nm($n\approx 50$ 是主量子数)，单光子拉比频率 $\Omega_1^{(1)}/(2\pi)$为 100 kHz 量级.

评注 这个描述一个二能级原子与一个单模场的光-物质相互作用的简单模型称为杰恩-卡明斯模型.[①]

6.B.2.2 哈密顿量的对角化

要计算系统随时间的演化，首先需要的步骤是寻找哈密顿量的本征值及其本征态.我们从考虑不包含光与物质相互作用的哈密顿量 $\hat{H}_{\mathrm{at}}+\hat{H}_{\mathrm{R}}$ 开始.这部分哈密顿量的本征态是无耦合的态$|i,n\rangle$(公式(6.B.1))，其本征能量由下式给出：

$$(\hat{H}_{\mathrm{at}}+\hat{H}_{\mathrm{R}})\mid a,n\rangle=\hbar n\omega\mid a,n\rangle \tag{6.B.8}$$

$$(\hat{H}_{\mathrm{at}}+\hat{H}_{\mathrm{R}})\mid b,n\rangle=\hbar(\omega_0+n\omega)\mid b,n\rangle \tag{6.B.9}$$

态$|i,n\rangle$的全体$\{|i,n\rangle;i=a,b;n=0,1,2,\cdots\}$构成了单个原子和单一谐振腔模所构成的系统的态空间的一组基.这组基在考虑到相互作用时也是可用的.

图 6.B.3(a)显示了无耦合哈密顿量 $\hat{H}_{\mathrm{at}}+\hat{H}_{\mathrm{R}}$ 的本征能量，基态是$|a,0\rangle$，我们可以视为零能级.由于 $\omega\approx\omega_0$，其余能级由一些有着紧密能隙的双重态 M_n 排列组成，这些双重态能隙为 $\hbar\delta=\hbar(\omega-\omega_0)$且各双重态彼此之间的能级间距为 $\hbar\omega$.

现在我们考虑相互作用项.首先我们计算 $\hat{H}_{\mathrm{I}}$ 的矩阵元(式(6.B.6))，其由下式给出，

$$\begin{aligned}&\langle i,n\mid\hat{H}_{\mathrm{I}}\mid i',n'\rangle\\&=\frac{\hbar\Omega_1^{(1)}}{2}(\langle i\mid a\rangle\langle b\mid i'\rangle+\langle i\mid b\rangle\langle a\mid i'\rangle)\langle n\mid(\hat{a}+\hat{a}^{\dagger})\mid n'\rangle\end{aligned} \tag{6.B.10}$$

这些矩阵元仅当 $i=a,i'=b$ 或者 $i=b,i'=a$ 且 $n'=n\pm 1$ 时非零.因此，相互作用哈密顿量仅在非对角元处非零(即所有对角元为零)；另一方面，它将给定的双重态 M_n 中的两个态$|a,n\rangle$和$|b,n-1\rangle$联系起来，其对应的矩阵元为$\langle a,n|\hat{H}_{\mathrm{I}}|b,n-1\rangle=\sqrt{n}\hbar\Omega_1^{(1)}/2$.此外，它将双重态 M_n 和$M_{n\pm 2}$耦合起来，对应的矩阵元也是同一量级的.例如，我们有$\langle a,n|\hat{H}_{\mathrm{I}}|b,n+1\rangle=\sqrt{n+1}\hbar\Omega_1^{(1)}/2$.

对总哈密顿量矩阵的准确对角化是不可行的.但是，考虑到能级由一些相距紧密的两重态组成，而且相继的各两重态之间的间距较大，因此忽略不同两重态之间的非共振

---

① Jaynes E T, Cummings F W. Comparison of Quantum and Semi-Classical Radiation Theories with Application to the Beam Maser [J]. Proceedings IEEE, 1963, 51: 89.

耦合是一个很好的近似:我们应用了不含时的耦合只能显著地影响能量相近的能级这个事实.可以证明,这个近似给出的结果在差一个因子$\langle \hat{H}_\mathrm{I}\rangle/(\hbar\omega)\approx\sqrt{n}\Omega_1^{(1)}/(2\omega)$下是正确的.这和第1章(1.2.4小节)中的准共振近似是等价的.

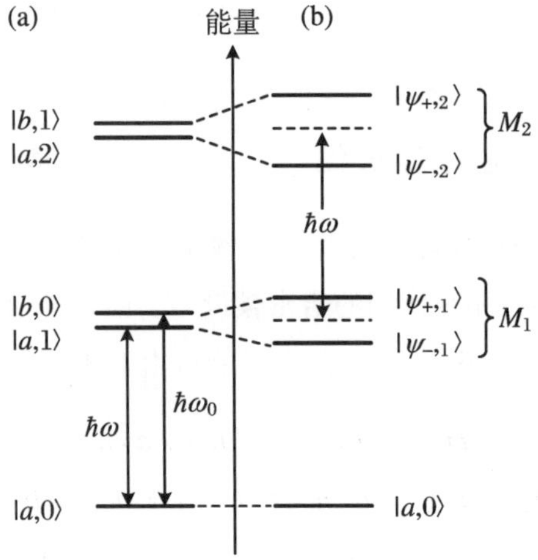

图6.B.3　能级在(a)不存在与(b)存在光-物质相互作用时的表现

将相互作用哈密顿量局限到一个给定的双重态M_n,它可表达为算符的形式:

$$\hat{H}_\mathrm{I}=\frac{\hbar\Omega_1^{(1)}}{2}(|a\rangle\langle b|\hat{a}^\dagger+|b\rangle\langle a|\hat{a}) \tag{6.B.11}$$

在此子空间总哈密顿量有如下形式:

$$\hat{H}=\hbar\begin{bmatrix} n\omega & \dfrac{\Omega_1^{(1)}\sqrt{n}}{2} \\ \dfrac{\Omega_1^{(1)}\sqrt{n}}{2} & n\omega-\delta \end{bmatrix} \tag{6.B.12}$$

由对角化,此类2×2矩阵所得的本征值和本征矢量由第1章(1.2.6小节)给出.能量本征值为

$$E_{\pm,n}=\hbar\left(n\omega-\frac{\delta}{2}\pm\frac{1}{2}\sqrt{n(\Omega_1^{(1)})^2+\delta^2}\right) \tag{6.B.13}$$

对应的本征矢量$|\psi_{\pm n}\rangle$如下:

$$|\psi_{+,n}\rangle=\cos\theta_n|a,n\rangle+\sin\theta_n|b,n-1\rangle \tag{6.B.14}$$

$$|\psi_{-,n}\rangle=-\sin\theta_n|a,n\rangle+\cos\theta_n|b,n-1\rangle \tag{6.B.15}$$

其中

$$\tan 2\theta_n = \frac{\Omega_1^{(1)}\sqrt{n}}{\delta} \tag{6.B.16}$$

因此耦合的效应是将双重态内的原子能级排斥开(见图 6.B.3(b)).基态 $|a,0\rangle$ 不属于任意双重态,因此不受相互作用哈密顿量的影响(这至少在目前所采用的微扰近似是如此).

图 6.B.4 显示了相互耦合的原子-谐振腔系统的能级作为失谐量 δ 的函数的形式(式(6.B.13)).在每一个双重态中,在 $\delta=0$ 附近都会出现避免交叉的能级.在共振($\delta=0$)时两个能级的能量差为 $\sqrt{n}\hbar\Omega_1^{(1)}$,此时参数 θ_n 的值为 $\pi/4$,因此本征态 $|\psi_{\pm n}\rangle$ 有如下简单形式:

$$|\psi_{\pm,n}(\delta=0)\rangle = \frac{1}{\sqrt{2}}(\pm|a,n\rangle + |b,n-1\rangle) \tag{6.B.17}$$

这些态通常称为原子的**缀饰态**(即原子被光子缀饰).[①]它们是原子与辐射场的纠缠态.它不能因子化为仅包含原子和仅包含光子的部分的直积.这是原子和辐射场存在强关联的一个表现.当失谐的模 $|\delta|$ 增加时,参数 θ_n 趋向于 0 或 $\pi/2$,于是两个本征态(6.B.14)和(6.B.15)趋向于可因子化的无关联态 $|a,n\rangle$ 和 $|b,n-1\rangle$.

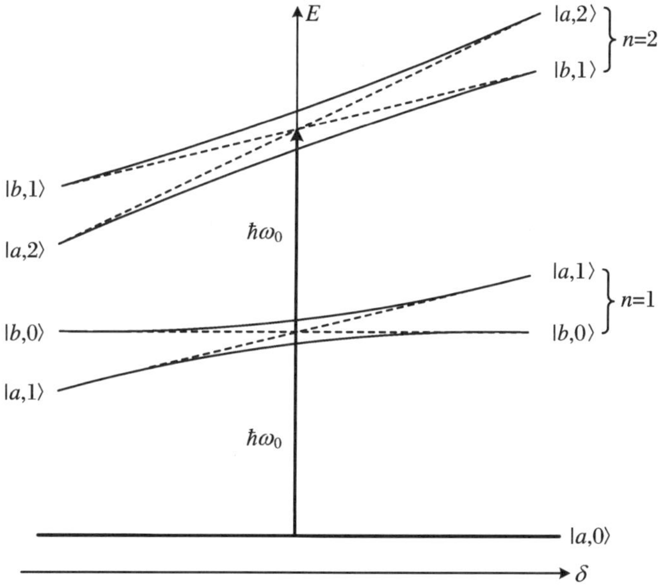

图 6.B.4 相互耦合的原子-谐振腔系统能级图中较低能级部分(作为与谐振腔模与自由原子共振模的失谐量的函数)

虚线对应无相互作用 $\hat{H}_I$ 时的能级.

① 参见 CDG Ⅱ 第 6 章.

图 6.B.4 显示了两个最低能量的双重态.对于更高的能级,其图形有着相似的形式,但是双重态内的能级在共振时的间距增加了,正比于$\sqrt{n}$.注意,当 n 是一个很大的数字时,通常描绘 $E_{\pm,n}-n\hbar\omega$ 比$E_{\pm,n}$方便.

6.B.2.3 一个置于空的谐振腔内的激发原子的自发辐射

接下来我们将考虑一个初始时处于无辐射场的空的谐振腔内的一个激发态原子随时间的演化.与原子相互作用的谐振腔的模假定是与原子跃迁共振的($\delta=0$).系统的初始态可以写为$|\psi(0)\rangle=|b,0\rangle$.这不是总哈密顿量的本征态,因此不是定态.然而,此态可以用双重态 M_1 的本征态$|\psi_{\pm 1}\rangle$展开:

$$|\psi(0)\rangle=|b,0\rangle=\frac{1}{\sqrt{2}}(|\psi_{+,1}\rangle+|\psi_{-,1}\rangle) \tag{6.B.18}$$

因此在随后的 t 时刻,系统处于

$$\begin{aligned}|\psi(t)\rangle&=\frac{1}{\sqrt{2}}(|\psi_{+,1}\rangle e^{-iE_{+,1}t/\hbar}+|\psi_{-,1}\rangle e^{-iE_{-,1}t/\hbar})\\&=e^{-i\omega t}\left(-i|a,1\rangle\sin\frac{\Omega_1^{(1)}t}{2}+|b,0\rangle\cos\frac{\Omega_1^{(1)}t}{2}\right)\end{aligned} \tag{6.B.19}$$

发现原子处于激发态的概率 $P_b(t)$为

$$P_b(t)=\sum_n|\langle b,n|\psi(t)\rangle|^2=|\langle b,0|\psi(t)\rangle|^2=\cos^2\frac{\Omega_1^{(1)}t}{2} \tag{6.B.20}$$

因此一个处于激发态的二能级原子置于共振的谐振腔内时,其自发辐射以在两个原子能级之间的振荡演化的形式显示出来.这显然和自由空间的单纯的衰变是非常不同的.这是由于在当前考虑的情形下二能级原子和光子数$|0\rangle$,$|1\rangle$这对分立能级之间的耦合才产生的拉比振荡;而在自由空间,自发辐射将初始的分立能级与连续的辐射场模耦合,导致了指数的衰减.注意,系统在两个态$|b,0\rangle$和$|a,1\rangle$之间振荡,其中$|b,0\rangle$是系统的初态,因此可以认为演化由原子和谐振腔周期性地交换能量而产生.在向谐振腔的辐射模发射一个光子后原子处于基态,它将在无损耗的谐振腔内将该光子重新吸收后又回到激发态.这样一个系统的经历称为单光子拉比振荡.①

接下来考虑谐振腔不再和原子跃迁处于精确共振的情形.经过和上面完全相同的计算,发现原子在 t 时刻处于激发态的概率为

① 有时文献中也称为真空拉比振荡.

$$P_b(t) = 1 - \frac{(\Omega_1^{(1)})^2}{\delta^2 + (\Omega_1^{(1)})^2}\sin^2\left[\sqrt{\delta^2 + (\Omega_1^{(1)})^2}\,\frac{t}{2}\right] \tag{6.B.21}$$

该概率在 $\delta \gg \Omega_1^{(1)}$ 时仍接近 1，因此原子仍以很大的概率处于激发态.

在上面考虑的两种情况下，激发态的原子的表现和置于自由空间的原子完全不同：在谐振腔内原子在基态和激发态之间振荡，而不是不可逆地衰变到基态.如果谐振腔远离原子的共振能量，原子将不会发生自发衰变，因为在自发辐射可发生的频段内没有相应的准连续的辐射模存在.因此自发辐射不是原子的内禀属性；它是由原子与其周围环境相互作用产生的.

也可以设想其他一些抑制自发辐射的方式，如将原子置于一个在其共振频率波段存在光子能隙的介质中.[①]此类介质的特征表现为某些属性的空间周期性的变化，如折射率.这对光子来说类似于处于周期性晶格中电子的情形[②]：介质中存在光子不能传播的能量禁带.

评注 应当强调，我们考虑的是一个高度理想化的情况，其中原子只与谐振腔的一个模耦合，并且谐振腔本身也是理想的.在实际的实验中，谐振腔有损耗并且原子也会具有与其他腔模的剩余耦合.这些额外的效应必须做得足够小才能控制自发辐射.人们已经在这方面投入了大量工作，因为控制自发辐射对光源来说有很大的好处.

6.B.3 有腔内辐射场时的演化

本小节我们将考虑谐振腔内维持着一个恰好与原子跃迁共振的光场的简单情形，这里其他谐振腔模的效应被忽略，即 $\delta = 0$.我们随后将确定系统的演化，该演化表现为初始时存在于谐振腔内辐射场态的函数的形式.

6.B.3.1 初始处于数态的辐射场

我们已经在第 6 章 6.3.4 小节进行了这种计算.我们发现，在辐射场是数态 $|n\rangle$ 的情况下，一个振荡的演化由拉比频率表征，其值为 $\Omega_1 = \sqrt{n}\Omega_1^{(1)}$.这时的时间演化和经典电磁波(见 2.3.2 小节)的结果类似，但是这里有一个显著特性：系统在给定时刻的态不是可因子

---

① Yablonovich E. Inhibited Spontaneous Emission in Solid-Sate Physics and Electronics [J]. Physical Review Letters, 1987, 58: 2059.

类似地，也可通过将原子置于一个无序的电介质来抑制自发辐射(John S. Strong Localization of Photons in Certain Disordered Dielectric Superlattices [J]. Physical Review Letters, 1987, 58: 2486).

② Ashcroft N W, Mermin N D. Solid State Physics [M]. Saunders College Publishing, 1976.

化的态，而是纠缠态. 考虑一个 $\pi/2$ 脉冲的作用是非常有趣的，$\pi/2$ 脉冲的作用是指相互作用在 $t=0$ 时刻开启，并在 $t=T$ 时刻关闭，且满足 $\Omega_1 T=\pi/2$（在图 6.B.2(a)的例子中，T 是原子穿过谐振腔所需的时间）. 初始时处于 $|b,n\rangle$ 的系统此时将处于如下末态：

$$|\psi(T)\rangle=\frac{1}{\sqrt{2}}(-\mathrm{i}|a,n+1\rangle+|b,n\rangle) \tag{6.B.22}$$

对此态来说，作用于原子和辐射场的测量将是完全地关联在一起的：如果原子发现处于 $|a\rangle$ 态（$|b\rangle$ 态），那么腔内辐射场将确定地包含 $n+1$（n）个光子，即使原子在离谐振腔多远的地方进行测量.

我们再说明一个辐射场是数态时另一个特别的特点：原子偶极矩 $\langle\psi(t)|\hat{\boldsymbol{D}}|\psi(t)\rangle$ 和电场 $\langle\psi(t)|\hat{\boldsymbol{E}}|\psi(t)\rangle$ 的均值在任何时刻均为零，而偶极矩的均值在半经典处理时（式(2.126)）表现为振荡.

6.B.3.2 初始为"高强度"的准经典态：半经典极限

考虑腔内原子初始处于激发态 $|b\rangle$ 且与其相互作用的共振模的辐射场是准经典的态 $|\alpha\rangle$. 我们首先考虑 $|\alpha|\gg1$ 的极限. 回想一下，在数态基矢下，准经典态由下式给出（见5.3.4小节）：

$$|\alpha\rangle=\sum_{n=0}^{\infty}c_n|n\rangle=\sum_{n=0}^{\infty}\mathrm{e}^{-|\alpha|^2/2}\frac{\alpha^n}{\sqrt{n!}}|n\rangle \tag{6.B.23}$$

光子数分布 $|c_n|^2$ 形成以 $\bar{n}=|\alpha|^2$ 为中心、宽度为 $\Delta n=\sqrt{\bar{n}}=|\alpha|$ 的泊松分布. 为了得到系统随时间的演化，我们将初始态 $|\psi(0)\rangle=|b\rangle\otimes|\alpha\rangle$ 按原子-谐振腔系统的本征态的基矢展开：

$$|\psi(0)\rangle=\frac{1}{\sqrt{2}}\sum_{n\geqslant1}c_{n-1}(|\psi_{+,n}\rangle+|\psi_{-,n}\rangle) \tag{6.B.24}$$

因此在随后时刻态矢量由下式给出：

$$\begin{aligned}|\psi(t)\rangle&=\frac{1}{\sqrt{2}}\sum_{n\geqslant1}c_{n-1}\mathrm{e}^{-\mathrm{i}n\omega t}(|\psi_{+,n}\rangle\mathrm{e}^{-\mathrm{i}\Omega_1^{(1)}\sqrt{n}t/2}+|\psi_{-,n}\rangle\mathrm{e}^{\mathrm{i}\Omega_1^{(1)}\sqrt{n}t/2})\\&=\sum_{n\geqslant1}c_{n-1}\mathrm{e}^{-\mathrm{i}n\omega t}\left[-\mathrm{i}|a,n\rangle\sin\left(\frac{\Omega_1^{(1)}\sqrt{n}}{2}t\right)+|b,n-1\rangle\cos\left(\frac{\Omega_1^{(1)}\sqrt{n}}{2}t\right)\right]\end{aligned} \tag{6.B.25}$$

为了化简上式，我们将$\sqrt{n}$在其平均值$n=\bar{n}$附近展开：

$$\sqrt{n}\approx\sqrt{\bar{n}}+(n-\bar{n})\frac{1}{2\sqrt{\bar{n}}} \tag{6.B.26}$$

对于在$\sqrt{\bar{n}}$范围之内偏离中心值$\bar{n}$的n，相较于第一项，其第二项是可以忽略的. 因此，在一个很好的近似下，在那些c_n不可忽略的n的范围内拉比频率是常数. 由此我们可以写出

$$\begin{aligned}|\psi(t)\rangle\approx&-\mathrm{i}\left(\sum_n c_{n-1}\mathrm{e}^{-\mathrm{i}n\omega t}\;|a,n\rangle\right)\sin\frac{\sqrt{\bar{n}}\,\Omega_1^{(1)}t}{2}\\&+\left(\sum_n c_{n-1}\mathrm{e}^{-\mathrm{i}n\omega t}\;|b,n-1\rangle\right)\cos\frac{\sqrt{\bar{n}}\,\Omega_1^{(1)}t}{2}\end{aligned} \tag{6.B.27}$$

我们将做进一步的近似：将上面表达式中第一个求和中的c_{n-1}替换为c_n；根据循环关系式(5.71)，这两个系数的比为$\alpha/\sqrt{n}$，这对所有求和式中不可忽略的项来说非常接近$\alpha/\sqrt{\bar{n}}=1$. 最终，我们得到

$$|\psi(t)\rangle\approx\left[-\mathrm{i}\,|a\rangle\sin\frac{\sqrt{\bar{n}}\,\Omega_1^{(1)}t}{2}+|b\rangle\mathrm{e}^{-\mathrm{i}\omega t}\cos\frac{\sqrt{\bar{n}}\,\Omega_1^{(1)}t}{2}\right]\otimes|\alpha\mathrm{e}^{-\mathrm{i}\omega t}\rangle \tag{6.B.28}$$

在保留$1/\sqrt{\bar{n}}=1/\alpha$的同阶项的情况下，系统的态为原子态和准经典态的直积. 这个准经典态正是辐射场在没有原子存在时自由演化所得的态. 因此不同于之前的情况，这里对不论原子或者辐射场的测量都不会获得相应的辐射场或原子的任何信息. 进一步的区别是，对态$|\psi(t)\rangle$来说原子偶极矩的期待值非零.

事实上，表达式(6.B.28)所出现的原子态不是别的，正是由一个初始处于激发态的原子和一个经典的、与该原子共振的电磁波相互作用所得(见第2章所讨论的情形). 因此这里呈现的计算证明了第2章(2.3.2小节)的半经典描述是合理的. 它表明半经典演化恰恰是纯量子力学演化的一个特殊情形，适用于原子和大强度的准经典电磁波(对应于大的$|\alpha|$值)相互作用的情况. 这和具有显著非经典特性的辐射场的数态形成了鲜明对照.

6.B.3.3 初始具有较小光子数的准经典辐射场

如果$|\alpha|$为1的量级，则式(6.B.25)仍然成立，但式(6.B.28)的简单形式不再成立. 不论辐射场态为何，原子处于态$|b\rangle$的概率$P_b(t)$都可写为

$$P_b(t) = \sum_n |\langle b, n | \psi(t)\rangle|^2 = \sum_{n\geqslant 1} |c_{n-1}|^2 \cos^2\left(\frac{\Omega_1^{(1)}}{2}\sqrt{n}t\right)$$

$$= e^{-|\alpha|^2} \sum_{n'=0}^{+\infty} \frac{|\alpha|^{2n'}}{n'!} \cos^2\left(\frac{\Omega_1^{(1)}}{2}\sqrt{n'+1}t\right) \tag{6.B.29}$$

图 6.B.5 显示了 $P_b(t)$在 $\alpha=4$ 时的演化情况.系统复杂的演化表现出三个主要特点,各自发生在不同的时间尺度:

· 原子经历拉比振荡,与准经典场一样,拉比频率由平均光子数$|\alpha|^2$ 确定.

· 拉比振荡经历几个周期的振荡后被阻尼,这导致拉比振荡最终消失并且原子处于基态和激发态能级的布居相等,即 $P_b(t)=1/2$.这是由于式(6.B.29)中有贡献的正弦波有着不同的周期导致的.因此,尽管开始时等相位,但很快它们将相位各异并最终导致彼此相消.

· 拉比振荡最终在一个更长的时间尺度上重新出现.这是由于对式(6.B.29)有贡献的正弦波的数目是有限的.因此不同正弦振荡回到它们初始相位关系所需时间也是有限的.这种现象称为量子恢复.在这三种现象中,只有第一种有经典对应.拉比振荡的阻尼和恢复是完全的量子效应且都已在实验中观察到.

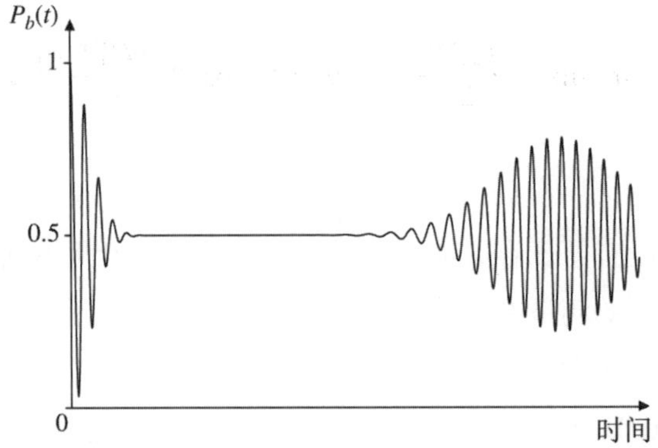

图 6.B.5　在激发态找到原子的概率(在半经典态中发生共振,$\alpha=4$)

6.B.4　谐振腔损耗所致效应:珀塞尔效应

在实际情况中,谐振腔是非理想的:腔的壁不可避免地会有光的损耗或者透射.结果就是，空腔内的电磁场随着时间按指数衰减，衰减率记为 Γ_{cav}. [①]原子-谐振腔系统不再是孤立的系统，因此也不再能用态矢量而只能通过密度矩阵来描述. 详细的分析显示系统演化存在两个在定量上不同的区域：

- $\Gamma_{cav}/2<\Omega_1^{(1)}$：强耦合区. 当谐振腔的损耗足够小时，系统的演化与理想谐振腔有几分类似：发现原子处于激发态的概率是随时间振荡的，但是振荡受到一个衰变常数为 Γ_{cav}的阻尼. 当 $\Gamma_{cav}\ll\Omega_1^{(1)}$ 时，振荡频率接近于理想腔的振荡频率，但是当 Γ_{cav}接近 $\Omega_1^{(1)}/2$ 时，振荡频率会减小.

- $\Gamma_{cav}/2>\Omega_1^{(1)}$：弱耦合区. 拉比振荡消失，并且对于初始时原子处于激发态和谐振腔为空的情况，激发态的原子数随时间单调减少. 但是，衰减速率和原子处于真空中的衰减速率 Γ_{sp}不同：谐振腔，即使是非理想的，也会改变自发辐射，并且当腔与原子跃迁共振时能增强原子自发辐射. 这个效应首先由珀塞尔提到，因此也称为珀塞尔效应. [②]

我们这里给珀塞尔效应的一个推导，谐振腔的阻尼由半透光的镜子引起. 考虑一个由两个镜子组成的长度为 L（这个腔的往返路程为 $L_{cav}=2L$）的法布里-珀罗谐振腔（图 6.B.6），其中的半透镜是理想的外耦合器，其透射率、反射率分别为 T 和 $R(R+T=1)$.

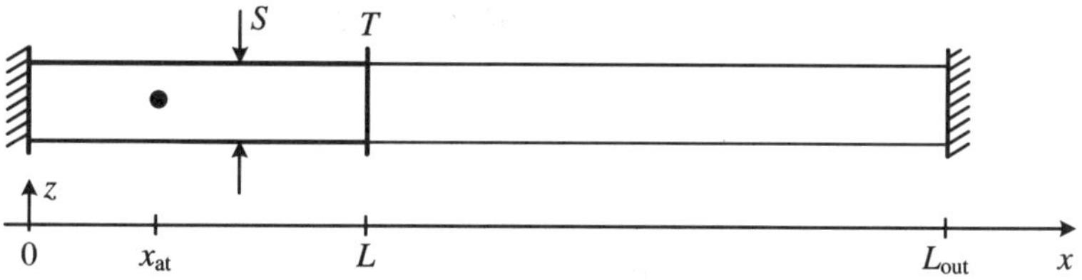

图 6.B.6　原子位于谐振腔内的位置 x_{at}处，谐振腔由位于 $x=0$ 处的理想镜子和位于 $x=L$ 的半透镜 T 组成辐射场的量子化可由在 $x=L_{out}$处设置一个理想镜子来实现，并在计算的末尾令 $L_{out}\to\infty$. 我们考虑那些在横向面积 S 上均匀分布的辐射模.

为了将辐射场量子化，我们考虑一个假想的谐振腔，它在 $x=L_{out}$处有一个理想镜子，其中 $L_{out}\gg L$（在计算的最后，我们令 $L_{out}\to\infty$）. 我们考虑沿 x 轴传播的模，它在垂直 x 的截面S 内的振幅为常数. 像在 6.4 节中计算自发辐射一样，我们考虑一个原子跃迁，其辐射出的光的偏振在 zx 平面内. 这里，于是光沿 z 方向偏振. 辐射场有如下形式（与补充材料4.C比较）：

$$\hat{\boldsymbol{A}}(\boldsymbol{r})=\boldsymbol{e}_z\sum_m\frac{\mathscr{E}_m^{(1)}}{\omega_m}v_m(x)\hat{b}_m+\text{h.c.}\tag{6.B.30}$$

---

① 如果腔是两个镜子的法布里-珀罗腔，则 Γ_{cav}是与腔的精细度 $\mathcal{F}$(见补充材料 3.A)相关的，$\Gamma_{cav}=c/(2L)\cdot(2\pi/\mathcal{F})$，其中 L 是谐振腔的长度. Γ_{cav}也是和腔的所谓品质因子 Q 相关的，$\Gamma_{cav}=\omega/Q$.

② Purcell E M. Spontaneous Emission Probabilities at Radio Frequencies[J]. Physical Review, 1946, 69: 681.

式中 $\hat{b}_m$ 和 $\hat{b}_m^\dagger$ 满足经典的产生、湮灭算符的对易关系，并且 v_m 是归一化的辐射场模

$$\int_V \mathrm{d}^3 r \mid v_m(r) \mid^2 = V \tag{6.B.31}$$

并且

$$\mathscr{E}_m^{(1)} = \sqrt{\frac{\hbar\omega_m}{2\varepsilon_0 V}} \tag{6.B.32}$$

其中 V 是进行量子化的体积. 为了确定 $v_m(z)$，我们考虑从右入射到 L 处的半透镜的一个平面波，并应用理想半透镜的透射-反射关系. 于是我们得到如下形式的解：

$$v_m(x) = \mathrm{i}\sqrt{2}\mu_m \sin k_m x, \quad 0 < x < L \tag{6.B.33}$$

$$v_m(x) = \mathrm{i}\sqrt{2}\mu'_m \sin(k_m x + \theta_m), \quad L < x < L_{\text{out}} \tag{6.B.34}$$

角度 θ_m 由下式确定：

$$\tan\theta_m = \frac{\sqrt{R}\sin 2k_m L}{1 - \sqrt{R}\cos 2k_m L} \tag{6.B.35}$$

μ_m 和 μ'_m 的比值满足

$$\left|\frac{\mu_m}{\mu'_m}\right|^2 = \frac{T}{(1-\sqrt{R})^2} \frac{1}{1 + \dfrac{4\sqrt{R}}{(1-\sqrt{R})^2}\sin^2 k_m L} \tag{6.B.36}$$

这个表达式对应了补充材料 3.A 中式(3.A.42)的结果：

$$\left|\frac{\mu_m}{\mu'_m}\right|^2 = \frac{2\mathcal{F}}{\pi} \frac{1}{1 + \dfrac{4}{\pi^2}\sin^2 k_m L} \tag{6.B.37}$$

其中我们已引入精细度 $\mathcal{F}$，且假定 $T \ll 1$(精细度很大的腔)，因此

$$\mathcal{F} = \frac{\pi R^{1/4}}{1 - \sqrt{R}} \approx \frac{2\pi}{T} \tag{6.B.38}$$

为了确定 μ_m 和 μ'_m 的绝对值，我们利用归一化条件(6.B.31). 当 $L_{\text{out}} \to \infty$ 时，归一化条件完全由区间 $L < x < L_{\text{out}}$ 内的积分确定，我们发现

$$\mid \mu'_m \mid^2 \approx 1 \tag{6.B.39}$$

于是谐振腔内的振幅 $|\mu_m|$ 由式(6.B.37)确定. 在共振时它可以远大于 1.

量子化的值 k_m 由辐射场在位于 L_{out} 处的假想镜面为零的边界条件给出，即由式(6.B.34)，得

$$k_m L_{out} + \theta_m = m\pi \tag{6.B.40}$$

为了利用费米黄金规则，我们需要知道单位能量间隔内的模密度. 忽略式(6.B.40)中 θ_m 的变化，我们发现

$$\frac{\mathrm{d}m}{\mathrm{d}(\hbar c k_m)} = \frac{L_{out}}{\pi \hbar c} \tag{6.B.41}$$

和 6.4 节一样，我们利用相互作用哈密顿量的表达式(6.72)来计算辐射模 m 和在 x_{at} 处的原子耦合的矩阵元：

$$W_m = \langle a, 1_m \mid \hat{H}_{I1} \mid b, 0\rangle = \frac{q_e}{m_e}\langle a \mid p_z \mid b\rangle \frac{\mathscr{E}_m^{(1)}}{\omega_m} v_m(x_{at}) \tag{6.B.42}$$

其中 q_e 和 m_e 分别为电子的电荷和质量. 由于原子在谐振腔内，我们把 $v_m(x)$ 的表达式(6.B.33)代入式(6.B.42)，得到

$$\begin{aligned} |W_m|^2 &= |\langle a, 1_m \mid \hat{H}_{I1} \mid b, 0\rangle|^2 \\ &= \frac{q_e^2}{m_e^2} |\langle a \mid p_z \mid b\rangle|^2 \left(\frac{\mathscr{E}_m^{(1)}}{\omega_m}\right)^2 2 |\mu_m|^2 \sin^2 k_m x_{at} \end{aligned} \tag{6.B.43}$$

我们可以用式(6.B.37)和式(6.B.39)来表达 $|\mu_m|^2$，于是应用费米黄金规则后得到腔内的自发辐射率为

$$\Gamma_{sp,cav} = \frac{2\pi}{\hbar}\left[\frac{\mathrm{d}m}{\mathrm{d}(\hbar\omega_m)} |W_m|^2\right]_{\omega_m=\omega_0} \tag{6.B.44}$$

由此我们得到

$$\Gamma_{sp,cav} = \frac{q_e^2}{\pi\varepsilon_0} \frac{|\langle a \mid p_z \mid b\rangle|^2}{m_e^2 \hbar c S \omega_0} \frac{4\mathcal{F}}{1 + \frac{4}{\pi^2}\mathcal{F}^2 \sin^2 k_0 L} \sin^2 k_0 x_{at} \tag{6.B.45}$$

假想的腔的尺寸 L_{out} 已从最终结果中消去，正如它应该的那样.

将此结果与自由空间(6.115)的自发辐射率 Γ_{sp} 相比较，我们发现

$$\frac{\Gamma_{sp,cav}}{\Gamma_{sp}} = \frac{3\mathcal{F}\lambda^2}{\pi^2 S} \sin^2 k_0 x_{at} \frac{1}{1 + \frac{4\mathcal{F}^2}{\pi^2} \sin^2 k_0 L} \tag{6.B.46}$$

式(6.B.46)表明在腔内的自发辐射率在谐振腔内与原子共振($\sin k_0 L = 0$),并且当原子处于腔内辐射场的腹点($\sin k_0 x_{at} = 1$)时取到极大值.当这两个条件都得到满足时,我们有

$$\frac{\Gamma_{sp,cav}}{\Gamma_{sp}} = \frac{3\mathcal{F}\lambda^2}{\pi^2 S} \tag{6.B.47}$$

比率 $\Gamma_{sp,cav}/\Gamma_{sp}$ 称为珀塞尔因子,通常它表达为腔的 Q 因子的形式,$Q = 2L\mathcal{F}/\lambda$,有效的模体积定义为

$$V_{mode} = \iiint_{mode} dxdydz\sin^2 kx = \frac{1}{2}LS \tag{6.B.48}$$

由此得

$$\frac{\Gamma_{sp,cav}}{\Gamma_{sp}} = \frac{3}{4\pi^2}\frac{Q\lambda^3}{V_{mode}} \tag{6.B.49}$$

当此因子比 1 大时,腔内的自发辐射相比于其他方向的辐射占主导地位.其结果是,自发辐射率增加了,并且光主要沿着谐振腔的纵轴方向发射,这对实际应用来说是非常有用的.

为了获得更大的珀塞尔因子,我们需要谐振腔有非常高的 Q 因子和非常小的体积.10～100 量级的珀塞尔增强因子已经在半导体微腔内观测到.[①]

评注 费米黄金规则的应用仅在耦合矩阵元(6.B.43)在能量积分区间显著大于 $\hbar\Gamma_{sp,cav}$ 时为常数时才有效.在共振时,这就需要 $\Gamma_{sp,cav}$ 比共振宽度 Γ_{cav} 小.可以证明此条件等价于 $\Omega_1^{(1)} \ll \Gamma_{cav}$.

6.B.5 总结

在本补充材料中,我们研究了在第 6 章中所学方法的一个简单应用.我们已经证明,一个原子和一个单模电磁场的相互作用导致了一个耦合在一起的称为**缀饰原子**的系统.事实上,这是一个非常一般的观念,并且可以有益地应用于,例如,自由空间的光-物质相互作用以及单原子和一个共振或准共振的单模辐射源(其他模都是空的)的相互作用(无

① Gérard J-M, Gayral B. Strong Purcell Effect for InAs Quantum Boxes in Three-Dimensional Solid-State Microcavities [J]. Journal of Lightwave Technology, 1999, 17: 2089.

论是可见光区还是射频区). 在此情况下,能级呈现为间距为拉比频率$\sqrt{n}\,\Omega_1^{(1)}$ 的双重态形式的缀饰原子的能级图可以很容易解释许多现象,例如:

· 当二能级原子被一束很强的电磁波缀饰时,用一个弱的辅助光探测此系统,可以看到一个双线谱. 这种将原子谱线分裂为双线的效应称为奥特勒-汤斯(Autler-Townes)效应.

· 当二能级原子和一束高强度单色辐射场耦合时,其自发辐射谱会发生变化,并且呈现出三个峰,峰间距和拉比频率相关. 这个效应称为共振荧光三重线谱.

我们也给出了谐振腔是如何改变与某个模耦合的原子的自发辐射率的例子. 这个效应,也就是珀塞尔效应,正在各种光源中有越来越多的应用.

再次重申,量子光学中的微妙概念在从基础物理到各种实际应用中都起到了作用.

补充材料 6.C 原子级联辐射中发射的极化纠缠光子对

6.C.1 简介

对于实际实验中的纠缠光子对,我们在补充材料 5.C 中讨论了爱因斯坦、波多尔斯基和罗森的论证以及涉及由式(5.C.15)所描述的偏振纠缠态光子纠缠态的贝尔定理:

$$|\Psi_{\mathrm{EPR}}\rangle=\frac{1}{\sqrt{2}}(|x,x\rangle+|y,y\rangle) \tag{6.C.1}$$

为了从理想实验转到实际实验,我们首先必须产生具有如下特点的光子对:

· 它们的频率处于可见光区(或者在红外或紫外附近),这是唯一可以实施像 5.C.2.1 小节所描述的那种意义下的真实偏振测量的区域. 这个条件排除了高能光子,如 X 射线或伽马射线就不存在双通道检偏器.

· 辐射过程必须是可以通过同一个初态经历两个路径衰变到同一个末态的过程,只有通过这种方式可以获得相干叠加的两项.

正如克劳泽(Clauser)、霍恩(Horne)、西蒙尼(Shimony)和霍尔特(Holt)证明的那样，从特定的原子级联辐射所发出的光子对满足这些要求.[①]级联辐射是一个原子从激发态通过接连的退激发到达更低能态而接连地辐射出几个光子的过程，辐射出的光子通常具有不同频率.从高能级 e 出发，通过一个中间能级 r，最终到达基态 g 的一个原子发射出一对光子，其能量分别为

$$\hbar\omega_1 = E_e - E_r \tag{6.C.2}$$

$$\hbar\omega_2 = E_r - E_g \tag{6.C.3}$$

我们将看到，如果能级 r 是简并的，则我们确实可以得到一对纠缠的光子.

更具体地说，钙原子提供了这样一个级联辐射的例子，其中所发的光子一个是 423 nm的紫光，另一个是 513 nm 的绿光.此级联辐射所辐射的光子对已经被用来实施非常可信的贝尔不等式的检验.

在本补充材料中，我们将应用本章所建立的理论来证明此自发辐射过程确实产生了一对由式(6.C.1)描述的光子偏振纠缠态，前提是原子能级级联辐射的顺序能级分别具有角动量 $J=0$，$J=1$ 和 $J=0$，并且选择合适的探测光子的方向.

6.C.2 原子级联辐射 $J=0\rightarrow J=1\rightarrow J=0$ 所辐射的光子：基本过程

6.C.2.1 系统的描述

考虑原子的三个能级 g，r 和 e，其角动量分别为 $J=0$，$J=1$，$J=0$(图 6.C.1).能级 e 不是简并的，并且描述 $|e\rangle$ 状态的波函数是偶宇称的.类似地，$|g\rangle$ 也是偶宇称.但是，中间能级 r 是简并的，由于角动量对应在 Oz 轴的投影 $\hat{J}_z$ 的量子数 m 可取的值为 $m_r=-1$，0，+1.这三个态都具有奇宇称的波函数.

在被激发至上能级 e 后，原子可以通过偶极跃迁辐射出一个光子 ν_1 而自发地退激发到任意一个中间能级 $|m_r\rangle$.从中间能级，原子可以再次通过偶极跃迁辐射一个光子 ν_2 而自发退激发到基态 $|g\rangle$.但是，原子不能直接通过辐射单个光子从 $|e\rangle$ 跃迁至 $|g\rangle$，这是因为偶极跃迁只能发生在两个具有相反宇称的能级之间(见补充材料 2.B).我们将关心那些在特定方向辐射出的光子对(ν_1，ν_2)的态.正如能从图中看到的那样，我们选择一个沿

① Clauser J, Horne M, Shimony A, et al. Proposed Experiments to Test Local Hidden Variable Theories [J]. Physical Review Letters, 1969, 23: 880.

z 反向传播的光子 ν_1，而另一个是沿 z 正向传播的光子 ν_2.

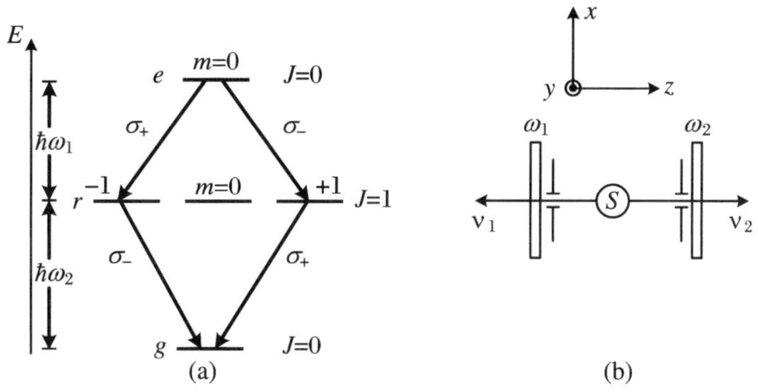

图 6.C.1　从一个原子的级联辐射 $J=0\to J=1\to J=0$ 发出的纠缠光子对

在源 S 处，一个激发至能级 e 的原子自发辐射出一个频率为 ω_1 的光子 ν_1 和一个频率为 ω_2 的光子 ν_2. 通过光圈和滤波片，我们能分离出沿 z 反向传播的光子 ν_1 和沿 z 正向传播的光子 ν_2. 注意，两个光子频率不同，可以通过滤波片来辨识出来.

6.C.2.2　光子 ν_1 的发射和纠缠的原子-辐射场态

为了确定从 $|e\rangle$ 到 $|g\rangle$ 跃迁后对方向和频率进行过滤所得辐射场的态，我们需要确定相互作用哈密顿量的矩阵元. 首先需要注意，正如 6.3.5 小节所解释的那样，由于原子改变了能级，所以 $\hat{H}_{I2}$ 没有贡献. 考虑 $\hat{H}_{I1}$，它可以将两个原子能级耦合起来用以引起自发辐射，即使初始时没有光子(见 6.3.3 小节). 更准确地说，从初始的含有 0 个光子的态

$$|i\rangle = |e;0\rangle \tag{6.C.4}$$

出发，$\hat{H}_{I1}$ 原则上也可以引起到任意能级

$$|j\rangle = |m_r;n_l=1\rangle \tag{6.C.5}$$

的跃迁，其中 $|m_r\rangle$ 表示原子处于 $|r,m_r\rangle$，l 是辐射场模.

对应的矩阵元为(见式(6.89))

$$\langle m_r;n_l=1|\hat{H}_{I1}|e;0\rangle = -\frac{q}{m}\sqrt{\frac{\hbar}{2\varepsilon_0\omega_l L^3}}\langle m_r|\hat{\boldsymbol{p}}\cdot\boldsymbol{\varepsilon}_l|e\rangle \tag{6.C.6}$$

在上式的计算中，我们只关心经过滤波的辐射场，并且我们只考虑那些沿 z 负向传播的辐射模 l. 对于一个给定频率 ω'，存在两个可能的模，即两个彼此垂直的偏振方向. 我们选择 Oz 轴的圆偏极化 σ_+ 和 σ_-，将其写为如下形式(见补充材料 2.A)：

$$\boldsymbol{\varepsilon}_+ = -\frac{\boldsymbol{e}_x + \mathrm{i}\boldsymbol{e}_y}{\sqrt{2}} \tag{6.C.7}$$

$$\boldsymbol{\varepsilon}_- = \frac{\boldsymbol{e}_x - \mathrm{i}\boldsymbol{e}_y}{\sqrt{2}} \tag{6.C.8}$$

考虑到补充材料 2.A 所讨论的选择定则,唯一非零的两个矩阵元是

$$\langle m_r = -1; n_{\sigma_+} = 1 \mid \hat{H}_{I1} \mid e;0\rangle = -\frac{q}{m}\sqrt{\frac{\hbar}{2\varepsilon_0\omega' L^3}}\langle m_r = -1 \mid \hat{\boldsymbol{p}}\cdot\boldsymbol{\varepsilon}_+ \mid e\rangle \tag{6.C.9}$$

$$\langle m_r = 1; n_{\sigma_-} = 1 \mid H_{I1} \mid e;0\rangle = -\frac{q}{m}\sqrt{\frac{\hbar}{2\varepsilon_0\omega' L^3}}\langle m_r = 1 \mid \hat{\boldsymbol{p}}\cdot\boldsymbol{\varepsilon}_- \mid e\rangle \tag{6.C.10}$$

很容易证明,对于所考虑的两个模(偏振 $\boldsymbol{\varepsilon}_+$ 和 $\boldsymbol{\varepsilon}_-$,都沿 Oz 负方向传播),这两个矩阵元是相等的.将激发后所得的态投影到这些辐射模对应的态空间上,我们有(归一化后)

$$\mid \psi'\rangle = \frac{1}{\sqrt{2}}(\mid m_r = -1; n_{\sigma_+} = 1\rangle + \mid m_r = +1; n_{\sigma_-} = 1\rangle) \tag{6.C.11}$$

这是一个原子和辐射场的纠缠态(非直积态),同一系统的两个不同状态的叠加:

- 原子处于$|r, m_r = -1\rangle$,且一个 σ_+ 偏振频率 ω' 的光子沿 Oz 负向传播;
- 原子处于$|r, m_r = +1\rangle$,且一个 σ_- 偏振频率 ω' 的光子沿 Oz 负向传播.

6.C.2.3 光子 ν_2 的辐射和基本的 EPR 对

能级 r 是不稳定的,可以继续退激发到基态$|g\rangle$.更准确地说,在 $\hat{H}_{I1}$ 的作用下,$|r, m_r;0\rangle$态和$|g; n_k = 1\rangle$态是耦合的,其中 k 表示一个频率为 ω_k、偏振为 $\boldsymbol{\varepsilon}_k$ 的辐射模.耦合矩阵元为

$$\langle g; n_k = 1 \mid \hat{H}_{I1} \mid r, m_r;0\rangle = -\frac{q}{m}\sqrt{\frac{\hbar}{2\varepsilon_0\omega_k L^3}}\langle g \mid \hat{\boldsymbol{p}}\cdot\boldsymbol{\varepsilon}_k \mid r\rangle \tag{6.C.12}$$

类似地,我们考虑方向(Oz 正向)上的过滤,并且我们考虑一个单一频率 ω''.因此模式之间唯一的简并是偏振.依照选择定则,对于沿 Oz 正向传播的光子,唯一非零的两个矩阵元是

$$\langle g; n_{\sigma_-} = 1 \mid \hat{H}_{I1} \mid m_r = -1;0\rangle = -\frac{q}{m}\sqrt{\frac{\hbar}{2\varepsilon_0\omega'' L^3}}\langle g \mid \hat{\boldsymbol{p}}\cdot\boldsymbol{\varepsilon}_- \mid m_r = -1\rangle \tag{6.C.13}$$

$$\langle g;n_{\sigma_+}=1\mid\hat{H}_{\mathrm{I1}}\mid m_r=1;0\rangle=-\frac{q}{m}\sqrt{\frac{\hbar}{2\varepsilon_0\omega''L^3}}\langle g\mid\hat{\boldsymbol{p}}\cdot\boldsymbol{\varepsilon}_+\mid m_r=1\rangle \tag{6.C.14}$$

这两个矩阵元是相等的.

由于 $\hat{H}_{\mathrm{I1}}$ 的存在,中间态(6.C.11)在经历足够长时间演化后到达末态,

$$\mid\psi_{\mathrm{f}}\rangle=\frac{1}{\sqrt{2}}(\mid g;n_{\sigma_+}=1,n_{\sigma_-}=1\rangle+\mid g;n_{\sigma_-}=1,n_{\sigma_+}=1\rangle) \tag{6.C.15}$$

在此式中,第一个光子理解为一个频率 ω' 接近 ω_1 且沿 z 负向传播的光子,而第二个光子则为一个频率 ω'' 接近于 ω_2 的且沿 z 正向传播的光子.

我们可以将原子部分的能级 $|g\rangle$ 作为一个因子提出来,因此辐射部分为

$$\mid\psi_{\mathrm{R}}\rangle=\frac{1}{\sqrt{2}}(\mid n_{\sigma_+}=1,n_{\sigma_-}=1\rangle+\mid n_{\sigma_-}=1,n_{\sigma_+}=1\rangle) \tag{6.C.16}$$

现在我们就有一个只含辐射场的纠缠态,光子对(ν_1,ν_2)的两个不同态的叠加:

• 一个频率为 ω'、偏振为 σ_+ 的光子沿 Oz 负向传播,同时一个频率为 ω''、偏振为 σ_- 的光子沿 Oz 正向传播.

• 一个频率为 ω'、偏振为 σ_- 的光子沿 Oz 负方向传播,同时一个频率为 ω''、偏振为 σ_+ 的光子沿 Oz 正向传播.

至此,我们可以像补充材料 5.C 那样简化波函数的表示,将其看作一些单光子态来理解.用单光子态 $|\boldsymbol{\varepsilon}_+\rangle$,$|\boldsymbol{\varepsilon}_-\rangle$ 分别表示对应 Oz 轴、偏振分别为 σ_+ 和 σ_- 的单光子态,辐射场态(6.C.16)可以写为

$$\mid\psi_{\mathrm{R}}\rangle=\frac{1}{\sqrt{2}}(\mid\boldsymbol{\varepsilon}_+,\boldsymbol{\varepsilon}_-\rangle+\mid\boldsymbol{\varepsilon}_-,\boldsymbol{\varepsilon}_+\rangle) \tag{6.C.17}$$

在每一个张量积 $|\boldsymbol{\varepsilon}_+,\boldsymbol{\varepsilon}_-\rangle$ 和 $|\boldsymbol{\varepsilon}_-,\boldsymbol{\varepsilon}_+\rangle$ 中,第一项理解为沿 z 负向传播的一个光子,而第二项为沿 z 正向传播的一个光子.

偏振基可以通过引入正交的线偏振,例如沿 Ox 或 Oy 来进行转换.令 $|x\rangle$ 和 $|y\rangle$ 分别表示沿 x 和 y 方向偏振的单光子态,我们可以像式(5.C.8)和式(5.C.9)那样写出

$$\mid\boldsymbol{\varepsilon}_+\rangle=-\frac{1}{\sqrt{2}}(\mid x\rangle+\mathrm{i}\mid y\rangle) \tag{6.C.18}$$

$$\mid\boldsymbol{\varepsilon}_-\rangle=\frac{1}{\sqrt{2}}(\mid x\rangle-\mathrm{i}\mid y\rangle) \tag{6.C.19}$$

代入式(6.C.17),我们得到光子对的态:

$$|\psi_{\mathrm{R}}\rangle = -\frac{1}{\sqrt{2}}(|x,x\rangle + |y,y\rangle) \tag{6.C.20}$$

在差一个无物理意义的负号下，上式和在补充材料 5.C 中直接引入的下式

$$|\psi_{\mathrm{EPR}}\rangle = \frac{1}{\sqrt{2}}(|x,x\rangle + |y,y\rangle) \tag{6.C.21}$$

相同，这显而易见.

评注 (1) 注意正交轴 Ox 和 Oy 可以取垂直于 Oz 轴的任意方向. 这是由于式(6.C.17)所描述的态沿 Oz 轴是转动不变的，这可以通过转换基矢直接验证.

(2) 系统所发出的光子对先验地是朝向空间的各个方向的. 用光圈实现的空间选择装置剔除了那些非 Oz 轴方向的光子. 严格地说，为描述这样的系统，我们应该用密度矩阵，并对被光圈吸收的那些模求部分迹. 但是，我们仅对探测器能有效观测的那些沿 Oz 轴的辐射场感兴趣. 因此，波函数会"塌缩"到本部分所确定的态(6.C.17)上.

(3) 将光子 ν_1 和 ν_2 过滤到任意特定方向也可通过类似的计算获得. 我们发现，在两个沿 $\boldsymbol{a}$ 和 $\boldsymbol{b}$ 方向分析偏振的检偏器后面的符合计数率可写为类似补充材料 2.C 中的形式，即

$$P_{++}(\boldsymbol{a},\boldsymbol{b}) = \frac{1}{2}\cos^2(\boldsymbol{a},\boldsymbol{b}) \tag{6.C.22}$$

并且，即使两光子的传播方向不是沿着同一个 Oz 轴，上式也是成立的. 利用积分，上式可以用来处理一类重要的实际情况，即光子可以通过具有一定立体角的透镜进行搜集.

6.C.3 推广以及对频率的求和

上述描述的计算反映了能够导致两个辐射出的光子纠缠的机制：通过跃迁到一个中间态第一个光子和原子纠缠起来，第二个光子的辐射导致了双光子的纠缠. 由于假定了在沿 z 负向和正向传播的光子分别实施无限窄的滤波片来过滤 ω' 和 ω''，因此在此意义下的实验是不现实的. 现实中，我们使用了中心共振频率分别为 ω_1 和 ω_2，且通过带宽较相应自然线宽要宽的滤波片. 于是滤波后的辐射场的末态是形如式(6.C.21)的频率叠加态：

$$|\psi\rangle = \frac{1}{\sqrt{2}}\iint \mathrm{d}\omega_l \mathrm{d}\omega_k C(\omega_l,\omega_k)(|x_l,x_k\rangle + |y_l,y_k\rangle) \tag{6.C.23}$$

其中$|x_l, x_k\rangle$表示一对频率为 ω_l 和ω_k，分别沿 z 负向和正向传播的光子，并且偏振是沿 Ox 方向的；$|y_l, y_k\rangle$也类似. 此态的归一化要求

$$\iint \mathrm{d}\omega_l \mathrm{d}\omega_k \mid C(\omega_l, \omega_k) \mid^2 = 1 \tag{6.C.24}$$

总的光子探测概率就是对各基本态$(|x_l, x_k\rangle + |y_l, y_k\rangle)/\sqrt{2}$概率的求和. 确实，我们原则上可以通过探测光电子的能量来区分这些光子的频率. 对频率的求和相关的积分可以作为一个因子的形式提出来，并且单侧或符合计数概率与那些基本态$((|x_l, x_k\rangle + |y_l, y_k\rangle)/\sqrt{2})$的概率相同. 作为例子，我们写出在沿 $\boldsymbol{a}$ 和 $\boldsymbol{b}$ 方向的双通道$(+1, +1)$内两探测器总的联合探测概率的形式：

$$\begin{aligned} P_{++}(\boldsymbol{a}, \boldsymbol{b}) &= \frac{1}{2}\iint \mathrm{d}\omega_l \mathrm{d}\omega_k \mid C(\omega_l, \omega_k) \mid^2 \mid \langle +_a, +_b \mid (\mid x_l, x_k\rangle + \mid y_l, y_k\rangle) \mid^2 \\ &= \frac{1}{2} \mid \langle +_a, +_b \mid (\mid x, x\rangle + \mid y, y\rangle) \mid^2 = \frac{1}{2}\cos^2(\boldsymbol{a}, \boldsymbol{b}) \end{aligned}$$

我们得到了与补充材料 5.C 一样的结果.

6.C.4 双光子激发

为了得到通过原子级联辐射机制而产生纠缠光子对的有效源，必须将原子激发至能级$|e\rangle$. 由于$|g\rangle$和$|e\rangle$具有相同的宇称，这就排除了通过吸收单个频率为$(E_e - E_g)/\hbar$的光子而获得激发的可能性. 但是，可以通过频率为 ω_{Kr}和 ω_{D} 的两束波所致的非线性跃迁过程而选择性地使原子激发到$|e\rangle$，只要

$$\hbar(\omega_{\mathrm{Kr}} + \omega_{\mathrm{D}}) = E_e - E_g \tag{6.C.25}$$

且存在原子与这两个波中每一个耦合矩阵元都非零(见 1.2.5 和 2.3.3 小节). 图 6.C.2 描述了这种情况.

将 2.3.3 小节的计算(见式(2.127))推广到两个不相等的频率，我们发现经过 T 时间后跃迁概率等于

$$P_{g\to e}(T) = T\frac{2\pi}{\hbar}\left|\frac{1}{4}\frac{\hbar\Omega_{\mathrm{Kr}}\Omega_{\mathrm{D}}}{\omega_{\mathrm{Kr}} - \omega_2}\right|^2 \delta_T(E_e - E_g - \hbar(\omega_{\mathrm{Kr}} + \omega_{\mathrm{D}})) \tag{6.C.26}$$

其中 Ω_{Kr}和 Ω_{D} 为相应电磁波与原子耦合的拉比角频率. 我们通过将 $\delta_T(E)$替换为单位面积、半波全宽度为$\hbar\Gamma_e$ 的洛伦兹分布来考虑能级e 有限的宽度 Γ_e，最终

$$P_{g\to e}(T)=\frac{T}{\Gamma_e}\left|\frac{1}{4}\frac{\hbar\Omega_{\mathrm{Kr}}\Omega_{\mathrm{D}}}{\omega_{\mathrm{Kr}}-\omega_2}\right|^2\frac{1}{1+\left(\dfrac{\omega_{\mathrm{Kr}}+\omega_{\mathrm{D}}-\omega_1-\omega_2}{\Gamma_e/2}\right)^2}\tag{6.C.27}$$

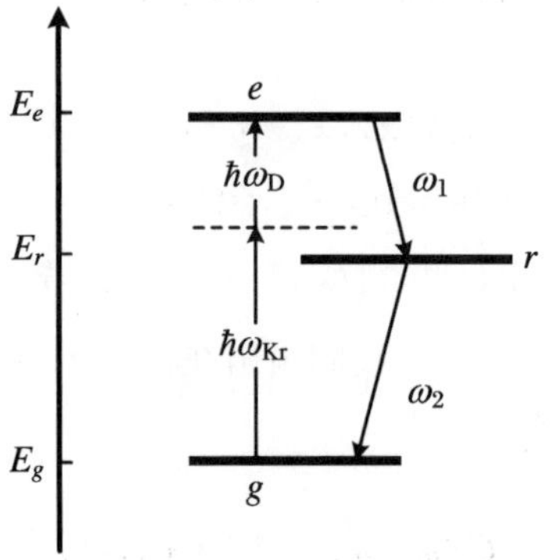

图 6.C.2　级联辐射 $e\to r\to g$ 的双光子跃迁

如果$\hbar(\omega_{\mathrm{Kr}}+\omega_{\mathrm{D}})=E_e-E_g$,原子可以通过一个涉及两个频率为 ω_{Kr}和 ω_{D} 的激光的非线性过程被激发. 为了在用于检验贝尔不等式中钙原子级联辐射能级中满足此“双光子”共振条件(波长 $\lambda_1=551$ nm,$\lambda_2=423$ nm),我们应用了一个 406 nm 的电离氪激光和一个 581 nm 的可调激光. 为了满足条件(6.C.25),此可调激光的频率可控制在中心频率的 MHz 范围内调谐,即相对精度为 10^{-9}.

在双光子跃迁的共振情况下,能激发至级联辐射的速率为

$$\frac{\mathrm{d}}{\mathrm{d}t}P_{g\to e}=\frac{1}{\Gamma_e}\left|\frac{1}{4}\frac{\Omega_{\mathrm{Kr}}\Omega_{\mathrm{D}}}{\omega_{\mathrm{Kr}}-\omega_2}\right|^2\tag{6.C.28}$$

通过聚焦几十毫瓦的激光束到不足 1 mm^2 的区域就能轻易获得电偶极跃迁的拉比角频率为 $10^{10}\ \mathrm{s}^{-1}$. 在图 6.C.2 的例子中,Γ_e 为 $10^7\ \mathrm{s}^{-1}$量级,失谐 $\omega_{\mathrm{Kr}}-\omega_2$ 的量级为 $10^{14}\ \mathrm{s}^{-1}$,这给出激发速率为 $10^4\ \mathrm{s}^{-1}$量级. 因此获得足够强度的纠缠光子源来实施贝尔不等式(见补充材料 5.C)的精致测量是可行的.

第3部分

两种方法的应用

第 7 章

非线性光学：从半经典方法到量子效应

7.1 引言

1961 年，在梅曼发明红宝石激光器仅仅几个月之后，弗兰肯（Franken）将这种激光器所发射出的波长为 694 nm 的脉冲聚焦于一块石英片上，并利用一个简单棱镜检查了所透射的光的光谱（图 7.1）. 他发现波长为 347 nm 的紫外光从石英片透射出来. 显然，由于光通过石英传播，频率为 ω 的光产生了频率为 2ω 的二次谐波.

因此可以得知，在光学中，如同在物理学的其他分支中一样，受到足够强的正弦激励的系统将脱离线性响应机制. 非线性导致了所出现的激励频率的谐波.

但是需要多大的光强才能出现非线性效应呢？也许有人会认为一个自然的强度是原子核在其核外电子位置处的电场. 当氢原子处于其基态时，这个场大约为 $e/(4\pi\varepsilon_0 a_0^2)$

(e 是电子电荷，$a_0=5\times10^{-11}$ m 是玻尔半径)，或 3×10^{11} V・m^{-1}. 实际上，实验表明，在像石英这样的介电材料的透明谱区，仅仅 10^7 V・m^{-1} 的场强(对应于 2.5 kW/cm^2 的光强)对于非线性效应的出现就已经足够了. 当接近电子共振时，甚至更弱的强度(约 mW・cm^{-2} 量级)就能使系统达到饱和，这是一个非线性区(见第 2 章和补充材料 7.B).

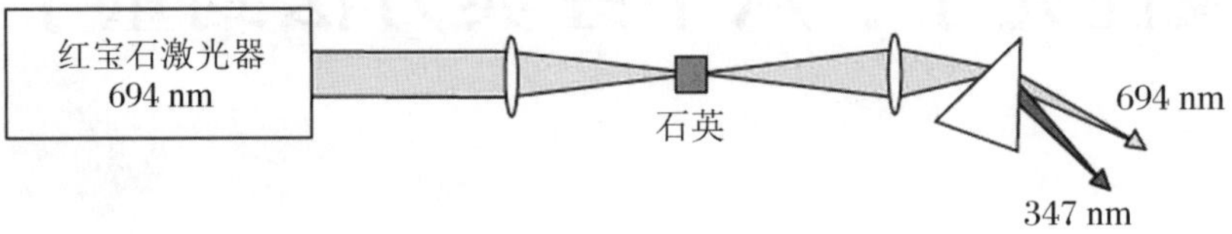

图 7.1 弗兰肯的实验

聚焦在石英上的激光脉冲产生了 2 倍频率的光.

本章及后面的章节将提供一个应用之前章节建立的各种工具的机会. 首先，我们将经典地来处理辐射，而物质性质则通过由量子计算得到的极化率系数来表示，这就是第 2 章的半经典方法. 我们将用该方法得到非线性介质中场的传播方程(见 7.2 节)，并以三波混频现象为例进行详细研究(见 7.3 节). 然而，有一些非常重要的现象，例如参量荧光，不能用这种方法来描述. 然后我们就依靠第 4 章介绍的完全量子理论的方法. 这将是 7.4 节的任务，此节特别描述了量子光学的一个最迷人的现象，即孪生光子对的产生.

两个补充材料将为读者提供本章介绍的观点的更深层次理解. 补充材料 7.A 详细说明了称为参量放大的现象及其经典特性和量子理论特性，也介绍了基于这个放大效应的振荡器("光学参量振荡器"). 补充材料 7.B 给出了高阶非线性现象的几个例子，在那里折射率与光强有关(光学克尔效应).

7.2 非线性介质中的电磁场：半经典处理方法

7.2.1 线性极化率

我们知道电磁波在物质中的传播会受到波的电场引起的电介质极化的影响(例如见第 2 章). 显然点 $\boldsymbol{r}$ 附近的电介质极化 $\boldsymbol{P}(\boldsymbol{r},t)$ 与在点 $\boldsymbol{r}$ 处的电场有关，而电介质极化率描述了这个关系. 为了计算这个极化，必须确定在如下单色经典场影响下，物质中电荷的运动：

$$\boldsymbol{E}(\boldsymbol{r},t)=\boldsymbol{\varepsilon}\mathcal{E}(\boldsymbol{r},\omega)\mathrm{e}^{-\mathrm{i}\omega t}+\mathrm{c.c.} \tag{7.1}$$

这个计算涉及物质的量子理论描述. 如果我们考虑一个可极化的对象(蒸气中的原子，固体中的离子、原子或分子)，以一个电偶极算符 $\hat{\boldsymbol{D}}$ 表征，这个场 $\boldsymbol{E}(\boldsymbol{r},t)$的影响就会建立一个受迫机制，以一个密度矩阵 $\hat{\sigma}_{\mathrm{st}}(\boldsymbol{r},t)$描述，并且其偶极矩平均值假定为(见补充材料2.C)

$$\langle\hat{\boldsymbol{D}}\rangle(\boldsymbol{r},t)=\mathrm{Tr}[\hat{\sigma}_{\mathrm{st}}(\boldsymbol{r},t)\hat{\boldsymbol{D}}] \tag{7.2}$$

对于一个密度 N/V(每单位体积原子数)，在点 $\boldsymbol{r}$ 处的电介质极化为

$$\boldsymbol{P}(\boldsymbol{r},t)=\frac{N}{V}\langle\hat{\boldsymbol{D}}\rangle(\boldsymbol{r},t) \tag{7.3}$$

在频率为 ω 的正弦激励影响下，受迫机制的周期为 $2\pi/\omega$. 如果电场足够弱，系统处于线性响应机制，$\boldsymbol{P}(\boldsymbol{r},t)$就是时间的一个正弦函数，并且通过引入复振幅 $\mathcal{P}(\boldsymbol{r},\omega)$，它可以写为类似于式(7.1)的一个形式. 因此我们定义复线性极化率 $\chi^{(1)}(\omega)$，使得

$$\mathcal{P}(\boldsymbol{r},\omega)=\varepsilon_0\chi^{(1)}(\omega)\mathcal{E}(\boldsymbol{r},\omega) \tag{7.4}$$

对于透明介质，$\chi^{(1)}(\omega)$是实的，并且在一阶近似下，我们能忽略其频率依赖性(折射率所致的色散). 于是我们有极化及实场之间的比例关系，即使不是单色光也是成立的：

$$\boldsymbol{P}(\boldsymbol{r},t)=\varepsilon_0\chi^{(1)}\boldsymbol{E}(\boldsymbol{r},t) \tag{7.5}$$

如果介质不是各向同性的，这个电介质极化就不一定平行于电场. 在这种情况下，极化率是一个秩为 2 的张量(以一个 3×3 矩阵来表示)，式(7.5)可以替换为

$$P_i(\boldsymbol{r},t)=\varepsilon_0\sum_j\chi_{ij}^{(1)}E_j(\boldsymbol{r},t) \tag{7.6}$$

其中 P_i 和E_j 是矢量$\boldsymbol{P}$ 和$\boldsymbol{E}$ 的笛卡儿坐标系分量，下标 i 和j 取值x，y 或z.

7.2.2 非线性极化率

当电场变得更强时，我们将进入非线性机制，可以通过推广 7.2.1 小节中的关系来描述. 例如，对于透明介质，忽略频率依赖性(色散很小)，式(7.6)可推广为

$$P_i = \varepsilon_0 \sum_j \chi_{ij}^{(1)} E_j + \varepsilon_0 \sum_j \sum_k \chi_{ijk}^{(2)} E_j E_k + \varepsilon_0 \sum_j \sum_k \sum_l \chi_{ijkl}^{(3)} E_j E_k E_l + \cdots \tag{7.7}$$

其中 $\chi_{ijk}^{(2)}$ 是一个秩为 3 的实张量(一个 3 指标矩阵,有 27 个分量),它描述了二阶非线性极化率,而 $\chi_{ijkl}^{(3)}$ 是一个秩为 4 的张量,它描述了三阶非线性极化率,以此类推.对于利用标准激光器能得到的强度,式(7.7)展开中后续出现的项通常迅速减少,并且足以只保留到二阶项,除非 $\chi^{(2)}$ 恰好为 0.在这种情况中,就必须考虑 $\chi^{(3)}$ 中的三阶项(见下文).

由式(7.7)所说明的非线性极化的张量性质能产生众多的现象.然而在本章中,一般只涉及非线性极化的一个笛卡儿分量,它本身由一个线性极化场产生.这种简化可以是这个问题对称性的结果,或相位匹配条件的结果(见下文).因为只考虑一个分量,所以我们将省略电场或感应极化的笛卡儿指标以及非线性极化率的相关单一分量的张量指标.而且,如我们在式(7.7)所做的,为了简化标记,我们将不明确指定位置 $\boldsymbol{r}$,除非它对于更清晰的理解很重要.

然后考虑这样的情况,即在材料中的点 $\boldsymbol{r}$ 处有频率为 ω_1 和 ω_2 的两个单色场的叠加.因此,总场为 $E(t) = E_1(t) + E_2(t)$,其中

$$E_1(t) = \mathcal{E}_1 e^{-i\omega_1 t} + \text{c.c.} \tag{7.8}$$

$$E_2(t) = \mathcal{E}_2 e^{-i\omega_2 t} + \text{c.c.} \tag{7.9}$$

于是二阶非线性极化就为

$$\begin{aligned} P^{(2)}(t) &= \varepsilon_0 \chi^{(2)} E(t)^2 \\ &= \varepsilon_0 \chi^{(2)} (\mathcal{E}_1 e^{-i\omega_1 t} + \text{c.c.} + \mathcal{E}_2 e^{-i\omega_2 t} + \text{c.c.})^2 \end{aligned} \tag{7.10}$$

或

$$\begin{aligned} P^{(2)}(t) = \varepsilon_0 \chi^{(2)} (& \mathcal{E}_1^2 e^{-2i\omega_1 t} + \text{c.c.} + \mathcal{E}_2^2 e^{-2i\omega_2 t} + \text{c.c.} + 2|\mathcal{E}_1|^2 + 2|\mathcal{E}_2|^2 \\ & + 2\mathcal{E}_1 \mathcal{E}_2 e^{-i(\omega_1+\omega_2)t} + \text{c.c.} + 2\mathcal{E}_1 \mathcal{E}_2^* e^{-i(\omega_1-\omega_2)t} + \text{c.c.}) \end{aligned} \tag{7.11}$$

上述方程是许多非线性过程的基础,例如二次谐波(以 2 倍于作用场的频率振荡的项)的产生,或频率相加(即频率为 ω_1 的波与频率为 ω_2 的波混合)来产生频率为 $\omega_1 + \omega_2$ 的极化.

当接近系统共振态时,极化率的频率相关性和非线性极化与电场之间的相位偏移都不能继续被忽略,这将导致一个复值的频率相关的极化率.例如,对于频率 ω_1 和 ω_2 之间的相加项,我们将使用符号 $\chi^{(2)}(-\omega_1-\omega_2;\omega_1,\omega_2)$ 来表示 $\chi^{(2)}$.按照惯例,这三个宗量中的第一个总是等于另两个参数之和的负数,并在准确到一个负号的情况下,给出了非线性极化中产生的频率.对非线性极化有贡献的各项都列于表 7.1.

表 7.1　当频率为 ω_1 和 ω_2 的两束光在一个二阶非线性介质中传播时所能产生的不同项

$\chi^{(2)}(-2\omega_1;\omega_1,\omega_1)$	$\mathcal{E}_1^2 e^{-2i\omega_1 t}+\text{c.c.}$	倍频
$\chi^{(2)}(-2\omega_2;\omega_2,\omega_2)$	$\mathcal{E}_2^2 e^{-2i\omega_2 t}+\text{c.c.}$	倍频
$2\chi^{(2)}(0;\omega_1,-\omega_1)$	$\lvert\mathcal{E}_1\rvert^2$	光整流
$2\chi^{(2)}(0;\omega_2,-\omega_2)$	$\lvert\mathcal{E}_2\rvert^2$	光整流
$2\chi^{(2)}(-\omega_1-\omega_2;\omega_1,\omega_2)$	$\mathcal{E}_1\mathcal{E}_2 e^{-i(\omega_1+\omega_2)t}+\text{c.c.}$	和频率
$2\chi^{(2)}(-\omega_1+\omega_2;\omega_1,-\omega_2)$	$\mathcal{E}_1\mathcal{E}_2^* e^{-i(\omega_1-\omega_2)t}+\text{c.c.}$	差频率

注意到一些项，例如频率相加项，包含一个因子 2. 这是由出现在总电场平方的展开中的交叉相乘项(见式(7.11))造成的. 这个因子 2 是文献中混淆的来源，因为很多作者将它合并到 $\chi^{(2)}$ 的定义中. 这种定义(我们这里不使用这个定义)的劣势在于，当两个频率相等时，极化率会产生一个奇点，一个纯粹的没有物理对应的数学上的奇点. ①

非线性介质通常是晶体，对称性发挥着基础性作用，因为它们经常一开始就表明非线性极化率张量的许多分量将为零. 虽然在实践中它是重要的，但我们不讨论这个问题的细节，而将给出一个重要的例子，即中心对称介质. 在通过原点的反转下这些是不变量. 这个对称性意味着如同式(7.10)和式(7.11)的二阶项必然为零. 确实，关于原点的反转改变了分量 E_1 和 E_2 的符号，也改变了电介质极化以及 $P^{(2)}$ 的符号，与式(7.10)的关系不相符. 我们可以得出结论：在中心对称介质中，只有奇数项不为零，且第一个非线性项是三阶的. 我们也看到，为了有原则上更大的二阶非线性，必须使用非中心对称的晶体，或者应用一些破坏对称性的外部应力，例如机械应力、一个静电场、不同材料的交界面. 当考虑非线性光学的应用时，这些物质条件是必要的.

评注　如果不采用复数表示的约定式(7.8)和式(7.9)，我们引入一个因子 1/2(令 $E=\mathrm{Re}[\mathcal{E}\exp(-i\omega t)]$)，在 n 阶非线性极化的展开式中将出现一个因子 $1/2^n$. 这增加了上述所提到的混淆，因此当对不同作者发表的极化率值之间做定量比较时，必须格外注意.

7.2.3　在非线性介质中的传播

我们知道平面单色波在电介质中的传播，可以简单地借助作为麦克斯韦方程的一个

① Shen Y R. Principles of Nonlinear Optics [M]. Wiley InterScience, 1984.
Butcher P N, Cotter D. The Elements of Nonlinear Optics [M]. Cambridge Studies in Modern Physics, 1990.

直接结果的传播方程来描述：

$$\Delta \boldsymbol{E} - \frac{1}{c^2}\frac{\partial^2}{\partial t^2}\left(\boldsymbol{E} + \frac{\boldsymbol{P}}{\varepsilon_0}\right) = \boldsymbol{0} \tag{7.12}$$

这个方程对复场或解析信号 $\boldsymbol{E}^{(+)}(\boldsymbol{r},t)$和 $\boldsymbol{P}^{(+)}(\boldsymbol{r},t)$也是有效的.在线性电介质中,忽略色散,我们有

$$\boldsymbol{P}^{(+)}(\boldsymbol{r},t) = \boldsymbol{P}_{\mathrm{L}}^{(+)}(\boldsymbol{r},t) = \varepsilon_0\chi^{(1)}\boldsymbol{E}^{(+)}(\boldsymbol{r},t) \tag{7.13}$$

传播方程变为

$$\Delta \boldsymbol{E}^{(+)}(\boldsymbol{r},t) - \frac{n^2}{c^2}\frac{\partial^2 \boldsymbol{E}^{(+)}(\boldsymbol{r},t)}{\partial t^2} = 0 \tag{7.14}$$

其中 n 是折射率,

$$n^2 = 1 + \chi^{(1)} = \varepsilon_{\mathrm{r}} \tag{7.15}$$

当存在色散时,极化率 $\chi^{(1)}$以及 n 将与频率ω 有关.然而在这种情况下,式(7.13)必须用诸如式(7.4)的复振幅之间的一个关系来代替.如果介质是吸收的或放大的,$\chi^{(1)}$(以及波矢 $\boldsymbol{k}_l$)就有一个虚部,相当于衰减的或放大的波(见第 2 章 2.4.4 小节和2.5.2小节).我们按照一系列平面单色波展开场 $\boldsymbol{E}^{(+)}(\boldsymbol{r},t)$:

$$\boldsymbol{E}^{(+)}(\boldsymbol{r},t) = \sum_l \boldsymbol{\varepsilon}_l \mathcal{E}_l \exp[\mathrm{i}(\boldsymbol{k}_l \cdot \boldsymbol{r} - \omega_l t)] \tag{7.16}$$

其中

$$\boldsymbol{k}_l^2 = n_l^2\frac{\omega_l^2}{c^2} \tag{7.17}$$

$$\boldsymbol{\varepsilon}_l \cdot \boldsymbol{k}_l = 0 \tag{7.18}$$

参数 n_l 是介质对于频率ω_l 的折射率.

在非线性介质中,式(7.14)仍然成立,但需要明确给出非线性极化:

$$\Delta \boldsymbol{E}^{(+)}(\boldsymbol{r},t) - \frac{1}{c^2}\frac{\partial^2}{\partial t^2}\left[\boldsymbol{E}^{(+)}(\boldsymbol{r},t) + \frac{\boldsymbol{P}_{\mathrm{L}}^{(+)}(\boldsymbol{r},t) + \boldsymbol{P}_{\mathrm{NL}}^{(+)}(\boldsymbol{r},t)}{\varepsilon_0}\right] = 0 \tag{7.19}$$

为简便,我们将只考虑所有波沿相同方向 Oz 传播的情况.我们寻求式(7.19)具有式(7.16)所示形式的一个解,但具有一个依赖于 z 轴的振幅或包络 $\mathcal{E}_l(z)$.我们也将做**慢变包络近似**(slowly varying envelope approximation),此近似假定这些波的振幅按照波长 $\lambda_l = 2\pi/k_l$ 的比例缓慢变化,即满足

$$\left|\frac{\mathrm{d}\mathcal{E}_l(z)}{\mathrm{d}z}\right| \ll k_l \mid \mathcal{E}_l(z) \mid, \quad \left|\frac{\mathrm{d}^2\mathcal{E}_l(z)}{\mathrm{d}z^2}\right| \ll k_l \left|\frac{\mathrm{d}\mathcal{E}_l(z)}{\mathrm{d}z}\right| \tag{7.20}$$

这个条件使我们能忽略式(7.19)的拉普拉斯算子中的 $\mathrm{d}^2\mathcal{E}_l/\mathrm{d}z^2$ 项,通常其形式为

$$\Delta \boldsymbol{E}^{(+)}(z,t) = \sum_l \left[-k_l^2\mathcal{E}_l(z) + \mathrm{i}2k_l\frac{\mathrm{d}\mathcal{E}_l(z)}{\mathrm{d}z} + \frac{\mathrm{d}^2\mathcal{E}_l(z)}{\mathrm{d}z^2}\right]\boldsymbol{\varepsilon}_l \exp[\mathrm{i}(k_l z - \omega_l t)] \tag{7.21}$$

然后,考虑式(7.15)和式(7.17),传播方程将具有如下形式:

$$\sum_l \mathrm{i}2k_l\frac{\mathrm{d}\mathcal{E}_l(z)}{\mathrm{d}z}\boldsymbol{\varepsilon}_l \exp[\mathrm{i}(k_l z - \omega_l t)] = \frac{1}{\varepsilon_0 c^2}\frac{\partial^2}{\partial t^2}\boldsymbol{P}_{\mathrm{NL}}^{(+)}(z,t) \tag{7.22}$$

$\boldsymbol{P}_{\mathrm{NL}}^{(+)}(z,t)$可以分解为一系列单色分量,

$$\boldsymbol{P}_{\mathrm{NL}}^{(+)}(z,t) = \sum_l \boldsymbol{\varepsilon}_l \mathcal{P}_{\mathrm{NL}}^{\omega_l}(z)\exp(-\mathrm{i}\omega_l t) \tag{7.23}$$

并且我们得到了连接振幅 $\mathcal{E}_l$ 和分量 $\mathcal{P}_{\mathrm{NL}}^{\omega_l}$ 的一组方程:

$$\frac{\mathrm{d}\mathcal{E}_l(z,t)}{\mathrm{d}z}\exp(\mathrm{i}k_l z) = \mathrm{i}\frac{\omega_l}{2\varepsilon_0 n_l c}\mathcal{P}_{\mathrm{NL}}^{\omega_l}(z) \tag{7.24}$$

于是所有我们需要做的就是利用非线性极化率,在点 z 以振幅 $\mathcal{E}_m(z)$来表示 $\mathcal{P}_{\mathrm{NL}}^{\omega_l}$,以得到一组耦合的一阶微分方程组,可以通过解这些方程来得到不同波的振幅 $\mathcal{E}_l(z)$.

本章只介绍最简单的情况,即将三个波耦合在一起的一个二阶非线性,而不是试图在其所有一般情况中发展这个理论,因为这将占用太多篇幅.由三阶非线性导致的四波混频的情况将在补充材料 7.B 中讨论.

7.3 三波混频:半经典处理方法

7.3.1 频率相加

我们考虑两个高强度的光波(称为泵浦脉冲)在一个二阶非线性介质中沿 Oz 轴传播.正如我们刚刚看到的会存在许多项,它们与倍频、和频、差频的物理过程相关.这里我

们将和频与以频率 $\omega_3=\omega_1+\omega_2$ 振荡的极化相关.式(7.11)中出现的相应的复振幅为

$$\mathcal{P}_{\mathrm{NL}}^{\omega_3}(z) = 2\varepsilon_0\chi^{(2)}\mathcal{E}_1(z)\mathcal{E}_2(z)\exp[\mathrm{i}(k_1+k_2)z] \tag{7.25}$$

其中 $\chi^{(2)}$ 实际上表示 $\chi^{(2)}(-\omega_3;\omega_1,\omega_2)$.这个非线性极化产生了一个频率为 ω_3 的场 $\mathcal{E}_3(z)$,这个场按照式(7.24)演化:

$$\frac{\mathrm{d}\mathcal{E}_3}{\mathrm{d}z}\exp(\mathrm{i}k_3z) = \mathrm{i}\frac{\omega_3}{2\varepsilon_0 n_3 c}\mathcal{P}_{\mathrm{NL}}^{\omega_3}(z) \tag{7.26}$$

将式(7.25)代入式(7.26),我们得到

$$\frac{\mathrm{d}\mathcal{E}_3}{\mathrm{d}z} = \mathrm{i}\frac{\omega_3\chi^{(2)}}{n_3c}\mathcal{E}_1(z)\mathcal{E}_2(z)\exp(\mathrm{i}\Delta k\cdot z) \tag{7.27}$$

其中

$$\Delta k = k_1+k_2-k_3 \tag{7.28}$$

现在我们来表达这样一个事实,即在 $z=0$ 处(非线性材料平板的入射面,见图7.2),频率为 ω_3 的波的振幅为0:

$$\mathcal{E}_3(0) = 0 \tag{7.29}$$

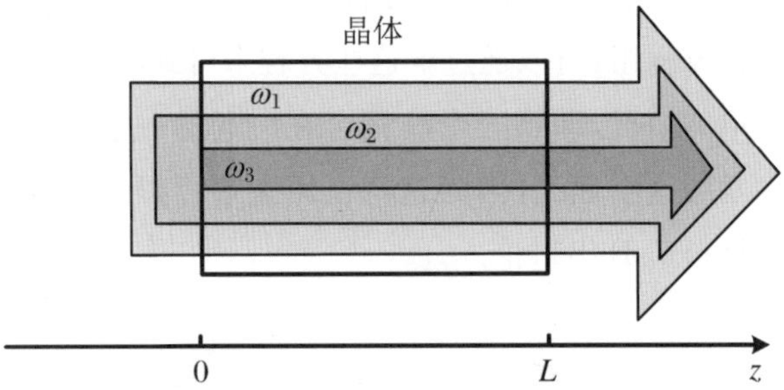

图7.2 在厚度为 L,具有二阶非线性 $\chi^{(2)}\neq0$ 的晶体上的频率相加

两个频率为 ω_1 和 ω_2 的强烈泵浦脉冲结合以产生频率为 $\omega_3=\omega_1+\omega_2$ 的一个波.注意到为清楚起见,这些光束的直径以不同形式表示,而实际上它们是一样的.

非线性效应通常是很弱的,所以在一阶近似下,我们可以假设泵浦光束的强度在非线性材料的长度范围内没有变化,那么我们就可以令 $\mathcal{E}_1$ 和 $\mathcal{E}_2$ 为常数.假如 z 与 Δk^{-1} 相比始终很小,式(7.27)就可以简化为

$$\frac{\mathrm{d}\mathcal{E}_3}{\mathrm{d}z} \simeq \mathrm{i}\frac{\omega_3\chi^{(2)}}{n_3c}\mathcal{E}_1\mathcal{E}_2 \tag{7.30}$$

并且我们注意到，以频率 $\omega_3=\omega_1+\omega_2$ 产生的波的振幅随 z 线性增加. 如果这个非线性平板的厚度 L 小于 Δk^{-1}，那么就得到了一个输出强度（坡印廷矢量 $\boldsymbol{\Pi}_3$，见式(7.53)），其大小等于

$$\Pi_3 = CL^2 \Pi_1 \Pi_2 \tag{7.31}$$

其中

$$C = \frac{(\omega_3 \chi^{(2)})^2}{2\varepsilon_0 c^3 n_1 n_2 n_3} \tag{7.32}$$

在横截面积为 S 的光束剖面上强度恒定的简化模型中，引入功率 Φ_1，Φ_2 和 Φ_3 是很有用的，它们可写为

$$\Phi_i = S\Pi_i \tag{7.33}$$

于是输出功率为

$$\Phi_3 = CL^2 \frac{\Phi_1 \Phi_2}{S} \tag{7.34}$$

它随着横截面积 S 减小而增加. 当光束被更加高度聚焦时，非线性光学过程就更为显著.

为了给出在典型非线性材料情况下这个效应的数量级，我们考虑使用磷酸钛氧钾晶体(KTP)，$\chi^{(2)}=5\times10^{-12}\ \mathrm{m\cdot V^{-1}}$. 对于一个长($L$)为 1 cm 的晶体，它被两个强度相同、聚焦于一个最佳点($S\approx\lambda L=10^{-2}\ \mathrm{mm}^2$)的波($\lambda\approx1\ \mu\mathrm{m}$)照射，我们发现对于入射功率 $\Phi_1=\Phi_2=1$ W，和频波的功率为 0.2 mW. 这是一个非常低的值，但对需要频率为 $\omega_1+\omega_2$ 的相干单色波的许多应用来说已经足够.

注意，如果我们使用峰值功率能很容易超过 1 kW 的脉冲激光器，这个非线性过程将变得非常有效. 然而，必须注意，不要超过破坏材料的阈值（对于 KTP 来说此值为 $10^{13}\ \mathrm{W\cdot m^{-2}}$）.

评注 (1) 恒定泵浦近似，即 Φ_1 和 Φ_2 不变蕴含着 Φ_3 与 Φ_1 和 Φ_2 相比始终很小.

(2) 如果横向强度存在变化以致常数 C 较均匀强度时有较大的变化，那么在具有高斯光束的激光器的更真实情况中，式(7.34)中的面积 S 可以用束腰半径 w_0 的二次方 w_0^2 来代替.

只有当非线性相互作用发生在束腰附近，且小于使高斯光束保持足够圆柱形的瑞利长度 $z_R=\pi w_0^2/\lambda$ 的一个长度 L 上时（补充材料 3.B），这才是正确的. 如果非线性材料的长度 L 大于 z_R，式(7.34)中出现的横截面积 S 就不能再看作是恒定的，并且三波混频过程只在大小为 z_R 的有效长度 L_{eff} 上是有效的，而在有效长度内面积 S 保持其大小为 w_0^2

的最小值.随 L_{eff}^2/S 变化的功率 Φ_3,于是就正比于 ω_0^2,而不是 ω_0^{-2}.当 z_R 等于材料的长度 L 时,就得到了最佳情况,即 $L=\pi\omega_0^2/\lambda$.

(3) 要注意的是,评注(2)中的结论只对自由传播是正确的.在一个波导中,例如平面波导或光纤,在很远的距离上都保持了横向约束.假如相位匹配条件能够被满足,那么能获得非常有效的频率转换.

(4) 以上考虑也适用于这样的情况,即只有一个频率为 ω_1 的入射场,并且产生了二次谐波 $\omega_3=2\omega_1$.用 $\boldsymbol{k}_2$ 替换 $\boldsymbol{k}_1$,ω_2 替换 ω_1,并将系数 $\chi^{(2)}$ 除以 2(见 7.2.2 小节),就可以使用上述方程了.

7.3.2 相位匹配

如果非线性平板的厚度 L 不小于 Δk^{-1},我们应该根据初始条件式(7.29)重新得到式(7.27).在恒定泵浦近似,即 $\mathcal{E}_1$ 和 $\mathcal{E}_2$ 恒定情况中,积分得到

$$\mathcal{E}_3(z)=\frac{\omega_3\chi^{(2)}}{n_3c}\mathcal{E}_1\mathcal{E}_2\frac{\exp(\mathrm{i}\Delta k\cdot z)-1}{\Delta k} \tag{7.35}$$

离开非线性平板频率为 ω_3 的波的强度就正比于

$$|\mathcal{E}_3(L)|^2=\left(2\frac{\omega_3\chi^{(2)}}{n_3c}\right)^2|\mathcal{E}_1|^2|\mathcal{E}_2|^2\left(\frac{\sin\Delta k\cdot L/2}{\Delta k}\right)^2 \tag{7.36}$$

这个等式表明,对于一个给定的失配量 Δk 和如下厚度的平板,频率相加将有最大效率:

$$L_{\mathrm{opt}}=\frac{\pi}{|\Delta k|} \tag{7.37}$$

那么离开平板、频率为 ω_3 的波的最佳强度将正比于

$$|\mathcal{E}_3(L_{\mathrm{opt}})|^2=\left(2\frac{\omega_3\chi^{(2)}}{n_3c}\right)^2|\mathcal{E}_1|^2|\mathcal{E}_2|^2\frac{1}{\Delta k^2} \tag{7.38}$$

显然,为了能使用一个尽可能长的最佳非线性平板,我们的目标将是使 $|\Delta k|$ 尽可能小.

由完美相位匹配条件

$$\Delta k=0 \tag{7.39}$$

产生了随整个 z 线性增加的场 $\mathcal{E}_z(z)$. 这个完美匹配条件可以写为

$$k_3 = k_1 + k_2 \tag{7.40}$$

由于我们一定也有

$$\omega_3 = \omega_1 + \omega_2$$

原则上在色散材料中，完美相位匹配将不可能实现. 这是因为在色散材料中，

$$k_i = n(\omega_i)\frac{\omega_i}{c} \tag{7.41}$$

并且折射率 $n(\omega)$是 ω 的一个单调(递增)函数. 利用双折射材料我们可以避开这个困难，在双折射材料中折射率依赖于极化.

例如，考虑一个Ⅰ型非线性晶体的情况，频率为 ω_1 和 ω_2 的两个波沿 Ox 极化，产生了一个频率为 ω_3、沿 Oy 极化的波(如图 7.3 所示，波沿 Oz 传播). 由于双折射，对于沿 Ox 极化的波(寻常折射率为 n_o)和沿 Oy 极化的波(非寻常折射率为 n_e)来说，折射率是不同的. 当 $n_e(\omega)<n_o(\omega)$时，精确的相位匹配将能够获得，如图 7.4 所示，图上画出了 $\omega_1=\omega_2=\omega_3/2$ 的情况.

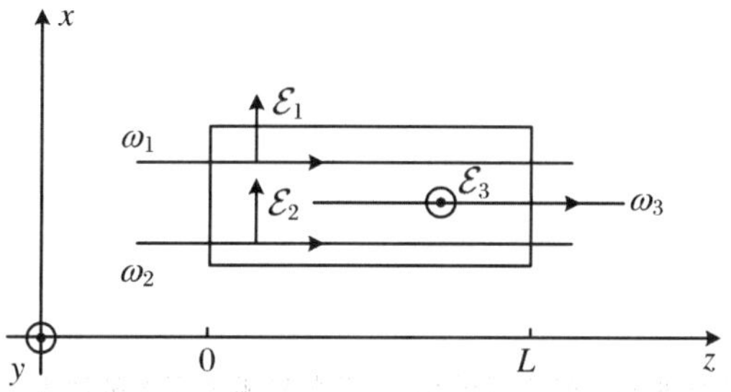

图 7.3　Ⅰ型双折射非线性晶体中的频率相加

频率为 ω_1 和 ω_2、沿 Ox 极化的泵浦波以寻常折射率 n_o 传播，而频率为 $\omega_3=\omega_1+\omega_2$、沿 Oy 极化的合波则以折射率 n_e 传播. 如果有 $n_e(\omega)<n_o(\omega)$，就可以实现相位匹配(另见图 7.4).

通过对(非各向同性)晶体中传播方向的恰当选择，对于每组频率(ω_1，ω_2，$\omega_3=\omega_1+\omega_2$)都能得到精确匹配. 为了改变实现匹配的频率，只需要简单地改变晶体的取向. 改变晶体的温度也是可以的，因为这会移动图 7.4 中的色散曲线.

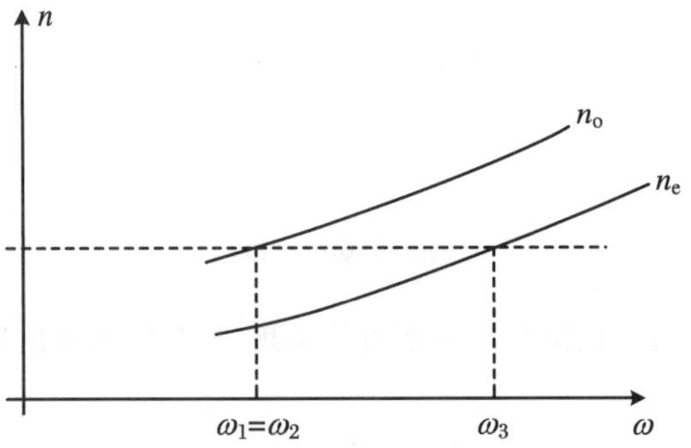

图 7.4　Ⅰ型晶体中倍频的完美相位匹配

频率 $\omega_3=2\omega_1$ 的非寻常折射率等于 ω_1 的寻常折射率.这种情况可以通过正确选择晶体取向和温度来得到.

这个结论可以很容易推广到非共线波的情况(图 7.5).在不同方向上传播的两个波(波矢为 $\boldsymbol{k}_1$ 和 $\boldsymbol{k}_2$)将与频率为 $\omega_3=\omega_1+\omega_2$ 的波相位匹配,沿下列波矢传播:

$$\boldsymbol{k}_3=\boldsymbol{k}_1+\boldsymbol{k}_2 \tag{7.42}$$

这种情况有缺乏光束重叠的缺点,这会限制相互作用长度 L(图 7.5).然而,横向(transverse directions)提供了额外自由度,这在某些装置中是非常有用的.

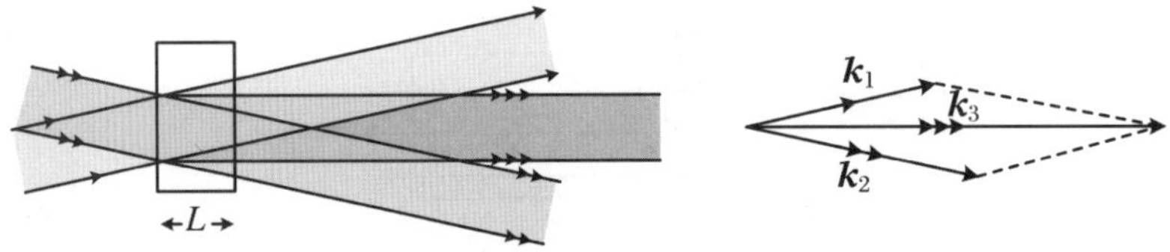

图 7.5　不共线传播的波之间的非线性相互作用,以及矢量相位匹配条件 $\boldsymbol{k}_3=\boldsymbol{k}_1+\boldsymbol{k}_2$

评注　对于非常长的相互作用长度,例如在导引传播中,实际上并不能从整个相互作用长度上得到一个足够好的相位匹配.这个问题的一个好的解决方案是准相位匹配技术,在那里若干块非线性介质首尾相连,每块长度为 $\pi/|\Delta k|$,但系数 $\chi^{(2)}$ 的符号在这些介质上交替改变.在这种情况下通过对式(7.27)积分,可以证明在非线性材料的衔接部分将存在相位不匹配的一个补偿.一种非常适合这种方法的材料是铌酸锂,那么这个技术就称为周期性极化铌酸锂(PPLN).

7.3.3 三波混频的耦合动力学

考虑具有完美相位匹配的一种情况.即在非线性材料中,有三个共线耦合波满足

$$\omega_1 + \omega_1 = \omega_3 \tag{7.43}$$

$$k_1 + k_2 = k_3 \tag{7.44}$$

现在我们放宽恒定泵浦的假设,即寻找振幅 $\mathcal{E}_1(z)$,$\mathcal{E}_1(z)$和 $\mathcal{E}_2(z)$的动力学方程.

也许有人好奇,为什么只要考虑式(7.43)(见图 7.6(a))? 例如,我们可以想象图 7.6(b)中的过程,产生了一个新的波,频率为

$$\omega_4 = \omega_1 + \omega_3 \tag{7.45}$$

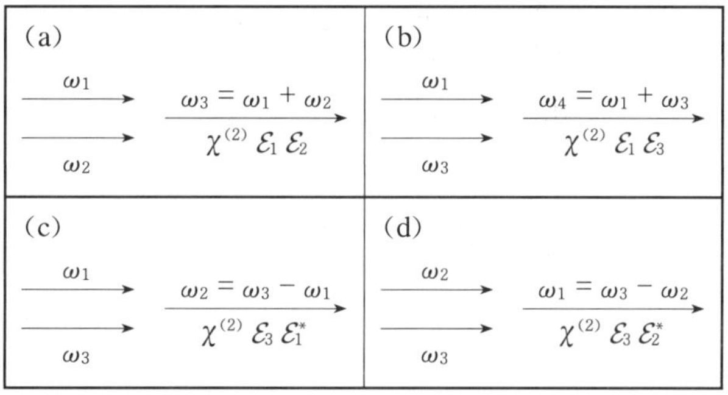

图 7.6 一些三波非线性过程

过程(a),(c)和(d)满足相同的相位匹配条件 $k_3 = k_1 + k_2$,而过程(b)在这种情况中是可以忽略的.在 ω_1,ω_2 和 ω_3 之间实质上存在一个相互作用.

事实上,很容易看到,如果对于图 7.6(a)的式(7.43)相位匹配得到满足,那么对于式(7.45)来说相位匹配就不满足,因此我们可以忽略.然而,在图 7.6(c)的过程中,由频率为 ω_1 和 ω_3 的波混合得到

$$\omega_2 = \omega_3 - \omega_1 \tag{7.46}$$

符合相位匹配条件

$$k_2 = k_3 - k_1 \tag{7.47}$$

这与式(7.44)相同.当我们写出一个类似于式(7.25)的方程时,这个频率相减过程就出现了:

$$P_{NL}(z,t)=2\varepsilon_0\chi^{(2)}\{\mathcal{E}_3(z)\exp[i(k_3z-\omega_3t)]+c.c.\}\times\{\mathcal{E}_1(z)\exp[i(k_1z-\omega_1t)]+c.c.\} \tag{7.48}$$

如在 7.3.1 小节中讨论的，我们得到方程

$$\frac{d\mathcal{E}_2}{dz}=i\frac{\omega_2\chi^{(2)}}{n_2c}\mathcal{E}_3(z)\mathcal{E}_1^*(z) \tag{7.49}$$

其中我们只保留了符合相位匹配关系式(7.47)的项（$\mathcal{E}_3\mathcal{E}_1$ 中的项包含一个在传播过程中振荡的因子 $\exp[i(k_3+k_1-k_2)z]$).

类似的分析表明，图 7.6(d)中的过程也符合相位匹配条件式(7.44).

所以事实表明，如果我们得到对于频率为 ω_1，ω_2 和 $\omega_3=\omega_1+\omega_2$ 三个波的相位匹配条件式(7.44)，则在不引入其他频率的情况下，存在三个有效过程使这三个波耦合. 我们最终得到了一个闭合系统的耦合微分方程：

$$\frac{d\mathcal{E}_3}{dz}=i\frac{\omega_3}{n_3c}\chi^{(2)}\mathcal{E}_1(z)\mathcal{E}_2(z) \tag{7.50}$$

$$\frac{d\mathcal{E}_1}{dz}=i\frac{\omega_1}{n_1c}\chi^{(2)}\mathcal{E}_3(z)\mathcal{E}_2^*(z) \tag{7.51}$$

$$\frac{d\mathcal{E}_2}{dz}=i\frac{\omega_2}{n_2c}\chi^{(2)}\mathcal{E}_3(z)\mathcal{E}_1^*(z) \tag{7.52}$$

这个非线性系统不仅能处理非恒定泵浦条件下的频率相加情况，也适用于下面将要讨论的参量放大现象.

式(7.50)～式(7.52)有一个椭圆函数形式的完全一般解.①然而，这个解非常复杂，并且几乎没什么物理解释. 另外，确定这个系统方程的不变量是有益的，也就是这三个相互作用在一起的场在传播过程中保持不变的那些函数.

耦合系统(7.50)～(7.52)是根据透明非线性介质建立的，远离任何吸收区域，即 $\chi^{(2)}$ 是实的. 因此预期能量是守恒的. 为此，我们考虑平均坡印廷矢量（光束每单位横向面积的平均功率）. 在折射率为 n 的电介质中，坡印廷矢量为

$$\boldsymbol{\Pi}=\frac{\overline{\boldsymbol{E}\times\boldsymbol{B}}}{\mu_0}=\frac{\overline{E^2}}{\mu_0\omega}\boldsymbol{k}=n\varepsilon_0c\overline{E^2}\boldsymbol{e}_z=\Pi\boldsymbol{e}_z=2n\varepsilon_0c\mathcal{E}^*\mathcal{E}\boldsymbol{e}_z \tag{7.53}$$

其中上横线表示与光周期相比较长的一些时间段上的时间平均. 于是，对于每个波，

① Armstrong J A, Bloembergen N, Ducuing J, et al. Interactions between Light Waves in a Nonlinear Dielectric [J]. Physical Review, 1962, 127: 1918.

$$\frac{\mathrm{d}\Pi}{\mathrm{d}z} = 2n\varepsilon_0 c\left(\frac{\mathrm{d}\mathcal{E}}{\mathrm{d}z}\mathcal{E}^* + \mathcal{E}\frac{\mathrm{d}\mathcal{E}^*}{\mathrm{d}z}\right) \tag{7.54}$$

由此，式(7.50)～式(7.52)意味着

$$\frac{\mathrm{d}\Pi_1}{\mathrm{d}z} = \mathrm{i}\omega_1 2\varepsilon_0 \chi^{(2)}(\mathcal{E}_1^* \mathcal{E}_2^* \mathcal{E}_3 - \mathrm{c.c.}) \tag{7.55}$$

$$\frac{\mathrm{d}\Pi_2}{\mathrm{d}z} = \mathrm{i}\omega_2 2\varepsilon_0 \chi^{(2)}(\mathcal{E}_1^* \mathcal{E}_2^* \mathcal{E}_3 - \mathrm{c.c.}) \tag{7.56}$$

$$\frac{\mathrm{d}\Pi_3}{\mathrm{d}z} = -\mathrm{i}\omega_3 2\varepsilon_0 \chi^{(2)}(\mathcal{E}_1^* \mathcal{E}_2^* \mathcal{E}_3 - \mathrm{c.c.}) \tag{7.57}$$

因此有

$$\frac{\mathrm{d}}{\mathrm{d}z}(\Pi_1 + \Pi_2 + \Pi_3) = \mathrm{i}(\omega_1 + \omega_2 - \omega_3)2\varepsilon_0 \chi^{(2)}(\mathcal{E}_1^* \mathcal{E}_2^* \mathcal{E}_3 - \mathrm{c.c.}) = 0 \tag{7.58}$$

这表明能量守恒.因此，没有能量被转移到非线性介质，而只被用于耦合过程.这种情况与波通过准共振的原子集合的情况不同，在后者中介质可以带走或提供能量给通过它的波(见第 2 章 2.5 节).

从式(7.55)～式(7.57)，也可以得到第二个不变量.这意味着

$$\frac{1}{\omega_1}\frac{\mathrm{d}\Pi_1}{\mathrm{d}z} = \frac{1}{\omega_2}\frac{\mathrm{d}\Pi_2}{\mathrm{d}z} = -\frac{1}{\omega_3}\frac{\mathrm{d}\Pi_3}{\mathrm{d}z} \tag{7.59}$$

因此

$$\frac{\mathrm{d}}{\mathrm{d}z}\left(\frac{\Pi_1}{\omega_1} - \frac{\Pi_2}{\omega_2}\right) = 0 \tag{7.60}$$

这就是曼利-罗(Manley-Rowe)关系.利用光在量子理论中关于光子的描述，该关系有一个简单解释，稍后我们将看到(见 7.4.1 小节).

评注 正如从式(7.58)能看到的，频率相加产生的波的强度 Π_3 只能以泵浦波的强度 Π_1 和 Π_2 的增加为代价而增长.这就是泵浦损耗现象，它限制了 Π_3 的增长.Π_1，Π_2 和 Π_3 对 z 的依赖性的精确形式可以通过积分耦合系统微分方程(7.50)～(7.52)得到.

7.3.4 参量放大

现在考虑非线性晶体被一个频率为 ω_3 的强波(泵浦波)以及一个频率为 ω_1 的弱波

(信号波)照射(图 7.7).我们假定满足相位匹配条件式(7.44),即 $\omega_2=\omega_3-\omega_1$.

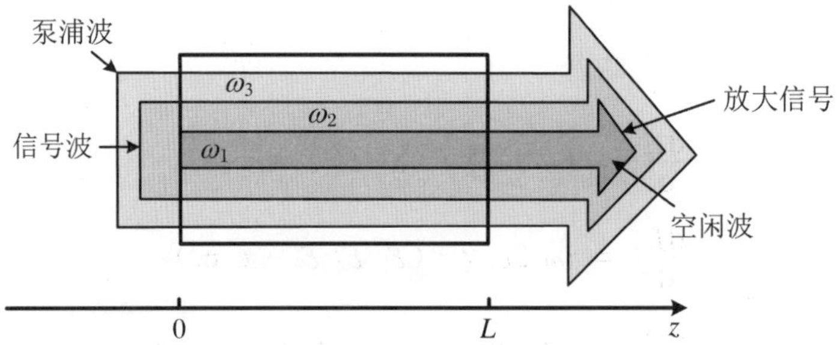

图 7.7　参量放大

通过使强波(泵浦波)ω_3 与弱波 ω_1 结合,后者(信号波)可以被放大.另一个波,即空闲波,以频率 $\omega_2=\omega_3-\omega_1$ 出现.为清楚起见,光束在这里分开表示,但实际上它们是重叠的.

如果我们做恒定泵浦近似,即 $\mathcal{E}_3$ 恒定,式(7.51)和式(7.52)意味着

$$\frac{\mathrm{d}^2\mathcal{E}_2}{\mathrm{d}z^2}=\left(\frac{\chi^{(2)}\mid\mathcal{E}_3\mid}{c}\right)^2\frac{\omega_1\omega_2}{n_1n_2}\mathcal{E}_2=\gamma^2\mathcal{E}_2 \tag{7.61}$$

对于初始条件

$$\mathcal{E}_2(z=0)=0 \tag{7.62}$$

$$\mathcal{E}_1(z=0)=\mathcal{E}_1(0) \tag{7.63}$$

解为

$$\mathcal{E}_2(z)=\mathrm{i}\sqrt{\frac{\omega_2n_1}{\omega_1n_2}}\frac{\mathcal{E}_3}{\mid\mathcal{E}_3\mid}\mathcal{E}_1^*(0)\sinh\gamma z \tag{7.64}$$

$$\mathcal{E}_1(z)=\mathcal{E}_1(0)\cosh\gamma z \tag{7.65}$$

其中

$$\gamma=\frac{\chi^{(2)}\mid\mathcal{E}_3\mid}{c}\left(\frac{\omega_1\omega_2}{n_1n_2}\right)^{1/2} \tag{7.66}$$

我们注意到信号波 $\mathcal{E}_1$ 被放大了,同时一个互补的空闲波的一个补偿波也出现了.光波放大的这个过程称为**参量放大**,是非常有用的,因为通过利用 7.3.2 小节中讨论的方法调节相位匹配条件(改变非线性晶体的取向和/或温度),该过程可以在一个相当宽的频率范围内调整.如果被放在一个法布里-珀罗共振腔中,光参量放大器(OPA)就产生了一个可调谐激光源,叫作光参量振荡器(OPO).它在许多应用中都是有用的,我们将在补充材料7.A中详细讨论.

评注 再次考虑 1 cm 的 KTP 晶体(见 7.3.1 小节),被一个聚焦激光束最佳泵浦($\lambda L \approx S$),于是,对于 1 W 的入射功率,其强度增益$(\cosh\gamma L)^2$ 等于 1.13. 这是一个中等程度的增益,类似于一个气体激光器. 如果入射功率大于 100 W,则增益$(\cosh\gamma L)^2$ 将大于 200. 根据式(7.58),以泵浦波为代价转移到信号波和空闲波的功率就十分显著,并且恒定泵浦近似在这种情况下就不再是普遍有效的了. 如果使用由脉冲激光器提供的高瞬时功率,例如锁模激光器,参量的放大效应就非常显著.

7.3.5 泵浦损耗下的倍频

在倍频情况中,只有一个频率为 ω_1 的入射场,所产生的波频率为 $\omega_3 = 2\omega_1$. 于是非线性极化中的有用项就正比于入射场的平方,而不是场的双重积 $\mathcal{E}_1\mathcal{E}_2$. 一旦考虑了这个因子 2,对于这两个场 $\mathcal{E}_1(z)$ 和 $\mathcal{E}_3(z)$ 的耦合方程就可以按类似于式(7.50)~式(7.52)的方式写为

$$\frac{\mathrm{d}\mathcal{E}_1}{\mathrm{d}z} = \mathrm{i}\frac{\omega_1}{n_1 c}\chi^{(2)}\mathcal{E}_3(z)\mathcal{E}_1^*(z)\mathrm{e}^{\mathrm{i}(k_3-2k_1)z} \tag{7.67}$$

$$\frac{\mathrm{d}\mathcal{E}_3}{\mathrm{d}z} = \mathrm{i}\frac{\omega_3}{2n_3 c}\chi^{(2)}\mathcal{E}_1^2(z)\mathrm{e}^{\mathrm{i}(2k_1-k_3)z} \tag{7.68}$$

如果满足相位匹配条件 $k_3 = 2k_1$,则转换是最大的. 这时,这两个耦合方程就可以被精确地解出. 根据初始条件 $\mathcal{E}_1(0) = E_1$(E_1 是实的)以及 $\mathcal{E}_3(0) = 0$,可知解为

$$\mathcal{E}_1(z) = \frac{E_1}{\cosh\gamma' z} \tag{7.69}$$

$$\mathcal{E}_3(z) = \mathrm{i}E_1\tanh\gamma' z \tag{7.70}$$

其中 $\gamma' = \frac{\omega_1}{n_1 c}\chi^{(2)}E_1$.

对于小于 γ'^{-1} 的 z,二次谐波的功率随入射功率的平方以及相互作用长度的平方增加,与恒定泵浦近似一致. 当 $\gamma' z$ 是 1 的量级时,这个过程在 $\mathcal{E}_3 = \mathrm{i}E_1$ 时饱和,同时泵浦场趋于 0. 当介质足够厚时,存在泵浦波到二次谐波的整体转换. 实际上,这是一个高度简化的模型,因为它忽略了泵浦场的横向变化以及相关的衍射. 不过实际中,我们可以利用具有非常高峰值功率的脉冲激光器实现非常高的转换效率. 例如,兆焦激光器的倍频(见补充材料 3.E.4 小节)以大约 80%的效率发生. 假如将非线性晶体插入一个对于频率为 ω_1 的波共振的法布里-珀罗腔中,利用功率大约为 1 W 的连续波激光器也可以实现超过 50%

的转换效率.此过程得益于腔内光强度的增加,这正比于腔的细度(参见补充材料 3.A).

7.3.6 参量荧光

再次考虑上述情况,即具有一个频率为 ω_3 的强泵浦以及根据 $\omega_1 = \omega_3/2$ 所确定的相位匹配条件,但这次不发送频率为 ω_1 的场进入非线性晶体.由 $\mathcal{E}_1 = 0$,式(7.67)和式(7.68)意味着这个系统不再演化.当只有泵浦波非零时,在三波混频的更一般情况中(见式(7.50)~式(7.52))也是如此.根据这些等式,除了泵浦场外没有非零场出现在解中.可是实验表明,新的波确实出现了.这个现象称为参量荧光,如图 7.8 所示.如果晶体遭受一个波矢为 $\boldsymbol{k}_3$ 的强泵浦波 $\mathcal{E}_3$,一个双重系列的有色环就从晶体中输出.它们是由与相同泵浦场 $\mathcal{E}_3$ 耦合的一对共轭波组成的,频率分别为 ω_1 和 ω_2,波矢分别为 $\boldsymbol{k}_1$ 和 $\boldsymbol{k}_2$,满足关系

$$\omega_1 + \omega_2 = \omega_3 \tag{7.71}$$

$$\boldsymbol{k}_1 + \boldsymbol{k}_2 = \boldsymbol{k}_3 \tag{7.72}$$

这个过程从真空产生了光子,类似于受激原子的自发辐射.正如后者那样,它只能用单纯量子理论方法来处理.这就是我们将要在下一节中讨论的.

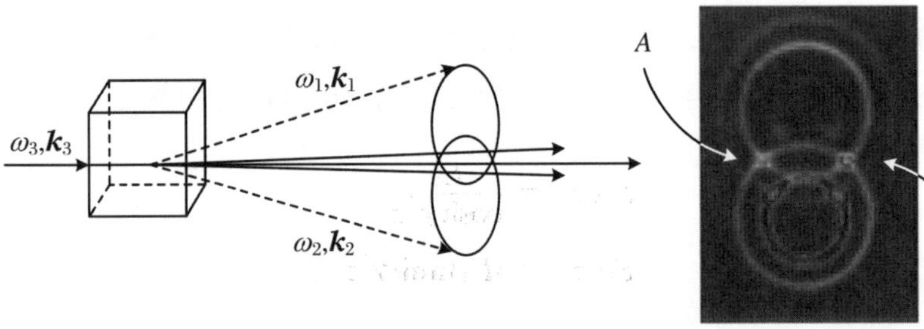

图 7.8 参量荧光

强泵浦(ω_3,$\boldsymbol{k}_3$)产生了一对共轭波(ω_1,$\boldsymbol{k}_1$;ω_2,$\boldsymbol{k}_2$),使得 $\omega_1 + \omega_2 = \omega_3$ 以及 $\boldsymbol{k}_1 + \boldsymbol{k}_2 = \boldsymbol{k}_3$.可以观察到一个双重圆锥,具有色环形式的横截面.如果两个光圈 A 和 B 被放在中锥面的交点上,就可以得到偏振关联的光子对(见 7.4.6 小节的评注(3)).

7.4 参量荧光的量子处理

7.4.1 量子处理的不可避免性和优点

关系 $\omega_3=\omega_1+\omega_2$ 暗示了将参量荧光过程描述成一种"反应",其中一个光子 $\hbar\omega_3$ 消失以产生两个光子 $\hbar\omega_1$ 和 $\hbar\omega_2$,并满足能量守恒(透明介质):

$$\hbar\omega_3 \rightarrow \hbar\omega_1+\hbar\omega_2 \tag{7.73}$$

这个图像符合曼利-罗关系——直接来自经典方程(7.55)～(7.57),可以写为

$$\frac{1}{\hbar\omega_1}\frac{\mathrm{d}\Pi_1}{\mathrm{d}z}=\frac{1}{\hbar\omega_2}\frac{\mathrm{d}\Pi_2}{\mathrm{d}z}=-\frac{1}{\hbar\omega_3}\frac{\mathrm{d}\Pi_3}{\mathrm{d}z} \tag{7.74}$$

将 $\Pi/(\hbar\omega)$ 看作光子流,我们看到对于每一个被消灭的光子 $\hbar\omega_3$,都将出现一个光子 $\hbar\omega_1$ 和另一个光子 $\hbar\omega_2$. 显然,相位匹配条件式(7.42)可以解释为在基本过程(7.73)中的动量守恒,因为它可以重写为如下形式:

$$\hbar\boldsymbol{k}_3=\hbar\boldsymbol{k}_1+\hbar\boldsymbol{k}_2 \tag{7.75}$$

与过程(7.73)相关的这个图像暗示了光子 $\hbar\omega_1$ 和 $\hbar\omega_2$ 成对地通过基本过程发射出去,这个过程如图 7.9 所示. 这些**孪生光子**对产生了典型的量子现象,而在经典世界是十分不可思议的,我们将给出几个例子. 确实,量子描述不仅仅是关于进行参量荧光率定量计算的理论体系. 它对于预言和描述在这个过程中产生的光子对的性质是不可或缺的.

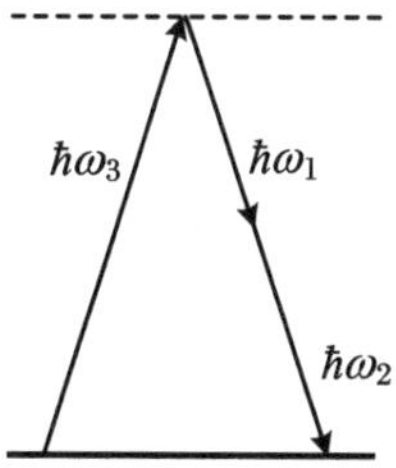

图 7.9 参量相互作用中的基本过程

消灭一个泵浦光子,同时产生一个信号光子和一个空闲光子.

评注 注意条件式(7.75)并不需要严格满足.首先,在有有限厚度 L 的晶体中,式(7.75)实际上形式为 $\Delta k \leqslant \pi/L$,这里 $\Delta \boldsymbol{k} = \boldsymbol{k}_3 - \boldsymbol{k}_1 - \boldsymbol{k}_2$;其次,即使不满足这个条件,这个混合过程也有一个非零振幅.因此它不同于关系 $\omega_3 = \omega_1 + \omega_2$.使用连续光束时,此式是精确成立的.(对于频率色散较高的超短脉冲,情况是不同的.)

7.4.2 三波混频的量子处理

考虑模式 1,2 和 3,满足

$$\omega_3 = \omega_1 + \omega_2 \tag{7.76}$$

$$\boldsymbol{k}_3 = \boldsymbol{k}_1 + \boldsymbol{k}_2 \tag{7.77}$$

对于一个透明非线性介质,在介质中没有与介质物质的能量交换.我们假定这个非线性过程可以用一个**有效哈密顿量**来描述.这个哈密顿量导致波 1,2 和 3 中光子的消失或出现.因此我们将用一个包含一个自由演化项和一个耦合项的哈密顿量来描述这个辐射:

$$\hat{H} = \sum_{i=1}^{3} \hbar\omega_i \left(\hat{a}_i^{+}\hat{a}_i + \frac{1}{2}\right) + \hbar g(\hat{a}_1^{+}\hat{a}_2^{+}\hat{a}_3 + \hat{a}_1\hat{a}_2\hat{a}_3^{+}) = \hat{H}_0 + \hat{H}_{\mathrm{I}} \tag{7.78}$$

第一个耦合项($\hat{a}_1^{+}\hat{a}_2^{+}\hat{a}_3$)相当于式(7.73)的一个光子 $\hbar\omega_3$ 消失,一对光子($\hbar\omega_1,\hbar\omega_2$)出现.厄米共轭项相当于相反过程,即一对光子($\hbar\omega_1,\hbar\omega_2$)消失,一个光子 $\hbar\omega_3$ 出现.我们可以检查在这些过程中关于光子数的一些守恒律.为此,我们计算光子数算符 $\hat{N}_i = \hat{a}_i^{+}\hat{a}_i$ 与哈密顿量的对易子,得到

$$\begin{aligned}[\hat{N}_1,\hat{H}] &= \hbar g[\hat{a}_1^{+}\hat{a}_1, \hat{a}_1^{+}\hat{a}_2^{+}\hat{a}_3 + \hat{a}_1\hat{a}_2\hat{a}_3^{+}] \\ &= \hbar g[\hat{a}_1^{+}\hat{a}_2^{+}\hat{a}_3 - \hat{a}_1\hat{a}_2\hat{a}_3^{+}] = \hat{F}\end{aligned} \tag{7.79}$$

$$[\hat{N}_2,\hat{H}] = \hat{F} \tag{7.80}$$

$$[\hat{N}_3,\hat{H}] = -\hat{F} \tag{7.81}$$

我们看到 $\hat{N}_1 - \hat{N}_2$,$\hat{N}_1 + \hat{N}_3$,$\hat{N}_2 + \hat{N}_3$ 和 $\hat{N}_1 + \hat{N}_2 - 2\hat{N}_3$ 都与总哈密顿量对易.我们就说这些是好量子数,意味着这些可观测量在系统演化的过程中是守恒的.例如,一个初态 $|\psi_{\mathrm{i}}\rangle = |N_1, N_2, N_3\rangle$ 将变为末态 $|\psi_{\mathrm{f}}\rangle = |N_1 + 1, N_2 + 1, N_3 - 1\rangle$,很容易检验 $|\psi_{\mathrm{i}}\rangle$ 和 $|\psi_{\mathrm{f}}\rangle$ 为上述可观测量($\hat{N}_1 + \hat{N}_3$,$\hat{N}_2 + \hat{N}_3$,…)的本征矢,初末态具有相同的本征值.

7.4.3 参量荧光的微扰处理

考虑只在泵浦模式中有光子的一个初态，即

$$|\psi(t=0)\rangle = |\psi_{\mathrm{i}}\rangle = |0,0,N_3\rangle \tag{7.82}$$

在式(7.78)的相互作用哈密顿量 $\hat{H}_{\mathrm{I}}$ 的影响下，在通常的微扰近似中[①]，对于充分小的时间 t，$|\psi_{\mathrm{i}}\rangle$变为

$$|\psi(t)\rangle = \mathrm{e}^{-\mathrm{i}\omega_3(N_3+1/2)t}(|0,0,N_3\rangle - \mathrm{i}g\sqrt{N_3}t\,|1,1,N_3-1\rangle) \tag{7.83}$$

考虑图 7.8 所示的情况，光在晶体中传播，我们寻求晶体中稳定输出的量子态$|\psi\rangle$，它是输入量子态的函数. 于是相互作用时间 t 就可以看作光穿过长 L 的晶体的传播时间 L/c. 附加一个没有物理意义的整体相因子，我们就得到了

$$|\psi_{\mathrm{f}}\rangle = |0,0,N_3\rangle + C\,|1,1,N_3-1\rangle$$

其中$|C| = g\sqrt{N_3}L/c \ll 1$. 实际上，有许多模式对$(i,j)$精确满足条件式(7.76)，而近似满足条件式(7.77). 于是对于一阶微扰论，末态(在晶体之后)可以写为

$$|\psi_{\mathrm{f}}\rangle = |0,0,N_3\rangle + \left(\sum_{i,j} C_{ij}\,|1_i,1_j\rangle\right)\otimes|N_3-1\rangle \tag{7.84}$$

其中模式 i 和 j 满足条件式(7.76)，且$|C_{ij}|$随着式(7.77)越满足而越增加.

态矢量

$$|\psi'\rangle = \sum_{i,j} C_{ij}\,|1_i,1_j\rangle \tag{7.85}$$

描述了一个包含孪生光子对的态. 它是总光子数算符 $\hat{N}$ 的一个本征态，本征值为 2，也是能量为 $\hbar\omega_3$ 的哈密顿量的本征态，因此是一个稳态. 只要这些系数 C_{ij} 中的两个不为零，它也是一个纠缠态.

7.4.4 绘景变换：海森伯表象

为了更好地描述可由孪生光子对观察到的单纯量子效应，改变量子场的表象是很方

① 见第 1 章 1.2 节.

7

便的.截至目前(第 4 章到第 6 章),我们使用了薛定谔绘景,场用一个依赖时间的态 $|\psi(t)\rangle$ 来描述,而可观测量,例如电场、矢势、动量等,用作用于态 $|\psi(t)\rangle$ 的希尔伯特空间中的不依赖于时间的算符来描述.系统随着时间的演化就可以用薛定谔方程来说明:

$$i\hbar\frac{d}{dt}|\psi(t)\rangle = \hat{H}|\psi(t)\rangle \tag{7.86}$$

其中 $\hat{H}$ 是系统的哈密顿量.

在量子物理中,我们也使用所谓的海森伯绘景①,这里态 $|\psi(t)\rangle$ 不依赖于时间.于是时间依赖性由可观测量带入,用海森伯方程来代替薛定谔方程,海森伯方程说明了算符 $\hat{A}(t)$ 的时间演化:

$$i\hbar\frac{d\hat{A}(t)}{dt} = [\hat{A}(t),\hat{H}] \tag{7.87}$$

在量子光学中,海森伯表象可以用来给出量子场与我们所熟悉的经典场的一个非常类似的形式.让我们考虑在如下哈密顿量影响下自由场的演化(当没有电荷时):

$$\hat{H} = \sum_l \hbar\omega_l\left(\hat{a}_l^\dagger\hat{a}_l + \frac{1}{2}\right) \tag{7.88}$$

场可观测量用算符 $\hat{a}_l$ 和 $\hat{a}_l^\dagger$ 表示.所以,举例来说,回忆下电场可给定为(见式(4.109))

$$\hat{\boldsymbol{E}}(\boldsymbol{r}) = \sum_l i\boldsymbol{\varepsilon}_l E_l^{(1)}(e^{i\boldsymbol{k}_l\cdot\boldsymbol{r}}\hat{a}_l - e^{-i\boldsymbol{k}_l\cdot\boldsymbol{r}}\hat{a}_l^\dagger) \tag{7.89}$$

在海森伯表象中,算符 $\hat{a}_l(t)$ 的时间依赖性可以由式(7.87)和式(7.88)得到:

$$i\hbar\frac{d\hat{a}_l}{dt} = [\hat{a}_l(t),\hat{H}] = [\hat{a}_l,\hbar\omega_l\hat{a}_l^\dagger\hat{a}_l] = \hbar\omega_l(\hat{a}_l\hat{a}_l^\dagger - \hat{a}_l^\dagger\hat{a}_l)\hat{a}_l = h\omega_l\hat{a}_l \tag{7.90}$$

对这个等式积分,可以马上得到

$$\hat{a}_l(t) = \hat{a}_l(0)e^{-i\omega_l t} \tag{7.91}$$

因此很容易从薛定谔绘景变到海森伯绘景,只需将湮灭算符 $\hat{a}_l$ 乘以 $e^{-i\omega_l t}$,产生算符 $\hat{a}_l^\dagger$ 乘以 $e^{i\omega_l t}$.例如,自由电场(7.89)在海森伯绘景中变为

$$\begin{aligned}\hat{\boldsymbol{E}}(r,t) &= \sum_l i\boldsymbol{\varepsilon}_l E_l^{(1)}[e^{i(\boldsymbol{k}_l\cdot\boldsymbol{r}-\omega_l t)}\hat{a}_l - e^{-i(\boldsymbol{k}_l\cdot\boldsymbol{r}-\omega_l t)}\hat{a}_l^\dagger] \\ &= \hat{\boldsymbol{E}}^{(+)}(\boldsymbol{r},t) + \hat{\boldsymbol{E}}^{(-)}(\boldsymbol{r},t)\end{aligned} \tag{7.92}$$

① 例如,可见 BD 第 5 章练习 3 和 CDL 补充材料 G_{III}.

它具有 $e^{i(\boldsymbol{k}_l \cdot \boldsymbol{r}-\omega_l t)}$ 类型平面波的一个叠加形式，正如经典电磁学中那样.

总之，包含算符和态矢的量在薛定谔或海森伯表象中取相同的形式.例如，单一光电探测概率在薛定谔表象中可由下式给出(见式(5.4))：

$$w^{(1)}(\boldsymbol{r},t) = s\langle\psi(t) \mid \hat{\boldsymbol{E}}^{(-)}(\boldsymbol{r}) \cdot \hat{\boldsymbol{E}}^{(+)}(\boldsymbol{r}) \mid \psi(t)\rangle \tag{7.93}$$

在海森伯绘景中，上式变为

$$w^{(1)}(\boldsymbol{r},t) = s\langle\psi \mid \hat{\boldsymbol{E}}^{(-)}(\boldsymbol{r},t) \cdot \hat{\boldsymbol{E}}^{(+)}(\boldsymbol{r},t) \mid \psi\rangle \tag{7.94}$$

当我们考虑联合光电探测率式(5.5)时，海森伯绘景更具一般性，因为它使得我们能表示在两个不同时间 t 和 t' 的联合探测概率：

$$w^{(2)}(\boldsymbol{r}_1,t;\boldsymbol{r}_2,t') = \langle\psi \mid \hat{\boldsymbol{E}}^{(-)}(\boldsymbol{r}_1,t) \cdot \hat{\boldsymbol{E}}^{(-)}(\boldsymbol{r}_2,t') \cdot \hat{\boldsymbol{E}}^{(+)}(\boldsymbol{r}_2,t') \cdot \hat{\boldsymbol{E}}^{(+)}(\boldsymbol{r}_1,t) \mid \psi\rangle \tag{7.95}$$

在这个表达式中，点积在 $\hat{\boldsymbol{E}}^{(-)}(\boldsymbol{r}_1,t)$ 和 $\hat{\boldsymbol{E}}^{(+)}(\boldsymbol{r}_1,t)$，以及 $\hat{\boldsymbol{E}}^{(-)}(\boldsymbol{r}_2,t')$ 和 $\hat{\boldsymbol{E}}^{(+)}(\boldsymbol{r}_2,t')$ 之间，但算符必须保持它们在式(7.95)中的顺序，因为它们一般是不对易的.我们将在本章余下部分使用海森伯绘景.

7.4.5　参量荧光光子的同时发射

从 7.4.3 小节所描述的情况出发，我们在非线性晶体之后放置两个滤膜以界定两个方向 $\boldsymbol{u}_1$ 和 $\boldsymbol{u}_2$，使得相位匹配条件对于一特定频率对 $\omega_1^{(0)}$ 和 $\omega_2^{(0)}$ 是严格满足的(图 7.10).实际上，存在许多模式(ω_1,ω_2)的共轭对沿 $\boldsymbol{u}_1$ 和 $\boldsymbol{u}_2$ 传播，并近似满足相位匹配条件.由式(7.76)，它们的频率为

$$\omega_1 = \omega_1^{(0)} + \delta \tag{7.96}$$

$$\omega_2 = \omega_2^{(0)} - \delta \tag{7.97}$$

其中失谐量 δ 远小于 $\omega_3/2$.它们的波矢为

$$\boldsymbol{k}_1 = \omega_1 \frac{\boldsymbol{u}_1}{c} \tag{7.98}$$

$$\boldsymbol{k}_2 = \omega_2 \frac{\boldsymbol{u}_2}{c} \tag{7.99}$$

在海森伯绘景中，限于穿透通过滤膜的模式的辐射态就为

$$|\psi''\rangle = \sum_{\delta} C(\delta) \mid 1_{u_1,\omega_1^{(0)}+\delta}, 1_{u_2,\omega_2^{(0)}-\delta}\rangle = \sum_{\delta} C(\delta) \mid 1_{u_1,\delta}, 1_{u_2,-\delta}\rangle \quad (7.100)$$

当我们回忆由式(7.96)和式(7.97)给出的这两个光子的频率时,第二个更简单的表达式是明确的.在 δ 表征与完美相位匹配的偏差的范围内,系数 $|C(\delta)|$ 在 $\delta=0$ 时有一个最大值,并用标准宽度为 10^{13} Hz($10^{-2}\omega_3$)的一个钟形曲线来描述.

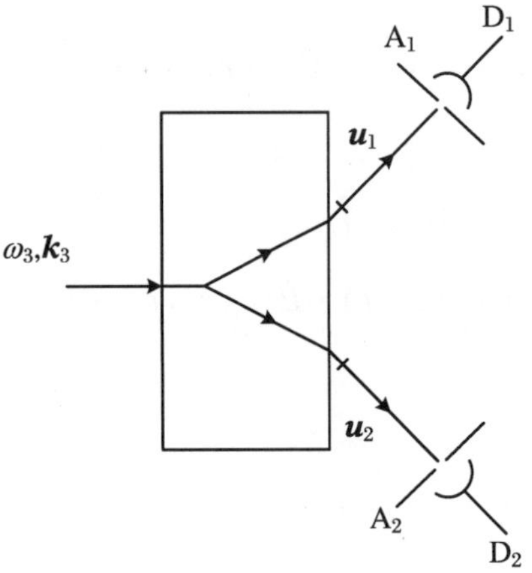

图 7.10 通过参量荧光产生的孪生光子

膜片 A_1 和 A_2 选择共轭方向 u_1 和 u_2,使得对于频率 $\omega_1^{(0)}$ 和 $\omega_2^{(0)}$,相位匹配条件严格满足.探测器 D_1 和 D_2 测量单一或符合光电探测信号.这样,就检验了光子是成对产生的.

光电探测器 D_1 和 D_2 被放置于每个膜片之后.我们首先计算在 D_1 处的单一光电探测率(见式(7.93)):

$$w^{(1)}(\boldsymbol{r}_1, t) = s \| \hat{E}_1^{(+)}(\boldsymbol{r}_1, t) \mid \psi''\rangle \|^2 \quad (7.101)$$

其中

$$\hat{E}_1^{(+)}(\boldsymbol{r}_1, t) = \mathrm{i}\sum_{l_1} \mathscr{E}_{l_1}^{(1)} \exp[\mathrm{i}\omega_{l_1}(\tau_1 - t)]\hat{a}_{l_1} \quad (7.102)$$

我们引入延时

$$\tau_1 = \frac{\boldsymbol{u}_1 \cdot \boldsymbol{r}_1}{c} \quad (7.103)$$

其中 $\boldsymbol{r}_1$ 是相对于晶体输出的探测器 D_1 的位置.出现在电场 $\hat{\boldsymbol{E}}_1$ 的表达式以及模式 l_1 符号中的指标 1,提醒我们只考虑沿 $\boldsymbol{u}_1$ 传播的模式.于是我们得到

$$\hat{E}_1^{(+)}(\boldsymbol{r}_1,t)\mid\psi''\rangle = \mathrm{i}\sum_{\delta}C(\delta)\mathscr{E}_{\omega_1}^{(1)}\mathrm{e}^{\mathrm{i}\omega_1(\tau_1-t)}\mid 0_{u_1,\delta},1_{u_2,-\delta}\rangle \tag{7.104}$$

其中我们定义了 $\mathscr{E}_{\omega_1}^{(1)}=\sqrt{\dfrac{\hbar\omega_1}{2\varepsilon_0 L^3}}$.

在上述表达式中,可以理解为 ω_1 通过式(7.96)依赖于 δ.这个表达式是按照一系列正交右矢的展开——恰好是式(7.104)的模平方的单一探测率式(7.101),可以简单地由下式给出:

$$w^{(1)}(\boldsymbol{r}_1,t) = s\sum_{\delta}\mid C(\delta)\mid^2(\mathscr{E}_{\omega_1}^{(1)})^2 \tag{7.105}$$

这个量是不含时的.对于 D_1,这个单一光电探测概率是恒定的.当然,对于 D_2 也能得到一个类似结果.

现在我们来计算在 D_1 和 D_2 上的联合探测概率(见式(7.95)):

$$w^{(2)}(\boldsymbol{r}_1,t;\boldsymbol{r}_2,t') = s^2\parallel\hat{E}_2^{(+)}(\boldsymbol{r}_2,t')\hat{E}_1^{(+)}(\boldsymbol{r}_1,t)\mid\psi''\rangle\parallel^2 \tag{7.106}$$

然后进行如上过程,我们得到

$$\hat{E}_1^{(+)}(\boldsymbol{r}_1,t)\hat{E}_2^{(+)}(\boldsymbol{r}_2,t')\mid\psi''\rangle = -\sum_{\delta}C(\delta)\mathscr{E}_{\omega_1}^{(1)}\mathscr{E}_{\omega_2}^{(1)}\mathrm{e}^{\mathrm{i}\omega_1(\tau_1-t)}\mathrm{e}^{\mathrm{i}\omega_2(\tau_2-t')}\mid 0,0\rangle \tag{7.107}$$

其中 ω_1 和 ω_2,根据式(7.96)和式(7.97)依赖于 δ,τ_2 是光从晶体到探测器 D_2 的传播时间,

$$\tau_2 = \frac{\boldsymbol{u}_2\cdot\boldsymbol{r}_2}{c} \tag{7.108}$$

式(7.107)完全不同于式(7.104).在某种意义上,矢量$|0,0\rangle$(真空)是复振幅之和的一个因子,因此必须在取模平方之前求和.用关于 δ 的 ω_1 和 ω_2 的表达式代替 ω_1 和 ω_2,我们得到

$$w^{(2)}(\boldsymbol{r}_1,t;\boldsymbol{r}_2,t') = s^2\left|\sum_{\delta}C(\delta)\mathscr{E}_{\omega_1}^{(1)}\mathscr{E}_{\omega_2}^{(1)}\exp[\mathrm{i}\delta(\tau_1-\tau_2-t+t')]\right|^2 \tag{7.109}$$

为了计算上述表达式,我们用积分代替离散求和,引入态密度(例如,见 6.4.2 小节).这个态密度随 δ 缓慢变化.$\mathscr{E}_{\omega_1}^{(1)}$ 和 $\mathscr{E}_{\omega_2}^{(1)}$ 同样如此,并且它们能被提到积分之外,因此就简单地正比于 $C(\delta)$在 $\tau=\tau_1-\tau_2-t+t'$处的傅里叶变换 $\tilde{C}(\tau)$.由于 $C(\delta)$是钟形的,且标准宽度为 $\Delta=10^{13}\ \mathrm{s}^{-1}$,其变换 $\tilde{C}(\tau)$是非常窄的钟形函数,标准宽度为 10^{-13} s.

于是在时间 t 和 t'时的联合探测概率就为 $t-t'$的函数,且在如下值附近有尖锐的峰:

$$t - t' = \tau_1 - \tau_2 \tag{7.110}$$

回顾 τ_1 和 τ_2 分别是光从晶体到探测器 D_1 和 D_2 的传播时间,这个结果可以理解为这两个光子在晶体中恰好在同一时间被发射出来,然后分别向 D_1 和 D_2 传播.

随着符合光子探测方法在 20 世纪 70 和 80 年代的进步,在实验上验证这些发射的同时性成为可能(图 7.11).结合第 5 章中描述的证明每个光子确实是一个单光子的那种实验,这些实验构成了量子化电磁场必要性的令人信服的证明.没有方法在半经典模型框架中解释它们,半经典模型中只有原子是量子化的,而电磁场不是.特别地,在半经典模型中,荧光场 E_1 和 E_2 有恒定的振幅,无法解释关联函数 $w^{(2)}(\boldsymbol{r}_1, t; \boldsymbol{r}_2, t')$ 的峰值.

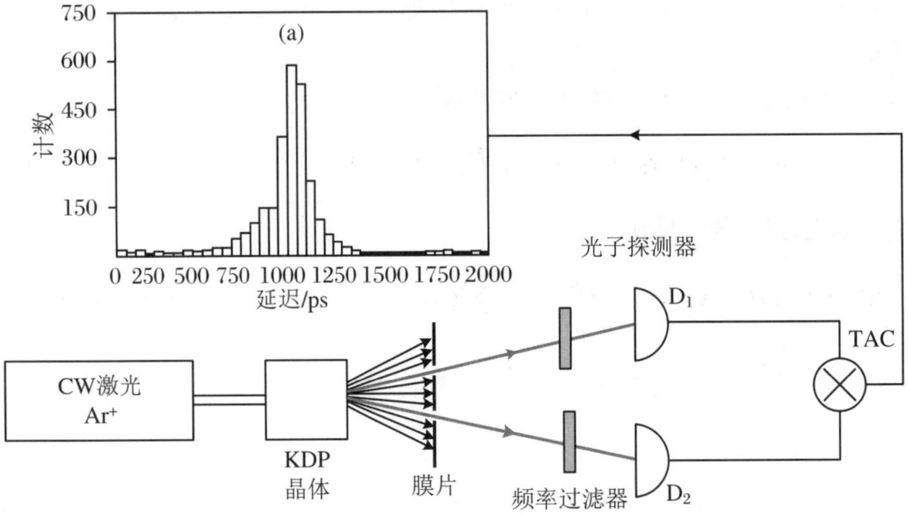

图 7.11 参量荧光中光子的同时探测

图片来自 S. Friberg,C. Hong 和 L. Mandel 的文章 *Measurement of time delays in the parametric production of photon pairs* (Phys. Rev. Lett,1985,54:2011).实验装置包括每一个时间-幅度转换器(TAC),它提供了探测器在时间间隔上的柱状图.柱状图的半宽度(170 ps)和系统分辨率为一个量级,因此该过程的实际宽度应该更小.预期的理论宽度为 $\Delta^{-1} \approx 0.1$ ps.

7.4.6 双光子干涉

1. Hong-Ou-Mandel 实验

对于我们刚刚描述的这个实验(图 7.11),从粒子的观点可以给出一个十分清楚的解释，即在该情况中光子是成对被发射的.有人可能会怀疑，像前面提出的量子电动力学这样的一个详细分析，是否真的有用.答案是，实际上这是唯一能够描述粒子性(例如成对发射)以及波动性的理论体系.例如，利用这对光子中的单个光子能建立一个5.5节中讨论的那种类型的干涉实验(图5.8).

用量子光学体系来描述粒子性和波动性的能力是相当卓越的，而且其本身就证明了这样一个体系的引入是合理的.但量子光学比这所做的更多，因为它预言了在经典粒子或波动模型背景下十分不可思议且确实不可能的效应.这对于我们现在将要讨论的双光子干涉现象更是如此.

为了演示双光子干涉现象，让我们回到图7.11中的参量荧光装置，但不探测在两个方向 $\boldsymbol{u}_1$ 和 $\boldsymbol{u}_2$ 上发射的光子，而让它们在一个分束器S上重新结合，然后考虑在 D_3 和 D_4 上的光电探测信号(图7.12).

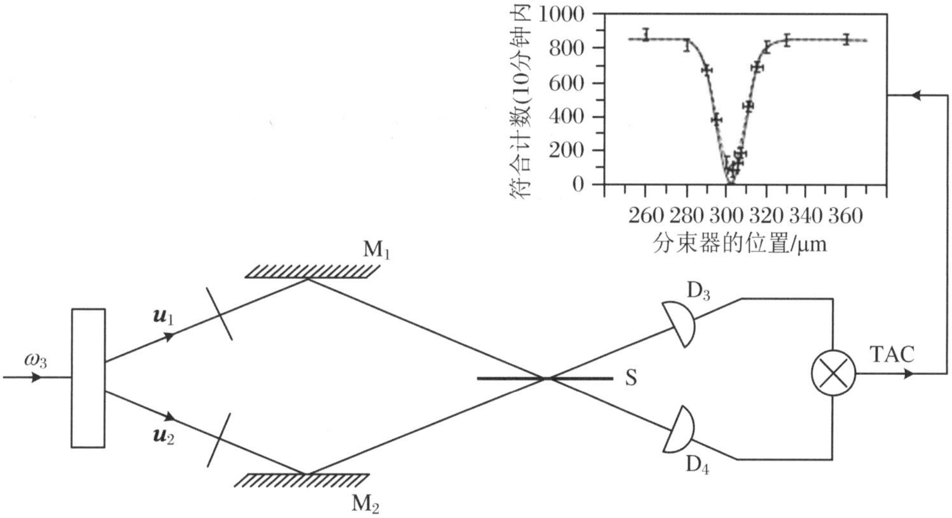

图7.12　双光子干涉

每对光子在分束器S上重新结合，我们考虑 D_3 和 D_4 上的光电探测信号和双重光电探测(符合信号).插图给出了由Hong，Ou和Mandel测量的光子到达分束器S的不同时间延迟符合计数率.①不同的时间延迟可以通过测微螺旋移动分束器来实现.当光子同时到达时，符合计数率降为0，这表明这两个光子都从同一边离开分束器.计数率中凹陷的宽度相当于30 μm的一个位移，即随100 fs变化的一个延迟.

如同7.4.5小节中一样，方向 $\boldsymbol{u}_1$ 和 $\boldsymbol{u}_2$ 对应于频率 $\omega_1^{(0)}$ 和 $\omega_2^{(0)}$ 的精确相位匹配，在

① Hong C K，Ou Z Y，Mandel L. Measurement of Subpicosecond Time Intervals between Two Photons by Interference [J]. Physical Review Letters，1987，59：2044.

方向 $\boldsymbol{u}_1$ 和 $\boldsymbol{u}_2$ 上发射的一对光子频率分别为 ω_1 和 ω_2，具有相对 $\omega_1^{(0)}$ 和 $\omega_2^{(0)}$ 的偏差 δ（见式(7.96)和式(7.97)）. 考虑到定向过滤，从晶体射出的辐射态仍可用式(7.100)描述.

为了计算 D_3 和 D_4 上的光电探测概率，我们再次利用海森伯绘景，用从晶体输出的场 $\hat{E}_1^{(+)}$ 和 $\hat{E}_2^{(+)}$ 来表示从分束器输出的场 $\hat{E}_3^{(+)}$ 和 $\hat{E}_4^{(+)}$. 在通过分束器之后，令透射和反射系数相等（见第 5 章），我们首先可写出

$$\hat{E}_3^{(+)}(\boldsymbol{r}_S,t)=\frac{1}{\sqrt{2}}[\hat{E}_1^{(+)}(\boldsymbol{r}_S,t)+\hat{E}_2^{(+)}(\boldsymbol{r}_S,t)] \tag{7.111}$$

$$\hat{E}_4^{(+)}(\boldsymbol{r}_S,t)=\frac{1}{\sqrt{2}}[\hat{E}_1^{(+)}(\boldsymbol{r}_S,t)-\hat{E}_2^{(+)}(\boldsymbol{r}_S,t)] \tag{7.112}$$

为了详尽描述晶体输出，如同在 7.4.5 小节中一样，考虑分别沿着路径 1 和 2，从离开晶体到达分束器的传播时间 τ_1 和 τ_2（见式(7.103)和式(7.108)），我们可将 $\hat{E}_1^{(+)}(r_S,t)$和$\hat{E}_2^{(+)}(r_S,t)$分别表示为

$$\hat{E}_1^{(+)}(\boldsymbol{r}_S,t)=\mathrm{i}\sum_{l_1}\mathscr{E}_{l_1}^{(1)}\exp[\mathrm{i}\omega_{l_1}(\tau_1-t)]\hat{a}_{l_1} \tag{7.113}$$

$$\hat{E}_2^{(+)}(\boldsymbol{r}_S,t)=\mathrm{i}\sum_{l_2}\mathscr{E}_{l_2}^{(1)}\exp[\mathrm{i}\omega_{l_2}(\tau_2-t)]\hat{a}_{l_2} \tag{7.114}$$

如在 7.4.5 小节中一样，在离开晶体的态(7.100)中出现的模式 l_1 和 l_2 完全由参数 δ 确定，在包含场 $\hat{E}_3^{(+)}$ 和 $\hat{E}_4^{(+)}$ 以及态 $|\psi''\rangle$ 的表达式中，我们可以用 $\boldsymbol{u}_1$ 和 δ 代替 l_1，用 $\boldsymbol{u}_2$ 和 $-\delta$ 代替 l_2.

我们首先计算 D_3 上的单一探测率，假定这个探测器放置在紧接分束器 S 的输出之后，

$$w^{(1)}(D_3,t)=s\,\|\hat{E}_3^{(+)}(\boldsymbol{r}_s,t)\,|\psi''\rangle\,\|^2 \tag{7.115}$$

当我们计算 $\hat{E}_3^{(+)}(\boldsymbol{r}_S,t)|\psi''\rangle$时，我们再次得到按照正交矢量的一个展开式：

$$\begin{aligned}\hat{E}_3^{(+)}(\boldsymbol{r}_S,t)\,|\,\psi''\rangle=&\frac{\mathrm{i}}{\sqrt{2}}\sum_{\delta}C(\delta)\mathscr{E}_{\omega_1}^{(1)}\mathrm{e}^{\mathrm{i}\omega_1(\tau_1-t)}\,|\,0_{u_1,\delta},1_{u_2,-\delta}\rangle\\&+\frac{\mathrm{i}}{\sqrt{2}}\sum_{\delta}C(\delta)\mathscr{E}_{\omega_2}^{(1)}\mathrm{e}^{\mathrm{i}\omega_2(\tau_2-t)}\,|\,1_{u_1,\delta},1_{u_2,-\delta}\rangle\end{aligned} \tag{7.116}$$

于是我们有

$$w^{(1)}(D_3,t)=\frac{s}{2}\sum_{\delta}\,|\,C(\delta)\,|^2[(\mathscr{E}_{\omega_1}^{(1)})^2+(\mathscr{E}_{\omega_2}^{(1)})^2] \tag{7.117}$$

其中频率 ω_1 和 ω_2 通过式(7.96)和式(7.97)与 δ 相关. 因此 D_3 上的探测率与时间无关. 对于 $w^{(1)}(D_4, t)$ 显然也是如此. 如在 7.4.5 小节中一样,我们得到了恒定的单一光电探测率,意味着光子以一个稳定的平均速率到达探测器.

现在我们来计算紧随 S 之后的双重光电探测率:

$$w^{(2)}(D_3, t; D_4, t') = s^2 \| \hat{E}_3^{(+)}(\boldsymbol{r}_S, t)\hat{E}_4^{(+)}(\boldsymbol{r}_S, t') \mid \psi'' \rangle \|^2 \tag{7.118}$$

利用式(7.111)~式(7.114),我们得到

$$\begin{aligned}&\hat{E}_3^{(+)}(\boldsymbol{r}_S, t)\hat{E}_4^{(+)}(\boldsymbol{r}_S, t') \mid \psi'' \rangle \\ &= -\frac{1}{2}\sum_{\delta} C(\delta)\mathscr{E}_{\omega_1}^{(1)}\mathscr{E}_{\omega_2}^{(1)}\left[\mathrm{e}^{\mathrm{i}\omega_1(\tau_1 - t')}\mathrm{e}^{\mathrm{i}\omega_2(\tau_2 - t)} - \mathrm{e}^{\mathrm{i}\omega_1(\tau_1 - t)}\mathrm{e}^{\mathrm{i}\omega_2(\tau_2 - t')}\right] \mid 0, 0 \rangle\end{aligned} \tag{7.119}$$

与 7.4.5 小节中相同,当我们计算符合计数率时,真空的态矢 $|0,0\rangle$ 表现为一个因子,而且在取模平方之前必须对复振幅求和.

为简化计算,此后我们假设 $\omega_1^{(0)} = \omega_2^{(0)} = \omega_3/2$. 利用式(7.96)和式(7.97),式(7.119)中振幅的和可以表示为

$$A = -\frac{1}{2}\mathrm{e}^{\mathrm{i}\frac{\omega_3}{2}(\tau_1 + \tau_2 - t - t')}\sum_{\delta} C(\delta)\mathscr{E}_{\omega_1}^{(1)}\mathscr{E}_{\omega_2}^{(1)}\left[\mathrm{e}^{\mathrm{i}\delta(\tau_1 - \tau_2 + t - t')} - \mathrm{e}^{\mathrm{i}\delta(\tau_1 - \tau_2 - t + t')}\right] \tag{7.120}$$

回顾 $C(\delta)$ 是一个钟形函数,在 $\delta = 0$ 处有一个最大值,且标准宽度为 $\Delta \approx 10^{13}\ \mathrm{s}^{-1}$. 为了更明确地进行这个计算,我们取半宽为 Δ(在 $\mathrm{e}^{-1/2}$ 处)的高斯型:

$$C(\delta) = \frac{C_0}{\sqrt{2\pi}\Delta}\exp\left(-\frac{\delta^2}{2\Delta^2}\right) \tag{7.121}$$

用积分代替求和 $\sum_{\delta}$,并将 $\mathscr{E}_{\omega_1}^{(1)}\mathscr{E}_{\omega_2}^{(1)}$ 移到积分外,因为它在宽度 Δ 上只有微小变化. 于是做积分,得到 $A_1 - A_2$,这里

$$A_1 = \int \mathrm{d}\delta C(\delta)\mathrm{e}^{\mathrm{i}\delta(\tau_1 - \tau_2 + t - t')} = C_0\mathrm{e}^{-\frac{\Delta^2}{2}(\tau_1 - \tau_2 + t - t')^2} \tag{7.122}$$

$$A_2 = \int \mathrm{d}\delta C(\delta)\mathrm{e}^{\mathrm{i}\delta(\tau_1 - \tau_2 - t + t')} = C_0\mathrm{e}^{-\frac{\Delta^2}{2}(\tau_1 - \tau_2 - t + t')^2} \tag{7.123}$$

最后可以给出联合探测率为

$$w^{(2)}(D_3, t; D_4, t') = \frac{s^2}{4}(\mathscr{E}_{\omega_{3/2}}^{(1)})^4 \mid A_1(t - t') - A_2(t - t') \mid^2 \tag{7.124}$$

分布函数 A_1 和 A_2 是十分窄的(Δ^{-1} 通常等于 10^{-13} s),并且没有具有这样的时间分辨率的探测器或电子系统. 我们将假定探测器实际上探测了位于以 0 为中心的宽度远大于

Δ^{-1}的窗口中的一个时间间隔 $t-t'$内的所有符合事件,还假定调整了晶体和分束器之间的路径,使得$|\tau_1-\tau_2|$小于符合计数窗口的宽度.通过对式(7.124)在 $\theta=t-t'$上的积分来计算整体符合计数率 $w_c(D_3;D_4)$,这涉及以下积分:

$$\int A_1^2 \mathrm{d}\theta = \int A_2^2 \mathrm{d}\theta = C_0^2 \sqrt{\pi}\Delta^{-1} \tag{7.125}$$

$$\int A_1 A_2 \mathrm{d}\theta = C_0^2 \sqrt{\pi}\Delta^{-1} \mathrm{e}^{-\Delta^2(\tau_1-\tau_2)^2} \tag{7.126}$$

最后结果为

$$w_c(D_3;D_4) = \frac{s^2}{2}(\mathscr{E}_{\omega_{3/2}}^{(1)})^4 C_0^2 \sqrt{\pi}\Delta^{-1}[1-\mathrm{e}^{-\Delta^2(\tau_1-\tau_2)^2}] \tag{7.127}$$

注意到这个符合探测率是恒定的,除了在 $\tau_1=\tau_2$ 附近,此时它恰好消失了(光从晶体到分束器边缘的传播时间恰好相等).计数率中凹陷的宽度为 Δ^{-1},即通常为 $10^{-13}\ \mathrm{s}^{-1}$.这确实是实验上所观察到的(图 7.12).

评注 为了使上述计算简便,我们假定了探测器 D_3 和 D_4 紧接着分束器 S 放置,这显然是不现实的.回顾一下这个计算,很容易验证,假如用 $\theta=t'-t+\tau_3-\tau_4$ 代替 $\theta=t'-t$,考虑分束器 S 分别与探测器 D_3 和 D_4 之间的传播时间 τ_3 和 τ_4,会得到相同结果.在实际层面上,这意味着符合窗口必须以 $\tau_3-\tau_4$,而不是以 0 为中心.

2. 讨论

由 Hong,Ou 和 Mandel 首次观察到的这个物理现象是十分卓越的,体现在如下几个方面:首先,符合计数率 w_c 作为 $\tau_1-\tau_2$ 的函数具有比光电探测器本身任何一个都更好的时间分辨率,因为它只依赖于检验到分束器 S 传播时间差异的精度,即分束器的位置.用压电式传感器替代它,非常容易得到 μm 级的位置分辨率,这等价于一个几飞秒(10^{-15} s)的时间分辨率.图 7.12 给出了实验的结果,证实了计数率中凹陷的宽度确实为 Δ^{-1}.

在概念层次上,这个结果揭示了量子物理的一些令人惊讶的性质.如上所说,实验事实使我们不得不承认得到了成对发射的光子.但我们也有这样的事实:如果这两个光子恰好同时到达分束器,那么它们不是在分束器的两个输出通道上随机且独立地分布,而是不得不从同一通道离开,绝不会在分束器的两边.显然,按照在分束器两边随机分布的经典粒子,永远无法理解这个性质,因为会有 50%的情况有重合.回到这个计算,例如等式(7.120),我们看到符合项的消失起因于两个概率幅之间的干涉相消.

更确切地说,干涉相消在与包含两个光子的如下两个过程相关的振幅 $\exp(\mathrm{i}\delta\theta)$和

$\exp[i(-\delta)\theta]$之间发生(在 $\tau_1=\tau_2$ 时)(图 7.13):(a) 一个光子在通道 1 以频率 $\omega_3/2+\delta$ 被发射,然后在 D_3 上被探测,同时一个光子在通道 2 以频率 $\omega_3/2-\delta$ 被发射,然后在 D_4 上被探测;(b) 一个光子在通道 1 以频率 $\omega_3/2-\delta$ 被发射,然后在 D_4 上被探测,同时一个光子在通道 2 以频率 $\omega_3/2+\delta$ 被发射,然后在 D_3 上被探测. 没有办法来区分这两个过程,它们对应于相同的末态,即一个频率为 $\omega_3/2+\delta$ 的光子在 D_3 上被探测,同时一个频率为 $\omega_3/2-\delta$ 的光子在 D_4 上被探测. 因此振幅可以被合理地相加. 如果传播时间 τ_1 和 τ_2 不是严格相等的,原则上存在一个探测来区别过程(a)和(b),那么振幅就不应该被相干地加起来,即不再有任何相消干涉. 注意到这个结论没有要求探测器具有如此小的时间分辨率. 这个区分原则上是可能的就足够了,只要我们有供支配的只受限于量子物理的基本规律的完美设备.

我们可能想知道用半经典模型是否能解释上述效应. 答案是否定的. 两个经典波撞击分束器的模型既不能模拟永远不会在两边发生联合探测事件的现象,也不能模拟双重探测所在边是随机的这个实验事实. 我们再次找到了一种情况:既不能用一个经典粒子模型来解释,也不能用一个经典波动模型来解释,而只有完全量子光学处理才能解释所观察到的事实.

评注 (1) 我们刚刚所描述的 Hong-Ou-Mandel 实验,让人想起了 5.B.3 小节中描述的由两个独立光源发射的不可区分的光子的凝聚的实验. 在这两种情况中,零延迟时联合探测概率的消失是由于与不可区分过程相关的量子振幅之间的相消干涉. 然而需要注意的是,这两个实验所涉及的时间标度是不同的. 在 Hong-Ou-Mandel 实验中,图 7.13 中凹陷的宽度由相位匹配频谱宽度 Δ 的倒数给出. 在凝聚实验中,凹陷的宽度(见式(5.B.63))由光子的相干时间给出,它通常更宽.

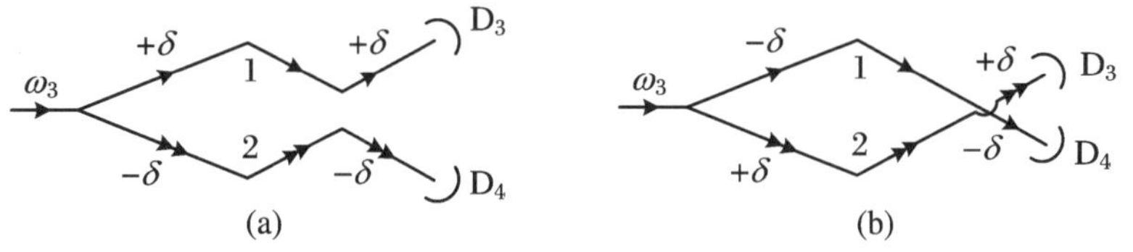

图 7.13 振幅发生干涉的两光子过程

因为当光源与分束器之间的距离恰好相等时,它们不能被区分(见图 7.12 及正文).

(2) 对于无法用经典模型来描述的各种光学现象,我们已经介绍了几个例子. 在这些现象中,我们能区分不同的类别. 第一类与一个单光子的波粒二象性相关,在第 5 章中已经做了详细讨论(5.5 节,或 5.B.1 和 5.B.2 小节). 在这种情况下,有与不同路径相关的干涉效应,这让人想起沿着不同路径的寻常波的干涉;并且一个单一粒子通过不同路径这个事实是非经典的.而在这里,我们有这样一种情况,即与两光子相关的量子振幅之间有一个干涉.这样的效应和下述情况属于同一类,即由纠缠光子观察到的量子关联(见补充材料5.C),也被描述为与两光子相关的振幅之间的一个干涉.关于5.B.3小节的不可区分光子凝聚的实验,也能有类似的结论.

(3) 7.4.6小节的基本分析使我们将在两个膜片后的两光子考虑为两个辐射的纠缠态,

$$|\psi_{\text{ent}}\rangle = \frac{1}{\sqrt{2}}(|1_{u_1,+\delta};1_{u_2,-\delta}\rangle + |1_{u_1,-\delta};1_{u_2,+\delta}\rangle) \tag{7.128}$$

即两个双光子态的叠加:

• 态$|1_{u_1,+\delta};1_{u_2,-\delta}\rangle$,频率为$\omega_3/2+\delta$的光子在通道$\boldsymbol{u}_1$上被发射,频率为$\omega_3/2-\delta$的光子在通道$\boldsymbol{u}_2$上被发射.

• 态$|1_{u_1,-\delta};1_{u_2,+\delta}\rangle$,频率为$\omega_3/2-\delta$的光子在通道$\boldsymbol{u}_1$上被发射,频率为$\omega_3/2+\delta$的光子在通道$\boldsymbol{u}_2$上被发射.

态(7.128)是一个频率纠缠态.也可以从参量荧光现象中得到偏振纠缠的光子.例如,考虑图7.8所示的实验情况.这种情况使用了一个所谓的"Ⅱ型"非线性晶体,在晶体中这两个光子具有正交偏振$\boldsymbol{\varepsilon}_1$和$\boldsymbol{\varepsilon}_2$.由于晶体是双折射的,所以相位匹配条件对于这两个偏振不同.图7.8中的上圆环由偏振为$\boldsymbol{\varepsilon}_1$的光子组成,而下圆环则包含偏振为$\boldsymbol{\varepsilon}_2$的光子.我们在这两个圆环的交点$A$和$B$处放置膜片来过滤这些模式.于是这两个偏振都被透射过去,得到纠缠态

$$|\psi_{\text{ent}}\rangle = \frac{1}{\sqrt{2}}(|1_{u_1,+\delta,\boldsymbol{\varepsilon}_1};1_{u_2,-\delta,\boldsymbol{\varepsilon}_2}\rangle + |1_{u_1,-\delta,\boldsymbol{\varepsilon}_2};1_{u_2,+\delta;\boldsymbol{\varepsilon}_1}\rangle) \tag{7.129}$$

这就是一个偏振纠缠态,类似于由原子级联产生的纠缠态(见补充材料5.C和6.C),被用于进行演示和/或利用纠缠现象的许多实验.

7.5 总结

非线性光学首先是一种极其强大的技术,如今已成为现代光学大量应用的基础.例如,在激光技术中,非线性光学被用来利用激光器已经存在的频率来产生具有新频率的相干光束.而且,非线性效应,例如克尔效应(见补充材料7.B),可以被用于以一个光信号

来控制另一个光信号，因此在光学数据处理中起着重要作用. 光学克尔效应也允许超短光学孤子型脉冲的无扩散传播，或光学双稳态.

上述应用通常可以用非线性光学的半经典形式来理解. 然而，我们在 7.4 节中也证明了，存在一类现象只能用量子光学提供的框架来描述，一个特别的例子就是纠缠孪生光子对的产生. 虽然这些仍然停留在基础研究领域，但是对于量子信息有一些应用前景，然而这就是另外的研究了(见补充材料 5.E).

补充材料 7.A 参量放大及振荡:半经典和量子性质

在这个补充材料中，我们考虑参量相互作用的最重要的性质之一，即已经在 7.3.4 节中提到过的放大入射场，并且通过在共振腔(通常为法布里-珀罗腔)中插入一个参量介质来构造一个光学振荡器. 首先，我们将研究参量放大和振荡的经典特性，着重强调与第 3 章中研究的受激辐射所导致的放大的异同. 然后，我们会考虑该系统的主要量子性质:没有添加噪声的放大、通过 OPO(光学参量振荡器)实现阈值以下量子涨落压缩以及孪生光束的产生.

7.A.1 参量放大的经典描述

7.A.1.1 非简并情况

这种结构在 7.3.4 小节中已经提到过了. 频率为 ω_3 的一个强泵浦波和频率为 $\omega_1 < \omega_3$ 的弱信号波定向射入一个参量晶体(图 7.7). 我们已经看到了，当满足相位匹配条件 $\boldsymbol{k}_2 \simeq \boldsymbol{k}_3 - \boldsymbol{k}_1$ 时，在晶体中就出现了频率为 $\omega_2 = \omega_3 - \omega_1$ 的一个空闲波. 我们将在本节中假定 $\omega_2 \neq \omega_1$(非简并情况)，泵浦是恒定的，并且相位匹配条件精确成立. 于是耦合传播方程(7.50)～(7.52)的解就可以由式(7.64)和式(7.65)给出. 信号波存在放大，在强度上的增益 G 等于

$$G = \cosh^2 \gamma L \tag{7.A.1}$$

其中 L 是晶体的长度，$\gamma=\frac{\chi^{(2)}\left|\mathcal{E}_3\right|}{c}\sqrt{\frac{\omega_1\omega_2}{n_1n_2}}$. 此外，从晶体输出的信号波的相位等于其在进入晶体时的值加上传播项 k_1L. 这确实是一个相干放大现象，即参量放大，并伴随着一个新的空闲波的出现. 在补充材料 7.B 中，我们将看到另一个导致入射波相干放大的装置，称为相位共轭反射镜，源自三阶非线性光学现象.

7.A.1.2 简并情况

考虑上一小节中的装置，但现在假定相位匹配条件为 $\omega_2=\omega_1=\omega_3/2$ 且为 Ⅰ 型晶体，那么信号模和空闲模有相同的偏振，并且所有的场沿相同方向传播. 这个特定情况称为简并情况，其相位匹配条件就简单地为 $n_1=n_3$.

在这样的条件下，信号模和空闲模无法被区分，而且我们发现自身处于与7.3.5小节中讨论的倍频情况相反的情况中. 于是我们必须利用式(7.67)和式(7.68). 在恒定泵浦近似中，信号场的列传播方程为

$$\frac{\mathrm{d}\mathcal{E}_1(z)}{\mathrm{d}z}=\mathrm{i}\frac{\omega_1}{n_1c}\chi^{(2)}\mathcal{E}_3(0)\mathcal{E}_1^*(z)\tag{7.A.2}$$

通过适当选择相位的初始位置，考虑一个纯虚的泵浦 $\mathcal{E}_3(0)=-\mathrm{i}E_3$，其中 E_3 是实的、正的，那么式(7.A.2)的解就为

$$\mathcal{E}_1(z)=\mathcal{E}_1(0)\cosh\gamma'z+\mathcal{E}_1^*(0)\sinh\gamma'z\tag{7.A.3}$$

其中 $\gamma'=\chi^{(2)}E_3\omega_1/(n_1c)$. 这个解与非简并情况式(7.65)完全不同，因为系统的行为模式现在依赖于入射场的初始相位：

- 如果 $\mathcal{E}_1(0)$是实的，那么 $\mathcal{E}_1(z)=\mathcal{E}_1(0)\mathrm{e}^{\gamma'z}$，于是入射场被放大了.
- 如果 $\mathcal{E}_1(0)$是虚的，那么 $\mathcal{E}_1(z)=\mathcal{E}_1(0)\mathrm{e}^{-\gamma'z}$，于是入射场被减弱了. 通常说这个场是逆放大的，以将这个过程与传播过程中的单纯损耗效应相区别. 实际上，逆放大过程中信号场的能量并没有消散，而只是完全转移到了泵浦场.

由于我们对泵浦场 $\mathcal{E}_3(0)$的相位做了特殊选择，实际上这个增益依赖于入射信号场 $\mathcal{E}_1(0)$和泵浦场之间的相对相位. 因此，如果要得到一个稳定的增益，那么非常小心地控制这两个波的光程是很重要的，正如在一个干涉仪装置中要做的那样. 所以，在这里观察到了一个新类型的行为，与受激发射的放大截然不同. 事实上，物理学的其他分支充满了这样的相位依赖型放大器的例子. 例如，在力学中，钟摆中的一个参量，比如长度或转动惯量，被调节至其固有频率的 2 倍，这个钟摆的振荡振幅将要么增大要么减小，取决于振荡和参量的调制之间的相对相位. 任何在荡秋千的孩子都会知道，当试图通过身体的周

期运动来增大秋千的振幅时，其振荡对于相位有多么敏感. 确实，“参量放大器”这个术语，以及延伸的“参量相互作用”，就来自这种物理情况，其中一个系统参数被“泵浦”到其固有频率的 2 倍. 我们在流体力学(法拉第不稳定性)和非线性电子振荡器中也发现了相同的行为.

7.A.2 光学参量振荡器(OPO)

在第 3 章中，通过在共振光学腔中插入一个受激发射光放大器，我们能得到一个光学振荡器，即激光器. 它能产生相干光波，即高度定向以及高度单色的光波. 当在共振腔中放置一个参量放大器时，我们将看到出现相同的情况，从而得到所谓的**光学参量振荡器**. 这里我们将只考虑非简并的情况，即参量相互作用可以放大任意相位的信号场.

7.A.2.1 系统的描述

光学参量振荡器如图 7.A.1 所示. 它包含长 L 的一个非线性晶体，其中会发生参量相互作用，并被插入到长 L_{cav} 的光学腔. 为简化讨论，假定其为一个环形腔. 这个腔对泵浦光束的波长是完全透明的. 我们研究两种结构：

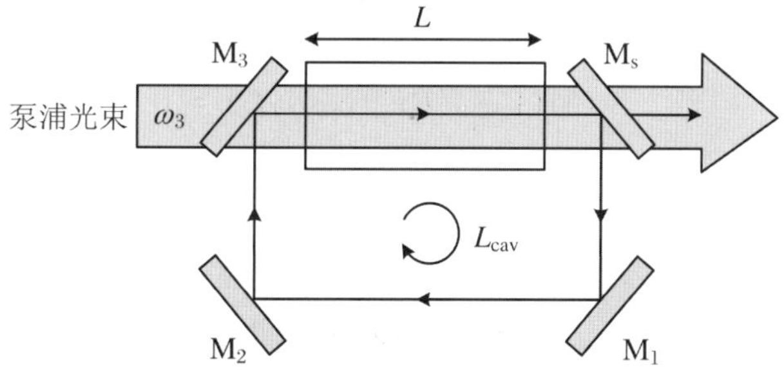

图 7.A.1 光学参量振荡器

光学腔可以只对信号光束共振(单共振 OPO)，或对信号和空闲光束共振(双共振 OPO).

• 单共振光学参量振荡器，腔在泵浦光束和空闲光束的波长上是透明的，包含全反射镜 M_1，M_2 和 M_3 以及一个输出镜 M_s. M_s 对于泵浦光和空闲光是透明的，但在信号光束的波长上则有很低的透射. 令 R 和 T 为镜子 M_s 上对于强度的反射和透射系数.

• 双共振光学参量振荡器，腔在泵浦光束的波长上仍是透明的，对于信号和空闲光束现在则是共振的. 镜子 M_1，M_2 和 M_3 是完全反射的，输出镜 M_s 在频率 ω_1 和 ω_2 上透射很弱.为了简化,我们将假定在这两个频率上的透射和反射系数是相同的.

对于激光器,只有在每个往返上参量增益比输出镜上的透射造成的损失占优势时才能建立一个振荡.所以,就像激光器一样,这里也将存在一个振荡阈值,只是这里的阈值受到泵浦激光束强度的控制.

7.A.2.2 单共振光学参量振荡器

注意到复场等于缓慢变化的振幅 $\mathcal{E}_1(z)$乘以传播的相位因子 e^{ik_1z},从式(7.65)得到离开晶体的信号场的如下值:

$$E_1^{(+)}(z=L)=\mathcal{E}_1(0)e^{in_1\omega_1L/c}\cosh\gamma L \tag{7.A.4}$$

我们推导出了信号场 $E_1^{(+)}(L_{cav})$的值,当它已经反射离开输出镜,并再次在腔周围传播时,

$$E_1^{(+)}(L_{cav})=\sqrt{R}\mathcal{E}_1(0)e^{i\phi_1}\cosh\gamma L \tag{7.A.5}$$

其中 $\phi_1=[L_{cav}+(n_1-1)L]\omega_1/c$ 是当信号光在光学腔的一个完整往返上传播时所累积的相位.

类似于激光器,在腔内往复一次之后,场完全与它之前一样(包括相位和振幅),即 $E_1^{(+)}(L_{cav})=E_1^{(+)}(0)=\mathcal{E}_1(0)$.由此就得到了对于系统的稳态振荡的条件.于是有

$$\mathcal{E}_1(0)(1-\sqrt{R}e^{i\phi_1}\cosh\gamma L)=0 \tag{7.A.6}$$

对于激光器,我们会得到一个零解,其中振荡器是“关闭的”,即 $\mathcal{E}_1(0)=0$,以及另一个解,其中信号场的值是非零的,条件是

$$\sqrt{R}e^{i\phi_1}\cosh\gamma L=1 \tag{7.A.7}$$

此式暗示了两个实条件:

$$\cosh\gamma L=\frac{1}{\sqrt{R}} \tag{7.A.8}$$

$$(n_1-1)L+L_{cav}=m\lambda_1 \tag{7.A.9}$$

其中 m 是一个整数.第一个条件反映了增益与损失相等,而第二个条件表示腔对于信号波的共振性质.

对于低强度泵浦($\gamma L\ll1$)以及高度共振的腔($\sqrt{R}\approx1-T/2$),第一个条件意味着

$$|\mathcal{E}_3|^2=\frac{n_1n_2c^2}{\omega_1\omega_2}\frac{2\pi}{\mathcal{F}(\chi^{(2)})^2L^2} \tag{7.A.10}$$

上式给出了泵浦光束在振荡阈值处的强度,它与非线性量的平方以及腔的精细度 $\mathcal{F}=2\pi/T$ 成反比.正如在倍频装置中,在最佳聚焦条件以及典型实验条件下,泵浦功率阈值大约为几瓦.

当泵浦场超过这个阈值时,信号场在腔内每个往复行程上都被放大,从而得到越来越大的值.从泵浦波转移到信号波和空闲波的能量不再是可忽略的.泵浦波的振幅在传播过程中减小,这导致参量增益的下降.这就是**增益饱和**现象,类似于受激辐射中所观察到的,饱和增益提供了在稳态条件下获得信号场强度的一种方式.在这里我们将不给出这个计算的细节,读者可以参考相关专业文献.①

光学参量振荡器与激光器之间存在一些差异:

- 在这两个系统中,增益饱和起因于截然不同的物理效应:参量放大中由于能量转移造成泵浦损耗,以及在放大过程中由受激辐射导致的布居反转减少.
- 动力学截然不同:在激光器中,在一个可观的时间尺度上存在能储存能量的激发能级;在光学参量振荡器中,存在从泵浦模式到信号和空闲模式的几乎瞬时能量转移.由此可知,由脉冲激光器泵浦的一个光学参量振荡器可以遵循泵浦波形,即使泵浦脉冲是非常快的.

由于非常高的阈值强度,单共振光学参量振荡器只能利用强烈的连续波激光器或脉冲激光器来运作.单共振光学参量振荡器是相干辐射的非常有用的来源,因为发射波长与活性介质的能级结构无关,而与相位匹配条件相关.由于后者可以通过改变晶体的温度和取向来调整,那么光学参量振荡器就可以在一个很宽的频谱带上调谐,本质上只受非线性介质的透明带的限制.对于一个给定的相位匹配的调节,所发射光的谱宽与泵浦激光器的谱宽相关,因此可以非常窄.泵浦波向信号和空闲波之和的转换效率大约能达到 90%.光学参量振荡器在光谱学中有着广泛使用,例如用来在红外区探测极低浓度毒气体或污染物.

7.A.2.3 双共振光学参量振荡器

在这种情况中,腔循环利用了泵浦波和空闲波,于是这两个场在晶体输入处原则上是非零的.为了简便,我们将考虑具有相对较小功率的泵浦激光器的情况.在条件 $\gamma' L\ll 1$ 下,式(7.50)~式(7.52)可以在 $\gamma' L$ 的一阶近似下求解.利用恒定泵浦近似,晶体输出处场的振幅为

---

① Boyd R W. Nonlinear Optics [M]. Academic Press, 2008.

$$\mathcal{E}_1(L) = \mathcal{E}_1(0) + \mathrm{i}g_1 \mathcal{E}_3 \mathcal{E}_2^*(0) \tag{7.A.11}$$

$$\mathcal{E}_2(L) = \mathcal{E}_2(0) + \mathrm{i}g_2 \mathcal{E}_2 \mathcal{E}_1^*(0) \tag{7.A.12}$$

其中

$$g_i = \frac{\omega_i}{n_i c}\chi^{(2)} L, \quad i = 1,2 \tag{7.A.13}$$

这就是“交叉增益”现象,信号场放大了空闲场,反之亦然.通过与上一小节中给出的类似的论证,我们推出了在一个往返之后复信号场和复空闲场的值:

$$E_1^{(+)}(L_{\mathrm{cav}}) = \sqrt{R}\mathrm{e}^{\mathrm{i}\phi_1}[\mathcal{E}_1(0) + \mathrm{i}g_1 \mathcal{E}_3 \mathcal{E}_2^*(0)] \tag{7.A.14}$$

$$E_2^{(+)}(L_{\mathrm{cav}}) = \sqrt{R}\mathrm{e}^{\mathrm{i}\phi_2}[\mathcal{E}_2(0) + \mathrm{i}g_2 \mathcal{E}_3 \mathcal{E}_1^*(0)] \tag{7.A.15}$$

其中 $\phi_i = [L_{\mathrm{cav}} + (n_i - 1)L]\omega_i/c(i = 1,2)$.令场等于它们在晶体输入处的值就得到了稳态条件.在上面两个等式两边分别乘以 $\mathrm{e}^{-\mathrm{i}\phi_1}$ 和 $\mathrm{e}^{-\mathrm{i}\phi_2}$,并取第二个等式的复共轭,得到

$$(\mathrm{e}^{-\mathrm{i}\phi_1} - \sqrt{R})\mathcal{E}_1(0) - \mathrm{i}g_1\sqrt{R}\mathcal{E}_3 \mathcal{E}_2^*(0) = 0 \tag{7.A.16}$$

$$\mathrm{i}g_2\sqrt{R}\mathcal{E}_3^* \mathcal{E}_1(0) + (\mathrm{e}^{\mathrm{i}\phi_2} - \sqrt{R})\mathcal{E}_2^*(0) = 0 \tag{7.A.17}$$

由此得到了两个齐次线性方程组,零场构成了一个解(对应于光学参量振荡器是关闭的时候).只有当这个方程组的行列式为 0 时,才存在非零解.因此

$$(\mathrm{e}^{-\mathrm{i}\phi_1} - \sqrt{R})(\mathrm{e}^{\mathrm{i}\phi_2} - \sqrt{R}) = Rg_1 g_2 |\mathcal{E}_3|^2 \tag{7.A.18}$$

由于上面方程的右边是实的,所以左边也必然是实的,且只有在下列条件下才是正确的:

$$\phi_1 = \phi_2 + 2p\pi, \quad p \text{ 为整数} \tag{7.A.19}$$

实部的消失意味着泵浦强度取如下值:

$$|\mathcal{E}_3|^2 = \frac{1 + R - 2\sqrt{R}\cos\phi_1}{Rg_1 g_2} \tag{7.A.20}$$

这就是泵浦强度的阈值.当输出镜具有较低透射时,那么到 T 的最低阶,我们有

$$|\mathcal{E}_3|^2 = \frac{n_1 n_2 c^2}{4\omega_1\omega_2}\frac{16\sin^2(\phi_1/2) + T^2}{(\chi^{(2)})^2 L^2} \tag{7.A.21}$$

当 ϕ_1 不是 2π 的倍数时,分子中的第一项起主导作用,而且这个阈值非常高.因此,最小阈值可以由如下条件得到:

$$\phi_1 = 2p_1\pi, \quad \phi_1 = 2p_2\pi, \quad p_1, p_2 \text{ 为整数} \tag{7.A.22}$$

即当腔对于信号模和空闲模都是共振的时候.引入腔的精细度,于是强度就等于

$$|\mathcal{E}_3|^2 = \frac{n_1 n_2 c^2}{\omega_1 \omega_2} \frac{\pi^2}{\mathcal{F}^2 (\chi^{(2)})^2 L^2} \tag{7.A.23}$$

正如所预期的那样,对于一个双共振系统,阈值显著小于单共振光学参量振荡器的情况(取决于 $1/\mathcal{F}^2$ 而不是式(7.A.10)中的 $1/\mathcal{F}$).它通常为 100 mW,因此很容易得到低功率连续波激光器.

阈值的降低伴随着双共振条件式(7.A.22),与单共振光学参量振荡器相比这代表了一个额外的约束.如果我们考虑条件 $\omega_1 + \omega_2 = \omega_3$.双共振意味着一定有

$$\frac{\omega_3}{2\pi c} = \frac{p_1}{(n_1 - 1)L + L_{\text{cav}}} + \frac{p_2}{(n_2 - 1)L + L_{\text{cav}}} \tag{7.A.24}$$

对于给定的泵浦频率,光学振荡的腔长度 L_{cav} 的值由整数 p_1 和 p_2 决定.由此可得出结论,双共振光学参量振荡器只有当腔的长度等于一个离散集的值时,这与激光器或单共振光学参量振荡器形成鲜明对比.

为了简便,我们考虑精确的双共振.当满足振荡条件式(7.A.18)时,等式(7.A.16)在 $e^{i\phi_1} = 1$ 时成立.如果我们也假定 $T \ll 1$,那么信号场和空闲场就有如下关系:

$$\frac{T}{2}\mathcal{E}_1 = i g_1 \mathcal{E}_3 \mathcal{E}_2^* \tag{7.A.25}$$

首先注意到,如果 $\mathcal{E}_1$ 和 $\mathcal{E}_2$ 是解,那么 $\mathcal{E}_1 e^{i\theta}$ 和 $\mathcal{E}_2 e^{-i\theta}$ 对于任意 θ 值也是解.我们已经发现了激光器类似的性质,其中振荡条件锁定了对应的场强度,而不是腔内场的相位(见 3.1.2小节).如我们在补充材料 3.D 中看到的,这个相位的自由意味着:由于导致涨落的效应(比如自发辐射)的存在,激光场存在相位扩散现象.光学参量振荡器具有类似的性质,只是涉及的是信号场和空闲场之间的相位差.另一方面,这两个场的相位之和与泵浦场的相位有关.

最终,等式(7.A.25)暗示了

$$\frac{T^2}{4}|\mathcal{E}_1|^2 = g_1^2 |\mathcal{E}_3|^2 |\mathcal{E}_2|^2 \tag{7.A.26}$$

考虑到式(7.A.13)和式(7.A.23),由此导出

$$\frac{n_1}{\omega_1}|\mathcal{E}_1|^2 = \frac{n_2}{\omega_2}|\mathcal{E}_2|^2 \tag{7.A.27}$$

在参量振荡条件下,我们重新得到了曼利-罗关系式(7.60),它最初是由半经典理论的传播方程得到的,但可以在量子理论中简单地来解释,因为信号波和空闲波的光子数

通量是相等的.放大以及参量振荡的量子特性将在 7.A.3 小节中处理.

在最后我们需要提及,如在激光器中一样,信号和空闲光束的横向性质是由共振腔施加的,必须包含一个或更多凹面镜来补偿衍射.在这种情况下,从光学参量振荡器输出的光束为高斯模式(见补充材料 3.B).因此它们具有与激光器情况中一样的相干性质.

7.A.3 参数放大的量子特性

7.A.3.1 衰减和放大过程的量子描述

在经典理论中,衰减和放大过程可以用复振幅的线性输入-输出关系来描述:

$$E_{\text{out}}^{(+)} = gE_{\text{in}}^{(+)} \tag{7.A.28}$$

其中增益 g 是一个复数,对于放大其模大于 1,而对于衰减则小于 1.如果我们希望在量子框架中描述相同的过程,很容易写出场算符的相同关系式,正如我们在 5.1.2 小节中的半反射镜情况中所做的:

$$\hat{E}_{l,\text{out}}^{(+)} = g\hat{E}_{l,\text{in}}^{(+)} \tag{7.A.29}$$

在式(7.A.29)中,假定了放大器(或衰减器)输入处标记为(l,in)的每个模式,与放大器(或衰减器)输出处标记为(l,out)的自由场的单一模式相关.然而,在量子体系中,一个可接受的变换(g)受到很强的约束:这样的一个转换必须维持对易子的值,即我们必须在输入和输出两端对于所有变换所涉及的模式都有

$$[\hat{E}_l^{(+)},(\hat{E}_{l'}^{(+)})^\dagger] = \delta_{ll'}(\mathscr{E}_l^{(1)})^2 \tag{7.A.30}$$

其中 l 和 l'表示场的任意两个模式.的确,入射场和出射场是自由场,它们的对易子具有不依赖于产生相关场的方式的一个值.保持对易关系式(7.A.30)不变的变换,被认为是"正则的"变换.可以验证,这种情况实际上就是半反射镜的例子.然而,对于变换(7.A.29),有

$$[\hat{E}_{l,\text{out}}^{(+)},(\hat{E}_{l,\text{out}}^{(+)})^\dagger] = |g|^2[\hat{E}_{l,\text{in}}^{(+)},(\hat{E}_{l,\text{in}}^{(+)})^\dagger] \tag{7.A.31}$$

因此,这两个对易子只有当 g 是单模的一个简单相位因子时才能相等,就像在真空中传播那样.在衰减或放大的情况中,我们就必须写成

$$\hat{E}_{l,\text{out}}^{(+)} = g\hat{E}_{l,\text{in}}^{(+)} + \hat{B}_l \tag{7.A.32}$$

其中 $\hat{B}_l$ 是**噪声算符**，期望值为零，且保证变换后满足正则的对易关系．我们将在下文中看到，当光束穿过这样的系统时，这一项的存在显著增加了光束的量子涨落．为了简化，我们令 g 为实数．首先考虑衰减情况，$g<1$．很容易看到正则变换的一个可能形式为

$$\hat{E}_{l,\text{out}}^{(+)} = g\hat{E}_{l,\text{in}}^{(+)} + \sqrt{1-g^2}\,\hat{E}_{l,\text{b}}^{(+)} \tag{7.A.33}$$

其中 $\hat{E}_{l,\text{b}}^{(+)}$ 是给定模式中的一个复场算符，类似于 $\hat{E}_{l,\text{in}}^{(+)}$ 和 $\hat{E}_{l,\text{out}}^{(+)}$，且与它们对易．这就是我们在半反射镜的情况中写出的变换（相当于特定情况 $g=1/\sqrt{2}$）．在目前的情况中，$\hat{E}_{l,\text{b}}^{(+)}$ 对应于通过镜子的其他通道进入的场，在这里处于真空态．我们已经将此推广到任意起始点的线性衰减的情况．$\hat{E}_{l,\text{b}}^{(+)}$ 对光束涨落的影响已经在 5.A.1.4 小节中研究过了．尤其是我们看到了一个衰减的相干态被转换为另一个具有更小期望值的相干态．

现在考虑放大情况，$g>1$．正则变换的一个可能形式为

$$\hat{E}_{l,\text{out}}^{(+)} = g\hat{E}_{l,\text{in}}^{(+)} + \sqrt{g^2-1}\,(\hat{E}_{l,\text{b}}^{(+)})^{\dagger} \tag{7.A.34}$$

其中 $(\hat{E}_{l,\text{b}}^{(+)})^{\dagger}$ 取代了 $\hat{E}_{l,\text{b}}^{(+)}$．我们推出了关于场正交算符的如下关系：

$$\hat{E}_{Pl,\text{out}} = g\hat{E}_{Pl,\text{in}} - \sqrt{g^2-1}\,\hat{E}_{Pl,\text{b}}, \quad \hat{E}_{Ql,\text{out}} = g\hat{E}_{Ql,\text{in}} + \sqrt{g^2-1}\,\hat{E}_{Ql,\text{b}} \tag{7.A.35}$$

这些关系可以用来确定放大效应在这两个场正交分量的方差上的影响．系统的入射态为放大器模式中的任意态与噪声模式中的真空态的张量积．从而我们有

$$(\Delta E_{Pl,\text{out}})^2 = G(\Delta E_{Pl,\text{in}})^2 + (G-1)(\mathscr{E}^{(1)})^2 \tag{7.A.36}$$

$$(\Delta E_{Ql,\text{out}})^2 = G(\Delta E_{Ql,\text{in}})^2 + (G-1)(\mathscr{E}^{(1)})^2 \tag{7.A.37}$$

其中 $G=g^2$ 是系统在强度上的增益．

我们看到，由于式(7.A.36)和式(7.A.37)的第二项，这个放大过程必然引入噪声．如果初始时考虑在正交分量 P 上被高度压缩的一个态，例如 $\Delta E_{Pl,\text{in}}\approx 0$，则只要 $G>2$ 放大后的态就将在这个正交分量上有大于 $|\mathscr{E}^{(1)}|^2$ 的涨落，即大于真空的涨落．如果我们以一个相干态（$(\Delta E_{Pl,\text{in}})^2=(\mathscr{E}^{(1)})^2$）开始，在输出处的量子噪声就乘以 $2G-1$，而信号的期望值则只乘以 G．我们将噪声的能量放大因子与信号的能量放大因子之商定义为放大器的噪声因子（放大器引入的噪声相对于其对输入的作用），它表征输入与输出之间信噪比的退化程度．在当前情况中，这个噪声因子为

$$F = \frac{2G-1}{G} \tag{7.A.38}$$

对于一个高增益放大器，这个因子等于 2，或在对数坐标上等于“3 dB”，而一个理论上不增加任何噪声的放大器应有等于 1 的噪声因子．因此我们看到，保持对易关系这个

7

非常简单而基本的量子考虑,使我们能对作用于准经典态上的任意光学放大器预言一个现实的极限:不对入射信号添加噪声的一个理想放大器,是被量子力学定律禁止的.

7.A.3.2 非简并参量放大

当晶体输入处的信号场和空闲场不为零时,做恒定泵浦近似,以及 $\mathcal{E}_3$ 为纯虚数且虚部为负,半经典传播方程(7.50)~(7.52)有如下解:

$$\mathcal{E}_1(L) = \cosh \gamma L\, \mathcal{E}_1(0) + \sqrt{\frac{\omega_1 n_2}{\omega_2 n_1}}\, \mathcal{E}_2^*(0)\sinh \gamma L \tag{7.A.39}$$

$$\mathcal{E}_2(L) = \cosh \gamma L\, \mathcal{E}_2(0) + \sqrt{\frac{\omega_2 n_1}{\omega_1 n_2}}\, \mathcal{E}_1^*(0)\sinh \gamma L \tag{7.A.40}$$

其中 γ 与式(7.66)中定义的一样.①这里我们再次通过用相应的量子力学算符代替复信号场和复空闲场的方式来推广这些关系:

$$\hat{E}_1^{(+)}(L) = \left[\cosh \gamma L \hat{E}_1^{(+)}(0) + \sqrt{\frac{\omega_2 n_1}{\omega_1 n_2}}[\hat{E}_2^{(+)}(0)]^\dagger \sinh \gamma L\right] \mathrm{e}^{\mathrm{i} n_1 \omega_1 L/c} \tag{7.A.41}$$

$$\hat{E}_2^{(+)}(L) = \left[\cosh \gamma L \hat{E}_2^{(+)}(0) + \sqrt{\frac{\omega_1 n_2}{\omega_2 n_1}}[\hat{E}_1^{(+)}(0)]^\dagger \sinh \gamma L\right] \mathrm{e}^{\mathrm{i} n_2 \omega_2 L/c} \tag{7.A.42}$$

读者可以验证,这些输入-输出关系确实保持了对易关系,在折射率为 n_l 的电介质中可给出对易关系:

$$[\hat{E}_l^{(+)}, (\hat{E}_{l'}^{(+)})^\dagger] = \frac{\hbar \omega_l}{2 n_l \varepsilon_0 L^3} \delta_{ll'} \tag{7.A.43}$$

对易子中 $1/n_l$ 因子的出现是因为当场从真空通过折射率为 n_l 的介质时场振幅除以了 $\sqrt{n_l}$.因此这些关系从量子观点来说是可以接受的,而且可以证明它们可由引起参量相互作用的哈密顿量产生(7.4.2 小节).假如令 $g = \cosh \gamma L$(附加一个平方根因子,该因子对保持对易子是必需的,因为后者与信号空闲场差一个因子 $\omega_1 n_2/(\omega_2 n_1)$),上式具有量子放大器需要的形式(7.A.34).

比较式(7.A.41)和式(7.A.34),我们能识别出当信号模被放大时引入噪声的"噪声模",简单来说就是空闲模式.因此我们可以设想,通过在空闲模注入一个压缩态而不是真空态,来减小其所引入的噪声.在这种情况下,即使放大器以相同方式增强了任何入射信号场(无论其相位是多少),噪声因子也只对于期望值与空闲模压缩的正交分量同相的

① 适用于双共振光学参量振荡器的解(7.A.39)和(7.A.40),与式(7.A.11)、式(7.A.12)精确到 γL 的一阶时一样.

信号场是被改善的.另一方面,噪声因子在相应的垂直正交分量会按相同比例变差.

7.A.3.3 简并参量放大

最后,考虑简并情况 $\omega_1=\omega_2$,此时存在对入射场的相位敏感的放大(见 7.A.1.2 小节).在式(7.A.41)或式(7.A.42)中,令 $\hat{E}_1^{(+)}\equiv\hat{E}_2^{(+)}$,我们就得到了

$$\hat{E}_1^{(+)}(L)=\{\cosh\gamma'L\hat{E}_1^{(+)}(0)+[\hat{E}_1^{(+)}(0)]^{\dagger}\sinh\gamma'L\}e^{in_1\omega_1L/c}\tag{7.A.44}$$

即经典关系式(7.A.3)的量子理论推广,其中 γ'的定义在相应的关系式之后.我们推出了正交算符的下列关系:

$$\hat{E}_{P1}(L)=e^{\gamma'L}\hat{E}_{P1}(0)\tag{7.A.45}$$

$$\hat{E}_{Q1}(L)=e^{-\gamma'L}\hat{E}_{Q1}(0)\tag{7.A.46}$$

这些关系保持了对易子$[\hat{E}_{P1},\hat{E}_{Q1}]$,无需额外的“噪声”项.对于描述量子涨落的标准差,它们暗示了

$$\Delta E_{P1}(L)=e^{\gamma'L}\Delta E_{P1}(0)\tag{7.A.47}$$

$$\Delta E_{Q1}(L)=e^{-\gamma'L}\Delta E_{Q1}(0)\tag{7.A.48}$$

因此,信号(7.A.44)和噪声(7.A.45)的放大(衰减)因子是相同的.这意味着简并参量放大器有等于 1 的噪声因子.这与 7.A.2.1 小节中的一般分析并不矛盾,因为它是相敏放大器,其初始表达式不同于简单形式(7.A.34).所以确实存在不增加信噪比的“完美”放大器.但为了实现这样的性能,必须限于具有唯一确定相位的入射光学信号.

注意到,如果我们在简并放大器的输入处什么也不发送,即入射的是真空态,我们将得到一个态,使得

$$\Delta E_{P1}(L)=e^{\gamma'L}(\mathscr{E}^{(1)})^2\tag{7.A.49}$$

$$\Delta E_{Q1}(L)=e^{-\gamma'L}(\mathscr{E}^{(1)})^2\tag{7.A.50}$$

这就是补充材料 5.A 中描述的具有零期望值**压缩态**(压缩真空).

7.A.4 双共振光学参量振荡器所产生的场的量子涨落

前文已知,非线性晶体中的参量相互作用能产生非经典态,比如压缩态,具有依赖于泵浦激光器功率的压缩因子 $e^{\gamma'L}$,因此当使用连续波激光器时,这个压缩因子是相当温和的,只有使用包含高瞬时功率输出的脉冲激光器时压缩才是显著的.我们将证明,通过把

晶体置入一个共振腔，当接近系统的振荡阈值时我们能得到一个趋于无穷的理论压缩因子，即使对于一个相当温和的泵浦功率亦是如此. 光学参量振荡器也能被用来产生高度关联和纠缠的光束.

为了研究光学参量振荡器所发射场的量子性质，我们将利用在前面章节建立的工具，只是这里每个模不再只包含几个光子. 实际上，光学参量振荡器在大约 1 μm 内产生 mW 量级的光强，每秒产生大约 10^{16} 个光子，目前没有能足够快地逐个探测这些光子的光电探测器. 这不再满足光子计数条件，而是处于“连续变量”条件. 在此条件下，光电探测器将产生正比于它所接收到的光通量的电流，电流是连续变化的. 于是量子效应就只能通过场的涨落以及它们的相互关联得以体现.

7.A.4.1 小量子涨落极限

考虑具有 mW 量级的“宏观”光束. 在测量时间内，具体来说，我们可以考虑约 100 μs，到达光电探测器的光子数为 $N = 10^{12}$. 想象此刻它处于一个相干态或准经典态. 光子数在这个值附近的量子涨落将为$\sqrt{N}$或 10^6，这是一个显著的且可测量的值，不过比 N 本身小得多. 这种情况，即量子涨落小于平均值，我们已经在 5.3.6 小节中考虑到了，彼时是为了能定义相位算符. 为了确定这些涨落的动力学，我们将它们看成无穷小，并只考虑最低阶贡献(理由将在后面章节给出)，这使量子动力学方程在平均值附近线性化. 特别地，我们将复场的算符形式表示为

$$\hat{E}^{(+)} = \langle \hat{E} \rangle + \delta\hat{E}^{(+)} \tag{7.A.51}$$

其中$\langle \hat{E} \rangle$是用经典方程确定的场的期望值，如同本补充材料中对于光学参量振荡器所确定的那些值；$\delta\hat{E}^{(+)}$是一个涨落算符，期望值为 0，将被处理到一阶.

我们在 7.A.3.2 小节中看到了，量子场在参量介质中的传播方程与经典方程一样. 准确至一阶，它们的解有类似于式(7.A.11)的关系，附加传播相位因子：

$$\hat{E}_1^{(+)}(L) = \{\hat{E}_1^{(+)}(0) + \mathrm{i}g_1\hat{E}_3^{(+)}(0)[\hat{E}_2^{(+)}(0)]^\dagger\}\mathrm{e}^{\mathrm{i}n_1\omega_1 L/c} \tag{7.A.52}$$

$$\hat{E}_2^{(+)}(L) = \{\hat{E}_2^{(+)}(0) + \mathrm{i}g_2\hat{E}_3^{(+)}(0)[\hat{E}_1^{(+)}(0)]^\dagger\}\mathrm{e}^{\mathrm{i}n_2\omega_2 L/c} \tag{7.A.53}$$

其中沿着光传播方向的坐标原点取在进入长 L 的晶体的进入点. 光在图 7.A.2 中腔的其余部分中的传播包括在输出镜上的部分反射以及通过真空的传播. 对于这两部分我们知道其量子表达式. 对于这些算符，有

$$\hat{E}_i^{(+)}(L_{\mathrm{cav}}) = \sqrt{R}\hat{E}_i^{(+)}(L)\mathrm{e}^{\mathrm{i}\frac{\omega_i}{c}(L_{\mathrm{cav}}-L)} + \sqrt{T}\mathrm{e}^{\mathrm{i}\psi_i}\hat{E}_{i,\mathrm{in}}^{(+)} \tag{7.A.54}$$

其中 $i=1,2$，L_{cav}是腔的长度.

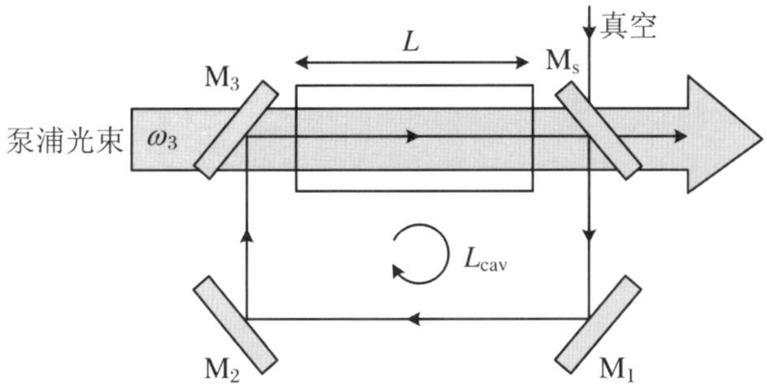

图 7.A.2 显示入射和出射量子场的光学参量振荡器示意图

式(7.A.54)中的 $\hat{E}_{i,\text{in}}^{(+)}$ 项区别于经典关系式(7.A.14). 确实，我们需将输出镜 M_s 像 5.1.2 小节的半反射镜一样来对待，因为它将腔内信号场和空闲场的算符与入射在镜子上来自外部场的算符耦合在了一起(图 7.A.2). 因子 $e^{i\psi_i}$ 仅仅是由于场$\hat{E}_{i,\text{in}}^{(+)}$从镜子到晶体入射点的传播引起的相位因子. 结合式(7.A.51)和式(7.A.52)以及稳态条件 $\hat{E}_i^{(+)}(L_{cav})=\hat{E}_i^{(+)}(0)$，考虑到我们假定对于信号场和空闲场的双共振条件在腔内成立这一事实，并令$\sqrt{R}\approx1-T/2$，我们得到了场 $\hat{E}_i^{(+)}(0)=\hat{E}_i^{(+)}(i=1,2,3)$的下列算符关系：

$$\frac{T}{2}\hat{E}_1^{(+)} = ig_1\hat{E}_3^{(+)}(\hat{E}_2^{(+)})^\dagger + \sqrt{T}\hat{E}_{1,\text{in}}^{(+)}e^{i\psi_1} \tag{7.A.55}$$

$$\frac{T}{2}\hat{E}_2^{(+)} = ig_2\hat{E}_3^{(+)}(\hat{E}_1^{(+)})^\dagger + \sqrt{T}\hat{E}_{2,\text{in}}^{(+)}e^{i\psi_2} \tag{7.A.56}$$

将涨落线性化后得到

$$\frac{T}{2}\delta\hat{E}_1^{(+)} = ig_1\delta\hat{E}_3^{(+)}\langle(\hat{E}_2^{(+)})^\dagger\rangle + ig_1\langle\hat{E}_3^{(+)}\rangle(\delta\hat{E}_2^{(+)})^\dagger + \sqrt{T}\delta\hat{E}_{1,\text{in}}^{(+)}e^{i\psi_1} \tag{7.A.57}$$

$$\frac{T}{2}\delta\hat{E}_2^{(+)} = ig_2\delta\hat{E}_3^{(+)}\langle(\hat{E}_1^{(+)})^\dagger\rangle + ig_2\langle\hat{E}_3^{(+)}\rangle(\delta\hat{E}_1^{(+)})^\dagger + \sqrt{T}\delta\hat{E}_{2,\text{in}}^{(+)}e^{i\psi_2} \tag{7.A.58}$$

现在，如果我们希望确定离开光学参量振荡器的场(这实际上是唯一可用于测量的量)，那么我们必须使用场在镜子 M_s 上的第二个耦合方程：

$$\hat{E}_{i,\text{out}}^{(+)} = -\sqrt{R}\hat{E}_{i,\text{in}}^{(+)} + \sqrt{T}\hat{E}_i^{(+)}(L)e^{i\theta_i}, \quad i=1,2 \tag{7.A.59}$$

并且需要注意改变从镜子一边到另一边的反射因子振幅的符号. $e^{i\theta_i}$ 是从晶体出来到输出镜的传播相位因子. 因为 T，g_1 和 g_2 都很小，所以这个关系可以得到简化. 这意味着我们可以忽略这些量中的所有二阶项. 所以对于一阶近似，我们有

$$\hat{E}_{i,\text{out}}^{(+)} \simeq -\hat{E}_{i,\text{in}}^{(+)} + \sqrt{T}\hat{E}_i^{(+)}\mathrm{e}^{-\mathrm{i}\psi_i}, \quad i = 1,2 \tag{7.A.60}$$

在这个关系中,我们利用了这个事实,即传播通过一个往返的总相位为 $\phi_i = \psi_i + n_i\omega_i L/c + \theta_i$,并且对于共振腔这是 2π 的倍数.在下文中,为了简化记号,我们将假定 θ_i 也是 2π 的倍数.

在这里我们将不去解一般情况下的这些方程,而只给出用这样的系统能获得显著量子现象的两个例子.

7.A.4.2 低于阈值的频率简并 OPO:产生场的压缩态

现在我们考虑 7.A.1.2 小节和 7.A.3.3 小节中讨论的简并情况,其中信号模和空闲模是相同的.于是我们必须在式(7.A.55)中取 $\delta\hat{E}_1(0) = \delta\hat{E}_2(0)$.而且,由于在阈值之下,所以信号场和空闲场的期望值为零.因此

$$\frac{T}{2}\delta\hat{E}_1^{(+)} = \mathrm{i}g_1\langle\hat{E}_3^{(+)}\rangle(\delta\hat{E}_1^{(+)})^\dagger + \sqrt{T}\delta\hat{E}_{1,\text{in}}^{(+)} \tag{7.A.61}$$

在本小节余下部分,我们将在场表达式中丢掉指标 1.通过适当选择相位原点,我们将泵浦场的期望值取为纯虚数:$\langle\hat{E}_3^{(+)}(0)\rangle = -\mathrm{i}E_3$($E_3$ 为实数).于是我们得到了在晶体输入处正交分量的涨落的如下解:

$$\delta\hat{E}_Q = \sqrt{T}\,\frac{\delta\hat{E}_{Q,\text{in}}}{T/2 - g_1E_3} \tag{7.A.62}$$

$$\delta\hat{E}_P = \sqrt{T}\,\frac{\delta\hat{E}_{P,\text{in}}}{T/2 + g_1E_3} \tag{7.A.63}$$

利用式(7.A.60),在输出信号场正交分量中的涨落为

$$\delta\hat{E}_{Q,\text{out}} = \frac{T/2 + g_1E_3}{T/2 - g_1E_3}\delta\hat{E}_{Q,\text{in}} \tag{7.A.64}$$

$$\delta\hat{E}_{P,\text{out}} = \frac{T/2 - g_1E_3}{T/2 + g_1E_3}\delta\hat{E}_{P,\text{in}} \tag{7.A.65}$$

这可以用来计算出射场正交分量涨落的标准差(作为相应入射场正交分量涨落的函数,这里入射场是真空):

$$\Delta E_{Q,\text{out}} = \frac{T/2 + g_1E_3}{T/2 - g_1E_3}\mathscr{E}^{(1)} \tag{7.A.66}$$

$$\Delta E_{P,\text{out}} = \frac{T/2 - g_1E_3}{T/2 + g_1E_3}\mathscr{E}^{(1)} \tag{7.A.67}$$

其中 $\mathscr{E}^{(1)}$ 给出了在信号模频率上真空涨落的标准差. 注意到正交分量 E_P 上的涨落小于真空，而 E_Q 上的涨落则大于这个值，它们两个的积保持在海森伯不等式(式(5.32))所允许的最小值上. 在阈值以下，简并光学参量振荡器由此产生了一个压缩态，与简并参量放大器的方式相同(见 7.A.3.3 小节). 与在参量晶体中简单传播的情况之间的不同在于，当泵浦场 E_3 接近有限值 $T/(2g_1)$ 时，正交分量 E_P 具有趋于 0 的量子噪声，然而在单程的放大器情况中则需要一个无限的泵浦功率. 此有限值正是双共振光学参量振荡器的振荡阈值(见式(7.A.26))，因此很容易达到，即使使用的是低功率泵浦激光器.①目前，实验上以这种装置得到了在方差上低于真空涨落多达 90%的压缩.

7.A.4.3 高于阈值的非频率简并光学参量振荡器：产生孪生光束

现在来考虑一个非简并光学参量振荡器. 为简化分析，我们将假定这两个频率 ω_1 和 ω_2 虽然是不同的，但是又足够地接近以至于 g_1 和 g_2 近似相等：

$$g_1 \approx g_2 = g \tag{7.A.68}$$

假定光学参量振荡器工作在阈值之上，所以在精确共振处，泵浦场强度由振荡条件式(7.A.26)确定，即利用这里取的近似值，有 $|\mathcal{E}_3|^2 = T^2/(4g^2)$. 通过适当选择相位原点，我们取 $\langle \hat{E}_3(0) \rangle = \mathcal{E}_3 = -\mathrm{i}T/(2g)$. 于是，等式(7.A.57)变为

$$\frac{T}{2}[\delta\hat{E}_1^{(+)} - (\delta\hat{E}_2^{(+)})^\dagger] = \mathrm{i}g\delta\hat{E}_3^{(+)}\langle(\hat{E}_2^{(+)})^\dagger\rangle + \sqrt{T}\delta\hat{E}_{1,\mathrm{in}}^{(+)} \tag{7.A.69}$$

$$\frac{T}{2}[\delta\hat{E}_2^{(+)} - (\delta\hat{E}_1^{(+)})^\dagger] = \mathrm{i}g\delta\hat{E}_3^{(+)}\langle(\hat{E}_1^{(+)})^\dagger\rangle + \sqrt{T}\delta\hat{E}_{2,\mathrm{in}}^{(+)} \tag{7.A.70}$$

而且在阈值之上，信号场和空闲场的期望值非零，并与从式(7.A.25)导出的下列方程相关：

$$\frac{T}{2}\langle\hat{E}_1^{(+)}\rangle = \mathrm{i}g\langle\hat{E}_3^{(+)}\rangle\langle(\hat{E}_2^{(+)})^\dagger\rangle = \frac{T}{2}\langle\hat{E}_2^{(+)}\rangle^* \tag{7.A.71}$$

像 7.A.2.3 小节中讨论的那样改变信号场和空闲场的相位的可能性意味着我们可以通过选择 $\langle\hat{E}_1(0)\rangle$ 和 $\langle\hat{E}_2(0)\rangle$ 是实数(且因式(7.A.71)而相等)的解来进行化简. 将一个方程减去另一个，我们就可以消除依赖泵浦场涨落的项，而留下信号场和空闲场的正交算符. 由此可得

---

① Wu L A, Kimble H J, Hall J, et al. Generation of Squeezed States by Parametric Down Conversion [J]. Physical Review Letters, 1986, 57: 2520.

$$\delta\hat{E}_{Q1}-\delta\hat{E}_{Q2}=\frac{2}{\sqrt{T}}(\delta\hat{E}_{1,\text{in}}^{(+)}-\delta\hat{E}_{2,\text{in}}^{(+)})\tag{7.A.72}$$

这个等式的左边是厄米的，因此也等于右边的平均值及其厄米共轭．由此得出

$$\begin{aligned}\delta\hat{E}_{Q1}-\delta\hat{E}_{Q2}&=\frac{1}{\sqrt{T}}[\delta\hat{E}_{1,\text{in}}^{(+)}+(\delta\hat{E}_{1,\text{in}}^{(+)})^{\dagger}-\delta\hat{E}_{2,\text{in}}^{(+)}-(\delta\hat{E}_{2,\text{in}}^{(+)})^{\dagger}]\\&=\frac{1}{\sqrt{T}}(\delta\hat{E}_{Q1,\text{in}}-\delta\hat{E}_{Q2,\text{in}})\end{aligned}\tag{7.A.73}$$

如果我们在输出镜上使用关系式(7.A.59)来计算出射场的相同组合，最终会得到

$$\delta\hat{E}_{Q1,\text{out}}-\delta\hat{E}_{Q2,\text{out}}=0\tag{7.A.74}$$

此量的量子涨落被完全抵消了．我们会证明，它实际上与出射信号和空闲光束之间强度差的涨落成正比．例如，信号场的强度 $I_{1,\text{out}}$ 由可观测量 $(\hat{E}_{1,\text{out}}^{(+)})^{\dagger}\hat{E}_{1,\text{out}}^{(+)}$ 的期望值给出．利用线性化的涨落近似，强度涨落算符为

$$\delta\hat{I}_{1,\text{out}}=\langle(\hat{E}_{1,\text{out}}^{(+)})^{\dagger}\rangle\delta\hat{E}_{1,\text{out}}^{(+)}+(\delta\hat{E}_{1,\text{out}}^{(+)})^{\dagger}\langle\hat{E}_{1,\text{out}}^{(+)}\rangle\tag{7.A.75}$$

期望值 $\langle\hat{E}_{1,\text{out}}^{(+)}\rangle=\sqrt{T}\langle\hat{E}_{1}^{(+)}\rangle$，且是实数．因此

$$\delta\hat{I}_{1,\text{out}}=\sqrt{T}\langle\hat{E}_{1}^{(+)}\rangle[\delta\hat{E}_{1,\text{out}}^{(+)}+(\delta\hat{E}_{1,\text{out}}^{(+)})^{\dagger}]=\sqrt{T}\langle\hat{E}_{1}^{(+)}\rangle\delta\hat{E}_{Q1,\text{out}}\tag{7.A.76}$$

所以我们确实有 $\delta\hat{I}_{1,\text{out}}-\delta\hat{I}_{2,\text{out}}=0$．即使信号和空闲光束的强度受非零涨落的影响，这些涨落也是完全关联的，因此在任意时刻都是相等的．这样当一个减去另一个时，它们就完全抵消了．离开光学参量振荡器的光束是孪生光束．可以证明所产生的量子态是5.D.2小节中研究的那种双光子态．

将一束光经过半透半反镜后会形成强度相同的两束光，但我们得不到这种类型的孪生光束．在这种情况中，期望值是相等的，但在这两个输出通道上的涨落是不关联的．利用关于半反射镜上场的式(5.8)和式(5.9)的简单计算，可以证明在这种情况下，

$$\Delta(I_{1,\text{out}}-I_{2,\text{out}})^2=(\mathscr{E}^{(1)})^2(\langle I_{1,\text{out}}\rangle+\langle I_{2,\text{out}}\rangle)\tag{7.A.77}$$

与半反射镜不同，光学参量振荡器产生孪生光束的这个事实，可以通过回忆如下事实来自然解释：因为参量辐射在腔中产生了孪生光子，这些光子对最后离开了腔，并在相应的两个光束中产生相同的强度涨落．半反射镜就其本身而言，并没有“将入射光子切成两个”，而是以相等的概率随机指引它们进入两个输出通道．正是这个随机过程构成式(7.A.77)中给出的噪声的基础．

在高于阈值的非简并光学参量振荡器中，涨落上的减少已经在实验上被观察到了.① 因为存在非零损耗，即以非关联形式损耗信号和空闲模式中的光子，涨落在相减时并没有完全消除. 与式(7.A.77)给出的值相比，这个量的涨落已经减少约 90%，并被用来在差分测量中减少量子涨落，例如测量非常低的吸收信号. 举例来说，吸收介质拦截一个信号光束，并且它的存在导致了两束光在强度差上产生信号.

补充材料 7.B　光学克尔介质中的非线性光学

在这个补充材料中，我们将讨论在折射率非线性地依赖场强度的介质中的几个光学现象的例子，这种介质称为克尔介质. 这个非线性效应存在于所有材料中，甚至那些各向同性的材料，像玻璃或熔融石英，但在 7. B. 1 小节列举的特定物理系统中尤其明显. 在 7. B. 2 小节中研究了光通过这样的介质传播后，我们将讨论光学克尔效应的三个应用(可以按任意顺序来学习这三个应用). 我们首先描述**双稳态光学系统**，此时这个非线性介质被插入法布里-珀罗腔(7. B. 3 小节)；然后研究相位共轭反射镜，以及它们在**自适应光学**中的潜在应用(7. B. 4 小节)；最后讨论横向以及时间上受限的孤立波在克尔介质中传播出现的效应，并描述**自聚焦效应**(7. B. 5 小节)和自相位调制效应(7. B. 6 小节). 特别地，我们将证明非线性效应和色散效应可以互相抵消以产生称为**孤子**的稳定结构，它在传播过程中保持自身形状.

7.B.1　三阶非线性的例子

7.B.1.1　二能级原子的非线性响应

我们首先来研究非线性相互作用的一个简单情况，即在一个平面波影响下的二能级量子系统. 因为这个计算比较简单，所以这个模型将使我们识别这些现象的某些关键特性，然后可以将其推广至更复杂的系统. 需要注意的是，场在这里当作一个经典变量来处理.

---

① Heidmann A, Horowicz R, Reynaud S, et al. Observation of Quantum Noise Reduction on Twin Laser Beams [J]. Physical Review Letters, 1987, 59: 2555.

7

我们已经在第 2 章中看到，当一个电场作用于原子或分子的集合时，电荷的位移将产生一个感应电偶极矩. 对于弱电场，假设介质为各向同性的，则这些感应偶极子将与电场成正比，并与其在一条线上. 然而，随着电场强度的增大，偶极子不再与作用场按线性比例增长，并出现饱和现象. 第 2 章已经表明了对于二能级原子，每单位体积平均偶极矩（或极化）通过如下形式的一个关系与入射电场相联系：

$$\boldsymbol{P}^{(+)}(\boldsymbol{r},t) = \varepsilon_0 \chi \boldsymbol{E}^{(+)}(\boldsymbol{r},t) \tag{7.B.1}$$

其中 $\boldsymbol{P}^{(+)}$ 和 $\boldsymbol{E}^{(+)}$ 为点 $\boldsymbol{r}$ 上的复极化和复场，χ 为相同点上的复极化率，即

$$\chi = \chi' + \mathrm{i}\chi'' \tag{7.B.2}$$

通过寻找光学布洛赫方程的稳态解可以得到极化率 χ. 在一个单色场 $\boldsymbol{E}^{(+)}(\boldsymbol{r})\mathrm{e}^{-\mathrm{i}\omega t}$ 以及单纯的由自发辐射导致的辐射弛豫的情况中，我们可得（见式（2.188））

$$\chi' = \frac{N}{V}\frac{d^2}{\varepsilon_0 \hbar}\frac{\omega_0 - \omega}{\Gamma_{\mathrm{sp}}^2/4 + \Omega_1^2/2 + (\omega_0 - \omega)^2} \tag{7.B.3}$$

$$\chi'' = \frac{N}{V}\frac{d^2}{\varepsilon_0 \hbar}\frac{\Gamma_{\mathrm{sp}}/2}{\Gamma_{\mathrm{sp}}^2/4 + \Omega_1^2/2 + (\omega_0 - \omega)^2} \tag{7.B.4}$$

在这些关系式中，N/V 是靠近点 $\boldsymbol{r}$ 处每单位体积原子数，d 是这两能级间电偶极子的矩阵元，$\omega - \omega_0$ 是相对于共振的失谐量，Γ_{sp} 是受激能级辐射寿命的倒数，$\Omega_1 = -dE_0/\hbar$ 是共振时的拉比角频率. 光偶极子的饱和通过式（7.B.3）和式（7.B.4）分母中的项 Ω_1^2 的存在而出现，这与点 $\boldsymbol{r}$ 处的光强成正比. 回想一下，式（7.B.3）和式（7.B.4）是在准共振近似下推出的，即假设 $|\omega_0 - \omega| \ll \omega_0$. 这里我们将假定这个条件也是满足的，而且，我们将只考虑与 χ' 相关的色散效应和 χ'' 相关的吸收效应相比占主导地位的情况，这在离共振足够远处时是有效的，即

$$|\omega_0 - \omega| \gg \Gamma_{\mathrm{sp}} \tag{7.B.5}$$

当满足式（7.B.5）时，χ'' 与 χ' 相比非常小，而且在给出 χ' 的公式的分母中可以忽略 Γ_{sp}，于是

$$\chi' = \frac{N}{V}\frac{d^2}{\varepsilon_0 \hbar}\frac{\omega_0 - \omega}{\Omega_1^2/2 + (\omega_0 - \omega)^2} \tag{7.B.6}$$

另外，如果失谐 $|\omega_0 - \omega|$ 远大于共振时的拉比角频率 Ω_1，那么公式（7.B.6）可以按 $\Omega_1/|\omega_0 - \omega|$ 的幂次进行微扰展开. 只保留展开式中的前两项，我们有

$$\chi' = \chi'_1 + \chi'_3 I + \cdots \tag{7.B.7}$$

其中 χ_1'是线性极化率，χ_3'是三阶非线性极化率，并且 $I=E_0^2/2$ 是入射场的强度. 于是式(7.B.6)和式(7.B.7)就意味着 χ_1'和 χ_3'具有下列值：

$$\chi_1' = \frac{N}{V}\frac{d^2}{\varepsilon_0 \hbar(\omega_0-\omega)} \tag{7.B.8}$$

$$\chi_3' = -\frac{N}{V}\frac{d^4}{\varepsilon_0 \hbar^3(\omega_0-\omega)^3} \tag{7.B.9}$$

χ_1'和 χ_3'具有相反的符号，正如**饱和效应**所预期的那样. 注意 χ_3'的符号在共振两侧是不同的. 我们会在 7.B.4 小节中看到，由于 χ_3'的符号的不同会发生非常不同的物理效应. 因此，这些不同的物理效应就可以通过考虑系统在共振的一侧或另一侧的情况来研究.

如果极化 $\boldsymbol{P}$ 如 7.2 节中一样分解为一个线性部分 $\boldsymbol{P}_{\mathrm{L}}$ 和一个非线性部分 $\boldsymbol{P}_{\mathrm{NL}}$，那么利用式(7.B.7)以及复数表示，我们得到

$$\boldsymbol{P}_{\mathrm{L}}^{(+)} = \varepsilon_0 \chi_1' \boldsymbol{E}^{(+)} \tag{7.B.10}$$

$$\boldsymbol{P}_{\mathrm{NL}}^{(+)} = \varepsilon_0 \chi_3' I \boldsymbol{E}^{(+)} \tag{7.B.11}$$

其中 $I=E_0^2/2=2|\boldsymbol{E}^{(+)}|^2$，对于单色场来说，它与时间无关.

评注 (1) 当弛豫不是由单纯辐射所致时，我们有

$$\chi_3' = -\frac{2\Gamma_{\mathrm{D}}}{\Gamma_{\mathrm{sp}}}\frac{N}{V}\frac{d^4}{\varepsilon_0 \hbar^3(\omega_0-\omega)^3} \tag{7.B.12}$$

其中 Γ_{D} 是偶极子弛豫速率.

(2) 联系 $\boldsymbol{E}^{(+)}(\boldsymbol{r},t)$和 $\boldsymbol{P}_{\mathrm{NL}}^{(+)}(\boldsymbol{r},t)$的等式(7.B.11)由于光强 $I(\boldsymbol{r})$上的空间变化，原则上依赖于所选择的场的位置. 如果密度 N/V 不是恒定的，则系数 χ_1'和 χ_3'也依赖于 $\boldsymbol{r}$.

7.B.1.2 光泵浦所致的非线性

光泵浦，如补充材料 2.B 所描述的，在稳态条件下也导致了一个非线性极化率.

例如，考虑连接角动量为 $J_a=1/2$ 的基态与角动量为 $J_b=1/2$ 的激发态的一个跃迁(图 7.B.1). 在极化为 σ_+、振幅为 E_+(见 2.B.3.1 小节)的波作用下，原子从能级 $m_a=-1/2$ 被光泵浦到能级 $m_a=+1/2$. 这可以用基态塞曼子能级 $m_a=-1/2$ 和 $m_a=+1/2$的布居数 N_- 和 N_+ 的下列泵浦方程在数学上表示出来：

$$\left(\frac{\mathrm{d}N_-}{\mathrm{d}t}\right)_{\mathrm{pump}} = -K_p E_+^2 N_- \tag{7.B.13}$$

$$\left(\frac{\mathrm{d}N_+}{\mathrm{d}t}\right)_{\mathrm{pump}} = K_p E_+^2 N_- \tag{7.B.14}$$

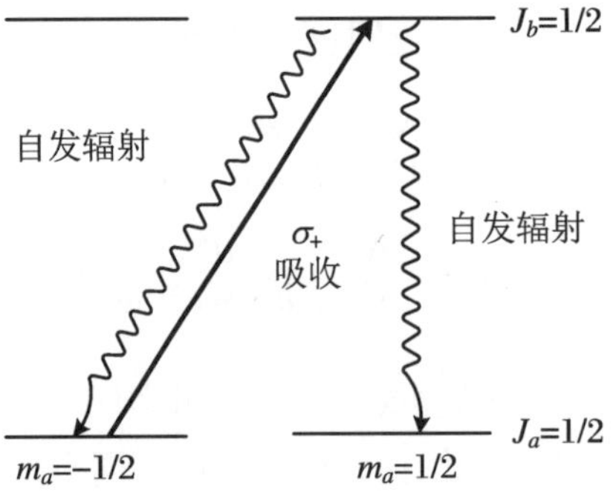

图 7.B.1　在具有圆偏振 σ_+ 的波作用下，布居数从子能级 $m_a=-1/2$ 转移到子能级 $m_a=+1/2$

其中 K_p 由如下表达式给出(对于非共振激发有效)：

$$K_p = \frac{\Gamma_{\text{sp}}}{12}\frac{d^2}{\hbar^2(\omega_0-\omega)^2} \tag{7.B.15}$$

其中 $d=\langle b,+1/2|\hat{\boldsymbol{D}}\cdot\boldsymbol{\varepsilon}_+|a,-1/2\rangle$. 这个表达式由类似于 2.B.3.2 小节中提出的方法得到.①

光泵浦需要在介质中与**弛豫效应**相竞争，例如原子之间的碰撞、与器壁的碰撞、涨落的磁场，这些效应都趋向于使塞曼子能级的布居数变得相等. 这种弛豫效应通过布洛赫方程中的阻尼项来描述. 如果相干项的弛豫速率非常快，那么会导致不同能级布居数的速率方程(见 2.C.5.1 小节). 特别地，在弛豫影响下布居数之差的时间依赖性将满足

$$\left[\frac{\mathrm{d}(N_+-N_-)}{\mathrm{d}t}\right]_{\text{relax}} = -\gamma_{\mathrm{R}}(N_+-N_-) \tag{7.B.16}$$

其中 γ_{R} 是布居数的弛豫速率(假定在两个能级上相同). 在稳态机制中，光泵浦和弛豫效应相互平衡，这意味着有

$$\left[\frac{\mathrm{d}(N_+-N_-)}{\mathrm{d}t}\right]_{\text{pump}} + \left[\frac{\mathrm{d}(N_+-N_-)}{\mathrm{d}t}\right]_{\text{relax}} = 2K_pE_+^2N_- - \gamma_{\mathrm{R}}(N_+-N_-) = 0 \tag{7.B.17}$$

当基态和激发态的耦合跃迁没有饱和时(即上能级上的布居数可忽略时)，利用总布

① 式(7.B.15)中出现的数值系数来自对于跃迁的克莱布施-戈登系数的值. 对于另一个容易引起光泵浦的跃迁，这个数值系数通常是不同的，但在物理参数上的函数相关性，例如失谐等，应该是相同的.

居数 $N = N_+ + N_-$，我们得到

$$N_- = \frac{N}{2(1 + K_p E_+^2 / \gamma_R)} \tag{7.B.18}$$

根据式(7.B.8)，对于极化为 σ_+ 的单色入射波，介质的极化率等于

$$\chi' = \frac{N_-}{V} \frac{d^2}{\varepsilon_0 \hbar(\omega_0 - \omega)} \tag{7.B.19}$$

因此，依据式(7.B.18)我们有

$$\chi' = \frac{N}{2V} \frac{d^2}{\varepsilon_0 \hbar(\omega_0 - \omega)} \frac{1}{1 + K_p E_+^2 / \gamma_R} \tag{7.B.20}$$

我们重新得到了一个强度依赖的极化率，但非线性的来源在这里则与跃迁中包含的较低能级的塞曼子能级之间的布居数转移相关. 实际上，由光泵浦导致的这些非线性在远低于使一个原子跃迁饱和所要求的强度时被观察到. 另外，它们建立起来的时间比较慢.

除了我们刚描述的情况，仍有很多其他过程能导致一个强度依赖的极化率. 可以说，在作用波电场影响下各向异性可极化分子出现的方向性效应、多光子效应必然是非线性的，或是由电光介质中电荷传输导致的、神奇的光折变效应. ①

7.B.2 场在克尔介质中的传播

此处我们将利用 7.2 节的结果，特别是传播方程(7.24). 非线性极化的式(7.B.11)表明它只在入射波的频率 ω 上振荡. 与二阶非线性介质相比，在这个非线性相互作用中没有具有新频率的波. 光学克尔效应改变了入射波的传播，或者说产生了沿不同方向传播的波，但是频率相同.

7.B.2.1 单一入射波

假设开始时入射波是一个沿方向 Oz 传播的单一平面波. 在慢变波近似下，利用式(7.B.10)和式(7.24)，其包络 $\mathcal{E}(z)$ 的动力学方程为

$$\frac{d\mathcal{E}}{dz} = i \frac{\omega}{2n_0 c} \chi_3' I \mathcal{E} \tag{7.B.21}$$

---

① 关于这些效应的介绍，可参见 R. W. Boyd 的著作 *Nonlinear Optics*(Academic Press, 2008).

其中 $I=2|\mathcal{E}|^2$. 由于 χ_3'是实的,由该方程立即可得到

$$\frac{\mathrm{d}I}{\mathrm{d}z}=0 \tag{7.B.22}$$

因此,在克尔介质中一个平面波的传播以恒定强度发生. 如果 I_0 是波的初始强度,则有

$$\mathcal{E}(z)=\sqrt{\frac{I_0}{2}}\mathrm{e}^{\mathrm{i}\varphi(z)} \tag{7.B.23}$$

等式(7.B.21)暗含了 $\varphi(z)$的下列表达式:

$$\varphi(z)=\varphi_0+\frac{\omega}{2n_0c}\chi_3'I_0z \tag{7.B.24}$$

以及在介质中传播的波的方程

$$E^{(+)}(z)=E^{(+)}(0)\mathrm{e}^{\mathrm{i}\omega/c[n_0+\chi_3'I_0/(2n_0)]z} \tag{7.B.25}$$

这就好像介质具有如下折射率:

$$n=n_0+n_2I_0 \tag{7.B.26}$$

其中

$$n_2=\frac{\chi_3'}{2n_0} \tag{7.B.27}$$

n_2I_0 称为"非线性折射率",该项以正比于入射场强度的形式改变了通常的折射率. 这就是所谓的**光学克尔效应**,因为它类似于振荡电场情况中通常的克尔效应,即在静电场影响下介质折射率有一个变化. 我们将在下文中看到由于折射率对波的局域功率的依赖性而产生的一些效应.

非线性项 n_2I_0 和线性项 n_0 的相对大小很大程度上取决于材料(以及光强). 对于气体介质,在紧邻共振处以及具有中等强度功率的连续波激光器,它可能高达 10^{-2},但通常要小得多. 例如,对于二氧化硅来说,$n_2=2.7\times10^{-20}\ \mathrm{m^2\cdot W^{-1}}$. 与其他介质相比,比如一些半导体,这是一个相当小的值. 但由于二氧化硅吸收非常低(0.2 dB · km^{-1},或$5\times10^{-5}\ \mathrm{m^{-1}}$),如果光在二氧化硅光纤中传播几千米,就能得到一个显著的非线性相位偏移.

7.B.2.2 沿相反方向传播的两个行波

现在来考虑两列沿 Oz 轴传播、频率相同、方向相反的波的情况. 这个复电场由下式

给出：

$$E^{(+)}(\boldsymbol{r},t) = (\mathcal{E}_1 e^{ikz} + \mathcal{E}_2 e^{-ikz})e^{-i\omega t} \tag{7.B.28}$$

于是非线性极化为

$$P_{NL}^{(+)}(\boldsymbol{r},t) = \varepsilon_0 \chi_3' | \mathcal{E}_1 e^{ikz} + \mathcal{E}_2 e^{-ikz} |^2 (\mathcal{E}_1 e^{ikz} + \mathcal{E}_2 e^{-ikz})e^{-i\omega t} \tag{7.B.29}$$

上式中存在包含 $e^{\pm ikz}$ 的项，其相位与入射波相匹配且将显著改变它们的振幅. 令 $P_{NL}^{(1)}$ 为 $P_{NL}^{(+)}$ 中包含 e^{ikz} 的项，可以得到

$$P_{NL}^{(1)}(\boldsymbol{r}) = \varepsilon_0 \chi_3' (| \mathcal{E}_1 |^2 + 2 | \mathcal{E}_2 |^2) \mathcal{E}_1 e^{ikz} \tag{7.B.30}$$

这个表达式中的第二项（小括号里的第二项）是两个相向传播的波之间非线性耦合的原因，这个耦合称为**交叉克尔效应**. 其非线性系数是自克尔效应的 2 倍，并可得出对波(1)的非线性折射率：

$$n^{(1)} = n_0 + n_2(I_1 + 2I_2) \tag{7.B.31}$$

评注 注意到式(7.B.31)中出现的交叉克尔效应和“直接”克尔效应之间的因子 2 并不是普遍的. 即使对于二能级原子，也能得到一个不同的因子（在 1 和 2 之间），对于非单纯辐射所致弛豫或者考虑原子的运动时①，特别地，如果运动产生的平均过程是显著的，可以证明关于 $n^{(1)}$ 的这个公式将在 I_1 和 I_2 上变成对称的：

$$n^{(1)} = n_0 + n_2(I_1 + I_2) \tag{7.B.32}$$

7.B.3 光学双稳态

考虑具有相同输入镜和输出镜的法布里-珀罗腔（见补充材料 3.A），输入镜和输出镜的透射系数均为 T，包含长 l 的克尔介质. 为了避免交叉克尔效应所导致的复杂性，我们将假定这个腔是全长为 L_{cav} 的一个环，以使一个单一波（看作平面波）穿过介质（图 7.B.2）.

① Grynberg G, Pinard M. Inelastic and Adiabatic Contributions to Atomic Polarizability [J]. Physical Review A, 1985, 32: 3772.

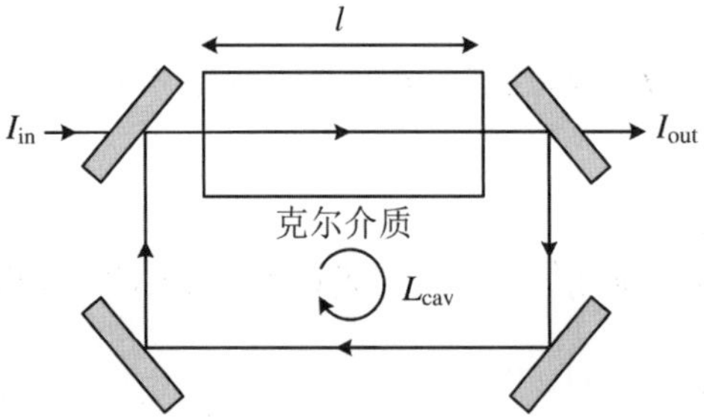

图 7.B.2　包含一个克尔介质的法布里-珀罗环形腔

正如我们在补充材料 3.A 中看到的，当光程长 L_{cav} 接近入射场波长 λ 的整数倍 $p\lambda$ 的 L 值时，根据式(3.A.12)和式(3.A.34)导出的下列公式表明这个腔的透射 T_{cav} 有共振峰：

$$T_{cav} = \frac{1}{1 + \frac{4\mathcal{F}^2}{\pi^2}\sin^2\frac{kL_{cav}}{2}} \tag{7.B.33}$$

其中 $\mathcal{F}$ 是腔的精细度. T_{cav} 对 L_{cav} 的依赖性由图 7.B.3 的共振曲线(艾里函数)给出.

包含克尔介质的这个腔的光程长 L_{cav} 为

$$L_{cav} = L + (n_0 - 1)l + n_2 I_{cav} l \tag{7.B.34}$$

其中 L 是几何长度，I_{cav} 是腔中的光强. 于是我们可以推出包含克尔介质的这个腔的透射系数 T_{cav} 的如下表达式：

$$T_{cav} = \frac{I_{out}}{I_{in}} = T\frac{I_{cav}}{I_{in}} = \frac{T}{n_2 l}\frac{L_{cav} - L_{cav}^{(0)}}{I_{in}} \tag{7.B.35}$$

其中 $L_{cav}^{(0)} = L + (n_0 - 1)l$ 是当 $I_{cav} \approx 0$ 时腔的光程长. T_{cav} 和 L_{cav} 之间的这个线性关系对于 I_{in} 的不同值列于图 7.B.3. 因此装置的作业点位于曲线(7.B.33)和直线(7.B.35)的交点.

考虑图 7.B.3 所示的情况，即 L 不是 $p\lambda$ 的倍数. 在非常低的入射强度时，直线(7.B.35)是非常陡的(在图中，$I_{in} = I_1$)，而且透射系数 T_{cav} 几乎与 $T_{cav}(L_{cav}^{(0)})$ 没有区别，即其值非常低. 当 I_{in} 达到 I_2 时，直线与艾里曲线相切，第二个解出现了，这个解对应了透射系数接近于 1. 然后，随着 I_{in} 继续增大，对于两方程的这个系统来说，就有了三个可能的解(在图中，$I_{in} = I_3$). 最后，当 I_{in} 大于 I_4 时，相当于直线与艾里函数相切的第二个情况，再次只有一个解($I_{in} = I_5$).

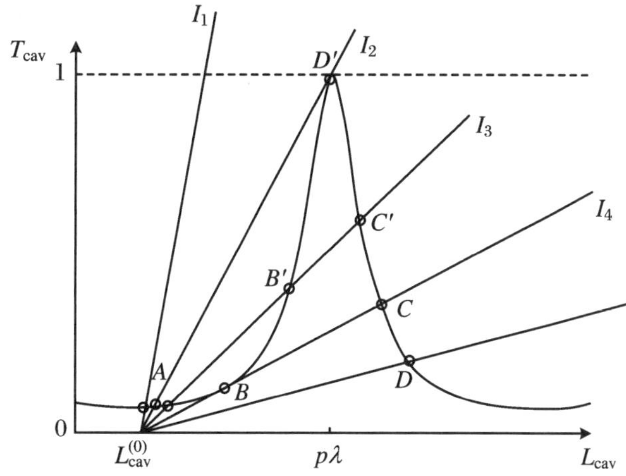

图 7.B.3　对于给定的几何特性(由 $L_{cav}^{(0)}$ 确定)和强度的腔的透射

装置的作业点位于直线与法布里-珀罗腔的共振曲线的交点. 当入射波的强度小于 I_2,或大于 I_4 时,可以找到一个解,当强度位于这两个值之间时,可以找到三个解.

图 7.B.4 给出了作为 I_{in}的函数的 T_{cav}的值. 曲线具有负梯度的部分(B 和 D'之间)对应于系统的一个不稳定结构,因此无法在实验中观察到. 当 $I_2<I_{in}<I_4$ 时,系统同时存在两个稳定解,从而光学双稳态这个名字就源于这个现象.

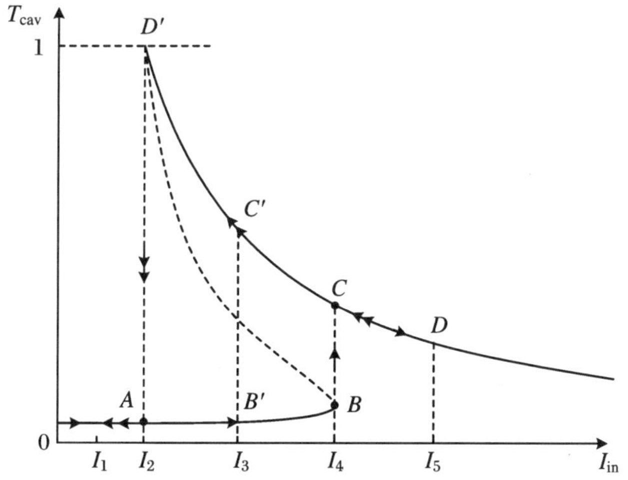

图 7.B.4　作为入射强度函数的透射系数

分支 BD'对应于一个不稳定解. 在 I_2 和 I_4 之间可以观察到双稳态,并且产生了滞回曲线 $ABCD'$.

实际观察到的解将取决于系统的过去.假设入射强度初始很低,并逐渐增大.这个系统将沿着双稳态曲线的下半弧连续移动,直到强度 I_{in} 超过 I_4. 于是,这个系统被迫跳跃到上半弧,从而作业点突然从 B 移动到 C(图 7.B.4).

当入射强度从作业点 C 开始减小时,透射强度沿着双稳态曲线的上半弧逐渐移动,直到 I_{in} 达到 I_2,于是这个系统别无选择,只能从作业点 D' 跳跃到点 A.

因此通过使 I_{in} 暂时超过 I_4,可以将法布里-珀罗腔从低透射切换到高透射,而通过使 I_{in} 暂时低于 I_2,可以从高透射切换到低透射. 如果 I_{in} 保持在 I_2 和 I_4 之间的某个值,它将始终处在所给定的态上. 因此这个装置表现得像一个光学存储器,能够储存 1 bit 的信息.

评注 利用这种元件有可能建造一个用光信号代替电流的"全光学计算机"吗? 这个问题在 20 世纪 90 年代被广泛研究,主要优点是其可以实现非常短的切换时间的可能性. 然而,由于相当多的技术障碍,例如高的转换能量的困难,以及使光学元件小型化并大规模集成的困难,它从未引起任何大规模的开发.

7.B.4 相位共轭反射镜

非线性光学提供了一个制造与笛卡儿反射定律截然不同的镜子的方式. 在本小节中,我们将看到相位共轭反射镜,它在恰好与入射光线相反的方向上反射光线,而不是如由斯内尔-笛卡儿(Snell-Descartes)定律支配的普通反射会发生的那样,在入射光线与镜子法线对称的方向反射.

7.B.4.1 简并四波混频

考虑一个克尔介质与三个入射波相互作用,它们的振幅为 $\mathcal{E}_p$,$\mathcal{E}'_p$ 和 $\mathcal{E}_s$,并具有相同的角频率 ω(图 7.B.5). 波 $\mathcal{E}_p$ 和 $\mathcal{E}'_p$ 沿相反方向传播,具有远大于波 $\mathcal{E}_s$ 的振幅,波 $\mathcal{E}_s$ 沿 Oz 方向传播. $\mathcal{E}_p$ 和 $\mathcal{E}'_p$ 将称为泵浦波,而 $\mathcal{E}_s$ 称为信号(探针)波.

我们假定这三个入射电场有相同的偏振 $\boldsymbol{\varepsilon}$,垂直于图的平面. 于是总复场就为

$$\boldsymbol{E}^{(+)}(\boldsymbol{r},t) = \boldsymbol{\varepsilon}(\mathcal{E}_p e^{i\boldsymbol{k}\cdot\boldsymbol{r}} + \mathcal{E}'_p e^{-i\boldsymbol{k}\cdot\boldsymbol{r}} + \mathcal{E}_s e^{ikz})e^{-i\omega t} \tag{7.B.36}$$

那么在非线性介质的任何点上的三阶非线性极化就为

$$\boldsymbol{P}_{NL}^{(+)}(\boldsymbol{r}) = 2\varepsilon_0\chi'_3 |\boldsymbol{E}^{(+)}(\boldsymbol{r},t)|^2 \boldsymbol{E}^{(+)}(\boldsymbol{r},t) \tag{7.B.37}$$

它涉及了在一定空间范围内的许多项,每一项将作为波在介质中传播的源项. 特别是有一项像 e^{-ikz} 一样变化,用 $\boldsymbol{P}_c^{(+)}$ 表示,

$$P_c^{(+)}(\boldsymbol{r},t) = 4\varepsilon_0 \chi'_3 \mathcal{E}_p \mathcal{E}'_p \mathcal{E}_s^* e^{-ikz} e^{-i\omega t} \tag{7.B.38}$$

这一项与介质中称为“共轭波”的一个波 $\mathcal{E}_c(z)e^{-ikz}e^{-i\omega t}$ 是振幅匹配的，其振幅满足

$$\frac{d\mathcal{E}_c}{dz} = -i\frac{2\omega}{n_0 c}\chi'_3 \mathcal{E}_p \mathcal{E}'_p \mathcal{E}_s^* \tag{7.B.39}$$

负号来自式(7.24)中共轭波的 $k = -n_0\omega/c$ 这个事实. 我们刚刚指出的这个过程包含频率相同的四个波. 这就是为什么我们称之为**简并四波混频**. 也要注意到，传播方程包含 $\mathcal{E}_s^*$，而不包含 $\mathcal{E}_s$，从而相位共轭这个术语被用来描述这样的一种情况. 在下一小节中将更加详细地讨论.

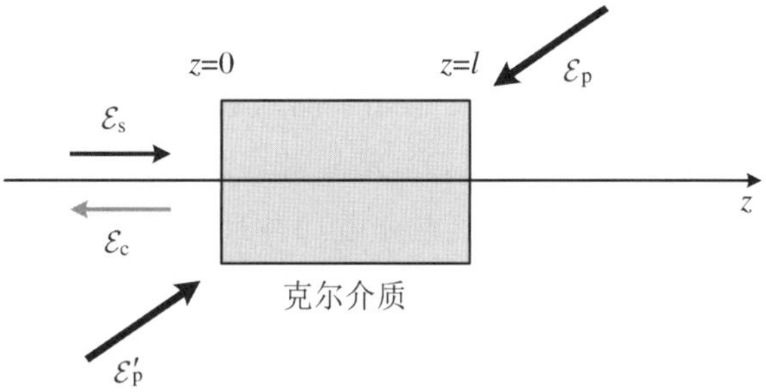

图 7.B.5　在经由四波混频的相位共轭实验中入射波的排列

产生了一个所谓的共轭波 $\mathcal{E}_c$，沿与 $\mathcal{E}_s$ 相反的方向传播.

沿与入射波相反方向传播的一个波的出现，可以定性地以下列方式来理解：泵浦波 $\mathcal{E}_p$ 和波 $\mathcal{E}_s$ 的叠加随着在平行于 $k\boldsymbol{e}_z - \boldsymbol{k}$ 的方向上的强度调制，产生了一个驻波结构. 克尔介质中的这个强度调制导致了折射率调制，于是表现得像一个密集的周期光栅. 波矢为 $-\boldsymbol{k}$ 的第二个泵浦波 $\mathcal{E}'_p$ 在这个光栅上的衍射，导致了波矢为 $-\boldsymbol{k}-(k\boldsymbol{e}_z-\boldsymbol{k}) = -k\boldsymbol{e}_z$ 的一个波的出现.

7.B.4.2　相位共轭

我们将复信号场写为

$$E_s^{(+)}(z,t) = \mathcal{E}_s(z)e^{-i\omega t} = Ae^{i\varphi_s}e^{ikz}e^{-i\omega t} \tag{7.B.40}$$

相应的实场为

$$E_s(z,t) = 2A\cos(\omega t - kz - \varphi_s) \tag{7.B.41}$$

它描述了在 z 正向传播的一个波. 等式(7.B.39)表明共轭场形式为

$$E_c^{(+)}(z,t) = \mathcal{E}_c(z)e^{-i\omega t} = A'e^{-i\varphi_s}e^{-ikz}e^{-i\omega t} \tag{7.B.42}$$

即它是一个实场：

$$E_c(z,t) = 2A'\cos(\omega t + kz + \varphi_z) \tag{7.B.43}$$

这是一个沿 z 负向传播的波.注意到它也可以写为

$$E_c(z,t) = 2A'\cos(-\omega t - kz - \varphi_z) = \frac{A'}{A}E_s(z,-t) \tag{7.B.44}$$

它可以被认为是“时间反向”的信号波.

由于传播方程在时间反演和传播方向反转结合下是不变的,这个共轭波将沿着与入射波完全相同的路径传播,但方向相反,而不管波在多么复杂的介质中传播.

为了说明这个性质,让我们考虑一个初始平面入射波(图 7.B.6(a)),第一次穿过一个扭曲的透明介质(图 7.B.6 中的对象 O),然后被一个相位共轭反射镜反射.在穿过介质 O 之后,波前被扭曲了,因为各种光线在介质 O 中所沿的光路不同(图 7.B.6(b)).由于相位共轭反射镜的作用类似于时间反转,在发射之后(图 7.B.6(c)),我们得到了一个与图 7.B.6(b)的入射波前相同的波前.应用关于传播的精确反转的上述规则,我们发现反射波前在穿回扭曲介质后再次变为一个平面波(图 7.B.6(d)).

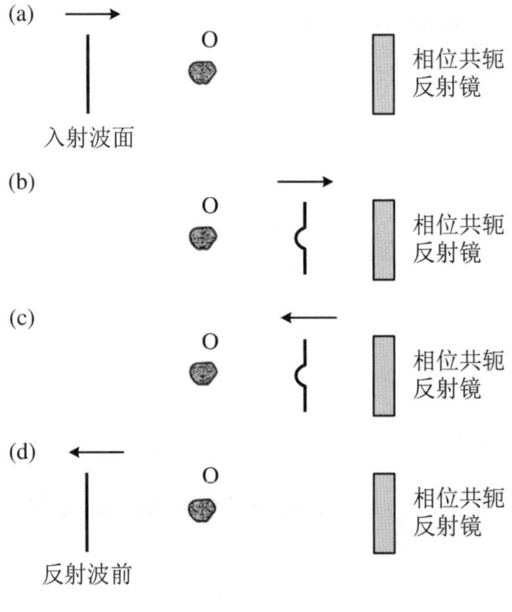

图 7.B.6　一个初始平面波前(a)在穿过具有比周围环境更大的折射率的一个缺陷之后的扭曲(b)

相位共轭反射镜的效果是将光线的传播方向反向,同时保持这个波前(c).根据颠倒返回的规则,反射光束在穿过不均匀光学介质之后再次具有一个平面波前(d).

如果用一个**普通镜子**代替图 7.B.6 中的相位共轭介质，将没有波前的矫正. 恰恰相反，实际上，因为在第二次穿过扭曲介质后，扭曲是 2 倍的(图 7.B.7).

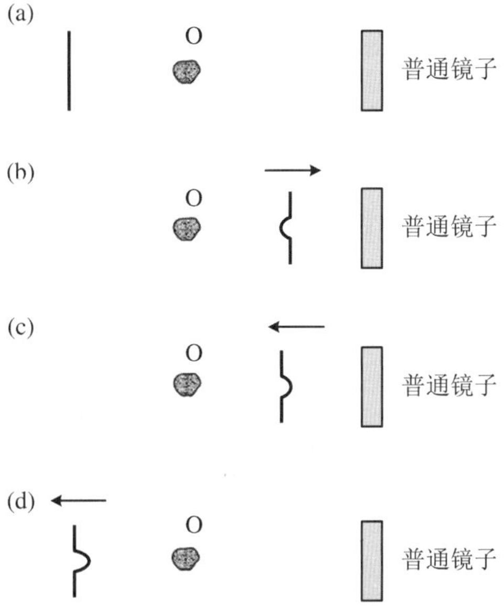

图 7.B.7　一个普通镜子反射光线以及波前的扭曲

在再次穿过扭曲介质之后，扭曲变成了 2 倍(与图 7.B.6 相比).

当电磁辐射不得不通过大气行进很远的距离时，对于这种波前的修正存在自然的应用. 实际上，由于空气密度上的波动，大气表现得像一个扭曲介质.(而且，波前的扭曲也适时波动，正如星星的闪烁所证明的.)所以具有高斯横向强度分布和圆柱对称性的激光束，当离开激光器后，随着在大气中行进将逐渐失去这些性质(强度分布和圆柱对称性等). 由此可知，光束的质量可以迅速退化. 如果光束被普通镜子反射，质量上的这个退化将在回程上进一步增加，并且发射器将收到一个被高度扰乱的返回光束. 这对于在远程站之间的通信质量是不利的. 解决这个问题的一种方法应该是用相位共轭反射镜代替普通镜子. 在这种情况下，假如大气的波动与波的返程时间尺度相比不是太快，那么发射光线将沿着与入射光线相同的路径，并且返回光束将自动定向至发射站.(例如，信息可以通过调制反射光束的强度在这两个站之间转移.)

然而，应该提及的是，即使一些演示实验获得了成功，但相位共轭反射镜的实际应用仍然十分罕见. 另外，适合高增益放大器的基于相位共轭镜已经商业化了. ①

① Boyd R W. Nonlinear Optics [M]. Academic Press, 2008.
Brignon A, Huignard J P. Phase Conjugate Laser Optics [M]. Wiley, 2003.

7.B.4.3 计算反射系数

为简单起见，我们将假定这两个泵浦波是实的，具有相同的强度，并且在介质中强度保持恒定．根据式(7.B.39)，共轭场的传播方程就为

$$\frac{\mathrm{d}\mathcal{E}_\mathrm{c}}{\mathrm{d}z}=-\mathrm{i}\kappa\mathcal{E}_\mathrm{s}^* \tag{7.B.45}$$

其中 $\kappa=\frac{2\omega}{n_0c}\chi_3'\mathcal{E}_\mathrm{p}\mathcal{E}_\mathrm{p}'$．在信号波 $\mathcal{E}_\mathrm{s}$ 的作用下，一个共轭波就出现了．在这两个泵浦波面前，这个共轭波反过来产生了将改变信号场振幅 $\mathcal{E}_\mathrm{s}$ 的非线性极化，这个振幅满足传播方程

$$\frac{\mathrm{d}\mathcal{E}_\mathrm{s}}{\mathrm{d}z}=\mathrm{i}\kappa\mathcal{E}_\mathrm{c}^* \tag{7.B.46}$$

右边的符号是正的，因为对于泵浦波来说 k 是正的．正如第 7 章研究的参量混频情况，我们因此有几个耦合传播方程．初始条件为 $\mathcal{E}_\mathrm{s}(0)=\mathcal{E}_0$ 以及 $\mathcal{E}_\mathrm{c}(l)=0$．式(7.B.45)和式(7.B.46)就具有解 0 和 l：

$$\mathcal{E}_\mathrm{s}(z)=\mathcal{E}_0\frac{\cos|\kappa|(z-l)}{\cos|\kappa|l} \tag{7.B.47}$$

$$\mathcal{E}_\mathrm{c}(z)=-\mathrm{i}\frac{\kappa}{|\kappa|}\mathcal{E}_0^*\frac{\sin|\kappa|(z-l)}{\cos|\kappa|l} \tag{7.B.48}$$

因此反射系数为

$$R_\mathrm{c}=\left|\frac{\mathcal{E}_\mathrm{c}(0)}{\mathcal{E}_\mathrm{s}(0)}\right|^2=\tan^2|\kappa l| \tag{7.B.49}$$

当 $|\kappa l|$ 位于 $\pi/4$ 和 $\pi/2$ 之间时这个系数大于 1．于是反射光束比入射光束更强烈．当 $|\kappa l|$ 接近 $\pi/2$ 时，反射系数趋于无穷．这个(非物理的)结果可以归因于我们的假设，即泵浦波的振幅在介质中是恒定的．当 R_c 变得很大时，探测波和共轭波可以有能比得上泵浦波的振幅，因此它们的强度改变了．为了在这种情况下找到问题的答案，必须解一个有四个耦合微分方程的方程组，因为泵浦波的复振幅现在是 z 的函数(不再恒定)．可以发现，当 $|\kappa l|$ 接近 $\pi/2$ 时，R_c 确实能变得非常大，实验上已经观察到了大于 100 的值．

于是通过在镜子对面放置一个高增益相位共轭反射镜，就有可能得到一个光学振荡器，像上一补充材料中讨论的激光器或光学参量振荡器.

注意到共轭波的出现伴随着由介质透射的探测波的放大.确实，根据式(7.B.47)，在非线性介质的输出处(在 $z=l$ 平面上)，探针波振幅为

$$\mathcal{E}_s(l) = \mathcal{E}_0 \frac{1}{\cos|\kappa l|} \tag{7.B.50}$$

这样探针波的强度透射系数 T_c 就为

$$T_c = \frac{1}{\cos^2|\kappa l|} \tag{7.B.51}$$

它是大于1的.

有趣的是，结合式(7.B.49)和式(7.B.51)，我们有

$$T_c - R_c = 1 \tag{7.B.52}$$

这个关系告诉我们，探测波和共轭波强度之差与 l 无关，并且与探测波进入介质时的强度一致.因此在探测波强度上的增加等于共轭波的强度.也就是说，这个物理过程在探测波中产生了与共轭波中一样多的光子.

可以通过寻找供应 E_s 和 E_c 两个波的能量的来源来理解这个性质.这个能量来自每一个泵浦波，在一个基本过程中，每个泵浦波失去一个光子来支持探测波和共轭波(图7.B.8).这里是一个在探测波和共轭波中产生孪生光子的量子过程，类似于第7章详细研究的在二阶非线性介质中的参量相互作用的情况.与参量过程之间的差异在于，这里的四个相互作用波都有相同的频率，且相位匹配是自动的.

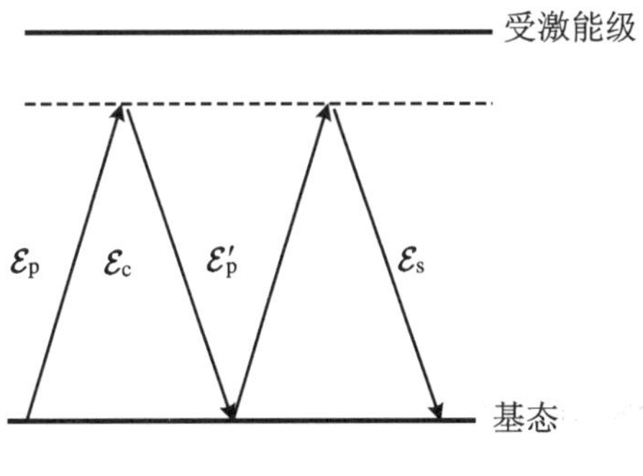

图7.B.8　四波混频中的基本过程

在每个泵浦波中有一个光子的吸收，而在探测波和共轭波中有一个光子的发射.

7.B.5 空间非均匀波在克尔介质中的传播

在这一小节以及下一小节中，我们将研究与波在克尔介质中的传播有关的效应．与截至目前所讨论的平面波的简单情况相比，我们将考虑振幅依赖于空间和时间的波．我们将研究最简单的情况，即一个波具有恒定功率但振幅在空间上发生变化（自聚焦和自散焦），以及一个平面波有随时间变化的振幅（自相位调制）．

7.B.5.1 自聚焦

考虑一个**高斯光束** TEM_{00}（见补充材料 3.B），其在腰部的复振幅为（见式(3.B.2)）

$$E^{(+)}(x,y,z=0)=E_0\exp\left(-\frac{r^2}{w_0^2}\right) \tag{7.B.53}$$

其中 $r=\sqrt{x^2+y^2}$．为简便，我们考虑瑞利长度远大于克尔介质厚度 l 的情况．通过整个介质后，振幅的剖面仍然等于式(7.B.53)的右边．由于波在 $r=0$ 处的强度更大，光学厚度 $nl=(n_0+n_2I)l$ 在光束的中心以及边缘将是不同的，就好像光束经过一个透镜时所发生的．如果 $n_2>0$，则光学厚度在中心处更大，我们得到了由光自身产生的会聚透镜效应，从而这个现象称为自聚焦（图 7.B.9）．如果 $n_2<0$，光学厚度在中心处更低，并且等价的透镜是发散的．这就称为自散焦．

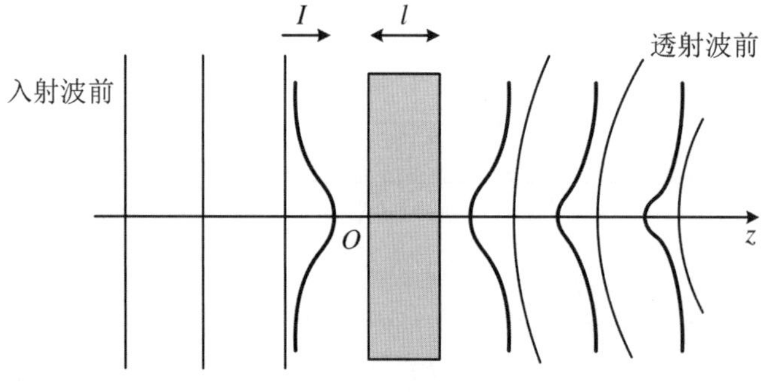

图 7.B.9 经过一个薄克尔介质的自聚焦

更定量地说，克尔介质引起了依赖于横向坐标 r 的波的相位 φ 的一个修正，其由下式给出：

$$\varphi(r)=\omega\frac{l}{c}(n_0+n_2I)=\omega_0\frac{l}{c}(n_0+2n_2E_0^2\mathrm{e}^{-2r^2/w_0^2})\tag{7.B.54}$$

为了得到这个表达式,我们假定克尔介质足够薄(图 7.B.10),以证明在介质中忽略 $I(r)$ 对位置的局域依赖性是合理的.对于与 w_0 相比较小的横向距离 r,我们有

$$\varphi(r)\approx\omega_0\frac{l}{c}\left(n_0+2n_2E_0^2-\frac{4n_2E_0^2}{w_0^2}r^2\right)\tag{7.B.55}$$

相位与横向位置变量 r 的平方相关,这与曲率半径为 R 的高斯波一样(见式(3.B.2)),这里

$$R=-\frac{w_0^2}{8n_2E_0^2l}=-\frac{w_0^2}{4n_2I_0l}\tag{7.B.56}$$

如果 $n_2>0$,我们就得到了离开介质的一个会聚高斯波,而如果 $n_2<0$,则得到一个发散高斯波.式(7.B.56)精确给出了等价的薄透镜焦距的绝对值.为了给出一个数量级,考虑由 YAG 激光器产生的激光脉冲($\lambda=1\ \mu\mathrm{m}$,能量为 10 mJ,宽度为 10 ns,峰值功率为 1 MW),具有腰为 $w_0=100\ \mu\mathrm{m}$ 的高斯光束的形式.根据式(7.B.56),厚为 1 cm 的玻璃板($n_2\approx3\times10^{-12}\ \mathrm{m}^2\cdot\mathrm{W}^{-1}$)将有与焦距大约为 10 cm 的透镜一样的效果.因此这个效果远不是可忽略的.它可以在中等强度条件下观察到,并且在某些具有自锁相模式的脉冲激光器中起着非常重要的作用.

只有在介质足够薄,使得自聚焦效应在介质外与厚度 l 相比足够大的距离上显露它自己时,上述论证才是有效的.因此式(7.B.56)的有效性条件为

$$l\ll\frac{w_0}{\sqrt{n_2I_0}}\tag{7.B.57}$$

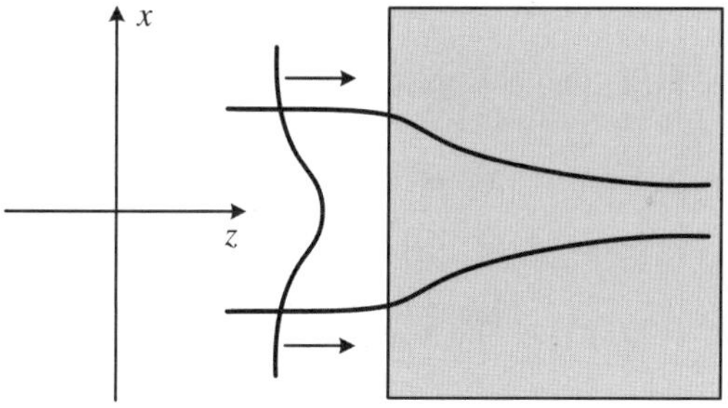

图 7.B.10　在克尔介质内的自聚焦

7.B.5.2 空间孤子和自聚焦

现在假设克尔介质很厚.光束聚焦效应导致在传播轴上强度增加,并且自聚焦效应在传播过程中将进一步增强.也就是说,这个光束将越来越快地会聚.然而,另一个效应将对抗克尔效应导致的会聚.这就是**衍射**,它使光束发散,而且随着其横截面的减小更是如此.如果衍射能恰好平衡感应透镜效应,自聚焦现象将因此而稳定.然后我们就得到了具有恒定横向尺寸的光束,称之为空间光孤子,这就是我们现在将要研究的.这里我们将讨论限于**单一横向维度** x.于是我们考虑复场

$$\boldsymbol{E}^{(+)}(x,z,t) = \boldsymbol{\varepsilon}\mathcal{E}(x,z)\mathrm{e}^{\mathrm{i}(kz-\omega t)} \tag{7.B.58}$$

这里假定包络 $\mathcal{E}(x,z)$在 z 和 x 两个方向上 λ 的长度尺度上缓慢变化.这个包络的传播方程可由一般方程(7.19),通过类似于 7.2.3 小节使用的论证得到,但现在考虑在这个表达式中横向 x 相关性的拉普拉斯算子.由此得到

$$\frac{\partial^2\mathcal{E}}{\partial x^2} + 2\mathrm{i}\omega\frac{n_0}{c}\frac{\partial\mathcal{E}}{\partial z} = -\frac{\omega^2}{\varepsilon_0 c^2}\mathcal{P}_{\mathrm{NL}}^{(+)} = -\frac{2\omega^2}{c^2}\chi_3'|\mathcal{E}|^2\mathcal{E} \tag{7.B.59}$$

这个方程可以重写为接近于薛定谔方程的一个数学形式,其中在 z 方向上的传播取代了时间变化:

$$\mathrm{i}\frac{\partial\mathcal{E}}{\partial z} = -\frac{c}{2n_0\omega}\frac{\partial^2\mathcal{E}}{\partial x^2} - \frac{\omega}{n_0 c}\chi_3'|\mathcal{E}|^2\mathcal{E} \tag{7.B.60}$$

这个方程经常在非线性物理中遇到,称之为非线性薛定谔方程.它具有下列称为空间光孤子的解析解,对 E_0 的任意值都有效:

$$\mathcal{E} = E_0\mathrm{e}^{\mathrm{i}\delta kz}\frac{1}{\cosh(x/x_0)} \tag{7.B.61}$$

其中 x_0 为光孤子的横向长度,δk 为光孤子波波矢中的附加项,它们分别为

$$x_0 = \frac{c}{\omega}\frac{1}{\sqrt{\chi_3' E_0^2}} \tag{7.B.62}$$

$$\delta k = \frac{\omega}{2n_0 c}\chi_3' E_0^2 \tag{7.B.63}$$

需要注意,当光孤子变得更强烈时,它会越来越窄.需要指出的是,这里提出的解析解并不适用于两个横向维度.实际上,当有两个横向维度时,聚焦效应沿着轴强度的增加比只有一个维度时更快,并且衍射无法补偿这个额外的增加.于是就没有稳定解.然而,实验上,在二维情况中观察到了光以一个或更多个光丝的形式在克尔介质中传播.那么稳态

横向结构就归因于非线性饱和，也就是 I 的幂次展开式中的高阶项. 经常观察到的互相平行传播的若干细丝的存在可归因于波前中非常轻微的初始扰动的放大.

7.B.6 脉冲在克尔介质中的传播

7.B.6.1 自相位调制

到目前为止，我们已经考虑过稳态现象，并研究了非线性过程在空间上的体现. 但是当在时间方面考虑这些现象时，也观察到了有趣的效应.

假设具有可变强度 $I(t)$ 的一个强烈脉冲入射到厚为 l 的非线性介质上. 输出波相位

$$\varphi = \omega t - n\frac{\omega}{c}l \tag{7.B.64}$$

将取决于波的"瞬时"强度，比如折射率 $n = n_0 + n_2 I(t)$. 因此传播导致的相移将是依赖于时间的. 这个现象称为**自相位调制**. 波的频率 ω_{ins} 就是相位的时间导数，于是可被改写为

$$\omega_{\text{ins}} = \omega - \frac{\omega}{c}n_2 l\frac{\mathrm{d}I}{\mathrm{d}t} \tag{7.B.65}$$

如果入射波具有确定的频率，那么透射波将有一个变宽的频谱. 而且，我们注意到，对于 $n_2>0$，当强度增加时，频率向着红光移动，而当强度减小时，则向着蓝光移动. 即称这个脉冲出现了啁啾. 脉冲的这个频谱展宽可以运用在很多装置中，以得到非常短的脉冲. 的确，在时间域上的一个短脉冲一定有一个宽的频谱. 通过将一个皮秒脉冲发送到克尔介质中，比如光纤，从介质输出的是一个在频域上被展宽的脉冲. 因此我们可以将这个脉冲在时间上压缩到飞秒范围.

于是第二个结果就是在介质中的传播时间(对于具有非色散折射率 n 的介质传播时间等于 nl/c)就是自身调制的，因为 n 是时间的函数，引起了入射波的时间形变. 例如，如果 n_2 是负的，脉冲的顶部将比它的两边传播得更快. 结果将是一个扭曲的脉冲形状，具有越来越陡峭的上升边.

7.B.6.2 在色散线性介质中的传播

还有一个现象能扭曲一个时序脉冲，即依赖于频率(或色散)的线性折射率 n_0. 这就是本小节的研究内容.

我们将这个波的复场振幅写为

$$E^{(+)}(z,t)=\int\widetilde{E}(z,\omega)\mathrm{e}^{-\mathrm{i}\omega t}\frac{\mathrm{d}\omega}{\sqrt{2\pi}} \tag{7.B.66}$$

假设它具有无限横向尺度.如果这个脉冲在一个线性电介质中传播,那么很容易解出麦克斯韦方程,我们有

$$E^{(+)}(z,t)=\int\widetilde{E}(0,\omega)\mathrm{e}^{\mathrm{i}[k(\omega)z-\omega t]}\frac{\mathrm{d}\omega}{\sqrt{2\pi}} \tag{7.B.67}$$

其中 $k(\omega)$是线性极化率 $\chi(\omega)$的函数.我们假定这个脉冲具有只在中心频率 ω_0 周围一个窄带$[\omega_0-\Delta\omega/2,\omega_0+\Delta\omega/2]$上有非零的傅里叶分量 $\widetilde{E}(0,\omega)$,这意味着脉冲的持续时间大小为 $1/\Delta\omega$,比光学周期长.于是我们利用 $k(\omega)$的一个被截断的近似展开式

$$k(\omega)=k_0+k_0'\delta\omega+\frac{1}{2}k_0''\delta\omega^2 \tag{7.B.68}$$

其中

$$k_0=k(\omega_0) \tag{7.B.69}$$

$$k_0'=\left.\frac{\mathrm{d}k}{\mathrm{d}\omega}\right|_{\omega=\omega_0} \tag{7.B.70}$$

$$k_0''=\left.\frac{\mathrm{d}^2k}{\mathrm{d}\omega^2}\right|_{\omega=\omega_0} \tag{7.B.71}$$

$$\delta\omega=\omega-\omega_0 \tag{7.B.72}$$

将这个脉冲写成频率 ω_0 的一个"载体"(carrier)的形式,乘以在很慢的时间尺度上变化、大小为 $1/\Delta\omega$ 的包络,即

$$E^{(+)}(z,t)=\mathrm{e}^{\mathrm{i}(k_0z-\omega_0t)}\mathcal{E}(z,t) \tag{7.B.73}$$

由式(7.B.68),我们发现 $\mathcal{E}(z,t)$可表示为

$$\mathcal{E}(z,t)=\int\widetilde{E}(0,\omega)\exp\left[-\mathrm{i}\delta\omega t+\mathrm{i}z\left(k_0'\delta\omega+\frac{k_0''}{2}\delta\omega^2\right)\right]\frac{\mathrm{d}(\delta\omega)}{\sqrt{2\pi}} \tag{7.B.74}$$

然后我们推出了$\partial\mathcal{E}/\partial z$ 的表达式:

$$\frac{\partial\mathcal{E}}{\partial z}=\mathrm{i}\int\widetilde{E}(0,\omega)\mathrm{e}^{-\mathrm{i}\delta\omega t}\left(k_0'\delta\omega+\frac{k_0''}{2}\delta\omega^2\right)\frac{\mathrm{d}(\delta\omega)}{\sqrt{2\pi}} \tag{7.B.75}$$

积分号内 $\delta\omega$ 和$(\delta\omega)^2$ 所在的项可以替换为时间导数$\partial\mathcal{E}/\partial t$ 和$\partial^2\mathcal{E}/\partial t^2$ 的形式来表示. 于是我们有

$$\frac{\partial\mathcal{E}}{\partial z}=-k_0'\frac{\partial\mathcal{E}}{\partial t}-\mathrm{i}\frac{k_0''}{2}\frac{\partial^2\mathcal{E}}{\partial t^2}\tag{7.B.76}$$

如果介质满足 $k_0''=0$,这个方程的解就非常简单:

$$\mathcal{E}(z,t)=\mathcal{E}(0,t-k_0'z)\tag{7.B.77}$$

在任意位置 z 处脉冲的包络等于其一段时间 $k_0'z$ 之前在输入介质 $z=0$ 处的值,由此存在群速度为 $v_g=1/k_0'$、脉冲无扭曲的传播.

现在来考虑 $k_0''\neq 0$ 的情况,并令 $\tau=t-k_0'z$. 这就是从脉冲顶部测量的时间. 于是等式(7.B.76)就可以写为

$$\mathrm{i}\frac{\partial\mathcal{E}}{\partial z}(z,\tau)=\frac{k_0''}{2}\frac{\partial^2\mathcal{E}}{\partial\tau^2}(z,\tau)\tag{7.B.78}$$

这个方程形式上等于一个自由粒子的薛定谔方程(其中 z 替代了时间变量). 我们知道,在这种情况下,将有一些像波包扩散的现象,即光脉冲的扩散,产生原因是群速度的色散.

7.B.6.3 在色散克尔介质中的传播:时域孤子

在克尔介质中,与色散相关的这个脉冲展宽现象将与由自相位调制导致的脉冲缩短相竞争. 因此我们希望能找到使这两个效应平衡并在传播过程中保持稳定的解.

非线性极化 $P_{\mathrm{NL}}^{(+)}$ 的存在将在传播方程(7.B.78)中增加一项. 类似于得到式(7.B.60)的方式,我们就可以写出

$$\mathrm{i}\frac{\partial\mathcal{E}}{\partial z}-\frac{k_0''}{2}\frac{\partial^2\mathcal{E}}{\partial\tau^2}=-\frac{\omega_0}{2n_0c}\chi_3' I\mathcal{E}\tag{7.B.79}$$

其中 $I=2|\mathcal{E}|^2$. 我们得到了一个非线性薛定谔方程,类似于在上一小节中所建立的(见式(7.B.60)). 因此存在一个时间上的光学孤子,在传播过程中并没有变形,类似于空间光孤子,所以其形式为

$$\mathcal{E}(z,\tau)=E_0\mathrm{e}^{\mathrm{i}\delta k'z}\frac{1}{\cosh(\tau/T_{\mathrm{sol}})}\tag{7.B.80}$$

其中

$$T_{\mathrm{sol}}=\left(-\frac{k_0''n_0c}{\omega_0\chi_3'E_0^2}\right)^{1/2}\tag{7.B.81}$$

$$\delta k' = \frac{\omega_0}{2n_0 c}\chi'_3 E_0^2 \tag{7.B.82}$$

需要注意的是，孤子脉冲只有在 $k''_0/\chi'_3<0$ 时才存在. 在光纤中，如果波长大于1.3 μm，这种情况就会发生. 因此波长为 1.5 μm 的光学孤子是有可能得到的，也就是在光通信技术中所使用的，该孤子能无扭曲地在几十万米的光纤中传播，并能通过穿过掺铒光纤放大器来再生(见补充材料 3.F.4 小节). 这些脉冲或许是传输速率不受长距离脉冲展宽限制的数字数据传输的基础.

第 8 章

激光调控原子:从非相干原子光学到原子激光器

1997 年,由于开发了激光冷却和囚禁原子的方法,克劳德·科恩-塔诺季(Claude Cohen-Tannoudji)、威廉·D. 菲利普斯(William D. Philipps)和朱棣文(Steven Chu)获得了诺贝尔奖. 这是对该领域 20 多年研究的一个报答,研究不但涉及了光-物质相互作用的基本理论,而且产生了一系列的实际应用.①在理论层面上,20 世纪 70 年代晚期,这个研究领域的出现促进了描述影响原子运动的辐射力的不同理论方法的发展. 在实验层面,对激光所产生的辐射力的正确应用使得极大地降低原子运动速度(降速就是冷却原子蒸气)成为可能. 这些进展的特点表现为一系列卓越的理论创新和实验革新的彼此交相促进. 超冷(也就是运动极为缓慢)的原子在较长时间周期内被观察到后不久,就被应用到高分辨率光谱学领域. 当测量原子共振频率时,超冷原子就比室温下原子的测量精度要高得多. 基于这种冷原子的共振,世界上最精准的钟大多应用了激光冷却的原子或离子. 原子干涉仪是激光操控原子的另一个应用,它可以用来测量,例如由地球自转或运

① 见诺贝尔奖得主演讲,重印于 *Reviews of Modern Physics*(1998 年 7 月,第 70 卷).

载工具的运动引起的惯性效应,其测量精度超过了传统方法.在另一个不同的领域,原子纳光刻技术对制造极小的微电子组件问题提供了完美的解决方案;此类应用的清单还在增加.所有这些用冷原子来实现的应用让人想起了基于非相干光源的经典光学.确实,即使当我们需要用量子化的描述来表述原子尺度的运动时,不同原子的波函数彼此也是不相干的,正如非相干光源不同点处所发出的波包一样.因此我们称这些应用所属的领域为"非相干原子光学".

在基础理论层面,激光冷却的原子的一个值得注意的应用是:一个新的研究领域的出现,也就是气体玻色-爱因斯坦凝聚的研究.此项研究在激光冷却原子后也获得了诺贝尔奖,2001 年授予了康奈尔(E. Cornell)、威曼(C. Wieman)和克特勒(W. Ketterle).①实际上,只有由激光冷却和囚禁样品开始,才可能在近乎理想的条件下观察到由爱因斯坦 1924 年预言的量子相变②,相变特征为在同一个量子态上包含了具有宏观数目的原子.这个现象让人想起了激光跃迁,特征为同一个电磁波的振动模上出现了宏观的电磁场(巨大数量的光子).如此惊人的相似使得人们甚至称之为原子激光器.这是我们能想到的来作为本书结尾的一个最好的例子.

在本章中,我们将重点介绍激光操纵原子的基本特点,这对任何我们所知的涉及一个原子或一个系综的原子和光相互作用的情况都是有益处的.吸收、受激辐射和自发辐射是辐射力得以实现的几个最基本机制,它们能很好地应用于本书的内容.根据所研究的不同现象,辐射力可为我们之前讨论的光-物质相互作用的不同模型(例如光被视为经典电磁波的半经典模型;光是量子化的并被视为拥有动量的光子的量子模型)提供更简单的物理图像(以及相应的理论处理),这更加增强了人们对研究辐射力的兴趣.在开始的 8.1 节中,我们在两种模型(半经典与量子)下均论证了光和原子之间的能动量交换是量子化的.在 8.2小节中,我们用半经典模型引入两个主要类型的辐射力:共振辐射压和偶极力.可是我们将发现尽管半经典模型提供了简单且有益的偶极力的图像,但是只有光的量子模型才能为共振辐射压提供最简单的解释.同时我们也需要量子模型来理解辐射冷却的极限问题,这在 8.3 节中有论述.实际上,由自发辐射(一个本质上与辐射的量子特性相关的现象)所致的涨落以及动量交换的量子化都会导致加热效应,这对低温的探索设置了基本的极限,这个极限已经相当低了,因为已经可以获得纳开(nK)区的温度了.在 8.4 节中,我们将引入并讨论玻色-爱因斯坦凝聚和原子激光的一些基本概念.本章还包含一个补充材料,它提供了一种将原子冷却至 nK 量级的方法.此方法应用了量子振幅之间的一

① 见诺贝尔奖得主康奈尔、威曼和克特勒的演讲,重印于 *Review of Modern Physics*(第 74 卷,2002).

② Einstein A. Quanten theorie des einatomigen idealen Gases [M]. Zweite Abhandlung, Preussische Akademie der Wissenschaften, Physikalisch-Mathematische Klasse, Sitzungsberichte, 1925: 3-14.

个微妙的干涉效应，需用到不常见的“莱维统计”(Lévy statistics). 它使得我们可以使样品原子的残余速度小于其吸收或辐射光子后的反冲速度. 这是一个非常令人惊异的结果，因为我们知道原子速度的改变总是该反冲速度的整数倍.

8.1 原子-光相互作用中的能动量交换

辐射力使我们可以改变一个原子的运动，即改变它的动量和动能. 在本节中，我们将用量子化的方式来描述原子的运动，并证明原子能量或动量的改变将分别通过一些量子化的量($\hbar\omega$ 和$\hbar\boldsymbol{k}$)来进行.

这个结论也可通过原子-光相互作用的半经典模型得到，但是更具启发性的图像是应用第 6 章的全量子化的处理方式，这样的处理使我们可以用吸收和辐射光子来解释这些量子化的变化. 这使得我们发现原子-光相互作用的共振条件将不得不进行修正. 修正不仅仅来自通常的由于原子运动而产生的多普勒频移项，还来自称为“反冲漂移”的一个额外项.

8.1.1 原子外部自由度的量子描述

为了描述运动中原子的量子态，我们现在已经不能简单地将其内部状态定义为 $|\psi_{\text{int}}\rangle = \sum_i c_i |i\rangle$，其中$|i\rangle$是描述原子核外电子运动的哈密顿量 $\hat{H}_0$ 的本征态. 我们必须将原子质心作为一个整体来描述原子的状态. 在原子处于自由空间情况时，描述原子运动的“外部”哈密顿量 $\hat{H}_{\text{ext}}$ 就是 $\hat{\boldsymbol{P}}^2/(2M)$，其中 $\hat{\boldsymbol{P}}$ 是原子质心的动量算符，M 是总质量. $\hat{H}_{\text{ext}}$和 $\hat{\boldsymbol{P}}$ 的共同本征态是平面波态$|\boldsymbol{K}\rangle$，

$$\langle \hat{\boldsymbol{r}} | \boldsymbol{K} \rangle = \frac{1}{L^{3/2}} e^{i\boldsymbol{K}\cdot\boldsymbol{r}} \tag{8.1}$$

其中 $\hat{\boldsymbol{r}}$ 是质心的位置，L^3 是离散化的总体积. 对此本征态，有

$$\hat{\boldsymbol{P}} | \boldsymbol{K} \rangle = \hbar \boldsymbol{K} | \boldsymbol{K} \rangle = \boldsymbol{P} | \boldsymbol{K} \rangle \tag{8.2}$$

因此速度是已知的，且等于$\hbar \boldsymbol{K}/M$，于是能量为$\hbar^2 K^2/(2M)$. 现在一个最一般的原子态就可写为

$$|\psi\rangle = \sum_i \int \mathrm{d}^3 \boldsymbol{K} c_i(\boldsymbol{K}) \mid i\rangle \otimes \mid \boldsymbol{K}\rangle = \sum_i \int \mathrm{d}^3 \boldsymbol{K} c_i(\boldsymbol{K}) \mid i, \boldsymbol{K}\rangle \tag{8.3}$$

注意，此态并不必因子化为内部态和外部态的张量积的形式.

8.1.2 动量守恒

首先，我们将应用第 2 章讨论的方法，该方法中的电磁场是经典电磁波. 在偶极近似下，系统哈密顿量中的相互作用项由式(2.75)给出. 当原子的外部自由度用量子理论处理时，相互作用哈密顿量为

$$\hat{H}_{\mathrm{I}}(t) = -\hat{\boldsymbol{D}} \cdot \boldsymbol{E}(\hat{\boldsymbol{r}}, t) \tag{8.4}$$

其中算符 $\hat{\boldsymbol{r}}$ 代替了经典位置矢量 $\boldsymbol{r}$. 如果经典电磁波是波矢为 $\boldsymbol{k}$ 的平面波，上面的哈密顿量可以更明确地写为

$$\hat{H}_{\mathrm{I}}(t) = -\frac{1}{2}\hat{\boldsymbol{D}} \cdot \boldsymbol{E}_0 (\mathrm{e}^{\mathrm{i}\boldsymbol{k}\cdot\hat{\boldsymbol{r}} - \mathrm{i}\omega t} + \mathrm{e}^{-\mathrm{i}\boldsymbol{k}\cdot\hat{\boldsymbol{r}} + \mathrm{i}\omega t}) \tag{8.5}$$

我们可以应用第 2 章中微扰论的方法来计算此相互作用哈密顿量引起的原子定态之间的跃迁概率，这里初态假定为$|\psi_{\mathrm{i}}\rangle = |a, \boldsymbol{K}\rangle$，末态为$|\psi_{\mathrm{f}}\rangle = |b, \boldsymbol{K}'\rangle$，其中$|a\rangle$和$|b\rangle$是原子内部的两个定态. 如果末态比初态具有更高的能量(吸收过程)，那么只有式(8.5)中含$\mathrm{e}^{-\mathrm{i}\omega t}$的项有贡献(见 1.2.4 小节)，跃迁概率为(见式(1.47))

$$\begin{aligned} P_{\mathrm{i}\to\mathrm{f}}(T) &= \frac{\pi T}{2\hbar} \left| \langle b, \boldsymbol{K}' \mid \hat{\boldsymbol{D}} \cdot \boldsymbol{E}_0 \mathrm{e}^{\mathrm{i}\boldsymbol{k}\cdot\hat{\boldsymbol{r}}} \mid a, \boldsymbol{K}\rangle \right|^2 \delta_T(E_{\mathrm{f}} - E_{\mathrm{i}} - \hbar\omega) \\ &= \frac{\pi T}{2\hbar} \left| \langle b \mid \hat{\boldsymbol{D}} \mid a\rangle \cdot \boldsymbol{E}_0 \right|^2 \left| \langle \boldsymbol{K}' \mid \mathrm{e}^{\mathrm{i}\boldsymbol{k}\cdot\hat{\boldsymbol{r}}} \mid \boldsymbol{K}\rangle \right|^2 \delta_T(E_{\mathrm{f}} - E_{\mathrm{i}} - \hbar\omega) \end{aligned} \tag{8.6}$$

现在，算符 $\mathrm{e}^{\mathrm{i}\boldsymbol{k}\cdot\hat{\boldsymbol{r}}}$就是原子动量本征态的平移算符，

$$\mathrm{e}^{\mathrm{i}\boldsymbol{k}\cdot\hat{\boldsymbol{r}}} \mid \boldsymbol{K}\rangle = \mid \boldsymbol{K} + \boldsymbol{k}\rangle \tag{8.7}$$

确实如此，因为如果用式(8.1)的波函数代表量子态，方程(8.7)就平移为

$$\mathrm{e}^{\mathrm{i}\boldsymbol{k}\cdot\boldsymbol{r}} \mathrm{e}^{\mathrm{i}\boldsymbol{K}\cdot\boldsymbol{r}} = \mathrm{e}^{\mathrm{i}(\boldsymbol{k}+\boldsymbol{K})\cdot\boldsymbol{r}} \tag{8.8}$$

要使跃迁概率非零,只有下式成立才行:

$$\boldsymbol{K}' = \boldsymbol{K} + \boldsymbol{k} \tag{8.9}$$

我们看到,对辐射的吸收改变了原子的动量.这个效应使我们可以通过光束来操控原子.对于单个辐射的吸收,原子速度的改变等于$\hbar\boldsymbol{k}/M$,其对应的幅度

$$V_{\mathrm{R}} = \frac{\hbar k}{M} \simeq \frac{\hbar}{M}\frac{\omega_0}{c} = \frac{E_b - E_a}{Mc} \tag{8.10}$$

称为“单光子反冲速度”,或者简称“反冲速度”.对可见光,其典型值为 $\mathrm{cm \cdot s^{-1}}$量级.对原子的热运动速度来说,这是一个非常小的量.

对于 E_{f} 小于 E_{i} 的受激辐射过程来说,式(8.5)中含 $\mathrm{e}^{\mathrm{i}\omega t}$ 的项有贡献,我们有

$$\boldsymbol{K}' = \boldsymbol{K} - \boldsymbol{k} \tag{8.11}$$

式(8.9)和式(8.11)可以通过两边同乘上 $\hbar$ 来进行解释:

$$\boldsymbol{P}' = \boldsymbol{P} + \hbar\boldsymbol{k} \quad (吸收) \tag{8.12}$$

$$\boldsymbol{P}' = \boldsymbol{P} - \hbar\boldsymbol{k} \quad (受激辐射) \tag{8.13}$$

在量子化模型的框架下,上面两个原子和辐射场的关系式就具有了非常简单的物理解释(第 6 章).更准确地说,如果我们考虑一个辐射模 l(由波矢 $\boldsymbol{k}_l$ 表征),含 n_l 个 l 模光子的态可写为$|n_l\rangle$,那么相互作用项

$$\hat{H}_{\mathrm{I}} = -\hat{\boldsymbol{D}} \cdot \mathscr{E}_l^{(1)}(\mathrm{i}\hat{a}_l \mathrm{e}^{\mathrm{i}\boldsymbol{k}_l \cdot \hat{\boldsymbol{r}}} - \mathrm{i}\hat{a}_l^{\dagger} \mathrm{e}^{-\mathrm{i}\boldsymbol{k}_l \cdot \hat{\boldsymbol{r}}}) \tag{8.14}$$

就将初态$|a,\boldsymbol{K}\rangle \otimes |n_l\rangle$和末态$|b,\boldsymbol{K}+\boldsymbol{k}_l\rangle \otimes |n_l - 1\rangle$耦合起来,所以这里原子就吸收了一个光子并获得了光子的动量 $\hbar\boldsymbol{k}_l$.类似地,如果我们以初态$|b,\boldsymbol{K}\rangle \otimes |n_l\rangle$开始,那么哈密顿量相应的第二项与末态$|a,\boldsymbol{K}-\boldsymbol{k}_l\rangle \otimes |n_l + 1\rangle$之间有非零矩阵元,所以此时原子辐射出了一个光子,并同时经受一个反冲,即动量发生改变,其改变量与辐射的光子动量大小相等、方向相反.

注意,上述论证也适用于初态$|b,\boldsymbol{K}\rangle \otimes |0\rangle$通过 l 模的自发辐射过程与$|a,\boldsymbol{K}-\boldsymbol{k}_l\rangle \otimes |1_l\rangle$的耦合.在这种情况中,原子也遭受了一个动量为 $\hbar\boldsymbol{k}_l$ 的反冲.这个特别的现象只有在原子-辐射场相互作用的全量子模型中才是可能的.

8.1.3 能量守恒:多普勒频移和反冲频移

式(8.6)表明,对于一个吸收过程,要使跃迁概率非零,只有当下式满足时才行:

$$E_{\mathrm{f}} = E_{\mathrm{i}} + \hbar\omega \tag{8.15}$$

其中 $E_{\mathrm{f}}(E_{\mathrm{i}})$是原子总的末态(初态)的能量,即原子内部能量与其动能之和.同样,这个从半经典模型所得的关系式,当我们将初始时的电磁辐射考虑为 n 个能量为 $\hbar\omega$ 的光子所组成时,也包含了简单的物理解释.也就是,式(8.15)清楚地表达了原子-辐射场系统在吸收过程中总能量是守恒的,而在此吸收过程中有一个光子消失了.对初末态显式地引入原子总能量,我们有

$$E_b + \frac{\hbar^2 \boldsymbol{K}'^2}{2M} = E_a + \frac{\hbar^2 \boldsymbol{K}^2}{2M} + \hbar\omega \tag{8.16}$$

式(8.15)和式(8.9)可以用来确定吸收过程中所涉及的角频率 ω:

$$\omega = \omega_0 + \boldsymbol{k} \cdot \frac{\hbar \boldsymbol{K}}{M} + \frac{\hbar k^2}{2M} = \omega_0 + \boldsymbol{k} \cdot \boldsymbol{V} + \frac{\hbar k^2}{2M} \tag{8.17}$$

其中 $\omega_0 = (E_b - E_a)/\hbar$是和 $a \to b$ 跃迁相关的玻尔频率,$\boldsymbol{V}$ 是初始原子速度$\boldsymbol{P}/M$(对于辐射过程上式第二项前为负号).由此我们发现,当考虑到原子的外部自由度(如运动)时,原子吸收(辐射)过程的共振频率并不等于原子的玻尔频率 ω_0:

- 第一个修正项 $\boldsymbol{k} \cdot \boldsymbol{V}$ 是**多普勒频移**项,这在第 2 章式(2.70)中我们已经遇到了.它告诉我们,必须用原子静止坐标系来确定共振条件.对于以室温下平均热运动速度运动的原子,以及在可见光区的跃迁,多普勒项约为几百兆赫量级.
- 第二个修正项,在原子静止时也会产生,称为**反冲漂移**.原子在其吸收光子时会经历一个反冲,反冲传递了一部分动能给原子,此动能只能来自光子的能量.这一项能量对于可见光区的跃迁约是几万赫量级.尽管此项长久以来被认为是可以忽略的,但是现在它在应用超冷原子的超稳激光的精度测量领域起着重要作用.

8.2 辐射力

8.2.1 准共振激光波束中一个闭合的二能级原子

考虑一个原子在一束由经典电磁波描述的单色波中运动,此单色电磁波由下式

描述：

$$\boldsymbol{E}(\boldsymbol{r},t)=\boldsymbol{\varepsilon}E(\boldsymbol{r},t)=\boldsymbol{\varepsilon}E_0(\boldsymbol{r})\cos[\omega t+\varphi(\boldsymbol{r})] \tag{8.18}$$

这里我们应用非量子化的辐射场和量子化的原子之间相互作用的半经典模型(第2章).光是和原子的基态$|a\rangle$和激发态$|b\rangle$准共振的,即 ω 和$\omega_0=(E_b-E_a)/\hbar$接近.激发态能级由于存在使其返回基态$|a\rangle$的自发辐射过程而具有寿命 Γ^{-1}.我们这里将应用2.4.5小节讨论的**闭合的二能级原子**模型.据此我们可以忽略其他所有的原子能级,在光频和$|b\rangle\leftrightarrow|a\rangle$跃迁的失谐量 $\delta=\omega-\omega_0$ 相较于其他原子能级跃迁的失谐量非常小并且自发辐射只能导致$|b\rangle\to|a\rangle$的原子跃迁时,这样的忽略被证明是合适的.

通过激光冷却,原子的速度可以极大地降低,因此德布罗意波长就一直增加直到需要考虑原子运动的量子效应,此时原子的质心运动必须像8.1节那样由波函数来描述.原子的状态于是由式(8.3)所示的态矢量$|\psi\rangle$来描述.对于二能级原子来说,波函数可由一个两分量旋量表示：

$$|\psi\rangle=\begin{bmatrix}\psi_a(\boldsymbol{r},t)\\ \psi_b(\boldsymbol{r},t)\end{bmatrix} \tag{8.19}$$

其中 $\psi_a(\boldsymbol{r},t)$是基态波函数,$\psi_b(\boldsymbol{r},t)$是激发态波函数.在此表象下,$\boldsymbol{r}$ 是原子的坐标(即原子的质心坐标).因此原子看起来像一个可以赋予位置算符 $\hat{\boldsymbol{r}}$ 的一个粒子,且其内部复杂度(原子核和电子)完全由二维的内部态矢量空间所描述.我们已经使用了长波近似(见2.3节),即原子核和电子之间的距离远比辐射波的波长要短.原子的动力学由哈密顿量描述,

$$\hat{H}=\hat{H}_0+\hat{H}_\mathrm{I} \tag{8.20}$$

算符 $\hat{H}_0$ 是自由原子的哈密顿量：

$$\hat{H}_0=\begin{bmatrix}0 & 0\\ 0 & \hbar\omega_0\end{bmatrix}+\frac{\hat{\boldsymbol{P}}^2}{2M} \tag{8.21}$$

其中矩阵作用在内部态空间 $\mathcal{E}_\mathrm{int}$上,其基矢为$\{|a\rangle,|b\rangle\}$,而动能项作用在外部态空间 $\mathcal{E}_r$上.($\hat{\boldsymbol{P}}$ 是原子的动量算符,是原子质心的位置算符 $\hat{\boldsymbol{r}}$ 的共轭变量.)在长波近似下,可以应用电偶极相互作用的哈密顿量(见2.2.4小节),

$$\hat{H}_\mathrm{I}=-\hat{\boldsymbol{D}}\cdot\boldsymbol{E}(\hat{\boldsymbol{r}},t) \tag{8.22}$$

其中 $\hat{\boldsymbol{D}}$ 是电偶极算符,其分量对于二能级原子为2×2矩阵.对极化为 $\boldsymbol{\varepsilon}$ 的电场,

$$E(\boldsymbol{r},t)=\boldsymbol{\varepsilon}E(\boldsymbol{r},t) \tag{8.23}$$

我们只需要考虑分量 $\hat{D}_{\boldsymbol{\varepsilon}}$：

$$\hat{D}_{\varepsilon} = \hat{\boldsymbol{D}} \cdot \boldsymbol{\varepsilon} = \begin{bmatrix} 0 & d_{\varepsilon} \\ d_{\varepsilon} & 0 \end{bmatrix} \tag{8.24}$$

为了简化，可设 d_{ε} 为实数. 此时，哈密顿量 $\hat{H}_{\mathrm{I}}$ 由下式给出：

$$\hat{H}_{\mathrm{I}} = -\hat{D}_{\varepsilon}E(\hat{\boldsymbol{r}}, t) \tag{8.25}$$

因此相互作用哈密顿量(8.25)既作用在原子的内部态上也作用在外部态上. 辐射是按经典电磁波处理的，并且这里只考虑了吸收和受激辐射过程. 原则上说，自发辐射是被此描述"忽略"的. 事实上，我们将在 8.3 节中看到，为了提供光影响原子运动的正确的描述，必须考虑自发辐射.

8.2.2 局域化的原子波包和经典极限

为了定义作用在原子上的辐射力，我们考虑经典极限，也就是原子运动就像经典粒子那样，在任意给定时间都具有确定的位置坐标. 并且，我们将假定此位置坐标对基态和激发态都是一样的. 于是原子态由下式给出：

$$|\psi\rangle = |\psi_{\mathrm{int}}\rangle \otimes |\psi_{r}\rangle = \begin{bmatrix} c_a(t) \\ c_b(t) \end{bmatrix} \psi(\boldsymbol{r}, t) \tag{8.26}$$

其中 $\psi(\boldsymbol{r}, t)$是空间范围约为光波波长量级的一个波包. 在这些条件下，经典位置坐标 $\boldsymbol{r}_{\mathrm{at}}$ 可以取为位置可观测量的期待值，即

$$\boldsymbol{r}_{\mathrm{at}} = \langle\psi \mid \hat{\boldsymbol{r}} \mid \psi\rangle = \int \mathrm{d}^3 r \mid \psi(\boldsymbol{r}, t) \mid^2 \boldsymbol{r} \tag{8.27}$$

我们可以应用埃伦菲斯特定理①来确定经典速度

$$\boldsymbol{v}_{\mathrm{at}} = \frac{\mathrm{d}}{\mathrm{d}t}\boldsymbol{r}_{\mathrm{at}} \tag{8.28}$$

它等于动量算符的期待值除以原子质量. 确实，回忆

$$\frac{\mathrm{d}}{\mathrm{d}t}\langle\hat{r}_i\rangle = \frac{1}{\mathrm{i}\hbar}\langle[\hat{r}_i, H]\rangle = \frac{1}{\mathrm{i}\hbar}\left\langle\left[\hat{r}_i, \frac{\hat{\boldsymbol{P}}^2}{2M}\right]\right\rangle = \frac{1}{\mathrm{i}\hbar}\left\langle[\hat{r}_i, \hat{P}_i]\frac{\hat{P}_i}{M}\right\rangle = \frac{\langle\hat{P}_i\rangle}{M}$$

① 见 2.2.2 小节.

其中 i 代表笛卡儿坐标.由此可得

$$\boldsymbol{v}_{\mathrm{at}} = \frac{\mathrm{d}}{\mathrm{d}t}\langle \hat{\boldsymbol{r}} \rangle = \frac{\langle \hat{\boldsymbol{P}} \rangle}{M} \tag{8.29}$$

这里非常重要的是不要将原子运动的经典极限和长波近似相混淆.后者保证了原子的内部结构对光波波长 $\lambda = 2\pi c/\omega$ 来说是很小的,因此原子的运动可以由一个只有一个可观测量 $\hat{\boldsymbol{r}}$(等于原子核或原子质心的位置坐标)的波函数描述.长波近似并未对原子运动的波函数做任何限制.另外,在经典运动极限下,我们进一步将假定此波函数是一个波包,高度限定在空间尺度为 λ 的范围内,这意味着我们可以引入经典的原子位置,即经典原子轨迹.这个近似的有效性并不完全显然,但是对此问题的讨论超出了本书范围.①基于本书目前的意图,我们将只简单地给出此近似成立的一个必要条件.

局域化在光学波长长度内的波包的这个假定可以表达为

$$\Delta r_i < \frac{\lambda}{2\pi} \tag{8.30}$$

其中 Δr_i 是原子位置坐标 r_i 误差的均方根:

$$\Delta r_i = \sqrt{\langle \psi \mid (\hat{r}_i - r_{\mathrm{at},i})^2 \mid \psi \rangle} = \sqrt{\int \mathrm{d}^3 r (r_i - r_{\mathrm{at},i})^2 \mid \psi(\boldsymbol{r}, t) \mid^2} \tag{8.31}$$

式(8.30)中的因子 $1/(2\pi)$ 保证了波包内大多数的点具有近似相同的辐射场的值.

我们知道位置和动量的均方差满足海森伯关系

$$\Delta r_i \cdot \Delta P_i \geqslant \frac{\hbar}{2} \tag{8.32}$$

于是条件式(8.30)意味着

$$\Delta P_i > \frac{1}{2} \hbar k \tag{8.33}$$

上式引入了一个我们在 8.1 节中就遇到的量 $\hbar k$,即一个角波数为 $k = 2\pi/\lambda$ 的光子的动量(第 4 章).因此我们看到原子运动的经典近似需要原子速度具有一定的分布(该分布具有方差),即

$$\Delta V_i = \frac{\Delta P_i}{M} \tag{8.34}$$

① Cohen-Tannoudji C. Atomic Motion in Laser Light [M]//Fundamental Systems in Quantum Optics. Elsevier, 1991(Cours Des Houches, Session LIII, 1990).

且此方差要比反冲速度 $V_R = \hbar k / M$ 大. 目前,多数激光冷却机制所得的残余速度均方差要超过 V_R,在这种情况下,原子运动采用经典描述是可以接受的. 但是,冷却过程有时会产生与 V_R 同阶或者更小的 ΔV 的情况,此时就必须摒弃原子运动的经典描述. 我们将在 8.3.9 小节以及补充材料 8.A 中遇到这种情况.

8.2.3 辐射力:一般表达式

这里我们仍假定经典极限下原子运动的描述,即局域化的波包. 现在对动量算符应用埃伦菲斯特定理,可以得出

$$\frac{\mathrm{d}}{\mathrm{d}t}\langle \hat{\boldsymbol{P}} \rangle = \frac{1}{\mathrm{i}\hbar}\langle [\hat{\boldsymbol{P}}, \hat{H}] \rangle = \frac{1}{\mathrm{i}\hbar}\langle [\boldsymbol{P}, \hat{H}_{\mathrm{I}}] \rangle \tag{8.35}$$

其中应用了 $\hat{\boldsymbol{P}}$ 和 $\hat{H}_0$ 的对易性质(见式(8.21)). 在 $\hat{H}_{\mathrm{I}}$(见式(8.25))中,$\hat{\boldsymbol{P}}$ 和 $E(\hat{\boldsymbol{r}}, t)$ 是不对易的,且在 $\{\boldsymbol{r}\}$ 表象下,我们有

$$[\boldsymbol{P}, E(\hat{\boldsymbol{r}}, t)] = \frac{\hbar}{\mathrm{i}} \nabla E(\boldsymbol{r}, t) \tag{8.36}$$

由此得

$$\frac{\mathrm{d}}{\mathrm{d}t}\langle \hat{\boldsymbol{P}} \rangle = \langle \hat{D}_{\boldsymbol{\varepsilon}} \cdot \nabla E(\boldsymbol{r}, t) \rangle \tag{8.37}$$

将式(8.26)的直积式代入,我们得到

$$\frac{\mathrm{d}}{\mathrm{d}t}\langle \hat{\boldsymbol{P}} \rangle = \langle \psi_{\mathrm{int}} \mid \hat{D}_{\boldsymbol{\varepsilon}} \mid \psi_{\mathrm{int}} \rangle \cdot \langle \psi_r \mid \nabla E(\boldsymbol{r}, t) \mid \psi_r \rangle \tag{8.38}$$

由于波包 $\psi(\boldsymbol{r}, t)$ 在空间上局域地分布在 $\boldsymbol{r}_{\mathrm{at}}$ 周围,第二项就是

$$\int \mathrm{d}^3 r \mid \psi(\boldsymbol{r}, t) \mid^2 \nabla E(\boldsymbol{r}, t) = \nabla [E(\boldsymbol{r}, t)]_{r_{\mathrm{at}}} \tag{8.39}$$

也就是 $E(\boldsymbol{r}, t)$ 在 $\boldsymbol{r}_{\mathrm{at}}$ 处的梯度. 最后,动量平均值的动力学方程由下式给出:

$$\frac{\mathrm{d}}{\mathrm{d}t}\langle \boldsymbol{P} \rangle = \langle \hat{D}_{\boldsymbol{\varepsilon}} \rangle \nabla [E(\boldsymbol{r}, t)]_{r_{\mathrm{at}}} \tag{8.40}$$

考虑到式(8.28)和式(8.29),经典波包的位置的平均值 $\boldsymbol{r}_{\mathrm{at}}$ 的动力学方程为

$$M \frac{\mathrm{d}^2}{\mathrm{d}t^2} \boldsymbol{r}_{\mathrm{at}} = \boldsymbol{F} \tag{8.41}$$

其中

$$\boldsymbol{F} = \langle \hat{D}_{\boldsymbol{\varepsilon}} \rangle \nabla[E(\boldsymbol{r},t)]_{\boldsymbol{r}_{\mathrm{at}}} \tag{8.42}$$

方程(8.41)显示量 $\boldsymbol{F}$ 扮演了一个驱动位于 $\boldsymbol{r}_{\mathrm{at}}$点、质量为 M 的经典粒子进行运动的经典力的角色.

为获取力 $\boldsymbol{F}$ 的完全表达式,我们必须算出在点 $\boldsymbol{r}_{\mathrm{at}}$处量子偶极子的期待值$\langle \hat{D}_{\boldsymbol{\varepsilon}} \rangle$.这就是我们马上要对一个闭合的二能级系统所做的.

评注 描述力的方程(8.42)与置于电场为 $\boldsymbol{\varepsilon}E(\boldsymbol{r},t)$且沿电场方向 $\boldsymbol{\varepsilon}$ 的分量 $\mathcal{D}_{\varepsilon} = \langle \hat{D}_{\boldsymbol{\varepsilon}} \rangle$中 $\boldsymbol{r}_{\mathrm{at}}$处的经典偶极子所得的力的方程是一样的.

8.2.4 闭合二能级原子的稳态辐射力

现在我们假定在 $\boldsymbol{r}_{\mathrm{at}}$处原子的内部态在如下所示的电场下达到了稳态:

$$\boldsymbol{E}(\boldsymbol{r},t) = \boldsymbol{\varepsilon}\mathcal{E}(\boldsymbol{r},t) + \boldsymbol{\varepsilon}^* \mathcal{E}^*(\boldsymbol{r},t) \tag{8.43}$$

其中

$$\mathcal{E}(\boldsymbol{r},t) = \frac{E_0(\boldsymbol{r})}{2}\mathrm{e}^{-\mathrm{i}\varphi(\boldsymbol{r})}\mathrm{e}^{-\mathrm{i}\omega t} \tag{8.44}$$

正如我们已经在2.4.5小节(更准确地说是补充材料2.C)中看到的那样,原子会经受一个驱动场频率为 ω 的受迫振荡,并且我们可以写出

$$\langle \hat{D}_{\boldsymbol{\varepsilon}} \rangle = \varepsilon_0 \alpha \mathcal{E} + \mathrm{c.c.} \tag{8.45}$$

其中 α 是原子的极化度.α 是一个复数,

$$\alpha = \alpha' + \mathrm{i}\alpha'' \tag{8.46}$$

原则上,α 依赖于频率ω 和场强E_0,并且量纲为长度的三次方.

将式(8.45)代入式(8.42),我们得到四个项,其中两项以 2ω 振荡,并且当对时间平均后不给出任何效应.剩余两项并不振荡,由此给出如下的力:

$$\begin{aligned}\boldsymbol{F} &= \varepsilon_0 \alpha \mathcal{E}\{\nabla \mathcal{E}^*\}_{\boldsymbol{r}_{\mathrm{at}}} + \varepsilon_0 \alpha^* \mathcal{E}^* \{\nabla \mathcal{E}\}_{\boldsymbol{r}_{\mathrm{at}}} \\ &= \varepsilon_0 \alpha' \frac{E_0}{2}\{\nabla E_0(\boldsymbol{r})\}_{\boldsymbol{r}_{\mathrm{at}}} - \varepsilon_0 \alpha'' \frac{E_0^2}{2}\{\nabla \varphi(\boldsymbol{r})\}_{\boldsymbol{r}_{\mathrm{at}}}\end{aligned} \tag{8.47}$$

因此辐射力由两项贡献组成.其中一个和极化度的实部 α' 相关(原子响应的反作用部分)的项依赖于电磁波振幅(或者强度)的梯度.此项称为**偶极力**或**梯度力**.另一项和极化度的虚部 α'' 相关(原子响应的耗散作用部分),依赖于电磁波相位的梯度.这称为**共振辐射压**.

从式(2.C.75),我们推出了准共振情况下速度为零时二能级原子的极化度为

$$\alpha = \frac{d^2}{\varepsilon_0 \hbar} \frac{\omega_0 - \omega + \mathrm{i}\Gamma/2}{(\omega - \omega_0)^2 + \Omega_1^2/2 + \Gamma^2/4} \tag{8.48}$$

这可以重写为一个独立于电磁波强度(正比于 Ω_1^2)的极化度和一个在高电磁波强度时趋于零的饱和项 $(1+s)^{-1}$ 的乘积:

$$\alpha = \frac{d^2}{\varepsilon_0 \hbar} \frac{\omega_0 - \omega + \mathrm{i}\Gamma/2}{(\omega - \omega_0)^2 + \Gamma^2/4} \frac{1}{1+s} \tag{8.49}$$

我们早已在第 2 章式(2.189)中遇到饱和参量 s,它由下式给出:

$$s = \frac{\Omega_1^2/2}{(\omega - \omega_0)^2 + \Gamma^2/4} = \frac{I}{I_{\text{sat}}} \frac{1}{1 + 4\left(\dfrac{\omega - \omega_0}{\Gamma}\right)^2} \tag{8.50}$$

其中

$$I_{\text{sat}} = \frac{2}{\Gamma^2} \frac{\Omega_1^2}{I} \tag{8.51}$$

如果现在原子的速度 $\boldsymbol{V}$ 非零,在极化度的表达式中就必须考虑到多普勒效应(见 8.1.3 小节),这可以通过在式(8.48)～式(8.50)中将 ω 替换为 $\omega - \boldsymbol{k} \cdot \boldsymbol{V}$ 来做到.这种多普勒频移在许多辐射力相关的效应中起着重要作用,如多普勒冷却(见 8.3.1 小节).

评注 (1) 力的表达式(8.47)仅在位于 $\boldsymbol{r}_{\text{at}}$ 处原子偶极矩 $\langle\hat{\boldsymbol{D}}\rangle$ 处于受迫振动的条件下才成立.当原子处于移动状态时,通常这个位于固定点的假定就不满足了.我们必须回到式(8.42),一般来说,力是依赖于速度的,这一点我们将在 8.3 节中看到.

(2) 上面对辐射力的计算包含了几个经典的特点,对它们的清楚认识是十分有益的.首先,电磁场是经典的电磁波,因此我们没有将原子和辐射之间的动量交换考虑为 $\hbar k$ 的光量子.我们随后会看到,这些效应事实上导致了不同的原子在运动上是统计性地散开的.力 $\boldsymbol{F}$ 作为一个统计上的平均力的形式出现.其次,我们还采用了点状波包的经典形式来描述原子运动.当此点状波包的描述不再适用时,上面的结果也是可以应用的,只不过要明白,这些结果描述的是原子位置量子期待值的运动情况,即波包的质心的运动.在此情况下,$\boldsymbol{F}$ 可以被认为是量子情况下的一个平均力.

8.2.5 共振辐射压

正如在 8.1 节中一样，我们考虑一个平面行波，

$$\mathcal{E}(\boldsymbol{r},t)=\frac{E_0}{2}\mathrm{e}^{\mathrm{i}\boldsymbol{k}\cdot\boldsymbol{r}}\mathrm{e}^{-\mathrm{i}\omega t} \tag{8.52}$$

其中 E_0 为常数振幅，$\boldsymbol{k}$ 为波矢(其中$|\boldsymbol{k}|=k=\omega/c$). 正像在式(8.47)中所看到的那样，偶极力为零，并且唯一的辐射力是共振辐射压：

$$\boldsymbol{F}_1=\varepsilon_0\alpha''\frac{E_0^2}{2}\nabla(\boldsymbol{k}\cdot\boldsymbol{r})=\varepsilon_0\alpha''\frac{E_0^2}{2}\boldsymbol{k} \tag{8.53}$$

这个力沿着波传播方向 $\boldsymbol{k}$. 利用闭合二能级原子极化度表达式(8.48)，$\boldsymbol{F}_1$ 变为

$$\boldsymbol{F}_1=\frac{d^2}{2\hbar}\frac{\Gamma}{(\omega-\omega_0)^2+\Omega_1^2/2+\Gamma^2/4}\frac{E_0^2}{2}\boldsymbol{k} \tag{8.54}$$

通过回忆拉比角频率 Ω_1 等于 $-dE_0/\hbar$(式(2.86))，再应用式(8.50)，我们就能得到一个简单的表达式：

$$\boldsymbol{F}_1=\hbar\boldsymbol{k}\frac{\Gamma}{2}\frac{\Omega_1^2/2}{(\omega-\omega_0)^2+\Omega_1^2/2+\Gamma^2/4}=\hbar\boldsymbol{k}\frac{\Gamma}{2}\frac{s}{1+s} \tag{8.55}$$

当参数 s 处于式(8.50)中的共振情况时，辐射压在原子频率 ω_0 处有一个(洛伦兹分布的)峰. 如果 s 和 1 相差不太大，这个共振峰就非常窄，其宽度和原子谱线线宽 Γ 同阶. 因此我们就理解了为什么需要线宽小于 Γ 的激光来获得显著的效果. 否则，光的功率会在一个相较 Γ 很宽的频带上被“稀释”，这样力将会很弱.

式(8.50)和式(8.55)说明，对于较小的饱和参量值($s\ll1$)，辐射压正比于光强. 然而，当光强很高($s\gg1$)时，力达到饱和，但不能超过最大值，

$$\boldsymbol{F}_1^{\max}=\hbar\boldsymbol{k}\frac{\Gamma}{2} \tag{8.56}$$

力的最大值实际上是很大的，这可以通过计算 $\boldsymbol{F}_1^{\max}$ 作用在一个原子上获得的加速度看出来：

$$\gamma_{\max}=\frac{F_1^{\max}}{M}=\frac{\Gamma}{2}\frac{\hbar k}{M}=\frac{\Gamma}{2}V_{\mathrm{R}} \tag{8.57}$$

对于 2.9×10^{-2} m·s^{-1}的典型反冲速度和 4×10^{7} s^{-1}的线宽 Γ(比如钠在 0.589 μm 的共振谱线),最大加速度为 $\gamma_{max}\approx5.9\times10^{5}$ m·s^{-2},等效于 6×10^{4} 倍的地球表面重力加速度的值.

此量级的加速度可以相对容易地用激光来获得.在共振时,强度 I_{sat}(典型值为几毫瓦每平方厘米)的激光足以获得 $\gamma_{max}/2$ 的加速度.这足够将一热束流(300 m·s^{-1})中的原子在 1 m 的距离内停止,只要原子在减速(减速会自然地改变多普勒频移量)过程中一直和激光处于共振.此类实验在 20 世纪 80 年代初期的成功实施促进了用激光操控原子运动(图 8.1)研究的发展.

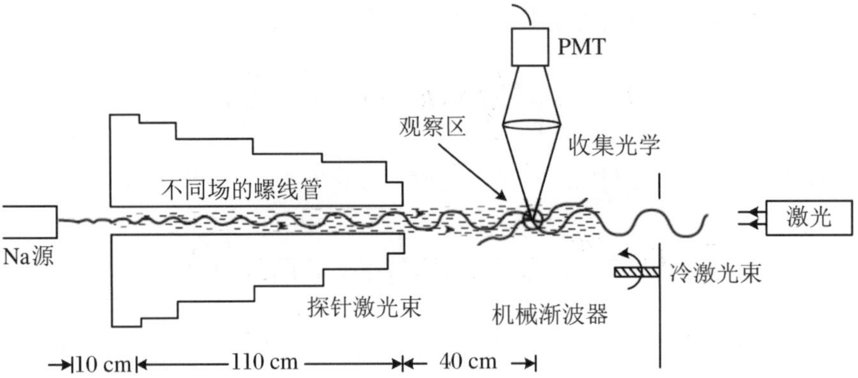

图 8.1　通过共振辐射压使钠原子束减速(图片来自 Prodan,Phillips 和 Metcalf)①

原子被一束从对向照射的准共振激光减速.通电螺线管可在其轴心产生一个可变的磁场,其中的原子在真空中传播,变化的磁场以一种与位置相关的方式通过塞曼效应改变原子的共振频率 ω_0.对于恰当选择的场,原子共振频率的变化正好与原子由于减速而产生的多普勒效应的变化相抵消.在此情况下,原子可以在减速过程中继续保持共振状态,这样可以非常有效地对原子减速,并且甚至可以完全使原子静止.

推导共振辐射压式(8.55)的过程基于光的经典模型,其中没有光子的概念.但是公式中出现了 $\hbar\boldsymbol{k}$,而且这就是施加辐射压的光波中所涉及的光子的动量.这样看来用光子和原子之间的动量交换来解释 $\boldsymbol{F}_1$ 的表达式是很诱人的.为此目的,注意到

$$\Gamma_{fluo}=\frac{\Gamma}{2}\frac{s}{1+s} \tag{8.58}$$

恰是每秒钟荧光周期数(一个周期包括一次吸收与一次自发辐射).这可通过光学布洛赫方程证明,但是通过和 2.6.2 小节类似的速率方程来证明将会更直接(尽管不太严格).

① Prodan J V, Phillips W D, Metcalf H. Laser Production of a very Slow Monoenergetic Atomic Beam [J]. Physical Review Letters, 1982, 49: 1149.

设 π_a 和 π_b 分别是原子在能级 a 和 b 上的布居数(占据某能级的概率),描写图 8.2 中闭合的二能级原子的 π_a 和 π_b 的演化的速率方程可以写为

$$\frac{\mathrm{d}\pi_b}{\mathrm{d}t} = -\frac{\mathrm{d}\pi_a}{\mathrm{d}t} = \Gamma \frac{s}{2}\pi_a - \Gamma \frac{s}{2}\pi_b - \Gamma\pi_b \tag{8.59}$$

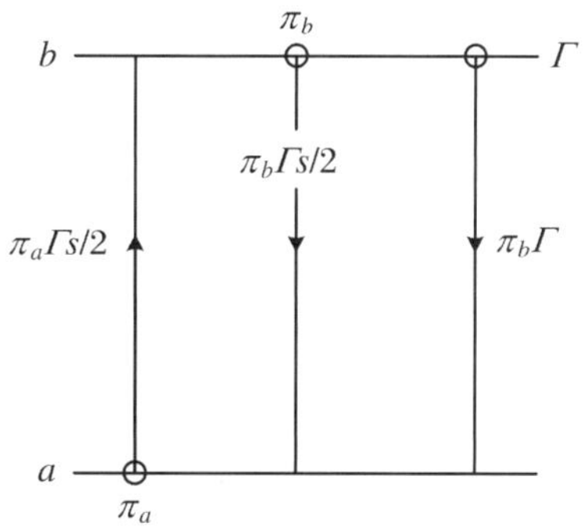

图 8.2　对描述闭合的二能级系统{a,b}的速率方程有贡献的吸收、诱导辐射和散射光子的辐射过程

对饱和参量为 s 的波给出了跃迁概率,其中 s 是原子两能级布居数为 π_a 和 π_b(即原子分别处于 a 能级和 b 能级的分数)的函数.能级 b 只能衰变到稳定能级 a,且布居分数之和为 1,即 $\pi_a + \pi_b = 1$.

由于 $\pi_a + \pi_b = 1$,式(8.59)的稳态解是

$$\pi_b = \frac{1}{2}\frac{s}{s+s} \tag{8.60}$$

每秒钟荧光周期数等于每秒钟自发散射的光子数:

$$\Gamma_{\text{fluo}} = \Gamma\pi_b = \frac{\Gamma}{2}\frac{s}{1+s} \tag{8.61}$$

此即式(8.58).上式中,s 为式(8.50)中的饱和参量.

给定式(8.58),描述力的式(8.55)可以重写为

$$\boldsymbol{F}_1 = \hbar\boldsymbol{k}\Gamma_{\text{fluo}} \tag{8.62}$$

此式可以通过解出在每一个荧光周期内原子和光子动量交换平衡后的值来解释(图 8.3).实际上,在一个基本周期内,如果一个激光光子消失,则其动量 $\hbar\boldsymbol{k}$ 传给了原子;而如果出现散射光子,则传递的动量为 $\hbar\boldsymbol{k}_{\text{scat}}$.在荧光周期内,原子动量的改变为

$$\Delta\boldsymbol{P}_{\text{cycle}} = \hbar\boldsymbol{k} - \hbar\boldsymbol{k}_{\text{scat}} \tag{8.63}$$

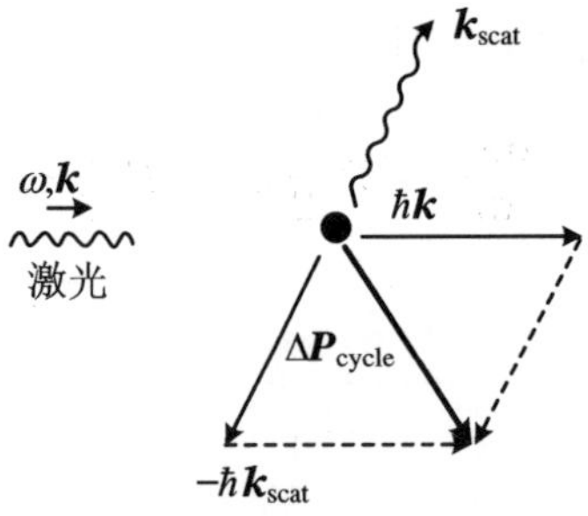

图 8.3　在一个基本的荧光周期内原子和光子的动量交换

如果此过程重复了多次，由于自发地散射光子而获得的反冲量 $-\hbar k_{scat}$ 总和平均为 0，于是原子获得了朝向激光的波矢 k 的平均动量.

当过程本身不断重复时，每一个周期内激光光子的动量 $\hbar k$ 都相同，但是散射出的光子的方向是随机的，其辐射方向是关于坐标原点各向同性的. 平均来说，经过大量的荧光周期后，我们有

$$\langle k_{scat} \rangle = 0 \tag{8.64}$$

由此每个周期内原子动量的平均改变由下式给出：

$$\langle \Delta P_{cycle} \rangle = \hbar k \tag{8.65}$$

因此每秒钟原子动量的平均改变等于

$$\left\langle \frac{d}{dt} P_{at} \right\rangle = \Gamma_{fluo} \hbar k \tag{8.66}$$

这与用半经典理论所得力 F_1 的表达式(8.62)是一样的. 正如之前所声称的那样，我们将其解释为原子和激光光子之间的动量交换.

评注　(1) 我们没有考虑吸收/受激辐射周期. 事实上，对于一个平面波的情况，在每一个这样的周期内总的动量转移为零，因为

$$\Delta P_{sti} = -\Delta P_{abs} = \hbar k \tag{8.67}$$

(2) 那些在图 8.2 或图 8.3 的荧光过程中重新辐射出来的散射光子有时称为自发光子. 这个术语可能有些令人误解，因为它将这些重新辐射出来的光子的谱特性是与激光紧密相连的这个事实给掩盖起来了. 例如，在低饱和($s<1$)以及给定的原子的情况下，散射出去的光的频率是和入射激光的频率 ω 严格相等的，相反，由被激发至 b 能级的原子

自发辐射的光将具有以ω_0为中心、宽度为Γ的谱分布. 另外,"自发"这个词提醒我们辐射出的散射光的方向是随机的. 而且,这样的描述也是和散射率表达式$\Gamma\pi_b$相协调的(见方程(8.61)或图8.2). 用一个更好但不太广泛应用的术语,我们也许可以称之为"自发散射的光子".

8.2.6 偶极力

现在考虑一个非均匀振幅$E_0(\boldsymbol{r})$的激光. 例如,我们考虑高斯分布

$$E_0(x,y) = A_0 \exp\left(-\frac{x^2+y^2}{w_0^2}\right) \tag{8.68}$$

传播方向沿Oz方向的光束. 电场具有复振幅,

$$\mathcal{E}(\boldsymbol{r},t) = \frac{A_0}{2}\exp\left(-\frac{x^2+y^2}{w_0^2}\right)e^{ikz}e^{-i\omega t} \tag{8.69}$$

现在式(8.47)的第一项就有了非零的贡献,也就是**偶极力**:

$$\boldsymbol{F}_2 = \varepsilon_0\alpha'\frac{E_0}{2}\cdot\nabla E_0 = \varepsilon_0\frac{\alpha'}{4}\nabla(E_0^2) \tag{8.70}$$

利用极化度的表达式(8.48),我们可得

$$\boldsymbol{F}_2 = \frac{\hbar(\omega_0-\omega)}{2}\frac{\nabla(\Omega_1^2/2)}{(\omega-\omega_0)^2+\Omega_1^2/2+\Gamma^2/4} \tag{8.71}$$

这里我们再次利用拉比角频率的定义:$-dE_0(\boldsymbol{r}) = \hbar\Omega_1(\boldsymbol{r})$.

因此偶极力是随着下式光强的梯度变化而变化的,

$$I = \frac{2\Omega_1^2}{\Gamma^2}I_{\text{sat}} \tag{8.72}$$

对于负的失谐量($\omega<\omega_0$),原子被吸引到光的高强度区域,而对于正的失谐量($\omega>\omega_0$),原子被排斥而远离光的高强度区.

对式(8.71)积分,我们发现偶极力$\boldsymbol{F}_2$源自一个势,即

$$\boldsymbol{F}_2 = -\nabla U_{\text{dip}}(\boldsymbol{r}) \tag{8.73}$$

其中

$$U_{\text{dip}}(\boldsymbol{r}) = \frac{\hbar(\omega - \omega_0)}{2}\ln\left[1 + \frac{\Omega_1^2(\boldsymbol{r})/2}{(\omega - \omega_0)^2 + \Gamma^2/4}\right]$$
$$= \frac{\hbar(\omega - \omega_0)}{2}\ln[1 + s(\boldsymbol{r})] \tag{8.74}$$

(积分常数的选择要使得激光束区域外的势能为零.)这个性质是非常重要的,因为它表明,如果激光是负失谐的(即 $\omega<\omega_0$),则将原子束缚在激光束的焦点上也许是可能的(图 8.4).确实,在此点处,饱和参量具有最大值 $s_{\max}$,同时势能不仅在 x 和 y 方向(势阱典型宽度为 w_0,见式(8.69)),也在 z 方向(势阱典型宽度 $z_R=\pi w_0^2/\lambda$,其中 z_R 是瑞利长度,见补充材料 3.B)上具有极小值.因此原子会发现它们自己处于一个势阱中,势阱深度为

$$\Delta U = \frac{\hbar(\omega_0 - \omega)}{2}\ln(1 + s_{\max})$$

此值随着最大光强的增大而增大.如果原子的动能小于势阱的深度,它们就会被束缚在势阱中.在实际中,通常的激光很难产生囚禁温度远高于几百毫开的原子的势阱.因此为了囚禁原子,首先要用我们将在 8.3 节中描述的方法对它们进行冷却.然而,对于已经足够冷的原子,激光势阱的应用是广泛的.注意,移动激光的焦点是很容易的,随之移动的包括在该处囚禁的原子(图 8.4).这种装置称为光钳.

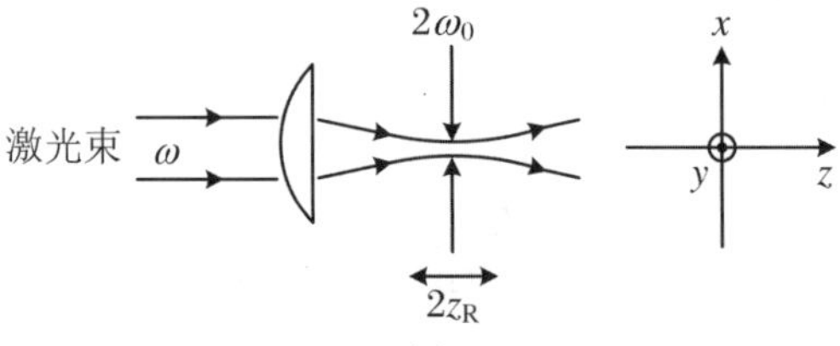

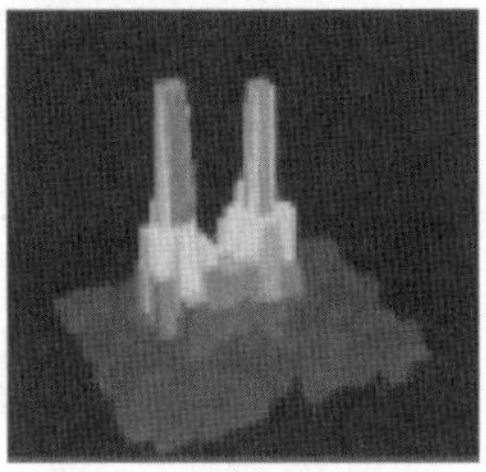

图 8.4 (a) 囚禁的原子被吸引到负失谐激光($\omega<\omega_0$)的焦点区域.具有吸引性质的偶极势可以囚禁原子,只要原子有足够小的动能.(b) 利用两束高度聚焦到临近两点的光束,两个原子可以被分别囚禁,并通过独立地控制单个激光束而使原子间产生位移.每个原子都可以通过散射辐照到其上的光(荧光)而被观察到,通常为 10^7 个光子/秒,这很容易被观测到,如图中显示的就是在 CCD 照相机上探测到的荧光(感谢来自光学研究院(Institut d'Optique,法国)的格朗吉耶(P. Grangier)提供图片).

偶极力在原子光学中也起着重要作用.它是构建用来反射原子(原子反射镜)、聚焦原子(原子透镜)和衍射原子(原子衍射光栅)等装置的基础.其另一个重要的应用是所谓的"光晶格"结构,此结构基于一个 3D 驻波的偶极势.它实现了 3 维周期性的微势阱阵

列，而微势阱中可囚禁冷原子(图 8.5).

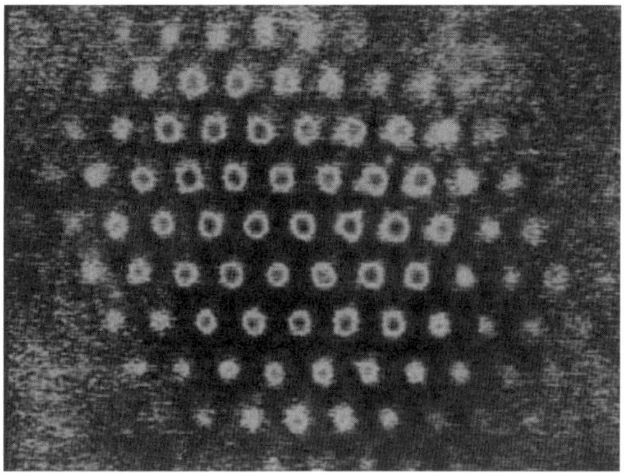

图 8.5　囚禁于微势阱周期阵列中的超冷原子

势阱间距为 10 μm，位于一个低频失谐($\omega<\omega_0$)的激光束所形成的驻波的腹点处.原子通过吸收共振光被观测到(感谢布瓦龙(D. Boiron)和萨洛蒙(C. Salomon)提供图片).

偶极力已经通过半经典方式进行了计算，它可以简单地解释为电磁波中的电场与电场所诱导的原子电偶极矩之间的耦合所致的结果.人们想知道这种力是否也可以重新解释为原子和光子之间交换动量的结果.答案实际上是肯定的，但是这次并不容易.一个非均匀电磁波可分解为几个不同波矢的平面波的叠加.考虑最简单的波矢为 $\boldsymbol{k}_1$ 和 $\boldsymbol{k}_2$ 的两个平面波情况，同时考虑原子吸收一个波(如波 1)的一个光子随后在另一个波(波 2)的振动模上受激辐射出一个光子(图 8.6)的一个循环周期.其结果是在 $\boldsymbol{k}_1-\boldsymbol{k}_2$ 方向的一个受力.但是我们也可以考虑相反的过程，即吸收波 2 的光子随后受激辐射波 1 的光子，这会导致一个大小一样但方向相反的力.可以证明，这两个过程的倾向程度依赖于波 1 和波 2 在原子所处位置的相对相位.用光子来解释力在这里是难于处理的，相反，半经典模型的图像却根植于非均匀势场内偶极子所受沿势场梯度方向(正向或反向依赖于偶极子和场是同相的还是异相的)的力这个众所周知的事实.

这是一个我们值得采用多个原子-辐射场相互作用模型的很好的实证.在原子-辐射场相互作用的半经典模型中，经典电磁波与原子偶极矩相互作用，这提供了偶极力 $\boldsymbol{F}_2$ 的一个简单图像.另外，在原子-辐射场相互作用的量子模型中，光是以拥有特定动量的光子的形式出现的，这为共振辐射压力 $\boldsymbol{F}_1$ 提供了简单的图像.不只是图像简单，我们还将看到，后一种模型(即量子模型)还显示了一个加热过程的存在，此加热过程最终限制了通过多普勒冷却所能达到的温度的极限，我们接下来就会描述这个过程.

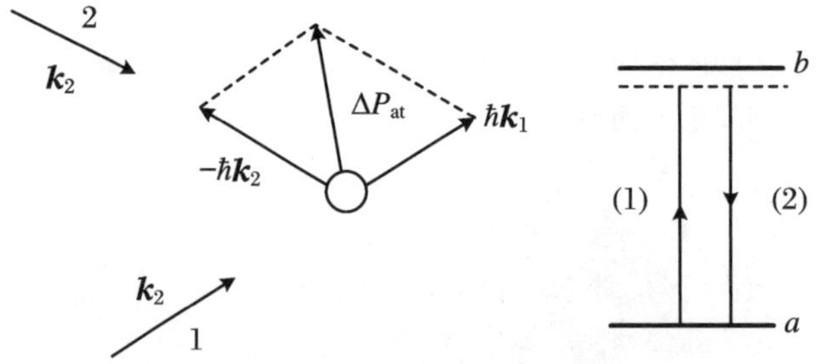

图 8.6　用波 1(吸收)和波 2(受激辐射)中光子的重新分布来解释偶极力

在这样一个基本周期内,原子获得了一个反冲 $\hbar(k_1-k_2)$. 注意相反的周期(即吸收波 2 并受激辐射波 1)对原子传导了同样大小的冲击,但是方向相反.

评注　(1) 原则上,在形如图 8.4 所示的非均匀波中,力 $\boldsymbol{F}_1$ 和 $\boldsymbol{F}_2$ 将同时起作用. 辨别确定这两个力中哪一个更起作用,是令人感兴趣的. 为了比对力 $\boldsymbol{F}_1$ 和 $\boldsymbol{F}_2$ 的表达式(8.55)和(8.71),我们考虑光强变化的梯度很大并且梯度在波长尺度上变化也很大的情况. 在此情况下,$|\nabla|$ 和 $\boldsymbol{k}$ 同阶,并且

$$\frac{|\boldsymbol{F}_1|}{|\boldsymbol{F}_2|} \simeq \frac{\Gamma}{|\omega_0-\omega|}$$

对于较低的失谐量($|\omega-\omega_0|\ll\Gamma$),处于主导地位的是共振辐射压,而对于较大的失谐量,更倾向于显现偶极力. 当我们在比较力 $\boldsymbol{F}_1$ 和 $\boldsymbol{F}_2$ 所产生的效应时,应当记住 $\boldsymbol{F}_2$ 来源于一个势能,而 $\boldsymbol{F}_1$ 不是.

(2) 在失谐的极大值和饱和参量极小值的极限($|\delta|\gg\Gamma,\Omega_1$,因此 $s\ll1$)下,偶极势(8.74)取如下值:

$$U_{\mathrm{dip}}(\boldsymbol{r}) \simeq \frac{\hbar\Omega_1^2(\boldsymbol{r})}{4(\omega-\omega_0)} \tag{8.75}$$

此值正好等于原子基态 $|a\rangle$ 在激光影响下的光致频移(见第 2 章 2.3.4 小节). 该如何解释这个现象已经很清楚了. 在这些极限条件下,所发生的荧光周期非常少(见式(8.58)),于是原子几乎都在基态 $|a\rangle$,这时光致频移差不多就等于偶极势,而事实上,此偶极势正是原子基态和激发态的光致频移的权重平均后的效应,这里的权重为原子处于基态和激发态上的时间长短. 此外,如果荧光率比实验所持续的时间倒数还要低,绝大多数原子在整个实验时间内都处于基态,对这些原子的偶极势严格等于基态的偶极势,且没有涨落.

(3) 因为辐射力只有在实施足够长的时间后才有很强的效应,所以闭合的二能级原子是非常重要的. 如果二能级系统 $\{a,b\}$ 不是闭合的,自发辐射会将原子带到不同于 a

的能级，这时的辐射力因为失谐量很大而通常可以忽略．由于共振辐射压是基于自发散射光子的荧光周期的，它仅对闭合二能级系统有显著效应．另外，偶极力在即使没有自发辐射时也起着重要作用，见上面评注(2)，因此，如果要用偶极力就没有必要使用闭合的二能级系统．

8.3　激光冷却和原子囚禁，光学黏胶

8.3.1　多普勒冷却

考虑一个闭合的有着非零速度 $\boldsymbol{V}$ 的二能级原子，原子放置于两个相向传播的激光内，两束激光频率相同且都为 ω，并略微低于原子频率 ω_0（图 8.7）．我们通过下式定义相对于共振频率的失谐：

$$\delta = \omega - \omega_0 \tag{8.76}$$

对于我们目前考虑的 ω，上式显然是负值．

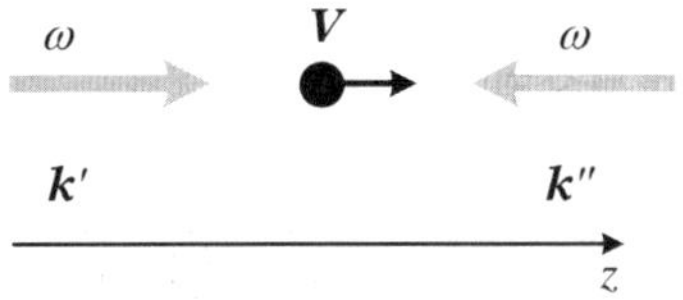

图 8.7　一维多普勒冷却

原子置于两个相向传播的波（$\boldsymbol{k}'' = -\boldsymbol{k}'$）中，波的频率相同且均为 ω，但比原子频率 ω_0 低，而且两束波的强度相同．以运动的原子为参考系，与原子对向传播的比同向传播的波有着更接近共振的频率．因此此波处于主导地位，原子的运动被阻尼了．

这两束激光形成一个驻波．由于驻波的相位是常数，因此人们会认为辐射压 $\boldsymbol{F}_1$ 基本上是零（见式(8.47)），所以原子将只会受到偶极力的作用，此偶极力是由驻波腹点和节点所致的光强的空间变化产生的．但实际上，对于运动的原子，其感受到的光强的变化是如此之快，以至于其内部态不会处于一个定态，因此在应用 8.2 节的结果时需要小心．我们必须用光学布洛赫方程（补充材料 2．C）来计算原子内的瞬态，同时要考虑原子运动，

8

然后导出辐射力. 可以证明,当饱和参量值小于1且将半波长内的效果进行平均时,波 $\boldsymbol{k}'$ 和 $\boldsymbol{k}''$ 之间的相干性可以忽略. 由两束平面波导致的力可以分别独立地考虑,因此我们必须将由每一个波导致的共振辐射压相加. 由此我们可得一个平均辐射力 $\boldsymbol{F}$.

现在我们计算由两束强度相同但比 I_{sat}(Ω_1 相较于 Γ 要小)小的波所施加的辐射压. 我们有

$$\boldsymbol{F}' = \hbar \boldsymbol{k}' \frac{\Gamma}{2} s' \tag{8.77}$$

其中

$$s' = \frac{\Omega_1^2/2}{(\delta - kV_z)^2 + \frac{\Gamma^2}{4}} = \frac{s_0}{1 + 4\left(\frac{\delta - kV_z}{\Gamma}\right)^2} \tag{8.78}$$

并且

$$s_0 = \frac{2\Omega_1^2}{\Gamma^2} = \frac{I}{I_{sat}} \tag{8.79}$$

我们已经考虑了多普勒效应. V_z 是速度在 Oz 方向上的分量且 $k = |\boldsymbol{k}'|$. 类似地,对于第二个波($\boldsymbol{k}'' = -\boldsymbol{k}'$),

$$\boldsymbol{F}'' = \hbar \boldsymbol{k}'' \frac{\Gamma}{2} s'' \tag{8.80}$$

其中

$$s'' = \frac{s_0}{1 + 4\left(\frac{\delta + kV_z}{\Gamma}\right)^2} \tag{8.81}$$

注意,这里的多普勒效应和第一个波的多普勒效应符号相反. 两个力 $\boldsymbol{F}'$ 和 $\boldsymbol{F}''$ 的合力在 Oz 方向上的分量为

$$F = \hbar k \frac{\Gamma}{2} s_0 \left[\frac{1}{1 + \frac{4}{\Gamma^2}(\delta - kV_z)} - \frac{1}{1 + \frac{4}{\Gamma^2}(\delta + kV_z)}\right] \tag{8.82}$$

图 8.8 显示了对于负的失谐量($\delta = -\Gamma/2$),力作为速度的函数形式. 我们观察到此力总是和速度反向的. 因此不管原子向何处移动,它总是被减速. 可以这样来解释:在原子的质心系,多普勒效应会使与原子运动方向相反的波更加接近原子共振频率,该波的辐射压就会起主导作用(图 8.7).

和速度反向且正比于速度的力是一种摩擦力.它将会使整个系综的原子产生阻尼，因而也就被冷却.我们刚描述的这种现象称为多普勒冷却.被应用到之前已被降速的原子上(例如，参见图 8.1)后，多普勒冷却可以产生低于毫开的温度，我们下面将说明这些.

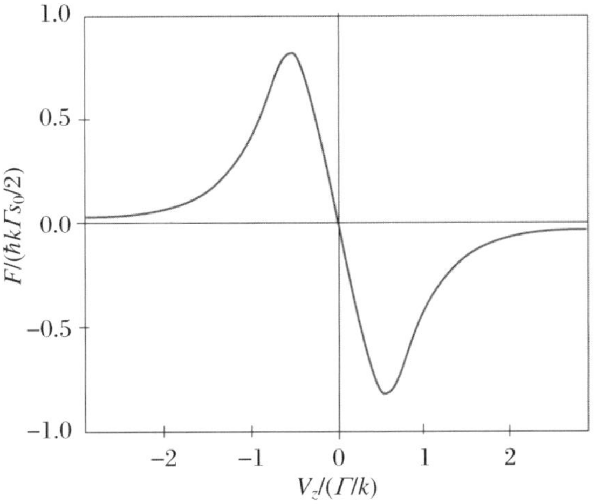

图 8.8　多普勒冷却

图 8.7 中两束波的合力(见式(8.82))如图中所绘，力取约化单位($s_0\hbar k\Gamma/2$)并且 $\delta=-\Gamma/2$.总的辐射力总是与原子的速度方向相反(摩擦力).初始速度分布于若干倍于 Γ/k 的区间上的原子系综可以非常有效地被冷却.

8.3.2　摩擦系数和多普勒黏胶

对式(8.82)中总的力 F_z 在 $V_z=0$ 附近的展开式进行线性截断(取到 V_z 的一次方)，其表达式对应图 8.8 中曲线在原点附近的线性部分，其值为

$$F_z=-M\gamma V_z \tag{8.83}$$

其中

$$\gamma=\frac{8\hbar k^2}{M}s_0\frac{-\delta/\Gamma}{(1+4\delta^2/\Gamma^2)^2} \tag{8.84}$$

是摩擦系数，它在 $\delta<0$ 时为正值. γ 是速度减少到 1/e 大小时所需要的时间的倒数，因为由式(8.83)给出

$$\frac{\mathrm{d}V_z}{\mathrm{d}t}=-\gamma V_z \tag{8.85}$$

8

这是一个解按阻尼指数衰减的微分方程，衰减的时间常数为 γ.

如果原子放置于三对互相垂直且每对包含相向传播的两束波(图 8.9)中，那么速度的三个分量都将获得阻尼.不管其初始速度朝向何处，原子都将被减速.在低饱和参量条件($s_0 \ll 1$)下，之前的计算可以马上被推广，我们可以写出

$$\frac{\mathrm{d}\boldsymbol{V}}{\mathrm{d}t} = -\gamma \boldsymbol{V} \tag{8.86}$$

这里如果六束波的强度和失谐量相同，则 γ 具有式(8.84)的值.摩擦系数在 $\delta = -\Gamma/2$ 时最大，并具有下面的值：

$$\gamma_{\max} = s_0 \frac{\hbar k^2}{M} \tag{8.87}$$

对于碱金属原子，$\hbar k^2/M$ 的典型值为 $10^4\ \mathrm{s}^{-1}$ 量级，于是对于 $s_0 = 0.1$ 的速度的阻尼时间 $1/\gamma_{\max}$ 将小于 1 ms.看起来原子像是被一个极具黏性的“介质”束缚着.由于这个原因，这类构造装置被朱棣文(第一个发现这个现象的人)称作“光学黏胶”.

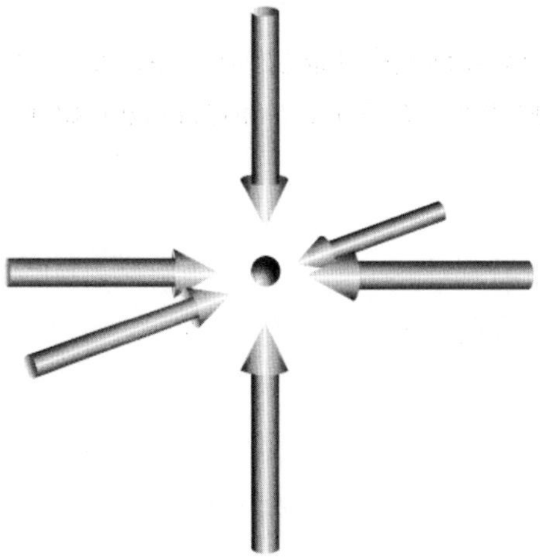

图 8.9　三维光学黏胶

当原子放置于三对相向传播且调节至互相垂直的光波中时，其速度降低很快(小于 1 ms).

注意摩擦力与速度保持线性的区域约是 Γ/k 的量级(图 8.8).更一般地，如果速度远大于所谓的俘获速度 $-\delta/k$，那么摩擦是可忽略的.俘获速度的值一般位于区间 $1 \sim 10\ \mathrm{m \cdot s^{-1}}$.相较于室温时原子的热速度(每秒几百米)来说，俘获速度是很小的.然而，原子束流中被共振辐射压减速且滞留的原子有几米每秒的剩余速度.如果它们接着被光学黏胶俘获，那么这些剩余速度就可以很快(几毫秒之内)地被阻尼掉，于是原子蒸

气可以非常有效地被冷却.由摩擦力提供给每一个原子的平均功率(统计意义下)为

$$\left[\frac{\mathrm{d}W}{\mathrm{d}t}\right]_{\mathrm{ref}} = \langle \boldsymbol{F} \cdot \boldsymbol{V} \rangle = -\gamma M \langle \boldsymbol{V}^2 \rangle \tag{8.88}$$

这里的尖括号表示对样品中的原子系综的统计平均.如果 γ 是正的,原子获得的平均功率(8.88)是负的,这说明原子样品是被冷却的.正如从式(8.88)所看到的那样,冷却的效率会随着$\langle V^2 \rangle$(即温度)的降低而降低.我们将在 8.3.6 小节中看到,由于也存在着一个独立于速度的加热过程,温度只会降低到一个有限的值(8.3.7 小节).

8.3.3 磁光阱

光学黏胶的作用是极大地降低原子的速度,但是它一致性地作用于六束激光重叠区域的任意一点.原子被冷却了,即速度降低了,但是其空间分布的密度保持不变.如果能把这些冷却的原子聚集到一个非常小的空间区域内,对一些实验可能会是非常有好处的.这种原子的聚集可以通过我们马上将要描述的磁光阱来实现,磁光阱既可以看作具有陷阱性质的黏胶,也可以看作,正如我们将要看到的那样,一个具有阻尼性质的陷阱.

我们考虑一个原子,其基态$|a\rangle$的总角动量为 $J_a=0$ 且激发态角动量为 $J_b=1$.这样的激发态能级由三个塞曼子能级组成,即$\{|b,-1\rangle,|b,0\rangle,|b,+1\rangle\}$.我们已在补充材料 2.B 的 2.B.1.3 小节中看到,圆偏光 σ_+ 只和跃迁$|a\rangle \leftrightarrow |b,+1\rangle$耦合,而 σ_- 只和$|a\rangle \leftrightarrow |b,-1\rangle$耦合(图 8.10).

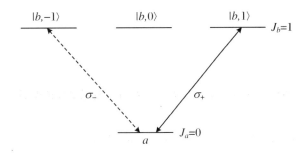

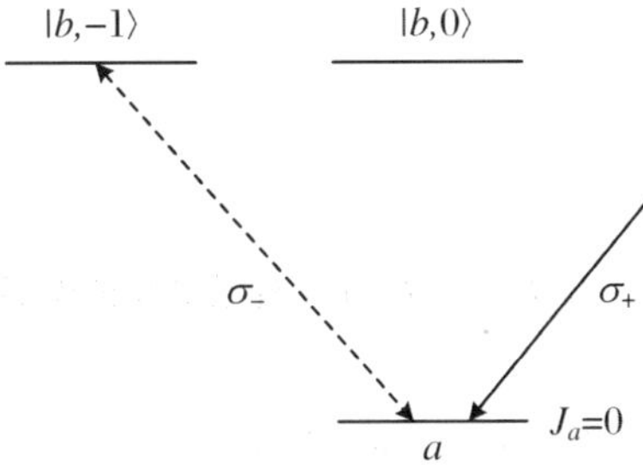

图 8.10 $J_a=0$ 和 $J_b=1$ 之间的跃迁

圆偏振 σ_+ 的光只和$|a\rangle \leftrightarrow |b,+1\rangle$之间的跃迁相互作用,而圆偏振 σ_- 的光只和$|a\rangle \leftrightarrow |b,-1\rangle$之间的跃迁耦合.在定义圆偏 σ_+ 时,采用了和塞曼子能级 $m=0,\pm 1$ 相同的 Oz 轴.

当存在 Oz 方向的磁场 $\boldsymbol{B}=Be_z$(其中 Oz 方向是能级 $|b,m\rangle$ 空间量子化的方向)时,塞曼效应使这些能级产生了一个 $m\hbar\omega_B$ 的改变量,这里 $\omega_B=g\frac{\mu_B}{\hbar}B$,$\mu_B$ 是玻尔磁子($\mu_B/\hbar\approx 14\ \text{GHz}\cdot\text{T}^{-1}$),兰德因子 $g=1$. 两个子能级 $|b,+1\rangle$ 和 $|b,-1\rangle$ 的能量向相反的方向偏移.

现在考虑图 8.11 所示的情形,其中原子与两个偏振分别为 σ_+ 和 σ_- 且沿 z 轴相向传播的行波相互作用. 由这两束波施加的辐射压可通过类似 8.3.1 小节的方法计算,其中要考虑到两个不同偏振的光对应的塞曼能级移动的符号是相反的. 原本的失谐量 $\omega-\omega_0$ 对于 σ_+ 偏振波变为 $\omega-\omega_0-\omega_B$,而对于 σ_- 偏振波变为 $\omega-\omega_0+\omega_B$. 式(8.82)是可以适用于图 8.11 所示的结构的,只需要将其洛伦兹分布的分母调整为下式即可:

$$F=\hbar k\frac{\Gamma}{2}s_0\left[\frac{1}{1+\frac{4}{\Gamma^2}(\omega-\omega_0-\omega_B-kV_z)}-\frac{1}{1+\frac{4}{\Gamma^2}(\omega-\omega_0+\omega_B+kV_z)}\right]\tag{8.89}$$

实际上,我们可以简单地将式(8.82)中的 kV_z 替换为 $kV_z+\omega_B$ 来得到当前的偏振和辐射场的构造下总力的表达式. 在 $|kV_z+\omega_B|\ll\sqrt{\delta^2+\Gamma^2/4}$ 的极限下,在计算至 kV_z 和 ω_B 的一阶近似时,

$$F_z=M\frac{\mathrm{d}V_z}{\mathrm{d}t}=-\gamma\left(V_z+\frac{\omega_B}{k}\right)\tag{8.90}$$

其中 γ 由式(8.84)给出.

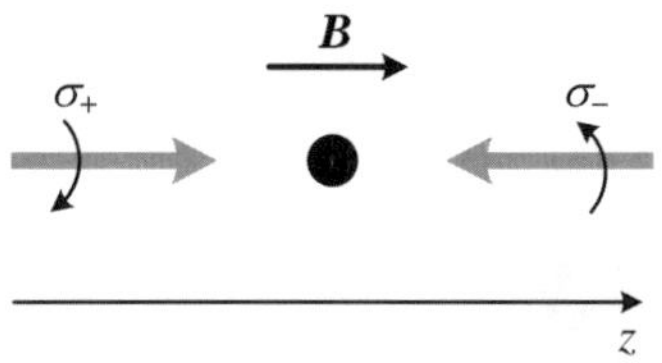

图 8.11　在存在磁场 $\boldsymbol{B}$ 的情况下,原子处于与 $J=0\leftrightarrow J=1$ 跃迁准共振的偏振为 σ_+ 和 σ_- 的两束相向传播的电磁波中

于是我们就得到将原子速度冷却在 $V_z=-\omega_B/k$ 附近的一个移动的黏胶.

如果 $\omega<\omega_0$,这里仍有一个摩擦力,只是此力倾向于在 $V_z=-\omega_B/k$ 附近而不是在 $V_z=0$ 附近累积原子. 这就产生了一种所谓"移动黏胶",其中所有原子以近乎相同的速度移动. 由于 ω_B 随 B 线性变换,因此磁场可以用来在一个非零值的附近调节被冷却原子的速度.

为了在摩擦力之外再获得一个囚禁的效应,我们可以利用一个沿 z 方向变化并且在

原子聚集的位置为零的磁场.例如,可以利用两个全同但电流方向相反的线圈(图8.12).在两个线圈的中间(我们选为原点的点),磁场是零,原子被冷却到的速度 $V_z = -\omega_B/k$ 也为零.于是原子在此点附近累积起来.对于定量分析,只保留原点附近场的 z 轴分量 B 的展开式中首个非零项就足够了.后面的一项随 z 线性变换,因此 ω_B 正比于 z,于是式(8.90)变为

$$M \frac{\mathrm{d}}{\mathrm{d}t} V_z = -\gamma\left(V_z + \frac{g\mu_B}{\hbar k}\frac{\partial B}{\partial z} z\right) \tag{8.91}$$

如果 $\gamma > 0$ 且 $g\dfrac{\partial B}{\partial z} > 0$,力是使速度朝向 $V_z = 0$ 且坐标趋向 $z = 0$ 的吸引的力.这个结构可以同时降低原子速度并将它们在空间中聚集,即囚禁原子.式(8.91)实际上就是一个阻尼的谐振子.原子被同时冷却和囚禁.

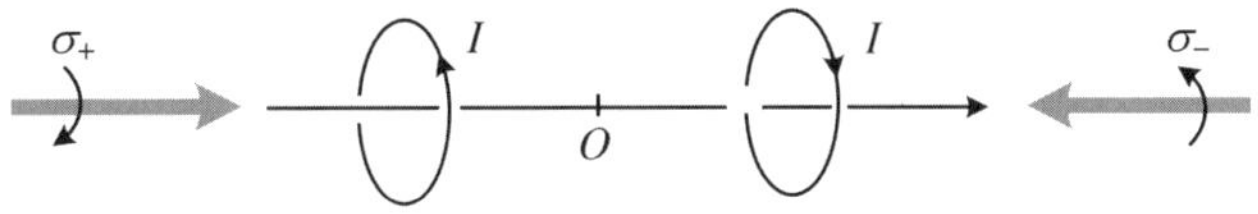

图 8.12　一维磁光阱

这里的情况和图 8.11 所示类似,但是两个线圈在 $z = 0$ 附近产生了一个线性依赖于 z 的磁场 B_z.于是,原子被冷却并囚禁在 O 点附近.

像光学黏胶中的情况一样,上面的讨论可以推广到三维情形.在三维时,磁光阱用三对沿 Ox,Oy,Oz 方向的波来实现.每一对光波都是相向传播且有着相反的圆偏振.

磁光阱是非常有效的,并且已经成为冷原子物理的基本工具("一匹吃苦耐劳的马").它甚至可以直接将室温下的原子蒸气中的原子进行冷却并囚禁,只要速度最低的那些原子(在麦克斯韦-玻尔兹曼分布的尾部)的速度在俘获区内.

8.3.4　涨落和加热

辐射力的表达式(8.42)的论证过程是基于电磁场的经典模型的,其中的电磁波有着完全确定的振幅和相位.在激光场的量子描述中,如果某辐射场处于描述激光的准经典态(见 5.3.4 小节),其经典电场强度(8.18)可以看作场算符的量子期待值.量子场所涉及的可观测量具有涨落,正是因为如此,一些简单的物理图像通常可以想象出来(见第 5 章).例如,准经典态的强度涨落可以用一个泊松分布的光子数分布来描述.

当我们考虑到场的量子特性时,辐射力同样也成为一个量子可观测量,同时式

(8.42)给出的 $\boldsymbol{F}$ 值将是其在场和原子的量子态下的期待值.此力现在有着在其期待值附近的涨落,而且原子的轨迹将会散乱在平均轨迹周围.特别是,这意味着原子的速度也将散乱分布于平均速度周围(图 8.13).这种速度的散布对应一个以平均速度为参考系时颤动的动能 W:

$$W = \frac{1}{2}M\langle | \boldsymbol{V} - \langle \boldsymbol{V} \rangle |^2 \rangle \tag{8.92}$$

由此颤动(如果颤动的速度分布是高斯分布且在相对平均速度左右时是各向同性的)动能与一个温度有关.对于每一个方向 i,我们可写出

$$\frac{1}{2}k_{\mathrm{B}}T = \frac{1}{2}M\langle (V_i - \langle V_i \rangle)^2 \rangle = \frac{W}{3} \tag{8.93}$$

正如我们下面将看到的,这个温度在涨落影响下趋向于逐渐增加,因此它会导致一个加热效应,以对抗我们之前所描述的冷却现象,直到最终获得一个平衡温度.我们将评估此加热效应,首先考虑共振辐射压强,然后考虑多普勒黏胶情况.

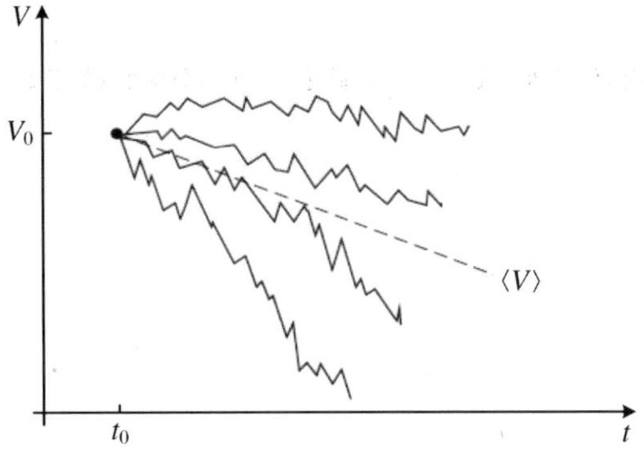

图 8.13　力的涨落(散布)及加热

一个系综的原子,初始时每一个原子都具有相同速度 V_0,在经受了一个随机的受力后将呈现每一个原子都彼此不同的一个随机的散布.在这个随机力的作用下,不同原子的轨迹将展开,并且原子的速度出现了随时间逐渐增加的围绕平均值⟨V⟩的散布,平均值⟨V⟩本身随力的平均值而演化.其结果是,初始时在所考虑的理想情况下被认为温度是零的样品被加热了.

评注　(1) 在式(8.92)和式(8.93)中,我们有意在"⟨⟩"这类平均所表达的意思上留了一些含糊之处.符号"⟨⟩"本质上是一个量子平均.但是,量子平均无非就是对大量通过完全相同的制备方式而获得的粒子所得的一个假想的统计的系综平均.对于一个置于均匀激光束中的有着巨大数量的原子群体,且原子之间无相互作用,我们确实相当于并行地对所有原子进行了相同的实验,于是可以将量子平均认为与原子群体的统计平均相

等.在接下来,除非特别说明,尖括号所表示的平均既可以作为量子期待值,也可以作为统计平均.

(2) 任何涨落都会导致加热.比如我们已经提到的偶极势,实际上就是原子在其基态和激发态感受到的一个平均势,在基态和激发态之间原子可以随机地跃迁.因此被图 8.4(a)中的偶极阱所俘获的原子被加热,其结果是从阱中逃逸.从而我们看到了使用远离共振的大失谐量的好处,因为这样从一个态跃迁至另一态的平均时间间隔就比实验的持续时间(也就是几秒钟)要长.

8.3.5 共振辐射压的涨落

为了将共振辐射压的量子涨落考虑进去,我们参考 8.2.5 小节的模型.在此模型中,共振辐射压 $\boldsymbol{F}_1$ 来自荧光周期内原子和光子的平均动量交换.此时,可以应用经典的随机模型,其中力就是一个随机过程 $\mathcal{F}_1(t)$,其统计平均值为 $\boldsymbol{F}_1$,

$$\boldsymbol{F}_1 = \langle \mathcal{F}_1(t) \rangle \tag{8.94}$$

我们可以写出

$$\mathcal{F}_1(t) = \boldsymbol{F}_1 + \boldsymbol{f}(t) \tag{8.95}$$

其中 $\boldsymbol{f}(t)$是一个平均值为零的随机过程.力 $\boldsymbol{f}(t)$是一系列随机作用于原子的脉冲.这种力称为**郎之万力**.此力在研究布朗运动时被引入,描述的是较大粒子被液体分子随机地撞击而导致其速度随机地发生变化.这最终导致了粒子在空间上的扩散(随机行走).为了导出其对布朗粒子运动的效果,我们只需知道郎之万力 $\boldsymbol{f}(t)$的统计性质即可.原子在荧光过程中会从入射来和散射出的光子上获得动量转移,通过将这些原子视作布朗粒子就可以应用郎之万模型(图 8.3).

现在我们研究在 8.2.5 小节中所考虑的情况下 $\boldsymbol{f}(t)$的特性.原子被置于波矢为 $\boldsymbol{k}$ 的行波中.我们进一步假定波是非饱和的,由此可以忽略受激辐射效应.因此荧光周期的平均速率就是(见 $s \ll 1$ 时的式(8.58))

$$\Gamma_{\text{fluo}} = \frac{\Gamma}{2} s \tag{8.96}$$

而平均力等于(见式(8.62))

$$\boldsymbol{F}_1 = \hbar \boldsymbol{k} \Gamma_{\text{fluo}} \tag{8.97}$$

我们通过一列权重为 $\hbar k$ 的狄拉克函数来模拟 $\mathcal{F}_1(t)$，这对应了原子动量的非连续变化量$\hbar k$. 我们将区别对待吸收的激光光子和散射的光子所对应的效应，因为后者（散射的光子）有任意的出射方向.

每一个吸收的光子在 t_j 时刻对原子施加了一个确定的冲量 $\hbar\boldsymbol{k}$. 对应的力可以写为

$$\mathcal{F}_{\mathrm{abs}} = \sum_j \hbar\boldsymbol{k}\delta(t - t_j) = \boldsymbol{F}_1 + \boldsymbol{f}_{\mathrm{abs}}(t) \tag{8.98}$$

随机过程 $\boldsymbol{f}_{\mathrm{abs}}$是一系列均值为零的狄拉克脉冲，其方差（平方的平均值）为$(\hbar k)^2$，平均速率为 Γ_{fluo}.

重新辐射出去的光子具有贡献 $\boldsymbol{f}_{\mathrm{scat}}$，其平均值为零，且可写为

$$\boldsymbol{f}_{\mathrm{scat}} = \sum_j \boldsymbol{e}_{\mathrm{scat}}(t_j)\hbar k\delta(t - t_j) \tag{8.99}$$

每一个矢量 $\boldsymbol{e}_{\mathrm{scat}}$具有单位长度和随机方向. 对于各向同性的分布，我们有

$$\langle \boldsymbol{e}_{\mathrm{scat}}(t_j)\rangle = 0 \tag{8.100}$$

并且沿任意 α 轴，$\boldsymbol{e}_{\mathrm{scat}}$的方差是

$$\langle [\boldsymbol{e}_{\mathrm{scat}}(t_j)]_\alpha^2\rangle = \frac{1}{3}\langle |\boldsymbol{e}_{\mathrm{scat}}(t_j)|^2\rangle = \frac{1}{3}, \quad \alpha = x, y, z \tag{8.101}$$

相继散射出去的光子向着彼此独立的方向辐射出去，因此

$$\langle \boldsymbol{e}_{\mathrm{scat}}(t_j)\cdot\boldsymbol{e}_{\mathrm{scat}}(t_k)\rangle = \delta_{jk} \tag{8.102}$$

评注 严格来说，对特定的原子来说，相继的时间 t_j 在统计上是独立的这个判断实际上是不正确的. 确实，当一个原子刚辐射出一个荧光光子时，它想再次辐射光子是需要时间的. 这个现象称为光子反聚束现象. 实际中，该现象对我们这里考虑的加热现象来说是不重要的.

8.3.6 动量涨落与多普勒黏胶的加热

在辐射力的涨落效应下，一个原子群体将经历加热过程（图 8.13）. 为计算此过程，考虑一个由初始动量均为 $\boldsymbol{p}(t_0)$的原子构成的群体，并假定原子开始仅受到来自散射光子的郎之万力 $\boldsymbol{f}_{\mathrm{scat}}(t)$（见式(8.99)）. 每一个原子在三维动量空间完成一个步长为 $\hbar k$ 的**随机行走**. 在 t_0 至 t 时间段内，原子动量会在 $\Gamma_{\mathrm{fluo}}(t - t_0)$的荧光周期影响下发生变化，其变化值等于

$$\mathcal{P}(t) = \boldsymbol{p}(t_0) + \sum_{j=1}^{\Gamma_{\text{fluo}}(t-t_0)} \hbar k \boldsymbol{e}_{\text{scat}}(t_j) \tag{8.103}$$

其中 $\boldsymbol{e}_{\text{scat}}(t_j)$ 是一个均匀各向同性的且随机分布的单位矢量(见式(8.100)和式(8.101)).根据式(8.100),我们有

$$\langle \mathcal{P}(t) \rangle = \boldsymbol{p}(t_0) \tag{8.104}$$

平均动量保持不变,这并不奇怪,因为我们已经忽略了由于吸收光子所获得的力.这对应了图 8.13 中力的平均值为零的情况.我们现在计算在 t 时刻动量的方差:

$$\Delta\mathcal{P}^2(t) = \langle [\mathcal{P}(t) - \langle \mathcal{P}(t) \rangle]^2 \rangle = \hbar^2 k^2 \left\langle \sum_j \sum_k \boldsymbol{e}_{\text{scat}}(t_j) \cdot \boldsymbol{e}_{\text{scat}}(t_k) \right\rangle \tag{8.105}$$

利用式(8.102),并注意到单位时间内有 Γ_{fluo} 个散射的光子,我们得到

$$\Delta\mathcal{P}^2(t) = \hbar^2 k^2 \sum_j 1 = \hbar^2 k^2 \Gamma_{\text{fluo}}(t - t_0) \tag{8.106}$$

这说明,在自发辐射所产生的涨落的效果下,动量的方差随着时间线性地增加:

$$\left[\frac{\mathrm{d}}{\mathrm{d}t}\Delta\mathcal{P}^2(t)\right]_{\text{scat}} = \Gamma_{\text{fluo}} \hbar^2 k^2 \tag{8.107}$$

这就是**布朗扩散**现象的一个著名结论.

我们可以得出比求得方差更进一步的结论.实际上,我们可以写出动量 $\mathcal{P}(t)$ 的概率分布.对通过增加大量独立贡献所形成的随机变量 $\mathcal{P}(t) - \boldsymbol{p}(t_0)$ 应用中心极限定理,可以证明每个分量 $\mathcal{P}_i(t)$ 都具有方差为 $\Delta\mathcal{P}_i^2(t)$ 的高斯分布 ρ,

$$\rho[\mathcal{P}_i(t)] = \frac{1}{\sqrt{2\pi}\Delta\mathcal{P}_i(t)} \exp\left\{-\frac{[\mathcal{P}_i(t) - \langle \mathcal{P}_i \rangle]^2}{2\Delta\mathcal{P}_i^2(t)}\right\} \tag{8.108}$$

其中

$$\Delta\mathcal{P}_i^2 = \frac{1}{3}\Delta\mathcal{P}^2 \tag{8.109}$$

一个动量各向同性的高斯分布可以通过如下关系用来定义温度 T:

$$\frac{1}{2}k_{\mathrm{B}}T = \frac{\Delta\mathcal{P}_i^2}{2M} = \frac{1}{3}\frac{\Delta\mathcal{P}^2}{2M} \tag{8.110}$$

其中 k_{B} 是玻尔兹曼常数.因此辐射力的涨落导致了加热,因为 $\Delta\mathcal{P}^2$(也就是温度)随着时间线性地增加(见式(8.107)).

采用同样的方式,式(8.98)中的力(由于吸收激光光子而产生)的涨落导致了平行于激光束方向 $\boldsymbol{k}$ 的动量分量 $\mathcal{P}_k$ 的加热.由和上面同样的论证过程可以证明,对每一束激光,

$$\left[\frac{\mathrm{d}}{\mathrm{d}t}\Delta\mathcal{P}_k^2(t)\right]_{\mathrm{abs}} = \Gamma_{\mathrm{fluo}}\hbar^2k^2 \tag{8.111}$$

不同的加热项对应不同的独立随机过程,因此方差具有可加性.此外,如果我们有若干非饱和的平面行波,不同行波的加热项也满足方差的可加性.因此,对于由三对相向传播且彼此互相垂直的波组成的多普勒黏胶,每对都在每秒钟内给出 $\mathcal{N}$ 个荧光周期,于是有

$$\left[\frac{\mathrm{d}}{\mathrm{d}t}\Delta\mathcal{P}_i^2(t)\right]_{\mathrm{scat}} = 2\Gamma_{\mathrm{fluo}}\hbar^2k^2 \tag{8.112}$$

$$\left[\frac{\mathrm{d}}{\mathrm{d}t}\Delta\mathcal{P}_i^2(t)\right]_{\mathrm{abs}} = 2\Gamma_{\mathrm{fluo}}\hbar^2k^2 \tag{8.113}$$

注意,式(8.107)中的项乘了一个因子6,其中我们应用了式(8.109),这是因为对每一束激光,我们都认为其散射是各向同性的.另外,式(8.111)中的项只乘了因子2,这是因为由吸收所致的加热项(8.111)只会影响到激光束的方向.而且,忽略计算时由多普勒效应产生的失谐,我们对每一束光波的荧光率取了相同的值 Γ_{fluo}.在 $s_0 \ll 1$ 时,式(8.112)和式(8.113)中的 Γ_{fluo} 为

$$\Gamma_{\mathrm{fluo}}(V=0) = \frac{\Gamma}{2}\frac{s_0}{1+4\delta^2/\Gamma^2} \tag{8.114}$$

如果现在我们考虑一个初始方差为 $\Delta\mathcal{P}_i^2(0)$ 而非所有原子都具有相同的初始速度的系综,可以证明,在涨落的效应下,方差会以上述计算的速率增加,并且 t 时刻的分布为式(8.108)中的高斯分布,其方差等于初始的方差和由动力学演化产生的方差之和.

8.3.7 多普勒黏胶的平衡温度

8.3.6小节中的计算只考虑了共振辐射压的涨落.为了弄清整个群体的原子的演化,当然必须包含平均力的效应.我们现在就对一种重要情形下的原子群体来进行考虑,此情形对应原子群体浸入一个由六束非饱和且强度为 I 的波所形成的3D多普勒黏胶中且具有负的失谐量 δ,其中

$$s_0 = \frac{I}{I_{\text{sat}}} = 2\frac{\Omega_1^2}{\Gamma^2} \tag{8.115}$$

每一个原子都受到一个摩擦力，

$$\frac{\mathrm{d}\mathcal{P}}{\mathrm{d}t} = \boldsymbol{F} = -\gamma\mathcal{P}(t) \tag{8.116}$$

其中 γ 由式(8.84)给出.若仅有这个摩擦的效应的话，$\mathcal{P}(t)$的平均值将指数地趋于零，衰减常数为 γ^{-1}.对于 $\mathcal{P}$ 的方差，它将以 2 倍的速度衰减，所以对每一个坐标分量，有

$$\left[\frac{\mathrm{d}}{\mathrm{d}t}\Delta\mathcal{P}_i^2\right]_{\text{friction}} = -2\gamma\Delta\mathcal{P}_i^2 \tag{8.117}$$

这就是我们已经遇到过的冷却项.

现在，在 8.3.6 小节中所讨论的加热项将开始起到抵制冷却的作用，这里我们将假定这两个效应(冷却和加热)可以作为独立的效应相加.对速度的每一个分量 i，于是有

$$\begin{aligned}\frac{\mathrm{d}}{\mathrm{d}t}\Delta\mathcal{P}_i^2 &= \left[\frac{\mathrm{d}}{\mathrm{d}t}\Delta\mathcal{P}_i^2\right]_{\text{friction}} + \left[\frac{\mathrm{d}}{\mathrm{d}t}\Delta\mathcal{P}_i^2\right]_{\text{scat}} + \left[\frac{\mathrm{d}}{\mathrm{d}t}\Delta\mathcal{P}_i^2\right]_{\text{abs}} \\ &= -2\gamma\Delta\mathcal{P}_i^2 + 4\Gamma_{\text{fluo}}\hbar^2k^2\end{aligned} \tag{8.118}$$

利用式(8.84)和式(8.114)，我们得到了稳态值，

$$\Delta\mathcal{P}_i^2 = \hbar^2k^2\frac{2\Gamma_{\text{fluo}}}{\gamma} = M\frac{\hbar\Gamma}{8}\frac{1+4\delta^2/\Gamma^2}{-\delta/\Gamma} \tag{8.119}$$

该值对应下面所给的温度：

$$k_{\mathrm{B}}T = \frac{\hbar\Gamma}{8}\frac{1+4\delta^2/\Gamma^2}{-\delta/\Gamma} \tag{8.120}$$

这个低光强条件下的计算表明，最终达到的温度不应该依赖于形成黏胶的光的强度.但是，它的确是依赖于失谐量的，并且在 $\delta=-\Gamma/2$ 时取到最小值：

$$T_{\text{Dop}}^{\min} = \frac{\hbar\Gamma}{2k_{\mathrm{B}}} \tag{8.121}$$

我们观察到上式中温度的值可以非常小(小于 1 mK，如对于钠为 240 μK).这个区间内的温度确实已经由朱棣文及其小组在 1985 年首次多普勒黏胶实验中观察到了.这些惊人的结果极大地激发了人们对激光冷却原子的研究.

评注 (1) 关系式(8.120)可以写为爱因斯坦研究布朗运动时所采用的形式：

$$k_{\mathrm{B}}T = M\frac{D}{\gamma} \tag{8.122}$$

在此方程中，γ 是布朗粒子由于受到液体的黏滞而产生的摩擦系数，而 D 是速度 $\boldsymbol{V}$ 的扩散系数，定义为

$$2D = \gamma\Delta V^2 \tag{8.123}$$

其中 ΔV^2 是液体分子在每次撞击布朗粒子时速度改变量的均方根，而 γ 是这种碰撞发生的速率.

这个关系式显示出了耗散(摩擦)和涨落(布朗耗散的原因)之间的深刻关系.在微观层次上，这两个现象有着相同的起因:从液态分子处所获得的冲击(或者在激光冷却情形中为从光子处获得的冲击).

(2) 在光学黏胶中所获得的极低温度可以用来在8.2.6小节中所描述的偶极阱内禁闭原子(图8.4).为了避免禁闭和冷却两效应互相干扰，两个效应可以交替应用:首先原子通过多普勒黏胶冷却，然后关闭激光，同时施加偶极禁闭，随后这两个过程以足够高的频率重复实施，这里足够高的频率是指相对于原子运动的时间尺度而言，这样两个效应可以分别独立达到它们相应的平均值.

8.3.8 向低于多普勒温度前进:西西弗斯冷却

对于如钠、铯、铷碱金属原子，对作为失谐量函数的多普勒温度的详尽实验研究表明，在某些情形下原子的温度并不遵循式(8.120)，温度能够达到低于式(8.121)的“多普勒极限”一两个量级！实际上，在低光强和高失谐量时，温度正比于 $I/|\delta|$.当频率降低而使失谐量 $|\delta|$ 增加并且光强降低时，温度会降低；然而式(8.120)预言了温度应该不依赖于光强且正比于 $-\delta$ 而增加.这个引人注目的现象由菲利普斯(W. Phillips)及其合作者发现，并被朱棣文和科恩-塔诺季、达利巴尔(J. Dalibard)独立地解释.此现象命名为西西弗斯(Sisyphus)效应.

我们这里不过多涉及解释此微妙效应的细节，而只是勾勒其主要特点.首先需要明白的一点是，在光学黏胶中不同波之间存在干涉，这导致了偶极势的一个空间上的调制.对于高失谐情况，此调制等价于基态能级的光致频移，移动量正比于 $I/|\delta|$(见8.2.6小节式(8.75)).因此原子是在一个空间调制的势内运动的，势有“峰”“谷”，这对应基态能级的光致频移在空间上的变化.如果基态是简并的，这些不同的简并能级的移动可能是不同的，原子所感受到的偶极势就依赖于其所处基态的子能级.在西西弗斯结构中存在

两个子能级，一个子能级的峰对应另一个子能级的谷(图 8.14).

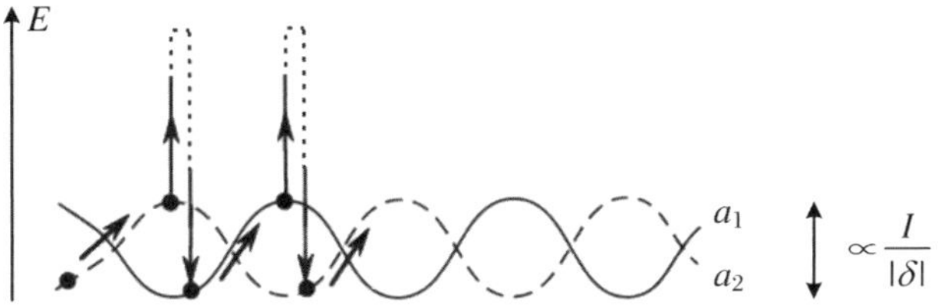

图 8.14　西西弗斯冷却

在各种干涉的光波的效应下，原子基态的子能级 a_1 和 a_2 的光致频移是被调制的，原子所感受到的偶极势依赖于其所处的能级 a_1 或 a_2. 具体地说，在子能级为势的峰时，移动着的原子优先遭受光泵浦，这将使其转入在此空间位置上对应势谷的那个子能级. 因此原子在运动过程中逐渐地损失了动能.

当有若干个基态的子能级和激光束相互作用时，我们必须考虑到光泵浦效应，此效应能够将原子从一个子能级转移至其他子能级(见补充材料 2.B). 在西西弗斯结构中，光泵浦优先地将运动中的原子从处于势峰的一个子能级转移至另一个在此空间位置上处于势谷的一个能级(图 8.14). 因此原子被迫地“爬”到势的峰值，此过程中速度降低，然后速度不变地被转移至势的谷底，接下来原子还必须继续爬坡，进一步地降速. 此机制只能使那些动能小于或等于势的峰值的原子停下来，这些势的峰值按 $I/|\delta|$ 变化. 通过这种方式，我们就能理解温度对光强和失谐量的依赖关系了.

这种最终温度随光强的降低显然不能持续到 $I=0$. 实验和理论都显示了速度的均方差不会小于一个小因子乘以式(8.10)中的反冲速度 V_R. 这个结果可以通过回忆每一个散射的光子会导致一个不可控的反冲速度 V_R 来解释. 因此很容易理解，在一个涉及若干荧光周期的冷却机制中，速度不可能控制到好于 V_R 的若干倍的量级. 因此我们找到了辐射冷却的自然极限，也就是反冲温度，

$$T_R = \frac{MV_R^2}{k_B} \tag{8.124}$$

对碱金属来说，反冲温度低于 μK 量级. 实验显示西西弗斯冷却可以获得 $10T_R$ 量级的温度，即几微开.

8.3.9　冷却到反冲温度以下

实际上，式(8.124)的反冲温度并不代表温度的终极极限，人们已经发明了若干用来

8

搜集速度低于 V_R 区间内很大比率的原子的机制. 补充材料 8.A 中详细描述了这些机制中的一个,也就是速度选择的相干布居囚禁,这可以有效地获得低于反冲温度的冷却.

如果冷却机制不利用摩擦力,就可以避免反冲极限,如多普勒冷却或西西弗斯冷却. 在亚反冲冷却机制中,荧光过程中与激光光子交换动量的原子在速度空间做随机行走,但是当速度严格为零时荧光速率也消失了(图 8.15(a)). 如果在随机行走中原子速度碰巧为零,它就不再和激光相互作用,其速度就不再发生变化. 这样,通过一个类似补充材料 2.B 所讨论的光泵浦过程,大量原子会累积在速度 $V=0$ 附近(图 8.15(b)),只不过这里是发生在速度空间而不是原子内部的态空间.

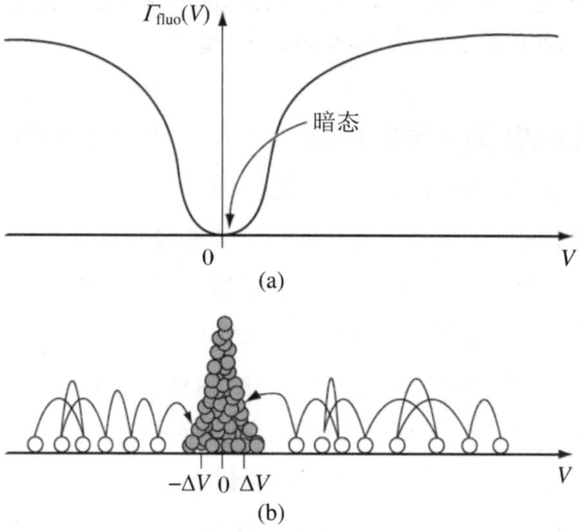

图 8.15 亚反冲冷却

(a) 原子与辐射场交换光子,交换速度为 Γ_{fluo},在 $V=0$ 时交换速度为零. (b) 原子在速度空间做无规行走,并在 $V=0$ 处累积,因为在 $V=0$ 处原子不进行无规行走(感谢弗朗索瓦·巴杜(François Bardou)提供图片).

速度是一个连续变量,并且原子数量的积累在一个有限的宽度 ΔV 范围内. 如果 ΔV 小于反冲速度,那么我们将获得真实的亚反冲冷却. 在补充材料 8.A 所研究的情况中,荧光率随速度的平方变化:

$$\Gamma_{\text{fluo}}(V) = \Gamma \frac{V^2}{V_0^2} \tag{8.125}$$

此荧光率确实在 $V=0$ 时消失,并且在速度 $V=0$ 附近的有限区域内保持很小的值. 定量的分析表明,这里的情况与产生稳态和有限温度(见 8.3.7 小节)的通常的冷却过程有着根本的不同. 确实,如果我们希望确定原子累积的速度区间的宽度 ΔV,我们就不得不引入原子与激光相互作用的持续时间 θ,并注明这样的事实,即只有其速度低到能够保证在

θ 时间内的一个荧光周期的概率 $\theta\Gamma_{\text{fluo}}(V)$ 维持在小于 1 的值，原子才处于囚禁的速度范围内. 于是式(8.125)意味着

$$\Delta V = \frac{V_0}{\sqrt{\Gamma\theta}} \tag{8.126}$$

这表明 ΔV 随着相互作用时间 θ 的增加变小. 于是我们得到了稳态的情况，但冷却仍旧是不确定的. 在实际中，技术限制(有限的激光线宽、残留磁场)所致的扰动将最终对这种形式的冷却设置一个极限，但是 nK 量级的温度已经可以获得了.

8.4 气体的玻色-爱因斯坦凝聚与原子激光

8.4.1 玻色-爱因斯坦凝聚

当一个粒子所组成的群体冷却到足够低时，将发生一些特定集体效应，甚至存在于理想气体(无通常意义下的相互作用项)：这些就是当原子波函数彼此重叠时所产生的量子统计效应①，所谓重叠是指原子波函数的空间尺寸大于或等于它们的平均距离 $n^{-1/3}$，这里 n 是位置空间的原子密度. 让我们对平衡态时温度 T 的原子气体来写出该条件(出现量子统计效应的条件)的表达式. 原子动量的麦克斯韦-玻尔兹曼分布是一个三维高斯函数，其均方差

$$\Delta p = \Delta p_x = \Delta p_y = \Delta p_z = \sqrt{Mk_{\mathrm{B}}T} \tag{8.127}$$

可以与之关联一个波包，根据海森伯不确定关系，波包的典型大小为 $\hbar/\Delta p$. 实际上，通常波包大小取相应热运动的德布罗意波长 Λ_T，它由下式定义：

$$\Lambda_T = \sqrt{\frac{2\pi\hbar^2}{Mk_{\mathrm{B}}T}} \tag{8.128}$$

量子统计效应出现的条件为

① Kittel C. Elementary Statistical Physics [M]. Dover, 1986.

$$\Lambda_T \gtrsim n^{-1/3} \tag{8.129}$$

或者

$$n\Lambda_T^3 \gtrsim 1 \tag{8.130}$$

我们引入 6D 相空间$\{\boldsymbol{r},\boldsymbol{p}\}$的密度，即

$$\nu(\boldsymbol{r},\boldsymbol{p}) = \frac{\mathrm{d}^6 N_{\mathrm{at}}}{\mathrm{d}^3 r \mathrm{d}^3 p} = \frac{n(\boldsymbol{r})}{(2\pi\Delta p)^{3/2}} \mathrm{e}^{-p^2/(2\Delta p^2)} \tag{8.131}$$

对于空间均匀分布的密度 n，热气体在相空间的最大密度为

$$\nu(\boldsymbol{r},\boldsymbol{p}=\boldsymbol{0}) = \frac{n}{(2\pi M k_{\mathrm{B}} T)^{3/2}} = h^3 n\Lambda_T^3 \tag{8.132}$$

因此出现量子统计效应的条件式(8.130)就是相空间的密度要达到每个基本体积元 h^3 内有一个原子的量级. 无量纲量 $n\Lambda_T^3$ 称为简并参数，而条件式(8.130)表征了存在量子简并的情况. 注意，对于在标准温度和压力下的气体而言，$n\Lambda_T^3$ 远远小于 1.

在 1924 年的一篇著名但高度推测性的文章中，爱因斯坦预言了现在称为玻色-爱因斯坦凝聚的量子相变的存在，如果简并参数为下面的精确值，

$$n\Lambda_T^3 = 2.61 \tag{8.133}$$

当 $n\Lambda_T^3$ 为上述值时，处于热平衡状态的原子气体是饱和的，这里用“饱和”是由于和液气平衡中饱和蒸气类似. 任何额外的原子将“凝聚”于原子所囚禁的阱中的量子基态.

这个量子相变是值得注意的，因为不同于典型的气-液或液-固相变，它不是由于某种吸引性质的相互作用在某临界温度下克服热扰动后所产生的效应. 这里，凝聚源自纯的量子干涉效应(涉及多个粒子)，此效应偏向于几个不可区分的玻色子处于同一个量子态. 更准确地说，两个玻色子碰撞后，最终处于一个已经被 n 个玻色子占据的态的概率比处于一个没有玻色子占据的态的概率要高 $n+1$ 倍. 我们已经在第 6 章(见 6.3.3 小节)光子辐射(注意光子是玻色子)情况中遇到了类似的性质. 向一个已经包含 n 个光子的模上(受激)辐射出光子的概率比向一个空的模上(自发)辐射出光子的概率大 $n+1$ 倍(这个特性是激光效应的基础).

为了追求这种相似性，我们可以比较温度低于临界温度时的玻色-爱因斯坦凝聚和增益在阈值之上时的激光跃迁. 我们马上就会看到这个比较是很有趣的，但是我们应该记住，这里还是有一个重要的不同：玻色-爱因斯坦凝聚首先是一个热力学平衡系统且在有限温度时有着一定比例的处于非凝聚状态的粒子，而激光束在我们忽略自发辐射时，是由量子纯态描述的零温系统.

8.4.2 获取稀薄原子系统的玻色-爱因斯坦凝聚:激光冷却和蒸发冷却

爱因斯坦判据式(8.133)表明,可以通过降低温度(见 Λ_T 的表达式(8.128)),或者增加密度或者结合两者来达到凝聚的阈值.事实上,为了在标准冷冻技术可获取的低温下(几分之一开,或者几毫开)满足式(8.133),需要密度的值为液体或固体的量级,即 $n\approx 10^{28}\ \mathrm{m}^{-3}$,而在这种密度下,电磁相互作用(化学键、范德瓦耳斯力……)是凝固或液化相变的主要原因,这将掩盖所有的量子统计效应.但是有一个例外,也就是氦,它是惰性的,即彼此临近时相互作用是很弱的.此外,众所周知,在 2 K 附近,液氦进入超流态.在经历了 20 世纪上半叶数十年的争论后,在以完全没有黏滞性所表征的超流中,人们对玻色-爱因斯坦凝聚所扮演的角色获得了一般性共识.但是在超流的液氦中,通常的相互作用还是很强的,这使得此系统的物理内容很复杂,离爱因斯坦所设想的理想凝聚还有一段很长的距离.

为了观察不被通常的相互作用(对于化学键,其作用域不超过 1 nm,对于范德瓦耳斯力,其作用域不超过几微米)掩盖的玻色-爱因斯坦凝聚,答案就是要用非常稀薄的条件,稀薄到密度低于 $10^{18}\ \mathrm{m}^{-3}$.在此密度下,由爱因斯坦判据式(8.133)所得的临界温度于是就是 mK 量级,远在标准的制冷技术所获温度之下.但是,通过联合激光冷却和囚禁以及一种称为受迫蒸发冷却的新方法,玻色-爱因斯坦凝聚最终于 1995 年在稀薄条件下实现了.

导致此结果的在实验技术上引人注目的进步在 2001 年获得诺贝尔奖.当我们观察在相空间上发生的事情(图 8.16)时,此引人注目的技术进步就体现得非常清楚了.我们从一个密度为 $10^{18}\ \mathrm{m}^{-3}$、温度为几摄氏度的铷原子蒸气开始.在此温度时,德布罗意波长为 10^{-11} m,因此简并参数 $n\Lambda_T^3$ 为 10^{-15} 量级.通过激光降速,此蒸气可产生原子束:其实空间密度 n 降低 3~6 个量级,但是速度除以了一个大于 100 的因子,于是 Λ_T^3 增加超过 6 个量级,这导致简并参数的增加,现在简并参数等于 10^{-13}.接着用激光黏胶会同磁光阱(见 8.3 节)进行冷却会导致简并参数有一个惊人的增加,达到 10^{-6} 量级.多亏了激光冷却和囚禁技术,相空间密度已经增加了 10 多个量级.但是实验表明,要获得进一步的提高是非常困难的.这是因为在激光冷却中,当粒子密度超过 $10^{17}\ \mathrm{m}^{-3}$ 时,其对散射光子的重吸收所致的加热过程会阻碍其应用.(共振时散射截面为光学波长平方的量级,典型值为 $10^{-12}\ \mathrm{m}^2$.对于失谐 $|\delta| = 10\Gamma$,光子在这种密度的原子蒸气中的平均自由程为 10^{-3} m).

为了获得到达临界值 $n\Lambda_T^3=2.61$ 的最后 6 个量级的提高，需要应用蒸发冷却.蒸发冷却首先是将原子转移至一个保守势阱，即原子处于一个有极小值的静态势内，势阱中的原子被屏蔽掉了所有通过重散射光子而产生的加热过程.势阱可以是磁势阱，但是磁势阱只能应用于有恒定磁矩的顺磁原子.也可以是应用一个高度失谐的大功率激光的偶极激光势阱(图 8.4)，例如，对于波长为 10 μm 的二氧化碳激光，其功率为几十瓦聚焦到几微米(见 8.2.6 小节).

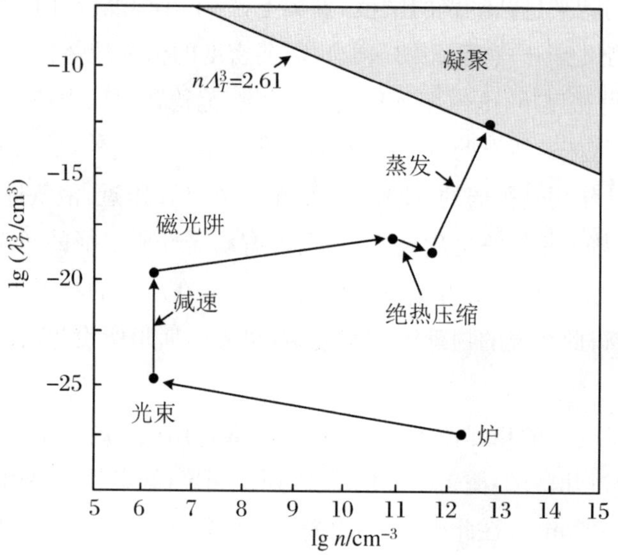

图 8.16　从产生原子束的热炉中的原子蒸气开始到最终的玻色-爱因斯坦凝聚在 $n\Lambda_T^3$ 的参数空间上的演化路径(斜率为 −1 的直线对应简并参数为常数，粗线对应式(8.133)的凝聚阈值)

最终的实空间密度和初始时的实空间密度处于同一个量级，但是温度从 500 K 降到 500 nK，于是速度空间的密度(相空间的密度也是)提高了 14 个量级.这个惊人的增加是通过激光冷却和之后的蒸发冷却获得的.

蒸发冷却的方法是去除被囚禁原子中的高能量原子，例如，为了降低剩余原子的平均能量而降低势阱的深度.一般地，原子能量高于 $6k_BT$ 的都被去除.这比原子的平均能量要高，因为在谐振子势时热平衡原子的平均能量是 $3k_BT$.剩下的样品在弹性碰撞下重新获得热平衡，产生新的更低温度的麦克斯韦-玻尔兹曼分布.于是我们获得了一个更冷的样品，而且也是密度更大的，因为温度降低时原子更加趋向于聚集于阱的底部.相空间密度的增加是可观的.接下来可以接着降低阱的深度，获得新的蒸发，并且相空间在阱的中间获得新的密度增加.通过这个强制的蒸发过程，在几百纳开温度下观察到了凝聚，阱中心的原子密度的表达式与式(8.133)相符.

为了实际观察到玻色-爱因斯坦凝聚，首选的方法是确定囚禁原子的速度分布.为此，势阱被突然关掉，于是原子云就能够自由地飞行 τ 时间而扩散开来，τ 足够长以使原子云比初始大很多.此时的空间密度 $n(\boldsymbol{r},\tau)$反映了初始的速度分布，我们有

$$n(\boldsymbol{r},\tau) = \rho(\boldsymbol{r}/\tau,0) \tag{8.134}$$

通过共振激光照射原子系综，并制作一个原子云的吸收图来测量 $n(\boldsymbol{r},\tau)$是相对简单的.于是所导致的吸收的空间轮廓正比于沿视线方向对 $n(\boldsymbol{r},\tau)$的积分值(纵坐标的密度).3D 分布通过考虑井的对称性来获得.

图 8.17 显示了原子速度的分布形状随温度的不同而呈现的形式.在高于临界温度(160 nK)时，我们观察到速度分布可以很好地由高斯分布描述，可以拟合到麦克斯韦-玻尔兹曼分布来得到温度.在更低温度时双重结构出现了，它们分别具有狭窄和平阔的成分.平阔成分的边缘部分仍可由高斯函数拟合，可以定义温度.中心狭窄的组分可由剔除平阔部分而剥离出来.它对应了处于玻色-爱因斯坦凝聚态的原子，我们下面将对其进行详细描述.

(a)

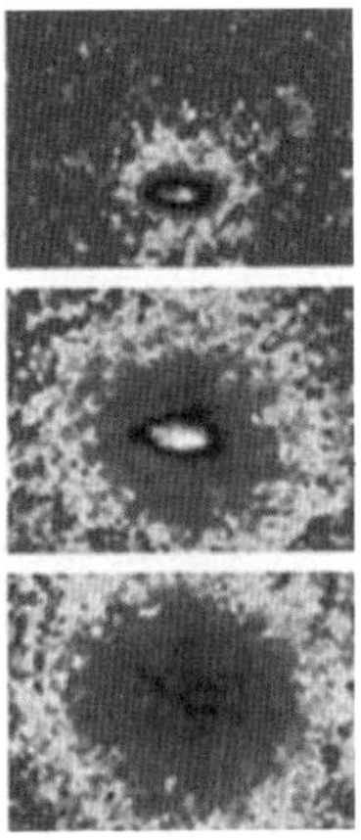

(b)

图 8.17　观测到的玻色-爱因斯坦凝聚

(a) 不同温度下，沿观察方向对速度积分后的剩余二维上原子速度分布.(b) 速度空间中常数密度的区域.凝聚体现在双重相结构的出现，即热原子相和与热原子处于平衡态的凝聚相.中间的椭圆结构代表了玻色-爱因斯坦凝聚的速度分布.椭圆周围各向同性的环状结构代表了处于热平衡的非凝聚态的原子的速度分布(图片来自康奈尔和威曼).

8.4.3 理想玻色-爱因斯坦凝聚和原子波函数

正如我们上面所提到的,玻色-爱因斯坦凝聚的出现让我们想起了在获得激光阈值时的情形.在第3章和第5章中,我们强调了激光的一个重要特点是,在同一个电磁波的模上出现了非常大量的光子,此模就是激光效应产生的那个谐振腔模.这个模由一个复的电磁场描述,

$$\mathcal{E}(\boldsymbol{r},t) = \alpha_p u_p(\boldsymbol{r})\mathrm{e}^{-\mathrm{i}\omega_p t} \tag{8.135}$$

简单来说,它是一个标量(我们可以假定所有光子的偏振是一致的).拥有电场的量纲的函数 $u_p(\boldsymbol{r})$ 表征了模的空间结构(见补充材料3.B),并且我们将其归一化到对应的电磁能量为一个光子的能量:

$$\hbar\omega_p = 2\varepsilon_0\int \mathrm{d}^3 r\ |u_p(\boldsymbol{r})|^2 \tag{8.136}$$

显然,无量纲复数 α_p 的模方可以解释为该模上的平均光子数 $\langle N_p\rangle$,于是我们有

$$\mathcal{E}(\boldsymbol{r},t) = \sqrt{\langle N_p\rangle}\mathrm{e}^{-\mathrm{i}\varphi}u_p(\boldsymbol{r})\mathrm{e}^{-\mathrm{i}\omega_p t} \tag{8.137}$$

正如在5.6节中所建议的,式(8.137)在某种程度上可以解释为 $\langle N_p\rangle$ 个光子处于同一个由 $\mathrm{e}^{-\mathrm{i}\varphi}u_p(\boldsymbol{r})\mathrm{e}^{-\mathrm{i}\omega_p t}$ 描述的态的波函数.然而,这样的描述是不完备的,因为它没有包含光子数涨落的信息,涨落是准经典态的典型特征(见5.3.4小节).但是如果平均光子数 $\langle N_p\rangle$ 非常大,则涨落($\langle N_p\rangle^{1/2}$ 量级)是相对较小的.将式(8.137)作为 $\langle N_p\rangle$ 个全同光子的波函数的解释使我们能够以下面所建议的形式写出在 $\boldsymbol{r}$ 点附近体积元 $\mathrm{d}^3\boldsymbol{r}$ 内探测到一个光子的概率,

$$\mathrm{d}P = |\mathcal{E}(\boldsymbol{r},t)|^2 = \langle N_p\rangle\ |u_p(\boldsymbol{r})|^2\mathrm{d}^3\boldsymbol{r} \tag{8.138}$$

(我们已经假定了探测器效率为1.) $|\mathcal{E}(\boldsymbol{r},t)|^2$ 可以认为是光子在 $\boldsymbol{r}$ 点处的平均密度.

同样,我们可以用 N 粒子波函数来描写理想(无相互作用)情况下的玻色-爱因斯坦凝聚态中 N 个原子①,

$$\Psi = \sqrt{N}\mathrm{e}^{-\mathrm{i}\varphi}u_0(\boldsymbol{r})\mathrm{e}^{-\mathrm{i}\omega t} \tag{8.139}$$

① Pitaevskii L, Stringari S. Bose-Einstein Condensation [M]. Oxford University Press, 2003: Chapter 2. Pethick C J, Smith H. Bose-Einstein Condensation in Dilute Gases [M]. Cambridge University Press, 2008.

表示 N 个原子处于同一个态 $u_0(\boldsymbol{r})\mathrm{e}^{-\mathrm{i}\omega t}$，该稳态波函数是原子在其所凝聚的阱中的基态.和在激光束中的情况一样，这种描述方式没有真实描述 N 个玻色子的福克(Fock)态空间波函数的方式严格，但是如果 N 足够大，并且原子间的相互作用为零或很弱，这种方式的描述就是一个非常好的近似，它提供了一种简单的方式来描述许多现象，我们下面就会举例说明.复的波函数 ψ 有时称为玻色-爱因斯坦凝聚的序参量.

式(8.139)的描述方式的一个精妙之处是相位 φ 的出现，该相位实际上不由任何方程决定.它的出现是由规范对称性的自发破缺导致的，此自发破缺过程对每一个凝聚态的具体实例都以一种任意但唯一确定的方式给定了 φ 的值.注意这个特点以相同的方式出现在式(8.137)的激光中.此相位先验地可以为任意值，但是对每一个具体工作的激光器是唯一确定的.

评注 对于激光和无相互作用玻色-爱因斯坦凝聚来说，严格应用 N 体量子化的形式(二次量子化)表明，自发对称性破缺这个很有启发意义的假设不是十分必要的.在二次量子化形式下，只要我们做一个相位相关的测量，相位就会自然出现.①

8.4.4 观察玻色-爱因斯坦凝聚态的波函数

对于具有 Oz 轴向对称性谐振子势阱内的玻色-爱因斯坦凝聚体，波函数 $u_0(\boldsymbol{r})$是一个沉浸在如下势中质量为 M(原子质量)的粒子的基态，

$$V(x,y,z)=\frac{1}{2}M\omega_{\perp}^2(x^2+y^2)+\frac{1}{2}M\omega_z^2z^2 \tag{8.140}$$

基态波函数有如下形式：

$$u_0(x,y,z)=\frac{1}{(2\pi^2a_{\perp}^2a_z)^{1/2}}\exp\left(-\frac{x^2+y^2}{4a_{\perp}^2}\right)\exp\left(-\frac{z^2}{4a_z^2}\right) \tag{8.141}$$

在$|u_0|^2$ 的 $\mathrm{e}^{-1/2}$处的半宽度(“标准”宽度)，对应位置的均方差，由下式给出：

$$a_{\perp}=\sqrt{\frac{\hbar}{M\omega_{\perp}}},\quad a_z=\sqrt{\frac{\hbar}{M\omega_z}} \tag{8.142}$$

在 $\omega_{\perp}$和 ω_z 具有不同值且相差很大的通常情况中，凝聚在特定方向上是伸展开或者平摊

① Pethick C J, Smith H. Bose-Einstein Condensation in Dilute Gases [M]. 2nd ed. Cambridge University Press, 2008: Chapter 13.

对于光子，见：Mølmer K. Optical Coherence: A Convenient Fiction [M]. Physical Review A, 1997, 55: 3195.

的,也就是,如果 $\omega_\perp \gg \omega_z$,凝聚体是"雪茄"形状的,而如果 $\omega_\perp \ll \omega_z$,凝聚体看起来像垂直于 Oz 轴的一个"煎饼".这些形状用"纵横比" $a_z/a_\perp = (\omega_\perp/\omega_z)^{1/2}$ 来表征.实际中,凝聚体的尺寸通常太小(对铷,囚禁频率 $\omega/(2\pi)$ 为 100 Hz 时约为 μm 量级)而直接观察不到凝聚体的形状.但是,如果通过 8.4.2 小节的飞行时间的方法观察速度分布,波函数 $u_0(\boldsymbol{r})$(或者准确来说其傅里叶变换式)的具体特点可以确定下来.实际上,速度分布就是空间位置波函数(8.141)的傅里叶变换的模方.因此它也是一个高斯函数,它的均方差通过海森伯不确定关系同 $a_\perp$ 和 a_z 联系起来,

$$\Delta V_\perp = \frac{1}{2}\sqrt{\frac{\hbar\omega_\perp}{M}}, \quad \Delta V_z = \frac{1}{2}\sqrt{\frac{\hbar\omega_z}{M}} \tag{8.143}$$

对应的速度(对于上面的情况为 5×10^{-4} m · s^{-1})能给出一个沿弹道飞行几十毫秒后扩展了的可观测量.我们因此相较于凝聚体本身得到了一个颠倒了的各向异性的性质,即 $\omega_\perp \ll \omega_z$ 时为一个"煎饼",而相反时为一个"雪茄".

玻色-爱因斯坦凝聚体的速度分布的各向异性与从温度为 T 时的热平衡态原子云所观察到的速度各向同性显著不同.确实,热平衡时,速度分布是高斯的并且标准宽度对任意选取的轴都是一样的:

$$\Delta V_i = \sqrt{\frac{k_B T}{M}} \tag{8.144}$$

这个量显然是独立于由 ω_i 表征的势阱的坚硬程度.

图 8.17 显示了一个非凝聚态的原子云以及与其处于热平衡状态的玻色-爱因斯坦凝聚体的双重结构.轮廓边缘部分只包含非凝聚的原子,速度均方差可以直接通过对轮廓边缘部分进行高斯拟合获得,由此通过式(8.144)可获得温度.观测到一个包含各向异性的中心轮廓(与"井"的形状颠倒)的双重结构是表明康奈尔和威曼确实在 1995 年的实验中已经获得了气体玻色-爱因斯坦凝聚一个有说服力的证据.

8.4.5 有相互作用的稀薄玻色-爱因斯坦凝聚体

如果凝聚体包含几千个原子,它们之间的相互作用(通常是排斥力)将对上面的描述产生修正.在平均场近似下,也就是每一个原子都感受到来自与所有其他原子平均相互作用的一个含时的势,波函数 $u_0(\boldsymbol{r})$(见式(8.139))满足一个非线性薛定谔方程,也称为格罗斯-彼得耶夫斯基(Gross-Pitaevski)方程:

$$-\frac{\hbar^2}{2M}\Delta u_0(\boldsymbol{r})+V(\boldsymbol{r})u_0(\boldsymbol{r})+Ng\mid u_0(\boldsymbol{r})\mid^2 u_0(\boldsymbol{r})=\mu u_0(\boldsymbol{r}) \tag{8.145}$$

如果没有第三项,这个方程就是一个在势阱 $V(\boldsymbol{r})$(势能最小值为零)内能量为 μ 的粒子的含时薛定谔方程.第三项描写了原子所感受到的相互作用.相互作用涉及原子在 $\boldsymbol{r}$ 处的密度,即 $N|u_0(\boldsymbol{r})|^2$,其中 N 是凝聚体内的总的原子数.常数

$$g=\frac{4\pi\hbar^2}{M}a \tag{8.146}$$

用单一参数 a 表征超冷原子之间的相互作用,a 为扩散长度(例如,对于铷 87,$a\approx5\times10^{-9}$ m).波函数 $u_0(\boldsymbol{r})$所涉及的能量 μ 就是化学势,也就是当添加一个原子时系统能量的变化.

如果原子间反冲相互作用足够强,使得系统的基态比谐振子的基态空间跨度更大,则式(8.145)存在一个简单的近似解.式(8.145)中涉及空间微商的第一项可以被忽略(托马斯-费米近似),原子密度由下式给出:

$$Ng\mid u_0(\boldsymbol{r})\mid^2=\mu-V(\boldsymbol{r}) \tag{8.147}$$

上式成立的条件为 $V(\boldsymbol{r})\leqslant\mu$,如果 $V(\boldsymbol{r})>\mu$,那么 $u_0(\boldsymbol{r})=0$.对于谐振子势(8.140),密度的分布形状是一个倒扣在椭球表面上的抛物面,并且椭球体表面的值为零,此椭球体的半轴(托马斯-费米半径)为

$$R_{x,y}=\frac{1}{\omega_\perp}\left(\frac{2\mu}{M}\right)^{1/2},\quad R_z=\frac{1}{\omega_z}\left(\frac{2\mu}{M}\right)^{1/2} \tag{8.148}$$

我们再次注意到凝聚体是各向异性的,但是这里的各向异性比无相互作用的情形(纵横比$(\omega_\perp/\omega_z)^{1/2}$)要更显著(纵横比现在是 $\omega_\perp/\omega_z$).这个各向异性可以通过由飞行时间记录所得的速度分布来观测.这些特性已经被实验大量地验证,这些实验同时为许多涉及理想(非相互作用)或稀薄(弱相互作用)凝聚体的理论预言提供了检验,特别是涉及凝聚体的元激发(振动、漩涡).

8.4.6 玻色-爱因斯坦凝聚体的相干性以及两个玻色-爱因斯坦凝聚体之间的干涉

一个包含由同一个波函数描述的许多原子的玻色-爱因斯坦凝聚体类似于激光谐振腔中包含由同一个经典电磁场描述的许多光子的振动模.因此我们期待凝聚体有类似激

光的亮度和相干特性,实际上不同凝聚体之间的干涉实验确实揭示了其惊人的相似性(图 8.18).

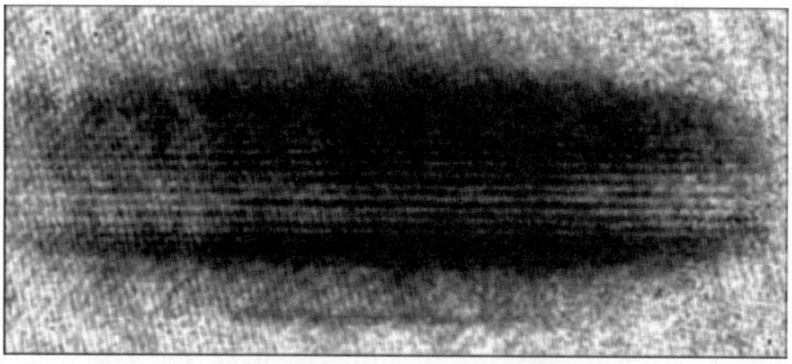

图 8.18　两个气体玻色-爱因斯坦凝聚之间的干涉(图片来自克特勒)

在两个爆炸式膨胀的两个凝聚体的叠加区域观察到的干涉条纹,说明了每一个凝聚体包含了大量(典型值为 10^6)由同一波函数描述的原子.

在导致图 8.18 的实验中,两个初始时囚禁在相同高度的凝聚体在 $t=0$ 时刻同时释放.随后两个凝聚体经历了爆炸性的扩散,并且当它们产生重叠时,原子密度可由吸收共振激光观测到(图 8.18).为了说明所观察到的条纹,我们假定有两个没有相互作用且位于 $-\boldsymbol{d}/2$ 和 $\boldsymbol{d}/2$ 处两个谐振子势阱内的凝聚体,这里为了简单起见,认为两凝聚体是各向同性的.波函数是高斯函数,我们可写出总的波函数,

$$\Psi(\boldsymbol{r},t=0)=\sqrt{N_1}\mathrm{e}^{\mathrm{i}\phi_1}u_0\left(\boldsymbol{r}+\frac{\boldsymbol{d}}{2}\right)+\sqrt{N_2}\mathrm{e}^{\mathrm{i}\phi_2}u_0\left(\boldsymbol{r}-\frac{\boldsymbol{d}}{2}\right) \tag{8.149}$$

这里

$$u(\boldsymbol{r})=\frac{1}{(2\pi a_0^2)^{3/4}}\exp\left(-\frac{r^2}{4a_0^2}\right) \tag{8.150}$$

当谐振子势被关掉时,为了简化处理,我们认为每一个高斯函数在降落过程中都自由伸展.单粒子高斯波包的膨胀可以通过解薛定谔方程来获得①,由此可给出

$$u(\boldsymbol{r},t)=\frac{\mathrm{e}^{\mathrm{i}\delta_t}}{(2\pi a_t^2)^{3/4}}\exp\left\{-\frac{r^2[1-\mathrm{i}\hbar t/(2Ma_0^2)]}{4a_t^2}\right\} \tag{8.151}$$

这里

① 如参见 CDL 补充材料 G_{I}.

$$a_t^2 = a_0^2 + \left(\frac{\hbar t}{2Ma_0}\right)^2 \tag{8.152}$$

$$\tan \delta_t = -\frac{\hbar t}{2Ma_0^2} \tag{8.153}$$

在渐近条件 $\hbar t \gg 2Ma_0^2$ 下，波包要比其初始时大许多倍，相位为 $\delta_\infty = \pi/2$，而波包的空间尺寸大小是随时间线性增大的.

在 t 时刻描述两个不断膨胀的凝聚体的叠加的波函数为

$$\Psi(\boldsymbol{r},t) = \sqrt{N_1}e^{i\phi_1}u_1(\boldsymbol{r},t) + \sqrt{N_2}e^{i\phi_2}u_2(\boldsymbol{r},t) \tag{8.154}$$

吸收成像给出了原子密度，

$$\begin{aligned} n(\boldsymbol{r},t) &= |\Psi(\boldsymbol{r},t)|^2 \\ &= N_1|u_1(\boldsymbol{r},t)|^2 + N_2|u_2(\boldsymbol{r},t)|^2 \\ &\quad + 2\sqrt{N_1N_2}\mathrm{Re}[e^{i(\phi_1-\phi_2)}u_1(\boldsymbol{r},t)u_2^*(\boldsymbol{r},t)] \end{aligned} \tag{8.155}$$

在我们等待足够长的时间以使得两个波包重叠后，上式最后一项是非零的. 这是一个干涉项，且可利用式(8.151)进行计算：

$$u_1(\boldsymbol{r},t)u_2^*(\boldsymbol{r},t) = \frac{1}{(2\pi a_t^2)^{3/2}}\exp\left(-\frac{r^2 + d^2/4}{2a_t^2}\right)\exp\left(\frac{i\hbar t}{4Ma_0^2a_t^2}\boldsymbol{r}\cdot\boldsymbol{d}\right) \tag{8.156}$$

在 $\boldsymbol{r}=\boldsymbol{0}$ 的附近，即两凝聚体初始位置的中间位置，相较于 $d^2/4$ 来说，我们忽略 r^2，式(8.155)中的密度变为

$$n(\boldsymbol{r},t) = n(\boldsymbol{0},t)\left[1 + \frac{2\sqrt{N_1N_2}}{N_1 + N_2}\cos\left(\phi_1 - \phi_2 + \frac{\hbar t}{4Ma_0^2a_t^2}\boldsymbol{r}\cdot\boldsymbol{d}\right)\right] \tag{8.157}$$

在给定的时间 t，密度 $n(\boldsymbol{r},t)$在沿连接凝聚体初始位置 $\boldsymbol{d}$ 的方向上被调制. 条纹的显著度 $2\sqrt{N_1N_2}/(N_1+N_2)$在 $N_1=N_2$ 时为 1. 条纹间距为

$$i = \frac{8\pi Ma_0^2a_t^2}{\hbar td} \simeq \frac{2\pi\hbar t}{Md} \tag{8.158}$$

其中我们已经利用了式(8.152)的渐近形式. 此间距等于速度 $V=d/(2t)$的粒子的德布罗意波长 $\lambda_{dB}=h/(MV)$的一半，这些粒子在经历 t 时间的膨胀后从阱中运动到距阱 $d/2$ 的距离处的观测区. 于是我们可以给这些条纹一个直接的波动的解释. 注意这些条纹所产生的曲面是平面而非双曲面. 通过赋予从 $-\boldsymbol{d}/2$ 和 $\boldsymbol{d}/2$ 处传播了 t 时间而到达 $\boldsymbol{r}$ 处的两个波以波矢 $\boldsymbol{k}_\pm = (\boldsymbol{r}\pm\boldsymbol{d}/2)M/(\hbar t)$，读者可以验证波动解释确实给出了这个结果.

式(8.148)中的 $\phi_1-\phi_2$ 项决定了条纹的位置. 在 ϕ_1 和 ϕ_2 每次实验均是不相同随机

变量的情况下，可以预期条纹的位置每次都会不同. 这确实是我们观察到的. 然而，如果两个凝聚体是通过将一个凝聚体一分为二获得的(通过在初始凝聚体中间生长一个势垒而将凝聚体分开)，人们发现条纹总是在一个地方，正如将式(8.148)中设置为 $\phi_1 = \phi_2$ 的情况所预言的.

这里所描述的实验现象，由克特勒及其合作者首次获得，特别是对来自同一个样品的条纹的观测为把玻色-爱因斯坦凝聚用一个宏观波函数来表示的有效性提供了令人信服的证实，该宏观波函数描述了由同一个波函数描述的大量原子的状态.

8.4.7 原子激光器

与包含大量光子的激光谐振腔的模一样，除了囚禁的凝聚体，真实的原子激光也可以产生，也就是一束自由且都处于同一个量子态的原子. 为此目的，囚禁的凝聚体需要耦合到一个描述自由传播的原子的波函数，就像激光器的输出镜将谐振腔的模和自由传播的光束耦合起来一样. 举例来说，这可以通过应用一个射频场来实现，该射频场能使原子从由非均匀磁场构成的势阱中的态跃迁到对势阱不敏感(图 8.19)的磁量子数为零($m = 0$)的态. 跃迁发生在确定的高度 z_0 处，此后原子在重力的作用下自由降落，这些原子可由下述波函数描述：

$$\psi_{E_0}(z,t) = \Theta_{E_0}(z)\mathrm{e}^{-\mathrm{i}(E_0/\hbar)t} \tag{8.159}$$

其中 $\Theta_{E_0}(z)$是下述含时薛定谔方程的解：

$$-\frac{\hbar^2}{2M}\frac{\mathrm{d}^2\Theta}{\mathrm{d}z^2} - Mgz\Theta = E_0\Theta \tag{8.160}$$

(注意 z 轴是指向下的，引力势能为 $-Mgz$.)方程的解是已知的，以艾里函数 $\mathrm{Ai}(u)$ 的形式给出，

$$\Theta_{E_0}(z) = C\mathrm{Ai}\left(\frac{z - z_0}{l}\right) \tag{8.161}$$

其中 $l = [\hbar^2/(2M^2g)]^{1/3}$(对于铷 87，$l = 300\ \mathrm{nm}$)，且

$$E_0 = -mgz_0 \tag{8.162}$$

参数 z_0 可以解释为总能量 E_0 的经典轨迹的拐点(动能在拐点 z_0 处为零). 艾里函数是特殊函数，可在手册或专业软件中找到，其实部见图 8.19(b). 虽然函数 $\Theta_{E_0}(z)$在 z_0 之

上的经典禁区存在少许扩展,但在此禁区内是指数衰减的.另外,$\Theta_{E_0}(z)$在 z_0 下面是无限扩展的,并且在 $z-z_0\gg l$ 时,有渐近形式,

$$\Theta_{E_0}(z)\approx\left(\frac{z-z_0}{l}\right)^{-1/4}\exp\left(\mathrm{i}\,\frac{2}{3}\left|\frac{z-z_0}{l}\right|^{3/2}\right) \tag{8.163}$$

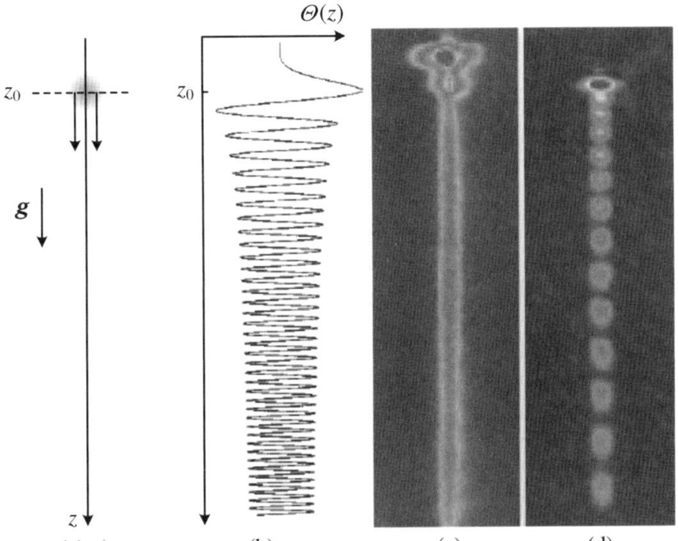

图 8.19　原子激光

(a) 被囚禁的玻色-爱因斯坦凝聚体中的原子受到一个射频场的激发,使得原子们在 z_0 处跃迁至一个感受不到囚禁势阱的态上.于是它们在重力的作用下自由下落.(b) 描述一个以零速度在 z_0 释放的原子波函数的实部.相应的虚部具有相同的形状,但是振荡形式与实部正交(见式(8.163)).原子激光中的所有原子均由此波函数描述.(c) 一个原子激光的吸收图像(宽 0.1 mm,高 5 mm).①(d) 从两个稍微不同的高度(因此也具有不同能量)z_0'和 z_0''下落的两束原子激光所形成的拍的吸收图像.②

式(8.163)说明原子的德布罗意波长随着 z 的增加而减小,这很容易理解,因为原子在下落过程中速度是增加的.更准确地说,与波函数(8.163)相关联的局域的波矢,在高度 z 时由下式给出:

$$K_{\mathrm{at}}=\frac{\mathrm{d}}{\mathrm{d}z}\left[\frac{2}{3}\left(\frac{z-z_0}{l}\right)^{3/2}\right]=\frac{(z-z_0)^{1/2}}{l^{3/2}} \tag{8.164}$$

① Bloch I, Hänsch T W, Esslinger T. Atom Laser with a cw Output Coupler [J]. Physical Review Letters, 1999, 82: 3008.

② Bloch I, Hänsch T W, Esslinger T. Measurement of the Spatial Coherence of a Trapped Bose Gas at the Phase Transition [J]. Nature, 2000, 403: 166.

将 l 替换为具体值,我们得到

$$K_{\mathrm{at}} = \frac{M}{\hbar}\sqrt{2g(z-z_0)} = \frac{MV_{\mathrm{at}}(z)}{\hbar} \tag{8.165}$$

其中 $V_{\mathrm{at}}(z)$是经典粒子从 z_0 以零速度释放到达 z 的速度.我们得到了期待的德布罗意波长 $2\pi/K_{\mathrm{at}}$和在 z 高度时的速度之间的关系,即 $MV_{\mathrm{at}}=\hbar K_{\mathrm{at}}$.

评注 我们在这里讨论的原子激光的装置显然只能持续有限的时间,因为激光将因为凝聚体内原子的耗尽而停止.在这个意义上,它让我们想起了第一个激光器——红宝石激光器,那里激光辐射时初始反转的粒子就耗尽了.一个挑战就是找到能产出连续原子激光的装置.

我们现在就可以解释两个从同一个玻色-爱因斯坦凝聚体在不同高度 z_0' 和 z_0'' 处所提取出的原子激光之间出现拍这个现象的神奇实验,见图 8.19(d).所得的波函数为

$$\psi(z,t) = \frac{1}{\sqrt{2}}\left[\psi_{E_0'}(z,t)+\psi_{E_0''}(z,t)\right] \tag{8.166}$$

通过对共振光的吸收,可以在高度 z 和时间 t 时测量原子密度 $|\psi(z,t)|^2$.应用式(8.163)的 $\psi_{E_0'}$ 和 $\psi_{E_0''}$ 的渐近形式,并对 $z_0'-z_0$ 和 $z_0''-z_0$ 的展开幂次进行截断,这里 $z_0=(z_0'+z_0'')/2$,在忽略一个整体因子的情况下,我们可得

$$|\psi(z,t)|^2 \propto \left(\frac{z-z_0}{l}\right)^{1/2}\left(1+\cos\left\{(z_0''-z_0')\left[\frac{(z-z_0)^{1/2}}{l^{3/2}}+\frac{Mg}{\hbar}t\right]\right\}\right) \tag{8.167}$$

在给定的一个点,拍频为 $Mg(z_0''-z_0')/\hbar=(E_0'-E_0'')/\hbar$,正如我们对两个能量不同($E_0'$和 E_0'')的波函数所期待的那样.在给定的时间将信号视为 z 的函数,图 8.19(d)显示了随着 z 增加而增加的调制周期.确实,在 z 高度时拍的周期为

$$(\Delta z)_b = \frac{2\pi}{\mathrm{d}\phi/\mathrm{d}z} = 2\frac{l^{3/2}}{z_0''-z_0'}(z-z_0)^{1/2} \tag{8.168}$$

其中 $\phi(z,t)$是式(8.167)中余弦函数的宗量,也可写为

$$\phi(z,t) = \frac{z_0''-z_0'}{l^{3/2}}\left[(z-z_0)^{1/2}+\left(\frac{g}{2}\right)^{1/2}t\right] \tag{8.169}$$

这表明在重力的作用下拍的形状在扩张的同时也在“下落”.

式(8.165)显示在自由下落中加速的原子的德布罗意波长的快速衰减.可以通过将原子激光和一个水平的物质波导相耦合来避免此现象,波导可以用例如低于原子共振频率的有着较小束直径的激光束来做.此时,在偶极力(见 8.2.6 小节)的作用下原子在垂

直于激光束水平轴的平面内受到了一个束缚势.如果引导的激光足够强,束缚势将足以平衡重力.图8.20显示了这样一个引导激光.物质波导也可用通过最新纳米技术加工的微电路所产生的磁场来制作.这样可获得真实的原子芯片,这将促进超冷原子气体的实际应用.①

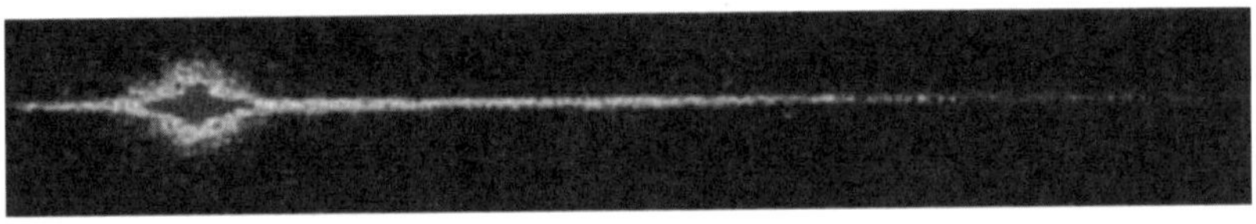

图8.20 波导原子激光

玻色-爱因斯坦凝聚体与水平物质波导的模相耦合,即一个水平激光束调谐至原子共振频率以下.因此我们得到了原子激光,其中的原子有着恒定的速度(感谢介朗(W. Guérin)和布耶(P. Bouyer),Institut d'Optique(法国)).

8.4.8 总结:从光子光学到原子光学及更远

在本章中,我们已经看到了利用激光对原子运动的控制而产生越来越冷的原子系统,也就是具有不断变小的速度均方差.在光子光学和原子光学的类比中②,这些原子系统与具有非常窄的谱线的光进行了对比:光子波长的均方差虽然是很小的,但是是非相干的光源.正如光学历史所展现的那样,这并没有阻止精确的干涉测量,因为在激光发明之前许多高精度的测量就是基于干涉效应的,例如,研究光速的各向同性的迈克耳孙实验.确实,干涉效应可以从非相干光中获取,只要使用了合适的干涉仪.类似地,冷原子样品也可通过原子干涉实验来实施非常精确的惯性和重力实验.原子(有质量物体)对此类效应非常敏感.原子干涉仪的潜在应用囊括了从广义相对论的验证到惯性导航系统,或者通过引力场的微小变化来对地球的亚表面(地面以下)的勘测.

我们可以进一步探索光子光学和原子光学的相似性,并考虑在两个时空点探测两个原子的联合探测概率.在之前的章节中,我们已经强调了光子关联测量的重要性,这激发了现代量子光学的发展.通过研究原子关联,我们也可以发展真正的原子量子光学,研究那些类似于催生了光的量子光学的效应.然而,在原子情形下,还有一个额外的自由度,也就是原子可能是玻色子也可能是费米子,这两个不同的可能性导致了根本不同的实验

① Folman R, et al. Microscopic Atom Optics: From Wires to an Atom Chip [J]. Advances in Atomic, Molecular and Optical Physics, 2002, 48: 263.

② Meystre P. Atom Optics [M]. Springer, 2001.

行为.例如,在1956年观测到热光源发出的光子的HBT(Hanburg-Brown-Twiss)效应,或者光子聚束效应,在原子光学中也有对应:对于热平衡的玻色原子气体,观测到两个临近位置出现原子的联合概率比我们忽略其量子统计特性时的概率要大.这个纯粹的量子效应反映了玻色子的作用,也就是在相空间的同一个元体积内发现两个玻色子有着较大的概率.相反,当原子是费米子时,发现两个彼此非常接近的原子的概率是零,这反映了"泡利不相容原理"(图8.21).

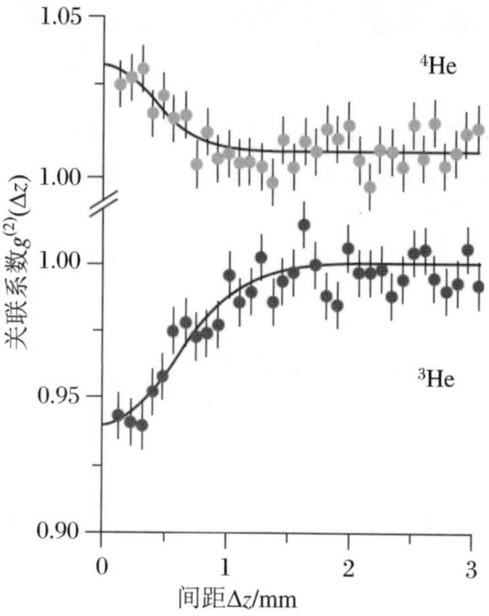

图8.21 原子的HBT效应

超冷气体中氦-4原子(玻色子)和氦-3(费米子)原子的位置的关联函数.①玻色子趋向于群聚,而费米子则彼此避开.这是一个纯量子的统计效应.

从作为一个纯基础研究的结果和物理学家已经研究成熟的题目开始,光子激光很快地成为了具有许多应用的实用工具(见第3章的补充材料).我们很想知道原子激光是否也可能在原子光学中扮演同样的角色,例如,以原子干涉仪的形式.实际上,光子和原子在其密度增加时存在一个很大的不同点:一般来说,原子间彼此是相互作用的.这可通过式(8.145)的格罗斯-彼得耶夫斯基方程左边最后一项表现出来.此项实际上完全等价于光在克尔介质(见补充材料7.B)中产生的非线性项,只是在光子光学中此项仅在非常强的光强中扮演重要角色,而在原子光学中它是无所不在的,并且能导致难以控制的相差.这是原子干涉仪应用的一个主要问题.另外,像光子光学一样,非线性效应会产生相当引

① Jeltes T, et al. Comparison of the Hanbury-Brown-Twiss Effect for Bosons and Fermions [J]. Nature, 2007, 445: 402.

人入胜的现象.例如,三个玻色-爱因斯坦凝聚体的碰撞会造成第四个物质波的出现,即一个和非线性光子光学中的"四波混频"相似的效应(图 8.22).

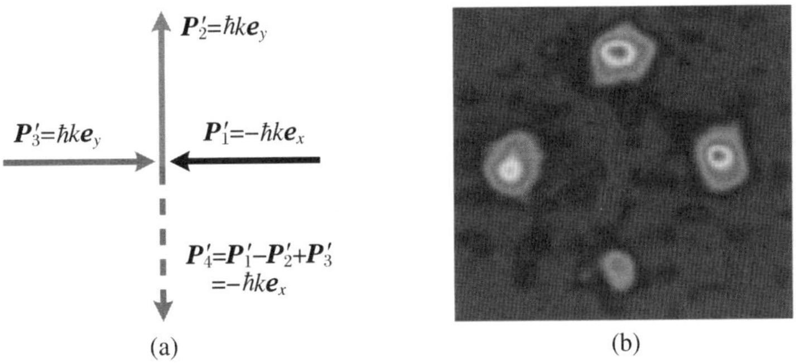

图 8.22 玻色-爱因斯坦凝聚体的四波混频①

(a) 三个凝聚体碰撞,由于格罗斯-彼得耶夫斯基方程中的非线性项出现了第四个凝聚体.(b) 碰撞后某时间的原子密度分布图.可以看出三个入射凝聚体仍旧保持原来的运动,只是在碰撞过程中损失了若干原子.而碰撞过程产生的新凝聚体朝图片的底部运动.这和非线性光学中的四波混频(见图 7.B.5)类似.

在非线性原子光学中,相互作用提供了全新的机遇,因为一个称为费施巴赫(Feschbach)共振的现象容许我们将这些相互作用在零和非常高的值之间进行改变.由此使得产生用于量子信息处理(见补充材料 5.E)的纠缠的原子态变得可能.

利用相互作用的超冷原子,也可以完成类似固体物理情况的实验研究,其中大量粒子,如固体中的电子,处于一个"高度关联"的量子态.例如,为了研究其量子输运特性,超冷原子可以置于一个由激光驻波形成的 3D 周期的偶极子势内.此系统的参数可以以重建典型的凝聚态物理问题的方式进行改变,例如绝缘体-导体相变问题②(图 8.23).此类系统是真实的物理模拟器,为探索那些理论处理极端困难的现象(例如高温超导)提供了方法.总之,我们正在见证传统上相距甚远的两个物理领域的一个极富创造性的邂逅,也就是作为本书主题的原子、分子与光物理与凝聚态物理的相遇.同时,正如科学中的通常情况,不同领域的交界处总是具有广阔的前景.我们寄希望于本节对量子光学、原子光学和凝聚态物理交叉所提供的大略的综述能激励读者进一步探索这一迷人的领域.

① Deng L, et al. Four Wave Mixing with Matter Waves [J]. Nature, 1999, 398: 218.

② Greiner M, Mandel O, Esslinger T, et al. Quantum Phase Transition from a Superfluid to a Mott Insulator in a Gas of Ultracold Atoms [J]. Nature, 2002, 415: 39.

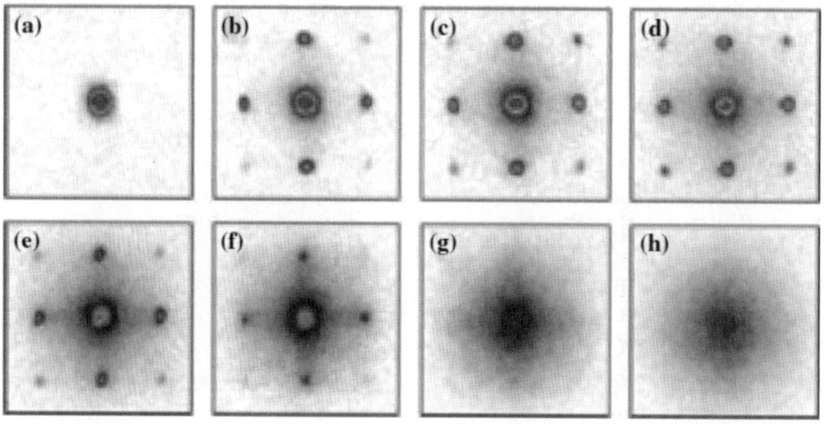

图 8.23　莫特绝缘体-导体相变

当超冷原子置于驻波所形成的 3D 周期势内(见图 8.5)时,固体中电子只有非直接证据的一些现象现在可以直接观察到,如模特绝缘体-导体相变.图中显示了势的幅度逐渐增加的周期势内且具有排斥相互作用的超冷原子系统的速度分布.(b)和(d)显示了非常窄的峰,对应在整个原子系统都保持相干的一个波函数的调制(理想导体).当势的幅度足够大时,原子将被束缚在阱内,其中每一个阱内正好有一个原子,相干性就消失了((g)和(h)).系统变成了莫特绝缘体.

补充材料 8.A　通过速度选择的相干布居囚禁获得亚反冲温度的冷却

在 8.3.9 小节中,我们已经提到了反冲温度不是冷却的终极障碍.人们已经设想并实施了将原子的速度分布宽度降至小于 V_R 的若干机制.不同于多普勒与西西弗斯冷却,这些机制并不要求摩擦力的存在,而是需要一个能够在窄的速度区域内累积原子的光泵浦过程(见补充材料 2.B).我们现在就介绍一个此类机制,称为“速度选择的相干布居囚禁”,并且只考虑在一个空间方向(Oz 轴)有运动的情形.注意,这个方法可推广至二维或三维的情况.

8.A.1 相干布居囚禁

相干布居囚禁是当原子具有图 8.A.1 所示的 Λ 形三能级结构时发生的一种现象，图中该结构的每一个分支分别与激光 L_- 或 L_+ 相互作用. 这在补充材料 2.D 的 2.D.2 小节中有详细的讨论. 这里我们考虑两个基态能级 g_+ 和 g_- 有着完全相同的能量且两个激光具有非常接近共振频率 ω_0 的频率 ω_+ 和 ω_- 的情况. 在此情况下，相互作用可以通过偏振的选择定则（见补充材料 2.B）来选择：如果 g_-，g_+ 和 e 分别具有磁量子数 $m=-1$，$+1$，0，那么激光 L_- 是右旋偏振的（σ_+ 偏振），而激光 L_+ 是左旋偏振的（σ_- 偏振）. 只要两个激光的频率 ω_+ 和 ω_- 稍有不同，就会观测到原子荧光，即 $e\to g_-$ 和 $e\to g+$ 的自发辐射光子. 但是如果两个频率严格相等，荧光就会停止. 图 8.A.1 中表征荧光率作为 ω_+ 和 ω_- 的函数曲线显示出了一个倒共振结构，有时称之为暗共振. 这个共振的一个显著特点是它比能级 e 的宽度 Γ 要窄得多.

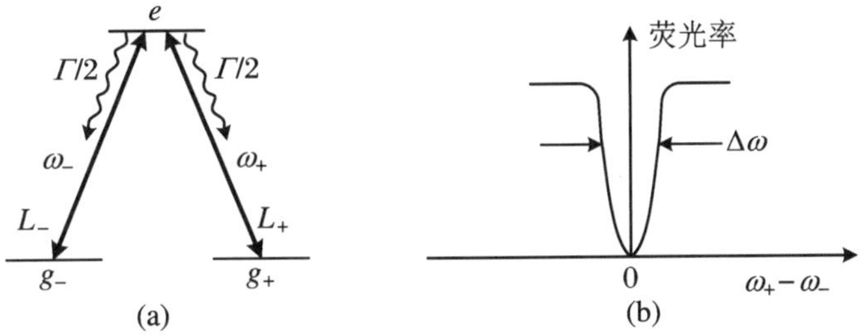

图 8.A.1 暗共振

(a) 跃迁 $g_-\leftrightarrow e$ 和频率为 ω_- 的波、跃迁 $g_+\leftrightarrow e$ 和频率为 ω_+ 的波分别相互作用的三能级原子. 能级 g_- 和 g_+ 有相同的能量. 在 e 能级（寿命为 Γ^{-1}），原子可以通过辐射荧光衰变到 g_- 或 g_+.（b）当频率 ω_+ 和 ω_- 严格相等时，荧光消失. 暗共振的宽度 $\Delta\omega$ 可以比 Γ 小很多.

为了理解当 $\omega_+=\omega_-$ 时荧光的消失，我们应用 2.3 节中的半经典模型，其中两激光由频率均为 ω 的单色场描述，场在原子处的相位分别为 φ_+ 和 φ_-.

在此情况下，相互作用哈密顿量为

$$\begin{aligned}\hat{H}_1 &= \hbar\Omega_1\cos(\omega t+\varphi_-)(|e\rangle\langle g_-|+|g_-\rangle\langle e|)\\ &\quad+\hbar\Omega_1\cos(\omega t+\varphi_+)(|e\rangle\langle g_+|+|g_+\rangle\langle e|)\end{aligned} \tag{8.A.1}$$

这里假定由拉比角频率 Ω_1 表征的与激光的耦合是相等的.

由于能级 $|g_+\rangle$ 和 $|g_-\rangle$ 具有相同的能量，因此其任意组合，例如

$$|\psi\rangle = \lambda|g_-\rangle + \mu|g_+\rangle \tag{8.A.2}$$

也将是原子哈密顿量的一个本征态，于是 1.2.4 小节中的微扰论可以用来计算态$|\psi\rangle$和$|e\rangle$之间的跃迁概率.更准确地说，1.2.4 小节中式(1.4.2)的正弦型激发的结论可以进行推广.我们采用共振近似，也就是我们只保留 $\hat{H}_I$ 中 $e^{-i\omega t}|e\rangle\langle g|$及其共轭项，并设

$$[\hat{H}_I]_{res} = \hat{W}e^{-i\omega t} + h.c. \tag{8.A.3}$$

其中

$$\hat{W} = \frac{\hbar\Omega_1}{2}(e^{-i\varphi_-}|e\rangle\langle g_-| + e^{-i\varphi_+}|e\rangle\langle g_+|) \tag{8.A.4}$$

于是从$|\psi\rangle$到$|e\rangle$的跃迁概率正比于矩阵元$\langle e|\hat{W}|\psi\rangle$的模方，该矩阵元对于态(8.A.2)为

$$W_{e,\psi} = \frac{\hbar\Omega_1}{2}(e^{-i\varphi_-}\langle g_-|\psi\rangle + e^{-i\varphi_+}\langle g_+|\psi\rangle) = \frac{\hbar\Omega_1}{2}(\lambda e^{-i\varphi_-} + \mu e^{-i\varphi_+}) \tag{8.A.5}$$

显然，满足 $\lambda e^{-i\varphi_-} = -\mu e^{-i\varphi_+} = 1/\sqrt{2}$，且由下式

$$|\psi_{NC}\rangle = \frac{1}{\sqrt{2}}(e^{i\varphi_-}|g_-\rangle - e^{i\varphi_+}|g_+\rangle) \tag{8.A.6}$$

给出的态(8.A.2)不能通过激光与$|e\rangle$耦合，因为其跃迁矩阵元(8.A.5)为零.当处于此非耦合态时，原子不再产生荧光.此类非耦合态也称为暗态.相反，与$|\psi_{NC}\rangle$正交的态，即

$$|\psi_C\rangle = \frac{1}{\sqrt{2}}(e^{i\varphi_-}|g_-\rangle + e^{i\varphi_+}|g_+\rangle) \tag{8.A.7}$$

是通过激光和$|e\rangle$耦合在一起的，跃迁矩阵元(8.A.5)为$\hbar\Omega_1/\sqrt{2}$.当处于这个态时，原子能发出荧光.

为了理解在稳态区荧光的完全消失，我们将三能级系统用基矢$\{|e\rangle, |\psi_{NC}\rangle, |\psi_C\rangle\}$表示(图 8.A.2).只有态$|\psi_C\rangle$通过激光与$|e\rangle$耦合.然而，$|e\rangle$可以通过自发辐射衰变到$|\psi_{NC}\rangle$或者$|\psi_C\rangle$.因此，如果原子处于$|\psi_{NC}\rangle$，它将无限期地待在那里，尽管存在着共振的激光.相反，如果原子处于$|\psi_C\rangle$态，它将通过一个荧光周期而有 1/2 的概率处于$|\psi_{NC}\rangle$，这时荧光会停止.如果原子处于$|\psi_C\rangle$(另一半的机会)，一个新的荧光周期会发生，原子会再一次有 1/2 的概率处于$|\psi_{NC}\rangle$.显然，在经历一定数量的周期(平均两个左右的周期)后，荧光就会停止.这是一个光泵浦过程(见补充材料 2.B)，此过程很快将大量原子带到$|\psi_{NC}\rangle$态(经过一个约几倍于 Γ^{-1}的时间).我们已经在 2.D.2.1 小节中讨论了这个现象，称为相干布居囚禁.

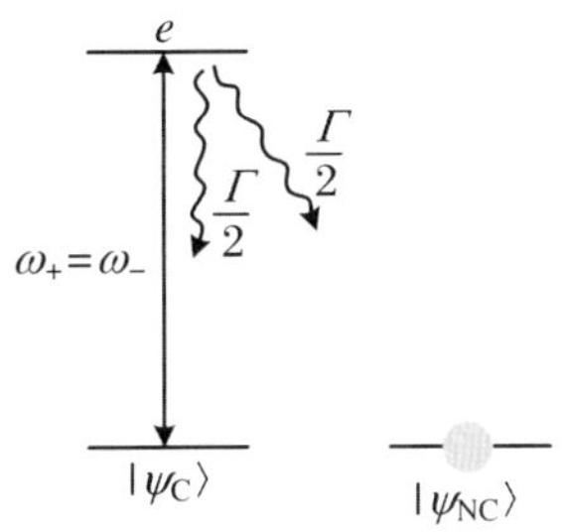

图 8.A.2　相干布居囚禁

如果 $\omega_+=\omega_-$ 并且 $|g_+\rangle$ 和 $|g_-\rangle$ 有相同的能量，则图 8.A.1 中结构能转移至耦合态 $|\psi_C\rangle$ 和非耦合态 $|\psi_{NC}\rangle$. 通过光泵浦，所有原子都将进入非耦合态，于是共振荧光就停止.

当 ω_+ 和 ω_- 不相等时，就没有相干布居囚禁，因为式(8.A.7)中的 $|\psi_{NC}\rangle$ 仍然是可以通过激光而与 e 耦合的. 要明白这一点，我们将相互作用哈密顿量写出来，

$$\begin{aligned}\hat{H}_1 &= \hbar\Omega_1\cos(\omega_- t+\varphi_-)(|e\rangle\langle g_-|+|g_-\rangle\langle e|)\\&\quad+\hbar\Omega_1\cos(\omega_+ t+\varphi_+)(|e\rangle\langle g_+|+|g_+\rangle\langle e|)\end{aligned}\tag{8.A.8}$$

并取 $\omega_\pm=\omega\pm\Delta\omega/2$. 采用定义式(8.A.3)，算符 $\hat{W}$ 可写为

$$\hat{W}=\frac{\hbar\Omega_1}{2}\{\mathrm{e}^{-\mathrm{i}[\varphi_--(\Delta\omega/2)t]}|e\rangle\langle g_-|+\mathrm{e}^{-\mathrm{i}[\varphi_++(\Delta\omega/2)t]}|e\rangle\langle g_+|\}\tag{8.A.9}$$

并且式(8.A.2)中的态与 $|e\rangle$ 耦合的矩阵元为

$$W_{e,\psi}(\Delta\omega)=\frac{\hbar\Omega_1}{2}\{\lambda\mathrm{e}^{-\mathrm{i}[\varphi_--(\Delta\omega/2)t]}+\mu\mathrm{e}^{-\mathrm{i}[\varphi_++(\Delta\omega/2)t]}\}\tag{8.A.10}$$

由于上式是含时的，不存在在任何时候都不耦合的量子态. 例如，式(8.A.6)中 $|\psi_{NC}\rangle$ 态和激发态的耦合矩阵元 W 在激光的作用下由下式给出：

$$\hat{W}_{e,\psi_{NC}}(\Delta\omega)=\frac{\hbar\Omega_1}{2\sqrt{2}}\left[\exp\left(\mathrm{i}\frac{\Delta\omega}{2}t\right)-\exp\left(-\mathrm{i}\frac{\Delta\omega}{2}t\right)\right]\tag{8.A.11}$$

在 $t=0$ 时刻，矩阵元为零并且态 $|\psi_{NC}\rangle$ 是一个非耦合的态. 但是在 $t=2\pi/\Delta\omega$ 时刻，矩阵元是 $W_{e,\psi_{NC}}=-\mathrm{i}\hbar\Omega_1/\sqrt{2}$，于是现在 $|\psi_{NC}\rangle$ 和 $|e\rangle$ 是耦合的，也就是它具有一定的跃迁到此态的概率. 如果此时发生(跃迁至激发态)，它将会辐射荧光光子.

上述内容表明频率差越大荧光过程将会越快恢复. 因此我们就明白了为什么图 8.A.1(b)中的共振曲线当实验持续得越长时越窄. 我们接下来将会再回到这个问题.

8.A.2 速度选择的相干布居囚禁与亚反冲冷却

考虑两束激光 L_- 和 L_+ 分别具有 σ_+ 和 σ_- 的偏振，并沿 Oz 轴相向传播(图 8.A.3).

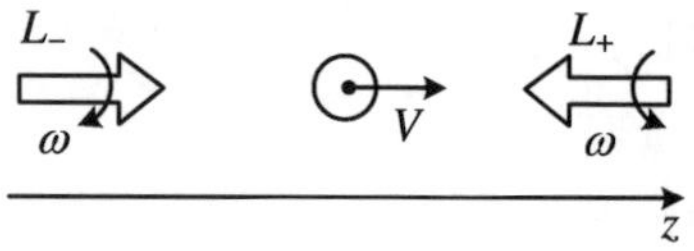

图 8.A.3 通过速度选择的相干布居囚禁获取亚反冲冷却

如果原子处于$|\psi_{NC}\rangle$态且其在 Oz 方向的速度 V 为零，将没有光子交换，因此原子将保持速度为零. 但是如果原子具有非零速度 V，原子在其质心系所感受到的两个激光的频率 $\omega_- = \omega - kV$ 和 $\omega_+ = \omega + kV$ 将会变得不同，于是就不存在暗态. 因此原子会经历荧光周期，在此周期内原子从 L_- 或 L_+ 吸收光子，然后向任意方向散射出去. 在每一个荧光周期，原子速度发生了改变，改变量是一个 $-2V_R$ 和 $+2V_R$ 之间的随机值. 于是速度 V 经历一个沿 V 轴的随机行走，这可以将其(速度)带回到 $V=0$(图 8.15(b)). 在将速度变为零的最后一步荧光跃迁，原子有一半的概率跃迁至$|\psi_{NC}\rangle$态，于是原子将停止与光的相互作用并且速度保持为零. 在所有其他情况下，它将重新经历随机行走，但是随后原子将在 $V=0$ 处落入$|\psi_{NC}\rangle$态. 逐渐地，越来越多的原子聚集在速度 $V=0$ 的邻域内，邻域的宽度 ΔV 随着与激光相互作用时间 θ 的持续而不断地减少.

更准确地说，在 8.A.4 小节(见式(8.A.26))，我们将计算以略微不同于 0 的速度 V 进入$|\psi_{NC}\rangle$态的原子的荧光率：

$$\Gamma_{NC}(V) = \frac{2k^2V^2}{\Omega_1^2}\Gamma \tag{8.A.12}$$

对于一个持续了 θ 时间的实验，速度峰的半宽度 ΔV 由下面的条件给出：

$$\Gamma_{NC}(\Delta V)\cdot\theta \approx 1 \tag{8.A.13}$$

这是因为一个速度大于 ΔV 的原子将在小于 θ 的时间内至少经历一个荧光周期. 于是就有

$$\Delta V = \frac{\Omega_1}{k}\frac{1}{\sqrt{2\Gamma\theta}} \tag{8.A.14}$$

正如上式所示，没有什么能阻止 ΔV 降低到反冲速度 V_R 以下. 下面给一个具体的例子，对于 $\Gamma = 10^7\ s^{-1}$，$\Omega_1 = 0.3\Gamma$，$k \approx 7\times 10^6\ m^{-1}$，即亚稳态氦的情况，$\Delta V$ 要想低于厘米每秒（即低于氦吸收和辐射一个 1.08 μm 光子的反冲速度 $V_R = 9.2\ cm \cdot s^{-1}$），$\theta$ 只需要超过几毫秒即可. 利用这个机制，已经观测到了达到 $V_R/20$ 的宽度.

速度选择的相干布居囚禁冷却与多普勒或西西弗斯机制有着根本的不同，因为它没有用摩擦力来降低所有原子的速度. 这里我们用的是使原子在速度空间进行随机行走的散射过程. 当（纯粹偶然地）随机行走碰巧经过速度为零的值时，散射会消失，这就是造成大量原子在其经过 $V=0$ 时大量聚集的原因.

速度选择的相干布居囚禁的另一个特点是在有限的温度下其不存在稳态. 这里，原子所聚集的式(8.A.14)中峰的宽度 ΔV 随着时间的流逝而不断减小，并且原则上这种冷却没有极限，只要 $|\psi_{NC}\rangle$ 中两叠加项的相干性和两个激光能够保持住. 这种保持性随着 θ 的增加（见 8.A.5 小节）会产生越来越大的实验困难. 稳态的缺失对应了非各态历经的随机过程的事实，这是因为不存在这样的特征时间（无论有多长），即单个原子在该特征时间上的演化的时间平均值会和大量原子的系统平均相等价. 这个非各态历经的特点反过来是与原子在处于非耦合态（$|\psi_{NC}\rangle$）的时间内遵循反常的统计相联系的. 此统计被数学家特别是保罗 · 莱维(Paul Lévy)研究过，此统计的特点是具有发散的各阶矩和较宽的分布. 亚反冲冷却的大量特性确实可以参考这种统计而得到解释①，正如正态高斯统计可以帮助解释多普勒冷却的特点一样.

评注 (1) 还有一个基于拉曼过程的亚反冲冷却机制，主要涉及速度空间上的非均匀散射，以此使原子在 $V=0$ 附近累积.

(2) 冷却过程的特点不仅是获得较窄的速度分布，也要表现在冷却过程中速度空间密度的增加.（如果速度空间的密度没有增加，则称之为过滤而非冷却.）上面讨论的亚反冲冷却机制的此特点（速度空间的密度增加）已经在实验和理论上获得验证.

(3) 上面所描述的只针对一维的过程可以推广至二维或三维. 由于概率性地到达 $V=0$ 的概率随着维数的增加而降低，因此添加一个将原子速度漫射到 $V=0$ 的摩擦力是十分必要的.

(4) 由于导致了原子在很小的速度空间内累积，速度选择的相干布居囚禁所产生的冷却使人想到了著名的"麦克斯韦妖"，麦克斯韦妖就是假定的可以将气体中的原子在一个箱子的两个部分之一进行累积的过程. 在这两种情况（速度选择的相干布居囚禁和麦克斯韦妖）下，样品的熵的降低是和总系统的其他部分（至少是和样品一样大）的熵的增

① Bardou F, Bouchaud J-P, Aspect A, et al. Statistics and Laser Cooling: When Rare Events Bring Atoms to Rest [M]. Cambridge University Press, 2001.

加相关联的. 在这里就是辐射场的熵增加，因为光子被散射到激光束之外且初始为空的模上去了.

8.A.3 原子运动的量子描述

在 8.2.2 小节中，我们已经指出在原子波包的速度分布比反冲速度 V_R 更窄(条件式(8.33))时原子运动的经典描述将不再适用. 现在，亚反冲冷却导致了确实低于 V_R 的速度分布宽度 ΔV. 因此，我们应该用量子化描述的原子质心(见 8.1.1 小节)来重新考虑这个问题. 为此，我们取 Oz 上动量 p 的平面波基矢 $\{|p\rangle\}$. 原子态因此可以写为 $|i,p\rangle$，其中 i 表示原子的内部状态，p 表示原子动量. 在此记号下，我们可以重新考虑图 8.A.1(a) 中的情况，并引入三个由激光耦合在一起的态的组 $\mathcal{F}(p)$：$\{|e,p\rangle;|g_-,p-\hbar k\rangle;|g_+,p+\hbar k\rangle\}$. 我们已经考虑到了与两个相向传播的激光相互作用过程中的动量守恒，这两个激光在原子的吸收过程中对原子分别施加 $+\hbar k$ 和 $-\hbar k$ 的动量，并在受激辐射过程中施加同样大小但反向的动量. 图 8.A.4 描述了能级组 $\mathcal{F}(p)$.

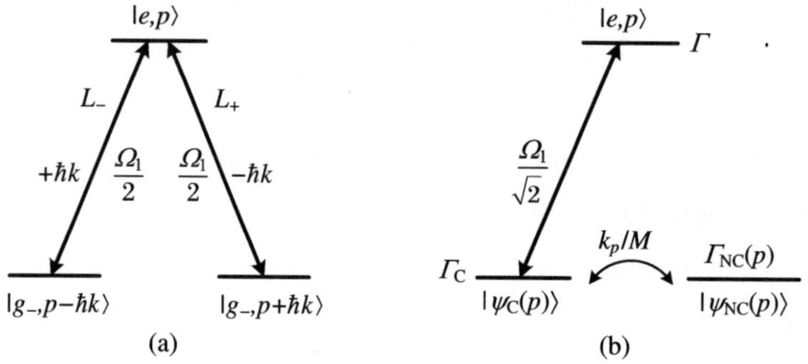

图 8.A.4 与分别沿正向和反向两个方向传播的两个激光 L_- 和 L_+ 耦合在一起的三能级组

每一个能级组 $\mathcal{F}(p)$都是在相互作用哈密顿量下闭合的，相互作用哈密顿量有如下形式：

$$\begin{aligned}\hat{H}_I &= \frac{\hbar\Omega_1}{2}e^{-i\omega t}e^{-i\varphi_-}\ |e,p\rangle\langle g_-,p-\hbar k\ |+\text{h.c.}\\ &+\frac{\hbar\Omega_1}{2}e^{-i\omega t}e^{-i\varphi_+}\ |e,p\rangle\langle g_+,p+\hbar k\ |+\text{h.c.}\end{aligned}\tag{8.A.15}$$

这里只保留了共振项.

在能级组 $\mathcal{F}(p)$内可以做基矢的变换，以此引入耦合态和非耦合态：

$$|\psi_C(p)\rangle = \frac{1}{\sqrt{2}}(e^{i\varphi_+}|g_-, p-\hbar k\rangle + e^{i\varphi_-}|g_+, p+\hbar k\rangle) \tag{8.A.16}$$

$$|\psi_{NC}(p)\rangle = \frac{1}{\sqrt{2}}(e^{i\varphi_+}|g_-, p-\hbar k\rangle - e^{i\varphi_-}|g_+, p+\hbar k\rangle) \tag{8.A.17}$$

同样看到,由于在如下矩阵元中两项干涉相消,$|\psi_{NC}\rangle$不能通过激光与$|e,p\rangle$耦合:

$$\begin{aligned}\langle e,p|\hat{H}_I|\psi_{NC}(p)\rangle &= \frac{\hbar\Omega_1}{2\sqrt{2}}e^{-i\omega t}\langle e,p|(e^{-i\varphi_-}|e,p\rangle\langle g_-,p-\hbar k|e^{i\varphi_-}|g_-,p-\hbar k\rangle \\ &\quad - e^{-i\varphi_+}|e,p\rangle\langle g_+,p+\hbar k|e^{i\varphi_+}|g_+,p+\hbar k\rangle) \\ &= 0\end{aligned} \tag{8.A.18}$$

相反,$|\psi_C\rangle$是与 e 耦合在一起的:

$$\langle e,p|\hat{H}_I|\psi_C(p)\rangle = e^{-i\omega t}\frac{\hbar\Omega_1}{\sqrt{2}} \tag{8.A.19}$$

这些耦合已经在图 8.A.4(b)中指出.

由于质心运动已经量子化,在没有激光时原子的哈密顿量现在可写为

$$\hat{H}_{At} = \hat{H}_{int} + \frac{\hat{p}^2}{2M} \tag{8.A.20}$$

其中 $\hat{H}_{int} = \hbar\omega_0|e\rangle\langle e|$描述了原子的内部量子化的自由度(取 $E_{g_+} = 0 = E_{g_-}$,且$\hbar\omega_0 = E_e - E_{g_+}$),$\hat{p}^2/(2M)$为沿 Oz 方向运动的动能.我们看到$|g_-, p-\hbar k\rangle$和$|g_+, p+\hbar k\rangle$是$\hat{H}_{At}$的本征态,但是其能量$(p\pm\hbar k)^2/(2M)$是不同的.于是我们可得,由 $\hat{H}_{At}$两个不同能量本征态组成的态$|\psi_{NC}(p)\rangle$不再是 $\hat{H}_{At}$的本征态.它不是一个定态.但上述讨论不适用于$p=0$的情况.实际上,$|\psi_{NC}(p=0)\rangle$是总哈密顿量 $\hat{H}_{At}+\hat{H}_I$唯一的定态.一般来说,

$$\langle\psi_C(p)|\hat{H}_{At}|\psi_{NC}(p)\rangle = \frac{1}{4M}[(p-\hbar k)^2 - (p+\hbar k)^2] = -\hbar k\frac{p}{M} \tag{8.A.21}$$

因此,如果 p 不是 0,处于$|\psi_{NC}(p)\rangle$态的原子将向$|\psi_C\rangle$态演化,而$|\psi_C\rangle$是通过激光与$|e,p\rangle$耦合在一起的(图 8.A.4(b)).只有$|\psi_{NC}(p=0)\rangle$的态是一个非耦合的定态.

我们上面所给出的数学形式描述就是之前 8.A.2 小节的速度选择的相干布居囚禁冷却方法.只要原子处于一个 p 非零的能级组 $\mathcal{F}(p)$中,它就与$|e,p\rangle$耦合并能在一个随机的方向上辐射荧光光子,从而使其转移至新的能级组 $\mathcal{F}(p')$,而此组中 p'在$p-2\hbar k$和$p+2\hbar k$ 之间.通过这样的方式,原子可以最终处于 $\mathcal{F}(p=0)$内,而其中又有 1/2 的概率位于$|\psi_{NC}(p=0)\rangle$.假若这样(即处于$|\psi_{NC}(p=0)\rangle$),原子会无限期地保持在那里.因

此一个相当可观比例的原子将聚集在 p 接近于零的态 $|\psi_{NC}(p)\rangle$ 上. 那么,如果我们测量原子沿 Oz 的速度分布,将会观察到什么呢? 对于处于

$$|\psi_{NC}(0)\rangle = \frac{1}{\sqrt{2}}(|g_-, -\hbar k\rangle - |g_+, +\hbar k\rangle) \tag{8.A.22}$$

的原子,我们或者发现 $-\hbar k/M = -V_R$,或者发现 $+\hbar k/M = -V_R$. 因此会存在两个峰,分别位于 $\pm V_R$. 更一般地,对于 $|p| < \hbar k$ 的态 $|\psi_{NC}(p)\rangle$,会观测到两个位于 $\pm V_R$ 处半宽度小于 V_R 的峰. 图 8.A.5 显示了科恩-塔诺季与其合作者观测到的一个信号的例子,峰宽度明显小于 V_R. 此外,峰内的密度比初始时要高,这表明了确实是一个冷却机制.

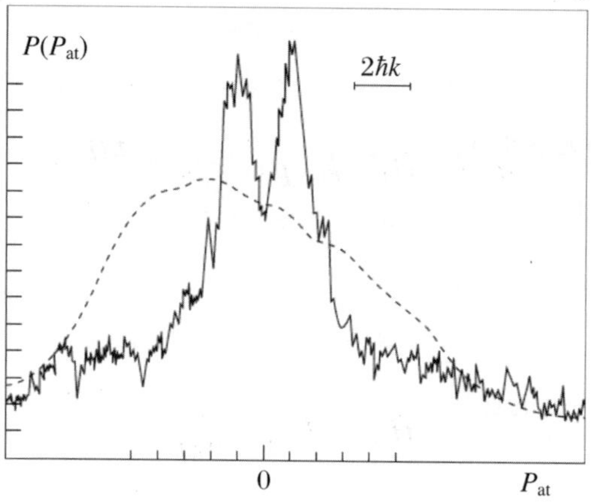

图 8.A.5 经过速度选择的相干布居囚禁冷却后的原子的速度分布(图片来自 A. Aspect 等人)①

相距 $2V_R$ 的两个峰有着相较于其初始时(虚线)更大的高度,这表明确实是一个冷却机制,而不仅仅是对速度空间的一个过滤.

8.A.4 态 $|\psi_{NC}(p)\rangle$ 的荧光率

正如之前所提到的,预期两峰的宽度 Δp 会随着与激光相互作用的时间 θ 增加而减小,因为由 $|\psi_{NC}(p)\rangle$ 而来的荧光率 $\Gamma_{NC}(p)$ 是随 p 的增加而减小的. 由 8.A.3 小节所描述的数学形式得到了在 $kp/M \ll \Omega_1 \ll \Gamma$ 的微扰极限下 $\Gamma_{NC}(p)$ 的表达式. 正如图 8.A.4

① Aspect A, Arimondo E, Kaiser R, et al. Laser Cooling below the One-Photon Recoil Energy by Velocity-Selective Coherent Population Trapping [J]. Physical Review Letters, 1988, 61: 826.

(b)所暗示的，在激光存在时我们应该将$|\psi_C(p)\rangle$和$|e\rangle$的耦合与由于多普勒效应而产生的$|\psi_{NC}(p)\rangle$和$|\psi_C(p)\rangle$的耦合分开来处理.

我们从计算$|\psi_{NC}(p)\rangle$态的退出速率Γ_C开始.通过矩阵元(8.A.19)，我们知道此速率等于$|\psi_C\rangle$在和寿命为Γ^{-1}的能级$|e\rangle$耦合时的荧光速率.在共振时，饱和参量(2.189)由下式给出：

$$s=\frac{(\Omega_1/\sqrt{2})^2}{\Gamma^2/4}=2\frac{\Omega_1^2}{\Gamma^2} \tag{8.A.23}$$

并且当s远小于1(见式(2.161))时，$|e\rangle$能级的布居等于$s/2$.我们推出荧光率为

$$\Gamma_C=\Gamma\frac{s}{2}=2\frac{\Omega_1^2}{\Gamma} \tag{8.A.24}$$

然后我们可以视$|\psi_C\rangle$的寿命为Γ_C^{-1}，并通过一个类似的表达式用矩阵元(8.A.21)计算在与$|\psi_C\rangle$存在耦合效应时从能级$|\psi_{NC}(p)\rangle$退出的速率.将$\Omega_1/2$替换为kp/M，饱和参量为

$$s'=8\frac{k^2p^2}{M^2\Gamma_C^2} \tag{8.A.25}$$

因此原子从$|\psi_{NC}(p)\rangle$跳出的速率最终由下式给出：

$$\Gamma_{NC}(p)=\Gamma_C\frac{s'}{2}=2\frac{k^2p^2}{M^2\Omega_1^2}\Gamma \tag{8.A.26}$$

这正是8.A.2小节中用于计算经过与激光相互作用θ时间后冷却原子的峰宽度的表达式.

8.A.5 实际中的极限：相干的脆弱性

如果我们要得到尽可能小的宽度ΔV(这对应了非常低的温度，在nK量级)，$|\psi_{NC}(0)\rangle$必须在即使存在激光的情况下也尽可能长的时间θ内保持与$|e\rangle$退耦.现在，这种退耦是由于两个量子振幅的干涉相消产生的，所以任何干扰这两个振幅之间相对相位的现象都会破坏干涉，并直接导致$|\psi_{NC}(0)\rangle$到$|e\rangle$的跃迁.例如，如果激光的相位发生变化，式(8.A.17)中的态$|\psi_{NC}(p)$将会与e耦合，这可从式(8.A.18)中看到.确实，在表达式中$e^{-i\varphi_-}$代表激光的相位，而$e^{i\varphi_-}$代表$|\psi_{NC}(p)\rangle$的相位，因此如果激光相位发生了变化，这两项就不能再相消.更准确地说，很容易看到最重要的一点是，要使两个激光的相差恒定.事实上，激光L_+和L_-的相对相位总是有些涨落，并且经过一定时间τ_C后，相

8 差会漂移超过 1 rad 的量.这确定了第一个相互作用过程持续有效的时间 θ 的一个极限值 τ_C.这里还可能存在能级 $|g_-\rangle$ 和 $|g_+\rangle$ 能量的涨落,例如,在 $|g_+\rangle$ 和 $|g_-\rangle$ 具有不同磁量子数 m_+ 和 m_- 时,额外的有害磁场会使其能量产生涨落.实际中,已经可以通过控制这些技术因素所致的退相干到几十微秒,因此可得到低于 $V_R/20$ 的宽度,相应的温度低于 10 nK.

这些极端低的温度已经在非常低密度的样品中获得.另外,还存在被 $p\neq 0$ 的原子散射的光子和已经处于 $|\psi_{NC}(0)\rangle$ 的原子相互作用的概率.这是我们尝试增加相空间 $\{\boldsymbol{r},\boldsymbol{p}\}$(同时在速度空间和实空间)密度时一个难以处理的困难,因此这也成了难以获取玻色-爱因斯坦凝聚的根源.

索引

A

暗态(dark state),138,176,178
奥特勒-汤斯效应(Autler-Townes effect),513

B

半反射镜(semi-reflecting mirror),342
　　两个压缩态的混合(mixing of two squeezed states),435
　　双重探测(double detection),399,408
半经典哈密顿量(semi-classical Hamiltonian)
　　长波近似(long-wavelength approximation),060
　　磁偶极(magnetic dipole),063
　　电偶极(electric dipole),061～063
　　经典电磁场中粒子的(of a particle in a classical electromagnetic field),055
　　库仑规范中的相互作用哈密顿量(interaction Hamiltonian in Coulomb gauge),058
半经典极限(semi-classical limit),506
饱和(saturation),086,090,197,283
　　饱和参量(saturation parameter),087,090,093,095,141,605
　　饱和强度(saturation intensity),087,103
　　饱和吸收器(saturable absorber),227
　　增益饱和(gain saturation),218,559
饱和吸收谱(saturated absorption spectroscopy),283
贝尔不等式(Bell inequalities),421,426,439
倍频(frequency doubling),391,527,539
泵浦(pumping),097,102,149,203
泵浦损耗(pump depletion),537,539

C

D

E

F

G

H

J

K

Q

R

S

T

W

X

Y

Z